QUARTÄRPALÄONTOLOGIE

Abhandlungen und Berichte des Instituts für Quartärpaläontologie Weimar

Herausgeber: H.-D. Kahlke, Weimar

Band 3 · 1978

AKADEMIE-VERLAG · BERLIN

Quartärpaläontologie · Berlin 3 (1978) · S. 1—399 · 137 Abbildungen · 56 Tafeln · 46 Tabellen

Schriftleitung: Dr. Diethard Storch, DDR-69 Jena, Fritz-Krieger-Str. 6

Erschienen im Akademie-Verlag, 108 Berlin, Leipziger Straße 3—4

Lizenznummer: 202 · 100/457/78
P 146/77
Gesamtherstellung: VEB Druckerei „Thomas Müntzer", 582 Bad Langensalza
Bestellnummer: 7625307 (2164/3) · LSV 1475
Printed in GDR
DDR 150,— M

Das Pleistozän von Burgtonna in Thüringen

Inhalt

Teil I. Die Travertine

Teil II. Die Deckschichten der Travertine von Burgtonna in Thüringen

Das Pleistozän von Burgtonna in Thüringen

Teil I. Die Travertine

Vorwort

Im Rahmen der Bearbeitung der klassischen Pleistozän-Fundstellen der DDR legen wir hiermit die Monographie „Das Pleistozän von Burgtonna“ vor. Sie ist das Ergebnis des IV. Internationalen Paläontologischen Kolloquiums 1972 in Weimar und knüpft in Thematik und Methode an die bereits vorgelegten Monographien (Voigtstedt 1965, Süßenborn 1969, Weimar-Ehringsdorf 1975 und Taubach 1976) an.

An dieser Stelle möchte ich nochmals allen Kolleginnen und Kollegen der Forschungsgemeinschaft Burgtonna für ihre Mitarbeit an dieser Monographie herzlich danken. Unser Dank gebührt ferner der Gesellschaft für Geologische Wissenschaften der DDR, der Akademie der Wissenschaften der DDR und dem Ministerium für das Hoch- und Fachschulwesen der Deutschen Demokratischen Republik, die die Durchführung des IV. Internationalen Paläontologischen Kolloquiums in Weimar.

Das Pleistozän von Taubach und Burgtonna — Zur biostratigraphischen Grenze zwischen Interglazial und Glazial im europäisch-asiatischem Raum

ermöglichten. Weiter danken wir den Kollegen des Staatlichen Museums der Natur zu Gotha für die museale Gestaltung der Sonderausstellung „Die alten Fossilfunde von Burgtonna und die Originalhandschriften und Drucke des späten 17. Jahrhunderts“ im Museum der Natur zu Gotha und besonders den Arbeitern in den Travertinbrüchen von Burgtonna für ihre verständnisvolle Unterstützung im Gelände.

Die technischen Gelände- und Präparationsarbeiten wurden von H. J. Nolte und J. Wolfram, die Zeichenarbeiten von H. Wöllner und die Fotoarbeiten von E. Hege und K. Steiner (alle Institut für Quartärpaläontologie in Weimar) durchgeführt.

Weimar, im März 1975

HANS-DIETRICH KAHLKE

Sonderausstellung aus Anlaß des IV. Internationalen Paläontologischen Kolloquiums in Weimar

Museum der Natur in Gotha

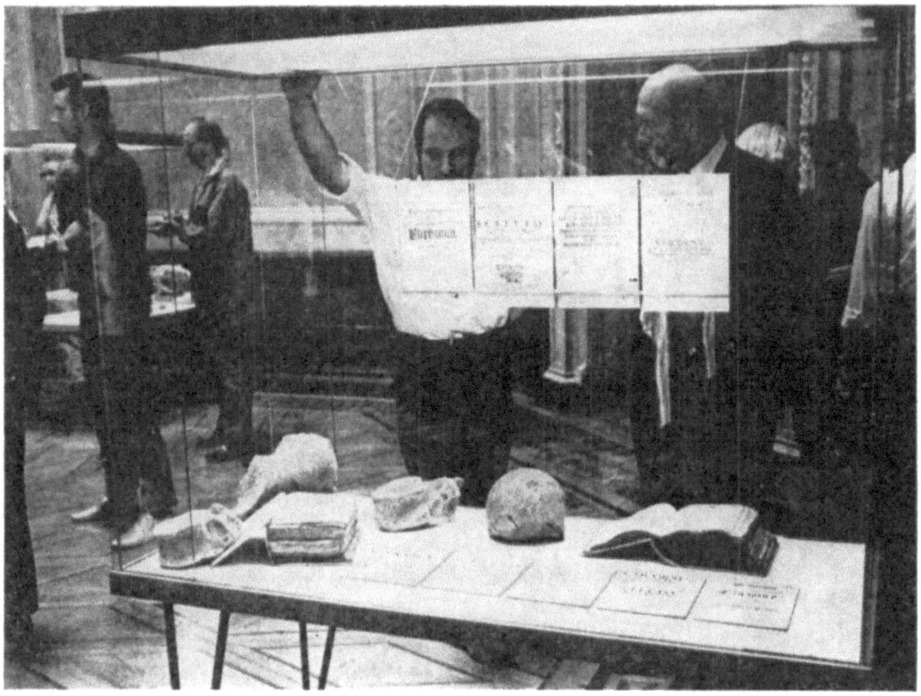

Abb. 1. Vitrine mit Originalhandschriften, Drucken und Fossilfunden von Burgtonna aus dem späten 17. und beginnenden 18. Jahrhundert (dahinter von links nach rechts: Prof. Dr. BONÉ, Leuven, Dr. OPPERMANN, Berlin, Prof. Dr. JÁNOSSY, Budapest, Dr. MAI, Berlin, Prof. Dr. TOBIEN, Mainz)

Abb. 2. Vitrine mit Fossilfunden des späten 17. und des beginnenden 18. Jahrhunderts von Burgtonna (dahinter von links nach rechts: Dr. WIEFEL, Jena, Prof. Dr. GUTH, Poitiers, Dr. OPPERMANN, Berlin, Dipl.-Geol. STORCH, Jena, Dr. CLAUS, Mühlhausen, Dr. Dr. KAHLKE, Weimar, Dr. MANIA, Halle)

Die Travertinbrüche von Bu

, Ortslage Burgtonna im W)

Quartärpaläontologie	3	9—41	Berlin, Dezember 1978

Die geologisch-paläontologische Erforschung der Burgtonnaer Travertinlagerstätten

Von HANS CLAUS, Mühlhausen (Thür.)

Mit einer Tabelle und Tafel 1—8

Inhalt

1. Abstractum

Die vorliegende Abhandlung zeigt den Verlauf der wissenschaftlichen Erforschung der Travertinlagerstätte Burgtonna in Thüringen (Bezirk Erfurt) im Lichte der jeweiligen Lehrmeinung auf. Nach einem kurzen Überblick über die feudalzeitlichen Besitzverhältnisse wird als erster Höhepunkt in der Erforschung der Lagerstätte der berühmte Streit zwischen dem Historiographen WILHELM ERNST TENTZEL in Gotha und dem dortigen Collegium medicum geschildert. Zwar unterlag TENTZEL, wurde aber nach seinem Tode voll anerkannt. Weiter untersucht die vorliegende Arbeit die Zusammenhänge mit der biblischen Sintflutlehre, die von beiden Parteien einschließlich TENTZEL und LEIBNIZ noch voll akzeptiert wurde und daher zunächst noch am Rande der Diskussion verblieb. Während schon TENTZEL der Naturspiel-Hypothese ein Ende machen konnte, vermochte erst CUVIER die Sintflutlehre zu überwinden. Letztere Lehre beherrschte zwar einige Zeit die Tonnaer Forschung (BLUMENBACH), wurde aber dann schnell von v. HOFF/LYELLS Aktualitätsprinzip abgelöst. Mit dem Aufkommen der Glazialforschung im 19. Jahrhundert ergaben sich auch für Burgtonna neue Gesichtspunkte und Aufgaben.

В данной работе рассматривается история исследования месторождения травертина около Бургтонны (Тюрингия) в свете различных учебных мнений. После краткого обзора о феодальных отношениях приводится первое важное событие в истории исследования данного месторождения — знаменитый спор между историографом Вильгельм Эрнст Тентцель в городе Гота с Collegium medium. Хотя Тентцель уступил в этом споре, он нашел полное посмертное признание. Далее в нашей работе указывается связь с библейской легенде о всемирном потопе, которой придерживались обе стороны, включая Тентцель и Лейбниц. Лишь Кювье сумел опровергать учение всемирного потопа; но оно оказывало еще некоторое влияние на исследование Бургтонны (Блуменбах). Однако, вскоре оно сменилось принципом актуализма (фон Гофф, Лейель). С началом гляциального исследования в 19ом веке для исследования месторождения Бургтонны стали актуальными новые точки зрения и задачи.

The present paper shows the development of scientific research of the Burgtonna travertine deposit in Thuringia (district of Erfurt) in the light of the different predominant doctrines. A brief review of the property conditions in feudal times is followed by a description of the famous dispute between the historiographer WILHELM ERNST TENTZEL of Gotha with the Collegium medicum there, a first culmination in the exploration of the deposit. Although TENTZEL was defeated, he was fully acknowledged after his death. Relationships with the biblical Deluge doctrine still entirely accepted by both parties including TENTZEL and LEIBNIZ are also investigated, were, however, still left at the margin of the discussion. While TENTZEL could already make an end of the freak-of-nature hypothesis, it was only CUVIER who overcame the Deluge doctrine. The latter was ruling some time the research of Tonna (BLUMENBACH), but was rapidly replaced by v. HOFF/LYELL'S principle of actualism. With the arising glacial research in the 19th century new aspects and problems were also raised for Burgtonna.

2. Einleitung

Zur Geschichte der Tonnaer Travertinbrüche

Der Beginn der Burgtonnaer Travertingewinnung verliert sich im Dunkel der Geschichte. Schon zu Ende des 17. Jh. reichte die Tradition der dortigen Einwohner nicht über die Zeit des 30jährigen Krieges hinaus zurück.

Die erste sichere Datierung verdanken wir dem Weimarer Bergrat Joh. Heinr. Voigt (1786).[1]) Er las in der zweiten Kammer des alten Abbaues die Jahreszahl 1564 und in der vierten die Zahlen 1619 und 1622 neben dem Namen „Poppo". Voigt bezieht sie wohl richtig auf Flüchtlinge während des 30jährigen Krieges, eine Annahme, die durch Aussagen der Dorfbewohner gestützt wird. Diese gaben 1765 an, ihre Vorfahren hätten ihre Habseligkeiten während des 30-jährigen Krieges und im letzten Kriege (7jährigen) in diesen Höhlungen geborgen. Voigts sehr zurückhaltendes Urteil betr. der Jahreszahlen ist also wohl übertrieben, zumal auch der Name Poppo Ende 17. bis Anfang 18. Jh. in dieser Form als Familienname in den Tonnaer Amtshandelsbüchern auftaucht; spätere Form ist „Poppe". Auf diese „Kammern" (Höhlen) wäre weiterhin noch zurückzukommen. Sie wurden in späteren Zeiten von den Bauern vielfach als Keller benutzt.

Daß auch im weiteren Verlauf des 17. Jahrhunderts der Abbau nicht ruhte, beweist eine Akte des Marburger Staatsarchivs, in der eine Ausgabe verbucht ist für den Bruch von Graukalk zum Bau des Schlosses in Gräfentonna, und auch die 1682 beginnenden Gemeinderechnungen des Dorfs Burgtonna weisen regelmäßig Posten aus, die die Kalkgrube betreffen.

Ursprünglich hat es nur eine Produktionsstätte gegeben. Als 1677 die Herrschaft Tonna durch Kauf aus dem Besitz des Grafen von Waldeck-Pyrmont in den des Herzogs von Gotha überging, änderte sich das Bild. Der neue Herr legte bereits 1678 einen herrschaftlichen Bruch an, über den mir allerdings nichts näheres bekannt geworden ist. Vielleicht hat er auch nicht lange bestanden, denn seine Anlage führte bald zu Beschwerden und Schadenersatzansprüchen der Bauern wegen der schweren Schäden an ihrem Ackerland, entstanden durch die Fuhren, den Abraum usw. Sie supplizieren daher um Ermäßigung ihrer Lasten als Ausgleich für den angerichteten Schaden und werden hierin von ihrem Amtmann Bachusius unterstützt. Er weist darauf hin, daß 38 Burgtonnaer Einwohner betroffen seien und 18—20 Äcker (andernorts wird die Zahl 24 genannt) guten Artlandes „durch aufgraben und continuirliches Fahren zu Ew. Hochfürstl. Dchl. Steinbruch gantz verderbet worden."[2]) (Hist. St.-Arch. Gotha, Kammerarch., Amt Tonna: Nr. 342: Acker zum Steinbruch kommen betreffend" 1685). Die Eingabe hat Erfolg gehabt, vermutlich auch deswegen, weil den Bauern ein codificiertes Recht zur Seite stand, enthält doch die „Beschreibung des fürstl. Amtes Tonna" (Geh. Arch. St.-Gotha 0 0 II, 27a[3]), S. 42 folgende Bestimmung:

„Tit. V. Vom Steinbruch.

Gnädigste Herrschaft hat auch das Recht, Kalck und Mauer Steine in der Unterthanen Land zu suchen und brechen zu laßen, iedoch wenn das Land dadurch unbrauchbar und öde wird, versehen sich die Unterthanen, daß ihnen dafür ein aequivalent gethan werde."

Der ältere Bruch war Gemeindebesitz (vielleicht aus einer Almende hervorgegangen) und wurde „seit langen Zeiten her" an einzelne Einwohner verpachtet. Als solche Pächter erscheinen in den Gemeinderechnungen des Dorfes Mitglieder der Familie Zautner (1682/83), Tellemann (1692/93), Schemmel (1695) und 1765 erwähnt Hase einen Mann namens Holzhäuser als ehemaligen Pachtinhaber. Das Besitzrecht der Gemeinde hat sicher mindestens bis Ende des 18. Jahrhunderts bestanden; allerdings mußte nach Hases Angabe schon bis 1765 die Grube wegen Baufälligkeit zweimal verlegt werden.

Im ersten Drittel des 19. Jahrhunderts veränderte sich die Situation. Es entstanden jetzt — ob unter der Wirkung der Freizügigkeit? — Privatunternehmen, ein Zustand, der bis 1945 anhielt, d. h. bis zur Gründung des VEB-Betriebs.

Leider ist mangels Unterlagen die genaue Entstehungszeit der einzelnen Brüche aktenmäßig nicht mehr erfaßbar. Auch die Kataster versagen, da in ihnen unter der Sammelbezeichnung „Äcker" auch der Bruchbetrieb enthalten ist. Nur ein einziges Mal taucht die Bezeichung „Steinbruchsbesitzer" auf. Hoppe nennt 1938 sechs Gruben: Keppler, Hey, Haun, Wolf, Stein und Landmann. Außerdem erscheinen bei Schäfer (1909) noch die Namen Grünkorn und Zautner. Wenn Reinhardt (1892) behauptet, die beiden ersten hätten schon 1825 bestanden, so steht das im Widerspruch zu einer Mitteilung von Herrn Karl Keppler in Gräfentonna, die mir Herr Pfarrer Braun daselbst freundlicherweise vermittelte. Danach hat der Großvater des erstgenannten, Karl Robert Käppler († 21. 11. 1913), den Bruch um 1887 angelegt, und wenig vorher habe Karl Heinrich Friedrich Hey mit dem Abbau begonnen, wobei beide Unternehmer italienische Arbeiter verpflichtet hätten. Bei dieser Gelegenheit fiel auch noch der Name Fink als Grubenbesitzer.

Zu Anfang geschah der Abbau wohl in der Form eines Raubbaus. Es wurde einfach da eingeschlagen, wo es der Bedarf gerade erforderte. Daraus entwickelte sich jedoch schon frühzeitig — spätestens Ende des 16. Jahrhunderts — eine in Anbetracht des Materials sehr merkwürdige Form des Abbaus. Voigt (1786) bezeichnet sie mit dem bergmännischen Ausdruck als „unregelmäßigen Pfeilerbau". Eine Skizze dieser Anlage und eine kurze, anschauliche Schilderung findet sich im unten wiedergegebenen Bericht Hases von 1765 (Taf. 8). Wie Kaufmann (1957) mitteilt, wurden diese Gänge vor wenigen Jahren wieder aufgefunden. Ihre Entstehung erklärt sich aus der Art des zu gewinnenden Fördergutes. Es war, wie Kaufmann es ausdrückt, ein Bergbau auf Scheuersand.

Auf diesen war das Interesse der Burgtonnaer Bauern ganz vorwiegend gerichtet, er wurde nicht nur für den örtlichen Bedarf gewonnen, sondern stellte auch ein Ausfuhrgut dar, wobei noch der Vorteil hinzukam, daß diese weichen Partien mit der Radehacke leicht zu gewinnen waren. Die festen Tuffbänke hingegen ließ man als Sicherheitspfeiler stehen und gewann sie nur ganz gelegentlich als Material für den Hausbau. Erst sehr spät — wohl seit Beginn des 19. Jahrhunderts — wurden auch sie Ziel des Abbaus. So geben Hoppe (1938, 1939) und Gesang (1962) als Produkte an: Werksteine, Bruchsteine, Packlagersteine, aber auch immer noch Baukies und Bausand (Sandmahlwerk des Bruches Haun), ein Zustand, wie er heute noch besteht. Für die chemische Industrie ist das Gestein nur begrenzt verwendbar, wie die bei Gesang (1962, S. 62) wiedergegebenen Analysen ergaben.

3. Die ältere Forschung (1695—1860)

3.1. Tentzel und seine Zeitgenossen Streit mit dem Collegium medicum

Es konnte nicht ausbleiben, daß bei einem so ausgedehnten und langandauernden Steinbruchsbetrieb schon sehr frühzeitig organische Reste gefunden wurden, in erster Linie natürlich so auffällige Dinge wie Säugetierknochen. Aber alles das — genannt wird unter anderem ein Geweihstück —

ging der Wissenschaft verloren, da man damals darin ein Heilmittel „Unicornu fossile“ sah. Die Leute stürzten sich geradezu darauf, und was sich die Einwohner nicht einfach aneigneten, ging in die Apotheken oder auf die Messen, besonders nach Leipzig.

Die große Zeit Burgtonnas beginnt mit dem Dezember des Jahres 1695. Bei den Arbeiten in den Tuffhöhlen fand sich das vollständige Skelett eines Tieres, das wir heute als *Palaeoloxodon antiquus* (FALCONER) kennen. Wie bei solchen Gelegenheiten üblich, wurde an die herzogliche Kammer eine Mitteilung gegeben, und diese forderte vom Tonnaer Amtmann einen umgehend einzureichenden Bericht an:

Nachdem Bericht eingelauffen, daß bey Burg-Tonna ein Riesengerippe von ungewöhnlicher Größe ausgegraben worden; Als wird dem Amtmann aus Tonna L^{t}. Hieronymo Bachusio hierdurch befohlen, deswegen genauere Erkundigung einzuziehen, und woferne es sich also damit verhält, sothanes Gerippe zusammen bringen zu lassen und selbiges ohne Verzug anhero zuschikken.

Signatum Friedenstein den 11. Januar: 1696

Fürstl. Sächß. zur Cammer verordnete Director und Räthe daselbst.

J. Jacobs

Dem Amtmann zu Tonna
L^{t}. Hieronymo Bachusio.

Der Amtmann gab im üblichen Geschäftsgang die Anweisung an den Heimbürgen des Dorfs Burgtonna weiter, und dieser übersandte folgendes Schreiben:

Bericht

An das Fürstl. Amt Tonna, von dem Heimbürgen, Andreas Lorenzen zu Burgtonna, in der Sandgrube daselbst, der gemeine Anger genannt, gefundene Gebeine betr.

Es ist alhier zu Burgtonna auf dem Gemeinde-Anger eine Sand-Grube, welche dem Schützen, George Schemmel verpachtet ist, daß Er den Sand, welchen fremde Leuthe brauchen, zu verkauffen Macht habe; Darinnen hat er im Anfang des Decembr. 1695. gefunden etliche schrecklich große Beine, darunter Eins hohl, und 2. Spannen lang gewesen und 19. Pfund gewogen. Ferner, Eine Kugel, welche im Gelenck in der Pfanne gestanden, größer als eines Menschen-Kopff, und 9. Pfund gewogen, weiter Ein größer Bein, so $^{5}/_{4}$. Ellen lang, 2. Spannen breit, und gleich einem Schulderblat anzusehen war, hat 32. Pfund gewogen.

Solches hat man dem Fürstl. Amt berichtet, welches die Verordnung gethan, daß man fleißig nachgraben „die Gebeine zusammen halten, und was ausgegraben und gefunden worden, hiervon baldigen Bericht zu fernerer Verordnung erstatten sollte;

Solches ist auch geschehen, und durch den Schützen, Hanß George Schemmeln und Hanß Caspar Zautnern, nach dem neuen Jahre, nach Auftauung des Frostes, wieder angefangen worden zu graben, welche haben gefunden Ein Rückgradt daran noch etliche Stücke Rippenn gestanden, aber alles ganz mürbe und zerschmettert; Nach demselben haben sie weit im Sande hinein zwey größere Kugeln als die vorige, angetroffen, samt den zugehörigen Knochen, welche nicht ganz herauszubringen gewesen, und deswegen nicht gewogen werden können, und dann noch ein solch großes Bein, welches abermahl einem Schulder-Blate gleichgesehen, $2^{1}/_{2}$. Spannen breit und 2. Ellen lang, neben andern großen Knochen aus denen Knien, die man nicht alle beschreiben kan. Noch weiter hat man gefunden, das Halß-Genicke, welches in die Runde 4. Spannen Dicke und 2. Spannen hoch, oben drauf ein Würbel etwas spitzig, woraus man vermutet, es müßte der Kopff nicht weit seyn, aber alles mürbe.

Als man nun auf der lincken Seite sahe 2. Röhren aneinanderliegen, so arbeitete man denselben nach, der Meynung dieselben ganz heraus zubringen, aber es konnte nicht seyn; so fand man dann den Kopff mit 2. großen abscheulichen Kinbacken, welche hinten $^{5}/_{4}$. Ellen von einander stunden, und war jeder $1^{1}/_{2}$. Ellen lang. im Rachen waren 4. große Zähne, deren jeder $1^{1}/_{2}$. Spanne lang, 1. Spanne hoch, und 3. Zoll breit, jeder am Gewicht 12 Pfund: Die Hirnschale war über dem Kinbacken in die Quere $^{7}/_{4}$ Ellen breit.

Diesen abscheulichen Kopff auszuarbeiten hat man auf Verordnung des Fürstl. Amts von oben hinein gegraben $3^{1}/_{2}$ Claffter tief, da hat man denselben funden mit 2. großen Hörnern, welche am Kopff auf beyden Seiten aus der Hirnschale bey denen Augen heraus giengen, und waren 4. Ellen lang, forn spitzig und gelblichter Farbe, in der Mitte etwas krum gegen einander gebogen, und am Kopff so dicke als ein zweyspänniger Baum, welche über allen angewandten Fleiß nicht ganz behalten worden können, sondern durch wenige Bewegung in Viel Stücke zerfallen, davon die Stücke von einem Horn gewogen werden, welche ohne den Abgang 100. Pfund: hatten; diese Hörner oder Zähne giengen auf beyden Seiten auch in den Kopff hinauf $^{5}/_{4}$ Ellen lang und $2^{1}/_{2}$ Spanne dick.

Ob dieses ein Thier oder Foßile gewesen, wird auf vielerley Weise davon judicirt.

Burgtonna den 6. Februar 1696
Andreas Lorenz.
Heimbürger.

Daraufhin werden am 11. Februar der Heimbürge und zudem die Ausgräber ZAUTNER und SCHEMMEL eingehend vernommen und geben zu Protokoll:

Actum Tonna, den 11. Febr: 1696

Wurde der Heimbürge von Burgtonna, Andreas Lorenz und Hanß George Zautner, nebst Hanß George Schemmeln, wegen der daselbst ausgegrabenen Gebeine auf fulgende Punkte befraget:

1.

Wann und wie man angefangen dieselben zufinden, und wie groß und wie schwehr jedes gewesen?

ad 1. Resp.:

Der Anfang wäre im Decembr. 1695. gemacht worden, da der Schüze Hanß G. Schemmel, welcher die Sand-Grube in Pacht habe, anfangs etliche große Beine da eins inwendig hohl gewesen, von 2. Spannen lang, und am Gewichte 19 Pfund gefunden.

2.

Sonderlich wäre zu wünschen, daß man das eigentliche Maaß von der Größe und Gestalt des Kopffs genommen hätte.

ad 2.

Das Maaß vom Kopff hätte man nicht nehmen können, weil ein und ander Stück, wegen der Mürbe, davon zerfallen, doch hätte man gemeßen daß die 2. große Kinbacken jeder $1^{1}/_{2}$ Ellen lang gewesen, im Rachen wären 4. große Zähne gefunden worden, deren jeder $1^{1}/_{2}$. Spanne lang 1. Spanne hoch, 3. Zoll breit, und 12. Pfund am Gewicht gehabt. Die Hirnschale wäre über den Kinbacken in die Quere $^{7}/_{4}$. Elle breit, und oben über dem Kopff von einem Auge zum andern, die man gar eigentlich, gleich den Ohr-Löchern kennen können, wären auch $^{7}/_{4}$. breit gewesen.

3.

Ob die langen forn heraus stehende Zähne, über und über glatt gewesen, wie die eine noch vorhandene Spize?

ad 3.

ja! sie wären über und über glatt, gleichwie die eingeschickte Spize, und gelblichter Farbe gewesen, Ein Zahn hätte auch aufs wenigste, ohne den Abgang, 100. Pfund gewogen, und 4. Ellen lang, die Zähne oder Hörner wären auf der rechten Seite des Kopffs 1. Elle lang, bis hinauf in die Hirnschale gangen, der andere auf der lincken Seite gleichergestalt, und die Dicke aus dem Kopff wäre wie ein 2. spänniger Baum gewesen, hernach allsacht die Dicke abgefallen, sich forne zugespizt, und wären die Zähne einander ganz gleich, und gegeneinander etwas eingekrümmt gewesen.

4.

Ob wahr, daß ein Bauer eine oder mehr Hände voll, roth und festten Sand bey denen Gebeinen gefunden?

ad 4.

In denen Röhren hätte druckener aber kein festter Sand, so etwas röthlich geschienen, gelegen.

5.

Ob man sonst um dieselbe Gegend, noch mehr solche Beine ausgegraben, und ob nichts mehr davon vorhanden?

ad 5.

Nein, wüßte sich niemand zu erinnern; außer daß vor 2. Jahren etliche Stücken Beine in der Gruben gefunden worden, deßwegen die Leuthe den Sand nicht haben wollen, biß man auf der Seite eine andere Grube gemacht, und wiederum guten Sand bekommen; hielten dafür: daß die vorher gefundenen Beine müßten von denen leztern gewesen seyn, in der Grube spürte man anjezo weiter nichts von Gebeinen.

6.

accurat zu meßen, wie hoch die schwarze Erde, auf dem Sand-Hügel sey?

ad 6.

Ist ausgemeßen, und befunden worden, nehmlich: Von oben herein in die Sandgrube trifft man an: 2. Ellen tief schwarze Erde. dann, $1^1/_2$. Ellen grau und steinigter Sand, ferner 3. Ellen tief Thonichten Sand. 3. Ellen tief, wieder grau und steinigten Sand. und von dar $1^1/_2$. Ellen tief weißen und reinen Sand, welcher tiefer hinein also bleibet, und in diesem Sande sind die Gebeine ausgegraben worden.

7.

Ob der Ort schon vor Alters das Riesen-Grab geheißen?

ad 7.

Es hieße der Gemeine-Anger, wüßte kein Mensch von einem Riesen-Grabe etwas.

8.

Ob die Burg der Grafen von Gleichen, nahe bey dem Sand-Hügel gestanden?

ad 8.

Bey der sogenannten Oehl-Mühle, wäre ein Berg, den hieße man die Burg, bestünde in einer Hufe Land; man wiße aber nicht wovon der Nahme herkommen wäre; hätte niemahls jemand gehöret, daß da eine Burg gestanden, weniger daß die Grafen von Gleichen eine Burg da gehabt.

9.

Obs wahr, daß alte Bauern daselbst, von einem Elephanten zu sagen wüßten, der vor etwa 150. Jahren von einem Kauffmann hingebracht, aber gestorben, und daselbst eingescharrt worden?

ad 9.

Wüßte kein Mensch von dieser Historie etwas.

Hierbey haben die Gräber gedacht, daß die Gebeine zwar aneinander, doch wo ein Gelenck gewesen, solche theils Hand- und halbe Handbreit von einander gelegen, auch der Halß von dem Kopff eine halbe Elle von einander; daraus zu muthmaßen daß es kein Gewächs, sondern ein Thier gewesen.

Diesen Bericht gibt Bachusius mit einem Begleitschreiben weiter:

Durchlauchtigster Herzog

PP

es ist vor 14. Tagen mit denen Gothaischen Gazetten inliegendes Briefl. jedoch ohne Unterschrifft, mir zugeschickt, und verlanget worden, über die darinne enthaltene Frag-Puncte, wegen derer in einer Sand-Grube zu Burg-Tonna ausgegrabenen ungemeinen Gebeine, Nachricht zu ertheilen.

Hierauf habe zwar sowohl diejenigen, welche zu solchen Ausgraben sich gebrauchen laßen, als die sonsten hiervon ein und anderes wißen mochten, besage der Beylage vernommen, doch aber ohne meinen vorhero an Ew. Hochfürstl. Durchl. unterthänigst erstatteten Bericht, jemanden etwas zu communiciren, Bedencken getragen. Und dieweilen nunmehro der Heimbürge zu Burg-Tonna, Andreas Lorenz anbefohlenermaßen, mit seinem Bericht, wie es von Anfang biß zum Ende, mit Ausgrabung dieser Gebeine zugetragen, wie schwer ein und anderes, so nicht gar zerfallen, gewogen, und was sonst dabey considerabel gewesen, angezeiget; Als habe solches nebst demjenigen was unter diesen ausgegrabenen Gebeinen und Gerippen vor das Genicke gehalten wird, und neulichst nicht mit überbracht worden, sondern bishierher im Fürstl. Amt verwahrlich liegen blieben, gehorsamst überschicken sollen p p

Tonna, den 18. Febr. 1696 pp Hieronymus Bachhusius.

Die Befragungen wurden später noch zweimal wiederholt, und sie sollten dem Tonnaer Amtshandelsbuch eingefügt werden. Das Original konnte ich nicht finden, doch besitze ich durch die Güte von Frau M. Deubel eine zeitgenössische Kopie. Wegen des großen Interesses, das die beiden Aussagen verdienen, seien sie im Wortlaut wiedergegeben. Die erste Einvernehmung erfolgte am 24. März und lautet:

Actum im Fürstl. S. Amt Tonna, den 24ten Mart: 1696

Wurden diejenigen, nahmentlich: Hanß Caspar Zautner und Hanß George Schemmel, von Burg-Tonna, welche die ungemeinen Gebeine und Rippen in einer Sand Grube daselbst angetroffen und ausgegraben, auf Begehren, auf folgende Fragen anderweit vernommen.

1.

Wird von der schwarzen Erde und dem dreyfachen Sande, und zwar von jeden ein paar Hände voll, verlanget,

Resp: ad 1.

fiat, sobald man vor dem Schnee in der Grube darzu kommen kan.

2.

Ob in allen diesen viererley Arten Sand und Erden, oder nur in etlichen, und in welchen, die kleinen Schneckgen wachsen?

ad 2.

Würden hin und wieder, auch im Leimen, dieser Orten kleine Schneckgen gefunden.

3.

Ob auch Löcher oder Zellgen auf der Hirnschale gefunden worden, so durch den Kopff hinein gegangen?

ad 3.

Der ganze Kopff wäre lauter Bein gewesen, wann man ein Stück herunter genommen, hätte man gesehen, daß alles hohl wie eine Hirnschale, und so löchrig wie ein Ameißhügel, aber alles ganz mürbe gewesen.

4.

Ob der Kopff inwendig hohl, und voll kleiner Zellgen gewesen?

ad 4.

Der Kopff wäre wie vorgesagt, löchrig und von Bein gewesen, dazwischen sich der Sand gesezet, wo die Augen und Ohren gestanden, hätte man gar eigentlich sehen können.

5.

Wie eigentlich, und um welche Gegend die Beine gegen einander gelegen, und gefunden worden?

ad 5.

Der Kopff hätte gegen Morgen gelegen, die Gebeine alle auf eine Röhre daran. Das lincke fordere Bein wäre vor sich, neben dem Kopff hin, das rechte fordere Bein unter den Leib hinunterwerts, in der Pfanne gekrümmt, gelegen, das rechte Hinterbein wäre gleich Anfangs beym Sand-Graben, als man nicht gewußt was es gewesen, ausgegraben, und Stückweise vertragen worden.

6.

Weilen ein ieglicher Elephant 8. Back-Zähne hat, und deren nur 4. gefunden worden, welche gegen einander gehalten so viel zu erkennen gegeben, daß deren noch 4. hätten da seyn müßen; ob diese nicht auch gefunden?

ad 6.

Es wäre am Kopff das unter und Ober Maul gar eigentlich zu sehen gewesen; Das Unter-Maul wäre auch gefunden worden; auf jeder Seite des Kopffs wäre unten ein großer Zahn, und oben wieder dergleichen, und also auf beyden Seiten die Zähne auf einander gestanden, mehr hätten sie nicht gefunden, und könnten keine Zähne mehr da seyn; Doch wolten sie, wann sie vorm Schnee darzu kommen könnten, weiter nach graben.

7.

Ob man nicht den Nahmen des Kauffmanns erfahren könne, der nach den Regeln der Indianer, aus denen beyden forn heraus ragenden grossen Zähnen oder Hörnern geurteilt, der Elephant müßte über 200. Jahre alt gewesen seyn?

ad 7.

Hanß Caspar Zautner antwortet hierauf: daß er den Kauffmann nicht kenne wie er heiße, oder wo er her sey; Er hätte aber von einem Gespahn, welchen er iezo nicht zu nennen wüßte, und der den Elephant in der Sand-Grube zu Burg-Tonna gesehen, gehört, daß er dergleichen Zähne mehr gesehen habe.

Wahrscheinlich veranlaßt durch diesen Bericht richtet der herzogliche Historiograph Tentzel an Bachusius ein Dienstschreiben folgenden Wortlauts:

P. P.

Hochgeehrter Herr Amtmann.

Demnach ich Gestern mit etlichen guten Freunden in ein Gespräch vom Tonnaischen Elephant gerathen, und aus ihrem Discours ein und anderes, welches noch zu untersuchen, angemerkt; Als habe solches hiermit communiciren, und dabey dienstlich bitten wollen, es zu denen übrigen Fragen zu schreiben, und die Gutheit zu haben, daß es auch erörtert werden möge.

1.) Ob nicht von alten Leuten oder sonst Nachricht vorhanden, wegen der großen Waßer Fluth 1558. Da zu Burg Tonna ein Kind wunderbarer Weise erhalten worden, ob dieselbe über den Sand-Hügel, worinne iezo die Beine ausgegraben worden, gegangen?

2.) Was vor Beine vor 2 Jahren in dieser Grube gefunden worden? oder ob sonst die Gräber sich erinnern können, daß sie alle Vier Beine des Elephanten ausgegraben?

3.) Was als vor 2. Röhren im Bericht des Heimbürgens mit diesen Worten angezeigt: als man nun auf der lincken Seite sahe 2. Röhren aufeinander liegen so arbeitete man denselben nach etc: obs die 2. Röhren der fordern Beine gewesen?

4.) Ob sie auch Ribben gefunden?

5.) Ob sie nicht den Rückgrat gemeßen, oder deßen Länge sich ohngefehr noch erinnern können?

Ich höre, es soll vieles davon nach Leipzig, Erfurt, Arnstadt, Langensalz, Nordhausen und andere Orte gebracht seyn; sollte man nicht wißen können. ob es von Ribben oder Kugeln, oder andern Beinen gewesen? Denn, unser Wiederpart, so es vor ein Fossile ausgiebt, opponiert vornehmlich, wie ich höre, es wären nur zwey Beine da, welches ich zwar schon aus des Heimbürgens Bericht wiederleget, darinnen dreyer Kugeln Meldung geschieht, und kan wohl seyn, daß vor 2. Jahren oder sonst, die 4. Kugel gefunden worden,/: deshalben ich droben die andere Frage gesezet:/ ferner ist mir gesagt: daß der Heimbürge selbst den rothen fetten Sand, davon ich in vorigen Puncten gefragt haben, und hier was gegeben haben soll, davon ein anderer eine Meßer Spize voll gegeßen, der mich versichern wollen daß es kein Sand sey. Ich bitte dienstlich, mein hochverehrter H. Amtmann wolle hierunter nichts ermangeln laßen, alles zu erforschen, und mir sobald möglich, Anthwort zuertheilen, weil ich gesonnen, noch vor der Leipziger Meße einen lateinischen Bericht davon drucken zu laßen, und nebst etlichen Stücken in Italien zu schicken. Verbl. im übrigen

Gotha, ergebenster Diener
den 28. Mart.: 1696 Wilhelm Ernst Tenzel

An H. Amtmann Bachusius zu Tonna

P. P.

In dieser Stunde kommt ein guter Freund zu mir, und berichtet, daß er von einem Schäfer alhier vernommen, als ob zu Tonna noch ein Elephant, neben dem gefundenen, stecke.

1.

Ob nicht von alten Leuten, oder sonst Nachricht vorhanden wegen der großen Waßerfluth de anno 1558. Da zu Burgtonna ein kleines Kindl. wunderbarerweise erhalten worden, ob dieselbe über den Sand Hügel, worinnen man jezo die Gebeine ausgegraben, gegangen?

2.

Was vor Beine vor 2. Jahren in dieser Grube gefunden worden? ob auch eine Kugel dabey gewesen? oder sonst die Gräber sich erinnern können, daß sie alle 4. Beine des Elephanten ausgegraben.

3.

Was mit 2. Röhren im Bericht des Heimbürgen, mit diesen Worten anzeigt:

als man nun auf der lincken Seite sahe 2. Röhren auf einander liegen, so arbeitete man denselben nach p. p.

Ob die 2. Röhren die Vorder-Beine gewesen?

4.

Ob sie auch Ribben gefunden?

5.

Ob sie nicht das Rückgrat gemeßen, oder deßen Länge sich ohngefähr noch erinnern könnten?

Worauf ich alsobald zum He. Cammer-Rath Kühnhold gegangen, welcher sagte: Wenn nur gewiße Anzeigungen vorhanden, so wolten Sie hier in der Fürstl. Cammer schon Anstalten machen daß auf dero Kosten das ganze Sceleton ausgegraben werde.

Wolle demnach mHe. Amtmann mit nächsten Gewißheit davon einziehen, auch die versprochene Antwort auf meine andern Fragen ehestens zuschicken, weil der He. Cammer-Rath nun vor den Feyertagen nicht nach Tonna kömmt, Hingegen sagt man: Derer Medicorum judicium vom Foßili, sey schon unter der Presse.

p. Verbl.
mHe. Amtmanns
ergebenster Diener
W. E. Tenzel.

Gotha,
den 6. April: 1696
eyl.
an He. Amtmann
Bachusius zu Tonna.

Auf dieses Schreiben hin verfügt der Amtmann eine zweite Zeugenvernehmung:

Auf die den 28. Mart. 1696 überschickte Fragen.

Resp.: ad 1.

Diese Waßer Fluth wäre bekannt, und wäre die Jahr Zahl noch in der Kirche zu Burgtonna, und ein Strich dabey, wie hoch solche Waßer Fluth gegangen, zu sehen: das Waßer wäre so noch nicht gestiegen, sondern nur eine Handbreit über die Weiberstühle in der Kirche gegangen, Wenn die Waßer Fluth über den Sand Hügel gegangen wäre, hätte das ganze Dorff verschwemmet werden, und alles ersaufen müßen.

ad 2.

Sie hätten das ganze Thier gefunden, wie denn der Bereuter zu Döllstädt, ein Stück vom Schwanz mitgenommen; Die Leute hätten gemeynet es wäre Einhorn, darum wären sie so darnach gelauffen, es wäre aber alles gar zu mürbe gewesen, und zerfallen, die vor 2. Jahren gefundene Gebeine wären eben an diesem Ort mit dem Sande ausgegraben worden.

ad 3.

Dieses wären die Röhren am Untertheil, unterm Knie des fördern lincken Beins gewesen.

ad 4.

Ja, es wären aber alle zermalmt gewesen

ad 5.

Der Sand hätte das Rückgrat von einander gedruckt, und hätte man solche Stückweise heraus gebracht; es hätte alles gar weit auseinander gelegen; es wäre kein Gewächß, sondern ein Thier gewesen; Die Beine davon, wären etliche hohl gewesen, daß man mit der Faust durchfahren können, wäre auch darinn viel rother Sand gesteckt, man hät aber nicht gewußt was es wäre.

Was ein Gothaischer Schäfer ausgesprengt, ob solte noch ein Elephant in dieser Sand-Grube, neben dem Gefundenen stecken; davon weiß man alhier nicht das geringste.

Die Ursache von Tentzels Anfrage war die, daß sich inzwischen einiges ereignet hatte. Herzog Friedrich II., selbst naturwissenschaftlich interessiert, hatte mit Gefolge, in dem sich auch Tentzel befand, eine, wie wir heute sagen würden, Lokalbesichtigung vorgenommen und sich an Ort und Stelle informieren lassen. Um Klarheit über den Fund zu erlangen, forderte der Herzog ein Gutachten des Collegium medicum zu Gotha ein. Dieses wurde bereits am 14. Februar 1696 erteilt und liegt als Druckschrift vor (Taf. 1, Fig. 1). Zudem besitze ich eine dem Haseschen Bericht beiliegende Abschrift.

Im wesentlichen handelt es sich hierbei um die Frage, ob es sich bei dem Fund um ein zufälliges

Gebilde, ein „Naturspiel“ handelt oder um die Reste eines einst wirklich lebenden Tieres. Merkwürdigerweise tritt das Collegium der ersteren Deutung bei und begründet seine Entscheidung unter Aufwand von einer Menge Gelehrsamkeit. Die entscheidende Stelle des Gutachtens lautet:

„Wir halten aber dafür, dass diese Ossa oder . . . vielmehr Cornua mit Recht *Unicornu fossile* können genennet werden, weilen sie mit demselben in allen Stücken übereinkommen. Denn, daßelbe insgemein also beschrieben wird, daß es ein mineralisch Gewächß sey, welches seinen Ursprung habe von einer fetten und Thonichten Erde, zu Latein *Marga* genannt, und einem mineralischen Waßer, so sich mit derselben genau vermische und an dem Ort, wo es coagulire und in Stein verwandelt werde nach Beschaffenheit deßelben Orts und derer mit sich führenden Dinge mancherley Figuren formire . . .

Wenn wir nun das unsrige, so zu Burgtonna gefunden worden, ansehen, so giebet nicht allein der Augenschein, daß solches ein mineralisches Gewächs sey, sondern es bestätigen auch deßen *principia constructiva*, nehmlich die Thonichte fette Erde und das mineralische Waßer, aus welchem es tief in der Erde erwachsen und entsprungen . . .

Dieses mineralische Waßer ist sonder Zweiffel auch die Causa efficiens der Concharum oder Schnecken-Häußer, so in dieser Erden gefunden werden . . .

Wie nun dieses *Aqua lapidescens* seiner von Gott eingepflanzten Natur nach, an diesen Ort Schnecken-Häuser zu wege bringt, so formiret sie anderen Orten Bilder, von unterschiedenen Arten Kräuter und Thiere, als Vögel, Schlangen, Fische und Menschen . . .“.[4])

Im weiteren sucht das Collegium den Einwurf, es könne sich um Elefantenknochen handeln, durch den Hinweis zu entkräften, daß dann die Knochen nicht wie es der Fall sei *„destruiret“* (das heißt frei von organischer Substanz) sondern *„conserviret“* sein müßten. Zudem bleibe die Frage, wann Elefanten nach Deutschland hätten gelangen können. Das Gutachten faßt dann zusammen:

„Hieraus ist nun sicher zu schließen, das dieses *Foßile* ein *Minerale* sey, so in dem Sande oder *Marga arenosa*, gleichsam in *sua matrice*, alwo es nach und nach gezeuget worden, gelegen, nicht aber ein animale, so dahin vergraben worden.“

Das Collegium medicum hatte also so etwa die Vorstellung von der Bildung der Fossilien, wie sie uns heute betr. der Entstehung der „Lößkindl“ geläufig ist.

Eine ganz andere Meinung vertrat der schon genannte Historiograph Wilhelm Ernst Tentzel.[5]) Noch im Juni gleichen Jahres erschien seine später so berühmt gewordene Schrift „Epistola de sceleto elephantino Tonnae nuper effosso ad Virum toto orbe celeberrimum Antonium Magliabechium.“[6]) (1. Aufl. Gotha, 1696, 2. Aufl. Jena 1696, [Taf. 1, Fig. 2]), die auch in einer deutschen Fassung vorliegt (Jena 1696, Taf. 2, Fig. 1). Hierin verficht Tentzel mit aller Entschiedenheit die These, daß es sich um die Reste eines einst wirklich lebenden Tieres handele, und zwar um die eines Elefanten. Nach einem einleitenden Fundbericht, der mit dem des Heimbürgen Lorenz übereinstimmt, führt Tentzel seine Gründe an, die für die Tierreste und gegen eine Zufallsbildung (Naturspiel) sprechen.

Seine sehr feinsinnige Beweisführung geht zunächst auf den Hinweis hinaus, daß bei fossilen Knochen die Markhöhlen zu beobachten seien, wohingegen bei dem „Unicornu fossile“ solche nie vorlägen, sondern stets eine durch und durch solide Substanz. (Gemeint Tropfstein u. ä.)

Geradezu als modern zu bezeichnen ist sein Einfall, den Knochenfund vergleichend anatomisch zu behandeln, indem er ihn mit einem von Moulin[7]) 1681 zu Dublin in Irland untersuchten afrikanischen Elefanten vergleicht. Einen weiteren Beweis für das Vorliegen eines Tierrestes sieht Tentzel in der Symmetrie des Skeletts. Der einzige größere Fehler, der ihm bei seinen Untersuchungen unterläuft, besteht darin, daß er den die Markhöhlen füllenden Sand für fossiles Mark hält. An diesem für den Gesamtbefund unerheblichen Irrtum haben Tentzels Gegner später gern eingehakt. Einwänden, daß etwa ein von Menschen verschlepptes, verscharrtes Tier vorliegen könnte, begegnet Tentzel mit dem Hinweis, daß einmal die Deckschichten völlig ungestört seien und zum anderen die wertvollen Stoßzähne vorlägen, die man doch sicher vor dem Vergraben ausgebrochen haben würde. Daß Tentzel diese Deckschichten und somit auch die Elefantenreste auf Verschwemmung durch die Wasserfluten der Sündflut zurückführt, ist bei dem Stand der Wissenschaften seiner Zeit eine Selbstverständlichkeit.

Ein solcher Angriff auf die Autorität einer amtlichen Behörde konnte damals nicht ohne bedenkliche Folgen für den Betreffenden bleiben. Das Gutachten des Collegium medicum vom 14. Februar 1696 ist noch als sachliches, amtliches Schriftstück zu betrachten, in dem sich die wissenschaftliche Auffassung seiner Mitglieder spiegelt. Allmählich aber beginnt die Auseinandersetzung scharfe Formen anzunehmen; es beginnt jener berühmte für die damalige Zeit weltweite Gelehrtenstreit, der, oft behandelt, in die Geschichte der Naturwissenschaften eingegangen ist (Pröscholdt 1881, Lang 1892, Zittel 1899, Florschütz 1905, Hölder 1960 u. a.). Die besten und eingehendsten Darstellungen dieses Kampfes verdanken wir Florschütz (1905) und, in etwas kürzerer Form, v. Freyberg (1932, S. 13—16).

Noch 1696 erschien die „Epistel eines medici über den zu Burg-Tonna ausgegrabenen vermeinten Elefanten“ (Taf. 2, Fig. 2). Schon der Titel zeigt die Tendenz der Schrift. Vf. stellt sich völlig auf den Standpunkt des Collegium medicum. Er bemängelt vor allem Tentzels Vergleich des Tonnaer Skeletts mit dem Dubliner Exemplar und fragt weiterhin, wie durch die Sündflut, doch ein stehendes Gewässer, ein Körper von Elephantengröße so weithin verfrachtet werden könne:

„Summa, weilen der autor der Epistel seines Elephanten-Conferierung mit dem Sceleto zu Dublin mit lauter zweifelhafften Worten beschreibet, also bleibe ich billig mit dem Collegio medico und anderen Medicis bei der Opinion dass solche zu Burg-Tonna ausgegrabenen Gebeine und Hörner keine animalia sondern fossilia und uno verbo Unicornu fossile.“

Im übrigen verstehe Tentzel nichts von solchen Dingen und falls ihn ein Medicus beraten habe, so habe der ihn „trefflich hinters Licht geführet"
Und weiter: „Zweiffelsohne hat der gute Sandgräber was er ihn gefraget, aus Furcht und Unverstand mit Ja geantwortet." usw.

Florschütz gibt an, Tentzels Gegenantwort sei nicht erhalten. Ich fand sie auf, allerdings nur im Manuskript. Sie lautet:

> „Kurtze Abfertigung der vermeinten Gegen-Antwort wegen des Tonnaischen Elephantens. aufgesetzt vom Historico Saxonico".

(durchstrichen: „Gedruckt im Jahre 1697" — also wohl ungedruckt geblieben). Die wichtigsten Sätze seien hier wiedergegeben. Betr. der Symmetrie des Skeletts — Tentzels wichtigstem Beweis — wird gesagt:

> „Ich bleibe nochmals dabey, das Collegium medicum zu Gotha habe die Symmetriam ex *praeconcepta opinione* ausgelaßen, und zwar mit Fleiß et studio, wie der He. selbst saget, weil sie nemlich in ihren Kram nicht diente."
> Vor einigen Wochen habe ein erfahrener Laborant aus einer vornehmen Reichsstadt (Nordhausen?[8])) weder Oleum noch Sal volatile gefunden. Trotzdem bleibe er dabei, daß es sich um ein Tier handle und diese Stoffe nur durch langes Liegen verloren habe. Dies sei auch Wedels[9]) (Taf. 4, Fig. 2) und Rivinus[10]) Meinung. Das Anschwimmen von Körpern aus Asien und Afrika erkläre sich einfach durch den Gewichtsverlust über tiefen Wassern.

Dagegen findet sich in Tentzels Akten (Ch 209, Bl. 209—213) ein Manuskript vom 25. 4. 1697, das offenbar auch im Druck erschien, gez. mit Christian Francke (Pseudonym für Tentzel): „Eilferige Antwort auff die Epistel eines Medici über den zu Burg-Tonna außgegrabenen Elephanten. Gedruckt im Jahr 1697." Mir lag allerdings kein Exemplar vor. Es ist inhaltlich vom vorhergehenden wenig verschieden.

Offenbar als Antwort hierauf ist eine Gegenschrift vom gleichen Anonymus gemeint, betitelt „Eilfertige Gegenantwort auf die eilfertige Epistel von dem zu Burg-Tonna vermeinten ausgegrabenen Elephanten, gedruckt 1697", die reichlich persönliche Angriffe enthält:

> „Ob solches einem Historico Saxonico, bei welchem die Wahrheit sein soll, wohl anstehe[11]), darüber will ich andere judiciren lassen ... kann aber nicht abnehmen, was Ihn nötiget, seine Hand in alienam messem zu stecken und die Medicos zu touchieren ..." etc.

Die Epistel schließt mit den Worten:

> „Ich werde dem Autori, weil ich an Wortgezänke keinen Gefallen habe, weiter nicht antworten, es wird aber bald ein Tractat de unicornu fossile herauskommen, darinnen seine eingebildeten Beweißthümer weitläufiger als bisher geschehen, examiniret werden sollen, biß dahin sich zu gedulten. Inzwischen lebe er wohl."

Ob dieses Tractat erschienen ist, ist unbekannt. Auch das Collegium medicum ergreift nochmals das Wort in der Druckschrift: „Defensio Unicornu Tonnensis contra Epistolam de sceleto Elephantino Tonnae effosso" (Gotha 1697).

Die Gegenschrift Tentzels lautet: „Defensio Unicornu fossilis Tonnensis contra Epistolam de Sceleto Elephantino Tonnae effosso a Collegio Medico Gothano editam." (Gotha 1697). Deutsch erschienen unter dem Titel: „Verteidigung des zu Tonna ausgegrabenen Einhorns/Wider ein lateinisches Schreiben von dem daselbst ausgegrabenen Elephanten-Cörper/etc. Welches das Collegium medicum in Gotha zum Druck befördert." (Gotha: Reyher 1697), (Taf. 3, Fig. 2). Wesentlich neue Gesichtspunkte bringen beide Schriften nicht; jede Partei beharrt auf ihrem Standpunkt.

Es konnte nicht ausbleiben, daß sich in dem Streit Parteien pro und contra bildeten, vor allem nachdem Tentzel seinen Brief an Magliabechi[12]) gesandt hatte (übrigens durch Vermittlung des Jesuitenpaters Daniel Papebrochius[13]) in Antwerpen, der das Schreiben am 3. August 1696 dem Adressaten zuleitete). In der Folge übermittelte Magliabecchi abschriftlich die gesamte von seinen italienischen Kollegen an ihn den Tonnaer Fund betr. gerichtete Korrespondenz und übersandte Tentzel auch einen handschriftlichen Auszug aus einer Rezension im Giornale di Letteres zu Modena (Ch 209, Bl. 411). Es ist nun für die deutsche Gelehrtenwelt recht bezeichnend, daß alle ablehnenden Stimmen von hier kamen. Die beiden schärfsten Gegner Tentzels waren die Ärzte Raab[14]) in Gotha (ich vermute in ihm den Verfasser der beiden oben erwähnten anonymen Drucke gegen Tentzel) und Schnetter[15]) in Altenburg. Unweit dieser Stadt war bei Paditz ein „Unicornu" ausgegraben worden (später als *Rhinoceros* erkannt). Schnetter erklärte es in einem Sendschreiben an Raab (1704) in ausdrücklichem Gegensatz zu Tentzel für ein „ebur fossile = corpus minerale" und in diesem Zusammenhang auch den Tonnaer Elefanten, dem er die Bezeichnung „Elefant" abspricht, angeblich in Übereinstimmung mit Wedelius (was den Tatsachen widerspricht).

Tentzel antwortet mit einer Rezension dieser Arbeit in seiner Curieusen Bibliothek (1704, S. 249 f), worin er seine Auffassung verteidigt. Diesmal wird er recht deutlich: „Sie könnten ruhig bei ihren alten Löchern bleiben, wenn sie nur andere bei ihrer Überzeugung ließen".

Hierauf antwortet Schnetter mit einer Druckschrift: „Antwort an einen guten Freund (Raab) wegen der Censur über sein Sendschreiben von den bey Altenburg gefundenen *Ebore fossili*" (Jena 1704). Wieder beanstandet er Tentzels Benennung des Tonnaer Fundes als Elefant und besteht sowohl für diesen wie auch für den Altenburger Fund auf der Meinung, daß alles „*pures minerale*" sei. Eine Verschwemmung durch die Sündflut komme zudem nicht in Betracht. Raab antwortet mit einer Druckschrift: „Antwort auf das Sendschreiben Herrn D. Johann Christoph Schnetters/Archiatri et Phisici subordinatis Altenburgensis über das daselbst ausgegrabene Unicornu oder Ebur fossile"

(Jena 1704), die völlig im Fahrwasser des Collegium medicum geht. RAAB meint, so schwere Körper könnten unmöglich bei der Sündflut aus Asien oder Afrika verfrachtet worden sein. Was den Tonnaer Elefanten anlange, so „spiele die Natur mannigfaltig", wie die Fossilien zu Manebach bewiesen. Das Mark sei lediglich roter Mergel mit Sand gemischt.

Eine recht anfechtbare Stellung nahm der Heilbronner Arzt JOH. MATH. FABER[16]) ein. Zunächst gab er sich den Anschein, als wolle er sich TENTZEL nähern. Er wandte sich in einem Brief (23. 8. 1696, Ch. 209, Bl. 1. 457/58) an die Gebrüder ZORN v. BLOBSCH (Taf. 5, Fig. 1) mit der Bitte um Vermittlung und einen kurzen Abriß betr. der Gebeine von Tonna: „Mir wäre sehr lieb H. TENTZELIO dessen rare Erudition ich rühmen höre, in Correspondenz zu treten. . . ." Dann aber verfaßt er eine recht gönnerhafte Abhandlung: „JOH. MATH. FABRI . . . de Ebore fossili Meletemata" (= Spectrum Elephantinum tonnense ? Cl.).

Hier begibt sich FABER völlig in die Gefolgschaft des Collegium medicum: „nobis nihil nisi Plasmae quoddam Naturae . . . subesse censitimus." Und dann herablassend: Laudamus porro et probamus Curios. Dn. Autoris sententiam" etc. Schlimmer noch erweist sich FABERS Gehässigkeit in einem in Abschrift vorliegenden Brief (Ch. 209, Bl. 467 und 481):

> „In Epistolam de Sceleto Elephantino Tonnaeo, Nobiliss. Dn. W. ERN TENTZELI Historiogr. Saxon. Meletemata perfunctoria J. M. FABRI D. M. ad Generosiss. Dominos. WOLFFG. CHRISTOPH et FRID. AUGUST: ZORNIOS a BLOBSCH, Fratres Germ. scriptu. Heilbronn, Idib. 13. Aug. 1696" (Ch. 209, Bl. 467)

Darin:

> „Laudam namque suam jam fecit Nobilis Vester TENTZELIUS scriptum super his Epistola Doctissima ad III. Tuscorum MAGLIABECHIUM. Ne tamen obsequi officium descruisse viderer, en! quae libera Philosophandi licentia et fiducia transcursu perfunctorio calamo installavit Meletemata et quae, si ad Virorum horum clarissimorum bigam deferenda videantur, non omnino obvount censurae aegrissima certus . . ." etc.

Dann zum Schluß: „Errantis poena sit doceri."

Die Antwort TENTZELS: „WILHELMI ERNESTI TENTZELII Historiogr. Ducalis Saxonici ad Viri Celeberrimi D. JOAN. MATH. FABRI Archiatrie Württembergici et Poliatri Heilbronnensis de Ebore fossili opposita Epistola ad MAGLIABECHIUM de Sceleto Elephanti Tonensis" (Ch. 209, Bl. 467—489 und 514—538) (Taf. 5, Fig. 2). TENTZEL fordert hierin das gleiche Recht, den Brief an MAGLIABECHI zu verteidigen, wie jener beanspruche, ihn anzugreifen. Er führt dann das Urteil des Zisterziensers BUCCONE und andere Zeugen an, worauf noch zurückzukommen ist. TENTZEL versuchte mit FABER trotz dessen massiver Angriffe, die sich ja auch gegen MAGLIABECHI richteten (s. o. „biga" = Zweigespann!) im Guten auszukommen. Das beweist ein Schreiben, datiert 20. 10. 96, in dem er ihm mitteilt, MAGLIABECHI habe ihm Briefe zukommen lassen, in denen dieser ihm übermittele, daß er TENTZELS Epistel an einige Ärzte, nämlich RAMAZZINI, GUILELMINI u. a.[17]) weitergeleitet habe. Eine Antwort hierauf ist nicht erhalten.

Aber auch Wohlmeinende lehnten ab oder hatten zum mindesten Bedenken. So schreibt PAULI[18]) am 2. Februar 1696: „Anlangend ihren Elefanten Kopf, mag ich mit der sündfluth nicht zu thun haben, viel weniger ein Unicornu fossile daraus machen, wahrscheinlich aber dass er alda etwas eingesencket worden.". . .

Ein späteres Glückwunschschreiben (Leipzig, 15. Juli 1696) in dem auch der Dubliner Elefant erwähnt wird, trägt PAULIS volle Unterschrift. Dr. JOH. WILH. PAULI. Offenbar hatte er seine Ansicht inzwischen revidiert.

Auch Prof. EISENSCHMID, Straßburg, lehnt ab. Das ist zu erschließen aus einem Schreiben WEISSBACHS, S. O. D. an TENTZEL vom XVI Cal. Decembris 1696 (16. 11.):

> „D. EISENSCMMIDIUS[19]) (designatus Prof. ap. Argentor.) TENTZELII sententiam rejecit. . . . Negat, umquam cum diluvium totum terrae mollem occupaverit, elephantum fluitare potuisse aquam enim fuisse aequi libri. Deinde non videri verisimile ait tam vastum animale per tot horrendae Africae rupes ferri et nullibi haereat."

EISENSCHMID war kein Eiferer, sondern ein wissenschaftlich denkender und arbeitender Mann. Er ließ nämlich Knochenproben des Tonnaer Elefansen durch einen Laboranten (= Chemiker) analytieren. Das Gutachten ist erhalten geblieben und hat, soweit es die Sache angeht, folgenden Wortlaut:

> „Salute.
>
> Hochgeehrter Herr EISENSCHMIDTES
>
> demselbigen mit diesen wenigen Worten zu berichten daß die beine welche gefunden sein zu borchdonne gar keinen spiritus wie auch kein hot (?) in sich haben weil ich sie in der Probe gehabt und ist nichts mehr den ein bloßes Corpus . . ."
>
> Anno 1606 JOHANNES ANDREAS
> Den 25. Julius FISCHER Laborandt"[20])

Wahrscheinlich ist dies das Gutachten, das TENTZEL mit seiner Bemerkung („Kurtze Abfertigung" etc.) im Auge hatte. Nun galt ja damals, als man über den Fossilisationsprozeß noch im unklaren war, die Anwesenheit von „Spiritus" (= flüchtige Bestandteile organischer Herkunft) als Kriterium für tierisches Wesen. Man kann also durchaus verstehen, wenn sich EISENSCHMID gegen TENTZELS Auffassung erklärte.

Selbst der sonst so gescheite HIOB LUDOLFF[21]) konnte sich nicht enthalten zu äußern, er

> „wollte, wenn das ja ein Elefant sein sollte, ihn lieber für KARL's des GROSSEN seinen halten, als zugeben, dass er fossil sey", weil er meinte: „uniso hoc exemplo contigisse, cum nullum aliud umquam satum fuerit." (zitiert nach BLUMENBACH, 1813).

Für TENTZEL kam es in erster Linie darauf an zu erweisen, daß kein „Naturspiel" vorliege, sondern der Rest eines einst wirklich lebenden Tieres. In zweiter und dritter Linie wünschte Tentzel den Nachweis zu erbringen, daß es sich um ein Landtier, und zwar einen Elefanten, handele und daß dieser wirklich fossil, d. h. ohne Einwirkung des Menschen an den Fundort gelangt sei.

Während die jetzt noch zu erwähnenden Gelehrten im ersten Punkt mit Tentzel einig waren, teilten sich die Meinungen in den beiden anderen Punkten. Pauli in dem schon zitierten Brief vom 2. Februar 1696 meint, es sei „alda etwas eingesencket worden" und vermutet, daß die Grafen von Gleichen das Tier hätten verscharren lassen. Diese Meinung äußert Pauli nochmals in einem Brief vom 16. des gleichen Monats. Ein Verwandter Tentzels (er nennt ihn Schwager) schreibt am Sonntag Quinquagesimi (4.3.) 1696, er glaube zwar, daß es ein Elefant gewesen sei, „sollte aber gefraget werden, wo der Elephant hierher käme, so kan wol von den alten Deutschen dgleichen von den Römern Ererbet und nachdem es gestorben, dahin begraben worden seyn." Ähnlich äußerte sich Prof. Stolterfot[22]) in Greifswald (Ch. 209, Bl. 425/27). Auf Hiob Ludolffs Ansicht wurde schon oben hingewiesen.

Tentzel widerlegte — u. a. in einem Brief an Stolterfot — alle diese Ansichten mit dem Hinweis auf die Ungestörtheit der Lagerstätte, den Wert des nicht verwendeten Elfenbeins und die Schwere der aufzuwendenden Grabarbeit.

Sehr viel schwieriger für jene Zeit war es, den Beweis zu erbringen, daß es sich um ein Landtier, im speziellen um einen Elefanten und nicht etwa um ein großes Seewesen handelte. Unbedingte Anhänger Tentzels in Deutschland waren Boecler[23]), Kirchmayer[24]), Wedel, Pfefferkorn[25]) und Carl[26]), welch letzterer allerdings Versteinerungen als solche nicht anerkannte. Über Boeclers Ansicht informiert der schon erwähnte Brief Weissenbachs aus Paris vom XVI Cal. Dec. (16. 11.) 1696, in dem Eisenschmids ablehnende Haltung geschildert wird. Dessen Meinung, die Elefantenkörper könnten auf die große Entfernung von Afrika her nicht transportiert werden, ohne hängen zu bleiben, weil das Wasser der Sündflut sich im Gleichgewicht befunden habe (gemeint: stehend gewesen sei), entkräftet Boecler mit den Worten: „Si ita statim ab initio fuerit aequi librum nihil esse cur Elephanti fluere non potuisse."

Prof. Georg Kaspar Kirchmayer in Wittenberg bemerkt mit Bezug auf Tentzels Gegner spöttisch: „Elephantem facere ex musca diu hactenus proverbio iactatum fuit. Nunc, dum nova pleraque arrident, qui muscam faciunt ex Elephanto." (Taf. 3, Fig. 1). Er verweist dann auf den irischen Elephanten Moulins sowie die Fossilien von Malta, Hildesheim, Elbingerode, Mähren, Schlesien usw. Ein Schreiben von ihm liegt vor vom 3. Pfingstfeiertag (9. 6.) 1699 (Ch. 209, Bl. 78).

Wedelius — wie oben gezeigt fälschlich von Schnetter als Kronzeuge in Anspruch genommen — pflichtet Tentzel vollinhaltlich bei. Er unterscheidet in seinem Tractat "De Unicornu et Ebore fossile" (Jena 1699, wieder abgedruckt in seinen Cent. exercit. Medico-Philosophicarum, X. Exercit., I, S. 1—12, Jena, 1701) scharf zwischen Unicornu und Ebur:

> „Unicornu fossile non amplius sceleti nomine dignum vel vocandum."

Der entscheidende Passus findet sich S. 32:

> „Occasionem vero scribendi haec dedit tam notabile exemplum reperti unicornu seu eboris fossilis Tonnensis, quam laudata illa phaenomena, quae nobis obuenere et maxime tam delicta maxilla, in crypta quadam ut refertur inventa."

Im übrigen tat Wedelius das gleiche, was später Eisenschmid unternahm, er ließ die Knochen chemisch untersuchen (Briefe vom 9., 16. und 23. Februar 1696 und 26. Nov. 1699).

In dem schon mehrfach erwähnten Brief Paulis vom 16. Febr. 1696 teilt dieser Tentzel mit, der Tonnaer Superintendent Pfefferkorn habe ihm Nachricht betr. des dortigen Elefanten zukommen lassen. Dieser sei der Ansicht, daß das allgemeine Diluvium den Elefanten dahin verschwemmt habe; allerdings fügt Pauli hinzu: „so mir aber nit gefällt." Diese Pfefferkornsche Mittelung hatte noch ein etwas amüsantes Nachspiel (mitgeteilt in Rudolphis Gotha diplomatica, Frankfurt und Leipzig 1717). Danach verfaßte der gute Superintendent anläßlich der Aufnahme des Herzogs in den Elephantenorden folgendes Epigramma:

> „Es hat der Fürst der in den Elephanten-Orden von Norden-König ist jüngst aufgenommen worden, ein Thier in seinem Land/dabey er dencken kan An alle Wort die er beim Eintritt hat getan."

Zwar sachlich zutreffend, aber für unseren Geschmack gerade keine Schönheit. So nennt denn auch Pauli in einem Schreiben an Tentzel vom 8. 5. 1696, in dem er sich für die Überlassung von Knochenresten bedankt, Pfefferkorns Auslassungen ganz einfach „Geschmiere" (Ch. 209, Bl. 451).

Inzwischen waren auch in Cannstadt Elefantenfunde gemacht worden, was den Arzt Joh. Samuel Carl in Oeringen zu einer Untersuchung veranlaßte, die er in Frankfurt a. M. 1703 veröffentlichte.

> Diese Experimente berücksichtigen auch die Tonnaischen Gebeine „in specie". Sie sollten erweisen, daß sie nicht nur „structuram ossium animalium, sed etiam mixturam animalem" hätten. Sie ergaben das Resultat: „Ergo sunt vera ossa animalium non vero terra margacea naturae lusu figurata." S. 5 führt Carl dann noch aus: „multa vero sund causae me induent, ut e structurae ratione ossa fossilia ad animalem partum referenda esse" — wofür Carl als Zeugen Tentzel anruft. Dieser zitiert ihn einerseits, obgleich nicht ganz mit Carl übereinstimmend, da dieser keine Versteinerungen[27]) gelten lassen wollte.

Sehr entschieden ergriff Tentzels Partei der Querfurter Diakon David Sigismund Büttner[28]) in seiner bekannten, 1710 — also nach Tentzels Tod — erschienenen Schrift „Rudera diluvii testes". Er wies die genaue Übereinstimmung der Tonnaer Gebeine mit denen eines Elefanten nach, erkannte richtig die ganz andere Textur der Stoßzähne gegenüber den Gliedmaßenknochen und schloß hieraus konsequent, daß, falls die Reste aus dem Mergel zufällig entstanden seien, diese Textur „einerley durch alle Glieder" sein müßte (vgl. hierzu LANG 1892, S. 10).

Eine wirksame Unterstützung fand TENTZEL auch in einer Mitteilung des Mühlhäuser Arztes J. G. HOYER an die Leopoldina (1699/1700 bzw. 1702). Dieser berichtet in fachlich klarer Form über den Fund von 1696:

Es hätten vorgelegen die Tibia des Femur, die Inartikulation des Oberschenkels mit dem Hüftbein, weiter ein Dornfortsatz, Wirbel in fester Folge bis zum Atlas, endlich auch der Kopf mit den Molaren und 2 Zähnen, gleich Hörnern vorstehend, deren Oberfläche glatt wie Elfenbein.

Vf. stimmt dann, sich selbst als Augenzeugen bezeichnend, für die Deutung als Elefanten

„Enim vero cum omnia et singula ossa eburneis ut ovum ovo conformia ... malui ... iis album addere calculum, qui illud verum Elephantis sceleton esse existimabunt." Fragt dann aber auch: „Mirum quidem videri posset unde Elephas in umbilico Germaniae?"

Hierfür nimmt er an, bei Überflutung der Welt seien solche Tiere herbeigeführt worden.

Von ganz besonderer Bedeutung ist die Stellung des berühmten LEIBNIZ[29]) zu der Angelegenheit. Mit ihm war TENTZEL schon seit Jahren befreundet und im Briefwechsel. Jetzt wendet sich die Korrespondenz der Tonnaer Entdeckung zu. Die Originalbriefe von LEIBNIZ, dem Zeitgeist entsprechend vorwiegend lateinisch gefaßt, sowie die Kopien von TENTZELs Antworten liegen, fast komplett erhalten, in der Landesbibliothek Gotha. Ausgezeichnete Übersetzungen mit beigefügten kritischen Bemerkungen verdanken wir dem Gothaer Professor Dr. FLORSCHÜTZ (1905, S. 43—57). Für unseren Zweck genügt es, hieraus und aus den Originaltexten die markanten Gesichtspunkte herauszugreifen. TENTZEL übersandte an LEIBNIZ das Gutachten des Collegiums und dann auch seine Epistel an MAGLIABECHI. LEIBNIZ stimmt der Deutung TENTZELs als tierischen Rest sofort zu. Einem so kritischen Geiste konnte jedoch auch nicht entgehen, daß — nach den Kenntnissen des ausgehenden 17. Jahrhunderts — auch durchaus andere Lösungen möglich seien. Wir befinden uns ja in einer Zeit, in der die Sintflutlegende als unumstößliche Wahrheit galt, eine Auffassung, der sich auch ein LEIBNIZ nicht entziehen konnte.[30]) Zudem war die Meeresfauna noch recht unvollkommen bekannt, galten doch die Wale dazumal als Fische. So war es denn auch gar nicht so weit hergeholt, wenn LEIBNIZ in die Diskussion wirft, ob es sich nicht um ein Seewesen (Wal, „Seestier") handeln könnte. Natürlich ist LEIBNIZ in seiner Genialität weit entfernt von den wissenschaftlichen Diktaturgelüsten des Collegium medicum. Er stimmt zwar TENTZELs Meinung nicht bedingungslos zu, räumt aber ohne weiteres ein, daß der andere recht haben könne, was sich ja dann auch für diesen Einzelfall bewahrheitete. Er geht sogar so weit, zuzugeben, daß TENTZELs Meinung die größere Wahrscheinlichkeit hat. Diese Duldsamkeit geht durch alle seine Schreiben (10. und 17. 7., 3. 8. 1696) (Ch. 209, Bl. 417, 419, 420), besonders klar ausgedrückt in einem Brief vom 20. Februar 1698 (B 199, Bl. 444):

„Animal vestrum Tonnense Marinum esse non est mea decretoria sententia ..."

TENTZEL seinerseits scheint zwar etwas enttäuscht darüber, daß LEIBNIZ ihm nicht bedingungslos zustimmt, übt aber die gleiche Toleranz. Das geht besonders deutlich aus einer Mitteilung TENTZELs an LEIBNIZ vom 13. Februar des gleichen Jahres hervor (B 199, Bl. 44), worin es heißt:

„Heri MAGLIABECHIUS transmisit mihi Tusginatus[31]) cuiusdam iudicium de Elephante Tonnense, quod integrum ex αντογςαφον oculis Tuis subicio, proxime remittendum. Auctor enim Tuae favet sententiae de pisce seu marino animale."

Mit der Übermittlung dieses Schreibens (nebenbei gesagt das einzige ausländische dieser Art) gibt TENTZEL unbesorgt LEIBNIZ ein Argument gegen sich selbst in die Hand. In späteren Jahren scheint sich dieser doch der Auffassung TENTZELs genähert zu haben, denn er schreibt in seiner „Protogaea" (SCHEIDsche Ausgabe, 1749, § 24, S. 98):

„Wenigstens habe ich Zähne, eine Schienbeinröhre und andere Knochen aus der Scharzfelderhöhle gesehen, die jedermann für die Knochen der Elefanten halten wird, es sey nun, daß die Thiere vor Zeiten weiter zertreut waren als heut zu Tage ... oder dass sie durch Wasser, weit von ihrem Vaterland entfernt, zu uns geführt wurden."

Die soeben genannten Schriftstücke (es liegen noch ähnliche vom 9. und 27. August 1696 (B 199, Bl. 4), 5. Nov. 1697 (B 199, Bl. 438/39) und 23. Jan. 1698 (B 199, Bl. 442) vor, beweisen übrigens, daß die von FLORSCHÜTZ vermutete Verstimmung TENTZELs gegenüber LEIBNIZ nicht bestanden hat. Auch ging die Korrespondenz über das von FLORSCHÜTZ genannte Datum (12. 11. 1696) hinaus weiter; das letzte über den strittigen Gegenstand handelnde Schreiben von LEIBNIZ, mit dem dieser das Buch MAGLIABECHIs zurücksandte, datiert vom 5. Juli 1699. Sein letztes Schreiben überhaupt trägt das Datum 12. Febr. 1707, also wenige Monate vor TENTZELs Tode († 24. 11. 1707). Die Freundschaft hat also bis zuletzt bestanden.

Die Mitteilungen von LEIBNIZ an TENTZEL haben aber noch einen Wert über das Problem des Einzelfalles hinaus. Schon in seinem Schreiben vom 8. Juni 1696 wirft LEIBNIZ die Frage auf, ob etwa Elefanten einst in einem kälteren Klima gelebt hätten:

„deliberandum erit verisimilius sit esse an animali incola an per diluvium advecto ex longinquo. Et si ab incola alienum sit aliquando Elephantes in frigitis regionibus habitàsse."

hierzu FLORSCHÜTZ, S. 51:

„aber muß man, ob es wahrscheinlicher ist von einem einheimischen oder von einem aus der Fremde durch die Noachische Flut herangeschwemmten Thiere stammen und wenn von einem einheimischen, ob man glauben darf, daß einst Elephanten in kalten Regionen gewohnt haben."

Diesen Gedankengang greift TENTZEL sofort auf (14. Juni 1696):

„Caeterum non desineo, an verum sit, quod volunt nonnulli, ante diluvium in nostris regionibus habitare elephantos . . .“

In dem Schreiben vom 17. Juli 1696 (B 199, Bl. 419) geht LEIBNIZ nochmals auf dieses Thema ein und berichtet über einen Einfall HELMONTS. Er habe darauf hingewiesen und die Frage gestellt, ob diese Gebiete nicht einst wärmer gewesen seien als heute und damit für den Aufenthalt von Elefanten geeigneter, wobei man an THOMAS BURMETS Theorie vom Wechsel der Schiefe der Ekliptik denken müsse. Dann aber fährt LEIBNIZ überraschend fort:

„so möchte ich es für glaubhafter halten, daß sich an den Elephanten selbst Veränderungen vollzogen haben, d. h. daß einmal Elephanten existiert haben, welche kalten Gegenden besser angepasst waren, als die noch heute lebenden, und dass sie Bewohner unseres Continents gewesen sind (FLORSCHÜTZ, S. 53–54).

Noch klarer sagt das der Urtext:

„. . . sed credibilius putem mutationem in Elephantis ipsis contigisse id est Elephantos aliquando exiatisse frigidis regionibus aptiores quam qui nunc imperiunter et incolas nostris territorii indigenas fuisse . . .“.

Am 3. August 1696 greift LEIBNIZ dieses Thema nochmals auf:

„ich halte nach wie vor deine Meinung für viel wahrscheinlicher als alle die andern, weil wir eben kein Thier kennen, das deinem Tonnaer Skelett mehr entspricht, als den Elefanten, Ich behaupte auch nicht, daß wirklich einzelne Thiergattungen untergegangen sind, obwohl ich nichts thörichtes dabei fände, diese Behauptung aufzustellen, aber ich meine, daß man sehr zwischen ausgestorbenen und in sich stark veränderten Thierarten unterscheiden muß. So können Hund und Wolf, Katze und Tiger als Angehörige ein und derselben Gattung erscheinen, und dasselbe läßt sich von Amphibien oder Meerestieren annehmen, die mit dem Elephanten einst derselben Art angehörten.“ (FLORSCHÜTZ, S. 55)

Urtext hierzu:

„Si canis et lupus, felis et tigris possunt eiusdem speciei viteri, idem dici potest de animalibus amphibiis, bobis marinis olim Elephanto analogis.“

Welch geniale Einfälle! Hier werden DARWINS und DE VRIES' Ideen vorweggenommen: Artverwandtschaft, Artumwandlung, Mutationen! Diesem Gedankenflug konnte selbst TENTZEL nicht folgen. Er ging, ohne die Zukunftsträchtigkeit der LEIBNIZschen Ideen erkannt zu haben, auf diese Ausführungen nicht weiter ein.

TENTZEL hatte durch seinen Brief an MAGLIABECHI das Ausland angesprochen. Hier nun verlief die Diskussion um den Tonnaer Elefanten ganz anders; da war keine Rede von einem Gelehrtenstreit, alle waren sich einig, daß das Skelett eines einst wirklich lebenden Tieres vorliege. Es bestand auch — mit der einzigen oben erwähnten Ausnahme — Einigkeit, daß es sich um ein Landtier, und zwar einen Elefanten handeln müsse.

Den größten Widerhall fand TENTZEL bei den Gelehrten Italiens. Dort hatte, wie oben dargelegt, MAGLIABECHI mit einer Anzahl von Fachkollegen Verbindung aufgenommen, mit dem Erfolg, daß sich eine rege, für TENTZEL positive Diskussion entwikkelte. Soweit mir Angaben vorliegen, seien sie hier wiedergegeben. Zunächst liegt ein Brief vor, ohne Unterschrift und Datum, von dem ich vermute, daß er von MAGLIABECHI selbst stammt. Darin heißt es:

„Opusculum D. TENTZELLI ad me transmissum de sceleto Elephantino nuper Tonnae effosso summa delictione perlegi . . . non possum quin Clarissimi Viri opinioni haeream et pro certo esse vero Elephantis Sceletum, nequaquam Naturae lusum.“

Dann ein Brief des Arztes GUILELMINI an MAGLIABECHI, Bologna, 8. 1. 1697 (Ch. 209, Bl. 69/71):

„Verum tam late, tam neruose formatam ab Auctore TENTZEL suam . . . sententiam, ut mihi saltem et fortasse cuique imposterum dubitandum nun sit, a Tonnensi colle eruta ossa neque fossile aut minerale quidquam esse, sed vero olim animata neque in alterius Animalis, quam Elephantis corpere dum viuerunt, enata.“

Eine 32 Seiten umfassende Druckschrift stammt von dem Arzt JOH. BAPT. SCARAMUCCI[32]) in Urbino (Taf. 4, Fig. 1). Er faßt seine Meinung wie folgt zusammen (S. 11):

„Igitur ex his quae protulimus prohabiliter suspicari ossa Tonnensi fuisse animalis viuentis et prohabiliter Elephantis.“

Dies unter der Betonung, daß das ganze Tier unbeschädigt in den Sandberg gefallen sei, da alle Knochen sich in situ befanden. In einem Schreiben BROGLINIS an MAGLIABECHI lautet die entscheidende Stelle:

„. . . ut ad Sceleton Elephantinum deneniam: illud neura esse Elephantis sceleton nemo sanis mentis dubitaverit. Porro nil magis opinionem nostram defendit quam inter maiorum ossium artikulationem spatium detectum quattuor circiter digitum latitudinis (vgl. oben die Aussage der Sandgräber) in quo quidem spatio musculosa caro, nec non tentinea nervea etc. aderat.“ usw. —

also genau das, was schon die Burgtonnaer Bauern erkannt hatten!

Ein Brief ALEXANDER MARCHETTIS[33]) an MAGLIABECHI (ital. mit lat. Übersetzung) aus Pisa, 3. 4. 1697, schließt:

„Id quod TENTZELIUS sibi probandum suscepit argumentis infragibilibus instructum atque compositum est, ut nun superit ansa dubitandi. Plura non addo.“

Auf eine sehr detaillierte Untersuchung läßt ein Brief JACOBUS DE SANDRIS[34]), Idibus Maji (= 15. 5) 1697 (Ch 209, Bl. 95/96; 97/103), an MAGLIABECHI schließen. Von diesem beauftragt, stellt DE SANDRIS fest: Es bestehen zwei Beweise für Tierisches: 1. Die wunderbare Ähnlichkeit der einzelnen Knochen mit denen des von MOULIN beschriebenen Elephanten, 2. Die Struktur der Knochen und Zähne. Es liege hier zwar einiges vor, was Zweifel erlaube, wie das Fundgebiet, die Tiefe des Fundes usw., doch stände dem entgegen die Lage und der Verband der Knochen, die innere Schädelhöhle, die Mahlzähne, Gelenke, rötliches Mark[35]) usw.

„Numquam profecto cogitarem in dubio revocari posse ossa Tonnae reperta ad aliquot Animalis spectare. . . . non censendum ludentem naturam in tantum numerum et ad talem symmetricam (s. o. TENTZEL) eodem disponisse. . . .“

alles sei „in animalium usum solum comperata.“

Ein Brief von FREDERICUS NOMIUS[36]) aus Monreale, Juli 1697 (Ch. 209, Bl. 84), teilt mit, daß 1660 bei Aretino Knochen ergraben wurden, die man für Elefantenknochen hielt. Gleiches habe jetzt TENTZEL gefunden. Verfasser fügt eine selbstgefertigte Ode bei:

„Pro Sceleto Elephantini Tonnae nuper effossi, Epistola Clarissimi Viri WILHELMI ERNESTI TENTZELLI ad toto Orbe Celeberrimum ANTONIUM MAGLIABECHIUM.

Darin u. a. folgender Vers (Ch. 209, Bl. 86):

„Quis carus affert TENTZELII ad manus
Phoebo dicaras ossa futura iam
Aeternitatis sacras nullaret
Inventura per arma Mortis ?"

In einem Schreiben MARIA FLORENTINIS[37]) an MAGLIABECHI, Lucca, 31. 3. 1697 (Ch. 209, Bl. 67/68), findet sich diese entscheidende Stelle:

„immania ignoti sceleti ossa Tonnae .... reperta. ... olim elephantis fuisse quod plurima .... argumenta demonstrant."

In der schon oben behandelten Antwort an FABER teilt TENTZEL mit, er sei in seiner Deutung der Tonnaer Knochen als die eines Elefanten aufs meiste bestärkt worden durch das Urteil des bedeutenden Sizilianischen Arztes BOCCONI[38]),

„qui nuper Vratislavia fuit, vidensque fragmenta Tonnensia eo missa, absolute animale petrificatum pernuntiavit."

Dann fährt TENTZEL weiter deutsch fort:

„Ein Breslauer Freund schrieb hierzu deutsch: der bekannte BUCCONE auf Sicilien der itzt ein Cistercienser Mönch ist, war neulich bey uns. Der hielt das Tonnaische Fossile schlechterdings für ein animale petrificatum und sagte zum Unterschiede, das Unicornu fossile verum sey solidum, das aber was ex regno animali wäre, habe noch seine naturales comitates."

Zu diesen Fachurteilen kamen aus Italien noch Glückwunschschreiben unspezifischen Inhalts, so von ALESSANDRO DONIZELLI aus Neapel (9. März 1697), GREGOR MESSENIUS (Gedicht, lat. und griech.) und ALEXANDER GUIDELLIUS (lat. Gedicht) (Ch. 209, Bl. 436, 437).

Auch in den Niederlanden fand TENTZEL Beachtung. Einer der ersten Zustimmenden überhaupt war der Jesuitenpater DANIEL PAPEBROCHIUS in Antwerpen, ebender, der die Korrespondenz mit MAGLIABECHI vermittelte. Im gleichen Brief (6. 4. 96, B 199, Bl. 10) stellt er bezüglich des Tonnaer Elefanten fest, daß solch unversehrte Skelette in der belgischen Campine öfter gefunden würden neben anderem durch die Anschwemmung Verschütteten:

„... de integris sceletis quae ordine modo ... apüd nos reperiunter in Campania brabantica."

In gleicher Richtung bewegt sich eine Mitteilung N. WITSENS[39]) an TENTZEL, Amsterdam, 20. 9. 1699 (Ch. 209, Bl. 432—433). WITSEN meint, die Tonnaer Elefantenknochen seien durch die allgemeine Flut herangeschwemmt. Er selbst habe Elefantenzähne aus Sibirien und der Tatarei und könne „Conchos" von Amsterdam aus großer Tiefe vorweisen.

In einem Extractschreiben J. H. WEISSENBACHS[40]) aus Paris, 3. Oktober 1696, an HIOB LUDOLFF (Ch. 209, Bl. 435) ist zu lesen, daß ein Auszug von TENTZELS Schrift im Journal des Savants erschienen sei, mit dem dieser zufrieden sein könne. Außerdem werde ihm DE VERNEY[41]), der als einziger in Frankreich ein Elefantenskelett besitze, noch sein Urteil übermitteln, das dahin gehe, daß die Tonnaer Knochen von einem Elefantengerippe stammten:

„Mr. DE VERNEY ... lui écrira son sentiment de la dessus, qui ein demeure d'accord que les os qu'on a trouvez sont d'une Charpente d'un Eléfant."[42])

In England setzte sich vor allem JOH. RAJUS[43]) für TENTZEL ein. Er schreibt 1696 (Ch. 209, Bl. 88/89):

„Ad controversiam quae inter Te et Collegium Gothanum medicum agitur, respondeo, me juxta tecum plane sentire, ossa illa Sceleti Elephantini ... partes fuisse. Argumenta tua in Epistola ad D. MAGLIABECHIUM idabunde evincunt, attestantibus Dentium praecipue Fragmentis ad me transmissis, quae ... Eboris texturam luculenter ostendunt."

Dann nochmals, Notleiae, 4. Kal. Jun. (= 28. 5.) An 170, teilt RAJUS mit (Ch. 209, Bl. 429/30), daß der Brief an MAGLIABECHI in die Acta Philos. Londin., Nr. 234, Nov. 1697, aufgenommen sei und fügt hinzu:

„Maximam partem mebrorum, ut vocant sece participum Societatis R. Tecum consentire de Sceleto Elephantino existimo."

Dieser Schlußsatz bezieht sich offenbar auf TENTZELS Bitte an die Societät (Gotha, Kal. Jun.; 1. 6. 1696), ihm ein Urteil zu übermitteln. Das geschah unterm 2. Okt. 1699 (Ch. 209, Bl. 131/132). Namens der kgl. Soc. in London schreibt deren Sekretär HANS SLAONE:

„Comperatione inter partes Elefanti Tonnac effossi et hic prope Londinium sub terra pariter reperta credebamus (quotque sociis in conventu aderamus) pariculas tum vestras Tonninas, tum nostras Anglicanas, olim fuisse partes Elephantini Sceleti et utraque sibi similis mutationes subiisse non dubitabamus."

Man muß sich fragen, wie es möglich war, daß das Collegium medicum, das doch aus Männern bestand, die wissenschaftlich durchaus auf der Höhe ihrer Zeit standen und anatomisch gut Bescheid wußten, zu einem derartigen Fehlurteil kommen konnten, während die einfachen Bauern, die vermutlich meist nicht lesen und schreiben konnten, nur geführt duch die Kenntnis des Knochenbaus ihrer Haustiere, über die einzelnen Skelettelemente so treffende Diagnosen stellen konnten. Weshalb auch nahm das Collegium keine Rücksicht auf die Urteile ausländischer berühmter Fachleute? Als wichtigsten Grund für das Verhalten des Collegium medicum muß man wohl seinen Autoritätsglauben annehmen. Weil die Alten, darunter zugegebenermaßen berühmte Gelehrte, an Naturspiele glaubten, mußte man selbst daran glauben. Man handelte, wie erst TENTZEL und später TILESIUS (1810) es richtig bezeichnete, aus vorgefaßter Meinung. Weil nun aber das Collegium diese Meinung vertrat, glaubten wieder andere, kurz, es entstand ein Circulus vitiosus. Ein weiterer Grund für die Irrtümer des Collegiums liegt im Mangel an Erfahrung. In Deutschland begann ja erst die Fundtätigkeit. Dahingegen waren in Italien Knochenfunde schon seit dem Altertum bekannt, zunächst für die Reste von Riesen (Polyphem etc.) gehalten. In den Niederlanden fanden sich Wirbeltierreste im Quartär schon seit Jahrhunderten, und den Engländern standen nicht nur die Gebiete um London, sondern auch ihr ganzes Überseereich zur Verfügung.

TENTZEL starb völlig verarmt am 24. November 1707 in Gotha. Es war eben damals nicht sehr ratsam, sich mit den Mächtigen dieser Welt anzulegen. Was nützte es ihm schon, wenn man ihn postum hoch ehrte, was halfen ihm CLARMUNDS[44]), HILSCHERS[45]), GLEICHIUS'[46]) und anderer ehrenvolle Nachrufe, wenn man sogar eine Gedenkmedaille (Taf. 7, Fig. 1, 2) auf ihn prägte[47])? Zu Lebzeiten wäre es ihm vermutlich schon schwer gefallen, sie käuflich zu erwerben; seine ganze Hinterlassenschaft bestand in 30 Reichsthalern!

Wenige Wochen später folgte ihm sein Gegner RAAB. Dessen Leichenbegängnis erfolgte mit großem Gepränge in Gegenwart des Herzogpaares, die Beisetzung in Altenburg. Auch auf ihn wurde eine Gedenkmünze geprägt (Taf. 7, Fig. 3)[48]).

3.2. Die Forschungen im 18. Jahrhundert; CUVIERS Einfluß (BLUMENBACH, BALLENSTEDT, v. SCHLOTHEIM u. a.)

Mit TENTZELS Tod verloren naturgemäß die Burgtonnaer Travertine mitsamt ihrem Fossilgehalt an Aktualität, und so sind mir denn auch aus dem ganzen folgenden 18. Jahrhundert nur drei bedeutende Schriften gegenwärtig, die auf Autopsie beruhen. Es sind das die schon mehrfach zitierte Arbeit VOIGTS von 1786, dann die bekannte Abhandlung v. SCHLOTHEIMS über die Burgtonnaer Gegend (1791) und eine nur im Manuskript vorliegende Schrift von JOH. GEORG HASE, deren Besitz ich der Güte Frau MARGOT DEUBELS verdanke.

Da diese Abhandlung — ursprünglich als eine Art Memorial- oder Begehungsbericht gedacht — den Stand des Wissens um die Mitte des 18. Jahrhunderts gut widerspiegelt, sei sie hier urtextlich wiedergegeben (Taf. 8, Fig. 1):

Die unterirdischen Sand-Gruben zu Burgtonna betr. Pro Memoria

Die Sandgruben und unterirdische höhlen welche sich bey dem, zur Herzogl. Gothaischen Herrschafft Tonna gehörigen Dorff, Burgtonna, befinden, verdienen wegen ihrer Seltenheit, die Attention aller Liebhaber natürlicher Merckwürdigkeiten; ihre curieusen Gänge sind einem Labyrinth gleich, und gehen so verwirrt, und doch nicht ohne gänzliche Ordnung durcheinander, daß, wer solche besehen, und völlig durchgehen will, ohne brennend Licht, und einen Führer dem die Gruben hinlänglich bekannt sind, den Rück-Weg aus selbige wohl schwehrlich wieder finden würde. Der Eingang in besagte Höhlen, ist außerhalb des Dorffs, hinter der Kirche, im Hofe eines Tagelöhners, Nahmens Wachsmann, und gehet Sud-Ost unter einem Hügel worauf Obst-Bäume stehen, ohngefehr 5.—6. Ellen tief hinunter, alsdann aber meistentheils in einerlei Gleiche immer fort, 3 Ellen hoch, und (am Rande eingefügt:) 2. Ellen breit, so, daß man darinnen bequem, und trocken gehen kann.

Weilen der darinne befindliche gelbe mit vielen kleinen Schneckgen, vermengte Sand, sehr fein ist, und von denen Einwohnern sowohl als benachbarten Dörffern zum Scheuren gebraucht wird; So hat die Gemeinde zu Burgtonna von langen Zeiten her, den Verkauff sothanen Sandes dem Fluhrschützen, oder dem Besitzer des Häußels in deßen Hofe der Eingang ist, pachtweise überlassen; es bedarff nicht viel Arbeit den Sand heraus zufördern, indem solcher sehr milde aufeinander lieget, und mit einer Hacke oder andern schicklichen Werckzeuge nur herausgescharrt werden kan. Und auf solche Weise, da die Arbeiter nach Gutbefinden, und wo es ihnen bequem, oder am leichtesten gewesen, den Sand hinweg genommen, sind nach aller Wahrscheinlichkeit diese Höhlen entstanden; dahingegen wenn gleich anfänglich nach einer gewißen Vorschrifft, und nach den Regeln der Bau-Kunst der Sand ausgegraben worden wäre/: als welches ohne weitere Kosten aufzuwenden, gar füglich geschehen könne:/ so würde jezo eine der schönsten und merckwürdigsten unterirdischen Grüffte, die in Teutschland zu finden sind, bey Burgtonna zu sehen seyn. Von dem Alter dieser Sand Gruben und wenn der Anfang dazu gemacht worden seyn möchte? findet sich keine Spur; und die Einwohner zu Burgtonna wißen davon weiter nichts anzugeben, als daß ihre Vorfahren schon im 30. jährigen Krieg, Behältnüße darinnen gehabt und ihre Sachen allda verwahret, als wovon in der alten Grube noch einiges Mauerwerck zeuget; auch hat der letzt verstorbene Pachter, Holzhäuser versichert, daß er, und mehrere Innwohner zu Burgtonna, währenddem letztern unglücklichen Krieges, ihre Habseligkeiten in mehrerwehnten Höhlen, trocken und sicher erhalten hätten; Nelcken-Pflanzen, und andere Garten-Gewächße conservirten sich auch darinnen den Winter hindurch, sehr gut. In einer kleinen Entfernung ist der Ort, alwo im Monath Decembr. 1695. ein völliges Gerippe von einem Elephant gefunden und ausgegraben worden, und worüber damahlen unter einigen Gelehrten, Streit entstanden, ob es Riesen-Gebeine, oder Unicornu foßile, oder würckliche Elephanten Knochen wären. Endesbenannter hat sich seit etlichen Jahren, da er den Sommer über sich alhier in Tonna aufgehalten, offterwehnte Sand-Gruben und Höhlen zu vielen mahlen vergnügt besehen, und mit Hülfe des letztverstorbenen Pachters, Holzhäusers, den hierbey befindlichen Entwurff davon gemacht.

Es ist zu bedauern, daß am letztverwichenen 6. July frühe um halb 7. Uhr, nach einem starcken Ungewitter, und bald darauf erfolgter großer Waßer-Fluth, von mehrgedachter Sand-Höhle, ein Stück, wie solches im Riß bemercket, eingesunken, und dadurch die Communication mit denen übrigen Gängen verschüttet worden ist.

Und da sich auch nunmehro in die darneben befindliche sogenannte neue Grube, niemand mehr zu gehen trauet, so hat man etliche hundert Schritte weiter, ohnweit der Schmiede, eine andere Grube zu machen angefangen, worunter sich ebenfalls dergleichen Scheuer Sand in Überfluß befindet. Die Erdlagen und Schichten über der Grube f. sind nach Anzeige erwehnten Pachters, Holzhäusers, erfolget:

4. Schue schwarze Damm-Erde.
$1^1/_2$. Schue Kießigt Sand-Gebürge.
6. Schue Thonigte Erde.
4. Schue fester Sand.
9. Schue Dupstein
2. Schue grober Sand, alsdann
9. bis 10. Schue feiner Scheuer-Sand mit untermengten kleinen Schneckgen
und

nach dieser letztgenannten Schicht, wiederum eine Lage von Dupstein, in welchen sich bisweilen Stücken einer Thonigken gelben Erde finden, womit Leder gelb gefärbt werden kan.

Tonna den 9t. July 1765.

Johann George Hase.

Soweit HASES Bericht. Er ist dadurch besonders wertvoll, daß er den einzigen uns bis heute bekannt gewordenen „Grubenriß" der Tonnaer Brüche geliefert hat (Taf. 8, Fig. 2). Im übrigen ist in Burgtonna fast das ganze 18. Jh. hindurch nur wenig geschehen. Man arbeitete wohl über, nicht aber in

Burgtonna. Allerdings fanden immerhin die angeschnittenen Probleme ihre allmähliche Lösung.

Als erstes klärte sich die Frage der Naturspiele. BÜTTNERS schon genannte Abhandlung von 1710 bedeutete bereits weitgehend das Ende der Naturspieltheorie. Die Reihen ihrer Vertreter wurden zusehends lichter, wie ja die eben wiedergegebene Abhandlung HASES zeigt. Allerdings dürfte v. FREYBERGS Meinung, daß „seit etwa 1700" kein ernsthafter Forscher mehr die Versteinerungen als Naturspiele angesehen habe, die Sache doch etwas zu optimistisch sehen. Einige Beispiele mögen das zeigen. 1734 verteidigt JOH. FRIEDR. BEYSCHLAG unter Leitung FR. HOFFMANNS seine Dissertation. Er stellt darin fest, daß der Tonnaer Elefant dem irischen „ex ovo" gleiche. Dann verteidigt er das tierische Wesen dieses Fundes mit den Worten (S. 21): „Verum praeter Elephantina aliorum quoque animantium ossa, terra damnata latere, quis negaverit?" Hier also der deutliche Unterton, daß der Vf. seine Meinung andern gegenüber durchsetzen und betonen will.

Noch 1744 konnte der sonst wohlgesinnte ZEDLER in seinem Universallexikon (S. 905) über TENTZEL urteilen:

„Herr TENTZEL als in Sprachen. ... geschickter Mann gewesen, der wenn er bey diesen Dingen geblieben, und sich nicht in Sachen gemengt, die er nicht verstanden, vielleicht auch von allerhand ihm nachtheiligen Censuren frey geblieben wäre."[49])

Gar noch im Jahr 1821 (!!) sichert sich LINK vorsichtig ab. Nachdem er festgestellt hat, daß gegen Mitte des 18 Jh. „kaum noch eine Stimme" sich für die Auffassung der Versteinerungen als Naturspiele habe vernehmen lassen, führt er dann doch aus (1. Aufl., S. 21):

„Es scheint als wenn einige ausgezeichnete Naturforscher diese Meinung nicht ganz wollten sinken lassen, und es ist allerdings nicht zu tadeln, daß man eine Sache nicht sogleich für abgemacht ansehe. ... Und doch ist von jenen [fossile Mammute; Insekten und Früchte in Bernstein] ein solcher Übergang, daß man nicht weiß wo das Naturspiel anfangen oder aufhören solle." etc.

Immerhin, seit Mitte des 18. Jh. hatte sich die Naturspieltheorie praktisch erledigt.

Eine glänzende Rechtfertigung TENTZELS bringt GLAFEY schon 1737 in seinem Werk „Kern der Geschichte ..." (4. Aufl. S. 759):

„Der Streit, welchen er hierüber mit etlichen Medicis, die ihm an Wissenschaft der Antiquitäten und Historie gar nicht gewachsen, bekommen, ist zu seiner großen Reputation ausgeschlagen: Und weil man anderswo in der Erden gleichermaßen solche Sceleta gefunden, ... so kan TENTZEL in seinem Grabe ferneren Beyfall erlangen."

1741 schreibt STOBAEUS (S. 316) sachlich:

„Huius generis [von weither angeschwemmt] est magnum Elephantis sceleton prope pagum Tonnam Thüringiae e cauerna arenaria effossum et quidem sub non violata vel turbata stratorum serie, vt appareat hunc ibi non fuisse sepultum, sed vno eodemque casu cum ipsis stratis depositum."

3.3. Das beginnende 19. Jahrhundert Der Aktualismus v. HOFFS und LYELLS

Als 1799 ein zweites Skelett gefunden wurde — eine genaue Beschreibung des Fundes und seiner Begleitumstände unter Berücksichtigung der Beifauna (vermutlich von K. E. A. v. HOFF verfaßt, der auch die Grabung veranlaßt hatte) bringt v. ZACH in seiner Monatl. Corresp., S. 21—34, 1799, da gab es keinen Streit wider; man war sich in der Beurteilung des Fundes einig. Es bestanden nur geringe Unterschiede der Auffassung. Während v. HOFF die Backenzähne „mit denen des Asiatischen Elephanten ... fast völlig übereinstimmend" fand, meinte CUVIER (1801, S. 395), es handele sich nicht um den indischen Elefanten, der kleiner sei. Es ist BLUMENBACHS großes Verdienst, daß er die Verschiedenheiten der fossilen Form gegenüber den beiden lebenden Arten erkannte. Folgerichtig stellte er (Specimen alterum S. 7 ff., 1816) eine neue, von beiden gesonderte Spezies auf, die er *Elephas primigenius* nannte (vgl. POHLIG, 1889, S. 11).

Damit tat er den ersten Schritt zur Gliederung des Pleistozäns auf Grund der Elefantenfauna. Die definitive Sonderung der fossilen Elefantenarten erfolgte durch FALCONER (London 1868). Er unterschied die drei heute noch anerkannten Arten *primigenius* BLUMENB., *meridionalis* NESTI und *antiquus* FALC. Hierauf gründete später POHLIG seine Pleistozängliederung nach Stufen der Elefantenfaunen.

Als zweites Problem blieb die Frage nach der Herkunft der Elefantenreste. Es wurde ja schon seit TENTZELS Zeiten erörtert und damals bot sich, dem Wissensstand der Zeit entsprechend, als natürliche Erklärung eine Verschwemmung durch die Wässer der Sintflut an. TENTZEL selbst, HOYER, LEIBNIZ[50]) und praktisch wohl alle Gelehrten der Zeit, so auch der oben erwähnte STOBAEUS, huldigten dieser Ansicht, die in BÜTTNER (1710) ihren entschiedensten Verfechter fand. Sie blieb herrschend bis in das letzte Drittel des 18. Jh., und erst die Forschungen J. E. I. WALCHS[51]) bereiteten ihr das Ende (vgl. v. FREYBERG 1932, S. 18).

1812 erschien CUVIERS grundlegendes Werk „Recherches sur les ossements fossiles" (2. Aufl. Paris 1821, dt.: Bonn 1830) mit dem berühmten Vorwort „Discours préliminaire" (später als Buch u. d. T.: „Discours sur les révolutions de la surface du globe"), in welchem er seine Katastrophentheorie entwickelte. Ihr schloß sich bald die Mehrzahl der damaligen Gelehrten in irgendeiner Form an. Nach CUVIER wäre Tonna in die 5. Schöpfung zu stellen, charakterisiert durch *Elephas primigenius*, *Rhinoceros tichorhinus* etc. Damit war BLUMENBACHS Auffassung betreffs der Autochthonie der Burgtonnaer Elefanten als richtig anerkannt. Dieser berühmte Göttinger Professor war es auch, der als erster die CUVIERschen Ansichten auf die Burgtonnaer Säugetierfauna anwandte. Schon in der ersten Auflage seines „Specimen Archaeologiae telluris" (1801, also noch vor Cuviers „Discours") unterschied er drei Gruppen von Versteinerungen:

1. Solche aus Lokalkatastrophen, heute noch am Orte lebend,
2. Heutiger Schöpfung angehörende, aber erst durch gewaltsame Fluten an den Fundort gebrachte,
3. Einst am Orte lebende, aber im tropischen Milieu, z.B. Tonnaer Elefanten; hier sei eine „Total-Veränderung der Climate" eingetreten,
4. Ausgestorbene Arten (Meeresbewohner).

Blumenbach war, ähnlich wie Cuvier, der Überzeugung, daß mindestens schon einmal nicht nur die eine Gattung oder Art, sondern eine ganze präadamitische Schöpfung durch eine Totalkatastrophe untergegangen sei.

In diesem Zusammenhang wäre weiterhin zu nennen der Pfarrer J. G. J. Ballenstedt. Er nahm eine Aufeinanderfolge mehrerer Schöpfungen an (1818), deren eine dann die Burgtonnaer gewesen wäre.

Dagegen näherte sich Krüger mehr der Blumenbachschen Auffassung, indem er zwischen einer „urweltlichen" Tonnaer und „jetzigen" Schöpfung unterschied (1820).

Als v. Schlotheim 1818 seine Arbeit über den Kalktuff herausbrachte, vertrat er ebenfalls eine Meinung, welche der Blumenbachs sehr ähnlich war. Seine Liste aller damals aus dem Tuff bekannten Tiere wird von ihm als hauptsächlich „südliche" Tiere umfassend bezeichnet, deren Untergang durch plötzliche Änderung des Klimas verursacht wurde.

Offenbar unter v. Schlotheims Einfluß schreibt auch Bergner (1822) den Untergang der Travertinfauna einer „mittägigen Flut" zu. Dabei wird die etwas sonderbare Ansicht vertreten, die Reste seien an Flußdurchbrüchen abgelagert worden (z.B. den Unstrutdurchbrüchen, dem Wipperdurchbruch usw.) und so u. a. auch die Tonnaer Elefanten.

In etwas abgewandelter Form finden wir diese Verschwemmungstheorie wieder bei Linck (1. Aufl., 1821); auch er lehnt einen Ferntransport ausdrücklich ab: „Die Meinung, daß eine Fluth die Knochen von Elefanten und andere Überbleibsel organischer Körper aus fernen Ländern herbeigeschwemmt habe, ist auf nichts gegründet." (S. 71—72). Aber auch einen Klimawechsel (milderes Klima) läßt Linck (S. 68—71) weder für die sibirischen noch für die Tonnaer Elefantenfunde gelten. Man konnte sich eben damals noch nicht vorstellen, daß nahe systematische Verwandtschaft zwischen Tierarten durchaus nicht identisch zu sein braucht mit ihren Ansprüchen an die klimatischen Bedingungen ihrer Umwelt. Leibniz' dahin weisende Überlegungen waren ja, da in den handschriftlichen Mitteilungen an Tentzel versteckt, nicht bekannt. Allerdings hatte bereits Tilesius (1810) gelegentlich seiner Abhandlung über die sibirischen Mammute mit Seitenblicken auf die Tonnaer und die deutschen Elefantenfunde überhaupt festgestellt, daß es einer vorgefaßten Meinung entspringe, wenn man Rhinozeroten und Elefanten mit warmem [gemeint tropischem] Klima gleichsetze:

„Nec ullus unquam haec ossa scrupulose cum illis animalium Africae et Asiae calidioris comparavit et cuncti anticepti opinione, Rhinocerotis et Elephantini generis species omnes calidioris coeli fuisse animalia, convicti, de modo tantum disputarunt, quo haec animalia calidioris coeli in terram frigidam Asiae ac totius Europae translocari potuerint."

Weiterhin spricht Tilesius dann seine Verwunderung darüber aus, daß sich die Verschwemmungstheorie sowie die Hypothese von Kriegselefanten etc. so lange habe halten können.

Der Cuvierschen Kataklysmentheorie war, gemessen an der Lebensdauer ihrer Vorgänger, kein langes Leben beschieden. Die ständig zunehmende Zahl neuer Beobachtungen machten eine zu große Anzahl neuer Schöpfungsakte notwendig und so die Hypothese immer unglaubhafter. Schon erwuchs im nahen Gotha durch v. Hoff (ab 1822) und vor allem später (1833), unabhängig von diesem, in England durch Lyell die neue Lehre von der Kontinuität des geologischen Geschehens, eine Auffassung, der wir unter der Bezeichnung „Aktualitätsprinzip" im wesentlichen heute noch huldigen.

Lyell lernte gelegentlich eines Besuches in Thüringen auch die Brüche von Burgtonna kennen. Er selbst berichtet darüber (Geol. oder Entwicklungsgesch. etc., Bd. 1, S. 165, Ende des 10. Kapitels):

„In mehreren Thälern des nördlichen Deutschlands, wie im Ilmthal bei Weimar und im Tonnathal, nördlich von Gotha treten ähnliche [Kalktuffe und Travertine] mit neuen Muscheln aus den Geschlechtern *Planorbis*, *Lymnaea*, *Paludina* usw. erfüllte Massen modernen Kalksteins auf, welche 50 bis 60 Fuß mächtig sind und zuweilen von einer dem rheinischen Löss ähnlichen Schicht überlagert werden. In diesen modernen, zum Bau benutzten Kalksteinen findet man die Knochen des *Elephas primigenius*, des *Rhinoceros tichorhinus*, des *Ursus spelaeus*, der *Hyaena spelaea* neben denen des Pferdes, Ochsen, Hirsches und anderer Vierfüßler; und 1850 entdeckte ich in Gesellschaft des Herrn H. Credner in einem Steinbruch bei Tonna, 15 Fuß tief in kalkigem Gestein und umgeben von dikotylodonischen und versteinerten Blättern, vier Schlangeneier [recte: Schildkröteneier][52]), welche so groß waren wie die der größten *Coluber*-Arten, nebst drei andren, in einer Reihe liegend.

Wie ich glaube, sind dies die ersten Reptilienreste, die man bis jetzt in den Schichten dieses Alters gefunden hat.

Daß die Muscheln mit den heutigen europäischen Arten übereinstimmen, läßt uns vermuten, daß die Ausfüllung und Wiederaushöhlung der Thäler in einer sehr neuen Zeit stattgefunden hat, zweifelsohne verging darüber eine so lange Zeit, daß sich währenddessen die Säugethierwelt beträchtlich verändern konnte."

1850 brachte Herbst sein „Taschenbuch der wichtigsten Entwicklungsmomente der Erde etc." heraus, das dadurch bemerkenswert ist, daß hier erstmals der Versuch gemacht wird (S. 149—155), die Bildung der Kalktuffe (Langensalza, Tennstedt) von der chemischen Seite her zu erklären.

Als Buckland (1823) die Begriffe „Diluvium", „antediluvial", „postdiluvial" und „alluvial" in die Literatur einführte, war das für Burgtonna insofern von Wichtigkeit, als es nunmehr eine feste

Stellung im System der Formationen erhielt, wenn auch diese Grundlage zunächst noch recht allgemein blieb.

4. Die moderne Forschung (ab 1861)

4.1. Gesamtdarstellungen und Überblicke: Senft, Schäfer

Einen guten Schritt vorwärts in der Tonnaer Forschung bedeuten die Untersuchungen Senfts (1861). Man kann diese Abhandlung als den ersten Versuch einer Gesamtdarstellung werten. Erst kurz nach der Jahrhundertwende wurde durch Schäfer ein neuer Vorstoß in dieser Richtung unternommen. Von seiner Hand stammen zwei äußerst wertvolle Arbeiten (1903, 1909), deren zweite die erste wirklich neuzeitliche Zusammenfassung der Burgtonnaer Lagerstätte und ihrer Fauna bietet. Auf diese Schrift beziehen sich viele bekannte Autoren, so u. a. Soergel (1912) und neuerdings auch Dietrich (1968). Im folgenden blieben die Schäferschen Abhandlungen die einzigen dieser Art, die sich ausschließlich mit Burgtonna befassen (sofern man von der Sekundärliteratur absieht). Auf Senfts und Schäfers Arbeiten wird hier bei der Behandlung der einzelnen Disziplinen noch des öfteren zurückzukommen sein.

Kurz nach (!) den Schäferschen Veröffentlichungen erschien ein Heftchen, das als anachronistisches Kuriosum erwähnt sei, und dessen Verfasser der Geograph Habenicht war. Hier erfolgt (1912!) ein völliger Rückfall in die Zeit noch vor Cuvier. Da wird von Katastrophen gesprochen und von Wüsten, von Fluten und von Mammutleichen, die aus wärmeren Gebieten durch die Diluvialflut herbeigeschwemmt wurden und von ähnlichen Absonderlichkeiten berichtet. Vf. meint selbst, seine Ansichten würden auf zahlreiche Gegnerschaft unter den Fachgelehrten stoßen. Sarkastisch stimmt ihm Keilhack (1913) in seiner Rezension zu:

„Unbedingt Recht hat Verf. mit dem letzten Satze seiner Abhandlung, daß er nämlich den Sieg seiner Ansichten voraussichtlich nicht erleben dürfte, aber tröstet sich mit den Bewohnern von Taubach, die ihm auf seine Frage nach den Ursachen der Elefantenknochenablagerungen antworteten: „das hat die Sintflut gemacht."
Die Schrift kam 100 Jahre zu spät.

4.2. Die Altersfrage im Rahmen der Gesamtgliederung des Pleistozäns

Was der Quartärforschung in der Klärung der Altersfrage so außerordentliche Schwierigkeiten verursachte, war die allgemeine Unsicherheit in der Koordinierung des nordischen und alpinen Glazials.[53])

Für Thüringen im speziellen komplizierte sich die Angelegenheit noch dadurch, daß das Thüringer Becken nur einmal, zur „Haupteiszeit" vom Eise erreicht wurde. Damit wurde alles zeitlich vorher liegende zum „Präglazial", alles später liegende zum „Postglazial". Nun wußte man ja schon seit Pohlig (1887, 1889) und Sandberger (1893), daß die *antiquus*-Stufe dem oberen Mittelpleistozän zugehöre, aber die Frage blieb offen, welches der nordischen oder der alpinen Interglaziale von ihr repräsentiert wurde. Ich habe das einmal (1927) durch eine kurze Gegenüberstellung der verschiedenen Altersdeutungen des Weimarer Travertins zu verdeutlichen gesucht. Die Einordnung wechselt zwischen 1. Interglazial (Pohlig 1885, Weber 1899) über 2. Interglazial (Wüst 1901, Frech & Geinitz 1904, Wiegers 1920, 1928, 1932) zu 2. oder 3. Interglazial (Wüst) bis zum 3. Interglazial (Soergel 1912) und endlich praktisch bis zur Ablehnung einer Koordinationsmöglichkeit überhaupt (Weiss 1910)[54]). Da die Äquivalenz Burgtonnas mit den anderen Diluvialtravertinen Thüringens, insbesondere auch mit Weimar—Taubach—Ehringsdorf, feststeht, gelten alle dahingehenden Angaben logischerweise auch für diese Lagerstätte. Hierzu finden wir folgende Angaben: „Mittelpleistozän" (Pohlig 1885, 1887, 1889, Sandberger 1893), „Interglazial" (Hocker 1897); „1. Interglazial" (Weber 1899); „2. Interglazial" (Wüst 1901, Frech & Geinitz 1904, Wiegers 1920, 1928, 1932).

Sehr bezeichnend ist ein Ausspruch von Wüst (1912): Die Zurechnung zum Interglazial II gelte nur für Schwanebeck, allenfalls für Taubach—Weimar; betr. der übrigen Kalktuffe könne man nur von denen von Brüheim, Tonna und Bilzingsleben sagen, daß sie in einem zwischen der II. Eiszeit und der Jetztzeit gelegenen Zeitabschnitt gebildet seien. Sie seien „2. Interglazial oder jünger". Seit 1912 beginnt sich die Lage allmählich zu festigen. Man spricht vom „3. Interglazial" (Soergel 1912) oder etwas vorsichtiger vom „letzten Interglazial" (Gagel 1920, Dietrich 1920, Werth 1925, Gothan 1935, Toepfer 1936) und nähert sich damit unserer gegenwärtigen Auffassung. Toepfer präzisiert die Altersstellung der Tonnaer Tuffe noch genauer mit der Bemerkung, man sei wohl berechtigt, anzunehmen, daß der „Burgtonnaer Kalktuff in der Warmzeit zwischen den Eiszeiten Präwürm und Würm I zum Absatz kam". Jedenfalls stehe letztinterglaziales Alter i. S. älterer „Diluvialgliederungen" fest. Leider sei jedoch das geologische Alter im Rahmen der Vollgliederung des Eiszeitalters nicht zu fixieren, da gliederungsfähige Deckschichten fehlten. So sprechen denn auch Woldstedt (1950, 1955) und Mägdefrau (1956, 1964) von Riß—Würm- = Saale—Weichsel-Interglazial bzw. einfach von Riß—Würm-Interglazial. Heute hat sich allgemein die Altersbestimmung „Eem-Warmzeit" [= „Saale—Weichsel-Interglazial"] durchgesetzt (so Woldstedt 1962, Toepfer 1963, Mägdefrau 1964). Nachdem durch Frenzels Arbeiten (1967, 1968) eine Gleichheit mit der alpinen Gliederung erzielt ist, kann die Forschung als in dieser Beziehung abgeschlossen gelten.

4.3. Die Stratigraphie

Den geringsten Fortschritt in der Burgtonnaer Forschung hat entschieden die Stratigraphie aufzu-

Tab. 1. Die Stellung der Travertine von Burgtonna in forschungsgeschichtlicher Betrachtung

TENTZEL (nach ZAUTNER 1696)	HASE 1765	SPEYER 1883 [und FRECH & GEINITZ 1904]	SCHÄFER 1909 GRÜNKORNscher Bruch	SCHÄFER 1909 ZAUTNERscher Bruch	HOPPE 1939 Bruch HAUN, Burgtonna	GESANG 1962 (schematisiertes Profil)
2 Ellen[1]) tief schwarze Erde	4 Schue[2]) schwarze Damm-Erde		1—2 m Abraum	0,5 m Lehm		ca. 2m Löß und Schwemmlehm
$1^1/_2$ Ellen grau und steinigter Sand	$1^1/_2$ Schue Kiesigt-Sandgebirge	bis 9 m lose, zerreibliche Tuffmassen	0,7 m poröser Kalktuff („Knatz")	1 m hellgrauer Tuffsand 1 m blaßgrünliche tonigsandige Schicht	1—2 m lockerer Tuff 4 m lockerer Tuff und in dünnen Lagen verfestigter Tuff	ca. 3 m Kalktuffsand, gelbgrau und mürber Travertin mit einzelnen Brandschichten
3 Ellen tief Thonigter Sand	6 Schue Thonigte Erde		1,30 m Tuffsand mit eingel. Kalkplatten, z. T. mit Mangansuperoxyd	0,5 m sandigporöse festere Schicht		
3 Ellen tief, wieder grau und steinigter Sand und von dar	4 Schue fester Sand	1,2—8 m feste Kalksinterbildungen	3—4 m Werksteintuff, bis 1 m mächtige Bänke, inkrustierte Pflanzenteile	3 m fester Werksteintuff, Blöcke bis 40 cm	bis 2,00 m fester Tuff. Werksteinbänke in Schichtblöcken bis 50 cm	ca. 5 m Travertin, gelblichgrau, z. T. Bänke bis 1,5 m mächtig (Werksteinzone bis 4 m), z. T. dünnplattig, stark porös, mit Tuffsandlagen
	9 Schue Dupstein 2 Schue grober Sand	5—6 m feste Tuffbänke		1,5 m sehr poröser, schwammiger, leichter, gelblich-sandiger Tuff		
$1^1/_2$ Ellen tief weisser und reiner Sand, welcher tiefer hinein also bleibet, und in diesem Sande sind die Gebeine ausgegraben worden	9—10 Schue feiner Scheuersand mit untermengten kleinen Schneckgen und darunter wieder eine Lage Dupstein darin bisweilen Stücke einer Thonigten gelben Erde					Liegendes: Fein- bis Grobkies, Schieferton des Mittleren Keupers

[1]) 1 Dresdner Elle = 56,638 cm [2]) 1 Dresdner Fuss (Schuh) = 0,282 655m

weisen. Beistehende Gegenüberstellung möge das verdeutlichen (Tab. 1). Daß es sich bei dieser Parallelisierung nur um einen Versuch handeln kann, die Ansichten der einzelnen Autoren zu koordinieren, ist leicht zu verstehen, wenn man die Wechselhaftigkeit der Lagerstätte und den verschiedenen Wissensstand der Zeit berücksichtigt.

Immerhin erkennt man aus der Tabelle doch recht klar, daß die Unterschiede von 1696 bis heute nicht eben groß sind. Außerdem ist ja auch zu bedenken, daß bei dem schnell vorschreitenden Abbau und der Unbeständigkeit der einzelnen Straten nach allen Dimensionen des Raumes hin den jeweiligen Profilen ohnehin kaum mehr als der Wert einer Augenblicksfotografie zukommt. GESANG hat dem auch Rechnung getragen, indem er ein schematisiertes Profil erstellte, in dem er selbst nur eine „grundsätzliche" Gliederung sehen will.

Ein Wandel ist wohl nur zu erwarten, wenn erst eine genau horizontierte Aufsammlung, besonders der Molluskenfauna, vorliegt. Unter Zuhilfenahme des Horizonts mit *Helicigona banatica* müßte ein solche Feingliederung möglich sein (vgl. ZEISSLER 1970).

4.4. Lithogenese und Lagerstättengenese: HERBST, SENFT, MÄGDEFRAU, HESS v. WICHDORFF

Bereits oben wurde des Versuchs HERBSTS (1850) gedacht, die Kalkausfällung als einen rein chemischen Vorgang zu erklären. Anders als bei ihm wird von SENFT das Problem der Lithogenese von der bodenkundlich-biologischen Seite her angegangen (1861, S. 318–332). Er führt die Lösung des Kalks vor allem auf den Waldschirm zurück, der Schatten, Kühlung, Feuchtigkeit und Humussäuren spendete. Es erfolgte eine allmähliche Durchsinterung, die SENFT an Moospolstern Schritt für Schritt verfolgen konnte. Das Schwinden des Waldes erkläre den Rückgang des Kalkgehaltes und der Quellschüttung und damit das Nachlassen der Travertinbildung.

MÄGDEFRAU nähert sich SENFTS Meinung, indem er Moose für die Kalkausfällung in Anspruch nimmt, im Gegensatz zu der gängigen Auffassung von Charatuffen.

Die Lagerstättengenese schildert SENFT in folgender Form: Ursprünglich wurde die ganze Muschelkalkbucht von Kalkschlamm erfüllt. In diese Masse schnitt sich ein Bach in schmaler Kluft ein, an deren Ende sich ein Wasserfall befand. Jetzt siedelte sich *Scolopendrium officinarum* an. Zu dessen Lebzeiten war der Zufluß sehr schwach, da sonst die Pflanze nicht hätte existieren können. Anschließend erfolgte stärkerer Zufluß und damit die Inkrustierung. Demnach sei auf dreimalige Sinterbildung zu schließen:

1. eine ältere, der Tertiärzeit angehörige, durch *Helix canthensis* gekennzeichnete,
2. eine jüngere, vielleicht diluvial, durch *Scolopendrium*-Reste bezeichnet,
3. eine jüngste, in die Gegenwart ragende, mit *Helix* und Efeu.

Für eine Zeit, die noch so wenig über Fauna und Flora der Interglazialzeit wußte, kann man die Deutung der *canthensis*-Schicht als gar nicht so abwegig bezeichnen. Sie zeigt jedenfalls, daß SENFT den Klimacharakter der *H. canthensis* richtig einzuschätzen verstand.

Eine neuere Deutung der Burgtonnaer Lagerstätte stammt von HESS v. WICHDORFF. Nach ihm handelt es sich um eine Quellmoorbildung — Quellmoor im weitesten Sinne gedacht (1913, S. 338–339).

Bezüglich der zur Bildung von Gestein und Lagerstätte erforderlichen Zeitdauer hat STEINER (1970) sehr interessante Überlegungen veröffentlicht. An Hand der Beobachtung aufrecht im Travertin stehender Baumstämme, deren einer die Länge von 2,60 m erreichte, errechnet er für die Bildung des Travertingesteins einen Zeitraum von 500–1000 Jahren. Scharf hiervon trennt STEINER die Bildungszeit der Lagerstätte. Da erst Zwischenlagen und Schichtlücken plus Gestein das Profil darstellen, so meint STEINER, sei diese Zeitspanne, „die geologische Zeit", als viel länger anzusetzen.

4.5. Die Flora

Bei der Auffälligkeit, mit welcher die Tonnaer Pflanzenreste auftreten, ist es verwunderlich, wie relativ wenig Arbeitskraft der Erforschung der Travertinflora gewidmet worden ist. So hat man — abgesehen von einigen gelegentlichen Erwähnungen, z.B. bei TENTZEL — Jahrzehnte lang paläophytologische Forschungen auf das äußerste vernachlässigt. Selbst v. SCHLOTHEIMS berühmte „Beschreibung merkwürdiger Kräuterabdrücke" (1804) erwähnt Burgtonna mit keinem Wort.[55]) Erst bei SENFT (1861) finden wir eine Liste von 5 Arten: *Scolopendrium officinarium* (von SENFT entdeckt), *Hedera helix, Parnassia palustris*[56]), *Corylus avellana* und *Salix capraea*. Die Schilderung der *Scolopendrium*-Wand mit dem Masenvorkommen dieses Farns und den prachtvollen, an der „alten Mutterstätte" in situ inkrustierten Exemplaren kann als eine der lebensvollsten Darstellungen jener Zeit auf dem Gebiete der Paläophytologie gelten. Dieser Farn wurde, vorzüglich auch mit Bezug auf sein Vorkommen bei Burgtonna, von MÄGDEFRAU (1956, 1964) näher beschrieben.

Ein Jahr nach SENFT publizierte HELLMANN seine „Diluvialfauna von Thüringen", auf die noch zurückzukommen sein wird. Die darin enthaltene Florenliste umfaßt 16 Arten, welche Aufzählung bei SANDBERGER (1893) wiedergegeben ist. Neben 9 Phanerogamen enthält sie auch 7 Kryptogamen: *Chara hispida, Ch. foetida, Cladonia muralis, Encalypta vulgaris, Barbula muralis, Hypnum abietinum* und *Scolopendrium officinarum.*

Die Zahl der bis heute nachgewiesenen Gefäßpflanzen ist recht gering geblieben. Auf SENFTS 5 und HELLMANNS 9 Arten folgen SPEYER (1883) mit

9 „u. a. m.", Schäfer (1903) und nach ihm Kohlstock (1926) mit 8, endlich Vent (1954/55) und Woldstedt (1955) mit 9 [recte 11]. Wenn Weber (1899) für die Tuffe von Taubach, Tonna, Tennstedt und Mühlhausen eine Gesamttabelle von 31 Arten zusammenstellt, so ist aus ihr leider nicht zu ermitteln, welche davon insonderheit Tonna zuzurechnen sind(höchstens 19, davon 6 Kryptogamen).

Was die einzelnen Florenelemente im speziellen anlangt, so verdienen besondere Aufmerksamkeit — neben *Scolopendrium officinarum* — vier Arten, nämlich *Ilex aquifolium* L., *Pavia* sp., *Acer monsspessulanum* L. und *Fraxinus* cf. *americana*. Die erste von diesen wurde von Pohlig gefunden und von Heer und Schröter bestätigt, vgl. Mägdefrau (1968). Merkwürdigerweise geriet dieser Fund, obgleich *Ilex*-Blätter örtlich geradezu Lagen bilden können, in der Folge weitgehend in Vergessenheit. So fehlt die Planze z.B. in der ausgezeichneten und sonst sehr subtilen Fossilliste Vents.

Die zweite Art, die amerikanische Form *Pavia*, wird ebenfalls bei Pohlig (1885) und nach ihm von Weber (1899) und Gothan & Weyland (1954) genannt, aber von Vent nicht mehr erwähnt. Von Kirchheimer (1958) wird ihr Vorkommen überhaupt in Zweifel gezogen. Die beiden erstgenannten führen auch *Fraxinus* cf. *americana* an, doch nahm Vent auch sie nicht in seine Liste auf, wohl weil ihm die Bestimmung nicht gesichert genug erschien. *Acer monsspessulanum* L. fand Gothan (1935) bei der Durchsicht der vermutlich Schlotheimschen Sammlung, vgl. hierzu Roselt 1956. Das Original ist leider verschollen, doch fand ich [Claus] ein Blatt im Wandschutt.

4.6. Die Fauna

4.6.1. Wirbeltieruntersuchungen

Die Elefantenfunde des 17. und 18. Jahrhunderts haben in ihrer Zeit gewaltiges Aufsehen erregt. So ist es denn auch nicht verwunderlich, wenn die Durchforschung der Fauna intensiver verfolgt wurde als die der Flora.

Einen ersten Versuch einer Gesamtdarstellung der Fauna unternahm Hellmann (1862). Er stützt sich auf Gothaer Museumsmaterial und ist wiederholt scharf kritisiert worden, so u. a. von H. v. Meyer (1864), der nachwies, daß Hellmanns *Hippopotamus* von Tonna auf einen Rhinozeroten, und zwar wahrscheinlich auf *Rhinoceros tichorhinus* zu beziehen sei. Immerhin, trotz aller Kritik, ist die Veröffentlichung erwähnenswert als erster, wenn auch nicht sonderlich glücklicher Versuch, eine Gesamtübersicht über die Tonnaer Fauna zu bringen. Zudem verdient festgehalten zu werden, daß hier die Erstbeschreibung der wichtigen *Helix* (*Tachea*) *tonnensis* gegeben wird (als *Helix nemoralis major*).

Was zunächst die Säugetierfauna anlangt, so stieg die Zahl der für Burgtonna festgestellten Arten seit Mitte des 19. Jahrhunderts von 7 bei Lyell auf 16 an, z.B. Hellmann (1862), Speyer (1883), Pohlig (1885) je 8, Frech & Geinitz (1904) 9, Langenhan (1906) 11, Schäfer (1909) 15, Soergel (1914) 16. Die letzten Zusammenstellungen — Schäfer (1909), Soergel (1914) — weisen neben *Elephas antiquus* Falc. und *Rhinoceros merckii* Jäg., den „beiden Charaktertieren der Antiquusstufe" noch auf:

Cervus elaphus antiqui Phl., *Bison priscus* Boj., *Equus* cf. *germanicus* Nehr.[57]), *Cervus capreolus* L., *Ursus arctos* L., *Sus scrofa antiqui* Pohl., *Felis spelaea* Goldf.[58]), *Felis magna* Bourg., *Canis vulpes* L., *Hyaena spelaea* Goldf., *Cervus euryceros* Aldrov., *Castor fiber* L. (*antiquus* Pohl.), *Cricetus frumentarius* L., *Sorex vulgaris* L.

Rechnet man hierzu noch das Vorkommen von *Emys orbicularis* L. — Voigt (1787, Fig. 3), Maack (1869), Geinitz (1877), Ullrich (1956, 1958) —, so ergibt sich für Burgtonna ein Wirbeltierbestand von 17 Formen.

Die Jahre 1884—1892 stehen stark unter dem Einfluß der bekannten Abhandlungen Pohligs und dessen Diluvialgliederung nach Elefantenfaunen, bei denen natürlich auch die Burgtonnaer Funde Berücksichtigung fanden. Schon in der Veröffentlichung von 1884, die dann 1885 fast wortgetreu wiederholt wird, finden wir folgende Gliederung:

I. Hauptglazialstufe: Erraticum etc.
II. Trogontherienstufe: Süßenborn, Apolda, Sulza.
III. Antiquusstufe (Mittelplistocän): In Thüringen vertreten durch 4 Becken: Weimar—Taubach, Tonna, Mühlhausen und Tennstedt
IV. Mammutstufe: *E. primigenius*, *Rhin. tichorhinus* etc.
V. Prähistorische Stufe: Jüngere Travertine Thüringens.

In einer weiteren Arbeit (1889) präzisierte Pohlig die Stellung der Antiquusstufe noch näher als oberes Pleistozän. In ihr wird anstelle von Tennstedt Bilzingsleben eingesetzt. Betr. des ersteren — heute als jünger erkannt — wird Pohlig vorsichtig, indem er (S. 21, Fußnote) vermerkt:

„Der von mir nach Lagerung und Gehalt an *Helix vindobonensis* als oberes Mittelplistocän bestimmte Gehängetravertin von Tennstedt scheint Elephantenreste noch nicht geliefert zu haben."[59])

Wichtiges Ergebnis für Burgtonna ist, daß es bei der Gliederung Pohligs geblieben ist, woran auch Schröders Einspruch (1895) nichts hat ändern können. Die Äquivalenz der Thüringer diluvialen Kalktuffbecken wurde weiterhin nie angezweifelt. 1914 konnte Pohlig triumphierend feststellen, die Einteilung des Pleistozäns nach Elefanten habe „sich glänzend bewährt."

4.6.2. Konchylienforschung

Ungefähr gleichzeitig mit diesen Untersuchungen liefen solche, die die Molluskenfauna betrafen. Schon Tentzel war die außerordentliche Ähnlichkeit der in den Travertinen enthaltenen Schneckenfauna mit der rezenten der umliegenden Gewässer aufgefallen. Die Richtigkeit dieser Beobachtung bestätigten später v. Schlotheim, Lyell u. a. Die eigentliche Blütezeit der Thüringer Molluskenforschung setzt jedoch erst in den 80er Jahren ein und umfaßt die Zeit bis etwa 1930.[60]) Jetzt mit modernen Mitteln durchgeführt, erzielte sie entscheidende Ergebnisse, darunter auch solche, die mittelbar und unmittelbar Burgtonna betrafen.

Noch 1861 bestand SENFTS gesamte Fossilliste aus 4 Arten. Bereits 1870/75 gibt SANDBERGER eine große Zahl von Arten aus Thüringen an (S. 913 bis 938), allerdings ohne Tonna zu nennen. Im folgenden steigt die Zahl der von dort festgestellten Spezies schnell an. SPEYER (1883) zählt 26 Arten auf, 1884/85 sind es schon 46 (POHLIG), und 1893 konnte SANDBERGER nach Aufsammlung von DIETZ 52 zusammenstellen. 1897 ermittelte WEISS unter Benutzung von HELLMANNS, SANDBERGERS und GEYERS Ergebnissen, aber ohne Berücksichtigung der POHLIGschen Angaben für die Travertine der Antiquus-Stufe Thüringens 88 Molluskenarten, von denen die meisten auch in Burgtonna vertreten sind. LANGENHANS vermutlich unvollständige Liste (1906) umfaßt 55 Gastropoden, davon 44 für Burgtonna.[61]) An dieser Stelle ist noch besonders die Pionierarbeit des Mühlhäuser Rektors BERNHARD KLETT zu würdigen. In mühevoller Aufsammlungsarbeit gelang es ihm, allein in Burgtonna 90, zudem in Gräfentonna 48 Schneckenarten zusammenzubringen. Unter Hinzunahme SPEYERscher und LANGENHANScher Aufsammlungen und Hinzurechnung von 5 Pisidien und einer *Cypris* errechnete KLETT (1924) für Burgtonna einen Bestand von 102 Invertebratenarten.

4.7. Das Klima nach Aussage der Flora und Fauna

Schon die alten Forscher haben sich Vorstellungen über den Zustand des Landes zur Zeit der Travertinbildung zu machen gesucht, vor allem auch hinsichtlich der Klimaverhältnisse, s. o. TENTZEL, LEIBNIZ usw. Natürlich mußte bei dem damaligen Stand der Forschung ein solcher Versuch zum größten Teil spekulativ ausfallen. Das änderte sich naturgemäß mit Beginn der modernen Forschung, anfangend mit SENFTS Untersuchungen, vor allem aber seit POHLIG (1885ff.).

Daß sich das Landschaftsbild nicht wesentlich von dem heutigen unterschied, war wohl immer allgemeine Ansicht. Auch war man einig in der Annahme eines im allgemeinen günstigeren Klimas gegenüber dem jetzigen Zustand. Dagegen wurden Angaben über den Klimatyp und die Verteilung der Temperatur über die einzelnen Jahresabschnitte erst möglich, als man die Flora und die Molluskenfauna überblicken konnte. Beide waren ja in viel höherem Maße befähigt, Auskunft über klimatische Fragen zu geben als die homothermen Großsäugetiere.

Dies gilt zunächst für die Flora, und zwar insbesondere für die im Gebiet erloschenen Pflanzenarten:

1. *Scolopendrium officinarum*, heute in Thüringen äußerst selten, atlantische Form „mit ausgeprägt westlicher und südlicher Tendenz" (MÄGDEFRAU 1956, 1964).
2. *Ilex aquifolium*, ebenfalls ausgesprochen atlantisch, heute in Thüringen ausgestorben, nur unter der Hand des Menschen gedeihend, sehr frostempfindlich, Ostgrenze etwa 0°-Januarisotherme. Heutiges Hauptgebiet das „Hülsenland" NW-Deutschlands um Osnabrück. Nächster rezenter Standort der Deister.[62])
3. *Acer monsspessulanum*, wärmeliebend, heute noch an felsigen Hängen der oberrheinischen Tiefebene (GOTHAN 1935, vgl. ROSELT 1956).
4. *Pavia*, nordamerikanische Art, erwähnt bei POHLIG (1885), WEBER (1899) und GOTHAN & WEYLAND (1954); ihr Vorkommen von KIRCHENHEIMER (1958) bezweifelt.
5. *Fraxinus* cf. *americana*, amerikanische Form, ebenda erwähnt. Weitere typische Arten lieferten umgebende Fundorte, so:
6. Weimar: *Thuja occidentalis* (SCHLECHTENDAHL 1903).
7. Bilzingsleben: *Buxus sempervirens*, Massenvorkommen (WERTH 1925).
8.—11. Weimar—Ehringsdorf: *Vitis* sp., *Lonicera floribunda*, *Syringa thuringiaca*, *Cladium mariscus* (VENT 1954)[63]).
12. Mühlhausen: *Vinca* cf. *major*, atlantisch-mediterran (CLAUS 1964).

Zusammenfassend also eine stark atlantisch betonte Pflanzengemeinschaft.

Ein ganz anderes Bild bietet die Molluskenfauna: Nach der oben genannten, von WEISS (1897) stammenden, 88 Arten umfassenden Zusammenstellung der Gastropodenfauna kommen 72 noch rezent vor, sind also ohne klimatische Aussagekraft, 13 sind ausgewandert, 3 sind ausgestorben. Von diesen 16 Arten sind 8 osteuropäisch:

1. *Helix (Cepaea) vindobonensis* C. PFR.
2. *Clausilia filograna* ROSSM.
3. *Clausilia cana* HEER
4. *Succinea hungarica* HAZ.
5. *Zonites verticillus* var. *praecursor* A. WEISS
6. *Helix canthensis* BEYR. (= *banatica*)
7. *Helix tonnensis* SAND.
8. *Helix cana* ROSSM. (= *carpatica*)

Außerdem noch zwei vorwiegend südliche Arten:

1. *Hyalina diaphana* STUD. (Gebirgsschnecke, selten in Böhmen und den deutschen Mittelgebirgen) und
2. *Pupa sempronii* CHARP.

Diesen mehr oder minder kontinentalen Formen stehen 5 nordisch-alpine gegenüber: *Pupa substriata* JEFFR., *P. costulata* NIESS, *P. alpestris* ALD., *P. pagodula* DESM. und *Helix tenuieabris* BR.[64]) und nur eine westliche Art, *Belgrandia marginata* (*germanica*).

Also ein ganz starkes Überwiegen kontinentaler Formen. Hinzu kommt noch *Emys orbicularis*, deren Auftreten TOEPFER (1963) im Gefolge ULLRICHS (1956, 1958) als ausgesprochen kontinentales Element wertet. D. MANIA wies mich darauf hin, daß diese Mollusken im feuchtkühlen Waldklima leben. Damit wäre ihre Aussagekraft hinsichtlich der Kontinentalität allerdings stark abgeschwächt.

Diese krasse Inkongruenz zwischen der atlantisch getönten Pflanzenwelt und der kontinental betonten Fauna hat der Forschung immer zu raten aufgegeben. POHLIG sagt dazu (1885):

„Der Charakter der local ausgestorbenen Flora scheint nun in schwerlöslichem Widerspruch zu stehen mit derjenigen der Landconchylienfauna; erstere weist auf ein milderes und feuchteres, oceanischeres, letztere vorwiegend auf ein trockenes, continentaleres Klima hin, als das heute in jener Gegend herrschende ist; und zwar gewähren sowohl Pflanzen, als auch Landconchylien, beide einen sehr empfindlichen Maßstab für klimatische Verhältnisse — vielleicht aber doch erstere einen noch sichereren als Conchylien."

Beiden Elementen gemeinsam ist die höhere Wärmebedürftigkeit, und so fährt Pohlig fort:

„Zusammenfassend wird man sonach die Stufe des *Elephas antiquus* ... charakterisieren können: als eine Periode wärmeren Klimas" etc.

Mit dieser Auffassung erlebte die schon von Tentzel und Leibniz angeschnittene Klimafrage eine Art Auferstehung; Frenzel (1967, S. 98) sagt hierzu:

„Betr. des Klimas des Eems dürfte heute kaum noch bezweifelt werden, dass es wärmer war als heute."

Ložek (1969, S. 459) führt ähnliches aus, indem er meint, *Helecigona banatica* sei das molluskische Äquivalent zu *Elephas antiquus*, also *antiquus*-Fauna = *banatica*-Fauna:

„Fossilbestände mit *Helix banatica* (Rssm.) charakterisieren die Hochinterglaziale ebenso verläßlich wie die Fauna mit *Palaeoloxodon antiquus* (Falc.), so daß die *Banatica*-Fauna mit Recht als malakozoologisches Äquivalent der *Antiquus*-Fauna betrachtet werden kann."

Auch über das Ausmaß der Erwärmung war man sich einig. Die Angaben über das Jahresmittel bewegen sich in sehr engen Grenzen, nämlich um 1—3 °C (Werth 1925, Vent 1954/55, Frenzel 1967).

Die Frage nach der Temperaturverteilung über das Jahr hinweg wird von den einzelnen Autoren in verschiedener Form beantwortet. Gagel (1923), Werth (1925) und mit ihm Vent (1954/55) betonen vor allem die Wintermilde des damaligen Klimas und damit dessen größere Ozeanität.[65]) Nach Geyer (1923) spricht auch die Schneckenfauna für feuchtozeanische Verhältnisse. Im weiteren weist Werth auch darauf hin, daß *Buxus sempervirens*, bei Bilzingsleben in Massen vorkommend, ein Mittel von +10° für mindestens 6 Monate beanspruche. Vent errechnete für das Ilmtal bei Weimar eine um 2—3° höhere Julitemperatur gegenüber heute und spricht geradezu von einem „Weinbauklima." Interessant wiederum die Verwendung von *Ilex* als Klimaindikator: Hegi und Frenzel (1967) legen die Ostgrenze der Verbreitung dieser Pflanze auf die 0°-Januar-Isotherme fest, wobei letzterer noch genauer definiert: auf die Linie, an der die Zahl der Tage mit einer Maximaltemperatur von mehr als 0° nicht unter 345 sinkt. Demgegenüber legen andere Forscher mehr Wert auf die Höhe der Sommer-Temperatur. Es sind meist die, für welche die Fauna den größeren Aussagewert beinhaltet. So meint Menzel (1909), für die Conchylien sei lediglich die Sommertemperatur ausschlaggebend, da diese Tiere den Winter schlafend überständen. Ullrich errechnet auf Grund des Vorkommens von *Emys orbicularis* (bei Weimar, aber auch bei Burgtonna vorkommend) eine Mitteltemperatur des wärmsten Monats von 20° oder mehr, sicher nicht unter 19° heruntergehend. Ihm folgt Toepfer (1963): „... ein gemäßigt kontinentales Klima mit kontinentalen Einflüssen, wie z.B. in den Mittelmeerländern." Auch Zeissler (1970) unterstreicht den Anspruch von *Cepaea vindobonensis* und *Helicigona banatica*[66]) an sehr heiße Sommer, meint aber weiterhin, das Jahresmittel brauche gar nicht oder nur wenig verändert zu sein, wenn die Sommer kühler, die Winter zugleich milder und der Unterschied zwischen Tages- und Nachttemperaturen ausgeglichener geworden seien. Hier wird also ein vermittelnder Standpunkt vertreten.

4.8. Prähistorische Funde

Lange Zeit schien auch für Burgtonna der bekannte Ausspruch Cuviers: „L'homme fossile n' existe pas" recht zu behalten. Erst als Schäfer 1889 einen „angekohlten" Bisonunterkiefer in den Händen hielt und auch die zugehörigen „kohligen Travertinlagen" festlegen konnte, war die Gegenwart des diluvialen Menschen zur Zeit der Travertinbildung für ihn erwiesen. 1903 vermochte Schäfer seine Beobachtung noch durch den Fund eines Feuersteinmesserchens im Zautnerschen Bruch zu ergänzen (Schäfer 1909, Wiegers 1928, Woldstedt 1955). Einen weiteren Beitrag zur Präsenz des diluvialen Menschen in Burgtonna lieferte Toepfer (1936). Im Museum zu Gotha spürte er einen Bogenschaber aus dem Bruch Wolf auf. Das Stück wurde von Zimmermann als kambrischer Quarzit aus einem eng umgrenzten Vorkommen von Schmiedefeld stammend identifiziert. Fraglich blieb, ob es sich um menschlichen Transport oder um ein dem Werrageröll entnommenes Stück handelt. Toepfer vermutet als Alter „Weimarer Stufe" [= 2. Interglazial = Unteres Moustérien nach Werth (1920)]. Weitere Funde wurden seither nicht gemacht; der „verkohlte" Unterkiefer wurde schließlich als manganoxydbedecktes Fossil erkannt.

5. Zusammenfassung

Burgtonna ist als erstes der Thüringer Travertinlager in den Kreis wissenschaftlicher Betrachtung getreten. Seine große Zeit erlebte es im 17. und 18. Jahrhundert, und noch in den ersten beiden Dritteln des 19. Jahrhundert war die Burgtonnaer Forschung im Vorrang. Das änderte sich, als, beginnend mit den 70er Jahren, im Raum Weimar in zunehmendem Maße große Entdeckungen gemacht wurden. Diese führten dort zu einer sich ständig verdichtenden kontinuierlichen Forschertätigkeit, die schon kurz nach der Jahrhundertwende einen ersten Höhepunkt erreichte und fortlaufend bis auf den heutigen Tag weitergeführt wird. Dagegen hat es in Burgtonna niemals eine Kontinuität der Forschung gegeben; die Arbeiten von Schäfer und Florschütz, so wertvoll sie sind, blieben im wesentlichen Einzelleistungen. So geriet Burgtonna immer mehr an den Rand der wissenschaftlichen Untersuchungen und trat in ständig wachsendem Maße in den Schatten von Weimar—Ehringsdorf—Taubach. Es wurde meist nur im Zusammenhang mit diesen (oder gelegentlich auch anderen) Fundstellen nebenbei erwähnt. Der gegenwärtigen und zukünftigen Forschung stehen somit noch viele Aufgaben bevor, wenn sie den entstandenen Rückstand aufholen will.

Резюме

Месторождение травертина около Бургтонны оказалось первым травертиновым месторождением Тюрингии, подвергавшееся научному исследованию. Интенсивные исследования Бургтонны велись в

17ом и 18ом веках и еще во первой и второй третьях 19ого века. В семидесятие годы прошлого века это положение изменилось с началом больших открытий травертиновых месторождений в районе Веймара. Это привело к систематическим, последовательным исследованиям новых месторождений уже в начале 20ого века и нашло свое систематическое продолжение до наших дней. В Бургтонне такого последовательного исследования не наблюдалось. Ценные научные работы Шефера и Флорщютца оказались редкими явлениями. Бургтонна все больше уступала место району Веймар—Эрингсдорф—Таубах и её упоминали почти исключительно в связи с этими местонахождениями. Поэтому дальнейшому изучению предстоит еще решение многочисленных проблем, чтобы наверстать отставание.

Summary

Burgtonna is the first Thuringian travertine deposit brought into the focus of scientific consideration, experiencing its great time in the 17th and 18th centuries and having precedence still in the first two thirds of the 19th century. This was changed when, beginning with the seventieth, great discoveries were increasingly made in the Weimar area, resulting there in a continuous research activity which already reached its first culmination a short time after the turn of the century and is continued up to the present day, whereas such a continuity has never been at Burgtonna. Studies made by SCHÄFER and FLORSCHÜTZ, valuable as they are, were chiefly individual performances. Thus Burgtonna was more and more pushed off to the margin of scientific investigations, and was surpassed by those made at Weimar, Ehringsdorf, and Taubach. For the most part, it was mentioned in passing with these (or occasionally with other) localities. Thus research work, present and future, is faced with many problems to make up leeway.

6. Anmerkungen

1) JOHANN HEINRICH VOIGT (* Gotha, 27. 6. 1751, † Jena, 6. 9. 1823). Prof. der Mathem., Univ. Jena, Herzogl. weimar. Hofrat, Mitdirektor der naturforsch. Gesellsch. — Nicht zu verwechseln mit dem bekannten JOHANN KARL WILHELM VOIGT, (* Allstedt 1752, † Ilmenau, 1. 1. 1821) dem Mitarbeiter GOETHES in Bergwerksangelegenheiten.
2) Histor. Staatsarch. Gotha, Kammerarch., Amt Tonna, Nr. 342. 1685.
3) Geheimes Arch., Staatsarch. Gotha, 00 II, 27a.
4) Vgl. hierzu FLORSCHÜTZ (1905, S.45—46) u. VON FREYBERG (1932, S. 13—14).
5) WILHELM ERNST TENTZEL (* Greußen, 11. 7. 1659, † Dresden 24. 11. 1707). Polyhistor. kgl. u. chursächs. Rat und Historiograph. Diktierte kurz vor seinem Tode einem guten Freunde seinen Lebenslauf (JÖCHER, Sp. 1057—1058). Über ihn auch Leipziger gel. Ztg.: I, 270; II, 128, 190, 551; III, 92, 255; IV, 150, 320, 407; V, 455; XIV, 632, 633; XVI, 694, 718; XVII, 790; — N. L. I, 187, 194, 225; II, 152; III, 139; IV, 58, 59, 63; V, 44.
6) ANTONIUS MAGLIABECHI (* Florenz, 29. 10. 1633, † Florenz, 4. 7. 1714). Berühmter Bibliothekar des Großherzogs von Florenz. Große Korrespondenz mit Gelehrten (ZEIDLER, Sp. 368—370). — Vier auf ihn geprägte Münzen bildet GAETANI ab in seinem „Museum Mazzuschellianum" 2, Taf. 147, Fig. 5, u. Taf. 148, Fig. 1—3. Die Erläuterungen hierzu S. 233.
7) ALLAN MULINUS (MOULIN), Arzt in Irland. Bestimmte erstmals die Blutmenge im menschlichen Körper (JÖCHER, Nachtrag, 1813, Sp. 2197).
8) Vielleicht gemeint Nordhausen. Der „Laborant" könnte der S. 17 genannte JOH. ANDR. FISCHER sein. — Über ihn vgl. Anm. 20).
9) JOHANN WOLFGANG WEDELIUS, Dr., Arzt (* Golsen/Niederlausitz, 12. 11. 1645, † 6. 9. 1721). Stud. Schulpforta Math. u. Phys., dann Jena, Landsberg, Wittenberg, Jena. Fürstl.-Sächs. gemeinschaftl. Rat, 1694 pfälzischer, 1716 kaiserlicher, 1721 kurmainzischer Rat, 1718 sächs. Hofrat. → 1706 Mitglied der preuß. Akademie der Wissensch. (JÖCHER, Sp. 1841/45).
10) AUGUST QUIRINUS RIVINUS, Dr., Arzt, Prof. phys. et botan. Leipzig (* Leipzig, 9. 12. 1652, † Leipzig, 30. 12. 1723). 1701 Collegiat des großen Fürstenkollegs und Dezemvir, 1719 Dekan der med. Fakultät.
11) Anspielung auf TENTZELS Pseudonym. Benutzung von Decknamen war aber durchaus üblich, vgl. z. B. CLARMUND für RÜDIGER. (vgl. Anm. 44).
12) FLORSCHÜTZ schreibt irrtümlich immer „MACHIAVELL".
13) DANIEL PAPEBROCHIUS, Jesuit, (* Antwerpen, 17. 3. 1628 † Antwerpen, 28. 6. 1714). Verfaßte viele Werke (JÖCHER, Sp. 1336/37).
14) JACOB JODOCUS RAAB (CORVINUS), Leibarzt des Herzogs von Gotha (* Hildburghausen, 13. 1. 1629, † Gotha, 11. 1. 1708). Stud. Wittenberg 1649 als CORVINUS, dann Helmstedt, Frankfurt a. O. Erst prakt. Arzt in Zerbst, dann 1656 lic. med. Jena. Später Stadt- u. Landphysikus zu Römhild u. Meinigen, dann Leib- u. Hofmedicus zu Altenburg, zuletzt zu Gotha. — Vermutl. Vf. der Anonyma von 1696 und 1697 gegen TENTZEL.
15) JOHANN CHRISTOPH SCHNETTER, Stadtphysikus in Altenburg (* Hilpertshausen/Unterfranken oder Streufdorf b. Hildburghausen, † nach 1730). Stud. Jena 1684, cand med. das. 1686.
16) JOHANN MATTHÄUS FABER, Dr. med., Stadtphysikus in Heilbronn (* Augsburg, 24. 2. 1626, † Heilbronn, 25. 9. 1702) (JÖCHER Sp. 460, 1677 Arzt in Augsburg). — Unsicher bleibt, ob die beiden hier genannten Schriften identisch sind, also „Spectrum Elephantinum tonnense" lediglich ein schlechtes Zitat darstellt, oder ob die letztere Schrift als verschollen zu betrachten ist. — Näheres über ihn bei M. v. RAUCH (1923): MORITZ v. RAUCH: JOHANN MATTHÄUS FABER. Ein Heilbronner Arzt und Schriftsteller des 17. Jahrhunderts. — „Sonntagsblatt", Wochenbeil. „Heilbronner General-Anz." Nr. 20, S. 2/3. 20. 5. 1923 (Streit mit TENTZEL nicht erwähnt).
17) DOMINICUS GUILELMINI (GUGLIELMINI), Arzt, Dr. med. Bologna (* Bologna, 27. 9. 1655, † Padua, 12. 10. 1710). Mitglied der kgl. Akademie der Wissenschaften, Paris, der zu Berlin und der Naturae Curios. (JÖCHER, Sp. 1269/70).
18) JOH. WILH. PAULI, Arzt, Prof. der Physiologie, Anatomie, Chirurgie und Pathologie (* Leipzig, 19. 2. 1658, † das., 13. 6. 1723) (ZEIDLER, Sp. 1451/53).
19) JOHANN CASPAR EISENSCHMID, Sohn eines Eisenschmieds (* Straßburg, 15. 9. 1656, † das., 5. 12. 1712). Dr. med., stud. math., 1699 Mitglied der Pariser Akademie (JÖCHER, Sp. 302).
20) Wahrscheinlich identisch mit JOHANN ANDREAS FISCHER, Arzt in Erfurt (* das., 28. 11. 1667, † das., 13. 2. 1719). Erlernte 1690 in Eisleben die Probierkunst. Stud. Erfurt und Leipzig, 1691 Dr. in Erfurt, Prof. das., 1717 Subsenior, 1719 Senior der Fakultät, Churfürstlicher Mainzischer Rat und Laibmedicus (JÖCHER, Sp. 624/25), vgl. oben Anm. 8.
21) HIOB LUDOLFF (* Erfurt, 15. 6. 1624, † Frankfurt a. Main, 8. 4. 1704). Stud. Erfurt, Staatsmann und Linguist, Herzogl. Sächs. Geheimrat, Reisen in die Niederlande, England, Frankreich, Italien, Schweden, Dänemark (JÖCHER, Sp. 2574/75).
22) JOHANN JACOB STOLTERFOTH (* Schleswig, 19. 10. 1665, † Lübeck, 1. 4. 1718). Dr. med., Stud. Wittenberg und Rostock Theologie, 1693 Prof. in Rostock, 1702 zweiter, 1712 oberster Physikus in Lübeck (JÖCHER, Sp. 859).

23) Johann Boecler, Dr. Arzt, Canonicus zu St. Thomae in Straßburg.
24) Georg Caspar Kirchmayer (Kirchmeier), Prof. der Beredsamkeit, Wittenberg (* Uffenheim in Franken, 1635, † Wittenberg, 30. 9. 1700). Mitglied der Leopoldina (Jöcher, Sp. 2097/99).
25) Georg Michael Pfefferkorn (* Ifta, 1646, † Tonna, 3. 3. 1732). Stud. Gotha und Jena, 1666 Magister, 1676 Pastor und Adjunkt zu Friemar, 1682 Superintendent und Consistorial-Assessor zu Gotha. Informator der Söhne Ernsts des Frommen.
26) Johann Samuel Carl, Arzt in Oehringen.
27) Der damalige Begriff „Versteinerungen" ist nicht identisch mit unserem Begriff „Fossil".
28) David Sigismund Büttner, Theologe, Davids Sohn (* Lichtenstein i. d. Grafschaft Schönberg, 30. 8. 1660, † Querfurt, Sept. 1729). Stud. Schneeberg, Zwickau, Leipzig, 1683 Pastor zu Stetten bei Schraplau, 1690 bis 1719 Diakon in Querfurt. Besaß ein berühmtes Mineral- und Fossilien-Kabinett. Schrieb „Rudera diluvii testes" und „Corallographie subterranea". Hinterließ als Manuskript „Physica diluviana" (Jöcher, Sp. 1467/68).
29) Gottfried Wilhelm Freiherr von Leibniz (* Leipzig 1646, † 1716). Der berühmte Philosoph.
30) Vgl. Beringer (1954, S. 29).
31) Wahrscheinlich hat Tentzel hier den unten genannten Scaramucci im Auge.
32) Johann Baptista Scaramuzzi (Scaramucci), Arzt in Urbino, schrieb Meditationes de sceleto elephantino ad Ant. Magliabechium (Jöcher, Sp. 194).
33) Alexander Marchetti, Arzt, Mathematiker und Poet. Dr. (* im Castell Pantormo, aus gräflicher Familie, 17. 3. 1633, † Pisa, 6. 9. 1714) (Jöcher, Sp. 145/146).
34) Jacob de Sandris, Prof. der Anatomie und Chirurgie in Bologna, Ende 17. Jahrhundert (Jöcher, Sp. 126).
35) Hier wiederholt sich Tentzels Irrtum.
36) Fredericus Nomius Monreale; näheres nicht bekannt. Ob Mönch?
37) Franciscus Maria Florentini (Lucca, * 17. Jh., † vor 1707). Pestmedicus in Lucca 1630 (Zeidler, Sp. 1277/78).
38) Paul Bocconi (Buccone; als Zisterzienser Silvius), Botaniker (* Palermo, 24. 4. 1633, † das. als Zisterziensermönch, 22. 12. 1704). Dr. und Prof. zu Padua, 1696 Mitglied der Acad. Naturae curios.
39) Nicolaus Witsen, Bürgermeister in Amsterdam, Ende 17. Jh.
40) Johann Hermann Weissenbach, Paris.
41) Guichard Joseph de Verney, Anatom (* Feurs in Forez, 5. 8. 1648, † Paris, 10. 9. 1730). 1676 in der Acad. des Sciences (Jöcher, Sp. 1540).
42) Dieser Brief blieb unauffindbar. — Ob überhaupt abgesandt?
43) Johannes Rajus (Ray), Philosoph (* Black-Notley, Grafschaft Essex, † das. 1705). Stud. Cambrige, eigentlich Theologie, aber später Botanik und Naturwissensch., Mitglied der kgl. Ges. London (Jöcher, Sp. 1934).
44) Adolph Clarmund (Pseudonym für Johann Christoph Rüdiger), lebte Anfang des 18. Jh., Stud. Wittenberg, schrieb Vitam W. E. Tentzelli (Jöcher, Sp. 2291). — Erwähnt darin als weitere Biographen Tentzels: Andr. Gleichius, Sig. Gotter Seebischius, L. Ph. Zeisold und P. C. Hilscher. Hiervon näher bekannt sind Gleichius und Hilscher, aber nur das Werk des letzteren ist erhalten geblieben.
45) Paul Christian Hilscher, luther. Theologe (* Waldheim in Sa., 15. 3. 1666, † als Pastor in Alt-Dresden, 3. 8. 1730). Besuchte die Schule in Grimma 1681, Leipzig 1685. — Schrieb Epistola ad Junckerum de obitu Tentzelli (Jöcher, Sp. 1609/10).
46) Johann Andreas Gleichius, Theolog, Hofprediger zu Dresden, wirkl. Kirchen- u. Konsistorialrat, Dr. theol. (* Gera, 30. 9. 1666, † Wittenberg, 1. 8. 1734) (Jöcher, Sp. 1021/22). — Von Clarmund als Biograph Tentzels genannt. Die betreffende Schrift vermutlich verschollen.
47) So die Angabe der Zeitgenossen. Tatsächlich wurden zwei Medaillen auf ihn geprägt, 1700 und 1707, beide von Wermuth — Gotha gestochen. Die ältere ist beschrieben in dessen „Specificatio Wermuthischer Medaillen" 1713, S. (13), Nr. 25. — (Eine Abb. mit zugehöriger Beschreibung auch in J. D. Köhlers „Wöchentliche Historische Müntzbelustigung", 13. St., S. 94 ff., 1743). Eine Abb. der jüngeren Münze mit Erläuterung bringt Gaetani in seinem Museum Mazzuschellianum 2, Taf. 148, Fig. 10, und S. 201. Siehe auch (Versteigerungsangebot): Nummophylacii Ambachiani d. i. Verzeichnis der von dem verstorbenen Domdechant zu Wurzen und Domcapitular zu Naumburg an der Saale Herrn Stifts-Regierungsrath Christian Lebebrecht v. Ampach Münz- und Medaillensammlung, Zweite Abteilung. C. A. Klaffenbach, Naumburg, 1835. (Nr. 10031 und 9624: Tentzel-Medaillen). — Abb. beider Medaillen auch bei Anonymus [= Joachim Negelein] im Thesaurus numismatorum modernorum hujus seculi. Nürnberg 1707, Abb. LXXXI und LXXXII Lebenslauf Tentzels mit Würdigung S. 753—757.
48) Vom gleichen Meister. Beschreibung in seiner „Specificatio Wermuthischer Medaillen" (1713), S. 27: Hauptfigur: Das Brustbild D. Jac. Jod. Raab, haered. Lenitsch. Rückseite: Das Wappen, Umschr.: Gleichamb. et Jüchsen Duc. Sax. Goth. Consul. et Archiater. Candide sed caute. 1707. Gott allein die Ehre (Ausführung je in Silber und Blei). — Weitere Beschreibungen: Anonymus [= Joachim Negelein] Thesaurus numismatorum modernorum hujus seculi, Nürnberg, 1707, Münzabb. u. Lebenslauf S. 766—767. — C. A. Rudolphi, Relationes aevi Numismata virorum de rebus medicis et physicis meritorum memoriam servantia denuo edidit emendavit et auxit Carol. Ludov. de Duisburg. Dantisci 1802. (S. 116, Nr. CCCXI). — Otto F. Müller: Meininger Ortsnamen und Bauwerke auf Münzen und Marken. Ein Abriss der Münzkunde des Herzogthums Meiningen. — Schr. Ver. meining. Gesch., Landeskd. 1, 1. Heft, 1. St., 1—27, Meiningen 1888 (S. 5 Die Silbermünze, kurzer Lebenslauf Raab). — Ders.: Die Münzen auf Meininger Privatpersonen. — Ebda. 3, 8. Heft, 1. St., 56 S., Meiningen 1890 (S. 22—23 eingehender Lebenslauf, genaue Beschreibung der Silbermünze).
49) Gemeint natürlich der Streit mit dem Coll. medicum.
50) Zu ihm vgl. Beringer (1954, S. 29).
51) Johann Ernst Immanuel Walch, Sachs.-Weimar. Hofrat, Prof. der Logik, Metaphysik, Beredsamkeit und Dichtkunst an der Univ. Jena (* Jena, 30. 8. 1725, † das. 1. 12. 1778). — Vgl. von Freyberg (1932, S. 18).
52) Irrtum. Bereits Blumenbach besaß einen vollständigen *Emys*-Panzer von Burgtonna.
53) Vgl. die Ausführungen Woldstedts und Toepfers.
54) So Weiss in „Das Pleistozän der Umgegend von Weimar.", 68 S., 1 Taf., Hildburghausen 1910. S. 55 über Wüsts Publikation „Neues über die Paläolitischen Fundstätten der Gegend von Weimar" (1908): „Ob die Brückner—Pencksche Bezeichnung bei uns in Thüringen von Interesse ist, glaube ich verneinen zu können . . ."
55) Gekannt hat er sie schon in füher Jugend. Oschmann erwähnt, der kleine Schlotheim habe von Gräfentonna aus viel in Burgtonna gesammelt und gerade von diesen Eindrücken her sei seine Vorliebe für die Paläontologie geweckt worden.
56) Vermutlich eine Fehlbestimmung. Eine so zarte Pflanze dürfte die Fossilisation kaum als erkennbares Objekt überstanden haben.
57) In einer Arbeit von Schwarz (1928), die diluvialen Pferde behandelnd, wird auch auf das Auftreten solcher in Gräfentonna, jedoch nicht in Burgtonna, Bezug genommen.
58) Nach Soergel (1912, S. 45) identisch mit *Felis spelaea* von Taubach. — Neubearbeitung bei Dietrich (1968, S. 337, mit Abb. auf Taf. III).

59) Bemerkenswerterweise nennt Pohlig in keiner der genannten Publikationen Brüheim, wohl, weil es ihm mangels von Elefantenfunden uninteressant war.
60) Vgl. Zeissler (1961, S. 291).
61) Im benachbarten Brüheim fand Hocker 72 sicher konstatierte Arten, von denen Langenhan allerdings nur 20 bestätigen konnte.
62) G. Hegi: Illustrierte Flora von Mitteleuropa, 5, 1. Tl., S. 42, München, o. J.
63) Von Frenzel (1968) wird *Vitis* als ungesichert betrachtet, *Syringa* als Wegweiser für warmes Klima angezweifelt.
64) Diese nordischen Arten werden als Relikte einer vorhergegangenen Eiszeit gedeutet.
65) Werth (1925): *Buxus sempervirens* von Bilzingsleben deutet auf 1—1,5° höheres Jahresmittel. „Das Klima war ... nicht nur wärmer sondern auch wintermilder, d. h. ozeanischer als heute."
66) Diese Schnecke ist in Burgtonna auf ein schmales Band im unmittelbar Liegenden des oberen Blätterhorizonts beschränkt. — Vgl. Zeissler (1970, S. 101).

7. Literatur und Quellennachweis (chronologisch geordnet)

Gemeinderechnungen Burgtonna 1682 ff. — Langensalza, Gemeindearchiv Burgtonna.

„Acker zum Steinbruch kommen betr." — Hist. St.-Arch. Gotha, Kammerarchiv, Amt Tonna, Nr. 342. 1685.

Langmantel, H. A.: De ossibus Elephantum. Im Reg.: „ossa subterranea." — Miscell. medico-physicorum sive Ephemeridum Germanicarum Ann. Septimus, Dec. II, Observatio CCXXXIV, S. 446—447. — Nürnberg (1688) 1689. (Fund von Vitorchiano, Diöc. Viterbo, von allen für Riesenknochen gehalten, vom Vf. richtig erkannt. Auf ihn bezieht sich Tentzel, vgl. Cotta, Repertorium 1877, S. 14).

Tentzel, W. E.: Monatliche Unterredungen Einiger guten Freunde von allerhand Büchern und anderen annehmlichen Geschichten Allen Liebhabern Der Curiositäten zur Ergetzlichkeit und Nachsinnen herausgegeben. — 1—10, Thomas Fritsch, Leipzig 1689—1703. Fortgesetzt als: Curieuse Bibliothek, oder Fortsetzung der monatlichen Unterredungen 1704—1706. Ausführlicher Bericht von allerhand Büchern. — 1—12, 1708.

(Collegium Medicum): Kurtze, doch ausführliche Beschreibung des Unicornu fossilis, oder gegrabenen Einhorns, welches in der Herrschaft Tonna gefunden worden, verfertiget von dem Collegio Medico in Gotha, den 14. Febr. 1696. — Christoph Reyher, Gotha 1696. (Taf. 1, Fig. 1).

Tentzel, W. E.: Historiogr. Epistola de sceleto Elephantino Tonnae nuper effosso, ad Antonium Magliabechium. — 1. Aufl., Gotha 1696; 2. Aufl., Jena 1696. 2 Bogen (Taf. 1, Fig. 2).

(Tentzel, W. E.): Inhalt seines lateinischen Schreibens an Den Weltberühmten Herrn Antonio Magliabechi, Rat und Bibliothecarium des Grossherzogs zu Florentz von dem zu Tonna ausgegrabenen Elephanten-Cörper aus gefertiget von Wilhelm Ernst Tentzel. — o. O. u. J. Christoph Reyer, Gotha 5. Mai 1696. 2. Aufl. Jena 1696 (deutsche Fassung des vorigen Briefs). (Taf. 2, Fig. 1).

Anonym. Epistel eines Medici über den zu Burg-Tonna ausgegrabenen vermeinten Elephanten. — Gedruckt Anno 1696. — Dasselbe auch in Monatl. Unterr., 1697, Januar, S. 41—47 (Taf. 2, Fig. 2).

1696 ff.: Briefwechsel in der Forschungs-Bibl. Gotha, B 199; Ch. 209:

Guilelminus, D.: Bologna, 8. 1. 1697, an Magliabecchi (Ch. 209, Bl. 69/71).

Boglinus, G.: 13. Kal. Mart. = 18. 2. 1697, an Magliabecchi (Ch. 209, Bl. 65/66).

Marchetti, A.: Pisa, 3. 4. 1697, an Magliabecchi (Ch. 209, Bl. 81/83).

Sandris, J. de: Bologna, Idibus = 15. Maji 1697, an Magliabecchi (Ch. 209, Bl. 95/96; 97/103).

Nomius, F.: Monreale, Non. Juli = 7. 7. 1697, an Magliabecchi (Ch. 209, Bl. 84, 86, mit Ode auf Tentzels Fund).

Florentini, F. M.: Lucca, 31. 3. 1697, an Magliabecchi (Ch. 209, Bl. 67/68).

Donizelli, A.: Neapel, 9. 3. 1700, an Tentzel (Ch. 209, Bl. 436).

Messenius, G.: o. O. u. D., an Tentzel, Ode (Ch. 209, Bl. 437).

Guidellius, A.: o. O. u. D., an Tentzel, Ode (Ch. 209, Bl. 437).

Pauli, J. W.: Leipzig, 2. 2. 1696; 16. 2. 1696; 8. 5. 1696; 15. 7. 1696, sämtlich an Tentzel.

Buccone: Sizilien, 21. 8. 1696.

Papebrochius: Antwerpen, 6. 4. 1696, an Tentzel (B 199, Bl. 10).

Magliabecchi, A.: an Tentzel, Florenz, 18. 12. 1696 (Ch. 209, Bl. 273); o. D. 1696 (Ch. 209, Bl. 376); mit Rezension aus dem Giornale de Letteras zu Modena, Oktober 1696 (Ch. 209, Bl. 411).

Witsen, N.: Amsterdam, 20. 9. 1696, an Tentzel (Ch. 209, Bl. 79).

Weissenbach: 3. 10. (1696), an Ludolff/Frankfurt (Ch. 209, Bl. 435); 16. Kal. Dec. [= 16. 11.] 1696, an Tentzel (Ch. 209, Bl. 432/34).

du Verney: Paris, 3. 10. 1696.

Rajus (Ray), Joh.: Notley, 14. Kal. Juni [= 28. 5.] 170[O] und 1698 an Tentzel (Ch. 209, Bl. 88/89; 429/30).

Anonymus: o. O. u. D. (Ch. 209, Bl. 439).

? Wolf: Arnstadt, 3. 2. 1696; Quinquagesimi [= 4. 3.] 1696 (Ch 209, Bl. 453, 485).

Stolterfoth: Greifswald, 12. Kal. Dec. [= 20. 11.] 1696 (Ch. 209, Bl. 425/27).

Eisenschmied: 16. Kal. Dec. [= 16. 11.] 1696.

Boecler: 16. Kal. Dec. [= 16. 11.] 1696.

Kirchmayer: Wittenberg, 1697, Programm; Brief an Tentzel 3. Pfingsten [= 7. 6.] 1699 (Ch. 209, Bl. 78).

Wedelius, 9. 2. 1696 an H. Meyer (Ch. 209, Bl. 570), 16. 2. 1696; 23. 2. 1696.

Fischer: an Eisenschmied, 25. 7. 1696 (Ch. 209, Bl. 453).

Faber, J. M.: Heilbronn, 23. 8. 1696 (Ch. 209, Bl. 457/58).

Leibniz: 1696—1707, an Tentzel und umgekehrt (B 199, Bl. 410—420; 422; 427; 432; 436; 438—39; 449).

Tentzel, W. E.: [Über die Elefantenreste von Tonna.] — Monatl. Unterr. 1696, April, 297 ff., Leipzig 1696.

Collegii medici Gothani Defensio Unicornu fossilis contra Epistolam de sceleto Elephantino Tonnae effosso. — Gothae 1697.

Kirchmayer, G. C.: Programm: [Unbetitelter Druck den Tonnaer Elefanten betr.] — 1697 (Taf. 3, Fig. 1).

Tentzel, W. E.: Defensio Unicornu fossilis Tonnensis contra Epistolam de Sceleto Elephantino Tonnae effosso a Collegio medico Gothano editam. — Gothae 1697. — Deutsch u. d. T.: Vertheidigung des zu Tonna ausgegrabenen Einhorns, wider ein lateinisches Schreiben von dem daselbst ausgegrabenen Elephanten-Cörper, welches das Collegium medicum in Gotha zum Druck befördert. — Reyher, Gotha 1697. 4° (Taf. 3, Fig. 2).

Tentzel, W. E.: Elephanten-Beine zu Tonna ausgegraben. — Monatl. Unterr. 1697, Januar, 18—63, Thomas Fritsch, Leipzig 1697.

Tentzel, W. E.: Vom Tonnaischen Elephanten. —Monatl. Unterr. 1697, August, 671, Thomas Fritsch, Leipzig 1697. (Nur wenige Zeilen, Besprechung von Schriften pro und contra vorbehalten.)

Anonym [Raab ?]: Eilfertige Gegen-Antwort/auf die eilfertige Epistel/von dem zu Burg-Tonna vermeinten ausgegrabenen Elephanten. — 1697.

Scaramucci, Joh. Bapt.: Meditationes Familiares ad Clarissimum et sapientissimum Virum Antonium Magliabechium in epistolam ei conscriptam de Sceleto Elephantino a celeberrimo Wilhelmo Ernesto Tentzelio. Ubi quoque Testaceorum petrificaciones defendentur et alia subterranes phenomena examini subiiciuntur. — 32 S. 12°. — Leonhardi, Urbini 1697 (Taf. 4, Fig. 1).

Ref. zu Tentzel: Philos Transact. 16 234, S. 782, London 1696/97.

Ludolf, Hiob d. Ä.: Schaubühne der Welt, oder Beschreibung der vornehmsten Welt-Geschichte des Siebenzehenden Jahrhunderts. 5 Tle, m. K. Fol. — Jung, Frankfurt (Main) 1701 (deutet den Elefanten von Burgtonna als den Karls d. Gr.).

Wedelius, G. W.: De Unicornu et Ebore fossile. — Jena 1699. — Wieder abgedruckt in dessen Cent. exercitat. Med.-Phil., Dec. X, Exercit. I, S. 1—2, Bielcke, Jena 1701 (Taf. 4, Fig. 2).

Hoyer, J. G.: De Ebore fossili, seu de sceleto Elephantis in colle sabuloso reperto. — Miscell. Med.-Phys. sive Ephemer. Germanicarum Annus Septimus et Octavus 1699 u. 1700. Dec. III, Observatio CLXXV, S. 294—295. — Christian Sigismund Froberg, Nürnberg 1702.

Carl, Joh. Sam.: Lapis Lydius Philisophico-Pyrotechnicus, ad ossium fossilium Docimasiam Analytice demonstrandum Adhibitus et per multa experimenta Chymico, Physica in lucem publicam missus. — 30 + 64 S. kl. 8, Joh. Maximilian a Sander, Francoforti ad Moenum 1703.

(Wedelius): In: Nova literaria Germaniae 1703, Hamburg 1703. (Bringt Gesamtverzeichnis von Tentzels Schriften).

Faber, J. M.: Spectrum Elephantinum Tonnense. — Vor 1704. (So von Zeitgenossen zitiert. Verschollen oder vielleicht identisch mit der folgenden Schrift.) De ebore fossili Meletemata o. O. u. J. (1704) (Taf. 5, Fig. 1).

Schnetter, Joh. Christ.: D. Johann Christoph Schnetters Archiatri Duc. Saxon. et Physici Subordinati Altenburg. Sendschreiben an den Fürstl. Sächs. Friedensteinischen Raht und Leibmedicum, auch Physicum Ordinarium zu Altenburg Herrn Hn. D. Jacob Jodoc Raab/auf Lehwitzsch/Gleichenberg und Jüchsen etc. Über das im verwichenen Monath Julio ohnweit Altenburg ausgegrabene Uni Cornu oder vielmehr Ebur Fossile. — 6 S. kl. 8, Joh. Bielcke, Jena 1704.

Raab, Jacob Jodoc: Jakob Jodoc Raabs Consiliarii et Archiatri Saxo-Gothani Primarii Antwort auf das Sendschreiben Herrn D. Johann Christoph Schnetter/ Archiatri et Physici subordinati Altenburgensis über das daselbst ausgegrabene Unicornu oder Ebur Fossile. — 32 S., Joh. Bielcke, Jena 1704.

Tentzel, W. E.: Besprechung von Schnetters Sendschreiben. —Curieuse Bibliothek 1704/06, S. 251 und 1198.

Schnetter, Joh. Christ.: D. Joh. Christoph Schnetters/ Archiatri Duc. Saxonici et Physici Subordinat. Altenburgensi. Antwort an einen guten Freund / wegen der Censur über sein im Monat Julio verwichenen Jahres herausgekommenes Sendschreiben von dem zu Altenburg gefundenen Unicornu oder Ebore fossili so von dem Königl. Phl. und Churfürstl. Sächs. Rath und Historiographo Herrn Wilhelm Ernst Tentzeln in seiner / so genannten / curieusen Bibliotheque im 3. Fache vorgenommen worden. — 24 S. kl. 8, Joh. Bielcke, Jena 1704.

Wedelius: In: Nova literaria Germaniae 1705, Hamburg 1705 (über W. E. Tentzel auf S. 25, 51 u. 413; weitere kleinere Notizen auf S. 5, 100, 201, 326, 327, 328, 337, 379, 421).

M. P. C. H. [= Magister Paul Christian Hilscher]: Viro celeberrimo Christiano Junckero serenissimorum principum saxo-hennebergic. historigrapho supremum diem viri obmeriti in rempublicam eruditam illustris Wilhelmi Ernesti Tentzelli consiliarii et historiographi regio electoralis Saxonici intimet et literaplorare jubet M. P. C. H. — 8 S., o. O. u. J. (Dresden 1707). — Erschien nochmals als Anhang zu Joh. David. Köhler: „Hochverdiente und aus bewährten Urkunden wohlbeglaubte Ehrenrettung Johann Guttenbergs etc.“ — Leipzig 1741.

Clarmund, A. (Pseudonym f. Joh. Christoph Rüdiger): Vita et scripta Clarissimi Viri Wilhelmi Ernesti Tentzelii, Potentissimi Regis, ac Electoris Saxoniae Augusti a Consiliis, & Historici breviter ac festinanter conscripta exhabitaque. Das Leben und Schrifften des sehr berühmten Mannes Wilhelm Ernst Tentzels. — 56 S. unpag. Spaltenweis lat. u. dtsch., J. Th. Mieth, Dresden u. Leipzig 1708. — Erschien nochmals in: Reinh. Henr. Rollius „memoriae philosophorum oratorum, poetarum, historicorum, et philologorum“ etc., Tl. 2, 363—439. — Garmann, Rostochiae et Lipsiae 1710 (eingangs als andere Biographen Tentzels genannt: Andr. Gleichius. Sig. Gottfr. Seebischius, L. Ph. Zeisold, P. C. Hilscher).

B. *** [= L. Bougret]: Mémoires pour servir a l'histoire naturelle des petrifications dans les quatre parties du monde. — 1. Aufl. 1709, 2. Aufl., 4°, mit 440 Fig. auf 60 Taf., Le Hay 1742 (in 1. Aufl., S. 133, Elefant von Burgtonna erwähnt.).

Büttner, D. S.: Rudera diluvii testes, i. e. Zeichen und Zeugen der Sündfluth, in Ansehung des jetzigen Zustandes unserer Erd- und Wasserkugel, in sonderheit der darinne vielfältig, auch zeither in dem Querfurtischen Revier unterschiedlich angetroffenen ehemals verschwemmten thiere und gewächse nach dem Liecht natürlicher Weißheit betrachtet. — 4°, m. 30 Kupfertaf., Leipzig 1710.

Baier, Joh. Guilelmus [recte Georg Christoph Eichler]: Fossilia diluvii universalis monumenta. Praeside Johanni Guilelmo Baiero ... sistet Georg Christoph Eichler Norimbergensis. — 34 S., 4°, Altdorfi Literis Magni Danielis Meyeri 1712. (S. 14—16 Wiedergabe von Tentzels Fundbeschreibung von 1696).

(Wermuth): Specificatio Wermuthischer Medaillen. — o. O. u. J. (Gotha 1713) (auf S. (13), Nr. 296 Beschreibung der Tentzel-Medaille von 1700 und auf S. (27) die der auf Jac. Jod. Raab von 1707).

Rudolphi, Friedr.: Gotha diplomatica Oder Ausführliche Historische Beschreibung des Fürstenthums Sachsen Gotha. Tl. I—IV. — 4°, Gensch, Frankfurt a. M. u. Leipzig 1717 (Tl. II, S. 281 der Burgtonnaer Elefantenfund (Pfefferkorns Epigramm).

Stiefe: Einleitung zu denen Geschichten des Chur Fürstenthums Sachsen. — Christoph Riegel, Frankfurt und Leipzig 1721. (Zustimmung zu Tentzel. — 2. u. 3. Aufl. von Adam Friedr. Glafey; 1737 ff. siehe dort).

Roberg, Laurentius [recte sein Doktorand Jacobus Neuchter]: Dissertatio de physico-medica Monocerotis Cornu fossili. quam modeste submittit Jacobus Neuchter, Westmannus. — 16 S., 4°, Upsalia Literis Wernerianis 1729 (S. 6—7 Tentzels Fundbeschreibung, [fälschlich auf 1691 datiert] unter Zustimmung eingehend wiedergegeben).

Hoffmann, Fried. [recte sein Doktorand Joh. Friedr. Beyschlag]: Dissertatio inauguralis physico-medica de Ebore Fossili Svevico-Halensi, quam favente summo numine in Alma regia Friedericiana Praeside Dn. Friderico Hoffmanno Academiae et Facultatis medicae Seniore pro Licentia summos in Arte Medica Honores legitime Impetrandi. D. 12. Jan. Anni MDCCXXXIV publice defendit Auctor Johannes Fridericus Beyschlag Halae Suevus. — 4°, 29 + 3 S., Joh. Christian Hillger, Halle 1734. (S. 21 Tentzels Brief an Magliabecchi; der Elefant sei dem irischen ex ovo ähnlich).

Glafey, Adam Friedr.: Kern der Geschichte des Hohen Chur- und Fürstlichen Hauses zu Sachsen. — Christoph Riegel, Frankfurth u. Leipzig 1737, 1. u. 2. Aufl. (= 2. Aufl. zu Stiefes „Einleitung zu denen Geschichten“; siehe oben, 1721); folgende Aufl., 1753, 1768, 1778, Riegel u. W., Nürnberg 4°; (2. Aufl., S. 928—923 Zustimmung zu Tentzel; 4. Aufl., IV. Buch, S. 757—760 hohe Würdigung Tentzels).

Wette, Gottfr. Albin: Historische Nachrichten von der berühmten Residenzstadt Weimar. Anderer Teil, Darinnen nebst unterschiedenen Merckwürdigkeiten von dieser Fürstlichen Residentz selber / Besonders von den Fürstlichen Schlössern / hinlängliche Nachricht von denen Land-Städten und zwar vornehmlich / von der Berg-Stadt Ilmenau und Buttelstäd, Aus bewährten so wohl gedruckten als abgeschriebenen Urkunden auf-richtig erzehlet. — (12) + 451 S., Marggraf, Jena 1739

(2. Tl., IV. Cap., S. 246–253 Ilmenauer Bergbau, u. a. mit Bezug auf TENTZEL).

B. *** [= L. BOURGET]: Mémoires pour servir etc., 2. Aufl., Briasson, Paris 1742. Siehe oben 1707 (1. Aufl.) (in dieser 2. Auflage, S. 129 Elefant von Burgtonna).

STOBAEUS, KILIAN: Monumenta diluvii universalis ex historia naturali. – Diss. 1741 (S. 316 kurze Behandlung des Elefantenfundes von Tonna). – Wieder abgedr. in „Opuscula in quibus petrefactorum, numismatum et antiquitatum historia illustratur, in unum volumen collecta", S. 286–327. – G. M. Koch, Dantisci 1752.

KÖHLER, JOHANN DAVID: Der Wöchentlichen Müntz-Belustigung 13, 97–104, 27. März 1743 (S. 97 TENTZEL-Münze von 1700 mit Erklärung und TENTZELS Lebenslauf).

ZEDLER, JOHANN HEINR.: Großes Universal-Lexicon aller Wissenschaften und Künste, welche bisher durch menschlichen Verstand und Witz erfunden worden. 42. Bd. – J. H. Zedler, Leipzig und Halle 1744 (Sp. 901–906 WILHELM ERNST TENTZEL).

(LEIBNIZ, GOTTFR. WILH.): Protogaea sive de prima facie telluris et antiquissimae historiae vestigiis in ipsis naturae monumentis dissertatio ex schedis manuscriptis viri illustris in lucem edita a CHRIST. LUDOV. SCHEIDIO. – 86 S. Vorrede, 12 Taf., 4°, Göttingen 1749. – Eine deutsche Ausg. Leipzig u. Hof 1749.

JÖCHER, CHRISTIAN GOTTLIEB: Allgemeines Gelehrten-Lexicon. Vierter Theil S–Z. – J. F. Gleditsch, Leipzig 1751. (Sp. 1057 f: TENTZEL WILH. ERNST).

NICERON, J. P.: Nachrichten von den Begebenheiten und Schriften berühmter Gelehrter mit einigen Zusätzen herausgegeben von SIEGMUND JACOB BAUMGARTEN. – Tl. 8, 234–247, Francke Halle 1753 (TENTZELS Leben, seine Schriften, besonders der Brief an MAGLIABECHI und sein Kampf betr. die Tonnaer Elefantenreste).

(LUDOLF, HIOB d. Ä.) [Briefwechsel v. J. 1701 mit TENTZEL, den Tonnaer Elefanten betr.] – In: J. D. WINCKLERS Theol. u. Philolog. Abhandl., 2. Thl., 1. Anhang, 312 bis 318, Verl. Schrödersche Buchhandl., Braunschweig 1755 (LUDOLF vertritt ca. TENTZEL die Meinung, es liege der Elefant Karls d. Gr. vor).

GAETANI, PETRUS ANTONIUS: Museum Mazzuschellianum seu numismata Virorum doctrina praestantium. 2. – 430 S., Fol., Anton. Zatta, Venetiis 1763 (Taf. 148, Nr. 10 Münze auf TENTZEL von 1707, Erläut. dazu S. 201. – Taf. 147, Nr. 5 u. 148, Nr. 1–3 Medaillen auf A. MAGLIABECCHI mit Erläut. S. 233–234).

GALETTI, JOH. GEORG AUG.: Geschichte und Beschreibung des Herzogthums Gotha Vierter und letzter Theil. – XII + 299 S., Reg., C. W. Ettinger, Gotha 1781 (S. 137 Elefantenfund von Tonna; TENTZELS richtige Erkenntnis).

VOIGT, J. C. W. [recte HEINRICH!]: Über einige physikalische Merkwürdigkeiten der Gegend von Burgtonna im Herzogthum Gotha, nebst einigen zufälligen Gedanken über die Veränderungen unserer Erdfläche. – LICHTENBERG & VOIGT: Neueste Physik u. Naturgesch. 3, 4. St., 1–19, Ettinger, Gotha 1786 (Schildkrötenschale in BLUMENBACHS Sammlung in Göttingen).

VOIGT, J. C. W.: Kurze Nachricht vom Ehrenberg bei Ilmenau. – Leipziger Mag. Naturkd., Ökonomie 1787, S. 23 (Einzelheiten betr. Burgtonna).

SCHLOTHEIM, E. F. v.: Mineralogische Beschreibung der untern Herrschaft Tonna. – VOIGTS Min. u. Bergmann. Abhandl. III, 182–200, Weimar 1791 (Tierreste aus dem Kalktuff).

BLUMENBACH, J. FR.: Beiträge zur Naturgeschichte. 1. Thl. – Dietrich, Göttingen 1790. 2. Thl. 1811. 1. Thl., 2. Aufl. Ebda. 1811. (In 1. Thl., 1. Aufl., S. 14 ff. Burgtonna; Elefantenfund von TENTZEL beschrieben).

FREIESLEBEN, J. C.: Geognostisch-bergmännische Beobachtungen auf einer Reise durch Saalfeld, Camsdorf, und einen Theil Thüringens. – LEMPES Mag. Bergbaukd. 10, 103–114, 1793. Nachtrag: 11, S. 32, 1794. (S. 47 Bemerkungen über Burgtonna).

HEINROTH, JOH. CHRISTIAN AUGUST: Quadam de ossibus fossilibus animalis quisdam, historiam eius et cognitionem accuratiorem illustrantia. Disput. bei JOHANNES CHRISTIAN ROSENMÜLLER. – Sommer, Lipsiae 1794 (S. 29 bis 30 Burgtonnaer Elefantenfund von TENTZEL beschrieben, zitiert nach BLUMENBACH „Beitr. z. Naturgeschichte"; Landschnecken u. Flußmuscheln in der Fundschicht, diese daher kein Meeresboden). – Deutsche Fassung: Beiträge zur Geschichte und Kenntniß fossiler Knochen. 1. Heft. Mit Kpfr. – Hinrichs, Leipzig 1794.

GATTERER, CHRISTOFH WILM. JACOB: Allgemeines Repertorium der mineralogischen und salzwissenschaftlichen Literatur nebst beigefügten Bemerkungen über den Werth der einzelnen Schriften. – Bd. 1 u. 2, 318 + 371 S., Reg., Giessen 1798, 1799 (führt 2, S. 357, zehn Schriften pro und contra TENTZEL betr. des Tonnaer Elefanten an).

(HOFF, K. E. A. v.): Authentische Nachricht von einem zu Burgtonna gefundenen vollständigen Elephanten-Gerippe. – v. ZACHS Monatl. Corresp. Beförd. Erd- u. Himmelskd. 1, 21–34, Gotha (1799) 1800 (Fund von 1799). – [Auch frz.: Notice d'un sqelette d'éléphant trouvé á Burgtonna].

(CUVIER, G.): Ueber die Arten der vierfüssigen Thiere wovon man fossile Knochen gefunden hat. An alle Gelehrte und Freunde der Wissenschaft gerichtet. – J. H. VOIGTS Mag. neuest. Zustand Naturkd. 3, 295–314, Weimar 1801. Aus: J. phys., Germin., 9 (Vergleich d. Elefanten von Tonna mit dem sibirischen und dem indischen).

HOFF, K. E. A. v. [Ref. über CUVIER:] Extrait d'un mémoire sur les espèces d'Eléphants vivans et fossiles. – v. HOFFS Mag. ges. Mineral. 1, 3, 362–364, Leipzig 1801 (Elefantenfund von 1799, mit eigener Stellungnahme VON HOFFS: Die Backenzähne finde er in völliger Übereinstimmung mit dem asiatischen Elefanten.).

BLUMENBACH, J. E.: Specimen archaeologiae telluris terrarumque inprimis Hannoveranarum. – Comm. soc. reg. Gött., 16, Göttingen 1801 [2. Aufl., 2 Thle., 3 Taf., 4°, Dietrich, Göttingen 1803 (Thonnaer Elefanten sind autochthon)].

– Archäologie unseres Erdkörpers. – VOIGTS Mag. neuest. Zustand Naturkd. 3, 4, 715–722, 1802 (Auszug aus dem vorigen; Tonnaer Elefanten autochthon).

TILESIUS, WILH. GOTTLIEB: De sceleto Mammonteo Sibirico ad Maris Glacialis Littora, anno 1807, effosso, cui praemissae elephantinae generis specierum distinctio. Sectio prima (Cum Tabulis X et XI). – Mém. Acad. imp. Scient. Petersbourg 5, 406–513, 1810 (S. 414 bis 415 Elefant und Rhinozeros von Burgtonna).

BALLENSTEDT, G.: Vorläufige Nachricht von der Entdeckung eines unbekannten Thieres der Vorwelt, bey Offleben. – Allg. Anz. Deutschen 1812, 1. Bd., 61 u. 62, Sp. 617–625 u. 633–635, 2. u. 3. März 1812 (kurze Erwähnung des Elefantenfunds von Burgtonna 1695).

BLUMENBACH, C. FR.: Über die fossilen Gebeine von Elephanten und Mammuththieren und andere präadamitische Thier- und Pflanzen-Reste, besonders aus den Hannöverschen Landen. – GILBERTS Ann. Phys. 45, 425–436, 1813 (auch Fundort Tonna).

SCHLOTHEIM, E. FR. v.: Beyträge zur Naturgeschichte der Versteinerungen in geognostischer Hinsicht. – LEONHARDS min. Taschenb. 7, 3–134, Taf. I–IV, 1813. [Auch in: Denkschr. Akad. München 6, 13 ff., 1816–17].

BLUMENBACH, J. FR.: Specimen archaeologiae telluris terrarumque inprimis Hannoveranarum alterum. – Mit 4 Taf., 4°, Gottingae 1816 (S. 7 *Elephas primigenius* als dritte, von den beiden lebenden gesonderte Spezies aufgestellt; S. 9–10 TENTZEL und die Tonnaer Elefantenreste).

BALLENSTEDT, J. G. J.: Die Urwelt, oder der Beweis von dem Daseyn und Untergange von mehr als einer Vorwelt. Thl. I–III. – XIV + 238 u. XV + 200 S., Basse, Quedlinburg u. Leipzig 1818–1819 (1. Abt., S. 61: Elefantenfund von Burgtonna).

Schlotheim, E. Fr. v.: Der Kalktuff als Glied der aufgeschwemmten Gebirgsformazion. — Leonhards Taschenb. 12, 315—345. 1818 (Fundorte Burg- und Gräfentonna, Langensalza, Greußen, Bilzingsleben, Weimar, Tanne werden erwähnt oder besprochen, die einzelnen damals bekannten Fossilarten aufgeführt).

Ballenstedt, J. G. J.: Der Elephant von Burg-Tonna. — Arch. neuest. Entdeckungen Urwelt 1, 236—247 (mit Zusatz von „K.", S. 247—251), Quedlinburg u. Leipzig 1819 (Wiedergabe von Tentzels Brief an Magliabecchi in der deutschen Fassung, mit Kommentar; im Zusatz: Voigts Bericht).

Krüger, J. F.: Die Elephanten der Vorwelt. — Arch. neuest. Entdeckungen Urwelt 2, 42—74, Quedlinburg u. Leipzig 1820 (S. 65 die Tonnaer Elefantenreste nach Bourget, Paris 1778).

Schlotheim, E. Fr. v.: Die Petrefactenkunde auf ihrem jetzigen Standpunkte durch die Beschreibung seiner Sammlung versteinerter und fossiler Überreste des Thier- und Pflanzenreichs der Vorwelt erläutert. — LXII + 438 S., Taf. V—XIX (I—XIV), Becker, Gotha 1820 (Tentzel 1695; *E. primigenius* von Burgtonna, *Cervus adamiticus* von Tonna, Schildkröte in Blumenbachs Sammlung).

Link, H. F.: Die Urwelt und das Alterthum erläutert durch die Naturkunde. — 2 Tle., 350 + 305 S., F. Dümmler, Berlin 1821. — 2. Aufl., 1. Tl., 462 S., Ebda. 1834 (in 1. Aufl., S. 68—71 Diskussion der Verschwemmungstheorie in Hinsicht auf die Elefantenfunde von Burgtonna u. a. O.; S. 516 Streit Tentzels mit dem Collegium Medicum).

Bergner, A.: Fundörter der urweltlichen Thiere. — Arch. neuest. Entdeckungen Urwelt 4, 199—202, Quedlinburg u. Leipzig 1822 (Fossilien durch mittägige Flut untergegangen; Beispiel u. a. der Elefant von 1696).

Hoff, K. E. A. v.: Geschichte der durch Überlieferung nachgewiesenen natürlichen Veränderungen der Erdoberfläche. Ein Versuch. — Gotha 1822 ff.

Krüger, J. F.: Geschichte der Urwelt in Umrissen entworfen. — 2 Thle., 428 + 966 S., Basse, Quedlinburg u. Leipzig 1822, 1823 (behandelt auch Burgtonna; kurz erwähnt ist Tentzels Streit).

Matthes, J. G.: Der Mammutschenkel zu Mühlhausen. — Allg. Thür. Vaterlandskd. 2, 26, S. 206, Erfurt, 28. Juni 1823 (verweist auf die Funde von Burgtonna; Tentzel und Blumenbach erwähnt desgl. Tilesius). [Wieder abgedr.: Mühlh. Heimatbl. 1920, Nr. 8].

Hoff, K. E. A. v.: Erinnerung an Blumenbachs Verdienste um die Geologie bey der funfzigjährigen Jubelfeyer seines Lehramtes am 24. Januar 1826. — Engelhard Reyher, Gotha o. J. (1826) (u. a. Blumenbachs Stellung zur Katastrophentheorie).

(Cuvier, G.): Die Erd-Umwälzungen. Dtsch. bearb. v. Prof. Dr. C. G. Giebel. — 274 S., 1 Porträt Cuviers, 2 Tab., Ambrosius Abel, Leipzig o. J. (1830) (Leugnung des Vorkommens des fossilen Menschen).

(Cuvier, G.): Die Umwälzungen der Erdrinde in naturwissenschaftlicher und geschichtlicher Beziehung. Nach der fünften Original-Ausgabe übersetzt und mit besonderen Ausführungen und Beilagen begleitet von Dr. J. Nöggerath. — 2 Bd., 378 + 424 S., Eduard Weber, Bonn 1830 (2. Bd., S. 2 Tentzels Kampf gegen das Coll. Medicum; S. 246—247: Die Knochen von Burgtonna sind autochthon.).

Lyell, Ch.: Principles of Geology. — 3 Bd., London 1830—1833. Deutsch. Ausg. von K. Hartmann. — 3 Bd., Weimar 1841—1842.

Hoff, K. E. A. v.: Höhenmessungen in und um Thüringen. — Mit 2 Taf., Perthes, Gotha 1833 (in der Einleitung S. 3 Tentzels Kampf um den Tonnaer Elefanten).

Reichenbach, Heinr. Gottlieb Ludw.: Kgl. sächs. Naturhist. Museum Dresden. Ein Leitfaden der Besuchung der Schätze desselben. — Universum Natur, 5. Lief., VII + 64 S., Wagner, Leipzig 1835 (führt zwei Stoßzähne von „Gräfentonna in Thüringen" an; ob etwa einem der beiden Burgtonnaer Elefanten zugehörig?).

Herbst, H. C. Gust.: Taschenbuch der wichtigsten Entwicklungs-Momente der Erde und ihrer Bewohner. — 176 S., 2 Holzschn., kl. 8°, Hoffmann & Sohn, Weimar 1850 (S. 149—155 chem. Entstehung von Kalktuff; Vorkommen Langensalza und Tennstedt, nicht Burgtonna).

Credner, Heinrich: Beobachtungen über den vormaligen Lauf der Gewässer auf der Nordseite des Thüringer Waldes. — 5. Sitzg. Sekt. Min. Geol., Geogr., 28. Versamml. dtsch. Naturforsch. u. Ärzte, Gotha, 24. 9. 1851. — Z. deutsch. geol. Ges. 3, P., 380—382, 1851 (oberhalb Burgtonna Wechsellagerung der untersten Kalktuffschichten mit nord. Geschieben).

Bornemann, J. G.: Über die Diluvial- und Alluvialbildungen der Umgegend von Mühlhausen im Gebiete des oberen Unstrutthales. — Z. deutsch. geol. Ges. 8, 89—116, 1856.

Lyell, Ch.: Geologie oder Entwicklungsgeschichte der Erde und ihrer Bewohner. — Nach der 5. Aufl. des Originals vom Verfasser umgearbeitet. Die Übersetzung durchgesehen und eingeführt von Bernhard Cotta. — Bd. 1, XIV + 412 S., 332 Abb., 1 Taf.; Bd. 2, XI + 536 S., 338 Abb., Duncker & Humblet, Berlin 1857/58 (Bd. 1, S. 165 Travertine von Burgtonna und ihre Fauna; Exkursion 1850 mit H. Credner).

Senft, F.: Die Wanderungen und Wandlungen des kohlensauren Kalkes. — Z. deutsch. geol. Ges. 13, 263—346, 1861 (Kalkbildung, Schichtenfolgen im Kalktuff von Langensalza und Burgtonna; deren Fauna und Flora).

Hellmann: Die Petrefacten Thüringens. 1. Lief. Die Diluvialfauna von Tonna. — S. 1—10, Taf. I—IV, Cassel 1862 (*Rhinoceros* irrtümlich als *Hippopotamus* bestimmt; Erstbeschreibung von *Helix* (*Tachea*) *tonnensis*).

Meyer, H. v.: Die diluvialen *Rhinoceros*-Arten. — Palaeontographica 11, 233—283, Taf. XXXV—XLIII, 1864 (S. 272: Hellmanns *Hippopotamus* von Burgtonna ist ein *Rhinoceros*).

Braun, W. E. v.: Beschreibung antediluvianischer Knochen und Zähne, die bei dem Bau der Gotha—Leinefelder Eisenbahn aufgefunden worden sind. — Z. ges. Naturwiss. 33, 463—465, 1869 (bespricht auch die Funde von 1696 und 1799; Tentzels Kampf gegen das Coll. medicum).

Maack, G. A.: Die bis jetzt bekannten fossilen Schildkröten und die im oberen Jura bei Kehlheim Bayern und Hannover neu aufgefundenen ältesten Arten derselben. — III + 146 S., 8 Steintaf., Fischer, Cassel 1869 (führt S. 28 und 138 *Trionyx* von Burgtonna auf).

Sandberger, F. v.: Die Land- und Süßwasser-Conchylien der Vorzeit. — 2 Bd., mit Atlas von 36 Taf., VIII + 1000 S. u. 1 Übersichtstab., 4°, Kreidel, Wiesbaden 1870—1875 (S. 913—938 „Binnenmollusken der postglacialen Kalktuffe Thüringens und Schlesiens"; Burg- und Gräfentonna sind berücksichtigt).

Irmisch, Th.: Einige Nachrichten über das Mammut. — Sondershäuser Regierungs- u. Nachrichtsbl. 1, 22—25, 28 u. 30, S. 87, 91, 95, 99, 111, 119—120, Sondershausen, 20. Febr. bis 1. März 1873 [Auch in: A. d. Natur, Leipzig] (Geschichte der wichtigsten Mammutfunde. S. 91 „Mammut" von Burgtonna 1695/96).

Credner, Georg Rudolf: Bericht über eine geognostische Excursion nach Thüringen. — Z. Naturwiss. 45 (N. F. 11), 576—577, 1875 (Kalktuff bei Gräfentonna überlagert von nord. Geschieben, also präglazial).

Cotta, B. v.: Geologisches Repertorium der geologischen Literatur aus den Jahren 1530—1876 mit einem vollständigen Index. — Beiträge zur Geschichte der Geologie. Erste Abteilung. — 400 S., Leipzig 1877 (S. 14 Tentzels Abhandlungen von 1696).

Geinitz, Eugen: Die angebliche *Trionyx Schlotheimi* im diluvialen Kalktuff von Burgtonna ist eine *Cistudo europaea*. — N. Jb. Mineral. 1877, B 278—279 (Vergleich mit der rezenten *Cistudo europaea* ergab völlige Übereinstimmung; Bezug auf Voigt 1786, Schlotheim Petrefactenkde., S. 35, CUVIER Ossements foss., 4. éd., 9, S. 474, und MAACK 1869, S. 28 u. 138).

PRÖSCHOLDT, H.: Geschichte der Geologie in Thüringen. — Realschulprogr. Nr. 609, 1—30, Meiningen 1881.

SPEYER, O.: Erläuterungen zur geologischen Spezialkarte von Preussen 1:25000, Lief. 24, Blatt Gräfentonna. — 14 S., Schropp, Berlin 1883, (S. 10—12).

POHLIG, H.: Vorläufige Mitteilungen über das Plistocän, insbesondere Thüringens. — Sitz.-Ber. niederrhein. Ges. Nat.- u. Heilkd. **41**, 32, 47—61, Bonn 1884 (Klima, Faunen- und Florenliste, Gliederung nach Elefanten).

— Vorläufige Mitteilungen über das Plistocän, insbesondere Thüringens. — Z. Naturwiss. **58**, 258—276, Halle 1885 (stimmt mit voriger Arbeit fast wortgetreu überein; S. 257 Tonna = 1. Interglazial).

— Travertin mit *Elephas antiquus* von Bilzingsleben bei Frankenhausen. — Verh. naturhist. Ver. Rheinlande **43**, Sitz.-Ber., 17—19, 1886 (Fauna u. Flora; erklärt *Helix canthensis* für identisch mit *H. banatica*).

— Über *Elephas Trogontherii* und *Rhinoceros Merckii* von Rixdorf bei Berlin. — Z. deutsch. geol. Ges. **39**, 798 bis 807, Berlin 1887 (enthält eine Gliederung des thüringischen Travertins nach Elefantenstufen).

— Dentition und Kraniologie des *Elephas antiquus* FALC. Mit Beiträgen über *Elephas primigenius* BLUMB. und *Elephas meridionalis* NESTI. — Nova Acta Leop. **53**, 1, 1—180, Taf. 1—10. — Hierzu 2. Abschnitt und Nachtrag, Ebda. **57**, 5, 267—466, Taf. 19—25 u. 27 Textfig., 1889 u. 1891. [Auch Sondertitel: Monographie der *Elephas antiquus* FALC. führenden Travertine Thüringens, ihrer Fauna und Flora. I. Stück: Monographie des *Elephas antiquus* FALC. mit Beiträgen über *Elephas primigenius* BLUMB. und *Elephas meridionalis* NESTI. Erste Hälfte: Dentition und Kraniologie. 1. Abschnitt und 2. Abschnitt und Nachtrag. — 280 S., gr. 4°, Engelmann in Komm., Halle 1889.] (Äußerst wichtiges Werk! Würdigung TENTZELS; BLUMENBACHS 3 Elefantenspezies; FALCONERS Dreiteilung; Stufengliederung nach Elefanten, Klima, *Antiquus*-Stufe = ob. Mittelpleistozän).

— II. Stück: Die Cerviden des thüringischen Diluvial-Travertins mit Beiträgen über andere diluviale und rezente Hirschformen. — Palaeontographica **39**, 215 bis 263, 14 Lichtdrucktaf., 29 Abb., Stuttgart 1892.

REINHARDT, G.: Geschichte des Marktes Gräfentonna. Eine Festgabe zur Feier des 200jährigen Jubiläums der Kirche Peter und Paul. — Langensalza 1892 (S. 290).

LANG, ARNOLD: Geschichte der Mammutfunde. Ein Stück Geschichte der Paläontologie, nebst einem Bericht über den schweizerischen Mammutfund in Niederwenigen 1890/91. Mit Beiträgen von A. HEIM, C. SCHRÖTER u. J. FRÜH. — Neujahrsbl. naturforsch. Ges. Zürich a. d. J. 1891—1894, Nr. 94, 36 S., 1 Taf., Zürich 1892 (S. 9 TENTZELS Streit mit dem Kollegium medicum; S. 10 BÜTTNER als Diluvianer und Anhänger TENTZELS).

SANDBERGER, F. v.: Über die pleistozänen Kalktuffe der fränkischen Alb nebst Vergleichungen mit analogen Ablagerungen. — Sitz.-Ber. bayer. Akad. Wiss. **23**, 3—16, München (1893) 1894 (S. 8—10 Tonna; große Fossilliste; Klimafrage; *Helix canthensis* BEYR. ist mit der älteren *banatica* PARTSCH zu vereinigen).

SCHMIDT, O.: Zur Conchylienfauna der älteren Süßwasserkalke im Ilm- und Unstrutgebiete. — Mitteil. thür. botan. Ver., N. F. **5**, 8, 1893 (Widerspruch der Lokalfauna und Landkonchylienfauna bestehe kaum).

WEISS, A.: Die Conchylienfauna der altpleistocänen Travertine des Weimarisch—Taubacher Kalktuffbeckens und Vergleich der Fauna mit äquivalenten Pleistocaenablagerungen. — Nachrichtsbl. deutsch. malakozool. Ges. **26**, 145—157, 185—190; Nachtrag: ebda. **28**, 185—190, 1894, 1896.

SCHRÖDER, HENRY: Über *Elephas antiquus* und *Elephas trogontherii* und das Altersverhältnis der norddeutschen interglacialen zu den mitteldeutschen Säugethierführenden Horizonten. — Z. deutsch. geol. Ges. **47**, 216—219, 1895 (kontra POHLIG und dessen Gliederung in eine jüngere *Antiquus*- und eine ältere *Trogontherium*-Stufe des Interglazials).

WEISS, A.: Über die Conchylienfauna der interglazialen Travertine des Weimar—Taubacher Kalktuffbeckens. Eine revidierte Liste der bis jetzt gefundenen Conchylien. — Z. deutsch. geol. Ges. **48**, 171—182, 1896 (gekürzter Nachdruck der Arbeit und des Nachtrags von 1894; in Burgtonna *Zonites (Aegopis) verticillus* FÉR. var. *praecursor*).

WOLTERSDORF, W.: Die Conchylienfauna der *Helix canthensis* BEYR., Stufe des Altpleistocaens, von Schwanebeck bei Halberstadt. — Z. deutsch. geol. Ges. **48**, 192—196, 1896 [*H. canthensis* charakteristisch für *Antiquus*-Stufe, nachgewiesen in Burgtonna; ebenda *Clausilia (Strigillaria) cana* HELD].

WEISS, A.: Über die Conchylienfauna der interglacialen Travertine (Kalktuffe) von Burgtonna und Gräfentonna in Thüringen. Eine revidierte Liste der bis jetzt dort nachgewiesenen Conchylien. — Z. deutsch. geol. Ges. **49**, 683—689, 1897.

HOCKER, F.: Die Conchylienfauna der diluvialen Sand- und Tuffablagerungen bei Brüheim. — Bl. Gothaische Heimatkd., Beil. Goth. Neuste Nachr. [**2**], Nr. **4**, 1. 4. 1897 (Vf. vermutet auf Grund der Fauna ein interglaziales Alter, wie Tonna und Taubach.).

SCHMIDT, L.: Neuere Beobachtungen über Zuwachs zu unserer Molluskenfauna. Mit besonderer Berücksichtigung der Vorkommen im Herzogthum Gotha. — Bl. Gothaische Heimatkd., Beil. Goth. Neueste Nachr. [**2**], Nr. **8**, 29. 5. 1897 (führt auch die bei Tonna im Kalktuff vorkommenden dort z. T. ausgestorbenen Arten mit ihrem nächsten gegenwärtigen Standort an).

HOCKER, F.: Die Konchylienfauna der diluvialen Sand- und Tuffablagerung bei Brüheim im Herzogthum Gotha. — Nachrichtsbl. deutsch, malakozool. Ges. **30**, 86—91, 1898 (*Zonites verticillus* FÉR., zweifelhaft, ob zu der bei Tonna vorkommenden Art gehörig).

— Zur Kenntnis der pleistocaenen *Helix (Tachea) tonnensis* SANDBG. — Nachrichtsbl. deutsch. malakozool. Ges. **31**, 86—89, 1899 (Vorkommen in Thüringer Travertinen, WELLMANN [recte HELLM. . . .] habe sie 1862 beschrieben; sei z. Zt. bei Burgtonna häufig; Zusatz KOBELTS: sei Riesenform vom *nemoralis*-Typ, ähnlich der mittelländischen).

WEBER, C. A.: Versuch eines Überblicks über die Vegetation der Diluvialzeit in den mittleren Regionen Europas. — Naturwiss. Wochenschr. **14**, 525—528, 537—543, 1899. [Ein etwas verbesserter SA. erschien als Heft 22 der allgemein verständl. naturwiss. Abh. unter gleichem Titel. 31 S., F. Dümmlers Verlag, Berlin 1900; auch in Annuaire géol. et mineral. Russie **5**, 101—184, 1902.] (31 Nrn. Florenliste; *Antiquus*-Fauna = 1. Interglazial mit *Ilex*, *Scolopendrium* und *Pavia*).

WEISS, A.: Die Konchylienfauna der Kiese von Süßenborn bei Weimar. — Z. deutsch. geol. Ges. **51**, 156—167, 1899 (behandelt kurz die Stellung der „Trogontherienschotter" und der „Antiquusstufe" von Weimar, Taubach, Gräfen- u. Burgtonna etc.; 3 Glazial-, 2 Interglazialstufen werden unterschieden).

ZITTEL, K. A. v.: Geschichte der Geologie und Paläontologie bis Ende des 19. Jahrhunderts. — 868 S., R. Oldenbourg, München u. Leipzig, 1899 (S. 91 u. 191 TENTZELS Streit mit dem Coll. medicum; S. 178—179 BLUMENBACHS Specimen Archaeologiae werde überschätzt; S. 191 BLUMENBACHS Unterscheidung von *El. primigenius* gegenüber den beiden lebenden Arten; S. 345 Meinung der Gelehrten betr. der Zahl der Eiszeiten).

WÜST, E.: „*Helix banatica* (= *Canthensis* Beyr.)" aus dem Kalktuffe von Bilzingsleben. — Z. Naturwiss. **74**, 72 bis 76 [= **5**. F., **12**. Bd. = Korr.-Bl. naturwiss. Ver. Halle, 1901, S. 22 f.] 1901 (*H. banatica* soll = *H. hierosolyma* BOISS., eine palästinensische Form sein. Bilzingsleben = Äquivalent von Tonna, Taubach, Weimar etc. = II. Interglazial, gerechnet nach GEIKIE, The great ice age, 3rd ed., London 1894).

— Beiträge zur Kenntnis des pleistocänen Kalktuffes von Schwanebeck bei Halberstadt. — Z. deutsch. geol. Ges. **54**, 14—26, 1902 (Kalktuffe von Burg- und Gräfentonna = 2. oder 3. Interglazial).

Schäfer, Fr.: Was uns die Kalktuffe von Tonna erzählen. — A. d. Cob.—Gotha Landen, Heimatbl., S. 58—63, Gotha 1903 (Fauna, Flora; *Belgrandia marginala* spricht für Äquivalenz mit Weimar—Taubach, Mühlhausen, Brüheim u. Schanebeck).

Schlechtendal, D. v.: *Thuja occidentalis thuringiaca.* — Z. Naturwiss. **75**, 33—42, Taf. I—III, (1902) 1903 (Vorkommen bei Weimar).

Frech, Fr., & Geinitz, E.: Flora und Fauna des Quartärs. — Lethaea geogn. III. Tl., 2, Quartär, erste Abteilung, 304 S., 2 Taf., 1 Kte., 12 Texttaf., 3 Beil. u. 108 Textabb., Schweizerbart, Stuttgart 1904. (Stratigraphie Burgtonnas nach Speyer 1883; Bilzingsleben = 2. Interglazial).

Florschütz, G.: Die erste Aufdeckung des *Elephas antiquus* in den Sandbrüchen bei Gräfentonna. Ein Beitrag zur Geschichte der Naturwissenschaften. — Mitt. Ver. gothaische Gesch. u. Altertumskd., 43—57, 1905 (Tentzels Fundbericht, seine Schriften, die Gegenschriften des Coll. med. u. Briefwechsel zwischen ihm und Leibniz).

Hocker, F.: Nachtrag zum Verzeichnis der in diluvialen Sand- und Tuffablagerungen vorkommenden Konchylien. — Nachrichtsbl. deutsch. malakozool. Ges. **1905**, H. 2.

Kaiser, E., & Naumann, E.: Zur Kenntnis der Trias und des Diluviums im nordwestlichen Thüringen. — Jb. preuß. geol. L.-A. **1902**, 641—659, Berlin 1905 (Vorkommen von *Belgrandia marginata* spricht für Äquivalenz der Tuffe von Sülzenberg mit Weimar—Taubach, Burgtonna, Mühlhausen, Brüheim, Bilzingsleben, Schwanebeck; S. 654—655 Fossilliste von Weiss von Burgtonna).

Irmisch, Th.: Über einen bei Sondershausen gefundenen Mammuthknochen. — In: „Beitr. z. Schwarzburgischen Heimatkd. v. Th. Irmisch" **2**, 145—156, Engel, Sondershausen 1906 (erwähnt ausführlich den Elefantenfund von Burgtonna; gibt eine kurze Biographie W. E. Tentzels).

Langenhan, A.: Beiträge zur Erforschung der interglazialen Kalktuffe des Pleistocäns (Antiquusstufe) von Burgtonna und Gräfentonna in Thüringen. — Monatsschr. Mineral. etc. -Sammler **3**, 7—10, Rochlitz 1906.

Wüst, E.: Die Schnecken der Fundschicht des *Rhinoceros Hundsheimensis* Toula bei Hundsheim in Niederösterreich. — Verh. k.-k. R.-Anstalt **1907**, Nr. 4, Wien 1907 (erklärt die Tonnaer Schnecke *Helix Canthensis* Beyr. für identisch mit *H. banatica* Partsch ap. Rossm.).

Hocker, F.: Nachtrag zum Verzeichnis der in der diluvialen Sand- und Tuffablagerung von Brüheim bei Gotha vorkommenden Konchylien. — Nachrichtsbl. deutsch. malakozool. Ges. **39**, 86—93, 1907 (72 Arten).

Langenhan, A.: Diluviale Süßwasserkalke bei Brüheim. — Zbl. Mineral. Geol. **1** (4), 126—128, (1907) 1908 (konnte von Hockers 72 Arten nur 20 bestätigen; vermutet höheres Alter als die der Gräfentonnaer *Antiquus*-Kalke).

Linstow, O. v.: Die Verbreitung des Bibers im Quartär. Eine Literaturstudie. — Abh. u. Ber. Mus. Nat.- u. Heimatkd. Magdeburg **1**, H. 4. 175 S. mit 2 Kt., Magdeburg 1908 (S. 269—273 Biber von Taubach, Burgtonna etc.).

Schäfer, H. F.: Über die pleistozäne Säugetierfauna und die Spuren des paläolithischen Menschen von Burgtonna in Thür. — Z. deutsch. geol. Ges. **61**, 445—469, 1909 (Profile, Fauna, menschl. Hinterlassenschaft; — erste zusammenfassende Behandlung nach Soergels Meinung).

Menzel, H.: Über das Vorkommen der Weinbergschnecke (*Helix pomatia* L.) in Deutschland. — Naturwiss. Wochenschr. **24**, 554—555, 1909 (im Diluvium nur bekannt aus den interglazialen Tuffen von Cannstatt, Taubach, Tonna und Schwanebeck; rezentes Vorkommen ist Kulturfolger).

— Klimaänderungen und Binnenmollusken im nördlichen Deutschland seit der letzten Eiszeit. — Z. deutsch. geol. Ges. **62**, 199—267, 1910 (mit Tab. aller in Deutschland diluvial und alluvial gefundenen Molluskenarten unter Angabe der Verbreitungsgebiete u. der Temperatur; Wichtigkeit der Sommertemperatur).

— Über die Quartärfaunen im nördlichen Vorlande des Harzes und die Nehringsche Steppentheorie. — Cbl. Mineral. **1909**, 87—94, 1910 (Burgtonna ist interglazial).

Kröning, F.: Vorgeschichtliche Tiere unserer Heimat. — Heimatland **7**, 13, 99—102, Duderstadt, 1. 4. 1911 (S. 101 „Mammutfund" von 1695/96 im Kalktuff von „Gräfentonna" (!); angeblich 1904 an gleicher Stelle wieder Teile des Mammuts bloßgelegt; Rhinozerosfunde „in neuerer Zeit" bei Gräfentonna; volkstümlich).

Habenicht, H.: Die antediluvianischen Oasen bei Taubach und Tonna. — Als Manuskript gedruckt, 15 S., Selbstverl., Gotha 1912 (Kuriosum!, Rezension: Keilhack, K., in: Geol. Cbl. **18**, Nr. 1727, 1913).

Soergel, W.: Das Aussterben diluvialer Säugetiere und die Jagd des diluvialen Menschen. — Festschr., 43. allg. Versamml. deutsch. anthropol. Ges., 4.—8. August 1912, H. II, 81 S., 3 Taf., Fischer, Jena 1912 (S. 45 Taubacher Löwe (*Felis spelaea*) ist identisch mit *F. magna* Bourg. von Burgtonna; S. 64: Der Fuchs (*Canis vulpes*) erscheint zum ersten Mal im Travertin von Gräfentonna.).

— *Elephas trogontherii* Pohl. und *Elephas antiquus* Falc., ihre Stammesgeschichte und ihre Bedeutung für die Gliederung des deutschen Diluviums. — Diss. 1912 [= Paläontographica **60**, S. 1—114, Taf. I—III, 8 Tab., 14 Textfig., 1914] (Burgtonna u. Gräfentonna = Äquivalent des älteren Travertins von Taubach; Schäfers Abhandlung von 1909 erste zusammenhängende Behandlung von Burg- und Gräfentonna; Burgtonna = Interglazial III).

Wichdorff, H. Hess v.: Zur weiteren Kenntnis der Quellmoore in Norddeutschland. — Jb. preuß. geol. L.—A. **33**, II, 319—341, 1913 (S. 338—339 Burgtonna ein Hangmoor).

Kossmann, H. B.: Die Verbreitung der nutzbaren Kalksteine im nördlichen Deutschland. — Tonindustrie-Ztg., 363 S., Berlin 1913 (S. 120—121 Kalktuffe von Gräfen- und Burgtonna; Profil von Speyer; Werkbesitzer: Reinh. Haun).

Pohlig, H.: Interglazialtravertin des Taubachium mit *Zonites verticillus* aus der Eifel. — Z. deutsch. geol. Ges. **66**, M.-Ber., 63—64, 1914 (*Z. verticillus* auch in den Travertinen von Weimar, Mühlhausen und Tonna; sie sind durch *Helix* (*banatica*) *canthensis* als gleichaltrig gekennzeichnet mit Schönebeck und Bilzingsleben.).

— Neues von der Trogontherienstufe am Niederrhein. — Z. deutsch. geol. Ges. **66**, Mon.-Ber., 124—126, 1914 (Gliederung nach Elefantenstufen habe sich „glänzend bewährt").

Menzel, H.: Fossilführende Glazial- und Interglazialablagerungen und ihre Leitconchylien in Deutschland. — Z. Gletscherkd. **9**, 161—187, 1914/15.

Lammert, Fr.: Mitteilung über W. E. Tentzel. — Mitt. Ver. Gothaische Gesch.- u. Altertumsforsch. **1919**, 67—72, Gotha 1919 (Personalia, Streit mit dem Coll. med. — volkstümlich).

Dietrich, W. O.: *Elephas antiquus* Recki n. f. aus dem Diluvium Deutsch-Ostafrikas. — Nebst Bemerkungen über die stammesgeschichtlichen Veränderungen des Extremitätenskeletts der Proboscidier. — Arch. Biontol. **4**, 1, 1—80, Berlin 1920 (= Wiss. Ergebnisse der Oldeway-Expedition 1913; auch als SA. 80 S.; S. 39 „*E. antiquus* Falc. rechter Calcaneus, letztes Interglazial, Burgtonna in Thür.").

Gagel, C.: Über die angebliche Umstürzung der Diluvialgeologie durch J. Bayer. — Z. deutsch. geol. Ges. **72**, M.-Ber., 106—118, 1920 (*El. antiquus* und *Rhin. merckii* „die beiden Charaktertiere" der *Antiquus*-Fauna; Taubach = 1. Interglazial nach Bayer, was von Gagel bestritten wird; Burgtonna nicht genannt).

WIEGERS, F.: Diluvialgeologie als geologische Wissenschaft. — 210 S., Berlin 1920.

GEYER, D.: Die Quartärmollusken und die Klimafrage. — Paläont. Z. 5, 72—94, 1923 (*Cepaea nemoralis* und *C. tonnensis* von Burgtonna setzen feucht-ozeanisches Klima voraus; *Helix pomatia* sicher diluvial, aber wärmebedürftig).

GAGEL, C.: Das Klima der Diluvialzeit. — Z. deutsch. geol. Ges. 75, M.-Ber., 25—33, 1923 (gegen die Monoglazialisten; *Ilex* verlangt wärmere Winter, als sie heute bestehen; heute nur noch an klimatisch begünstigten Stellen Norddeutschlands).

RAUCH, MORITZ v.: JOHANN MATTHÄUS FABER. Ein Heilbronner Arzt und Schriftsteller des 17. Jahrhunderts. — Sonntagsbl., Wochenbeil. „Heilbronner General-Anz.", Nr. 20, 2—3, 20. 5. 1923 (Streit mit TENTZEL wird nicht erwähnt).

KLETT, B.: Die Konchylienfauna diluvialer und alluvialer Ablagerungen in der Umgebung von Mühlhausen i. Th. VII Tl.—Arch. Molluskenkd. 56, 185—199, 1924 (Profile von Burg- und Gräfentonna; große Fossilliste).

SLIPP, HEINR.: Der deutsche Travertin, ein mitteldeutsche Baustein. — Steinindustrie (Steinbruch) 20, 284—287. 304—306, 322—325, 343—346, 361—366, 1925. 4 Abb, (betr. Burgtonna mit Abb.: Verwendung, Petrographie. Chemismus, Genese).

WERTH, E.: Die pflanzenführenden Diluvialablagerungen der thüringisch-sächsischen Bucht und ihre pflanzengeschichtliche und klimatologische Bedeutung. — Ber. deutsch. botan. Ges. 43, 391—399, 1925 (Weimar—Ehringsdorf, Bilzingsleben und Burgtonna sind letztes Interglazial; Burgtonna lieferte eine der heutigen entsprechende Waldflora.).

KOHLSTOCK, K.: Entdeckungsreisen in der Heimat. 25: Burgtonna, Kalktuffe. — 2. Aufl., 16 S., Selbstverl., Gotha 1926 (S. 6—13 wörtlich nach SCHÄFER 1903 — volkstümlich).

STAESCHE, K.: Sumpfschildkröten aus dem Weimarer Diluvium. — Cbl. Mineral. B 1926, 216—222, (*Emys orbicularis* L. ist Synonym für *Cistudo europaea* GIEB. 1886; auch bei Burg- und Gräfentonna; Grund des Aussterbens: Sommer- und Wintertemperaturen reichten nicht mehr aus zur Reifung der Eier.).

KLETT, B.: Die Conchylien diluvialer und alluvialer Schichten in Thüringen II. Die diluvialen und alluvialen Kalktufflager. — Z. Naturwiss. 87, 88, 92 S., Halle 1927.

CLAUS, H.: Beiträge zur Geschichte der geologischen Forschung in Thüringen. — Beitr. Geol. Thür. 1, 2, 1—35, 1 Kte., 1927/28 (S. 4 TENTZELs Kampf gegen das Coll. med.; S. 30 die Interglazialfragen).

Anonym: Vom Gothaer Heimatmuseum im Friedenstein. — Vergangenheit u. Gegenwart 2, Nr. 13, 6. Juli 1928 (aus Gräfentonna Reste von Altelefant, Ur, Bär, Biber).

WICHDORFF, H. HESS v.: Geologie der Gegend im Westen des Dryswiatysees. — Die Kriegsschauplätze 1914 bis 1918, H. 10, 1. Tl., S. 47—59, 1928 (S. 49 Die pleistozänen Kalktuffe sind ältere Hangmoore.).

SCHWARZ, E.: Über diluviale Pferde der *Equus caballus*-Gruppe. — Jb. preuß. geol. L.-A. 48, 429—476, Berlin 1928 (bespricht auch Funde aus Gräfentonna, **nicht** Burgtonna).

WIEGERS, F.: Diluviale Vorgeschichte des Menschen. Bd. I. Allgemeine Diluvialprähistorie mit Beiträgen von HANS WEINERT: Die fossilen Menschenreste. —VIII + 299 S., Enke, Stuttgart 1928 (darin auch SCHÄFERS paläolith. Fund in Burgtonna).

WOLDSTEDT, P.: Das Eiszeitalter. — V + 406 S., Enke, Stuttart 1929.

GAMS, H.: Die Bedeutung der Paläobotanik und Mikrostratigraphie für die Gliederung des mittel-, nord- und osteuropäischen Diluviums. — Z. Gletscherkd. 18, 279 bis 336, Innsbruck 1930.

SCHROETER, H.: Über *Rhinoceros Mercki* und seine nord- und mitteldeutschen Fundstellen. — Abh. preuß. geol. L.-A., N. F., H. 124, Berlin (1927) 1930 (S. 35—38 Burgtonna).

FREYBERG, B. v.: Die geologische Erforschung Thüringens in älterer Zeit. — 160 S., Bornträger, Berlin 1932 (S. 13 bis 16 TENTZELs Streit und der Fund von 1799).

WIEGERS, F.: Das geologische Alter des oberen Kalktuffs von Ehringsdorf. — Jb. kgl. preuß. geol. L.-A. 52, 461—465, Berlin 1932.

GAMS H.: Beiträge zur Mikrostratigraphie und Paläontologie des Pliozäns und Pleistozäns von Mittel- und Osteuropa und Westsibirien. — Eclog. geol. Helvet. 28, 1—31, Basel 1935 (erörtert S. 16 das Vorkommen der von C. SCHRÖTER in POHLIG 1885, S. 266, erwähnten *Pavia*).

GOTHAN, W.: *Acer monsspessulanum* im Kalktuff von Burgtonna (Thür.).—Sitz.-Ber. Ges. naturforsch. Freunde **1934**, 285—288, Berlin (1934) 1935 (letztes Interglazial, vermutl. aus Refugien zugewandert; vgl. ROSELT 1956).

SCHÜTZ, H.: Wie kommen Elefanten nach Burgtonna? Merkwürdige Skelettfunde in den Sandhöhlen. — [Langensalzaer Stadtarchiv, Sa. 3/214. — Wo erschienen ?] 1935 (im wesentlichen nach VOIGT. Erwähnt TENTZELS Streit — volkstümlich).

KLEINSCHMIDT, O.: Bemerkungen zu vorstehender Mitteilung. — Falco 32, 9—11, Halle 1936 (das Tonnaer Skelett Typus zu BLUMENBACHs Bezeichnung „*Elephas primigenius*").

— Nachtrag hierzu. — Falco 32, 11—14, Taf. III (Der Urelefantenfund von 1695 im Herzogl. Museum in Gotha ist Typus von *Elephas primigenius* BLUMENBACH 1799, — nec *primigenius* auct.: bildet Reste des Tonnaer Skeletts aus dem Museum Gotha ab, sicher zu dem Fund von 1695 gehörig; demnach sei anstelle von „*El. antiquus* FALC. 1866" zu setzen „*El. primigenius* BLUMENB. 1799".).

SCHULZE, A.: Der Elefantenfund bei Burgtonna. — Saalfische 41, Nr. 15, Saalfeld, 17. 7. 1936 (volkstümlich; TENTZELs Streit und der Fund von 1696).

TOEPFER, V.: Ein paläolithischer Schaber von Burgtonna in Thüringen. — Germania, Anz. röm.-german. Kommission usw. 20, 161—163, 1 Abb., Berlin 1936 (Erwähnung von TENTZELs Streit; Stellung Burgtonnas in der Vollgliederung des Eiszeitalters).

FLORSCHÜTZ, G.: Vorgeschichte des Gothaischen Landes erläutert an den Fundstücken im Museum. — Veröff. herzogl. Anst. Kunst u. Wiss. Gotha 1, 47 S., 42 Abb., Selbstverl., Gotha 1937 (S. 4 Quarzitgerät aus dem Kalktuff von Burgtonna).

HOPPE, W.: Die technisch verwendbaren Gesteine Thüringens. Einführung zur Erläuterung der Steinbruchskarte Thüringens. — Thür. Geol. Landesunters. Jena, 33 S., 1 Kte., Jena, 15. Aug. 1938 (betr. auch Burgtonna; genaue geologisch-technische Angaben, Besitzer der Brüche).

— Vorkommen und Beschaffenheit der Werk- und Dekorationssteine in Thüringen. — Union, Deutsch. Verlagsges. Berlin (Roth & Co.), 147 S., 28 Abb., 1 Kte., Berlin 1939 (S. 82—84 Burgtonna: Profile, techn. Verwertung, Besitzer).

KAUFMANN, H.: Steinzeitliche Bodenfunde als Urkunden der Vorgeschichte unseres Kreises. — Gothaer Jb. **1942**, Heimatkal. Stadt- u. Landkr. Gotha, S. 86—95, Reyher, Gotha 1941 (S. 86 f. der altsteinzeitliche Schaber von Burgtonna).

MÄGDEFRAU, K.: Paläobiologie der Pflanzen. — 1. Aufl., 396 S., 305 Abb. im Text. — Gustav Fischer, Jena 1942 (S. 324 *Ilex* und *Acer monsspessulanum* deuten auf mildes Klima). [4. Aufl., 549 S., VEB Gustav Fischer, Jena 1968].

LEHMANN, U.: Der Ur im Diluvium Deutschlands und seine Verbreitung. — N. Jb. Mineral. Abh. B 90, 163 bis 266, 1949 (Burgtonna eingehend behandelt).

WOLDSTEDT, P.: Norddeutschland und angrenzende Gebiete im Eiszeitalter. — 1. Aufl., XII + 464 S., K. F. Koehler, Stuttgart 1950 [2. Aufl., 467 S., 1955] (2. Aufl. S. 142—146 Burgtonna, Taubach—Ehringsdorf, Bilzingsleben; Burgtonnaer Travertine wie Taubach—

Ehringsdorf = letztes Interglazial = Riß—Würm = Saale—Weichel-Interglazial).

Gatter: Rund um den Kalktuffstein. — Volk, Mühlhausen 22. 11. 1952.

Steusloff, U.: Wanderungen und Wandlungen der Süßwasser-Mollusken Mitteleuropas während des Pleistozäns. — Arch. Hydrobiol. 48, 210—236, Stuttgart 1953.

Beringer, C. C.: Geschichte der Geologie und des geologischen Weltbildes. — VIII, 158 S., Stuttgart 1954 (Leibniz' Stellung zur Sintfluttheorie und seine Erkenntnis des Wesens der Versteinerungen; Tentzel mit keinem Wort erwähnt!).

Gothan, W., & Weyland, H.: Lehrbuch der Paläobotanik. — 1. Aufl., 545 S., 419 Abb., 1 Taf., Akademie-Verl., Berlin 1954 (geben auf S. 502 für Burgtonna auch *Pavia* an, was von Kirchheimer 1958 in Zweifel gezogen wird).

Kaufmann, H.: Was uns die Heimatscholle aus Burgtonnas Ur- und Frühgeschichte erzählt. — In Gatter, Fr.: 1080 Jahre Burgtonna. Beiträge zur Ortsgeschichte. Hrsg.: Vorbereitungsausschuß f. d. Heimatfest. 94 S., mit 5 Federzeichn., Burgtonna 1954, S. 10—19 (volkstümlich; Tentzels Streit, der Fund von 1696, Fossilführung, Urgeschichtsfunde).

Toepfer, V.: Elefanten im Eiszeitalter Mitteldeutschlands. — Urania 17, 175—180, 1954 (darin Tentzels Kampf erwähnt, Saalevereisung = Riß II der Vollgliederung).

Prošek, F., & Ložek, V.: Výzkum sprašového profilu v Zamarovcích u Trencina [tschech.] (Die Untersuchung des Lößprofils von Zamarovce bei Trentschin). — Anthropozooikum 4, 181—212, Praha 1954 (die interglaziale *Banatica*-Fauna auch im Riß—Würm-Interglazial von Burgtonna).

Woldstedt, P.: Das Eiszeitalter. Grundlinien einer Geologie des Quartärs. — 2 Bd., 2. Aufl., 374 u. 438 S., 156 u. 125 Abb., 4 u. 24 Taf., Enke, Stuttgart 1954 u. 1958 (Bd. 1, S. 201 Travertine, Bd. 2, S. 43 Feuersteinwerkzeuge in Burgtonna u. den gleichaltrigen Travertinen von Taubach und Bilzingsleben; Julitemperatur 2—3° höher als heute; „Weinbauklima“ nach Vent).

Vent, W.: Über die Flora des Riß—Würm-Interglazials in Mitteldeutschland unter besonderer Berücksichtigung der Ilmtravertine von Weimar—Ehringsdorf. — Wiss. Z. Friedr.-Schiller-Univ. Jena 4, 466—484, 14 Taf., Jena 1954/55 (Auszug aus einer größeren, 1953 erschienenen Arbeit, Original in der Univ.-Bibliothek Jena; viele Angaben betr. Burgtonna „Weinbauklima“).

Mägdefrau, K.: *Phyllites scolopendrium* (L.) Newm. in interglazialen und postglazialen Kalktuffen. — Ber. bayer. botan. Ges. 31, 128—129, 2 Abb., München 1956 (behandelt auch das Riß—Würm-Vorkommen von Burgtonna).

Roselt, G.: Walter Gothan und die Paläobotanik Thüringens.—Hall. Jb. mitteldt. Erdgesch. 2, 192—193, 1 Abb., Halle 1956 (Fund von *Acer monsspessulanum* im Burgtonnaer Travertin).

Ullrich, H.: Fossile Sumpfschildkröten (*Emys orbicularis*) aus dem Diluvialtravertin von Weimar—Ehringsdorf und Tonna (Thür.). — Geologie 5, 360—385, Berlin 1956.

Woldstedt, P.: Über die Gliederung der Würm-Eiszeit und die Stellung des Lösses in ihr. — Eiszeitalter u. Gegenwart 7, 78—86, Oehringen (Württ.) 1956 (S. 81 nach Ložek 1955 die sog. „*Banatica*-Fauna“ mit *Helicigona banatica, Cepaea vindobonensis* u. a. bezeichnend).

Kaufmann, H.: Der Eletantenfund von Tonna an den Fahnerschen Höhen. — Thür. Neueste Nachr. 7, Erfurt, 11. 4. 1957 (volkstümlich).

— Bergbau auf Scheuersand. Der Elefantenfund von Tonna an den Fahnerschen Höhen. — Thür. Neueste Nachr. 7, Nr. 86, Weimar 11. 4. 1957 (betr. Untertagebau östl. der Kirche von Burgtonna).

Kirchheimer, F.: Über das vermeintliche Vorkommen der Juglandaceen im zwischeneiszeitlichen Mitteleuropa. — N. Jb. Geol. Paläont., Mh. 1958, 136—151, Stuttgart 1958 (betont S. 140, Fußnote, daß das von C. Schröter in Pohlig 1885, S. 266, angegebene Vorkommen der Gattung *Pavia* im Travertin von Burgtonna nicht als bewiesen gelten kann).

Ullrich, H.: Die Bedeutung der fossilen Schildkrötenreste (*Emys orbicularis* L.) für die Diluvialklimatologie des Travertins von Weimar und Ehringsdorf. — Alt-Thüringen 3, 130—139, Weimar 1958 (Tiere nur im Warmklima fortpflanzungsfähig, Kontinentalklima mit trokkenen, warmen, sonnigen Sommern, wärmster Monat 20° oder mehr, sicher nicht unter 19° Mitteltemperatur; Burgtonna nicht genannt, aber wichtig für Vergleich!).

Zeissler, H.: Die fossilen Konchylien aus dem Nachlaß O. Schmidt. — Alt-Thüringen 3, 72—96, Weimar 1958 (*Belgrandia germanica* Clessin leitend für letztes Interglazial, *Cepaea vindobonensis* C. Pfeiffer verlangt sehr warme Sommer).

Hölder, H.: Geologie und Paläontologie in Texten und ihrer Geschichte. — Orbis academicus II/1, XVIII, 566 S., Freiburg, München 1960 (S. 360 Tentzel und das Burgtonnaer Mammut).

Zeissler, H.: Der gegenwärtige Stand der Quartärmolluskenforschung in Thüringen. — Ausgrabungen u. Funde 6, 289—293, Berlin 1961 (Blütezeit der Thüringer Quartärmolluskenforschung 1880—1930).

Toepfer, V.: Die Rolle pleistozäner Säugetiere für die Archäologie des Paläolithikums. — Ausgrabungen u. Funde 6, 293—299, Berlin 1961 (S. 295: *Antiquus*-Fauna von Taubach und Ehringsdorf charaktersiert die Eem-Warmzeit; Burgtonna nicht genannt).

Gesang, H.: Pleistozäne Lagerstätten der Steine und Erden im Thüringer Becken. — Exkursionsführer Herbsttagung 1962 (Hrsg. G. Viete), 219—224, Berlin 1962 (Profil von Burgtonna, chem. Analysen).

Woldstedt, P.: Über die Gliederung des Quartärs und Pleistozäns. — Eiszeitalter u. Gegenwart 13, 115—124, Oehringen (Württ.) 1962 (moderne Gliederung, 1932 gab es die Bezeichnungen Eem, Holstein und Cromer noch nicht, kein spezieller Bezug auf Tonna).

Toepfer, V.: Tierwelt des Eiszeitalters. — 198 S., Leipzig 1963. (S. 1 kurze Erwähnung von Tentzels Streit; S. 76 *Emys orbicularis* im „Eem-Interglazial“ von Burgtonna; bedeutet nach Ullrich „gemäßigtes kontinentales Klima mit mediterranen Einflüssen“).

— Bemerkungen zum geologischen Alter und zu den Kernsteinen aus dem Eem-Interglazial von Mitteldeutschland. — Alt-Thüringen 6, 42—56, Weimar 1963.

Claus, H.: *Vinca* cf. *major* L. im Travertin von Mühlhausen in Thüringen und ihre klimatologische Bedeutung. — Geologie 13, 1147—1149, Berlin 1964.

Kaufmann, H.: Ur- und Frühgeschichte des Gothaer Landes. — Gothaer Museumshefte — Abh., Ber. Heimatmus. Gotha 1, 19—80, Gotha 1964 (S. 20—22 Altsteinzeit, vor allem Burgtonna).

Ložek, V.: Quartärmollusken der Tschechoslovakei. — Rozpravy Ústr. úst. geol. 31, 374 S., Prag 1964 (S. 312 *Cepaea vindobonensis* (Fer. 1821) auf Taf. XXIX/2 a-c. Syn.: *Helix austriaca* Rossm.: pontisch—sarmatisch; kein besonderer Bezug auf Burgtonna.).

Mägdefrau, K.: Lebensbedingungen und Fossilgeschichte des Hirschzungenfarns. — Natur 72, 198—202, Stuttgart 1964 (behandelt auch das Vorkommen von Burgtonna = Riß—Würm-Interglazial).

Mägdefrau, K., & Maeck, H.: Die fossile Pflanzen- und Tierwelt des interglazialen Kalktuffs von Dießen bei Horb/Neckar. — Fundber. Schwaben, N. F. 17, 237 bis 247, 1965 (S. 246 Vergleich mit Burgtonna, Vorkommen von *Acer monsspessulanum* daselbst; Dießen und auch Burgtonna = Riß—Würm-Interglazial).

Georgi, P.: Die Kalktufflager Thüringens als Forschungsstätten und Baustofflieferanten. — Fundgrube 3/4, 63—68, Berlin 1966.

Kirtley, F. M.: Die Erde. — In: Knaurs Naturgeschichte in Farben, dtsch., bearb. v. Hans-Walter Henrich. — 319 S., München, Zürich 1966 (S. 207 Travertin von Tonna).

FRENZEL, B.: Die Klimaschwankungen des Eiszeitalters. — 291 S., Braunschweig 1967 (Vollgliederung des Pleistozäns, dabei Gleichheit mit dem alpinen, Eem-Warmzeit wärmer als heute; Areal von *Ilex* fällt zusammen mit der 0°-Januar-Isotherme, genauer mit der Linie, an der die Zahl der Tage mit einer Maximaltemperatur von mehr als 0°C nicht unter 345 sinkt; Tonna nicht genannt).

— Grundzüge der pleistozänen Vegetationsgeschichte Nord-Eurasiens. — XII + 326 S., Franz Steiner Verlag, Wiesbaden 1968.

DIETRICH, W. E.: Fossile Löwen im europäischen und afrikanischen Pleistozän. — Paläont. Abh. **AIII, 2**, 323 bis 366, Berlin 1968 (S. 337 Neubeschreibung des SCHÄFERschen Stücks von Burgtonna, Abb. auf Taf. III).

MANIA, D.: Die letztinterglazialen Travertine von Burgtonna. — Exkursion am 13. 9. 1968 auf dem III. Internat. Paläont. Koll.

GESANG, H., & UNGER, P.: Quartäre Ablagerungen im Zentralen Thüringer Becken und im nördlichen Vorland des Thüringer Waldes und ihre lagerstättenkundliche Bedeutung. — Exkursionsführer „Ergebnisse quartärgeologischer Untersuchungen in Thüringen", 57—82, Berlin 1969.

OSCHMANN, M.: Naturwissenschaft und Naturforscher des 18. und 19. Jahrhunderts in Gotha. — Abh. u. Ber. Naturkundemus. Gotha **1969**, 3—18, Gotha 1969 (S. 6 TENTZELs Streit mit dem coll. med.).

MANIA, D.: Paläo-Ökologie, Faunenentwicklung und Stratigraphie des Quartärs in Thüringen und dem Harzvorland auf Grund von Molluskengesellschaften. — Habilschr., Univ. Halle 1970.

LOŽEK, V.: Über die malakozoologische Charakteristik der pleistozänen Warmzeiten mit besonderer Berücksichtigung des letzten Interglazials. — Ber. deutsch. Ges. geol. Wiss. **A 14, 4**, 439—469, Berlin 1969 (S. 458—461 Bedeutung der *Banatica*-Fauna).

STEINMÜLLER, A. (Hrsg.): Exkursionsführer zum Treffen der Sektion Quartärgeologie vom 19.—21. 9. 1969 in Erfurt „Ergebnisse quartärgeologischer Untersuchungen in Thüringen". — 82 S., Berlin 1969 (S. 61—62 Eem-Travertin von Burgtonna: dessen eemzeitliches Alter gesichert; wirtschaftliche Bedeutung; chem. Analysen).

STEINER, W.: Stratigraphie und Sedimentationsgeschwindigkeit der Travertine von Burgtonna und Ehringsdorf. — Geologie **19, 8**, 931—943, Berlin 1970 (Beobachtung aufrecht stehender Bäume).

ZEISSLER, H.: Eine Konchylien-Probenreihe aus dem letztinterglazialen Travertin von Burgtonna bei Langensalza. — Malakozool. Abh. **3, 9**, 99—108, Dresden 1970 (S. 100: Profil; Parallelisierung mit Taubach—Weimar).

CLAUS, H.: Die geologisch-paläontologische Erforschung der Burgtonnaer Travertinlagerstätten. — Abh. u. Ber. Mus. Nat. Gotha **1973**, 1—8, Gotha 1973.

Bei vorliegender Arbeit fand ich bereitwillige Unterstützung durch die Herren PF. BRAUN (Gräfentonna), Dr. MANIA (Halle), WOLFGANG MÜLLER (Gotha) und Dr. WIEFEL (Jena). Ihnen allen spreche ich meinen verbindlichsten Dank aus. — D. Verf.

Quartärpaläontologie	3	43—49	Berlin, Dezember 1978

Zur Geologie des Travertins von Burgtonna in Thüringen

Von Heinrich Gesang, Erfurt

Mit 9 Abbildungen

Inhalt

1. Abstractum

Ausgehend von regionalgeologischen Betrachtungen werden die Zusammenhänge zwischen Karsthydrologie und Travertinbildung dargestellt. Nach den Ergebnissen von Spezialkartierungen und Bohrungen erfolgt eine Beschreibung der Geologie und Petrographie des Travertins von Burgtonna einschließlich seiner Deckschichten. Auf Grund geologischer Kriterien wird eine Zuordnung zum Eem-Interglazial begründet.

На основе региональногеологических аспектов рассматриваются связи гидрологии карста и образования травертинов. По данным детального картирования и результатам бурения скважин дается описание геологии и петрографии травертина Бургтонны, включая также покровные его слои. Геологические критерии говорят в пользу отнесения к эемскому межледниковью.

A description is given of relationships between karst hydrology and travertine formation on the basis of regional-geological considerations. Results of special mapping and borings are given followed by a description of the geology and petrography of the travertine of Burgtonna, with the inclusion of its covering beds. By means of geological criteria reasons are given for their assignment to the Eemian interglacial.

2. Einleitung

Die seit dem ausgehenden Mittelalter anhaltende Nutzung des Travertins von Burgtonna als Baustoff in Form von Sand, Bruch- und Werksteinen führte zu ausgedehnten Aufschlüssen und bildete die Voraussetzung für die zahlreichen Fossilfunde, die das Vorkommen weithin bekannt machten.

Die vorhandenen Brüche ließen bereits begrenzte Aussagen über die Ausbildung des Travertinlagers einschließlich der Deckschichten zu und erlaubten die Entnahme von Proben für paläontologische Untersuchungen. Umfassende neue Erkenntnisse brachte erst eine 1959/60 durchgeführte Erkundung des Vorkommens durch 58 Kernbohrungen (Engels 1960), die der Untersuchung des Gesteins auf seine Eignung für die Gewinnung von Werksteinen und als Rohstoff für die chemische Industrie diente. Die Erkundungsergebnisse wurden 1972 durch weitere Kernbohrungen präzisiert (Gesang 1973).

Bedeutend für die stratigraphische Zuordnung der verschiedenen Abfolgen war die Korrelierung mit Spezialkartierungen pleistozäner Ablagerungen in diesem Bereich des Thüringer Beckens durch Unger, die besonders durch vergleichende Untersuchungen der Flußschotter eine relativ sichere altersmäßige Einstufung des Travertins zulassen (Gesang & Unger 1969).

3. Beziehungen zwischen geologischer Situation und Travertinbildung

3.1. Regionalgeologische Verhältnisse

Der Travertin von Burgtonna ist wie die Vorkommen Bad Langensalza und im weiteren Sinne auch Mühlhausen an die NE-Flanke der herzynisch (NW—SE) streichenden Struktur des Fahner Gewölbes im westlichen Teil des Thüringer Beckens gebunden. Im Bereich dieser Aufsattelung wurde unter der etwa 60 m mächtigen Tonstein—Kalkstein-Abfolge des Oberen Muschelkalks die Kalkstein—Mergelstein-Serie des Mittleren Muschelkalks mit mächtigen Anhydrit- bzw. Gipseinlagerungen in eine morphologisch exponierte Lage gebracht. An den Sattelflanken wird der Obere Muschelkalk von Unterem Keuper — einer Wechsellagerung von Tonsteinen, Sandsteinen und Dolomiten — überlagert, der auch noch im flach gelagerten Vorland auf weite Erstreckung ausstreicht (Abb. 1).

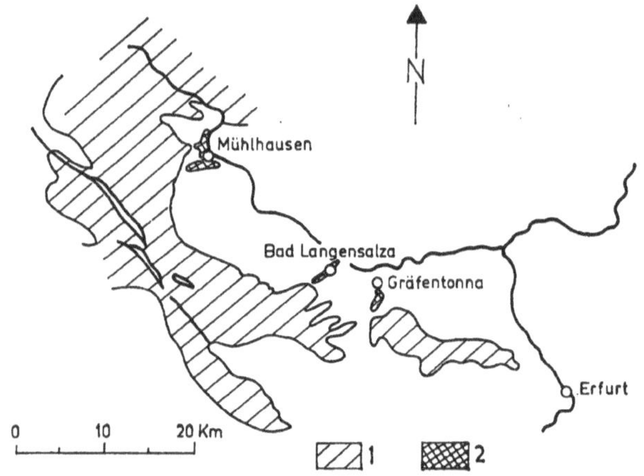

Abb. 1. Übersichtskarte der wichtigsten Travertinvorkommen im westlichen Thüringer Becken

1 – Ausstrich des Muschelkalks; 2 – pleistozäne und holozäne Travertine

Die Kluftzonen im Sattelbereich des Fahner Gewölbes dürften für die Versickerung der Oberflächenwässer und die dadurch ausgelöste Subrosion der salinaren Sedimente von ausschlaggebender Bedeutung gewesen sein. Der Einfluß einzelner Verwerfungen mit geringen Sprunghöhen an den tieferen Sattelflanken auf die Karsthydrologie ist dagegen gering einzuschätzen.

3.2. Verkarstung und Travertinbildung

Die auf den Kluftzonen im Scheitelbereich eindringenden Wässer lösten eine Verkarstung der Gipse des Mittleren Muschelkalks aus. Durch die Auflockerung der Deckschichten und niedergehende Erdfälle wurden die Versickerungsbedingungen ständig weiter verbessert. Der zunehmende Zufluß an Sickerwässern führte nun auch zur Lösung von Kalk und damit zur Verkarstung in den Kalkgesteinen.

Im Verlauf der Zeit ergriff die Subrosion vom Scheitel aus immer größere Bereiche in den Flanken der Struktur. Durch das zunehmende Einzugsgebiet und die günstige Wegsamkeit in der Verkarstungszone sammelten sich große Grundwassermengen an, die wahrscheinlich vorwiegend als Erdfallquellen an der Oberfläche austraten und ihren hohen Kalkgehalt bei entsprechenden klimatischen Bedingungen wieder teilweise in Form von Süßwasserkalken ausschieden (Abb. 2). Auf Grund des

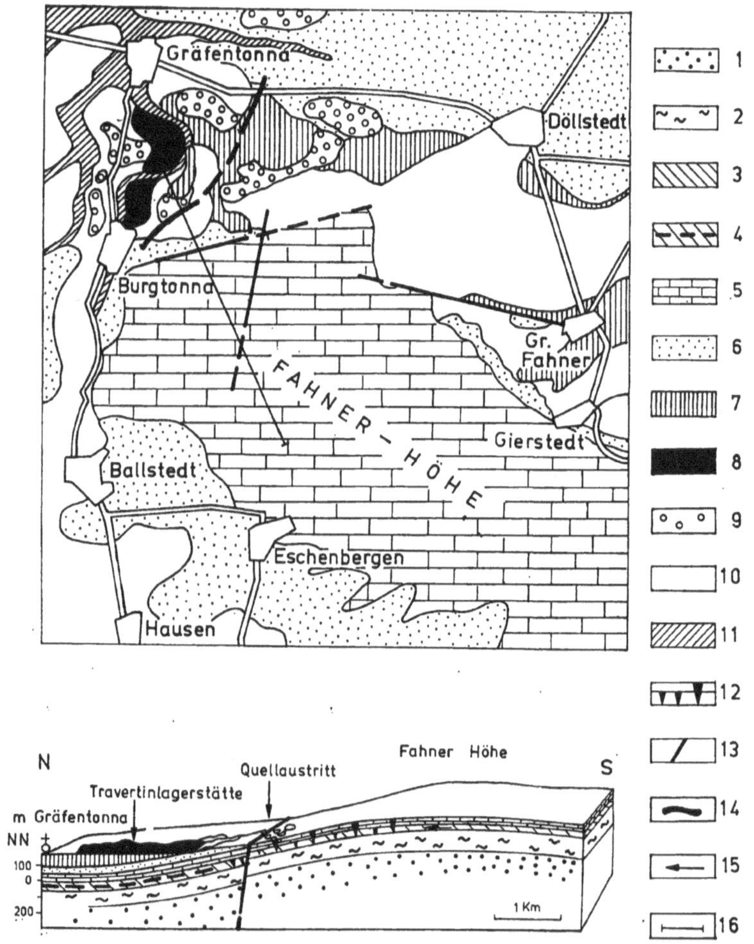

Abb. 2. Geologische Übersichtskarte der Umgebung von Burgtonna mit entspr. Blockbild (nach UNGER & GESANG 1969 und STEINER 1970). Der im Blockbild dargestellte Stand der Auslaugung entspricht den Verhältnissen während der Travertinbildung (Eem)

1 – Buntsandstein; 2 – Unterer Muschelkalk; 3 – Mittlerer Muschelkalk (Salinar ausgelaugt); 4 – Mittlerer Muschelkalk (Salinar erhalten); 5 – Oberer Muschelkalk; 6 – Unterer Keuper; 7 – Mittlerer Keuper; 8 – Travertin; 9 – Mittelterrassenschotter; 10 – Lößbedeckung; 11 – rezente Talauen; 12 – Bereich aktiver Auslaugung im Salinar des Mittleren Muschelkalks – Erdfalltätigkeit; 13 – Verwerfungen; 14 – Talrand des präglazialen Flusses; 15 – zufließende Schichtwässer; 16 – Schnittebene des Blockbildes

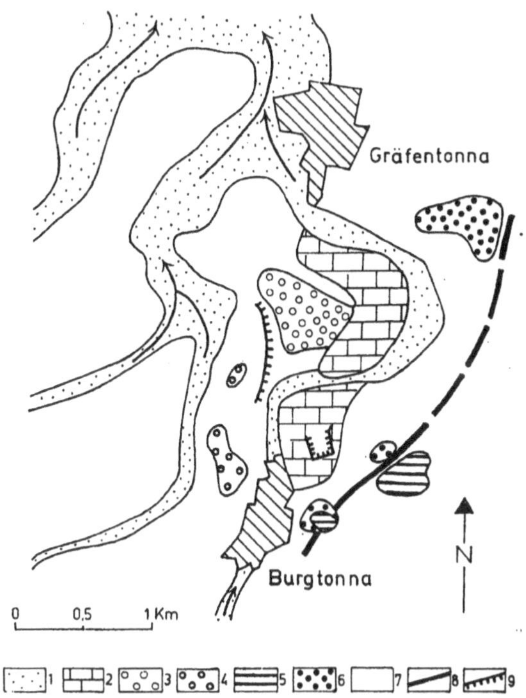

Abb. 3. Geologische Karte des Travertinvorkommens Burgtonna und der unmittelbaren Umgebung (Löß abgedeckt, nach UNGER & GESANG 1969)

1 – rezente Talauen; 2 – Travertin; 3 – Hauptmittelterrassenschotter; 4 – Obere Mittelterrassenschotter; 5 – glazigene Sedimente des Elstereises; 6 – „präglaziale Schotter" – „Tonna – Griefstedter Schotterzug"; 7 – Trias; 8 – Talrand des präglazialen Flusses; 9 – Terrassenstufe zwischen Oberer Mittelterrasse und Hauptmittelterrasse

noch geringen Fortschritts der Subrosion lagen im Pleistozän die Quellen im höheren Flankenbereich, so daß die Travertine dieser Altersstellung (Burgtonna, Bad Langensalza – Sülzenberg, Mühlhausen – An der Klippe) morphologisch deutlich über dem Niveau der rezenten Auen liegen und schon wieder teilweise erodiert wurden. Gegenwärtig ist die Subrosion, wie starke Erdfallquellen beweisen (Golken bei Bad Langensalza, Popperöder Quelle bei Mühlhausen), bis in die tiefen Flanken der Strukturen fortgeschritten. Die ausgedehnten holozänen Süßwasserkalke wurden deshalb in den rezenten Auen der abfließenden Gewässer ausgeschieden. Im Gebiet von Burgtonna dürfte die Subrosion so weit fortgeschritten sein, daß die Karstwässer nicht mehr an der Oberfläche austreten können und unterirdisch dem Grundwasser im Niveau der Unstrutaue zufließen. Die Travertinbildung blieb hier dementsprechend auf das Pleistozän beschränkt.

4. Die Stellung des Travertins in der Abfolge des Pleistozäns im Raum Burgtonna – Gräfentonna

Das Untersuchungsgebiet befindet sich am östlichen Rand eines im Altpleistozän angelegten Tals, in dem es während der frühen Elster-Kaltzeit zur Ablagerung des sogenannten „Tonna – Griefstedter Schotterzuges" kam (Abb. 3).

Das Elstereis staute beim Vorrücken in das Thüringer Becken den Fluß mehrfach auf; in den Stauseen lagerten sich im Deltabereich mächtige Schotter (Gotha, Lützensömmern) und im See selbst Bändertone ab. Durch die Verzahnung mit den glaziären Sedimenten der Elster-Kaltzeit ist die Altersstellung des „Tonna – Griefstedter Schotterzuges" eindeutig fixiert.

Gegenüber dem „Tonna – Griefstedter Schotterzug" sind zwei jüngere Schotterkörper morphologisch und sedimentologisch deutlich abgesetzt; nach regionalen Vergleichen lassen sie sich der oberen Mittelterrasse und der Hauptmittelterrasse zuordnen, die in der ausgehenden Elster-Kaltzeit bzw. im Drenthestadium der Saale-Kaltzeit akkumuliert wurden. Die Hauptmittelterrasse wurde in den Bohrungen z. T. im Liegenden des Travertins angetroffen, außerdem jedoch ein weiterer jüngerer Schotter, der nach dem morphologischen Vergleich der Unteren Mittelterrasse entspricht (Abb. 4). Die Unterlagerung des Travertins durch diese Terrasse, für die eine Ablagerung im Warthestadium der Saale-Kaltzeit gesichert erscheint, stellt für dessen Einstufung in das Eem-Interglazial ein

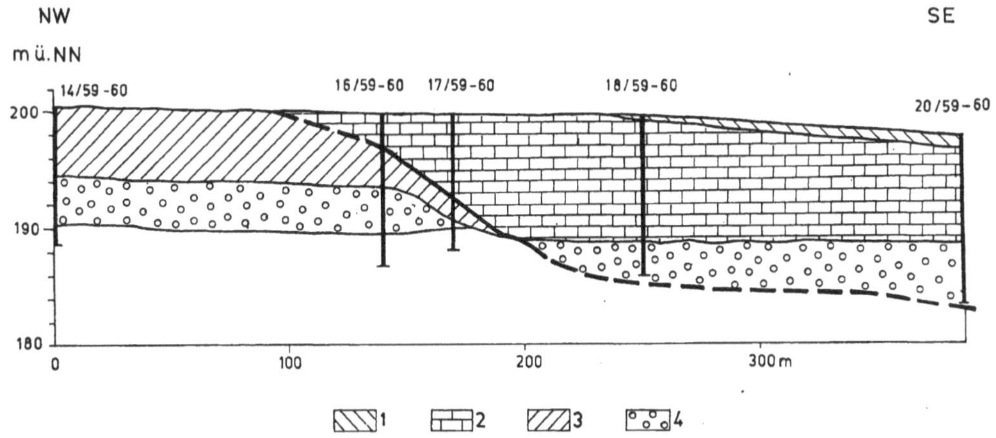

Abb. 4. Geologischer Schnitt durch den NW-Rand des Travertinvorkommens Burgtonna (nach ENGELS 1960, UNGER & GESANG 1969)

1 – Weichsel-Löß; 2 – Travertinabfolge; 3 – älterer Löß; 4 – Mittelterrassenschotter

entscheidendes Kriterium dar. Der morphologische Befund wird durch vergleichende sedimentpetrographische Untersuchungen gestützt (Unger mdl. Mitt.):

Komponenten	Bohrung Burgtonna 4/72 Untere Mittelterrasse		Schurf NW-Burgtonna Hauptmittelterrasse	
Porphyre	26,2%		29,8%	
Karbonatgesteine der Trias	69,7%		61,3%	
Sandsteine der Trias	0,9%		1,5%	
Quarzite, verkieselte Kalke	1,4%	3,2%	3,2%	7,4%
Quarz	1,4%		3,6%	
nord. Material	0,4%		0,6%	

Wegen des Fehlens von Angaben über die Untere Mittelterrasse im Raum Burgtonna mußte zum Vergleich die Hauptmittelterrasse herangezogen werden.

Bei gleichem Einzugsgebiet weist die Bohrprobe aus dem Liegenden des Travertinlagers mit 3,2% nur etwa die Hälfte des Anteils an „Hartem", Quarzen und nordischem Material, wie die Mittelterrasse auf und ist somit nach regionalen Erfahrungen eindeutig als jünger (Unt. Mittelterrasse) einzustufen. Gleichzeitig ist dadurch unter Berücksichtigung der Überlagerung durch weichselkaltzeitliche Deckschichten die Zuordnung des Travertins in das Eem-Interglazial gesichert.

5. Geologie und Petrographie des Travertinlagers

5.1. Der Sedimentationsraum

Die Sedimentation des Travertins erfolgte in einem Talbereich, der für den erhaltenen Teil des Vorkommens nach den Ergebnissen der Bohrungen relativ genau rekonstruiert werden konnte. Die unmittelbar unterhalb der Quelle ausgeschiedenen Kalksedimente sind bereits durch die Erosion abgetragen, so daß über diesen Talabschnitt genaue Aussagen nicht möglich sind. Aus Vergleichen mit holozänen Travertinvorkommen ist zu schließen, daß das Quellgebiet etwa 0,5—1,0 km südlich der heutigen S-Begrenzung des Travertins lag. Bemerkenswert an der Talgestaltung ist der gleichmäßige Abfall im S-Teil von 205 m auf 180 m ü. NN und der gleichbleibende Verlauf der Talsohle in dieser Höhenlage im übrigen Teil des Vorkommens (Abb. 5). Die Möglichkeit der teilweisen Absenkung einer ehemals gleichmäßig abfallenden Talsohle durch atektonische Vorgänge ist fast auszuschließen, da sich die Auslaugung zur Zeit der Travertinbildung noch auf die Gebiete bis wenig unterhalb der Quellen beschränkt haben müßte.

5.2. Sedimentationsablauf und Faziesdifferenzierung

Die Travertinbildung setzt im überwiegenden Teil des Verbreitungsgebiets mit grusig-sandigem

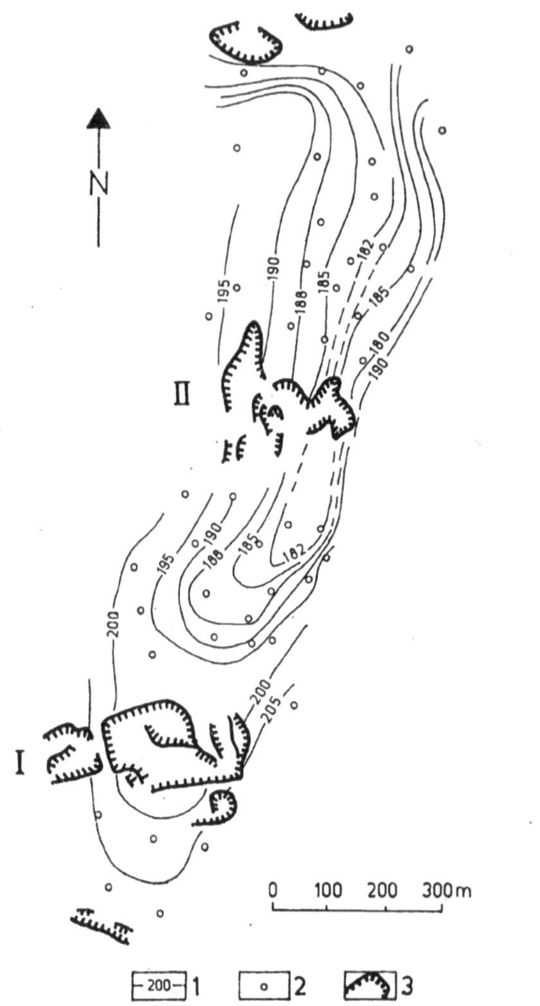

Abb. 5. Isohypsenplan der Basis des Travertinvorkommens Burgtonna

1 — Linien gleicher Höhen über NN; 2 — Bohrpunkte; 3 — bestehende Brüche

Material ein. Es muß analog den Verhältnissen in Taubach (Ziegenhardt 1962) als das Abtragungsprodukt der weiter talaufwärts gelegenen festen Travertine — also als klastisches Sediment — gedeutet werden. Feste, bankige Travertine an der Basis der Abfolge treten dementsprechend nur im oberen Talbereich (Bohrungen 53, 54, 56 und lokal im Gebiet des Bruches II sowie in seinem nördlichen Vorfeld auf, Abb. 6). Mächtige geschlossene Serien von bankigem Travertin konzentrieren sich auf den mittleren Teil der 6—12 m mächtigen Abfolge, wobei bei hoher Gesamtmächtigkeit der Anteil der bankigen Ausbildung und die durchschnittliche Bankmächtigkeit ansteigen (Abb. 7). Im oberen Teil und in den randlichen Partien des Travertinlagers überwiegen deutlich die grusig-sandigen Sedimente. Der starke Wechsel der Gesteinsausbildung geht aus einigen charakteristischen Profilen der Erkundungsbohrungen hervor (Abb. 8). Im Gegensatz zu den gut geschichteten holozänen Travertinen von Mühlhausen und Bad Langensalza, deren Bänke auf größere Erstreckung aushalten, überwiegen in Burgtonna massige Travertinbänke mit raschem Wechsel in der Gesteinsausbildung und

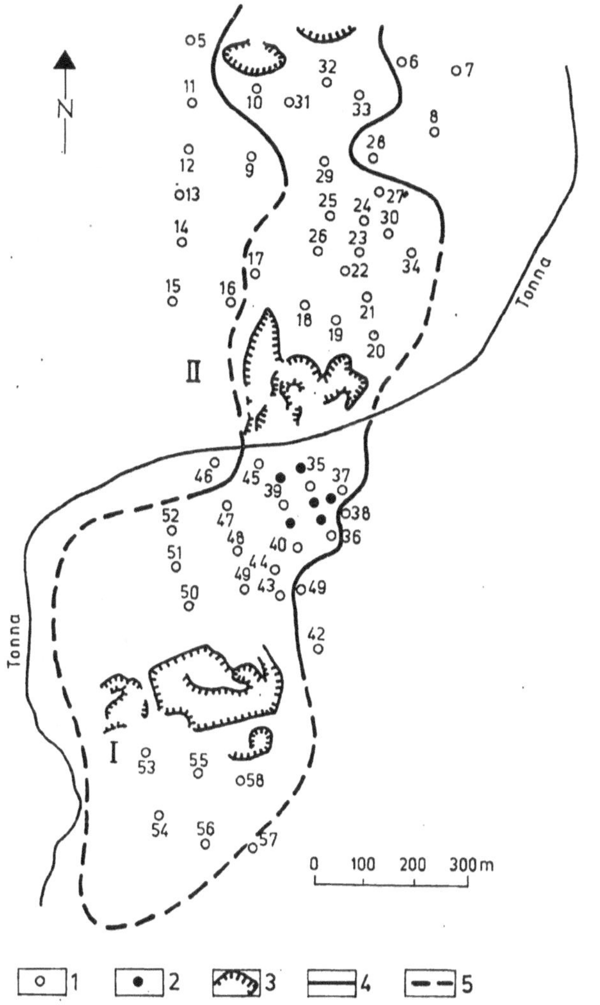

Abb. 6. Übersichtsplan der Bohrungen Burgtonna 1959/60 und 1972

1 – Bohrpunkte 1959/60; 2 – Bohrpunkte 1972; 3 – bestehende Brüche; 4 – Umriß des Travertinvorkommens (sicher) 5 – Umriß des Travertinvorkommens (unsicher)

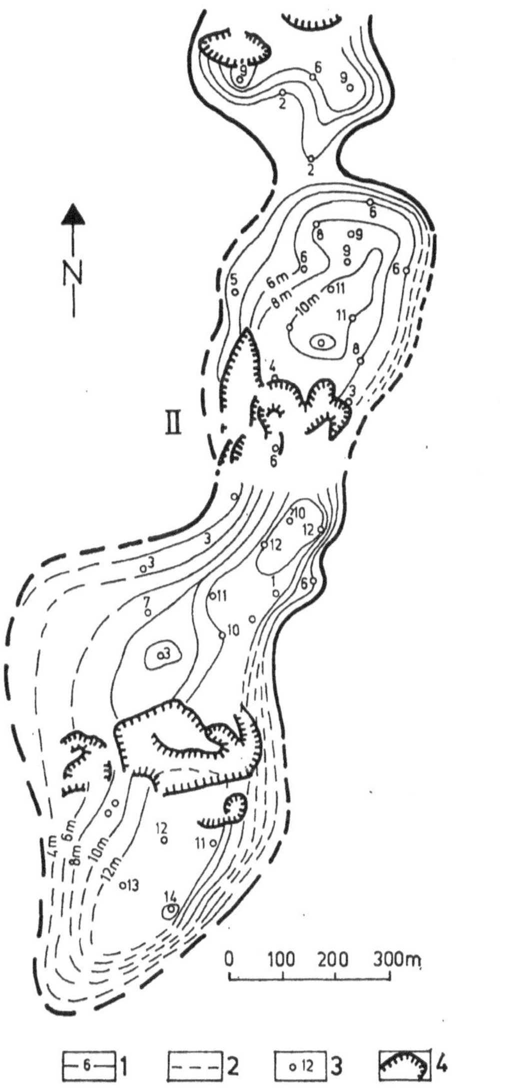

Abb. 7. Isopachenplan des Travertinvorkommens Burgtonna

1 – Linien gleicher Mächtigkeit (sicher); 2 – Linien gleicher Mächtigkeit (unsicher); 3 – Bohrpunkt mit Mächtigkeitsangabe; 4 – bestehende Brüche

Mächtigkeit. Bei den Bohrungen zur Werksteinerkundung konnten z. T. für mächtige Bankzonen bei Bohrlochabständen von 30 m nur schwache Lagen als Äquivalent im gleichen Niveau nachgewiesen werden. Der Travertin zeichnet sich allgemein durch eine großporige Struktur mit zahlreichen Hohlräumen von inkrustierten Pflanzenstengeln aus, die oft senkrecht durch 20–30 cm starke Bänke hindurchgehen und somit Hinweise auf den raschen Ablauf der Sedimentation geben. Aus der Zeitdauer der Ablagerung von wenigen Jahren für eine 0,2–0,4 m mächtige Bank und der nur etwa 50-fachen Gesamtmächtigkeit des Travertinlagers ergibt sich die Schlußfolgerung, daß die Sedimentation von Travertin und eine unveränderte Erhaltung die Ausnahme, eine nachfolgende Erosion und oft mehrfache Umlagerung innerhalb des Vorkommens den Normalfall darstellen. Für den Travertin von Burgtonna mit seinem außerordentlich starken petrographischen Wechsel in der Horizontalen waren diese Prozesse mit Sicherheit von größerer Bedeutung als bei dem gleichaltrigen Travertin von Ehringsdorf oder den oben angeführten holozänen Travertinen. Die Unterschiede in der Gesteinsausbildung (Travertin — sandiges Material) gaben im gesamten Bohrfeld keine sicheren Anhaltspunkte für eine stratigraphische Gliederung. Die Beschränkung mächtiger Abfolgen von bankigem Travertin auf drei linsenförmige Komplexe (Abb. 9) läßt in dieser Beziehung folgende theoretische Erwägungen zu:

— die Travertinkomplexe wurden hinter drei treppenförmig abgesetzten Staustufen gleichzeitig gebildet
— die Travertinkomplexe wurden nacheinander durch mehrfache Verlagerung der Staustufe talabwärts gebildet.

Die trotz starken Fazieswechsels relativ einheitliche vertikale Gliederung des Travertinvorkommens spricht für eine gleichzeitige Bildung. Andererseits scheint jedoch nach der Beschreibung von Mania (1977, dieser Band) der für die paläontologische Gliederung außerordentlich wichtige Hori-

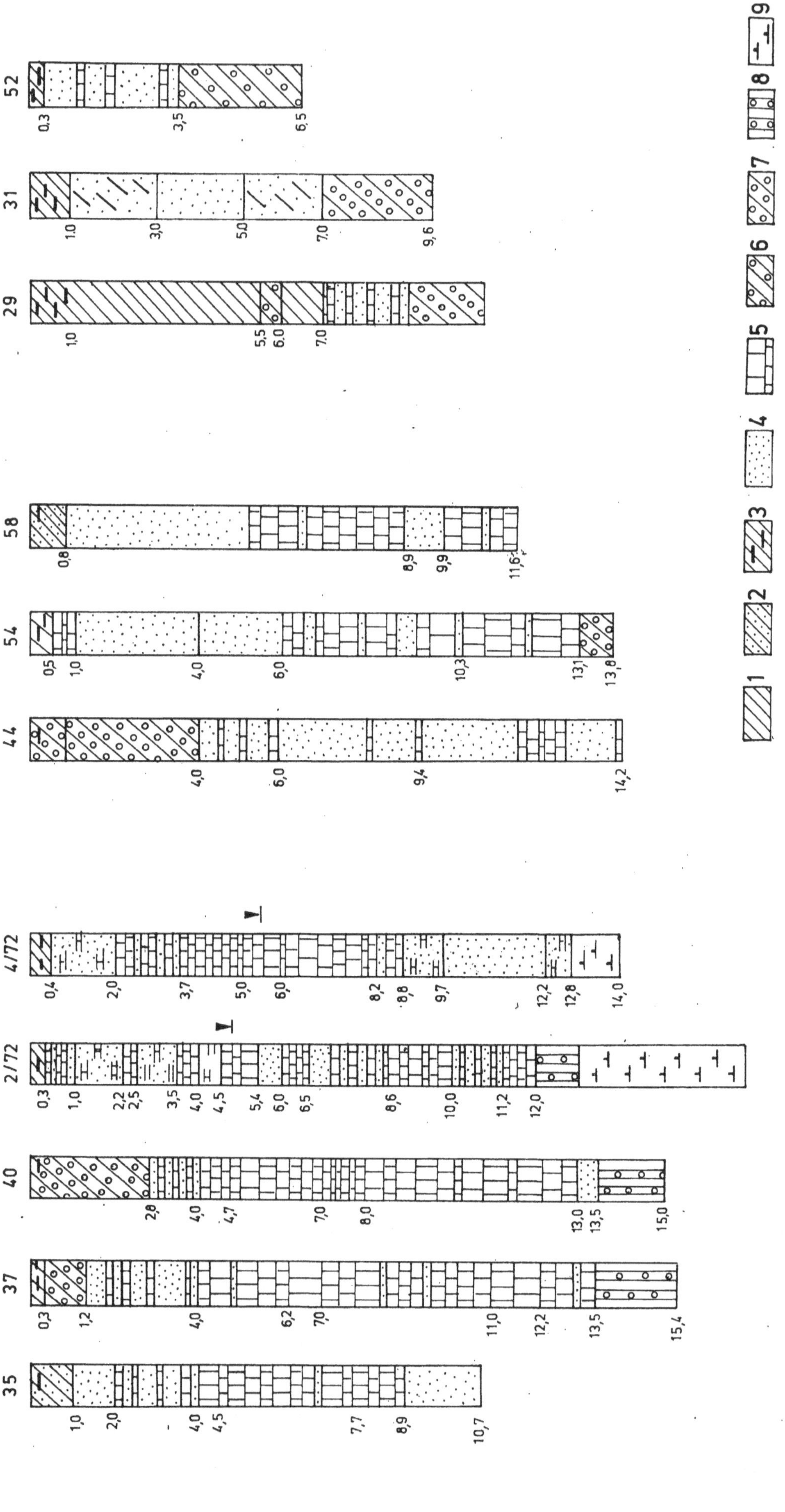

Abb. 8. Säulenprofile ausgewählter Bohrungen der Werksteinerkundungen von 1959/60 und 1972, z. T. nach ENGELS (1960)

1 – Lehm (Löß); 2 – Lehm, kalksandhaltig; 3 – Lehm, humos; 4 – Kalksand (Kalkarenit); 5 – Travertin (mit Darstellung der Bankmächtigkeiten); 6 – Lehm, kiesig; 7 – Kies, lehmig; 8 – Ton, kiesig; 9 – Tonstein

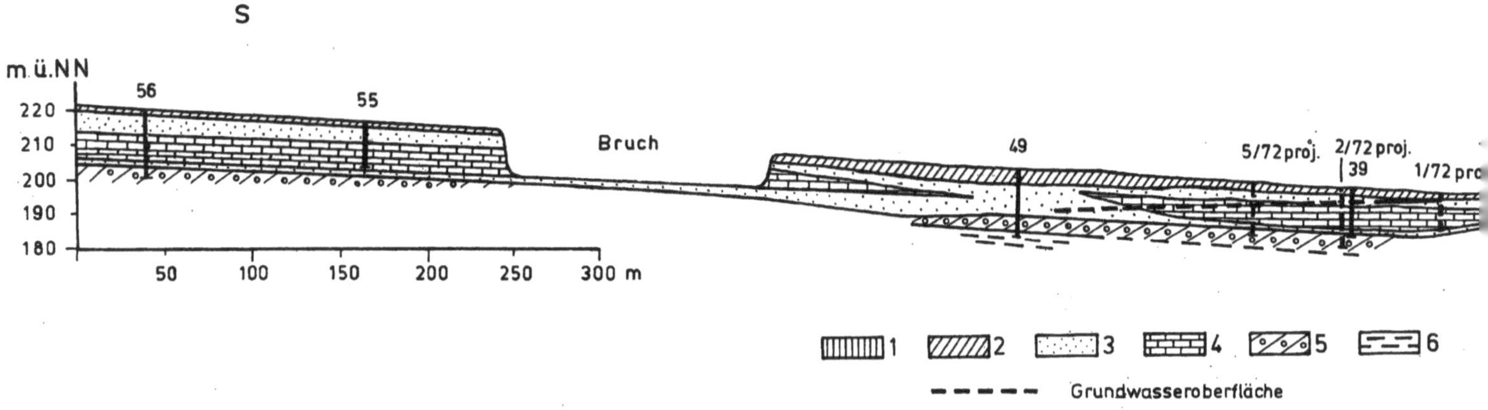

Abb. 9. Geologischer Schnitt (N—S) durch das gesamte Travertinvorkommen Burgtonna
1 — Ton, humos-torfig (Holozän); 2 — Lehmabfolge (Weichsel-Kaltzeit); 3 — Kalksand und dünnbankiger Travertin in Wechsellagerung (Eem); 4 — vorwiegend dickbankiger Travertin (Eem); 5 — Kies, verlehmt (Saale-Kaltzeit); 6 — Tonstein (Trias)

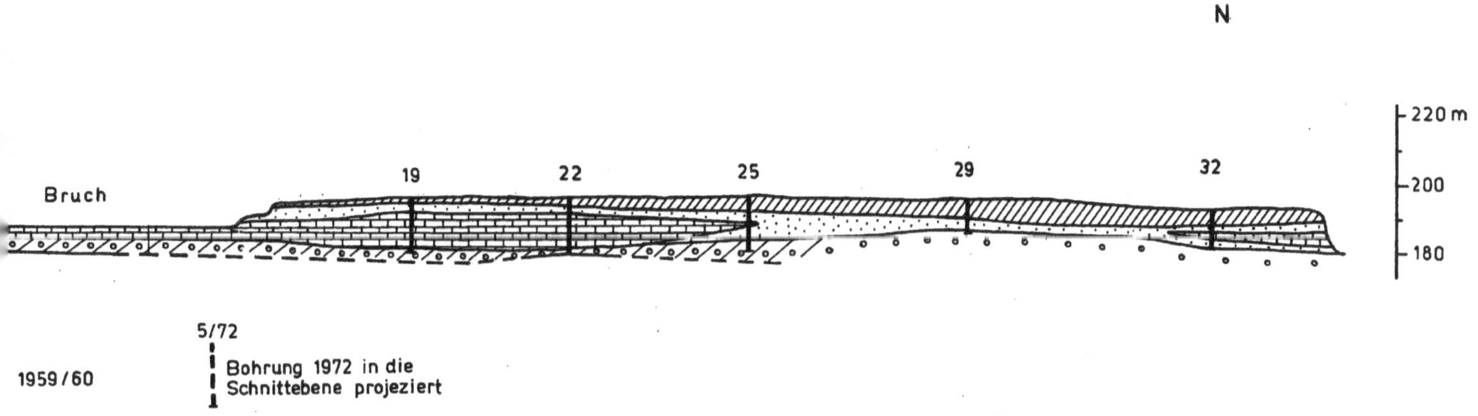
N
Bruch
19
22
25
29
32
220 m
200
180
5/72
Bohrung 1972 in die
Schnittebene projeziert
1959/60

zont mit *Helicigona banatica* im petrographisch gegliederten Profil im Bruch I höher zu liegen als im Bruch II, was für gewisse zeitliche Unterschiede in der Bildung der Travertine sprechen könnte. Bei dem ständigen Wechsel von Sedimentation und Erosion in dem ausgedehnten Vorkommen ist diesen Erwägungen jedoch nur geringe Bedeutung zuzumessen. Eine sichere Entscheidung kann erst nach einer paläontologischen Bearbeitung weiterer Aufschlußprofile entsprechend den vorliegenden Richtprofilen (Mania 1977, dieser Band) getroffen werden.

6. Die Deckschichtenfolge des Travertins

Im Hangenden des Travertins wurde in den Bohrungen nur eine einheitlich beschriebene Löß- und Lößlehmdecke angetroffen, die erst in den Grubenaufschlüssen noch weiter untergliedert werden konnte.

Das Basisglied der Deckschichten ist eine nur selten deutlich entwickelte Fließerde, die meist durch eine Aufarbeitungszone der grusig — sandigen Hangendpartien des Travertinlagers vertreten wird und von dieser kaum zu trennen ist. Darüber folgt als lokale Bildung (E-Wand des Bruches I) eine bis zu 1,2 m mächtige kolluviale Schwarzerde, die zwischen der hier sehr deutlich entwickelten Fließerde und der Lößabfolge zur Ablagerung kam. Sie stellt die umgelagerte Bodenbildung eines sehr wahrscheinlich frühweichselzeitlichen Stadials dar und wird in einem gesonderten Beitrag (Jäger & Heinrich dieser Band, S. 187) eingehend behandelt. Über die ursprünglich angenommene Erhaltung in einem begrenzten (evtl. durch Verkarstung bedingten) Absenkungsgebiet hinaus konnten in einem ca. 50 m westlich der Lokalität gelegenen Teil der Grube ähnliche Schwarzerdeablagerungen über gleichfalls kreideartig verwittertem Travertin beobachtet werden.

Die Löß- und Lößlehmabfolge im oberen Teil der Aufschlüsse ist durch eine fossile Bodenbildung untergliedert und schließt mit der rezenten Bodenbildung das Profil ab. Insgesamt repräsentieren die Deckschichten des Travertins einen beträchtlichen Abschnitt der Weichsel — Kaltzeit.

7. Zusammenfassung

Die vorliegenden Ergebnisse der Kartierungen und Bohrarbeiten erlauben nach geologischen Kriterien eine sichere Zuordnung des Travertins von Burgtonna zum Eem-Interglazial. Weitere Untersuchungen sind zur Korrelierung der vorliegenden paläontologischen Richtprofile mit den verschiedenen petrofaziellen Einheiten des Travertinlagers erforderlich. Die Deckschichten des Travertins lassen sich verschiedenen Abschnitten der Weichsel — Kaltzeit zuordnen.

Резюме

Имеющиеся данные результатов детального картирования и бурения скважин способствовали точному определению возраста травертина Бургтонны — на основе геологических критерий он относится к эемскому интергляциалу. Требуются дальнейших исследований в целях корреляции имеющихся палеонтологических эталонных разрезов с различными петрофациальными комплексами травертинов. Покровные слои травертина относятся к различным интервалам вислинского ледниковья.

Summary

Mapping and boring results available permit to assign safely, on the basis of geological criteria, the travertine of Burgtonna to the Eemian interglacial. Other investigations will be necessary to correlate standard palaeontological sections with various petrofacial units of the travertine deposit. The covering beds of the travertine can be assigned to various periods of the Weichselian glaciation.

8. Literatur

Engels, Ch.: Unterlagen der Bezirksstelle für Geologie Erfurt über die Travertinerkundung Burgtonna—Gräfentonna 1959/60. — Erfurt 1960 (unveröff.).

Gesang, H.: Ergebnisbericht über die Travertinerkundung Burgtonna 1972. — Erfurt 1973 (unveröff.).

Gesang, H., & Unger, K. P., et al.: Quartäre Ablagerungen im Zentralen Thüringer Becken und im nördlichen Vorland des Thüringer Waldes und ihre lagerstättenkundliche Bedeutung. — Exkursionsführer „Ergebnisse quartärgeologischer Untersuchungen in Thüringen", 57—82, Deutsch. Ges. geol. Wiss., Berlin 1969.

Steiner, W.: Stratigraphie und Sedimentationsgeschwindigkeit der Travertine von Burgtonna und Ehringsdorf. — Geologie 19, 8, 931—943, Berlin 1970.

Ziegenhardt, W.: Sedimentologische und fazielle Untersuchungen am eeminterglazialen Travertin von Taubach bei Weimar. — Geologie 11, 9, 1029—1051, Berlin 1962.

Quartärpaläontologie	3	51—58	Berlin, Dezember 1978

Zur Genese des Travertinlagers von Burgtonna in Thüringen

Von Walter Steiner, Weimar

Mit 6 Abbildungen

Inhalt

1. Abstractum

Es wird eine Abfolge einzelner geologischer Prozesse skizziert, die zur Bildung der Travertine von Burgtonna—Gräfentonna geführt haben.

Рассматривается последовательность геологических процессов образования травертинов местонахождения Бургтонны—Грэфентонны.

The succession of individual geological processes resulting in the formation of the Burgtonna—Gräfentonna travertines is described in outline.

2. Einleitung

Im ersten Band der Ehringsdorf-Monographie haben H. & J. Wiefel (1974) zu recht festgestellt, daß die Frage nach der Herkunft des Substrats, welches die Ilmtravertine aufbaut, bisher kaum näher untersucht worden ist. Das trifft in gleichem oder vielleicht noch stärkerem Maße für die Travertine von Burgtonna zu. Da Verf. bereits 1968 zu dieser Thematik einige Gedanken geäußert hat, sollen in Analogie zur Arbeit von H. & J. Wiefel und auf der Grundlage weiterer Teilbeobachtungen einige eventuell weiterführende Ideen skizziert werden.

3. Geologische Situation des Untergrundes und Genese der Travertine

Auch die Travertine des thüringischen Raumes sind Ausscheidungen aus kalziumbikarbonatreichen Wässern. H. & J. Wiefel (1974) haben einige wesentliche regionalgeologische Kriterien formuliert, die für die Ausscheidung von Süßwasserkalken aus Karstwässern, die ihrerseits aus Niederschlagswässern entstehen, notwendig sind.

1. Im Untergrund müssen nach Fläche und Mächtigkeit bedeutende Kalksteinabfolgen vorhanden sein.

2. Faltenstrukturen, tektonische Störungen und ein verstärktes Auftreten von Klüften in den an der Oberfläche anstehenden Kalkstein-Schichten müssen ein stärkeres Versickern von Niederschlagswässern ermöglichen. Diese Auflockerung kann durch Verkarstungs- bzw. Subrosionsprozesse in Gipsen und Steinsalzen im tieferen Untergrund noch erhöht werden.

3. Es muß eine erhöhte Reliefenergie vorhanden sein, d. h. eine beträchtliche Differenz zwischen Bergen und Tälern als Voraussetzung für eine intensive Zirkulation des in den Untergrund eingedrungenen Niederschlagswassers. Bei dieser Zirkulation erfolgt die Kalklösung.

4. Günstige tektonische und (oder) geomorphologische Bauformen müssen den Austritt der bikarbonatreichen Karstwässer an die Oberfläche ermöglichen, bevor eine Vermischung mit kalkarmem Grundwasser anderer Stockwerke stattfindet. Dies ist bei Gelände mit erhöhter Reliefenergie wahrscheinlicher.

5. Die austretenden Kalkwässer müssen durch entsprechendes Gefälle ausreichend durchlüftet werden, denn nur dann kann sich — bei zusätzlicher Beteiligung von assimilierenden Pflanzen — der feste Kalk wieder ausscheiden.

Als weiterer Punkt kommt hinzu:

6. Die Süßwasserkalke werden sich in der Regel nur dann in größerer Mächtigkeit ausscheiden, wenn es entweder in engen gefällereichen Tälern zur Kalkkaskaden-Bildung kommt oder (und) wenn in flacherem Gelände der Kalkneubildungsraum durch Subrosion im Untergrund in Senkung begriffen ist.

Zur Travertinbildung kann es nur kommen, wenn neben anderen klimatischen und ökologischen Faktoren alle eben beschriebenen Bedingungen zusammentreffen. Das erklärt nach H. & J. Wiefel (1974) die relative Seltenheit der Travertinvorkommen.

Im folgenden sollen diese einzelnen Bildungskriterien für das Travertinlager von Burgtonna—Gräfentonna geprüft werden. Die Darstellung erfolgt in der gleichen Numerierung (s. Abb. 1 u. 2). Dabei werden Gedanken geäußert, die teilweise hypothetischen Charakter tragen und die es durch eine hierdurch anzuregende weitere Forschung in Burgtonna zu beweisen oder zu widerlegen gilt.

Mergelkalken und Mergeln besteht. Darunter liegt der etwa 100 m mächtige Mittlere Muschelkalk, der sich aus ebenplattigen dolomitischen Mergelkalken und Kalkmergeln mit Gipsen und Steinsalzen zusammensetzt. Im intakten Schichtenverband besitzen die Gipse etwa 30 m und die Steinsalze bis 20 m Mächtigkeit. Aus den Kalksteinen des Oberen und Mittleren Muschelkalks wird das Kalziumbikarbonat in Lösung gebracht, welches später teilweise als Travertin wieder ausgeschieden wird.

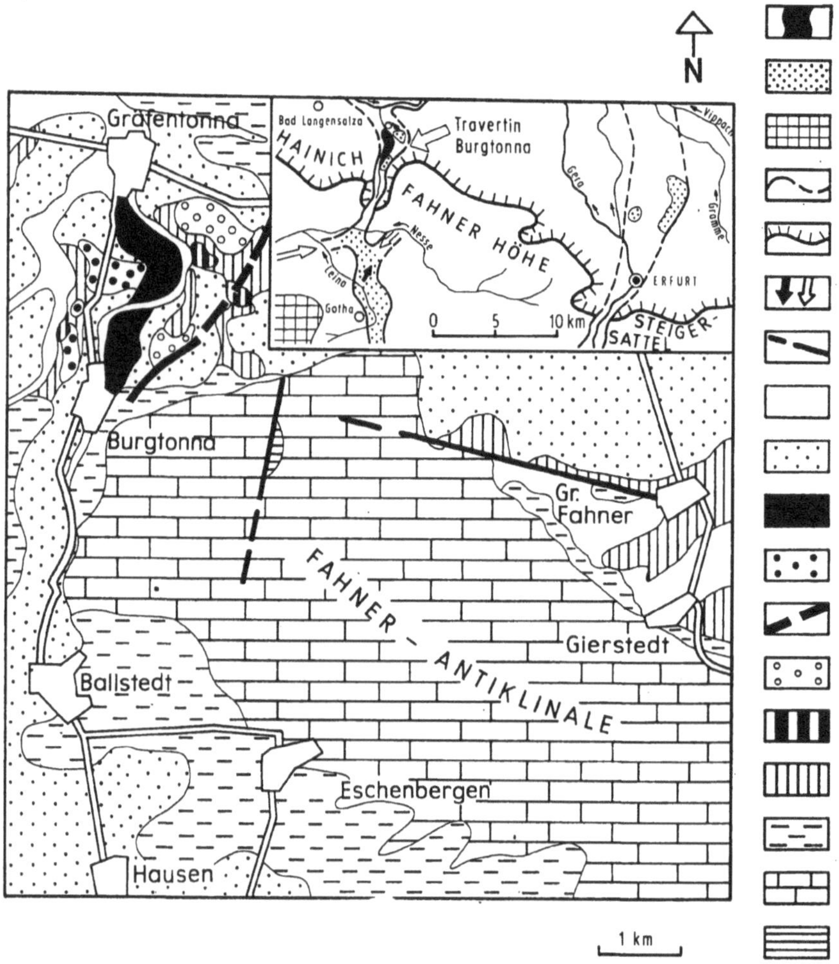

Abb. 1. Geologische Übersichtskarte der Fahner-Antiklinale mit dem Travertinzug Burgtonna—Gräfentonna (nach Speyer 1883, Lange 1956, Gesang & Unger 1969)

1 — Trochitenkalk, 2 — Ceratiten-Schichten; 1 u. 2 — Oberer Muschelkalk; 3 — Unterer Keuper (Tonsteine mit Sandstein- u. Dolomitbänken); 4 — Mittlerer Keuper (bunte dolomitische Schluff- u. Tonsteine); 5 — Gips im Mittleren Keuper; 6 — jüngere „präglaziale" Schotter des „Tonna — Gierstedter Schotterzuges", 7 — Talrand des präglazialen Flusses; 8 — Mittelterrassenschotter, 9 — Travertine; 10 — Löß; 11 — junge Talsedimente; 12 — Störungen

rechts oben: Lage des Travertins von Burgtonna; quartärgeologische Eintragungen nach Unger (1974)

13 — Transportrichtung in den Schottern ermittelt nach sedimentologischen (schwarzer Pfeil) und geomorphologischen Befunden (weißer Pfeil); 14 — Südgrenze des Elstereisvorstoßes; 15 — Talränder des Unstrut-Systems nachgewiesen und vermutet; 16 — ältere „präglaziale" Grobschotter; 17 — jüngere „präglaziale" Grobschotter; 18 — Travertin

3.1. Die Schichten des Untergrundes

Südöstlich des Travertinlagers von Burgtonna erhebt sich die Antiklinalstruktur der Fahner Höhe.[1]) Die Top- und Flankenregionen dieses Gewölbes werden von Oberem Muschelkalk bedeckt, der aus maximal 60—70 m mächtigen Kalksteinen,

3.2. Geologischer Bauplan und Grundwasserzutrittsmöglichkeit

Die beulenförmige Aufsattelung der triassischen Schichten im Bereich der Fahner-Antiklinale, die ihrerseits einer N—S-orientierten Strukturlinie des tieferen Untergrundes aufsitzen dürfte [auf Ilmenau

[1]) Herrn Dr. habil. G. Seidel (Jena) verdanke ich wertvolle Informationen über die Ausbildung und Mächtigkeiten der Trias-Schichten im Bereich der nordwestlichen Fahner-Antiklinale.

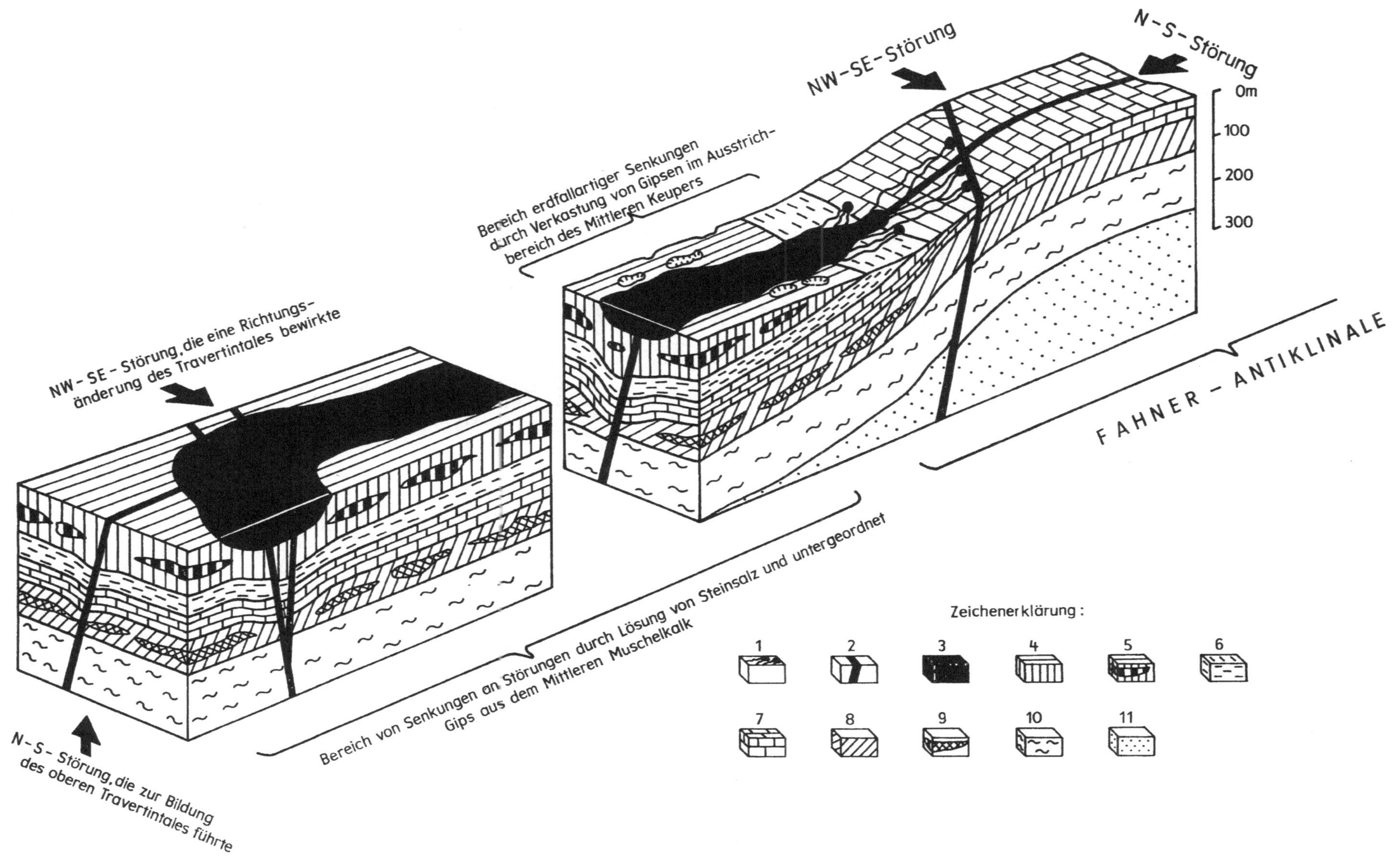

Abb. 2. Schematischer Blockbildschnitt zur Darstellung der Genese des Travertinzuges von Burgtonna · Gräfentonna

1 – Quellschüttungen kalziumbikarbonatreichen Karstwassers; 2 – Störungen; 3 – Travertin von Burgtonna; 4 – Mittlerer Keuper; 5 – Gipse im Mittleren Keuper; 6 – Unterer Keuper; 7 – Oberer Muschelkalk; 8 – Mittlerer Muschelkalk; 9 – Steinsalz und Gips im Mittleren Muschelkalk; 10 – Unterer Muschelkalk; 11 – Buntsandstein

—Ilfeld-Linie nach Lange & Steiner (1971)], hat in den spröden Kalkgesteinen zu einer Vielzahl von meist radial, z. T. sich diagonal kreuzenden Zerrspalten geführt. Die Spaltennetze stellen die hauptsächlichen Versickerungswege der Niederschlagswässer dar. Die Spalten und Klüfte selbst werden angelöst und erweitern sich. Vom Top der Struktur ausgehend drang das aktive Grundwasser bis in die Bereiche des Mittleren Muschelkalks ein und hat dort Steinsalze und Gipse gelöst. Erdfallartige und kontinuierliche Senkungen führten zur Erhöhung der Durchlüftung der hangenden Kalkschichten und damit auch zur Erhöhung der Grundwasserzutrittsmöglichkeiten.

3.3. Geomorphologische Situation und Grundwasserzirkulation

Die harten Muschelkalkschichten der Fahner-Antiklinale ließen diese Struktur in Form eines weitgeschwungenen Bergrückens, der Fahner Höhe (größte Höhe — 411,7 m NN, Abtsberg), geomorphologisch sichtbar werden. Es entstand ein sogenanntes „syntektonisches" Relief im Sinne von Weber (1967). Die an den Strukturflanken lagernden Keuper Sedimente wurden auf Grund ihres vorwiegend tonigen Schichtbestandes stärker abgetragen. Vom Top der Fahner Höhe bis zur Talposition bei Burgtonna (etwa 220 m NN) und Gräfentonna (etwa 190 m NN) besteht heute eine Höhendifferenz von ca. 190 bzw. 220 m. Diese im Pleistozän sicher ähnlichen Reliefunterschiede waren ausreichend, um eine aktive Grundwasserzirkulation in den Muschelkalk-Schichten und damit die Kalklösung über bestimmte Zeitabschnitte aufrechtzuerhalten.

3.4. Quellaustritte

Die im Abschnitt 3.2. beschriebenen Spaltensysteme im Muschelkalk wurden besonders an Kreuzungsbereichen in den geomorphologisch erheblich tieferen Flankenteilen der Fahner-Antiklinale zu Aufstiegsbahnen für das wandernde, zunehmend bikarbonatreichere aktive Karstwasser. Es kam zu Quellaustritten, und zwar vorwiegend im Bereich der Auflagerung des Unteren Keupers auf den Oberen Muschelkalk. Die tonig-schluffigen Gesteine des Keupers ließen die Bildung hydrologisch wirksamer Spalten nicht zu. Die im Muschelkalk nach der Tiefe wandernden Karstwässer stauten sich am passiv stehenden Grundwasser der tieferen Bereiche. Neben Vermischungen im direkten Grenzbereich mußte es an größeren Spalten oder (und) deren Kreuzung an der Grenze Oberer Muschelkalk/Unterer Keuper zu „Überlaufquellen" mit einer Schüttung bikarbonatreicher Karstwässer kommen.

3.5. Quellwassergefälle und Durchlüftung

Die unter 3.3. geschilderte geomorphologische Situation garantierte ein Gefälle und damit eine Durchlüftung, welche unter günstigen Voraussetzungen (z.B. hoher Bikarbonatgehalt des Quellwassers, Beteiligung von reichem Pflanzenwuchs etc.) zur Kalkausscheidung führen konnte. Das Gefälle wurde durch weitere Faktoren verstärkt, die nachfolgend beschrieben werden.

3.6. Senkungsprozesse und Kaskadenbildung

Die ausgetretenen Karstwässer flossen über Areale des Unteren und Mittleren Keupers. Die im Mittleren Keuper auftretenden Gipse wurden im Anstrichbereich angelöst. Es entstanden Senkungsbecken mit z. T. erdfallartigem Charakter, in die über steile Hänge die Karstwässer einflossen. Aus der hangwärtigen Position der Senkungstrichter entstand also ein starkes Gefälle, an dem sich die gelösten Bikarbonate verstärkt in Monokarbonate und CO_2 durch die starke Erschütterung, die Durchlüftung und Erwärmung aufspalteten. Es entstanden Kalksinterkrusten und auch lockerer Travertindetritus, der teilweise von schleimigen Algen festgehalten, größtenteils aber von fließendem Wasser weitertransportiert und in den Senkungstrichtern sedimentiert wurde. Die am Rande und in diesen Senkungswannen stehenden Bäume wurden auf diese Weise sehr schnell in Kalktuff eingebettet. Aus solchen Bereichen stammen die von Steiner (1970) beschriebenen Beispiele großer Sedimentationsgeschwindigkeit (Abb. 3, 4). In solche „Sedimentationsfallen" sind vermutlich auch die Waldelefanten geraten, die 1696 und 1799 als mehr oder weniger vollständige Skelette aufgefunden wurden

Abb. 3. Travertinsteinbruch Burgtonna, mittlerer Teil des Profils; aufrechter Stamm (Hohldruck) von über 1 m Länge im Festtravertin

Länge des Zollstocks — 1 m; Foto: W. Steiner, 13. 9. 1968

Abb. 4. Travertinsteinbruch Burgtonna, Grenzbereich unteres/mittleres Drittel des Profils; etwa 5 m unter Gelände; Detailbild von zwei nebeneinander stehenden, senkrecht in Moos-, Characeen- u. Blättertravertin eingebetteten Baumstämmen (Hohldrucke) von maximal 2,60 m Höhe und max. 0,20 m Stammdurchmesser

Länge des Hammerstiels – 0,35 m; Foto: W. STEINER 13. 9. 1968

(s. CLAUS 1978).[2]) So interessant diese „frühen" Funde von wissenschaftsgeschichtlichem Standpunkt auch sind (v. FREIBERG 1932, CLAUS 1977), nach geologischen Gesichtspunkten muß man es bedauern, daß sie sich in jüngerer Zeit nicht wiederholten. Ein solcher Fund heute mit all den sich anschließenden geologischen, sedimentpetrographischen, faziellen und paläontologischen Untersuchungen hätte außerordentlich bedeutsame Beiträge zur Genese dieser Travertine erbringen können.

Es muß für wahrscheinlich gehalten werden, daß diese erdfallartigen Senkungen, gelegentlich von weiträumiger Dimensionierung im Sinne von v. HOYNINGEN & REUTER (1963), den Kaskadenaufbau des Travertinbildungsraumes gefördert haben.

Wie bereits skizziert, entstanden an der hangseitigen Position der Senkung infolge des erhöhten Gefälles verstärkt Kalkausscheidungen, insbesondere an Algenbewuchs. Es wuchsen kleine Kalkdämme, auf denen sich schließlich Weiden ansiedelten, deren Stammbasen inkrustierten. Driftholz und Laubwerk blieb hier hängen und führte bei Verkalkung zur Erhöhung der „Barre". Es staute sich schließlich das vom Hang herunterströmende Karstwasser. Es entstanden auf der seewärtigen Seite *Phragmites*-Bestände und polsterartige Characeenansiedlungen. Die Entstehung von Rasen- und Palisadentravertinen und auch feindetritischem Kalkmaterial war die Folge (Abb. 5). Zwischendurch lagerten sich eingedriftete Stämme, Zweige und Blätter ab (Abb. 6). In den lockeren Travertinsanden und -schluffen (Seekreide, Kalksande) finden sich Oogonien von Characeen, Gehäuse von Ostrakoden, Mollusken und immer wieder Stotzen von Festtravertin, vgl. STEINER (1977).

Ein Fortschreiten der Verkarstung der Gipse des Mittleren Keupers mit dem Einfallen fand – an heutigen Beobachtungen abzuleiten – nur in beschränktem Umfange statt, da die tonigen Begleitsedimente ein Eindringen und ein Zirkulieren der Wässer nicht zuließen. Hinzu kam aber, daß das gesamte „Travertintal" einer weiträumigen langsamen Senkung unterworfen gewesen sein kann. Die in Spaltensystemen zirkulierenden aktiven Grundwässer und die tieferliegenden passiven Grundwasserhorizonte lösten zumindest im Bereich von

[2]) Herrn Dr. H. CLAUS (Mühlhausen) verdanke ich zahlreiche Hinweise über die Fundumstände der beiden Elefantenreste. Er stellte mir freundlicherweise die Fundprotokolle zum Fund 1696 zur Verfügung, die von dem Heimbürgen ANDREAS LORENZ und von dem Amtmann HIERONYMUS BACHUSIUS verfaßt wurden.

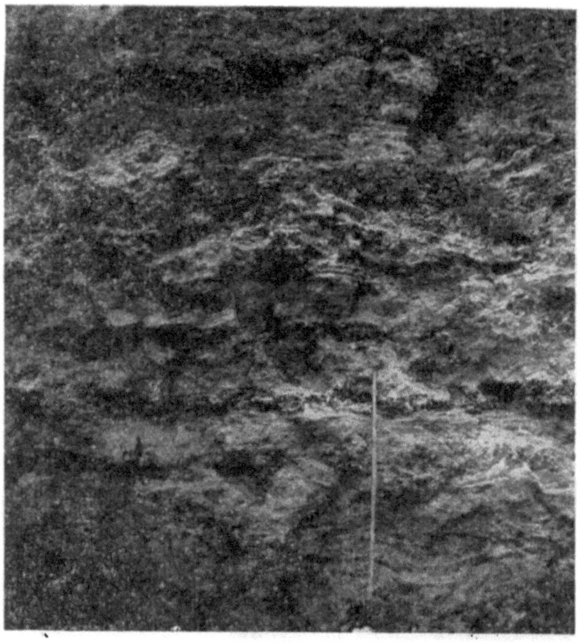

Abb. 5. Travertinsteinbruch Burgtonna, unterer Profilteil; typische Wechselfolge von Travertinschluffen und -sanden mit Festtravertinlagen

Länge des Maßstabs – 1 m; Foto: W. STEINER 20. 11. 1968

Abb. 6. Travertinsteinbruch Burgtonna, unterer Profilteil; Moostravertinhorizont mit angedrifteten, horizontal liegenden, versinterten Stämmen (siehe Sinterkrusten, schwarz – Hohlraum anstelle ehemaliger Holzsubstanz); darüber Festtravertin, der in Travertinsand mit Travertinknauern übergeht

Länge des Hackenstiels – etwa 1 m; Foto: W. STEINER 20. 11. 1968

Störungen die bis 20 m mächtigen Steinsalze des Mittleren Muschelkalks. Da diese Subrosionsprozesse mit großer Wahrscheinlichkeit von den Topbereichen der Struktur allmählich in tiefere Positionen der Flanken fortschritten, müßte eine Senkungswanderung im Gebiet Burgtonna von S nach N für wahrscheinlich gehalten werden. Das würde bedeuten, daß die älteren Travertine im S, also im Raum Burgtonna, auftreten und die jüngsten Travertine im Raum Gräfentonna anstehen. Es ist auffallend, daß der südliche Teil des Travertinvorkommens (s. Abb. 1) NNE[3]–SSW-Streichen besitzt und damit vermutlich einer rheinisch orientierten Störung aufsitzt, während der nördliche Teil in der Nähe von Gräfentonna plötzlich eine NW–SE-Orientierung besitzt und vermutlich über einer herzynischen Störung lagert. An diesen Störungen fanden die Lösungsprozesse in den Sulfaten und Steinsalzen im Mittleren Muschelkalk und darüber die Senkungsprozesse statt.[3])

Zusammenfassend muß festgestellt werden, daß die Travertine von Burgtonna und Gräfentonna zu dem genetischen Typ der „Subrosions-Travertine"[4]) zu stellen sind.

4. Zukünftige Aufgaben

Aus der zuvor dargestellten genetischen Skizze ergeben sich allein auf Grund des hypothetischen Charakters einiger Aussagen konkrete Aufgabenstellungen. Folgende Probleme müßten zur endgültigen Klärung der Genese der Travertine von Burgtonna vorrangig bearbeitet werden:

- geotektonische Analyse der Fahner-Antiklinale (Kluft- und Störungsanalyse)
- Erfassung und Analyse aller sichtbaren Subrosions- und Karstformen im Bereich der Fahner-Antiklinale und der angrenzenden Gebiete
- geochemische Analyse aller heute austretenden Quellwässer im Bereich der Struktur
- nach stratigraphischen und petrographischen Gesichtspunkten möglichst detaillierte geochemische Analyse der Travertine von Burgtonna und Gräfentonna
- Dokumentation zum strukturellen Bau des Burgtonnaer Travertins (Verteilung der petrographischen Travertintypen etc.) und detaillierte Beprobung für Mollusken- und Ostrakoden-Untersuchungen
- Analyse des Kaskadenbaus im Burgtonnaer Travertinzug
- Genaue Untersuchungen des lokal auftretenden „Pariser-Horizontes" im Travertin, s. MANIA (1970)
- an Hand paläontologischer Untersuchungen (Mollusken) Klärung der Altersfragen (Burgtonnaer Travertin älter als Gräfentonnaer Travertin ?).

---

[3]) Die Orientierung des Tonna – Gierstedter Schotterzugs erfolgt streckenweise ebenfalls nach diesen tektonischen Linien.

[4]) Eine Zusammenstellung aller genetischen Travertintypen der DDR erfolgt vom Verfasser in Kürze.

5. Zusammenfassung

Auf Grund der regionalgeologischen und geotektonischen Position am Rande der Fahner-Antiklinale wird die Genese der Burgtonnaer Travertine wie folgt rekonstruiert:
Im Dach und an den Flanken der Struktur Aufreißen von Zerrspalten in den heute noch oberflächlich anstehenden Muschelkalk-Schichten, die ein intensives Eindringen von Niederschlagswässern und eine aktive Zirkulation von Karstwässern ermöglichten. Durch Lösung von Gips und Steinsalz im unterlagernden Mittleren Muschelkalk wurde dieser Vorgang verstärkt. An Spalten und Spaltenkreuzungen traten in den tieferliegenden Flankenbereichen an der Grenze Oberer Muschelkalk / Unterer Keuper diese kalkreichen Karstwässer zu Tage und rieselten mit erheblichem Gefälle in Täler auf dem Ausstrichbereich des Unteren und Mittleren Keupers. Gipslösung im Mittleren Keuper führte im Ausstrichbereich zur Erdfallbildung und dadurch lokal zur Erhöhung des Gefälles. Die gute Durchlüftung der Quellwässer förderte die Kalkausscheidung. In solchen Senkungsarealen erfolgte schnelle Travertinsedimentation mit Einbettung von senkrechten Baumstämmen und vollständigen Waldelefantenskeletten. Es ist wahrscheinlich, daß diese Erdfall-Areale den Kaskadenbau im Travertinbildungsfeld förderten. Es ist weiterhin sehr wahrscheinlich, daß durch eine tieferliegende Störung, die das „Travertintal" festlegte, auch in diesen Gebieten Gipse und Steinsalze des Mittleren Muschelkalks gelöst wurden. Es kam zusätzlich zu langsam-kontinuierlichen und weiträumigen Senkungen. Weil die Subrosionsprozesse vermutlich vom Top der Struktur zu immer tieferen Flankenbereichen fortschritten, müßten die langsamen Senkungen im Raum Burgtonna von S nach N gewandert sein. Der langgestreckte Travertinzug wäre demnach in sich nicht gleichalt. Die ältesten Travertine lägen im Raum Burgtonna, die jüngsten im Raum Gräfentonna.
Da ein Teil dieser genetischen Ableitungen hypothetischen Charakter besitzt, werden abschließend einige wichtige Aufgabenstellungen für den Fortgang der Forschungsarbeiten abgeleitet.

Резюме

Регинальногеологическая и геотектоническая позиции травертинов Бургтонны определяются положением по краям Фанерской антиклинали. На этой основе проводится реконструкция генезиса этих травертинов: на своде и на флангах структуры образовались трещины растяжения в выходящих на древнюю поверхность слоях раковинного известняка, способствовавшие интенсивному внедрению атмосферных вод и активной циркуляции карстовых вод. Растворение гипса и каменной соли в подстилающих отложениях среднего раковинного известняка привело к усилению данного процесса. На более глубоких уровнях в пределах флангов на границе верхнего раковинного известняка и нижнего кейпера насыщенные известью воды выходили на поверхность вдоль трещин и в точках пересечения трещин и протекали со значительным уклоном в долины, расположенные в пределах выхода нижнего и средного кейпера. Растворение гипса среднего кейпера в зоне выхода привело к образованию воронок и, тем самым, к местному усилению уклона. Хорошее проветривание родниковых вод способствовало выделению извести. В таких ареалах опускания происходило быстрое накопление травертинов с захоронением перпендикулярно расположенных деревьев и цельными скелетами лесных слонов. Можно предполагать, что данные ареалы образования воронок усиливали каскадное строение в районе образования травертинов. Далее предполагается наличие глубокозаходящего разлома, определяющего ареал „травертиновой долины„ и способствовавшего также растворению гипсов и каменной соли среднего раковинного известняка. Дополнительно имели место медленные, постепенные и площадные опускания. Поскольку эти процессы суброзии захватили от свада структуры все более глубокие участки флангов, медленные опускания в районе Бургтонны должны были перемещаться от юга по направлению к северу. Следовательно, далеко простирающаяся полоса травертинов не может быть одновозрастной. Наиболее древние травертины приурочены к району Бургтонны, наиболее молодые — к району Грэфентонны. Поскольку данные генетические рассуждения носят гипотетический характер, в заключение приводятся основные проблемы дальнейших исследований.

Summary

In the light of the regional-geological and geotectonic position at the margin of the Fahner anticline the genesis of the Burgtonna travertines is reconstructed as follows: In the roof and flanks of the structure tearing of rupture fissures in the Middle Triassic beds still outcropping today at the surface, by which an intense infiltration of rainwaters and an active circulation of karst waters were made possible. This process was intensified by a dissolution of gypsum and rock salt in the underlying middle Middle Triassic. In the deeper lying flank regions of the upper Middle Triassic/Lower Keuper boundary these lime-rich karst waters cropped out at fissures and their crossings, running with a considerable inclination into valleys in the region of outcrop of the Lower and Middle Keuper. In the region of outcrop gypsum solution, during the Middle Keuper, resulted in forming earth subsidences and, locally, in raising the incline. The separation of lime was favoured by a good aeration of the spring waters. In such subsidence areas the travertine was rapidly sedimentated, with embedding of vertical stems and complete forest elephant skeletons. It is probable that the cascade structure in the field of formation of the travertine was advanced by these earth subsidences. It is also very probable that gypsum and rock salt of the middle Middle Triassic were also dissolved in these areas by a deeper lying fault fixing the ,,Travertine Valley". In addition, there were slow-continuous and wide subsidences. As these processes of subrosion presumably advanced from the top of the structure to deeper and deeper flanks, these slow subsidences in the Burgtonna area must have migrated from S to N. As a result, the extended line of travertine would not be the same age. The oldest travertines were in the Burgtonna area, the youngest in the Gräfentonna area. As part of these genetic derivations is of hypothetical character, some important problems to be solved by future research work are lastly described.

6. Literatur

CLAUS, H.: Die geologisch-paläontologische Erforschung der Burgtonnaer Travertinlagerstätten. — Quartärpaläontologie 3, 9—41, Berlin 1978.

FLORSCHÜTZ, G.: Die erste Aufdeckung des *Elephas antiquus* in den Tuffsteinbrüchen bei Gräfentonna. Ein Beitrag zur Geschichte der Naturwissenschaften. — Mitt. Ver. Goth. Gesch. Altertumskd., 43—57, Gotha 1905.

FREYBERG, B. v.: Die geologische Erforschung Thüringens in älterer Zeit. Ein Beitrag zur Geschichte der Geologie bis zum Jahre 1843. — 160 S., Berlin 1932.

GESANG, H.: Pleistozäne Lagerstätten der Steine und Erden im Thüringer Becken. — Exk.-Führer ,,Das Pleistozän im sächsisch-thüringischen Raum". — Herbsttagung Sekt. Quartärgeol. Leipzig u. Erfurt 1962, 219—224, Berlin 1962.

Gesang, H., & Unger, K. P.: Quartäre Ablagerungen im zentralen Thüringer Becken und im nördlichen Vorland des Thüringer Waldes und ihre lagerstättenkundliche Bedeutung. — Exk.-Führer „Ergebnisse quartärgeologischer Untersuchungen in Thüringen", 57—82, Berlin 1969.

Hoppe, W.: Die hydrogeologischen Grundlagen der Wasserversorgung Thüringens. — Jena 1952.

— Die Mineral- und Heilwässer Thüringens (Geologie, Chemie, Geschichte, Nutzung). — Geologie, Beih. 75, 1—183, Berlin 1972.

Hoyningen, E. v., & Reuter, F.: Zur Terminologie von Auslaugungserscheinungen. — Z. angew. Geol. 9, 537—541, Berlin 1963.

Jux, U., & Kempf, E. K.: Stauseen durch Travertinabsatz im zentralafghanischen Hochgebirge. — Z. Geomorph., N. F., Suppl.-Bd. 12, 107—137, Berlin, Stuttgart 1971.

Klett, B.: Die Conchylien diluvialer und alluvialer Schichten in Westthüringen. — Z. Naturwiss. 88, 3/5, Halle 1927.

Lange, P., & Steiner, W.: Eggische Strukturlinien im geologischen Bauplan der DDR. — Geologie 20, 3, 213 bis 235, Berlin 1971.

Lange, W.: Zur Geologie des „Fahner Gewölbes" (NW-Teil). — Dipl.-Arb., Univ. Jena, Jena 1956.

Langenhahn, A.: Beiträge zur Erforschung der interglazialen Kalktuffe von Burgtonna und Gräfentonna. — Monatsschr. Mineralien-, Gesteins- u. Petrefaktensammler 33, 7—10, Suttgart 1906.

Mania, D.: Paläoökologie, Faunenentwicklung und Stratigraphie des Eiszeitalters im mittleren Elbe—Saale-Gebiet auf Grund von Molluskengesellschaften. — Geologie Beih. 78/79, Berlin 1973 (s. auch Habilarbeit Univ. Halle 1970).

Schäfer, F.: Was uns die Kalktuffe von Tonna erzählen. — Cob.—Goth. Landesheimatbl., 58—69, Gotha 1903.

— Über die pleistocäne Säugetierfauna und die Spuren des paläolithischen Menschen von Burgtonna i. Thür. — Z. deutsch. geol. Ges. 61, 445—469, Berlin 1909.

Speyer, O.: Erläuterung zur geol. Spezialkarte Bl. Gräfen-Tonna. — Berlin 1883.

Steiner, W.: Stratigraphie und Sedimentationsgeschwindigkeit der Travertine von Burgtonna und Ehringsdorf. — Geologie 19, 8, 931—943, Berlin 1970.

— Das geologische Profil des Travertinkomplexes von Taubach bei Weimar. — Quartärpaläontologie 2, 83 bis 118, Berlin 1977.

Steinmüller, A., & Unger, K. P.: Känozoikum. — In: Geol. von Thüringen, 845—862, Gotha 1974.

Unger, K. P.: Quartär. — In: Geologie von Thüringen, 742—781, Gotha, Leipzig 1974.

Weber, H.: Die Oberflächenformen des festen Landes. — Leipzig 1967.

Weiss, A.: Über die Conchylienfauna der interglazialen Travertine von Burgtonna und Gräfentonna in Thüringen. Z. deutsch. geol. Ges. 49, 633—689, Berlin 1897.

Wiefel, H. & J.: Zusammenhänge zwischen Verkarstung und Travertinbildung im Gebiet von Weimar. — Abh. zentr. geol. Inst. Berlin 21, 61—75, Berlin 1974.

Quartärpaläontologie	3	59—65	Berlin, Dezember 1978

Die Flora des Travertins von Burgtonna in Thüringen

Von WALTER VENT, Berlin

Mit 4 Abbildungen und Tafel 9—18

Inhalt

1. Abstractum

Auf der Basis von mehr als 2200 Fundstücken mit Organabdrücken von Pflanzen aus dem Travertin von Burgtonna werden 26 Pflanzensippen nachgewiesen. Unter diesen befinden sich einige thermophile Florenelemente. Hinsichtlich der zeitlichen Einordnung spricht nach dem Vergleich der Floren einiges für ein höheres Alter der Ilmtaltravertine von Weimar-Ehringsdorf gegenüber dem Travertinkomplex von Burgtonna.

На основе более 2200 находок сохранившимися отпечатками органов растений из травертина Бургтонны доказывается наличие 26 растительных таксонов. Среди них представлены несколько термофильных флористических элементов. Сравнение флор указывает на более древний возраст ильмтальских травертинов из Веймара-Эрингсдорфа по сравнению с травертиновым комплексом Бургтонны.

On the basis of more than 2,200 finds with impressions of plant organs from the Travertine series of Burgtonna 26 plant taxa are demonstrated. Among them there are some thermophilous floral elements. As far as the chronological classification is concerned, a comparison of the florae to a certain degree speaks in favour of a higher age of the Ilm-valley travertines of Weimar-Ehringsdorf than the travertine complex of Burgtonna.

2. Einleitung

Das Travertinlager von Burgtonna bei Bad Langensalza (Bezirk Erfurt, DDR) wird heute allgemein dem Eem-Thermal (= Riß—Würm- bzw. Saale—Weichsel-Interglazial) zugeordnet.

Im Gegensatz zu der fossilen Fauna dieser Sedimente wurden Reste der fossilen Flora relativ spät beachtet. POHLIG (1885, 266 f.) erwähnte für Burgtonna unter der Zwischenüberschrift „In der Gegend ausgestorbene Pflanzen": „*Ilex aquaefolium*", „*Scolopendrium officinarum*", „*Pavia* sp. (amerikanisch)" und „*Fraxinus* cf. *americana*". In der Fußnote zu *Ilex aquaefolium* heißt es: „Diese Art wurde von mir bei Tonna gefunden, und meine Bestimmung durch Dr. SCHRÖTER in Zürich, sowie noch von O. HEER, bestätigt. Dr. SCHRÖTER hatte sich, mit HEERS Unterstützung, in dankenswerter Bereitwilligkeit einer sehr gründlichen Untersuchung der Travertinflora unterzogen, und gedenkt diese Arbeiten zusammen mit denjenigen über die Flora von Cannstatt zu publizieren." Leider ist dieses Vorhaben nicht verwirklicht worden. SCHÄFER (1909, S. 445 ff.) behandelt „... die pleistocäne Säugetierfauna und die Spuren des paläolithischen Menschen von Burgtonna i. Thür." Danach wurde das Burgtonnaer Travertinlager im Jahre 1907 in sechs Steinbrüchen abgebaut. SCHÄFER (l. c.) beschreibt aus dem Grünkornschen und Zautnerschen Bruch je ein selbst aufgenommenes Profil, in denen u. a. Schichten mit Abdrücken von Blättern, Moosen sowie anderen inkrustierten Pflanzenteilen erwähnt werden. Auf S. 447 heißt es dazu: „Von großem wissenschaftlichem Werte ist die Kenntnis von den in den Tonnaer Ablagerungen eingebetteten Überresten der interglazialen Fauna und Flora. Von unserem kleinsten Säugetier, der Spitzmaus, bis zum Urelefanten, dem größten bisher bekannten Landsäugetier, von der winzigen *Patula pygmaea* bis zur *Helix pomatia* sowie von den zarten Fruchtkapseln der Characeen bis zu den Früchten und Blättern des Haselstrauches und der knorrigen Eiche sind Urkunden auf uns gekommen, die ein abgerundetes Gesamtbild der Diluvialzeit entrollen". Als Spuren des Menschen dieser Zeit werden Vorkommen von Holzkohle und einzelne Funde von Feuersteinen gedeutet (SCHÄFER 1909, S. 469).

3. Material und Methoden

Das vorliegende Material wurde auf Veranlassung von Herrn Dr. Dr. H.-D. KAHLKE, Direktor des Instituts für Quartärpaläontologie Weimar, aus Pflanzenabdrücken führenden Horizonten der Fundstellen A, B und C (Abb. 1—4) des Burgtonnaer Travertinlagers geborgen und mir zur Bearbeitung übergeben. Insgesamt wurden von uns 1926 Fundstücke katalogisiert und bezeichnet. Die Kennzeichnung jedes Stückes, z.B. B 1868-C, umfaßt den Buchstaben B = Burgtonna, die Kennziffer (1868) laut Katalog durch Bindestrich mit dem Buchstaben der Fundstelle (C) verbunden. Dieses Material wurde während der Jahre 1970 bis 1973 geborgen. Es wird im Institut für Quartärpaläontologie Weimar aufbewahrt. Aus diesem Institut liegen noch zahlreiche Fundstücke aus Burgtonna von früheren Aufsammlungen vor, die keiner der oben genannten Fundstellen zugeordnet werden können. Weitere Funde aus Burgtonna stammen aus den Sammlungen des Museums der Natur Gotha und des Museums für Naturkunde, Bereich Paläontologisches Museum, an der Humboldt-Universität zu Berlin.

Abdrücke von Pflanzenteilen wurden soweit wie möglich und notwendig frei präpariert. Einzelne Abdrücke, insbesondere von Früchten, wurden zur objektiven Erfassung von kryptischen exomorphen Merkmalen mit „Silikongummi-Paste GI NG 232" behandelt (Vent 1965, S. 198, 1974, S. 263).

Der weitaus größere Teil des Materials lag, im Gegensatz zu den Fundstücken aus den Ilmtaltravertinen, in mehr oder weniger brüchiger Form vor. Das erschwerte die Arbeit außerordentlich. Nur in seltenen Fällen konnten nahezu vollständige Blattabdrücke gewonnen werden. Fruchtabdrücke wurden relativ selten gefunden.

Den Direktoren und Mitarbeitern dieser Sammlungen danken wir für das leihweise überlassene Material.

4. Systematischer Teil

Die Funde werden auf der Basis der an den Organabdrücken feststellbaren Merkmalsbestände systematisch zugeordnet. Auf Grund der zahlreichen Tafelabbildungen, die alle wichtigen Funde dokumentarisch belegen, erscheinen ausführliche Beschreibungen nicht notwendig. Alle Angaben können an den Originalen überprüft werden.

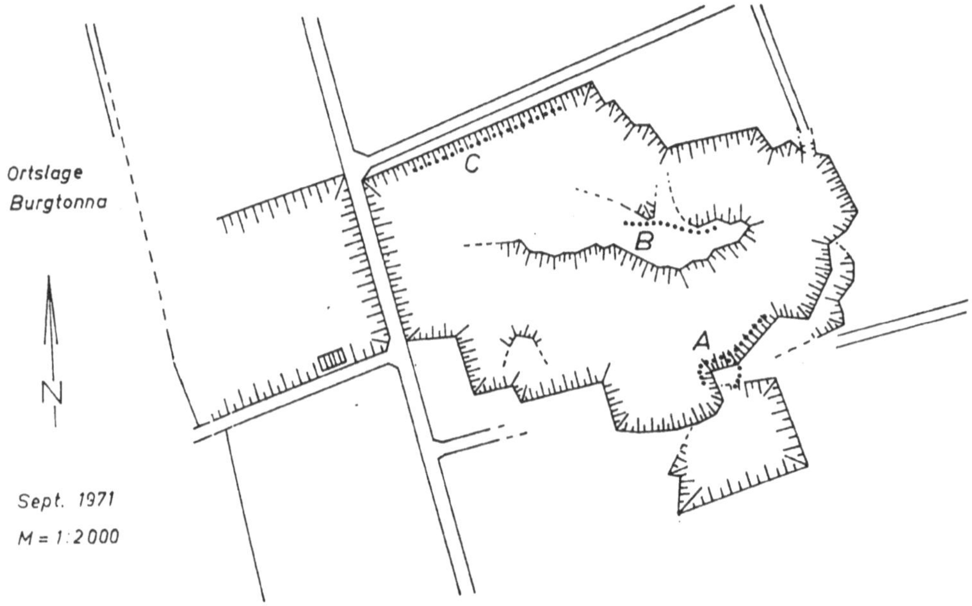

Abb. 1. Die Travertinbrüche von Burgtonna (Sept. 1971)
A, B, C – besonders reiche Fundstellen (Punkte)

Abb. 2. Horizontierte Aufsammlung fossiler Blattabdrücke durch Mitarbeiter des Instituts für Quartärpaläontologie Weimar in den Travertinbrüchen von Burgtonna (Foto: H. Wöllner, IQW)

Abb. 3. Travertinbrüche Burgtonna, Fundstelle „B“, Oberer Blätterhorizont (Pfeil) (Foto: H. WÖLLNER, IQW)

Abb. 4. Travertinbrüche Burgtonna, Fundstelle „C“, Oberer Blätterhorizont (Pfeile) (Foto: H. WÖLLNER, IQW)

Chlorophyceae

Characeae

***Chara* sp.**

Taf. 9

Der abgebildete Fund (B 13632) besteht vollständig aus versinterten Armleuchteralgen.

Pteridophyta

Aspleniaceae

***Phyllitis scolopendrium* (L.) NEWMAN**

Taf. 10, Fig. 1, 2

Ein etwa 22 cm langer Unterseitenabdruck eines Sporophylls zeigt neben der gut ausgeprägten Mittelrippe auch linealische Abdrücke einiger Sori. Fig. 2 zeigt einen kleineren Unterseitenabdruck eines Sporophylls.

Spermatophyta

Angiospermophytina

Dicotyledonopsida

Fagaceae

***Quercus* sp.**

Das Vorkommen dieser Gattung wird durch einige versinterte Kupulen belegt, die sich in der Sammlung des Bereiches Paläontologie des Museums für Naturkunde an der Humboldt-Universität zu Berlin befinden. Blattabdrücke sind mir nicht bekannt.

Betulaceae

***Betula* sp.**

Taf. 14, Fig. 10

Der abgebildete schlecht erhaltene Unterseitenabdruck eines Blattes (B 13671) gehört wahrscheinlich zu dieser Gattung.

Corylaceae

***Corylus avellana* L.**

Taf. 10, Fig. 4; Taf. 11, Fig. 1—6

Diese Art ist durch zahlreiche mehr oder weniger vollständige Blattabdrücke, mehrere Fruchtabdrücke und einen Fruchthüllenabdruck belegt (B 1185-C, B 1209-C, B 13539, B 13554, B 13670, B 13701, B 13650 u. a.).

Ulmaceae

***Ulmus* sp.**

Taf. 10, Fig. 3

Der proximale Teil eines Unterseitenabdruckes einer Blattlamina mit den für die Gattung charakteristischen Merkmalen ist einer der wenigen Beweise für das Vorkommen einer *Ulmus*-Art.

Salicaceae

***Salix* cf. *fragilis* L.**

Taf. 12, Fig. 4, 11

Die Blattabdrücke auf den Fundstücken B 585-B, B 599-B, B 611-B und B 701-B belegen neben vielen anderen das Vorkommen dieser Art.

***Salix* cf. *caprea* L.**

Taf. 12, Fig. 8

Der Blattunterseitenabdruck B 785-B belegt neben weiteren Funden das Vorkommen dieser Art.

***Salix* cf. *cinerea* L.**

Taf. 12, Fig. 2, 6, 7, 9

Blattunterseitenabdrücke wie z. B. auf den Fundstücken B 654-B, B 780-B, B 793-B und B 898-B müssen zum Formenkreis dieser Art gestellt werden.

***Populus alba* L.**

Taf. 13, Fig. 1—3

Es liegen mehrere fragmentarische Unterseitenabdrücke von Blättern dieser Art vor.

Tiliaceae

***Tilia* sp.**

Taf. 13, Fig. 4, 5, 7

Zwei Blattunterseitenabdrücke (B 1671-C und ein Fund ohne Kennziffer), der Abdruck eines Hochblattes (B 1413-C) sowie ein Fruchtabdruck (B 13635) gehören neben wenigen anderen Funden zu dieser Gattung.

Rosaceae

***Rubus* sp.**

Taf. 14, Fig. 7

Der abgebildete fragmentarische Oberseitenabdruck des proximalen Teiles einer Blattspreite (B 13545) muß der Gattung *Rubus* zugeordnet werden.

***Malus* sp.**

Taf. 13, Fig. 6

Der abgebildete Unterseitenabdruck eines Blattes (B 1507a-C) gehört sehr wahrscheinlich zu dieser Gattung. Weitere Blattabdrücke dieser Gattung befinden sich auf den Funden B 1060-B, B 1150-C, B 1212-C, B 1248-C, B 1387-C, B 1561a-C, B 1751-C und B 1811-C. Fruchtabdrücke sind mir nicht bekannt.

***Mespilus germanica* L.**

Taf. 14, Fig. 6, 8, 11

Die abgebildeten Unterseitenabdrücke von Blättern belegen das Vorkommen dieser Art. Weitere charakteristische Blattabdrücke zeigen die Funde B 1215b-C, B 1405a-C, B 1404-C, B 1492-C, B 1507d-C, B 1594-C, B 1756-C, B 1813-C und B 1829-C.

Grossulariaceae

Ribes sp.

Taf. 14, Fig. 9

Der fragmentarische Unterseitenabdruck eines Blattes gehört wahrscheinlich zur Gattung *Ribes*.

Philadelphaceae

Philadelphus sp.

Taf. 14, Fig. 1

Typische Merkmale von Blättern der Gattung *Philadelphus* zeigt ein Blattunterseitenabdruck (B 1925-A). Hierher gehören auch Blattabdrücke der Funde B 1089-C, B 1618-C und B 1925-C.

Parnassiaceae

Parnassia

Taf. 14, Fig. 2

Ein Blattoberseitenabdruck (B 1645-C) gehört vermutlich zu dieser Gattung.

Aceraceae

Acer campestre L.

Taf. 16, Fig. 1, 2, 5, 7

Von dem Vorkommen dieser Ahorn-Art zeugen zahlreiche meist fragmentarische Blattabdrücke, sowohl von den Ober- als auch von den Unterseiten (B 328-A, B 928-B, B 948-B, B 1080-C, B 1084-C, B 1124-C, B 1164-C, B 1213-C, B 1226-C, B 1365-C, B 1441-B, B 1502-C, B 1535-C, B 1679-C, B 1819-C). Zwei Fruchtabdrücke der Gattung *Acer* (Taf. 16, Fig. 3, 4; B 13713 und B 13703) ergänzen die Funde.

Acer monspessulanum L.

Taf. 15, Fig. 1, 3; Taf. 16, Fig. 6, 8

Gothan (1935, p. 285 ff.) berichtete von dem Vorkommen dieser Art im Kalktuff von Burgtonna. Leider konnte das Belegstück in den palaeontologischen Sammlungen des Museums für Naturkunde an der Humboldt-Universität zu Berlin (DDR) nicht gefunden werden. In unserer stratigraphischen Aufsammlung befinden sich jedoch einige Blattabdrücke von Ober- und Unterseiten, die diesen interessanten Fund bestätigen. Sie wurden, im Gegensatz zu *Acer campestre* L., ausnahmslos an der Fundstelle C geborgen (B 1306-C, B 1315-C mit 2 verschiedenen Blattabdrücken der Ober- und Unterseite, B 1149-C, B 1445-C, B 1476-C, B 1690-C).

Cornaceae

Cornus sp.

Taf. 15, Fig. 2

Blattunterseitenabdrücke unterschiedlicher Vollständigkeit (B 1215-C, B 1491-C, B 1820-C) beweisen das Vorkommen einer nicht näher bestimmbaren *Cornus*-Art.

Araliaceae

Hedera helix L.

Taf. 17, Fig. 1—7

Sehr zahlreich sind die Belege für das Vorkommen des Efeu. Sie wurden an allen Fundstellen dieser jüngsten Aufsammlung geborgen (B 55-A, B 79-A, B 88-A, B 215-A, B 461-B, B 592-B, B 594-B, B 609-B, B 661-B, B 741-B, B 839-B, B 924-B, B 935-B, B 936-B, B 942-B, B 949-B, B 950-B, B 951-B, B 1133-C, B 1178-C, B 1359-C, B 1360-C, B 1475-C, B 1539-C, B 1684-C, B 1686-C, B 1703-C, B 1858-C, B 1868-C).

Aquifoliaceae

Ilex aquifolium L.

Taf. 18, Fig. 1—5; Taf. 11, Fig. 3

Über das Vorkommen dieser Art berichtete bereits Pohlig (1885, S. 266 f.). Von den zahlreichen Blattabdrücken von Ober- und Unterseiten der Stechpalme sollen folgende Belege erwähnt werden: B 1189-C, B 1289-C, B 1309-C, B 1507-C, B 1541-C, B 1569-C, B 1580-C, B 1621-C, B 1628-C, B 1843-C, B 1847-C. Das Vorkommen der Stechpalme ist nach dieser Aufsammlung auf die Fundstelle C beschränkt.

Rhamnaceae

Rhamnus catharticus L.

Taf. 14, Fig. 3, 4

Charakteristische Merkmale von Blättern dieser Art zeigen die beiden abgebildeten Unterseitenabdrücke (B 658-B, B 13548).

Frangula alnus Mill.

Taf. 14, Fig. 5

Der abgebildete Blattunterseitenabdruck (B 13652) belegt das Vorkommen des Faulbaumes.

Oleaceae

Fraxinus excelsior L.

Taf. 15, Fig. 4

Das Belegstück von Pohligs (1885, S. 266 f.) „*Fraxinus* cf. *americana*" kenne ich nicht. Von der Gemeinen Esche liegen einige mehr oder weniger vollständige Blattabdrücke von Ober- und Unterseiten vor (B 978-B, B 1229-C, B 1406-C, B 1410-C, B 1416-C, B 1418-C, B 1420-C, B 1483-C, B 1643-C, B 1835-C).

Monocotyledonopsida

Poaceae

Taf. 18, Fig. 6—9

Blatt- und Halmabdrücke von Vertretern dieser Familie sind zahlreich. Eine Zuordnung zu bestimmten Gattungen ist sehr unsicher.

5. Diskussion der Ergebnisse

In Mitteleuropa gibt es eine Reihe von thermalen (= interglazialen) Travertinlagern, die neben Spuren paläolithischer Menschen, wie Feuerstellen mit verkohlten Holzteilen, Knochen und Werkzeugen, tierische Reste und Abdrücke von Pflanzenorganen enthalten. Hierzu gehören u. a. die Sedimente von Weimar, Ehringsdorf, Taubach, Bilzingsleben und Burgtonna. Besonders die umfassende Bearbeitung der Flora der Ilmtaltravertine von Weimar-Ehringsdorf (Vent 1955, 1957, 1958, 1965 und 1974) hat interessante Erkenntnisse gebracht, die für die Charakterisierung der Umwelt paläolithischer Menschen im Ilmtal bedeutend waren. Anhand von Leitpflanzensippen konnte die Einheitlichkeit des Sedimentationskomplexes nachgewiesen werden.

Die systematisch geordnete Pflanzenliste der Burgtonnaer Travertine vermittelt einen Überblick über die Ergebnisse dieser Arbeit:

1. *Chara* sp.
2. *Phyllitis scolopendrium* (L.) Newman
3. *Quercus* sp.
4. *Betula* sp.
5. *Corylus avellana* L.
6. *Ulmus* sp.
7. *Populus alba* L.
8. *Salix* cf. *fragilis* L.
9. *Salix* cf. *caprea* L.
10. *Salix* cf. *cinerea* L.
11. *Tilia* sp.
12. *Rubus* sp.
13. *Malus* sp.
14. *Mespilus germanica* L.
15. *Ribes* sp.
16. *Philadelphus* sp.
17. cf. *Parnassia*
18. *Acer campestre* L.
29. *Acer monspessulanum* L.
10. *Cornus* sp.
21. *Hedera helix* L.
22. *Ilex aquifolium* L.
23. *Frangula alnus* Mill.
24. *Rhamnus catharticus* L.
25. *Fraxinus excelsior* L.
26. Poaceae

Die Organabdrücke, überwiegend Blattabdrücke, stammen bis auf wenige Ausnahmen von Bäumen und Sträuchern. Unter diesen fallen zwei immergrüne Pflanzenarten auf, *Hedera helix* und *Ilex aquifolium*. Der Efeu als subatlantisch-submediterranes Florenelement ist rezent an geeigneten Biotopen in Mitteleuropa diskontinuierlich verbreitet. Er gehört zu jenen Pflanzensippen, deren Vorkommen in den Burgtonnaer Travertinen durch zahlreiche Blattabdrücke belegt ist. Es kommen sowohl die gelappten Primärblätter der vegetativen als auch die rautenförmigen Folgeblätter der generativen Phase vor.

Die Stechpalme ist ein atlantisch-submediterranes Florenelement. Größere Bestände dieser immergrünen Art kommen besonders im westlichen und nordwestlichen Teil des mitteleuropäischen Areals vor. Als Klimaindikatoren sind u. a. auch zwei sommergrüne Gehölzarten interessant, *Acer monspessulanum* und *Mespilus germanica*.

Der Französische Ahorn ist ein submediterranes Florenelement und dringt im mitteleuropäischen Florengebiet bis zum Mittelrhein vor, wo er teilweise auch in Seitentälern warme Biotope besiedelt. Die Deutsche Mispel ist ebenfalls ein submediterranes Florenelement. Ihr rezentes Vorkommen in Mitteleuropa beschränkt sich auf thermophile Biotope, wie z. B. Weinbaugebiete.

Bemerkenswert sind einige subatlantisch-submediterrane Florenelemente, wie *Phyllitis scolopendrium*, *Acer campestre* und *Fraxinus excelsior*, von denen Blattabdrücke des Feld-Ahorns quantitativ stark vorherrschen.

Nach den erwähnten thermophilen Florenelementen des Travertinlagers von Burgtonna kann man einschätzen, daß während bestimmter Phasen der Sedimentation dieses Komplexes in der näheren Umgebung solche klimatischen Bedingungen herrschten, wie sie im Bereich der ökologischen Amplitude dieser anspruchsvollen Arten liegen. Das Klima zu dieser Zeit muß demnach im gesamten Verlauf etwas wärmer als gegenwärtig gewesen sein.

Damit soll nicht gesagt sein, die Pflanzenwelt sei in ihrer rezenten Verbreitung im wesentlichen durch klimatische Faktoren verursacht. Das Areal einer Pflanzensippe ist Ausdruck eines komplexen dynamischen Geschehens im Rahmen des adaptiven Prozesses der Sippe—Umwelt-Relation (Populationssystem) und ist außer von genetischen Faktoren von biotischen, klimatischen und edaphischen Faktoren geprägt. Wobei im Rahmen der biotischen Faktoren die gesellschaftliche Entwicklung des Menschen auch in ihrem Einfluß auf die Verbreitung von Pflanzensippen zunehmend an Bedeutung gewinnt. Der Mensch gestaltet in diesem Prozeß die Biosphäre seines Einflußbereiches nach seinen Bedürfnissen und wandelt sie zur Noosphäre. Es werden dabei Biotope unvermeidlich mehr oder weniger tiefgreifend verändert und u. a. auch die Verbreitung von Wildpflanzensippen wesentlich und in sehr unterschiedlichem Maße beeinflußt. Bereits während der letzten Jahrtausende wurde der Einfluß des Menschen zunehmend spürbar und hat gegenwärtig unter den Bedingungen der industriellen Entwicklung, der industriemäßigen Forst- und Agrarproduktion, bedeutend zugenommen. Es muß damit gerechnet werden, daß manche Pflanzensippe u. a. auch durch den Einfluß des Menschen ihr interglaziales Areal nicht wieder im vollen Umfang besiedeln konnte bzw. allmählich zurückgedrängt wurde.

Vergleicht man die Flora der Ilmtaltravertine von Weimar—Ehringsdorf mit der Flora des Travertinkomplexes von Burgtonna auf dem gegenwärtigen Erkenntnisstand, so fällt die größere floristische Mannigfaltigkeit der ersteren mit einer größeren Zahl an thermophilen Arten gegenüber der Burgtonnaer Flora auf. In den Ilmtaltravertinen konnte sogar eine ausgestorbene Art nachgewiesen werden, die zu den Leitpflanzensippen gehört (Vent, 1974). Beim Vergleich dieser Floren spricht einiges für ein höheres Alter der Ilmtaltravertine gegenüber dem

Travertin von Burgtonna. In dem letzteren konnten bis jetzt keine Gymnospermen nachgewiesen werden.

Die interessante Mitteilung von Pohlig (1885, S. 266 f.) über die Flora von Burgtonna konnte nur teilweise bestätigt werden. Belege für „*Pavia* sp." und „*Fraxinum* cf. *americana*" sind mir nicht bekannt.

6. Zusammenfassung

Der Arbeit liegen mehr als 2200 Fundstücke mit pflanzlichen Organabdrücken aus dem Travertinkomplex von Burgtonna zugrunde. Neben *Chara* sp. und *Phyllitis scolopendrium* wurden 24 verschiedene Angiospermensippen nachgewiesen, die mit zwei Ausnahmen von Holzgewächsen stammen. Es befinden sich darunter so bemerkenswerte Arten wie *Mespilus germanica, Acer campestre, Acer monspessulanum, Hedera helix, Ilex aquifolium* u. a. Nach den thermophilen Florenelementen wird eingeschätzt, daß während bestimmter Sedimentationsphasen des Travertinkomplexes das Klima etwas wärmer als gegenwärtig gewesen sein muß. Beim Vergleich der Burgtonnaer Flora mit der Flora von Weimar—Ehringsdorf spricht einiges für ein höheres Alter der Ilmtaltravertine.

Резюме

Изучено более 2200 экземпляров отпечатков растительных органов из травертинового комплекса Бургтонны. Наряду с *Chara* sp. и *Phyllites scolopendrium* доказано наличие 24 различных таксона покрытосеменных, относящихся за двумя исключениями только к древесным растениям. Представлены например замечательные виды как *Mespilus germanica, Acer campestre, Acer monspessulanum, Hedera helix, Ilex aquifolium* и др. На основе термофильных флористических элементов можно сделать вывод, что в определенных фазах осадконакопления травертинового комплекса климат должен был более теплым по сравнению с современным. Сравнение флор указывает на более древний возраст ильмтальских травертинов из Веймара-Эрингсдорфа по сравнению с флорой Бургтонны.

Summary

The present paper is based on a study of more than 2,200 finds with organ impressions of plants from the travertine complex of Burgtonna, demonstrating 24 different angiosperm taxa in addition to *Chara* sp. and *Phyllites scolopendrium,* which with two exceptions originate from woody plants, among them remarkable species such as *Mespilus germanica, Acer campestre, Acer monspessulanum, Hedera helix, Ilex aquifolium,* et al. In accordance with the thermophilous floral elements it is estimated that during definite phases of sedimentation of the travertine complex the climate must have been somewhat warmer than the present-day one. In a comparison of the flora of Burgtonna with that of Weimar—Ehringsdorf something speaks in favour of a higher age of the Ilm-valley travertines.

7. Literatur

Claus, H.: Die geologisch-paläontologische Erforschung der Burgtonnaer Travertinlagerstätten. — Abh. Ber. Mus. Nat. Gotha, 1—8, Gotha 1973.

Gothan, W.: *Acer monspessulanum* im Kalktuff von Burgtonna (Thüringen). — Sitz.-Ber. Ges. naturforsch. Freunde Berlin **1934**, 285—288, Berlin 1935.

— Das frühere Pflanzenkleid des deutschen Bodens. — Verl. Gebrüder Bornträger, Berlin 1939.

Langenhan, A.: Beiträge zur Erforschung der interglazialen Kalktuffe des Pleistocaens (Antiquusstufe) von Burgtonna und Gräfentonna in Thüringen. — Monatsschr. Mineralien-, Gesteins- und Petrefaktensammler **3**, 1, 7—10, Stuttgart 1906.

Pohlig, H.: Vorläufige Mittheilungen über das Pleistocaen, insbesondere Thüringens. — Z. Naturwiss. **58**, 258—276, Halle 1885.

Schäfer, H. F.: Über die pleistocäne Säugetierfauna und die Spuren des paläolithischen Menschen von Burgtonna in Thüringen. — Z. deutsch. geol. Ges. **61**, 4, 445—469, Berlin 1909.

Vent, W.: Über die Flora des Riß—Würm-Interglazials in Mitteldeutschland unter besonderer Berücksichtigung der Ilmtaltravertine von Weimar—Ehringsdorf. — Wiss. Z. Fr.-Schiller-Univ. Jena, Math.-nat. Reihe **4**, 4/5, 467—485, Jena 1955.

— Die pflanzliche Umwelt der prähistorischen Menschen im Ilmtal bei Weimar—Ehringsdorf—Taubach zur Unstrut-Warmzeit. — Thüringer Heimat **2**, 1, 8—15, Weimar 1957.

— Die Pflanzenwelt der Ilmtaltravertine von Weimar-Ehringsdorf zur Unstrut-Warmzeit. — Alt-Thüringen **3**, 16—28, Weimar 1958.

— Neue Pflanzenfunde aus den interglazialen Ilmtaltravertinen von Weimar—Ehringsdorf. — Geologie **14**, 2, 199—205, Berlin 1965.

— Die Flora der Ilmtaltravertine von Weimar-Ehringsdorf. — Abh. zentr. geol. Inst. **21**, 259—321, Berlin 1974.

Werth, E.: Die pflanzenführenden Diluvial-Ablagerungen der thüringisch-sächsischen Bucht und ihre pflanzengeschichtliche und klimatologische Bedeutung. — Ber. deutsch. bot. Ges. **43**, 391—399, Berlin-Dahlem 1925.

Quartärpaläontologie	3	67	Berlin, Dezember 1978

Der Gagelstrauch *Myrica gale* L. 1753 im Travertin von Burgtonna in Thüringen

Von HANS CLAUS, Mühlhausen (Thür.)

Mit einer Abbildung

1. Abstractum

Ein Blattabdruck aus den eeminterglazialen Travertinen von Burgtonna (Bezirk Erfurt) wird als *Myrica gale* L. bestimmt.

Описывается отпечаток листа из травертинов эемского межледниковья местонахождения Бургтонны (Тюрингия) под названием *Myrica gale* L.

The impression of a leaf from the Eemian interglacial travertines of Burgtonna (Thuringia) is determined as *Myrica gale* L.

2. Beschreibung des Fossils und Fundumstände

Das vorliegende Fundstück stellt zwar nur einen geringen Rest dar, dürfte aber wegen seiner klimatologischen Bedeutung von Interesse sein.

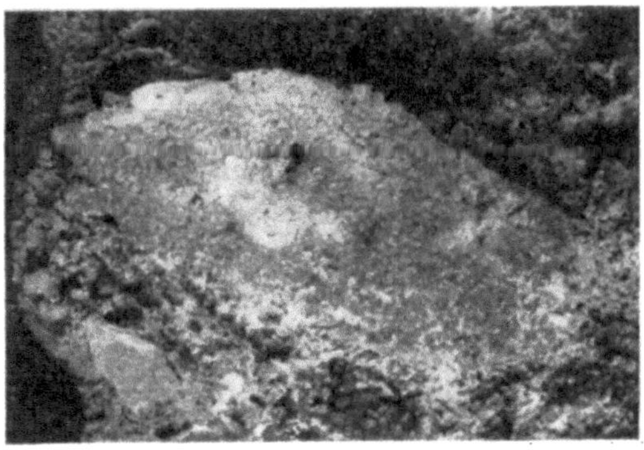

Abb. 1. *Myrica gale* L., Travertin von Burgtonna (Thüringen), × 8

Der charakteristische Blattrand ließ schon bei flüchtiger Betrachtung die Zugehörigkeit zu *Myrica gale* L. vermuten. Auf eine dahingehende Anfrage teilte mir Herr Prof. K. MÄGDEFRAU, Tübingen, freundlicherweise mit, daß diese Bestimmung sehr wahrscheinlich sei (K. MÄGDEFRAU, briefliche Mitteilung vom 9. 3. 1970, Bestimmung am Original). Es handelt sich um ein Blatt von etwa 1 cm Länge und 0,5 cm Breite. Original: IQW 1972/13327 (Burgt. 13617), Abb. 1. Der Blattrand ist gesägt und zeigt in deutlicher Zähnung vier Stachelspitzen. Der allgemeine Blattumriß bietet die bei HEGI dargestellte Form: etwa verkehrt eiförmig mit allmählicher Verschmälerung nach dem Stiel zu. Ein genauer Fundhorizont ist für dieses Fossil nicht bekannt.

Als Verbreitungsgebiete von *Myrica gale* L. gibt HEGI an: Die Heidegebiete im nördlichen Mitteleuropa, Westfalen, Hannover, Oldenburg, Holstein, stellenweise bis in den Raum von Kaliningrad reichend. Die Pflanze folgt dem Küstenstreifen von Rostock bis zur Bucht von Gdańsk und dann weiter nach Osten. Die allgemeine Verbreitung erstreckt sich vom westlichen Spanien über England, das mittlere und nördliche Europa, Sibirien bis Kamtschatka und das nördliche Nordamerika. Das so von HEGI umschriebene Areal läßt deutlich die Bindung der Pflanze an marine Einflüsse erkennen. Es wäre damit für Burgtonna ein atlantisches Florenelement festgestellt.

3. Zusammenfassung

In den eemzeitlichen Travertinen von Burgtonna in Thüringen konnte *Myrica gale* L. nachgewiesen werden. Diese Pflanze ist als atlantisches Florenelement anzusehen.

Резюме

В эемских травертинах местонахождения Бургтонны в Тюрингии найдена *Myrica gale* L. Данное растение является атлантическим элементом флоры.

Summary

Myrica gale L. could be demonstrated in the Eemian travertines of Burgtonna in Thuringia. This plant must be regarded as an Atlantic floral element.

4. Literatur

HEGI, G.: Illustrierte Flora von Mittel-Europa. — 2. Aufl., III/1, 16—22, München 1957.

Quartärpaläontologie	3	69–85	Berlin, Dezember 1978

Die Molluskenfauna aus den Travertinen von Burgtonna in Thüringen

Von Dietrich Mania, Halle

Mit 7 Abbildungen, 2 Tabellen und Tafel 19–22

Inhalt

1. Abstractum

Die eemzeitlichen Travertine von Burgtonna enthielten eine Molluskenfauna von 102 Arten (ohne Bivalvia). Sie wurde statistisch untersucht und ökologisch ausgedeutet. Danach ergab sich ein Teil der warmzeitlichen Molluskensukzession und dadurch die Möglichkeit, den Travertinkomplex stratigraphisch zu gliedern. Von Bedeutung ist die als „*Helicigona-banatica*-Fauna“ entwickelte Optimalfauna, die einen Leithorizont des Eems charakterisiert. Im hangenden Teil der Travertine ist mit der Fauna eine allmähliche Abkühlung und Kontinentalisierung nachzuweisen. Die Zeitstellung dieser Abschnitte wird diskutiert.

Травертины эемского межледниковья местонахождения Бургтонны содержат фауну моллюсков в составе 102 вида (за исключением Bivalvia). Она подвергалась статистическому исследованию, проводилась также её экологическая интерпретация. Наличие межледниковой сукцессии моллюсков способствовало стратиграфическому расчленению травертинового комплекса. Оптимальная фауна представлена „фауной с *Helicigona banatica*“, характеризующий руководящий горизонт эема. В верхней части травертинов фауна обнаруживает постепенное похолодание и континентализация климата. Обсуждается возрастное положение отдельных интервалов разреза.

From the Eemian interglacial travertines of Burgtonna a molluscan fauna of 102 species (without bivalves) was obtained, which was analyzed statistically and evaluated ecologically, showing part of the succession of interglacial molluscs and, consequently, the possibility of classifying stratigraphically the travertine complex. The optimum fauna developed as „*Helicigona banatica* fauna“ is significant in that it characterizes a key horizon of the Eem. In the hanging part of the travertines a gradual cooling and continentalizing can be demonstrated by the fauna. The age dating of these periods is discussed.

2. Einleitung

Wiederholt boten die reichen pleistozänen Molluskenvorkommen in den Travertinen von Burgtonna Anlaß zu paläontologischer Sammeltätigkeit, deren Ergebnis die von den Sammlern veröffentlichten Faunenlisten wurden (z.B. Weiss 1897, Langenhan 1906, Schäfer 1909, Klett 1927). Allerdings basierten diese Arbeiten nur auf unsystematischen, z. T. auch mit einzelnen Rezentschnecken (z.B. mit Helicellen) vermischten Sammelfaunen, nicht auf zonenweise ausgehaltenen Thanatozönosen oder gar statistisch ausgewerteten Probenserien. Dafür fielen beizeiten jene Elemente auf, die heute der Fauna nördlich der Mittelgebirgszone fremd sind und in süd- und südosteuropäischen Ländern leben, wie z.B. *Helicigona banatica*, *Aegopis verticillus*, *Pagodulina pagodula*, *Discus perspectivus* oder *Truncatellina claustralis*. Andere Formen wurden als besondere Rassen oder Unterarten erkannt, wie die Riesenform von *Cepaea nemoralis*, die ziemlich häufig gefunden wird und nach dem Fundort den Namen *Cepaea tonnensis* (Sandberger, 1875) erhielt. Der Nachweis einiger anderer Arten beruhte wahrscheinlich auf Fehldiagnosen, denn sie wurden bei den umfangreichen neuen Untersuchungen nicht wieder aufgefunden. Das ist z.B. bei der heute ozeanisch verbreiteten Art *Spermodea lamellata* (Jeffreys, 1830) der Fall, die offenbar mit Exemplaren der im Schalenbau ähnlichen westpaläarktischen Art *Acanthinula aculeata* verwechselt wurde. Aus derartigen Gründen sowie dem Umstand, daß die alten Sammelfaunen von Burgtonna nicht oder nur sehr schlecht nachprüfbar sind, wird auf die Darstellung der älteren Sammelergebnisse verzichtet und nur der neue Untersuchungsstand berücksichtigt. Dieser beruht auf der statistischen Auswertung von ca. 200 individuenreichen Proben aus den verschiedensten Horizonten und von 12 Entnahmestellen in den Aufschlüssen.

Die aufgefundenen Molluskenschalen wurden nach Grossu (1955), Ehrmann (1956), Zilch & Jaeckel (1962), Ložek (1964) und einer von V. Ložek bestimmten und durchgesehenen, ca. 250 Arten umfassenden Vergleichssammlung von rezenten Mollusken Mitteleuropas bestimmt. Die abflotierten und im Sieb mit 0,5 mm Maschenweite ausgeschlämmten Probenrückstände enthielten Tausende von Molluskenschalen. Für die statistische Untersuchung der relativen Häufigkeit wurden etwa 1000, minimal 500, maximal 2000 Individuen bestimmt und ausgezählt. Die Ergebnisse fanden in Häufigkeitsdiagrammen ihren Niederschlag. Da sich in mehreren untersuchten Abfolgen sehr ähnliche Molluskendiagramme ergaben, werden hier stellvertretend für alle untersuchten Probenserien nur zwei Diagramme ausführlich behandelt und abgebildet.

3. Zum Alter der Travertine

Das Travertinlager erstreckt sich nördlich von Burgtonna etwa 2 km talabwärts durch das Tonnatal bis in die Nähe von Gräfentonna. Es verdankt seine Entstehung kalkhaltigen Quell- und Bachwässern, die als Verwerfungsquellen am westlichen Ende des Muschelkalkrückens der Fahner Höhe entsprangen. Etwa in der Mitte wird das Travertinlager von einem ostwärts gerichteten Mäander der heutigen Tonna durchschnitten. Dieses Tal trägt die weichselzeitlichen Niederterrassenschotter. Die Travertine sind also älter als die Weichseleiszeit. Eine Altersbegrenzung von unten ergibt sich durch die

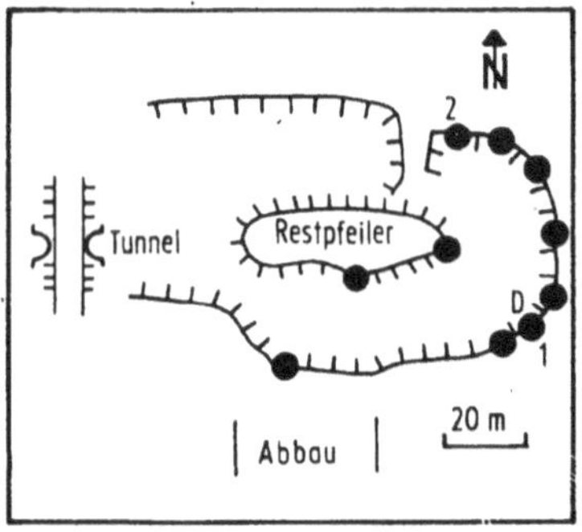

Abb. 1. Burgtonna, Steinbruch I, Lageskizze

1 – Profil 1; 2 – Profil 2; D – Depression an der E-Wand; • – Entnahmestellen der Probeserien

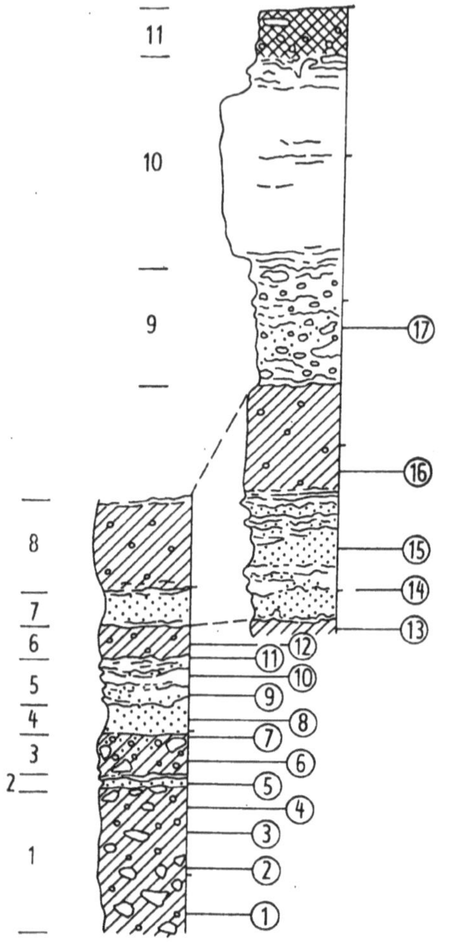

Abb. 2. Burgtonna, Steinbruch I, Profil 1

(1)–(17) – Molluskenproben (vgl. Abb. 6); 1 – graugrüner Mergel mit Schotter; 2 – grauer Travertinsand mit einzelnen Geröllen; 3 – Mergel mit Schotter und Moostravertinknollen; 4 – hellgrauer Travertinsand mit Algentravertin; 5 – poröser Blätter- und Algentravertin; 6 – graubrauner Mergel mit Travertinknollen; 7 – gelber Travertinsand; 8 – brauner toniger Mergel, mit einzelnen Geröllen; 9 – gelber sandig-kiesiger Travertin mit knottigen Strukturtravertinen (Algen- und Stengeltravertin); 10 – fester Banktravertin der Kaskade; 11 – rezente Bodenbildung, darauf noch mehrere Meter Auffülle; rechts an der Profilsäule die Meterabstände

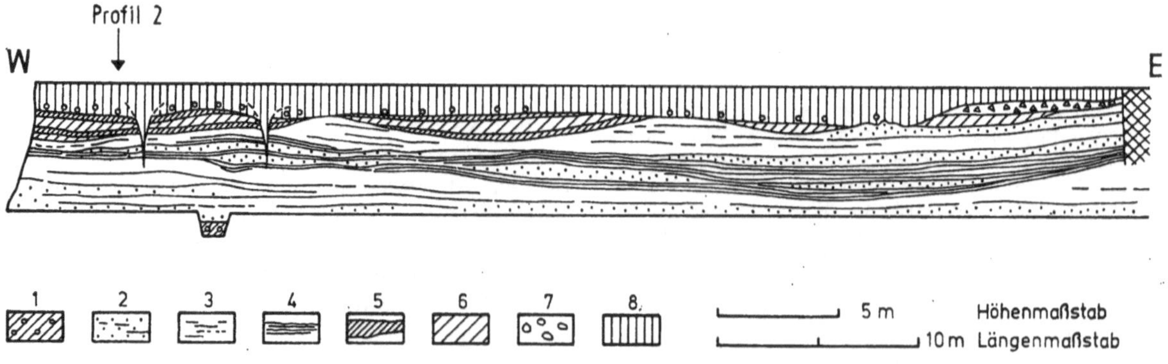

Abb. 3. Burgtonna, Steinbruch I, Profilskizze der Nordwand (Abb. 1: bei Profil 2 und östl. davon)

1 – graugrüner bis bräunlicher Mergel mit Schotter; 2 – Travertinsand; 3 – geschichteter mürber Strukturtravertin (Algen-, Stengel-, Moos- und Blättertravertin); 4 – dichter Blättertravertin mit *Ilex–Acer monspessulanum* und *Helicigona-banatica*-Fauna; 5 – Humuszone; 6 – humoses Abspülmaterial mit Schwemmtravertin; 7 – Solifluktionsschutt; 8 – Löß mit Eiskeilpseudomorphosen

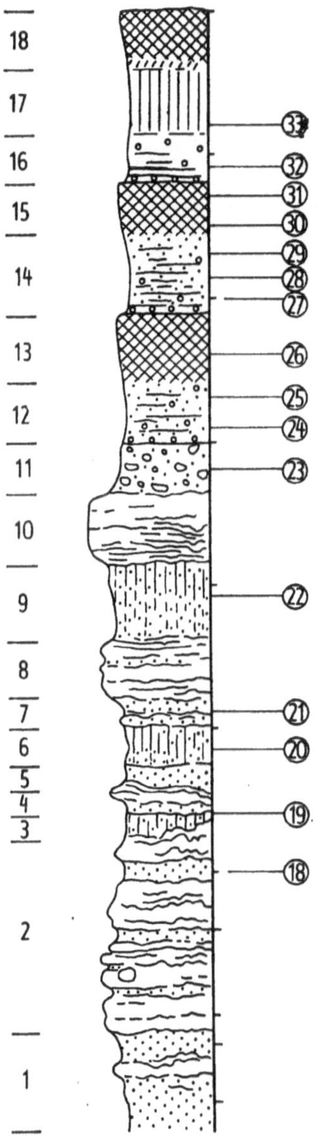

Abb. 4. Burgtonna, Steinbruch I, Profil 2

(18)–(33) – Molluskenproben (vgl. Abb. 6); 1 – gelblich-weißer Travertinsand mit Moostravertinbänkchen; 2 – Stengel-, Blätter- und Moostravertine in Wechsellagerung mit Travertinsanden; 3 – Stengeltravertin mit hellgrauem mergeligem Travertinsand; 4 – Blättertravertin; 5 – weißer mergeliger Travertinsand; 6 – hellgrauer humoser Travertinsand; 7 – gelber sandiger Blättertravertin; 8 – dichter Blättertravertin (mit *Ilex, Hedera, Corylus*); 9 – hellgrauer, humoser, mergeliger Travertinsand mit *Helicigona-banatica*-Fauna; 1o – dichter Blätter- und Stengeltravertin; 11 – gelber grober Travertinsand mit Stengeltravertinknotten; 12 – über Abtragungsfläche humoser sandiger Schwemmtravertin; 13 – schwarzer humoser Boden (Rendzina); 14 – humoser sandiger Schwemmtravertin; 15 – schwarzer humoser Boden (Rendzina); 16 – über Abtragungsfläche Löß, an der Basis mit solifluidal verlagertem Travertinschutt; rechts an der Profilsäule die Meterabstände

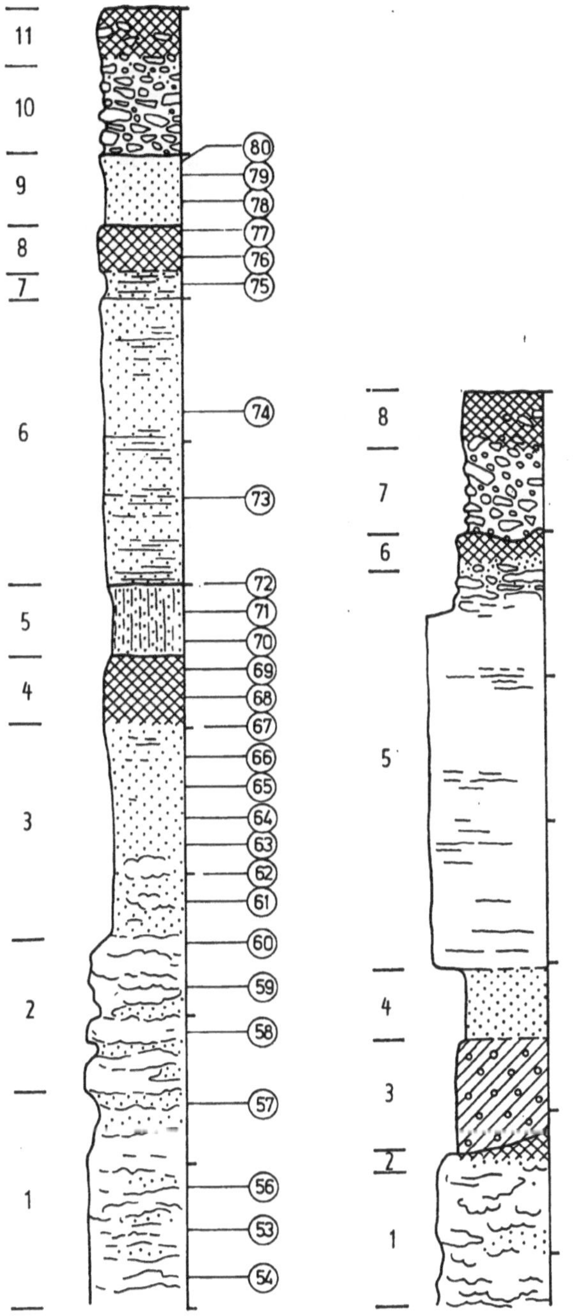

Abb. 5. Burgtonna, Steinbruch II

a) Profil 3: (54)–(80) – Molluskenproben (vgl. Abb. 7); 1 – Strukturtravertin mit Sandlinsen; 2 – bankiger Festtravertin mit Sandlinsen; 3 – mergeliger Travertinsand mit Travertinknotten; 4 – schwarzer humoser Boden mit *Helicigona-banatica*-Fauna; 5 – grauer Travertinsand; 6 – geschichteter Travertinsand (Characeensand); 7 – humoser Travertinsand; 8 – schwarzer humoser Boden (Rendzina); 9 – gelblich-weißer Travertinsand; 10 – Solifluktionsschutt aus Travertin; 11 – rezenter Boden

b) Profil 4: 1 – bankiger Festtravertin; 2 – schwarzer humoser Boden mit *Helicigona-banatica*-Fauna; 3 – lehmiger Hangschutt mit Flußschotter und Travertingeröllen; 4 – reiner Characeensand; 5 – fester bankiger *Chara*-Travertin; 6 – schwarzer humoser Boden (Rendzina); 7 – Solifluktionsschutt aus Travertin; 8 – rezente Boden; rechts von den Profilsäulen die Meterabstände

Auflagerung der Travertine auf die nächst höhere Terrassenstufe, die der Warthezeit zugewiesen wird (Unger & Gesang 1969). Die höher liegende lößtragende Hauptterrasse der Drenthezeit wird noch von randlichen Teilen des Travertinkomplexes erreicht. Durch solche geologischen und morphologischen Beziehungen kann das Travertinlager von Burgtonna als eemzeitlich eingestuft werden.

4. Zur stratigraphischen Gliederung des Travertinlagers

Der etwa 10 m mächtige Travertinkomplex setzt sich aus klotzartigen oder bankigen Festtravertinen, aus porösen, mürben Strukturtravertinen und aus Travertinsanden zusammen. Die festen Travertine entstanden vorzugsweise im Bereich von Kaskaden, die lockeren in Rieselfeldern und in Stauräumen. Mehrere hintereinanderliegende Kaskaden bauen die Lagerstätte auf. An drei Stellen ist sie aufgeschlossen: am NE-Rand von Burgtonna (Steinbruch I), dann etwa 1 km nördlich von Burgtonna (Steinbruch II) und noch weiter nördlich in der Nähe von Gräfentonna. Probenserien wurden aus den Steinbrüchen I und II entnommen (Abb. 1). Hier wurde auch die Schichtenfolge untersucht.

An der E-Wand des Steinbruchs I war eine Kaskadenstirn angeschnitten, südlich hinter ihr lag das Profil 1 (Abb. 2). Hier waren die Basisschichten des Travertinkomplexes aufgeschlossen: mehrere Meter mächtige graugrüne Mergel, die mit Geröllen der unterlagernden Terrasse durchsetzt waren. Nach unten nahm die Geröllführung zu. Die Übergangszone zum Travertin bestand aus einer Wechsellagerung von mehrere Dezimeter mächtigen Mergellagen mit Travertinsanden und dünnen Bänkchen aus porösem Moos-, Algen- oder Stengeltravertin mit einzelnen Blattabdrücken (besonders Hasel). Nach oben ging die Serie in die 2—3 m mächtigen festen Travertine der Kaskade über, die nach hinten bankartig über den ehemaligen Stauraum hinweggriff. Aus ihr stammen Blattabdrücke von Baumweiden.

Die E- und anschließende N-Wand des Steinbruchs waren zu etwa 60 m Länge zugänglich (Abb. 3, mit Profil 2: Abb. 4). Hier waren die Ablagerungen eines weiteren Stauraumes, die sich vor die eben erwähnte Kaskade anlagerten, aufgeschlossen. Auch sie begannen mit graugrünen, schotterführenden Mergeln, die unter der Steinbruchsohle angetroffen wurden. Die Travertinfolge selbst bestand aus einer etwa 6 m mächtigen, horizontal geschichteten Wechsellagerung von Travertinsanden und mürben Strukturtravertinen. Unter letzteren überwogen Blättertravertine. Sie bildeten im Mittelteil der Aufschlußwand eine etwa 0,5 bis 0,8 m mächtige Bank, die in östlicher und dann südlicher Richtung durch Einlagerung von Travertinsanden aufgespalten war. Sie lieferte die wichtigsten Pflanzengemeinschaften von Burgtonna mit *Ilex aquifolium*, *Hedera helix*, *Acer monspessulanum*, *Ulmus*, *Tilia*, *Alnus*, *Corylus* u. a. (nach eigenen Beobachtungen und H. Claus, Mühlhausen). In ihrem Bereich lag auch der durch *Helicigona banatica* gekennzeichnete Horizont.

Im unteren Teil der Aufschlußwand konnten neben blattreichen Travertinen auch stärkere Bänke von Moos- und Algentravertinen beobachtet werden, besonders Strukturtravertine aus Characeen. Die Travertinsande bestanden überwiegend aus den zerfallenen Kalkskeletten und Oogonien von Characeen.

Mitunter erhielten die Travertinsande durch amorph ausgefällten Kalk mergelige Beschaffenheit. Hellgraue Färbungen waren auf humose Einschwemmungen zurückzuführen.

Der ganze Komplex wurde von einer Abtragungsfläche gekappt. An verschiedenen Stellen lag darüber in flachen rinnenartigen Depressionen eine zweifache Folge von jeweils humosen geschichteten Schwemmtravertinen und einem darauf entwickelten schwarzen humosen Boden vom Rendzina-Typus. Eine zweite Abtragungsfläche mit Steinsohle schloß diese Folge ab. Darauf lag eine etwa 1—2 m mächtige Decke aus Fließlöß und Löß; von ihr aus reichten lößgefüllte Spalten von fossilen Eiskeilen 4—5 m tief in die liegende Travertinserie hinein.

In der Nähe der Kaskade an der E-Wand befand sich in der Travertinoberfläche eine etwa 3 m tiefe wannenartige Lösungsdepression. Sie enthielt unter Löß humose Mergel und einen humusreichen schwarzen Boden, Einlagerungen, die offenbar noch jünger sind als die Bildungen im Hangenden des Travertins an der N-Wand.

Der mitten im Steinbruch liegende Restpfeiler bestand überwiegend aus festem Travertin, stellenweise noch aus Travertinsanden und mürben Strukturtravertinen mit den Abdrücken von Hasel, Spitzahorn, Baumweiden und Efeu. Offenbar ist dieser Komplex vorwiegend mit dem unteren Teil der Travertinfolge an der NE-Ecke des Steinbruchs zu parallelisieren. Die S-Wand wurde zur Zeit der Probenahme durch den Steinbruchbetrieb neu erschlossen. Sie zeigte auf ihrem 8 m hohen Travertinprofil Abdrücke von bis 4 m hohen, senkrecht stehenden Baumstämmen (Steiner 1970). Der Travertin war vorzugsweise fest und bankig, stellenweise mit Blätterhorizonten durchsetzt (viel Baumweiden, dazu Spitzahorn, Hasel und Erle). Basiszonen bestanden aus 1—2 m mächtigen Travertinsanden und Kalkmergeln. Verschiedene Aufschlüsse quer zur Abbauwand ließen Kaskadenstruktur erkennen, so daß angenommen werden kann, daß es sich hier um die westliche Fortsetzung der in der E-Wand beobachteten Kaskade handelt.

Im Steinbruch II (Abb. 5) war die Travertinserie wie folgt aufgebaut: Über 2—3 m über der Abbausohle aufgeschlossenen Locker- und Banktravertinen war ein humoser Boden ausgebildet, welcher durch eine Abtragungsfläche gekappt wurde. Darauf schob sich von W her eine etwa 1 m mächtige Decke aus lehmigen Schottern — offenbar Hangabtragungsschutt von der benachbarten Hauptterrasse. Darüber folgten 4 m mächtige *Chara*-Travertine, teils bankig fest, teils sandig-locker und geschichtet. Sie trugen einen weiteren humosen Boden, über dem nochmals geringmächtige Travertinsande lagen. Abgeschlossen wurde die Serie von Solifluktionsschutt und Fließlöß. Auch hier waren bis 6 m tiefe lößgefüllte Eiskeilpseudomorphosen zu beobachten.

5. Die Molluskenfauna

Insgesamt wurden bei den neuen Untersuchungen 102 Gastropodenarten festgestellt. 22 Arten sind Wasserschnecken, 80 gehören zu der landbewohnenden Fauna. (Die Pisidien, Klasse Bivalvia, wurden nicht bestimmt.) Es handelt sich um folgende Arten:

Mollusca

Classis Gastropoda

Subclassis Prosobranchia

Ordo Caenogastropoda

Familia Valvatidae

Genus ***Valvata*** O. F. MÜLLER, 1774
V. (*Valvata*) *cristata* O. F. MÜLLER, 1774

Familia Hydrobiidae

Genus ***Paladilhia*** BOURGUIGNAT, 1865
P. (*Belgrandia*) *marginata* f. *germanica* (CLESSIN, 1882)

Familia Bithyniidae

Genus *Bithynia* LEACH, 1818
B. (*Bithynia*) *tentaculata* (LINNAEUS, 1758)

Familia Aciculidae

Genus ***Acicula*** HARTMANN, 1821
A. (*Platyla*) *polita* (HARTMANN, 1821)

Subclassis Euthyneura

Ordo Basommatophora

Familia Carychiidae

Genus ***Carychium*** O. F. MÜLLER, 1774
C. minimum O. F. MÜLLER, 1774
C. tridentatum (RISSO, 1826)

Familia Physidae

Genus ***Aplexa*** FLEMING, 1820
A. hypnorum (LINNAEUS, 1758)

Genus ***Physa*** DRAPARNAUD, 1801
P. fontinalis (LINNAEUS, 1758)

Familia Lymnaeidae

Genus ***Lymnaea*** LAMARCK, 1799
L. (*Lymnaea*) *stagnalis* (LINNAEUS, 1758)
L. (*Galba*) *palustris* (O. F. MÜLLER, 1774)
L. (*Galba*) *truncatula* (O. F. MÜLLER, 1774)
L. (*Radix*) *auricularia* (LINNAEUS, 1758)
L. (*Radix*) *peregra* (O. F. MÜLLER, 1774)

Familia Planorbidae

Genus ***Planorbis*** O. F. MÜLLER, 1774
P. planorbis (LINNEAUS, 1758)
P. carinatus (O. F. MÜLLER, 1774)

Genus ***Anisus*** STUDER, 1820
A. (*Anisus*) *leucostomus* (MILLET, 1813)
A. (*Disculifer*) *vortex* (LINNAEUS, 1758)
A. (*Disculifer*) *vorticulus* (TROSCHEL, 1834)

Genus ***Bathyomphalus*** CHARPENTIER, 1837
B. contortus (LINNAEUS, 1758)

Genus ***Gyraulus*** CHARPENTIER, 1837
G. riparius (WESTERLUND, 1865)
G. laevis (ALDER, 1838)

Genus ***Armiger*** HARTMANN, 1843
A. crista (LINNAEUS, 1758)

Genus ***Hippeutis*** CHARPENTIER, 1837
H. complanatus (LINNAEUS, 1758)

Familia Acroloxidae

Genus ***Acroloxus*** BECK, 1837
A. lacustris (LINNAEUS, 1758)

Ordo Stylommatophora

Subordo Orthurethra

Familia Cochlicopidae

Genus ***Cochlicopa*** RISSO, 1826
C. lubrica (O. F. MÜLLER, 1774)
C. nitens (GALLENSTEIN, 1848)
C. lubricella (PORRO, 1838)

Familia Vertiginidae

Genus ***Truncatellina*** LOWE, 1812
T. cylindrica (FÉRUSSAC, 1807)
T. strobeli (GREDLER, 1853)
T. costulata (NILSSON, 1822)
T. claustralis (GREDLER, 1856)

Genus ***Columella*** WESTERLUND, 1878
C. edentula (DRAPARNAUD, 1805)

Genus ***Vertigo*** O. F. MÜLLER, 1774
V. (*Vertilla*) *angustior* JEFFREYS, 1830
V. (*Vertigo*) *pusilla* O. F. MÜLLER, 1774
V. (*Vertigo*) *antivertigo* (DRAPARNAUD, 1801)
V. (*Vertigo*) *moulinsiana* (DUPUY, 1849)
V. (*Vertigo*) *pygmaea* (DRAPARNAUD, 1801)
V. (*Vertigo*) *substriata* (JEFFREYS, 1830)
V. genesii (GREDLER, 1856)
V. g. genesii (GREDLER, 1856)
V. g. geyeri LINDHOLM, 1925

Familia Orculidae

Genus ***Orcula*** HELD, 1837
O. (*Sphyradium*) *doliolum* (BRUGUIÉRE, 1792)

Genus ***Pagodulina*** CLESSIN, 1876
P. pagodula (DESMOULINS, 1830)

Familia Chondrinidae

Genus ***Abida*** TURTON, 1831
A. frumentum (DRAPARNAUD, 1801)

Familia Pupillidae

Genus ***Pupilla*** FLEMING, 1828
P. triplicata (STUDER, 1820)
P. muscorum (LINNAEUS, 1758)

Familia Valloniidae

Genus ***Vallonia*** RISSO, 1826
V. costata (O. F. MÜLLER, 1774)
V. pulchella (O. F. MÜLLER, 1774)
V. enniensis GREDLER, 1856

Genus ***Acanthinula*** BECK, 1847
A. aculeata (O. F. MÜLLER, 1774)

Familia Enidae

Genus ***Chondrula*** BECK, 1837
C. tridens (O. F. MÜLLER, 1774)

Genus ***Ena*** TURTON, 1831
E. obscura (O. F. MÜLLER, 1774)

Subordo Heterurethra

Familia Succineidae

Genus ***Succinea*** DRAPARNAUD, 1801
S. (*Succinea*) *putris* (LINNAEUS, 1758)
S. (*Succinella*) *oblonga* DRAPARNAUD, 1801

Genus ***Oxyloma*** WESTERLUND, 1885
O. elegans (RISSO, 1826)

Subordo Sigmurethra

Familia Endodontidae

Genus ***Punctum*** MORSE, 1864
P. pygmaeum (DRAPARNAUD, 1801)

Genus ***Discus*** FITZINGER 1833
D. ruderatus (FÉRUSSAC, 1821)
D. rotundatus (O. F. MÜLLER, 1774)
D. perspectivus (MEGERLE V. MÜHLFELDT, 1816)

Familia Vitrinidae

Genus ***Vitrina*** DRAPARNAUD, 1801
V. pellucida (O. F. MÜLLER, 1774)

Genus ***Semilimax*** AGASSIZ, 1845
S. semilimax (FÉRUSSAC, 1802)

Familia Zonitidae

Genus ***Aegopis*** FITZINGER, 1833
A. verticillus (LAMARCK, 1822)

Genus ***Perpolita*** H. B. BAKER, 1928
P. radiatula (ALDER, 1830)

Genus ***Aegopinella*** LINDHOLM, 1927
A. pura (ALDER, 1830)
A. minor (STABILE, 1864)
A. nitens (MICHAUD, 1831)
A. nitidula (DRAPARNAUD, 1805)

Genus ***Oxychilus*** FITZINGER, 1833
O. cellarius (O. F. MÜLLER, 1774)

Genus ***Daudebardia*** HARTMANN, 1821
D. rufa (DRAPARNAUD, 1805)
D. brevipes (DRAPARNAUD, 1805)

Genus ***Vitrea*** FITZINGER, 1833
V. diaphana (STUDER, 1820)
V. subrimata (REINHARDT, 1871)
V. crystallina (O. F. MÜLLER, 1774)
V. contracta (WESTERLUND, 1871)

Genus ***Zonitoides*** LEHMANN, 1862
Z. nitidus (O. F. MÜLLER, 1774)

Familia Milacidae

Genus ***Milax*** GRAY, 1855
M. rusticus (MILLET, 1843)

Familia Limacidae

Genus ***Limax*** LINNAEUS, 1758
Genus ***Lehmannia*** HEYNEMANN, 1863
Genus ***Deroceras*** RAFINESQUE, 1820

Familia Euconulidae

Genus ***Euconulus*** REINHARDT, 1883
E. fulvus (O. F. MÜLLER, 1774)

Familia Clausiliidae

Genus ***Cochlodina*** FÉRUSSAC, 1821
C. orthostoma (MENKE, 1830)
C. laminata (MONTAGU, 1803)

Genus ***Clausilia*** DRAPARNAUD, 1805
C. parvula FÉRUSSAC, 1807
C. dubia DRAPARNAUD, 1805
C. bidentata (STRÖM, 1765)
C. pumila C. PFEIFFER, 1828

Genus ***Iphigena*** GRAY, 1821
I. ventricosa (DRAPARNAUD, 1801)
I. plicatula (DRAPARNAUD, 1801)

Genus ***Laciniaria*** HARTMANN, 1842
L. (*Laciniaria*) *biplicata* (MONTAGU, 1803)
L. (*Laciniaria*) *plicata* (DRAPARNAUD, 1801)
L. (*Strigilecula*) *cana* (HELD, 1836)

Genus ***Ruthenica*** LINDHOLM, 1924
R. filograna (ROSSMÄSSLER, 1836)

Familia Bradybaenidae

Genus ***Bradybaena*** BECK, 1837
B. fruticum (O. F. MÜLLER, 1774)

Familia Helicidae

Genus ***Helicopsis*** FITZINGER, 1833
H. striata (O. F. MÜLLER, 1774)

Genus ***Monachoides*** GUDE & WOODWARD, 1921
M. incarnata (O. F. MÜLLER, 1774)

Genus ***Trichia*** HARTMANN, 1840
T. (*Trichia*) *hispida* (LINNAEUS, 1758)

Genus ***Euomphalia*** WESTERLUND, 1889
E. (*Euomphalia*) *strigella* (DRAPARNAUD, 1801)

Genus ***Helicodonta*** FÉRUSSAC, 1821
H. obvoluta (O. F. MÜLLER, 1774)

Genus ***Helicigona*** FÉRUSSAC, 1821
H. (*Helicigona*) *lapicida* (LINNAEUS, 1758)
H. (*Drobacia*) *banatica* (ROSSMÄSSLER, 1838)

Genus ***Arianta*** TURTON, 1831
A. arbustorum (LINNAEUS, 1758)

Genus ***Isognomostoma*** FITZINGER, 1833
I. isognomostoma (SCHRÖTER, 1784)

Genus ***Cepaea*** HELD, 1837
C. vindobonensis (FÉRUSSAC, 1821)
C. hortensis (O. F. MÜLLER, 1774)
C. nemoralis (LINNAEUS, 1758)
C. n. tonnensis (SANDBERGER, 1875)

Genus ***Helix*** LINNAEUS, 1758
H. pomatia LINNAEUS, 1758

Classis Bivalvia

Ordo Eulamellibranchiata

Subordo Heterodonta

Familia **Sphaeriidae**

Genus ***Pisidium*** C. PFEIFFER, 1821
(mehrere Formen, nicht bestimmt)

6. Zur Abfolge der Molluskenfauna von Burgtonna

Die Molluskenthanatozönosen der Proben wurden nach der Methodik von LOŽEK (1964) häufigkeitsstatistisch ausgewertet und als Individuen- wie Artenspektren in Diagrammen dargestellt (Abb. 6 und 7). Aus der Individuenhäufigkeit wie aus dem jeweiligen Auftreten von bestimmten Arten kann in den untersuchten Probenserien eine ganz spezifische Abfolge von Molluskenassoziationen beobachtet werden.

6.1. Abfolge im Steinbruch I

Die wichtigsten Probenserien sind die der Profile 1 und 2. Beide beginnen mit dem gleichen, durch Massenauftreten der Quellschnecke *Paladilhia* (*Belgrandia*) *marginata* f. *germanica* (= *Belgrandia germanica*) gekennzeichneten Molluskenbestand. Sie gleichen sich nicht nur in dem Vorkommen der selben Arten, sondern auch in deren relativen Häufigkeit. Dieser Fauna folgt eine Gemeinschaft, die vor allem im Profil 1 entwickelt ist, aber im Profil 2 nur einen geringmächtigen Abschnitt umfaßt. Statt dessen entsteht hier eine Fauna, die nach dem Vorkommen einer Leitart als „*Helicigona-banatica*-Fauna" bezeichnet wird. Ihr folgen noch einige weitere Molluskengemeinschaften im Hangenden dieses Profils. Die *Helicigona-banatica*-Fauna ist im Profil 1 noch nicht entwickelt. Man kann die Probenserien beider Profile zu einer Gesamtabfolge miteinander verbinden, wobei der ältere Teil dieser Abfolge besonders gut im Profil 1, der jüngere im Profil 2 ausgebildet ist. Paralleluntersuchungen von Probenserien aus der Nachbarschaft der Profile 1 und 2 und von Teilabschnitten der Aufschlußwand im E- und NE-Teil des Steinbruchs bestätigen diese Abfolge.

Auch an der Basis der S-Wand und des Restpfeilers liegen Faunen vor, die reich an *Belgrandia germanica* sind. Sie entsprechen wohl den Basisabschnitten der Profile 1 und 2. Da in den hangenden Abschnitten dieser Aufschlüsse besonders feste Travertine ausgebildet sind, konnte die Molluskenabfolge nicht durchgehend weiterverfolgt werden. Aber die S-Wand — die auch keine *Helicigona-banatica*-Fauna enthält — entspricht wohl insgesamt der Abfolge im Profil 1, der Restpfeiler dem Profil 2, wobei in seinen obersten Teilen noch die *Helicigona-banatica*-Fauna nachgewiesen werden konnte.

Insgesamt lassen sich in den kombinierten Profilen 1 und 2 acht Phasen einer Molluskensukzession unterscheiden: Phase 1 ist in den basalen Mergeln des Profils 1 ausgebildet. Phase 2 umfaßt den gesamten übrigen Teil des Profils 1 bis zur Travertinbank im Hangenden. Am Profil 2 ist sie nur im unteren Teil nachweisbar. Ihr folgt dort die Phase 3 mit der *Helicigona-banatica*-Fauna. Sie umfaßt den etwa 1—1,5 m mächtigen Mittelteil des Profils und besteht aus Blättertravertinen, Travertinsanden sowie schwach humosen, mergeligen Travertinsandhorizonten. Den hangenden Teil des Travertins bis zur ersten Abtragungsfläche umfaßt die Phase 4. Die humosen Schwemmtravertine darüber enthalten die Phasen 5 und 7, die jeweils auf ihnen liegenden humosen Böden die Phasen 6 und 8.

Einem weiteren Entwicklungsstadium dieser Abfolge ist wohl die Molluskenfauna aus der Depression an der E-Wand zuzuordnen.

6.2. Abfolge im Steinbruch II

Der untere Teil des in diesem Steinbruch aufgeschlossenen Travertins und der auf ihm ausgebildete Boden enthalten Molluskenfaunen, die den Phasen 2 und 3 aus dem Steinbruch I gleichen. Im Boden ist die *Helicigona-banatica*-Fauna (Phase 3) nachweisbar, allerdings mit Elementen der Phase 4 vermischt. Die Abtragungsfläche über diesem unteren Teil entspricht der ersten Abtragungsfläche zwischen den

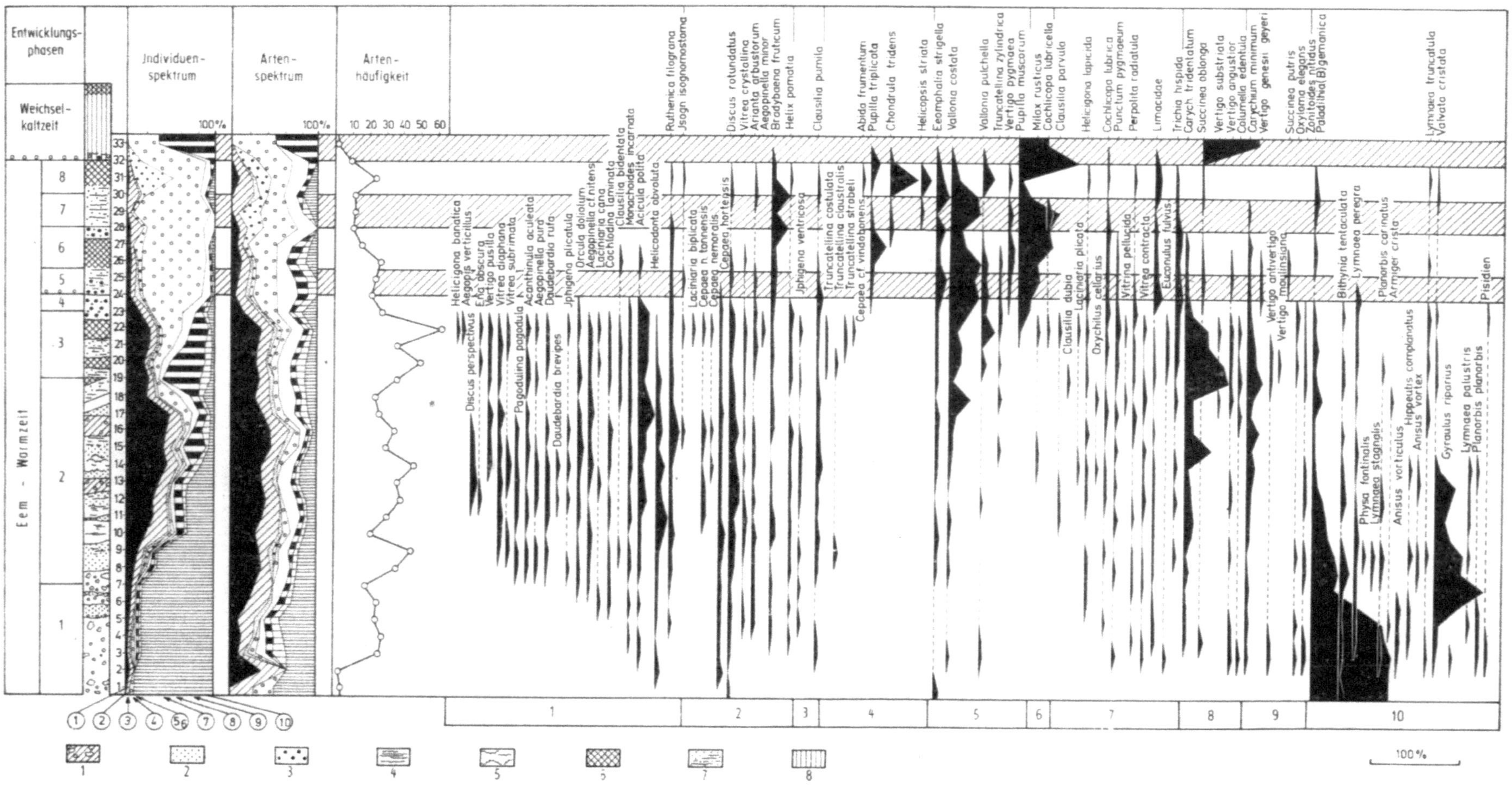

Abb. 6. Burgtonna, Steinbruch I, Molluskendiagramm

Proben 1–33 vgl. Abb. 2 u. 4; 1–10 – ökologische Gruppen nach LOŽEK (1964) (vgl. Tab. 1); 1 – Mergel mit Geröllen; 2 – Travertinsande; 3 – Lockertravertine mit Knotten; 4 – poröse Strukturtravertine (Moos-, Algen-, Stengel- und Blättertravertine); 5 – bankige Festtravertine; 6 – Humuszonen (eng schraffiert: Böden, weit schraffiert: Humuseinschwemmungen); 7 – Schwemmtravertine; 8 – Löß. Die kühleren Klimaschwankungen sind durch Schraffur gekennzeichnet.

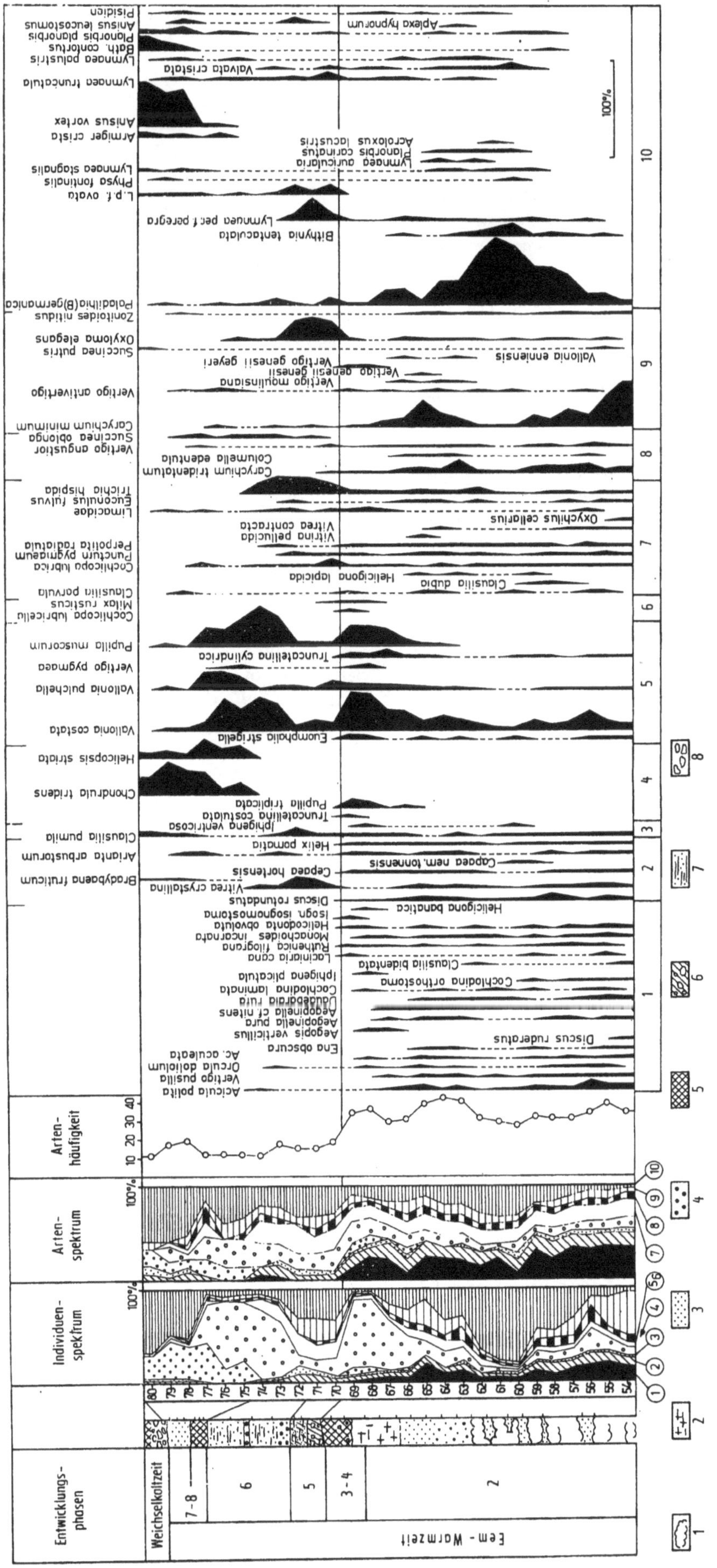

Abb. 7. Burgtonna, Steinbruch II, Molluskendiagramm

Proben 54–80 vgl. Abb. 5; 1–10 – ökologische Gruppen nach Ložek (1964) (vgl. Tab. 1); 1 – Strukturtravertin mit Sandlinsen; 2 – fester bankiger Travertin; 3 – Travertinsand; 4 – Lockertravertin mit Knotten; 5 – Humuszonen; 6 – Hangschutt; 7 – Schwemmtravertine; 8 – Solifluktionsschutt

Phasen 4 und 5 im Steinbruch I. Nach sedimentologischen Besonderheiten und nach ihrer Fauna lassen sich die verschiedenen Horizonte des oberen Profilteiles im Steinbruch II etwa mit den Phasen 5 bis 8 parallelisieren: Im Hangschutt und dem unteren geschichteten, als Schwemmtravertin ausgebildeten Teil des *Chara*-Travertins kommt die Molluskenfauna der Phase 5 vor, der obere Teil der *Chara*-Travertine enthält die Phase 6, im Boden und dem darauf liegenden Schwemmtravertin kommen Molluskenfaunen vor, die etwa den Phasen 7 und 8 gleichen.

6.3. Entwicklungsablauf der Molluskenfauna

Die Molluskenfaunen wurden nach ökologischen Gesichtspunkten in die Gruppen 1—10 (Ložek 1964, Mania 1973) gegliedert. Die Wasserarten der Gruppe 10, gelegentlich auch die terrestrischen Sumpfarten (Gruppe 9) stellen in den meisten Fällen den als autochthon ansprechbaren Teil der jeweiligen Thanatozönosen dar, vgl. Tab. 1. Ihre ökologischen Ansprüche stimmen zumeist mit dem jeweiligen Sedimentationscharakter überein. Danach hat es sich im allgemeinen um Quellbereiche, Bachläufe, stehende Gewässer, sumpfige Rieselfelder und nasse Auwaldbiotope gehandelt — also alles auch Bildungsräume der Travertinablagerungen. Bei den humosen Böden tritt der Anteil der Wasserarten stark in den Hintergrund. Einige Teile der Landfauna werden zu autochthonen Komponenten, zumeist Arten lichter trockener Gehölze und offener Standorte. Sonst ist der überwiegende Teil der Landfauna in den Thanatozönosen als parautochthon anzusehen, stammt also aus unmittelbar dem Einbettungsort benachbarten Biotopen.

Charakteristik der Faunenabschnitte

Phase 1:

Gewöhnliche mitteleuropäische Waldfaunen

Die verhältnismäßig artenreiche Fauna (50 Arten) besteht bereits zu etwa 40% aus Waldarten, die auch heute zu allgemeinen Vertretern der mitteleuropäischen Waldfauna zählen. Man kann sie nach ihren Kennarten der *Cochlodina-laminata—Helicodonta-obvoluta*-Assoziation zuweisen (Mania 1973). An anspruchsvolleren Arten sind besonders die mitteleuropäische Art *Acicula polita* und die meridionalen bzw. meridional — mitteleuropäischen Arten *Orcula doliolum* und *Daudebardia rufa* hervorzuheben. Sie lassen im Verein mit den übrigen Arten auf einen mindestens mittelfeuchten, thermophilen Laubmischwald schließen. Die Begleitfauna (Sumpf- und Wasserarten) wird besonders durch die Quellschnecke *Belgrandia germanica* charakterisiert. Sie erreicht bis zu 90% Individuenanteil in den Proben. Durch sie werden die ehemaligen Standorte als Quellsümpfe oder quellnahe Bach- und Tümpelbiotope, in die die Quellfauna eingespült wurde, gekennzeichnet. Massenvorkommen dieser Schnecke deuten auf den Beginn verstärkter Quelltätigkeit und der dadurch bedingten Travertinbildung in Standortnähe hin.

Phase 2:

Artenreiche Waldgesellschaften mit *Discus-perspectivus — Pagodulina-pagodula*-Fauna

Diese Fauna ist sehr artenreich (bis ca. 80 Arten) und führt einen hohen Anteil an Waldarten (45 bis 50%). Neben dem allgemeinen Grundbestand, der bereits seit der Phase 1 vorhanden ist und durch weitere mitteleuropäische und europäische Arten bereichert wurde, haben besonders einige südöstliche, karpatisch—balkanisch—alpin verbreitete Arten Bedeutung: *Discus perspectivus*, *Pagodulina pagodula*, *Aegopis verticillus*. Einige heute mehr meridional bzw. mediterran verbreitete und im nördlichen Mittelgebirgsraum nur seltene Arten sind häufig und zählen mit zu den charakteristischsten Vertretern (*Vitrea subrimata*, *V. diaphana*, *Daudebardia rufa*, *D. brevipes*, *Orcula doliolum*, *Cochlodina orthostoma*). Zu diesen vorwiegend thermophilen, an feuchten Laubmischwald gebundenen Komponenten gesellen sich hin und wieder atlantische und westeuropäische Arten wie *Cepaea nemoralis* (oft als f. *tonnensis*), *Clausilia bidentata*, *Vertigo moulinsiana* und wohl auch *Aegopinella nitidula*. Nicht häufig, aber regelmäßig vertreten sind außer der Waldfauna noch Elemente der offenen Landschaft. Neben einigen allgemeinen erscheinen besonders wärmebedürftige Arten, die in Felsensteppen, Trockenrasen oder besonders sonnigen, trockenen Hanglagen leben. Es handelt sich um die meridionalen und sarmatischen Arten *Truncatellina strobeli*, *Tr. claustralis* und *Tr. costulata* sowie die pannonische Art *Cepaea vindobonensis*. Sie deuten auf kleine, besonders exponierte, sonnige und trokkene Standorte in der Fundstellenumgebung. Sie haben sich einst auf den benachbarten Hängen oder vielmehr trockengefallenen, kaum mit Vegetation bedeckten Teilen der Travertinkaskaden befunden.

Mitunter wird das Individuenspektrum der Fauna durch Massenvorkommen von *Belgrandia germanica* — die eigentlich niemals aus dem Profil verschwindet und selbst noch in der Phase 8 auftritt — verzeichnet. Als Begleitarten treten in diesen Quellfaunen besonders *Bithynia tentaculata* und *Planorbis carinatus*, ferner auch *Valvata cristata*, mit größerer Häufigkeit auf.

Phase 3:

Artenreiche Waldgesellschaften mit *Helicigona-banatica*-Fauna

Aus der Fauna der Phase 2 entwickelt sich kontinuierlich die *Helicigona-banatica*-Fauna, indem die kennzeichnende südkarpatische Art *Helicigona banatica* hinzukommt und einige bisher unterdrückte Spezies der Phase 2 zu Charakterformen werden, so z.B. *Aegopis verticillus*. Die Leitarten der Phase 2, *Discus perspectivus* und *Pagodulina pagodula*, kommen nicht mehr vor. Alle anderen Arten der Phase 2

Tab. 1. Burgtonna, Travertinkomplex. Verteilung der Mollusken auf die Faunenabschnitte der Phasen 1—8 und ihre ökologische Kennzeichnung

Ökol. Gruppe	Ökolog. Kennzeichnung		Arten	Phasen 1	2	3	4	5	6	7	8	D
1	W	!	*Acicula polita*	+	+	+	+		+			
			Vertigo pusilla		+	+	+					
		!	*Orcula doliolum*	+	+	+	+		+			
		!!	*Pagodulina pagodula*		+							
		!	*Acanthinula aculeata*		+	+	+					
		!	*Ena obscura*		+	+						
			Discus ruderatus									+
		!!	*Discus perspectivus*		+							
		!!	*Aegopis verticillus*		+	+						
		!	*Aegopinella pura*		+	+						
		!	*Aegopinella nitens*	+	+	+						
		!	*Daudebardia rufa*	+	+	+						
		!	*Daudebardia brevipes*		+	+						
		!	*Vitrea diaphana*		+	+	+					
		!	*Vitrea subrimata*		+	+						
		!	*Cochlodina orthostoma*		+	+						
		!	*Cochlodina laminata*	+	+	+	+		+			
			Clausilia bidentata		+	+			+			
		!	*Iphigena plicatula*		+	+	+					
		!	*Laciniaria cana*	+	+	+						
		!	*Ruthenica filograna*	+	+	+	+	+	+		+	
			Monachoides incarnata	+	+	+	+					
		!	*Helicodonta obvoluta*	+	+	+	+		+		+	
		!!	*Helicigona banatica*			+						
		!	*Isognomostoma isognomostoma*		+	+			+		+	
2	W(M)	!	*Discus rotundatus*	+	+	+	+	+	+		+	
		(+)	*Vitrea crystallina*	+	+	+	+	+	+		+	
		!	*Laciniaria biplicata*			+	+					
		(+)	*Arianta arbustorum*	+	+	+	+	+	+	+	+	
		!	*Cepaea hortensis*	+	+	+	+	+	+			
		!!	*Cepaea nemoralis*		+	+	+					
	W(S)	!	*Aegopinella minor*			+						
			Bradybaena fruticum	+	+	+	+	+	+	+	+	+
		!	*Helix pomatia*	+	+	+	+		+		+	
3	W(h)		*Clausilia pumila*	+	+	+	+	+	+	+	+	+
		!	*Iphigena ventricosa*	+	+	+	+					
4	Of	!!	*Truncatellina strobeli*		+	+						
	S(W)	!!	*Truncatellina costulata*		+	+	+	+	+			
		!!	*Truncatellina claustralis*		+	+						
		!!	*Cepaea vindobonensis*		+	+						
	S	(+)	*Abida frumentum*								+	
		(+)	*Pupilla triplicata*					+	+	+	+	+
		(+)	*Chondrula tridens*							+	+	+
		+	*Helicopsis striata*							+	+	+
5	Ws		*Euomphalia strigella*	+	+	+	+	+	+	+	+	+
	O		*Truncatellina cylindrica*		+	+	+	+	+			
			Vertigo pygmaea			+	+	+	+	+	+	+
		+	*Pupilla muscorum*		+	+	+	+	+	+	+	+
	(W)	(+)	*Vallonia costata*	+	+	+	+	+	+	+	+	+
			Vallonia pulchella	+	+	+	+	+	+	+	+	+
6	X		*Cochlicopa lubricella*			+				+		+
		!	*Milax rusticus*		+	+		+				
7	Wf	(+)	*Clausilia dubia*		+	+						
		!	*Laciniaria plicata*		+	+						
		!	*Helicigona lapicida*	+	+	+		+	+		+	
	Mf	(+)	*Clausilia parvula*		+	+	+				+	

Tab. 1 (Fortsetzung)

Ökol. Gruppe	Ökolog. Kennzeichnung		Arten	Phasen 1	2	3	4	5	6	7	8	D
7	M	(+)	*Cochlicopa lubrica*	+	+	+	+	+	+	+	+	+
		(+)	*Punctum pygmaeum*	+	+	+	+	+	+		+	
			Vitrina pellucida		+	+						
		(+)	*Perpolita radiatula*	+	+	+	+	+	+		+	+
		!	*Oxychilus cellarius*		+	+						
			Vitrea contracta	+	+	+	+					
		(+)	*Limacidae*	+	+	+	+	+	+	+	+	+
		(+)	*Euconulus fulvus*	+	+	+	+				+	+
		+	*Trichia hispida*		+	+	+	+	+	+	+	+
8	H	!	*Carychium tridentatum*	+	+	+	+	+	+			
			Columella edentula	+	+	+	+					
			Vertigo angustior	+	+	+	+	+	+	+	+	
			Vertigo substriata	+	+	+	+					
		+	*Succinea oblonga*	+		+		+	+	+	+	+
9	P		*Carychium minimum*	+	+	+	+	+	+	+		+
			Cochlicopa nitens		+							
			Vertigo antivertigo	+	+	+				+	+	
		!	*Vertigo moulinsiana*		+	+						
			Vertigo genesii		+	+		+	+			
			Vallonia enniensis			+						
		(+)	*Succinea putris*			+	+	+	+		+	+
			Oxyloma elegans	+	+	+	+	+	+	+	+	
			Zonitoides nitidus	+	+	+						
10	Q		*Belgrandia germanica*	+	+	+	+	+	+	+	+	+
	SF		*Bithynia tentaculata*	+	+	+	+					+
			Lymnaea peregra	+	+	+	+	+	+	+	+	+
	S		*Physa fontinalis*		+	+					+	
			Lymnaea stagnalis		+	+					+	
			Lymnaea auricularia			+					+	
			Planorbis carinatus	+	+	+						
			Anisus vorticulus	+								
			Gyraulus laevis									+
			Armiger crista	+			+			+	+	
			Hippeutis complanatus	+	+							
			Acroloxus lacustris		+	+						
	SP		*Anisus vortex*		+			+		+	+	
			Bathyomphalus contortus			+					+	
	P		*Valvata cristata*	+	+	+	+	+	+	+	+	
		(+)	*Lymnaea palustris*	+	+	+				+	+	+
		(+)	*Planorbis planorbis*	+	+	+		+		+	+	+
			Gyraulus riparius	+								
	Pp	(+)	*Aplexa hypnorum*			+						
		(+)	*Anisus leucostomus*				+	+			+	+
	S P Pp	(+)	*Lymnaea truncatula*	+	+	+	+	+	+	+	+	+
	FSPPp		Pisidien	+	+	+	+					+

Phasen 1–8; D-Depression an der E-Wand, Steinbruch I; 1 – Ausgesprochene Waldarten; 2 – vorwiegend im Wald lebende Arten, auch im Gebüsch, an Felshängen, in der Waldsteppe; 3 – Waldarten mit hohen Feuchtigkeitsansprüchen (Au- und Sumpfwaldarten); 4 – Steppenarten, trockene sonnige Standorte; 5 – waldfeindliche Arten, allgemeine Arten der offenen Landschaft; 6 – xerotherme Arten; 7 – euryöke Arten an mittelfeuchten bis feuchten Standorten; 8 – feuchtigkeitsliebende euryöke Arten; 9 – Arten mit hohen Feuchtigkeitsansprüchen, terrestrische Sumpfarten; 10 – Wasserarten. – W – Wald; Wf – Schuttwald und Waldfelsen; W(h) – Auwald, Sumpfwald; W(S) – Waldsteppe; Ws – lichter xerothermer Wald; W(M) – mittelfeuchte Waldstandorte; S – Steppe; Sf – Felsensteppe; S(W) – xerotherme sonnige Standorte in Waldnähe; O – offene gehölzfreie Standorte; X – xerotherme Standorte; Mf – mesophile Felsarten; M – mittelfeuchte Standorte im Wald wie auch offenen Gelände; H – feuchte bis nasse Standorte; P(9) – Sümpfe, nasse Wiesen, Auwälder; P(10) – Wasserarten in Sümpfen; Pp – periodische Sümpfe; S – stehende Gewässer; F – fließende Gewässer; Q – Quellen. – !! – warmzeitliche Leitarten; ! – bezeichnende Arten feuchtwarmer Abschnitte; + – Lößarten; (+) – akzessorische Lößarten

bleiben erhalten, so daß auch diese Fauna sehr artenreich ist (ca. 85 Arten). Für die Individuendichte der Waldfauna setzt jedoch ein allmählicher Rückgang ein. Ihm entspricht eine Häufigkeitszunahme aller jener Arten, die die offenen Biotope besiedeln, also besonders die Arten der Gruppe 5 — vor allem *Pupilla muscorum*, *Vallonia costata* und *Vallonia pulchella*. Die südlichen wärmeliebenden Felsen- und Hügelsteppenschnecken (*Truncatellina*-Arten, *C. vindobonensis*) sind noch vorhanden. Im wesentlichen sind Umwelt- und Klimaverhältnisse ähnlich auszudeuten wie während der Phase 2. Nur sind größere Anteile steppenheideartiger Biotope anzunehmen.

Die Molluskengesellschaften der Phasen 2 und 3 stellen eine optimal entwickelte warmzeitliche Fauna dar. Das stimmt auch mit dem gleichzeitigen Vorkommen einer reich entwickelten Travertinflora mit südlichen und atlantischen Elementen überein; ganz speziell für diese Horizonte handelt es sich um die während der Probenaufnahme nachgewiesenen Vorkommen von *Ilex aquifolium*, *Acer monspessulanum*, *Acer platanoides*, *Hedera helix*, *Corylus avellana* und einigen anderen thermophilen Vertretern eines artenreichen Eichenmischwaldes.

Phase 4:

Gewöhnliche mitteleuropäische Waldfauna

Dicht über dem *Helicigona-banatica*-Horizont setzt eine starke Veränderung der Fauna ein: alle exotischen Arten sind verschwunden, statt dessen herrschen wieder wie in der Phase 1 allgemein mitteleuropäische und europäische Elemente der *Cochlodina-laminata—Helicodonta-obvoluta*-Assoziation vor. In diesen allgemein mitteleuropäischen Waldgesellschaften ist ein Artrückgang zu beobachten; in der Gesamtfauna sinkt der Artbestand auf ca. 50 Arten ab. Der Artanteil der Waldfauna unter den Landschnecken beträgt aber immer noch 40—50%. Mehrere anspruchsvolle Vertreter (*Acicula polita*, *Orcula doliolum*, *Vitrea diaphana*, *Cochlodina laminata*, *Iphigena plicatula*, *Helicodonta obvoluta*, *Monachoides incarnata*, *Cepaea nemoralis*, *Helix pomatia* u. a.) lassen noch auf die Existenz eines thermophilen Laubmischwaldes schließen. Auffällig ist aber trotz hohen Artanteils der Waldfauna eine starke Zunahme der Individuenhäufigkeit mehrerer Arten der offenen Landschaft (*Pupilla muscorum*, *Vallonia costata*, *V. pulchella*, *Vertigo pygmaea*). Sie erreichen gelegentlich bis 40% der gesamten Individuendichte. Das deutet auf die Ausbildung größerer offener, gehölzfreier Flächen in der Umgebung und lokale Auflichtung der Waldlandschaft. Wichtig ist aber, daß die besonders anspruchsvollen Vertreter der Gruppe 4 bis auf *Truncatellina costulata* verschwunden sind.

Phase 5:

Fauna der offenen Landschaft und Waldsteppe

Die Entwicklungstendenz, die zur Fauna der Phase 4 führte, setzt sich über die Abtragungsfläche fort, so daß bis auf einige wenige Vertreter alle anspruchsvollen Waldarten verschwinden, dadurch die Artanzahl auf ca. 30 Arten absinkt und statt dessen die Vertreter der offenen Landschaft mit ihrer Individuenhäufigkeit noch mehr zunehmen (bis auf 50—60%). Jetzt kommt die Steppenart *Pupilla triplicata* hinzu. Neben diesen Arten sind einige Elemente der trockenen lichten Wälder oder von Auwaldstandorten von Bedeutung. Es handelt sich um Arten der Gruppen 2 und 3 (*Bradybaena fruticum*, *Vitrea crystallina*, *Arianta arbustorum*, *Clausilia pumila*). Sie erreichen etwa 10% der Individuendichte. Sie gehören zu typischen Arten der Waldsteppe und lassen im Verein mit den Arten der offenen Landschaft erkennen, daß während der Phase 5 relativ offene und trockene, waldsteppenartige Landschaften entstanden. Treten in den Proben — und das gilt für sämtliche Faunenabschnitte — höhere Anteile der Gruppen 7—9 auf, so ist damit jeweils der Hinweis auf feuchtere Standorte im Talbereich, an denen die Fauna eingebettet wurde, gegeben.

An verschiedenen Stellen des Horizontes mit der Phase 5 wurden immer wieder einige anspruchsvolle, von den vorhergehenden Abschnitten zurückgebliebene Arten gefunden, und zwar immer wieder die gleichen, so daß keine Umlagerung aus den darunter liegenden Travertinhorizonten in Frage kommt. Es sind *Ruthenica filograna*, *Discus rotundatus*, *Cepaea hortensis*, *Truncatellina costulata* und *Helicigona lapicida*. Sie deuten noch auf relativ warme Verhältnisse.

Phase 6:

Fauna lichter Wälder und offener Standorte

Die Gesellschaften sind wieder etwas artenreicher (bis 39 Arten). Die Elemente der durch *Bradybaena fruticum* gekennzeichneten Waldfauna herrschen zwar vor, aber einige anspruchsvolle Waldarten sind wieder aufgetaucht. Sie erinnern an die *Cochlodina-laminata—Helicodonta-obvoluta*-Fauna. Neben ihren beiden Kennarten erscheinen noch *Acicula polita*, *Orcula doliolum*, *Clausilia bidentata*, *Ruthenica filograna*, *Isognomostoma isognomostoma*, *Discus rotundatus*, *Cepaea hortensis*, *Helix pomatia* und *Helicigona lapicida*. Trotz dieses relativ hohen Artanteils steht die Waldfauna mit ihren individuellen Anteilen im Hintergrund; den Hauptanteil nimmt wieder die Fauna der offenen Landschaft mit einigen Arten ein. Er steigt bis zu 70%. Damit sprechen sie auch in dieser Phase für das Vorkommen größerer offener Biotope in der Fundstellenumgebung und insgesamt für eine waldsteppen- und steppenheideartige Landschaft.

Phase 7:

Fauna der offenen Landschaft und Waldsteppe

Die Fauna ist wieder ähnlich ausgebildet wie in der Phase 5: relativ artenarm (ca. 25—30 Arten), die anspruchsvollen Waldarten sind weitgehend verschwunden, nur die *Bradybaena-fruticum*-Assoziation lichter trockener Wälder tritt neben Elementen der offenen Landschaft auf, letztere mit sehr hohen Individuenanteilen (bis zu 75%). Eine wichtige qualitative Veränderung findet statt, indem neben *Pupilla triplicata* zwei weitere echte Steppenformen auftreten: *Chondrula tridens* und *Helicopsis striata*. Durch sie erhalten die Molluskengesellschaften mitunter den Charakter der für warme Wiesensteppen typischen *Chondrula-tridens*-Fauna.

Phase 8:

Fauna lichter Wälder und offener Standorte

In dieser Phase entwickelt sich zum letzten Male in unserer Serie eine Waldfauna, ähnlich wie in Phase 6 und ähnlich der *Cochlodina-laminata—Helicodonta-obvoluta*-Assoziation. Sie zeugt nochmals vom Entstehen thermophiler Laubmischwälder (kennzeichnende Arten: *Ruthenica filograna, Isognomostoma isognomostoma, Discus rotundatus, Helix pomatia, Helicigona lapicida* und sehr wahrscheinlich auch *Helicodonta obvoluta* und *Cepaea hortensis* in nicht ganz einwandfreier stratigraphischer Position). Die Elemente der *Bradybaena-fruticum*-Fauna bestehen aber weiter fort, ebenso die Fauna der offenen Landschaft mit bis 85% Individuendichte und hoher Beteiligung der Steppenarten *Pupilla triplicata, Chondrula tridens* und *Helicopsis striata*. Einmal tritt die Steppenart *Abida frumentum* auf.

Im weichselzeitlichen Löß über dem Travertinprofil wurde eine hochglaziale artenarme Lößsteppenfauna mit *Pupilla muscorum* und *Succinea oblonga* (*Pupilla*-Fauna) beobachtet. Aber zwischen sie und die Phase 8 schiebt sich noch die Fauna aus der Depressionsfüllung (Ostwand Steinbruch I) ein. Sie stellt eine reine *Chondrula-tridens*-Fauna mit 29 Arten und hohem Anteil der Arten der offenen Landschaft dar. Ganz vereinzelt treten Waldsteppenelemente auf: *Bradybaena fruticum, Clausilia pumila, Discus ruderatus, Euomphalia strigella*.

6.4. Zum Ablauf der Umwelt- und Klimaentwicklung

Die Phasen 1—8 lassen sukzessive Entwicklung der Mollusken erkennen. Sie ist auf klimatisch veränderte Umweltbedingungen zurückzuführen. Die Tab. 2 zeigt für die einzelnen Phasen durchschnittliche Artenanteile der ökologischen Gruppen. Ganz generell wird deutlich, daß sich eine Waldfauna zu artenreichen anspruchsvollen Gesellschaften entwickelt, um nach einem Höhepunkt (Phasen 2 und 3) wieder zurückzugehen. Statt dessen entwickelt sich bei gleichzeitiger genereller Abnahme der Artenhäufigkeit die Fauna der offenen Landschaft.

Die artenreichen und anspruchsvollen Faunen der Phasen 1—4 sind typische warmzeitliche Molluskenfaunen, die während der Phasen 2 und 3 ihre klimatisch bedingte optimale Entfaltung erleben. Sie weisen für die ehemaligen Umweltverhältnisse die Existenz artenreicher thermophiler Laubmischwälder nach. Allerdings deutet sich nach der Phase 3 nicht nur eine allmähliche Abkühlung an, indem die anspruchsvollsten Elemente verschwinden, sondern auch eine ständige Zunahme trockenen Klimaeinflusses, gekennzeichnet durch die steigende Vorherrschaft von Arten der offenen Landschaft. Dieser Vorgang wird zweimal unterbrochen durch günstigere, wohl jeweils wärmere, nicht wesentlich feuchtere Klimaphasen. Aber es findet nach dem durch die Phasen 2 und 3 gekennzeichneten Optimum nicht nur eine allmähliche Auflockerung der hochwarmzeitlichen Laubmischwälder statt, indem offene Biotope und schließlich wiesensteppenartige gehölzfreie Flächen in der näheren Umgebung des Travertinkomplexes entstehen, sondern auch der Charakter der Wälder ändert sich: Aus artenreichen thermophilen und relativ feuchten Laubmischwäldern werden lichte trockene Gehölze mit größeren Gebüschgruppen. Eine Waldlandschaft wird zur Waldsteppenlandschaft und diese vorübergehend in den Phasen 5 und 7 zu einer Wiesensteppenlandschaft mit lokalklimatisch bedingten kleineren Gehölzen und Waldungen. Als Ursache für diese durch die Schneckenfauna erschließbare Entwicklung wird weniger eine lokal und edaphisch bedingte Änderung als eine Änderung übergeordneter Klimaverhältnisse gesehen. Wir wollen noch einmal die Molluskenentwicklung als Grundlage für diese Ausdeutung rekonstruieren:

Aus artenreichen Waldfaunen mit anspruchsvollen Vertretern (besonders als *Helicigona-bana-*

Tab. 2. Burgtonna, Travertinkomplex. Relative Artenhäufigkeit (in %) der ökologischen Gruppen 1—9 (nur Landarten), verglichen zwischen den einzelnen Phasen (1—8) der Molluskenfauna.

Ökol. Gruppe	Phasen 1	2	3	4	5	6	7	8	D
1	25,7	35,4	28,6	25,0	3,6	20,6	—	10,0	5,3
2	17,1	10,8	14,3	20,0	17,9	17,6	10,6	16,7	5,3
3	5,7	3,1	2,8	5,0	3,6	2,9	5,2	3,3	5,3
1—3	(48,5)	(49,3)	(45,7)	(50,0)	(25,1)	(41,1)	(15,8)	(30,0)	(15,9)
4	—	6,2	5,7	2,5	7,1	5,9	15,8	13,4	15,8
5	8,6	7,7	8,6	12,5	21,4	17,6	26,3	16,7	26,3
6—9	42,8	36,9	40,0	35,0	46,4	35,3	42,1	40,0	42,1
Artenanzahl									
1—9	35	65	70	40	28	34	19	30	19
1—10	47	78	84	47	35	38	27	43	27

D — Depression in der E-Wand, Steinbruch I; Ökologische Gruppen 1—10 wie Tab. 1

tica-Fauna) entwickelt sich eine gewöhnliche mitteleuropäische Waldfauna, aus dieser geht eine Fauna lichter trockener Gehölze vom Typus der *Bradybaena-fruticum*-Fauna mit verschiedenen Feuchtvarianten hervor, die generell als Charakterfauna der Waldsteppe gilt (Ložek 1964, 1965). Während der Phasen 6 und 8 wird diese Fauna nochmals durch Arten der thermophilen Laubmischwaldfauna bereichert.

In den hochwarmzeitlichen Waldfaunen sind untergeordnet immer auch einzelne Arten der offenen Landschaft (Gruppe 5) sowie spezieller „Steppen"-biotope, wie trockener sonniger Felsen- oder Hanglagen (Gruppe 4), vorhanden. Bei den letzteren handelt es sich jeweils um anspruchsvolle wärmeliebende Elemente (*Truncatellina*-Arten, *Cepaea vindobonensis*). Seit der Phase 3 nehmen allmählich die allgemeinen Vertreter der offenen Landschaft zu. Die anspruchsvollen Arten aber verschwinden. Statt dessen treten neue echte Steppenarten auf: *Pupilla triplicata* (seit Phase 5) und später mit zunehmender Bedeutung *Chondrula tridens* und *Helicopsis striata* (seit Phase 7). Dadurch nehmen die Gesellschaften der offenen Landschaft allmählich den Charakter der für Tschernosemwiesensteppen typischen *Chondrula-tridens*-Fauna an.

Diese klimatisch bedingte Entwicklung zeichnet sich auch geologisch ab: Zwischen den Phasen 4 und 5 liegt eine Zeit mit Abtragungsvorgängen, die Faunen der Phasen 5 und 7 stammen vorwiegend aus Schwemmschichten, in einem Falle (Phase 5, Steinbruch II) ist ein regelrechter Hangschutt — ähnlich dem „Pariser"-Horizont im Profil von Weimar-Ehringsdorf — ausgebildet. Die zunehmende Trockenheit dokumentiert sich seit der Phase 3/4 (Steinbruch II) und weiter in den Phasen 6 und 8 in schwarzen humosen Böden. Wenn zu diesen Zeiten noch Travertine entstehen, dann vorwiegend *Chara*-Travertine. Trotz des Trends zu einer geringen Abkühlung und gleichzeitiger Kontinentalisierung zeigen die Phasen 5—8 noch warmzeitlichen Charakter, denn anspruchsvollere, für gemäßigte, warmtemperierte Klimaverhältnisse typische Arten verschwinden nicht ganz.

6.5. Zur stratigraphischen Einstufung

Es entsteht hier die Frage der stratigraphischen Einstufung dieser Horizonte. Die Phasen 1—4 und die dazugehörigen Teile des Travertinkomplexes gehören ohne Zweifel in die voll entwickelte Warmzeit, für die die Eemwarmzeit in Anspruch genommen wird. Es bieten sich für die zweifache Aufeinanderfolge der Phasen 5 und 6 sowie 7 und 8 — wie das auch für die Abfolge Pariser — Oberer Travertin 1 und Pseudopariser — Oberer Travertin 2 beim Ehringsdorfer Profil versucht wurde (Musil & Valoch 1966, übernommen von Woldstedt & Duphorn 1974) die ersten frühweichselzeitlichen Zyklen an mit dem Amersfoort-Interstadial (würde Phase 6 entsprechen) und dem Brörup-Interstadial (würde Phase 8 entsprechen).

Bereits früher wurde gezeigt (Mania 1973, 1975b), daß die Travertinabfolge Taubach—Ehringsdorf im Ilmtal mit der beschriebenen Abfolge der Phasen 1—8 im Travertinkomplex von Burgtonna erstaunlich übereinstimmt, nicht nur in bezug auf das jeweilige Auftreten von charakteristischen Arten, sondern selbst auch in ihrer jeweiligen relativen Häufigkeit. Nach dieser Parallelisierung entsprechen der Travertin von Taubach den Phasen 2—4, der Untere Travertin von Ehringsdorf der Phase 4, der Pariser der Phase 5, der Obere Travertin 1 der Phase 6, der Pseudopariser der Phase 7 und der Obere Travertin 2 der Phase 8. Hier sind noch für die letzten Phasen, d. h. für den Oberen Travertin, die Vergleichsmöglichkeiten der Molluskenfaunen mit reichen Travertinfloren und Wirbeltierfaunen möglich. Wie in diesem Falle, so ist auch für den oberen Teil des Profils von Burgtonna die Eingliederung in das Frühweichsel nicht möglich. Im Nordharzvorland wurden ein relativ sicheres Amersfoort und Brörup in der jungquartären Abfolge des Ascherslebener Sees bekannt (Mania & Toepfer 1973). Hier wurden auch Molluskenfaunen, Pollen und pflanzliche Makroreste untersucht. Auch aus dem Geiseltal und dem Seweckenberg bei Quedlinburg (Mania 1975) wurden Molluskenthanatozönosen der ersten frühglazialen Interstadiale bekannt. Die Ergebnisse besonders in bezug auf Brörup entsprechen insgesamt dem bereits bekannten Bild als einer Interstadialschwankung bis zu kühltemperiertem Klima mit nadelholzreichen Parktaigen, nur untergeordnetem Vorkommen einzelner wärmebedürftiger Laubgehölze und kontinentalen Tschernosemwiesensteppen. Die Molluskenfaunen sind entsprechend Steppen- und Waldsteppenfaunen vom Typus der *Chondrula-tridens-* und *Bradybaena-fruticum*-Fauna. Aber ein hoher Anteil boreo-alpiner Elemente kommt vor, der in unseren Phasen fehlt; dagegen fehlen den Brörup-Faunen durchweg die typischen warmzeitlichen Elemente, vor allem Waldarten, die noch in den Phasen 5—8 auftreten: *Acicula polita, Orcula doliolum, Cochlodina laminata, Helicodonta obvoluta, Ruthenica filograna, I. isognomostoma, Cepaea hortensis, Helix pomatia*, aber auch *Truncatellina costulata, Helicigona lapicida* u. a. Die in den Brörup-Faunen beobachteten boreo-alpinen und auch bereits typisch kaltzeitlichen Elemente sind *Vertigo genesii, Vertigo arctica, Pupilla muscorum densegyrata, Gyraulus laevis, Gyraulus acronicus rossmaessleri, Valvata piscinalis antiqua, Pisidium lilljeborgi, P. stewarti, P. obtusale lapponicum, Discus ruderatus* u. a. Es ist unmöglich, daß im Nordharzvorland nadelholzreiche Parktaigen und Jahresmitteltemperaturen einige Grad unter dem heutigen Mittelwert, nur 80 km südlich davon in Thüringen aber nach Aussage der Profile von Burgtonna und Ehringsdorf gleichzeitig lockere Laubmischwälder mit hohen Anteilen thermophiler, ja auch exotischer Gehölzarten sowie Jahresmittelwerten von 2—3 °C über dem heutigen Jahresmittel bestanden haben. Die Abfolgen von Ehringsdorf und aus dem oberen Teil des Travertins von Burgtonna sind also nicht mit den ersten Abschnitten des Weichselfrühglazials parallelisierbar, sondern älter, denn es können weder die bereits kaltzeitlichen Erscheinungen der ersten Stadiale mit den Phasen 5 und 7 noch die Interstadiale Amersfoort und Brörup mit den Phasen 6 und 8 als gleichzeitig angesehen werden. Die Molluskenfauna aus dem Brörup ähnelt dagegen mehr den Faunen der Phasen 5 und 7, also gerade jenen, die den Stadialen entsprechen müßten. Die qualitativ stärkere Ausbildung der Molluskenfaunen im Oberen Travertin von Ehringsdorf und von Burgtonna (5—8) ist auch nicht Ausdruck lokal-klimatisch günstigerer Verhältnisse und edaphischer Bindung extrem standortsabhängiger Molluskenfaunen inmitten eines weit ungünstiger entwickelten Klimagebietes, denn dafür sind diese Faunen zu weit entwickelt und ihre einzelnen Gesellschaften noch zu eng an den Verlauf warmzeitlicher Sukzessionen gebunden. Jedenfalls ist es unwahrscheinlich, daß die genannten thermophilen Arten nach einer Beendigung der warmzeitlichen Sukzession durch eine Tundrenphase mit bereits zeitweilig auftretendem Dauerfrostboden — um derartige Phasen handelt es sich ja nachweislich bei den ersten weichselzeitlichen Stadialen — aus ihren weit abgedrängten Refugien sofort wieder kurzfristig in ihr ehemaliges warmzeitliches Areal zurückkommen, indem sie dazu noch mehrere Sukzessionsphasen überspringen. Im Gegensatz zu den Phasen 6 und 8 ist es viel eher möglich, die Fauna aus den Bodensedimenten der Depression im Bereich der E-Wand des Burgtonnaer Steinbruchs I in einer frühweichselzeitlichen Wärmeschwankung vom Typus des Brörup unterzubringen. Hier handelt es sich um eine *Chondrula-tridens*-Fauna mit einigen anspruchslosen Elementen der Waldsteppe ohne jedes warmzeitliche Element.

Zuletzt soll noch betont werden, daß das mehrfach aufeinanderfolgende Vorkommen gleichartig zusammengesetzter Faunen — besonders in bezug auf die anspruchsvollen Elemente — in den Phasen 5—8 unmöglich auf eine Umlagerung aus älteren Schichten zurückgeführt werden kann, da sonst eine zielgerichtete Auswahl ganz bestimmter Arten bei dem Umlagerungsvorgang aus den viel artenreicheren älteren Schichten erfolgt sein müßte.

So müssen wir vorläufig die gesamte Abfolge der Phasen 1—8 in die Eemwarmzeit einstufen, auch wenn eine thermisch-kontinentale Phase nach dem Optimum bisher nicht erfaßt wurde, am wenigsten in den Pollendiagrammen. Hier muß zu bedenken gegeben werden, daß — unter Ausschluß der Abtragungsflächen — der bis zu 10 m mächtige Travertinkomplex in relativ kurzer Zeit entstand und allenfalls nur 1000—1500, höchstens 2000 Jahre umfaßt (vgl. Steiner 1970). Sie kann also in anderen Sedimenten — z. B. Seeablagerungen oder Mooren — völlig untervertreten und daher — z. B. mit Pollenanalysen — nur schwierig erfaßbar sein.

7. Zusammenfassung

Neuuntersuchungen im eemzeitlichen Travertin von Burgtonna ergaben eine Molluskenfauna von 102 Arten (ohne Bivalvia). Diese wurden in horizontierten Proben häufigkeitsstatistisch untersucht. Dabei ließ sich eine Abfolge von acht Faunenabschnitten (Phasen 1—8) erkennen, die auch an bestimmte geologische Einheiten des Travertinkomplexes gebunden sind und eine feinstratigraphische Gliederung zulassen. Die ersten Phasen (1—4) gehören in die vollentwickelte Warmzeit. Während der Phasen 2 und 3 ist die optimale Entwicklung der Fauna erreicht. Phase 3 stellt den hochwarmzeitlichen Leithorizont mit *Helicigona-banatica*-Fauna dar. Diese Faunen sind durch artenreiche Waldfaunen mit exotischen südlichen Elementen charakterisiert. Nach der Phase 4 läßt sich — bedingt durch allmähliche Abkühlung und Zunahme von Trockenheit — eine Änderung der Molluskenfauna nachweisen. Es entstehen bei Abnahme der Artenhäufigkeit individuenreiche Gesellschaften der offenen Landschaft; die Waldfauna geht bis auf Waldsteppenassoziationen und zeitweise in diesen vorkommende anspruchsvollere Elemente einer Laubmischwaldfauna zurück. Sie kommen besonders in den Phasen 6 und 8 vor, die damit nochmals günstigere Verhältnisse erkennen lassen. Aber sie können — wie auch im Falle Ehringsdorf und der trotz für dieses Profil durchgeführten Eingliederungsversuche — nicht mit den frühweichselzeitlichen Interstadialen Amersfoort und Brörup parallelisiert werden. Damit gehört auch dieser obere Teil des Travertinkomplexes mit der durch seine Fauna nachweisbaren, wohl zeitlich begrenzten Veränderung des Klimas zu thermisch-kontinentalen Verhältnissen noch in die Eemwarmzeit, und zwar in ihren Teil nach dem klimatischen Optimum.

Резюме

В результате повторных исследований эемского травертина местонахождения Бургтонны установлено наличие фауны моллюсков в составе 102 вида (за исключением Bivalvia). Фаунистические остатки послойно отобранных образцов подвергались статистическому исследованию. Установлено последовательная смена восьми фаунистических отрезок (фазы 1—8), приуроченные к определенным геологическим интервалам травертинового комплекса и способствовавшие детальному стратиграфическому расчленению. Первые фазы (1—4) относятся к типичному межледниковью. Фазы 2 и 3 представляют оптимальную развитию фауны. Фаза 3 соотетствует руководящему горизонту оптимума межледниковья с фауной с *Helicigona banatica*. Данные фауны характеризуются богатыми видами лесными фаунами с экзотическими южными элементами. После фазы 4 намечается постепенное похолодание и более континентальный климат, в результате чего происходит изменение состава фауны моллюсков. Уменьшается количество видов и образуются богатые количеством экземпляров сообщества открытых ландшафтов. Лесная фауна представлена лишь еще ассоциациями лесных степей и временным наличием более требовательных элементов лесной фауны смешанного лиственного леса. Они представлены прежде всего фазами 6 и 8, что указывает еще на относительно благоприятные условия. Однако, по аналогии с Эрингсдорфом, данный разрез не сопоставим с ранневислинскими интерстадиалами амерсфорта и брёрупа. Следовательно, верхняя часть травертинового комплекса с временным изменением климата в сторону более континентального характера относится еще к эемскому межледниковью, в частности к интервалу после климатического оптимума.

Summary

From new studies of the Eemian travertine of Burgtonna a molluscan fauna of 102 species (without bivalves) was obtained, of which levelled samples were analyzed by frequency statistics. A succession of eight faunal periods (phases 1 to 8) also connected with definite geological units of the travertine complex was distinguished, and permit a detailed stratigraphical classification. The first phases (1 to 4) belong to the fully developed interglacial period. During the phases 2 and 3 the optimum faunal development is attained, phase 3 represents the high-interglacial key horizon with the *Helicigona banatica* fauna. These faunae are characterized by varied forest faunae with exotic southern elements. Owing to a gradual cooling and increasing aridity, a change of the molluscan fauna can be demonstrated after phase 4, with communities of the open landscape and rich in individuals simultaneously formed with a decreasing frequency of species. The forest fauna retreats to forest-steppe associations and, from time to time, to more pretentious elements occurring in them of a deciduous mixed-forest fauna. They are particularly found in the phases 6 and 8, which, although once more showing more favourable conditions, like in the case of Ehringsdorf and in spite of attempts to classify this profile, are not parallelized with the early Weichselian interstadial epochs of Amersfoort and Brörup. Thus this upper part, too, of the travertine complex with its temporally limited climatic change to thermally-continental conditions demonstrable by its fauna, still belongs to the Eemian interglacial, viz to the part following the optimum climate.

8. Literatur

EHRMANN, P.: Mollusca, Weichtiere. — In: BROHMER, P. EHRMANN, P. & ULMER, G.: Die Tierwelt Mitteleuropas **II**, 264 S., Leipzig 1956.

GROSSU, A. V.: Gastropoda Pulmonata. — Fauna Republicii Populare Romîne, Mollusca, **III**, 1, 518 S., Bucureşti 1955.

KLETT, B.: Die Conchylien diluvialer und alluvialer Schichten in Westthüringen I. — Z. Naturwiss. 87, 49—64, Stuttgart 1927.

LANGENHAN, A.: Beiträge zur Erforschung der interglazialen Kalktuffe von Burgtonna und Gräfentonna in Thüringen. — Monatsschr. Mineralien-, Gesteins- u. Petrefactensammler **3**, 1, 7—10, 1906.

LOŽEK, V.: Quartärmollusken der Tschechoslowakei. — Rozpravy ÚÚG, **31**, 374 S., Praha 1964.

— Das Problem der Lößbildung und die Lößmollusken. — Eiszeitalter u. Gegenwart **16**, 61—75, Öhringen 1965.

MANIA, D.: Paläoökologie, Faunenentwicklung und Stratigraphie des Eiszeitalters im mittleren Elbe-Saalegebiet auf Grund von Molluskengesellschaften. — Geologie Beih. **78/79**, 175 S., Berlin 1973.

— Stratigraphie, Ökologie und Paläolithikum des Weichsel frühglazials im mittleren Elbe-Saale-Gebiet. — Swiatowit **34**, 81—138, Warszawa 1975a.

— Zur Stellung der Travertinablagerungen von Ehringsdorf im Jungpleistozän des nördlichen Mittelgebirgsraumes. — Abh. zentr. geol. Inst. **23**, 571—589, Berlin 1975b.

MANIA, D., & TOEPFER, V.: Gliederung, Ökologie und mittelpaläolithische Funde der letzten Eiszeit. — Veröff. Landesmus. Vorgesch. Halle (S.) **26**, 164 S., Berlin 1973.

MUSIL, R., & VALOCH, K.: Beitrag zur Gliederung des Würms in Mitteleuropa. — Eiszeitalter u. Gegenwart **17**, 131—138, Öhringen 1966.

SCHÄFER, H. F.: Über die pleistocäne Säugetierfauna und die Spuren des paläolithischen Menschen von Burgtonna i. Thür. — Z. deutsch. geol. Ges. **61**, 445—469, Berlin 1909.

STEINER, W.: Stratigraphie und Sedimentationsgeschwindigkeit der Travertine von Burgtonna und Ehringsdorf. — Geologie **19**, 931—943, Berlin 1970.

WEISS, A.: Über die Conchylienfauna der interglazialen Travertine (Kalktuffe) von Burgtonna und Gräfentonna in Thüringen. — Z. deutsch. geol. Ges. **49**, 683—687, Berlin 1897.

WOLDSTEDT, P., & DUPHORN, K.: Norddeutschland und angrenzende Gebiete im Eiszeitalter. — 3. Aufl., 500 S., Stuttgart 1974.

ZILCH, A., & JAECKEL, S. G. A.: Mollusken. Ergänzung zu EHRMANN, P.: Mollusca, 1956. — In: BROHMER, P., EHRMANN, P. & ULMER, G.: Die Tierwelt Mitteleuropas **II**, Lfg. 1, Ergänz., Leipzig 1962.

Quartärpaläontologie	3	87–91	Berlin, Dezember 1978

Die Ostrakodenfauna des eeminterglazialen Travertins von Burgtonna in Thüringen

Von KURT DIEBEL & ERIKA PIETRZENIUK, Berlin

Mit 3 Abbildungen, einer Tabelle und Tafel 23–26

Inhalt

1. Einleitung

Nach der Bearbeitung der Ostrakodenfaunen aus den quartären Travertinprofilen von Ehringsdorf, Taubach und Bad Langensalza soll hier auf den Ostrakodeninhalt der Travertine von Burgtonna eingegangen werden. Wir beziehen uns ferner auf die Publikation JORDAN, BERNSTORFF & GRÜNDEL (1962) über den Älteren Travertin von Mühlhausen und selbst gesammeltes Material von dieser Fundstelle.

Das Travertinprofil von Burgtonna besteht überwiegend aus festen Quellkalken, die für eine Gewinnung von Mikrofossilien nach dem Schlämmverfahren kaum geeignet sind. Deshalb mußte sich die Untersuchung auf die wenigen, meist nur sehr geringmächtigen Lagen von Lockertravertin beschränken.

Es bestehen keine grundlegenden Unterschiede zwischen der Ostrakodenfauna des Travertins von Burgtonna und derjenigen der anderen obengenannten Travertine.

Für Burgtonna ist das Vorherrschen von *Potamocypris wolfi* bezeichnend. Daneben dominieren *Ilyocypris bradyi* und die kleinwüchsigen Arten *Cyclocypris laevis* und *C.* sp. In manchen Lagen ist *Ilyodromus olivaceus* ziemlich häufig.

Die Gesamtzahl der gefundenen Arten beläuft sich auf 26.

Wie schon früher festgestellt, hat sich das Quellmilieu während des ganzen Quartärs kaum verändert, so daß sich zwischen verschieden alten Travertinen keine auffallenden Unterschiede in der Arten-Zusammensetzung bemerkbar machen. Eine Ausnahme bildet *Scottia pseudobrowniana* KEMPF, die in Thüringen nur in holozänen, jedoch nicht in pleistozänen Travertinprofilen gefunden wurde.

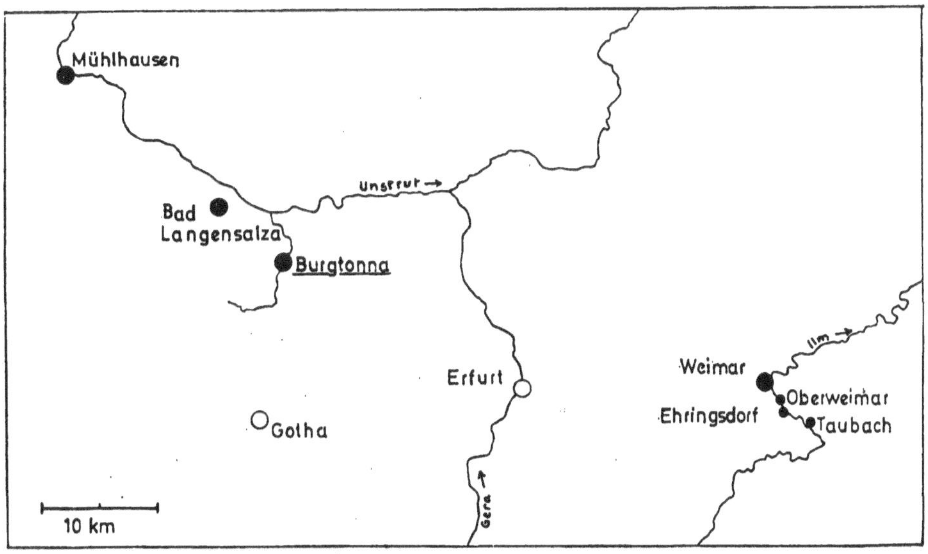

Abb. 1. Lage thüringischer Travertinvorkommen

Von den Herren Dr. Dr. H.-D. Kahlke, H. Nolte und J. Wolfram, Institut für Quartärpaläontologie Weimar, sowie von den Herren Dr. W.-D. Heinrich, Dr. S. Locker und H.-H. Krueger, Berlin, wurden wir bei den Geländearbeiten wesentlich unterstützt.

Frau Dr. H. Zeissler lieferte fortlaufend Ostrakodenmaterial, das sich in den von ihr untersuchten Konchylienproben verschiedener Fundorte befand.

An der Aufbereitung der Proben und am Auslesen waren die Kolleginnen R. Sanow, I. Schilling und H. Voss beteiligt. Die Arbeiten im Fotolabor wurden vom Kollegen K. Imlau ausgeführt. Bei der graphischen Gestaltung half die Kollegin R. Brauner.

Allen Genannten möchten wir für die Unterstützung herzlich danken.

Das Belegmaterial wird in der Mikropaläontologischen Sammlung des Paläontologischen Museums Berlin (Museum für Naturkunde an der Humboldt-Universität zu Berlin) aufbewahrt.

2. Herkunft des Materials

Die Proben wurden im Laufe des vergangenen Jahrzehnts an verschiedenen Stellen des Steinbruchs östlich der Ortschaft Burgtonna genommen; die letzten Proben (November 1975) stammen von der südlichen Abbauwand.

In Abb. 2 sind die Stellen der Probenentnahme wiedergegeben. Ein Teil dieser Aufschlüsse ist z. Zt. des Manuskriptabschlusses (1976) infolge fortschreitenden Abbaus und Beseitigung der steilen Wände nicht mehr vorhanden.

Durch Frau Dr. H. Zeissler erhielten wir aus der Sammlung von Herrn Dr. H. Claus (Mühlhausen) ein Röhrchen (Nr. 59) mit Ostrakoden, die aus losem Travertinschutt herausgeschlämmt waren.

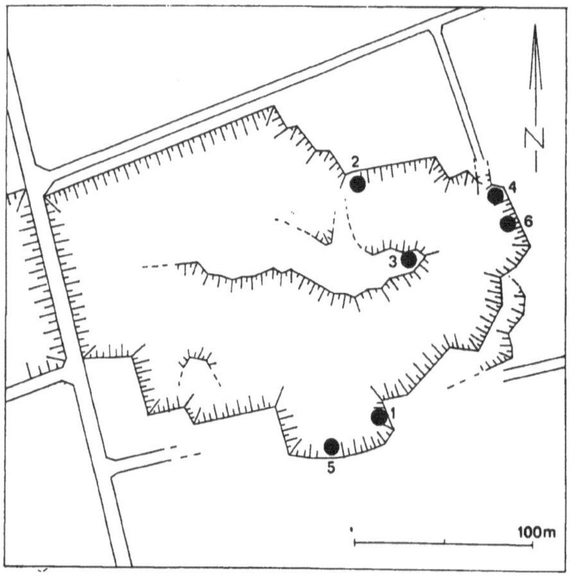

Abb. 2. Skizze des Travertinsteinbruchs Burgtonna mit Stellen der Probenentnahme; Grubenaufnahme Sept. 1971

1 – a: Profil I, 19. 8. 71; Proben 8132 – 8141; b: Profil Ib, 19. 8. 71; Proben 8142 – 8148; 2 – a: Schichten mit *Helicigona banatica* und Schichten mit *Belgrandia germanica*, 13. 9. 68; Proben 7280 – 7284; b: Profil II, 19. 8. 71; Proben 8151 – 8154; 3 – Profil III, 19. 8. 71; Proben 8149 – 8150; 4 – Profil 4, 26. 10. 71; Proben 8193 – 8203; 5 – Abbauwand Süd, 26. 11. 75; Proben 9441 – 9447; 6 – Profil 3, 26. 10. 71; Proben 8176 – 8190

3. Die Ostrakodenfauna

3.1. Übersicht der Arten aus dem Travertin von Burgtonna

(Anordnung der Gattungen nach Hartmann & Puri 1974; Arten in alphabetischer Reihenfolge mit Abbildungshinweis)

1. *Darwinula stevensoni* (Brady & Robertson, 1870). – Taf. 26, Fig. 10, 11
2. *Ilyocypris bradyi* Sars, 1890. – Taf. 25, Fig. 1, 2
3. *Ilyocypris inermis* Kaufmann, 1900. – Taf. 25, Fig. 3, 4
4. *Candona angulata* G. W. Müller, 1900. – Taf. 24, Fig. 1, 2
5. *Candona candida* (O. F. Müller, 1776). – Taf. 23, Fig. 1, 2
6. *Candona compressa* (Koch, 1837) Brady, 1868. – Taf. 23, Fig. 9, 10
7. *Candona lobipes* Hartwig, 1900. – Taf. 23, Fig. 5. 6
8. *Candona marchica* Hartwig, 1899. – Taf. 23, Fig. 3, 4
9. *Candona parallela* G. W. Müller, 1900. – Taf. 23, Fig. 7, 8
10. *Candona vavrai* Kaufmann, 1900. – Taf. 23, Fig. 11, 12
11. *Candonopsis kingsleii* (Brady & Robertson, 1870). – Taf. 25, Fig. 5, 6
12. *Nannocandona faba* Ekman, 1914. – Taf. 26, Fig. 16, 17
13. *Cyclocypris laevis* (O. F. Müller, 1776) Vávra, 1891. – Taf. 26, Fig. 1, 2
14. *Cyclocypris serena* (Koch, 1837). – Taf. 26, Fig. 5, 6
15. *Cyclocypris* sp. – Taf. 26, Fig. 3, 4
16. *Cyprois marginata* (Straus, 1821). – Taf. 26, Fig. 7
17. *Cyprinotus salinus* (Brady, 1868). – Taf. 24, Fig. 5, 6
18. *Eucypris pigra* (Fischer, 1851). – Taf. 25, Fig. 7, 8
19. *Prionocypris zenkeri* (Chyzer, 1858). – Taf. 24, Fig. 3, 4
20. *Herpetocypris brevicaudata* Kaufmann, 1900. – Taf. 25, Fig. 9, 10
21. *Herpetocypris reptans* (Baird, 1835). – Taf. 25, Fig. 11, 12
22. *Ilyodromus olivaceus* (Brady & Norman, 1889). – Taf. 24, Fig. 7, 8
23. *Cypris pubera* O. F. Müller, 1776. – Taf. 24, Fig. 9, 10
24. *Cypridopsis vidua* (O. F. Müller, 1776). – Taf. 26, Fig. 8, 9
25. *Potamocypris maculata* Alm, 1914. – Taf. 26, Fig. 14, 15
26. *Potamocypris wolfi* Brehm, 1920. – Taf. 26, Fig. 12, 13

Ein systematischer Teil entfällt in dieser Arbeit, da systematische Gliederungen mit Hinweisen zur Ökologie und Verbreitung in früheren Veröffentlichungen bereits gegeben wurden und die Travertinfauna von Burgtonna den Faunen von Ehringsdorf, Taubach und Bad Langensalza ähnelt.

Auf Unterschiede wird in den Anmerkungen zur Tabelle (S. 89) eingegangen.

3.2. Zusammensetzung der Ostrakodenfauna

Im einzelnen unterscheiden sich die Ostrakodenfaunen verschiedener Proben in qualitativer und quantitativer Hinsicht. So kann z.B. *Ilyocypris inermis* manchmal stärker vertreten sein als in Abb. 3 dargestellt. Andererseits ist der Anteil von *Candona marchica* gelegentlich geringer. Im wesentlichen wird die Fauna von wenigen Arten beherrscht, wie die quantitative Analyse einer 100-g-Probe aus dem Profil Ib, Abbauwand, August 1971, Probe 8147, zeigt. Charakterform für den Travertin von Burgtonna ist *Potamocypris wolfi*. Sie ist in unserem Beispiel mit 30% dominierend. Daneben sind

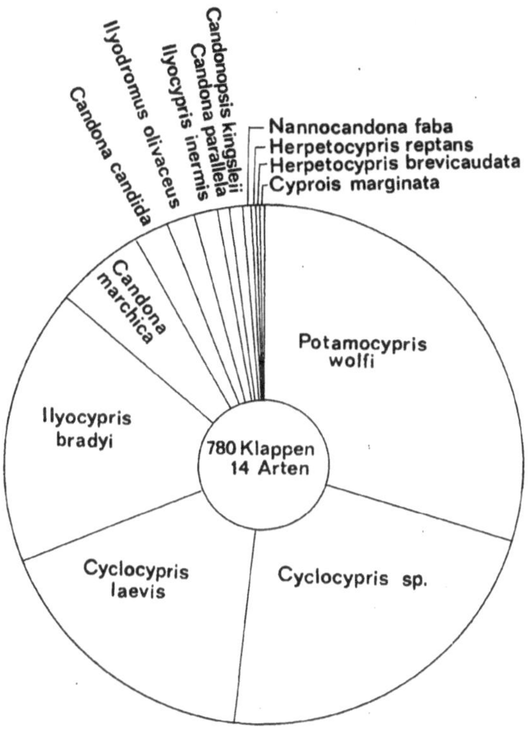

Abb. 3. Zusammensetzung der Ostrakodenfauna einer Travertinprobe

Ausgangsmaterial 100 g; Burgtonna, Abbauwand August 1971, Profil Ib, Probe 8147; 0,55 – 0,65 m über Abbausohle

Cyclocypris sp., *C. laevis* und *Ilyocypris bradyi* stark vertreten. Diese vier Arten bilden z.B. bei der in Abb. 3 dargestellten Fauna schon mehr als 80%. Rechnet man noch die Arten hinzu, die in ansehnlicher Menge vertreten sind, wie *Candona marchica, C. candida, Ilyodromus olivaceus* und *Ilyocypris inermis*, so stellen diese acht Arten mehr als 95% der Gesamtfauna dar.

Die übrigen Arten sind mengenmäßig im allgemeinen von untergeordneter Bedeutung, obwohl manche Arten, z.B. *Herpetocypris brevicaudata*, in einzelnen Proben mit einem höheren Anteil hervorstechen. Das gilt auch für salinar beeinflußte Proben, in denen dann *Cyprinotus salinus* einen beachtlichen Anteil an der Gesamtfauna aufweist.

3.3. Vergleich der Ostrakodenfaunen aus Travertinen verschiedener Fundorte

Um Übereinstimmung und Unterschiede bei Ostrakodenfaunen verschiedener Fundorte und verschiedenen Alters deutlich herauszustellen, wurde die Form einer tabellarischen Zusammenstellung von sieben, teils pleistozänen, teils holozänen Travertinfaunen Thüringens gewählt. Dies war möglich auf Grund der Bearbeitung der Faunen von Ehringsdorf, Taubach, Mühlhausen, Oberweimar, Bad Langensalza und Weimar, Kirschbachstraße, unter Auswertung des im Paläontologischen Museum Berlin vorhandenen Materials.

Auf manche Übereinstimmungen zwischen den thüringischen Travertinfaunen und der von DEVOTO 1965 beschriebenen rißglazialen Fauna aus dem Liri-Tal Italiens wurde schon früher hingewiesen, vgl. DIEBEL & WOLFSCHLÄGER (1975).

3.4. Anmerkungen zur Tabelle

Aufgenommen wurden die Ergebnisse schon veröffentlichteroder z. Zt. im Druck befindlicher Untersuchungen. Einige Ergänzungen konnten nach nochmaliger Durchsicht des Materials gegeben werden.

Charakteristische Elemente der Travertinfaunen sind von allen oder fast allen Fundorten nachgewiesen. Dazu gehören die beiden *Ilyocypris*-Arten *I. bradyi* und *I. inermis* sowie die *Candona*-Arten *C. candida, C. marchica, C. parallela* und *C. vavrai*. Von der Gattung *Cyclocypris* scheint *Cyclocypris* sp. hierher zu gehören. Ferner sind zu nennen *Eucypris pigra, Prionocypris zenkeri, Herpetocypris brevicaudata, H. reptans, Ilyodromus olivaceus, Cypridopsis subterranea, Potamocypris maculata* und *P. wolfi*.

Einige Arten, die nur durch wenige Individuen vertreten sind, gehören wohl auch zu Bewohnern von Quellgewässern. Es sind z. T. seltenere Arten, z. T. sind sie recht klein oder ihre Schalen sind zerbrechlicher und deshalb in geringer Zahl erhalten geblieben. Hierzu werden *Candona fabella* und *Nannocandona faba* gerechnet.

In thüringischen Travertinen ist oft ein schwacher Salzeinfluß nachzuweisen. Als Indikator für diesen Salzgehalt des Quellwassers dienen *Candona angulata* in den vier pleistozänen Profilen und *Cyprinotus salinus* an allen sieben Fundorten. Die nachgewiesene halophile Fauna kommt meist nur in gewissen Horizonten der betreffenden Profile vor.

Zeitmarken

Aus der Tabelle ist ersichtlich, daß einige Arten anscheinend in ihrer zeitlichen Verbreitung — im regionalen Rahmen gesehen — beschränkt sind.

Candona brevicornis wurde nur in den holozänen Profilen gefunden. Dies gilt auch für *Cyclocypris diebeli*, die der Autor der Art ebenfalls aus dem Holozän beschreibt. Allerdings haben wir auch Funde dieser Art von Orlishausen (Thüringen), und zwar aus seekreideartigen Schichten unmittelbar über der Fundstelle des 1968 geborgenen Elephantidenskeletts, dessen Fundschicht für mittelpleistozän gehalten wird.

Von den anderen *Cyclocypris*-Arten konnten *C. ovum* nur in Taubach und *C. serena* in drei pleistozänen Travertinen nachgewiesen werden.

Scottia pseudobrowniana KEMPF, 1971 wurde in den drei holozänen Profilen gefunden und bestätigt die schon früher gemachte Feststellung ihres regionalen Leitwerts.

Die in der Tabelle aufgeführten Arten, auch die, die wir bisher nur in pleistozänen thüringischen Travertinen nachgewiesen haben, sind rezent bekannt, ausgenommen *Cyclocypris diebeli* ABSOLON, 1973, *Herpetocypris ehringsdorfensis* DIEBEL & WOLFSCHLÄGER, 1975 und *Herpetocypris* sp. (in DIEBEL & WOLFSCHLÄGER, 1975). *H. ehringsdorfensis* und

Tabelle. Vergleichende Übersicht des Vorkommens von Ostrakoden in pleistozänen und holozänen thüringischen Travertinen

	Pleistozän				Holozän		
	Burgtonna	Ehringsdorf	Taubach	Mühlhausen	Bad Langensalza	Oberweimar	Weimar, Kirschbachstr.
1. *Limnocythere baltica*			+				
2. *Limnocythere inopinata*					+		
3. *Metacypris cordata*					+		
4. *Darwinula brevis*			+				
5. *Darwinula stevensoni*	+			+	+		
6. *Ilyocypris bradyi*	+	+	+	+	+	+	+
7. *Ilyocypris inermis*	+	+	+	+	+	+	+
8. *Ilyocypris gibba*					+		
9. *Candona angulata*	+	+	+	+			
10. *Candona brevicornis*					+	+	+
11. *Candona candida*	+	+	+	+	+	+	+
12. *Candona compressa*	+		+	+	+		
13. *Candona fabaeformis*			+				
14. *Candona fabella*			+				
15. *Candona insculpta*				+ ?			
16. *Candona lobipes*	+			+			
17. *Candona marchica*	+	+	+	+	+		+
18. *Candona neglecta*		+	+		+		+
19. *Candona parallela*	+	+	+	+	+	+	+
20. *Candona rawsoni*			+				
21. *Candona vavrai*	+	+	+	+	+	+	+
22. *Candonopsis kingsleii*	+		+	+			
23. *Paracandona euplectella*				+			
24. *Nannocandona faba*	+		+	+	+		+
25. *Cyclocypris diebeli*					+		+
26. *Cyclocypris laevis*	+	+	+ cf.	+	+		+
27. *Cyclocypris ovum*			+				
28. *Cyclocypris serena*	+	+	+				
29. *Cyclocypris* sp.	+	+	+	+	+	+	+
30. *Cypria ophthalmica*		+ cf.	+	+			
31. *Scottia pseudobrowniana*					+	+	+
32. *Notodromas monacha*		+	+	+			
33. *Cyprois marginata*	+	+	+	+			
34. *Cyprinotus salinus*	+	+	+	+	+	+	+
35. *Heterocypris incongruens*					+		
36. *Eucypris pigra*	+	+	+	+	+	+	+
37. *Eucypris virens*			+	+			
38. *Eucypris* cf. *virens*			+				
39. *Prionocypris zenkeri*	+	+	+	+	+	+	+
40. *Herpetocypris brevicaudata*	+	+	+	+	+		+
41. *Herpetocypris chevreuxi*				+			
42. *Herpetocypris ehringsdorfensis*		+	+				
43. *Herpetocypris reptans*	+	+	+	+			+
44. *Herpetocypris* sp.		+					
45. *Ilyodromus olivaceus*	+	+	+	+	+	+	+
46. *Cypris pubera*	+	+	+	+			
47. *Dolerocypris fasciata*			+	+			
48. *Cypridopsis* cf. *parva*				+			
49. *Cypridopsis subterranea*		+	+	+	+	+	
50. *Cypridopsis vidua*	+		+	+	+		
51. *Potamocypris maculata*	+	+	+		+	+	
52. *Potamocypris wolfi*	+	+	+	+	+	+	+

H. sp. sind bisher nur aus dem Pleistozän bekannt.

Akzessorische Elemente der Travertinfauna

In der unmittelbaren Umgebung von Stätten der Travertinbildung befinden sich oft Gewässer mit einer euryöken Ostrakodenfauna. Wenn sich im Laufe der Travertinabscheidung die Travertinsedimentation seitlich verlagert, findet man innerhalb des Profils Sedimente aus dem Nachbarraum des eigentlichen Travertingebiets. Dann stößt man auf Ostrakodenfaunen, die zwar durch das Quellenmilieu beeinflußt sein können, aber sonst Arten enthalten, die für die Travertinfazies fremd sind.

Hierzu zählen wir *Limnocythere baltica* und *L. inopinata*, *Metacypris cordata*, *Ilyocypris gibba*, *Candona compressa*, *C. fabaeformis*, *C. lobipes*, *C. neglecta*, *C. rawsoni*, *Paracandona euplectella*, *Notodromas monacha*, *Cyprois marginata*, *Heterocypris incongruens*, *Cypris pubera*, *Dolerocypris fasciata* und *Cypridopsis vidua*.

Von mehr oder weniger euryöken Arten, die bereits in Quellen gefunden wurden, nennen wir *Cyclocypris laevis*, *C. ovum*, *Cypria ophthalmica*,

Eucypris virens, Herpetocypris reptans, Darwinula stevensoni.

3.5. Bemerkungen zu *Cyclocypris* sp.

Taf. 26, Fig. 3, 4

1975 *Cyclocypris ovum* (JURINE, 1820) G. W. MÜLLER, 1912. — DIEBEL & WOLFSCHLÄGER, S. 107, Taf. VIII, Fig. 12
1975 *Cyclocypris* cf. *serena* (KOCH, 1837). — DIEBEL & PIETRZENIUK, S. 34, Taf. V, Fig. 5, 6
1977 *Cyclocypris* sp. — DIEBEL & PIETRZENIUK, S. 131, Taf. VI, Fig. 7, 8, 10

Diese Art ist im Material von Taubach vorhanden und wurde dort beschrieben sowie gegen *C. laevis* und *C. ovum* abgegrenzt. Bezeichnend ist u. a. in Seitenansicht der zweifache Knick des Dorsalrandes.

Die Art ist für alle von uns untersuchten thüringischen Travertine charakteristisch. Sie wurde bisher zu *Cyclocypris ovum* bzw. zu *C.* cf. *serena* gestellt (siehe Synonymie-Angaben). Da unsere *Cyclocypris* sp. wahrscheinlich heute noch lebend vorkommt, wird hier von einer artlichen Benennung abgesehen. Wir möchten Lebendfänge abwarten, um für eine Beschreibung auch die Weichteilmerkmale berücksichtigen zu können.

4. Sonstige bemerkenswerte Mikrofossilien

a) Fischreste

Im unteren Teil (0,0—0,5 m) des Profils 4, Entnahmepunkt 4 (Abb. 2), fanden sich 5 Otolithen von *Cottus gobio* (L.), vgl. HEBIG (1978) sowie wenige Schlundzähne

b) *Taubachia* sp.

Die von H. ZEISSLER in Taubach und Weimar entdeckten Problematika, die von ihr als *Taubachia kahlkei* beschrieben wurden, konnten auch im Travertin von Burgtonna festgestellt werden. Einige Fragmente stammen aus den Profilen I und Ib; Proben 8132 und 8147, Entnahmepunkt 1 (Abb. 2).

5. Zusammenfassung

Die Ostrakodenfauna aus dem eeminterglazialen Travertin von Burgtonna wurde untersucht. 26 Arten wurden festgestellt, unter denen *Potamocypris wolfi, Ilyocypris bradyi, Cyclocypris* sp. und *C. laevis* dominieren. Eine charakteristische Probe (100 g) wurde quantitativ ausgewertet (Abb. 3).

Die Fauna von Burgtonna entspricht dem Biotop kalter, kalkhaltiger Quellen, die z. T. schwach salinar beeinflußt sind. Sie wird mit drei pleistozänen und drei holozänen Travertinfaunen verglichen (Tabelle). Bemerkungen über typische Bestandteile von Travertinfaunen, über Salzanzeiger, regionale Zeitmarken, akzessorische Elemente und *Cyclocypris* sp. folgen.

Резюме

Исследована остракодовая фауна из травертинов эемского межледниковья Бургтонны. Среди 26 найденных видов преобладают *Potamocypris wolfi, Ilyocypris bradyi, Cyclocypris* sp. и *C. laevis*. Один характерный образец (100 г) подвергнулся количественному анализу (рис. 3).

Фауна из Бургтонны соответствует биотопу холодных, известковых, отчасти соленоватых источников. Она сравнивается с тремя плейстоценовыми и тремя голоценовыми фаунами, известными из травертинов (табл.). Далее приводятся данные о типичных компонентах травертиновых фаун, показателях солености, региональных возрастных указаниях, акцессорных элементах и *Cyclocypris* sp.

Summary

The fauna of ostracodes from the Eem-interglacial travertine of Burgtonna was studied. The occurrence of 26 species was established; among them *Potamocypris wolfi, Ilyocypris bradyi, Cyclocypris* sp. and *C. laevis* dominate. A typical sample (100 g) was analyzed quantitatively (fig. 3).

The fauna of Burgtonna corresponds with the biotope of cold limy springs, partly influenced by a low salinity. It is compared with three Pleistocene and three Holocene travertine faunas (table). Remarks on typical components of travertine faunas, on indicators of salinity, regional guide fossils, accessoric elements and on *Cyclocyris* sp. are following.

Résumé

La faune d'ostracodes du travertin eem-interglaciaire de Burgtonna était étudiée. La présence de 26 espèces était constatée, parmi lesquelles *Potamocypris wolfi, Ilyocypris bradyi, Cyclocypris* sp. et *C. laevis* dominent. Un échantillon caractéristique (100 g) était analysé quantitativement (fig. 3).

La faune de Burgtonna correspond au milieu des sources froides calcaires, en partie influencées par une petite salinité. Elle est comparée avec trois faunes de travertin pléistocènes et trois faunes de travertin holocènes (tableau). Remarques sur quelques éléments typiques des faunes de travertin, sur les indicateurs d'une petite salinité, les fossiles caractéristiques régionaux, les éléments accessoires et sur *Cyclocypris* sp. suivent.

6. Literatur

ABSOLON, A.: Ostracoden aus einigen Profilen spät- und postglazialer Karbonatablagerungen in Mitteleuropa. — Mitt. Bayer. Staatsslg. Paläont. hist. Geol. **13**, 47—94, München 1973.

DEVOTO, G.: Lacustrine Pleistocene in the Lower Liri Valley (Southern Latium). — Geologica Romana, **4**, 291—368, Rom 1965.

DIEBEL, K., & PIETRZENIUK, E.: Ostracoden aus dem holozänen Travertin von Bad Langensalza. — Quartärpaläontologie **1**, 27—55, Berlin 1975.

— Ostracoden aus dem Travertin von Taubach bei Weimar. — Quartärpaläontologie **2**, 119—137, Berlin 1977.

DIEBEL, K., & WOLFSCHLÄGER, H.: Ostracoden aus dem jungpleistozänen Travertin von Ehringsdorf bei Weimar. — Abh. zentr. geol. Inst. **23**, 91—136, Berlin 1975.

HARTMANN, G., & PURI, H. S.: Summary of neontological and paleontological classification of ostracoda. — Mitt. Hamburg. Zool. Mus. Inst. **70**, 7—73, Hamburg 1974.

HEBIG, W.: Otolithen von Cottus gobio (L.) (Osteichtyes, Cottidae) aus dem eem-interglazialen Travertin von Burgtonna (Thüringen). — Zool. Abh. Mus. Tierkd. **35**, 141—160, Dresden 1978.

JORDAN, H., BERNSTORFF, U., & GRÜNDEL, J.: Die Ostracoden des Älteren Travertins (Pleistozän) von Mühlhausen (Thür.). — Freiberger Forsch.-H. **C 125**, 65 bis 125, Berlin 1962.

KEMPF, E. K.: Ökologie, Taxonomie und Verbreitung der nichtmarinen Ostrakoden-Gattung *Scottia* im Quartär von Europa. — Eiszeitalter u. Gegenwart **22**, 43—63, Öhringen 1971.

Quartärpaläontologie	3	93–95	Berlin, Dezember 1978

Fossile Insektenreste aus letztinterglazialen Travertinen Thüringens

Von DIETRICH VON KNORRE, Jena

Mit Tafel 27 und 28

Inhalt

1. Abstractum

Beschrieben werden fünf Fundstücke fossiler Insekten aus Aufschlüssen eeminterglazialer Travertine von Weimar, Ehringsdorf und Burgtonna (Thüringen). Als mögliche Ursache für die Seltenheit derartiger Reste in Süßwasserkalkablagerungen wird die Zerstörung des chitinigen Exoskeletts durch das von bodenbewohnenden Mikroorganismen ausgeschiedene Ferment Chitinase diskutiert.

Описываются пять остатков ископаемых насекомых из обнажений травертинов эемского межледниковья из Веймара, Эрингсдорфа и Бургтонны (Тюрингия). Возможной причиной редкостью таких находок в пресноводных известковистых отложениях считается разурщение хитинозного экзоскелета выработанным почвенными микроорганизмами ферментом хитиназ.

Five specimens of fossil insects found in exposures of Eemian interglacial travertines of Weimar, Ehringsdorf and Burgtonna (Thuringia) are described. As a possible cause of the rareness of such remains in fresh-water calcareous deposits the destruction of the chitinous exoskeleton by the chitinase ferment eliminated by soil-inhabiting microorganisms is discussed.

2. Einleitung

Die Schalen von Mollusken sowie die Knochenreste der Wirbeltiere besitzen für faunengeschichtliche Aussagen aus interglazialen Süßwasserkalkablagerungen eine große Bedeutung. Demgegenüber wurden Insektenreste bislang nur selten geborgen. Ihr schlechter Erhaltungszustand, der häufig nur eine grobe systematische Zuordnung gestattet, mag neben der Seltenheit derartiger Reste eine Hauptursache für die fehlenden Hinweise auf derartige Funde sein. Eine mögliche Erklärung für die geringe Zahl an Insektenfundstücken könnte in der Tatsache begründet sein, daß das chitinige Exoskelett von Chitinase bildenden Mikroorganismen (SCHLEGEL 1972, S. 334/335) rascher zersetzt wird, als sich ein fester Kalkmantel bzw. Kalkkern ablagern kann. Anders verhält es sich dagegen mit Gehäusen z.B. von Trichopteren aus pflanzlichen oder anorganischen Bestandteilen sowie Fraßspuren von Insekten an Pflanzenteilen. Derartige Objekte dürften bei entsprechender Suche in genügender Zahl auffindbar sein. So beschrieb z.B. CLAUS (1958) das Fraßbild des Splintkäfers *Scolytus tiburtinus* CLAUS aus den Travertinen von Mühlhausen. Die Ablagerung von Kalk in bzw. auf den abgestorbenen Insekten ergeben bei Negativabdrücken sehr saubere Oberflächen, die auch feinste Strukturen erkennen lassen. Demgegenüber führt die Auflage einer Kalkschicht, zumal sie an den einzelnen Körperteilen nicht gleichmäßig erfolgen dürfte, zu beträchtlichen Veränderungen, die die sichere Zuordnung erschweren. Die mir zur Bearbeitung überlassenen Fundstücke weisen beide genannten Merkmale der Kalkauflage bzw. des Negativabdrucks auf.

3. Beschreibung der fossilen Insektenreste

3.1. Puppe von *Celerio* sp. (Sphingidae — Lepidoptera)

Taf. 27, Fig. 2

Funddaten: Weimar-Ehringsdorf 1970. IQW 1970/12773 (Ehr. 13207)

Das Fundstück besteht aus dem caudalen Teil des durch Kalkinkrustierung versteinerten äußeren Gespinstkokon und Resten der Kalkhülle, die auf der Puppenkutikula abgelagert wurden. Die chitinigen Teile sind anschließend herausgelöst worden. Deutlich eingeprägt lassen sich in der Kalkumhüllung die abdominalen Chitinringe und das zur Verankerung in der Kokonwandung dienende Hinterende der Puppe (Cremaster) erkennen. Äußere Abmessungen des Kokons — Länge 47 mm, Breite 24 mm; Innenmaße der Puppe — Länge 26 mm, Breite 11 mm.

Die Art der Ausbildung des Kokons und die Größe entsprechen derjenigen, die von den beiden Arten *Celerio euphorbiae* und *Celerio galii* bekannt sind. Eine eindeutige Zuordnung zu einer dieser beiden Arten ist jedoch nicht möglich.

3.2. Larve einer Steinfliege (Plecoptera)

Taf. 27, Fig. 1

Funddaten: Travertin von Weimar, Bruch Ulle, vor 1900 gefunden. IQW 1972/13430 (Weimar 417)

An dem Fundstück ist die Ventralseite des Insektes sichtbar, der Kopf fehlt, die Cerci liegen z. T. frei. Durch die Kalkauflagerungen sind die Extremitäten und Cerci erheblich verstärkt und lassen somit keine Feingliederung erkennen. Eingebettet liegt dieses Objekt zwischen versinterten Stengeln und Blättern von *Phragmites*. Die seitliche Stellung der Extremitäten, insbesondere der weite Abstand zwischen der jeweiligen Coxa der linken und rechten Körperseite, entspricht der, die für ein im Wasser lebendes Insekt charakteristisch ist. Die geraden, sich langsam verjüngenden Cerci tragen eine dicke Kalkauflage, die bedauerlicherweise keine Aussage über die Feinstruktur der darunter befindlichen Kutikula zuläßt.

Länge der Larve, ohne Kopf und Cerci — 13 mm
Länge der Cerci, soweit frei sichtbar — 5 mm

Gegen die Vermutung, daß es sich auf Grund der kräftigen Cerci bei diesem Insekt um einen Vertreter der landbewohnenden Dermaptera (Ohrwürmer) handeln könne, spricht die mehr seitliche Einlenkung der Extremitäten im vorliegenden Fall und die Form der Cerci. Bei den größeren Vertretern der Dermaptera tragen die Cerci auf der Innenseite meist Zähnchen und ihre Spitzen sind zangenartig zusammengebogen.

3.3. Abdruck der Flügeldecke eines Vertreters der Unterordnung

Polyphaga (Coleoptera)

Taf. 28, Fig. 1

Funddaten: Travertin von Burgtonna 1972. IQW 1972/13456 (Burgt. 13750)

Sehr poröser Steinkern eines mittelgroßen Käfers. Nur Teile der hinteren rechten Flügeldecke sind als Abdruck deutlich erkennbar. Flügeldecke gestreckt — mindestens 15 mm lang — die Ränder einander parallel verlaufend: maximale Breite der rechten Flügeldecke im Mittelabschnitt 5 mm. Auffallend ist die relativ starke Wölbung und der steile Abfall der Flügeldecke an der Spitze.

Eine eindeutige Zuordnung dieses Fundstückes zu einer Käferfamilie kann nicht gegeben werden, da sowohl innerhalb der Dermestidae als auch der Chrysomelidae und Cerambycidae Arten mit derartig gestalteten Elytren vorkommen.

3.4. Abdruck der Elytren von *Carabus* sp.

(Carabidae — Coleoptera)

Taf. 28, Fig. 2

Funddaten: Travertin von Burgtonna 1972. IQW 1973/13685 (Burgt. 13818)

Steinkern mit sehr sauberem Abdruck der gesamten Unterseite beider Elytren; Medianlinie der Flügeldeckennaht rinnig vertieft, Epipleuren ebenfalls als Vertiefung, nach dem ersten Viertel der Flügeldecken als Doppelrinne zu erkennen. Die Fläche der Flügeldecken ist glatt und zeigt keine längsrippenartigen Bildungen, lediglich am Flügelvorderrand oberhalb der von den Epipleuren verursachten Rinne eine Längsreihe sehr kleiner knötchenartiger Höcker. Länge der Elytren 23 mm, größte Breite beider Flügeldecken zusammen 12,5 mm.

Wie Vergleiche mit rezentem Material ergaben, liegt hier eindeutig der Abdruck der Unterseite der Elytren vor, während die chitinigen Teile völlig zersetzt wurden. Das bei Käfern häutige zweite Flügelpaar kann nicht störend wirken, da es bei der Gattung *Carabus* völlig reduziert ist.

Als Folge der Flugunfähigkeit ist die Gattung *Carabus* sehr artenreich und neigt zur Ausbildung von Lokalformen, die sich insbesondere in der Ausbildung der Rippen auf den Elytren, deren Form und auch der Körpergröße unterscheiden. Nach der Feinstruktur und Form kann der vorliegende Abdruck einem Vertreter aus der nächsten Verwandtschaft der Arten *Carabus coriaceus* oder *Carabus violaceus* zugeordnet werden.

3.5. Röhren von Chironomidenlarven (Diptera)

Taf. 27, Fig. 3

Funddaten: Travertin von Burgtonna 1973. IQW 1973/13686 (Burgt. 13819)

Auf der gesamten Fläche des Fundstückes von 8 × 10 cm sind gewundene Gänge von 1 mm Breite und maximal 30 mm Länge ausgebildet. Die geglättete Wandstruktur läßt darauf schließen, daß diese Röhren im noch weichen Schlick durch aktive Einarbeitung von organischem Material durch die Insektenlarven angelegt wurden. Da alle Gänge seitlich offen sind, oberflächlich liegen bzw. nur geringfügig in das Material eingegraben wurden, ist anzunehmen, daß das Stück zur Zeit der Besiedlung mit den Larven an einem andersartigen Substrat — eventuell Laub oder Holz — angelegen hat. Somit dürfte die Entstehung dieser Röhren in ähnlicher Weise erfolgt sein, wie es bei der Bildung der sogenannten „Chironomidentuffe" (Platzer-Schultz 1974) zu beobachten ist. Hierbei wird auf den festen Gespinströhren im fließenden Wasser ausgefällter Kalk abgelagert. Im vorliegenden Fall scheint es sich jedoch um eine Bildung aus dem Stillwasserbereich zu handeln.

Der Aussagewert der vorliegenden Fundstücke für faunen- bzw. klimageschichtliche Betrachtungen ist relativ gering. Neben ihrer geringen Zahl und der Fragwürdigkeit einer eindeutigen Zuordnung dieser Reste zu einer bestimmten Art ist es die Tatsache, daß die Vertreter der hier vorliegenden Insektengattungen auch heute eine sehr weite Verbreitung aufweisen. Damit sei aber ihr Wert zur Vervollständigung unserer Vorstellungen über die eemzeitliche Fauna in Thüringen nicht geschmälert.

4. Zusammenfassung

Aus Travertinablagerungen konnten fünf Fundstücke mit Insektenresten geborgen werden, bei denen es sich um Reste von zwei Käfern, eine Steinfliegenlarve, einen Schmetterlingskokon und das Röhrensystem von Zuckmücken handelte. Während Kalkauflagerung zur Verwischung der Konturen führt, ergeben Negativabdrücke sehr saubere und daher eindeutig zu determinierende Objekte. Als Ursache des seltenen Auffindens von Insektenresten in Travertinablagerungen wird die rasche Chitinzerstörung durch Mikroorganismen diskutiert.

Резюме

В травертиновых отложениях были найдены пять остатков насекомых, а именно фрагменты двух жуков, личинка каменистой мухи, остаток бабочки и трубчатия система комаров. Перекрытие известью привело к стиранию контур, а негативные отпечатки дают чистые и хорошо определимые объекты. Причиной редкостью нахождения фрагментов насекомых считается быстрое разрушение хитина микроорганизмами.

Summary

Five specimens of insect remains were found in travertine deposits and include those of two beetles, a stone-fly larva, a butterfly knob, and the tube system of jerking gnats. While contours become effaced by depositing lime, negative imprints show very clean objects that can clearly be determined. The rapid destruction of chitin by microorganisms is discussed as a cause of rare discoveries of insect remains in travertine deposits.

5. Literatur

CLAUS, H.: Ein neuer Splintkäfer (*Scolytus tiburtinus* n. sp.. aus dem Diluvialtravertin Nordwestthüringens. Beitr. Entomol. 8, 5/6, 710–716, Berlin 1958.

PLATZER-SCHULTZ, I.: Unsere Zuckmücken. — Wittenberg 1974.

SCHLEGEL, H. G.: Allgemeine Mikrobiologie. — 2. Aufl., Stuttgart 1972.

Quartärpaläontologie	3	97–102	Berlin, Dezember 1978

Reptilienreste aus dem jungpleistozänen Travertin von Burgtonna in Thüringen

Von HERBERT ULLRICH, Berlin, & MARIAN MŁYNARSKI, Kraków

Mit einer Abbildung und Tafel 29–31

Inhalt

1. Abstractum

Aus den jungpleistozänen Travertinablagerungen von Burgtonna, Kr. Bad Langensalza, werden Funde von *Emys orbicularis* (LINNAEUS) beschrieben. Älteres Fundmaterial enthielt auch Reste von *Natrix natrix* (LINNAEUS).

Anhand einer Zusammenstellung der Fossilfunde wird die Verbreitung von *Emys orbicularis* während des Pliozäns und Pleistozäns aufgezeigt.

Описываются находки *Emys orbicularis* (LINNAEUS) из верхнеплейстоценовых травертиновых отложений Бургтонны (район Бад Лангензальца). Среди более ранних находок представлен *Natrix natrix* (LINNAEUS). На основе составления всех находок прослеживается распространение *Emys orbicularis* во время плиоцена и плейстоцена.

From the Upper Pleistocene travertine deposits of Burgtonna, urban district of Bad Langensalza, finds of *Emys orbicularis* (LINNAEUS) are described. Older finds also contained remains of *Natrix natrix* (LINNAEUS). A review of the finds of fossils serves to show the distribution of *Emys orbicularis* during the Pliocene and Pleistocene.

2. Beschreibung des Fundmaterials

Amphibienreste aus den Travertinablagerungen von Burgtonna sind bisher weder in der Literatur beschrieben worden noch befinden sich solche unter dem zur Untersuchung gelangten Fundmaterial. Die Reptilien sind lediglich durch eine Schlangenart und die Sumpfschildkröte vertreten.

SCHÄFER (1909) untersuchte Schädelteile (darunter einen Kiefer mit 7 hakenförmigen Zähnen) sowie eine größere Anzahl von Wirbeln und Rippen einer Schlange, die in der Größe etwa der unserer Ringelnatter (*Natrix natrix*) entsprechen. Eine genauere Artdiagnose wird von SCHÄFER jedoch aus Mangel an Vergleichsmaterial nicht gegeben. Für eine Nachuntersuchung stand dieses Fundmaterial nicht mehr zur Verfügung. Weitere Schlangenreste sind aus den Travertinablagerungen nicht bekannt geworden.

Emys orbicularis (LINNAEUS, 1758)

Die erste Beschreibung eines Sumpfschildkrötenfundes aus Burgtonna erfolgte durch VOIGT (1786). Ihr lag der größte Teil einer linken Hälfte des Rückenpanzers aus der BLUMENBACH-Sammlung in Göttingen[1]) zugrunde, der auf eine Gesamtlänge von 17–18 cm und eine Breite von 12–14 cm schließen ließ. Nach Angaben von VOIGT soll dieses Fundstück aus einer Schicht „Sand mit blauem Ton" unterhalb des Travertinkomplexes geborgen worden sein. Dieses Exemplar gab nach GEINITZ (1877) — nachdem CUVIER (1812) und v. SCHLOTHEIM (1820) für Burgtonna neben *Emys* auch *Trionyx* erwähnt hatten — wahrscheinlich die Veranlassung zur Aufstellung der neuen Spezies *Trionyx Schlotheimii* FITZ. (FITZINGER 1836), auf die sich auch MAACK (1869) bezieht. GEINITZ (1877) hat dann jedoch darauf hingewiesen, daß in dem Fundstück von Burgtonna keine *Trionyx*, sondern eindeutig die Reste einer *Emys orbicularis* vorliegen.

Zwei weitere Schildkrötenfunde aus Burgtonna werden von HELLMANN (1862) erwähnt. Während das eine Exemplar in die Hände von LYELL gelangte[2]), bestand das zweite, damals im Herzoglichen Naturalienkabinet zu Gotha verbliebene[3]) nach einer Abbildung von HELLMANN (1862, Taf. 3, Fig. 7, 8) aus einem Konglomerat von Plattenfragmenten und mehreren (sechs davon sind deutlich zu erkennen), z. T. aufgebrochenen Eiern. Die Schildkröteneier entsprechen in Form und Größe nach v. MEYER (1867) völlig denen rezenter *Emys orbicularis*.

Im Museum der Natur in Gotha (NG) werden zwei Sumpfschildkrötenfunde (NG Burgt. 2973a, b; ohne nähere Angaben über Fundumstände) aufbewahrt, die in einer früheren Publikation (ULLRICH 1956) bereits eingehend beschrieben worden sind. Nach KURCK (1917) soll eines der beiden Exemplare in Burgtonna (1914), das andere in Gräfentonna gefunden worden sein.

NG Burgt. 2973a (Taf. 29, Fig. 2): Es liegt ein Steinkern der hinteren zwei Drittel eines Rückenpanzers mit zum Teil anhaftenden Resten der seitlichen Randpartien des Knochenpanzers vor. Der vordere Teil des Rückenpanzers und das Plastron waren wahrscheinlich schon vor der Fossilisierung abgefallen. Die Länge des Steinkerns beträgt 93 mm, die

[1]) Das Fundstück ist in der Paläontologischen Sammlung der Universität Göttingen nicht mehr vorhanden.
[2]) Der Verbleib dieses Fundstückes ist unbekannt. Nach brieflicher Mitteilung (1973) von Dr. Ch. Turner, University of Cambridge, könnte es sich jedoch im Besitz der Familie Lyell in Schottland befinden.
[3]) Im Museum der Natur in Gotha nicht mehr vorhanden.

größte Breite 107 mm. Nach diesen Maßen dürfte ursprünglich ein nahezu ausgewachsenes Exemplar mit einer Carapaxlänge von 15—16 cm vorgelegen haben. Auffallend erscheint die hinten sehr stark zugespitzte Form des Rückenpanzers.

NG Burgt. 2973b (Taf. 30): Das zweite Fundstück ist ebenfalls als Steinkern erhalten. Es umfaßt den nahezu vollständigen Rückenpanzer (lediglich in den beiden seitlichen Randpartien und am kaudalen Ende sind Substanzverluste und Beschädigungen vorhanden) und Teile des Plastrons. Vom Innenskelett sind die ersten vier Wirbelkörper und die abgebrochenen Pleuralfortsätze erkennbar. Die Knochenplatten fehlen wie bei dem ersten Exemplar bis auf geringe Reste. Die auf dem Steinkern sehr gut sich abzeichnenden Suturenverläufe zeigen, daß das Pleurale I beiderseits zweigeteilt und das Neurale I von hexagonaler Form gewesen ist. Obwohl Abweichungen im Bau des Panzers von *Emys orbicularis* mehrfach an fossilem und rezentem Fundmaterial beschrieben worden sind, dürfte es sich im vorliegenden Fall jedoch um eine sehr seltene individuelle Variation handeln. Die Länge des vorliegenden Steinkernes beträgt 110 mm und läßt auf ein noch nicht erwachsenes Tier von etwa 12,5 cm Panzerlänge schließen.

Bisher unveröffentlicht sind weitere Funde von *Emys orbicularis* aus dem Travertin von Burgtonna, die uns vom Institut für Quartärpaläontologie in Weimar[4]) zur Untersuchung übergeben wurden.

IQW 1974/14180 (Burgt. 14045) (Taf. 31): Das aus alten Beständen des Museums für Ur- und Frühgeschichte Thüringens in Weimar stammende Fundstück besteht aus der aus zahlreichen Bruchstücken zusammengesetzten unvollständigen rechten Carapaxhälfte mit medianen Teilen der linken. Das kraniale und kaudale Ende des Rückenpanzers fehlen, desgleichen die hinteren rechten Peripheralia. Die Nähte zwischen den einzelnen Knochenplatten sind nur sehr undeutlich, zuweilen nicht mehr erkennbar. Recht deutlich markiert sind dagegen die Grenzen zwischen den Hornschildern. Die Carapaxoberfläche ist im rechten vorderen Bereich versintert. Die Innenfläche zeigt etwa zur Hälfte eine dicke Travertinverkrustung, die auch die erhaltenen Wirbel der vorderen Carapaxhälfte vollständig umschließt. Die Umrißform des Carapax ist auffallend regelmäßig oval gestaltet, die größte Breite findet sich nur wenig hinter der Carapaxmitte. Insgesamt dürfte die vordere Carapaxhälfte etwas voller gerundet gewesen sein als die hintere. In sagittaler Richtung erscheint der Rückenpanzer flach gewölbt, kaudalwärts etwas stärker abfallend als kranialwärts. Im Bereich der Neuralschilder ist eine starke transversale Abflachung zu beobachten, unmittelbar in der Medianen eine leichte Aufwölbung. Die Länge des erhaltenen Fundstücks beträgt 137 mm, die Breite 106 mm. Da die fehlenden Teile der rechten Carapaxhälfte sich ohne Schwierigkeiten ergänzen lassen, kann auf einen Rückenpanzer von 15—16 cm Länge, 13 cm Breite und 5,5 cm Höhe geschlossen werden.

NG Burgt. 1672/73: Es liegen je ein größeres Bruchstück aus dem vorderen (NG Burgt. 1673) und hinteren (NG Burgt. 1672) medianen Bereich eines Rückenpanzers mit anhaftenden Wirbelkörpern und Pleuralfortsätzen vor. Die Oberfläche beider Stücke ist teilweise mit einem hellbraunen Sinterüberzug bedeckt. Beide Carapaxreste gehören zu einem Individuum. Nach der Größe der erhaltenen Knochenplatten und erkennbaren Schildergrenzen zu urteilen, dürfte ein größerer Rückenpanzer als bei dem Exemplar IQW 1974/14180 vorgelegen haben.

IQW 1971/13109 (Burgt. 13505) (Taf. 29, Fig. 1): Aus der N-Wand der Travertinablagerungen, etwa 0,5 m unterhalb des *Helicigona-banatica*-Horizontes, stammt ein größeres, längliches Schalenbruchstück eines Eies, das teilweise zerbrochen ist und dessen beide Pole gut erkennbar sind. Mit einer größten Länge von 32—33 mm, einer größten Breite von 20—21 mm und seiner langelliptischen bis walzenförmigen Form entspricht es völlig den aus den Travertinen von Weimar-Ehringsdorf und Taubach untersuchten Eischalen der Sumpfschildkröte (ULLRICH 1956; MŁYNARSKI & ULLRICH 1975, 1977). Ein weiteres Eischalenfragment befindet sich auf einem anderen Gesteinsbrocken.

Möglicherweise sind die von LYELL (1857/58)[5]) um 1850 in Burgtonna entdeckten „vier Schlangeneier" ebenfalls als solche von *Emys orbicularis* anzusehen. Auch die Sumpfschildkröteneier aus dem Travertin von Weimar-Stadt waren zunächst als Schlangeneier bestimmt worden (vgl. ULLRICH 1956).

Außerdem befindet sich noch ein kleines Bruchstück eines Schildkrötenpanzers aus den Travertinen von Burgtonna in der Sammlung JOHANN WOLFGANG V. GOETHES. Die Aufschrift auf dem Etikett ist von GOETHES Sohn AUGUST mit Tinte geschrieben: „Fragment einer fossilen Schildkrötenschale von Burgtonna im Gothaischen". Zur Datierung der Erwerbung des Fundes kann aufgezeigt werden, daß bis 1813 dieses Inventarstück (aus GOETHES „Sammlung zur gesamten Mineralogie") XVI, 9, 18, nicht in den Katalogen GOETHES erscheint, es also nach 1813 erworben worden ist (schriftliche Mitteilung von Frau Dr. M.-L. KAHLER, Wissenschaftliche Mitarbeiterin der Nationalen Forschungs- und Gedenkstätten der klassischen deutschen Literatur in Weimar, Goethe-Nationalmuseum).

3. Faunistische Bemerkungen

Im Gegensatz zur Herpetofauna der Travertinablagerungen von Weimar-Ehringsdorf (*Rana* cf. *arvalis, Natrix natrix, Elaphe* cf. *longissima, Emys orbicularis*) und Taubach (*Bufo bufo, Rana* cf. *temporaria, Natrix natrix, Elaphe* cf. *longissima, Emys orbicularis*) fehlen in Burgtonna bisher Reste von Amphibien und von der Äskulapnatter (MŁYNARSKI & ULLRICH 1975, 1977). Eine weitaus artenreichere Herpetofauna im Vergleich zum Travertin von Burgtonna weisen die ebenfalls noch jungpleistozänen (wärmeres Interstadial der Weichsel-Kaltzeit) Deckschichten (*Pelobates fuscus, Bufo viridis, Rana temporaria, Rana* cf. *arvalis, Rana* sp., *Natrix* cf. *natrix, Lacerta* sp.) auf (MŁYNARSKI, BÖHME & ULLRICH 1978, in diesem Band).

4. Verbreitung von *Emys orbicularis* L. während des Pliozäns und Pleistozäns

In der Europäischen Sumpfschildkröte tritt uns eine phylogenetisch ausgesprochen langlebige Form entgegen. Panzerreste, Schädelfragmente und Skelettknochen, die infolge größter Ähnlichkeit gegenüber analogen Skeletteilen rezenter Exemplare der Art *Emys orbicularis* — vorbehaltlich gegebenenfalls doch bestehender Unterschiede in bisher nicht erschließbaren Merkmalen mit aff. oder cf. bezeichnet (MŁYNARSKI 1969) — zugewiesen werden müssen, liegen bereits aus oberpliozänen Schichten vor. Während des Pleistozäns war die Sumpfschildkröte weitaus häufiger und großräumiger verbreitet.

Eine erste Zusammenstellung der Fundorte fossiler Sumpfschildkrötenreste hat KURCK (1917) gegeben. Obwohl KURCK unter den Fossilfunden auch

[4]) Die Verfasser sind dem Direktor des Instituts für Quartärpaläontologie in Weimar, Herrn Dr. Dr. H.-D. KAHLKE, für die Überlassung des Fundmaterials zur Untersuchung zu größtem Dank verpflichtet.

[5]) Herrn Dr. H. CLAUS, Mühlhausen, verdanken wir den Hinweis auf die entsprechende Literaturstelle bei LYELL (1857/58, Bd. 1, S. 165).

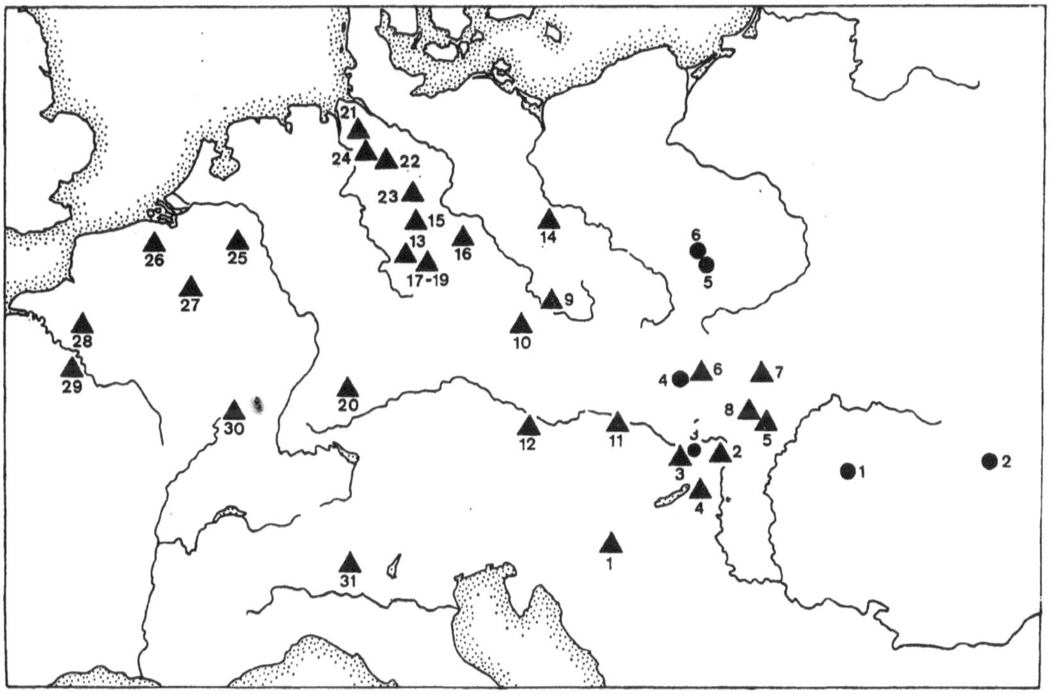

Abb. 1. Verbreitungskarte der endpliozänen und pleistozänen Fossilreste von *Emys orbicularis* (Zusammenstellung Ullrich 1974)
● – endpliozän; ▲ – pleistozän; Beschreibung der Fundorte im Text

alle subfossilen Reste aufführt, wird in der beigefügten Karte nach Fundorten pleistozänen und holozänen Alters unterschieden. Von den insgesamt verzeichneten 26 pleistozänen Fundstellen sind einige zeitlich jedoch als jünger einzustufen[6]). Neuere Funde sind vor allem aus endpliozänen, aber auch aus pleistozänen Schichten bekannt geworden.

A. Pliozäne Fundorte (●, Abb. 1): 1 — Barault Capeni (Rumänien): Oberes Pliozän (Szalai 1934, Młynarski 1966); 2 — Brusturi (Rumänien): Pliozän/Oberes Pannon (Młynarski 1966); 3 — Süttő (Ungarn): Oberes Pliozän, Grenze zum Pleistozän (Szalai 1934; Młynarski 1966); 4 — Ivanovce (ČSSR): Oberes Pliozän (Młynarski 1963); 5 — Rębielice Królewskie (Polen): Oberes Pliozän (Młynarski 1964a); 6 — Węże (Polen): Oberes Pliozän (Młynarski 1953, 1955)[7]).

B. Pleistozäne Fundorte (▲, Abb. 1): 1 — Krapina (Jugoslawien): Würm I/II-Interstadial (Malez 1972); 2 — Budapest (Ungarn): Pleistozän (Kornhuber 1901, Szalai 1934, Młynarski 1966); 3 — Dunaalmás (Ungarn): Altpleistozän (Szalai 1934, Młynarski 1966); 4 — Kisláng (Ungarn): Altpleistozän/Villafranchium (Młynarski 1966); 5 — Uppony (Ungarn): Mittelpleistozän/Biharium (Młynarski 1966); 6 — Bojnice (ČSSR): Pleistozän (?) (Skutil 1960); 7 — Gánovce (ČSSR): Eem-Interglazial (Štěpánek 1934, Vlček 1969); 8 — Hajnáčka (ČSSR): Altpleistozän/Unteres Villafranchium (Szalai 1934, Młynarski 1963, 1966); 9 — Předletice (ČSSR): Cromer-Interglazial (Skutil 1960); 10 — Zlatý Kůň (ČSSR): Cromer-Interglazial (Młynarski 1964b); 11 — Wien (Österreich): Pleistozän (v. Reinach 1900, Toula 1901); 12 — (Österreich): Pleistozän (v. Reinach 1900); 13 — Burgtonna (DDR): Eem-Interglazial (v. Schlotheim 1820, Hellmann 1862, Ullrich 1956); 14 — Klinge (DDR): Holstein-Interglazial (?) (Nehring 1895); 15 — Osterode am Fallstein (DDR): Eem-Interglazial (Kurck 1917, Hemprich 1932); 16 — Rabutz (DDR): Eem-Interglazial (Kurck 1917, Soergel 1920); 17 — Taubach (DDR): Eem-Interglazial (Kurck 1917, Młynarski & Ullrich 1976); 18 — Weimar (DDR): Eem-Interglazial (Pohlig 1884, Weiss 1911, Staesche 1926, Ullrich 1956, 1958); 19 — Weimar-Ehringsdorf (DDR): Eem-Interglazial (Soergel 1926, Ullrich 1956, 1958, Młynarski & Ullrich 1975); 20 — Bad Cannstatt (BRD): Eem-Interglazial (Meyer 1837, Staesche 1954); 21 — Godenstedt (BRD): Eem-Interglazial (Schucht 1908; Kurck 1917); 22 — Honerdingen (BRD): Eem-Interglazial (Weber 1896, Kurck 1917, Woldstedt 1954); 23 — Königslutter (BRD): Pleistozän (Kurck 1917); 24 — Nedder-Aversbergen (BRD): Eem-Interglazial (Laufer 1884, Kurck 1917); 25 — Tegelen (Niederlande): Ältestes Pleistozän/Tiglium (Kurck 1917, Schreuder 1946, Regteren Altena 1951, Woldstedt 1969); 26 — Gent (Belgien): Pleistozän (Meyer 1837, Newton 1879, Lydekker 1889, Kurck 1917); 27 — Grotte Trou Félix (Belgien): Pleistozän (Fournier 1903/04, Kurck 1917); 28 — Bresles (Frankreich): Pleistozän (?) (Kurck 1917); 29 — Fontenay-le-Vicomte (Frankreich): Pleistozän (?) (Kurck 1917); 30 — Dept. Vosges (Frankreich): Pleistozän (?) (Lydekker 1889, Kurck 1917); 31 — Leffe (Italien): Pleistozän/Donau II/III-Interstadial bis Günz/Mindel-Interglazial (Cromer) (Sordelli 1872, Portis 1887, Woldstedt 1969); 32 — Zebbug Cave (Insel Malta) Pleistozän (?) (Adams 1877, Lydekker 1889).

Endpliozäne Reste von *Emys orbicularis* liegen bisher lediglich aus dem südöstlichen und östlichen Teil Mitteleuropas (Rumänien, Ungarn, ČSSR, Polen) vor. Während des Pleistozäns stellt die Sumpfschildkröte als thermophiles Element einen charakteristischen Bestandteil vor allem interglazialer

[6]) Die stratigraphische Überprüfung der vor allem aus dem vorigen Jahrhundert vorliegenden Fossilfunde ist mitunter mit recht erheblichen Schwierigkeiten verbunden. Für einige in der folgenden Zusammenstellung mit „Pleistozän (?)" gekennzeichneten Fundorte ist sie noch nicht abgeschlossen. Zu den aus der Fundortliste von Kurck (1917) zu streichenden Fossilresten gehören z. B. offenbar jene aus East Wretham/England (A. Newton 1862) und Mundesley/England (E. A. Newton 1879). In den entsprechenden Originalveröffentlichungen konnten keine Hinweise für ein pleistozänes Alter gefunden werden.

[7]) Aus den pliozänen Schichten von Węże hat Młynarski (1956) den größten Teil der 1953 und 1955 beschriebenen Funde der neuen Art *Emys wermuthi* Młyn zugewiesen.

Faunenkomplexe dar. Am häufigsten findet sie sich in eemzeitlichen Ablagerungen (DDR: Burgtonna, Osterode, Rabutz, Taubach, Weimar, Weimar-Ehringsdorf; BRD: Bad Cannstatt, Godenstedt, Honerdingen, Nedder-Aversbergen; ČSSR: Gánovce), aber auch aus holsteinzeitlichen (DDR: Klinge?) und cromerzeitlichen Schichten (ČSSR: Předletice, Zlatý Kůň) sind Reste bekannt. Noch ältere pleistozäne Fundnachweise datieren aus präglazialen Schichten — Tegelen (Niederlande); Hajnáčka (ČSSR); Dunaalmás und Kisláng (Ungarn) — und schließen sich unmittelbar an die endpliozänen Funde an. Aus kaltzeitlichen pleistozänen Ablagerungen liegen keine *Emys*-Reste vor. Der jüngste pleistozäne Nachweis — Krapina (Jugoslawien) — ist in ein Interstadial der letzten Kaltzeit zu datieren. Während von der überwiegenden Mehrzahl der Fundorte lediglich Reste des Panzers und zuweilen Skelettknochen geborgen werden konnten, haben Burgtonna, Osterode, Taubach, Weimar und Weimar-Ehringsdorf sowie Bad Cannstatt auch Eischalen von *Emys orbicularis* geliefert.

Das nach der vorliegenden Zusammenstellung sich abzeichnende Verbreitungsgebiet von *Emys orbicularis* während des Pleistozäns (Abb. 1) konzentriert sich im wesentlichen auf den mitteleuropäischen Raum. Erst in postglazialer Zeit erreichte die Sumpfschildkröte in Europa ihr Verbreitungsoptimum. Sie drang während des Boreals, als die Temperaturen zunehmend anstiegen, bis nach Dänemark und Südschweden (Skåne, Öland, Östergötland) vor und breitete sich schnell aus. Während des Wärmeoptimums im Atlantikum war sie in diesen Gebieten zahlenmäßig am stärksten vertreten, aber auch in dem etwas kühler werdenden Subboreal noch häufig anzutreffen. Zwischen dem Subboreal und Subatlantikum starb die Sumpfschildkröte in Schweden und Dänemark aus (Kurck 1917, Isberg 1929, Degerbøl & Krog 1951).

5. Klimatische Aussagen

Die vor allem von Isberg (1929) sowie Degerbøl & Krog (1951) aufgezeigte Abhängigkeit der Ausbreitung, Fortpflanzung und des Aussterbens von *Emys orbicularis* in Dänemark und Schweden von den klimatischen Bedingungen während des Boreals bis Subboreals/Subatlantikums und das Zusammenfallen des heutigen Fortpflanzungsgebietes in Mittel- und Westeuropa mit dem Verlauf der 20°-Juliisotherme lassen fossile Sumpfschildkrötenreste als Klimaindikator sehr geeignet erscheinen. Für die Funde aus den Tegelenschichten weist die nach einem Pollendiagramm aufgestellte Klimakurve eine durchschnittliche Julitemperatur von etwa 20 °C aus (Woldstedt 1969). Da für *Emys orbicularis* während des Eem-Interglazials in unserem Gebiet nicht nur ausreichende Existenzbedingungen anzunehmen, sondern auch gute Fortpflanzungs- und Entwicklungsbedingungen (Eischalen von *Emys* an verschiedenen Fundorten) zu vermuten sind, darf auf ein gemäßigtes, kontinentales Klima mit mediterranen Einflüssen, d. h. warmen und trockenen, sonnigen Sommern mit einer mittleren Temperatur des wärmsten Monats von etwa 20 °C geschlossen werden. In die gleiche Richtung deuten ebenfalls die Funde von Äskulapnattern (*Elaphe longissima*) in Weimar-Ehringsdorf und Taubach (Młynarski & Ullrich 1975, 1977).

6. Zusammenfassung

Aus den eemzeitlichen Travertinablagerungen von Burgtonna liegen im Vergleich zu den zeitlich jüngeren Deckschichtenkomplexen bisher keine Amphibienreste vor. Die Reptilienfunde umfassen Reste einer früher beschriebenen Schlangenart (*Natrix natrix*) sowie Teile von acht Panzern und einige Eischalen der Sumpfschildkröte (*Emys orbicularis*).

Nach einer Zusammenstellung der bekannten Fossilfunde von *Emys orbicularis* trat die Sumpfschildkröte in Mitteleuropa während des oberen Pliozäns in Erscheinung und stellte während des Pleistozäns ein charakteristisches Faunenelement vor allem interglazialer, aber auch präglazialer Schichten dar. Ihr Verbreitungsoptimum erreichte *Emys orbicularis* in Europa jedoch erst in postglazialer Zeit (Atlantikum bis Subboreal).

Fossile und subfossile Funde der Sumpfschildkröte sind als Indikator für ein warmes, kontinentales Klima sehr geeignet.

Резюме

В отличии от более молодых комплексов покровных слоев из эемских травертиновых отложений Бургтонны остатки земноводных не известны. Находки пресмыкающихся представлены остатками ранее описанным видом змеи (*Natrix natrix*) и фрагментами восьми панцырей и некоторыми скорлупами черепахи (*Emys orbicularis*). Приводится обзорное составление известных находок *Emys orbicularis*, данный вид появляется в Средней Европе в верхнем плиоцене и является во время плейстоцена характерным фаунистическим элементом в основном межледниковых, но также доледниковых отложений. Однако, оптимум распространения *Emys orbicularis* приходится в Европе только на послеледниковое время (атлантическая и суббореальная фазы). Ископаемые и субископаемые находки *Emys orbicularis* являются индикатором теплого, континентального климата.

Summary

Compared with the chronologically younger complexes of covering beds amphibian remains have not been available so far from the Eemian travertine deposits of Burgtonna. Finds of reptiles include remains of a formerly described snake species (*Natrix natrix*) as well as parts of eight shells and some egg-shells of the European pond tortoise (*Emys orbicularis*). From a review of known finds of fossils of *Emys orbicularis* results that it made its appearance in Central Europe during the upper Pliocene, and during the Pleistocene it was a characteristic faunal element above all of interglacial beds, but also of preglacial ones. However, *Emys orbicularis* attained its optimum distribution in postglacial time (Atlanticum to Subboreal). Fossil and subfossil European pond tortoise remains are well suited as an indicator for a warm, continental climate.

7. Literatur

Adams, A. L.: On gigantic land-tortoises and a small fresh-water species from the ossiferous caverns of Malta, together with a list of their fossil fauna. — Quart. J. Geol. Soc. London **33**, 177–191; London 1877.

CUVIÉR, G.: Recherches sur les ossements fossiles de quadrupèdes. T. 9. — Paris 1812.

DEGERBØL, M., & KROG, H.: Den europaeiske Sumpskildpadde (*Emys orbicularis* L.) i Danmark. — Danmarks geol. Undersøgelse II. R., Nr. 78, København 1951.

FITZINGER, L.: Entwurf einer systematischen Anordnung der Schildkröten nach den Grundsätzen der natürlichen Methode. — Ann. Wiener Mus. Naturgesch. **1**, 103—128, Wien 1836.

FOURNIER, G.: Découverte d'un ossement de tortue dans une grotte de la région de la Meuse. — Ann. Soc. Geol. Belgique **31**, S. 77 B, Liège 1903/04.

GEINITZ, E.: Mittheilung an Professor H. B. Geinitz. — N. Jb. Min., Geol., Palaeont. **1877**, 278—279, Stuttgart 1877.

HELLMANN, A.: Die Petrefakten Thüringens. — Cassel 1862.

HEMPRICH, A.: Fossile Gelege der Sumpfschildkröte in diluvialen Süßwasserkalken bei Halberstadt. — Das Aquarium **1932**, 78—80, Berlin 1932.

ISBERG, O.: Das ehemalige Vorkommen der Sumpfschildkröte (*Emys orbicularis* L.) in Schweden und damit zusammenhängende klimatische Erscheinungen. — Arkiv Zoologi **21 A**, 3, Stockholm 1929.

KORNHUBER, A.: In: Verh. Ver. Natur- u. Heilkd. Preßburg **13**, S. 15, Preßburg 1901.

KUHN, O.: Testudines. — In: F. Westphal (ed.): Fossilium Catalogus. I. Animalia. Pars 107. — s'Gravenhage 1964.

KURCK, C.: Den forntida utbredningen af kärrsköldpaddan, *Emys orbicularis* (LIN.), i Sverige, Danmark och angränsande länder. — Lunds Univ. Arsskr. N. F. Avd. 2, **13**, 9, 1—129, Lund, Leipzig 1917.

LAUFER, E.: Das Diluvium und seine Süßwasserbecken im nordöstlichen Theile der Provinz Hannover. — Jb. kgl. preuß. geol. Landesanst. u. Bergakad. **1883**, 310—329, Berlin 1884.

LYDEKKER, R.: Catalogue of the fossil reptilia and amphibia in the British Museum (Natural History). Part III. Chelonia. — London 1889.

LYELL, CH.: Geologie oder Entwicklungsgeschichte der Erde und ihrer Bewohner. Bd. 1. — Berlin 1857/58.

MAACK, G. A.: Die bis jetzt bekannten fossilen Schildkröten und die im Oberen Jura bei Kelheim (Bayern) und Hannover neu aufgefundenen ältesten Arten derselben. — Palaeontographica **18**, 193—337, Cassel 1869.

MALEZ, M.: Resultati revizije pleistocenke fauna iz Krapine. — In: Krapina 1899—1969, 45—56, Zagreb 1972.

MEYER, H. v.: Die Torfgebilde von Enkheim und Dürrheim, hauptsächlich in Rücksicht ihrer animalischen Einschlüsse. — Museum Senckenbergianum **2**, 47—102, Frankfurt (Main) 1837.

— Über fossile Eier und Federn. — Palaeontographica **15**, 223—252, Cassel 1867.

MŁYNARSKI, M.: Żołw błotny *Emys orbicularis* (L.) z pliocenu Polski. — Acta geol. Polonica **3**, 543—572, Warszawa 1953.

— Żołwie z pliocenu Polski. — Acta geol. Polonica **5**, 161—214, Warszawa 1955.

— On a new species of Emydid-Tortoise from the Pliocene of Poland. — Acta palaeont. Polonica **1**, 153—164, Warszawa 1956.

— Die plio-pleistozänen Wirbeltierfaunen von Hajnáčka und Ivanovice (Slowakei), ČSSR. IV. Schildkröten—Testudines. — N. Jb. Geol., Paläont., Abh. **118**, 231—244, Stuttgart 1963.

— Die jungpliozäne Reptilienfauna von Rębielice Królewskie, Polen. — Senckenberg. biol. **45**, 325—347, Frankfurt (Main) 1964 a.

— Nálezy želvy bahenní (*Emys orbicularis* ⟨LINNAEUS, 1758⟩) ze starého pleistocénu v jeskyni C 718 na Zlatém koni u Koněprus. — Věstnik Ústředního Ústava Geologického **39**, 449—452, Praha 1964 b.

— Die fossilen Schildkröten in den ungarischen Sammlungen. — Acta Zool. Cracov. **11**, 8, 223—288, Kraków 1966.

— Die plio-pleistozänen Schildkröten Mitteleuropas. — Ber. deutsch. Ges. geol. Wiss. **A 13**, 351—356, Berlin 1968.

— Fossile Schildkröten. — Die Neue Brehm-Bücherei 396, Wittenberg 1969.

MŁYNARSKI, M., BÖHME, G., & ULLRICH, H.: Amphibien- und Reptilienreste aus der jungpleistozänen Deckschichtenfolge des Travertins von Burgtonna in Thüringen. — Quartärpaläontologie **3**, 223—226, Berlin 1978.

MŁYNARSKI, M., & ULLRICH, H.: Amphibien- und Reptilienreste aus dem Travertin von Weimar-Ehringsdorf. — Abh. zentr. geol. Inst. **23**, 137—146, Berlin 1975.

— Amphibien- und Reptilienreste aus dem Pleistozän von Taubach. — Quartärpaläontologie **2**, 167—170, Berlin 1977.

NEHRING, A.: Ueber Wirbelthier-Reste von Klinge. — N. Jb. Min., Geol., Palaeont. **1**, 183—208, Stuttgart 1895.

NEWTON, A.: On the discovery of ancient remains of *Emys lutaria* in Norfolk. — Ann. Mag. Nat. Hist ser. 3, **10**, 224 bis 228, London 1862.

NEWTON, E. A.: Note on some fossil remains of *Emys lutaria* from the Norfolk Coast. — Geol. Magazine N. S., Dec. 2, **6**, 304—305, London 1879.

POHLIG, H.: Ueber das Plistocän oder Quartär. — Sitz.-Ber. niederrhein. Ges. Natur- u. Heilkd. **1884**, 47—61, Bonn 1884.

PORTIS, A.: I chelonii quaternarii del bacina di Leffe in Lombardia. — Bol. Comitat. geol. ital. **18**, 50—58, 1887.

REGERTEN-ALTENA, C. O. VAN: Systematic catalogue of the palaeontological collection. Seventh Supplement. Vertebrata from the pleistocene Tegelen clay, Netherlands. — Arch. Mus. Teyler ser. 3, **10**, 182—208, La Haye 1951.

REINACH, A. v.: Schildkrötenreste im Mainzer Tertiärbecken und in benachbarten, ungefähr gleichaltrigen Ablagerungen. — Abh. Senckenberg. naturforsch. Ges. **28**, Frankfurt (Main) 1900.

SCHÄFER, H. F.: Über die pleistocäne Säugetierfauna und die Spuren des paläolithischen Menschen von Burgtonna i. Thür. — Z. deutsch. geol. Ges. **61**, 445—469, Berlin 1909.

SCHLOTHEIM, E. F. v.: Die Petrefaktenkunde. — Gotha 1820.

SCHREUDER, A.: De Moerasschildpad, *Emys orbicularis* (L.), fossiel en levend in Nederland. — Natuurhist. Maanbl. **35**, 9—12, 72—75, Maastricht 1946.

SCHUCHT, E.: Die interglazialen Ablagerungen von Godenstedt bei Zeven. — Beitr. Naturkd. Nordwestdeutschl. N. F. **1**, 58—71, Leipzig 1908.

SKUTIL, J.: Nález želvích zbytků z slovanské mohyly v Čeji̇či na Hodinínsku. — ČSAV Archeol. úst., pob. Brno, Sbornik **1**, 83—88, Brno 1960.

SOERGEL, W.: Der Rabutzer Beckenton. Geologie, Paläontologie, Biologie. — Veröff. Provinzialmus. Halle **1**, 4, 1—34, Halle 1920.

— Exkursion ins Travertingebiet von Ehringsdorf. — Palaeont. Z. **8**, 7—33, Berlin 1926.

SORDELLI, F.: Sulla tartarughe fossili de Leffer (*Emys europaea*). — Atti Soc. ital. Sci. nat. **15**, 152—174, Milano 1872.

STAESCHE, K.: Sumpfschildkröten aus dem Weimarer Diluvium. — Cbl. Min., Geol., Paläont. **1926**, Abt. B, 216—222, Stuttgart 1926.

— Sumpfschildkröten (*Emys orbicularis* L.) aus dem diluvialen Sauerwasserkalk von Cannstatt bei Stuttgart. — Jber. u. Mitt. oberrhein. geol. Ver. N. F. **36**, 74—86, Stuttgart 1954.

ŠTĚPÁNEK, O.: Pleistocenní želva bahenní (*Emys orbicularis* L.) z travertinů v Gánovcich. — Bratislava **3**, 126—129, Bratislava 1934.

SZALAI, T.: Die fossilen Schildkröten Ungarns. — Folia Zool. Hydrobiol. **6**, 97—142, Riga 1934.

TOULA, F.: Über eine fossile *Cistudo lutaria* SCHNEID. (*Emys orbicularis* L.). — Verh. Ver. Natur- u. Heilkd. Preßburg **13**, 13—15, Preßburg 1901.

ULLRICH, H.: Fossile Sumpfschildkröten (*Emys orbicularis* L.) aus dem Diluvialtravertin von Weimar-Ehringsdorf — Taubach und Tonna (Thür.). — Geologie **5**, 360—385, Berlin 1956.

— Die Bedeutung der fossilen Sumpfschildkrötenreste (*Emys orbicularis* L.) für die Diluvialklimatologie des Travertins von Weimar und Ehringsdorf. — Alt-Thüringen **3**, 131 bis 139, Weimar 1958.

VLČEK, E.: Neandertaler der Tschechoslowakei. — Praha 1969.

VOIGT, J.: Über einige physikalische Merkwürdigkeiten der Gegend von Burgtonna im Herzogthum Gotha, nebst einigen zufälligen Gedanken über die Veränderungen unserer Erdoberfläche. — Magaz. neueste Physik u. Naturgesch. **3**, 4, 1—19, Gotha 1786.

WEBER, C. A.: Über die fossile Flora von Honerdingen und das nordwestdeutsche Diluvium. — Abh. naturwiss. Ver. Bremen **13**, 413—468, Bremen 1896.

WEISS, A.: Das Pleistocän der Umgegend von Weimar. — Hildburghausen 1911.

WOLDSTEDT, P.: Das Eiszeitalter. Grundlinien einer Geologie des Quartärs. Bd. 1—3, Stuttgart 1954—58.

— Quartär. — Stuttgart 1969.

Quartärpaläontologie	3	103–105	Berlin, Dezember 1978

Nachweis von *Anas platyrhynchos* LINNAEUS, 1758 (Anatidae, Aves) aus dem Travertin von Burgtonna in Thüringen

Von WOLF-DIETER HEINRICH, Berlin, & DÉNES JÁNOSSY, Budapest

Mit einer Abbildung und einer Tabelle

Inhalt

1. Abstractum

Aus dem Travertin von Burgtonna wird *Anas platyrhynchos* L. beschrieben.

Из травертина Бургтонны описывается *Anas platyrhynchos* L.

Anas platyrhynchos L. is described from the Travertine series of Burgtonna.

2. Einleitung

Im Vergleich mit den Säugetierresten treten Vogelreste in den thüringischen Travertinvorkommen stark zurück. Trotz ihrer Seltenheit werfen sie charakteristische Schlaglichter auf den Biotop, in dem die fossilführenden Sedimente zur Ablagerung kamen. Fossile Vogelreste werden entweder direkt als Knochen und Eischalen oder indirekt als Abdrücke von Hartteilen (Knochen), Eischalen und Federn überliefert. In den Interglazialtravertinen Thüringens ist mit dem Auftreten aller genannten Überlieferungsformen einer fossilen Avifauna zu rechnen, wobei die Möglichkeiten für eine präzise taxonomische Zuordnung im Einzelfalle unterschiedlich sind. Um eine systematische Erfassung und Bestimmung von Vogeleischalen und Federn der interglazialen Travertine von Ehringsdorf und Taubach bemühte sich STEPHAN (1975a, b, 1976); das osteologische Fundgut der gleichen Lokalitäten wurde von JÁNOSSY (1975, 1976) bearbeitet. Das bisher verfügbare osteologische Material des Travertins von Burgtonna ist Gegenstand der vorliegenden Bearbeitung.

Erneute Aufsammlungen, die durch das Institut für Quartärpaläontologie Weimar und durch die Verfasser erfolgten, vermochten den bisherigen überaus spärlichen Fundbestand an Vogelresten aus dem Travertin von Burgtonna nicht zu vermehren. Daher konnte lediglich auf einen Humerus in der Sammlung des Museums für Naturkunde an der Humboldt-Universität zu Berlin, Bereich Paläontologisches Museum, zurückgegriffen werden (Slg. SCHÄFER). In diesem Zusammenhang sei besonders hervorgehoben, daß es sich bei diesem Fundstück mit hoher Wahrscheinlichkeit um den spezifisch unbestimmten Humerus handelt, den SCHÄFER (1909, S. 451) neben einem fossilen Vogelei in einer Aufstellung fossiler Wirbeltierreste für die Travertinfundstätte Bugtonna anführt.

Frl. V. KOPSKE, Museum für Naturkunde an der Humboldt-Universität zu Berlin, danken wir für die Anfertigung der Zeichnungen.

3. Taxonomischer Teil

Anseriformes

Anatidae

Anatinae

Anas LINNAEUS, 1758

(1) ***Anas platyrhynchos*** LINNAEUS, 1758

Abb. 1

Fundgut: MB Av 44: 1 Humerus dex.

Der nahezu völlig intakte Humerus stimmt sowohl in der Größe als auch in den morphologischen Charakterzügen völlig mit den Oberarmknochen von *Anas platyrhynchos* (Stockente) überein.

Die größte Länge des Knochens beträgt 93 mm. Die Länge variiert bei 47 vermessenen rezenten Exemplaren dieser Art zwischen 86 und 105,1 mm (WOELFELE 1967 und eigene Messungen). Die weiteren Dimensionen sind (Meßstrecken nach BACHER 1967): Breite proximal: 22,0 mm, Breite distal: 15,3 mm, kleinste Diaphysenbreite: 7,2 mm, kleinste Diaphysentiefe: 6,2 mm.

Auch diese Maße fallen in die Variationsbreite von *Anas platyrhynchos*, vgl. WOELFELE (1967).

Wie in der Gegenwart war *A. platyrhynchos* auch im Jungpleistozän eine der gewöhnlichsten Entenarten der Holarktis, vgl. JÁNOSSY (1963). Die Art ist gegenwärtig in den borealen, gemäßigten und mediterranen Zonen sowie in den Tundren-, Steppen- und Wüstenzonen verbreitet (VOOUS 1963).

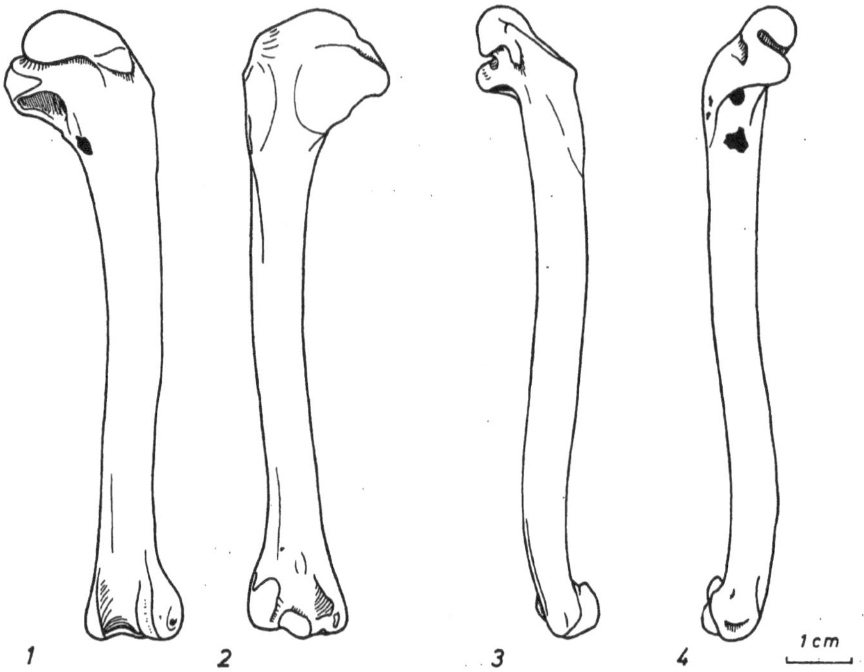

Abb. 1. *Anas platyrhynchos* L.; Humerus dex. aus dem Travertin von Burgtonna; MB Burgt. Av. 44
1 – Medialansicht; 2 – Lateralansicht; 3 – Dorsalansicht; 4 – Ventralansicht

4. Auswertung

Weitreichende Schlußfolgerungen sind an Hand des zur Zeit vorliegenden überaus spärlichen Vogelmaterials nicht möglich. Fest steht jedoch, daß die auf der Grundlage des Nachweises von *A. platyrhynchos* (Stockente) ableitbaren allgemeinen Aussagen nicht in Widerspruch zu dem Bild stehen, das auf Grund von paläontologischen und geologischen Untersuchungen in Burgtonna gewonnen werden konnte (Wasserbiotop). Darüber hinaus belegt der Nachweis von *A. platyrhynchos* eine Art, die auch im Artenspektrum von Taubach angetroffen worden ist. Der Befund läßt sich damit unmittelbar in die bisherigen avifaunistischen Feststellungen einordnen, die in thüringischen Interglazialtravertinen getroffen wurden (Tab. 1).

Weitere Vogelarten liegen von dem Fundplatz Burgtonna aus dem Deckschichtenprofil des Travertins vor und werden von HEINRICH & JÁNOSSY (im gleichen Band, S. 227 ff.) beschrieben.

Tab. 1. Die in den thüringischen Travertinaufschlüssen von Ehringsdorf, Taubach und Burgtonna osteologisch nachgewiesenen Vogelarten; Daten von Weimar-Ehringsdorf und Taubach nach JÁNOSSY (1975, 1976)

	Weimar-Ehringsdorf	Taubach	Burgtonna
Anas platyrhynchos	–	+	+
Anas sp. cf. *acuta*	+	–	–
Anas sp. cf. *penelope*	–	+	–
Bucephala clangula	–	+	–
Tadorna cf. *tadorna*	–	+	–
Cygnus cf. *cygnus*	–	+	–
Asio flammeus	–	+	–
Pandion haliaetus	–	+	–
Lyrurus tetrix	+	–	–
Dendrocopus major	–	+	–
Sturnus vulgaris	–	+	–

5. Zusammenfassung

Ein Humerus von *Anas platyrhynchos* L. (Stockente) aus dem Travertin von Burgtonna wird beschrieben und osteometrisch gekennzeichnet. Ein Vergleich mit den in Ehringsdorf und Taubach nachgewiesenen Vogelarten zeigt, daß sich der Nachweis zwanglos in das Artenspektrum einordnen läßt, das bisher für die Interglazialtravertine Thüringens ermittelt werden konnte.

Резюме

Из травертина Бургтонны описывается кость (Humerus) кряквы *Anas platyrhynchos* и сообщаются остеометрические данные. Сопоставление с известными из Эрингсдорфа и Таубаха видами птиц обнаруживает тот же характерный для межледниковых травертинов Тюрингии видовой спектр.

Summery

A humerus of *Anas platyrhynchos* L. (mallard) from the Travertine series of Burgtonna is described and characterized osteometrically. From a comparison with species of birds discovered at Ehringsdorf and Taubach results that the detection can freely be assigned to the spectrum of species so far determined for Thuringian interglacial travertines.

6. Literatur

BACHER, A.: Vergleichend morphologische Untersuchungen des postcranialen Skelettes in Mitteleuropa vorkommender Schwäne und Gänse. – Diss., München 1967.

HEINRICH, W.-D., & JÁNOSSY, D.: Fossile Vogelreste aus der jungpleistozänen Deckschichtenfolge über dem Travertin von Burgtonna in Thüringen. — Quartärpaläontoloie 3, 227—229, Berlin 1978.

JÁNOSSY, D.: Letztinterglaziale Vertebratenfauna aus der Kalman-Lambrecht-Höhle (Bükk-Gebirge, Nordost-Ungarn) I. — Acta Zool. Acad. Scient. Hung. 9, 3/4, 293 bis 331, Budapest 1963.

— Fossile Vogelknochen aus den Travertinen von Weimar-Ehringsdorf. — Abh. zentr. geol. Inst. 23, 147—151, Berlin 1975.

— Die fossilen Vogelreste aus dem Travertin von Taubach. — Quartärpaläontologie 2, 171—175, Berlin 1977.

LAMBRECHT, K.: Handbuch der Palaeornithologie. — 1024 S., Borntraeger Verlag, Berlin 1933.

NEHRING A,: Übersicht über vierundzwanzig mitteleuropäische Quartärfaunen. — Z. deutsch. geol. Ges. 32, 467—508, Berlin 1880.

SCHÄFER, H. F.: Über die pleistocäne Säugetierfauna und die Spuren des paläolithischen Menschen von Burgtonna in Thüringen. — Z. deutsch. geol. Ges. 61, 445—469, Berlin 1909.

STEPHAN, B.: Fossile Vogeleischalen aus dem Pleistozän von Weimar-Ehringsdorf. — Abh. zentr. geol. Inst. 23, 153—161, Berlin 1975.

— Abdrücke von Vogelfedern aus dem Pleistozän von Weimar-Ehringsdorf. — Ebenda 23, 163—170, Berlin 1975.

— Fossile Vogeleischalen aus dem Pleistozän von Taubach. — Quartärpaläontologie 2, 177—178, Berlin 1977.

VOOUS, K.: Die Vogelwelt Europas und ihre Verbreitung. — Parey-Verlag, Hamburg, Berlin 1963.

WOELFELE, E.: Vergleichend-morphologische Untersuchungen der Einzelknochen des postcranialen Skelettes in Mitteleuropa vorkommender Enten, Halbgänse und Säger. — Diss., München 1967.

Quartärpaläontologie	3	107–111	Berlin, Dezember 1978

Die *Bison*-Reste aus den Travertinen von Burgtonna in Thüringen

Von CONSTANTIN CONSTANTINOVITSCH FLEROW, Moskau

Mit 5 Abbildungen

Inhalt

1. Abstractum

In der vorliegenden Arbeit werden die *Bison*-Reste aus den Travertinen und aus den Deckschichten der Travertine von Burgtonna systematisch eingeordnet und mit den entsprechenden Materialien anderer Thüringer Travertinlagerstätten verglichen.

В данной работе приводится систематическое определение остатков бизона из травертинов Бургтонны и перекрывающих слоев и проводится сопоставление с соответствующими материалами других травертиновых отложений Тюрингии.

In the paper *Bison* remains from the Travertine series of Burgtonna and its covering beds are systematically classified and compared with corresponding materials of other Thuringian travertine deposits.

2. Einleitung

Im Rahmen der Bearbeitung der fossilen Bisonten Mitteleuropas war es mir möglich, nunmehr auch die fossilen Materialien aus den Travertinen von Burgtonna zu untersuchen. Die Bearbeitung wurde im Institut für Quartärpaläontologie Weimar durchgeführt, wofür ich dem Direktor des Instituts, Herrn Dr. Dr. H.-D. KAHLKE, meinen besten Dank aussprechen möchte. Weiter konnte ich das Museum für Naturkunde der Humboldt-Universität zu Berlin, das Heimatmuseum zu Gotha und das Museum der Natur zu Gotha besuchen, um die dortigen Funde ebenfalls in die Untersuchungen einbeziehen zu können.

Leider war es nicht möglich, das von SCHÄFER (1909, S. 462) genannte Mandibelbruchstück mit P_3–M_3 seiner Sammlung, die sich jetzt im Museum für Naturkunde der Humboldt-Universität zu Berlin befindet, in die Untersuchungen einzubeziehen, da das Fundstück nicht mehr vorhanden ist[1]). Nach den Angaben von SCHÄFER scheint dieses Mandibelbruchstück ebenfalls einem Waldbison angehört zu haben.[2])

3. Beschreibung der fossilen *Bison*-Reste aus den Travertinen von Burgtonna

A. Schädelreste (Hornzapfen)

1. Fragment eines Hornzapfens (proximales Bruchstück), ehemals Slg. SCHLOTHEIM, MB Burgt. 13 QK p. 41. Das Hornzapfenbruchstück zeigt deutlich die scharfe Biegung nach oben, die den kurzhörnigen Waldtypus der interglazialen Bisonten charakterisiert. Der Durchmesser an der Basis betrug etwa 106 mm.

B. Die Zahnfunde

1. Mandibelfragment mit P_3-P_4 dex. MB Burgt. Ma 626 (Abb. 1 a–c). Die geringste Höhe vor der Symphyse beträgt

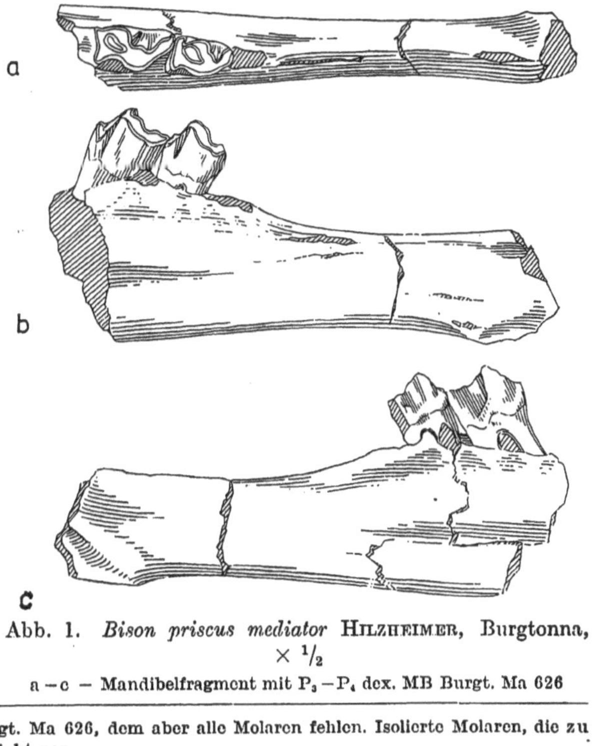

Abb. 1. *Bison priscus mediator* HILZHEIMER, Burgtonna, × 1/2
a–c – Mandibelfragment mit P_3–P_4 dex. MB Burgt. Ma 626

[1]) Oder es handelt sich um das vorliegende Mandibelfragment MB Burgt. Ma 626, dem aber alle Molaren fehlen. Isolierte Molaren, die zu diesem Fundstück gehörten, fanden sich in der Sammlung in Berlin nicht vor.

[2]) Nach Abschluß dieser Arbeit wurde noch eine kleine Sammlung fossiler Säugerreste aus den Travertinen von Burgtonna bekannt, die im Staatlichen Museum für Mineralogie und Geologie zu Dresden liegt. An Boviden-Resten gehören zu dieser Sammlung: *Bison priscus* (BOJ.), M^3 dex. et sin., die offensichtlich zum gleichen Gebiß gehören.

33 mm, die Höhe des Mandibelkörpers bei P_4 beträgt 53 mm, die Dicke 27 mm. Die Mandibel gehört zu einem starken männlichen Individuum des Waldtypus.

2. Maße der isolierten Molaren des Ober- und Unterkiefers (in mm) (Abb. 2a–c)

Zähne	M^1	M^1	M^2	M^2	M^2	M_2	M_3
MB Burgt. Ma	621	624	622	623	625	620	619
Höhe an der Krone	43	30	62	46	60	64	46
Länge an der Krone	31	32	38	35	36	40	49

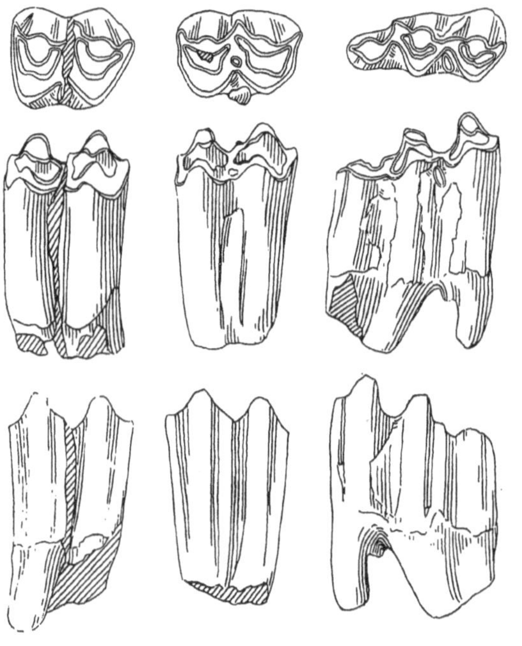

a b c

Abb. 2. *Bison priscus mediator* HILZHEIMER, Burgtonna, × 1/2

a–c – Isolierte Molaren des Ober- und Unterkiefers

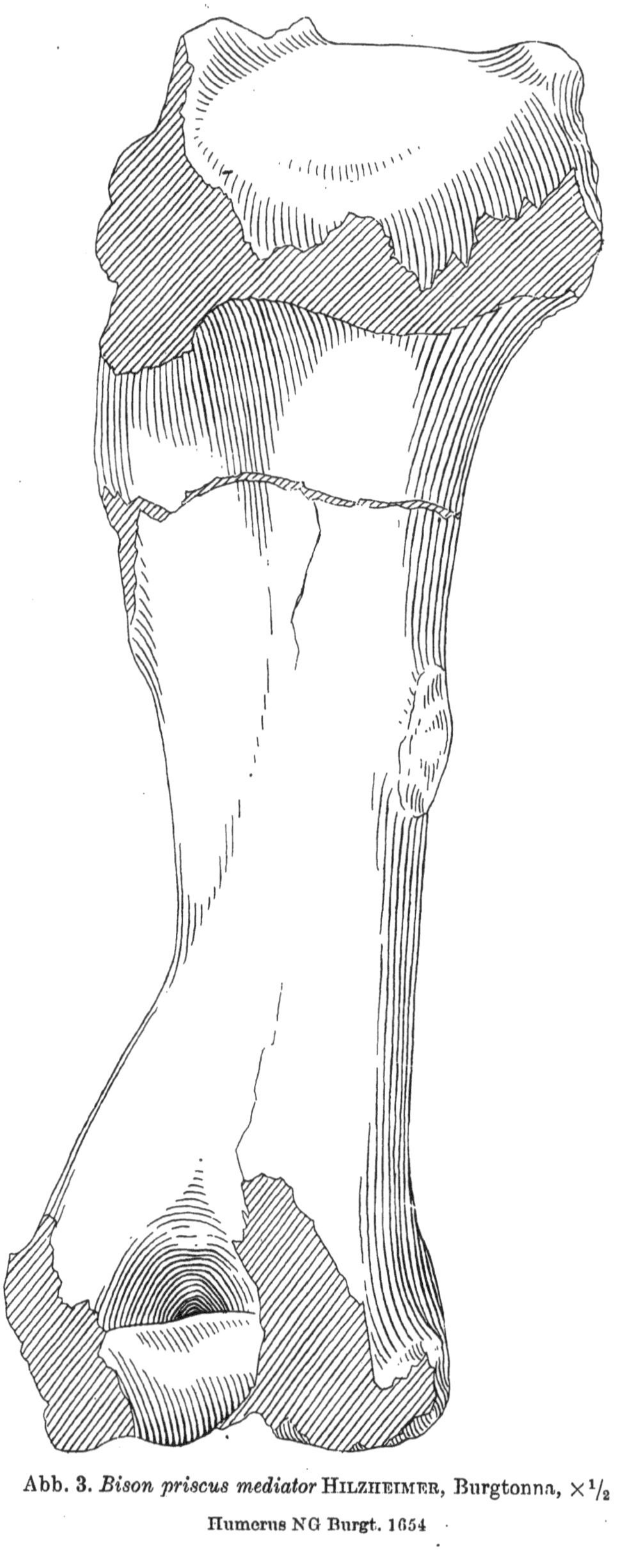

Abb. 3. *Bison priscus mediator* HILZHEIMER, Burgtonna, × 1/2

Humerus NG Burgt. 1654

C. Postkraniale Skelettreste

1. Halswirbel I. Das Fossil ist relativ groß und massiv (Slg. SCHLOTHEIM, MB Burgt. 109, QK p. 22)

2. Humerus NG Burgt. 1654. Der Knochen ist fast vollständig erhalten, der proximale und der distale Abschnitt sind leicht beschädigt (Abb. 3). Der sehr massive Knochen gehörte einem erwachsenen männlichen Individuum an.

Humerus IQW 1972/13 328 (Burgt. 13 718). Distales Bruchstück eines massiven Humerus, Außerdem Fragmente eines distalen Gelenkstückes NG Burgt. 1668. (s. Tabelle unten)

3. Metacarpus MB Burgt. Ma 618. Der Knochen ist fast vollständig erhalten (Abb. 4a–d). Dazu liegen noch 4 weitere (zum Teil sehr geringe) Matacarpus-Bruchstücke vor, darunter MB Burgt. Ma 617 (proximales Bruchstück) und IQW 1974/14 059 (Burgt. 13 980), distales Metacarpus-Bruchstück eines erwachsenen männlichen Individuums. Auch die beiden anderen Belege sind relativ groß und massiv.

Maße (in mm)	NG Burgt. 1654	IQW 1972/13328 (Burgt. 13718)	NG Burgt. 1668
Länge des Humerus	405	–	–
Durchmesser des proximalen Gelenks	175	–	–
Durchmesser des distalen Gelenks	129	119	–
Breite des distalen Gelenks	127	118	100
Geringste Breite der Diaphyse	68	65	–
Geringster Durchmesser der Diaphyse	71	73	–

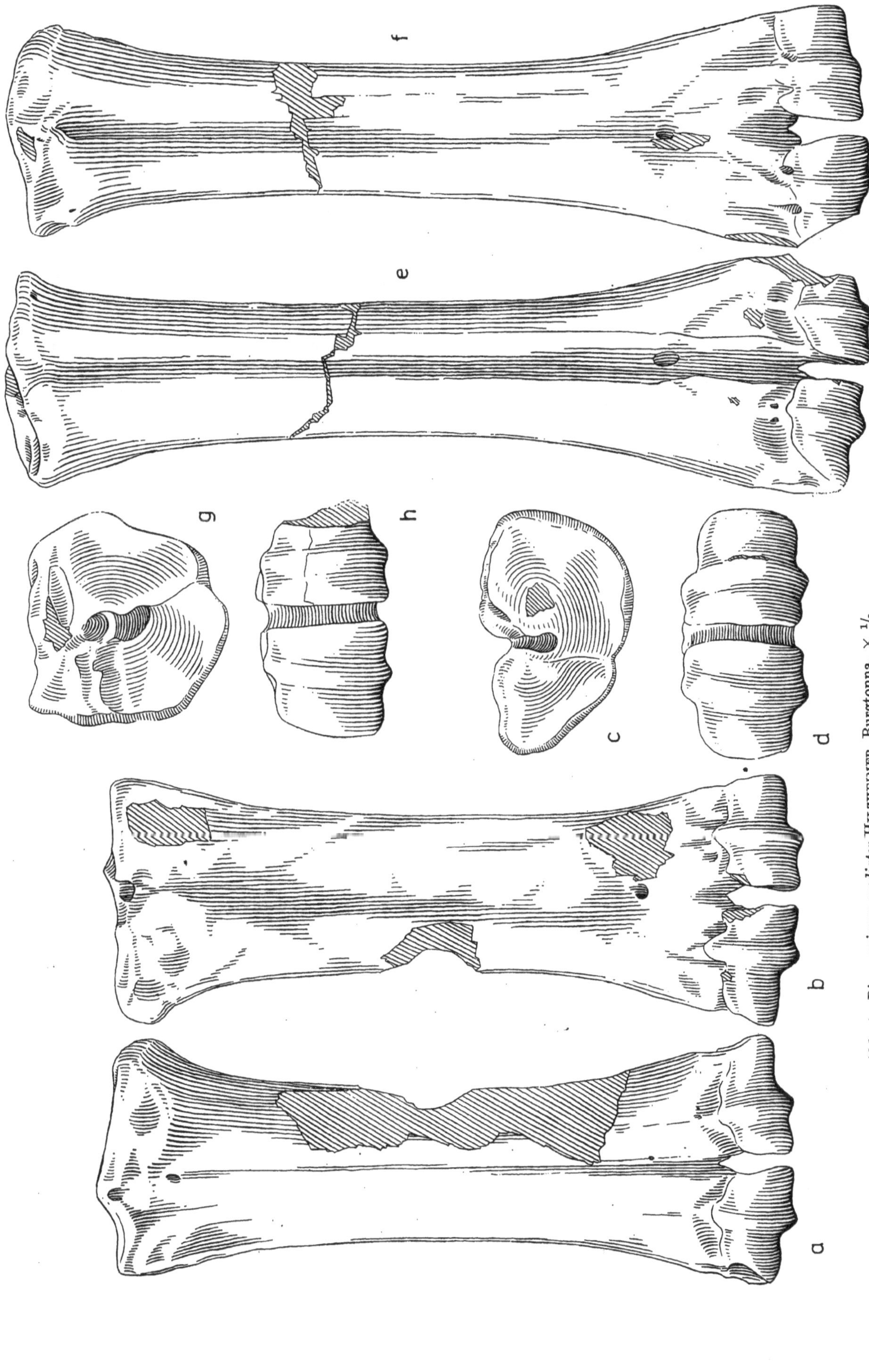

Abb. 4. *Bison priscus mediator* HILZHEIMER, Burgtonna, × 1/2
a–d – Metacarpus MB Burgt. Ma 618; e–h – Metatarsus HG Burgt. E 2701

Maße (in mm)	MB Burgt. 618	MB Burgt. 617	IQW 1974/14059 (Burgt. 13980)
Länge des Metacarpus	264	—	—
Breite der proximalen Epiphyse	90	87	—
Durchmesser der proximalen Epiphyse	57	54	—
Geringste Breite der Diaphyse	57	—	—
Breite der distalen Epiphyse	92	—	—
Durchmesser der distalen Epiphyse	47	—	—

4. Tibia dex. MB Burgt. Ma 615. Von dieser Tibia ist nur der distale Teil erhalten. Maße: Breite der distalen Epiphyse — 93 mm; Durchmesser — 76 mm.

5. Astragali. Es liegen 6 Funde vor, die von männlichen (5), wie von weiblichen (1) Individuen stammen (Abb. 5a—b).

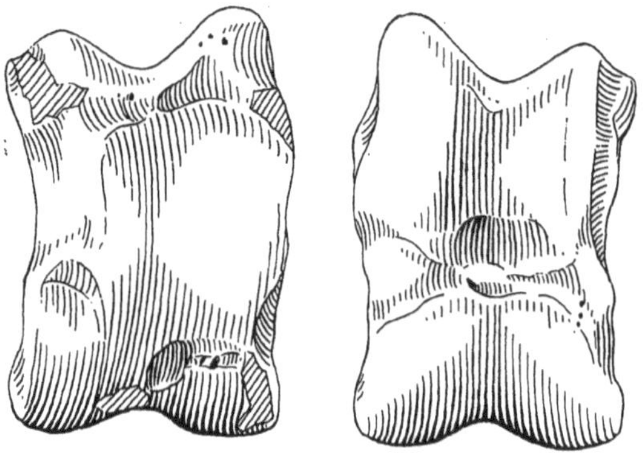

Abb. 5. *Bison priscus mediator* Hilzheimer, Burgtonna, × 1/2
a, b — Astragalus

Maße (in mm)	IQW 1971/13144 (Burgt. 13537)	IQW 1972/13463 (Burgt. 13757)
Länge	102	82
Breite	66	56
Durchmesser	57	48

Maße (in mm)	NG Burgt.	NG Burgt.
Länge	100	100
Breite	64	63
Durchmesser	55	54

Maße (in mm)	MB Burgt. Ma 614	MB Burgt. Ma 616
Länge	102	105
Breite	70	68
Durchmesser	58	59

6. Metatarsus. Es liegen zwei Fundstücke vor: HG Burgt. E 2701 (Metatarsus eines sehr großen männlichen Individuums, Abb. 4e—h) und IQW 1974/14 373 (Burgt. 14 176).

Maße (in mm)	HG Burgt. E 2701	IQW 1974/14373 (Burgt. 14176)
Länge des Metatarsus	322	—
Breite der proximalen Epiphyse	81	73
Geringste Breite der Diaphyse	50	44
Geringster Durchmesser der Diaphyse	53	42
Breite der distalen Epiphyse	90	—

4. Systematische Stellung der fossilen *Bison*-Reste aus den Travertinen von Burgtonna

Die morphologische Struktur aller *Bison*-Reste aus den Travertinen von Burgtonna ist vollkommen identisch mit den entsprechenden Funden aus den Travertinen von Taubach. Es sind große und massige Tiere, die dem viel älteren *Bison priscus priscus* (Bojanus) nicht nachstehen. Die Hornzapfen der Bisonten von Taubach und Burgtonna aber waren viel kürzer als die der typischen Steppenform *Bison priscus priscus* (Bojanus). Dazu zeigen sie die starke Krümmung, die den Waldbison charakterisiert. Die Enden der Hornspitzen waren nach innen gebogen, so daß die größte Entfernung der beiden Hörner voneinander nicht an den Spitzen, sondern im oberen Drittel der Hörner lag. Die Zähne und Unterkiefer dieser *Bison*-Form zeigen keine besonderen Anpassungen an die Aufbereitung von harten Steppengräsern, sondern deuten auf eine weiche Waldäsung hin. Zweifellos waren diese Bisons keine Bewohner der offenen Steppenlandschaft, sondern bewohnten Wälder und Uferdickichte.

Dem geologischen Alter entsprechend gleichen die Bisonten von Burgtonna denen aus dem Taubacher Travertin (Eem-Interglazial). Sie gehören alle zur späten Unterart *Bison priscus mediator* Hilzheimer.

Eine Besonderheit stellen die Bisonten dar, die in dem Deckhorizont von Burgtonna geborgen wurden. Es sind ebenfalls Waldformen, die aber geologisch jünger sind als die der Travertine. Diese Bisons sind durchweg kleiner, weniger massig und kurzhörnig. Höchstwahrscheinlich stellen sie einen Übergangstypus zwischen dem echten *Bison priscus mediator* Hilzheimer und der holozänen Form *Bison bonasus* Linnaeus dar.

5. Zusammenfassung

Die *Bison*-Reste aus den Travertinen von Burgtonna gehören der eeminterglazialen Waldform *Bison priscus mediator* Hilzheimer an. Die Zähne zeigen keine Anpassungen an harte Steppengräser, sondern diese Bisonten, die in Wäldern und Uferdickichten lebten, bevorzugten eine weiche Laubäsung.

Bison-Reste aus den Deckschichten von Burgtonna zeigen eine noch jüngere *Bison*-Form an. Es ist ebenfalls eine Waldform, die aber kleiner, weniger massiv und kurzhörnig war. Höchstwahrscheinlich stellt diese *Bison*-Form einen Übergangstypus zwischen dem letztinterglazialen *Bison priscus mediator* Hilzheimer und dem holozänen *Bison bonasus* Linnaeus dar.

Резюме

Остатки бизонов из травертинов Бургтонны относятся к лесной форме *Bison priscus mediator* Hilzheimer эемского межледниковья. Данные особи обитали в лесах и береговых зарослях и питались мягкой листвой. Зубы не были приспособлены к приему жестких степных трав.

Остатки бизонов из покровных слоев Бургтонны относятся к еще более молодой форме. Она является также лесной формой, но меньшего роста, менее массивной и с короткими рогами. По всей вероятности эта форма бизона отвечает переходному типу между *Bison priscus mediator* Hilzheimer последнего интергляциала и голоценовым *Bison bonasus* Linnaeus.

Summary

The *Bison* remains from the Travertine series of Burgtonna belong to the Eemian interglacial forest form *Bison priscus mediator* Hilzheimer. The teeth do not show an adaptation to hard steppe grasses, but these bisons, who lived in forests and riparian thickets, preferred a soft foliaceous food. *Bison* remains from the covering beds of Burgtonna show a still younger *Bison* form, likewise a forest form, but smaller, less massive, and short-horned. Most probably, this *Bison* form represents a transitional form between the last interglacial *Bison priscus mediator* Hilzheimer and the Holocene *Bison bonasus* Linnaeus.

6. Literatur

Flerow, C. C.: Vergleichende Craniologie der rezenten Vertreter der Gattung *Bison*. — Bull. Mosk. Ges. Naturforsch., Biol. Abt. 70, 1, 40—54, Moskau 1965 [russ].

— Die *Bison*-Reste aus den Kiesen von Süßenborn bei Weimar. — Paläont. Abh. **A III**, **3/4**, 489—520, Berlin 1969.

— Die *Bison*-Reste aus den Travertinen von Weimar-Ehringsdorf. — Abh. zentr. geol. Inst. (Paläont. Abh.) **23**, 171—199, Berlin 1975.

Schäfer, H. F.: Über die pleistocäne Säugetierfauna und die Spuren des paläolithischen Menschen von Burgtonna i. Thür. — Z. deutsch. geol. Ges. **61**, **4**, 445—469, Stuttgart 1909.

Quartärpaläontologie	3	113—122	Berlin, Dezember 1978

Die Cerviden-Reste aus den Travertinen von Burgtonna in Thüringen

Von HANS-DIETRICH KAHLKE, Weimar

Mit 6 Abbildungen sowie Tafel 32 und 33

Inhalt

1. Abstractum

Es werden die fossilen Cerviden-Reste aus den Travertinen von Burgtonna und aus den Deckschichten der Travertine behandelt. Darüber hinaus wird eine Revision der von SCHÄFER (1909) veröffentlichten Faunenliste (Cervidae) der Fundstelle gegeben.

Рассматриваются ископаемые остатки Cervidae из травертинов Бургтонны и перекрывающих травертины слоев. Далее проводится ревизия опубликованного Шэфером (1909) списка фауны (Cervidae) данного местонахождения.

The fossil Cervide remains from the Travertine series of Burgtonna and its covering beds are discussed, besides revising the faunal list (Cervidae) published by SCHÄFER (1909) of the locality.

2. Einleitung

Die älteste Nachricht über Cerviden-Funde in den Travertinen von Burgtonna finden wir bei HELLMANN, der 1862 *Cervus elaphus* LINNAEUS in seiner Faunenliste von dieser Fundstelle führt. Später, 1884 und 1885, nennt POHLIG wiederum den Rothirsch von Tonna (Burgtonna). 1909 schließlich gibt SCHÄFER eine erste zusammenfassende Bearbeitung der Cerviden-Reste seiner Sammlung Burgtonna und führte in seiner Faunenliste neben *Cervus* (*elaphus*) *Antiqui* POHLIG noch *Cervus capreolus* L. und *Cervus euryceros* ALDROVANDI.

Da die Sammlung SCHÄFER (Burgtonna) in den Besitz des Museums für Naturkunde zu Berlin übergegangen ist, war es möglich, eine Revision der Cerviden-Reste der Sammlung durchzuführen[1]). Dabei zeigte es sich, daß das von SCHÄFER zu *Cervus capreolus* L. gestellte Fossil als das eines juvenilen Damhirsches mit Milchgebiß zu bestimmen ist.

SCHÄFER schreibt (1909, S. 465): „Es liegt das Bruchstück einer linken Unterkieferhälfte mit M 1, M 2, M 3 und den abgebrochenen Wurzeln von P 4 vor. An dem dritten Molar, der im Durchbruch begriffen und noch nicht im Gebrauch gewesen ist, ist das hintere Prisma mit dem Kieferaste weggebrochen. Der erste Molar ist abnorm gebildet, hat anstatt zwei, drei vollständig ausgebildete Prismen mit Basalwarzen."

Der vermeintliche „M 1", der als abnorm angesehen wird, ist aber der D_4 sin. des Milchgebisses, der „M 2" ist der M_1 sin. und der vermeintliche „M 3", dem angeblich der Talon weggebrochen ist, ist der M_2 sin., der keine Bruchstelle am hinteren Prisma zeigt.

Auch die Angabe von *Cervus euryceros* ALDROVANDI in den Travertinen von Burgtonna, die SCHÄFER als „sicher" ansieht (1909, S. 466), aber keine Belegstücke erwähnt, ist bisher zu verneinen. In allen Sammlungen (Museum der Natur Gotha, Heimatmuseum Gotha [Schloß Friedenstein], Heimatmuseum Ohrdruf, Institut für Quartärpaläontologie Weimar, Museum für Naturkunde der Humboldt-Universität zu Berlin) liegt kein Fundstück vor, das auf diese Spezies — *Megaloceros giganteus germaniae* POHLIG — zu beziehen wäre. Die Liste der Cerviden-Funde aus den Travertinen von Burgtonna umfaßt also: *Cervus elaphus* LINNAEUS, *Dama dama* (LINNAEUS) und *Capreolus capreolus* (LINNAEUS).

3. Beschreibung der fossilen Cerviden-Reste aus den Travertinen und aus den Deckschichten der Travertine von Burgtonna

Familie: **Cervidae** GRAY, 1821

Gattung: ***Cervus*** LINNAEUS, 1758

(1) ***Cervus elaphus*** LINNAEUS, 1758

Taf. 32; Abb. 1—3

Wie in allen Travertinlagerstätten Thüringens stehen auch im Cerviden-Material aus den Traver-

[1]) Herrn Dr. K.-H. FISCHER, Kustos am Museum für Naturkunde an der Humboldt-Universität zu Berlin, bin ich für die Erlaubnis, die Funde revidieren zu können, zu großem Dank verpflichtet.

tinen von Burgtonna die Funde des Rothirsches zahlenmäßig an erster Stelle. Es handelt sich um eine relativ kleine Form, wie sie auch aus den anderen Travertinvorkommen Thüringens bekannt wurde. Die Skelettreste unterscheiden sich morphologisch praktisch nicht von denen des rezenten Rothirsches dieses weiteren Gebietes.

A. Die Schädelreste

Aus den Travertinen von Burgtonna liegt bisher nur ein teilweise erhaltenes Calvarium vor. Bedingt durch die Abbaumethode ist auch dieses Fundstück bei der Bergung stark beschädigt worden.

1. Schädelbruchstück NG Burgt. 2378. Erhalten sind die Frontalia (rechts vollständig mit Rosenstock und geringen Resten der Rose, links nur teilweise), die Parietalia und das Hinterhaupt mit dem Keilbein. Auch dieses Fundstück eines adulten Hirsches zeigt eine relativ kleinwüchsige Rothirschpopulation an.

B. Die Geweihreste

Insgesamt liegen aus den Travertinen von Burgtonna 10 schädelechte Stangenfragmente und 6 Abwurfstangenfragmente vor. Dazu kommen noch 7 geringere Geweihbruchstücke ohne Rose. Die von SCHÄFER (1909, S. 462) erwähnte „fast vollständige Stange mit langem Augsproß" (ehemals Sammlung SCHÄFER) ist heute nicht mehr erhalten.

1. Abwurfstange NG Burgt. 2417[2]). Die Abwurfstange ist wenig unterhalb der Mittelsproßbasis abgebrochen. Auch die beiden Basalsprosse, Aug- und Eissproß, sind wenige Zentimeter oberhalb der Basis abgebrochen.

Maße (in mm)	
Größter Durchmesser der Rose	ca. 82,5
Rose bis Augsproßbasis	16,0
Rose bis Eissproßbasis	103,0

2. Schädelechte Stange NG Burgt. 1185 (Abb. 3f). Dieses Stangenbruchstück ist das stärkste der bisher aus den Travertinen von Burgtonna vorliegenden Geweihreste. Der Augsproß steht unmittelbar über der Rose, der Eissproß ist nur durch eine Erhöhung des Geweihes angedeutet.

Maße (in mm)	
Umfang der Rose	ca. 250,0 (teilweise abgebrochen)
Größter Durchmesser der Rose	ca. 90,5

3. Schädelechte Stange (proximale Bruchstücke) IQW 1971/13147 (Burgt. 13540) und schädelechte Stange IQW 1971/13148 (Burgt. 13541). Beide Stangen sind unterhalb der Mittelsproßbasis abgebrochen. Der Bruch ist jeweils alt (d. h. nicht bei der Bergung des Fossils entstanden) und erinnert sehr an ähnliche Fundstücke von Taubach (KAHLKE 1977, S. 212), die als Geweihgeräte des paläolithischen Menschen anzusprechen sind. Eine Abnutzung der Rose (Schlagspuren) aber fehlt den vorliegenden Stangenbruchstücken von Burgtonna.

Maße (in mm)	IQW 1971/13147 (Burgt. 13540)	IQW 1971/13148 (Burgt. 13541)
Umfang der Rose	ca. 206,0	222,0
Größter Durchmesser der Rose	72,3	76,5

4. Distales Geweihbruchstück MB Burgt. Ma 28. 1–2 (Abb. 3e). Stark abgeflachter distaler Geweihsproß, der die typische geperlte Oberfläche des Elaphinen-Geweihes zeigt. Das Fossil stammt aus der ehemaligen Sammlung SCHÄFER und ist wahrscheinlich das von SCHÄFER als *Cervus euryceros* ALDROVANDI bestimmte Geweihfragment. Auch in der Sammlung Berlin wurde dieses Fossil noch zu ? *Megaloceros giganteus* gestellt.

C. Die Gebißreste

I. Oberkiefer

a) Milchgebiß

Es liegen ein isolierter D^2 dex. (Bruchstück) MB Burgt. Ma 11.2 und ein isolierter D^4 dex. MB Burgt. Ma 10.5 vor. Beide gehören wahrscheinlich zum gleichen Individuum.

b) Definitives Gebiß

Eine vollständige Oberkieferzahnreihe P^2–M^3 ist aus den Travertinen von Burgtonna bisher noch nicht bekannt. Zwar nennt SCHÄFER (1909, S. 463) die „losen Zähne zweier Oberkiefer", aber auch diese werden nur unvollständig gewesen sein, da nur drei zusammengehörende Prämolaren P^2–P^4 sin. in der Sammlung Berlin (ehemals Slg. SCHÄFER) vorliegen. Sicher dazugehörende Molaren mit entsprechenden Paßstellen (Druckmarken) fehlen.

1. Oberkieferzahnreihe P^2–P^4 sin. (zusammengehörende isolierte Zähne) MB Burgt. Ma 8.7; 8.3; 8.1 (ehemals Slg. SCHÄFER, Gotha; Abb. 1a). Die Prämolaren sind vollständig erhalten und zeigen gute Paßstellen (Druckmarken) zueinander.

Maße (in mm)	P^2 sin.	P^3 sin.	P^4 sin.
Länge an der Basis	16,9	16,6	15,3
Größte Breite an der Basis	17,2	20,0	19,8

P^2–P^4 sin. = 49,1

2. Oberkieferzahnreihe P^2–P^4 sin. (zusammengehörende, isolierte Zähne) NG Burgt. 2387–89. Die Prämolaren sind vollständig erhalten und zeigen gute Paßstellen (Druckmarken) zueinander. Der P^2 sin. stand im Gebiß unregelmäßig weit nach innen verdrückt und hinterließ eine starke, ovale Druckmarke auf der vorderen Innenwand des P^3 sin.

Maße (in mm)	P^2 sin.	P^3 sin.	P^4 sin.
Länge an der Basis	15,4	15,7	15,8
Größte Breite an der Basis	17,2	18,4	18,1

P^2–P^4 sin. = 48,3

3. Dazu liegen noch fünf isolierte obere Prämolaren (P^2 sin. NG Burgt. 2390; P^2 sin. MB Burgt. Ma 8.2; P^2 sin. MB Burgt. Ma 8.6; P^4 dex. MB Burgt. Ma 8.5; P^4 dex. MB Burgt. Ma 8.4) vor. Die Maße liegen innerhalb der Variationsbreite rezenter Rothirsche dieses weiteren Raumes.

4. Eine vollständige Molaren-Reihe M^1–M^3 liegt nicht vor. Von den 27 isolierten Molaren konnten nicht drei zusammengehörende Zähne gefunden werden, die einwandfreie Paßstellen (Druckmarken) zeigen. Auch die Maße der Molaren liegen innerhalb der Variationsbreite rezenter *elaphus*-Zähne dieses Raumes (Abb. 1b–d).

[2]) Abkürzungen der Sammlungen: NG Burgt. – Sammlung Burgtonna des Museums der Natur zu Gotha; HG Burgt. – Sammlung Burgtonna des Heimatmuseums zu Gotha (Schloß Friedenstein); HO Burgt. – Sammlung Burgtonna des Heimatmuseums zu Ohrdruf; IQW Burgt. – Sammlung Burgtonna des Instituts für Quartärpaläontologie Weimar; MB Burgt. – Sammlung Burgtonna des Museums für Naturkunde an der Humboldt-Universität zu Berlin

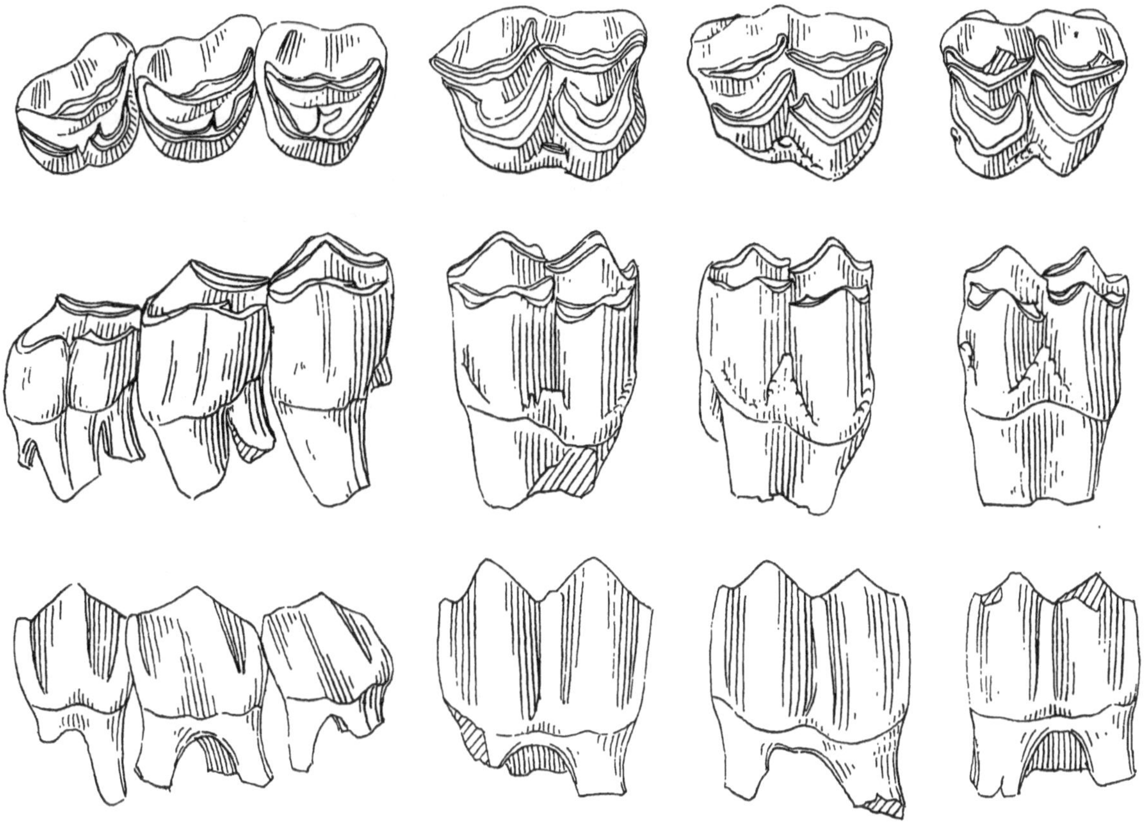

a b c d

Abb. 1. *Cervus elaphus* LINNAEUS, Burgtonna, × 1
a – P^2-P^4 sin. MB Burgt. Ma 8.7, 8.3, 8.1; b–d – Oberkiefermolaren

II. Unterkiefer

a) Milchgebiß

Milchzähne des Unterkiefers fehlen im Fundmaterial.

b) Definitives Gebiß

1. Unterkieferbruchstück mit P_3-M_3 sin. MB Burgt. Ma 1 (Taf. 32, Fig. 3, 4; Abb. 2a, b). Die Zähne sind vollständig erhalten. Basalsäulen oder Basalleisten fehlen oder aber sind sehr schwach ausgebildet. Breitenmaße der Zähne können nicht gegeben werden, da das Fossil teilweise noch von Travertin umschlossen ist.

Maße (in mm)	P_3 sin.	P_4 sin.	M_1 sin.	M_2 sin.	M_3 sin.
Länge an der Basis	17,5	18,2	18,9	23,8	33,8

M_1 M_3 sin. = 81,2

2. Unterkieferbruchstück mit P_4-M_3 dex. MB Burgt. Ma 2 (Taf. 32, Fig. 1, 2; Abb. 2c–e). Die Zähne sind vollständig erhalten, die Basalsäulen relativ gering entwickelt.

Maße (in mm)	P_4 dex.	M_1 dex.	M_2 dex.	M_3 dex.
Länge an der Basis	18,2	17,8	23,2	34,1
Größte Breite an der Basis	12,1	13,2	15,3	15,2

M_1-M_3 dex. = 76,3

3. Dazu liegen noch vier isolierte Prämolaren [P_3 sin. MB Burgt. Ma 9.1; P_3 dex. MB Burgt. Ma 9.2; P_3 sin. MB Burgt. Ma 9.3; P_4 dex. IQW 1970/13078 (Burgt. 13475)] und 26 isolierte Molaren des Unterkiefers vor. Die Zahnmaße liegen innerhalb der Variationsbreite rezenter Rothirsche dieses Raumes.

D. Die postkranialen Skelettreste

I. Die Knochen der Vorderextremität (Ossa extremitatis thoracicae)

1. Scapula. Es liegen die proximalen Bruchstücke von zwei Scapulae vor, vgl. SCHÄFER (1909, S. 464).

2. Radius. Es liegen ebenfalls nur zwei proximale Bruchstücke vor.

Maße (in mm)	Radius sin. MB Burgt. Ma 21
Breite der proximalen Epiphyse	58,1
Breite der proximalen Gelenkfläche	52,4
Durchmesser der proximalen Epiphyse	31,2
Durchmesser der proximalen Gelenkfläche	28,1

3. Metacarpus sin. IQW 1970/13075 (Burgt. 13472). Von diesem Metacarpus liegt nur ein proximales Bruchstück vor (Abb. 3 g, h).

Maße (in mm)	
Breite der proximalen Epiphyse	41,8
Durchmesser der proximalen Epiphyse	29,8
Breite der proximalen Gelenkfläche	39,2
Durchmesser der proximalen Gelenkfläche	24,5

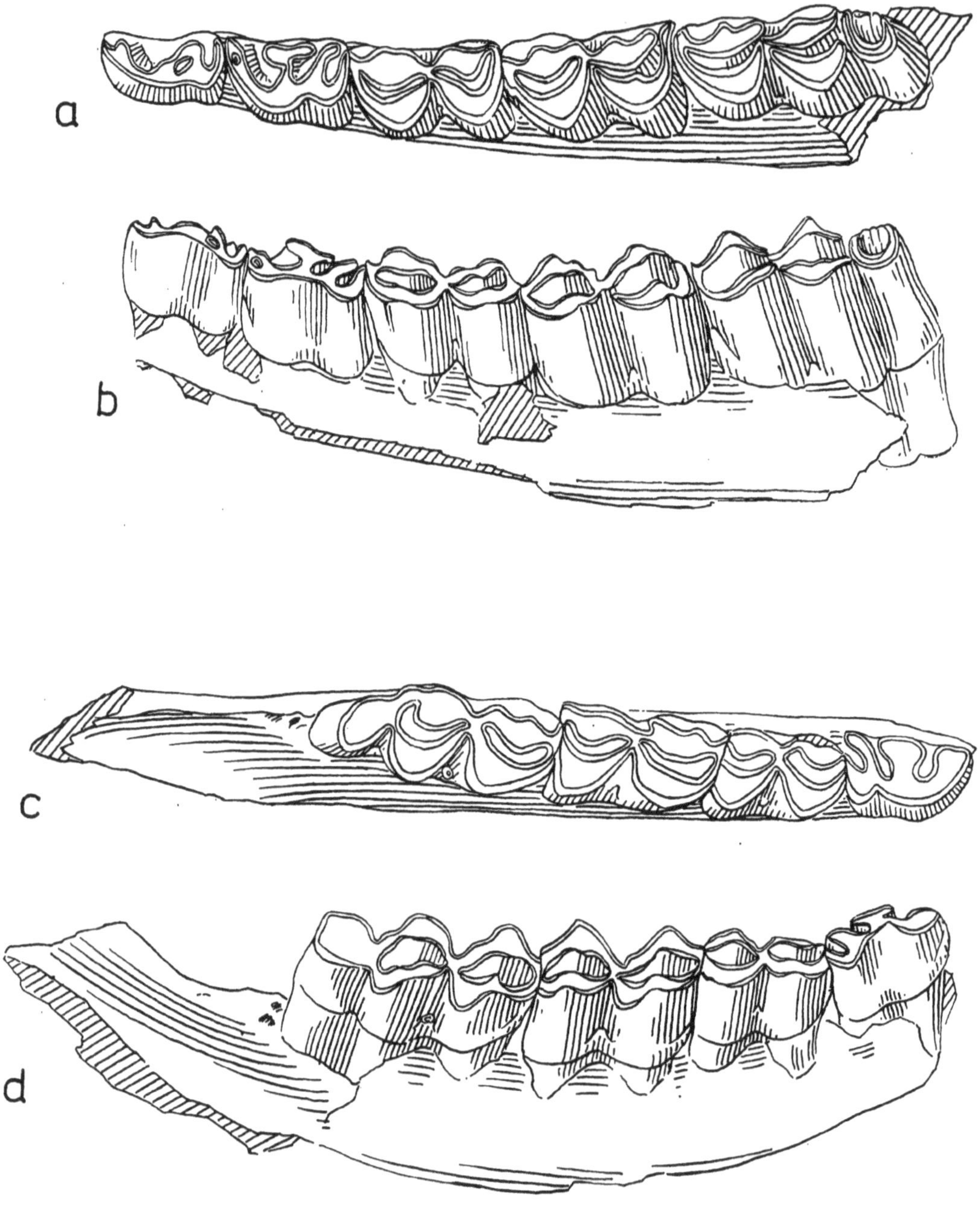

Abb. 2. *Cervus elaphus* LINNAEUS, Burgtonna, × 1

a – b – Mandibelbruchstück mit P_3 – M_3 sin. MB Burgt. Ma 1; c – e – Mandibelbruchstück mit P_4 – M_3 dex. MB Burgt. Ma 2

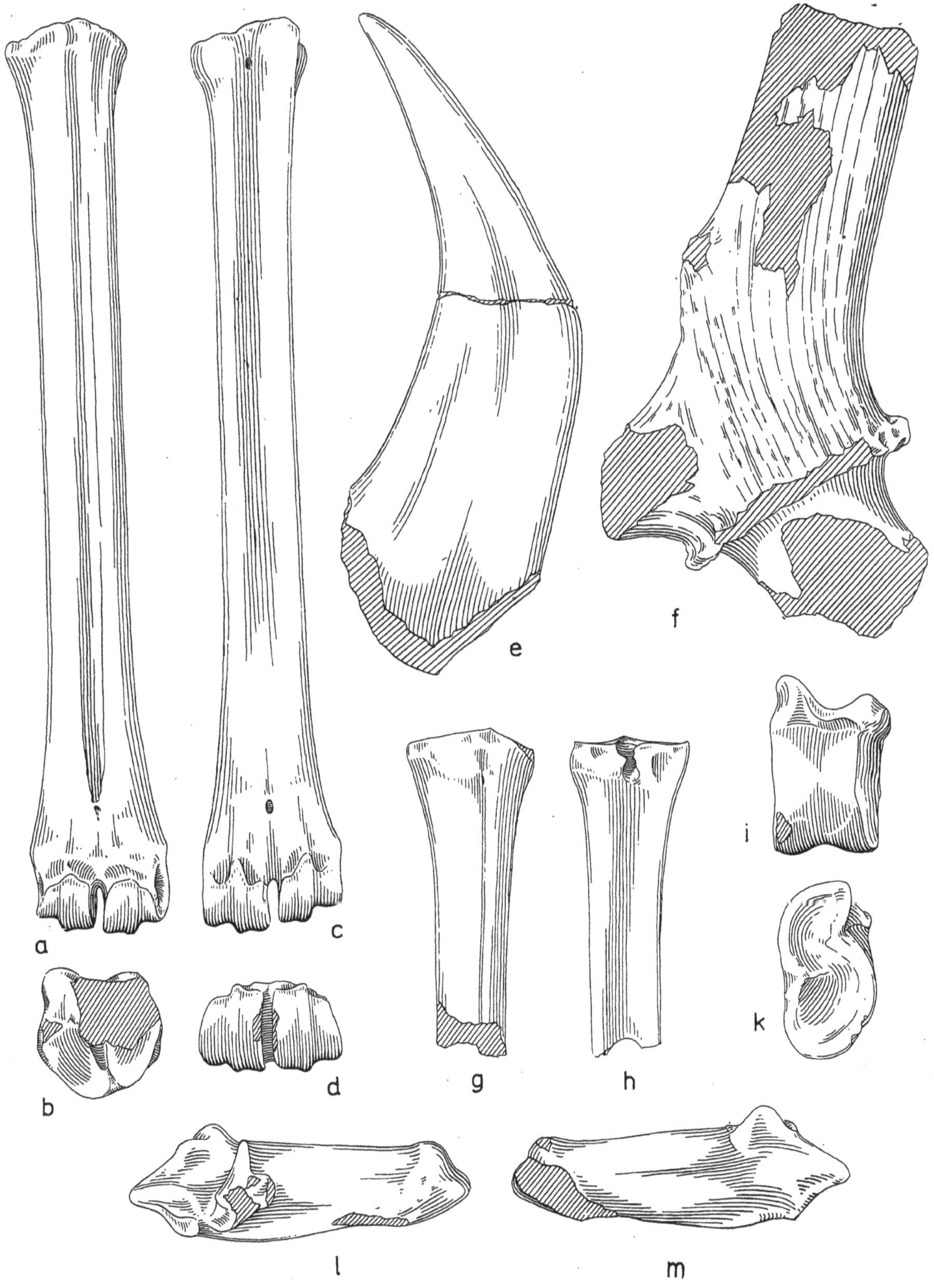

Abb. 3. *Cervus elaphus* LINNAEUS, Burgtonna, × 1/2

a – d – Metatarsus sin. MB Burgt. Ma 27; e – Distales Geweihbruchstück MB Burgt. Ma 28.1 – 2; f – Proximales, schädelechtes Geweihbruchstück NG Burgt. 1185; g, h – Metacarpus sin. IQW 1970/13 075 (Burgt. 13 472); i, k – Os tarsi tibiale sin. MB Burgt. Ma 26; l, m – Os tarsi fibulare dex. NG Burgt. 2411

II. Die Knochen der Hinterextremität (Ossa extremitatis pelvinae)

1. Femur sin. MB 53 QK p. 54 (Burgt. 1815). Von diesem Femur liegt nur ein distales Bruchstück vor.
2. Tibia dex. MB Burgt. Ma 24, distales Bruchstück.
3. Os tarsi tibiale sin. MB Burgt. Ma 26. Das Fossil ist vollständig erhalten (Abb. 3i, k).

Maße (in mm)	
Größte Länge des Os tarsi tibiale	60,5
Größte Breite des Os tarsi tibiale	40,6
Größter Durchmesser des Os tarsi tibiale	33,3
Breite des distalen Gelenks	38,2

4. Os tarsi fibulare dex. NG Burgt. 2411 (Abb. 3l, m). Das Fossil ist fast vollständig erhalten und zeigt nur am Tuber calcanei geringe Beschädigungen.

Maße (in mm)	
Größte Länge des Os tarsi fibulare	114,5
Geringste Breite des Os tarsi fibulare	12,3
Breite des Körpers am Tuber	21,7
Größter Durchmesser des Os tarsi fibulare	41,1

5. Metatarsus. Es liegen zwei vollständig erhaltene Fundstücke vor (Abb. 3a–d).

Maße (in mm)	MB Burgt. Ma 27	NG Burgt. 2381
Länge des Metatarsus	307,2	308,8
Breite der proximalen Epiphyse	41,3	39,8
Geringste Breite der Diaphyse	26,2	26,3
Breite der distalen Epiphyse	47,8	47,8
Breite der distalen Gelenkfläche	47,8	47,8
Durchmesser der proximalen Epiphyse	44,8	44,2
Geringster Durchmesser der Diaphyse	24,2	24,0
Durchmesser der distalen Epiphyse	32,3	31,3

III. Die Knochen der Wirbelsäule (Columna vertebralis)

Von den von SCHÄFER (1909, S. 463) erwähnten Wirbeln liegen noch vier Bruchstücke vor (MB).[3]

Unter den Cerviden-Resten aus den Travertinen von Burgtonna stehen die des Rothirsches zahlenmäßig an erster Stelle, wie auch im Eem von Taubach und Weimar-Ehringsdorf. Übereinstimmend spricht das Fossilmaterial von Burgtonna für eine relativ geringe bis mittelstarke Rothirschform, wie sie auch heute noch für das atlantische Gebiet charakteristisch ist.

Familie: **Cervidae** GRAY, 1821

Gattung: ***Dama*** FRISCH, 1775

(2) ***Dama dama*** (LINNAEUS, 1758)

Taf. 33, Fig. 1–6; Abb. 4, 5, 6a–f

Wie bereits aufgezeigt, wurden die SCHÄFER (1909, S. 465) aus den Travertinen von Burgtonna vorliegenden *Dama*-Reste (Mandibelbruchstück sin. mit Milchgebiß und 7 isoliert gefundene Zähne des Ober- und Unterkiefers) nicht als solche erkannt, sondern *Capreolus capreolus* (LINNAEUS) zugewiesen. Inzwischen konnte das *Dama*-Material durch Neufunde aus den Travertinen von Burgtonna vermehrt werden.

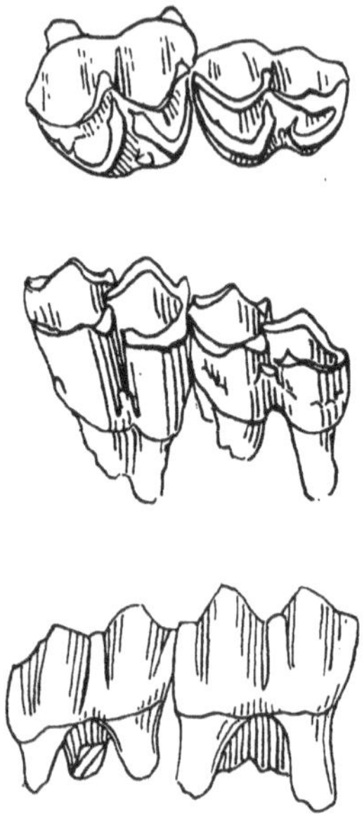

a

b

Abb. 4. *Dama dama* (LINNAEUS), Burgtonna, × 1
a – D^3–D^4 dex. MB Burgt. Ma 12.1–2; b – Mandibelfragment mit D_4–M_2 sin. MB Burgt. Ma 3

[3]) Nach Abschluß dieser Arbeit wurde noch eine kleine Sammlung fossiler Säugerreste aus den Travertinen von Burgtonna bekannt, die im Staatlichen Museum für Mineralogie und Geologie zu Dresden liegt. An Cerviden-Resten gehören zu dieser Sammlung: *Cervus elaphus* LINNAEUS (ein isolierter Geweihsproß, ein schädelechtes Stangenbruchstück, unmittelbar über der Rose abgebrochen, ein Oberkiefermolar und das Bruchstück eines solchen; Fundjahr der Fossilien 1863).

A. Die Geweihreste

Bisher liegt nur eine Abwurfstange NG Burgt. 2412 (basales Bruchstück, Taf. 33, Fig. 3) vor, die mit Sicherheit zu *Dama* gestellt werden kann. Die Stange ist etwa 5 cm oberhalb der Rose abgebrochen, der Augsproß aber ist fast vollständig erhalten.

Maße (in mm)	
Umfang der Rose	137,0
Größter Durchmesser der Rose	48,1
Umfang der Stange oberhalb Augsproß	89,5
Größter Durchmesser der Stange oberhalb Augsproß	28,5
Länge des Augsprosses bis zum Abbruch	125,0

B. Die Gebißreste

I. Oberkiefer

a) Milchgebiß

1. D^3-D^4 dex. MB Burgt. Ma 12. 1–2 (Abb. 4a). Die Zähne sind vollständig erhalten.

Maße (in mm)	D^3	D^4
Länge an der Basis	15,8	15,5
Größte Breite an der Basis	13,5	15,8

b) Definitives Gebiß

1. Molarenreihe P^4-M^3 dex. NG Burgt. 2418 (Taf. 33, Fig. 4–6). Die Zähne sind vollständig erhalten.

Maße (in mm)	P^4 dex.	M^1 dex.	M^2 dex.	M^3 dex.
Länge an der Basis	10,9	15,5	18,2	19,0
Größte Breite an der Basis	10,8	19,3	19,3	19,7

2. Molarenreihe M^1-M^3 sin. MB Burgt. Ma 10.1; Ma 10.3; Ma 10.4. Es liegen die isolierten Zähne einer Reihe vor (Abb. 5a).

Maße (in mm)	M^1 sin.	M^2 sin.	M^3 sin.
Länge an der Basis	15,8	18,2	18,5
Größte Breite an der Basis	20,3	21,9	19,7

3. M^1 dex. IQW 1970/13079 (Burgt. 13476), das Fossil stammt aus dem „Blättertravertin" mit der *Helicigona-banatica*-Fauna (Abb. 5b), M^2 dex. MB Burgt. Ma 10.2 (Abb. 5c) und M^3 dex. MB Burgt. 10.6 (Abb. 5d).

Maße (in mm)	IQW 1970/13079 (Burgt. 13476)	MB Burgt. Ma 10.2	MB Burgt. Ma 10.6
Länge an der Basis	17,8	17,4	18,1
Größte Breite an der Basis	20,1	18,2	19,6

II. Unterkiefer

a) Milchgebiß

1. Mandibelfragment mit D_4-M_2 sin. MB Burgt. Ma 3 (Taf. 33, Fig. 1, 2; Abb. 4b). Der M_2 sin. ist noch nicht in die Abrasionsebene eingeschoben. In den Alveolen sind noch die Wurzeln des D_3 sin. zu erkennen. Das Fundstück stammt aus per Slg. SCHÄFER und wurde von ihm irrtümlich zu *Capreolus capreolus* (LINNAEUS) gestellt. Der D_4 ist innen stark beschädigt, so daß keine Maße gegeben werden können.

2. D_4 sin. MB Burgt. Ma 13.4. Der Zahn ist vollständig erhalten.

Maße (in mm)	
Länge an der Basis	21,4
Breite an der Basis	9,4

b) Definitives Gebiß

1. P_3-M_1 dex. NG Burgt. 2414–16 (isolierte Zähne einer Zahnreihe). Die Zähne sind vollständig erhalten (Abb. 5e–g).

Maße (in mm)	P_3 dex.	P_4 dex.	M_1 dex.
Länge an der Basis	12,5	14,6	17,7
Größte Breite an der Basis	7,8	8,9	10,7

2. P_2 dex. MB Burgt. Ma 13.3 und P_2 sin. MB Burgt. Ma 13.2. Beide Prämolaren sind vollständig erhalten.

Maße (in mm)	P_2 dex.	P_2 sin.
Länge an der Basis	11,3	11,8
Größte Breite an der Basis	7,2	6,8

3. M_1 sin. MB Burgt. Ma 13.1 und M_2 sin. MB Burgt. Ma 5.4. Beide Zähne gehören wahrscheinlich zur gleichen Zahnreihe (Abb. 5h, i).

Maße (in mm)	M_1 sin.	M_2 sin.
Länge an der Basis	17,2	18,3
Größte Breite an der Basis	11,4	12,6

C. Die postkranialen Skelettreste

I. Die Knochen der Vorderextremität (Ossa extremitatis thoracicae)

1. Metacarpus sin. IQW 1970/12 672 (Burgt. 13 170). Das Fossil ist vollständig erhalten (Abb. 6a–d).

Maße (in mm)	
Länge des Metacarpus	221,8
Breite der proximalen Epiphyse	31,2
Breite der proximalen Gelenkfläche	28,1
Durchmesser der proximalen Epiphyse	24,8
Geringste Breite der Diaphyse	19,9
Breite der distalen Epiphyse	33,0
Geringster Durchmesser der Diaphyse (distal)	14,8
Durchmesser der distalen Epiphyse	21,9

II. Die Knochen der Hinterextremität (Ossa extremitatis pelvinae)

1. Metatarsus sin. NG Burgt. 2413 (Abb. 6e, f). Die distale Epiphyse und Teile der Diaphyse fehlen.

Maße (in mm)	
Breite der proximalen Epiphyse	30,2
Durchmesser der proximalen Epiphyse	33,6

Während aus den eeminterglazialen Travertinen von Taubach, Weimar und Weimar-Ehringsdorf nur ganz geringe Reste des Damhirsches (jeweils nur

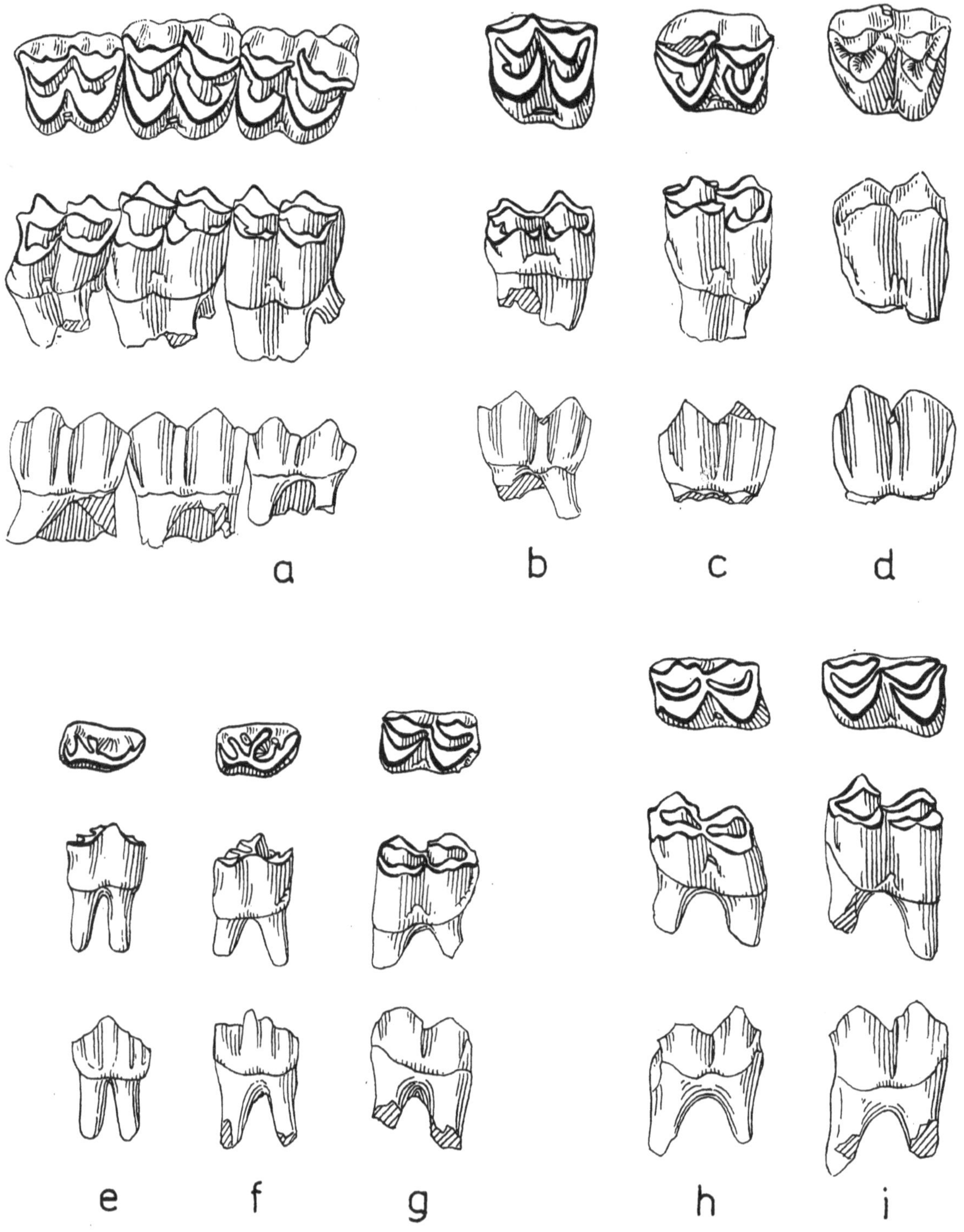

Abb. 5. *Dama dama* (LINNAEUS), Burgtonna, × 1

a – M^1–M^3 sin. MB Burgt. Ma 10.1, 10.3, 10.4; b – M^1 dex. IQW 1970/13 079 (Burgt. 13 476); c – M^2 dex. MB Burgt. Ma 10.2; d – M^3 dex. MB Burgt. Ma 10.6; e–g – P_3–M_1 dex. NG Burgt. 2414–16; h – M_1 sin. MB Burgt. Ma 13.1; i – M_2 sin. MB Burgt. Ma 5.4

der Nachweis von ein bis zwei Individuen) vorliegen, steht im fossilen Material aus den Travertinen von Burgtonna das Damwild zahlenmäßig an zweiter Stelle hinter den Resten des Rothirsches. Dieses Zahlenverhältnis ist bisher von keiner anderen mittel-/osteuropäischen Fundstelle nachgewiesen. Nur aus dem westeuropäisch/atlantischen Faziesbereich liegen solche Zahlenverhältnisse vor. Zusammen mit ähnlichen botanischen Hinweisen spricht das relativ häufige Vorkommen von Damwild in den Travertinen von Burgtonna für einen starken Einfluß atlantischen Klimas während der Bildungszeit der Ablagerungen, zumindest des optimalen Abschnitts dieser Warmzeit.

Überblicken wir die eeminterglazialen Fundstellen Mitteleuropas, so liegen fossile Reste des Damhirsches von fast allen diesen Fundstellen vor. Sehen wir vorläufig den weiteren Mediterranraum als primäres Zentrum der Gattung *Dama* an (vgl. dazu HALTENORTH 1959, 1961), so erfolgte offensichtlich

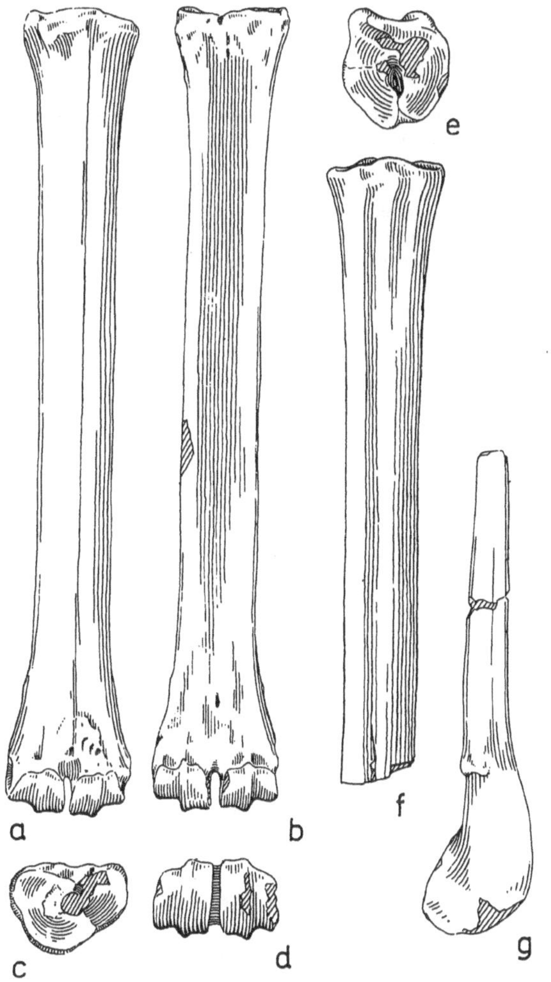

Abb. 6a—f. *Dama dama* (LINNAEUS), Burgtonna, × 1/2
a–d – Metacarpus sin. IQW 1970/12 672 (Burgt. 13 170); e, f – Metatarsus sin. NG Burgt. 2413

Abb. 6g. *Capreolus capreolus* (LINNAEUS), Burgtonna, × 1/2
Schädelechte Stange MB Burgt. dv 125

im letzten Interglazial über den weiteren Mediterranraum hinaus, besonders aber über Westeuropa, ein Vordringen der Gattung *Dama* bis nach Mittel- und Nordeuropa, wobei in den Cervidenfaunen der östlichen Vorkommen *Dama dama* (LINNAEUS) offensichtlich mehr und mehr eine untergeordnete Rolle spielte. Diese Fundstellen (Weimar, Weimar-Ehringsdorf, Taubach, Belzig usw.) können wir nach den bisher vorliegenden Materialien als NE-Grenze der eeminterglazialen *Dama*-Verbreitung ansehen. Aus der VR Polen sind bis heute keine sicheren pleistozänen *Dama*-Funde bekannt geworden (KOWALSKI 1959, S. 236).

Unter allen *Dama*-Resten der Fundstelle Burgtonna liegt nur für den Metacarpus IQW 1970/12672 (Burgt. 13170) die genaue Fundschicht fest: der sogenannte *Helicigona-banatica*-Horizont (= Phase 3 der Mollusken-Sukzession, vgl. MANIA, in diesem Bande, S. 78) der Mollusken-Folge, der als der hochwarmzeitliche Leithorizont angesehen wird. Es liegt nahe zu vermuten, daß auch die anderen *Dama*-Reste diesem Horizont im weitesten Sinne entstammen. Da nun dieser Horizont (Phase 3) nach MANIA ebenfalls in der Travertinfolge von Taubach (= Phasen 2—4 nach MANIA) vermutet wird, stellt sich die Frage nach der so unterschiedlichen Cerviden-Fauna beider relativ nahe beieinander gelegener Fundstellen (Entfernung 45 km), die hinsichtlich der geomorphologischen und ökologischen Verhältnisse auch weitgehend übereinstimmen. Das Fehlen der Gattungen *Megaloceros* und *Alces* in Burgtonna, die auch in Taubach sehr selten sind, mag noch durch die bedeutend größere Anzahl der Cerviden-Funde von Taubach gegenüber denen von Burgtonna zu erklären sein, das Überwiegen aber von Damwild und das Zurücktreten der Gattung *Capreolus* in Burgtonna ist so auffällig, daß nach anderen Erklärungsmöglichkeiten gesucht werden muß. Als solche bieten sich an: (1) Entweder erreichten die eeminterglazialen Damwild-Populationen im Raume Weimar schon die Grenzen ihrer östlichsten Verbreitung und die Individuenzahlen waren so gering, wie sie durch das paläontologische Material repräsentiert werden, oder aber (2) die Korrelation der Travertinablagerungen Burgtonna/Taubach auf der Grundlage der Mollusken-Sukzession ist unsicher.

Familie: **Cervidae** GRAY, 1821

Gattung: ***Capreolus*** FRISCH, 1775

(3) ***Capreolus capreolus*** (LINNAEUS, 1758)

Abb. 6g

Skelettreste des Rehes treten in den Travertinen von Burgtonna sehr zurück. Aus den Travertinen von Burgtonna liegt bisher nur eine schädelechte Stange vor[4]). Gebißreste sowie postkraniale Skelettreste fehlen in den Travertinen von Burgtonna. Die von SCHÄFER (1909, S. 465) beschriebene linke Unterkieferhälfte ist nicht zu *Capreolus capreolus* (LINNAEUS), sondern zu *Dama dama* (LINNAEUS) zu stellen.

1. Schädelechte Stange MB Burgt. dv 125 (Abb. 6g). Die Stange wurde von einem Jährling geschoben. Das Fossil, das aus der Sammlung SPEYER stammt, wurde 1880 gefunden, lag aber SCHÄFER (1909, S. 465) nicht vor.

Maße (in mm)

Länge der Stange bis zum Abbruch	89,3
Größter Durchmesser der Rose	17,7

Familie: **Cervidae** GRAY, 1821

Gattung: ***Rangifer*** FRISCH, 1775

(4) ***Rangifer tarandus*** (LINNAEUS, 1758)

Taf. 33, Fig. 7

Aus den Deckschichten, ohne genaue Horizontangabe, liegt das basale Bruchstück einer linken

[4]) Die Herkunft der schädelechten Stange NG Burgt. 2419 aus den Travertinen erscheint sehr fraglich. Das Fossil wurde daher in diese Bearbeitung nicht aufgenommen.

schädelechten Renstange vor — IQW 1974/14272 (Burgt. 14102), die offensichtlich von einem weiblichen Individuum stammt. Der Oberflächenerhaltungszustand dieses Fossils schließt eine Herkunft aus dem Travertinkomplex aus.

4. Zusammenfassung

In der Cervidenfauna aus den Travertinen von Burgtonna — wie in der aller eemzeitlichen Travertine Thüringens — steht der Rothirsch zahlenmäßig an erster Stelle. Im Gegensatz aber zu den anderen thüringischen letztinterglazialen Ablagerungen liegen aus den Travertinen von Burgtonna kaum Skelettreste des Rehes, dafür aber relativ viele Funde von *Dama dama* (Linnaeus) vor. In diesem Vorherrschen des Damwildes sehen wir in Verbindung mit entsprechenden botanischen Hinweisen einen starken Einfluß atlantischen Klimas zur Zeit der Bildung der Travertine (oder aber zumindest eines Teils dieser) im Raume Burgtonna.

Elch- und Riesenhirschreste fehlen bisher aus den Travertinen von Burgtonna. Der Riesenhirsch wurde zwar in der Faunenliste von Schäfer (1909, S. 451) genannt, entsprechende Fossilfunde aber nicht beschrieben.

Nach dem Erhaltungszustand zu urteilen stammt der einzige bisher vorliegende Geweihrest von *Rangifer tarandus* (Linnaeus) aus den Deckschichten, nicht aus dem Travertinkomplex.

Резюме

В составе фауны Cervidae из травертинов Бургтонны как и всех эемских травертинов Тюрингии первое место занимает благородный олень. В отличие от всех отложений последнего интергляциала Тюрингии в травертинах Бургтонны почти не представлены скелетные остатки косули зато имеются многочисленные находки *Dama dama* (Linnaeus). Превосходство лани сочетается с соответствующими ботаническими критериями о сильном влиянии атлантического климата во время образования травертинов (по меньшей мере части их) в районе Бургтонны.

Остатки лоси и гигантского оленя не были найдены в травертинах Бургтонны. Шефер (1909, стр. 451) в своем списке указывает остатки рогов, однако описание соответствующих находок не имеется.

Судя по сохранности, единственный *Rangifer tarandus* Linnaeus происходит из покровных слоев, а не из травертинового комплекса.

Summary

In the Cervide fauna of the Burgtonna Travertine series the red deer numerically takes the first place, just as in that of all Eemian travertines of Thuringia. Contrary to other Thuringian late-interglacial deposits, however, remains of roe deer skeletons are hardly available from the Burgtonna travertines, but in return there are relatively many finds of *Dama dama* (Linnaeus). In this predominance of the fallow deer we realize, in connection with corresponding botanical informations, a great influence exerted by the Atlantic climate at the time of travertine formation (or at least part of it) in the Burgtonna area.

So far remains of moose and giant deer are missing from the Burgtonna travertines. Although the *Megaloceros* was mentioned in Schäfer's faunal list (1909, p. 451), corresponding fossil finds were not described.

Judging from its status of preservation, the only antler remain so far available of *Rangifer tarandus* (Linnaeus) originates from the covering beds, and not from the travertine complex.

5. Literatur

Haltenorth, Th.: Beitrag zur Kenntnis des Mesopotamischen Damhirsches — *Cervus* (*Dama*) *mesopotamicus* Brooke, 1875 — und zur Stammes- und Verbreitungsgeschichte der Damhirsche allgemein. — Säugetierkdl. Mitt. 7, S.-H., 1—89, Stuttgart 1959.

— Lebensraum, Lebensweise und Vorkommen des Mesopotamischen Damhirsches, *Cervus mesopotamicus* Brooke, 1875. — Säugetierkdl. Mitt. 9, 1, 15—39, München 1961.

Hellmann, A.: Die Petrefacten Thüringens. 1. Lief. Die Diluvialfauna von Tonna. — 1—10, Cassel 1862.

Kahlke, H. D.: Die Cerviden-Reste aus den Tonen von Voigtstedt in Thüringen. — Paläont. Abh. **A II**, 2/3, 380—424, Berlin 1965.

— Die Cerviden-Reste aus den Kiesen von Süßenborn bei Weimar. — Paläont. Abh. **A III**, 3/4, 547—610, Berlin 1969.

— Die Cervidenreste aus den Travertinen von Weimar—Ehringsdorf. — Abh. zentr. geol. Inst. 23, 201—249, Berlin 1975.

— Die Cerviden-Reste aus den Travertinen von Taubach bei Weimar. — Quartärpaläontologie 2, 209—223 Berlin 1977.

Kowalski, K.: A Catalogue of the Pleistocene Mammals of Poland. — Polska Akad. Nauk, Inst. Zool. Krakow, 1—267, Warszawa/Wrocław 1959.

Langenhan, A.: Beiträge zur Erforschung der interglazialen Kalktuffe von Burgtonna und Gräfentonna in Thüringen. — Monatsschr. Mineralien-, Gesteins- u. Petrefaktensammler 3, 7—10, Stuttgart 1906.

Schäfer, H. F.: Über die pleistocäne Säugetierfauna und die Spuren des paläolithischen Menschen von Burgtonna i. Thür. — Z. deutsch. geol. Ges. 61, 4, 445—469, Stuttgart 1909.

Quartärpaläontologie	3	123—127	Berlin, Dezember 1978

Das Wildschwein (*Sus scrofa* L.) aus dem Jungpleistozän von Burgtonna in Thüringen

Von KARL ALBAN HÜNERMANN, Zürich

Mit vier Abbildungen

Inhalt

1. Abstractum

Von Burgtonna bei Gotha in Thüringen werden vier Gebißreste eemzeitlicher Schweine erstmals beschrieben. Sie gehören in den Formenkreis von *Sus scrofa* L. und stimmen mit dem rezenten mitteleuropäischen Wildschwein überein.

Описываются четыре фрагмента челюсти эемских свиней из Бургтонны около Готы. Они относятся к группе *Sus scrofa* L. и сходны со современным среднеевропейским диким кабаном.

From Burgtonna, near Gotha in Thuringia, four remains of sets of teeth of Eemian wildboars are described for the first time. They belong to the circle of forms of *Sus scrofa* L. and agree with the recent Central European wild boar.

2. Vorbemerkung

Aus den eemzeitlichen Kalktuffen von Burgtonna bei Gotha in Thüringen sind schon seit langem Suidenreste bekannt. Bereits HELLMANN (1866) erwähnt in der Faunenliste der bei Burgtonna gefundenen Säugetiere *Sus scrofa priscus*. Er gibt jedoch keinen Hinweis darauf, um welche Skelettelemente es sich handelt. Auch POHLIG (1885) zitiert den Suiden von Burgtonna lediglich in seiner Faunenliste und zwar als *Sus* (*scrofa*) *Antiqui* POHL. Eine morphologische Betrachtung mit Maßtabelle bringt jedoch erst SCHÄFER (1909). Er gibt die Beschreibung „einer rechten Unterkieferhälfte mit ansitzendem Symphysenteil bis zur Alveole des linken C.“ Außerdem erwähnt er einen Molaren des linken Unterkiefers. Diese beiden Stücke sind offenbar verschollen.

Zur Zeit liegen vier Gebißreste vor. Sie gehören den Sammlungen der Heimatmuseen von Gotha (HG Burgt. E 2817, 2818) und Ohrdruf (MO Burgt. 21) sowie des Institutes für Quartärpaläontologie in Weimar [IQW 1970/13073 (Burgt. 13470)]. Diese Fragmente stammen von Unterkiefern vier verschiedener Individuen. Lediglich das Stück aus der Weimarer Sammlung ist horizontiert. Es kommt aus der *Helicigona-banatica*-Schicht. Die Position der übrigen Suidenreste im Profil von Burgtonna ist nicht bekannt.

Dr. H.-D. KAHLKE, Weimar, übermittelte mir freundlicherweise das Material zur Bearbeitung. Die Zeichnungen stammen — wie in meinen früheren Arbeiten an Suiden aus dem Thüringischen Pleistozän — aus der Feder von Herrn O. GARRAUX, Basel. Beiden Herren danke ich auch an dieser Stelle für ihr freundliches Entgegenkommen.

3. Materialbeschreibung

HG Burgt. E 2817

Abb. 1a—c

Fragment des rechten Unterkieferastes mit dem männlichen Eckzahn und P_1—P_3. Der Unterkieferknochen ist nur im Alveolarteil erhalten. Von der Alveole des Eckzahnes ist nur die Außenwand vorhanden. Die Unterkante des Dentale fehlt vollständig. Vor und hinter dem vordersten Prämolaren bestehen Diastemata. Zwischen dem Eckzahn und dem P_1 ist das Diastem 8 mm und zwischen P_1 und P_2 20 mm lang. Die Zähne wurden nach der üblichen Methode vermessen (HÜNERMANN, 1975, S. 254). Alle Maße sind in Millimetern angegeben.

Maßtabelle (in mm)
des Eckzahnes von HG Burgt. E 2817

Facetten:		innen	außen	hinten
Querschnittsebenen:	B	13,7	12,7	12,0
	C	21,2	17,0	16,4
	D	23,2	in situ	in situ

Da der Eckzahn zahlreiche Bruchstellen aufweist, wurde auf weitere Vergleichsmaße verzichtet.

Maßtabelle (in mm)
der Prämolaren von HG Burgt. E 2817

	P_1	P_2	P_3
Länge	9,5	13,0	15,2
Breite	5,3	6,8	8,5

Die geringe Usur der Prämolaren weist auf ein noch nicht voll ausgewachsenes Individuum hin.

HG Burgt. E 2818

Abb. 2a–b

Fragment des linken Unterkiefers mit den drei Molaren. Der Alveolarteil des Unterkieferknochens ist nur soweit erhalten, daß die Wurzeln der Zähne eben verdeckt sind. An den Haupthügeln des M_1 liegen Dentininseln frei. Der M_2 zeigt kleine Usurflächen im Schmelzbereich an Haupt- und Nebenhügeln. Am M_3 hatte die Abnutzung erst an den Spitzen der Haupthügel eingesetzt. An allen drei Zähnen sind die Nebenelemente der Kronen gut entwickelt. Die Quertäler zwischen den Hügeln des Trigonids und des Talonids sind buccal durch Basalwarzen abgeschlossen. Der Verbindungshügel im Talonidbereich des M_3 ist hingegen beiderseits von Basalwarzen flankiert. Hinter ihm befindet sich ein drittes Haupthügelpaar, welches den mittleren Haupthügeln an Höhe kaum nachsteht. Die Hinterwand der Krone des M_3 bildet ein starker Schlußhügel.

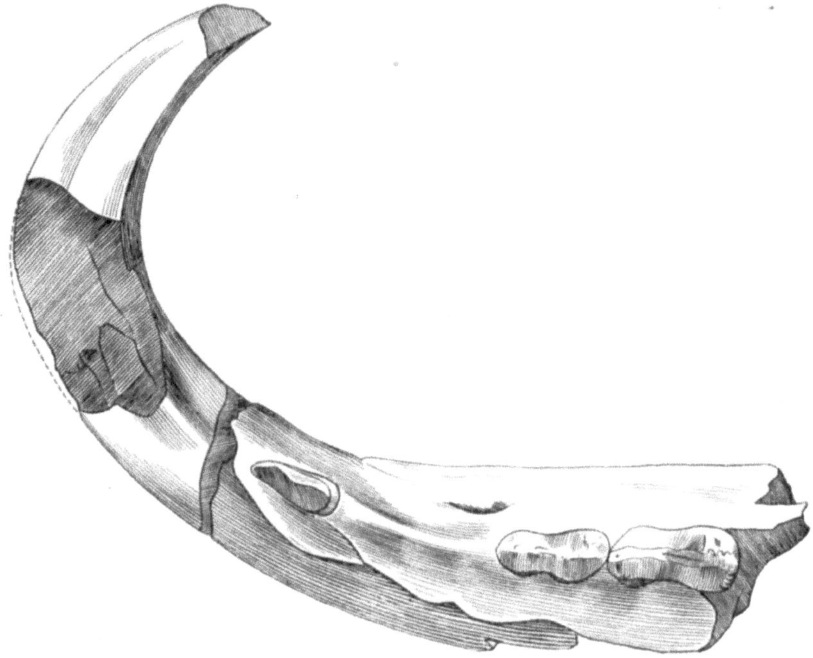

Abb. 1a

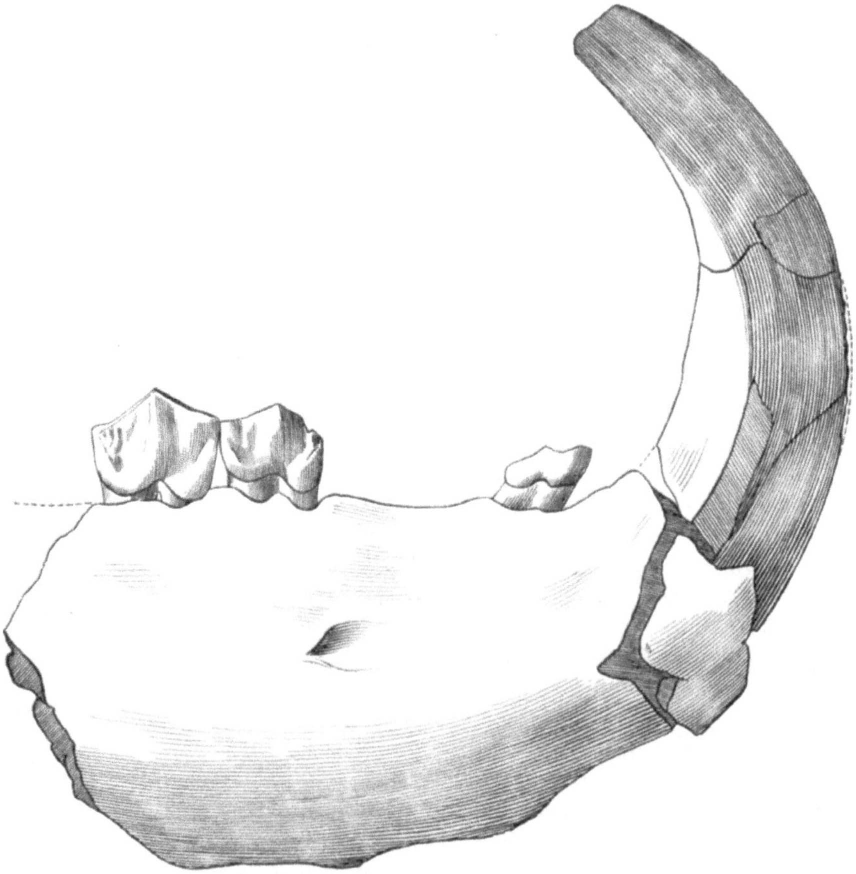

Abb. 1b

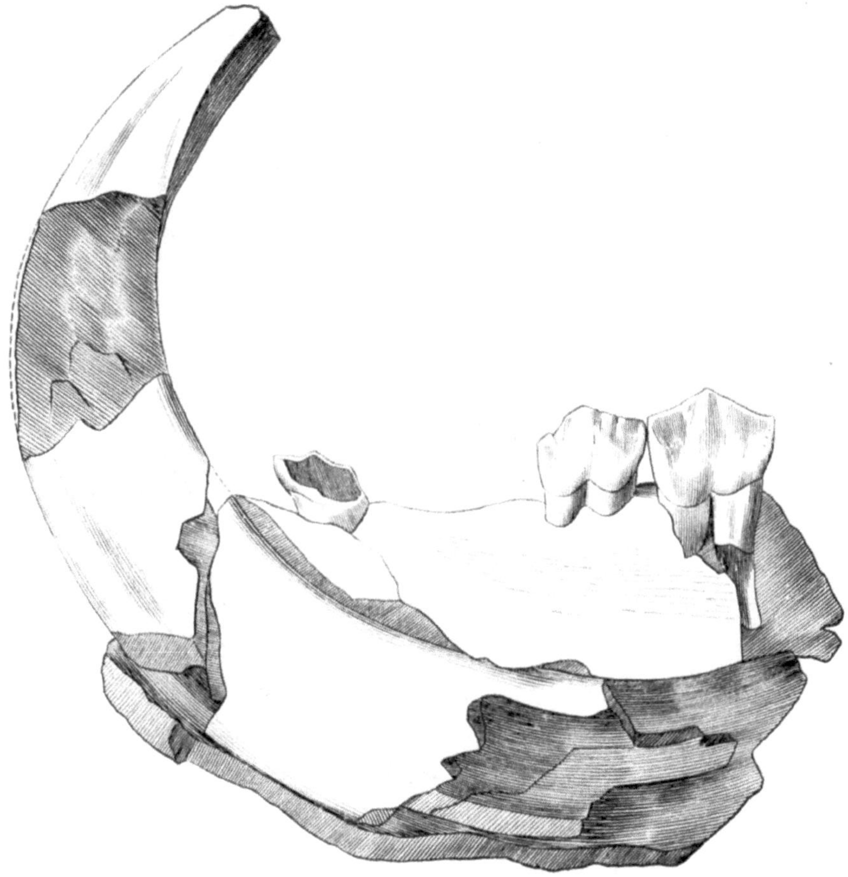

Abb. 1c

Abb. 1. *Sus scrofa* L. Fragment des rechten Unterkiefers, E 2817, × 1,2
a – von dorsal; b – von buccal; c – von lingual

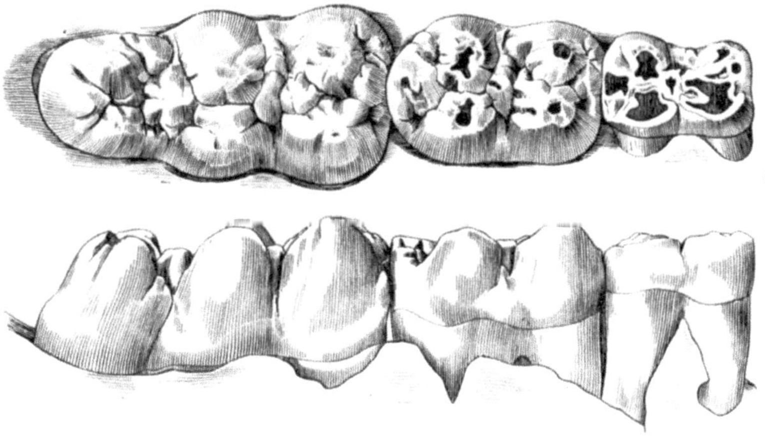

Abb. 2. *Sus scrofa* L. Fragment des linken Unterkiefers, E 2818, × 1,2
a – von dorsal; b – von lingual

Maßtabelle (in mm) der Molaren von HG Burgt. E 2818	M_1	M_2	M_3
Länge	17,2	21,8	41,3
Breite der vorderen Haupthügel	12,5	16,5	21,0
Breite der mittleren Haupthügel	–	–	20,2
Breite der hinteren Haupthügel	13,2	18,0	16,2
Einschnürung am Zentralhügel	10,8	15,4	17,5
Einschnürung am Verbindungshügel	–	–	15,0

Der Größenunterschied zwischen M_1 und M_2 ist ausgeprägt, jedoch nicht extrem.

MO Burgt. 21

Abb. 3a–b

Fragment eines linken Unterkiefers mit den Wurzeln des M_2 und dem vollständigen M_3. Der Alveolarteil des Dentale ist in gleicher Ausdehnung erhalten wie an HG Burgt. E 2818. Die Gesamtlänge des Fragmentes beträgt 75 mm.

Maßtabelle (in mm) des M_3 von MO Burgt. 21	
Länge	42,5
Breite der vorderen Haupthügel	20,4
Breite der mittleren Haupthügel	19,4
Breite der hinteren Haupthügel	14,8
Einschnürung am Zentralhügel	17,3
Einschnürung am Verbindungshügel	14,6

Der M_3 ist ein wenig schlanker und etwas mehr usiert als der an HG Burgt. E 2818. Dennoch ist das Talonid reicher gegliedert. Der Verbindungshügel ist etwa ebenso stark wie die dritten Haupthügel. Dieses Hügeldreieck ist jedoch merklich niedriger als an HG Burgt. E 2818, was nicht nur auf die etwas fortgeschrittenere Usur dieses Stückes zurückgeführt

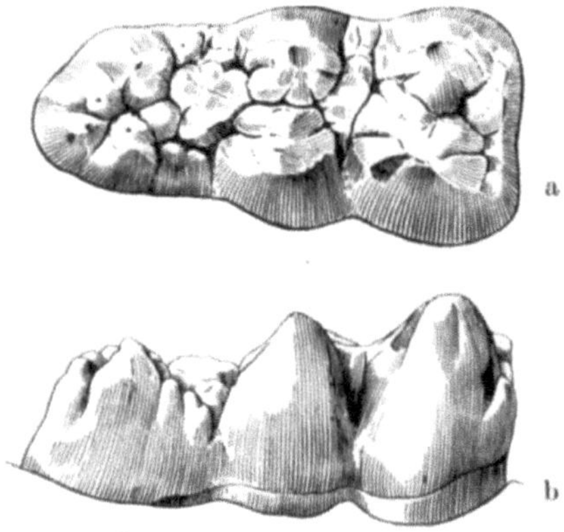

Abb. 3. *Sus scrofa* L. Fragment des linken Unterkiefers, MO 21, × 1,2

a – von dorsal; b – von lingual

werden kann, sondern auch auf das urtümlichere Gepräge der Talonidstruktur. Während sich Größe und Anordnung der Basalwarzen an beiden Exemplaren gut entsprechen, wird die Rückwand des M_3 hier aus zwei kleinen Schlußhügeln gebildet.

IQW 1970/13073 (Burgt. 13470)

Abb. 4a–b

Fragment des rechten Unterkieferastes mit Hinterabschnitt des P_2, P_3, P_4, Außenwand des M_1, M_2 und M_3 als Keim. Der Alveolarteil des Unterkieferknochens ist etwas weiter nach abwärts erhalten als an den bisher erwähnten Fragmenten. Dennoch ist an keiner Stelle die Unterkante des Dentale vorhanden. Die Gesamtlänge dieses Fragmentes beträgt 130 mm. Die Länge P_3–P_4, als Reihenmaß, beträgt 30 mm. Die Prämolaren sind etwas kleiner als an E 2817. Das geht beispielsweise aus dem Vergleich der Maßzahlen für die beiden P_3 deutlich hervor. Im Grad der Usur und der Form der Abnutzungsfläche stimmen diese Zähne jedoch sehr gut überein. Daher kann man annehmen, daß beide Individuen gleichaltrig gewesen sind.

Maßtabelle (in mm) der Prämolaren von IQW 1970/13073	P_2	P_3	P_4
Länge	fragm.	14,5	14,5
Breite	5,8	8,0	10,8

Alle Prämolaren von IQW 1970/13073 weisen an der Buccalseite ihrer Kronen ein so ausgeprägtes Relief des Schmelzes auf, wie es bei den übrigen Zähnen des Stückes sowie den anderen Gebißresten von Burgtonna nicht vorliegt. Außerdem ist an diesen Prämolaren auf der Lingualseite eine feine Chagrinierung des Schmelzes erkennbar. Soweit es bisher feststellbar war, ist das Relief der Prämolaren stärker, je üppiger das ganze Individuum entwickelt ist. Die Chagrinierung weist innerhalb der Gattung *Sus* eher auf juvenile bzw. subadulte Exemplare hin.

Nur am M_1 sind kleine Dentininseln erkennbar. An den nachfolgenden Molaren bleibt die Usur noch auf die Oberfläche des Schmelzes beschränkt. Den besten Hinweis darauf, daß es sich um ein jugendliches Individuum handelt, gibt der Keim des letzten Molaren. Am hinteren Abschnitt des Talonidbereiches der M_3-Krone ist nämlich die Schmelzoberfläche aufgerauht. Das ist ein typisches Merkmal dafür, daß die Anlagerung von Schmelzmaterial noch nicht abgeschlossen war.

Maßtabelle der Molaren von IQW 1970/13073	M_1	M_2	M_3
Länge	16,6	24,8	43,0
Breite der vorderen Haupthügel	–	16,2	19,4
Breite der mittleren Haupthügel	–	–	18,4
Breite der hinteren Haupthügel	–	17,2	13,8
Einschnürung am Zentralhügel	–	15,5	16,0
Einschnürung am Verbindungshügel	–	–	13,4

Ergänzend werden hier die Längenmaße der Zahnreihen von E 2818 und IQW 1970/13073 gegeben, um zu zeigen, daß es sich um etwa gleichstarke Individuen handelt.

Reihenmaße (in mm)	E 2818	IQW 1970/13073
P_3–M_3	–	114
P_4–M_3	–	101
M_1–M_3	83	85
M_2–M_3	66	68

Da der unvollendete Keim des M_3 von IQW 1970/13073 tiefer im Kiefer steckt als bei adulten Individuen, fallen dessen Breitenmaße notwendigerweise zu klein aus.[1])

4. Systematische und faunistische Bedeutung

Aufgrund ihrer Morphologie und Dimension passen die Zähne des Suiden von Burgtonna vorzüglich in die Variationsbreite des *Sus scrofa* L. von Ehringsdorf und Taubach, vgl. Hünermann 1975. Die Vor-

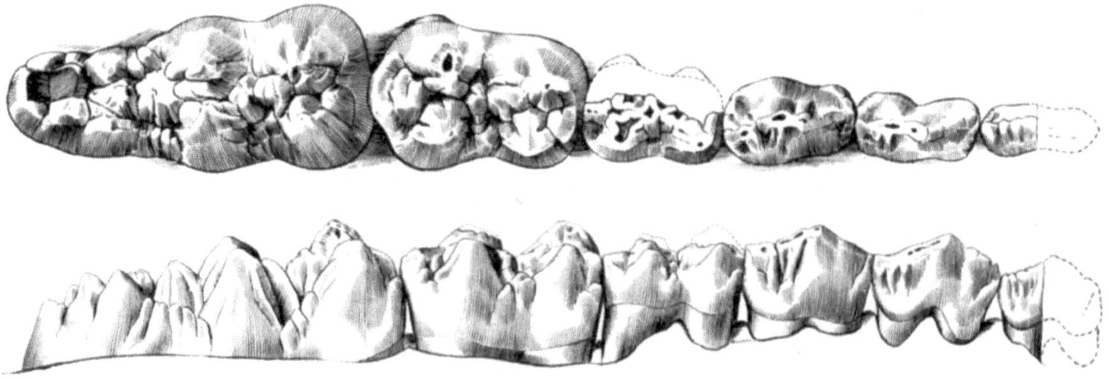

Abb. 4. *Sus scrofa* L. Fragment des rechten Unterkiefers, IQW 1970/13073, × 1,2

a – von dorsal; b – von buccal

[1]) Nach Abschluß dieser Arbeit wurde noch eine kleine Sammlung fossiler Säugerreste aus den Travertinen von Burgtonna bekannt, die im Staatlichen Museum für Mineralogie und Geologie zu Dresden liegt. An Suiden-Resten gehören zu dieser Sammlung zwei teilweise erhaltene Caninen und vier Incisiven (Fundjahr 1863).

kommen von Burgtonna, Ehringsdorf und Taubach sind denn auch nach WEBER (1958) gleichaltrig. In den beiden Beiträgen über die Ehringsdorfer und Taubacher Schweine wurde auch ausführlich darauf hingewiesen, daß die mitteleuropäischen Wildschweine bereits im Jungpleistozän zum Formenkreis des *Sus scrofa scrofa* L. gehören.

Die individuellen Merkmale des Suiden von Burgtonna lassen erkennen, daß hier die Reste von vier verschiedenen Individuen vorliegen. Da die Usuren der beiden P_3 dex. von E 2817 und IQW 1970/13073 vollkommen übereinstimmen, handelt es sich wahrscheinlich um zwei gleichaltrige, subadulte Tiere. Daraus folgt zugleich, daß die beiden Fragmente E 2818 und MO 21 von linken Unterkieferhälften älteren Individuen angehörten, da deren M_3 bereits Usurspuren aufweisen. Aus diesen Gründen stammen die vier vorliegenden Suidenreste von vier verschiedenen Individuen.

Nach den Schlußfolgerungen aufgrund der M_3 des Wildschweines von Taubach liegen von Burgtonna Exemplare vor, die noch nicht voll ausgewachsen sind und sich etwa im 2. oder 3. Lebensjahr befunden haben. Der Nachweis subadulter Individuen von *Sus scrofa* läßt allgemein auf ein günstiges Biotop für diese Spezies schließen. Die Voraussetzungen dafür konnten jedoch nur in einem Interglazial-Klima geboten werden. Diese waren offenbar gegeben. MANIA (schriftl. Mitt. von H.-D. KAHLKE) stellt nämlich die Schicht mit *Helicigona banatica* des Profils von Burgtonna — aus der mindestens einer der Suidenreste stammt — in das Eem-Maximum.

Da WIEGERS & WEINERT (1928) in den Kalktuffen von Burgtonna Spuren einer Freilandsiedlung des paläolithischen Menschen erkannt haben, können die subadulten Schweine auch durchaus überlieferte Reste einer Jagdbeute sein. Dabei muß jedoch ausdrücklich betont werden, daß an den Stücken keinerlei anthropogene Bearbeitungsspuren erkennbar sind.

5. Zusammenfassung

Aus den eemzeitlichen Kalktuffen von Burgtonna konnten vier Individuen von *Sus scrofa* L. nachgewiesen werden. Es ist nicht ausgeschlossen, daß es sich dabei um Reste einer paläolithischen Jagdbeute handelt.

Резюме

В эемских известковистых туффах Бургтонны найдены остатки четырех особей *Sus scrofa* L. Не исключено, что это остатки охотничей добычи палеолитного человека.

Summary

From the Eemian calcareous tufas of Burgtonna four individuals of *Sus scrofa* L. could be detected. It is possible that they are remains of a palaeolithic game-bag.

6. Literatur

HELLMANN, A.: Die Petrefacten Thüringens nach dem Materiale des Herzogl. Naturalien-Kabinets in Gotha. — Palaeontographica, Suppl. 1, Cassel 1862—1866.

HÜNERMANN, K. A.: *Sus scrofa* LINNÉ aus dem Pleistozän von Weimar-Ehringsdorf. — Abh. zentr. geol. Inst. 23, 251—263, Berlin 1975.

— *Sus scrofa* L. aus dem Jungpleistozän von Taubach bei Weimar in Thüringen. — Quartärpaläontologie 2, 225 bis 235, Berlin 1977.

POHLIG, H.: Vorläufige Mittheilungen über das Pleistocaen, insbesondere Thüringens. — Z. Naturwiss. 58, Halle 1885.

SCHÄFER, H. F.: Über die pleistocäne Säugetierfauna und die Spuren des paläolithischen Menschen von Burgtonna i. Thür. — Z. deutsch. geol. Ges. 61, 4, 445—469, Berlin 1909.

WEBER, H.: Die Keilspalten von Burgtonna in Thüringen. — Z. Morph. 2, 4, Berlin 1958.

WIEGERS, F., & WEINERT, H.: Allgemeine Diluvialprähistorie mit einem Beitrag: Die fossilen Menschenreste. — Diluviale Vorgeschichte des Menschen 1, Stuttgart 1928.

Quartärpaläontologie	3	129–135	Berlin, Dezember 1978

Die Rhinocerotiden-Reste aus den Travertinen von Burgtonna in Thüringen

Von HANS-DIETRICH KAHLKE, Weimar

Mit 6 Abbildungen und Tafel 34–37

Inhalt

1. Abstractum

Es werden die Rhinocerotiden-Reste aus den Travertinen von Burgtonna und aus den Deckschichten der Travertine behandelt. Darüber hinaus wird eine Revision der von SCHÄFER (1909) und SCHROEDER (1930) publizierten Bestimmungen der Rhinocerotiden-Funde von Burgtonna gegeben.

Описываются остатки Rhinocerotidae из травертинов Бургтонны и из перекрывающих слоев. Далее дается ревизия опубликованных Шефером (1909) и Шредером (1930) определений находок *Rhinoceros* из Бургтонны.

Remains of Rhinocerotides from the travertines of Burgtonna and from their covering beds are discussed, besides revising assignments of *Rhinoceros* finds of Burgtonna published by SCHÄFER (1909) and SCHROEDER (1930).

2. Einleitung

Zahn- und Skelettreste weniger Rhinocerotiden-Funde wurden unter dem Namen *Rhinoceros Mercki* JÄGER erstmals durch SCHÄFER (1909, S. 452) von Burgtonna beschrieben (eine Oberkieferzahnreihe M^1-M^3 dex., ein Prämolar ohne nähere Bestimmung und ein Halswirbel). Danach gab SCHROEDER (1930, S. 35) eine eingehende Bearbeitung dieser bereits von SCHÄFER genannten Oberkieferreihe M^1-M^3 dex. Seit dieser Zeit konnte das Rhinocerotiden-Material von Burgtonna etwas vermehrt werden, so daß wir heute genauere Angaben, insbesondere über die Zugehörigkeit der vorhandenen Funde zu verschiedenen Spezies, bringen können. Das erscheint wesentlich, besonders durch die Möglichkeit eines Vergleichs mit den entsprechenden Funden von Weimar-Ehringsdorf und Taubach (KAHLKE 1975, S. 337ff., 1977, S. 350ff.). Insgesamt liegen heute von Burgtonna 3 Mandibelbruchstücke mit mehr oder weniger vollständiger, definitiver Zahnreihe, ein Mandibelbruchstück mit Milchgebiß, die bereits von SCHÄFER erwähnte Oberkieferzahnreihe M^1-M^3 dex., ein teilweise erhaltenes Calvarium, zwei weitere Schädelbruchstücke, 6 isolierte Zähne des Ober- und Unterkiefers und 6 postkraniale Skelettreste vor, die zu verschiedenen Spezies gestellt werden müssen. Leider ist der genaue Fundhorizont der Travertin-Fossilien nicht bekannt. Aus den Deckschichten der Travertine stammt der P^4 dex. eines *Coelodonta antiquitatis* (BLUMENBACH), der wahrscheinlich mit dem von SCHÄFER (1909, S. 453) erwähnten isolierten Prämolar (von ihm zu *Rhinoceros Mercki* gestellt) identisch ist, vgl. SCHROEDER (1930, S. 37).

3. Beschreibung der fossilen Rhinocerotiden-Reste aus den Travertinen und aus den Deckschichten der Travertine von Burgtonna

Familie: **Rhinocerotidae** OWEN, 1845

Gattung: ***Dicerorhinus*** GLOGER, 1841

(1) ***Dicerorhinus kirchbergensis*** (JÄGER, 1839)

Taf. 34, 35; Abb. 1–3

Aus den Travertinen von Burgtonna liegen bisher nur ein Schädelfragment mit den teilweise erhaltenen Zahnreihen und ein Mandibelbruchstück mit Milchgebiß vor.

---

[1]) Abkürzungen der Sammlungsnamen: NG Burgt. – Sammlung Burgtonna des Museums der Natur zu Gotha; HG Burgt. – Sammlung Burgtonna des Heimatmuseums zu Gotha (Schloß Friedensstein); HO Burgt. – Sammlung Burgtonna des Heimatmuseums Ohrdruf; IQW Burgt. – Sammlung Burgtonna des Instituts für Quartärpaläontologie Weimar; MB Burgt. – Sammlung Burgtonna des Museums für Naturkunde an der Humboldt-Universität zu Berlin.

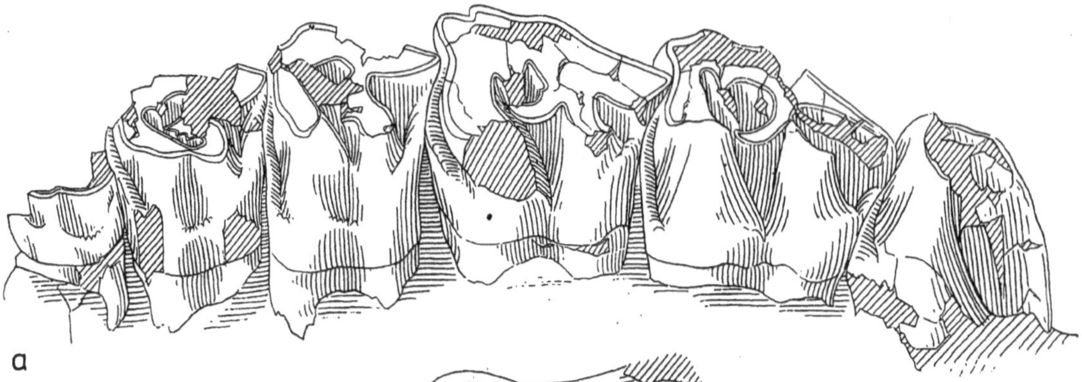
a

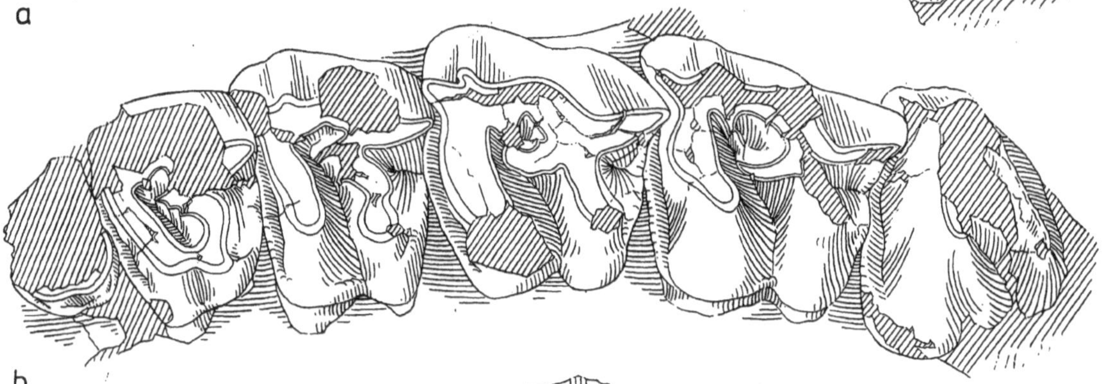
b

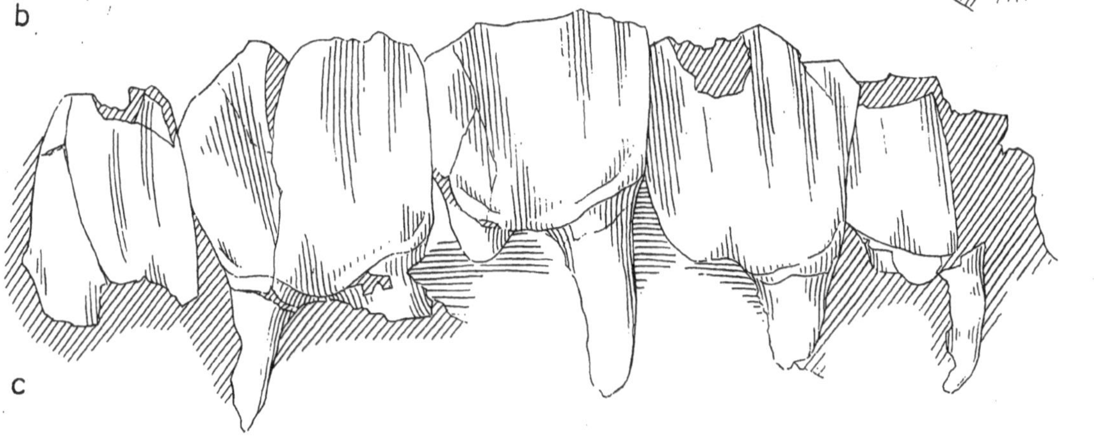
c

Abb. 1a—c. *Dicerorhinus kirchbergensis* (Jäger), Burgtonna. Calvarium IQW 1975/14 639 (Burgt. 14 364) mit P^2—M^3 sin., × 1/2

1. Calvarium IQW 1975/14 639 (Burgt. 14 364)[1]) (Taf. 34; Taf. 35, Fig. 6; Abb. 1). Der genaue Fundhorizont des Fossils ist nicht bekannt, die Herkunft aus den Travertinen ist gesichert. Erhalten sind Reste des Os frontale, des Os maxillare sin. und des Os palatinum mit Resten beider Zahnreihen: P^3—M^1 dex. und P^2—M^3 sin. Größe und Form der Zähne sprechen eindeutig für die Zuordnung des Schädelbruchstücks zu *Dicerorhinus kirchbergensis* (Jäger). Die Zähne sind, besonders auf der rechten Seite, stark beschädigt; dennoch erlaubt der nur teilweise erhaltene P^2 sin. die Rekonstruktion der Gesamtlänge der Zahnreihe P^2—M^3 sin.

Maße (in mm)	P^2 sin.	P^3 sin.	P^4 sin.	M^1 sin.	M^2 sin.	M^3 sin.
Länge an der Basis	ca. 37,0	43,8	53,2	60,2	68,5	72,5
Größte Breite an der Basis	—	62,1	69,6	72,0	73,1	75,4

Länge P^2—P^4 sin. = (128,0) rekonstruiert, da P^2 sin. nur teilweise erhalten ist
Länge P^2—M^3 sin. = (297,0)

Die entsprechenden Werte (Oberkiefermolaren) von Taubach liegen zwischen:

Maße (in mm)	M^1	M^2	M^3
Länge an der Basis	51,3—65,2 (n = 8)	58,1—72,6 (n = 11)	62,5—75,8 (n = 14)
Größte Breite an der Basis	64,5—71,5 (n = 8)	65,8—74,5 (n = 11)	50,1—70,2 (n = 14)

2. P^4 dex. NG Burgt. 2382. Von diesem Zahn ist nur die labiale Wand erhalten. Größe und Morphologie des Zahnbruchstücks sprechen eindeutig füreine Zuweisung zu *D. kirchbergensis* (Jäger).

3. Mandibelbruchstück MB Burgt. Ma 29 und Ma 30 mit D_2-M_1 dex. und D_2-D_4 sin. (Taf. 35, Fig. 1—5; Abb. 2, 3). Größe und Form der Zähne sprechen für die Zuordnung dieses Fossils zu *D. kirchbergensis* (Jäger). Obwohl genaue Paßstellen der beiden Mandibelhälften zueinander fehlen, kann mit Sicherheit angenommen werden, daß beide vorliegende Seiten zur gleichen Mandibel gehören. Dafür spricht einmal der übereinstimmende Abkauungsgrad beider Seiten und auch die Übereinstimmung der breiten Gabelung der Vorderschlinge des D_3 dex. et sin., die in dieser Form relativ selten auftritt. Der M_1 dex. war noch nicht in die Abrasionsebene eingeschoben. Die Oberfläche der Zähne ist glatt, matt-glänzend.

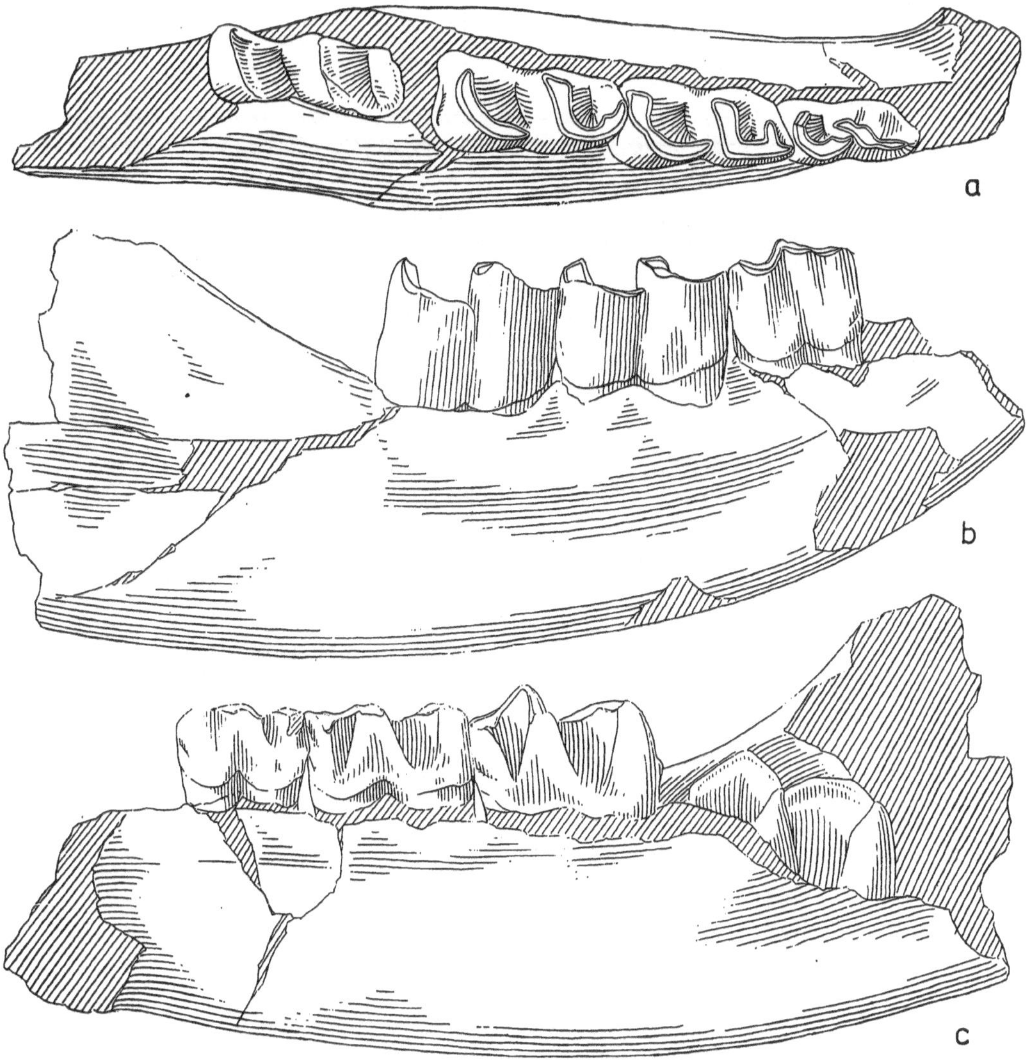

Abb. 2a—c. *Dicerorhinus kirchbergensis* (JÄGER), Burgtonna. Mandibelbruchstück MB Burgt. Ma 29 mit D_2—M_1 dex., × 1/2

Maße (in mm)	D_2 dex.	D_2 sin.	D_3 dex.	D_3 sin.	D_4 dex.	D_4 sin.
Länge an der Basis	34,5	34,4	45,4	45,6	48,2	48,1
Größte Breite an der Basis	17,8	17,3	24,2	24,2	28,4	28,5

Die entsprechenden Werte von Taubach liegen zwischen:

Maße (in mm)	D_2	D_3	D_4
Länge an der Basis	27,5—36,7 (n = 68)	39,2—48,8 (n = 61)	40,1—52,1 (n = 38)
Größte Breite an der Basis	15,2—20,3 (n = 68)	20,8—26,8 (n = 61)	22,9—30,5 (n = 38)

Die *Dicerorhinus-kirchbergensis*-Funde von Burgtonna ordnen sich gut in das Gesamtbild der entsprechenden Funde von Taubach ein, was insbesondere durch die Größe der Oberkiefermolaren unterstrichen wird, die die von Taubach teilweise noch in der Größe übertreffen.

Familie: **Rhinocerotidae** OWEN, 1845

Gattung: ***Dicerorhinus*** GLOGER, 1841

(2) ***Dicerorhinus hemitoechus*** (FALCONER, 1868)

Taf. 36, 37; Abb. 4—6

Das Vorkommen von Skelettresten des *D. hemitoechus* (FALCONER) in den Travertinen von Burgtonna wurde bisher nicht erkannt. Obwohl schon SCHROEDER (1930, S. 37) die relativ geringe Größe und die rauhe Oberfläche der Molaren M^1—M^3 dex. der ehemaligen Sammlung SCHÄFER erkannte, stellte er diese Funde als Extremvariante zu *D. kirchbergensis* (JÄGER), da er die Berechtigung der Ausftellung der Spezies *D. hemitoechus* (FALCONER) überhaupt ablehnte. („Die im vorstehenden hervorgehobenen Eigentümlichkeiten der Burgtonnaer Zähne sind doch wohl als individueller Natur zu bewerten und genügen nicht, sie von *Rh. mercki* zu trennen.") In Verbindung aber mit der inzwischen von Burgtonna vorliegenden Mandibel HG Burgt. E 3623, die zweifellos zu *D. hemitoechus* (FALCONER) zu stellen ist, sprechen die bereits von SCHROEDER (1930, S. 36—37) aufge-

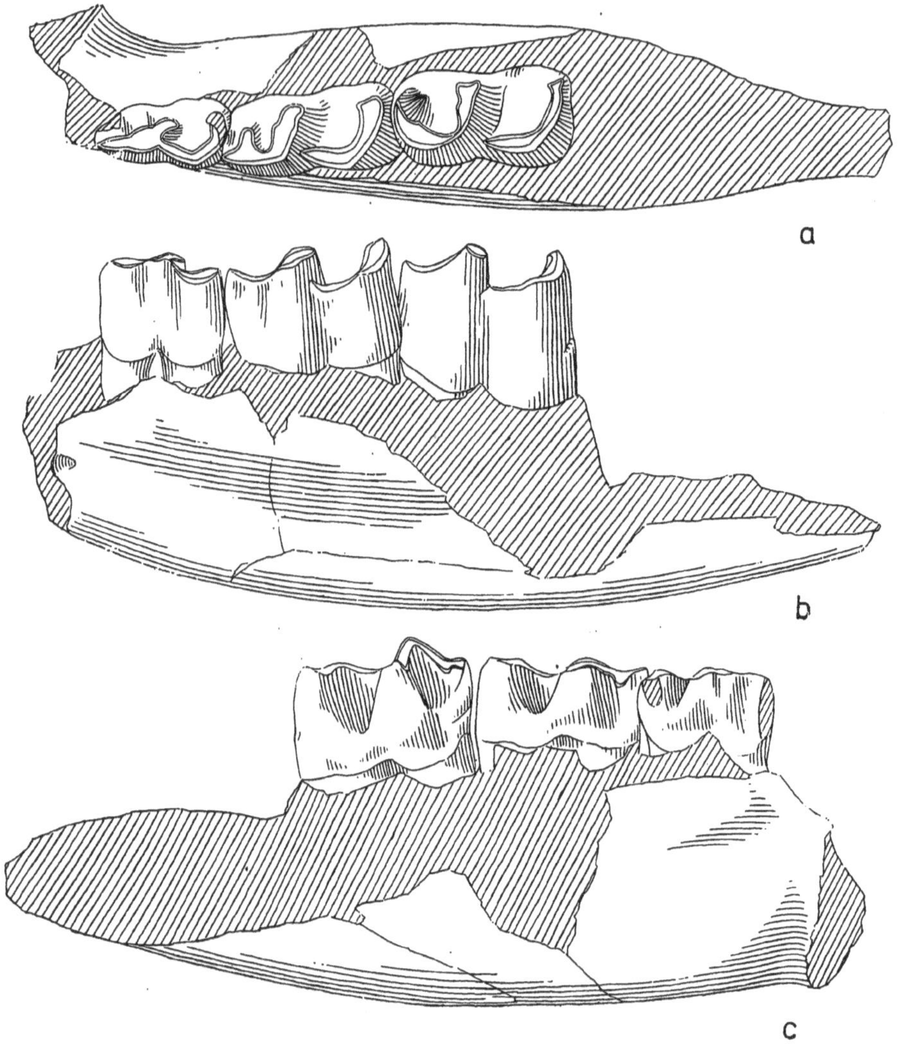

Abb. 3a—c. *Dicerorhinus kirchbergensis* (JÄGER), Burgtonna. Mandibelbruchstück MB Burgt. Ma 30 mit D_2—D_4 sin., $\times {}^1/_2$

zeigten Unterschiede doch für eine Zugehörigkeit der vorliegenden Oberkiefer-Molarenreihe zu *D. hemitoechus* (FALCONER), zumal sie in der Länge recht gut mit der genannten Unterkiefer-Molarenreihe HG E 3623 übereinstimmt.

1. Oberkiefer-Molarenreihe M^1-M^3 dex. MB Burgt. Ma 32 (Taf. 36, Fig. 1, 2; Abb. 4). Eine eingehende Beschreibung der Molarenreihe findet sich bei SCHROEDER (1930; S. 35—37, mit Tabelle 1); die hier gegebenen Maße weichen von seinen etwas ab.

Maße (in mm)	M^1 dex.	M^2 dex.	M^3 dex.
Länge an der Basis	48,2	54,7	68,5
Größte Breite an der Basis	65,6	67,0	57,0

2. M^2 dex. HG Burgt. E 3247 und M^3 sin. NG Burgt. 1095. Beide Zähne gehören zu verschiedenen Individuen. — Die relativ geringe Größe der Molaren wie auch die Ausbildung der Schmelzoberfläche sprechen für eine Zuweisung beider Molaren zu *D. hemitoechus* (FALCONER).

Maße (in mm)	M^2 dex.	M^3 sin.
Länge an der Basis	54,1	68,3
Größte Breite an der Basis	59,2	53,7

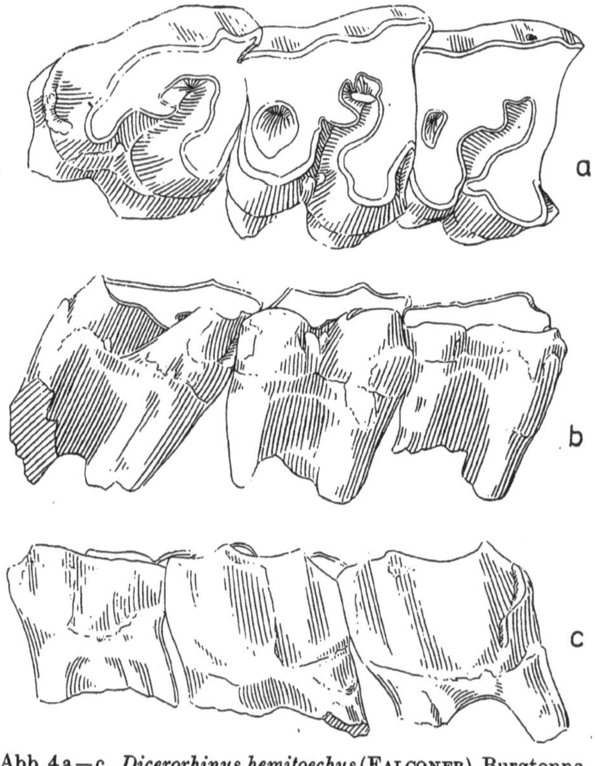

Abb. 4a—c. *Dicerorhinus hemitoechus* (FALCONER), Burgtonna. M^1—M^3 dex. MB Burgt. Ma 32, $\times {}^1/_2$

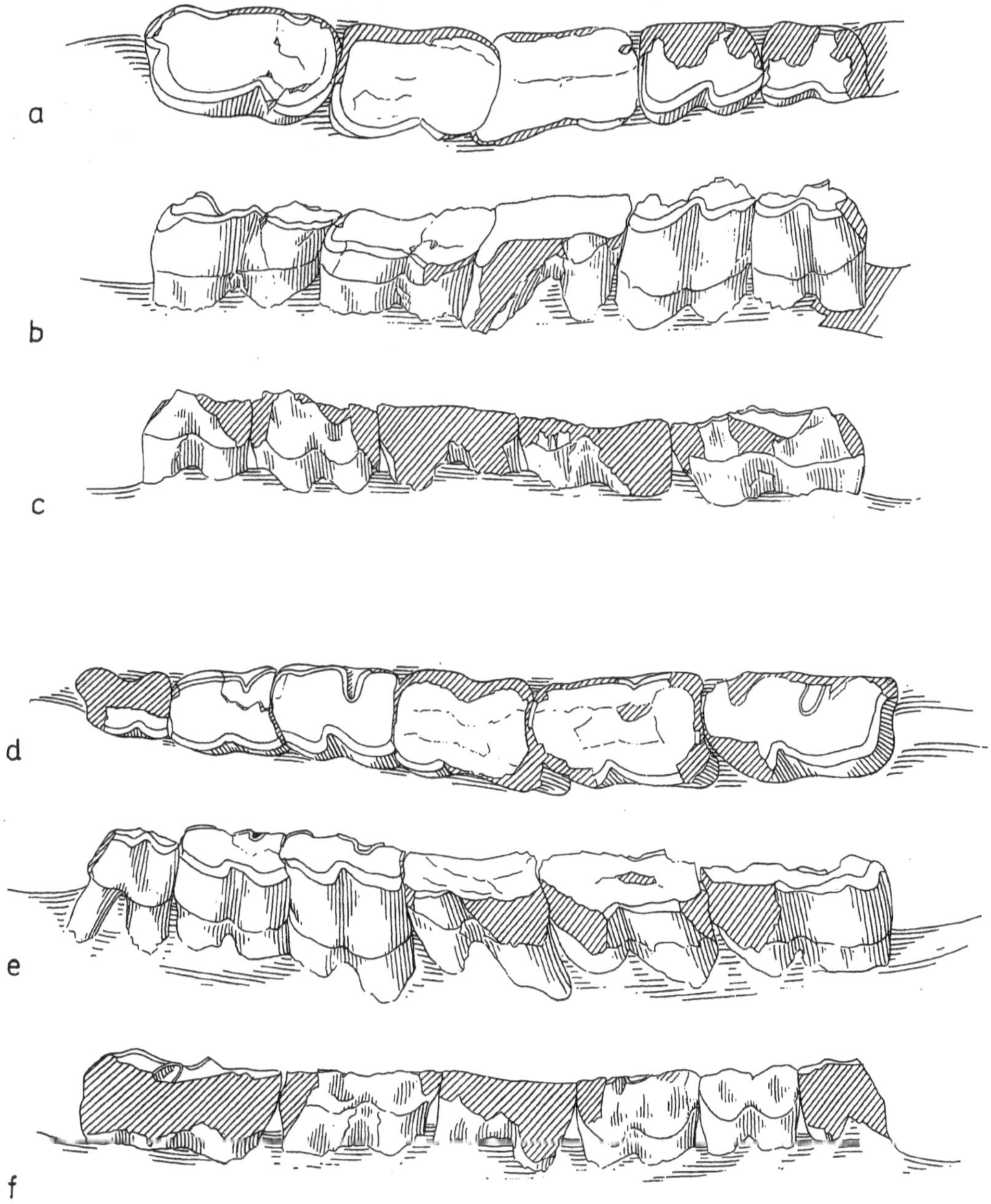

Abb. 5a–f. *Dicerorhinus hemitoechus* (FALCONER), Burgtonna. Mandibelbruchstück mit P_3–M_3 dex. und P_2–M_3 sin. HG Burgt. E 3623, × $^1/_2$

3. Mandibelbruchstück mit P_3–M_3 dex. und P_2–M_3 sin. HG Burgt. E 3623 (Taf. 36, Fig. 6; Taf. 37; Abb. 5). Die Mandibel ist in der Symphyse auseinandergebrochen; die Paßstellen sind sicher. Die Brüche sind alt, das heißt, nicht bei der Bergung entstanden. Die Molaren, besonders M_1 und M_2, sind tief abgekaut und zeigen ein seniles Individuum an. Im Größenvergleich mit der Oberkiefer-Zahnreihe IQW 1975/14639 (Burgt. 14364) von der gleichen Fundstelle fiel sofort die relativ geringe Länge der Zahnreihe auf. Dazu ist die Oberfläche der Zähne betont rauh ausgebildet und zeigt in morphologischer Hinsicht alle Merkmale der *hemitoechus*-Zähne. Dadurch unterscheidet sich das Fossil eindeutig von den *kirchbergensis*-Zähnen der gleichen und anderer Fundstellen. Obwohl der P_2 sin. teilweise beschädigt ist, kann die Länge der Zahnreihe P_2–M_3 sin. mit Sicherheit angegeben werden.

Maße (in mm)	P_2 dex.	P_3 dex.	P_4 dex.	M_1 dex.	M_2 dex.	M_3 dex.
Länge an der Basis	–	–	36,6	ca. 42,3	ca. 47,4	53,8
Größte Breite an der Basis	–	25,3	29,2	ca. 30,4	ca. 31,4	32,6
	P_2 sin.	P_3 sin.	P_4 sin.	M_1 sin.	M_2 sin.	M_3 sin.
Länge an der Basis	24,6	32,5	35,6	ca. 40,8	ca. 48,0	55,0
Größte Breite an der Basis	–	25,7	30,0	–	ca. 33,5	–

P_2–M_3 sin. = 231,1
M_1–M_3 sin. = 140,6

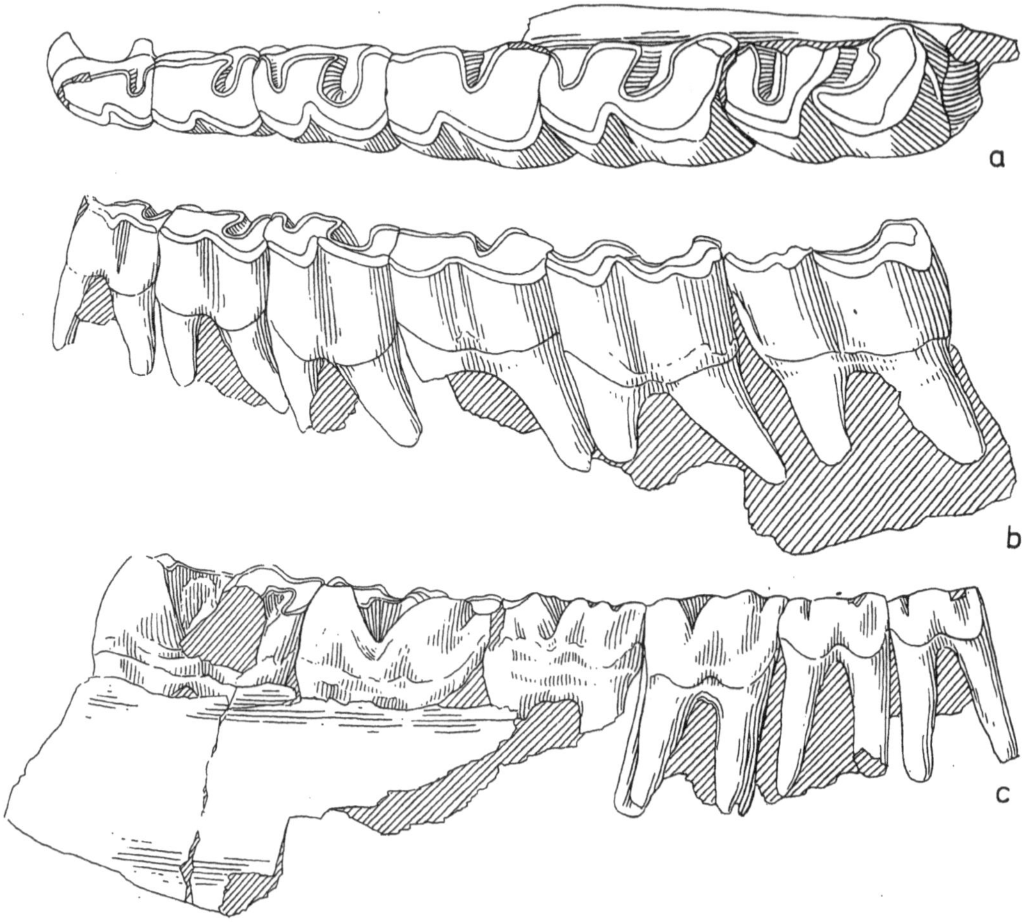

Abb. 6a–c. *Dicerorhinus hemitoechus* (Falconer), Burgtonna. Mandibelbruchstück mit P_2–M_3 sin. NG Burgt. 2420, × 1/2

4. Mandibelbruchstück mit P_2–M_3 sin. NG Burgt. 2420 (Taf. 36, Fig. 3–5; Abb. 6). Auch bei diesem Fossil ist der genaue Fundhorizont innerhalb der Travertinfolge nicht bekannt. Die Zähne sind vollständig erhalten, so daß alle Maße gegeben werden können. Vom Mandibelkörper sind aber nur noch geringe Reste erhalten. In Übereinstimmung mit den *hemitoechus*-Zähnen anderer Fundstellen sind diese beträchtlich kleiner als die von *D. kirchbergensis* (Jäger). Dazu ist die Schmelzoberfläche an den Zähnen deutlich rauh ausgebildet. Die gesamte Prämolaren-Reihe neigt lingual zu einer Verschmelzung (Schließen) der inneren Zahnwände. Dazu sind die Außenwände der Vorderschlingen (Vordersicheln) der Prämolaren und der Molaren in der für *D. hemitoechus* (Falconer) charakteristischen Weise abgeplattet, vgl. Staesche (1941, S. 93).

Maße (in mm)	P_2 sin.	P_3 sin.	P_4 sin.	M_1 sin.	M_2 sin.	M_3 sin.
Länge an der Basis	27,8	30,8	37,6	43,8	46,3	54,3
Größte Breite an der Basis	21,1	25,6	30,6	33,4	34,4	33,3

P_2–M_3 sin. = 240,6; M_1–M_3 sin. = 147,8

5. Mandibelbruchstücke HG E 3246. Von dieser Mandibel sind nur geringe Reste beider Mandibelkörper, dazu M_2, M_3 dex. und M_3 sin. erhalten. Die geringe Größe der Zähne, die Ausbildung der Schmelzoberfläche und die Form der Vorderschlingen der Molaren sprechen für die Zuweisung des Fossils zu *D. hemitoechus* (Falconer).

Maße (in mm)	M_2 dex.	M_3 dex.	M_3 sin.
Länge an der Basis	—	53,8[2])	52,1
Größte Breite an der Basis	31,1	31,8	31,8

6. P_3 sin. HG Burgt. E 2699.3; M_2 sin. HG Burgt. E 2699.2 und M_2 dex. HG Burgt. E 2699.1. Die isolierten Zähne gehören zur gleichen Mandibel. Größe und Oberflächengestaltung des Schmelzes wie auch die Ausbildung der Vorderschlingen des Prämolaren und der Molaren sprechen für eine Zuweisung zu *D. hemitoechus* (Falconer).

Maße (in mm)	P_3 sin.	M_2 sin.	M_2 dex.
Länge an der Basis	—	49,8	52,5
Größte Breite an der Basis	27,2[3])	34,2	34,8

Familie: **Rhinocerotidae** Owen, 1845

Gattung: ***Dicerorhinus*** Gloger, 1841

(3) ***Dicerorhinus*** sp.

Einige Skelettreste aus den Travertinen von Burgtonna lassen eine nähere Bestimmung nicht zu:

1. Bruchstück der linken Occipitalregion NG Burgt. 2372
2. Bruchstück der linken Occipitalregion eines zweiten Individuums NG Burgt. 2373
3. Wirbelbruchstück MB Burgt. 114 (Q. K.)
4. Wirbelbruchstück MB Burgt. 115 (Q. K.)
5. Radiusbruchstück MB Burgt. Ma 37
6. Tibiabruchstück IQW 1972/13331 (Burgt. 13721).

[2]) Zementauflage
[3]) Die beträchtliche Breite wird durch eine akzessorische Aufwölbung auf der Lingualseite des Zahnes hervorgerufen.

Familie: **Rhinocerotidae** Owen, 1845

Gattung: ***Coelodonta*** Bronn, 1831

(4) ***Coelodonta antiquitatis*** (Blumenbach, 1807)

Aus den Deckschichten der Travertine von Burgtonna liegt ein P^4 dex. MB Burgt. Ma 33 vor. Dieser stammt aus der ehemaligen Sammlung Schäfer, Gotha. Das Fundstück wurde bereits von Schäfer (1909, S. 453, hier als *Rhinoceros Mercki* Jäger bestimmt) erwähnt. Schroeder (1930, S. 37) erkannte die Zugehörigkeit dieses Fossils zu *Coelodonta antiquitatis* (Blumenbach).

4. Zusammenfassung

Aus den Travertinen von Burgtonna konnten die beiden Spezies *Dicerorhinus kirchbergensis* (Jäger) und *Dicerorhinus hemitoechus* (Falconer) nachgewiesen werden. Da diese Funde aus alten, unhorizontierten Sammlungen stammen, war es nicht möglich festzustellen, ob beide Arten nebeneinander im gleichen Horizont, oder aber nacheinander — in verschiedenen Horizonten — der Travertinfolge von Burgtonna auftreten. Der Nachweis von *Dicerorhinus hemitoechus* (Falconer) in den Travertinen von Burgtonna ist für diese Fundstelle neu und gründet sich hauptsächlich auf bisher noch nicht veröffentlichtes Material. *Coelodonta antiquitatis* (Blumenbach) stammt aus den Deckschichten der Travertine.

Резюме

В травертинах Бургтонны были найдены *Dicerorhinus kirchbergensis* (Jäger) и *Dicerorhinus hemitoechus* (Falconer). Старые находки представляют непослойно отобранный материал. Поэтому нет возможности решать вопрос о происхождении их из одного или разных горизонтов травертинового комплекса Бургтонны. Впервые из травертинов Бургтонны указывается *Dicerorhinus hemitoechus* (Falconer) по данным нового, ранее не опубликованного материала. *Coelodontà antiquitatis* (Blumenbach) происходит из покровных слоев травертинов.

Summary

From the travertines of Burgtonna the two species *Dicerorhinus kirchbergensis* (Jäger) and *Dicerorhinus hemitoechus* (Falconer) could be demonstrated. As these finds originate from old, unlevelled collections, it was not possible to state whether the two species occur side by side in the same horizon or whether they are present in various horizons, one after another, of the Travertine series of Burgtonna. The detection of *Dicerorhinus hemitoechus* (Falconer) in the travertines of Burgtonna is new for this locality, and is mainly based on materials so far unpublished. *Coelodonta antiquitatis* (Blumenbach) originates from the covering beds of the travertines.

5. Literatur

Hellmann, A.: Die Petrefacten Thüringens. 1. Lief. Die Diluvialfauna von Tonna. — 1—10, Cassel 1862.

Kahlke, H. D.: Die Rhinocerotiden-Reste aus den Tonen von Voigtstedt in Thüringen. — Paläont. Abh. **A II**, 2/3, 451—519, Berlin 1965.

— Die Rhinocerotiden-Reste aus den Kiesen von Süßenborn bei Weimar. — Paläont. Abh. **A III**, 3/4, 667—709, Berlin 1969.

— Die Rhinocerotiden-Reste aus den Travertinen von Weimar-Ehringsdorf. — Abh. zentr. geol. Inst. **23**, 337—397, Berlin 1975.

— Die Rhinocerotiden-Reste aus den Travertinen von Taubach bei Weimar. — Quartärpaläontologie **2**, 305—359, Berlin 1977.

Langenhan, A.: Beiträge zur Erforschung der interglazialen Kalktuffe von Burgtonna und Gräfentonna in Thüringen. — Monatsschr. Mineralien-, Gesteins- u. Petrefaktensammler **3**, 7—10, Stuttgart 1906.

Schäfer, H. F.: Über die pleistocäne Säugetierfauna und die Spuren des paläolithischen Menschen von Burgtonna i. Thür. — Z. deutsch. geol. Ges. **61**, 4, 445—469, Stuttgart 1909.

Quartärpaläontologie	3	137–138	Berlin, Dezember 1978

Die fossilen Equiden-Reste aus den Travertinen von Burgtonna in Thüringen

Von RUDOLF MUSIL, Brno

Mit einer Abbildung

Inhalt

1. Abstractum

Die vorliegende Arbeit behandelt die fossilen Pferdereste aus den zwischeneiszeitlichen (Eem) Travertinen von Burgtonna in Thüringen, wobei die Funde mit denen der anderen Travertinfundstellen dieses Raumes verglichen werden.

В данной работе рассматриваются ископаемые остатки лошадей из межледниковых (эемских) травертинов Бургтонны в Тюрингии. Приводится сопоставление данных находок с теми других травертиновых местонахождений данного района.

The present paper deals with fossil horse remains from the interglacial (Eemian) travertines of Burgtonna, in Thuringia, comparing the fossil materials with those of other travertine localities of this area.

2. Einleitung

In der ersten zusammenfassenden Arbeit über die pleistozäne Fauna aus den Travertinen von Burgtonna nennt SCHÄFER (1909) *Equus* cf. *germanicus* NEHRING, nachdem bereits HELLMANN (1866) in seiner Faunenliste der genannten Fundstelle *Equus adamiticus* aufgeführt hatte. Leider hat sich das fossile Equiden-Material aus den Travertinen von Burgtonna nicht nennenswert vermehrt, so daß die vorliegenden Funde zahlenmäßig ganz unzureichend sind, um weitgehende Ergebnisse erzielen zu können. Für die Zusammenstellung und Vorbereitung der Materialien für diese Bearbeitung bin ich Herrn Dr. Dr. H.-D. Kahlke, Direktor des Instituts für Quartärpaläontologie Weimar, zu aufrichtigem Dank verpflichtet.

3. Beschreibung der Funde

Die fossilen Equiden-Reste aus den Travertinen von Burgtonna gehören zwei Pferdeformen an, dem aus den übrigen Fundstellen desselben Alters bekannten progressiven Pferd *Equus* cf. *germanicus* NEHRING und *Equus* (*Asinus*) *hydruntinus* REGALIA. Leider sind die genauen Fundhorizonte der Fossilien nicht bekannt.

(1) *Equus* cf. *germanicus* NEHRING

Abb. 1 b, d

1. MB Burgt. Ma 65. Stark abgekauter vierter oberer linker Prämolar (Höhe ohne Wurzeln 27 mm). Zahnlänge 30,3 mm, Zahnbreite 28,5 mm, Länge des Mesostyls 4,7 mm, des Parastyls 5,1 mm. Protoconlänge 12,5 mm, Spornlänge 1,7 mm. Die Hinterwand der Fossa lunata anterior und die Vorderwand der Fossa lunata posterior besitzen je eine Schmelzfalte. Der Mesostyl ist erweitert und mit Vertiefung, was auch für den Parastyl gilt. Das Innental ist breit, der Protocon besitzt an der Innenwand eine Vertiefung, seine beiden Enden sind abgestumpft.

2. MB Burgt. Ma 66. Vierter unterer rechter Prämolar (Höhe ohne Wurzeln 63 mm). Zahnlänge 31,7 mm, Zahnbreite ohne Zementbelag 18,2 mm, mit Zementbelag 21,1 mm. Spornlänge 1,2 mm. Die Doppelschlinge ist U-förmig, das

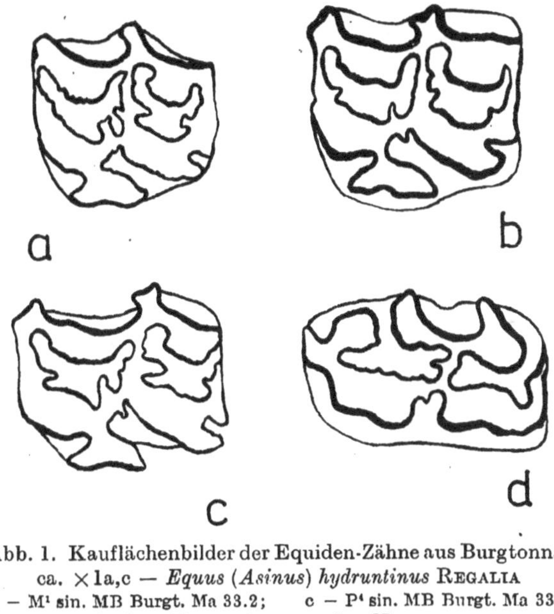

Abb. 1. Kauflächenbilder der Equiden-Zähne aus Burgtonna, ca. × 1a,c — *Equus* (*Asinus*) *hydruntinus* REGALIA
a – M^1 sin. MB Burgt. Ma 33.2; c – P^4 sin. MB Burgt. Ma 33.1
b, d — *Equus* cf. *germanicus* NEHRING
b – P^4 sin. MB Burgt. Ma 65; d – P_4 sin. MB Burgt. Ma 66

Entoconid ist eckig mit schwach angedeutetem Ausläufer, die Vallis externa reicht bis zur Basis des Isthmus.

3. MB Burgt. Ma 64. Metatarsus III dex., Gesamtlänge 290 mm, größte Breite der proximalen Epiphyse 57,0 mm, kleinste Breite der Epiphyse 39,0 mm, größte Breite des distalen Teiles der Diaphyse 59,5 mm, größte Breite der distalen Epiphyse 58,6 mm, Durchmesser der proximalen Epiphyse 48,9 mm, kleinster Durchmesser der Diaphyse 32,2 mm, größter Durchmesser der distalen Gelenkwalze 45,5 mm.

4. Astragalus

Maße (in mm)	MB Burgt. Ma 72	MB Burgt. Ma 71
äußere Länge des Rollbeins	72,1	74,2
größte Breite des Astragalus	73,8	69,5
Breite des dist. Gelenkendes	58,5	64,6
Durchmesser des dist. Gelenkendes	39,2	41,6

5. MB Burgt. Ma 68. Tibia sin. dist. Fragment. Größte distale Epiphysenbreite ca. 88 mm, größter Durchmesser der distalen Epiphyse 55,5 mm.

(2) ***Equus (Asinus) hydruntinus*** Regalia

Abb. 1a, c

Aus Burgtonna stammen auch zwei isolierte Oberkieferzähne, je ein ziemlich stark abgekauter Prämolar und Molar, die auf den ersten Blick erkennen lassen, daß sie zu *Equus* (*A.*) *hydruntinus* gehören. Wahrscheinlich gehören diese beiden Zähne zu einem und demselben Individuum.

Maße (in mm)	P^4	M^1
Höhe ohne Wurzeln	38	44
Zahnlänge	27,4	25,1
Zahnbreite	26,5	26,1
Länge des Mesostyls	4,5	3,1
Länge des Parastyls	4,6	3,5
Länge des Protocons	9,7	10,5
Breite des Isthmus	3,6	2,4
Fossa lunata anterior — Schmelzfaltenzahl an der Hinterwand	3	3
Fossa lunata posterior — Schmelzfaltenzahl an der Vorderwand	2	2

4. Charakteristik der Pferde aus den Travertinen von Burgtonna

Die zur Untersuchung vorliegenden Funde sind zahlenmäßig so gering, daß sie praktisch keine Schlußfolgerungen gestatten. Immerhin weisen sie darauf hin, daß es sich um einen großen Equiden handelt, der stärker war als die Pferde von Taubach, von denen er sich auch durch manche morphologische Merkmale der Zähne auffallend unterscheidet. Es hat den Anschein, als liege von Burgtonna (Travertine) eine ganz andere Population vor als von Taubach. Dazu treten die Funde des *Equus* (*Asinus*) *hydruntinus* Regalia.

5. Zusammenfassung

Die Pferde aus den Travertinen von Burgtonna unterscheiden sich von den Pferden aus den Travertinen von Taubach durch die Morphologie ihrer Zähne und die Maße der Extremitätenknochen. Die Taubacher Pferde waren kleiner als die aus den Travertinen von Burgtonna. Dazu treten in Burgtonna Reste von *Equus* (*Asinus*) *hydruntinus* Regalia.

Резюме

Лошади из травертинов Бургтонны отличаются от лошадей из травертинов Таубаха морфологией зубов и метрическими данными. Таубахские лошади были меньшего размера чем лошади из травертинов Бургтонны. Кроме того, в Бургтонне встречаются остатки *Equus* (*Asinus*) *hydruntinus* REGALIA.

Summary

The horses of the Burgtonna travertines differ from those of the Taubach travertines by the morphology of their teeth and the measurements of bones of their extremities. The Taubach horses were smaller than those of Burgtonna, where remains of *Equus* (*Asinus*) *hydruntinus* Regalia were also found.

6. Literatur

Musil, R.: Die Pferdereste aus den Travertinen von Weimar-Ehringsdorf. — Abh. zentr. geol. Inst. **23**, 265—335, Berlin 1975.
— Die Equidenreste aus den Travertinen von Taubach. Quartärpaläontologie **2**, 237—264, Berlin 1977.
Schäfer, H. F.: Über die pleistocäne Säugetierfauna und die Spuren des paläolithischen Menschen von Burgtonna i. Thür. — Z. deutsch. geol. Ges. **61**, 4, 445—469, Stuttgart 1909.

Quartärpaläontologie	3	139–150	Berlin, Dezember 1978

Die Elefantenmolaren aus den Travertinen von Burgtonna in Thüringen

Von EKKE W. GUENTHER, Kiel

Mit 8 Tabellen und Tafel 38–41

Inhalt

1. Abstractum

In der vorliegenden Arbeit werden die Elefantenmolaren aus den eemzeitlichen Travertinen von Burgtonna in Thüringen beschrieben. Es liegen nur Funde von *Palaeoloxodon antiquus* (FALC.) aus den Travertinen vor, dazu zwei Molaren einer besonderen Abart dieses Elefanten.

В данной работе описываются молочные зубы слонов из эемских травертинов местонахождения Бургтонны. Находки *Palaeoloxodon antiquus* (FALC.) представлены только из травертинов, далее были найдены два молочных зуба особого варьетета этого слона.

A description of elephant molars from the Eemian travertines of Burgtonna in Thuringia only includes finds of *Palaeoloxodon antiquus* (FALC.) from the travertines, in addition to two molars of a special variety of this elephant.

2. Die Backenzähne von *Palaeoloxodon antiquus* (FALC.)

2.1. Die Molaren, ihr Erhaltungszustand und die Altersverteilung

Aus den Travertinen der Fundstelle Burgtonna liegen mir insgesamt 19 bearbeitungswerte Backenzähne von Elefanten vor. Hierbei handelt es sich ausschließlich um Molaren von *Palaeoloxodon antiquus* (FALC.). Ihr Erhaltungszustand ist, wie man es bei Travertinfunden nicht anders erwartet, gut, und die Überlieferung des Deckzements entspricht derjenigen der Zähne von Taubach und Ehringsdorf. Dies ist wesentlich, da es hierdurch möglich wird, auch Feinheiten der Außenwand, vor allem die Ausbildung von hypoplasieähnlichen Rillen, gut zu erkennen.

Allerdings sind nur drei Zähne in ihrer vollen Länge erhalten, sieben Molaren sind als mehr oder weniger große Fragmente überliefert und von den restlichen Zähnen fehlen zum Teil an der distalen Vorderseite (von fünf Molaren) oder an der proximalen Rückseite (von vier Molaren) jeweils der Talon und meist noch eine bis mehrere Lamellen. An der Vorderseite fehlende Schmelzbüchsen sind vielfach durch Abkauung der Lamellen und Abbruch des Dentins verlorengegangen. Eigentlich sind auch diese Zähne Fragmente, doch wird dieser Ausdruck nur für diejenigen Molaren verwendet, die durch Zerbrechen Lamellen verloren haben oder denen an der Zahnrückseite so viele fehlen, daß man deren Anzahl nicht mehr abschätzen kann.

Die Zähne verteilen sich lediglich auf die zwei letzten Dentitionsstufen bis vielleicht auf einen Molaren, der unter Umständen ein M_1 sein könnte. Dies zeigt Tab. 1.

Tab. 1. Zusammenstellung der bearbeiteten Elefantenbackenzähne, geordnet nach Dentitionsstufe und Gebißteil

				zusammen
1 × M^3d	2 × M^3s	2 × M_3d	3 × M_3s	8 Molaren
3 × M^2d	4 × M^2s	2 × M_2d	1 × M_2s	10 Molaren
		1 × M_1d		1 Molar

Von wenigstens 6 Molaren gehören mehrere zu den Gebissen derselben Elefanten und zwar zwei dritte Oberkiefer- und zwei Unterkiefermolaren, zwei zweite Oberkiefermolaren, sowie ein zweiter Oberkiefer- und zweiter Unterkiefermolar. Vielleicht gehören noch weitere Zähne zusammen, doch läßt sich dies nicht mit Sicherheit sagen. Es sind also Gebißteile von höchstens 14 Tieren, wahrscheinlich weniger, überliefert. Daraus ergibt sich folgende Altersverteilung der Elefanten (Tab. 2):

Tab. 2. Altersverteilung der Elefanten nach der Anzahl der Zähne, nach Lebensalter und in Prozenten der Gesamtmenge

Anzahl	Zahnart	Alter	%
1	M 1?	20 J.	7%
8	M 2	18—35 J.	57%
5	M 3	35 J.	36%

Vielleicht kann man vermuten, daß nur ein Teil der in den Kalksintern ursprünglich vorhanden gewesenen Zähne geborgen worden ist und daß vor allem die kleinen Milchmolaren der jungen Tiere verloren gingen. Bei den erhaltenen Fossilien handelt es sich ausschließlich um Gebißteile von geschlechtsreifen Proboscidiern. Wenn man es wagen sollte, aus einer so geringen Anzahl von Molaren einen Schluß zu ziehen, so wäre zu bemerken, daß die 25—30 Jahre alten Elefanten etwas häufiger sind, als die anderen Altersgruppen. Diese noch jüngeren Tiere haben sich vielleicht von den Herden separiert, sie sind besonders neugierig, aber noch unerfahren und daher besonders gefährdet. Die älteren Tiere sind vielleicht überwiegend eines natürlichen Alterstodes gestorben, wobei zu überprüfen sein wird, ob die Ausbildung von hypoplasieähnlichen Rillen zum Gesundheits- und Ernährungszustand etwas aussagen kann.

Mit dieser Alterszusammenstellung unterscheidet sich Burgtonna grundsätzlich von Ehringsdorf und Taubach, wo junge und ganz junge Tiere einen wesentlichen Teil der Funde ausmachen. Kein Fund von Burgtonna bestätigt ein Lebensalter, das geringer ist als 20 Jahre. In Taubach sind 48% der Elefanten unter 18 Jahre, bei den Waldelefanten von Ehringsdorf sind es 42%. Bei diesen beiden zum Vergleich zugezogenen Fundstellen sind der überwiegende, wenn nicht ganze Anteil der Tiere der menschlichen Jagd zum Opfer gefallen.

2.2. Überlegungen zur Frage der Anreicherung von Elefantenbackenzähnen an einzelnen Fundpunkten

In einer 1975 erschienenen Arbeit über *Parelephas trogontherii* äußerte sich Frau I. Dubrovo auch zu der Frage, ob man nach der Alterszusammensetzung der Elefanten einer Fundstelle Stellung nehmen könne zur Frage „Sind die Tiere die Reste einer natürlichen Sterbegemeinschaft oder handelt es sich um menschliche Jagdbeute?" Frau Dubrovo zieht darin von Soergel (1912) und von mir (z.B. Guenther 1973a und b, 1975) vertretene Überlegungen in Zweifel, weswegen es erforderlich scheint, daß näher auf den Fragenkomplex eingegangen wird.

Nicht alle Reste von Elefanten — vielleicht nur ein kleiner Teil — werden an der Stelle gefunden, wo die Tiere verendet sind. Hierbei ist zu unterscheiden zwischen den Fundstellen, an denen Knochen und Zähne von Tieren liegen, die eines natürlichen Todes starben und den Fundstellen, welche die Reste von Tieren enthalten, die der Jagd des Menschen zum Opfer fielen. Bei den natürlichen Fundstellen findet man besonders viele Knochen und Zähne von älteren Tieren mit dem M 3 in Funktion. Es sind das häufig die Reste von Elefanten, die an Entkräftung, Alter, Krankheiten oder Verletzungen starben. Viele Tiere gehen, wenn sie krank sind oder den Tod herankommen fühlen, in Sümpfe oder in das Wasser von Flüssen, Teichen oder Seen. Die Leichen treiben dann darin oder werden bei Hochwasser in Überschwemmungsgebieten aufgenommen und weitergeführt, bis einzelne Körperteile vom Kadaver abfaulen und zu Boden sinken. Knochen und Zähne werden oft nicht sofort eingebettet, sondern zunächst umgelagert und dabei abgerollt, die spezifisch schwereren Elefantenbackenzähne wohl weniger stark als Knochen, die allerdings ebenfalls je nach Grad ihrer Sperrigkeit der Umlagerung Widerstand entgegensetzen. In Süßenborn (Guenther 1973a) ließ sich zeigen, daß die Elefantenmolaren, man fand davon mehr als 1000 Stück, zum überwiegenden Teil im Sediment mit der konvexen Seite nach oben eingeregelt waren, wie wir es z.B. von Muscheln in der Brandungszone des Meeres kennen. Hierdurch wird der Einfluß des bewegten Wassers auf Lagerung und Einregelung im Sediment bewiesen. Beispiele für diese Art einer natürlichen Todesgemeinschaft sind Mosbach, Mauer, Süßenborn und vielleicht Steinheim a. d. Murr. Bei allen diesen Fundplätzen liegen die Fossilien in Flußabsätzen, vor allem in Schottern und Sanden, und es dominieren die älteren Tiere.

Anders ist es, wenn Jagdreste des Vorzeitmenschen vorliegen. Hier überwiegen die jüngeren und jungen Tiere, die leichter zu jagen waren. Allerdings ist auch die Jagdmethode von ausschlaggebender Bedeutung für die Altersauslese.

Als Beispiele für Fundplätze menschlicher Jagdbeute seien genannt: Salzgitter-Lebenstedt, die Vogelherdhöhle im Lonetal bei Ulm sowie Ehringsdorf und Taubach bei Weimar. Aber auch bei diesen Fundplätzen kann man mit hoher Wahrscheinlichkeit annehmen, daß höchstens ein Teil der Tiere dort getötet worden ist, wo man ihre fossilen Reste fand, und es ist nicht einmal in allen Fällen sicher, ob ausschließlich Jagdreste in die Kulturschichten eingebettet wurden. Bei seinen Wanderungen und Jagdstreifzügen stieß der Vorzeitjäger auch einmal auf die Reste eines verendeten Elefanten, von dem vielleicht nur noch Knochen und Zähne herumlagen und es ist gut möglich, daß er dann Einzelteile, z.B. Zähne, mit in sein Lager genommen hat.

Man muß annehmen, daß die Elefanten zum größten Teil nicht in unmittelbarer Nähe des Lagers erlegt wurden. An den Stellen, an denen die Tiere verendet sind, hat man sie zerlegt, und die wertvollsten Teile, die sich transportieren ließen, in das Lager oder die Höhle mitgenommen. In einigen Fällen hat man vielleicht auch bei der Beute ein neues Behelfslager angelegt. Sicher war das Fell besonders geschätzt und wurde vielleicht als Unterlage oder zum Bau von Zelten oder als Windschutz z.B. auch in Höhlen verwendet. In dem kalten Glazial-Klima hielt sich das Fleisch. Den Winter über wurde es gefroren gehalten, trocknete dabei aus und verdarb dann auch im Sommer nicht mehr. Das Fleisch der in der kalten Jahreszeit in Lappland geschlachteten Rentiere wird heute noch im Freien z.B. auf dem Dach des Hauses, getrocknet und ist dann im Sommer als Trockenfleisch, wenn zunächst auch hart wie Holz, gut genießbar.

Nun sind aber die Backenzähne der Elefanten, wie dies bei den Pflanzenfressern der Norm entspricht, durch die Wurzeln fest im Kiefer verankert. Dies ist notwendig, da die Zerkleinerung der Nahrung nicht durch eine einfache Auf- und Abwärtsbewegung, wie bei den Insektivoren und Fleischfressern, sondern durch eine rechts-links- oder vor- und rückwärts-Mahlbewegung erfolgt. Elefanten kauen z.B. durch eine vor- und rückwärts-Schaukelbewegung des Unterkiefers, wobei die Raspeln der Kauflächen die Pflanzenteile besonders wirkungsvoll zermahlen.

Das Herausbrechen der Zähne war mit erheblicher Arbeit verbunden und verlangte wohl in vielen Fällen eine Zerstörung des Kiefers. Hierbei konnten auch Zähne verletzt werden und es mag sein, daß das so häufig zu beobachtende Fehlen von Wurzelteilen hiermit im Zusammenhang steht. Erst wenn die Weichteile verfault waren, ließ sich der Zahn leicht aus dem Kiefer lösen. Es ist möglich, daß die Jäger lange nach der Tötung eines Tieres die Skelette wieder aufsuchten und dann erst Zähne zum Lagerplatz mitnahmen.

In der Mehrzahl der Fälle findet man unter den Resten menschlicher Jagdbeute Einzelzähne und weit seltener zwei oder gar mehr Zähne desselben Gebisses. Bei dem altwürmzeitlichen menschlichen Jagdplatz Salzgitter-Lebenstedt z.B. wurden 29 Elefantenbackenzähne gefunden, die von 25 Tieren stammen, das heißt, daß von etwa 21 Tieren jeweils nur ein Zahn vorliegt und von keinem Tier alle vier Zähne.

In der Vogelherdhöhle im Lonetal wurde eine größere Anzahl von Elefantenbackenzähnen gefunden, die zweifelsohne durch den Menschen in die Höhle gebracht worden sind. Ein Transport durch Höhlenhyänen kommt für eine solche Menge kaum in Frage. Meinen Untersuchungen standen 46 Zähne zur Verfügung, die sich wie folgt in die einzelnen Altersklassen aufgliedern:

M 3 = 36% M 2 = 24% M_1 – mm^3 = 34%
und mm^2 = 5%.

Bei einer natürlichen Thanatozönose überwiegen die dritten Molaren weit stärker, sie sind bei Mosbach mit 42% und bei Süßenborn mit 56% vertreten, während die Zähne der jungen Tiere stärker zurücktreten. Es fällt auf, daß im Vogelherd die ganz jungen Elefanten selten sind. Grund hierzu kann nicht sein, daß man sie etwa nicht gejagt hätte oder daß ihre Zähne bei den Ausgrabungen nicht bemerkt worden wären. Vielmehr hat man die stärkeren Elefanten bevorzugt, wohl kaum bei der Jagd, aber bei den Zähnen, die man mit in die Höhle nahm.

Damit kommen wir zur Frage, warum man überhaupt Elefantenbackenzähne zum Lagerplatz oder zur Höhle gebracht hat. Hierzu lassen sich nur Vermutungen aussprechen. Es ist nicht anzunehmen, daß die Backenzähne als Werkzeuge z.B. zum Abraspeln von Holz (für Geräteherstellung) oder von Pflanzenwurzeln gedient haben sollten, hierzu waren Feuersteingeräte wesentlich besser geeignet. Sollten es Jagdtrophäen gewesen sein? Wir kennen keine Beobachtung, die darauf hindeuten würde. Vielleicht hatten die Zähne eine kultische Bedeutung? Dienten sie dem Jagdzauber, eine Möglichkeit, die — wenn wir uns in die Vorstellungswelt der Eiszeitjäger versetzen — wohl noch die größte Wahrscheinlichkeit besitzt.

Kehren wir zu den Überlegungen von Frau Dubrovo zurück, so sei ohne weiteres zugegeben, daß in Schottern und Sanden die großen Zähne eher gefunden werden als die kleinen der jungen Tiere. Auch der Verf. dieses Aufsatzes hat schon früher mehrfach auf solche Zusammenhänge aufmerksam gemacht. Ob die großen Zähne auch eher erhaltungsfähig waren, sei allerdings dahingestellt. Der markante Unterschied in der Altersstaffelung zwischen den fossilen Elefantenresten von Jagdplätzen und von natürlichen Thanatozönosen spricht jedoch selbst bei Einbeziehung einiger Unsicherheitsfaktoren eine so eindeutige Sprache, daß sich der Zusammenhang zwischen Altersstaffelung und Todesursachen nicht abstreiten läßt.

2.3. Einige Untersuchungsmethoden und ihre Auswertung

Über die wichtigsten Methoden zur Untersuchung von Elefantenbackenzähnen ist schon mehrfach berichtet worden (z.B. Soergel 1913, Adam 1948, Musil 1968, Dubrovo 1975 und Guenther 1954, 1973a, b, 1975). Da auch bei dieser Bearbeitung die gleichen Meß- und Berechnungsmethoden benützt werden, wie sie von mir in den letzten Jahren angewendet wurden, z.B. bei der Erfassung eines mittleren LLQ, kann auf diese früheren Beschreibungen verwiesen werden.

In Tab. 7 u. 8 sind einige der wichtigsten Maße, Rechenquotienten und Beobachtungen zusammengestellt. Das wenig umfangreiche Zahnmaterial von Burgtonna, wobei es auch noch überwiegend fragmentär erhalten ist, bringt es mit sich, daß man die Variationsbreiten der einzelnen Merkmale nicht voll erfassen kann. Um mehr Material überblicken zu können, werden daher Beobachtungen an Backenzähnen der Waldelefanten von Ehringsdorf und von Taubach bei Weimar zugezogen. Die drei Travertinkomplexe stammen, wenigstens mit den Schichten, die *Palaeoloxodon antiquus* enthalten, aus dem Eem-Interglazial, was die Vermutung erlaubt, daß es sich um einander entsprechende Elefantenpopulationen handelt.

Hierbei ist es jedoch immer möglich, daß nicht ganz gleichaltrige Elefantengruppen oder sogar einzelne zur selben Zeit lebende Herden durch bestimmte Kennzeichen sich voneinander unterscheiden. In Indien kann der erfahrene Elefantenkenner die Tiere einzelner Herden des wilden *Elephas maximus* an bestimmten Merkmalen voneinander unterscheiden, Merkmale, die z.B. durch einen Bullen seinen Nachkommen aufgeprägt wurden, und man spricht in solchen Fällen von einer Bullenprädominanz. Wie weit sich eine solche auch in der recht vielfältigen Ausgestaltung der Backenzähne der fossilen Elefanten bemerkbar macht, ist noch nicht ausreichend überprüft. In einem späteren Teil dieser Arbeit werden die Molaren im einzelnen besprochen und einige ganz bestimmte Merkmale herausgestellt. Eine derartige Einzelbeschreibung läßt sich nicht durch Zusammenfassungen, Tabellen und Kurven ersetzen.

2.3.1. Die Lamellenzahl

Die Anzahl der Lamellen, die einen Elefantenzahn aufbauen, nimmt im Verlaufe der Dentitionsfolge von Zahn zu Zahn zu. Allerdings variiert die Menge der Lamellen selbst innerhalb der Population oft nicht unerheblich, doch erlaubt ihre Auszählung in der Mehrzahl der Fälle einen Schluß darauf, um welchen Zahn in der Dentitionsreihe es sich handelt. Zweite und dritte Molaren, und aus diesen besteht das Fundgut von Burgtonna, unterscheiden sich in der Lamellenzahl zumeist deutlich voneinander. Dies ist jedoch nur dann mit ausreichender Genauigkeit festzulegen, wenn — was die Ausnahme ist — der Zahn ganz erhalten ist, oder zumindest so wenig von der distalen Vorderseite fehlt, daß man sagen kann, hier ist lediglich der Talon abgekaut oder vielleicht Talon und ein bis maximal zwei Lamellen. Die Anzahl von an der proximalen Rückseite eines Zahnes fehlenden Lamellen ist meist nicht abzuschätzen.

Diese Schwierigkeiten haben zur Folge, daß das zur Festlegung einer mittleren Lamellenzahl auswertbare Material zumeist dürftig ist.

In Tab. 3 sind die mittleren Lamellenzahlen der *antiquus*-Molaren von den drei Fundorten Ehringsdorf, Taubach bei Weimar und Burgtonna zusammengestellt. Hierbei handelt es sich um errechnete mittlere Werte, die Lamellenzahlen sind natürlich nur ganze Werte und höchstens eine Halblamelle gibt eine Bruchzahl.

Tab. 3. Mittlere Werte der Lamellenzahl von zweiten und dritten Ober- und Unterkiefermolaren des *P. antiquus* von drei Fundorten

	Fundstellen		
Zahn	Burgtonna	Ehringsdorf	Taubach
M^3	15,5 (2)	—	14,6 (6)
M_3	15,7 (3)	14,5 (1)	15,3 (3)
M^2	11,7 (4)	11,0 (3)	12,0 (1)
M_2	15,0 (1)	14,5 (2)	11,7 (5)

Vorderste und hinterste Lamelle, die meist etwas abgeändert gestaltet sind und als Talon bezeichnet werden, sind nicht berücksichtigt. Die Anzahl der Zähne, die für die Errechnung eines mittleren Wertes zur Verfügung standen, ist jeweils in Klammern beigefügt.

Aus Tab. 3 geht hervor, daß im mittleren Wert die dritten Molaren von *P. antiquus* der drei Fundstellen Ehringsdorf, Taubach und Burgtonna 14—16 Lamellen haben und die zweiten Molaren 11—15 Lamellen, wobei die Zahl 15 wohl mehr den Ausnahmen entspricht. (Die Lamellenzahlen 11—13 entsprächen wohl eher dem Normalfall.) Signifikante Unterschiede der Lamellenformel zwischen Molaren des Oberkiefers und des Unterkiefers sind nicht deutlich zu erkennen. Daß in einigen Fällen die Unterkieferzähne etwas mehr Lamellen besitzen als die Oberkiefermolaren, ließe sich auch durch eine einseitige Auswahl, bei einer viel zu geringen Materialmenge erklären, doch ist dieser Frage an Hand eines umfangreichen Materials noch nachzugehen.

2.3.2. Die Zahnbreite

Im Gegensatz zur Höhe und Länge eines Zahnes kann die maximale Breite auch an Fragmenten gemessen werden. Die Breite eines Elefantenzahnes nimmt von der distalen Vorderseite nach proximal zunächst zu und erreicht, vor allem bei den dritten Molaren, zumeist bei der II. — VI. Lamelle ihren höchsten Wert. Überprüft man das Verhalten der Breite mit zunehmender Abkauung, so zeigt sich, daß oft bei einer Abrasion von einem Drittel des Zahnes ein maximaler Wert erreicht wird.

Sind bei Fragmenten lediglich einige hintere Lamellen erhalten, so gibt ihre Breitenmessung viel zu geringe und für die Errechnung von Durchschnittszahlen der maximalen Breite nicht zu verwendende Werte.

Für die vorliegenden Untersuchungen beziehen sich die Messungen auf die Breite der breitesten Lamelle an ihrer breitesten Stelle mit überlagerndem Deckzement. Bei im Travertin erhaltenen Backenzähnen ist das Deckzement zumeist vollständig erhalten, daß man es in die Messung mit einbeziehen muß. Wollte man es abstrahieren, so käme man, da seine Dicke sich fast nie genau abschätzen läßt, zu schlecht gesicherten Zahlen. Bei den Zähnen von *Palaeoloxodon antiquus* schwankt die Deckzementauflage in der Regel um 1—5 mm je Zahnseite. Der doppelte Wert wird also in die Messung mit einbezogen.

Einen in gleicher Weise, wie schon bei den Lamellenzahlen, durchgeführten Vergleich der mittleren Breitenwerte von Burgtonna, Ehringsdorf und Taubach zeigt Tab. 4. Hierbei ist die Anzahl der jeweils gemessenen Molaren in Klammern beigeschrieben.

Tab. 4. Mittlere Werte der maximalen Zahnbreite der zweiten und dritten Ober- und Unterkiefermolaren des *P. antiquus* von drei verschiedenen Fundstellen

	Fundstellen		
Zahn	Burgtonna	Ehringsdorf	Taubach
M^3	86,8 (3)	83,5 (4)	86,16 (9)
M_3	82,0 (5)	77,8 (5)	80,33 (6)
M^2	78,5 (7)	77,3 (6)	72,42 (14)
M_2	75,5 (3)	67,5 (4)	71,25 (12)

Aus der Tabelle ergibt sich:

a) Die Breitenwerte nehmen in allen Fällen vom zweiten zum dritten Molar zu.
b) Stets sind die Oberkieferzähne breiter als die entsprechenden Unterkiefermolaren.
c) Die größten mittleren Breiten zeigen die Zähne von Burgtonna. Hierin wird jedoch kein artspezifisches Merkmal gesehen. Vielmehr dominieren in Burgtonna die alten, gut entwickelten Tiere und vielleicht beeinflussen einige Bullen mit besonderen Größenmaßen die errechneten mittleren Werte.

2.3.3. Die Zahnlänge

Die Methoden des Messens der Zahnlängen wurden schon mehrfach vorgetragen, zuletzt bei Guenther 1975 und in

Arbeiten über die Backenzähne der Elefanten von Taubach und von Salzgitter-Lebenstedt, die z. Z. noch nicht gedruckt vorliegen. Hierin wurde festgestellt, daß die Längen der Backenzähne im Verlaufe der Dentition mit dem Größerwerden der Kiefer ebenfalls zunehmen. Dabei sind die Ober- und Unterkieferzähne der einzelnen Dentitionsstufen etwa gleichlang, mit Ausnahme vielleicht der zweiten und vor allem der dritten Molaren, bei denen die Unterkiefermolaren länger werden können als die Oberkiefermolaren. Die Variationsbreite der Längenmaße ist allerdings bei verschiedenen Tieren nicht unbeträchtlich. Unter den Populationen verschiedener Fundstellen finden sich immer wieder Zähne von diminutiven Elefanten. Sie erfordern eine gesonderte Betrachtung und werden bei der Berechnung der mittleren Längen nicht berücksichtigt. So ist z. B. der einzige dritte Unterkiefermolar von Ehringsdorf, der mit allen Lamellen erhalten ist, eine Diminutivform. Seine Länge erreicht nur 212 mm, fällt also ganz aus dem Rahmen der anderen Maße der dritten Molaren heraus.

Einigermaßen brauchbare Werte der Zahnlängen sind nur selten zu messen, da die überwiegende Zahl der Molaren nicht in voller Länge erhalten ist. Wenn nur der Talon und vielleicht ein bis maximal zwei Lamellen vor allem der distalen Zahnseite fehlen, läßt sich die ursprüngliche maximale Länge ohne allzu große Fehlermöglichkeiten abschätzen. Wenn dagegen mehrere Lamellen der Vorderseite oder Lamellen der proximalen Seite nicht mehr vorhanden sind, kann man nicht oder nur selten sagen, wie lang der Zahn in voller Erhaltung gewesen ist.

Einen Längenvergleich der *antiquus*-Molaren von den thüringischen Fundstellen Ehringsdorf und Taubach bei Weimar mit Burgtonna bringt Tab. 5.

Tab. 5. Mittlere Zahnlänge der zweiten und dritten Molaren der Ober- und Unterkiefer von *P. antiquus*

	Fundstellen		
Zahn	Burgtonna	Ehringsdorf	Taubach
M^3	257 (2)	—	261 (6)
M_3	286 (4)	—	279 (3)
M^2	200 (2)	210 (4)	211 (1)
M_2	230 (1)	235 (1)	203 (4)

Die Tabelle zeigt:

a) Zwischen M 2 und M 3 ist in fast allen Fällen ein sehr deutlicher Unterschied der Längenwerte festzustellen.

b) Die Unterkieferzähne sind im mittleren Wert länger als die Oberkieferzähne.

c) Es zeigt sich, trotz der geringen Zahnmenge, eine erstaunlich gute Übereinstimmung der drei Fundstellen miteinander. Lediglich die zweiten Unterkiefermolaren von Taubach zeigen auffallend geringe Längen, die aus dem allgemeinen Bild herausfallen.

2.3.4. Der Längen-Lamellen-Quotient

Die Errechnung der Längen-Lamellen-Quotienten, insbesondere eines mittleren LLQ, sowie deren Bedeutung für die ontogenetische und phylogenetische Einstufung der Elefanten wurde schon mehrfach, z. B. Guenther (1973a, b, 1975), eingehend erörtert. Auf diese Arbeiten wurde bereits verwiesen.

Tab. 6 zeigt die mittleren Werte der Längen-Lamellen-Quotienten der Funde von Ehringsdorf und Taubach bei Weimar und von Burgtonna.

Tab. 6. Mittlere Werte der Längen-Lamellen-Quotienten der zweiten und dritten Molaren der Ober- und Unterkiefer von *P. antiquus*

	Fundstelle		
Zahn	Burgtonna	Ehringsdorf	Taubach
M^3	15,4 (3)	16,1 (4)	16,1 (9)
M_3	17,6 (5)	18,1 (4)	17,0 (6)
M^2	15,0 (7)	14,7 (6)	14,6 (14)
M_2	16,4 (3)	17,0 (5)	15,7 (12)

Die gute Übereinstimmung im Verhalten der Backenzähne der drei Fundstellen zueinander erlaubt, trotz der Dürftigkeit des Materials, doch einige Aussagen:

(1) Die Längen-Lamellen-Quotienten der Unterkiefermolaren sind in allen Fällen größer als diejenigen der Oberkiefermolaren. Während bei den Oberkiefermolaren die Lamellen zumeist im ganzen parallel stehen, divergieren sie bei den Unterkieferzähnen in Richtung zur Wurzelseite. Dies hat zur Folge, daß die Unterkieferzähne mit zunehmender Abkauung länger werden, wodurch sich die Längen-Lamellen-Quotienten vergrößern. Man kann beobachten, daß häufig bei Beginn der Abkauung eines Zahnes die LLQ-Werte von Ober- und Unterkiefer-Molaren desselben Gebisses einander entsprechen und erst mit zunehmender Abkauung der LLQ des Unterkieferzahnes über den des Oberkieferzahnes anwächst. Da hier von einer 50%igen Abkauung ausgegangen wird, ist der LLQ der Unterkieferzähne bereits größer geworden.

(2) Die Längen-Lamellen-Quotienten der zweiten Molaren sind kleiner als diejenigen der dritten Molaren. Wie schon an anderer Stelle gezeigt werden konnte, wächst der LLQ im Verlaufe der Dentition von Zahn zu Zahn.

(3) In diesem grundsätzlichen Verhalten stimmen die *antiquus*-Backenzähne der drei Fundstellen Burgtonna, Ehringsdorf und Taubach gut miteinander überein. Und auch in den absoluten Werten zeigen sich nur geringe Unterschiede, sie sind noch am größten bei den zweiten Unterkiefermolaren, lassen sich aber in allen Fällen durch individuelle Verschiedenheiten erklären, die sich infolge des wenig umfangreichen Materials besonders auswirken.

2.3.5. Hypoplasieartige Rillenbildungen

Bereits bei der Untersuchung der *antiquus*-Zähne von Ehringsdorf und Taubach wurde auf das Vorkommen von Rillen hingewiesen, die im Kronenzement unter (bei Unterkieferzähnen) bzw. über (bei Oberkieferzähnen) den Kauflächen, mehr oder weniger parallel zu diesen, um den Zahn herumlaufen. Häufig finden sie sich jedoch nur auf einer Zahnseite, bevorzugt auf der lingualen oder palatinalen Innenseite. Manchmal ist nur eine Rille zu erkennen, häufig sind es auch zwei oder mehrere Eintiefungen, die aufeinander folgen. Dabei sind diejenigen die älteren, die der Kaufläche näher liegen.

Auch an menschlichen Zähnen, vor allem den Incisiven gibt es ähnlich aussehende Rillen, die als Folge von Unregelmäßigkeiten des Stoffwechsels entstehen. Es sind Störungen, die auch das Dentin, die Pulpa und den Kieferknochen mehr oder weniger stark beeinträchtigen, sich aber hier bald verwachsen und dann nicht mehr zu erkennen sind. Ursachen sind falsche oder unzureichende Ernährung, Mangel an Vitaminen, besonders an solchen, die beim Kalkstoffwechsel eine entscheidende Rolle spielen, also Störungen der inneren Sekretion. Infektionen, z.B. infektiöse Erkrankungen des Darmes, wirken sich nachteilig auf den Kalkstoffwechsel aus.

Die Ähnlichkeit solcher Eintiefungen, man nennt sie Hypoplasien, mit den Rillen im Deckzement der Backenzähne von Elefanten, legt den Gedanken nahe, daß die Entstehungsursachen in beiden Fällen einander ähnlich sind, allerdings mit dem Unterschied, daß die Hypoplasien des Menschen als Folge von Erkrankungen, also pathogen aufzufassen sind, während die Rillen an den Elefantenzähnen nur zum Teil pathogen bedingt sind, zum anderen Teil eher physiologische Ursachen haben.

Die Rillen sind zumeist recht schmal, nicht mehr als $1-1^1/_2$ mm breit und folgen aufeinander mit einem Abstand von 3—5 mm. Untersuchungen haben gezeigt, daß dieses Maß etwa dem Betrag entspricht, den ein Zahn je Jahr abgekaut und nachgeschoben wird. Das heißt, im Regelfalle bildet sich unter den bestimmten Umständen je Jahr nur eine Rille und es ist nicht unwahrscheinlich, daß dies in der Jahreszeit geschieht, in der die Nahrungsaufnahme den Bedarf nicht voll deckt. Die Rillen wären somit eine besondere Art von Jahresringen (GUENTHER 1973b).

Bei 44% der *antiquus*-Molaren von Ehringsdorf waren Rillen vorhanden, Rillen fehlten bei 17% und bei 38% der Zähne war es ungewiß, ob Rillen gebildet worden waren oder nicht, weil das Deckzement schlecht erhalten war. Der Abstand von Rillenmitte zu Rillenmitte liegt zumeist bei 3 bis 5 mm. Die Eintiefungen sind im Regelfalle schmal, oft flach und nicht immer gut zu erkennen.

Auch bei den *antiquus*-Zähnen von Taubach finden sich entsprechende Rillen. Hier läßt sich zeigen, daß die Rillenabstände bei den Zähnen der Oberkiefer zumeist etwas größer sind als bei denen der Unterkiefer. Dies wird verständlich, wenn man bedenkt, daß die Unterkieferzähne etwas niedriger sind als die Oberkieferzähne, und wenn beide zu gleicher Zeit abgekaut werden sollen, müssen Abrieb und Nachschub bei den Oberkieferzähnen etwas schneller vonstatten gehen. Ferner konnte festgestellt werden, daß im Verlaufe der Dentition von Zahn zu Zahn die Abstände von Rillenmitte zu Rillenmitte sich vergrößern. Die rhythmischen Abstände stellen sich im mittleren Wert so dar:

$M_2 = 5{,}1$ mm, $M^2 = 5{,}8$ mm, $M_3 = 5{,}7$ mm, $M^3 = 7{,}0$ mm.

Bei verschiedenen Zähnen von Burgtonna fallen besonders breite und stark eingetiefte hypoplasieähnliche Rillen auf. Die Abstände von Rillenmitte zu Rillenmitte erreichen mehrfach Werte von 10 mm und die Rillen sind verschiedentlich bandförmig. Es gibt Rillen von 6,5 mm Breite. Nach dem, was oben über die Ursachen der Rillenbildung gesagt worden war, läßt sich feststellen: bei einigen Backenzähnen aus Burgtonna war der Zahnnachschub je Jahr besonders groß und es erscheint zweifelhaft, ob die Abkauung ihr entsprechen konnte. Die Stärke und Zeitdauer einer jahreszeitlichen, den Kalkstoffwechsel beeinträchtigenden Fehlernährung, war in einigen Fällen von Burgtonna-Elefanten länger und intensiver als bei den Proboscidiern von Ehringsdorf und Taubach.

2.4. Beschreibung einzelner Molaren

2.4.1. Dritte Molaren

(1) Zahn NG Burgt. 1581 Taf. 38, Fig. 1, 2. Ein dritter, linker Oberkiefermolar (M^3s). Dem hellen, mit einigen Rostflecken versehenen Oberkiefermolaren fehlen sowohl an der proximalen wie an der distalen Seite Lamellen. Die Lamellenformel des voll erhaltenen Molaren dürfte etwa × 16 bis 17 × gelautet haben. Das Deckzement ist über dem kauflächennäheren Zahnabschnitt (Kronenzement) schon recht kräftig abgelagert, hört aber in einiger Entfernung von der Kaufläche ziemlich abrupt auf. Die Wurzeln sind, soweit sie überhaupt schon ausgebildet waren, nicht erhalten. Der Blick auf die Kaufläche zeigt nur wenig rhombische Schmelzfiguren. Bei stärkerer Abrasion würde diese für *antiquus*-Molaren charakteristische rhombische Ausbildung sehr viel deutlicher ausgeprägt sein. Die II., III. und IV. Lamelle haben jeweils eine nach distal gerichtete Mittelzacke des Schmelzes.

Beachtenswert sind die auf der Internseite des Molaren auffallend breiten und ziemlich stark eingetieften hypoplasieähnlichen Rillen. Sie folgen aufeinander in einem Rhythmus von 10 mm. Schon bei früheren Untersuchungen war darauf hingewiesen worden, daß sich je Jahr eine Rille zu bilden scheint, was bedeuten würde, daß unser Zahn sehr schnell nachgeschoben wurde. (Die Abkauung hätte einen solchen Nachschub nicht ausgeglichen.) Vielleicht ist aber auch das Zahnfleisch zurückgegangen.

Es könnte dies der Zahn sein, den POHLIG (1888, 1891) S. 187 unten beschreibt: „Ein stark gebogener linker maxillarer M III stammt aus der Ausgrabung von 1699 und besitzt noch 15 Disken in 0,24 × 0,083 × 0,2 m, distal mögen × 1 und proximal 2 × fehlen; etwa die Hälfte (10 Lamellen) ist invadiert. Die Basis (Taf. 5, Fig. 22) stellt ein sehr schmales, stark gebogenes Band dar, in welchem jedem Diskus eine rundliche Grube entspricht."

(2), (3), (4) und (5) Zähne NG Burgt. 1636. Je ein rechter und linker Ober- und Unterkiefermolar (M^3d, M^3s, M_3d, M_3s). Anfang Dezember des Jahres 1695 wurden von ANDREAS LORENZ zu Burgtonna in der Sandgrube daselbst, genannt der „Gemeine Anger", die Reste eines Elefanten gefunden. In dem alten Bericht wird von etlichen schrecklich großen Beinen gesprochen, von einer Kugel (Gelenkkugel), einem größeren Bein und einem Kopf mit vier großen Zähnen und zwei großen Hörnern (Stoßzähnen). Diese Defensen haben eine Länge von mehr als 2 m (ca. 2,30 m), ferner liegen heute noch zwei Teile von Wirbeln vor.

Dieser Elefantenschädel von Burgtonna wurde im Verlaufe der mehr als 280 Jahre, die seit der Fundbergung verstrichen sind, mehrfach in der Literatur erwähnt. So beschäftigt sich POHLIG in seinem grundlegenden Buch über die Kranoilogie und Dentition des *P. antiquus* (FALC.) (1888, 1891) eingehend mit dem Fossil aus Burgtonna. Er sei im folgenden zitiert (S. 345): „Das Maxillarfragment zu Gotha von Tonna (Tafel 8, Fig. 4, 4a, 5, 5a; Tafel 9, Fig. 3) ist das completeste, mit den Molaren erhaltene, obwohl dasselbe nur bis 0,42 × 0,33 m . . . bewahrt geblieben ist . . . Nach der oben gegebenen Beschreibung der wohlabradierten Molaren . . . fehlen dem linken Zahn" (M^3s) „distal $4^1/_2$ Disken, statt deren man die rundlichen Alveolargruben der vordersten Wurzel und der nachfolgenden zwei Paare wahrnimmt (Tafel 8, Fig. 4) . . . Die Distanz der extremen Abrasionsplanenränder der Molaren ist maximal, hinten 0,23 m . . . Die occipitale Ansicht (Tafel 8, Fig. 4a) zeigt die schwache Divergenz der Molaren in der Richtung von oben nach unten, die tiefe Excavierung der zwischen den Distalenden der Molaren liegenden Maximalpartie und die beiderseitige, durch scharfen Vorsprung geteilte Depression des Pharyngalrandes —". An anderer Stelle (S. 186 ff.) schreibt POHLIG: „Der rechte maxillare Zahn (Tafel 8, Fig. 4; HELLMANN l. c. Tafel I, Fig. 6 hat × 16 × . . ., die größte Höhe scheint

Tab. 7. Daten zu den Molaren von Burgtonna

Nr.	Inv.-Nr.	Fund-angabe	Zahn	Lamellen-formel	Länge	Breite	Höhe	Schmelz-stärke	Abkau-ung	Alter	LLQ	LBQ	Hypoplasien	Bemer-kungen	Tafeln
(1)	NG 1581	Burgtonna	M^3 s	× 15 —	— 234 —	88 V	187 X	2,8	20%	~ 45 J.	15,2	2,8	40:4 = 10	—	Taf. 38, Fig. 1 u. 2
(2)		Schädel	M^3 d	× 16 ×	— 265 —	85 VIII —	178 XIII	2,8	45%	~ 55 J.	16,0	3,2	—	Die Zähne stammen aus demselben Gebiß (2)–(5)	
(3)		von	M^3 s	— 11 ×	— 195	87 II —	165	2,8	45%	~ 55 J.	15,0	—	—		
(4)	NG 1636b		M_3 s	$\underline{\times 1}$ 13 ×	— 265	80 IV —	100	4,0	60%	~ 55 J.	17,8	3,5	15,5:3 = 5,1		
(5)	NG 1636a	1695	M_3 d	$\underline{\times 1}$ 14 ×	— 275	80 VII —	125 XIV	4,0	55%	~ 55 J.	17,5	3,6	—		
(6)	HG E 2872	Tuffsteinbruch Haun	M_3 s	× 19 ×	320	87 IV	148 V	2,9	8%	~ 40 J.	18,5	3,6	—	Besondere Art	
(7)	NG 3675	Burgtonna 1584 a/b	M_3 s oder M_2 s	× 14 $\underline{1\times}$	250 —	83 I	150 V	2,2	5%	~ 40 J.	16,0	3,4	—	Besondere Art	Taf. 38, Fig. 3, 4
(8)	NG 1586	Burgtonna	M_3 d ? M_2 d	— 7×	— 157	77 I	172 I	?	~ 45%	—	18,0	—	—	Bestimmung unsicher	
(9)	NG 1555	Burgtonna	M^2 d	× $9^1/_2$ $\underline{3-4\times}$	180 —	77 IV/V	172 IX	2,5	35%	~ 28 J.	15,6	2,6	schwach	—	
(10)	NG 1583	Burgtonna	M^2 d	× 10 $\underline{2-3\times}$	167 —	71 II	172 VII	3,0	25%	~ 25 J.	15,2	2,9	20:2 = 10 intern	—	Taf. 40, Fig. 3, 4

0,205 m zu sein. Wie meist an sehr hohen oberen Molaren, bemerkt man an diesen eine beträchtliche Einbiegung der Hinterwand oben nach vorn (Tafel 8, Fig. 4a), ähnlich wie an den zugehörigen Mandibelmolaren (vgl. u.) und wie eine solche an dem M II s. durch Pression des M III bewirkt wird, während sonst an maxillaren Backenzähnen ... durch bedeutende Höhenreduktion der proximalen Disken eine Art von Zuspitzung des Profils nach hinten zu erreicht wird. Eine fernere Eigenthümlichkeit dieser oberen Molaren von Gotha besteht in der erheblichen Umbiegung der proximalen Kaufläche nach außen oben (Tafel 8, Fig. 4a), welcher mandibular eine solche von innen unten (vgl. Tafel 9, Fig. 2) und somit eine starke Schwingung oder Torsion der Abrasionsplane in longitudinaler Richtung correspondiert ... Die Molaren der unten geschilderten, wohl erhaltenen Mandibel (Tafel 8, Fig. 5, 5a; Tafel 9, Fig. 2, 2a, vergl. HELLMANN l. c. Tafel 1, Fig. 5) sind wiederum nicht ganz so tadellos erhalten, indem distal die letzte Wurzelpartie, mit ca. × 2, fehlt. ... Die Proximalwände der Molaren sind, wenn auch nicht eingebogen, wie an den Maxillenzähnen, doch analog fast perpendiculär zu der Abrasionsplane, und nicht annähernd so zur Spitze ausgezogen, wie meist an mandibularen *antiquus*-Molaren: Diastema des Kiefers ist in diesem Fall auch besonders hoch und steil."

Die Backenzähne, und nur auf diese soll sich unsere Untersuchung beziehen, sind, wie schon POHLIG feststellte, dritte Molaren. Die Maße und einige Beobachtungen zeigt Tab. 7 unter den Nummern 2–5. Die Wurzeln sind nur z. T. zu sehen, da die Zähne zumeist noch in den Kiefern stecken. Die Länge der Vorderwurzel des linken Unterkiefermolaren liegt bei 55 mm. Auf ihr steht nur eine Lamelle und der vordere Talon. Die vorderen Lamellen der Unterkiefermolaren haben auf der Kaufläche einen rhombischen Querschnitt. Die dritte und vierte Lamelle des rechten Unterkiefermolaren hat jeweils zwei Mittelzacken, sowohl nach distal wie nach proximal gerichtet. Der linke Unterkieferzahn ist vorne abgebrochen, hier fehlen Lamellen. Das Deckzement ist noch recht gut erhalten. In ihm erkennt man hypoplasieähnliche Rillen, die, in einem rhythmischen Abstand von 3–3,5 mm, an anderer Stelle bis 9 mm einander folgen. Am vorderen Ende des rechten Molaren beginnt die Bildung eines Dentinplanums.

(6) Zahn HG Burgt. E 2872. Ein dritter, linker Unterkiefermolar (M_3s). Der Zahn stammt aus dem Tuffbruch HAUN, Reste des Kiefers sind noch vorhanden. Er war in der Mitte durchgebrochen, doch ist er mit allen Lamellen erhalten und hat die hohe Lamellenformel × 19 ×, zeichnet sich also durch eine besonders große Zahl von Lamellen aus. Er ist sehr lang (320 mm), der LBQ erreicht mit 3,6 den höchsten Wert aller in Burgtonna untersuchten Molaren. Auch der LLQ ist mit 18,5 besonders groß. Die vorderste Lamelle ist in zwei Pfeiler geteilt. Die Schmelzfiguren sind noch nicht rhombisch ausgebildet, würden das aber bei stärkerer Abkauung wohl werden. Bei dem geringen Abrasionsgrad, es sind nur die sechs vorderen Lamellen angekaut, erscheinen die Schmelzfiguren eher trogontheroid als antiquoid. Die Lamellen divergieren stark in Richtung zur Wurzel.

Dieser Molar entspricht in zahlreichen Merkmalen dem unter der Nr. NG Burgt. 3675 beschriebenen Zahn. Es handelt sich um eine besondere Elefantenart, die in einigen Merkmalen vom normalen *P. antiquus* des Eem-Interglazials abweicht.

(7) Zahn NG Burgt. 3675 (1584a und b), Burgtonna, Taf. 38, Fig. 3, 4. Ein vielleicht dritter, linker Unterkiefermolar (M_3s oder M_2s). Der Zahn war in der Mitte durchgebrochen und die beiden Teile wurden unter a und b inventarisiert. Auf der Proximalseite fehlen: der hintere Talon und ein bis zwei Lamellen, so daß die Lamellenformel des voll erhaltenen Zahnes × 15–16 × gelautet hat. Die Farbe ist weiß, die Wurzeln sind grau, es fehlen rostbraune Flecken und Dendriten. Das Deckzement ist kreidemehlartig und etwas abgerieben. Infolge dieser Erhaltung sind eventuelle Hypoplasien nicht mehr zu erkennen. Der Verwitterungszustand, der so anders ist als bei den übrigen Zähnen, könnte dafür sprechen, daß der Molar aus einer anderen Schicht stammt oder aber daß er eine längere Zeit einer besonderen Verwitterung ausgesetzt war. Die hinteren, noch erhaltenen Lamellen sind nicht abgespreizt, was dem Molar das Aussehen eines M_2 gibt, was jedoch nach der Lamellenzahl nicht wahrscheinlich ist, sofern sich diese Elefantenart nicht durch eine besonders große Anzahl von Lamellen auszeichnet. Der LBQ liegt bei 3,4; es handelt sich also um eine schlanke, lange Form. Der Blick auf die Kaufläche zeigt den distalen Talon und fünf angekaute Lamellen. Die I. Lamelle ist in zwei Pfeiler aufgeteilt. Die II. Lamelle zeigt die Verschmelzung, wobei der Mittelpfeiler nur wenig breiter ist als die beiden Seitenpfeiler. Die letzte angekaute Lamelle endet in einigen Mamillen.

Der Zahn weicht vom Normal-Habitus des *P. antiquus* ab. In Form, Größe und Einzelausbildung ähnliche dritte Molaren fanden sich im Altpleistozän von Binau im Neckartal, in Mosbach bei Mainz sowie in eeminterglazialen Schichten des Nord–Ostsee-Kanals. Die Molaren erinnern ein wenig an die intermediären Formen, die von *Parelephas trogontherii* zu *Palaeoloxodon antiquus* überleiten. So ergeben sich auch Ähnlichkeiten zu einigen Molaren von *P. trogontherii* aus Süßenborn. Das Tier gehörte zu einer Elefantenart, die vom Cromer- bis zum Eem-Interglazial in nahezu unveränderter Form, allerdings nicht häufig auftritt und deren Molaren sehr wohl von normal entwickelten *antiquus*-Zähnen zu unterscheiden sind.

(8) Zahn NG Burgt. 1586. Das Fragment der proximalen Zahnseite eines unteren dritten Molaren (M_3d ?), wahrscheinlich von der rechten Kieferseite. Zu dem Bruchstück gehören drei weitere Lamellen, die unter der Nr. NG Burgt. 1589 inventarisiert sind. Die Bestimmung als dritter Molar ist nicht ganz sicher, unter Umständen könnte es sich auch um die Reste eines zweiten Molaren handeln, doch sprechen die Breite der Lamellen, die ja vom schmaleren Hinterende stammen, vielleicht auch der hohe LLQ (18,0) eher für einen dritten Molaren.

2.4.2. Zweite Molaren

(10) Zahn NG Burgt. 1583, Taf. 40, Fig. 3, 4. Ein zweiter rechter Oberkiefermolar (M^2d). Von der Rückseite des Molaren fehlen mehrere Lamellen und der proximale Talon, so kann man die Gesamtlänge und die Lamellenformel nur schätzen. Die Lamellen stoßen mit einem relativ großen Winkel von 53° auf die Kaufläche; sie sind in Richtung zur Wurzel nach distal vorgezogen. Die vordere Einzelwurzel ist geschlossen, die anschließenden mehr bandförmig ausgezogenen Wurzeln haben noch geöffnete Pulpen. An der Vorderseite des Zahnes erkennt man Impressionsspuren, das Deckzement fehlt hier, der Schmelz ist freigelegt. Der Zahn ist offenbar sehr schnell von der Wurzelseite her nachgeschoben und dabei auch gekippt worden. Die kauflächennahe Zahnkrone ist von einem kräftigen Deckzement überlagert, in dem sich breit eingetiefte hypoplasieähnliche Rillen befinden, die in einem großen rhythmischen Abstand von 10 mm übereinander liegen. Die Rillenbreite schwankt um 6,5 mm.

Die III. und IV. Lamellen haben rhombische Schmelzfiguren, was noch betont wird durch sowohl nach distal wie nach proximal gerichtete Mittelzacken. Die in Richtung zur Rückseite hin anschließenden Lamellen zeigen mehr bandförmige Schmelzfiguren. Die Verschmelzung bei der VI. Lamelle ist median-lamellar, lateral-annular. Von der VII. Lamelle sind sieben Mamillen freigelegt. Im Zahn ist ein Knick vorhanden, der von der distalen Kauflächenseite zur proximalen Wurzelseite zieht und auf Taf. 40, Fig. 3, als Schatten zu erkennen ist. Diese Art von Mißbildung findet sich in seltenen Fällen und wurde bereits beschrieben (GUENTHER 1955). Die Knickung verursacht eine verstärkte, zur Wangenseite (buccal) konkave Biegung des Zahnes. Man könnte daran denken, daß der Molar schon fertig gebaut war und nachgeschoben wurde zu einer Zeit, als der vorausgehende erste Molar noch nicht genügend abgekaut war und daher sein Rest noch nicht ausgestoßen werden konnte. Dies würde bedeuten, daß Abkauung und Zahnneubildung sowie Nachschub nicht harmonisch aufeinander eingestellt waren, was z. B. dann der Fall ist, wenn ein Elefant — wie heute oft in

Tab. 8. Daten zu den Molaren von Burgtonna

Nr.	Inv.-Nr.	Fundangabe	Zahn	Lamellen-formel	Länge	Breite	Höhe	Schmelz-stärke	Ab-kauung	Alter	LLQ	LBQ	Hypo-plasien	Bemer-kungen	Tafeln
(11)	NG 1563	Burgtonna	M^2 d	× 12 ×	206	81 VI	164 X	2,5	40%	~ 30 J.	14,0	2,5	20:2 = 10 int.	Die Zähne stammen aus	Taf. 39, Fig. 3, 4
(12)	NG 1582	Burgtonna	M^2 s	× 11 ×	196	84 V	167 IX	2,8	30%	~ 30 J.	13,6	2,3	ext. breit bandförm.	dem gleichen Gebiß	Taf. 39, Fig. 1, 2
(13)	NG 1588	Burgtonna	M^2 s	— 5 ×	— 104	72 II	— 50	3,1	96%	~ 40 J.	16,8	—	16:5 = 3,2	—	Taf. 41, Fig. 1, 2
(14)	NG 1590	Burgtonna	M^2 d	— 9 ×	— 170	77 II	— 130 VIII	3,0	65%	~ 35 J.	16,3	—	34,4:8 = 4,3 ext.	Die Zähne stammen aus	Taf. 41, Fig. 3—5
(15)	NG 1585	Burgtonna	M_2 d	— 7 ×	— 148	77 I	— 105	3,1	65%	~ 35 J.	17,3	—	22:5 = 4,5	dem gleichen Gebiß	Taf. 40, Fig. 1, 2
(16)	NG 1587	Burgtonna	M^2 s	× 12 ×	180 —	~ 74 V	162 VIII	3,2	35%	~ 28 J.	13,5	2,5	17:2 = 8,5	—	Taf. 40, Fig. 5, 6
(17)	HG E 3261 a	Burgtonna	M_2 s	× 213 ×	— 214	79 I	— 110	2,3	60%	~ 32 J.	14,0	2,9	—	—	—
(18)	HG E 2872	Burgtonna	M_2 d	— 5 ×	— 104	77 II	140 I	2,2	0	~ 25 J.	18,8	—	—	—	—
(19)	NG 1591	Burgtonna	M_1 d oder M_2 d	— 5 ×	— 100	69 I	— 140 III	2,0	40%	~ 20 J.	16,6	—	—	Bestimmung unsicher	—

Zoologischen Gärten — zu weiches Futter bekommt, das die Zähne nicht genügend abnützt.

(11) Zahn NG Burgt. 1563, Taf. 39, Fig. 3, 4. Ein zweiter Oberkiefermolar der rechten Kieferseite (M^2d). Der Molar ist mit allen Lamellen, einschließlich der beiden Talone, erhalten. Seine Farbe ist weiß mit hellbraunen Flecken. Impressionsspuren des nachfolgenden dritten Molaren sind deutlich ausgebildet. Die Wurzeln sind abgebrochen. Die Vorderwurzel war wohl schon geschlossen, die hinteren Wurzeln haben noch eine offene Pulpa. Das emailleartig aussehende Deckzement ist voll erhalten, es überlagert vor allem die Kronenpartie. Man erkennt mehrere hypoplasieähnliche Rillen, die in einem sehr großen Rhythmus von 12,5 mm übereinander liegen. Auf der Externseite, wo man sie nur schlecht erkennen kann, beginnen sie erst 60 mm unter der Kaufläche. Der Zahn ragte also besonders stark aus dem Zahnfleisch heraus. Sollte die Abkauung zu gering gewesen sein, oder litt das Tier an Zahnfleischschwund (Parodentose)?.

Auf der Kaufläche erkennt man die rhombische Form der Schmelzlamellen. Eine Mittelzacke fehlt. Der sehr kräftige Zahn könnte von einem männlichen Elefanten stammen.

Der Zahn gehört mit den Molaren Nr. 1582 zum Gebiß desselben Tieres.

(12) Zahn NG Burgt. 1582, Taf. 39, Fig. 1, 2. Ein zweiter Molar des linken Oberkiefers (M^2s). Der Zahn hat eine Lamelle weniger als der zugehörende Molar 1563. In allen anderen Einzelheiten zeigt sich jedoch eine gute Übereinstimmung der beiden Zähne, nicht zuletzt sogar im Verlauf der Hypoplasien, die ebenfalls von der Externseite über das distale Ende zur Internseite sich stark von der Kaufläche entfernen. Sie sind breit bandförmig ausgebildet und folgen einander mit dem sehr großen Rhythmus von 14 mm. Zwischen den Wurzeln befinden sich noch einige Knochenreste. Die Vorderwurzel ist verschlossen, das Wurzelende sieht krankhaft verklumpt aus. Die Impression des nachfolgenden dritten Molaren ist bereits zu erkennen. Die Schmelzfältelung erscheint grob geperlt.

(13) Zahn NG Burgt. 1588, Taf. 41, Fig. 1, 2. Fragment eines zweiten, linken Oberkiefermolaren (M^2s). Lediglich das hinterste Zahnende ist noch vorhanden, der vordere Hauptteil des Zahnes ist abgekaut und abgebrochen. An der Rückseite des Molaren erkennt man kräftige Lösungserscheinungen. Am Vorderende bildet sich ein allerdings ziemlich schmales Dentinplanum aus. Der Talon ist als Anhängsel an die hinterste Lamelle angeheftet, ein Suffix. Der kräftige Schmelz tritt auf der Kaufläche deutlich heraus, Dentin und Zwischenzement sind stärker niedergekaut. Die zweite Lamelle ist schwach nach vorn, die dritte und vierte Lamelle sind ein wenig nach hinten abgebogen. Der Zahn war zwar noch in Funktion, doch war der nächste Molar bereits soweit nachgeschoben, daß er den wesentlichen Teil der Arbeit des Kauens übernehmen konnte. Die Bestimmung als zweiter Molar wurde vor allem an Hand der Breite getroffen.

(14) Zahn NG Burgt. 1590, Taf. 41, Fig. 3—5. Fragment eines zweiten, rechten Oberkiefermolaren (M^2d). Erhalten ist der hintere, proximale Zahnteil mit neun Lamellen und dem Talon. Die Farbe ist weiß mit einigen dunkelbraunen Dendriten. Im Wurzelbereich erkennt man die Spuren einer so starken Resorption, daß man versucht ist, an eine Verwitterungslösung zu denken. Das Deckzement ist an der Internseite im distalen Zahnbereich durch Resorption entfernt, an der Externseite aber noch gut erhalten. Hier sind acht hypoplasieartige, übereinander liegende Rillen vorhanden, die in einem Abstand von etwa 4 mm von Rillenmitte zu Rillenmitte aufeinander folgen. Die Einsenkungen sind nicht ganz leicht gegeneinander abzugrenzen. Auf der Kaufläche erkennt man, daß die Lamellen I., II. und III. auf den Seiten nach vorn (distal) abgebogen sind. Diese Lamellen haben eine nach proximal gerichtete Mittelzacke, Lamelle IV. eine nicht sehr starke, nach distal gerichtete Mittelzacke. Die hintersten Lamellen enden in Mamillen. Der Zahn ist noch nicht bis zu einem Auswurfrest abgekaut. Erstaunlich sind daher die starken Resorptionen, die zusammen mit den hypoplasieartigen Rillen einen krankhaften Eindruck machen. Der Molar entspricht wohl dem bei POHLIG (1888, 1891) auf Taf. VI, Fig. 10 und 10a abgebildeten Zahn.

(15) Zahn NG Burgt. 1585, Taf. 40, Fig. 1, 2. Das hintere Fragment eines zweiten Unterkiefermolaren der rechten Kieferseite (M_2d). Das Fragment, das aus den proximalen sieben Lamellen und dem Talon besteht, ist relativ gut erhalten. Der wurzelnähere Zahnteil zeigt starke Resorptionen, doch sind alle Pulpen noch geöffnet. Man erkennt wenigstens fünf hypoplasieartige Rillen, die in einem Rhythmus von ungefähr 4,5 mm einander folgen. Die Hypoplasien verlaufen proximal nach distal etwas abwärts, sie nähern sich also an der Vorderseite etwas mehr den Wurzeln. Die Abstände von Rille zu Rille sind an der distalen Seite größer als am proximalen Zahnende. Das bedeutet, daß der Zahn mit seiner Vorderseite stärker in Richtung zur Kaufläche hochgeschoben wurde, wodurch eine Kippbewegung entstand.

Die beiden vordersten Lamellen sind an ihren Kauflächenenden seitlich abradiert, wodurch der glänzende Schmelz freigelegt wird. Der Unterkiefermolar ist offenbar beim Kauen z. T. seitlich an dem Oberkiefermolaren vorbeigeführt worden. Dieser Zahn und der bereits vorher beschriebene M^2d, der unter NG Burgt. 1590 inventarisiert ist, entstammen demselben Gebiß.

(16) Zahn NG Burgt. 1587, Taf. 40, Fig. 5, 6. Ein zweiter, linker Oberkiefermolar mit dem vorausgehenden ersten, linken Oberkiefermolaren (M^2s und M^1s). Eine Abbildung der beiden Zähne befindet sich bei POHLIG (1888, 1891) Taf. V, Fig. 2.

Erster und zweiter Molar sind noch im Knochen und damit in der ursprünglichen Lage zueinander erhalten geblieben. Der erste Molar wird durch den nachfolgenden Zahn zur Externseite hin abgepreßt. Er ist durch den zweiten Molar deutlich eingebuchtet, doch geht die Kaufläche lückenlos vom M^1 zum M^2 über. Die noch im Knochen steckende Vorderwurzel des M^1 ist mit etwas über 60 mm Länge erhalten. Resorptionen sind lediglich an der Wurzel zu erkennen. Der erste Molar ist, für den Abkauungsgrad des zweiten Molaren, noch nicht genügend abgekaut. Dies mag mit der seitlichen Abpressung zusammenhängen und ist als eine Fehlbildung zu werten. An der Internseite des M^2 erkennt man zwei breitbandförmige hypoplasieartige Rillen. Sie folgen einander mit einem Rhythmus von 8,5 mm.

Die Lamellen des M^1 sind, wie man auf der Kaufläche sieht, schwach nach proximal abgebogen, die II. und die III. Lamelle des M^2 sind mit den Enden eher nach distal vorgezogen, diese Lamellen sind nach vorn konkav ausgebildet. Die Schmelzfiguren sind rhombisch angelegt, es fehlen jedoch die Mittelzacken. Der proximale Talon des M^1 hängt als Suffix an der vorausgehenden Lamelle. Die Verschmelzung ist an den beiden vorletzten Lamellen des M^2 zu erkennen, sie ist median-lamellar, lateral-annular. Der Schmelz des zweiten Molaren ist grob geperlt, während er bei dem ersten Molaren, wo durch die starke Abkauung ein wurzelnäherer Lamellenteil freigelegt wurde, eher glatt erscheint.

2.4.3. Ein erster Molar (?)

(19) Zahn NG Burgt. 1591. Fragment eines ersten oder zweiten Unterkiefermolaren der rechten Kieferseite (M_1d oder M_2d). Erhalten sind lediglich die letzten fünf Lamellen mit dem proximalen Talon. Hiervon sind die beiden vorderen Lamellen angekaut. Sie zeigen eine median-lamellare, lateral-annulare Verschmelzung. Von den proximal folgenden Lamellen sieht man nur die Mamillen. Das Deckzement ist nicht so gut erhalten, daß man hypoplasieähnliche Rillen erkennen könnte. Die Bestimmung des Molaren ist schwierig. Nach der geringen Breite könnte es ein erster Molar sein, doch ist zu bedenken, daß die hinteren Lamellen keineswegs die maximale Zahnbreite erreichen. Wenn man dies berücksichtigt und den mit 16,6 recht hohen LLQ in Erwägung zieht, könnte man auch an einen zweiten Molaren denken.

2.4.4. Einige weniger gut erhaltene Fragmente

Einige weitere Zähne, die in Gotha im Museum der Natur und auf Schloß Friedenstein, im Museum für Regionalgeschichte, aufbewahrt werden, sind so fragmentär erhalten, daß auf eine eingehende Beschreibung verzichtet werden kann. Nur wenige sind erwähnenswert.

Zahn HG Burgt. E 2722. Ein wahrscheinlich dritter Unterkiefermolar (M_3), von dem der vordere Talon und zwei Lamellen erhalten sind (× 2 —). Er stammt, laut Katalog, aus dem Tuffbruch HAUN. Der LLQ des Bruchstückes liegt bei 16,0.

Zahn HG Burgt. E 2675. Das Fragment eines dritten Unterkiefermolaren (M_3), von dem der vordere Talon und fünf Lamellen (× 5 —) vorliegen. Die Zahnbreite beträgt 82 mm, die erhaltene Länge 98 mm. Der LLQ liegt bei 18,5.

Zahn HG Burgt. E 2898. Das Fragment eines wahrscheinlich dritten Unterkiefermolaren (M_3), von dem 4 Lamellen des hinteren Zahnteils überliefert sind (— 5 ×). Die Breite beträgt ungefähr 85 mm, die Höhe sicher mehr als 165 mm. Die Verschmelzung ist median-lamellar, lateral-annular. Die hinterste Lamelle zeigt 9 Mamillen. Der LLQ liegt ungefähr bei 17,0.

3. Ergebnisse

Aus den jungpleistozänen Fundschichten von Burgtonna liegen, neben einigen nur aus wenigen Lamellen bestehenden Zahnresten, insgesamt 19 bearbeitungswerte Molaren vor. Sie stammen ausschließlich von *Palaeoloxodon antiquus* (FALC.). Ein Zahn könnte vielleicht ein erster Molar sein, alle anderen sind zweite und dritte Molaren. Zehn Unterkiefermolaren aus beiden Kieferhälften stehen acht Oberkiefermolaren gegenüber. Nur drei Zähne sind in voller Länge erhalten, allen übrigen fehlen proximal oder distal Lamellen, die teils durch Abkauen, teils durch Abbrechen verloren gingen. Die Wurzeln sind zumeist abgebrochen. Mehrfach stammen verschiedene Zähne von einem Tier, die Funde bestätigen daher maximal 14 Elefanten. Alle Tiere sind älter als 20 Jahre. Bei Fundstellen, deren Knochen und Zähne Überbleibsel menschlicher Jagdbeute sind, findet man stets die Reste von jungen und ganz jungen Elefanten (z. B. Salzgitter-Lebenstedt, Ehringsdorf und Taubach). In Burgtonna hat keine derartigen Jagdplätzen entsprechende Auslese stattgefunden.

In jüngster Zeit wurde bezweifelt, daß es möglich sei, aus der Alterszusammensetzung einer Elefantenfauna Schlüsse auf eine menschliche Auslese zu ziehen (DUBROVO 1975). Es wird daher diskutiert, wie weit der Eiszeitjäger daran interessiert sein konnte, Elefantenzähne zum Lagerplatz mitzunehmen. Wahrscheinlich wird nur ein kleiner Teil von Elefantenresten dort gefunden, wo die Tiere verendet sind. Das Herausbrechen von Zähnen aus den Kiefern war, bevor Fleisch und Bänder verfault waren, eine nicht immer leichte Arbeit. Fand vielleicht in einigen Fällen insofern eine Auslese statt, daß man bevorzugt die Zähne besonders wehrhafter Tiere mit zum Lagerplatz nahm, sei es als Trophäen oder aus kultischen Gründen? Oder fand man bei Jagdstreifzügen die Knochen und Zähne eines schon vor längerer Zeit gestorbenen Tieres und nahm hiervon einiges mit? Bei Fundstellen, welche Reste von Tieren enthalten, die an Alter, Entkräftung, Krankheit oder Verletzungen starben, wie z. B. bei den Sanden und Schottern von Süßenborn, Mosbach, Mauer und vielleicht Steinheim a. d. Murr, treten die Überbleibsel der Jungtiere deutlich zurück und es dominieren die alten und sehr alten Elefanten.

Im folgenden werden dann einzelne wichtige Meßwerte, Rechenquotienten und Beobachtungen sowie deren Aussagen zur Elefantenfauna von Burgtonna diskutiert. Die Lamellenformeln der Molaren von Burgtonna werden mit den entsprechenden Formeln der Zähne von Ehringsdorf und Taubach verglichen. Die Zahnbreite ist ein Maß, das zumeist auch an Fragmenten mit ausreichender Genauigkeit festgelegt werden kann. Die Molaren von Burgtonna sind besonders breit, vielleicht handelt es sich hier um kräftig entwickelte Tiere, und es überwiegen die Bullen. Bei den Zahnlängen wird festgestellt, daß M 2 und M 3 zumeist sehr deutliche Unterschiede der Längenwerte erkennen lassen, ferner sind die Unterkieferzähne im mittleren Wert länger als die Oberkieferzähne. Die Längen-Lamellen-Quotienten der Unterkiefermolaren sind meist etwas größer als diejenigen der Oberkiefermolaren. Im Verlaufe der Dentition wachsen die Werte der Längen-Lamellen-Quotienten von Zahn zu Zahn. In all diesen Maßen und Rechenwerten passen die *antiquus*-Molaren von Ehringsdorf, Taubach und Burgtonna gut zueinander. Bei allen Zähnen, deren Verschmelzung man erkennen kann, ist diese median-lamellar, lateral-annular.

Bei einem Teil der Funde von Burgtonna ist das Deckzement so gut erhalten, daß man eventuell vorhandene hypoplasieähnliche Rillen gut studieren kann. Die *antiquus*-Molaren von Burgtonna unterscheiden sich von den Zähnen anderer untersuchter Faunen (wie z. B. Ehringsdorf und Taubach) darin, daß die Rillen der Burgtonna-Zähne mehrfach ganz besonders breit (bis 6,5 mm) und die Abstände von Rillenmitte zu Rillenmitte besonders groß sind. Bei einzelnen Zähnen zeigen sich noch andere, z. T. pathogene, z. T. physiologisch bedingte Annormalitäten, wie überstarke Resorption vor allem im Wurzelgebiet in einem zu frühen Entwicklungsstadium des Zahnes, Ansätze zur Bildung eines Knicks, der diagonal durch den Molaren geht, der Verschluß der Pulpa einer Wurzel durch eine Geschwulstbildung sowie Unregelmäßigkeiten im Zahnnachschub. Das starke Auftreten von hypoplasieähnlichen Rillen und die Fehlbildungen verleihen der Fauna von Burgtonna einen z. T. nicht ganz gesunden Charakter. Fehler im Gebiß wirken sich auf die Nahrungsaufnahme und Nahrungsverarbeitung störend aus, was bei Tieren, die täglich große Mengen von Pflanzenkost verarbeiten müssen, leicht zu Störungen des Stoffwechselhaushaltes führt, die wiederum in der Bildung von hypoplasieähnlichen Rillen kenntlich werden.

Neben den Zähnen des *P. antiquus*, wie er im Eem-Interglazial in der Regel auftritt, fanden sich auch zwei Zähne einer etwas vom Normal-Habitus abweichenden Elefantenart, die von verschiedenen Fundstellen aus dem älteren Pleistozän bis zum Eem-Interglazial (z. B. Binau im Neckartal, Mosbach bei Mainz, Schleswig-Holstein, Nord-Ostsee-Kanal) mehrfach beschrieben wurde. Dieser Zahntyp hat in einigen Merkmalen Ähnlichkeiten mit bestimmten Molaren von *Parelephas trogontherii* aus Süßenborn bei Weimar und erinnert dann an die intermediären Formen SOERGELS.

4. Zusammenfassung

Von der Fundstelle Burgtonna liegen 19, mit vielleicht einer Ausnahme, nur zweite und dritte Elefantenmolaren vor. Sie stammen insgesamt von *Palaeoloxodon antiquus* (FALC.), doch ist eine besondere Abart dieses Elefanten, die in einigen Merkmalen an eine Übergangsform von *Parelephas trogontherii* erinnert, durch zwei Zähne vertreten. Ein auffallend großer Teil der Funde hat hypoplasieähnliche Rillen, wie man sie so stark ausgeprägt bei anderen Faunen nur selten findet. Dies ermöglicht Schlüsse auf den Ernährungs- und Gesundheitszustand der Tiere. Von diesen Besonderheiten abgesehen, passen die Molaren in allen untersuchten Merkmalen zu den eemzeitlichen *antiquus*-Faunen von Ehringsdorf und Taubach bei Weimar.

Резюме

Из местонахождения Бургтонны представлены 19 экземпляров только (возможно за одним исключением) вторых и третих молочных зубов слонов. Все находки относятся к *Palaeoloxodon antiquus* (FALC.), кроме того представлены два зуба особого варьетета этого слона, напоминающего по некоторым признакам переходную форму *Parelephas trogontherii*. Большая часть находок характеризуется подобными гипоплазии бороздами, которые в такой ярко выраженной форме среди представителей других фаун очень редко встречаются. Данное явление способствует получению выводов относительно питания и здоровья особей. Данные находки по всем исследованным признакам, за исключением указанных особенностей, соответствуют эемским фаунам типа *antiquus* из Эрингсдорфа и Таубаха около Веймара.

Summary

With one exception perhaps, only 19 second and third elephant molars are available from the locality of Burgtonna, all of which originate from *Palaeoloxodon antiquus* (FALC.). A special variety of this elephant is, however, represented by two teeth, which in some characters reminds of a transitional form of *Parelephas trogontherii*. A conspicuously great deal of the finds shows hypoplasis-like grooves only rarely found in such an intensely pronounced way in other faunae. This makes it possible to draw conclusions on the state of nutrition and health of the animals. Apart from these peculiarities, all characters investigated of the molars fit into the Eemian *antiquus* faunae of Ehringsdorf and Taubach, near Weimar.

5. Literatur

ADAM, K. D.: Das Backenzahngebiß des *Elephas antiquus* FALCONER von der unteren Murg (Württemberg). — Stuttgart 1948 (unveröff.).

DUBROVO, I. A.: *Mammuthus trogontherii* (POHLIG) aus dem Pleistozän von Tiraspol. — Quartärpaläontologie **1**, 125—143, Berlin 1975.

GUENTHER, E. W.: Mißbildungen an den Backenzähnen diluvialer Elefanten. — Meyniana **4**, 12—36, Neumünster 1955.

— Die Elefantenmolaren aus den Kiesen von Süßenborn bei Weimar. — Paläontol. Abh. **A III**, 3/4, 711—734, Berlin 1973a.

— Elefantenbackenzähne aus dem Valsequillo südlich von Puebla (Mexiko). — Geol.-Pal. Untersuchungen im Valsequillo bei Puebla (Mexiko). 109—177. — Das Mexiko-Projekt der D. F. G. **6**, Wiesbaden 1973b.

— Die Backenzähne der Elefanten von Ehringsdorf bei Weimar. — Das Pleistozän von Weimar-Ehringsdorf, III. Internat.-Kolloquium 1968. — Abh. zentr. geol. Inst. **23**, 399—442, Berlin 1975.

— Die Backenzähne der Mammute von Salzgitter-Lebenstedt. — Fundamenta, Monographien zur Urgeschichte. Reihe A. Köln, Graz. [Das Manuskript liegt abgeschlossen beim Herausgeber der Monographie.].

HELLMANN, A.: Die Petrefakten Thüringens. — Cassel 1862 (Zitat aus POHLIG 1888, 1891).

MUSIL, R.: Die Mammutmolaren von Předmostí (ČSSR). — Paläont. Abh. **A 3**, 1, 1—198, Berlin 1968.

POHLIG, H.: Dentition und Kraniologie des *Elephas antiquus* FALC. mit Beiträgen über *Elephas primigenius* BLUMENB. und *Elephas meridionalis* NESTI. — Nova acta Leop. **57**, 1—464, Halle 1888, 1891.

SOERGEL, W.: *Elephas trogontherii* POHL. und *E. antiquus* FALC., ihre Stammesgeschichte und ihre Bedeutung für die Gliederung des deutschen Diluviums. — Palaeontographica **60**, 1—114, Stuttgart 1913.

— Das Aussterben diluvialer Säugetiere und die Jagd des diluvialen Menschen. — Jena 1912.

Quartärpaläontologie	3	151–153	Berlin, Dezember 1978

Bären- und Hyänenreste aus dem Pleistozän von Burgtonna in Thüringen

Von Björn Kurtén, Helsinki

Mit einer Abbildung sowie Tafel 42 und 43

Inhalt

1. Abstractum

Durch spärliche Reste sind Braunbär, *Ursus arctos* Linnaeus, und Höhlenhyäne, *Crocuta crocuta* (Erxleben), im Pleistozän von Burgtonna vertreten. Die Hyäne ist als Übergangsform zwischen den eem- und würmzeitlichen Populationen anzusehen.

Редкими остатками в плейстоцене Бургтонны представлены бурый медведь *Ursus arctos* Linnaeus и пещерная гиена *Crocuta crocuta* (Erxleben), Гиена является переходной формой от эемской к вюрмской популяциям.

Sparse remains record the presence of brown bear, *Ursus arctos* Linnaeus, and cave hyena, *Crocuta crocuta*(Erxleben), in the Pleistocene of Burgtonna. The hyena is regarded as transitional between the Eemian and Würmian populations.

2. Einleitung

Hellmann nannte 1866 in seiner Faunenliste von Burgtonna *Ursus spelaeus* und *Hyaena spelaea*. Aber bereits 1885 gab Pohlig eine revidierte Faunenliste und erwähnte von Tonna (Burgtonna) *Ursus* cf. *arctos* Linnaeus. In der ersten zusammenfassenden Bearbeitung der fossilen Faunenreste aus den Travertinen von Burgtonna gibt Schäfer (1909) ebenfalls *Ursus* cf. *arctos* Linnaeus und *Hyaena spelaea* Goldf. an.

3. Beschreibung der Fossilfunde

Familie: **Ursidae** Gray, 1825

Gattung: ***Ursus*** Linnaeus, 1758

(1) ***Ursus arctos*** Linnaeus, 1758

Der Braunbär ist nur durch zwei isolierte Zähne, M_2 sin. HO Burgt. 22 und C inf. sin. HG Burgt. S. G. 2676, eine isolierte Phalange IQW 1970/13 077 (Burgt. 13474) und das Bruchstück eines Humerus IQW 1974/14 060 (Burgt. 13 981) vertreten.

Der linke, tief abgekaute M_2 eines alten Tieres zeigt im Umriß deutliche *arctos*-Merkmale und erreicht ungefähr die durchschnittliche Größe der Braunbären-M_2 von Taubach und Ehringsdorf. Die Länge ist 27 mm, die vordere Breite 18,0, die hintere Breite 17,3 und die Breite in der Einschnürung 16,8 mm. Höhlenbärenzähne derselben Länge sind durchschnittlich merklich schmaler (vgl. Kurtén 1959, S. 89). Zu *Ursus arctos* stelle ich weiter einen linken C inf., der mit einer Breite an der Kronenbasis von 18,0 mm die Größe der männlichen Caninen von Taubach erreicht.

Familie: **Hyaenidae** Gray, 1869

Gattung: ***Crocuta*** Kaup, 1828

(2) ***Crocuta crocuta*** (Erxleben)

Abb. 1; Taf. 42, 43

In der Sammlung des Heimatmuseums zu Ohrdruf befindet sich ein fast vollständiger Unterkiefer mit beiden Ästen (Proc. coronoideus abgebrochen) HO Burgt. 20, und in der Sammlung des Heimatmuseums zu Gotha liegen unter der Nummer HG Burgt. E 3263 folgende Reste vor: C sup. sin., C inf. sin., P^1 sin., P^2 sin., P^3 sin. P^4 sin. (Fragment), P_2 sin. P_3 sin., P_4 sin., M_1 sin., P_3 dex., P_4 dex. und M_1 dex. Die Sammlung des Museums der Humboldt-Universität zu Berlin enthält ein rechtes Unterkieferfragment mit P_2–P_4, MB Burgt. Ma 79 und einen P^4 dex. MB Burgt. Ma 80.

Die Höhlenhyänen des Eem-Interglazials und der Würmeiszeit unterscheiden sich voneinander in mehreren Merkmalen (Kurtén 1969). Die späteren sind durchschnittlich größer, die Proportionen der Zähne

Crocuta crocuta, Burgtonna. Maße (in mm)

Oberkieferzähne	MB Burgt. Ma 80	HG Burgt. E 3263
C sup Länge	—	17,6
Breite	—	13,5
P^1 Länge	—	7,3
Breite	—	7,8
P^3 Länge	—	24,2
Breite	—	18,0
P^4 Länge des Metastyls	18,7	—
Scherenbreite	12,6	—

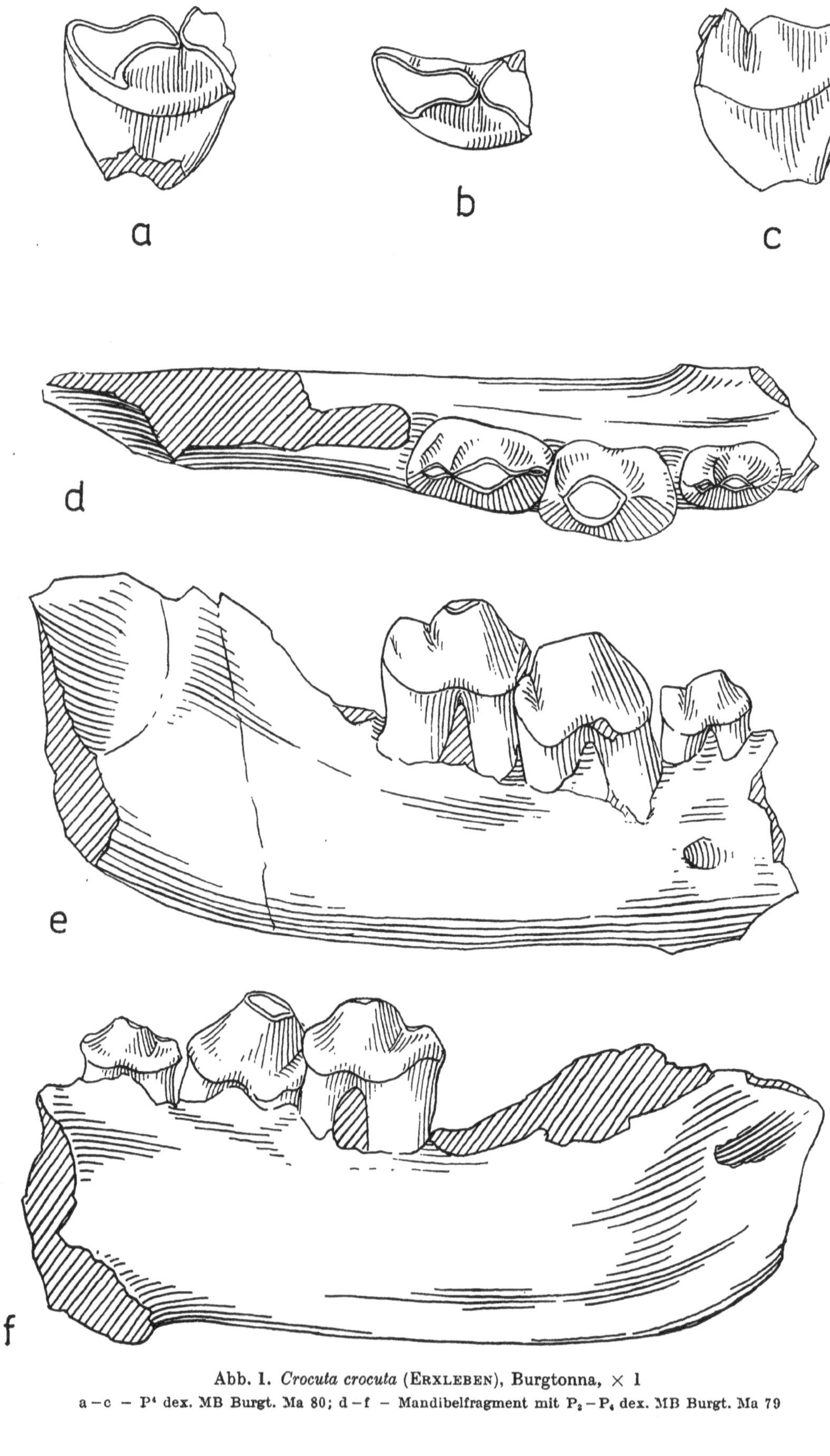

Abb. 1. *Crocuta crocuta* (Erxleben), Burgtonna, × 1

a – c – P^4 dex. MB Burgt. Ma 80; d – f – Mandibelfragment mit P_2 – P_4 dex. MB Burgt. Ma 79

Unterkieferzähne	MB Burgt. Ma 79	HO Burgt. 20 Unterkiefer	HG Burgt. E 3263 Isolierte li	re
C inf Länge	—	—	15,5	16,3
Breite	—	14,2	13,8	14,0
P_2 Länge	15,9	17,0	18,1	—
Breite	10,8	12,3	12,2	—
P_3 Länge	21,7	22,6	22,6	22,2
Breite	15,9	15,7	16,5	16,3
P_4 Länge	23,5	23,5	24,8	25,4
Breite	14,2	15,3	14,2	14,5
M_1 Länge	—	33,1	—	32,6
Breite	—	14,3	13,5	13,3
Trigonidlänge	—	30,0	—	29,2
Talonidlänge	—	3,1	—	3,4

sind etwas verschieden und z. B. der Metaconid des M_1 kommt bei der würmzeitlichen Hyäne viel häufiger vor.

Der Unterkiefer von Burgtonna (HO Burgt. 20) ist ziemlich groß (Länge von der Vorderkante des Eckzahnes bis Mitte des Condylus 205 mm, Höhe des Astes hinter M_1 55 mm, Höhe zwischen P_2 und P_3 46 mm, Länge der Backenzahnreihe P_2—M_1 93 mm) und auffallend dick; die Breite des Astes unter P_3 ist 25,7 mm. Dasselbe Maß ist bei 69 Unterkiefern des Würms 23,09 mm, bei 27 eemzeitlichen Unterkiefern nur 21,4 mm (Mittelwerte). Allerdings können so kräftige Kiefer auch in der eemzeitlichen Population als individuelle Varianten auftreten, besonders wenn es sich um ein altes, voll ausgewachsenes Tier handelt. Da der genaue Fundhorizont nicht bekannt ist, kann das Fossil auch aus den obersten Travertinlagen stammen.

Der M_1 des Unterkiefers hat, soweit man dies bei der starken Abkauung beobachten kann, kein Metaconid. Ein kleiner Metaconid findet sich dagegen am isolierten M_1. Dieses Merkmal ist bei der eemzeitlichen Hyäne selten (11%), bei der würmzeitlichen häufig (44%).

Die mittlere Breite von M_1 ist unter 177 Zähnen von Kent's Cavern (Würm) 13,95 mm, unter 93 Zähnen von Tornewton Cave (Eem) 13,38 mm. Die durchschnittliche Breite der 3 Burgtonna-Zähne ist 13,7 mm, also intermediär.

Bei den würmzeitlichen Hyänen ist P^3 im Mittel länger als bei den eemzeitlichen, während die Breite dieselbe ist. Verhältnismäßig sind also die würmzeitlichen P^3 etwas schmaler; die Relationszahlen Breite/Länge sind für Kent's Cavern (N = 54) 0,742, für Tornewton (N = 59) 0,773. Für Burgtonna (1 Zahn) ergibt sich 0,750, also wieder intermediär, aber deutlich näher zu den würmzeitlichen Hyänen.

Das Längenverhältnis zwischen P_2 und P_3 ist im Durchschnitt recht verschieden bei den zwei Formen. Die Relationszahlen Länge P_2/Länge P_3 sind im Mittel: Eem 0,810, Würm 0,733. P_2 ist bei den würmzeitlichen Hyänen kürzer, aber P_3 länger als bei den eemzeitlichen. Die Reste von Burgtonna liefern die Zahlen 0,733, 0,753 (für Zähne in Kiefern) und 0,802 (isolierte Zähne, die nicht unbedingt zusammengehören), also im Mittel 0,763.

Die Vergleiche zeigen, daß die Hyäne von Burgtonna schon die Merkmale der würmzeitlichen *C. crocuta spelaea* besitzt, aber mit einigen persistierenden Charakteren der eemzeitlichen Form. Sie ist also als Zwischenform zu bezeichnen.

4. Zusammenfassung

Im Pleistozän von Burgtonna ist der Braunbär, *Ursus arctos*, durch Einzelzähne vertreten. Sie unterscheiden sich nicht von den entsprechenden Funden aus Taubach und Ehringsdorf.

Von der Höhlenhyäne, *Crocuta crocuta*, wurden Kiefer und Zähne gefunden. Größe und Proportionen erinnern meist an *C. crocuta spelaea* der Würmvereisung, dazu kommen aber auch persistierende eeminterglaziale Merkmale.

Резюме

В плейстоцене Бургтонны представлены изолированные зубы бурого медведя *Ursus arctos*. Они ничем не отличаются от соответствующих находок из Таубаха и Эрингсдорфа. Далее были найдены челюсти и зубы пещерной гиены. Размеры и пропорции часто напоминают *C. crocuta spelaea* из вюрмского ледниковья, но встречаются также консервативные признаки эемского времени.

Summary

In the Pleistocene of Burgtonna, the brown bear *Ursus arctos* is represented by isolated teeth. They do not differ from corresponding finds at Taubach and Ehringsdorf.

Of the cave hyena *Crocuta crocuta*, jaws and teeth were found. In size and proportions they mostly agree with *C. crocuta spelaea* from the Würm Glaciation, but there are also persisting characters of the Eemian population.

5. Literatur

KURTÉN, B.: On the bears of the Holsteinian Interglacial. — Stockholm Contr. Geol. 2, 73—102, Stockholm 1959.

— Evolution at the population level: A statistical approach. — In: BROTHWELL, D., & HIGGS, E.: Science in Archaeology. — 2. Aufl., 661—668, Thames & Hudson, London 1969.

— Fossile Reste von Hyänen und Bären (Carnivora) aus den Travertinen von Weimar-Ehringsdorf. — Abh. zentr. geol. Inst. 23, 465—484, Berlin 1975.

— Bären- und Hyänenreste aus dem Pleistozän von Taubach. — Quartärpaläontologie 2, 361—378, Berlin 1977.

Quartärpaläontologie	3	155–162	Berlin, Dezember 1978

Die Feliden- und Canidenreste aus den jungpleistozänen Travertinen von Burgtonna in Thüringen

Von HELMUT HEMMER, Mainz

Mit 4 Abbildungen, 4 Tabellen sowie Tafel 44 und 45

Inhalt

1. Abstractum

Die Reste von Feliden und Caniden aus der Fauna der Travertine von Burgtonna lassen sich solchen aus Ehringsdorf anschließen. Sie sprechen für ein Vorwiegen adriato- und pontomediterraner Faunenelemente bei den Carnivoren des interglazialen Travertingebietes von Thüringen.

Остатки фелид и канид фауны из травертина Бургтонны сходны с остатками из Эрингсдорфа. Они свидетельствуют о преобладании адриатных и понтосредиземноморских элементов фауны среди Carnivora межледникового травертинового комплекса Тюрингии.

Fossil remains of Felidae and Canidae from the fauna of the travertines of Burgtonna show close affinities to such finds from Ehringsdorf. They lead to the supposition of a prevailing of adriato-mediterranic and ponto-mediterranic faunal elements in the carnivores of the interglacial thuringian travertine region.

2. Einleitung

Die interglazialen Carnivorenreste von Burgtonna wurden bereits von SCHÄFER (1909) bearbeitet; für ein Mandibelstück eines Löwen gab dann DIETRICH (1968) eine weitere Beschreibung nebst Abbildung. Die hier vorgelegte Nachuntersuchung des noch vorhandenen Materials aus der Coll. SCHÄFER erscheint so nur von der Möglichkeit her zu rechtfertigen, mit dem derzeitigen erweiterten Wissensstand einige zusätzliche Erkenntnisse im Vergleich zu den früheren Arbeiten zu gewinnen, die Anhaltspunkte für biogeographische Überlegungen liefern könnten.[1])

3. Beschreibung des Fundmaterials

Felidae

Panthera leo ssp. (cf. *spelaea*)

(1) Abb. 1, 2; Taf. 44, Taf. 45, Fig. 1–3

Material: Mandibelfragment mit P_4 und M_1 MB Burgt. Ma 81, 3 C max. MB Burgt. Ma 83 u. 85

Das Mandibelfragment wurde bereits von SCHÄFER (1909) und DIETRICH (1968) eingehend beschrieben und von letzterem als Repräsentant einer möglicherweise neuen Unterart von *Panthera leo* angesehen. In der Tat zeigt es einige Merkmale, die ihm eine gewisse Eigenständigkeit verleihen. Gegenüber der von SCHÜTT (1969a) angegebenen Variationsbreite von *Panthera leo spelaea* zeichnet sich der Molar dieses Stückes durch ein relativ sehr langes und hohes Protoconid und ein sehr hohes Paraconid aus, d. h. insgesamt durch große Kronenhöhe bei dem *spelaea*-Mittelwert annähernd gleicher relativer Breite (Tab. 1). In seiner Höhenentwicklung entspricht dieser Zahn damit eher den Verhältnissen bei der altpleistozänen Form *P. leo fossilis* bzw. übertrifft auch deren mitteleuropäische Vertreter noch und ähnelt darin, wie auch in anderen Maßrelationen, besonders einem vom Verfasser in der Sammlung VON KOENIGSWALD untersuchten M_1 von Vértesszöllös. Die geringere Breite trennt ihn aber wieder von den altpleistozänen Molaren. Unter der Protoconidspitze weist die Schmelzbasis des M_1 von Burgtonna labial eine kleine Zackenbildung auf, wie sie für *P. leo fossilis* typisch erscheint (vgl. SCHÜTT 1969a, Abb. 1) und von SCHÜTT (1969a) unter jungpleistozänen Löwen nur bei einem Kiefer aus Wallertheim gefunden wurde. Im Gegensatz zu den Molaren von Mauer und aus den Mosbacher Sanden, die eine derartige Bildung der Schmelzbasis labial und lingual besitzen, weist der hier vorliegende Zahn größere Ähnlichkeit zu einem M_1 von Vértesszöllös auf, der ebenfalls nur labial eine kleine, flache Schmelzrandspitze trägt.

Am P_4 von Burgtonna zeigt sich besonders eine relativ große Breitenentwicklung, die aber noch in die Variationsbreite von *P. leo spelaea* fällt (Tab. 2).

[1]) Herrn Dr. H.-D. Kahlke (Weimar) sei an dieser Stelle für die Beschaffung des betreffenden Materials aus dem Museum für Naturkunde an der Humboldt-Universität zu Berlin und die Ermöglichung seiner Bearbeitung im Institut für Quartärpaläontologie Weimar bestens gedankt

Tab. 1. Maße (in mm) und Indizes am M_1 von *Panthera leo* aus Burgtonna (MB Burgt. Ma 81), im Vergleich zu den Werten von Löwenmolaren aus Ehringsdorf [IQW 1965/3769 (Ehr. 10228)] und Vértesszöllös (Sammlung von Koenigswald) sowie zu Mittelwerten und Variationsbreiten alt- (*Panthera leo fossilis*) und jungpleistozäner (*Panthera leo spelaea*) mitteleuropäischer Löwen (Schütt 1969a; Indizes auf 0,5 gerundet)

	Burgtonna	Ehringsdorf	Vértesszöllös	*P. leo fossilis*		*P. leo spelaea*	
				M	V	M	V
1. Größte Länge	30,5	32,7	28,7	30,5	28,4–32,9	29,0	26,4–31,7
2. Protoconidlänge	18,9	20,0	17,5	18,8	17 –19,4	17,4	15,7–19,7
3. Protoconidlänge in % von 1.	62	61	61	61,5	59 –63,5	60	56,5–61,5
4. Paraconidlänge	16,2	17,4	15,5	16,8	15,5–18,8	15,4	13,5–17,3
5. Paraconidlänge in % von 1.	53	53	53	55	53,5–57	53,5	50 –57,5
6. Paraconidlänge in % von 2.	86	87	88,5	89,5	86 –97	89	82,5–96
7. größte Breite	15,5 (+)	16,4	15,5	16,9	15,5–18,6	14,9	13,5–17,0
8. größte Breite in % von 1.	51 (+)	50	53	55,5	53,5–56,5	51,5	45,5–55,5
9. Protoconidhöhe	18,2 +	18,2 +	18,0	17,5	15,8–18,6	15,7	14,0–18,3
10. Protoconidhöhe in % von 1.	59,5 +	55,5 +	63	57	55,5–59	54,5	51,5–58
11. Protoconidhöhe in % von 2.	96,5 +	91 +	103	93	90 –96	90	84 –97
12. Paraconidhöhe	19,2	18,4	15 +	17,5	16,0–18,5	15,4	13,9–17,0
13. Paraconidhöhe in % von 1.	63	56	52 +	58,5	56,5–61	54	51 –56,5
14. Paraconidhöhe in % von 4.	118,5	106	97 +	107	103,5–110	98	93 –103
15. Paraconidhöhe in % von 9.	105 –	101	83 +	101	98,5–105,5	98	93 –100,5
16. Kerbsattelhöhe	10,4	11,7	9,0	11,0	10,5–12,7	9,1	7,6–10,5
17. Kerbsattelhöhe in % von 1.	33,5	36	31	36	34 –38,5	31,5	28 –35
18. Kerbsattelhöhe in % von 7.	67 (–)	71,5	58	65,5	63,5–68,5	61	56 –68

In den Proportionen von M_1 und P_4 steht diesem Fund das Gebiß eines Löwen von Ehringsdorf unter den bislang von Schütt und vom Verfasser eingehend studierten pleistozänen europäischen Löwenzähnen eindeutig am nächsten. Der M_1 von Ehringsdorf besitzt eine ähnlich große relative Protoconidlänge und Kronenhöhe, wobei hier auch eine über die Variationsbreite von *P. leo spelaea* hinausgehende, hohe Lage des Kerbsattels hinzukommt, der P_4 ist durch eine, bei dem entsprechenden Zahn von Burgtonna nicht meßbare, extreme relative Protoconidhöhe und durch eine sehr große Breite ausgezeichnet. Eine Zackenbildung am Schmelzrand fehlt dem Ehringsdorfer Molar.

Zahnmorphologisch nimmt der Löwe von Burgtonna so eine gewisse Zwischenstellung zwischen *P. leo fossilis* und *P. leo spelaea* ein und entspricht im unteren Molar besonders gut einem altpleistozänen Fund von Vértesszöllös. Die sehr große relative M_1-Länge (in % der P_4-Länge) übersteigt mit dem Wert 115,5 noch die extreme Ausprägung dieses Verhältnisses bei jungpleistozänen Löwen, wo der Mittelwert nach Schütt (1969a) bei 106,5 und das Maximum der Serie von Gailenreuth nach von Dietrich (1968) publizierten Maßen bei 113 liegt, während das Mittel für *P. leo fossilis* aus Mitteleuropa 102,5 beträgt. Löwenfunde aus der Höhle von Petralona (Griechenland), die nach neuen faunistischen Befunden (Sickenberg 1971, Kurtén & Poulianos 1977) entgegen früheren Annahmen altpleistozänen Alters sind und die auch Schädelmerkmale von *P. leo fossilis* zeigen (soweit nach einem dem Verfasser von Sickenberg überlassenen Foto zu beurteilen), besitzen allerdings nach von Kurtén & Poulianos (l.c.) publizierten Maßen ebenfalls schon einen relativ sehr langen Molaren (Längenindex 110). Die sehr große Kieferhöhle vor P_3 des Burgtonna-Stückes (52 mm) in % der P_3–M_1-Zahnreihenlänge (alveolar: 73 mm) paßt wiederum mit dem Indexwert 71,5 sehr gut zu den würmzeitlichen Gailenreuther Löwen (Mittel 72,5, Min. 66,5, Max. 83), während derart hohe Werte von vor-würmzeitlichen Tieren sonst nicht vorzuliegen scheinen. Keine Beziehungen bestehen offenbar zu den letztinterglazialen Löwen aus der Repolusthöhle (Steiermark), die in anderer Weise morphologische Anklänge an

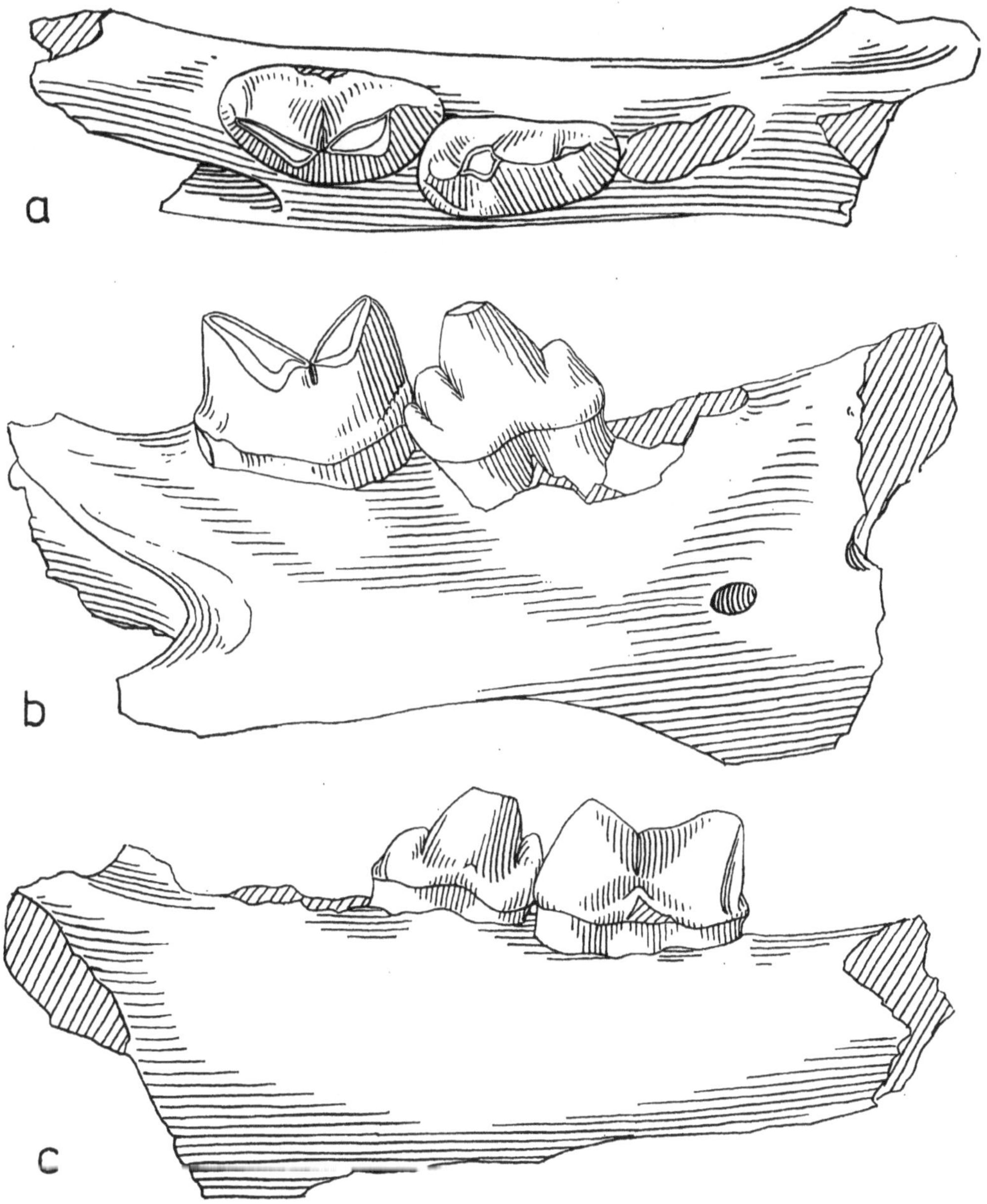

Abb. 1. *Panthera leo* ssp. (cf. *spelaea*), Burgtonna, × 1

a – c – Mandibelfragment mit P_4 – M_1 dex. MB Burgt. Ma 81

altpleistozäne Löwen besitzen (nach den von SCHÜTT zur Verfügung gestellten Unterlagen ist M_1 breit und niedrig). Insgesamt läßt sich so das Mandibelfragment von Burgtonna einem Löwen mit einerseits Merkmalen altpleistozäner, und zwar im besonderen Maße südosteuropäischer Populationen, andererseits mit Merkmalen würmkaltzeitlicher Tiere zuordnen, der aus der gleichen Population wie ein Löwe von Ehringsdorf stammen könnte, dessen Zähne dort 1,50 m über dem Pariser gefunden wurden.

Die Caninen von Burgtonna (größte Länge am Schmelzrand [Reihenfolge jeweils: MB Ma 83, MB Ma 85, MB Ma 85] 26,8, 27,4, 24,5; größte Breite am Schmelzrand 20, 21—, 19; Kronenhöhe —, 50, 40+) entsprechen in ihren Proportionen denen von Taubach und Ehringsdorf und stammen wie der Unterkieferrest, im Vergleich mit anderen mitteleuropäischen pleistozänen Löwen, wohl von mittelgroßen Tieren.

(2) ***Felis silvestris*** **ssp.**

Abb. 3; Taf. 45, Fig. 4

Material: Mandibelfragment mit P_3—M_1 (dex.) MB Burgt. Ma 628

Im Vergleich zu den von KURTÉN (1965) publizierten Daten pleistozäner und rezenter west-, mittel- sowie nordeuropäischer Wildkatzen stammt der von SCHÄFER (1909) unter dem Namen *Felis magna* beschriebene Unterkiefer von einer ausgesprochen großen Katze, die hinsichtlich der P_3—M_1-Länge, der P_3-Breite und der P_3-Höhe die Rezentmaße, hinsichtlich der P_3-Breite und -Höhe auch die Maße würmzeitlicher mitteleuropäischer und britischer

Tab. 2. Maße (in mm) und Indizes am P_4 von *Panthera leo* aus Burgtonna (MB Burgt. Ma 81), im Vergleich zu den Werten eines Löwen-P_4 aus Ehringsdorf [IQW 1965/3770 (Ehr. 10229)] sowie zu Mittelwerten und Variationsbreiten altpleistozäner (*P. leo fossilis*) und jungpleistozäner (*P. leo spelaea*) mitteleuropäischer Löwen (n. Schütt 1969a; Indizes auf 0,5 gerundet)

	Burgtonna	Ehringsdorf	*P. leo fossilis*		*P. leo spelaea*	
			M	V	M	V
1. Größte Länge	26,4	30,4	30,0	27,8—32,8	27,2	21,9—31,4
2. Protoconidhöhe	—	22,4	—	18,5—19	17	14,7—19,2
3. Protoconidhöhe in % von 1.	—	73,5	—	64,5—66,5	64	52 —67
4. Protoconidlänge	12,5	16,0	13,6	13,2—14	12,9	11,0—15,1
5. Protoconidlänge in % von 1.	47,5	52,5	45,5	41,5—47,5	47,5	44 —54
6. Protoconidlänge in % von 2.	—	71,5	—	69,5—71,5	76	70,5—86—
7. Größte Breite	13,9	ca. 16,6	15,4	14,2—17,8	13,6	11,2—15,9
8. Größte Breite in % von 1.	52,5	ca. 54,5	51	49 —54,5	50	46 —53,5
9. Vordere Breite	11,4	13,2	13,1	11,8—14,9	11,1	10,0—14,0
10. Vordere Breite in % von 1.	43	43,5	43,5	41 —46,5	41	36,5—45,5
11. Vordere Breite in % von 7.	82	ca. 79,5	85,5	83 —91	82	75,5—89,5

Tab. 3. Maße und Indizes des Unterkiefers von *Felis silvestris* aus Burgtonna (MB Burgt. Ma 628), M_1—Paraconidhöhe cf. Kurtén (1965), an der Vorderseite des Zahnes gemessen

P_3-Länge	6,5	M_1-Länge	9,2
P_3-Breite	3,4	M_1-Breite	4,1
P_3-Breite in % P_3-L.	52,5	M_1-Breite in % M_1-L.	44,5
P_3-Höhe	4,6 +	M_1: Paraconidhöhe	3,5 +
P_3-Höhe in % P_3-L.	71 +	M_1: Paraconidhöhe in % M_1-L.	38 +
P_4-Länge	7,8	M_1: Protoconidhöhe	5,4
P_4-Breite	3,8	M_1: Protoconidhöhe in % M_1-L.	58,5
P_4-Breite in % P_4-L.	48,5	P_3—M_1-Länge	24,0
P_4: Protoconidlänge	4,0	Kieferhöhe hinter M_1	13,5
P_4: Protoconidlänge in % P_4-L.	51,5	Kieferhöhe hinter M_1 in % P_3—M_1-L.	56,5
P_4-Höhe	4,8 +		
P_4-Höhe in % P_4-L.	61,5		

Wildkatzen übersteigt und in der P_3-Höhe nur eine Entsprechung bei Wildkatzen aus dem dänischen Neolithikum findet (Tab. 3). Morphognostisch gleicht das so besonders durch einen relativ sehr breiten und hohen P_3 und auch durch einen relativ breiten P_4 charakterisierte Gebiß demjenigen rezenter und jungpleistozäner europäischer Stücke. Das sich nach Kurténs (l. c.) Feststellung vom Ältest- bis zum Jungpleistozän und Holozän in der Evolution von *Felis lunensis* (= *F. silvestris lunensis*?) zu *Felis silvestris* (europäische Waldkatzengruppe) stark verändernde Längen—Höhen-Verhältnis des P_4-Protoconids entspricht hier ebenfalls würmzeitlichen und rezenten europäischen Artvertretern. Von der eine ähnliche absolute Größe erreichenden, der gleichen Gattung angehörigen Rohrkatze (*Felis chaus*) unterscheidet sich der Unterkiefer von Burgtonna allein schon durch geringere relative Kieferhöhe und einen längeren P_4 (Maße bei Hemmer 1971).

Canidae

(3) **Vulpes vulpes** ssp.

Abb. 4; Taf. 45, Fig. 5

Material: Mandibelrest mit P_3—M_1 (dex.) und zugehöriges Fragment mit P_2—M_2 (sin.) MB Burgt. Ma 78.

Die Fuchsreste von Burgtonna wurden bereits von Schäfer (1909) mit Rezentmaterial verglichen. Er fand in Form und Größe des Kiefers und der Zähne vollkommene Übereinstimmung mit einem Exemplar aus der Gegend von Langensalza. Die Neuuntersuchung zeigt nun, daß es sich um die Reste eines kleinen Individuums handelt, die der absoluten Größe nach (Tab. 4) sowohl in die Variationsbreite des mitteleuropäischen *Vulpes vulpes vulpes* als auch in diejenige des südeuropäischen *Vulpes vulpes crucigera* fallen (Größenangaben aus Bonifay 1971, Hooijer 1961, Lehmann 1954), während sie an der

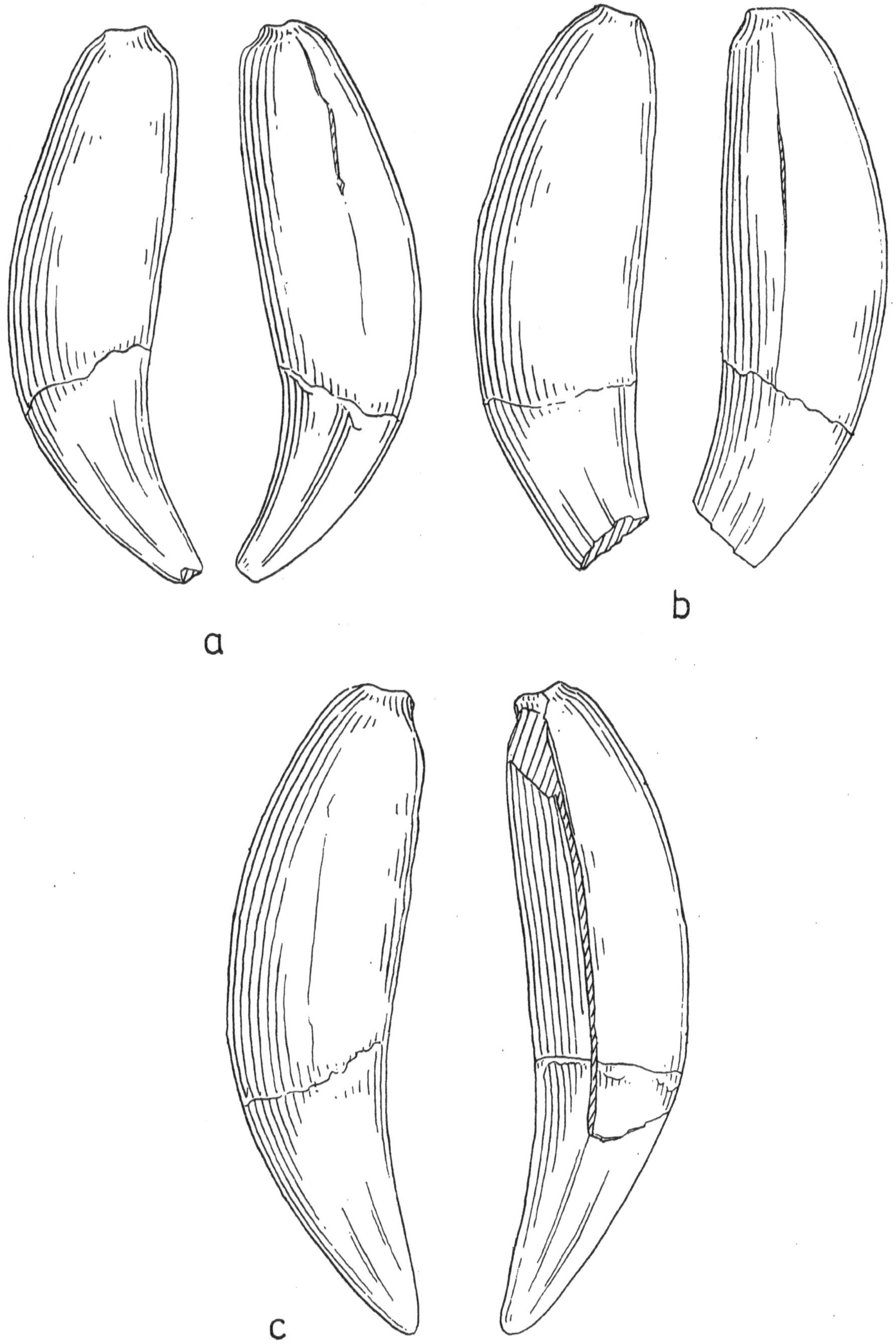

Abb. 2. *Panthera leo* ssp. (cf. *spelaea*) Burgtonna, $\times 1$
a – c – Oberkiefereckzähne MB Burgt. Ma 83 und Ma 85.1,2

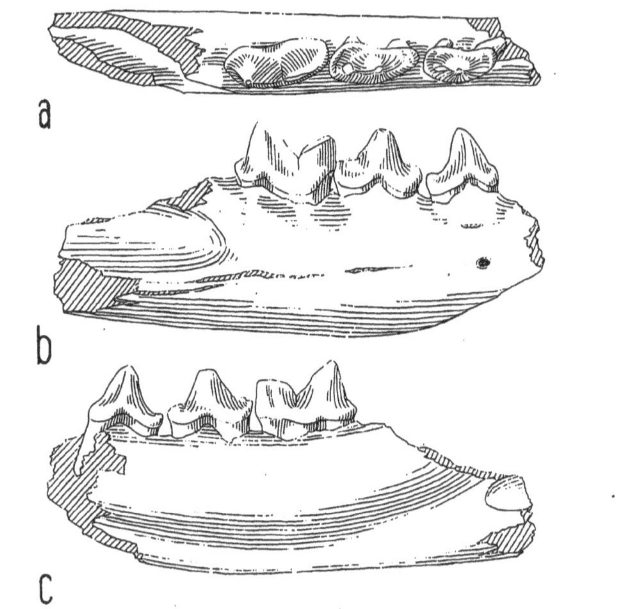

Abb. 3. *Felis silvestris* ssp., Burgtonna, ×1

a–c – Mandibelbruchstück mit P_3–M_1 dex. MB Burgt. Ma 628

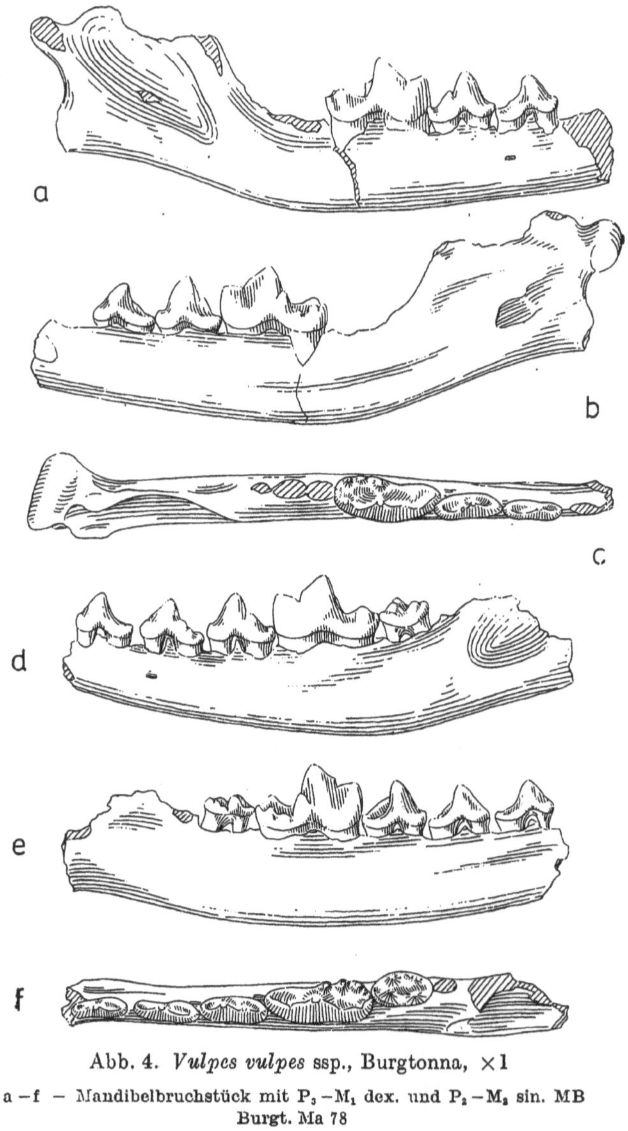

Abb. 4. *Vulpes vulpes* ssp., Burgtonna, ×1

a–f – Mandibelbruchstück mit P_3–M_1 dex. und P_2–M_2 sin. MB Burgt. Ma 78

Untergrenze jungpleistozäner mitteleuropäischer Rotfüchse liegen (M_1-Länge 14,8 mm, Variation von 35 jungpleistozänen M_1 nach Lehmann [1954] 15,0 bis 18,1 mm, von 7 Exemplaren nach Schütt [1969b] 14,8–16,5 mm). Den rezenten mittel- und westeuropäischen Füchsen gegenüber zeichnet sich der Fuchs von Burgtonna durch eine große Schmalheit von M_1 und M_2 aus (Tab. 4), weiterhin durch einen relativ sehr langen M_2 (M_2 in % von M_1 = 53,5, bei niederländischen Rotfüchsen [Hooijer 1961] Variation 42,5–49,5, bei südfranzösischen Füchsen [Bonifay 1971] 44,5–48,5). Unter jungpleistozänen und rezenten Füchsen findet sich ein derart langer M_2 bei einem Fund von Veternica, Kroatien (Malez 1963; M_2 in % M_1 = 55). Würmzeitliche Füchse aus den Weinberghöhlen bei Mauern, von Vöklinshofen und aus der Breitenfurter Höhle (Heller 1955, Malez 1963) sind absolut größer, haben relativ breitere Molaren und relativ kürzeren M_2, wie es auch für einen interglazialen Fuchs aus der Repolusthöhle gilt (Maße aus Malez 1963). Einen entsprechend schmalen ersten Molar wie der Fuchs von Burgtonna hat hingegen ein Fund von Ehringsdorf (Kahlke 1958), der auch ähnliche absolute Größe besitzt. Ebenfalls hohe Ähnlichkeit im M_1 sowohl größenmäßig als hinsichtlich der relativen Breite hat ein Fuchs aus der jungpleistozänen Fauna der Caverna di Monte Cucco, Italien (Simonelli 1916). So zeigen sich bei *Vulpes vulpes* von Burgtonna gewisse Beziehungen zu süd- und südosteuropäischen jungpleistozänen Fuchspopulationen, die an eine Wiederbesiedlung der Region des Fundortes aus einem (adriato-) mediterranen Refugium nach dem Höhepunkt der Saale-Vereisung denken lassen.

4. Stratigraphische und biogeographische Bemerkungen

Die Löwen- und Fuchsreste aus den Travertinen von Burgtonna lassen sich eng an solche aus den Travertinen von Ehringsdorf anschließen. Sie verweisen damit auf eine vermutlich ähnliche Zeitstellung beider Lokalitäten. Glaziale Klimaverhältnisse lassen sich an Hand der hier besprochenen Carnivoren ausschließen.

In biogeographischer Hinsicht zeigt der Löwenkiefer im Gebißbau nähere Beziehungen zu altpleistozänen südosteuropäischen Funden (Vértesszöllös, Petralona). Leider ist noch zu wenig über die Entwicklung der Löwenpopulationen in Mittel- und Südosteuropa während des Mittelpleistozäns bekannt, so daß die Vermutung eines Zusammenhangs mit im ponto-mediterranen Raum weiter existierenden Populationen dieses Typs vorerst nicht mit zeitähnlichen Funden gestützt werden kann. Ebenfalls südlich–südöstlicher Herkunft scheint den vorliegenden Befunden nach der Fuchs des interglazialen Travertingebietes von Thüringen zu sein, wie es sich überhaupt bei den Carnivoren dieser Region zu jener Zeit überwiegend um adriato- und pontomediterrane Faunenelemente gehandelt haben dürfte, nachdem auch der Leopard von Taubach derartige Beziehun-

Tab. 4. Maße und Indizes am Unterkiefer von *Vulpes vulpes* aus Burgtonna (MB Burgt. Ma 78), im Vergleich zu den Werten von Fuchsresten aus Weimar und Ehringsdorf (n. KAHLKE 1958), aus der Caverna di Monte Cucco, Italien (n. SIMONELLI 1916), von Veternica, Kroatien (n. MALEZ 1963) und aus dem Altpleistozän der Höhle von L'Escale, Südfrankreich (n. BONIFAY 1971) sowie zu Maßen rezenter Rotfüchse aus Holland (n. HOOIJER 1961) und Südfrankreich (n. BONIFAY 1971)

	Burgtonna		Weimar	Ehringsdorf	Monte Cucco	Veternica	L'Escale ($n \leq 10$)		Holland, rezent ($n = 18$)		Südfrankreich, rezent ($n = 3$)
							M	V	M	V	V
1. P_2–M_3 alveolar	—	ca.52	—	—	—	—	—	—	—	—	—
2. M_1–M_3 alveolar	—	25,5	—	—	—	—	26,4	25,5–27,0	—	—	24,9–27,5
3. P_2-Länge	—	7,9	—	—	—	7,7	8,8	8,2–9,3	8,2	7,3–9,0	7,6–8,5
4. P_2-Breite	—	3,0	—	—	—	3,3	—	—	3,2	2,8–3,6	—
5. P_3-Länge	8,6	8,5	ca. 8,1	—	—	8,7	9,3	8,6–9,8	9,0	8,2–9,9	8,5–9,3
6. P_3-Breite	3,2	3,2	—	—	—	3,5	—	—	3,4	3,1–4,0	—
7. P_4-Länge	9,3	9,2	8,4	8,7	—	9,4	10,0	9,5–10,5	9,6	8,8–10,5	9,3–10,2
8. P_4-Breite	3,8	3,8	—	3,1	—	4,3	—	—	4,2	3,7–4,9	—
9. M_1-Länge	14,8	14,8	ca.14,3	14,8	14,6	15,5	15,6	15,0–16,9	15,3	14,0–16,4	15,0–16,0
10. M_1-Breite	5,5	5,4	—	5,3	5,5	5,9	5,8	5,0–6,2	6,1	5,5–6,8	5,9–6,3
11. M_1-Breite in % von 9.	37	36,5	—	36	37,5	38	37,5	33 –39,5	40	37 –44	39 –39,5
12. M_2-Länge	—	7,9	—	—	—	8,5	7,7	6,5–8,8	7,2	6,7–7,8	6,9–7,5
13. M_2-Breite	—	5,1	—	—	—	5,8	5,6	5,0–6,4	5,4	4,9–6,0	4,9–6,8
14. M_2-Breite in % von 12.	—	64,5	—	—	—	68	72,5	64,5–77	75,5	69,5–82	68,5–91
15. 12. in % von 9.	—	53,5	—	—	—	55	48	42,5–52	46,5	42,5–49,5	44,5–48,5
16. Kieferhöhe hinter (Burgtonna) bzw. unter P_2	10,3	10,2	—	—	—	—	—	—	—	—	—
17. Kieferhöhe hinter (Burgtonna) bzw. unter P_4	12,0	12,1	—	—	—	—	—	—	—	—	—
18. Kieferhöhe hinter (Burgtonna) bzw. unter M_1	13,4	13,3	—	—	13	14,5	14,6	11,8–16,5	—	—	14,5–17,0
19. Kieferhöhe hinter (Burgtonna) bzw. unter M_2	—	14,3	—	—	—	—	—	—	—	—	—
20. Kieferdicke unter M_1	6,6	6,7	—	—	—	7,1	—	—	—	—	—

gen nahelegt (HEMMER 1977). Übrigens gilt dies offenbar genauso für den Menschen (Neandertaler von Ehringsdorf), nachdem sich der menschliche Schädel aus dem Altpleistozän von Petralona als wahrscheinlich auf der Evolutionslinie zu den klassischen europäischen Neandertalern hin befindlicher fortgeschrittener *erectus*-Typ herausstellte (HEMMER 1972), und damit ist wohl das Entstehungs- und Ausbreitungszentrum der klassischen Neandertaler im pontomediterranen Raum anzunehmen.

5. Zusammenfassung

Aus der Fauna der Travertine von Burgtonna werden Funde von *Panthera leo*, *Felis silvestris* und *Vulpes vulpes* neu bearbeitet. Erstere lassen sich infolge einer mosaikartigen Merkmalskombination nicht eindeutig einer der beiden (alt- und jung-) pleistozänen europäischen Löwenunterarten *P. leo fossilis* und *P. leo spelaea* zurechnen und werden als *Panthera leo* ssp. (cf. *spelaea*) bezeichnet. Sie zeigen wie die Fuchsreste nähere Beziehungen zu Funden von Ehringsdorf.

Резюме

Из фауны травертинов Бургтонны заново изучались *Panthera leo*, *Felis silvestris* и *Vulpes vulpes*. Первые отличаются мозаичной комбинацией признаков и их нельзя однозначно относить к одной из двух (нижне- и верхне-) плейстоценовых европейских подвидов львов *P. leo fossilis* и *P. leo spelaea* им присвоены название *Panthera leo* spp. (cf. *spelaea*). Как и остатки лис обнаруживают тесную связь с остатками из Эрингсдорфа.

Summary

Remains of *Panthera leo*, *Felis silvestris*, and *Vulpes vulpes* from the interglacial fauna of the travertines of Burgtonna are studied and compared with fossil remains of these species from other localities. Due to a mosaic-like complex of features the lion teefh and mandible cannot definitely be contributed to one of the two (middle and upper) pleistocene European subspecies *P. leo fossilis* and *P. leo spelaea*. They are termed as *Panthera leo* ssp. (cf. *spelaea*). As the fox remains they show close affinities to fossil finds from Ehringsdorf.

6. Literatur

Bonifay, M.-F.: Carnivores quaternaires du sud-est de la France. — Mém. Mus. Nat. d'Hist. nat., NS, Sér. C **21**, 2, 43—377, Paris 1971.

Dietrich, W. O.: Fossile Löwen im europäischen und afrikanischen Pleistozän. — Paläont. Abh. **A III**, 2, 323—366, Berlin 1968.

Helbing, H.: Zur Feststellung der maximalen Größe von *Felis silvestris* Briss. — Ecl. Geol. Helv. **28**, 2, 577—580, Basel 1936.

Heller, F.: Die Fauna. — In: Zotz, L. (Hrsg.): Das Paläolithikum in den Weinberghöhlen bei Mauern. — Quartärbibl. **2**, 210—307, Bonn 1955.

Hemmer, H.: Fossil mammals of Java. III. Zur Kenntnis der Evolution javanischer Kleinkatzen: *Prionilaurus bengalensis koenigswaldi* ssp. n. und *Felis chaus* ssp. aus dem Neolithikum von Sampung, Mittel-Java. — Koninkl. Nederl. Akad. Wetenschappen, Proc., Ser. B **74**, 4, 365 bis 375, Amsterdam 1971.

— Notes sur la position phylétique de l'homme de Petralona. — L'Anthropologie **76**, 155—162, Paris 1972.

— Die Carnivorenreste (mit Ausnahme der Hyänen und Bären) aus den jungpleistozänen Travertinen von Taubach bei Weimar. — Quartärpaläontologie **2**, 379—387, Berlin 1977.

Hooijer, D. A.: The fossil vertebrates of Ksâr'Akil, a palaeolithic rock shelter in the Lebanon. — Zool. Verhandel. **49**, 1—67, Leiden 1961.

Kahlke, H.-D.: Die jungpleistozänen Säugetierfaunen aus dem Travertingebiet von Taubach—Weimar-Ehringsdorf. — Alt-Thüringen **3**, 97—130, Weimar 1958.

Kurtén, B.: On the evolution of the European Wild Cat, *Felis silvestris* Schreber. — Acta Zool. Fenn. **3**, 3—29, Helsinki 1965.

Kurtén. B., & Poulianos, A. N.: New stratigraphic and faunal material from Petralona Cave with special reference to the Carnivora. — Anthropos **4**, 47—130, Athen 1977.

Lehmann, U.: Die Fauna des „Vogelherds" bei Stetten ob Lontal (Württemberg). — N. Jb. Geol. Paläontol., Abh. **99**, 33—146, Stuttgart 1954.

Malez, M.: Die quartäre Fauna der Höhle Veternica (Medvednica — Kroatien). — Palaeontol. Jugoslavica **5**, 1 bis 193, Zagreb 1963.

Schäfer, H. F.: Über die pleistocäne Säugetierfauna und die Spuren des paläolithischen Menschen von Burgtonna i. Thür. — Z. dtsch. geol. Ges. **61**, 445—469, Berlin 1909.

Schütt, G.: Untersuchungen am Gebiß von *Panthera leo fossilis* (V. Reichenau 1906) und *Panthera leo spelaea* (Goldfuss 1810). — N. Jb. Geol. Paläontol., Abh. **134**, 192—220, Stuttgart 1969a.

— Die jungpleistozäne Fauna der Höhlen bei Rübeland im Harz. — Quartär **20**, 79—125, Bonn 1969b.

Sickenberg, O.: Revision der Wirbeltierfauna der Höhle Petralona (Griech. Mazedonien). — Ann. géol. Pays Hellén. **23**, 230—264, Athènes 1971.

Simonelli, V.: I mammiferi fossili della caverna di Monte Cucco. — Accad. sci. Bologna, Sez. sci. nat., Ser. 7, **3**, 83—98, Bologna 1916.

Quartärpaläontologie	3	163–166	Berlin, Dezember 1978

Der Biber (*Castor fiber* L.) aus dem Pleistozän von Burgtonna in Thüringen

Von LEOPOLD SCHMIDT, Greifswald

Mit einer Abbildung

Inhalt

1. Abstractum

Die von SCHÄFER (1909) als *Castor* (*fiber*) *Antiqui* POHLIG beschriebenen Skelettreste von Burgtonna in Thüringen werden neu überarbeitet und beschrieben. Die besonders interessierende Frage, ob die von diesem Autor aufgeführte Subspezies *Antiqui* im vorliegenden Falle zu Recht besteht, wird verneint.

Заново были изучены и описаны скелетные остатки из Бургтонны (Тюрингия), описанные Шефером (1909) под названием *Castor* (*fiber*) *Antiqui* POHLIG. Предположение Шефера о наличии подвида *Antiqui* не подтверждалось.

The skeleton remains of *Castor* of Burgtonna, in Thuringia, described by SCHÄFER (1909) as *Castor* (*fiber*) *Antiqui* POHLIG are reviewed and newly described. In the present paper the question of whether the subspecies *Antiqui* is valid, which is of particular interest, is answered in the negative.

2. Einleitung

Bei den Skelettfunden, die SCHÄFER (1909) beschrieben hat, handelt es sich um zwei zusammengehörige Unterkieferhälften, von denen die rechte „ bis auf die hintere Partie vorzüglich erhalten" gewesen sein soll. Die linke Mandibelhälfte war am Unterrande leicht beschädigt, auch fehlte ihm der „M_4 und die hintere Partie mit den Fortsätzen". Des weiteren zählte SCHÄFER noch einen linken und einen rechten Oberkiefermolaren auf.

In meine Hände gelangten zur Bearbeitung je ein linker und ein rechter Oberkiefermolar und zwei Bruchstücke unterer Incisiven, die in der Sammlung des Instituts für Quartärpaläontologie Weimar liegen (IQW 1970/12 674–77, Burgt. 13172–75). Die Biberreste der Sammlung SCHÄFER müssen als verloren angesehen werden, da nach Mitteilung von Herrn Dr. FISCHER, Museum für Naturkunde der Humboldt-Universität zu Berlin, dem ich hiermit für seine Bemühungen danken möchte, weder in der Sammlung noch in den schriftlichen Unterlagen Hinweise für den Verbleib der Reste aufzufinden waren. Auch die weiteren Nachforschungen durch Herrn Dr. KAHLKE blieben erfolglos. Bei der Behandlung der genannten Belegstücke sind wir also auf die Maße angewiesen, die SCHÄFER (1909) gab.

3. Beschreibung der Funde

Bei den von mir bearbeiteten Objekten handelt es sich also nur um 4 Zähne bzw. Zahnbruchstücke, u. zw. um 2 Molaren und 2 Incisivi.

Molaren

1. IQW 1970/12676 (Burgt. 13174), linker oberer dritter Molar eines älteren Tieres. Der Zahn ist basal fast geschlossen und zeigt beginnende Wurzelbildung. Die vier Falten der Kaufläche sind offen und gut ausgebildet. Dabei trifft die Innenfalte etwas schräg zwischen die erste und zweite Außenfalte, wobei sie sich der ersten Außenfalte stärker nähert, ohne jedoch mit ihr zu verschmelzen.

Maße (in mm)	
Länge der Kaufläche	6,2
Breite der Kaufläche	6,4

Nach v. REICHENAU (1912) reicht die Variationsbreite dieses Zahnes beim rezenten Biber bezüglich der Länge von 5,0–7,1 mm, wobei die meisten zwischen 6,0 mm und 6,2 mm stehen, und hinsichtlich der Breite von 5,0 mm (der einem noch jungen Tiere angehört) bis zu 7,1 mm, die meisten Werte liegen zwischen 6,0 mm und 7,0 mm.

GUENTHER (1966) gibt für den altpleistozänen Biber von Voigtstedt als Länge der oberen 3. Molaren eine Spanne von 6,0–7,2 mm (Mittelwert = 6,4 mm) und als Breite 6,0 bis 7,2 mm (Mittelwert 6,6 mm) an.

Nach KRETZOI (1969) beträgt bei *Castor fiber* L. von Süßenborn die Kauflächenbreite des oberen dritten Molaren ebenfalls 7,2 mm.

2. IQW 1970/12674 (Burgt. 13172), erster oberer linker Molar. Auch hier sind die Falten auf der Kaufläche alle offen und gut ausgebildet. Die Innenfalte reicht fast bis zur Mitte und trifft zwischen die erste und zweite Außenfalte, wobei sie sich der ersten Außenfalte relativ stark nähert, ohne jedoch mit ihr zu verschmelzen.

Maße (in mm)	
Länge der Kaufläche	9,0
Breite der Kaufläche	8,2

Nach v. Reichenau (1912) beträgt die Variationsbreite dieses Zahnes beim rezenten Biber in der Länge 5,5—7,8 mm (in einer anderen Tabelle dieser Arbeit 7,0—9,0 mm), in der Breite 6,0—10,0 mm (in einer anderen Tabelle dieser Arbeit 6,1—8,5 mm), wobei diese Maße durchaus nicht in einem direkten Verhältnis zum Alter der jeweiligen Tiere stehen.

Nach Guenther (1966) betragen diese Maße beim altpleistozänen Biber von Voigtstedt:

	Maße (in mm)
Länge	6,8—7,8 (Mittelwert 7,2)
Breite	7,2—8,2 (Mittelwert 7,9)

Kretzoi (1969) gibt folgende Maße des oberen ersten Molaren bei *Castor fiber* L. von Süßenborn:

	Maße (in mm)
Länge	6,6—9,2
Breite	7,6—7,9

Bei einem Vergleichsschädel aus dem Zoologischen Institut der Universität Greifswald betragen die entsprechenden Maße:

Länge = 8,0 mm
Breite = 7,0 mm.

Offensichtlich variieren diese Maße außerordentlich und sind weitgehend vom Abkauungsgrad abhängig.

Incisivi

Bei den beiden anderen Belegexemplaren handelt es sich um nicht zueinander gehörige Bruchstücke von Unterkieferschneidezähnen aus der Sammlung des Instituts für Quartärpaläontologie Weimar.

1. IQW 1970/12677 (Burgt. 13175), Schmelzvorderfläche eines unteren Schneidezahnes, der von der Usurfläche an 21 mm lang und 8 mm breit ist. Die Farbe ist orange-braun, die Oberfläche glatt und schwach gebogen.

Nach v. Reichenau (1912) reicht die Variationsbreite der Schmelzbandbreite bei älteren Tieren des rezenten *Castor fiber* L. von 7,1 mm bis zu 9,0 mm, nach Guenther (1966) beim altpleistozänen *Castor fiber* L. von Voigtstedt von 6,9 mm bis zu 8,2 mm.

2. Bei dem zweiten Fundstück IQW 1970/12675 (Burgt. 13173) handelt es sich um das 31 mm lange Bruchstück eines unteren Schneidezahnes, dessen Querschnitt ein abgerundetes Dreieck mit glatten Seiten darstellt. Die frontale Breite beträgt 8,2 mm und der labial-linguale Durchmesser 9,2 mm. Die Farbe ist basal weißlich-gelb und geht nach vorn in orange-braun über.

Die Krümmung der beiden Incisiven-Bruchstücke stimmt miteinander überein und würde einen Kreis mit einem Radius von 58 mm ergeben. Dieses Maß liegt im Größenbereich des rezenten Bibers; es entspricht genau den Zahlen, die Schreuder (1929) angibt (112—116 mm Durchmesser), und kommt dem von Guenther (1966) angegebenen Mittelwert von 51 mm für den Radius relativ nahe, insbesondere, wenn man berücksichtigt, daß die Stärke der Krümmung im Verlauf der ontogenetischen Entwicklung stark abnimmt (Guenther 1966). Das Dentin zeigt unter Lupenvergrößerung eine feine Riffelung senkrecht zur Längsachse.

4. Systematische Stellung des Bibers aus den Travertinen von Burgtonna

Die spärlichen Reste von Burgtonna lassen sich zwanglos in den Variationsbereich von *Castor fiber* L. einordnen, eines Tieres, das bis in historische Zeit hinein fast die ganze alte Welt besiedelte, später aber aus verschiedenen Gründen bis auf wenige Verbreitungsinseln ausgerottet wurde und jetzt ein sekundär zerrissenes Artareal (Hinze 1950) mit der entsprechenden Variabilität aufweist. Hinzu kommt, daß der Biber anatomische Merkmale hohen phylogenetischen Alters mit solchen einer beträchtlichen spezifischen Anpassung (Freye 1959) vereint. Damit ist er ein typischer Vertreter der anatomisch teils primitiven, teils hochspezialisierten Nagetiere, über deren Phylogenie und Systematik sogar heute noch recht unterschiedliche Meinungen vertreten werden (Thenius & Hofer 1960), was bei der „artenreichsten kosmopolitischen Ordnung" (Heinik 1908) durchaus nicht verwundert.

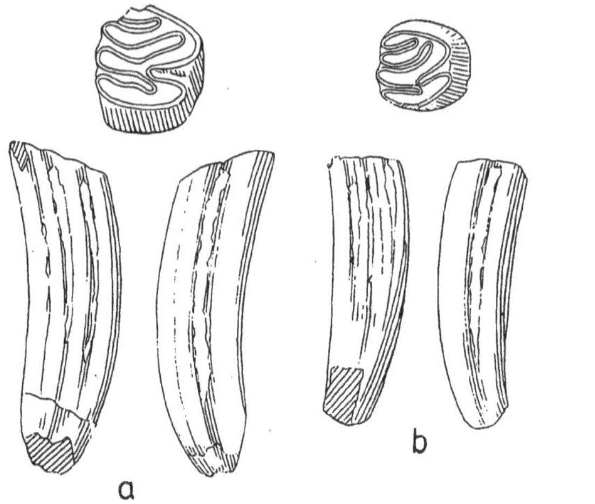

Abb. 1. *Castor fiber* Linnaeus, Burgtonna, × 1

a — IQW 1970/12 674 (Burgt. 13 172), erster oberer linker Molar;
b — IQW 1970/12 676 (Burgt. 13 174), dritter oberer linker Molar

So ist es verständlich, daß die fossilen *Castor*-Reste wohl zu den umstrittensten Formengruppen der paläontologischen Art-Systematik gehören (Kretzoi 1969).

Einerseits bestehen bis zur Gegenwart (Khomenko 1960 — nach Kretzoi 1969) Tendenzen, alles bis zum obermiozänen *Chalicomys* (*Palaeomys*) *Jägeri* Kaup. mit dem lebenden *Castor fiber* L. in Verbindung zu bringen. Giebel (1878) hielt sogar den europäischen und den amerikanischen Biber für zwei verschiedene Varietäten ein und derselben Spezies, eine Vorstellung, die auch bei Freye (1960) auf der Basis kraniometrischer Vergleiche wieder auftauchte.

Andererseits werden 3 Gattungen, nämlich *Chalicomys*, *Sinocastor* und *Castor*, mit 20 Arten und Unterarten, verfochten. Auf die Gründe hat bereits Kretzoi (1969) hingewiesen, indem er konstatierte, daß es hier äußerst schwierig ist, speziell unter Berücksichtigung des Zahnbaues, ein Taxon gegen das andere abzugrenzen.

Diese Feststellung dürfen wir sicher auch auf den rezenten europäischen Biber allgemein beziehen. Wenn man nämlich die Literatur über den rezenten europäischen Biber durchsieht, dann muß man feststellen, daß sie eine Fülle von Unklarheiten und Mißverständnissen in sich birgt. So konstatiert Forsyth Major (1908), daß es ja gar nicht Desma-

RESTS Absicht war, den Rhonebiber als *Castor galliae*, also als getrennte Art, abzugrenzen. Er führte diesen Namen für den europäischen Biber nur deshalb ein, um ihn dem amerikanischen gegenüberzustellen.

Andererseits erkannte MATSCHIE (1907) den von DESMAREST (1816) aussortierten *Castor galliae* wieder an, faßte aber alle übrigen Biber der alten Welt als *Castor Fiber* zusammen, um ihn später wieder in einige Arten zu untergliedern. Jedoch sind die Merkmale von MATSCHIES neuer Art *Castor balticus*, vor allem die größere Länge der Crista sagittalis, lediglich Zeichen hohen Alters (FORSYTH MAJOR, 1908).

In demselben Sinne verwandte OWEN (1869) den Namen *Castor europaeus*, den er keineswegs auf eine englische Form beschränken wollte.

Dabei sind nach LÖNNBERG (1909) die getrennten Arten von MATSCHIE (1907) zumindest zum Teil abgeleitet von den Schmelzschlingen der oberen Molaren, die sowohl bei MATSCHIE als auch in anderen Sammlungen nur sehr vereinzelt und obendrein verschiedentlich nur auf einer Seite vorkommen. Diese Erscheinung ist demzufolge lediglich ein Zeichen für eine starke Variabilität (Fehlen der inneren Schmelzfalte am M^3). Nach LÖNNBERG (1909) kann es sogar vorkommen, daß manche Tiere nach dem einen Merkmal dem einen, nach dem anderen einem anderen Typ angehören würden. Auch intermediäre Formen sind möglich. „Bleibende Merkmale gibt es kaum, sie variieren mehr oder weniger stark mit fortschreitendem Alter oder manchmal mit dem Geschlecht", wie zum Beispiel die Schädelmaße. „So bleibt nichts von den 3 Charakteristika, auf denen MATSCHIE den Unterschied zwischen Elbebiber und Schwedenbiber aufbaut" (LÖNNBERG, 1909).

Diese Fakten werden von MILLER (1912) bestätigend dahingehend ausgelegt: „Das untersuchte Material deutet nicht auf die Existenz von mehr als einer Form des Bibers in Europa", eine Ansicht, der auch RICHARD (1965) beipflichtet.

In neuerer Zeit hat man versucht, früher aufgestellte Arten wenigstens als Subspezies zu erhalten, wie das SEREBRENNIKOW (1929) getan hat (z. T. auf Grund differenter Fellfarbe). HINZE (1950) äußerte dagegen insofern beträchtliche Bedenken, als er auf die außerordentliche Variationsbreite von *Castor fiber* L. hinwies und die Bearbeitung eines größeren Vergleichsmaterials forderte, wobei überdies zu beachten wäre, „daß der Schädel des jugendlichen eurasischen Bibers infolge stärkerer Entwicklung des Gesichtsschädels dem Schädel des amerikanischen Bibers viel mehr ähnelt, als der des älteren eurasischen Bibers."

Wenn nun SCHÄFER (1909) bei der Bearbeitung der Funde von Burgtonna z. T. recht beträchtliche Unterschiede in den Maßen im Vergleich mit seinem einzigen aus dem Gothaer Museum stammenden Vergleichsobjekt feststellte und an Hand desselben zu der Bestimmung als *Castor (fiber) Antiqui* POHL. gelangte, so scheint mir das allein aufgrund der verglichenen Maße nicht stichhaltig. Er bezog sich dabei auf POHLIG, der 1885 nicht nur bei *Castor fiber* die Subspezies *Antiqui* ausgliederte, ein Versuch, der bereits WÜST (1930) zu begründeter Kritik veranlaßte. Auch LINSTOW (1908) nannte keinen *Castor (fiber) Antiqui* POHL.

Meine eigenen Messungen an rezentem Bibermaterial lieferten jedenfalls Ergebnisse, die in unmittelbarer Nähe der Maße des Materials von Burgtonna lagen. SCHÄFER stand ein Schädel (rezent), bezeichnet als *Castor fiber* von der Elbe, als Vergleichsstück zur Verfügung. Dabei muß es sich nach seinen Angaben um ein sehr altes und kräftiges Individuum gehandelt haben. So differieren vor allem die Kieferlängen zwischen Incisiven und Prämolaren, nämlich 23 mm (Burgtonna) zu 28 mm (rezent von Gotha).

Diese Maße schwanken an meinen zum Vergleich herangezogenen Unterkiefern zwischen 24 und 26 mm. Dabei ist allerdings zu bemerken, daß das Vergleichsstück aus dem Zoologischen Institut Greifswald von einem zwar erwachsenen, jedoch noch nicht alten und starken Tiere herstammt.

Die Höhe der horizontalen Unterkieferäste vor dem ersten Backenzahn beträgt nach SCHÄFER bei seinem Fundobjekt von Burgtonna 23 mm, beim Gothaer Vergleichsstück dagegen 27 mm (altes Tier). Mein Vergleichsmaterial variiert in diesen Maßen zwischen 23 mm und 23,5 mm.

Auf Grund der genannten Kriterien ist anzunehmen, daß es sich beim Biber von Burgtonna, den SCHÄFER als *Castor (fiber) Antiqui* POHL. beschrieb, um ein zwar ausgewachsenes, aber durchaus nicht altes und besonders starkes Exemplar der Spezies *Castor fiber* L. handelt.

Ich erachte es deshalb für angeraten, die Subspezies *Antiqui* POHL. ganz zu streichen.

Hierin gehe ich auch konform mit der Meinung von HILZHEIMER (1932), wonach die pleistozänen und die holozänen Biber nicht von den rezenten zu unterscheiden sind.

Daran ändert auch die hier und da vorkommende Plicidentie nicht viel, die nach STEHLIN (1922) sowohl im oberen Pliozän als auch bei pleistozänen und rezenten Bibern neben Formen mit völlig einfacher Zahnstruktur vorkommt. Es dürfte sich hierbei also im wesentlichen um eine Frage der Variationsbreite handeln.

Wie KRETZOI (1969) forderte, ist es notwendig, möglichst viele quantitative Daten über die geographische und chronologische Variabilität der betreffenden Gruppe zusammenzubringen. Eine ähnliche Meinung wurde übrigens auch von GUENTHER (1966) vertreten.

5. Zusammenfassung

Die im Pleistozän von Burgtonna in Thüringen gefundenen Biberreste sind offensichtlich bei Auflösung der Sammlung SCHÄFER, Gotha, verlorengegangen. Die Bearbeitung der wenigen neuen Belegstücke in Verbindung mit der Beschreibung von SCHÄFER (1909) ergab, daß die Funde von Burgtonna in die Variationsbreite von *Castor fiber* L. fallen. Die Subspezies *Castor (fiber) Antiqui* POHLIG sollte daher gestrichen werden. Die außerordentliche Variabilität dieser Gruppe läßt es aber angeraten erscheinen, sowohl die fossilen als auch die rezenten Vertreter mittels sehr breit angelegter variationsstatistischer Untersuchungen zu überprüfen.

Резюме

Найденные в плейстоценовых отложениях Бургтонны (Тюрингия) остатки бобра из коллекции Шефера (Гота) надо считать потерянными. Изучение немногочисленных новых находок в сочетании с данным Шефером (1909) описанием показало, что находки из Бургтонны в пределах вариации *Castor fiber* L. Следовательно, подвид *Castor* (*fiber*) *Antiqui* POHLIG более недействителен. Чрезвычайная изменчивость этой группы свидетельствует о необходимости применения вариационной статистики как у ископаемых, так и у современных представителей.

Summary

Remains of beaver found in the Pleistocene of Burgtonna, in Thuringia, have obviously been lost during the dissolution of SCHÄFER's collection at Gotha. From a study of some new specimens in connection with SCHÄFER's description (1909) results that the finds of Burgtonna come under the range of variation of *Castor fiber* L., so that the subspecies *Castor* (*fiber*) *Antiqui* POHLIG should be cancelled. Owing to the extraordinary variability of this group it is, however, advisable to re-examine both the fossil and recent representatives by means of broadly laid down variation-statistical investigations.

6. Literatur

DJOSHKIN, W. W., & SAFANOW, W. G.: Die Biber der alten und neuen Welt. — Neue Brehm-Bücherei Nr. 437, Wittenberg-Lutherstadt 1972.

FORSYTH MAJOR, C. J.: On species of *Castor*, fossil and recent. — Proc. zool. Soc. London II, 630—634, London 1908.

FREYE, H. A.: Deskriptive Anatomie des Craniums vom Elbe-Biber (*Castor fiber albicus* MATSCHIE, 1907). — Wiss. Z. Univ. Halle, Math. Nat. 8, 6, 913—962, Halle 1959.

— Zur Systematik der Castoridae (Rodentia, Mammalia). — Mitt. zool. Mus. Berlin 36, 1, 105—122, Berlin 1960.

GIEBEL, C. G.: Schädel des europäischen und amerikanischen Bibers. — Z. Naturwiss. 51, 363, Berlin 1878.

GUENTHER, E. W.: Die Biber (*Trogontherium cuvieri* FISCH. und *Castor fiber* L.) der altpleistozänen Fundstelle von Voigtstedt in Thüringen. — Paläont. Abh. **A II**, 2/3, 567—583, Berlin 1966.

HEINIK, P.: Über die Entwicklung des Zahnsystems von *Castor fiber* L. — Zool. Jb. Abt. Anat. u. Ontogenie Tiere 26, 355—400, Jena 1908.

HILZHEIMER, M.: Über diluviale Biberreste aus der Mark Brandenburg. — Z. Säugetierkd. 7, 6, 241—250, Berlin 1932.

HINZE, G.: Der Biber, Körperbau und Lebensweise, Verbreitung und Geschichte. — Akademie-Verl., Berlin 1950.

KRETZOI, M.: Die *Castor*- und *Trogontherium*-Reste aus den Kiesen von Süßenborn bei Weimar. — Paläont. Abh. **A III**, 3/4, 771—783, Berlin 1969.

LINSTOW, O.: Die Verbreitung des Bibers im Quartär. — Abh. u. Ber. Mus. Nat.- u. Heimatkd. Magdeburg 1, 4, 215 bis 375, Magdeburg 1908.

LÖNNBERG, E.: A study of the variation of European Beavers. — Ark. Zool. 5, 6, 1—16, Uppsala 1909.

MATSCHIE, P.: Zwei anscheinend noch nicht beschriebene Arten des Bibers. — Sitz.-Ber. Ges. naturforsch. Freunde 8, 215—220, Berlin 1907.

MILLER, G. S.: Catalogue of the Mammals of Western Europe. — London 1912.

OWEN, R.: On the distinction between *Castor* and *Trogontherium*. — Geol. Mag. 6, 48—97, London 1869.

POHLIG, H.: Vorläufige Mitteilung über das Plistozaen, insbesondere Thüringens. — Z. Naturwiss. 58, 4, 258—276, Halle 1885.

REICHENAU, W. v.: Einiges über Schädel und Gebiß der Biber (Castoridae). — Jb. nass. Ver. Naturkd. 65, 208 bis 226, Wiesbaden 1912.

RICHARD, P. B.: Statut actuel du castor, *Castor fiber* L., en France. — Acta theriol. **10**, 97—106, Bialowieza 1965.

SCHÄFER, H. F.: Über die pleistocäne Säugetierfauna und die Spuren des paläolithischen Menschen von Burgtonna i. Thür. — Z. deutsch. geol. Ges. 61, 4, 445—469, Berlin 1909.

SCHREUDER, A.: Conodontes (*Trogontherium*) and *Castor* from the Teglian Clay compared with the Castoridae from other localities. — Arch. Mus. Teyler 3, 6, 99—318, Haarlem 1929.

SEREBRENNIKOW, M.: Review of the beavers of the Palearctic Region. — C. R. Acad. Sci. USSR 1929, 11, 271—276, Leningrad 1929.

STEHLIN, H.: Revision der Säugetierfunde aus der Hochterrasse und aus Ablagerungen der größten Vergletscherungen. — Eclogae geol. Helv. 17, 364—377, Basel 1922.

THENIUS, E., & HOFER, H.: Stammesgeschichte der Säugetiere. — Springer-Verl., Berlin, Göttingen, Heidelberg 1960.

WÜST, E.: Die Bedeutung der geographischen Rassen für die Geschichte der diluvialen Säugetierfauna. — Paläontol. Z. 12, 1, 6—13, Berlin 1930.

Quartärpaläontologie	3	167–170	Berlin, Dezember 1978

Insektivoren und Rodentier aus dem Travertin von Burgtonna in Thüringen

Von WOLF-DIETER HEINRICH, Berlin, & DÉNES JÁNOSSY, Budapest

Mit 6 Tabellen sowie Tafel 46 und 47

Inhalt

1. Abstractum

Für die Travertinfundstätte Burgtonna werden *Sorex araneus* L., *Glis glis* L., *Apodemus sylvaticus* (L.) und *Cricetus cricetus* ssp. belegt. Das Fundgut wird beschrieben und osteometrisch gekennzeichnet. Die Kleinsäugetierfauna von Burgtonna wird mit der anderer thüringischer Interglazialtravertine verglichen. Die bisher für die Travertinfundstätte Burgtonna nachgewiesenen Kleinsäugerarten weisen auf interglaziale Verhältnisse.

В местонахождении травертина около Бургтонны были найдены *Sorex araneus* L., *Glis glis* L., *Apodemus sylvaticus* (L.) и *Cricetus cricetus*. Дается описание находок и приводятся остеометрические данные. Фауна мелких млекопитающих из Бургтонны сопоставляется с фауной других межледниковых травертинов Тюрингии. Найденные в травертиновом местонахождении Бургтонны виды мелких млекопитающих указывают на межледниковые условия.

Sorex araneus L., *Glis glis* L., *Apodemus sylvaticus* (L.) and *Cricetus cricetus* ssp. from the travertine locality of Burgtonna are described and characterized osteometrically. The small mammalian fauna of Burgtonna is compared with that of other Thuringian interglacial travertines. Species of small mammalians so far demonstrated for the travertine locality of Burgtonna point to interglacial conditions.

2. Einleitung

Das Museum für Naturkunde an der Humboldt-Universität zu Berlin, Bereich Paläontologisches Museum, bewahrt ein fossiles Kleinsäuger-Fundgut auf, das bereits um die Jahrhundertwende von A. NEHRING und H. F. SCHÄFER in Burgtonna gesammelt wurde. Es umfaßt die Arten *Glis glis* und *Cricetus cricetus* ssp.. Für eine aufschlußbezogene Auswertung kann dieses Fundgut jedoch nur mit Vorbehalt herangezogen werden, da die Herkunft des Materials topographisch und stratigraphisch nicht mehr eindeutig fixiert werden konnte. So geht aus der Beschriftung beider Fundkomplexe (Kalktuff von Burgtonna bzw. Interglazial von Burgtonna) nicht hervor, ob der hier bearbeitete, unmittelbar am Ortsrand von Burgtonna gelegene Travertinbruch oder ein anderer in der weiteren Umgebung befindlicher Bruch der Fundort war. Jedoch darf mit einem interglazialen Alter der Fundstücke gerechnet werden, da die Travertinvorkommen im Raum Burgtonna–Gräfentonna generell dem Eem-Interglazial zugeschrieben werden (GESANG 1962, 1972) und daher geologisch mehr oder weniger gleichalt sein können.

In der älteren Literatur wird in einem historischen Überblick über die Erforschungsgeschichte der Travertinfundstätte Burgtonna von SCHÄFER (1909, S. 450) eine Faunenliste POHLIGS (1885) zitiert, in der *Cricetus* cf. *frumentarius* angeführt wird. Vom gleichen Autor (SCHÄFER 1909, S. 454–457) werden außerdem Reste von *Castor fiber antiqus* POHLIG, *Cricetus frumentarius* PALLAS (= *Cricetus cricetus* L.) und *Sorex vulgaris* LINNÉ (= *Sorex araneus* L.) aus dem Travertin von Burgtonna beschrieben.

In neuerer Zeit gelang ein weiterer Fund durch Herrn Dr. H. CLAUS, Mühlhausen (Thür.), der die bisher vorliegenden Nachweise durch einen vorzüglich erhaltenen Schädel von *Apodemus* ergänzte. Das Fundstück wird im Institut für Quartärpaläontologie Weimar unter der Inventarnummer IQW 1971/13128 (Burgt. 13521) aufbewahrt.

In den Jahren 1971 und 1972 wurden von den Verfassern horizontierte Proben aus dem Travertinkomplex von Burgtonna entnommen, deren Auswertung jedoch nur ein negatives Ergebnis erbrachte. Da durch diese Aufsammlungen der bisherige Artenbestand nicht erweitert werden konnte, stützt sich die nachfolgende Darstellung fast ausschließlich auf ältere Aufsammlungen.

Herrn Dr. Dr. H.-D. KAHLKE, Institut für Quartärpaläontologie Weimar, und Herrn Dr. H. CLAUS, Mühlhausen, danken wir für das Überlassen des neu aufgesammelten *Apodemus*-Schädels zur Bearbeitung. Frl. V. KOPSKE, Museum für Naturkunde Berlin, verdanken wir die Fotografien.

3. Taxonomischer Teil

Mammalia LINNAEUS, 1758

Insectivora BOWDICH, 1821

Soricidae GRAY, 1821

Soricinae MURRAY, 1866

***Sorex* LINNAEUS, 1758**

(1) ***Sorex araneus* LINNAEUS, 1758**

n. v. 1909 *Sorex vulgaris* L. — SCHÄFER, S. 451 und 457
n. v. 1913 *Sorex vulgaris* L. — SOERGEL, S. 58 und 79

Bemerkungen: Nach den Angaben von SCHÄFER (1909, S. 457) handelt es sich bei dem Fundgut um einen Schädel. Dieser stand den Verfassern für die Bearbeitung nicht zur Verfügung.

Myoxidae WATERHOUSE, 1839

Glirinae THOMAS, 1879

Glis BRISSON, 1762

(2) ***Glis glis*** LINNAEUS, 1758

Taf. 46, Fig. 4–6

Fundgut: MB Ma 105: 1 Mandibula sin., Corpus mit I, P_4–M_3, 1 Femur sin., 1 Pelvisfragment, 1 Tibia dex., 1 Humerus dex. und 1 Ulna dex.

die Nasalia fehlen. Sämtliche Beschädigungen traten vor der Einbettung in den Travertin auf. Zur gleichen Art müssen die Wirbel, Rippen und Extremitätenknochen gestellt werden, die bei der Präparation des etwa 6,0 cm × 5,0 cm × 4,0 cm großen Travertinblocks anfielen. Darüber hinaus weisen die ursprüngliche Lage der Extremitätenknochen, der Knochen und die Fundumstände daraufhin, daß alle Skelettelemente von einem Individuum stammen. Vermutlich wurde ein Kadaverteil, der Kopf, Teile der Wirbelsäule, des Brustkorbes und der vorderen Extremitäten umfaßte, eingebettet.

Der gegenwärtig hauptsächlich in mehr oder weniger offenen Landschaften Eurasiens vorkommende *Apodemus sylvaticus* ist in Europa vorwiegend südlich des 60. Breitengrades verbreitet. Er ist weit-

Tab. 1. Maße (in mm) der Extremitätenknochen von *Glis glis* MB Ma 105 aus dem Travertin von Burgtonna

Länge des Humerus	22,5
Distale Breite des Humerus	6,9
Länge der Ulna	24,3
Länge des Femur	29,6
Distale Breite des Femur	5,6
Länge der Tibia	28,8

Tab. 2. Zahnmaße (in mm) von fossilen Vertretern der Art *Glis glis* aus Burgtonna MB Ma 105, Weimar-Ehringsdorf und der Lambrecht-Höhle (NE-Ungarn) im Vergleich mit rezenten Vertretern

	Burgtonna	Ehringsdorf (JÁNOSSY 1975)	Lambrecht-Höhle Schicht V/a (JÁNOSSY 1969)	rezent (JÁNOSSY 1969 und Verfasser)
P_4-Länge	1,40	1,40	–	1,20–1,40 (n = 27)
P_4-Breite	1,40	1,50	–	1,10–1,40 (n = 27)
M_1-Länge	2,10	–	1,9–2,10 (n = 21)	1,70–2,10 (n = 27)
M_1-Breite	1,90	–	1,7–2,00 (n = 21)	1,70–2,00 (n = 27)
M_2-Länge	2.20	2,20	–	1,80–2,10 (n = 27)
M_2-Breite	2,10	1,90	–	1,70–2,10 (n = 27)
M_3-Länge	2,10	2,10	–	1,90–2,10 (n = 3)
M_3-Breite	1,80	1,80	–	1,90–2,00 (n = 3)
Länge P_4–M_3	7,60	7,60	–	7,20–7,30 (n = 2)

Sowohl die Dimensionen der Zähne als auch die der Extremitätenknochen fallen in Variationsbreiten, die bei Vertretern dieser Art im Eem-Interglazial und auch im Holozän vorkommen, für Humerus und Femur vgl. JÁNOSSY (1969). Die dimensionellen Übereinstimmungen in der Bezahnung veranschaulicht die Tab. 2. Die N-Grenze der Verbreitung des rezenten *Glis glis* fällt in Europa gegenwärtig mit dem 55. bzw. 50. Breitengrad zusammen. Die Art ist an bewaldetes Gelände gebunden, wobei Laubwälder bevorzugt werden.

Muridae GRAY, 1821

Murinae MURRAY, 1866

Apodemus KAUP, 1826

(3) ***Apodemus sylvaticus*** (LINNAEUS, 1758)

Taf. 47, Fig. 1–3

Fundgut: IQW 1971/13128 (Burgt. 13521): 1 Schädel mit I, M^1–M^3 sin. und dex., 1 Mandibula sin., Corpus mit I, M_1–M_3; 1 Mandibula dex., Corpus mit I, M_1–M_3; 1 Humerus sin., 1 Humerus dex., 1 Ulna sin., 1 Ulna dex., 1 Radius sin., 1 Scapula sin., 1 Scapula dex., 1 Atlas, 1 Epistropheus, div. Wirbel und Rippen

Der ursprünglich nahezu vollständig von Travertin umgebene Schädel konnte fast völlig freigelegt werden. Am leicht deformierten Cranium fehlt das rechte Os zygomaticum, das linke ist beschädigt. Der vordere Abschnitt des rechten Os frontale und

gehend euryök, zugleich aber ein ausgesprochener Nahrungsspezialist (hauptsächlich Samenfresser).

Cricetidae ROCHENBRUNE, 1883

Cricetus LESKE, 1779

(4) ***Cricetus cricetus*** ssp.

Taf. 46, Fig. 1–3

Fundgut: MB Ma 104: 1 Mandibula dex., Corpus mit I, M_1–M_3

Der Vertreter der *Cricetus-cricetus*-Gruppe variieren im Pleistozän Europas beträchtlich. So läßt sich z.B. im Pleistozän Ungarns innerhalb dieser Gruppe deutlich eine Sequenz von größeren und kleineren Formen beobachten, wobei die Großform *Cricetus cricetus major* WOLDŘ. im Karpatenbecken mit dem ausgehenden Eem-Interglazial von einer kleineren Form *Cricetus cricetus* ssp. abgelöst wird (JÁNOSSY 1969). Letztere stimmt in den Größenverhältnissen der Bezahnung und des Extremitätenskeletts weitgehend mit dem rezenten *Cricetus cricetus* L. überein. Daß es sich hierbei nicht nur um eine lokale, auf Ungarn beschränkte, sondern für größere Teile Europas (Rumänien, Österreich, Frankreich u. a.) zutreffende Erscheinung handelt, wurde von JÁNOSSY (zuletzt 1969) verschiedentlich betont. Für das Travertinvorkommen von Burgtonna ist in diesem Zusammenhang von Bedeutung, daß der hier be-

Tab. 3. Zahnmaße (in mm) von *Apodemus sylvaticus* IQW 1971/13128 (Burgt. 13521) aus dem Travertin von Burgtonna im Vergleich mit rezenten Vertretern der Art *Apodemus sylvaticus* und *Apodemus tauricus* aus Brandenburg

	Apodemus sylvaticus Burgtonna	*Apodemus sylvaticus* rezent	*Apodemus tauricus* rezent
M_1-Länge	1,85	1,56–1,88 (n = 28)	1,75–2,00 (n = 23)
M_2-Länge	1,30	1,06–1,30 (n = 16)	1,19–1,38 (n = 21)
M_3-Länge	1,00	0,88–1,00 (n = 16)	1,00–1,13 (n = 21)
M_1–M_3	4,00	3,47–4,00 (n = 28)	3,96–4,38 (n = 23)

Tab. 4. Maße (in mm) der Extremitätenknochen von *Apodemus sylvaticus* IQW 1971/13128 (Burgt. 13521) aus dem Travertin von Burgtonna

	sin.	dex.
Länge des Humerus	13,2	13,2
Breite des Humerus, proximal	2,5	2,5
Breite des Humerus, distal	2,6	2,6
Länge der Ulna	7,0	6,7

Tab. 5. Maße (in mm) der Molaren von *Cricetus cricetus* ssp. MB Ma 104 aus dem Travertin von Burgtonna

	M_1-L	M_1-Br	M_2-L	M_2-Br	M_3-L	M_3-Br	M_1–M_3
MB Ma. 104	3,00	1,80	2,60	2,15	2,70	2,15	8,0

Tab. 6. Tabellarische Übersicht der in den Travertinaufschlüssen Taubach (Bruch Vollmar), Weimar-Ehringsdorf (Oberer Travertin) und Burgtonna nachgewiesenen Insektivoren- und Rodentierarten

Für Weimar-Ehringsdorf zusammengestellt nach JÁNOSSY (1975) und KRETZOI (1975), für Taubach nach HEINRICH & JÁNOSSY (1977) und für Burgtonna nach SCHÄFER (1909) und den Untersuchungen der Verfasser. *Pitymys subterraneus* wurde in Ehringsdorf im Grenzbereich Pariser/Oberer Travertin gefunden.

Taxa	Taubach	Ehringsdorf	Burgtonna
Talpa europaea	+	+	–
Sorex araneus	+	–	+
Crocidura ex gr. *russula-leucodon*	–	+	–
Myotis nattereri	–	+	–
Citellus ex gr. *citellus*	–	+	–
Glis glis	–	+	+
Apodemus sylvaticus	+	+	+
Cricetus cricetus ssp.	–	+	+
Cricetus cricetus major	+	–	–
Myodes (= *Cl.*) *glareolus*	+	+	–
Arvicola terrestris	+	+	–
Microtus arvalis	+	+	–
Pitymys subterraneus	+	+	–
Castor fiber	+	–	+

arbeitete Unterkiefer auf Grund seiner Größenverhältnisse eindeutig der Kleinform *Cr. cricetus* ssp. zugeordnet werden muß. Bedeutsam ist darüber hinaus, daß bereits früher von SCHÄFER (1909) ein Schädelfragment als *Cr. frumentarius* (PALL.) beschrieben wurde, das nach den angegebenen Merkmalen und Dimensionen ebenfalls zu *Cr. cricetus* ssp. gestellt werden muß. Die Länge der oberen Backenzahnreihe beträgt nach SCHÄFER (1909, S. 456) 8,0 mm (alveolar), die Länge des M_1 3,3 mm und die Breite des M_1 2,0 mm (koronar). Die vorliegenden und die in der Literatur angegebenen Befunde ergänzen sich somit. Sie weisen darauf hin, daß die große Form *Cr. cricetus major* WOLDŘ. im Travertinkomplex von Burgtonna nicht vorkommt oder — vorsichtiger ausgedrückt — bisher nicht nachgewiesen werden konnte. Damit ergibt sich für die Verbreitung der pleistozänen Cricetiden in den thüringischen Interglazialtravertinen folgendes:

1. Nach dem bisherigen Kenntnisstand ist das Auftreten der Großform *Cricetus cricetus major* WOLDŘ. auf den Travertin von Taubach bei Weimar beschränkt (PORTIS 1878, SCHAUB 1935, HEINRICH & JÁNOSSY 1977).

2. Die Kleinform *Cricetus cricetus* ssp. konnte demgegenüber bisher nur in dem Oberen Travertin von Ehringsdorf bei Weimar (JÁNOSSY 1975) und in dem Travertinkomplex von Burgtonna nachgewiesen werden.

Castoridae GRAY, 1821

Castor LINNAEUS, 1758

(5) ***Castor fiber*** LINNAEUS, 1758

Der Vollständigkeit halber ist hier das Vorkommen von *Castor fiber* L. zu erwähnen (SCHÄFER 1909). Die Bearbeitung erfolgt in einem gesonderten Beitrag von L. SCHMIDT im vorliegenden Band.

4. Auswertung

Im Gegensatz zu einem Faunenkomplex aus der Deckschichtenfolge von Burgtonna (HEINRICH & JÁNOSSY 1973 sowie in diesem Band) kann die Kleinsäugerfauna aus dem Travertinkomplex der gleichen Lokalität bisher nicht annähernd vollständig beurteilt werden, da ein entsprechendes Fundgut noch aussteht. Unter Berücksichtigung des Umstandes, daß die Bearbeitung fast ausschließlich auf ältere Aufsammlungen zurückgreifen mußte, lassen sich folgende allgemeine Rückschlüsse ableiten:

1. Für den Travertin sind bisher fünf Kleinsäugerarten belegt: *Sorex araneus* (L.), *Glis glis* L., *Apodemus sylvaticus* (L.), *Cricetus cricetus* ssp. und *Castor fiber* L.

2. Setzt man die Konstanz der ökologischen Valenz voraus, so weisen *Sorex araneus* L. auf feuchte Standorte, *Glis glis* L. auf bewaldetes Gelände (hauptsächlich Laubwald), *Apodemus sylvaticus* (L.) und *Cricetus cricetus* ssp. auf trockenes Grasland sowie *Castor fiber* L. auf langsam fließende oder stehende Gewässer in bewaldeter Umgebung.

3. Von besonderer Bedeutung ist, daß in Burgtonna von den aussagefähigen Cricetiden nur der kleine

Hamster *Cricetus cricetus* ssp. nachgewiesen werden konnte. In dieser Hinsicht ergibt sich eine Übereinstimmung mit der Fauna des Oberen Travertins von Ehringsdorf, wo die Art ebenfalls belegt werden konnte (JÁNOSSY, 1975, S. 505—506), und ein Gegensatz zu der Travertinfundstätte von Taubach, wo ausschließlich die Riesenform *Cricetus cricetus major* WOLDŘ. auftritt (HEINRICH & JÁNOSSY 1977).

4. Da in der Kleinsäugerfauna des Travertins einerseits bisher keine Hinweise auf Kälteindikatoren vorliegen, andererseits aber Formen wie *Glis glis* L. vorkommen, die das gleichzeitige Auftreten von Kälteformen ausschließen, kann die vorliegende Fauna, in Übereinstimmung mit anderen paläozoologischen Untersuchungsergebnissen, als Hinweis auf interglaziale Verhältnisse gewertet werden.

5. Zusammenfassung

Aus dem Travertin von Burgtonna wird eine fossile Kleinsäugetierfauna (Insectivora, Rodentia) beschrieben. Bisher konnten fünf Kleinsäugetierarten nachgewiesen werden: *Sorex araneus* L., *Glis glis* L., *Apodemus sylvaticus* (L.), *Cricetus cricetus* ssp. und *Castor fiber* L. Die Kleinsäugetierfauna aus dem Travertin von Burgtonna weist auf interglaziale Verhältnisse.

Резюме

Из травертина Бургтонны описывается ископаемая фауна мелких млекопитающих (Insectivora, Rodentia). Определению поддавались пять видов: *Sorex araneus* L., *Glis glis* L., *Apodemus sylvaticus* (L.), *Cricetus cricetus* ssp. и *Castor fiber* L. Фауна мелких млекопитающих из травертина Бургтонны указывает на межледниковые условия.

Summary

From the Travertine series of Burgtonna a fossil small mammalian fauna (Insectivora, Rodentia) is described. Species of small mammalians so far found include *Sorex araneus* L., *Glis glis* L., *Apodemus sylvaticus* (L.), *Cricetus cricetus* ssp., and *Castor fiber* L. The small mammalian fauna from the Travertine series of Burgtonna points to interglacial conditions.

6. Literatur

GESANG, H: Pleistozäne Lagerstätten der Steine und Erden im Thüringer Becken. — In: Das Pleistozän im sächsisch-thüringischen Raum. — Exkursionführer Herbsttag. geol. Ges. DDR, 219—224, Berlin 1962.

— Geologie der Travertine von Burgtonna. — Vortr. IV Paläont. Koll. „Das Pleistozän von Taubach und Burgtonna etc.“, Weimar, September 1972.

HEINRICH, W.-D. & JÁNOSSY, D.: *Lagurus lagurus* (PALLAS, 1773) (Rodentia, Mammalia) aus dem Jungpleistozän von Burgtonna (Bezirk Erfurt). — Z. geol. Wiss. 1, 5, 587 bis 592, Berlin 1973.

— Insektivoren und Rodentier aus dem Travertin von Taubach bei Weimar. — Quartärpaläontologie 2, 401—411, Berlin 1977.

— Fossile Säugetierreste aus einer jungpleistozänen Deckschichtenfolge über dem interglazialen Travertin von Burgtonna in Thüringen. — Quartärpaläontologie 3, 231—254, Berlin 1978.

JÁNOSSY, D.: Stratigraphische Auswertung der europäischen mittelpleistozänen Wirbeltierfauna, Teil II. — Ber. deutsch. Ges. geol. Wiss. A 14, 5, 573—643, Berlin 1969.

— Kleinsäugerfunde aus den Travertinen von Weimar-Ehringsdorf. — Abh. zentr. geol. Inst. 23, 501—511, Berlin 1975.

KRETZOI, M.: Die *Castor*-Funde aus dem Travertin-Komplex von Weimar-Ehringsdorf. — Abh. zentr. geol. Inst. 23, 513—532, Berlin 1975.

POHLIG, H.: Vorläufige Mitteilungen über das Pleistocaen, insbesondere Thüringens. — Z. Naturwiss. 58, 258—276, Halle 1885.

PORTIS, A.: Über die Osteologie von *Rhinoceros Merckii* JÄG. und über die diluviale Säugetierfauna von Taubach bei Weimar. — Palaeontontographica 25, 3, 143—160, Cassel 1878.

SCHÄFER, H. F.: Über die pleistocäne Säugetierfauna und die Spuren des paläolithischen Menschen von Burgtonna in Thüringen. — Z. deutsch. geol. Ges. 61, 4, 445—469, Berlin 1909.

SCHAUB, S.: Die Hamster vom Roten Berg bei Saalfeld. — Eclogae Geol. Helv. 28, 580—590, Basel 1935.

SCHMIDT, L.: Der Biber (*Castor fiber* L.) aus dem Pleistozän von Burgtonna in Thüringen. — Quartärpaläontologie 3, 163—166, Berlin 1978.

SOERGEL, W.: *Elephas trogontherii* POHL. und *Elephas antiquus* FALC., ihre Stammesgeschichte und ihre Bedeutung für die Gliederung des deutschen Diluviums. — Palaeontographica 60, 1—114, Stuttgart 1913.

Quartärpaläontologie	3	171—174	Berlin, Dezember 1978

Zusammenfassender Überblick zur stratigraphischen Stellung der Travertine von Burgtonna in Thüringen

Von HANS-DIETRICH KAHLKE, Weimar

Mit 2 Abbildungen

Die forschungsgeschichtliche Entwicklung der stratigraphischen Einordnung des Travertinlagers von Burgtonna wurde bereits von CLAUS (1978, in diesem Band) eingehend dargestellt, so daß sich hier eine Wiederholung erübrigt. Seit 1912 (SOERGEL) etwa ist die Auffassung formuliert, die Travertine von Burgtonna dem letzten (Saale/Weichsel-, Eem-) Interglazial zuzuweisen.

Durch die neue geologische Bearbeitung des Vorkommens (GESANG 1978, in diesem Band) und die spezielle Bearbeitung des Deckschichtenprofils (JÄGER & HEINRICH 1978, in diesem Band) erscheint weiterhin die Zuweisung des Travertinlagers von Burgtonna ins Eem-Interglazial allgemein als gesichert.

Die entscheidende Frage bleibt, ob das Vorkommen von Burgtonna (Travertin) das gesamte Eem-Interglazial repräsentiert oder aber welche Abschnitte des Eem-Interglazials durch die Travertinablagerungen vertreten sind. Da im Verhältnis zu den anderen Thüringer Travertinvorkommen relativ wenige Funde großer Säuger aus den Travertinen vorliegen, die zudem noch meist aus alten, nicht horizontiert geborgenen Sammlungen stammen, können nur die wenigen Großsäugerreste zur biostratigraphischen Korrelation herangezogen werden, die im Laufe der neuen Untersuchungen geborgen wurden. Eine etwa ähnliche Situation zeigt sich auch bei der Auswertung der Kleinsäugerreste aus den Travertinen (HEINRICH & JÁNOSSY 1978, in diesem Band). Somit kommt der Aussage der horizontiert gesammelten paläobotanischen Materialien und den ebenfalls horizontiert vorliegenden Konchylien-Funden für die Beantwortung der oben aufgezeichneten Fragestellung die größte Bedeutung zu.

1. Paläobotanische Funde

Die durch VENT (1978, in diesem Band) bearbeiteten paläobotanischen Funde umfassen 26 Pflanzensippen, unter denen sich auch thermophile Florenelemente befinden: *Hedera helix* und *Ilex aquifolium*. Dazu treten als weitere Klimaindikatoren *Acer. monspessulanum* und *Mespilus germanica*. Genannt werden sollten auch noch die Arten *Phyllitis scolopendrium*, *Acer campestre* und *Fraxinus excelsior*. Diese subatlantischen bzw. submediterranen Florenelemente zeigen ein Klima für die entsprechenden Horizonte der Travertinfolge an, das im gesamten Verlauf etwas wärmer war als das heutige. Ein Vergleich mit den fossilen Floren der Ilmtal-Travertine von Weimar-Ehringsdorf zeigt nach VENT (1978, in diesem Band), daß der Flora von Weimar-Ehringsdorf ein höheres Alter zukommt als der von Burgtonna.

2. Malakofauna

Auch die Bearbeitung der Molluskenfauna (MANIA 1978, in diesem Band) aus den Travertinen von Burgtonna, die eine Folge von acht Phasen erkennen läßt, spricht dafür, daß die Travertine den zweiten Abschnitt des Eem-Interglazials, das Eem-Optimum eingeschlossen, repräsentieren. Dabei gehören nach MANIA die ersten Faunen-Phasen (1—4) in die vollentwickelte Warmzeit (Phase 2 und 3 bezeichnen das Optimum des Interglazials; Phase 3 stellt den *Helicigona-banatica*-Horizont dar). Nach Phase 4 stellt sich eine allmähliche Abkühlung der klimatischen Verhältnisse ein.

3. Großsäuger-Funde

Die aus den Travertinen von Burgtonna vorliegenden *Bison*-Reste gehören alle zur späten Subspezies *Bison priscus mediator* HILZHEIMER und entsprechen denen aus den Travertinen von Taubach (FLEROW 1978, in diesem Band). Es sind Formen der Parklandschaft, des lichten Waldes und der Uferdickichte; keine Bewohner der offenen Steppe. Die Cervidenfauna aus den Travertinen von Burgtonna (KAHLKE 1978, in diesem Band) unterscheidet sich von den entsprechenden Assoziationen von Taubach und Weimar-Ehringsdorf durch das relativ häufige Auftreten von *Dama dama* (LINNAEUS). Von beiden genannten Fundstellen ist zwar *Dama* nachgewiesen, aber jeweils nur durch einen Einzelfund oder ganz wenige Funde. Wir glauben, dieses relativ häufige Vorkommen von *Dama dama* (LINNAEUS) im Travertin von Burgtonna durch atlantische Einflüsse erklären zu können, zumal die E-Grenze der eeminterglazialen *Dama*-Verbreitung in diesem Raum (nach den bisher vorliegenden Funden) schon durch die Fundstellen Belzig — Weimar-Ehringsdorf — Taubach gegeben ist.

Bei den Elefanten ist das vollständige Fehlen von *Mammuthus primigenius* (Blumenbach) — auch in den obersten Horizonten des Travertinlagers — erwähnenswert (im Oberen Travertin von Weimar-Ehringsdorf nachgewiesen) und ebenso das Fehlen von *Coelodonta antiquitatis* (Blumenbach) (ebenfalls im Oberen Travertin von Weimar-Ehringsdorf vorhanden). Die merckoiden *Dicerorhinus*-Formen sind durch *Dicerorhinus kirchbergensis* (Jäger) und *Dicerorhinus hemitoechus* (Falconer) vertreten. Da exakt horizontierte Funde nicht vorliegen, ist dieser interessante Befund nicht eindeutig zu interpretieren; immerhin weist das relativ häufige Vorkommen von *Dicerorhinus hemitoechus* (Falconer) darauf hin, daß auch spätinterglaziale Horizonte vorhanden sind. In der gleichen Art können die wenigen Equiden-Reste dieser Fundstelle gedeutet werden (Musil 1978, in diesem Band). Auch die Bearbeitung der Carnivoren-Reste ergab den Hinweis, daß in der *Crocuta*-Population von Burgtonna (Travertine) Merkmale eeminterglazialer Tiere und solcher des letzten Glazials zusammen vorkommen.

4. Kleinsäuger

Die Bearbeitung der wenigen Kleinsäugerreste aus den Travertinen von Burgtonna ergab bisher nur den Nachweis des kleinen Hamsters *Cricetus cricetus* ssp.; in dieser Hinsicht ergibt sich eine Übereinstimmung mit der Fauna des Oberen Travertins von Weimar-Ehringsdorf, wo diese Art ebenfalls belegt ist, während von Taubach nur die Großform *Cricetus cricetus major* Woldř. bekannt ist.

Обзор стратиграфического положения травертинов Бургтонны в Тюрингии

История исследования стратиграфического положения травертинов Бургтонны уже подробно рассматривалась в работе Клауса (1978, см. данный том), так что нет необходимости повторного ее рассмотрения. Начиная с 1912го года (Зэргель) травертины Бургтонны относят к последнему межледниковью (заалескому — вислинскому, эемскому).

Повторное геологическое изучение данного местонахождения (Гезанг 1978, см. данный том) и детальное изучение разреза покровных слоев (Йэгер, Гейнрих 1978, данный том) также говорят в пользу отнесения травертинов Бургтонны к эемскому межледниковью.

Вопрос теперь заключается в том, представляют ли травертины Бургтонны всё эемское межледниковье или представлены ли какие-то интервалы эемского межледниковья травертинами. По сравнению с другими местонахождениями травертинов в Тюрингии в травертинах Бургтонны известны лишь немногочисленные находки крупных млекопитающих, которые к тому же происходят в основном из непослойно собранных сборов старых коллекций. По этой причине для биостратиграфической корреляции могут быть использованы только немногочисленные остатки крупных млекопитающих новых сборов. Примерно такое же положение имеется при интерпретации находок мелких млекопитающих из травертинов (Гейнрих, Яноши 1978, данный том). Следовательно для определения биостратиграфического положения наибольшее значение придается послойно собранным палеоботаническим материалам, а также послойно собранным находкам конхилий.

1. Палеоботанические находки

Изученные Вентом (1978, данный том) палеоботанические находки относятся к 26 растительным таксонам, среди которых имеются также термофильные флористические элементы: *Hedera helix* и *Ilex aquifolium*. Индикаторами климата являются также *Acer monspessulanum* и *Mespilus germanica*. Следует ещё называть виды *Phyllitis scolopendrium*, *Acer campestre* и *Fraxinus excelsior*. Эти субатлантические или же субсредиземноморские флористические элементы указывают на более теплый климат травертиновых горизонтов по сравнению с современным. В результате проведенного Вентом (1978, данный том) сравнения с флорами ильмтальских травертинов Веймара-Эрингсдорфа установлено, что флора Веймара-Эрингсдорфа немного древнее флоры Бургтонны.

2. Малакофауна

Изучение фауны моллюсков (Мания 1978, данный том) из травертинов Бургтонны, представляющих последовательность восьми фаз, свидетельствует о том, что травертины представляют второй интервал эемского межледниковья, включая эемский оптимум. При этом по Мания первые фазы развития фауны (1—4) относятся к типичному потеплению (фазы 2 и 3 отвечают оптимуму межледниковья, фаза 3 отвечает горизонту с *Helicigona banatica*). За фазой 4 последует постепенное похолодание климатических условий.

3. Находки крупных млекопитающих

Все найденные в травертинах Бургтонны остатки бизонов относятся к позднему подвиду *Bison priscus mediator* Hilzheimer и сходны с остатками из травертинов Таубаха (Флеров 1978, данный том). Это обитатели паркового ландшафта, редкостойного леса и береговых зарослей; они не обитали в открытой степи. Фауна оленей из травертинов Бургтонны (Калькe 1978, данный том) отличается от соответствующих ассоциаций из Таубаха и Веймaра-Эрингсдорфа относительно большим числом представителей *Dama dama* (Linnaeus). В двуху казанных местонахождениях была найдена *Dama*, однако лишь по единичному экземпляру или совсем редким находкам. По нашему мнению, относительно большое количество экземпляров *Dama dama* (Linnaeus) в травертине Бургтонны обусловлено атлантическими условиями, поскольку граница эемского ареал распространения *Dama* в этом районе (по имеющимся данным) уже определяется местонахождениями Бельциг, Веймар-Эрингсдорф и Таубах.

В случае слонов бросается в глаза полное отсутствие *Mammuhius primigenius* (Blumenbach), даже в самих верхних горизонтах травертинов (найдены в верхнем травертине Веймара-Эрингсдорфа), а также отсутствие *Coelodonta antiquitatis* (Blumenbach) (найдены также в верхнем травертине Веймара-Эрингсдорфа). Мерккоидными формами *Dicerorhinus* являются *Dicerorhinus kirchbergensis* (Jäger) и *Dicerorhinus hemitoechus* (Falconer). Эти интересные находки не поддаются однозначной интерпретации, поскольку послойные сборы отсутствуют. Однако, относительно частое наличие *Dicerorhinus hemitoechus* (Falconer) указывает на то, что имеются также позднемежледниковые горизонты. Об этом также свидетельствуют немногочисленные остатки лошадей данного местонахождения (Музиль 1978, данный том). Изучение Carnivora также показывает, что среди популяции *Crocuta* из травертинов Бургтонны появляются признаки как особей эемского межледниковья так и таких последного ледниковья.

4. Мелкие млекопитающие

Из немногочисленных остатков мелких млекопитающих из травертинов Бургтонны известен только небольшой хомяк *Cricetus cricetus* ssp. В этом отношении наблюдается сходство с фауной верхнего травертина Веймара-Эрингсдорфа, где этот подвид также обнаружен. В Таубахе была найдена лишь крупная форма *Cricetus cricetus major* Woldř.

Review on the stratigraphical position of the Travertine-deposits of Burgtonna in Thuringia

The stratigraphical position of the travertine-deposits of Burgtonna as postulated by various authors during the history of research on the site has been discussed in detail by Claus (1978, in this volume) and a further summing-up is hardly necessary. Since 1912 (Soergel), however, the proposal that the travertine-deposits of Burgtonna should be assigned to the last (Saale/Weichsel, Eemian) interglacial period has been widely accepted.

According both to new geological research (Gesang 1978, in this volume) and to new results of a special investigation of the cap-deposits of the travertine (Jäger & Heinrich 1978, in this volume), the stratigraphical position of the travertine as previously proposed by Soergel (1912, Eemian interglacial period) has been confirmed.

The critical question, however, remains whether the travertine-deposits of Burgtonna represent the whole Eemian or if not which parts of the Eemian are represented. In relation to the other travertine-deposits of Thuringia relatively few remains of large mammals are recorded from the travertines of Burgtonna, and, because the fossils originating from older collections mainly lack any record of the exact horizon in which they were discovered, only the mammalian remains from the new excavations can be used for biostratigraphical correlations. A similar situation is found with the micro-mammals from the travertine-beds (Heinrich & Jánossy 1978, in this volume). Thus the new paleobotanical evidence based on material collected from definite horizons as well as fossil Molluscan material are of great importance in solving the above problem.

1. Paleobotanical fossils

The paleobotanical fossils, which have been described by Vent (1978, in this volume) comprise 26 genera including such thermophile elements as *Hedera helix* and *Ilex aquifolium*. Additional climate-indicating plant-fossils recorded include *Acer monspessulanum* and *Mespilus germanica* as well as *Phyllitis scolopendrium*, *Acer campestre*, and *Fraxinus excelsior*. These subatlantic or submediterranean elements respectively indicate, for the corresponding geological horizon of the travertine-sequence, a somewhat warmer climate than we have today. A comparision with the fossil flora of the Ilmtal-travertines, however, according to Vent (1978, in this volume) indicates that these deposits are older than those of Burgtonna.

2. Molluscs

The Mollusc-fauna of Burgtonna (Mania 1978, in this volume) showing a sequence of eight phases, seems to confirm that the travertines of Burgtonna belong to the second part of the Eemian, including the optimum of this interglacial. According to Mania the earlier fossil mollusc-complexes (1—4) should be assigned to the main Eemian (phase 2 and 3 represent the optimal Eemian interglacial; the *Helicigona banatica*-horizon corresponds to phase 3). After phase 4 the mollusc-complexes indicate a gradual deterioration of the climate.

3. Macro-Mammals

According to FLEROW (1978, in this volume)* all Bison-remains from the travertines belong to the late subspecies *Bison priscus mediator* HILZHEIMER, corresponding with those from Taubach. They are animals of a park-landscape, of open forests and river-jungles, but not of the open grass-steppe. The cervid-fauna from Burgtonna too differs from that of Weimar-Ehringsdorf and Taubach by the relative dominance of *Dama dama* (LINNAEUS). *Dama dama* (LINNAEUS) has been recorded from both of the fossil localities in the Ilm-river valley but only by a single fossil or very few remains. The relative dominance of *Dama dama* (LINNAEUS) in the travertines of Burgtonna, however, is thought to be related to the influence of an atlantic climate, especially since the easternmost distribution boundary of *Dama dama* (LINNAEUS), in the Eemian interglacial, is in this area (according to the fossil material known at the present day the boundary is marked by the fossil localities of Belzig — Weimar-Ehringsdorf — Taubach).

In this connection it is interesting to note the complete absence of *Mammuthus primigenius* (BLUMENBACH) in the travertine-sequence of Burgtonna, even in the uppermost layers (*Mammuthus primigenius* has been recorded in the Upper Travertines of Weimar-Ehringsdorf). *Coelodonta antiquitatis* (BLUMENBACH) is absent in Burgtonna although it has been described from the Upper Travertines of Weimar-Ehringsdorf. The merckoid Dicerorhinus species are represented by *Dicerorhinus kirchbergensis* (JÄGER) and by *Dicerorhinus hemitoechus* (FALCONER). Because fossils of these species with exact data on the horizons in which they were found, are lacking this interesting statement can not be interpreted unambiguously, nevertheless the relatively frequent occurrence of *Dicerorhinus hemitoechus* (FALCONER) indicates that late-interglacial horizons are represented as well. The few equid-remains have been also interpreted as coming from late interglacial horizons (MUSIL 1978, in this volume). The study of the carnivore-remains has also shown that the *Crocuta*-population of Burgtonna (travertines) includes animals of both Eemian and last glacial affinities.

4. Micro-Mammals

The study of the few micro-mammal remains from the travertines of Burgtonna has resulted only in the record of the small subspecies of hamster *Cricetus cricetus* ssp. which is also present in the fauna of the Upper travertines of Weimar-Ehringsdorf. Only the large subspecies *Cricetus cricetus major* WOLDŘ. has been described from the Taubach fossil locality (travertines).

Quartärpaläontologie	3	175–178	Berlin, Dezember 1978

Die paläolithischen Funde im Travertin von Burgtonna in Thüringen

Von VOLKER TOEPFER, Halle (Saale)

Mit 2 Abbildungen

Inhalt

1. Abstractum

Die bisherigen Belege für die Anwesenheit paläolithischer Menschen im eemzeitlichen Travertin von Burgtonna (Kr. Bad Langensalza) bestehen aus einem Bisonunterkiefer mit Verbrennungsspuren (SCHÄFER 1909) und einem bifacialen Quarzitschaber (TOEPFER 1936). Die Verbrennungsspuren am Bisonunterkiefer sind bei neuer Betrachtung nicht anthropogener Natur.

Известными доказательствами присутствия палеолитного человека в эемском травертине Бургтонны (район Бад Лангензальца) являлись нижняя челюсть бизона со следами сгорания (Шефер 1909) и бифациальный шабер из кварцита (Тепфер 1936). Повторное рассмотрение следов сгорания на нижней челюсти бизона показало, что они не антропогенного происхождения.

Proofs of Palaeolithic man's presence in the Eemian travertine of Burgtonna, urban district of Bad Langensalza, so far consist of a lower bison jaw with burning-traces (SCHÄFER, 1909) and a bifacial quartzite scraper (TOEPFER, 1936). From a new consideration results that the burning-traces of the lower bison jaw are not of an anthropogenic nature.

2. Einleitung

Aus den mitteleuropäischen pleistozänen Travertinvorkommen sind zahlreiche Überreste der Fauna und Flora zum Vorschein gekommen. Nicht selten sind die zerschlagenen Knochen- und Gebißreste oder die in Kohle- und Aschenschichten eingelagerten Skelettüberreste warmzeitlicher Säugetiere Zeugen für die Anwesenheit paläolithischer Jäger an den Entstehungsstellen von Travertin. Im Gegensatz zu den an paläolithischen Funden so reichen Ilmtaltravertinen von Weimar, Taubach und Ehringsdorf hat der durch den berühmten Elefantenfund des Jahres 1696 bekanntgewordene Travertin von Burgtonna bisher nur zwei Fundobjekte geliefert, die die Anwesenheit paläolithischer Menschen bezeugen sollten. Es ist 1. die Mandibel von *Bison priscus mediator* HILZHEIMER mit angeblichen Brandspuren, die SCHÄFER (1909) veröffentlicht hat und 2. ein Quarzitschaber, den TOEPFER (1936) bekannt gemacht hat. Über die Fundstücke wurde vom Verfasser anläßlich des IV. Paläontologischen Kolloquiums in Weimar vom 4.–9. September 1972 referiert.

3. Die paläolithischen Fundobjekte

3.1. Die Unterkieferhälfte von *Bison priscus mediator* HILZHEIMER mit „Verbrennungsspuren"

Die rechte Mandibel von *Bison priscus mediator*, die großen Partien von Schwarzfärbung zeigt, hat SCHÄFER im Jahre 1889 durch Kauf von dem Steinbruchbesitzer TH. STEIN erworben. In einem Aufsatz „Über die pleistocäne Säugetierfauna und die Spuren des paläolithischen Menschen von Burgtonna in Thür." wurde das Fundstück 1909 beschrieben. Ein Jahr später gelangte SCHÄFERS Sammlung in das Naturkundemuseum Berlin. WIEGERS & WEINERT (1928, S. 107) sowie ANDREE (1939, S. 241) referierten den Burgtonnaer Befund nach SCHÄFER. BEHM-BLANCKE (1961, S. 559) hat die SCHÄFERsche Mitteilung dahin ausgeweitet, daß sich, wie heute noch in Ehringsdorf, auch im Burgtonnaer Travertin „Brandschichten" von Feuerstellen durch das Gestein gezogen hätten.

Um nicht wieder unbesehen die von SCHÄFER an der rechten Unterkiefermandibel festgestellten Verbrennungsspuren als gesicherten Beleg für die Anwesenheit des paläolithischen Menschen auszugeben, wurde das Originalstück der SCHÄFERschen Sammlung überprüft. Herr Dr. Dr. H.-D. KAHLKE, Weimar, veranlaßte die Ausleihung, wobei sich bereits der Verdacht einstellte, daß die schwarzkohligen Überzüge an dem Kieferstück nicht anthropogener Natur seien. Das im Museum für Naturkunde an der Humboldt-Universität zu Berlin, Paläontologisches Museum, entliehene Fundstück besteht aber nur aus dem Symphysenanteil mit den Prämolaren bzw. ihren Resten, während die hintere Kieferpartie mit dem Travertinbett fehlt. Erneute Bemühungen von Herrn Dr. K.-H. FISCHER, Museum für Naturkunde zu Berlin, führten z. Z. leider noch nicht zur Komplettierung des urprünglichen Fundstückes. Aber auch das Fragment reicht zu der entscheidenden Frage aus, ob es sich um Verbrennungsspuren handelt, da die Schwarzfärbung am aufgefundenen Originalfragment ausreichend ausgebildet ist. Um aber die Vorstellung von dem einstigen Stück zu vermitteln, ist es nötig, die prägnante Schäfersche Beschreibung im Wortlaut anzuführen:

„Das Fossil lagert auf einem kleinen Kalktuff-Block, der 10–12 cm hoch, 31 cm lang und 18 cm breit ist. Der untere Teil des Gesteins, der mit seiner ebenen Schichtfläche auf Tuffsand gelegen hat, besteht 4 cm hoch aus einem festen, dichten gelblich-grauen Kalktuff, der nach oben eine grusig-sandige, jedoch feste Beschaffenheit und rostbraune Färbung annimmt. Hier wird der Tuff von schwarzen, kohligen, teils schmäleren, teils breiteren Streifen unregelmäßig durchzogen, die sich an der aufliegenden Kieferhälfte an vier Stellen als Verbrennungsspuren über den Unterrand nach oben fortsetzen. Die Oberfläche des Kiefers ist hier stark angekohlt, und der vordere Teil ist von den Brandstellen ganz durchdrungen. Auch findet sich in den Rissen des Knochens kohlige Substanz. Die Molaren des Kiefers sowie der hintere Teil desselben werden von dunkelgrauem, sehr porösem Kalktuff umgeben, der ebenfalls von schwarzen, kohligen Streifen durchzogen wird. An dem letzten Prämolar ist das Gestein frisch abgesprengt, wobei der Kieferast quer durchbrochen wurde, wie die frische Bruchstelle zeigt. An dem Unterrande und hinteren Teile des Kiefers ist das Gestein frisch abgeschlagen, offenbar um es zum besseren Transport möglichst zu verkleinern. — Nachdem ich mir im städtischen naturwissenschaftlichen Museum in Weimar wiederholte Male die prähistorischen Funde von Taubach und Ehringsdorf angesehen habe, kann bei mir kein Zweifel darüber bestehen, daß durch das beschriebene Fundstück auch bei Burgtonna die Spuren einer Feuerstelle des Urmenschen entdeckt worden sind. — Der Einschluß der Kohlen- und Aschenreste in dem festen Gestein und besonders die Brandspuren an der aufliegenden Kieferseite, die ich z. T. erst freigelegt habe, läßt nur die Annahme zu, daß die Einbettung des Fossils mit den Verbrennungsspuren während der Absetzung der Kalktuffe erfolgt sein kann. Der Kieferast des Wisents ist offenbar nach Entfernung seiner Weichteile direkt mit dem Lagerfeuer, an dem sich der Urmensch sein Mahl bereitete, in Berührung gekommen, und der Knochen ist ohne jede Verrückung aus seiner ursprünglichen Lage eingesintert worden, wie die kohligen Verbindungsstellen des Gesteins und Fossils erkennen lassen."

Bei der Betrachtung des vorderen Teiles der fragmentierten Corpus mandibulae, der noch 16,7 cm lang erhalten ist, ist festzustellen, daß sowohl auf der Lingual- als auch der Buccalseite eine größere Zone von schwarzer Substanz hauchartig dünn auf der graugelblichen Knochenoberfläche haftet (Abb. 1). Da dieser Überzug nirgends in die Knochensubstanz eingreift, scheint keine Feuereinwirkung stattgefunden zu haben. Die schwarzen Flächen auf beiden Seiten der Mandibel hinterlassen keine Färbung bei ihrer Berührung. Die Schmelzoberfläche der Prämolaren, sowohl auf der Außen- wie auf der Innenwand, ist dagegen völlig frei von der Schwarzfärbung. Bei der Aufsicht auf die Kaufläche der Zahnreihen ist am letzten abgebrochenen Prämolaren zu beobachten, daß ein dünner schwarzer Ring die quer abgebrochene vordere runde Wurzel umgibt. Auch dieser Befund spricht gegen Flammeneinwirkung. Der hauchdünne schwarze Ring um die am oberen Rand des Unterkieferfragmentes abgebrochene Prämolarenwurzel ist nur dann verständlich, wenn eine Lösung in die enge Spalte zwischen dem Corp. mand. und der Alveole eindringen konnte. Die Anordnung der Schwarzfärbung spricht somit nicht für Verbrennungsspuren, sondern für den Absatz einer Manganlösung, die sich auf den feinporig angewitterten Knochenoberflächen des Mandibelfragmentes niederschlagen konnte, nicht aber auf der glatten dichten Schmelzoberfläche der Prämolaren. Die Vermutung, daß es sich um schwarze Manganoxyde handelt, fand ihre Bestätigung durch eine qualitative Analyse, die dankenswerterweise Herr Dr. J. Simroth, Sektion Chemie an der Martin-Luther-Universität in Halle (Saale), durchgeführt hat. Somit kann der Wisentunterkiefer mit „Verbrennungsspuren" nicht mehr als Beweisstück für menschliche Betätigung zur Bildungszeit des Burgtonnaer Travertins herangezogen werden.

Abb. 1. Rechtes Unterkiefer-Fragment mit P_3 und P_4 von *Bison priscus mediator* Hilzheimer mit „Verbrennungsspuren", × 3/4

3.2. Der Quarzitschaber

Nachdem ein angeblich uncharakteristisches kleines Feuersteinmesser, nach Angabe von Schäfer 1903 in dem Travertin gefunden, verloren gegangen ist, bleibt der zu beschreibende Quarzitschaber das vorerst einzige Steinartefakt aus dem Burgtonnaer Travertin. Er wurde von Herrn W. Berthold in dem nahe am Dorf Burgtonna gelegenen Steinbruch Wolf gefunden und gelangte in die Sammlung des Heimatmuseums Gotha. Der damalige Leiter G. Florschütz übergab das Stück dem Verfasser zur Veröffentlichung, die 1936 erfolgte. Zu einer erneuten Bearbeitung wurde das wichtige Fundstück vom Museum für Regionalgeschichte und Volkskunde Gotha zu Verfügung gestellt.

Das Werkzeug (Abb. 2) ist aus einem Geröll angefertigt, so daß auf der flacheren Seite, die als Ventralseite aufgefaßt werden soll, keine Schlagkegelwölbung oder die Andeutung einer einstigen Abschlagfläche vorhanden ist. Auf der Dorsalfläche ist eine 2,1 × 2,4 cm messende dreieckige glatte Fläche erhalten, die die alte Geröllloberfläche darstellt. Der Umriß des Artefakts ist oval, wobei eine Randbegrenzung (die linke) etwas gestreckteren und schwach gedellten Verlauf zeigt. Der gegenüberliegende (rechte) Rand ist oval gerundet, da die relativ großen Retuschen gleichmäßiger geschlagen

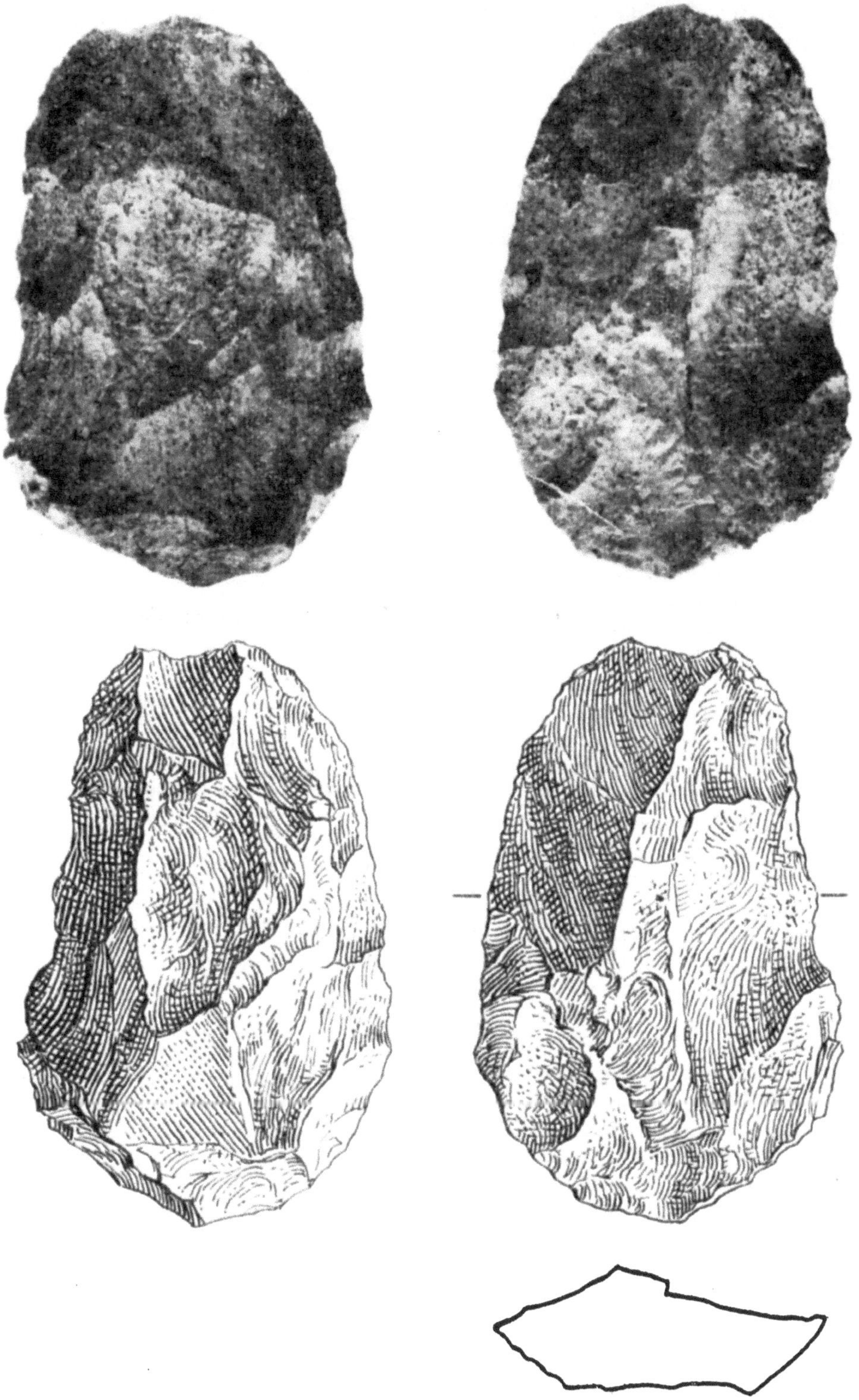

Abb. 2. Blattschaber aus Quarzit, dorsale und ventrale Fläche, Querschnitt, × 1 (Zeichnung: W. WAGNER)

sind. Die gewölbtere Dorsalfläche des Artefakts ist, von dem natürlichen Anteil der Schliff-Fläche des Gerölls abgesehen, von groben Flächenretuschen überzogen. Die Ventralfläche ist total flächenretuschiert. Dabei ist ein großer grobmuscheliger Abschlag von der Mitte des gestreckteren Kantenrandes aus geführt worden, der an einem gerade verlaufenden 4 cm langen Absatz in der Medianlinie des Artefaktes angrenzt bzw. untergreift. Das große Abschlagnegativ ist auf einen kräftigen vom Kantenrand aus geführten Schlag zurückzuführen. Der gerade verlaufende absatzförmige Sprung hängt wohl mit einer kluftartigen Struktureigenheit des Gesteins zusammen.

Auf beiden Flächen des Artefaktes befinden sich heute noch Reste einer hautartig dünnen Inkrustation, die wohl ursprünglich das ganze Stück oder größere Partien davon überzogen hat. Aber auch die

Restanteile können als Indiz für die Herkunft aus dem Burgtonnaer Travertin bewertet werden. Leider ist die stratigraphische Lage im Travertin nicht überprüfbar, da hierzu die einzige Angabe über die Tiefenlage 6—7 m unter der Oberfläche nicht ausreicht.

Funktionell dürfte das Werkzeug als Messer mit einer in der unteren Hälfte wellig verlaufenden Schneide gedient haben, deren oberer Teil scharfkantig gerade ist. Typologisch ist es als ovaler bifacialer oder als blattförmiger Schaber zu bezeichnen.

Die Maße betragen: Länge 8,5 cm, größte Breite 5,4, größte Dicke 2,1 cm. Das Burgtonnaer Artefakt wird im Museum für Regionalgeschichte und Volkskunde Gotha aufbewahrt und trägt die Inventarnummer 1608.

Während für die ± altersgleichen Artefakte aus den Travertinen von Weimar, Taubach und Ehringsdorf, aber auch aus den Süßwasserkalken von Osterode und Veltheim im nördlichen Harzvorland, Feuerstein den dominierenden Rohstoff abgab, überrascht das singuläre Material, aus dem der Burgtonnaer Blattschaber gearbeitet ist. Gerade die spezielle Natur des Gesteins erlaubte aber dem besten Kenner der Thüringerwald-Gesteine, Geheimrat Prof. E. Zimmermann, seine präzise Herkunft anzugeben. Nach der Beurteilung durch Zimmermann, die er auf unsere Bitte 1935 durchgeführt hat, handelt es sich um einen weiß- bis lichtbläulich-grauen, mattglänzenden Quarzit, dessen mineralische Gemengteile, Magnetit und Lasurstein, ein punktförmiges, gesprenkeltes Aussehen hervorrufen. Das lasurblaue Mineral (Lazulith) ist bisher auf ein kleines, nur wenige Schritte umfassendes Vorkommen südöstlich von Schmiedefeld (Kr. Ilmenau) im Bezirk Suhl, beschränkt. Das äußerst zähe Gestein ist eine kontaktmetamorphe Einlagerung von Quarzit im Kambrium. Die Übereinstimmung des Schabergesteins mit dem beschriebenen Quarzit von Schmiedefeld ist so überraschend groß, daß Zimmermann nicht an der Identität zweifelte. Es erhebt sich die Frage, wo die mittelpaläolithischen Menschen das Geröll des besprochenen Gesteins gefunden haben. Entweder wurde das Stück bereits im Zuflußgebiet der Bäche südöstlich von Schmiedefeld zur oberen Werra hin aufgelesen, was eine Überquerung des Thüringer Waldes während der Eemzeit verlangt, oder durch Gerölltransport gelangte das kambrische Quarzitgeröll weiter in der Werra flußab und das Stück kam schon als Artefakt durch eine Zuwanderung über das Gebiet von Eisenach in das Thüringer Zentralbecken an die Travertinbildungsbereiche von Burgtonna.

Bei einem isolierten Fundstück, besonders wenn es keinen speziellen und kurzlebigen Typ repräsentiert, ist eine „kulturelle" Zuordnung ungewiß. Es läßt sich bei dem Burgtonnaer Blattschaber vom typologischen Standpunkt nur sagen, daß er dem Mittelpaläothikum angehört. Das steht auch im Einklang mit dem Alter des Burgtonnaer Travertins, der während der Eem-Warzeit entstanden ist.

Behm-Blancke (1961, S. 559) wollte den Schaber dem Alt-Moustérien zuweisen, „das, nach der Bearbeitungstechnik des Schabers zu urteilen, möglicherweise wie die Weimarer Kultur III durch einen Blattspitzeneinschlag gekennzeichnet war". Die Altersgleichheit von Burgtonna und Ehringsdorf legt eine technisch-kulturelle Parallelität nahe, mehr sollte einem Einzelfund nicht abgerungen werden, da während der Eem-Warmzeit verschiedene mittelpaläolithische Gruppen anhand ihrer technologischen Artefaktformen unterschieden werden können.

In dem während 400 Jahren erfolgten Abbau in den Travertinsteinbrüchen, die schon seit langem aus naturwissenschaftlichen Gründen unter entsprechender Beobachtung standen, ist praktisch nur ein einziges einwandfreies Artefakt bekannt geworden Danach kann von Rastplätzen, wie sie in den Brandschichten von Ehringsdorf oder den Feuerstellen in Taubach dokumentiert sind, nicht die Rede sein. Der Quarzitschaber kann nur als Indiz dienen, daß mittelpaläolithische Menschen ihre Jagdzüge im Travertinbildungsgebiet von Burgtonna unternommen haben. Möglicherweise bergen die Travertine in Burgtonna noch unentdeckte paläolithische Artefakte.

4. Zusammenfassung

Im eemzeitlichen Travertin von Burgtonna gab es bisher zwei Sachzeugen für die Anwesenheit des paläolithischen Menschen, einen rechten Bisonunterkiefer mit Verbrennungsspuren und einen mittelpaläolithischen Blattschaber aus Quarzit. Bei einer neuen Betrachtung der Bisonmandibel wurde festgestellt, daß die schwarzen „Verbrennungsspuren" aus Mangan bestehen, so daß z. Z. der Quarzitschaber den alleinigen Beleg für vorübergehenden Jagdaufenthalt mittelpaläolithischer Menschen im Travertin bildet.

Резюме

Из эемского травертина Бургтонны ранее имелись два доказательства присутствия палеолитного человека: 1. правую нижнюю челюсть бизона со следами сгорания и 2. среднепалеолитный шабер из кварцита. Повторное изучение нижней челюсти бизона показало, что черные следы сгорания в действительности вызваны марганцом. Следовательно, шабер из кварцита остается единственным доказательством временного присутствия среднепалеолитного человека в травертиновых отложениях.

Summary

In the Eemian travertine of Burgtonna so far two objective evidences have been available for Palaeolithic man's presence, viz (1) a right lower bison jaw with burning-traces, and (2) a Middle Palaeolithic blade-scraper made of quartzite. From a new examination of the bison mandible results that the black burning-traces consist of manganese, so that the quartzite scraper is the only proof at present for a temporary hunting-stay of the Middle Palaeolithic man in the Travertine series.

5. Literatur

Andree, J.: Der eiszeitliche Mensch in Deutschland und seine Kulturen. — Stuttgart 1939.

Behm-Blancke, G.: Das Paläolithikum in Thüringen. — Geologie 10, 550—569, Berlin 1961.

Schäfer, H. F.: Über die pleistocäne Säugetierfauna und die Spuren des paläolithischen Menschen von Burgtonna i. Thür. — Z. deutsch. geol. Ges. 61, 445—469, Berlin 1909.

Toepfer, V.: Ein paläolithischer Schaber von Burgtonna in Thüringen. — Germania 20, 161—163, Berlin 1936.

Wiegers, F., & Weinert, H.: Allgemeine Diluvialprähistorie mit einem Beitrag: Die fossilen Menschenreste. — Diluviale Vorgeschichte des Menschen 1, Stuttgart 1928.

Quartärpaläontologie	3	179–180	Berlin, Dezember 1978

Zur Problematik einiger Knochenfunde aus dem Travertin von Burgtonna in Thüringen

Von Ute Steiner, Weimar

Mit Tafel 48

Inhalt

1. Abstractum

Im Rahmen der geologischen und paläontologischen Untersuchungen des eemzeitlichen Travertins von Burgtonna, Kr. Bad Langensalza, werden aus dem reichen Fundmaterial von Großsäugerresten einige problematische Knochenbruchstücke zur Diskussion gestellt, die auf einen Rastplatz mit Jagdbeuteresten — und somit auf Anwesenheit des paläolithischen Menschen während der Bildungszeit der Travertine hinweisen könnten.

В рамках геологических и палеонтологических исследований эемского травертина Бургтонны (район Бад Лангензальца) из богатых находок крупных млекопитающих рассматриваются некоторые проблематичные фрагменты костей, указывающие, возможно, на стоянку палеолитного человека во время образования травертинов.

Within the scope of geological and palaeontological studies of the Eemian travertine of Burgtonna, urban district of Bad Langensalza, some problematic fragments of bones from the rich finds of large mammalian remains are submitted to discussion. They may point at a resting-place with game-bag remains, thus at the presence of Palaeolithic man during the time of travertine formation.

2. Einleitung

Erste Beobachtungen, die Anwesenheit des paläolithischen Menschen während der Entstehungszeit der Travertine in der Umgebung der Ortschaft Burgtonna betreffend, fanden ihre Publikation 1793 durch Freiesleben. In seinen „Geognostisch-bergmännischen Beobachtungen auf einer Reise durch Saalfeld, Camsdorf und einen Theil Thüringens" schreibt er „. . . besuchte in Burgtonna einige von den unterirdischen Tuffsteinbrüchen. Der Tuffstein nahe am Tage ist aufgelöst und zu einer trockenen, zerreiblichen, gelblichgrauen Erde geworden, in welcher häufig Teile von Landtieren und Landpflanzen, calcinierte Flußmuscheln, Holzkohlen usw. liegen . . .".

Bereits Schäfer (1909) vermutete in diesem schriftlichen Hinweis, daß Freiesleben „. . . an einer der unterirdischen Grubenwände möglicherweise den Anschnitt einer prähistorischen Feuerstelle beobachtet hat und stellt erstmalig das Problem des paläolithischen Menschen zur Diskussion. Toepfer (1936) greift dieses Problem wieder auf und beschreibt ein Quarzitgerät aus dem Travertin von Burgtonna (vgl. Toepfer 1978, in diesem Band).

Im folgenden sollen Knochenbruchstücke und ein einzelner Knochen vorgelegt werden, Funde, die in ihrer Besonderheit auf die Anwesenheit des paläolithischen Menschen hinweisen. Die Problematik um ihre Deutung ist jedoch in erster Linie in den unbekannten Fundumständen und in den möglicherweise bei der Bergung oder der Konservierung entstandenen rezenten Beschädigungen begründet.

3. Materialbeschreibung

1. Rechter Metacarpus von *Bison priscus mediator* Hilzheimer, IQW 1975/14722 (Burgt. 14415) Taf. 48, Fig. 1–4

An der Medianseite befindet sich in der Mitte des gut erhaltenen Knochens eine tiefe Kerbe, von der auf der dorsalen Seite des Metacarpus zwei große derbe Aussplitterungen seitlich abgehen. An der Basis der Kerbe zieht sich eine gerade dreibahnige Schnitt- oder Sägespur entlang. Acht Zentimeter von dieser Kerbe entfernt, auf der Ventralseite, befindet sich ein ca. 1 cm großes rundes Loch, das leicht schräg eingedrückt mit einem Teil der Kompakta bis in die Markhöhle reicht, deren Wandung versintert ist (Taf. 48, Fig. 4). Im mittleren Teil des Knochens, auf dessen Ventralseite, sind flache unregelmäßige, in einer Richtung quer zum Knochen verlaufende Spuren sichtbar.

2. Proximales Ende des linken Metacarpus von *Bison priscus mediator* Hilzheimer, IQW 1976/14857 (Burgt. 14438), Taf. 48, Fig. 5

Im oberen Drittel abgeschlagen, Bruch scharfkantig.

3. Distales Ende der Tibia von *Dicerorhinus* sp., vermutlich jugendliches Individuum von *D. hemitoechus* (Falconer), IQW 1972/13331 (Burgt. 13721), Taf. 48, Fig. 7, 8

Die Epiphyse fehlt, die Spongiosa liegt offen und zeigt kleine Nagespuren (?). An der unteren Bruchstelle des Knochens zeigt die Kompakta splittrigen Bruch, hier ist der spongiöse Kern ausgehöhlt. Auf dem Knochen befinden sich gerade dünne und derbe Schnittmarken, zwei Schnittlinien sind gekreuzt. Daneben kommen auch parallelbahnige Schnittlinien vor. Hier heben sich einige — möglicherweise rezente Schnittlinien von den anderen ab. Es finden sich weiterhin kleine narbenartige, sehr flache Grübchen sowie verschiedenartige kleinere Eindrücke.

4. Schädelechte Geweihbruchstücke von *Cervus elaphus* Linnaeus, IQW 1971/13143 (Burgt. 13536), Taf. 48, Fig. 6, und IQW 1971/13146 (Burgt. 13539)

Geweih oberhalb Augsproß abgeschlagen, Schädelstück rundlich, teilweise an der Naht ausgebrochen. Die Kanten sind gerundet mit wenigen gradlinigen einfachen wie parallelbahnigen Schnittspuren (?).

4. Vergleich und Deutung

Es gibt unter dem Fundmaterial von Burgtonna weitere Knochenbruchstücke, die den oben beschriebenen ähneln. Einzelfall — und sicher „Halbfertigprodukt" ist der Metacarpus (1) mit der tiefen Kerbe. Er wurde vermutlich auf einen harten Gegenstand mit Kante aufgeschlagen oder selbst mit einem scharfen Gegenstand beschlagen. Möglicherweise stammt die parallelbahnige Schnittlinie an der Basis der tiefen Kerbe von einem gezähnten Steingerät, mit dem man den Knochen „zersägen" wollte. Nimmt man aber an, daß es sich bei diesem Metacarpus um einen tierischen Fraßversuch handelt, zumal der runde Eindruck von ca. 1 cm die Kompakte durchdringt, müßte die Gegenseite den Abdruck wenigstens der Zähne des anderen Kiefers aufweisen. Das ist nicht der Fall. Sieht man von den anfangs erwähnten Problemen ab, dann ist anzunehmen, daß es sich um einen mißglückten oder vorzeitig abgebrochenen Versuch eines paläolithischen Menschen handelt, der entweder den Knochen zur Markgewinnung öffnen oder ihn zu einem bestimmten Zweck zerlegen wollte.

Das Ergebnis eines solchen Vorganges könnte das oben beschriebene Metacarpusbruchstück (2) sein (Taf. 48, Fig. 5). Das Tibiabruchstück (3) vom Nashorn zeigt auf der offenen Spongiosa am Epiphysenteil nageartige Spuren. Auch die parallelbahnigen Spuren werden mitunter als Fraßspuren von Nagern bezeichnet (Fejfar 1958, Feustel 1969). Gegen diese Annahme spricht — zumindest auf die Funde von Burgtonna zutreffend — erstens die Länge der Linien und ihre Lage am Knochen und zweitens ihr meist einzelnes Auftreten (Taf. 48, Fig. 7, 8). Dieses Nashorntibiabruchstück ist in seiner Aussagekraft sehr problematisch. Immerhin treten derartige abgeschlagene Langknochen größerer Säugetiere in Burgtonna nicht nur einmal auf, und sie sind auch auf zahlreichen anderen paläolithischen Fundplätzen vorhanden.

Ebenso problematisch sind die zwei von Burgtonna bekannten schädelechten Stangenbruchstücke, die sich außerdem sehr ähnlich sind (Taf. 48, Fig. 6). Fragliche Schnittspuren finden sich an beiden. Die Bruchkanten unterhalb des Rosenstockes laufen zum Teil an den Schädelnähten entlang, zum Teil sind sie geschlagen. Die Spongiosa ist nur an einer Stelle ausgehöhlt. Beide Fundstücke machen den Eindruck einer möglicherweise sekundären Benagung durch Tiere. Ein anderer Fund könnte für einen Fraßrest gehalten werden. Das nicht bestimmbare Knochenstück von etwa 10 cm Länge wurde erst unlängst in dem lockeren Travertinmaterial in Burgtonna gefunden. Es finden sich an diesem Stück keine eindeutigen Beweise für die Handhabung durch den Menschen, doch sollte man es auf Grund seiner Beschaffenheit in die Reihe der problematischen Knochenstücke aufnehmen. Zapfe (1942) erwähnt ähnliche Knochensplitter besonders aus der Kompakta der Röhrenknochen, die er auf Hyänenfreßplätzen in Form „geglätteter Splitter" gefunden hat. Im Fundmaterial von Burgtonna ist *Crocuta crocuta* vertreten, aber das schließt die Handhabung der Knochen durch den Menschen nicht aus. Insgesamt gesehen bestehen große Ähnlichkeiten zu einigen proximalen und distalen Knochenbruchstücken besonders aus dem Travertin von Taubach bei Weimar, wo die Anwesenheit des Menschen durch seine Steinwerkzeuge bekundet ist. Auf Burgtonna trifft diese Aussage nur mit großen Vorbehalten zu (vgl. Toepfer 1978 in diesem Band, S. 175ff.).

5. Zusammenfassung

Wird ein frischer Knochen durch den Menschen aufgeschlagen, splittert er ähnlich wie unter bestimmten natürlichen Bedingungen oder bei Fraß durch Tiere. Bei der Untersuchung der Knochenbruchstücke von Burgtonna wurden Schnittlinien und Schnittmarken festgestellt, die möglicherweise beim Abtrennen des Fleisches vom Knochen entstanden und in einigen Fällen eventuell als Fraßspuren von Tieren zu bezeichnen sind. Man kann bei den beschriebenen Funden aus dem Travertin von Burgtonna, Kr. Bad Langensalza, nicht von Arbeitsgeräten sprechen, sondern wird sie als Jagdbeutereste deuten müssen. Problematisch werden sie solange bleiben, bis nicht weiteres Fundmaterial obige Aussagen bestätigt.

Резюме

При исследовании фрагментов костей из Бургтонны установлены линии резания, связанные, возможно, с разделением мяса от кости, в некоторых случаях их можно считать следами обгладывания животными. Описанные находки из травертина Бургтонны не являются производственными инструментами, их можно считать охотничей добычей.

Они остаются, однако, проблематичными, покаданное предположение не подтвердится новыми находками.

Summary

When man breaks a fresh bone to pieces, it splinters just as under definite natural conditions, or when eaten by animals. In a study of fragments of bones from Burgtonna cutting lines and marks were found, which possibly originated from separating the meat from the bone, and in some cases may be designated as eating traces of animals. The finds of the travertine of Burgtonna may not be described as implements, but may be interpreted as game-bag remains. They will remain problematical ones as long as the above statement will not be confirmed by further discoveries.

6. Literatur

Fejfar, O.: Einige Beispiele der Benagung fossiler Knochen. — Anthropozoikum 7, 145—149, Praha 1957.

Freiesleben, J. C.: Geognostisch-bergmännische Beobachtungen auf einer Reise durch Saalfeld, Camsdorf und einen Theil Thüringens. — Lempes Mag. Bergbaukd. 10, 103—114, (1793).

Feustel, R.: Zur Problematik der „Protolithischen Knochenkultur" und der „Osteodontokeratic Culture". — Alt-Thüringen 10, 7—67, Weimar 1968—1969.

Schäfer, H. F.: Über die pleistocäne Säugetierfauna und die Spuren des paläolithischen Menschen von Burgtonna in Thüringen. — Z. deutsch. geol. Ges. 61, 445—469, Berlin 1909.

Toepfer, V.: Ein paläolithischer Schaber von Burgtonna in Thüringen. — Germania 20, 161—163, Berlin 1936.

Zapfe, H.: Lebensspuren der eiszeitlichen Höhlenhyänen. — Palaeobiologica 7, 111—146, Wien 1942.

Teil II

Die Deckschichtenfolge über dem Travertin von Burgtonna in Thüringen

Vorwort

Durch das Institut für Quartärpaläontologie Weimar werden unter der Leitung von Herrn Dr. Dr. H.-D. Kahlke seit mehreren Jahren Neubearbeitungen der klassischen quartärpaläontologischen Fundstätten Thüringens durchgeführt. Auf diese Weise erfuhren die Fundstätten Voigtstedt, Süßenborn, Ehringsdorf, Taubach und Burgtonna, denen die europäische Pleistozän-Stratigraphie wesentliche Impulse verdankt, durch internationale Kollektive von Fachvertretern eine Neubearbeitung. Die erzielten Untersuchungsergebnisse wurden auf Internationalen Paläontologischen Kolloquien in Weimar diskutiert und anschließend im Rahmen einer Monographienfolge der internationalen Eiszeitforschung zur Verfügung gestellt. Dieses Vorhaben wurde nicht zuletzt durch den Umstand begründet, daß gerade in den letzten Jahren viele neue Daten über die klassischen Fundstätten Thüringens gewonnen werden konnten, die eine Überprüfung und Korrektur des bisherigen Kenntnisstandes erforderten. In allen Fällen haben die Neubearbeitungen unseren Kenntnisstand wesentlich erweitert, präzisiert und ergänzt. Dadurch wurden zugleich neue Fragestellungen für die übrigen Fundstätten aufgeworfen. Dies gilt auch für Burgtonna, wo nunmehr eine Wirbeltierfundstätte in der jungpleistozänen Deckschichtenfolge über dem interglazialen Travertin in eine komplexe quartärpaläontologische Bearbeitung einbezogen werden konnte. Die interdisziplinäre Bearbeitung dieser Fundstätte durch ein Kollektiv von in- und ausländischen Fachvertretern entspricht dabei auch im vorliegenden Fall der Tradition der bisherigen Neubearbeitungen durch das Institut für Quartärpaläontologie, Weimar.

Für die vielfältige Unterstützung durch das Institut für Quartärpaläontologie Weimar sei besonders dessen Direktor, Herrn Dr. Dr. H.-D. Kahlke, auch an dieser Stelle verbindlichst gedankt.

Berlin, im April 1975

Wolf-Dieter Heinrich

Quartärpaläontologie	3	185–186	Berlin, Dezember 1978

Zur Entdeckungs- und Forschungsgeschichte der Wirbeltierfundstätte in der jungpleistozänen Deckschichtenfolge über dem Travertin von Burgtonna in Thüringen

Von WOLF-DIETER HEINRICH, Berlin

Mit 2 Abbildungen

Abstractum

Der forschungsgeschichtliche Abriß schildert den Anlaß und Ablauf der Ausgrabungen und Untersuchungen, die von in- und ausländischen Fachvertretern an einer quartärpaläontologischen Fundstätte in der jungpleistozänen Deckschichtenfolge über dem Travertin von Burgtonna durchgeführt wurden.

Статья посвящена истории исследования важного для палеонтологии четвертичных отложений местонахождения в верхнеплейстоценовых покровных слоях, залегающих выше травертина Бургтонны. При раскопках и исследовании принимали участие как отечественные, так и иностранные специалисты.

A history of research describes in outline the cause and development of excavations and studies made by specialists from at home and abroad in a Quaternary palaeontological locality in the Upper Pleistocene succession of covering beds above the Travertine series of Burgtonna.

Im Rahmen einer systematischen quartärpaläontologischen Neubearbeitung der thüringischen Interglazialtravertine übernahmen D. JÁNOSSY, Nationalmuseum Budapest, und W.-D. HEINRICH, Museum für Naturkunde an der Humboldt-Universität zu Berlin, auf Ersuchen von Herrn Dr. Dr. H.-D. KAHLKE, Direktor des Instituts für Quartärpaläontologie Weimar, die Bearbeitung von fossilen Kleinsäugerresten, die in den Travertinfundstellen Taubach und Burgtonna geborgen wurden. Bei den Felduntersuchungen in Burgtonna wurde im September 1971 vom Verf. im NE-Teil des Travertinbruchs am Ortsrand von Burgtonna in einem Aufschluß der pleistozänen Deckschichtenfolge, die den Travertin von Burgtonna überlagert, eine Fundstätte pleistozäner Wirbeltiere entdeckt (Abb. 1 und 2). Bereits bei Beginn der Untersuchungen erbrachte das Schlämmen und die Auswertung einer horizontiert aufgesammelten Probenserie aus der Deckschichtenfolge ein reichhaltiges fossiles Kleinwirbeltiermaterial, darunter zahlreiche Mikromammalierreste.

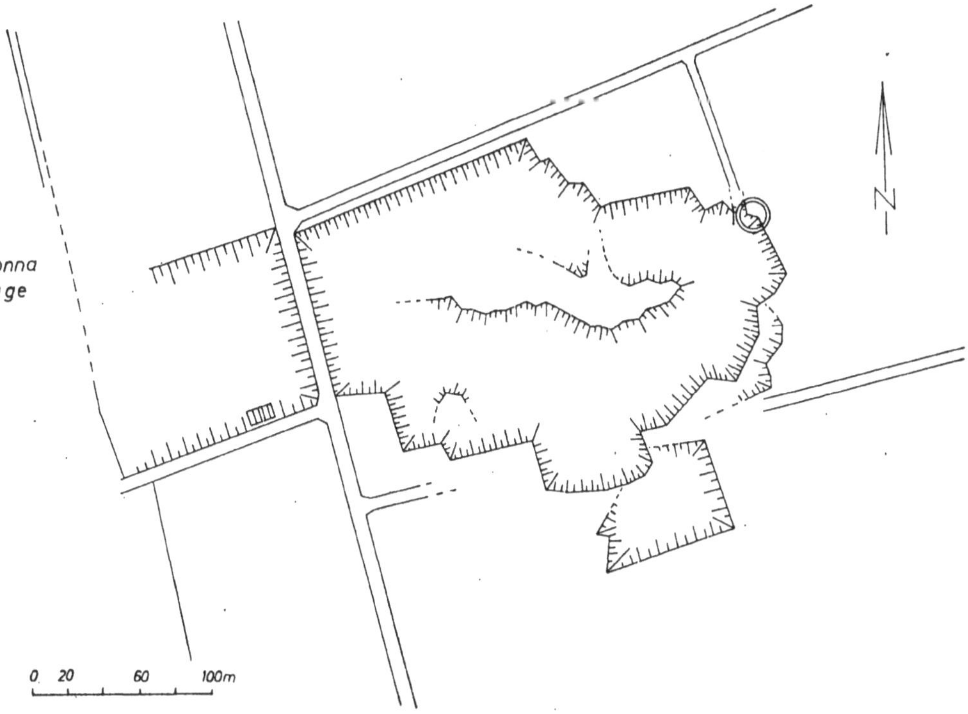

Abb. 1. Die Lage der Fundstätte im Travertinbruch von Burgtonna
Vermessung: Institut für Quartärpaläontologie Weimar

Abb. 2. Gesamtansicht der Fundstätte. Über verkarstetem Travertin lagert eine fossilführende Deckschichtenfolge, die von einer Fließerde, Bodensedimenten, Lößderivaten und begrabenen Böden aufgebaut wird. Photo: H. WÖLLNER

Das bis zu diesem Zeitpunkt vorliegende Fundgut konnte im Herbst des gleichen Jahres durch weitere Aufsammlungen vergrößert werden. Die erste umfassendere Durchmusterung des paläontologischen Fundgutes in den Wintermonaten 1971/1972 ergab, daß neben Mikromammaliern auch Reste von Amphibien, Reptilien, Vögeln und Konchylien vorliegen. Außerdem treten nicht näher bestimmbare Fischreste (Wirbelfragmente) auf. Diese Zusammensetzung des paläontologischen Fundgutes erforderte für die Bearbeitung ein Kollektiv von Spezialisten.

Bei der von JÁNOSSY und dem Verfasser in Budapest gemeinsam vorgenommenen Bestimmung und Auswertung der fossilen Mikromammalier wurden von JÁNOSSY im Probenmaterial des Lößderivates Molaren von *Lagurus lagurus* (PALLAS, 1778) entdeckt (HEINRICH & JÁNOSSY 1973). Dies war der Anlaß für weitere, umfangreiche Bergungsarbeiten im August 1973, die nicht nur das bis dahin vorliegende *Lagurus*-Fundgut vergrößern, sondern durch den Nachweis von Ostrakoden im Lößderivat eine weitere Tiergruppe für das untersuchte Deckschichtenprofil belegen konnten. Für die Bearbeitung der Ostrakoden wurden K. DIEBEL und E. PIETRZENIUK, beide Museum für Naturkunde an der Humboldt-Universität zu Berlin, gewonnen.

Auf dem IV. Paläontologischen Kolloquium in Weimar 1972, das von der Deutschen Gesellschaft für Geologische Wissenschaften der DDR und dem Institut für Quartärpaläontologie Weimar veranstaltet wurde, konnten die ersten Untersuchungsergebnisse vorgelegt und die stratigraphische Stellung des Faunenkomplexes diskutiert werden. Die Auswertung der Diskussionen anläßlich der Weimarer Tagung machte nochmalige Geländebefahrungen erforderlich, die einerseits der Gewinnung weiteren paläontologischen Fundgutes und andererseits einer ergänzenden lößstratigraphischen Untersuchung des Aufschlußprofils dienten.

Im Zuge der Felduntersuchungen erfolgte eine eingehende Profildokumentation, die sowohl der Probenentnahme als auch der Auswertung in den Einzelbeiträgen zu Grunde liegt. Für die paläontologische Bearbeitung wurde ca. 1 t Lockersedimente ausgeschlämmt. Zur Gewinnung der Kleinwirbeltierreste wurden Siebe mit Maschenweiten von 0,8 mm verwendet, bei der Bergung der Ostrakodenfauna kamen entsprechend feinere Siebmaschenweiten zur Anwendung. Das auf diesem Wege gewonnene paläontologische Fundgut ist die Grundlage für die nachfolgenden Beiträge von G. BÖHME (Berlin), K. DIEBEL (Berlin), W.-D. HEINRICH (Berlin), D. JÁNOSSY (Budapest), D. MANIA (Halle), K. MŁYNARSKI (Kraków), E. PIETRZENIUK (Berlin) und H. ULLRICH (Berlin), die durch lößstratigraphische Untersuchungen von K.-D. JÄGER (Dresden) und dem Verfasser ergänzt werden.

Bisher liegen nur die beiden, nachfolgend genannten Veröffentlichungen zu dieser Wirbeltierfundstätte in der jungpleistozänen Deckschichtenfolge über dem Travertin von Burgtonna vor.

Für mannigfaltige Unterstützung und das stete Interesse am Fortgang der Untersuchungen danke ich Herrn Dr. Dr. H.-D. KAHLKE, Institut für Quartärpaläontologie Weimar.

Literatur

DIEBEL, K., & PIETRZENIUK, E.: Neue Ostracoden aus dem Pleistozän von Burgtonna (Bezirk Erfurt): *Tonnacypris* gen. n. und *Amplocypris tonnensis* sp. n. — Z. geol. Wiss. 3, 1, 87—97, Berlin 1975.

HEINRICH, W.-D., & JÁNOSSY, D.: *Lagurus lagurus* (PALLAS, 1773) (Rodentia, Mammalia) aus dem Jungpleistozän von Burgtonna (Bezirk Erfurt). — Z. geol. Wiss. 1, 5, 597 bis 602, Berlin 1973.

Quartärpaläontologie	3	187–202	Berlin, Dezember 1978

Die stratigraphische Gliederung eines fossilführenden jungpleistozänen Deckschichtenprofils über dem Interglazialtravertin von Burgtonna in Thüringen

Von KLAUS-DIETER JÄGER, Dresden, & WOLF-DIETER HEINRICH, Berlin

Mit 5 Abbildungen und 5 Tabellen

Inhalt

1. Abstractum

Ziel des Beitrages ist die Einstufung fossilführender Fundhorizonte aus der jungpleistozänen Deckschichtenfolge über dem Interglazialtravertin von Burgtonna in die regionale Lößstratigraphie. Die lithostratigraphische und paläopedologische Bearbeitung des Profils bietet die Grundlage für die Korrelation mit lößstratigraphischen Richtprofilen. Die untersuchte Schichtenfolge umfaßt vor allem Ablagerungen und Böden der älteren und mittleren Weichsel-Kaltzeit, teilweise auch der jüngeren Weichsel-Kaltzeit und des Holozäns.

Цель данной работы заключается в определении стратиграфического возраста горизонтов с фаунистическими остатками из разреза верхнеплейстоценовых покровных слоев, залегающих над межледниковым травертином Бурттонны по региональной лёссовой стратиграфии. Литостратиграфическая и палеопедологическая обработки разреза являются основой корреляции с эталонными разрезами лёссовой стратиграфии. В изученных разрезах в основном представлены отложения и почвы древнего и среднего этапов вислинского ледниковья, отчасти также верхневислинского ледниковья и голоцена.

The object of the present paper is to classify into the regional loess stratigraphy fossiliferous layers from the Upper Pleistocene succession of covering beds above the interglacial Travertine series of Burgtonna. The lithostratigraphical and palaeopedological study of the profile provides the basis for a correlation with loess-stratigraphical standard sections. The succession of beds investigated comprises deposits and soils of the older and middle Weichselian glacial stage, in part of the younger one, too, and of the Holocene.

2. Einleitung

Zur Kenntnis der mitteleuropäischen Lößstratigraphie hat die Quartärforschung in Thüringen mit einer Anzahl detaillierter Profilanalysen wesentliche Befunde beigetragen (u. a. bei UNGER & RAU 1959, 1961; RAU 1962; RAU & UNGER 1964; RUSKE & WÜNSCHE 1961, 1964; HAASE, LIEBEROTH & RUSKE 1970). Die verfügbaren neueren Beobachtungen betreffen vorzugsweise die stratigraphische Gliederung der Weichsel-Kaltzeit und bestätigen für diesen Abschnitt des Eiszeitalters in den Grundzügen die in anderen Gebieten Mitteleuropas gewonnenen lößstratigraphischen Erfahrungen. Vergleiche und Korrelationen stützen sich dabei vorzugsweise auf pedostratigraphische Untersuchungen und deren Ergebnisse (FINK 1964a, 1965a, b, ferner 1967, 1969, 1973). Detaillierte paläontologische Bearbeitungen und daraus ableitbare biostratigraphische Einstufungen der verschiedentlich stratigraphisch untersuchten thüringischen Aufschlüsse mit Lößen, Lößderivaten und auf solchen Substraten entwickelten begrabenen Böden stehen demgegenüber — im Gegensatz zu anderen mitteleuropäischen Lößregionen — bis jetzt noch immer weitgehend aus. Dieser Umstand unterscheidet den bisherigen Kenntnisstand zur Stratigraphie pleistozäner Löße in Thüringen nicht nur von demjenigen vergleichbarer Trockenregionen Mitteleuropas vor allem in Böhmen, Mähren, der Slowakei und Niederösterreich (LOŽEK 1964a, b, 1972; FINK 1956, 1962, 1964a, 1965b), sondern selbst vom benachbarten Sachsen, wo das verbreitete Auftreten kalkfreier Schichtenfolgen in der Lößstratigraphie der Erhaltung und Bearbeitung von Lößfossilien (vgl. für dieses Gebiet vor allem FUHRMANN 1961) besonders ungünstige Bedingungen entgegenstellte. Der hier beschriebene Sachverhalt begründet das Erfordernis, auch in der Gegenwart und Zukunft weitere Untersuchungen zur thüringischen Lößstratigraphie vorzunehmen, jedoch im wesentlichen nur und möglichst in jedem Falle mit dem Ziel, daß der bisherige Kenntnisstand mehr als bisher vor allem in biostratigraphischer Hinsicht ergänzt und untermauert wird. Im Rahmen einer solchen Aufgabenstellung erfolgte die Profilbearbeitung in einem bisher nicht näher untersuchten Lößaufschluß bei Burgtonna in Thüringen. Wesentlich neue Erkenntnisse zur litho- und pedostratigraphischen Gliederung von Schichtenfolgen mit pleistozänen Lößen, Lößderivaten und begrabenen Böden wurden somit von dieser Untersuchung nicht erwartet, wohl aber Möglichkeiten einer Abgleichung dieses Kenntnisstandes mit neuen biostratigraphischen Aussagemöglichkeiten. Im gegebenen Falle erhalten die erzielbaren Aussagen ein besonderes Gewicht durch den Umstand, daß der neu untersuchte Aufschluß nicht nur, wie die Mehrzahl der bisher paläontologisch untersuchten mitteleuropäischen Lößprofile, paläomalakologische Aussagen gestattete (vgl. MANIA, im vorliegenden Band, S. 203ff.), sondern dank der Überlieferung von Wirbeltierfossilien zusätzliche paläontologische Feststellungen ermöglichte, die über den thüringischen Raum hinaus bedeutsam sein können (vgl. HEINRICH & JÁNOSSY 1973 und in diesem Band, S. 231ff.).

Die Profillage und Forschungsgeschichte des neu untersuchten Aufschlußprofils erörtert ein gesonderter Beitrag von Heinrich (im vorliegenden Band, S. 185f.). Eine erste zeichnerische Profildokumentation erfolgte durch Heinrich & Locker im Oktober 1971. Die für die vorliegenden Untersuchungen erforderliche Profilbeprobung wurde von den Verfassern am 9. 7. 1973 vorgenommen, wobei für technische Unterstützung dem Institut für Quartärpaläontologie Weimar zu danken ist. Die Lage der Probenahmepunkte und deren Bezeichnung wurde an die paläontologische Profilbeprobung angeglichen, die den nachfolgenden paläontologischen Beiträgen zugrunde liegt (vgl. Abb. 1 bei Heinrich & Jánossy in diesem Band, S. 233). Die litho- und pedostratigraphische Profilanalyse stützt sich auf die Bearbeitung der entnommenen Schicht- und Bodenproben durch Frau K. Kiesling im Labor der Arbeitsgruppe Naturhaushalt und Gebietscharakter Dresden der Sächsischen Akademie der Wissenschaften zu Leipzig. Der Bearbeiterin bekunden die Verfasser ihren aufrichtigen Dank.

3. Die morphologische Position des Aufschlusses

Der bearbeitete Aufschluß befindet sich in der Deckschichtenfolge im NE-Teil des Travertinbruchs von Burgtonna, über dessen Lage und morphostratigraphische Zuordnung der Beitrag von Gesang (in diesem Band, S. 43ff) orientiert. Gegenstand der vorliegenden Profiluntersuchung ist eine Schichtenfolge im Hangenden des dort abgebauten Travertins. Am Aufbau dieser Schichtenfolge sind eine Fließerde mit hohem Travertinschuttanteil, ferner Lößderivate sowie begrabene Böden und Bodensedimente beteiligt. Diese Schichtenfolge füllt eine trichterartige Depression im Travertin aus, die durch eine Travertinschuttdecke teilweise verhüllt ist (Abb. 1—3). Die Trichterfüllung erreicht eine aufgeschlossene Mächtigkeit bis zu 3,0 m. Dabei besteht offenbar ein Zusammenhang zu Hohlräumen, die infolge Verkarstung den Travertin auch unterhalb seiner Oberfläche in unterschiedlicher Größenordnung durchsetzen (Abb. 3—4). So treten Bodensedimente nicht nur als Bestandteil der Deckschichtenfolge im Hangenden des Travertins, sondern auch als Verfüllung dieser Hohlräume auf. Außerdem sind stellenweise millimeterstarke Bodensedimentlagen und -linsen zu beobachten, die in den Travertin eingeschaltet sind. Die Tatsache, daß Bodensedimente auch in Hohlräumen unterhalb der Travertinoberfläche auftreten, belegt dabei, daß mindestens eine Phase der Schwarzerdebodenbildung der Verfüllung dieser Hohlräume durch postpedogene Umlagerung von Bodensedimenten vorausgegangen sein muß. Darüber hinaus spricht in diesem Falle die unregelmäßige Verteilung von Bodensediment in den Hohlräumen des Interglazialtravertins gegen die Interpretation als autochthone Bodenbildung. Aus der holozänen Warmzeit liegen Beobachtungen vor, die belegen, daß die Verkarstung von Binnenwasserkarbonaten noch in der gleichen Warmzeit einsetzen kann, in welcher ihre Ablagerung erfolgte (Jäger & Ložek 1968). Diese Erfahrungen sind mit einem sehr hohen Grad an Wahrscheinlichkeit auf die pleistozänen Warmzeiten (Interglaziale) übertragbar (Ložek & Jäger 1972). Die Ablagerung des Travertins von Burgtonna und dessen oberflächige Verkarstung könnte deshalb ein und derselben Warmzeit angehören, u. zw. spätestens demjenigen Interglazial, das der Entstehung der Deckschichtenfolge zeitlich voranging.

Eine detaillierte Dokumentation der Profilgliederung in der Deckschichtenfolge beinhaltet die nachfolgende Aufschlußbeschreibung. Jedoch ist bereits an dieser Stelle festzuhalten, daß auch die Profilgliederung die Lage der untersuchten Schichtenfolge in einer Depression deutlich widerspiegelt. Dies zeigt sich vor allem darin, daß sich die Mächtigkeiten der tieferen Profilglieder nach dem Rande hin zunehmend verringern (Abb. 1—3). Andererseits sind maximale

Abb. 1. Gesamtansicht der untersuchten Deckschichtenfolge im Aufschlußprofil von Burgtonna
Zur Profilgliederung vgl. Abb. 2 u. 3

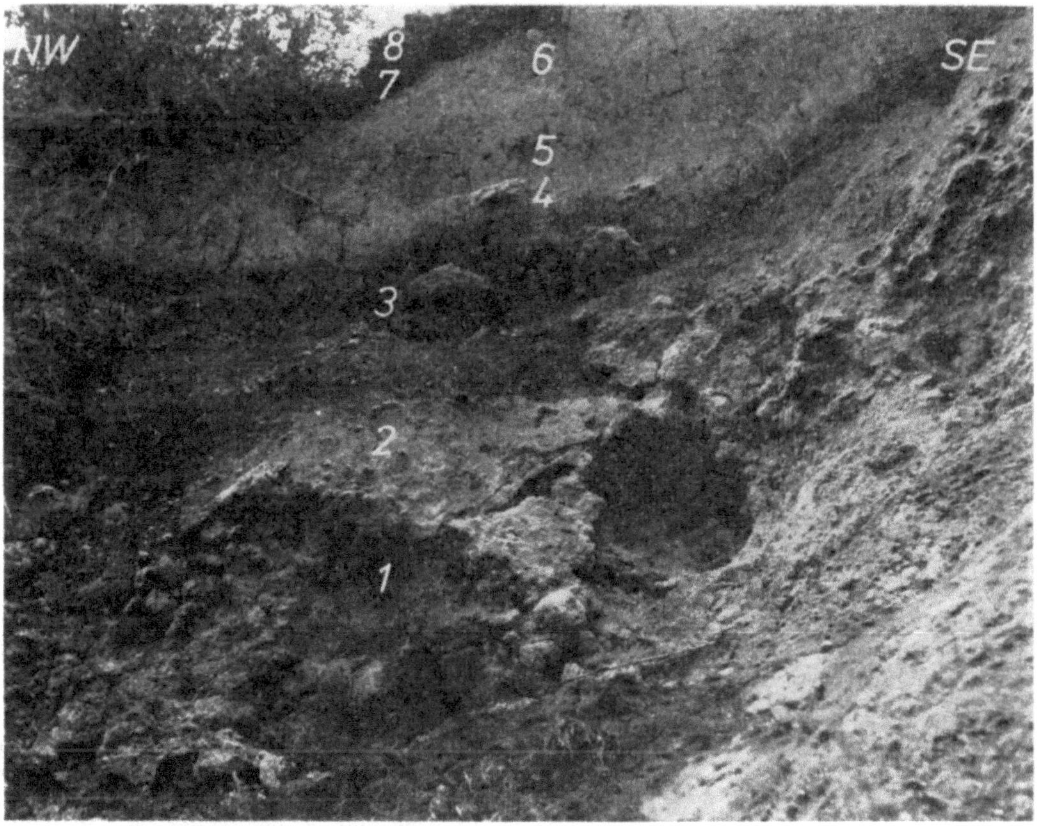

Abb. 2. Teilansicht zur untersuchten Deckschichtenfolge im Aufschlußprofil von Burgtonna

1 – Interglazialtravertin; 2 – Fließerde; 3 – Schwarzerdekolluvium; 4 – Älteres Lößderivat; 5 – begrabener Boden (Frostgley); 6 – Jüngeres Lößderivat; 7 – Humushorizont einer holozänen Schwarzerde; 8 – Deckmaterial (Aufschüttung?); Foto: H. WÖLLNER

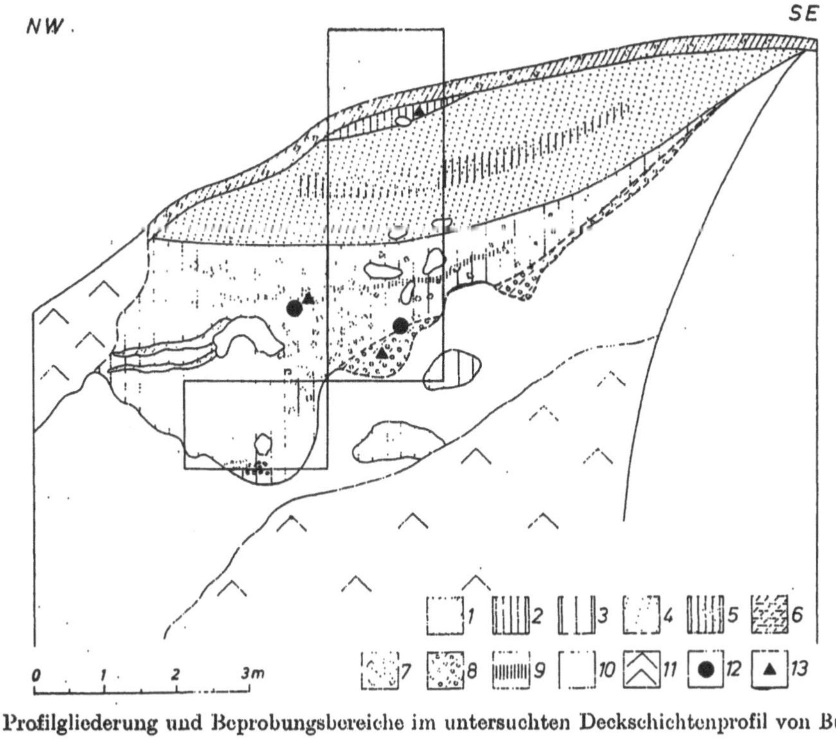

Abb. 3. Profilgliederung und Beprobungsbereiche im untersuchten Deckschichtenprofil von Burgtonna

1 – Deckmaterial (Aufschüttung?); 2 – Humushorizont einer Schwarzerde, autochthon; 3 – Bodensediment aus umgelagerter Schwarzerde (Schwarzerdekolluvium); 4 – Lößderivate; 5 – begrabener Boden in Lößderivaten, autochthon (Frostgley); 6 – Bänder von verschwemmtem Travertinpulver, allochthon; 7 – Brocken umgelagerten Travertinschuttes; 8 – Fließerde mit hohem Anteil von umgelagertem Travertin; 9 – G_r-Horizont im Schwarzerdekolluvium; 10 – anstehender Travertin mit aufgelagerter Travertinschuttdecke; 11 – Versturz; 12 – Fundpunkte von Großsäugerknochen; 13 – archäologische Fundpunkte

Stark umrahmt sind die für die lithologische und pedologische Untersuchung beprobten Profilabschnitte (mit Profil 1 links und Profil 3 rechts).

Abb. 4. Der Interglazialtravertin von Burgtonna ist im Bereich der Fundstätte unmittelbar unterhalb seiner Oberfläche von zahlreichen Hohlräumen durchsetzt, die sekundär mit einem Schwarzerdekolluvium ausgefüllt wurden.

Schichtmächtigkeiten an den zentralen Bereich der Depression gebunden.

4. Beschreibung und Analyse der Profile

4.1. Profilbeschreibungen

In den nachfolgenden Profilbeschreibungen erfolgt die Festlegung der Mengenstufen für Körnungskomponenten, Humus- und Karbonatgehalte unter Berücksichtigung der vorliegenden Laboranalysen in Anlehnung an Lieberoth (1969), die Angabe der Farbwerte an Hand der Munsell Soil Color Charts. Die Unterscheidung von Lagen folgt den bei Kopp (1969) dargelegten Grundsätzen. Die beprobten Profile ordnen sich in die Profilfolge ein, die der paläontologischen Bearbeitung zugrunde lag. Die Bezeichnungen der im untersuchten Aufschluß unterschiedenen Profile entsprechen der im Beitrag von Heinrich & Jánossy (im vorliegenden Band, S. 232, Abb. 1) festgelegten Nomenklatur.

Ferner wurde die paläontologische Profilbeprobung soweit an die lithostratigraphische Gliederung des Aufschlusses angepaßt, daß zwischen den hier zugrundegelegten Lagenbezeichnungen und den Beprobungseinheiten der paläontologischen Profiluntersuchung eine feste Korrelation möglich wird (Tab. 1).

Tab. 1. Korrelation der lithostratigraphischen Lagenfolge mit den paläontologischen Beprobungseinheiten im untersuchten Deckschichtenprofil von Burgtonna

	Litho- und pedostratigraphische Profilbeschreibung	Lage	Paläontologische Beprobungseinheiten
Deckschichtenfolge	Überschüttung	10	7
	Humushorizont einer Schwarzerde	9	6
	Jüngeres Lößderivat	8b	5
		8a	
	Frostgley	7b	
		7a	4
	Älteres Lößderivat	6b	
		6a	3
	Schwarzerdekolluvium	5	2E
	G_0-Horizont	4	—
	Schwarzerdekolluvium	3	2A—2D
	Fließerde	2	1
	Travertin	1	Travertin

Im Aufschlußbereich konnte die vollständigste und am meisten gegliederte Schichtenfolge im Profil 3 erfaßt werden. Dieses Profil enthält alle im Aufschluß unterscheidbaren Lagen und dient deshalb als Leitprofil für die Gliederung der Schichtenfolge in den Beiträgen zur Lithostratigraphie, zur Mollusken- und zur Wirbeltierfauna.

Der tiefere Teil des Schwarzerdekolluviums unterhalb des G_0-Horizontes ist in diesem Profil im Vergleich zu anderen Profilen des gleichen Aufschlusses schwächer repräsentiert, da das Profil 3 in der Randfazies der Depression entwickelt ist. Der untere Teil des Schwarzerdekolluviums konnte in anderen, mehr nach dem Inneren der Depression zu gelegenen Profilen in größerer Mächtigkeit angetroffen und diffe-

Profil 3 (vgl. Abb. 3)

Lagenbezeichnung	Tiefe unter Gelände [m]	Beschreibung
(10)	0,0—0,2	Deckmaterial (Aufschüttung?); schluffiger Ton, schwach kiesig; mäßig humos; stark karbonathaltig; braun, (10 YR 5/3); durchwurzelt.
(9)	0,2—0,5	Humushorizont; schluffiger Ton, kiesarm; stark humos; mäßig karbonathaltig; stark dunkelgrau (10 YR 3/1); durchwurzelt; schwach fossilführend, mit einem uncharakteristischen Rest prähistorischer Keramik.
(8)	0,5—1,0	Lößderivat; schluffiger bis lehmiger Ton, schwach bis mäßig kiesig; schwach humos, Humusgehalt vom Liegenden zum Hangenden abnehmend; sehr stark karbonathaltig, jedoch keine Travertinbrocken, Karbonatgehalt und Fossilführung vom Liegenden zum Hangenden

Profil 3 (Fortsetzung)

Lagenbezeichnung	Tiefe unter Gelände [m]	
		stark zunehmend; mit überdurchschnittlichen Konchylienanreicherungen bis 0,7 m unt. Gel.; hell bräunlichgrau (10 YR 6/2); Prismengefüge (plattig aufgeflasert, stark rissig).
(7)	1,0–1,2	Begrabener autochthoner Bodenhorizont; schluffiger Ton, fast kiesfrei (Kiesel aus umgelagertem Kristallin: Quarzporphyr), jedoch keine Travertinbrocken; mäßig humos mit vom Liegenden zum Hangenden zunehmendem Humusgehalt; stark karbonathaltig, Karbonatgehalt vom Liegenden zum Hangenden zunehmend, Auftreten von Kalkmyzel (sekundäre Aufkalkung!); überdies deutliche Staunässemerkmale (Pseudovergleyung bzw. Frostgley: Rostfleckung); braun (10 YR 5/3) mit kräftig brauner Fleckung (bei 7,5 YR 5/8); Prismengefüge (plattig aufgeflasert, stark rissig); schwach fossilführend.
(6)	1,2–2,2	Lößderivat; schluffiger Ton, kiesfrei; schwache Humusgehalte, die vom Liegenden zum Hangenden kaum zunehmen; mäßig karbonathaltig, Karbonatgehalt vom Liegenden zum Hangenden schwach zunehmend, darunter bereits große scharfkantige Travertinbrocken; gelblich-braun (10 YR 5/4); Prismengefüge (plattig aufgeflasert, stark rissig); schwach fossilführend.
(5)	2,2–2,4	Schwarzerdekolluvium; schluffiger Ton, mäßig kiesführend (stark humos; mäßig karbonathaltig, größere scharfkantige Travertinbrocken mit vom Liegenden zum Hangenden abnehmender Häufigkeit; sehr dunkelbraun (10 YR 2/2) in fleckigem Wechsel mit grauer Färbung (bei 2,5 Y 5/0), stellenweise blaufleckig; locker-krümeliges Gefüge; stark fossilführend; bisher ein vereinzelter artifizieller Silexabschlag.
(4)	2,4–2,6	G_0-Horizont in Schwarzerdekolluvium; schluffiger Ton; sehr stark kiesig; stark karbonathaltig mit deutlicher Rostfärbung (bei 5 YR 4/6); Gefüge locker-krümelig, mehr skelettbetont; stark fossilführend.
(3)	2,6–3,4	Schwarzerdekolluvium; schluffiger Ton, mäßig kiesig; sehr stark humos; stark karbonathaltig, mit großen scharfkantigen Travertinbrocken, deren Häufigkeit vom Hangenden zum Liegenden zunimmt; sehr dunkelbraun (10 YR 2/2), teilweise rostfleckig; Gefüge charakterisiert durch große unregelmäßige, scharfkantige Polyeder; stellenweise durchwurzelt; sehr stark fossilführend; bisher ein artifizieller Silexabschlag im basalen Teil der Schicht; Schichtmächtigkeit nach dem Rand zu deutlich abnehmend.
(2)	3,4–3,8	Fließerde; Übergangsschicht vom Travertin zum Deckschichtenprofil, Lehm, sehr stark kiesig; mäßig humos; außerordentlich karbonathaltig, mit zahlreichen scharfkantigen Travertinbrocken; fossilführend.

renzierter erfaßt werden. Deshalb machte sich eine ergänzende Analyse dieser Profilteile erforderlich, die sich aber in der Beprobung und Auswertung auf den kolluvialen Abschnitt der Schichtenfolge beschränken durfte. Die zusätzliche Probenahme erfolgte im Profil 1. Das Schwarzerdekolluvium (Tiefenlage bei 3,2 bis 3,6 m u. Gel.) ist hier wie folgt zu charakterisieren:

Schwarzerdekolluvium: schluffiger Ton, stark kiesig; stark humos; schwach bis mäßig karbonathaltig, mit scharfkantigen Travertinbrocken bis zu 0,5 m ∅ sowie geringmächtigen Bändern mit verschwemmtem Travertinpulver und Travertinbrocken; grau (2,5 Y 5/0) im Wechsel mit sehr dunklem Graubraun (10 YR 3/2), auf Bruchflächen der Polyederaggregate sehr dunkelbraun (10 YR 2/2); Gefüge charakterisiert durch unregelmäßige scharfkantige Polyeder mit außerordentlich verdichteten Teilaggregaten; sehr stark fossilführend.

Das Liegende von Profil 1 und 3 bilden interglaziale Binnenwasserkalke (Dauchtravertin, möglicherweise auch stellenweise Seekreide) mit hellgrauen bis hellbräunlich-grauen Farbwerten (bei 2,5 Y 6/2 bis 2,5 Y 7/2), die teils unmittelbar (Lage 1a), teils unter Zwischenschaltung einer Travertinschuttdecke von wenigen Dezimetern Mächtigkeit (Lage 1b) die untersuchte Deckschichtenfolge unterlagern.

4.2. Profilanalyse

4.2.1. Zur Labormethodik

Die detaillierte Analyse und Korrelation lithologischer und paläopedologischer Aufschlußbefunde erfordert in der Lößstratigraphie grundsätzlich deren Ergänzung durch Untersuchungen im Labor. Andererseits liegt den bisherigen, und zwar auch den neueren Veröffentlichungen zur mitteleuropäischen Lößstratigraphie keine generell vereinheitlichte Labormethodik zugrunde, und durch Unterschiede in der Bearbeitungsmethodik bei verschiedenen Aufschlußbefunden und Autoren wird die Vergleichbarkeit der gewonnenen Ergebnisse wesentlich eingeschränkt. Derartige Einschränkungen ergeben sich bereits bei enger regionaler Umgrenzung des Vergleichsgebietes für einen stratigraphischen Einzelbefund, wie an Hand der Veröffentlichungen zur Lößstratigraphie in den thüringisch-sächsischen Lößlandschaften gezeigt werden kann (Tab. 2). Erfährt hier auch die regionale Vergleichbarkeit und Korrelationsfähigkeit neuer Laborbefunde eine wesentliche Einengung, so ist für die genannten Gebiete die generelle Ausweisung der jeweils angewandten Labormethodik in den neueren Originalveröffentlichungen, vorrangig bei Unger & Rau (1961), Ruske & Wünsche (1961) sowie Lieberoth (1963), hervorzuheben. Die erweisliche Uneinheitlichkeit im genutzten Methodenspektrum belastet in noch höherem Maße den Befundvergleich mit anderen Veröffentlichungen ohne nähere Angaben zur benutzten Untersuchungsmethodik, z. B. in der unmittelbaren Nachbarschaft des westlichen Thüringens für Hessen bei Semmel (1968), durch zusätzliche Unsicherheiten.

In den Veröffentlichungen mit Angaben zur Untersuchungsmethodik zeigen sich auch Unterschiede in der Breite des eingesetzten Untersuchungsprogramms bei verschiedenen Autoren (Tab. 2). So fehlen bei den bisher veröffentlichten lößstratigraphischen Befunden aus dem Thüringer Becken generell vergleichbare Angaben über C- bzw. Humus-Werte der dort angetroffenen begrabenen und oberflächigen Böden, während andererseits im mittleren Saale-Gebiet sowie in Sachsen in den bearbeiteten Schichtenfolgen in der Regel auch Werte für freies Eisen, in den sächsischen Aufschlüssen darüber hinaus weitere Labordaten gewonnen und veröffentlicht worden sind (vgl. dazu im einzelnen bei Lieberoth 1963, S. 150). Dafür wurden in diesen Gebieten im

Tab. 2. Methodenwahl für laborative Untersuchungen in lößstratigraphischen Veröffentlichungen an Aufschlüssen in den thüringischen, sächsischen und zirkumherzynischen Lößgebieten (in Auswahl)

Bearbeiter	Beispielsgebiet bzw. Beispielsprofil	Körnungsanalyse Siebanteil	Pipettanteil	$CaCO_3$	Humus bzw. C	N	Labor
Jäger & Heinrich	Deckschichtenprofil Burgtonna	Naßsiebung	Köhn	Scheibler	Springer & Klee	Kjeldahl	Dresden, SAW
Unger & Rau (1961, S. 228)	Thüringer Becken	Naßsiebung	Köhn	Scheibler	—	—	Jena, VEB GFE
Ruske & Wünsche (1961, S. 10)	Zirkumherzynisches Trockengebiet	Naßsiebung	Köhn	Fresenius-Classen	Lichterfelde	—	Freiberg (Sa.), VEB GFE
Lieberoth (1963, S. 150)	Sächsische Gefildezone	Naßsiebung	Köhn	Scheibler	Wösthoff	—	Eberswalde, AdL

Die angeführten Methoden sind in ihrer Mehrzahl bei Thun, Herrmann & Knickmann (1955) beschrieben, so die Naßsiebung S. 18–20) die Pipettmethode nach Köhn (S. 22–24), die Bestimmung von $CaCO_3$ nach Scheibler (S. 71) sowie nach Fresenius-Classen (S. 71 bis 72, die C-Bestimmung nach Springer & Klee (S. 49–50) sowie die Umrechnung des Meßergebnisses auf den Humusgehalt (S. 48) und schließlich auch die N-Bestimmung nach Kjeldahl (S. 66).

allgemeinen die bedeutsamen C/N-Verhältnisse nicht ermittelt bzw. dokumentiert.

Die derzeitige Uneinheitlichkeit in der lößstratigraphischen Labormethodik ist somit bereits innerhalb eines Landes feststellbar und um so mehr bei Befundkorrelationen über Ländergrenzen hinweg in Betracht zu ziehen. Dies verpflichtet bei jeder weiteren Veröffentlichung zu genauen Angaben über das benutzte Methodenspektrum. Die durch uns angewandten Methoden sind aus einer diesem Beitrag beigefügten tabellarischen Übersicht (Tab. 2) zu entnehmen und im einzelnen bei Thun, Herrmann & Knickmann (1955) beschrieben. Tab. 2 verdeutlicht die Vergleichsmöglichkeiten des für diesen Aufschluß eingesetzten Methodenspektrums zur Untersuchungsmethodik bisheriger Bearbeitungen für andere thüringische, sächsische sowie zirkumherzynische Lößaufschlüsse. Sie läßt für dieses Gebiet eine erfreuliche Einheitlichkeit bei der Methodik der Körnungsanalysen erkennen und ermöglicht so im Rahmen der nachfolgenden Profilanalyse wenigstens zur Körnung vergleichende Aussagen für verschiedene Aufschlüsse und Lößlandschaften (vgl. auch Haase, Lieberoth & Ruske 1970). Demgegenüber wird bei Auswertung der für $CaCO_3$ und besonders für C bzw. Humus gewonnenen Angaben im Vergleich zu anderen Profilen und Befunden mehr Vorsicht geboten sein, während für das in Burgtonna ermittelte C/N-Verhältnis derartige Vergleichsbefunde in den genannten Gebieten bisher nicht zur Verfügung stehen. Andererseits bestehen Unklarheiten im lößstratigraphischen Aussagevermögen von Werten für das freie Eisen in der Schichtenfolge, und sie wurden deshalb vorerst zur Kennzeichnung des neuen Aufschlusses von Burgtonna nicht herangezogen. In jedem Falle erfordern die labormethodischen Hinweise bei der Befundinterpretation besondere Beachtung.

4.2.2. Ergebnisse und Folgerungen

Die Laborbefunde (Tab. 3; Abb. 5) widerspiegeln die an Hand der Profilbeschreibung erkennbare Profilgliederung durch einen wiederholten Wechsel von Lößderivaten sowie basaler Fließerde einerseits mit Bodenhorizonten und Bodensedimenten andererseits. Durch die Zwischenschaltung eines autochthonen begrabenen Bodens (Lager 7) werden ein älteres und ein jüngeres Lößderivat (Lagen 6 und 8) stratigraphisch voneinander getrennt, die sich nach den verfügbaren analytischen Daten sowohl voneinander als auch von den begrabenen Bodenhorizonten und -sedimenten deutlich unterscheiden:

Der Derivatcharakter dieser Ablagerungen kommt in ihren Körnungsdaten am deutlichsten zum Ausdruck: Während für typische Löße in den Südbezirken der DDR nach Haase, Lieberoth & Ruske (1970, S. 111) Gehalte an Grobschluff von 45–60% und an Ton (< 0,002 mm) von 10–20% als charakteristisch gelten, werden für Lößderivate im gleichen Gebiet von den genannten Autoren (a. a. O., S. 115) als Regelfall Gehalte an Grobschluff von 25–45% und der Tonfraktion von 15–25% angegeben. Dies bedeutet im Vergleich zum typischen Löß in den Lößderivaten geringere Grobschluff- und höhere Tonanteile. Beide Tendenzen zeigen die Lößderivate im untersuchten Aufschlußprofil von Burgtonna mit besonderer Deutlichkeit, wobei bereits für das ältere Lößderivat (6) sowohl die vergleichsweise Minderung der Grobschluffkomponente als auch die Erhöhung der Tongehalte mit Grobschluffanteilen zwischen 15,2% und 13,8% sowie Werten für die Tonfraktion zwischen 30% und 33% die in Thüringen im Regelfall festgestellten Beträge deutlich überschreitet. Mit Beträgen zwischen 12,6% und 12,1% für den Grobschluffanteil sowie Anteilen der Tonfraktion zwischen 31,6% und 34,2% vergrößert sich im jüngeren Lößderivat (8) die Abweichung vom thüringischen Regelfall noch mehr, wodurch die für Lößderivate kennzeichnenden Abweichungen von den lithologischen Merkmalen typischer Löße noch deutlicher ausgeprägt sind als beim älteren Lößderivat (6).

In Analogie zur Aussage der Körnungsspektren steht diejenige der Farbwerte: Das ältere Lößderivat (6) ordnet sich mit seinem Farbwert von 10 YR 5/4 unschwer in die nach Haase, Lieberoth & Ruske (1970, S. 116) in den Südbezirken der DDR für sogenannte Schwemmlöße charakteristische Wertespanne (10 YR 5–6/4–5) ein. Dagegen fällt der für das jüngere Lößderivat (8) ermittelte Wert von 10 YR 6/2,

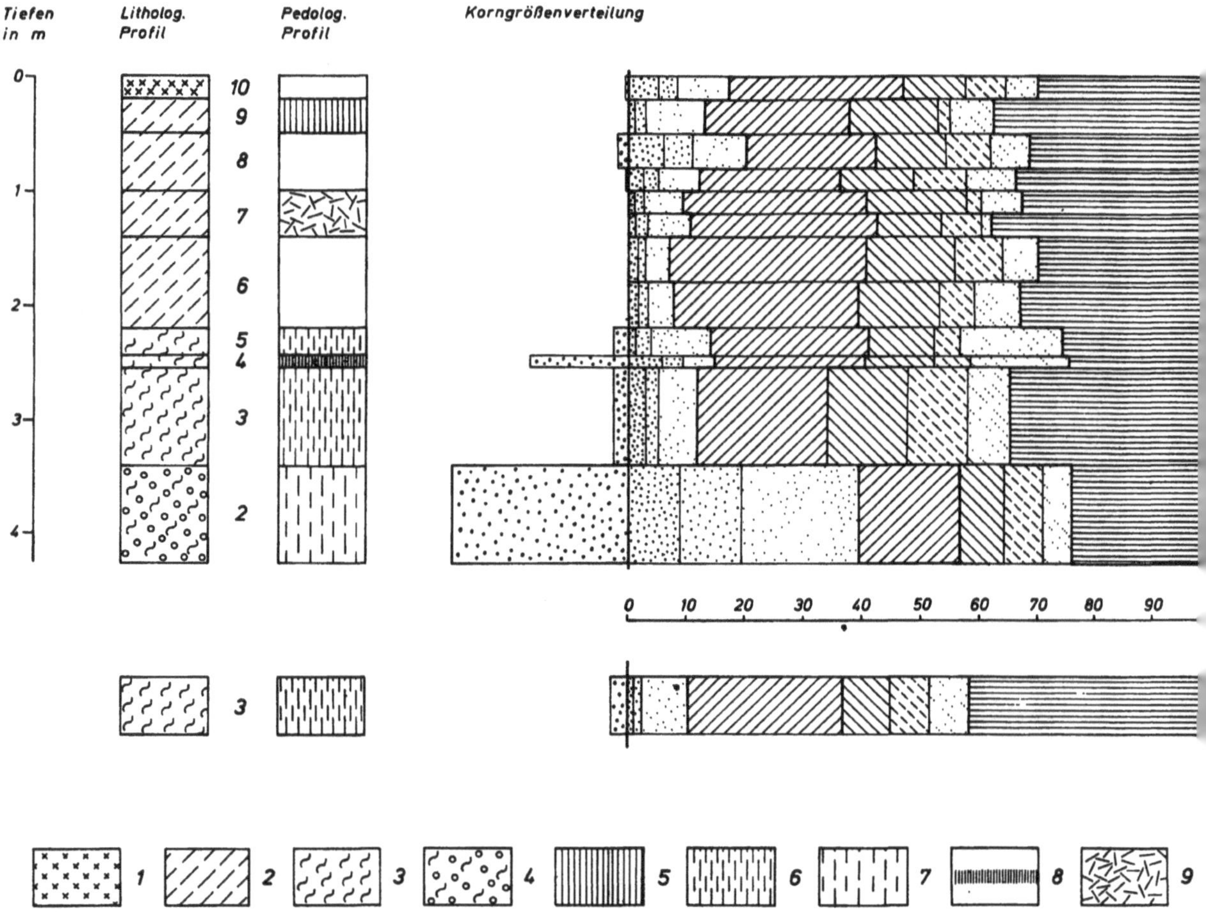

Abb. 5. Graphische Übersicht zu den Laborbefunden an der untersuchten Deckschichtenfolge von Burgtonna

Lithologische (1—4) und pedologische Profilkennzeichnung (5--10) in Anlehnung an HAASE, LIEBEROTH & RUSKE (1970, S. 200); 11—19 Körnungsfraktionen; 1 — D 2 — Lößderivat, schwemmlößartig; 3 — Bodensediment, skelettarm (Schwarzerdekolluvium); 4 — Fließerde, skelettreich, mit kolluvialem Anteil; 5 -- Humushorizont, auto humos; 6 — Humoses Sediment, allochthon bis parautochthon, stark humos (Bodensediment); 7 — Humoses Sediment, allochthon bis parautochthon, schwach humos; 8 — und Rostbänder, G_0-Horizont; 9 — Frostgleyhorizont; 10 — Pedogen nicht überprägtes Substrat; 11 — Kies (>2,0 mm); 12 — Grobsand (2,0 -0,5 mm); 13 — Mittelsand (0 14 · Feinsand (0,2—0,05 mm); 15 Staub (0,05—0,02 mm); 16 — Grobschluff (0,02—0,01 mm); 17 — Mittelschluff (0,01—0,005 mm); 18 — Feinschluff (0,005—0,002 mm) (<0,002 mm)

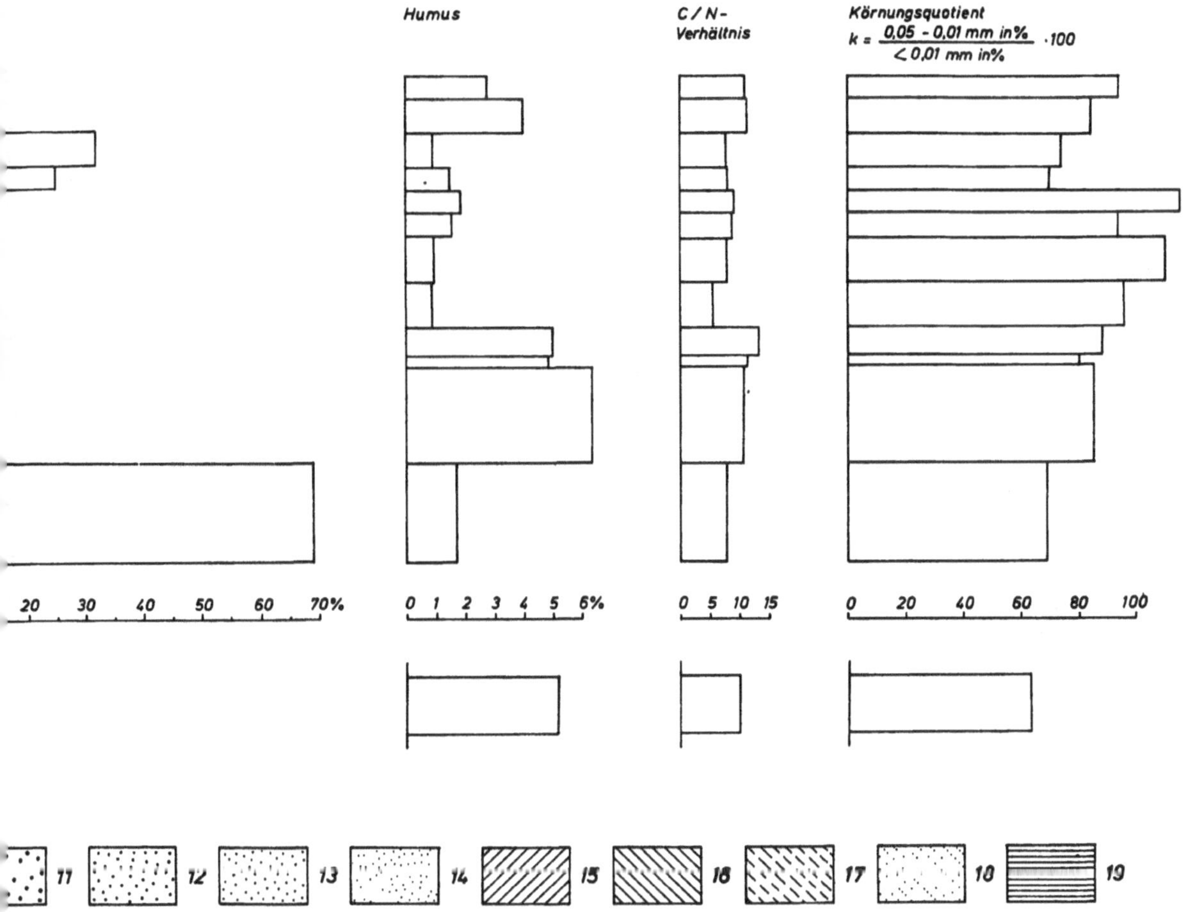
Humus
C / N-
Verhältnis
Körnungsquotient
k = 0,05 - 0,01 mm in% / < 0,01 mm in% · 100
20 30 40 50 60 70%
0 1 2 3 4 5 6%
0 5 10 15
0 20 40 60 80 100
11 12 13 14 15 16 17 18 19

Tab. 3. Labordaten zum untersuchten Deckschichtenprofil von Burgtonna

		Grobanteile[1])						Feinerdeanteile[1])				Körnungsgruppe n. KUKLA & LOŽEK (1958)									
		Steine	Kies		Sand				Schluff		Ton			$k = \frac{0{,}01 - 0{,}05}{< 0{,}01} \cdot 100$	$CaCO_3$	Humus	C	N	C/N	pH	
Probe (lfd. Nr.)	Lage		Grob-kies	Fein-kies	Grob-sand	Mittel-sand	Fein-sand	Staub-Sand	Grob-schluff	Fein-schluff											
		< 20	20–5	5–2	2–0,5	0,5–0,2	0,2–0,05	0,05–0,02	0,02–0,005	0,005–0,002	< 0,002	0,005–0,01	< 0,01							in H_2O	in KCl
		mm	mm	mm	mm	mm	mm	mm	mm	mm	mm	mm	mm		%	%	%	%			
Profil 3																					
10	10	—	0,3	1,3	4,7	3,6	8,8	19,7	17,5	5,5	30,3	40,3	42,7	94,4	14,56	2,75	1,60	0,15	10,7	8,6	7,5
9	9	—	0,1	0,1	0,9	1,9	10,1	24,6	17,3	7,4	37,8	39,8	47,3	84,1	2,93	4,01	2,33	0,21	11,1	8,3	7,4
8b	8b	—	1,8	2,4	5,9	4,8	9,3	22,1	19,7	6,8	31,6	34,2	46,0	74,3	32,14	0,91	0,53	0,07	7,6	8,6	7,6
8a	8a	—	0,1	0,5	2,2	2,6	7,0	23,9	21,6	8,6	34,2	36,5	51,8	70,5	24,91	1,48	0,86	0,11	7,8	8,7	7,6
7b	7b	—	—	0,04	0,9	1,6	6,6	31,3	19,7	7,2	32,6	48,5	42,3	114,7	11,86	1,84	1,07	0,12	8,9	8,6	7,6
7a	7a	—	—	0,2	1,2	1,9	7,3	31,9	17,8	1,7	38,1	42,9	45,6	94,3	6,46	1,55	0,90	0,11	8,2	8,5	7,7
6b	6b	—	—	0,02	0,4	1,1	5,3	33,6	23,4	6,2	30,0	48,8	44,4	110,0	4,08	0,93	0,54	0,07	7,7	8,6	7,5
6a	6a	—	—	—	0,4	1,2	5,9	31,6	19,8	8,0	33,0	45,4	47,0	96,6	4,62	0,84	0,49	0,08	5,4	8,5	7,5
5b	5	1,8	0,5	0,2	1,1	2,6	10,1	27,0	15,6	7,6	35,8	40,2	45,8	87,8	4,52	5,01	2,91	0,22	13,2	8,5	7,5
5a/b	4	4,7	6,3	2,3	6,1	3,1	7,8	23,3	18,0	6,8	34,7	35,1	47,7	80,0	12,10	4,87	2,83	0,25	11,3	8,2	7,6
4/5a	3	—	1,7	0,8	2,8	2,2	6,6	22,3	23,8	7,3	34,9	35,9	42,4	84,7	5,96	6,35	3,69	0,35	10,5	8,4	7,5
3	2	10,4	5,7	7,5	13,1	10,0	19,1	16,1	13,8	4,7	23,1	23,5	34,2	68,7	69,03	1,70	0,99	0,13	7,6	8,5	7,7
Profil 1																					
1/2	3	—	0,1	0,1	1,0	1,4	7,9	26,4	14,7	6,7	41,8	34,5	55,2	62,5	0,72	5,85	3,40	0,34	10,0	8,4	7,4

[1]) Bezug: Feinerdeanteile = 100%

wenn auch nur geringfügig, sowohl aus der angeführten und für Schwemmlöße im Untersuchungsgebiet charakteristischen Wertspanne als auch aus der im gleichen Gebiet für typische Löße ermittelten (im Regelfall bei 10 YR 6—7/3—4; a. a. O., S. 112) heraus. Ebenso entspricht das ältere Lößderivat (6) mit $CaCO_3$-Anteilen zwischen 4 und 5% wiederum dem von den genannten Autoren (a. a. O., S. 113) für Lößderivate im gleichen Gebiet ermittelten Wertefeld zwischen 0 und 15%, während im jüngeren Lößderivat (8) Karbonatanteile $> 24\%$ und teilweise bis zu $> 32\%$ abermals eine sehr deutliche Abweichung feststellen lassen. Die letztgenannte Erscheinung wird auf örtliche Besonderheiten zurückgeführt werden dürfen, zumal der besonders abtragungsempfindliche Interglazialtravertin nicht nur das Liegende der besprochenen Deckschichtenfolge, sondern auch bis zur Gegenwart oberflächennah anstehendes Lockergestein in deren näherer Umgebung bildet.

Für die begrabenen Böden und Bodensedimente innerhalb dieser Deckschichtenfolge sind relativ erhöhte Werte in den Kurven für Humusgehalte und C/N-Verhältnisse kennzeichnend. Im einzelnen werden die Werte für den holozänen Humus-Horizont der Lage 9 in dem pleistozänen Bodenmaterial der Lagen 3/5 ebenso deutlich übertroffen wie in seinem Gegenstück in Lage 7 unterschritten. Für letztere belegen sowohl Gelände- wie Laborbefunde eine autochthone Entstehung: Im Geländebefund dokumentiert eine Pseudogley-ähnliche Fleckung in Lage 7 einen Staunässeeinfluß bei der Ausbildung des dort entwickelten Bodenhorizontes; im Laborbefund deuten zunehmende Tonwerte für das Körnungsspektrum zum Liegenden hin eine schwache Texturdifferenzierung an.

Im Gegensatz hierzu weist das humose Material der Lagen 3/5 nicht nur hohe Humusgehalte auf, sondern zeigt vor allem durch die Mächtigkeit bis zu ca. 2,4 m eine im wesentlichen kolluviale Entstehung an, die das Bodenmaterial als allochthon zu erkennen gibt. In Übereinstimmung hiermit steht das Vorkommen dieser humosen Lage in einer Depression der Travertinoberfläche. Im W-Teil des Aufschlußprofils sind darüber hinaus in dieser Lage zentimetermächtige Bänder von verschwemmtem Travertinpulver eingeschaltet, die die Deutung des humosen Schichtenkomplexes als Kolluvium zusätzlich absichern. Die gleiche Aussage erbringt die darin enthaltene Grobkomponente, die vorzugsweise aus Brocken umgelagerten Travertins besteht. Diese sind generell scharfkantig und zeigen nur geringe Abrundungsspuren, was auf einen kurzen Transportweg schließen läßt.

Ferner zeigt sich innerhalb der Lagen 3/5 in der Vertikalen vom Hangenden zum Liegenden bei zunehmendem Humusanteil eine Abnahme der Werte für das C/N-Verhältnis sowie eine Untergliederung der Lagen 3/5 durch einen zwischengeschalteten G_0-Horizont. Der G_0-Horizont trennt eine kolluviale Lage mit scharfkantigem Polyedergefüge, mit teilweiser Rostfleckung und gelegentlichen Vivianit-Einsprengseln im Liegenden von einer Lage mit locker-krümeligem Gefüge im Hangenden. Diese Beobachtungen belegen, daß mit einer hydrogenen Beeinflussung in den tieferen Partien der kolluvialen Auffüllung der Depression zu rechnen ist. Andererseits werden auch oberhalb des G_0-Horizontes, der offenbar als obere Begrenzung für den Bereich einer längeren hydrogenen Einwirkung gelten darf, Humuswerte um 5% beobachtet, die dort am ehesten auf eine terrestrische Bodenbildung auf Löß oder Lößderivaten zurückzuführen sind. Auf Grund aktualistischer Erfahrungen ist anzunehmen, daß das hier angetroffene Kolluvium auf eine oberflächige Bodenbildung vom Schwarzerdetyp zurückgeht, die unter den Bedingungen einer Offenlandschaft von Steppencharakter erfolgte. Demgegenüber entspricht eine autochthone Bodenbildung gleichen Typs von holozänem Alter in Lage 9 mit Humuswerten von 4% aktualistischen Angaben, die nicht nur bei aktuellen Oberflächenböden vom Bodentyp der Schwarzerde in Mitteleuropa erreicht werden, sondern auch in der Waldsteppenregion im europäischen Teil der UdSSR (beispielsweise bei Kursk). Der paläopedologische Befund spricht somit für die Annahme, daß das Schwarzerdekolluvium der Lagen 3/5 im Deckschichtenprofil von Burgtonna auf einen früheren Oberflächenboden zurückzuführen ist, dessen Entstehungsbedingungen durch eine im Vergleich zur holozänen Schwarzerde der Lage 9 höhere Kontinentalität geprägt waren. Entsprechende Böden sind aus verschiedenen Lößregionen Mitteleuropas für das Anaglazial der Weichsel-Kaltzeit bekannt und charakterisieren jeweils anteilig z. B. die für die Trockenbereiche dieser Region repräsentativen Bodenkomplexe von Stillfried A (Niederösterreich), PK III/II (ČSSR) und Naumburger Bodenkomplex (mittleres Saalegebiet) in der Hangendfolge von Lößprofilen über texturdifferenzierten Böden aus der Eem-Warmzeit. Im gleichen Zeitraum wird auch kolluviale Umlagerung von Bodensedimenten häufig beobachtet (Kukla 1961, 1969a).

Die $CaCO_3$-Kurve verläuft im Regelfall im Deckschichtenprofil von Burgtonna zu derjenigen der Humuswerte tendenziell invers, was den Erfahrungen aus anderen pedostratigraphisch untersuchten Aufschlüssen pleistozäner Löße und Lößderivate in Mitteleuropa voll entspricht (vgl. z. B. Bronger 1966, S. 32). In Burgtonna tritt diese Tendenz nur im Falle von Lage 7 nicht deutlich zutage: Dort ordnet sich die Bodenbildung ein in einen Profilabschnitt mit kräftig fortschreitender Zunahme der $CaCO_3$-Gehalte in den Lößderivaten vom Liegenden zum Hangenden hin, während die Bodenbildung (7) selbst nach Aussage der Humuswerte vergleichsweise weniger ausgeprägt als bei anderen Bodenhorizonten im gleichen Profil erscheint. Kalkmyzel im Aufschlußbereich dokumentiert das Vorliegen einer sekundären Aufkalkung, deren Ursache die bereits erörterte sehr starke Karbonatführung im unmittelbaren Hangenden bildet. Damit wird der scheinbare Widerspruch zwischen Anzeichen schwacher Texturdifferenzierung im Körnungsprofil und relativ hohen Karbonatgehalten für diesen begrabenen Boden aufgeklärt. Sowohl die Hinweise auf eine schwache Texturdifferenzierung als auch die Kalkmyzelien ebenso wie die letztlich über Dauerfrostboden Staunässe-abhängige Frostgley-Fleckung dieser Lage bezeugen den autochthonen Charakter der hier angetroffenen Bodenbildung. Erwähnung verdient in diesem Zusammenhang ein Hinweis bei Haase, Lieberoth & Ruske (1970, S.147) auf durchaus wechselnde Karbonatgehalte von Frostgley-Horizonten in den bisher verfügbaren Befunden aus Lößprofilen in den Südbezirken der DDR: „Manchmal ist er gegenüber dem hangenden bzw. liegenden, weitgehend unveränderten Löß niedriger, manchmal aber auch höher".

Der Befund im untersuchten Profil ordnet sich also hinsichtlich der lithologischen Merkmale der bisher beschriebenen Sedimente wie der pedologischen Kennzeichnung begrabener Bodenhorizonte und Bodensedimente gut in die lößstratigraphischen Erfahrungen ein, die aus Thüringen und anderen vergleichbaren Mittelgebirgslandschaften veröffentlicht worden sind.

Andererseits sind in diesem Aufschluß Besonderheiten festzustellen, die vor allem das Liegende und die Basisschicht der beschriebenen Ablagerungsfolge betreffen: Die Mehrzahl der veröffentlichten Befunde aus dem Thüringer Becken und dem benachbarten zirkumherzynischen Trockengebiet zeigt eine dem Deckschichtenprofil von Burgtonna ± ähnliche weichsel-kaltzeitliche Schichtenfolge im Hangenden eines texturdifferenzierten Bodens, der das letzte Interglazial repräsentiert (Unger & Rau 1961; Ruske & Wünsche 1961; Rau 1962). Dieser Boden fehlt in dem neu beschriebenen Aufschluß von Burgtonna. Stattdessen unterlagert ein Interglazialtravertin die Deckschichtenfolge. Den Übergang vom Travertin zu den vorstehend charakterisierten Bodensedimenten und Lößderivaten vermittelt eine Fließerde, die ihre maßgeblichen lithologischen Merkmale durch den Anteil periglaziär aufbereiteten und umgelagerten Travertins erhält: Hoher Schutt- und Kiesanteil am Körnungsspektrum im ganzen, hoher Sand- und geringer Tonanteil am Feinerdegehalt, sehr hohe Karbonatanteile (vgl. Tab. 3 und Abb. 5). Diese Ablagerung wird also in ihrer lithologischen Charakteristik in ähnlicher Weise durch die Travertinverlagerung bestimmt, wie das im Hangenden folgende Kolluvium durch die Umlagerung von Oberbodenmaterial einer Lößschwarzerde.

Bei der Auswertung der Laborbefunde wurden ergänzend methodische Erfahrungen aus anderen lößstratigraphischen Untersuchungen berücksichtigt und herangezogen. Hierzu zählt vor allem eine Kennziffer, die durch Kukla & Ložek (1958) näher begründet und von Ložek & Kukla (1959) an einem Lößprofil am E-Rande der Stadt Litoměřice in Nordböhmen auf ihr stratigraphisches Aussagevermögen geprüft wurde. Der Ableitung dieser Kennziffer liegt nach Kukla & Ložek (1958, S. 29 und 66) die Feststellung zugrunde, daß bei äolischer Sedimentation der Staub- und Grobschluffanteil (Körnungsbereich 0,05 — 0,01 mm) vom Liegenden zum Hangenden hin zunimmt, während umgekehrt bei Sedimentationsvorgängen durch Abspülung (etwa in Hanglagen) der Anteil der feinsten Fraktionen in gleicher Richtung zunimmt. Diese Beobachtung ist nach den genannten Autoren (a. a. O.) „leicht zu erklären, wenn wir bedenken, daß zu Beginn der Lößsedimentation in den Herkunftsgebieten, in denen das Lößmaterial ausgeblasen worden ist, die Geländeoberfläche aus feinem verwittertem Material bestand, verursacht durch die chemische Verwitterung in der vorangehenden Warmzeit." Dieses Feinmaterial unterlag naturgemäß zuerst der äolischen Verwehung und gewann hierdurch am basalen Teil äolischer Sedimentdecken einen besonders hohen Anteil. Zugleich vermindert sich aber durch die Auswehung im Herkunftsbereich der äolischen Umlagerung die zuvor durch chemische Verwitterung bereitgestellte Menge an verwehbarem feinstem Material, und folglich mußte dessen Anteil an dem aus der Umlagerung resultierenden äolischen Sediment immer mehr zurückgehen. In den zitierten Veröffentlichungen wurde versucht, diese Zusammenhänge mit einer Kennziffer zu erfassen, die sich aus dem Verhältnis zweier Körnungsgruppen errechnen läßt:

$$k = \frac{0{,}01 - 0{,}05 \text{ mm in } \%}{< 0{,}01 \text{ mm in } \%} \cdot 100$$

Nach den der Ableitung zugrundeliegenden Überlegungen zeigt diese Kennziffer „besonders in Gebieten, wo die Lösse einen höheren Anteil von leicht zersetzbaren Mineralkörnern nicht enthalten" (Ložek & Kukla 1959, S. 85) sekundäre Überprägungen von Lößen und ihren Derivaten an: „In einer sekundär nicht veränderten Lößdecke steigt die erwähnte Kennzahl gesetzmäßig vom Liegenden zum Hangenden". Abnehmende Werte dieses Quotienten nach dem Hangenden zu sind somit Zeugnis für sekundäre Einwirkung auf den primär äolischen Löß, wobei es sich sowohl um sekundäre Umlagerungen als auch um Bodenbildungen auf Lößsubstrat handeln kann.

Ferner besagen die Erfahrungen von Kukla & Ložek (1958, S. 29 und 66), daß bei den meisten Lößen der angegebene Quotient einen Wert von 100 überschreitet, während er bei durch Abschwemmung umgelagerten Bodensedimenten in der Regel wesentlich unter 100 bleibt.

Durch eine Abgrenzung der Körnungsfraktionen bei unserer Bearbeitung in Analogie zu den zitierten tschechoslowakischen Veröffentlichungen wurde eine weitgehende Vergleichbarkeit der gewonnenen Labordaten mit den angegebenen Zahlenwerten erreicht, wenngleich zu beachten ist, daß der Ermittlung von Körnungsdaten bei Ložek & Kukla (1959, S. 85) die Aräometer-Methode nach Casagrande (vgl. Thun, Herrmann & Knickmann 1955) zugrunde liegt. Für diesen Vorteil bei der Auswertung der im Deckschichtenprofil von Burgtonna erhobenen Zahlenwerte ist allerdings der Nachteil einer geringfügigen Abweichung in der Abgrenzung der Körnungsfraktionen gegenüber anderen lößstratigraphischen Veröffentlichungen aus den Lößregionen Thüringens, Sachsens und im Umland des Harzes in Kauf zu nehmen (vgl. Unger & Rau 1961; Ruske & Wünsche 1961; Lieberoth 1963; Haase, Lieberoth & Ruske 1970), zu denen aber hinsichtlich der Verwendung der Pipettmethode nach Köhn (vgl. Thun, Herrmann & Knickmann 1955) bei der Ermittlung der entsprechenden Werte wiederum Übereinstimmung besteht. Diese Werte sowie die ihnen zugrunde liegenden Anteile der berücksichtigten Körnungsgruppen am Feinerdeanteil der untersuchten Lagen sind für das Deckschichtenprofil von Burgtonna tabellarisch dokumentiert (vgl. Tab. 3). Sie gestatten folgende Feststellungen:

1. Sowohl im älteren als auch im jüngeren Lößderivat steigen die erhaltenen Werte vom Liegenden zum Hangenden hin an, wobei im älteren Lößderivat ein Wert von 100 überschritten (Lage 6b: 110), im jüngeren Lößderivat jedoch nicht erreicht wird.

Unter Zugrundelegung der angegebenen Prämissen läßt sich generell der Derivatcharakter dieser Ablagerungen bestätigen, gleichzeitig aber, besonders für das ältere Lößderivat, auch ein äolischer Anteil an der Ablagerung wahrscheinlich machen.

2. Die niedrigsten festgestellten Werte wurden im Schwarzerdekolluvium im Profil 2 sowie in der basalen Fließerde von Profil 3 angetroffen (62,5 bzw. 68,7), was mit den Erfahrungen von Kukla & Ložek (1958, S. 29 und 66) für angeschwemmte Sedimente, insbesondere Bodensedimente, gut übereinstimmt.

3. Eine fortschreitende Zunahme der erhaltenen Werte vom Liegenden zum Hangenden muß an Hand von Profil 3 auch für das Schwarzerdekolluvium konstatiert werden, das mit Werten unter 90 zwar einerseits den Erfahrungen von Kukla & Ložek (a. a. O.) für verschwemmtes Bodenmaterial entspricht, andererseits aber im Hangenden eines offenbar nachträglich entstandenen G_0-Horizontes deutlich höher ist als in dessen Liegendem. Bezieht man den Befund von Profil 2 in diesen Vergleich mit ein, so wird die Streuung der Werte aus dem Kolluvium erheblich größer und zugleich die zunehmende Tendenz zum Hangenden hin deutlicher. Diese Feststellung entspricht nicht ohne weiteres den von Kukla & Ložek (a. a. O.) angegebenen Prämissen, es sei denn, man ist bereit, aus dem Befund eine synpedogene äolische Sedimentation abzuleiten bzw. auf eine synsedimentäre Bodenbildung zu schließen. Eine solche Beurteilung des Befundes würde bedeuten, daß die beträchtliche Mächtigkeit der humosen Lagen im tieferen Aufschlußbereich zumindest nicht allein durch kolluviale Überhöhung infolge Abspülung zu erklären wäre. Vielmehr müßte ein Anteil einer — wegen der gleichzeitigen und mit hohen Humuswerten verbundenen Bodenbildung sowie kolluvialen Bodenverlagerung — sehr langsam fortschreitenden äolischen Sedimentation in Betracht gezogen werden.

4. Die angegebenen Prämissen sind insofern erfüllt, als die begrabenen autochthonen Böden im untersuchten Profil jeweils mit einem Rückgang der Werte vom Liegenden zum Hangenden verbunden sind. Dies gilt sowohl für den G_0-Horizont innerhalb des Schwarzerdekolluviums als auch für den Frostgley-Horizont innerhalb der Abfolge von Lößderivaten. Hier bildet aber die holozäne Schwarzerde (Oberboden in Lage 9) eine schwer erklärbare Ausnahme.

5. Stratigraphische Interpretation

5.1. Profileigene Zeitmarken

Die Möglichkeiten für eine zeitliche Eingrenzung des erfaßten Profils mit Hilfe profileigener Zeitmarken sind begrenzt. Für deren Gewinnung kamen methodisch folgende Möglichkeiten in Betracht:

1. Archäologische Funde
2. ^{14}C-Datierung an Humusextraktionen aus begrabenem Bodenmaterial und
3. Biostratigraphische Datierungshinweise.

1. Archäologische Funde stehen aus zwei stratigraphischen Einheiten der beschriebenen Schichtenfolge zur Verfügung, und zwar:

a) Aus dem basalen Teil des oberflächennahen Humushorizontes (Lage 9) wurde bei einer Tiefe von 0,5 m unter Geländeoberfläche ein uncharakteristischer Fund prähistorischer Keramik geborgen. Der Scherben zeigt keine Verzierungsmerkmale oder Randbildung und gestattet demzufolge keine nähere Datierung. Sicher ist jedoch, daß dieser Fund nicht älter als neolithisch sein kann und folglich in das Holozän datiert werden muß. Damit wird für Lage 9 eine holozäne Bodenbildung belegt und deren Überschüttung (Lage 10) ebenfalls in das Holozän datiert. Ein weichselzeitliches Einsetzen dieser Bodenbildung ist damit nicht auszuschließen, jedoch darf mit Sicherheit der Bodenhorizont (Lage 9) nicht einem der in Lößprofilen häufig durch begrabene Humushorizonte dokumentieren früh- bis mittelweichselzeitlichen Interstadiale zugeordnet werden.

b) Aus dem unteren Bereich des Kolluviums (Lagen 3; 5) liegen zwei Silices vor, deren Fundposition und Habitus artifizielle Entstehung wahrscheinlich machen, ohne vorerst eine nähere zeitliche Einstufung zuzulassen. Die Deutung als paläolithische Abschläge ist naheliegend. Die Auffindung in einem Kolluvium legt den Schluß auf eine sekundäre Lagerstätte nahe. Eine präzise untere stratigraphische Zeitmarke für das Deckschichtenprofil ist diesen Funden vorläufig nicht abzugewinnen.

2. Aus diesem Grunde wurde eine zweite Datierungsmethode für das Schwarzerdekolluvium (Lagen 3, 5) in Betracht gezogen, die überdies durch den hohen Humusgehalt des Schwarzerdekolluviums nahegelegt wurde: Die Gewinnung von ^{14}C-Daten an Hand einer Humusextraktion aus dem Kolluvium (Kohl 1970) erschien bei dem sehr hohen Humusgehalt des Bodensedimentes zunächst als durchaus aussichtsreich und veranlaßte die Entnahme entsprechender Proben im Profil. Deren Bemusterung durch Dr. G. Kohl (Berlin, Akademie der Wissenschaften der DDR, Zentralinstitut für Alte Geschichte und Archäologie) bestätigte jedoch eine starke Durchwurzelung des beprobten Sedimentes und folglich eine sehr hohe Wahrscheinlichkeit für eine Verfälschung der Altersdatierung. Von der weiteren Bearbeitung der Proben wurde deshalb Abstand genommen. Knochen stehen aus dem Profil nicht in ausreichender Anzahl zur Verfügung, zumal ein wesentlicher Teil der Knochenfunde als paläontologisches Belegmaterial aufzubewahren ist.

3. Die paläontologischen Funde sind ihrerseits auch Träger biostratigraphischer Datierungsweise, auf die in den nachfolgenden Beiträgen gesondert eingegangen werden wird. Jedoch ist auf eine Veröffentlichung von Heinrich & Jánossy (1973) hinzuweisen, in der auf eine Fundschicht mit *Lagurus lagurus* (P.) im vorliegenden Profil aufmerksam gemacht wurde. Diese Angaben sind auf die Lagen 6 und 7 des beschriebenen Profils zu beziehen und ermöglichen deren Parallelisierung mit einer Ausbreitungsphase von *Lagurus lagurus* (P.) in einem Ab-

schnitt der älteren Weichsel-Kaltzeit Mitteleuropas. Die Angaben sind bei HEINRICH & JÁNOSSY (im vorliegenden Band, S. 237, 250) näher präzisiert.

Erste Datierungshinweise auf Grund profileigener Zeitmarken ergeben sich damit für folgende Lagen:

Lage 10:	Holozän, da im Hangenden der holozän datierten Lage 9
Lage 9:	Holozän, zumindest teilweise, da Datierung durch Scherbenfund
Lage 7/6:	ältere Weichsel-Kaltzeit infolge Datierung durch *Lagurus lagurus* (P.)
Lagen 5—1:	Pleistozän, infolge Datierung durch *Lagurus lagurus* (P.) im Hangenden. Paläolithische Artefakte aus den Lagen 3 und 5 stehen mit dieser Einstufung in Übereinstimmung. Zu einer Präzisierung dieser Einstufung gelangt MANIA (im vorliegenden Band, S. 203ff.) an Hand einer paläomalakologischen Untersuchung des Schwarzerdekolluviums, die zur Zuordnung der Lagen 1—5 in das Weichsel-Frühglazial führt. MANIA vergleicht diese Molluskenfauna mit derjenigen der frühweichselzeitlichen Interstadiale von Amersfoort und Brörup.

Für den Travertin im Liegenden der Deckschichtenfolge wird im bisherigen Schrifttum allgemein eine Einstufung in die Eem-Warmzeit angegeben (vgl. z. B. MANIA 1973, VENT 1955 u. a.). Mit dieser Zuordnung stehen die aus der untersuchten Deckschichtenfolge gewinnbaren Zeitmarken nicht in Widerspruch. Sie ergeben für den Interglazialtravertin von Burgtonna einen terminus ante quem und sichern sein vor-weichselzeitliches Alter.

Andererseits ergeben sich im Deckschichtenprofil selbst für alle Lagen bei alleiniger Nutzung profileigener Zeitmarken befriedigend genaue Zuordnungen zur regionalen Stratigraphie des thüringischen Jungpleistozäns, jedoch sind hier weitere Datierungshinweise durch stratigraphische Korrelation mit vergleichbaren Lößaufschlüssen in Thüringen und anderen Trockengebieten Mitteleuropas zu gewinnen.

5.2. Datierungshinweise durch stratigraphische Korrelation

Löß und Lößderivate bewirken als Bodensubstrate unter aktuellen wie unter begrabenen Geländeoberflächen eine besonders enge und deutliche Beziehung zwischen pedogener Profildifferenzierung und dem Niederschlagsangebot im Zeitraum der Bodenentwicklung. So spiegelt sich die flächige Differenzierung des gegenwärtigen Niederschlagsfeldes auf diesen Substraten in der aktuellen Bodendecke deutlich wider im Wechsel und Verbreitungsbild verschiedener Bodentypen mit unterschiedlicher Horizontfolge. Analoge Zusammenhänge sind aus den bisherigen Ergebnissen der lößstratigraphischen Forschung in Mitteleuropa auch für die regional wirksam gewordenen Wärmeschwankungen des Eiszeitalters ableitbar, die in den Schichtenfolgen der Lößaufschlüsse durch begrabene Böden oder durch Bodensedimente als deren Derivate dokumentiert sind. So lassen die Befunde beispielsweise für die Eem-Warmzeit im sächsischen und thüringischen Anteil der Mittelgebirgszone ein im Vergleich zur Gegenwart prinzipiell ähnliches, wenn auch in bestimmten Einzelheiten abweichendes Verteilungsbild der Niederschlagsmittel erschließen, vgl. HAASE, LIEBEROTH & RUSKE (1970). Die regionale Differenzierung der aktuellen Bodendecke ist somit nicht nur Indikator für Unterschiede im Niederschlagsangebot, sondern weitgehend auch für regional auftretende Unterschiede in der Lößstratigraphie.

Entsprechend den vorstehend resümierten Erfahrungen der mitteleuropäischen Lößstratigraphie haben HAASE, LIEBEROTH & RUSKE (1970, S. 156—159) die Lößlandschaften in den Südbezirken der DDR auf drei Faziesbezirke aufgeteilt, die einerseits mit aktuellen bodengeographischen Gegebenheiten zumindest annähernd in Beziehung stehen und andererseits durch ihre jeweiligen pedostratigraphschen Besonderheiten voneinander unterschieden sind. Die Benennung dieser Faziesbereiche durch die genannten Autoren als Trocken-, Halbtrocken- und Feuchtbereich berücksichtigt wiederum die überaus engen Beziehungen zwischen den pedologisch und pedostratigraphisch relevanten oberflächigen und begrabenen Böden einerseits und dem regional differenzierten Niederschlagsangebot in Gegenwart und Vergangenheit andererseits.

In dem Deckschichtenprofil von Burgtonna ist eine holozäne Bodenbildung aufgeschlossen und archäologisch datiert, die nach ihren bodentypologischen Merkmalen als Schwarzerde auf Lößderivat beurteilt werden darf (Lage 9). Dieser Bodentyp charakterisiert die Trockenbereiche innerhalb des mitteleuropäischen Lößverbreitungsgebietes. Für Thüringen erfolgte eine detaillierte Kartierung der Gebiete mit Schwarzerde als aktuellen Oberflächenboden durch RAU (1965, S. 43; Abb. 10).

Die Feststellung einer holozänen Schwarzerde im Hangenden des Deckschichtenprofils von Burgtonna weist dieses Profil faziell einem Trockenbereich mitteleuropäischer Lößverbreitung zu. Das bedeutet, daß auch für die Beurteilung und Verknüpfung seiner lößstratigraphischen Besonderheiten die Vergleichsbefunde aus Trockenbereichen und allenfalls Halbtrockenbereichen der mitteleuropäischen Lößverbreitung Berücksichtigung finden dürfen. Demgemäß erstreckt sich der nachfolgende stratigraphische Vergleich zunächst auf den Trockenbereich im Thüringer Becken sowie das benachbarte Trockengebiet im südlichen Harzvorland, besonders im heutigen Bezirk Halle (Saale), ferner auf Bereiche mit vergleichbaren Niederschlags- und Bodenverhältnissen in ausgedehnten Gebieten von Nord- und Mittelböhmen, von Südmähren und in Niederösterreich. Gerade für diese Fazies der mitteleopäischen Lößverbreitung liegen umfangreiche lößstratigraphische Erfahrungen vor, die für einzelne Kalt- und Warmzeiten innerhalb der zyklischen Klimaentwicklung im mitteleuropäischen Pleistozän ein sehr hohes Maß an Übereinstimmungen zwischen Einzelbefunden erkennen lassen.

Diese Erfahrungen gelangten besonders durch FINK (1965a, 1967, 1969, 1973 u. a.) und KUKLA (1969b) zu einer zusammenfassenden Darstellung und Auswertung. Sie erleichtern die vergleichende Anknüpfung neuer Befunde an frühere Beobachtungen und an die biostratigraphische Bearbeitung detailliert untersuchter Richtprofile in vergleichbarer Fazies in anderen Regionen Mitteleuropas (Tab. 4, 5). Für die stratigraphische Interpretation des Deckschichtenprofils von Burgtonna werden entsprechende Verknüpfungen durch profileigene Zeitmarken ermöglicht und unterstützt.

Den nächstgelegenen Vergleichsbefund zu dem Deckschichtenprofil über dem Travertin von Burgtonna bietet eine von RAU (1962, S. 151) beschriebene Schichtenfolge in einem Aufschluß der gleichen Gemarkung. Der Aufbau beider Profile ist mit hoher Wahrscheinlichkeit in einer Reihe wesentlicher Details vergleichbar (Tab. 4), jedoch wird eine schlüssige Korrelation bisher durch das Fehlen vergleichsfähiger Labordaten für das früher veröffentlichte Ziegeleiprofil beeinträchtigt.

Für einen Vergleich bietet sich deshalb als nächster ein unweit von Burgtonna gelegener und bereits von KAISER & NAUMANN (1905, S. 64) erwähnter Ziegeleiaufschluß bei Großengottern (Kr. Bad Langensalza) an, der bei UNGER & RAU (1961, S. 227–229) „als Beispiel für die Normallößabfolge im zentralen Thüringer Becken" eine durch Labordaten abgesicherte eingehende Beschreibung erfuhr.

Tab. 4. Stratigraphischer Vergleich westthüringischer Lößprofile

Deckschichtenprofil Burgtonna	Ziegeleiaufschluß Burgtonna n. RAU (1962)	Ziegeleiaufschluß Großengottern n. UNGER & RAU (1961)
Holozäne Schwarzerde	Rezenter Boden: Schwarzerde mit Verlehmungszone	
Jüngeres Lößderivat	Löß W III Schwemmlöß; Basis Fließerde Löß W II Schwemmlöß; Basis humose Fließerde	Oberer Löß
Begrabener Frostgley	„Oberer fossiler Boden" (geköpft)	„Verbraunungszone"
Älteres Lößderivat	Löß W I Schwemmlöß	Mittlerer Löß Schwemmlöß
Schwarzerdekolluvium	Fließerde; Basis umgelagerter Boden „Unterer fossiler Boden"	Kolluviale Fließerde

Unter dem aktuellen Oberflächenboden folgt in Großengottern bis zu einer Tiefe von 2,5 m unter Gelände eine von den Bearbeitern 1961 provisorisch als „Oberer Löß" bezeichnete Ablagerung, die „durch sehr hohen Staub- und geringen Tonanteil charakterisiert" ist. Sie wird von einer als „Verbraunungszone" benannten Bodenbildung überlagert und diese wiederum von einem Substrat mit der provisorischen Bezeichnung „Mittlerer Löß", welches nicht mehr das ausgeprägte Staubmaximum „im sog. oberen Löß" erreicht. Sie „geht allmählich zur Tiefe hin in einen geschichteten Schwemmlöß über, der schließlich eine Anzahl von Fließerdebändern einschließt. Unter dieser Bodenbildung folgt dann der als Fließerde verlagerte A-Horizont eines fossilen Bodens."

Die aus der wiedergegebenen Profilbeschreibung ersichtliche Analogie zwischen diesem „Beispiel einer Normallößabfolge im zentralen Thüringer Becken" und dem untersuchten Aufschluß von Burgtonna wird durch die verfügbaren Labordaten bestätigt und verdeutlicht. Obgleich in der Abgrenzung der Fraktionen in den Labors in Jena (UNGER & RAU 1961) und Dresden (vorliegender Beitrag) z. T. geringfügige Abweichungen bestehen (vgl. Abschn. 4.2.), zeigt ein Vergleich der Laborwerte für die Grobschluff- und Tonfraktion, die auch für die Unterscheidung von Fluglöß und Lößderivaten geeignete Kennwerte bieten (HAASE, LIEBEROTH & RUSKE 1970, S. 111–115), bemerkenswerte Übereinstimmungen in der Beschaffenheit der Sedimente. Sowohl in Großengottern wie in Burgtonna überlagern sie humose Kolluvien und werden durch eine schwächere, begrabene, autochthone Bodenbildung in zwei sedimentäre Decken getrennt (Tab. 4). In beiden Profilen wird diese Bodenbildung im Hangenden und im Liegenden durch Lockersedimente flankiert, die nach den Grobschluff-Körnungsdaten in das für Lößderivate charakteristische Wertefeld einzuordnen sind oder sogar die für thüringische Lößderivate kennzeichnenden Abweichungen vom typischen Löß im Körnungsspektrum noch übertreffen. Unabhängig hiervon sind die Angaben für die Tonfraktion in Großengottern auch und teilweise besser durch das Wertefeld typischer Löße abzudecken.

Ein vergleichbarer Profilaufbau im oberflächennächsten Abschnitt der Schichtenfolge ist der Veröffentlichung von UNGER & RAU (1961, S. 229–230) für ein weiteres Lößprofil im westlichen Thüringer Becken zu entnehmen, das bei Körner (Kr. Mühlhausen) in einer Ziegelei untersucht werden konnte. Auch dort ist der aktuelle Oberflächenboden als Schwarzerde auf Löß oder lößartigem Substrat ausgebildet, letzteres wird durch einen schwach entwickelten begrabenen Boden untergliedert. Das Substrat dieses begrabenen Bodens überlagert nach den genannten Autoren die nachstehende Abfolge von Sedimenten und begrabenen Böden:

Schwemmlöß
Fließerde

Begr. Boden (sogenannter „Boden von Körner"): „Lößbraunerde" mit Merkmalen einer degradierten Schwarzerde bei UNGER & RAU (1961, S. 233) bzw. „Braunerde-Tschernosem" bei HAASE, LIEBEROTH & RUSKE (1970, S. 166), darunter Ca-Horizont

Schwemmlöß (Substrat des „Boden von Körner"): „Hellockerfarbener, nach der Tiefe zu ockerbraun-streifiger Schwemmlöß mit unregelmäßig eingelagerten Lößkindeln", zum Liegenden „mit scharfer Grenze".

Binnenwassermergel und Kalksande:

Bis 3 cm	„Fleischfarbener Mergel"
Bis 15 cm	„Hell- bis dunkelgrauer, streifiger Mergel mit Schneckenfauna"
Bis 25 cm	„Kalkfreier, dunkelgrau-grünlicher Ton mit 5 cm mächtigem Torfband"
Bis 50 cm	„Hellgrau-grünlicher, mergeliger Ton mit Schneckenfauna"
Bis 100 cm	„Gelber bis fleischfarbiger, kiesiger Kalksand mit Schneckenfauna"

Liegendes (durch zusätzlich niedergebrachte Bohrung erfaßt): (wenigstens) 2,0 m mächtiger, fossilfreier, schwach lehmiger Grobschotter, „der dem Keuper aufliegt."

Der im Liegenden dieser Schichtenfolge angetroffene Grobschotter liegt „mit seiner Basis etwa 3 m über der Talaue und erosiv eingesenkt beträchtlich unter der saalekaltzeitlichen Hauptterrasse (Mittelterrasse I)" und wird damit der an Saale, Gera und Wipper auskartierten sogenannten Mittelterrasse II Thüringens vergleichbar, die bei Sondershausen eemzeitlich datierte Schneckensande und bei Burgtonna den interglazialen Travertin unterlagert. UNGER & RAU (1961, S. 230) „ordnen deshalb den basalen Grobschotter im Aufschluß Körner dem Warthestadium der vorletzten Kaltzeit zu und sehen in den Bildungen darüber letztinterglaziale Ablagerungen der Notter."

Dieser Zuordnung steht allerdings das Ergebnis einer durch LOŽEK (1965, S. 77) referierten ersten Bemusterung der Molluskenfauna aus den mergeligen Schichten im Hangenden der Schotter entgegen, wonach dort eine kälteliebende Malakofauna vorliegt, die LOŽEK (a. a. O.) als spät-rißzeitlich beurteilt. Der hangende begrabene Bodenkomplex (Boden von Körner) wird deshalb von LOŽEK (a. a. O.) mit dem PK III und PK II der traditionellen tschechoslowakischen Lößstratigraphie verglichen, was dem basalen Bodenkomplex des lößstratigraphischen Großzyklus B bei KUKLA (1961, 1969a,b) entspricht. Allerdings ist wohl vorläufig für die schneckenführenden Schichten auch ein Abschnitt des Weichsel-Frühglazials nicht auszuschließen (MANIA 1973, S. 109—110). Eine eingehendere Untersuchung und Dokumentation dieser Molluskenfauna im Profil von Körner ist bisher unterblieben, weshalb HAASE, LIEBEROTH & RUSKE (1970, S. 164) wieder die von UNGER & RAU (1961) postulierte Zuordnung der fündigen Schichten zur Eem-Warmzeit übernommen haben, woraus sich eine Zuweisung dieses „Bodens von Körner" in ein Interstadial der frühen Weichsel-Kaltzeit entsprechend dem oberen Teil des PK III bzw. PK II der tschechoslowakischen Autoren ergibt. Beide Alternativen beziehen aber diesen in Körner unter Löß bzw. lößartigem Sediment angetroffenen begrabenen Boden bzw. Bodenkomplex insgesamt oder doch zumindest teilweise auf das Frühglazial der Weichsel-Kaltzeit und datieren folglich die Abfolge in dessen Hangendem mit ihrer Zweiteilung durch einen weiteren begrabenen Boden in Übereinstimmung mit UNGER & RAU (1961, S. 230) „in ihrer Gesamtheit in die letzte Kaltzeit."

Die so der Weichsel-Kaltzeit zugeordnete Schichtenfolge findet sowohl in Großengottern und in dem untersuchten Burgtonnaer Profil als in weiteren Aufschlüssen der Trocken- und Halbtrockenbereiche im Thüringer Becken und im süd-östlichen und nördlichen Harzvorland im Profilaufbau überzeugende Parallelen, die sich auch auf die Zweiteilung der Schichtenfolge von Lößen bzw. Lößderivaten unter der aktuellen Geländeoberfläche durch einen weiteren, schwach entwickelten begrabenen Boden beziehen (vgl. HAASE, LIEBEROTH & RUSKE 1970, S. 157—179). Letzterer ist teils als Lößbraunerde beschrieben worden (Ziegeleigrube Körner), teils als Frostgley (Ziegeleigrube bei Kahla, Lkr. Jena), teils als Lößbraunerde über Frostgley (Ziegeleigrube von Gröben-Oberwerschen, Kr. Hohenmölsen) und häufig, besonders im südöstlichen Harzvorland, einfach als (Kösener) Verlehmungszone (RUSKE & WÜNSCHE 1961). Derartige Bodenbildungen innerhalb einer Abfolge von Lößen oder Lößderivaten sind in der tschechoslowakischen Lößstratigraphie sowohl für den letzten als auch für den vorletzten lößstratigraphischen Zyklus im Sinne von KUKLA (1961, 1969b) beschrieben worden (Zyklen B und C: KUKLA 1969b, Abb. 27). Allein nach dem stratigraphischen Aufbau des Profils, d. h. ohne Berücksichtigung der stratigraphischen Stellung seiner Liegendsedimente wäre folglich die beschriebene Schichtenfolge nicht mit ausreichender Eindeutigkeit einem bestimmten lößstratigraphischen Zyklus zuzuweisen. Diese Unsicherheit wird allerdings in den thüringischen und sächsischen Lößgebieten durch die Erfahrung abgeschwächt, daß alle bisher beschriebenen Schichtenfolgen mit vergleichbarem Aufbau und gesicherter Datierung ein eindeutig weichselzeitliches Alter aufweisen. Hieraus ergibt sich eine relativ hohe Wahrscheinlichkeit, das untersuchte Deckschichtenprofil von Burgtonna auch stratigraphisch in die Reihe seiner Vergleichsprofile einzuordnen und der Weichsel-Kaltzeit zuzuweisen. Die bisher veröffentlichten Angaben über die stratigraphische Stellung des Travertins von Burgtonna, die diesen der Eem-Warmzeit zuweisen, führen — ihre Richtigkeit vorausgesetzt — zu einer gleichen stratigraphischen Einstufung des untersuchten Deckschichtenprofils. Vor dem Hintergrund dieser Datierungshinweise gewinnen diejenigen thüringischen Lößaufschlüsse eine besondere Bedeutung, die einen Profilaufbau aufweisen, der mit dem des untersuchten Deckschichtenprofils vergleichbar ist, und deren Schichtglieder präziser datiert werden konnten. Die Ausbildung des begrabenen Bodens zwischen dem älteren und dem jüngeren Lößderivat als Frostgley (Lage 7) verbindet das untersuchte Profil im Hangenden des Travertins von Burgtonna mit dem Ziegeleigrubenaufschluß von Kahla (Lkr. Jena), der die in Körner abgeleitete Datierung der entsprechenden Schichtenfolge durch einen Silex-Artefaktfund des Moustérien vom Liegenden her bestätigt. Eine weitere Absicherung der gewonnenen Datierung bietet der von RUSKE & WÜNSCHE (1961) veröffentlichte Aufschluß der Ziegeleigrube Gerlach bei Freyburg (Unstrut), der die gleiche Schichtenfolge über einem Eem-Boden auf Lößderivaten aufweist, die ihrerseits Schmelzwassersande des Zeuchfelder Talsanders sowie den glazilimnischen Freyburger Bänderschluff überlagern und damit einer saalezeitlichen Eisrandlage zuzuordnen sind. In die Reihe dieser auf verschiedene Weise befriedigend genau datierbaren thüringischen Befunde fügt sich dem Profilaufbau nach das Deckschichtenprofil von Burgtonna ohne Zwang ein. Diese Profile finden weitere, teilweise wiederum unabhängig voneinander datierte Parallelen in den Trockenbereichen Böhmens, Mährens und Niederösterreichs, worüber bereits ein umfangreiches Schrifttum zusammenfassend orientiert (u. a. FINK 1956, 1962, 1964a, 1965, 1967, 1969, 1973; KUKLA 1961, 1969a, b; LOŽEK 1964a, b, 1972; LOŽEK & KUKLA 1961). Insgesamt bestätigen diese eine Feststellung von HAASE, LIEBEROTH & RUSKE (1970, S. 166) und „verweisen . . . auf Abfolgen, die mehr oder weniger deutlich den Typus des Stillfrieder Komplexes nachzeichnen und demzufolge dem Trockenbereich angehören."

Der Aufschluß von Stillfried (Niederösterreich) darf als Richtprofil für den in den Trockengebieten der zentraleuropäischen Mittelgebirgszone angetroffenen Profilaufbau letztkaltzeitlicher Lößfolgen gelten. Ebenso wie in den Trockenbereichen Thüringens ist auch in Stillfried nach FINK (1969, Abb. 5) der aktuelle Oberflächenboden ein Tschernosem. Substrat dieses Bodens bildet ein Löß mit einer relativ schwach entwickelten begrabenen Bodenbildung innerhalb der Lößfolge, die — wie in den hier verglichenen thüringischen und außerthüringischen Profilaufschlüssen — eine Zweiteilung der letztkaltzeitlichen Lößablagerungen (bzw. in anderen Profilen zuweilen ihrer Derivate) bewirkt (Bodenkomplex Stillfried B). Das Liegende dieser Schichtenfolge bildet in Stillfried (und ebenso in anderen Aufschlüssen der Trockengebiete in Niederösterreich, Mähren, Böhmen sowie im Saale- und Unstrutgebiet) ein mehrgliedriger Bodenkomplex, den als Hangendes die begrabenen Humushorizonte von Tschernosem oder tschernosemartigen Böden abschließen (Bodenkomplex Stillfried A). Den Übergang von diesem Bodenkomplex zur hangenden Lößablagerung vermitteln auch in Stillfried lateral verlagerte Lößderivate (vgl. FINK a. a. O.).

Die besprochenen Profilübereinstimmungen und verfügbaren Befunddatierungen gestatten, die kolluvial verlagerte Schwarzerde im Deckprofil über dem Travertin von Burgtonna mit dem in analoger Position angetroffenen und als Fließerde verlagerten A-Horizont eines fossilen Bodens im Profil Großengottern (Tab. 4) und letzteren mit dem begrabenen A-Horizont des sogenannten Bodens von Körner zu vergleichen. Darüber hinaus wird es möglich, für diese Bodenbildungen pedostratigraphische Analogien im Rahmen des Bodenkomplexes Stillfried A und seiner regionalstratigraphischen Parallelen in den Lößregionen Mitteleuropas festzustellen (Tab. 5). Dieser Position entspricht der basale Bodenkomplex für den lößstratigraphischen Großzyklus B bei KUKLA (1961, 1969a, b), wobei die teilweise lateral verlagerten Humushorizonte der genannten und anderer Profile im Thüringer Becken und südöstlichen Harzvorland mit dem PK II sowie dem oberen Abschn tt des PK III in der traditionellen tschechoslowakischen Lößstratigraphie parallelisiert werden dürfen. Das bedeutet, daß im Deckschichtenprofil von Burgtonna kaltzeitliche Abschnitte des Zyklus B lößstratigraphisch dokumentiert sind, während der Travertin dessen warmzeitlichen Abschnitt lithostratigraphisch belegen — oder älter sein muß. Ein eem-warmzeitliches Alter des Travertins würde das Fehlen von Analogien zum basalen B_t-Horizont des PK III entsprechend der traditionellen tschechoslowakischen Lößstratigraphie bzw. zum basalen B_t-Horizont des sogenannten Naumburger Bodenkomplexes bei Ruske & Wünsche (1961) für das Saalegebiet im Deckschichtenprofil von Burgtonna jedenfalls zwanglos erklären können. Andererseits ergibt der stratigraphische Vergleich für die frostvergleyte schwache Bodenbildung zwischen älterem und jüngerem Lößderivat dieses Deckprofils eine wahrscheinliche Parallelisierung mit der Kösener Verlehmungszone im Saalegebiet, d. h. dem sog. PK I traditioneller tschechoslowakischer Zählung sowie dem Bodenkomplex Stillfried A in Niederösterreich.

Bei derartiger Parallelisierung bedürfen allerdings bestimmte Befunde im hessischen Rhein—Main-Gebiet der Diskussion, dessen Lößaufschlüsse gleichfalls dem trockenen Faziesbereich zuzuordnen sind und sich durch Besonderheiten auszeichnen, die bei der stratigraphischen Einstufung von Beobachtungen im nahegelegenen Thüringen nicht außer acht gelassen werden dürfen. Dort findet sich nach Semmel (1968) in der Schichtenfolge zwischen den altweichselzeitlichen sogenannten „Mosbacher Humuszonen“ mit einigermaßen gesicherter Parallelisierung zum oberen Abschnitt im PK III/II der tschechoslowakischen Lößstratigraphie und dem „Hainerberger Boden“, der begründet mit dem PK I der tschechoslowakischen Tradition zu verknüpfen ist, ein weiterer, im Profilbild dem Hainerberger Boden ähnlicher, begrabener Boden, der von Semmel (1968) als „Gräselberger Boden“ bezeichnet worden ist. Dieser Boden ist zwar in Hessen selbst mit der Feuchtfazies der Lößstratigraphie vergleichbar, wo ihm der „Kirchberger Boden“ entspricht, bereitet aber bisher außerhalb Hessens einer gesicherten Korrelation Schwierigkeiten. Beide Böden zeigen bestimmte Gemeinsamkeiten, wie sekundäre Aufkalkung mit $CaCO_3$-Ausfällungen und gelegentliche Ausbildung als Naßboden mit Ausflokkungen von Eisenoxidhydrat, jedoch ist aus den Angaben bei Semmel (1968) auch ein wesentlicher und laborativ gut faßbarer Unterschied zwischen „Gräselberger“ und „Hainerberger Boden“ zu entnehmen. Die Tongehalte dieser Böden sind im Vergleich zum Rohlöß bei ersterem nur geringfügig, nur um 2—4%, bei letzterem erheblich, nämlich um 5—8%, erhöht.

An Hand dieser Angaben ist zumindest ein Vergleich des in Burgtonna zwischen älterem und jüngerem Lößderivat angetroffenen Bodens (Lage 7) mit den beiden begrabenen Böden in Hessen möglich. Dabei ergibt sich für den Boden in Burgtonna ein gegenüber dem Rohlöß um mehr als 8% erhöhter Tongehalt. Dieser Vergleich führt also zu demselben Ergebnis wie die innerhalb Thüringens sowie unter Einbeziehung der trockeneren Lößgebiete im südöstlichen Mitteleuropa mögliche Profilkorrelation, die über die Kösener Verlehmungszone und den tschechischen PK I Beziehungen zum Bodenkomplex Stillfried B in Niederösterreich herstellt. Die Korrelation nach Hessen führt zugleich mit höherer Wahrscheinlichkeit zum Hainerberger und Lohner Boden als zum Gräselberger Boden, der in Thüringen weiterhin nicht nachzuweisen ist. Mit dieser Korrelation gewinnen auch für Burgtonna einige ^{14}C-Datierungen erhöhtes Interesse, die in Stillfried durch de Vries an Hand verkohlter Holzreste möglich geworden sind. Letztere wurden wenige Zentimeter über der Oberkante dieses Bodenkomplexes geborgen und ergaben nach Vogel & Zagwijn (1967, S. 95) sowie Fink (1969, S. 60) folgende Werte:

GRO-2533: 28120 ± 200 B.P.
GRO-2523: 27990 ± 300 B.P.

Diese Werte dürfen als orientierende Daten auch für vergleichbare thüringische Befunde, insbesondere für Lage 7 im Deckschichtenprofil von Burgtonna, verstanden werden, ohne schematisch übertragbar zu sein. Immerhin dürfte solchen Orientierungsdaten besonders für die Korrelation der biostratigraphischen Beobachtungen mit solchen aus Höhlen einiger Wert zukommen, dies um so mehr, als aus analoger Position in der Schichtenfolge auch für andere Lößprofile der mitteleuropäischen Trockenfazies vergleichbare ^{14}C-Datierungen vorliegen (vgl. besonders die zusammenfassende Übersicht bei Movius 1961).

6. Zusammenfassung

Profileigene Zeitmarken und stratigraphische Korrelation des Deckschichtenprofils von Burgtonna führen zu folgenden Ergebnissen:

1. Mit Ausnahme der Lagen 9 und 10, die ins Holozän zu datieren sind (wobei ein Einsetzen der mit Lage 9 erfaßten Bodenbildung im Weichsel-Spätglazial nicht auszuschließen ist), gehören die Sedimente und Böden des Deckschichtenprofils sämtlich der Weichsel-Kaltzeit an.
2. Innerhalb der Weichsel-Kaltzeit dokumentiert der Wechsel von Lößderivaten, Böden und Bodensedimenten einen längeren und sich klimatisch differenzierenden Zeitraum.
3. Ein Teil der weichselkaltzeitlichen Schichtenfolge ist mit Sicherheit dem Weichsel-Frühglazial zuzuordnen. Außerdem wird ein mittelweichselzeitliches Interstadial erfaßt, das dem traditionellen Paudorf und damit dem Zeitraum entspricht, in den der gegenwärtige Kenntnisstand der Pleistozänstratigraphie die Interstadiale von Hengelo und Denekamp einordnet.
4. Obgleich ein längerer Abschnitt der Weichsel-Kaltzeit erfaßt wird, ist aus den verfügbaren Datierungshinweisen nicht abzuleiten, daß das Deckschichtenprofil von Burgtonna ein vollständiges Profil der Weichsel-Kaltzeit in Thüringen darstellt: Die frühweichselzeitlichen Interstadiale (Amersfoort, Brörup) oder auch nur eines von ihnen ist nur in sekundärer Umlagerung durch Bodensedimente repräsentiert. Darüber hinaus sind Lücken in der Schichtenfolge nicht ausschließbar, vielmehr sogar zu vermuten und wahrscheinlich (besonders zwischen Lage 5 und 6 sowie zwischen Lage 8 und 9).

Резюме

Возрастные критерии и стратиграфическая корреляция разреза покровных слоев Бургтонны привели к следующим выводам:

1. За исключением слоев 9 и 10, возраст которых датируется голоценом (причем не исключается возможность отнесения почвообразования в основании слоя 9 к позднему вислинскому ледниковью), осадки и почвы разреза покровных слоев относятся полностью к вислинскому ледниковью.
2. Смена лёссовых дериватов, почв и почвенных осадков во время вислинского ледниковья свидетельствует о длительности интервала с климатической дифференциацией.
3. Часть вислинских отложений уверенно относится к ранневислинскому ледниковью. Кроме

n/Oberösterreich nacker 1964)	Niederösterreich Fink (1969 u.a.)	Mähren u. Böhmen Ložek (1964,b)	Sachsen Lieberoth (1962, 1963)	Klimat. Zyklus Kukla (1969)	Einstufung in die mitteleuropäische Quartärstratigraphie
				A1	HOLOZÄN
Löß			W_γ		JUNG-WÜRM — WEICHSEL-KALTZEIT
her Boden	Bk. Stillfried B	PK I	Gleinaer Bodenkomplex	B3	MITTELWÜRM
r Löß			W_β		MITTELWÜRM
‚erde, z.T. humos ımuszonen)	(Oberer Teil vom) Bk. Stillfried A	PK II	(Oberer Teil vom) Lommatzscher Bk. mit W_α	B2	ALTWÜRM
ımmschicht					ALTWÜRM
ıterglaziale ·aunerde	(Unterer Teil vom) Bk. Stillfried A	PK III	(Unterer Teil vom) Lommatzscher Bodenkomplex	B1	EEM

Burgtonna			Thüringen und mittl. Saalegebiet		Nordhessen	Südhessen	Niederrhein	Südbaden	Südba
			Unger & Rau (1961)	Ruske & Wünsche (1961)	Semmel (1968)	Semmel (1968)	Paas (1961)	(Bronger 1966)	(Br
Lage	Horizont	Bezeichnung							
9	Ah	Schwarzerdebildung							
8	C	Jüngeres Lößderivat							Obe
7	bg	Frostgley		Kösener Verlehmungszone	Lohner Boden	Hainerberger Boden		Obere Verbraunungs-zone	Schw
6	C	älteres Lößderivat							Unt
3-5	uAh	Schwarzerdebildung (und kolluviale Umlagerung)	Boden v. Körner	(Oberer Teil vom) Naumburger Bodenkomplex		Mosbacher Humuszonen	Brühler Boden	Untere Verbraunungs-zone	Basisfl (lokal
2	C_1	Fließerde							Sch
1	C_2	Travertin		(Unterer Teil vom) Naumburger Bodenkomplex	Homburger Boden	Erbacher Boden	Erkelenzer Boden	Oberer Heitersheimer Boden	Let Par

Tab. 5. Vergleich der für das untersuchte Deckschichtenprofil von Burgtonna ermittelten Profilgliederung mit den regionalen Stratigraphien weichselkaltzeitlicher Löße in verschiedenen Gebieten Mitteleuropas

того, установлен средневислинский интерстадиал, соответствующий традиционному паудорфу и тем самым интервалу интерстадиалов генгело и денекампи (по современному состоянию изученности плейстоценовой стратиграфии).

4. Хотя разрез представляет значительный интервал вислинского ледниковья, по имеющимся данным нет уверенности, что разрез покровных слоев Бургтонны соответствует полному разрезу вислинского ледниковья Тюрингии: ранневислинские интерстадиалы (амерсфоорт, брёруп) или лишь один из них представлены только в переотложенном виде в почвенных осадках. Далее надо предполагать наличие перерывов осадконакопления (в частности между слоями 5 и 6 как 8 и 9).

Summary

Results obtained from time marks and a stratigraphical correlation of the profile of covering beds of Burgtonna are as follows:

1. All sediments and soils of the profile of covering beds belong to the Weichselian glacial stage, with the exception of the layers 9 and 10 which are to be dated into the Holocene (a beginning of the soil formation determined with layer 9 in the late Weichselian glacial stage cannot be excluded).

2. Within the Weichselian glacial stage the alternation of loess derivates, soils and bottomsets documentates a longer period differentiating climatically.

3. Part of the Weichselian glacial succession of beds can safely be assigned to the early Weichselian glacial stage. Moreover, a middle Weichselian interstadial substage is determined and corresponds to the traditional Paudorfian interstadial, that is to say to the period in to which, according to the present state of knowledge of Pleistocene stratigraphy, the interstadial substages of Hengelo and Denekamp are arranged.

4. Although a longer period of the Weichselian glaciation is determined, informations available on dating do not permit to derive that the profile of covering beds of Burgtonna presents a complete profile of the Weichselian glacial stage inT huringia: the interstadial substages of the early Weichselian glacial stage (Amersfoort, Brörup), or rather only one of them, are represented in secondary redeposition only of the bottomsets. Moreover, hiatuses in the succession of beds cannot be excluded, must even rather be supposed and are probable (in particular between the layers 5 and 6 as well as between 8 and 9).

7. Literatur

BRONGER, A.: Lösse, ihre Verbraunungszonen und fossilen Böden — ein Beitrag zur Stratigraphie des oberen Pleistozäns in Südbaden. — Schr. geogr. Inst. Univ. Kiel, 24, 2, 113 S., Kiel 1966.

BRUNNACKER, K.: Die Würmeiszeit in Bayern im Lichte der Lößforschung. — Rep. VIth internat. Congr. Quaternary Warsaw 1961, 4, 441—449, Łódź 1964.

FINK, J.: Zur Korrelation der Terrassen und Löße in Österreich. — Eiszeitalter u. Gegenwart 7, 49—77, Öhringen (Württ.) 1956.

— Die Gliederung des Jungpleistozäns in Österreich. — Mitt. Geol. Ges. Wien 54 (1961), 1—25, Wien 1962.

— Die Gliederung der Würmeiszeit in Österreich. — Rep. VIth internat. Congr. Quaternary Warsaw 1961, 4, 451 bis 462, Łódź 1964 (1964a).

— Die Subkommission für Lößstratigraphie der Internationalen Quartärvereinigung. — Eiszeitalter u. Gegenwart 15, 229—235, Öhringen (Württ.) 1964 (1964b).

— Die Subkommission für Lößstratigraphie der Internationalen Quartärvereinigung. — Eiszeitalter u. Gegenwart 16, 264—275, Öhringen (Württ.) 1965 (1965a).

— The Pleistocene in Eastern Austria. — Internat. Studies Quaternary, Geol. Soc. America, Spec. Pap. 84, 179 bis 199, Washington 1965 (1965b).

— La position actuelle de l'étude des loess en Europe. — Meeting Sub-Commission Loess-Stratigraphy Belgium 1967 — Discussions (in collaboration with Geol. Surv. Belgium) 1—16, Bruxelles 1967.

— Bemerkungen zu den Exkursionen über das Problem: „Löß — Periglazial — Paläolithikum". — In: Less — periglacial — paleolit na territorii srednej i vostočnoj Evropy (Loess — Périglaciaire — Paléolithique sur la territoire de l'Europe moyenne et orientale/L'édition préliminaire . .), 33—60, Moskva 1969.

— Internationale Lößforschungen — Bericht der INQUA-Löß-kommission. — Eiszeitalter u. Gegenwart 23/24, 415 bis 426, Öhringen (Württ.) 1973.

FUHRMANN, R.: Feinstratigraphische Untersuchungen an mittelsächsischen Lößen. — Dipl.-Arb., Geol. Inst. Bergakad. Freiberg (Sachsen) 1961 (unveröff.).

GESANG, H.: Zur Geologie des Travertins von Burgtonna in Thüringen. — Quartärpaläontologie 3, 43—49, Berlin 1978.

HAASE, G., LIEBEROTH, I., & RUSKE, R.: Sedimente und Paläoböden im Lößgebiet. — In: Periglazial — Löß — Paläolithikum im Jungpleistozän der Deutschen Demokratischen Republik. — Petermanns geogr. Mitt., Erg.-H. 274, 99—212, Gotha u. Leipzig 1970.

HEINRICH, W.-D.: Zur Entdeckungs- und Forschungsgeschichte der Wirbeltierfundstätte in der jungpleistozänen Deckschichtenfolge über dem Travertin von Burgtonna in Thüringen. — Quartärpaläontologie 3, 185—186, Berlin 1978.

HEINRICH, W.-D., & JÁNOSSY, D.: *Lagurus lagurus* (PALLAS, 1773) (Rodentia, Mammalia) aus dem Jungpleistozän von Burgtonna (Bezirk Erfurt). — Z. geol. Wiss. 1, 5, 587 bis 592, Berlin 1973.

— Fossile Säugetierreste aus einer jungpleistozänen Deckschichtenfolge über dem interglazialen Travertin von Burgtonna in Thüringen. — Quartärpaläontologie 3, 231 bis 254, Berlin 1978.

JÄGER, K.-D., & LOŽEK, V.: Beobachtungen zur Geschichte der Karbonatdynamik in der holozänen Warmzeit. — Československý kras 19, 7—22, Praha 1968.

KAISER, E., & NAUMANN, E.: Erläuterungen zur Geologischen Karte von Preußen, Lieferung 128, Blatt Langensalza. — Berlin 1905.

KOHL, G.: ^{14}C-Datierungen an Proben aus dem Spätglazial der DDR. — In: Probleme der Weichsel-spätglazialen Vegetationsentwicklung in Mittel- und Nordeuropa, 235—248, Frankfurt (Oder) 1970.

KOPP, D.: Die Waldstandorte des Tieflandes. — In: Ergebnisse der forstlichen Standorterkundung in der Deutschen Demokratischen Republik, Bd. 1, Lfg. 1, 141 S., VEB Forstprojektierung Potsdam 1969.

KUKLA, J.: Quaternary sedimentation cycle. — Czwartorzęd Europy Środkowej i Wschodniej. — Inst. Geol. Prace 34, 1, 145—154, Warszawa 1961.

— Lagerungsverhältnisse und Stratigraphie der Löße. — In: Periglazialzone, Löß und Paläolithikum der Tschechoslowakei, 5—18, Brno 1969 (1969a).

— Die zyklische Entwicklung und die absolute Datierung der Löß-Serien. — In: Periglazialzone, Löß und Paläolithikum der Tschechoslowakei, 75—95, Brno 1969 (1969b).

KUKLA, J., & LOŽEK, V.: K problematice výzkumu jeskynních výplní (To the Problems of Investigation of the Cave Deposits). — Československý Kras 11, 19—83, Praha 1958.

LIEBEROTH, I.: Die jungpleistozänen Löße Sachsens im Vergleich zu denen anderer Gebiete. Ein Beitrag zur Würmchronologie. — Petermanns geogr. Mitt. 106, 188—198, Gotha u. Leipzig 1962 (1962a).

— Ein Beitrag zum Klima und zur Chronologie des Jungpleistozäns. — Forsch. u. Fortschr. 36, 73—77, Berlin 1962 (1962b).

— Lößsedimentation und Bodenbildung während des Pleistozäns in Sachsen. — Geologie 12, 149—187, Berlin 1963.

— Bodenkunde — Bodenfruchtbarkeit. — 2. Aufl., 336 S., Berlin 1969.

Ložek, V.: Quartärmollusken der Tschechoslowakei. — Rozpravy Ústřed. úst. geol. **31**, 374 S., Praha 1964 (1964a).

— Mittel- und jungpleistozäne Löß-Serien in der Tschechoslowakei und ihre Bedeutung für die Löß-Stratigraphie Mitteleuropas. — Rep. VIth internat. Congr. Quaternary Warsaw 1961, **4**, 525—549, Łódź 1964 (1964b).

— Zasedání subkomise INQUA pro stratigrafii spaší v NDR. — Věstník Ústřed. úst. geol. **40**, 77—78, Praha 1965.

— Príroda ve ctvrtohorách. — 372 S., Praha 1972.

Ložek, V., & Jäger, K.-D.: Zur Stellung festländischer Karbonatgesteine in den klimatischen Zyklen des Eiszeitalters in Mitteleuropa. — Vortr. IV. Paläont. Koll. „Das Pleistozän von Taubach und Burgtonna etc.", Weimar, September 1972.

Ložek, V., & Kukla, J.: Das Lößprofil von Leitmeritz an der Elbe, Nordböhmen. — Eiszeitalter u. Gegenwart **10**, 81—104, Öhringen (Württ.) 1959.

— Outline of the stratigraphy of the Czechoslovak Quaternary. — Czwartorzęd Europy Środkowej i Wschodniej. — Inst. Geol. Prace **34**, 1, 155—170, Warszawa 1961.

Mania, D.: Paläoökologie, Faunenentwicklung und Stratigraphie des Eiszeitalters im mittleren Elbe-Saalegebiet auf Grund von Molluskengesellschaften. — Beih. Geologie **78/79**, 175 S., Berlin 1973.

— Zur Molluskenfauna aus der jungpleistozänen Deckschichtenfolge über dem Travertin von Burgtonna in Thüringen. — Quartärpaläontologie **3**, 203—205, Berlin 1978.

Movius, H.-L.: Radiocarbon Dates and Upper Palaeolithic Archeology in Central and Western Europe. — Current Anthropol. **1**, 355—391, Chicago 1961.

Munsell Soil Color Charts. Edition by Munsell Color Company, Inc. Baltimore, Md. 1954.

Paas, W.: Rezente und fossile Böden auf niederrheinischen Terrassen und deren Deckschichten. — Eiszeitalter u. Gegenwart **12**, 165—230, Öhringen (Württ.) 1961.

Rau, D.: Rezente und fossile Lößböden im Thüringer Becken und in dessen Randgebieten. — Exkursionsführer „Das Pleistozän im sächsisch-thüringischen Raum", 145—153, Berlin 1962.

— Untersuchungen zur Morphologie und Genese der Lößböden im Thüringer Becken. — Abh. zentr. geol. Inst. **4**, 71 S., Berlin 1965.

Rau, D., & Unger, K.-P.: Lößexkursion Thüringen. — Führer zu den Exkursionen in die Lößgebiete des saxo-thuringischen Raumes im Rahmen der 3. Arbeitstagung der Subkommission für Lößstratigraphie der Internationalen Quartärvereinigung (Inqua) vom 31. März bis 5. April in Leipzig, 7—15, Berlin 1964.

Ruske, R., & Wünsche, M.: Löße und fossile Böden im mittleren Saale- und unteren Unstruttal. — Geologie **10**, 1, 9—29, Berlin 1961.

Semmel, A.: Studien über den Verlauf jungpleistozäner Formung in Hessen. — Frankfurter geogr. H. **45**, 133 S., Frankfurt (Main) 1968.

Thun, R., Herrmann, R., & Knickmann, E.: Die Untersuchung von Böden. — Handb. landwirtsch. Versuchs- u. Untersuchungsmethodik (Methodenbuch) 3. Aufl. **I**, 271 S., Radebeul u. Berlin 1955.

Unger, K. P., & Rau, D.: Pleistozän des Thüringer Bekkens. — Exkursionsführer „Thüringer Becken", 79—82, Weimar 1959.

— Gliederung und Altersstellung der Lößablagerungen im Thüringer Becken und dessen Randgebiet. —Czwartorzęd Europy Środkowej i Wschodniej. — Inst. Geol. Prace **34**, 1, 227—235, Warszawa 1961.

Vent, W.: Über die Flora des Riß-Würm-Interglazials in Mitteldeutschland unter besonderer Berücksichtigung der Ilmtravertine von Weimar-Ehringsdorf. — Wiss. Z. Friedrich-Schiller-Univ. Jena, Math.-naturwiss. R. **4**, 467—485, Jena 1955.

Vogel, J. C., & Zagwijn, W. M.: Groningen Radiocarbon Dates, VI. — Radiocarbon **9**, 63—106, New Haven 1967.

Quartärpaläontologie	3	203–205	Berlin, Dezember 1978

Zur Molluskenfauna aus der jungpleistozänen Deckschichtenfolge über dem Travertin von Burgtonna in Thüringen

Von DIETRICH MANIA, Halle

Mit einer Tabelle

Abstractum

Gegenstand des Beitrages ist eine fossile Molluskenfauna aus der jungpleistozänen Deckschichtenfolge über dem interglazialen Travertin von Burgtonna. Die Untersuchung gestattet stratigraphische und palökologische Aussagen. Dabei wird u. a. eine frühweichselzeitliche *Chondrula-tridens*-Fauna erfaßt, jedoch enthält das Fundgut auch sekundär aus dem Travertin umgelagerte Komponenten.

Предметом исследования является фауна моллюсков верхнеплейстоценовых покровных слоев, залегающих над межледниковым травертином Бургтонны. Результаты исследования способствовали получению стратиграфических и палэкологических выводов. Установлено наличие ранневислинской фауны с *Chondrula tridens*, однако в собранном материале встречаются также переотложенные из травертина компоненты.

The subject of the present paper is a fossil molluscan fauna from the Upper Pleistocene succession of covering beds above the interglacial Travertine series of Burgtonna. The study permits to make stratigraphical and palaeoecological statements, inter alia on a *Chondrula tridens* fauna of the early Weichselian glacial period. The discovery, however, also contains components secondarily redeposited from the Travertine series.

Aus den jungpleistozänen Deckschichten des Interglazialtravertins von Burgtonna wurden fossilführende Proben geborgen, die nicht nur Überreste von Vertebraten, sondern auch Molluskenschalen enthielten. Allerdings waren diese nur in einigen Proben so stark angereichert, daß sie für eine quantitative Auswertung herangezogen werden konnten. Die dabei ermittelten Werte stimmen durchaus mit denen einer größeren Probe aus dem Mittelteil der Depressionsfüllung (etwa aus dem Bereich der Proben 8–12 des Profils 2) überein, so daß vor allem diese stellvertretend für alle anderen Proben der ökologischen und stratigraphischen Auswertung dienen soll.[1]) Die Zusammensetzung der Molluskenfauna aus den einzelnen Proben vermittelt die Tab. 1.

Es handelt sich vorwiegend um eine parautochthone Mischfauna, die während der Zuschwemmung der Depression mit humosen Bodensubstraten in der nächsten Umgebung gelebt hat. Sie setzt sich aus 27 Arten zusammen, wenn man von den nicht näher bestimmten Nacktschnecken (Limacidae) und Pisidien absieht. Neben 19 terrestrischen Arten stehen 8 Wasserarten, die aber nur zu untergeordneten Anteilen auftreten. Nur je einmal erreichen die Quellschnecke *Paladilhia (Belgrandia) marginata* f. *germanica* (KLESSIN) 16,5% und die Sumpfschnecke *Lymnaea palustris* 96% der Individuenhäufigkeit der jeweiligen Thanatozönose. Im ersten Fall kann es sich um aus dem liegenden Travertin ausgeschwemmte Exemplare handeln, denn sie stammen nicht nur aus der untersten, dem Travertin am nächsten liegenden Probe, sondern gerade im Bereich des Aufschlusses führt dieser besonders reichlich *Paladilhia (B.) marginata* f. *germanica*. Die Probe mit *Lymnaea palustris* als vorherrschender und in großen Mengen auftretender Art stammt aus den hangenden Schichten der Depressionsfüllung. Der Sedimentwechsel (mergeligtonige Sedimente) und das reiche Vorkommen von *Lymnaea palustris* lassen erkennen, daß sich im Bereich dieser Probe sumpfige Verhältnisse in der Depression entwickelt hatten.

Unter den Landschnecken überwiegen in den Proben die Arten der offenen Landschaft mit über 60% der Individuenhäufigkeit. Es sind nicht nur allgemeine Vertreter der offenen Landschaft, wie *Vallonia costata*, *Vallonia pulchella*, *Pupilla muscorum* und *Vertigo pygmaea*, sondern auch echte Steppenarten vorhanden: *Helicopsis striata*, *Chondrula tridens* und *Pupilla triplicata*. Für relativ trockene, sommerwarme Klimaverhältnisse während der Lebenszeit der Fauna sprechen diese Steppenarten, die große Häufigkeit von *Vallonia costata* und das gelegentliche Auftreten von xerothermen Elementen (*Cochlicopa lubricella*). Das läßt auf die Existenz von trockenen Wiesensteppen in der Umgebung schließen. Nicht nur das humose Kolluvium in der Depression, auch diese Wiesensteppenfauna spricht für die Ausbildung eines Schwarzerdebodens unter Gras- und Krautvegetation. Nur untergeordnet sind typische Waldsteppenschnecken (*Bradybaena fruticum*, *Discus ruderatus*, *Clausilia pumila*, *Euomphalia strigella*) und Arten mit mehr

[1]) Über Profilbezeichnungen und Beprobungseinheiten vgl. die Beiträge von HEINRICH & JÁNOSSY sowie JÄGER & HEINRICH im vorliegenden Band.

Tab. 1. Die Molluskenfauna aus der Depression

			Profil 1			Profil 2														
			1	2	3	1	2	3	4	5	6	7	8	9	10	11	12	13	14	15
1 W		*Discus ruderatus* (FÉRUSSAC)	+	1,3																
2 W(S)		*Bradybaena fruticum* (MÜLLER)																		
3 W(h)		*Clausilia pumila* PFEIFFER	+					+				+				+	+			
4 S	(+)	*Helicopsis striata* (MÜLLER)	+		+		+	+		+	+	+	+		3,5	+	+	+		
	(+)	*Chondrula tridens* (MÜLLER)			+	+		+	+				+		1,5				+	+
	(+)	*Pupilla triplicata* (STUDER)													4,5					
5 Ws		*Euomphalia strigella* (DRAPARNAUD)																		
O		*Vallonia pulchella* (MÜLLER)													5,5	+				
	(+)	*Vallonia costata* (MÜLLER)	+	19,4	+	+	+	+	+	+	+	+	+	+	52,0	+		+	+	
	+	*Pupilla muscorum* (LINNÉ)	+	3,5	+	+	+	+	+	+	+	+	+	+	13,5	+		+		
		Vertigo pygmaea (DRAPARNAUD)		1,3		+		+												
6 X		*Cochlicopa lubricella* (PORRO)				+								+	2,4					
7 M	(+)	*Perpolita radiatula* (ALDER)						+	+											
	(+)	*Euconulus fulvus* (MÜLLER)											+							
	(+)	*Cochlicopa lubrica* (MÜLLER)																	+	
	(+)	*Trichia hispida* (LINNÉ)	+	1,3	+	+	+	+	+	+	+	+	+	+	12,5					
	(+)	Limacidae	+	34,0	+			+								+		+		
8 H	+	*Succinea oblonga* DRAPARNAUD													1,5					
9 P	(+)	*Succinea putris* (LINNÉ)	+	2,5																
		Carychium minimum MÜLLER				+														
10 W Q		*Paladilhia (B.) marginata* f. *germanica* (KLESSIN)	+	24,4	+	+		+	+							+				
SF		*Bithynia tentaculata* (LINNÉ)		2,5	+			+				+	+			+				
S(F)		*Lymnaea peregra* (MÜLLER)													1,5					
S		*Gyraulus laevis* (ALDER)																+		
P	(+)	*Lymnaea palustris* (MÜLLER)		7,2																
SPPp	(+)	*Lymnaea truncatula* (MÜLLER)		2,5	+			+												+
P	(+)	*Planorbis planorbis* (LINNÉ)																		
Pp	(+)	*Anisus leucostomus* (MILLET)																		
		Pisidien	+												1,5					

oder weniger hohen Ansprüchen an höhere Feuchtigkeit (*Perpolita radiatula, Euconulus fulvus, Cochlicopa lubrica, Trichia hispida* und Limacidae) vorhanden. Sie deuten auf trockene bis mittelfeuchte Standorte mit kleinen lichten Gehölzen und Gebüsch. So können wir die Umwelt während der Lebenszeit dieser Molluskenfauna als eine Tschernosemwiesensteppe mit einzelnen Gehölz- und Gebüschgruppen an feuchteren Standorten charakterisieren. Das Klima war kontinental, aber sommerwarm.

Nach LOŽEK (1964) handelt es sich um eine *Chondrula-tridens-* oder *Bradybaena-fruticum*-Fauna. Auf Grund ihres bisher beobachteten Vorkommens wie aus der ökologischen Analyse dieser Fauna und wegen des eemzeitlichen Alters des unterlagernden Travertins können wir sie in das Weichselfrühglazial und in diesem als charakteristisch für die ersten beiden Wärmeschwankungen, das Amersfoort- und Brörup-Interstadial, einstufen.

Literatur

LOŽEK, V.: Quartärmollusken der Tschechoslowakei. — Rozpravy Ústřed. úst. geol. **31**, 374 S., Praha 1964.

MANIA, D.: Paläoökologie, Faunenentwicklung und Stratigraphie des Eiszeitalters im mittleren Elbe—Saalegebiet auf Grund von Molluskengesellschaften. — Geologie Beih. **78/79**, 1—175, Berlin 1973.

— Zur Stellung der Travertinablagerungen von Weimar-Ehringsdorf im Jungpleistozän des nördlichen Mittelgebirgsraumes. — Abh. zentr. geol. Inst. **23**, 571—589, Berlin 1975.

Profil 3														Profil 4						Probe aus dem Bereich von 8–12 (Profil 2)
1	2	3	4	5	6	7	8	9	10	11	12	13	14	1	2	3	4	5	6	
																				1,5
																				0,7
	1,2	+			+										2,5				+	0,7
3,5	3,6	+	+	+	+		+	+						4,5	3,8		1,5	+		5,2
		+			+			+						3,5	1,3					9,5
		+												2,5						1,5
																				5,0
5,5	2,4	+			+			+						1,3					+	11,1
33,5	23,7	+	+	+	+	+		+	+		+			25,0	18,0	+	14,0	+	+	33,1
16,5	26,2	+	+		+		+	+			+	1,3		22,8	32,1		1,5		+	12,5
2,5						+														5,1
1,5																	1,5			0,7
				+	+	+														0,7
															1,3					1,5
7,5	2,4	+	+	+	+	+	+							9,5	2,5		3,5			2,2
	30,8				+									25,0	37,2	+	70,0			3,8
3,5							+													0,7
1,5		+															2,5			
16,5	3,6	+			+	+								3,5		+	1,5	+	+	3,8
1,5			+		+		+			+			+					+		
1,5			+		+									1,3	1,3		2,5			
											+	96,0								
	4,7	+							+			1,3						+	+	0,7
												1,3								
									+											
3,5	1,2													1,3						

Quartärpaläontologie	3	207—221	Berlin, Dezember 1978

Die Ostrakodenfauna aus den jungpleistozänen (weichselkaltzeitlichen) Deckschichten von Burgtonna in Thüringen

Von KURT DIEBEL & ERIKA PIETRZENIUK, Berlin

Mit 7 Abbildungen, 4 Tabellen und Tafel 49—53

Inhalt

1. Einleitung

Dem IV. Paläontologischen Kolloquium in Weimar vom 4.—9. September 1972 diente zur Vorbereitung eine Untersuchung des Travertinsteinbruchs Burgtonna (Lageskizze siehe Quartärpaläontologie 3, S. 88). Herr Dr. W.-D. HEINRICH, der dabei das Deckschichtenprofil mit Mikromammaliern entdeckt hat, fand bei der Auswertung einer Probenserie im Lößderivat-Komplex neben den Resten von Kleinsäugern auch Konchylien und großwüchsige Ostrakoden. Wir erhielten von ihm aus dem 1,60 m mächtigen Lößderivat-Komplex eine kontinuierliche Folge von acht Proben, die jeweils 20 cm umfaßten. Die Ostrakodenführung war relativ gering. Zur Bereicherung des Untersuchungsmaterials wurden dann mehrmals Großproben (10 kg und mehr) entnommen und auf Ostrakoden untersucht. Bei der Probenentnahme waren zeitweilig die Kollegen J. WOLFRAM und H. NOLTE vom Institut für Quartärpaläontologie Weimar behilflich. Dem Direktor dieses Instituts, Herrn Dr. Dr. H.-D. KAHLKE, sowie seinen Mitarbeitern danken wir für die Möglichkeit zur Untersuchung des Profils im Rahmen des Forschungskollektivs und für mannigfaltige Hilfe bei der Durchführung der Geländearbeiten. Bei den Laborarbeiten wirkten dankenswerterweise die Kolleginnen R. SANOW, I. SCHILLING und H. VOSS mit.

Die Scanning-Aufnahmen (Taf. 53) wurden im Institut für Elektronenphysik der Akademie der Wissenschaften der DDR in Berlin angefertigt. Wir danken Herrn Dr. H. MENNINGER für die Genehmigung und Herrn R. HEINRICH für die Ausführung dieser Aufnahmen.

Herrn Dr. A. ABSOLON, Prag, von dem wir wertvolles Vergleichsmaterial aus Brozany (ČSSR) erhielten, und Herrn Prof. E. K. KEMPF, Köln, danken wir für aufschlußreiche Diskussionen über systematische und stratigraphische Fragen.

Weiterhin danken wir Herrn Dr. T. SYWULA, Poznań, für Vergleichsmaterial der Gattungen *Cypridopsis*, *Potamocypris* und *Eucypris* sowie für seine Stellungnahme zu einigen Arten der Fauna von Burgtonna. Herrn Dr. E. KROLOPP, Budapest, sind wir für die Durchsicht der im Jahre 1972 vorhandenen Konchylien sowie für ihre Bestimmung und Deutung zu Dank verpflichtet.

Das Belegmaterial wird in der Mikropaläontologischen Sammlung des Paläontologischen Museums Berlin aufbewahrt.

2. Das Deckschichtenprofil

Das Deckschichtenprofil ist lokal am Ostrand des Travertinsteinbruchs Burgtonna entwickelt. Die Schichtenfolge sowie die stratigraphische Deutung der einzelnen Glieder zeigt Tab. 1. Das Schwarzerde-Kolluvium hat sich als ostrakodenfrei erwiesen. Ostrakodenfunde sind auf den Lößderivat-Komplex (Proben 11a—13b) beschränkt.

Tab. 1. Gliederung des weichselzeitlichen Deckschichtenprofils von Burgtonna (vereinfacht nach HEINRICH & JÄGER, 1978)

Proben	Schichtenfolge	Stratigraphie	
	Deckmaterial (Aufschüttung)	Holozän	
	Humushorizont		
13b 13a	Jüngeres Lößderivat	Jüngere Weichsel-Kaltzeit	
12b 12a	Boden	Mittlere .... Weichsel-Kaltzeit	Stillfried B
11d 11c 11b 11a	Älteres Lößderivat		
	Schwarzerde-Kolluvium	Ältere Weichsel-Kaltzeit	Brörup oder Amersfoort
	Fließerde		
	Travertin	Eem-Warmzeit	

Die Verbreitung der Ostrakodenarten innerhalb des Lößderivat-Komplexes gibt Tab. 2 wieder. Ihr liegt die Gesamtheit der Ostrakodenfunde aus allen ausgewerteten Proben zugrunde. Das ganze Probenmaterial umfaßt mehr als 150 kg.

Tab. 2. Verbreitung der Ostrakodenarten im Lößderivat-Komplex

Proben-Bezeichnungen nach HEINRICH & JÁNOSSY (1978) Profil 3	11b	11c	11d	12a	12b	13a	13b
Limnocythere falcata			+	+	+	+	+
Paralimnocythere cf. *diebeli*				+	+	+	+
Ilyocypris gibba				+	+	+	+
Ilyocypris schwarzbachi			+	+	+	+	+
Candona pratensis				+	+	+	+
Candona sp. juv. 1 (*pratensis*)				+	+	+	+
Candona cf. *neglecta*						+	+
Candona sp. juv. 2 (*neglecta*)			+	+	+	+	+
Candona rawsoni					+		+
Heterocypris incongruens			+	+	+	+	
Heterocypris rotundatus			+	+	+	+	+
Eucypris dulcifons procera			+	+	+	+	+
Eucypris heinrichi		+	+	+	+	+	+
Tonnacypris loessica	+		+	+	+		
Tonnacypris convexa			+	+	+		
Amplocypris tonnensis		+	+	+	+	+	+
Sclerocypris ? clavata prisca	+	+	+	+	+	+	+
Cypris pubera			+	+	+	+	+
Cypridopsis vidua				+	+	+	+
Cypridopsis absoloni			+	+	+	+	+
Potamocypris maculata			+	+	+	+	+

Für die Datierung der einzelnen Schichtglieder des Deckschichtenprofils bieten die Ostrakoden keine Möglichkeit. Hier wurde die Einstufung nach Mikromammaliern übernommen.

3. Die Ostrakodenfauna

3.1. Erhaltungszustand

Es liegen fast ausschließlich isolierte Klappen vor; Gehäuse wurden kaum beobachtet. Der Erhaltungszustand der Ostrakoden ist relativ gut. Die Oberfläche der Klappen ist nach der Aufbereitung in der Regel sauber und frei von Sediment, während an der Innenseite der Klappen oft bräunliches Sediment haftet.

3.2. Adulte und juvenile Individuen

Bei fast allen Arten konnte festgestellt werden, daß neben den adulten Exemplaren auch zahlreiche Jugendformen verschiedener Altersstadien vorhanden sind. So überwiegt bei *Candona pratensis* die Anzahl der Jugendstadien die der adulten um ein Vielfaches. Die juvenilen Candonen mit gefelderter Oberfläche (*Candona* sp. juv. 1) werden zu *Candona pratensis* gestellt, weil von den drei in Burgtonna vorkommenden *Candona*-Arten nur *C. pratensis* Larven mit gefelderter Oberfläche besitzt.

Auch bei *Candona* cf. *neglecta* ist dieselbe Erscheinung festzustellen: Die Larven überwiegen zahlenmäßig die adulten Exemplare.

Bei *Eucypris heinrichi* sp. n. stehen zahlreiche Larvenstadien einer geringeren Zahl adulter Exemplare gegenüber.

Bei *Potamocypris maculata* treten Klappen mit glatter Oberfläche und solche mit grubiger Oberfläche auf, die wir für juvenil halten; diese überwiegen an Zahl.

Von *Candona pratensis* ist nach den Untersuchungen durch ALM (1914) bekannt, daß diese Art bis zur Reife eine lange Entwicklungszeit benötigt, die durch Austrocknen bzw. Zufrieren der Gewässer Unterbrechungen erfahren kann. Für das Erreichen der Geschlechtsreife bedürfen die Larven einer Temperatur, die nicht allzu niedrig sein darf. Diese besonderen Erscheinungen im Entwicklungsverlauf von *C. pratensis* können zur Erklärung des massenhaften Vorkommens juveniler Stadien dieser Art im Profil von Burgtonna herangezogen werden.

Das gemeinsame Vorkommen adulter und juveniler Exemplare in der Ostrakodenfauna von Burgtonna beweist, daß diese Ostrakoden autochthon sind und in einem stehenden Gewässer abgelagert worden sind.

3.3. Sedimentationsgeschwindigkeit

Gehäuse von Ostrakoden fehlen praktisch im ganzen Profil. Alle Arten sind in Gestalt isolierter Klappen überliefert; d. h., nach dem Absterben der Tiere war genügend Zeit für die Verwesung der Weichteile und die Trennung der Gehäuse in Einzelklappen.

Bei rascher Sedimentation kommt es stets zur Einbettung einiger Gehäuse. Aus der Erhaltung der Ostrakoden im Lößderivat-Komplex kann daher auf eine relativ langsame Sedimentation geschlossen werden.

3.4. Zeitdauer der Lößderivat-Sedimentation

KEMPF (1967) versucht, für den Bereich der Ostrakodenführung in den Lößsedimenten von Kärlich einen Anhalt für die Zeitdauer dieser Sedimentbildung zu gewinnen. Dabei stützt er sich auf den Vorschlag von BRUNNACKER, als Sedimentationsrate von Löß 0,2 mm pro Jahr zugrunde zu legen. Wenn wir diese Sedimentationsrate für den Lößderivat-Komplex von Burgtonna (1,60 m) übernehmen würden, kämen wir auf einen Zeitraum von etwa 8000 Jahren. Da innerhalb des Lößderivat-Komplexes eine Bodenbildung auftritt, dürfte die Gesamtdauer noch etwas größer sein. Es ist verblüffend, daß KEMPF für den Ostrakodenbereich von Kärlich zu einer Zeitdauer in der gleichen Größenordnung gelangt.

3.5. Charakteristik der Fauna

Die Fauna des Lößderivat-Komplexes enthält autochthone und allochthone Bestandteile. Bodenständig sind die meisten Ostrakoden und Konchylien. Vom Alter des Lößderivats sind die Knochen und Zähne von Kleinsäugern, obwohl sie nur bedingt bodenständig sind. Die Kleinsäuger haben in der Landschaft gelebt, in der das Lößderivat abgelagert wurde, waren aber keine Bewohner der Depression, in der das aquatische Milieu herrschte, das den Lebensraum der Ostrakoden darstellte.

3.5.1. Die autochthone Fauna

3.5.1.1. Ostrakoden

Die Ostrakodenfauna umfaßt 19 Arten aus 12 Gattungen (*Limnocythere, Paralimnocythere, Ilyocypris, Candona, Heterocypris, Eucypris, Tonnacypris, Amplocypris, Sclerocypris ?, Cypris, Cypridopsis* und *Potamocypris*). Sie hat ein eigenartiges Gepräge, einerseits durch den großen Anteil von Arten, die bisher nur aus dem Pleistozän bekannt sind bzw. von Burgtonna als neue Arten Eingang in die Literatur finden, andererseits durch das Vorkommen großwüchsiger Arten wie *Amplocypris tonnensis, Tonnacypris loessica* und *T. convexa* sowie *Sclerocypris ? clavata prisca*.

Ferner ist bemerkenswert, daß einige Arten mit auffallender Häufigkeit den größten Teil des Lößderivat-Profils beherrschen. Hierzu gehören *Limnocythere falcata, Ilyocypris gibba, Eucypris dulcifons procera, Eucypris heinrichi, Sclerocypris ? clavata prisca, Potamocypris maculata* und die juvenilen Candonen (*C. pratensis*).

3.5.1.2. Konchylien

Gegenüber der mannigfaltigen Ostrakodenfauna ist die Konchylienfauna sehr einförmig. Die Konchylienfauna des Lößderivatkomplexes wurde auf unsere Bitte, soweit sie im Sommer 1972 ausgelesen war, d. h. aus der Siebfraktion $>1,0$ mm, freundlicherweise von Herrn Dr. E. Krolopp, Budapest, während eines kurzen Besuches in Berlin durchgesehen. Die unteren Proben (11a, 11b, 11c) erwiesen sich als außerordentlich arm an Konchylien. Von 11d lag damals kein Material vor. Von den oberen Proben (12a, 12b, 13a, 13b) waren die Konchylien aus je 10 kg Ausgangsmaterial ausgelesen. In dieser Fauna war *Galba (Stagnicola) palustris* (O. F. Müller, 1774) massenhaft vorhanden, während andere Arten nur vereinzelt oder selten (bis zu 10 Exemplaren) angetroffen wurden. Davon sollen noch genannt werden: *Galba truncatula* (O. F. Müller, 1774), *Planorbis planorbis* (Linné, 1758), Limacidenschälchen und *Pisidium* sp.

Galba (Stagnicola) palustris gilt als sehr veränderlich. Sie ist aus stehenden und langsam fließenden Gewässern, aus Gräben, Sümpfen und Altwässern bekannt und ist holarktisch verbreitet. Dr. Krolopp neigte dazu, die Konchylienfauna des oberen Lößderivat-Komplexes als eine Kümmerfauna anzusehen.

3.5.2. Allochthone Elemente

Neben der autochthonen Ostrakodenfauna des Lößderivat-Komplexes wurden im ganzen Profil allochthone Elemente beobachtet. Dazu gehören zunächst einmal Fossilien, die aus dem Travertin stammen. Außer Charophyten-Oogonien wurden folgende Ostrakoden-Arten gefunden: *Ilyocypris bradyi* Sars, *Prionocypris zenkeri* (Chyzer), *Potamocypris wolfi* Brehm, *Cyclocypris laevis* (O. F. Müller), *Cyclocypris* sp. und *Nannocandona faba* Ekman. Für diese Ostrakoden ist charakteristisch, daß sie oft in Form von geschlossenen Gehäusen erhalten sind. Soweit Klappen vorliegen, ist das anhaftende Sediment hell wie im pulverigen Travertin, im Unterschied zu dem bräunlichen Sediment des Lößderivats. Außerdem sind die genannten Ostrakoden im Eem-Travertin von Burgtonna nachgewiesen, vgl. Diebel & Pietrzeniuk (1978).

Zu diesen umgelagerten Pleistozänfossilien kommen als weitere Fremdbestandteile Ostrakoden der Trias in geringer Anzahl hinzu, die durch dunkelbraune Färbung gekennzeichnet sind.

3.6. Verbreitung der Arten im Profil und Ablauf der Lößderivat-Sedimentation

Um ein Bild von der relativen Häufigkeit und der Verbreitung der Ostrakodenarten innerhalb des Profils zu erhalten, wurden die Schlämmrückstände ($>0,2$ mm) von acht Proben im Gewicht von je 1 kg (Proben 11a—13b) vollständig ausgelesen. Das Ergebnis dieser quantitativen Analyse ist in Abb. 1 dargestellt. Hieraus wird ersichtlich, wie die Verbreitung der Ostrakodenfauna innerhalb des Profils die Entwicklung einer neuen Lebensstätte im Raum der Depression, in der sich das Lößderivat absetzte, widerspiegelt.

Nach der Bildung des Travertins bestand über diesem an der Stelle des heutigen östlichen Steinbruchrandes eine Senke, in die das Schwarzerdekolluvium hineingespült wurde. Wahrscheinlich entstand hier kein bleibendes Gewässer, denn Ostrakoden sind aus dem Schwarzerdekolluvium nicht überliefert. Vielleicht hängt dies aber mit dem sauren Medium zusammen.

In den unteren 20 cm wurden keine autochthonen Ostrakoden gefunden. Das spricht dafür, daß zu Beginn der Sedimentation des Lößderivat-Komplexes die Senke noch nicht ständig mit Wasser gefüllt war. Hier wurden nur wenige aus dem Travertin umgelagerte Ostrakoden und Charophyten festgestellt. Diese allochthone Fauna ist übrigens im ganzen Lößderivat-Komplex eine stete, wenn auch zahlenmäßig sehr geringe Begleiterscheinung.

Von 20—40 cm und von 40—60 cm treten dann die ersten autochthonen Ostrakoden auf; es sind *Amplocypris tonnensis* und *Sclerocypris ? clavata prisca* mit geringer Individuenzahl. Beide Arten setzen hier ein und bestehen fort bis zum Ende der Lößderivat-Sedimentation. Ferner kommt *Tonnacypris loessica* schon ganz vereinzelt vor.

Im Bereich von 60—80 cm sind bereits 14 Arten vorhanden, von denen vier als häufig bis sehr häufig zu bezeichnen sind. In diesem Zeitraum muß ein stehendes Gewässer vorhanden gewesen sein, selbst wenn es im Sommer austrocknete oder/und im Winter zugefroren war und für das Tierleben eine Ruhepause eintrat. Von 80—160 cm enthält das Sediment in allen vier Proben Klappen von mehr als 15 Arten, z. T. in großer Individuenfülle. Es ist die Zeit, in der die Senke kontinuierlich mit Wasser gefüllt war und den Wassertieren einen fortbestehenden Lebensraum bot. Allerdings kann auch hier nicht ausgeschlossen werden, daß in der kalten Jahreszeit das Gewässer zugefroren war und Lebensruhe eintrat, ebenso wie ein Trockenfallen im Sommer möglich war.

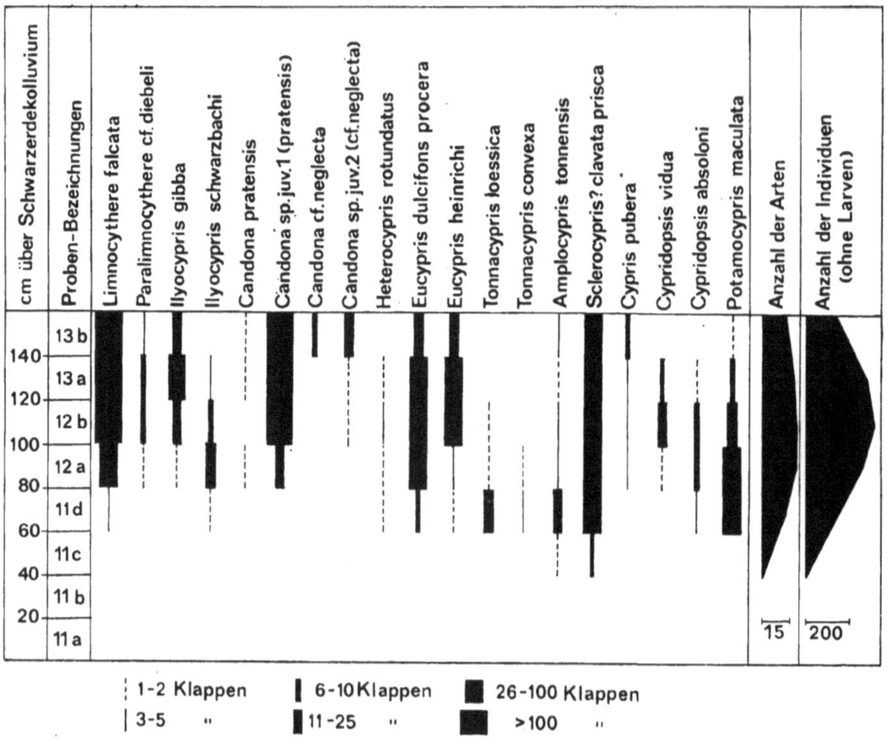

Abb. 1. Quantitative Verteilung der Ostrakoden im Lößderivat-Komplex von Burgtonna
Analyse von 1000-g-Proben (Proben 9429–9432 und 9437–9440)

Tab. 3. Ostrakodenbereiche des Lößderivat-Komplexes und ihre Beziehungen zu dessen Gliederung und Deutung

Proben-bezeich-nungen	Kennzeichen der Ostrakoden-bereiche	Gliederung und Deutung				
		Gliederung nach Jäger & Heinrich	Stratigraphie	Klima		Gewässer in der Depression
			nach Heinrich & Jäger			
13b	Allmählicher Faunen-rückgang	5 Jüngeres Lößderivat	Stadial	verarmte Offenland-fauna ohne *Lagurus*	kontinental mit erneuter Abkühlung	weiterhin lokal feucht
13a						
12b	Faunen-optimum	4 Begrabener Boden im Löß-derivat (Frost-gley)	Interstadial Stillfried B		kontinental mit Erwärmung	lokal etwas feucht
12a						
11d	Entwicklung der Fauna	3 Älteres Lößderivat	Stadial	Fauna mit *Lagurus lagurus*	extrem kontinental	
11c	Sehr arme Fauna					
11b						
11a						

Der untere Teil dieses Abschnitts (80–120 cm) ist durch die lokale Lebenszeit von Vertretern der Gattung *Tonnacypris* gekennzeichnet, die schon zwischen 60–80 cm auftritt, aber im oberen Teil des Abschnitts (120–160 cm) völlig fehlt. *Tonnacypris* ist ein Erstbesiedler, der dann durch andere Arten verdrängt wird, während *Amplocypris* und *Sclerocypris? clavata prisca* persistieren. Das Maximum der Ostrakodenentwicklung liegt in der Probe 12b (100–120 cm); hier ist die Anzahl der Arten und der Individuen am größten. Danach (120–160 cm) ist die Individuenfülle deutlich vermindert und die Artenzahl geht allmählich zurück.

So können wir kurzgefaßt vier Ostrakodenbereiche unterscheiden (Tab. 3): unten beginnend mit einer sehr armen Fauna, die am Ende des älteren Lößderivats in den Bereich einer deutlichen Entwicklung der Fauna übergeht. Es folgt der Bereich des Faunenoptimums zwischen älterem und jüngerem Lößderivat. Der vierte Bereich ist durch allmählichen Faunenrückgang gekennzeichnet und entspricht zeitlich dem Jüngeren Lößderivat.

3.7. Ökologische Betrachtungen

Von den 19 Arten, die im Deckschichtenprofil von Burgtonna festgestellt wurden, sind 10 Arten bisher nur aus dem Pleistozän bekannt. Diese Arten beherrschen das Faunenbild, können aber nicht zur ökologischen Deutung beitragen. Die übrigen heute noch lebenden Arten gestatten Aussagen zum Charakter des Gewässers hinsichtlich Größe, Tiefe, Substrat sowie Wasserbewegung und geben Hinweise betreffend Salinität und Pflanzenwuchs. Diese Arten sind typische Bewohner flacher Kleingewässer mit schlammigem Grund.

In den Proben 12b und 13a kommen mit *Paralimnocythere* cf. *diebeli* und *Cypridopsis vidua* zwei Arten vor, die heute in Gewässern mit Vegetation gefunden werden. Die übrigen Arten bieten jedoch keinen Anhalt für die Annahme von Pflanzenwuchs im Gewässer. Wir folgern deshalb, daß der Lebensraum der Ostrakodenfauna von Burgtonna frei von Vegetation war oder diese auf den obengenannten Bereich beschränkt und hier nur spärlich entwickelt war. In diesem Zusammenhang kann bemerkt werden, daß Samen oder andere Pflanzenreste von uns nicht gefunden wurden. Nach freundlicher Mitteilung von Herrn Dr. K. Erd, Berlin, gibt es auch keine Pollen. Er hat nur korrodierte, nicht bestimmbare Pflanzenreste feststellen können.

Es gibt keinen Hinweis auf fließendes Wasser, alle Arten sind Stillwasserbewohner. Für Stillwasser spricht ferner das gehäufte Auftreten von Larven.

Wenn auch von der vorliegenden Fauna drei Arten (*Candona pratensis*, *Heterocypris incongruens* und *Cypridopsis vidua*) einen schwachen Salzgehalt im Gewässer tolerieren, so fehlen doch ausgesprochene Salzanzeiger. Wir deuten deshalb das Gewässer als reines Süßwassermilieu.

Der Lebensraum der Ostrakoden von Burgtonna war demnach ein flaches stehendes Kleingewässer mit schlammigen Grund, das zeitweilig austrocknen oder zufrieren konnte. Es war ohne Salzeinfluß und überwiegend ohne Vegetation.

Tab. 4. Vergleich der Ostrakodenfaunen von Brozany (ČSSR) und Burgtonna

		Brozany unt. Teil %	Brozany ob. Teil %	Burgtonna
Pleistozäne Arten	*Ilyocypris schwarzbachi*	0,4	—	+
	Eucypris dulcifons procera	—	13,3	+
	Eucypris heinrichi	—	—	+
	Amplocypris tonnensis	2,8	2,1	+
	Tonnacypris loessica	—	4,5	+
	Tonnacypris convexa	—	—	+
	Limnocythere falcata	—	—	+
	Sclerocypris ? clavata prisca	21,6	20,7	+
	Cypridopsis absoloni	—	0,4	+
	Candona cf. *neglecta*	2,8	13,3	+
Arten im Pleistozän und Holozän	*Ilyocypris gibba*	22,8	1,2	+
	Candona caudata	18,0	—	
	Candona pratensis	0,4	1,5	+
	Candona rawsoni	—	—	+
	Cyclocypris ovum	0,4	0,1	
	Cyclocypris serena	2,0	—	
	Cypris pubera	14,4	19,3	+
	Heterocypris incongruens	1,2	1,5	+
	Heterocypris rotundatus	1,6	—	+
	Eucypris virens ? (Fragmente)	—	0,2	
	Cypricercus reticulatus	—	0,2	
	Stenocypria fischeri	4,4	18,9	
	Potamocypris maculata	7,2	1,2	+
	Cypridopsis vidua	—	—	+
	Paralimnocythere cf. *diebeli*	0,4	1,0	+

3.8. Vergleich der Ostracodenfaunen von Brozany (ČSSR) und Burgtonna

Von Absolon (1976) wird aus Brozany (ČSSR) eine Ostrakodenfauna bekanntgemacht, die in ihrer Artenzusammensetzung eine auffallende Übereinstimmung mit der Fauna von Burgtonna aufweist.

Die Ostrakoden von Brozany stammen aus einem Auebodenkomplex, der aus zwei Humusböden besteht. Der untere Boden wird als Treene-Warmzeit, der obere als früher Abschnitt der Warthe-Kaltzeit datiert. Der Biotop wird als flaches, zeitweilig austrocknendes Kleingewässer gekennzeichnet.

In Tab. 4 sind die Befunde Absolons — prozentuale Anteile der Arten aus dem unteren und oberen Teil von Brozany — dem Vorhandensein dieser Arten in Burgtonna gegenübergestellt.

Von den 20 in Brozany vorkommenden Arten werden 14 auch in Burgtonna gefunden. Fünf Arten aus Burgtonna kommen nicht in Brozany vor und sechs Arten aus Brozany fehlen in Burgtonna. Von diesen kommen *Candona caudata* und *Cyclocypris serena* nur im unteren Boden vor. Dem unteren Boden von Brozany fehlen auch die für Burgtonna typischen *Eucypris dulcifons procera*, *Tonnacypris loessica* und *Cypridopsis absoloni*. Es besteht somit eine etwas größere Übereinstimmung zwischen dem oberen Boden von Brozany und dem Lößderivat-Komplex von Burgtonna, die zwar nicht gleichalterig, aber beide kaltzeitlich sind.

Diese Übereinstimmung der Ostrakodenfaunen der beiden Fundorte erklärt sich aus einer Übereinstimmung der Biotope. Flache stehende Kleingewässer mit schlammigem Grund, die im Sommer austrocknen, im Winter zufrieren konnten, waren der Lebensraum der Ostrakoden von Burgtonna und Brozany.

3.9. Systematischer Teil

(Anordnung in Anlehnung an Hartmann & Puri 1974)

Übersicht der Arten

Vorbemerkungen

Bei den einzelnen Arten wird im allgemeinen nur das Jahr der Aufstellung der Art mit den zugehörigen Literaturangaben zitiert.

Ökologische Angaben erfolgen nach BRONSTEIN, KLIE, LÖFFLER, PETKOVSKI und eigenen Beobachtungen.

Familie Limnocytheridae KLIE, 1938

Gattung *Limnocythere* BRADY, 1868

Limnocythere falcata DIEBEL, 1968

Taf. 52, Fig. 5—7; Taf. 53, Fig. 5, 6

*1968 *Limnocythere falcata* sp. n. — DIEBEL, S. 520, Taf. 1, Fig. 1—8; Abb. 1

Material: Sehr reich.

Maße: Länge 0,65—0,73 mm.

Ökologie: Rezent nicht bekannt.

Vorkommen in Burgtonna: Selten in Schicht 11d; sehr häufig in 12a; massenhaft in 12b, 13a, 13b.

Regionale Verbreitung: Ostseeraum, Umgebung von Potsdam, Königsaue b. Aschersleben, Süßenborn bei Weimar, Altenburg, Schleenhain, Zauschwitz, Kärlich (Niederrheingebiet, BRD), Rottweil (Schwaben, BRD), Sowjetunion (Belorussische SSR).

Stratigraphische Verbreitung: Alt- bis Jungpleistozän.

Bemerkungen: Nur fossil bekannt, in Kleingewässern und auch in Seeablagerungen.

Gattung *Paralimnocythere* CARBONNEL, 1965

Paralimnocythere cf. *diebeli* PETKOVSKI, 1969

Abb. 2; Taf. 52, Fig. 8—11

1976 *Paralimnocythere originalis thuringica* DIEBEL & PIETRZENIUK [im Druck] — ABSOLON, S. 232, Abb. 9

Material: Vereinzelt bis nicht selten.

Maße: ♀♀ Länge 0,67—0,7 mm; Höhe 0,33—0,35 mm; ♂♂ Länge 0,63 mm; Höhe 0,28 mm.

Vorkommen in Burgtonna: In den Proben 12a—13b.

Regionale Verbreitung: Rezent in einem Altwassertümpel der Lena-Insel Tyt-Ary bei Jakutsk (Sibirien); fossil in Brozany (ČSSR).

Stratigraphische Verbreitung: Mittelpleistozän — rezent.

Bemerkungen: Aus der Umgebung von Skopje (Mazedonien) beschreibt PETKOVSKI (1969) *Limnocythere* (*Paralimnocythere*) *diebeli*, die er als geographischen Vertreter von *L.* (*P.*) *relicta* (LILLJEBORG) in Südosteuropa ansieht. Diese beiden Arten sind morphologisch-anatomisch und in ihren ökologischen Ansprüchen sehr ähnlich. Der Hauptunterschied liegt in der verschiedenen Gestalt des Kopulationsorgans und in der geringeren Größe von *P. diebeli* gegenüber *P. relicta*.

Unsere *Paralimnocythere* aus Burgtonna gehört sicher in den Formenkreis dieser beiden Arten. Sie hat mit ihnen den allgemeinen Umriß und die Schalenstruktur gemeinsam. Die Skulptur der Exemplare aus Burgtonna ist außerordentlich zart, aber im durchfallenden Licht sind Felderung und die Grübchen innerhalb der Felder gut erkennbar.

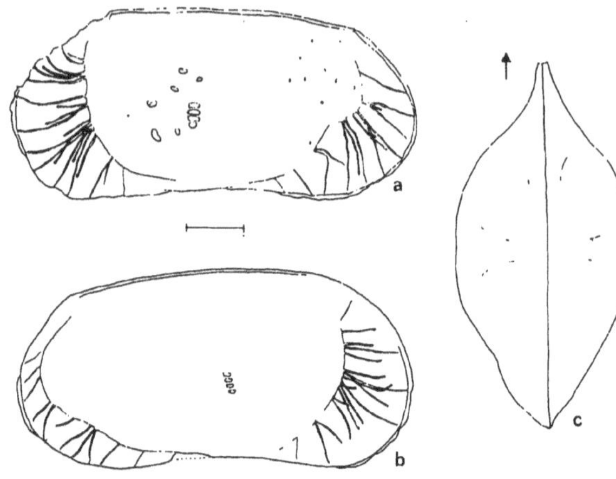

Abb. 2. *Paralimnocythere* cf. *diebeli* PETKOVSKI, Probe 8698
a — linke Klappe ♀ von außen; b — rechte Klappe ♀ von außen; c — Gehäuse ♀ von oben

Von *P. relicta* liegt uns von HARTWIG gesammeltes Vergleichsmaterial aus der Sammlung des Zoologischen Museums Berlin vor. Danach unterscheidet sich die Art aus Burgtonna von *P. relicta* in folgenden Merkmalen:

1. Geringere Größe der Stücke aus Burgtonna.
2. Der Übergang der Seitenfläche in die Ventralfläche ist bei den Exemplaren aus Burgtonna gerundet, bei *P. relicta* dagegen wulstartig verdickt.
3. Das Hinterende ist bei den Burgtonnaer Stücken etwas breiter gerundet als bei *P. relicta*, wo es ein wenig gestreckter ist.

Von *P. diebeli* liegen uns drei von PETKOVSKI determinierte weibliche Exemplare aus Mazedonien vor. Die in Burgtonna auftretende Art unterscheidet sich von *P. diebeli* durch ihre relativ geringere Höhe im Verhältnis zur Länge und durch das in Dorsalansicht spitzere Hinterende. Ferner ist *P.* cf. *diebeli* in der ventralen Klappenhälfte am breitesten, während bei *P. diebeli* die maximale Klappenwölbung in der Mitte liegt.

Die von NEGADAEV-NIKONOV (1965) als *Limnocythere originalis* beschriebene Art ist synonym mit *P. relicta*, wie ein Vergleich von Klappen beider Arten miteinander ergab.

Familie Ilyocyprididae KAUFMANN, 1900

Gattung *Ilyocypris* BRADY & NORMAN, 1889

Ilyocypris gibba (RAMDOHR, 1808)

Taf. 52, Fig. 1, 2; Taf. 53, Fig. 1, 2

*1808 *Cypris gibba* n. sp. — RAMDOHR, S. 91, Taf. 3, Fig. 13 bis 17

Material: Häufig bis sehr häufig.

Maße: 0,88—0,93 mm.

Ökologie: In kleineren, nicht austrocknenden Wasseransammlungen mit lehmigem oder schlammigem Grund (KLIE 1938).

Vorkommen in Burgtonna: Vereinzelt (12a) bis sehr häufig in den Schichten 12b—13b.

Regionale Verbreitung: Europa Nordafrika.

Stratigraphische Verbreitung: Pleistozän—rezent.

Bemerkungen: In Burgtonna wichtiger Indikator für ein stehendes Kleingewässer.

Ilyocypris schwarzbachi Kempf, 1967

Taf. 52, Fig. 3, 4; Taf. 53, Fig. 3, 4

*1967 *Ilyocypris schwarzbachi* n. sp. — Kempf, S. 67—70, Taf. 1, Fig. 1—13

Material: Vereinzelt bis häufig.

Maße: Länge 0,7—0,75 mm.

Vorkommen in Burgtonna: Vereinzelt (11d), häufig (12a), nicht selten bis selten in 12b und 13a.

Regionale Verbreitung: Kärlich (BRD), Bornim b. Potsdam, Brozany (ČSSR).

Stratigraphische Verbreitung: Mittel- und Jungpleistozän.

Bemerkungen: Die Weibchen dieser Art tragen 6 hohle Höcker, vier oben, zwei unten. Die Männchen sind höckerlos, nur gelegentlich sind Höcker angedeutet. In unserem Material wurden nur Exemplare gefunden, die der von Kempf als ♂♂ beschriebenen höckerlosen Form entsprechen. Eine Höckerbildung wurde in keinem Fall beobachtet. Lediglich die Ausbildung eines nach hinten gerichteten kurzen Sporns auf der Posteroventralrippe konnte bei einigen rechten und linken Klappen beobachtet werden. Abdrücke von Hodenschläuchen oder Ovarien waren auf den mit starker Grübchenskulptur versehenen Klappen nicht zu erkennen. Der Autor der Art hat das Material von Burgtonna gesehen und die Zugehörigkeit unserer Exemplare zu *I. schwarzbachi* bestätigt.

Anscheinend liegen hier nur Männchen vor. Dazu sollte man die Verbreitung der beiden Geschlechter im Profil A von Kärlich (locus typicus!) betrachten. Dort ist die Art auf einen engen Bereich beschränkt. Zunächst sind nur Weibchen vorhanden. Nach dem ersten Maximum tauchen die ersten Männchen auf. Dann nehmen die Männchen zu und die Weibchen ab. Nach Ausbildung eines zweiten Maximums verschwindet die Art schnell. In den letzten Proben überwiegt die Zahl der Männchen die der Weibchen um das Fünffache.

Kempf hat daraus gefolgert, daß die Art sich unter günstigen Bedingungen parthenogenetisch vermehrt. Wenn die Verhältnisse ungünstiger werden, wie meist an den Grenzen des Verbreitungsgebiets, erfolgt ein Wechsel zur bisexuellen Fortpflanzung.

In Burgtonna ist die Art auf 80 cm des Profils beschränkt, wobei das Maximum nur in den 20 cm der Probe 12a liegt. — Das Auftreten einer nur aus Männchen bestehenden Population dieser Art über einen längeren Zeitraum wäre kaum zu erklären. Eher ist anzunehmen, daß in Burgtonna höckerlose Weibchen auftreten, die sich morphologisch nicht von Männchen unterscheiden lassen.

Absolon (1976) konnte *Ilyocypris schwarzbachi* für Brozany (ČSSR) in drei Exemplaren nachweisen, die er als ein Weibchen und zwei Larven deutet. Es ist interessant, daß die adulte Form ebenfalls höckerlos ist.

Familie Candonidae Kaufmann, 1900

Gattung *Candona* Baird, 1845

Candona pratensis Hartwig, 1901

Taf. 49, Fig. 1, 2, 9, 10

*1901 *Candona pratensis* nom. nov. — Hartwig, S. 109 bis 111

1900 *Candona pubescens* Koch — G. W. Müller, S. 26—27; Taf. IV, Fig. 3, 16

Material: Vereinzelt adulte, massenhaft juvenile Exemplare.

Maße: 0,95—1,02 mm.

Ökologie: Vorzugsweise in austrocknenden Kleingewässern.

Vorkommen in Burgtonna: Vereinzelt in den Proben 12a bis 13b.

Regionale Verbreitung: Europa.

Stratigraphische Verbreitung: Pleistozän—rezent.

Bemerkungen: *Candona pratensis* gehört nach Alm (1916, S. 219) zu den Arten, deren Entwicklung zur Geschlechtsreife sehr langsam verläuft. Sie dauert fast ein Jahr und kann durch Austrocknen oder Einfrieren der Gewässer unterbrochen werden. Die reifen Tiere haben dagegen eine sehr kurze Lebensdauer. Daraus läßt sich das zahlenmäßige Überwiegen der Larvenformen im Verhältnis zu den wenigen adulten Exemplaren in unserem Material erklären.

Candona cf. *neglecta* Sars, 1887

Taf. 49, Fig. 3—5, 7, 8

Material: Adulte Exemplare sehr selten, juvenile etwas häufiger.

Maße: Länge 1,0—1,2 mm.

Vorkommen in Burgtonna: Adulte Exemplare nur in den Proben 13a und 13b, juvenile von 11d—13b.

Sonstige Verbreitung: Brozany (ČSSR).

Stratigraphische Verbreitung: Mittel- und Jungpleistozän.

Bemerkungen: Obwohl *C. neglecta* als variable Art gilt, möchten wir die Form aus Burgtonna nur unter Vorbehalt *C. neglecta* anschließen.

Die Exemplare (♀♀) aus Burgtonna weichen in folgenden Merkmalen von *C. neglecta* ab: Der Posteroventralrand ist breiter und gleichmäßiger gerundet; der Dorsalrand ist auf einer langen Strecke völlig gerade; Vorder- und Hinterende sind weniger stark herabgezogen.

Die uns von Dr. Absolon überlassene linke Klappe (♀) aus Brozany entspricht in der Gestalt den Exemplaren von Burgtonna.

Candona rawsoni Tressler, 1957

Taf. 49, Fig. 6

*1957 *Candona rawsoni* n. sp. — Tressler, S. 420, Fig. 5—11

1963 *Candona arcina* Liepin sp. n. — Mandelstam & Schneider, S. 150, Taf. 23, Fig. 4—6

1975 *Candona rawsoni* Tressler, 1957 — Diebel & Pietrzeniuk, S. 1211—1212, Taf. V, Bilder 1—2

Material: sehr selten.

Maße: Länge 1,2 mm (1 L); nach Liepin Länge 1,06 mm, Höhe 0,56 mm.

Ökologie: *Candona rawsoni* wird sowohl in temporären Gewässern als auch in Seen gefunden. Sie bevorzugt kalte oligotrophe Gewässer.
Vorkommen in Burgtonna: Vereinzelt in den Schichten 12b und 13b.
Regionale Verbreitung: Holarktisch.
Stratigraphische Verbreitung: Pleistozän — rezent.

Familie Cyprididae Baird, 1845

Gattung *Heterocypris* Claus, 1892

Heterocypris incongruens (Ramdohr, 1808)

Taf. 50, Fig. 7, 8

*1808 *Cypris incongruens* — Ramdohr, S. 56, Fig. 19

Material: Selten.
Maße: Länge 1,3—1,55 mm.
Ökologie: Allgemein im Süßwasser, ohne Spezialisierung (Löffler 1967). Eurytherm, widerstandsfähig gegen ungünstige Verhältnisse, bevorzugt Standorte mit lehmigem Untergrund (Klie 1938).
Vorkommen in Burgtonna: Selten in den Schichten 11d—13a.
Regionale Verbreitung: Kosmopolitisch.
Stratigraphische Verbreitung: Altpleistozän — rezent.

Heterocypris rotundatus (Bronstein, 1928)

Taf. 50, Fig. 9, 10

*1928 *Cyprinotus rotundatus* nov. spec. — Bronstein, S. 112, Taf. 8, Fig. 16—21 (die Tafeln 8 und 9 sind vertauscht)
1947 *Heterocypris rotundatus* Bronstein — Bronstein, S. 140, Fig. 65
1964 *Heterocypris rotundata* (Bronstein) — Petkovski, S. 168—169, Abb. 53—55

Material: Vereinzelt bis selten.
Maße: 0,95—1,17 mm.
Ökologie: An flachen Seeufern nach Bronstein und in ausdauernden Kleingewässern mit reichem Pflanzenwuchs sowie in Reisplantagen nach Petkovski. Unsere Aufsammlungen dieser Art stammen aus einem flachen, schlammigen Wasserbecken eines Gartens in Budapest.
Vorkommen in Burgtonna: Selten in den Schichten 11d—13b.
Regionale Verbreitung: Rezent im Kaukasus, Bulgarien, Mazedonien, Ungarn, fossil in Burgtonna und Brozany (ČSSR).
Stratigraphische Verbreitung: Mittelpleistozän bis rezent.

Bemerkungen: Mit Hilfe von rezentem Vergleichsmaterial aus Mazedonien (ded. et det. Petkovski) und aus Ungarn (det. Petkovski) konnte die Art in Burgtonna determiniert werden. Sie ist im Länge/Höhe-Verhältnis ziemlich variabel, aber durch ihre geringere Größe, das breit gerundete Hinterende, den steil abfallenden dorsalen Vorderrand, den schmal gerundeten ventralen Vorderrand, das abgeflachte Vorderende, die in Seitenansicht deutlichere Zähnelung des Posteroventralrandes und durch ihre Breite, die in der linken Klappe ventral, in der rechten Klappe in der Mitte ihr Maximum erreicht, von *H. incongruens* einwandfrei zu unterscheiden. Durch die unterschiedliche Lage der größten Breite in den beiden Klappen hat die Art in Ansicht von vorn oder hinten ein schiefes Aussehen mit stark herabgezogener linker Klappe.

Gattung *Eucypris* Vavrá, 1891

Eucypris dulcifons procera ssp. n.

Abb. 3; Taf. 51, Fig. 1, 2; Taf. 53, Fig. 7, 8

1976 *Eucypris dulcifons* Diebel & Pietrzeniuk, 1969 — Absolon, S. 230, Abb. 12

Name: procerus (lat.) = schlank, gestreckt.
Holotypus: Eine rechte Klappe (Taf. 51, Fig. 2).
Paratypoide: Mehr als 1000 Klappen.
Locus typicus: Burgtonna (Bezirk Erfurt).
Stratum typicum: Weichsel-Kaltzeit.
Diagnose: Eine Unterart von *Eucypris dulcifons* Diebel & Pietrzeniuk, 1969 mit kräftiger Grübchenskulptur und folgenden Besonderheiten: Umriß gestreckter als bei der Nominat-Unterart, hinterer Dorsalrand flacher abfallend.
Maße: Rechte Klappen: Länge 1,05—1,12; Höhe 0,57 bis 0,62; L/H 1,77—1,84; linke Klappen: Länge 1,06—1,17; Höhe 0,58—0,64; L/H 1,76—1,85
Vorkommen in Burgtonna: Von 11d—13b, sehr häufig von 12a—13a.
Weitere Vorkommen: Treene-Interstadial von Brozany (ČSSR).

Beschreibung: Umriß der rechten Klappe in Seitenansicht gestreckt dreieckig, größte Höhe vor der Mitte, größer als die halbe Länge. Vom Gipfel fällt der Dorsalrand nach hinten gerade und flacher als bei *E. dulcifons dulcifons* ab und geht mit stumpfem Winkel in den Hinterrand über. Anterodorsalrand schwach eingebuchtet, Vorderrand breit gerundet, Hinterrand oben ein kurzes Stück gerade verlaufend, sonst gleichmäßig gerundet, Ventralrand in der Mitte eingebuchtet und in der Mundgegend schwach vorgewölbt.

Bei der linken Klappe liegt die größte Höhe etwas weiter vorn, der Dorsalrand ist annähernd gerade und geht ohne Winkel in den gleichmäßig breit gerundeten Hinterrand über. Vorderrand breit gerundet ohne anterodorsale Einbuchtung.

In Dorsalansicht sind die Klappen vorn schnabelartig zugespitzt, hinten gerundet. Die Seiten sind nicht so gleichmäßig gewölbt wie bei der Nominat-Unterart, sondern in der Mitte etwas abgeflacht.

Die Skulptur besteht aus kräftigen, gleich großen, rundlichen Grübchen, die über die ganze Klappe verteilt sind. Auf den Leisten zwischen den Grübchen sitzen zahlreiche kleine Porenkegel (Taf. 53, Fig. 8b), die auch in Dorsalansicht hervortreten. Einige größere Porenwarzen befinden sich im abgeflachten Vorderabschnitt der Klappen.

Die flächenständigen Porenkanäle sind klein, zahlreich und offen. Sie sitzen auf den Leisten zwischen den Grübchen und entsprechen dem Typ der von einem Wall umgebenen Trichterpore (rimmed funnelpore) sensu Sylvester-Bradley & Benson (1971).

Innenrand, randständige Porenkanäle, Schloß und Muskelfeld sind wie bei der Nominat-Unterart ausgebildet.

Beziehungen: *E. dulcifons procera* ssp. n. unterscheidet sich durch den gestreckteren Umriß und den dadurch bedingten flacheren Dorsalrand von der im Umriß dreieckigen *E. dulcifons dulcifons*.

E. rostrata Sywula stimmt in Größe und Umriß mit der neuen Unterart überein. Sie hat jedoch eine glatte Oberfläche und es fehlen ihr auch die Porenwarzen im Vorderteil der Klappen.

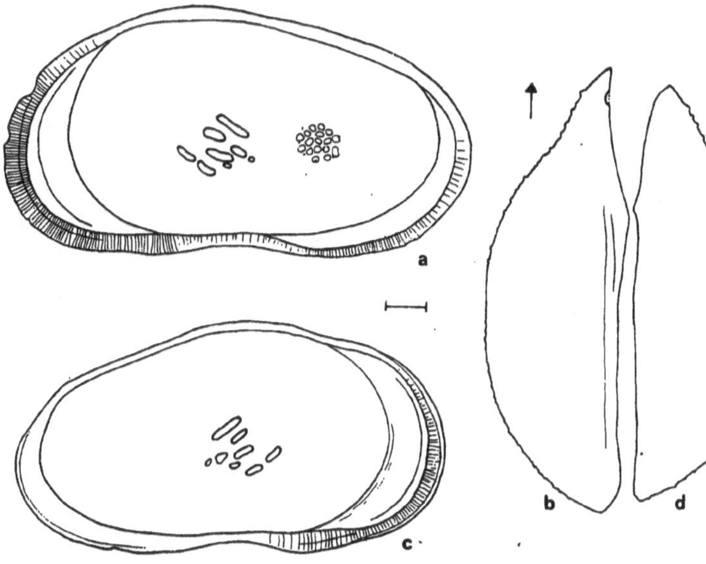

Abb. 3. *Eucypris dulcifons procera* ssp. n., Probe 8698
a, b – linke Klappe von der Seite (a) und von oben (b); c, d – rechte Klappe von der Seite (c) und von oben (d)

Eucypris heinrichi **sp. n.**

Abb. 4, 5; Taf. 51, Fig. 3–8

Name: Zu Ehren von Herrn Dr. W.-D. HEINRICH, Berlin, dem Entdecker der Ostrakoden-Fundschicht in Burgtonna.
Holotyp: Eine rechte Klappe, Abb. 4c, d.
Paratypoide: Mehr als 1000 Klappen.
Locus typicus: Burgtonna (Bezirk Erfurt).
Stratum typicum: Weichsel-Kaltzeit.
Diagnose: Eine Art der Gattung *Eucypris* mit folgenden Besonderheiten: Vorderende breit, Hinterende sehr schmal gerundet. In Dorsalansicht mit gewölbten Seiten und geschnäbeltem Vorderende. Oberfläche glatt oder schwach grubig
Maße: Länge: 1,1–1,32 mm
Höhe: 0,65–0,75 mm
Vorkommen in Burgtonna: Von 11c–13b; maximales Vorkommen in 12b und 13a.

Beschreibung: Rechte Klappe in Seitenansicht dreieckig. Größte Höhe vor der Mitte, größer als die halbe Länge; Dorsalrand am Gipfel stumpf gewinkelt; hinterer Dorsalrand annähernd gerade nach hinten abfallend, posterodorsal schwach eingebuchtet; Hinterende schmal gerundet; Anterodorsalrand konkav; Vorderende breit gerundet; Ventralrand in der Mitte eingebuchtet, in der Mundgegend vorgewölbt. Bei den linken Klappen liegt die maximale Höhe etwas weiter vorn, der vordere Schenkel des stumpfen Dorsalwinkels fällt geradlinig ab. Der hintere Schenkel ist schwach konvex und geht ohne Knick in den Hinterrand über. Ventralrand in der Mitte nur flach eingebuchtet und in der Mundgegend wenig vorgewölbt.

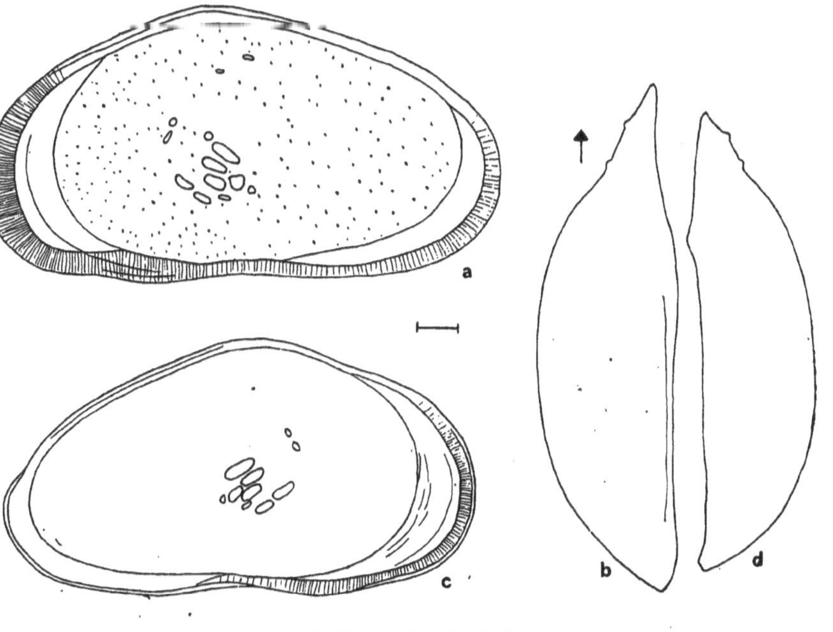

Abb. 4. *Eucypris heinrichi* sp. n.
a, b – linke Klappe von der Seite (a) und von oben (b), Probe 8697; c, d – rechte Klappe von der Seite (c) und von oben (d), Proben : 699 – Holotyp

In Dorsalansicht sind die Klappen vorn schnabelartig zugespitzt, hinten schmal gerundet und die Seiten gleichmäßig gewölbt.

Die meisten Klappen haben eine glatte Oberfläche. Es gibt aber auch Formen mit mehr oder weniger deutlicher Grübchenskulptur und Exemplare, bei denen schwache Grübchen nur im Bereich des abgeflachten Vorderendes erkennbar sind. Hier sind auch die gattungstypischen Porenwarzen entwickelt.

Randzone vorn breit, hinten und ventral etwas schmaler, Innenrand und Verwachsungslinie vorn und hinten deutlich getrennt, ventral zusammenfallend.

Vorderes Vestibulum in der rechten Klappe ca. 2,5mal in der linken ca. 1,5mal so breit wie die verschmolzene Zone.

Links fallen Saum und Außenrand zusammen, rechts verläuft der Saum unmittelbar neben dem Außenrand. Beide Klappen haben vorn eine schwache Innenleiste und sind am proximalen Abschnitt der Innenlamelle mit einer zarten randparallelen Streifung versehen.

Die randständigen Porenkanäle sind sehr zahlreich, dünn, einfach, die flächenständigen Porenkanäle klein, zahlreich und offen.

Das Schloß besteht aus einer Furche in der linken Klappe, in die eine Leiste der rechten Klappe eingreift, die vorn einen flachen, dreieckigen zahnartigen Vorsprung bildet.

Das Muskelfeld ist typisch für die Gattung.

Sexualdimorphismus wurde nicht beobachtet.

Die Exemplare der Fraktion >0,3 mm einer 2000-g-Probe aus der Schicht 13a wurden vermessen und ihre Längen und Höhen in Streudiagrammen, getrennt nach linken und rechten Klappen, graphisch dargestellt (Abb. 5). Erfaßt wurden adulte und Klappen des letzten Larvenstadiums. Es zeigt sich, daß

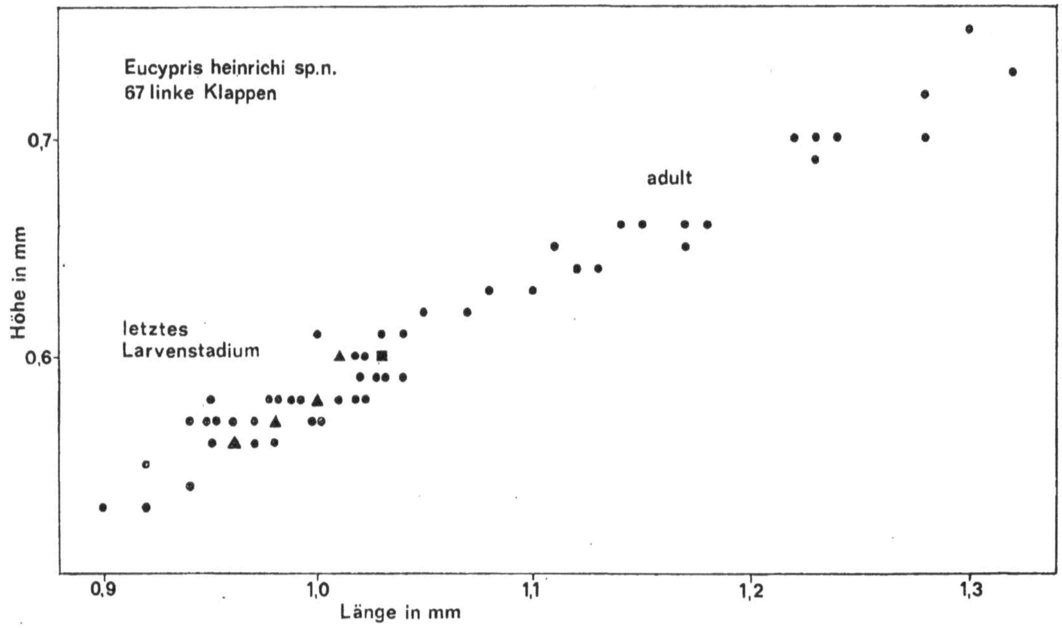

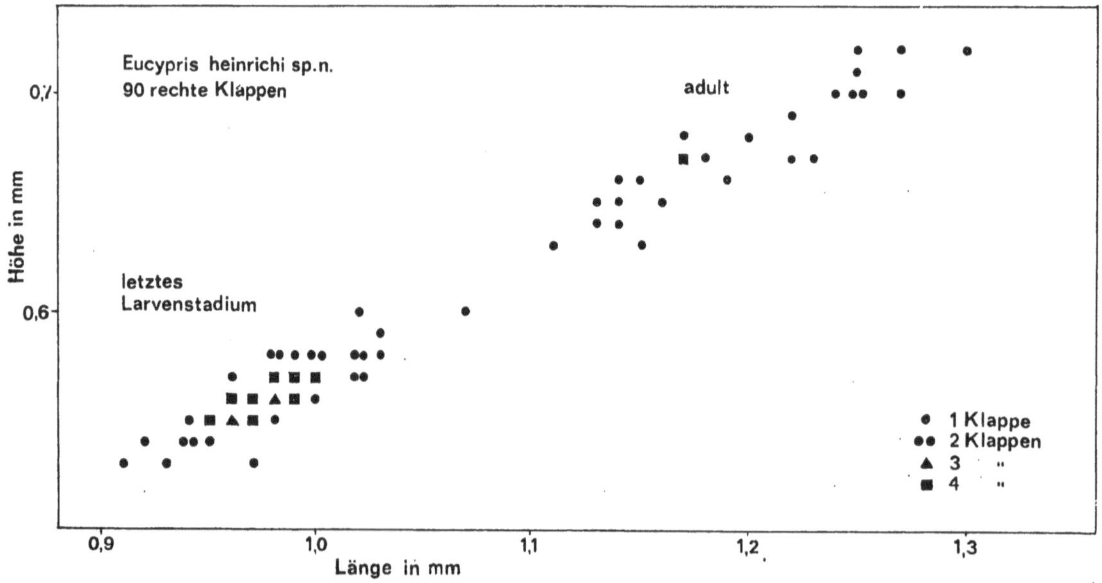

Abb. 5. Streudiagramm von *Eucypris heinrichi* sp. n.

Ausgewertet wurde die Fraktion > 0,3 mm einer 2000-g-Probe aus Schicht 13a (Probe 8698): oben – linke Klappen; unten – rechte Klappen adulte Exemplare in geringerer Anzahl vorhanden sind als Larven und eine größere Streuung aufweisen. Die linken Klappen sind wenig größer als die rechten; das Länge/Höhe-Verhältnis ist gleich.

Beziehungen: *E. heinrichi* unterscheidet sich von *E. dulcifons dulcifons* durch ihre größeren Ausmaße und dadurch, daß vorwiegend glatte Formen auftreten, während *E. dulcifons* stets Grübchenskulptur aufweist.

Im Umriß sind beide Arten sehr ähnlich, jedoch hat *E. heinrichi* ein schmaler gerundetes Hinterende und der Ventralrand der linken Klappe ist etwas flacher eingebuchtet. Die letzten Larvenstadien mit Grübchenskulptur sind von *E. dulcifons dulcifons* kaum zu unterscheiden. *E. dulcifons procera* ist gestreckter im Umriß und gröber skulptiert als *E. heinrichi*.

Der tertiären *E. moguntiensis* TRIEBEL ist *E. heinrichi* in der Seitenansicht ähnlich, auch in der Größe stimmen beide Arten überein. In Dorsalansicht ist *E. moguntiensis* jedoch breiter gerundet und das Vorderende ist nicht geschnäbelt.

Von *E. persica* KLIE unterscheidet sich *E. heinrichi* durch etwas geringere Höhe im Verhältnis zur Länge und durch die in Dorsalansicht gewölbten Seiten.

Gattung ***Tonnacypris*** DIEBEL & PIETRZENIUK, 1975

Tonnacypris loessica DIEBEL & PIETRZENIUK, 1975

Taf. 50, Fig. 3, 4

*1975 *Tonnacypris loessica* sp. n. — DIEBEL & PIETRZENIUK, S. 88—90, Abb. 1, 2; Taf. I, Bilder 3—5, 7, 8, 10, Taf. II, Bild 7

Material: Häufig in Probe 11d.

Maße: Länge 1,7—1,9 mm; Höhe 0,85—0,95 mm.

Vorkommen in Burgtonna: Mittlere Weichsel-Kaltzeit. Sehr selten in Probe 11b, Hauptvorkommen in 11d, vereinzelt in 12a und 12b.

Sonstige Verbreitung: Brozany (ČSSR).

Stratigraphische Verbreitung: Mittel- bis Jungpleistozän.

Bemerkungen: Die Art setzt mit der Entwicklung der Ostrakodenfauna in den Deckschichten von Burgtonna ein, tritt im Faunenoptimum schon zurück und fehlt im oberen Abschnitt, d. h. im Bereich des Faunenrückganges, der nach HEINRICH & JÄGER (1977) der jüngeren Weichsel-Kaltzeit entspricht.

Bei Neubeschreibung der Art wurde als stratum typicum Weichsel-Frühglazial nach der Datierung durch HEINRICH & JÁNOSSY (1973) genannt. Auf Grund neuer Untersuchungsergebnisse wird der Lößderivat-Komplex nach HEINRICH & JÄGER (1978) in die mittlere und jüngere Weichsel-Kaltzeit gestellt. Der Holotyp stammt aus der mittleren Weichsel-Kaltzeit.

Tonnacypris convexa DIEBEL & PIETRZENIUK, 1975

Taf. 50, Fig. 1, 2

*1975 *Tonnacypris convexa* sp. n. — DIEBEL & PIETRZENIUK, S. 91—93, Abb. 3, 4; Taf. I, Bilder 1, 2, 6, 9; Taf. II, Bilder 8, 9

Material: Selten.

Maße: Länge 2,00—2,25; Höhe 1,0—1,1 mm.

Vorkommen in Burgtonna: Mittlere Weichsel-Kaltzeit; vereinzelt bis selten in den Proben 11d—12b.

Regionale Verbreitung: Bisher nur von Burgtonna bekannt.

Bemerkungen: *T. convexa* ist seltener und hat eine geringere Reichweite im Profil als *T. loessica*.

Bei Neubeschreibung der Art wurde als stratum typicum Weichsel-Frühglazial nach der Datierung durch HEINRICH & JÁNOSSY (1973) genannt. Auf Grund neuerer Untersuchungsergebnisse wird der Lößderivat-Komplex nach HEINRICH & JÄGER (1978) in die mittlere und jüngere Weichsel-Kaltzeit gestellt. Der Holotyp stammt aus der mittleren Weichsel-Kaltzeit.

Gattung ***Amplocypris*** ZALÁNYI, 1944

Amplocypris tonnensis DIEBEL & PIETRZENIUK, 1975

Taf. 50, Fig. 5, 6

*1975 *Amplocypris tonnensis* sp. n. — DIEBEL & PIETRZENIUK, S. 93, Taf. II, Bilder 1—6

1969 *Amplocypris* ? sp. n. — DIEBEL & PIETRZENIUK, S. 480, Taf. 9, Fig. 2; Abb. 10

Material: Vereinzelt bis häufig.

Maße: Länge 2,0—2,3 mm; Höhe 1,0—1,1 mm.

Vorkommen in Burgtonna: Mittlere und jüngere Weichsel-Kaltzeit. In den Proben 11c—13b, Hauptvorkommen in 11d.

Regionale Verbreitung: Süßenborn bei Weimar, Kärlich (BRD); Brozany (ČSSR), Orly b. Paris.

Stratigraphische Verbreitung: Mittel- bis Jungpleistozän.

Bemerkungen: Größte Art der Fauna von Burgtonna. Bei Neubeschreibung der Art wurde als stratum typicum Weichsel-Frühglazial nach der Datierung durch HEINRICH & JÁNOSSY (1973) genannt. Auf Grund neuerer Untersuchungsergebnisse wird der Lößderivat-Komplex nach HEINRICH & JÄGER (1978) in die mittlere und jüngere Weichsel-Kaltzeit gestellt. Der Holotyp stammt aus der mittleren Weichsel-Kaltzeit.

Gattung ***Sclerocypris*** SARS, 1924

Sclerocypris* ? *clavata prisca DIEBEL & PIETRZENIUK, 1969

Taf. 49, Fig. 11, 12

*1969 *Sclerocypris* ? *clavata prisca* ssp. n. — DIEBEL & PIETRZENIUK, S. 477, Taf. IX, Fig. 3, 4; Abb. 8

Material: Sehr reich, viele hundert Klappen adulter und juveniler Individuen.

Maße: Länge 1,7—1,9 mm.

Vorkommen in Burgtonna: In den Schichten 11b—13b; von 11d—13b sehr häufig.

Regionale Verbreitung: Süßenborn b. Weimar, Kärlich (BRD), Brozany (ČSSR).

Stratigraphische Verbreitung: Mittel- und Jungpleistozän.

Bemerkungen: Die adulten Exemplare von Burgtonna sind im Mittel etwas kleiner als diejenigen von Süßenborn (1,9—2,3 mm).

Gattung ***Cypris*** O. F. MÜLLER, 1776

Cypris pubera O. F. MÜLLER, 1776

Taf. 51, Fig. 9, 10

*1776 *Cypris pubera.* — O. F. MÜLLER, S. 198

Material: Selten, meist nur Fragmente, vorwiegend juvenile Exemplare
Ökologie: In stehenden Gewässern und temporären Kleingewässern (LÖFFLER, 1967)
Vorkommen in Burgtonna: In den Proben 11d bis 13b
Regionale Verbreitung: Holarktisch
Stratigraphische Verbreitung: Pleistozän bis rezent.

Familie **Cypridopsidae** KAUFMANN, 1900

Gattung ***Cypridopsis*** BRADY, 1868

Cypridopsis vidua (O. F. MÜLLER, 1776)

Taf. 52, Fig. 16, 17

*1776 *Cypris Vidua* — O. F. MÜLLER, S. 199
1785 *Cypris Vidua* — O. F. MÜLLER, S. 55, Taf. 4, Fig. 7—9

Material: Vereinzelt bis häufig.
Maße: Länge 0,75 mm; Höhe 0,48 mm.
Ökologie: In Seen und Kleingewässern, eurytherm.
Vorkommen in Burgtonna: In den Proben 12a—13b; Hauptvorkommen in 12b.
Regionale Verbreitung: Europa, Amerika, Nordafrika, Asien.
Stratigraphische Verbreitung: Pleistozän — rezent.

Bemerkungen: Wir stellen diese Formen zu *C. vidua*, obwohl sie in folgenden Merkmalen von unserem rezenten Vergleichsmaterial abweichen: Sie überschreiten in ihren Ausmaßen (Länge 0,75 mm; Höhe 0,48 mm) die uns bekannten Werte für *C. vidua*. Der Dorsalwinkel ist etwas flacher und das Hinterende schmaler gerundet als bei typischen *vidua*-Formen. Die Grübchenskulptur ist relativ schwach ausgeprägt.

Die für *C. vidua* typischen feinen Randzähnchen am Vorderrand der rechten Klappen sind gut entwickelt.

Cypridopsis absoloni sp. n.

Abb. 6; Taf. 52, Fig. 18, 19

1976 *Cypridopsis* sp. (n. sp.) — ABSOLON, S. 236, Abb. 8

Derivatio nominis: Zu Ehren von Herrn Dr. A. ABSOLON, Prag, wegen langjähriger guter Zusammenarbeit.
Holotyp: Eine rechte Klappe, Taf. 52, Fig. 19.
Paratypoide: > 100 Klappen.
Locus typicus: Burgtonna (Bezirk Erfurt).
Stratum typicum: Weichsel-Kaltzeit.
Diagnose: Eine mittelgroße Art der Gattung *Cypridopsis* mit folgenden Besonderheiten: annähernd dreieckiger Umriß, schmal gerundetes Hinterende. Größte Höhe vor der Mitte, 5/8 der Länge betragend, in Dorsalansicht relativ schmal, Schalenoberfläche glatt, keine Körnelung am Schalenrand.
Maße: Länge 0,62—0,65 mm; Höhe 0,38—0,41 mm; Breite ca. 0,38—0,4 mm.
Vorkommen in Burgtonna: In den Schichten 11d bis 13b, nicht selten in 12a und 12b.
Sonstige Verbreitung: Brozany (ČSSR).
Stratigraphische Verbreitung: Mittel- bis Jungpleistozän.

Beschreibung: In Seitenansicht sind beide Klappen annähernd dreieckig. Die größte Höhe liegt vor

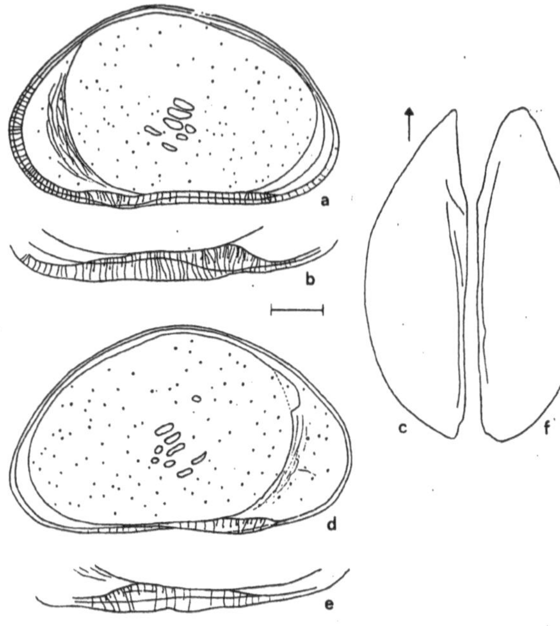

Abb. 6. *Cypridopsis absoloni* sp. n.
a—c — linke Klappe, Probe 8691, von außen (a), von oben (c) und ventrale Randzone schräg von oben und innen (b); d—f — rechte Klappe, Probe 8699, von außen (d), von oben (f) und ventrale Randzone schräg von oben und innen (e)

der Mitte und beträgt ca. 5/8 der Länge. Der Dorsalrand fällt nach hinten fast geradlinig ab und geht mit flachem Knick in den schmal gerundeten Hinterrand über. Der Übergang in den Vorderrand erfolgt mit gleichmäßiger flacher Wölbung. Der Vorderrand ist breiter gerundet als der Hinterrand, der Ventralrand in der Mitte schwach eingebuchtet, vor der Mitte leicht vorgewölbt. Die linke Klappe ist wenig größer als die rechte und umfaßt diese besonders am Ventralrand.

In Dorsalansicht ist das Gehäuse schmal gewölbt, vorn zugespitzt, hinten abgerundet, die größte Breite beträgt etwas mehr als die halbe Länge.

Die Schalenoberfläche ist glatt, Randzähnchen oder eine randliche Körnelung fehlen.

Die Randzone ist am Vorderende breit, ventral und hinten schmal, vorn ist ein sehr breites, hinten ein schmales Vestibulum ausgebildet. Ventral fallen Innenrand und Verwachsungslinie zusammen und die verschmolzene Zone ist breiter als vorn und hinten. Die größte Breite erreicht sie in der ventralen Vorwölbung in der Mundgegend. Die Innenlamelle zeigt am Vorderrand eine feine randparallele Streifung. Der Saum ist in der linken Klappe randständig, in der rechten ein wenig nach innen verlagert. Die randständigen Porenkanäle sind vor allem ventral und am Vorderrand der linken Klappe zu beobachten. Sie sind einfach und dünn; ventral sind häufig falsche Porenkanäle eingeschaltet.

Die flächenständigen Porenkanäle sind klein und zahlreich. Das Schloß ist adont. Das Muskelfeld zeigt die typische Narbenanordnung der Cypridinae.

Sexualdimorphismus wurde nicht beobachtet.

Beziehungen: *Cypridopsis absoloni* sp. n. ist *C. parva* G. W. MÜLLER ähnlich, mit der sie im L/H-Verhältnis annähernd übereinstimmt. Sie unterscheidet sich von dieser jedoch durch ihr schmaler gerundetes Hinterende und durch die Lage der größten Höhe, die sich bei *C. absoloni* sp. n. vor der Mitte befindet, bei *C. parva* dagegen in der Mitte (linke Klappe) bzw. hinter der Mitte (rechte Klappe) liegt. Ferner hat *C. parva* einen fast geraden Ventralrand, während dieser bei *C. absoloni* sp. n. in der Mitte eingebuchtet und davor deutlich konvex ist.

Von *C. helvetica* KAUFMANN unterscheidet sich die neue Art durch ihre geringere Breite und durch das schmaler gerundete Hinterende.

C. elongata KAUFMANN ist beträchtlich niedriger als *C. absoloni* sp. n. und erreicht ihre größte Höhe hinter der Mitte. Auch hat *C. elongata* in der Darstellung durch KAUFMANN (1900) einen fast gleichmäßig gewölbten Dorsalrand.

C. mariae ROME ähnelt *C. absoloni* sp. n. durch den zweifach geknickten Dorsalrand. *C. mariae* hat jedoch ein breiter gerundetes Hinterende und einen schmaleren Vorderrand. Der Innenrand ist bei *C. mariae* stärker gekrümmt.

C. almi (SARS) hat einen gleichmäßig gewölbten Dorsalrand mit der größten Höhe in der Mitte und ein breit gerundetes Hinterende. Dadurch unterscheidet sie sich von *C. absoloni* sp. n.

Von *Cypridopsis gregaria* (SARS) läßt sich *C. absoloni* sp. n. durch ihr schmal gerundetes Hinterende und durch den flachen Dorsalwinkel leicht unterscheiden.

Gattung *Potamocypris* BRADY, 1870

Potamocypris maculata ALM, 1914

Abb. 7, Taf. 52, Fig. 12—15

* 1914 *Potamocypris maculata* n. sp. — ALM, S. 468, Fig. 1
1938 *Potamocypris maculata* ALM, 1914 — KLIE, S. 146, Fig. 489—491
1967 *Potamocypris caspica* HARTMANN — SYWULA, S. 40, Fig. 16
1974 *Potamocypris maculata* ALM — SYWULA, S. 237, Abb. 127, Taf. 21, Fig. e, f
non 1975 *Potamocypris maculata* ALM 1914 — DIEBEL & PIETRZENIUK, S. 37, Taf. V, Fig. 3, 4
non 1975 *Potamocypris maculata* ALM, 1914 — DIEBEL & WOLFSCHLÄGER, S. 120, Abb. 27
1976 *Potamocypris* cf. *fulva* — ABSOLON, S. 236, Abb. 10

Material: Zum Teil sehr häufig.
Maße: Linke Klappen: Länge 0,65—0,67 mm; Höhe 0,38—0,40 mm; Höhe/Länge 0,59.
Rechte Klappen: Länge 0,65—0,70 mm; Höhe 0,41 bis 0,43 mm; Höhe/Länge 0,63.
Ökologie: In ausdauernden Kleingewässern mit oder ohne Vegetation.
Vorkommen in Burgtonna: In den Proben 11d—13b; Hauptvorkommen in 11d und 12a.
Regionale Verbreitung: Europa, Südwestasien (nach SYWULA).
Stratigraphische Verbreitung: Pleistozän—rezent.

Bemerkungen: Im Umriß weichen die Klappen aus Burgtonna etwas von den Beschreibungen bei ALM (1914), KLIE (1938) und SYWULA (1974) ab.

Die Länge beträgt nach KLIE 0,63 mm, nach ALM 0,60—0,65 mm, nach SYWULA 0,59—0,66 mm. Die

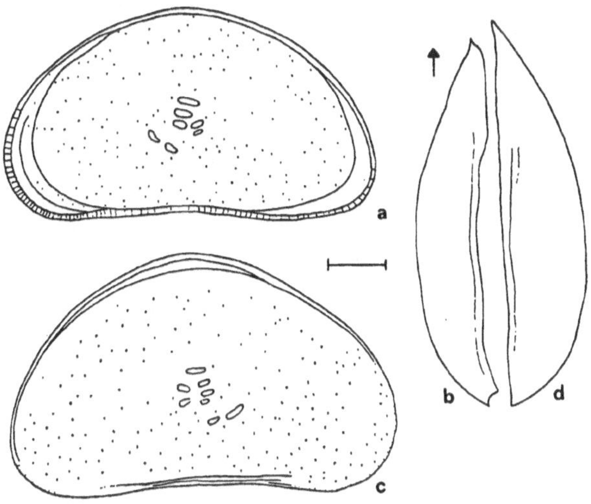

Abb. 7. *Potamocypris maculata* ALM
a, b — linke Klappe von der Seite (a) und von oben (b), Probe 8691;
c, d — rechte Klappe von der Seite (c) und von oben (d), Probe 8697

Exemplare von Burgtonna sind etwas länger und relativ niedriger als bei SYWULA angegeben.

SYWULA (1967) weist auf die große Variabilität im Umriß dieser Art hin. Wir haben deshalb keine Bedenken, die fossilen Exemplare von Burgtonna zu *P. maculata* zu stellen.

Bemerkenswert ist, daß in Burgtonna die beiden von SYWULA unterschiedenen Formen *P. maculata* f. *oligogranulata* und *P. maculata* f. *macrogranulata* vorhanden sind, und zwar ebenfalls ohne Übergänge. Wir vermuten, daß die stärker granulierten Exemplare nicht ganz erwachsen sind.

4. Zusammenfassung

Der weichselkaltzeitliche Lößderivat-Komplex des Deckschichtenprofils über dem Travertin von Burgtonna wird mikropaläontologisch untersucht. Die Fauna besteht aus autochthonen und allochthonen Elementen. Die letzten umfassen Charophyten und Ostrakoden, die aus dem Travertin umgelagert sind, sowie einige Trias-Ostrakoden. Die autochthone Fauna enthält neben Konchylien eine Süßwasserostrakodenfauna von besonderem Gepräge. Es werden 19 Arten festgestellt, die zu 12 Gattungen gehören. Von den 19 Arten sind zehn nur fossil bekannt. Als neu werden *Cypridopsis absoloni* sp. n., *Eucypris heinrichi* sp. n. und *Eucypris dulcifons procera* ssp. n. beschrieben.

Die Verbreitung der Ostrakoden im Profil spiegelt die Besiedlung einer neuen Lebensstätte wider. Der Lebensraum der Ostrakoden von Burgtonna war ein flaches stehendes Kleingewässer mit schlammigem Grund, das zeitweilig austrocknen oder zufrieren konnte. Es war ohne Salzeinfluß und überwiegend ohne Vegetation.

Es werden Überlegungen über die Geschwindigkeit und die absolute Zeitdauer der Lößderivat-Sedimentation angestellt. Die Fauna von Burgtonna wird mit der etwas älteren, aber faziell ähnlichen Fauna von Brozany (ČSSR) verglichen.

Резюме

Проводилось микропалеонтологическое исследование комплекса вислинских лёссовых дериватов разреза покровных слоев, следующего выше травертина Бургтонны. Фауна состоит из автохтонных и аллохтонных элементов. К последним относятся харофиты и остракоды, переотложенные из травертина, а также некоторые триасовые остракоды. Автохтонная фауна содержит наряду с конхилиями своеобразную фауну пресноводных остракодов. Представлены 19 видов, относящихся к 12 родам. Из 19 видов только в ископаемом состоянии были известны десять. Новыми являются *Cypridopsis absoloni* sp. n., *Eucypris heinrichi* sp. n. и *Eucypris dulcifons procera* ssp. n.. Развитие остракод вверх по разрезу отражает поселение ими нового места обитания. Остракоды в Бургтонне жили в мелководном стоячем водоеме небольшого размера с илистым грунтом, временно подвергавшемся высыханию или замораживанию. Он отличался отсутствием солесодержащих источников и был в основном свободным от растительности.

Высказываются предположения относительно скорости и абсолютной длительности накопления лёссовых дериватов. Фауна Бургтонны сравнивается с немного более древней, но фациально подобной фауной Брозани (ЧССР).

Summary

The loess derivate complex of Weichsel Glacial age of the layers above the travertine at Burgtonna is studied. The fauna consists of autochthonous and allochthonous elements. The latter are oogonia of charophytes and ostracodes, reworked from the travertine, and some triassic ostracodes. The autochthonous fauna contains a freshwater ostracode fauna of peculiar characteristics. 19 species, belonging to 12 genera, were determined. Among the 19 species are ten species, only known as fossils. As new are described *Cypridopsis absoloni* sp. n., *Eucypris heinrichi* sp. n. and *Eucypris dulcifons procera* ssp. n.

The distribution of Ostracodes in the section reflects the occupation of a new biotope. The milieu of the ostracodes of Burgtonna was a little stagnant, shallow waterbody with muddy bottom. Temporarily it could dry up or freeze up. It was without salinity and predominantly without vegetation.

Considerations were made about the rate and the absolute duration of the sedimentation of loess derivate. The fauna of Burgtonna is compared with the fauna of Brozany (ČSSR), which is a little older, but similar in facies.

Résumé

L'ensemble du dérivé de loess de l'âge du Weichsel-glacial de la section des couches superposées sur le travertin de Burgtonna est étudié. La faune est composée d'éléments autochthones et allochthones. Les derniers comprennent des charophytes et des ostracodes, remaniés du travertin, et quelques ostracodes triasiques. La faune autochthone contient outre coquillages une faune d'ostracodes d'eau douce bien marquée. 19 espèces, appartenantes à 12 genres, étaient déterminées. Dix de 19 espèces ne sont connues qu'en état fossile. Comme formes nouvelles sont décrites *Cypridopsis absoloni* sp. n., *Eucypris heinrichi* sp. n. et *Eucypris dulcifons procera* ssp. n.

La distribution des ostracodes dans la section reflète l'occupation d'un biotope nouveau. Le milieu des ostracodes de Burgtonna était des eaux petites, pas profondes, stagnantes, avec un fond vaseux. Temporairement ces eaux pouvaient se dessécher ou se geler complètement. Les eaux étaient sans salinité et le plus souvent sans végétation.

Considérations étaient faites sur la vitesse de la sédimentation du dérivé du loess et sur la durée absolue de la même chose. La faune de Burgtonna est comparée avec la faune de Brozany (ČSSR), un peu plus âgée, mais d'un facies semblable.

5. Literatur

ABSOLON, A: Neue Angaben zur Evolution der Süßwasser-ostracoden im Pleistozän. — Abh. Verh. naturwiss. Ver. Hamburg (NF) 18/19 (Suppl.), 229—237, Hamburg

ALM, G.: Beschreibung einiger neuen Ostracoden aus Schweden. — Zool. Anz. 43, 468—475, Leipzig 1914.

— Monographie der schwedischen Süßwasser-Ostracoden. — Zool. Bidrag Uppsala 4, 1—247, Uppsala 1916.

BROŃSTEIN, Z. S.: Beiträge zur Kenntnis der Ostracodenfauna des Kaukasus und Persiens. — Trav. Stat. Biol. Caucase Nord 2, 2—3, 109—119, Vladicaucase 1928.

— Ostracodes des eaux douces. — Faune de l'URSS, Crustacés II, 1, n. s. 31, 1—339, Moskau, Leningrad 1947 [russ.].

DIEBEL, K., & PIETRZENIUK, E.: Ostracoden aus dem Mittelpleistozän von Süßenborn bei Weimar. — Paläont. Abh. A III, 3/4, 463—488, Berlin 1969.

— Neue Ostracoden aus dem Pleistozän von Burgtonna, (Bezirk Erfurt): *Tonnacypris* gen. n. und *Amplocypris tonnensis* sp. n. — Z. geol. Wiss. 3, 1, 87—97, Berlin 1975.

— Die Ostrakodenfauna des eeminterglazialen Travertins von Burgtonna in Thüringen. — Quartärpaläontologie 3, 87—91, Berlin 1978.

DIEBEL, K., & WOLFSCHLÄGER, H.: Ostracoden aus dem jungpleistozänen Travertin von Ehringsdorf bei Weimar. — Abh. zentr. geol. Inst. 23, 91—136, Berlin 1975.

HARTMANN, G., & PURI, H. S.: Summary of neontological and paleontological classification of Ostracoda. — Mitt. Hamburg. Zool. Mus. Inst. 70, 7—73, Hamburg 1974.

HEINRICH, W. D., & JÄGER, K.-D.: Zusammenfassende stratigraphische und palökologische Interpretation des Fossilvorkommens in der untersuchten jungpleistozänen Deckschichtenfolge über dem interglazialen Travertin von Burgtonna in Thüringen. — Quartärpaläontologie 3, 269—285, Berlin 1978.

HEINRICH, W.-D., & JÁNOSSY, D.: *Lagurus lagurus* (PALLAS, 1773) (Rodentia, Mammalia) aus dem Jungpleistozän von Burgtonna (Bezirk Erfurt). — Z. geol. Wiss. 1, 5, 587—592, Berlin 1973.

— Fossile Säugetierreste aus einer jungpleistozänen Deckschichtenfolge über dem interglazialen Travertin von Burgtonna in Thüringen. — Quartärpaläontologie 3, 231 bis 254, Berlin 1978.

JÄGER, K.-D., & HEINRICH, W.-D.: Die stratigraphische Gliederung eines fossilführenden jungpleistozänen Deckschichtenprofils über dem Interglazialtravertin von Burgtonna in Thüringen. — Quartärpaläontologie 3, 187—202, Berlin 1978.

KAUFMANN, A.: Cypriden und Darwinuliden der Schweiz. — Rev. Suisse Zool. 8, 209—423, Genf 1900.

KEMPF, E. K.: *Ilyocypris schwarzbachi* n. sp. (Crustacea, Ostracoda) und ein vorläufiges Ostrakoden-Diagramm aus dem pleistozänen Löß von Kärlich (Neuwieder Bekken). — Sonderveröff. Geol. Inst. Univ. Köln (SCHWARZBACH-H.) 13, 65—79, Köln 1967.

KLIE, W.: Süßwasserorganismen aus dem Elbursgebirge (Persien). II. Teil: Ostracoda. — Zool. Anz. 119, 7/8, 207—211, Leipzig 1937.

— Ostracoda, Muschelkrebse. — In DAHL, F.: Die Tierwelt Deutschlands 34, 230 S., Jena 1938.

LÖFFLER, H.: Ostracoda. — In ILLIES, J.: Limnofauna Europaea, 162—172, Stuttgart 1967.

LÜTTIG, G.: Die Ostrakoden des Megalopolis-Beckens (Peloponnes) und die Grenze Tertiär/Quartär. — Giorn. Geol. (2) XXXV, II, 73—82, Bologna 1968.

MANDELSTAM, M. I., & SCHNEIDER, G. F.: Iskopaemye ostrakody SSR, semejstwo Cyprididae. — Trudy VNIGRI 203, 1—242, Leningrad 1963 [russ.].

NEGADAEV-NIKONOV, K. N.: Fauna ostrakod verchnečetvertičnych otloženij srednego priprutja. — Izv. Akad. Nauk Moldavskoj SSR, No. 8, 12—19, Kischinjow 1965 [russ.].

OHMERT, W.: Ostracoden (aus dem älteren Pleistozän Schwabens). — In: MÜNZING, K., & OHMERT, W.: Mollusken aus dem älteren Pleistozän Schwabens, 68—70, Freiburg (Breisgau) 1974.

PETKOVSKI, T.: Bemerkenswerte Entomostraken aus Jugoslavien. — Acta Mus. Maced. Sci. Nat. **9**, 7 (83), 147—182, Skopje 1964.

PIETRZENIUK, E.: Ostracoden aus Thermokarstseen und Altwässern in Zentral-Jakutien. — Mitt. Zool. Mus. Berlin **53**, 331—364, Berlin 1977.

— Zwei neue *Limnocythere*-Arten aus Mazedonien (Crustacea—Ostracoda). — Acta Mus. Maced. Sci. Nat. **12**, No 1 (102), 18 S., Skopje 1969.

ROME, DOM REMACLE: *Physocypria perlata, Cythereis rivulorum, Cypridopsis mariae*, trois espèces nouvelles d'Ostracodes d'eau douce. — Bull. Mus. roy. Hist. nat. Belgique **19**, no. 48, 9 S., Bruxelles 1943.

SARS, G. O.: Nye Bidrag til Kundskaben om Middelhavets Invertebratfauna. IV. Ostracoda mediterranea. — Arch. Math. Nat. **12**, 173—324, Kristiania 1887.

SYLVESTER-BRADLEY, P. O., & BENSON, R. H.: Terminology for surface features in ornate ostracodes. — Lethaia **4**, 249—286, Oslo 1971.

SYWULA, T.: Notes on Ostracoda. I. On some Polish species. — Bull. Acad. Polon. Sci. Cl. II, **13**, No. 11—12, ser. sci. biol., 647—652, Warszawa 1965.

— Notes on ostracoda. II. On some Bulgarian species. — Bull. Soc. Amis Sci. Poznań, 11—42, Poznań 1967.

— Małżoraczki (Ostracoda). — Fauna Słodkowodna Polski **24**, 315 S., Warszawa — Poznań 1974.

TRESSLER, W. L.: The Ostracoda of Great Slave Lake. — J. Wash. Acad. Sci. **47**, 415—423, Washington 1957.

TRIEBEL, E.: Ostracoden aus dem Sannois und jüngeren Schichten des Mainzer Beckens: 1. Cyprididae. — Senck. leth. **44**, 157—207, Frankfurt (Main) 1963.

Quartärpaläontologie	3	223–226	Berlin, Dezember 1978

Amphibien- und Reptilienreste aus der jungpleistozänen Deckschichtenfolge des Travertins von Burgtonna in Thüringen

Von MARIAN MŁYNARSKI, Krakow; GOTTFRIED BÖHME, Berlin & HERBERT ULLRICH, Berlin

Mit 7 Abbildungen

Inhalt

1. Abstractum

Aus den jungpleistozänen Deckschichten des Travertins von Burgtonna, Kr. Bad Langensalza, werden Reste von Froschlurchen (Salientia), Schlangen (Ophidia) und Eidechsen (Lacertilia) beschrieben. Die Herpetofauna insgesamt besitzt große Ähnlichkeit mit der rezenten Fauna Mitteleuropas.

Из верхнеплейстоценовых покровных слоев над травертином Бургтонны (район Бад Лангензальца) описываются остатки Salientia, Ophidia и Lacertilia. В целом герпетофауна имеет большое сходство со современной фауной Средней Европы.

From the Upper Pleistocene cover of the Travertine series of Burgtonna, urban district of Bad Langensalza, remains are described of batrachians (Salientia), snakes (Ophidia) and lizards (Lacertilia). The herpetological fauna altogether is very similar to the recent fauna of Central Europe.

2. Beschreibung des Fundmaterials

Das untersuchte Fundmaterial wurde 1971 von Dr. W.-D. HEINRICH, Berlin, aus der Deckschichtenfolge des eemzeitlichen Travertins von Burgtonna horizontiert gesammelt.[1])

Insgesamt enthielten 27 Proben aus den Profilen 1–4 Amphibienreste und 11 dieser Proben außerdem Reptilienreste. Das Fundmaterial stammt aus einer unmittelbar über dem Travertin gelegenen Fließerde und einem bis 3 m mächtigen Schwarzerdekolluvium.[2]) Grundlage für die Bestimmung der fossilen Amphibien von Burgtonna ist ein osteologischer Bestimmungsschlüssel, der von einem der Verfasser erarbeitet wurde (BÖHME 1977).

Amphibia

Pelobates fuscus (LAURENTI, 1768)

Abb. 1

Material: Burgt. 1/2, 2/3, 2/12. Sacrococcyx, Sphenethmoid, Ilia.

Das sehr charakteristische Sacrococcyx der Knoblauchskröte (*Pelobates*) weist dieselben Formmerkmale wie bei den rezenten Arten *P. fuscus* und *P. syriacus* auf. Das Sacrum mit den stark entwickelten, flügelartigen, breiten lateralen Apophysen und das Urostyl sind miteinander verwachsen. Am Sphenethmoid von *Pelobates* sind artspezifische Merkmale vorhanden, so daß der vorliegende Fund *P. fuscus* zugewiesen werden kann (Abb. 1).

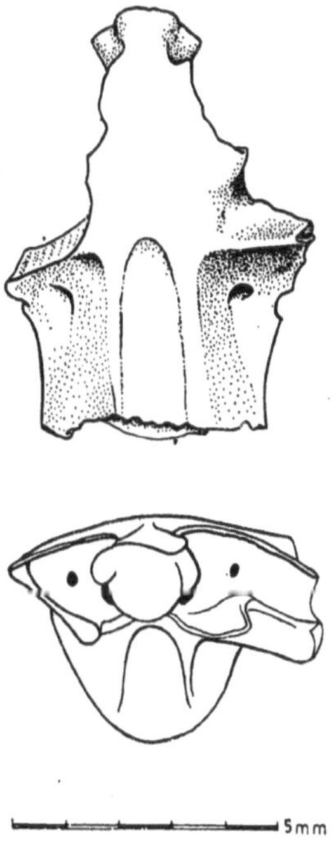

Abb. 1. Sphenethmoid von *Pelobates fuscus* (LAURENTI) aus 1/2 in Ober- und Vorderansicht (del. BÖHME/BRAUNER)

Bufo viridis LAURENTI, 1768

Abb. 2

Material: Burgt. 1/1, 2/3, 2/12, 3/6, 3/8. Ilia, Sacralwirbel, Frontoparietale.

Die im Material von Burgtonna gefundenen *Bufo*-Reste lassen sich nach den vorhandenen Merkmalen sicher *Bufo viridis* zuordnen. Das Ilium von *B. viridis* ist durch die kräftige Einschnürung der Ala am

[1]) Die Verfasser sind Herrn Dr. W.-D. HEINRICH, Museum für Naturkunde Berlin, für die Überlassung des Materials zur Untersuchung sehr zu Dank verbunden.

[2]) Über Profilbezeichnungen und Beprobungseinheiten informieren die Beiträge von HEINRICH & JÁNOSSY bzw. JÄGER & HEINRICH im vorliegenden Band.

Übergang zum Corpus ilii eindeutig von dem anderer rezenter mitteleuropäischer Krötenarten unterscheidbar. Bei beiden vorliegenden Ilium-Fragmenten sind die arttypischen Merkmale ausgeprägt (Abb. 2). Auch die Sacralwirbel und das Frontoparietale der Kröten sind für eine Artdiagnose geeignet. Obwohl nur ein Bruchstück eines rechten Frontoparietale vorliegt, ist an ihm das für *B. viridis* typische Relief ausgebildet.

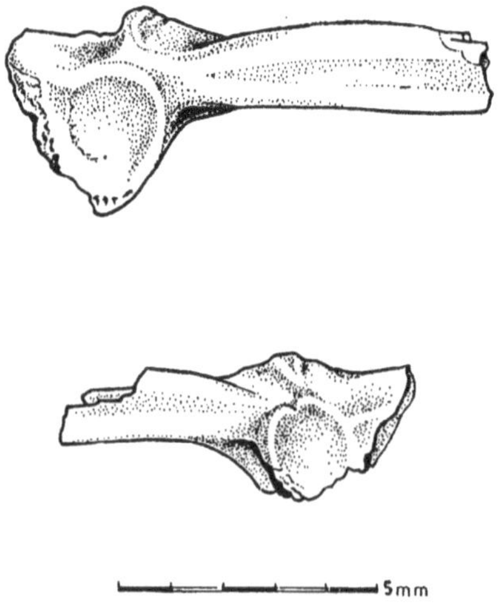

Abb. 2. Ilium von *Bufo viridis* LAURENTI aus H 3/1 (A) und 2/12 (B) (del. BÖHME/BRAUNER)

Rana temporaria LINNAEUS, 1758

Abb. 3

Material: Burgt. 1/1, 1/2, 2/3, 2/5, 2/7, 2/9, 2/10, 2/12, 3/2, 3/3, 3/5, 3/6, 3/8, 4/2, 4/3, 4/4. Ilia, Humeri, Sacralwirbel, Frontoparietale. — (Wahrscheinlich mit hinzuzurechnen sind weitere, auf Grund ihres Erhaltungszustandes nicht spezifisch bestimmbare Ranidenreste aus den Proben 1/3, 2/2, 2/4, 2/6, 2/8, 2/11, 2/13, 3/4, 3/7 und 3/9.)

Kennzeichnend für die Frösche (Ranidae) sind Sacral- und Praesacralwirbel von „diplasiocoelem" Typus sowie das Urostyl, Ilium und Humerus, Frontoparietal-, Maxillar- und Dentalfragmente aus nahezu allen Proben des Fundgutes von Burgtonna.

Zur Artdiagnose sind bei den Raniden das Ilium und besonders das Frontoparietale verwendbar. Letzteres ist jedoch auf Grund seines weniger widerstandsfähigen Baues in wesentlich geringerer Zahl überliefert.

Aus dem vorliegenden Fossilmaterial zeigen je ein rechtes und linkes Frontoparietale eindeutig die Merkmale von *Rana temporaria*. Die für diese Art typischen Merkmale am Ilium (Proportionen des Corpus ilii und des Acetabulum, Ausbildung und Größe des Tuber superior, Wölbung und Höhe des Vexillum) sind bei den untersuchten 70 Ilium-Fragmenten je nach dem Erhaltungszustand mehr oder weniger gut sichtbar. Auch metrisch stimmen die Reste mit denen rezenter *R. temporaria* überein (Abb. 3).

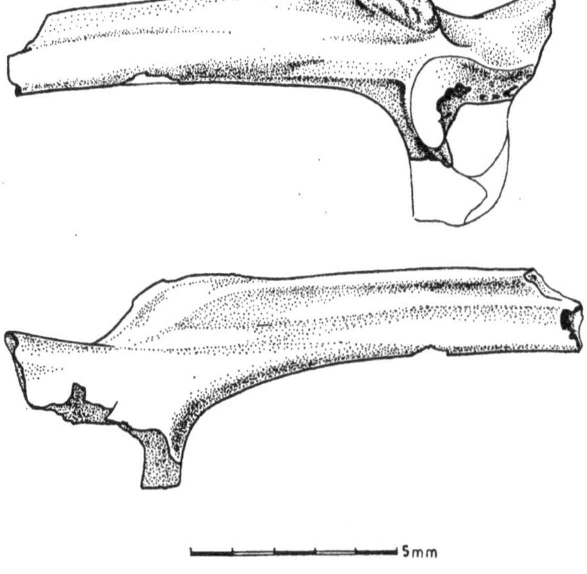

Abb. 3. Ilium von *Rana temporaria* LINNAEUS aus 4/3 in Seiten- und Innenansicht (del. BÖHME/BRAUNER)

Rana cf. **_arvalis_** NILSSON, 1842

Material: Burgt. 1/5, 1/6, 2/3. Ilia.

Dieser weiteren Braunfroschart können aus dem Fundgut von Burgtonna wahrscheinlich einige Ilium-Fragmente zugewiesen werden. *R. arvalis* unterscheidet sich von *R. temporaria* am Ilium besonders durch Form und Größe des Vexillum und des Tuber superior.

Rana sp. (Wasserfrosch)

Abb. 4

Die europäischen „Wasserfrösche" (*Rana ridibunda*, *R.* „*esculenta*" und *R. lessonae*) unterscheiden sich osteologisch von den „Braunfröschen" vor allem durch die gedrungeneren Proportionen des Corpus ilii und des Acetabulum sowie den Tuber superior. Eine Artdiagnose läßt sich jedoch nicht am Ilium, sondern nur am Frontoparietale durchführen. [Zur problematischen Stellung von *R.* „*esculenta*" als Art sei hier nur auf die Arbeit von GÜNTHER (1973) hingewiesen.]

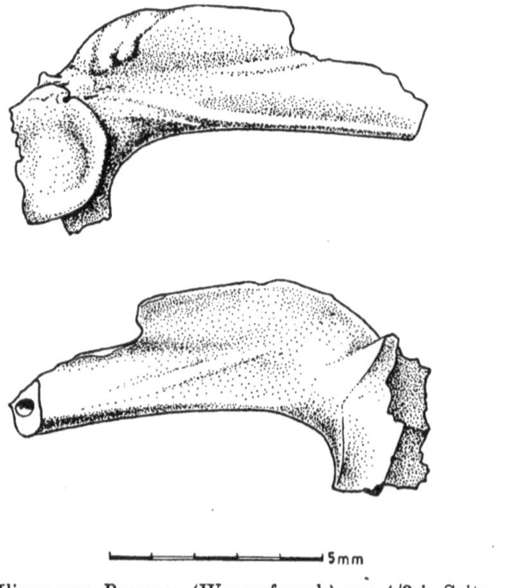

Abb. 4. Ilium von *Rana* sp. (Wasserfrosch) aus 4/3 in Seiten- und Innenansicht (del. BÖHME/BRAUNER)

Aus dem Fundgut von Burgtonna belegt ein Iliumfragment die Gruppe der Wasserfrösche (Abb. 4).

Reptilia

Reptilienknochen sind im Fundmaterial von Burgtonna selten. Die vorhandenen Bruchstücke sind taxonomisch weniger bedeutungsvoll.

Natrix cf. *natrix* (LINNAEUS, 1758)

Material: Burgt. 1/1, 1/2, 2/2, 2/3, 2/7, 2/9, 3/1, 3/3, 3/4, 3/9. Einige isolierte Wirbel mittelgroßer Exemplare.

Für die Ringelnatter arttypisch sind etwas verlängerte Wirbel mit gut ausgeprägten Hypapophysen. In der Form entsprechen sie denen rezenter Exemplare.

Lacerta sp.

Material: Burgt. 2/2, 3/6. Zwei unvollständige Dentale kleinerer Exemplare.

Im gesamten Material wurden nur die für die Gattung *Lacerta* charakteristischen kleinen Dentale festgestellt. Sie gehören einem kleinen Exemplar an, wahrscheinlich *Lacerta vivipara* JAQUIN.

3. Faunistische und stratigraphische Bemerkungen

Die Knoblauchkröte, die einzige mitteleuropäische Art der Gattung *Pelobates*, kommt heute im Tiefland der DDR häufig vor und ist auch aus einigen pleistozänen Fundorten bekannt. Sie bevorzugt jedoch leichte Böden. In Burgtonna hat diese Form offenbar keine optimalen Existenzbedingungen vorgefunden.

Die Wechselkröte (*Bufo viridis*) ist heute auf dem Gebiet der DDR weniger häufig als die Erdkröte (*Bufo bufo*). HERTER & HERTER (1954) sehen sie als „östliche, pontomediterrane Art" an.

Der häufigste Lurch im Jungpleistozän von Burgtonna war zweifellos der Grasfrosch (*Rana temporaria*). Während der Grasfrosch in Europa am weitesten nach Norden vordringt, er besiedelt heute ein Gebiet vom Mittelmeer bis zum Nordkap, bewohnt der Moorfrosch (*R. arvalis*) neben Mittel- und Osteuropa auch das kontinentale Sibirien. Beide dürften während des jüngeren Pleistozäns in Europa weit verbreitet gewesen sein (NEHRING 1880).

Auch Ringelnattern waren vermutlich recht häufig. Als froschfressende Tiere kommen diese Schlangen in den Ablagerungen oft mit den Froschlurchresten zusammen vor.

Die Herpetofauna der Deckschichtenfolge des Travertins von Burgtonna besitzt insgesamt große Ähnlichkeit mit der rezenten Fauna Mitteleuropas (MERTENS & WERMUTH 1960). Ein Vergleich mit der Herpetofauna der Travertinablagerungen von Burgtonna ist kaum möglich, da diese außer *Natrix natrix* (SCHÄFER 1909) und *Emys orbicularis* (ULLRICH 1956) bisher keine weiteren Reptilien- und überhaupt noch keine Amphibienreste erbracht hat (ULLRICH & MŁYNARSKI 1978).

In stratigraphischer Hinsicht scheinen sich trotz der Spärlichkeit der Amphibien- und Reptilienreste innerhalb der Gesamtfauna von Burgtonna doch gewisse Zusammenhänge anzudeuten. Während *Rana temporaria* in allen Bereichen des Schwarzerdekolluviums anzutreffen ist, bleibt unter dem vorhandenen Material *Natrix* im wesentlichen auf die unteren und mittleren Schichten begrenzt.

Pelobates und insbesondere die wärmeliebende, wenn auch stark euryöke *Bufo viridis* erscheinen nur in den unteren und den oberen Schichten des Schwarzerdekolluviums.

4. Ökologische Bemerkungen

Die Herpetofauna von Burgtonna umfaßt Arten der Sumpf- und Sumpf—Moor-Gebiete, aber auch des trockeneren Offenlandes.

Während der Ablagerung der oberen Schichten des Schwarzerdekolluviums scheinen für die Amphibien in Hinsicht auf Artenzahl und Individuenzahl optimale Bedingungen geherrscht zu haben. Es sind sowohl Vertreter nasser und feuchter Biotope (*Rana* sp. — Wasserfrosch —, *Rana arvalis*, *Rana temporaria*) als auch Vertreter trockenerer Biotope (*Pelobates fuscus*, *Bufo viridis*) anwesend. Die Ringelnatter (*Natrix*) ist ein recht euryökes Tier. Sie lebt stets dort, wo sie ihre Nahrung, d. h. Frösche, erbeuten kann.

Eine Beurteilung des Klimas zu jener Zeit ist, abgesehen von möglichen Anzeichen einer gewissen Kontinentalität, aus dem vorliegenden Material nur schwer möglich.

5. Morphologische Anomalien bei Amphibien

Material: Burgt. 2/8, 2/9, 3/5 (Abb. 5—7).

Im Fundgut von Burgtonna wurde ein „doppeltes Sacrum" (2/8) (Abb. 5) gefunden. Dieses besteht aus zwei miteinander verwachsenen Wirbeln (Sacrum und Präsacrum). Die Grenzen zwischen beiden Wirbeln sind auf der Ventralseite nicht erkennbar. Da die lateralen Apophysen in genau derselben Weise wie bei den Raniden entwickelt sind, dürfte auch dieses Fundstück einem Frosch (*Rana* sp.) zuzuweisen sein. Durch die Verwachsung ist das „doppelte Sacrum" procoel. Es ist ausgesprochen symmetrisch gebaut.

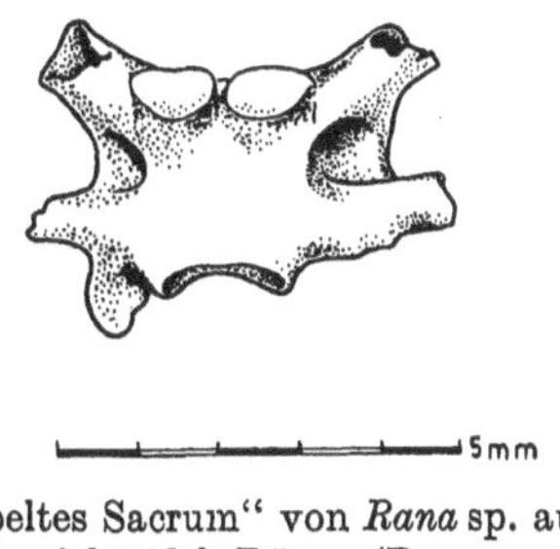

Abb. 5. „Doppeltes Sacrum" von *Rana* sp. aus 2/8 in Unteransicht (del. BÖHME/BRAUNER)

Verwachsungen von zwei und auch mehreren Wirbeln kommen im Sacrum der älteren und primitiven Gruppen der Froschlurche vor, insbesondere bei den Palaeobatrachidae (Fejérváry 1917). Bei diesen Formen, z.B. *Palaeobatrachus* und *Pliobatrachus*, sind die Sacra viel stärker gebaut. Auch die lateralen Apophysen sind bei ihnen erheblich breiter. Deshalb ist nach unserer Meinung dem vorliegenden „doppelten Sacrum" aus dem Fundgut von Burgtonna lediglich der Rang einer morphologischen Anomalie beizumessen. Solche Anomalien treten bei fast allen rezenten und fossilen Froschlurchformen in Erscheinung.

Ein weiteres Sacrum (3/5), ohne Anzeichen einer Verwachsung, ist ebenfalls procoel. Durch die Ausbildung der lateralen Apophysen unterscheidet es sich jedoch grundlegend von dem Sacrum der procoelen Bufoniden und Hyliden. Es wird als anomale Ausbildung einem Raniden zuzuweisen sein (Abb. 6).

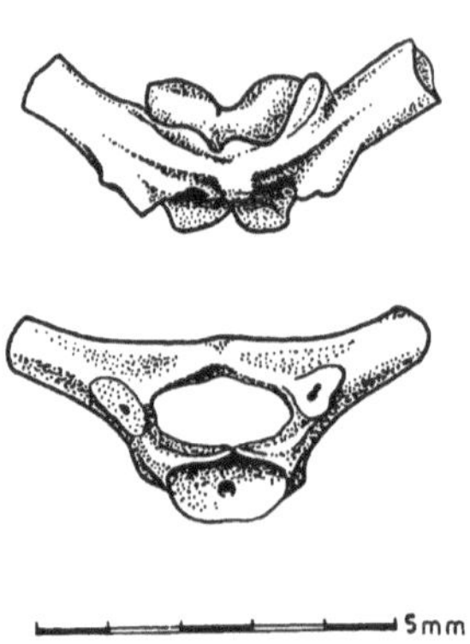

Abb. 6

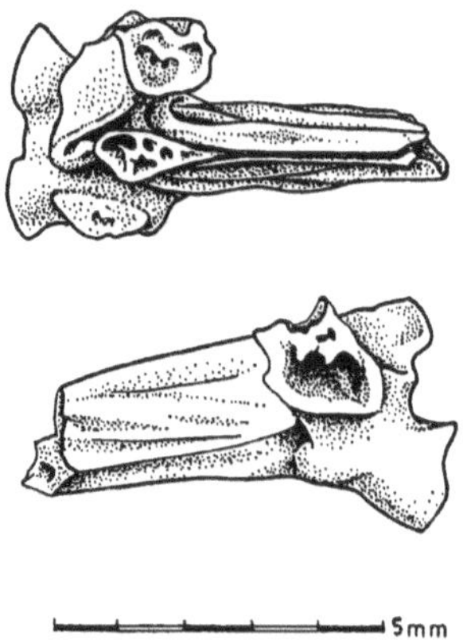

Abb. 7

Abb. 6. Abnormes Sacrum von *Rana* sp. aus 3/5 in Ober- und Vorderansicht (del. Böhme/Brauner)

Abb. 7. Abnormes Urostyl von *Rana* sp. aus 3/9 in Ober- und Seitenansicht (del. Böhme/Brauner)

Auch das Vorkommen von lateralen Fortsätzen am Urostyl läßt sich bei mehreren „höheren" Arten der Anuren beobachten. Nach Rage & Vergnaud-Grazzini (1972) wurden solche Apophysen bei *Rana* und *Bufo* festgestellt. Dieselben „atavistischen" Fortsätze konnte einer der Verfasser (M. M.) bei *Hyla arborea* (Linnaeus) aus der Umgebung von Kraków (Sammlung des Verf. M. M. im Institut in Kraków) beobachten. Im Fundmaterial von Burgtonna zeigt ein Urostyl eines Raniden (2/9) solche lateralen Fortsätze. Auch ihm wird keine entscheidende taxonomische Bedeutung beizumessen sein (Abb. 7).

Als weiteres Beispiel einer morphologischen Anomalie sei ein linkes Ilium eines *Rana temporaria* (2/8) erwähnt. Das Vexillum ist durch eine abnorme Verkrümmung teilweise völlig auf die Medialseite der Ala verlagert. Diese Mißbildung könnte eventuell durch die Verletzung des Knochens hervorgerufen worden sein.

6. Zusammenfassung

Aus einer Fließerde und dem Schwarzerdekolluvium der Deckschichtenfolge des Travertins von Burgtonna gelangten Reste von *Pelobates fuscus*, *Bufo viridis*, *Rana temporaria*, *Rana* cf. *arvalis*, *Rana* sp. (Wasserfrosch), *Natrix* cf. *natrix* und *Lacerta* sp. zur Untersuchung. Das Artenspektrum wird durch Bewohner feuchter Sumpf—Moor-Biotope und trokkeneren Offenlandes charakterisiert.

Fragen der bei Froschlurchen recht häufigen Anomalien im Bau des Skelettes werden im Zusammenhang mit einigen Funden diskutiert.

Резюме

Из солифлюкционной почвы и коллювиального чернозема покровных слоев выше травертина Бургтонны описываются остатки *Pelobates fuscus*, *Bufo viridis*, *Rana temporaria*, *Rana* cf. *arvalis*, *Rana* sp., *Natrix* cf. *natrix* и *Lacerta* sp. Видовой спектр характеризуется обитателями влажных болотистых биотопов и сухого открытого ландшафта. В связи с некоторыми находками обсуждаются вопросы частых аномалий в строении скелета бесхвостых амфибий.

Summary

From a mud and the black earth colluvium of the succession of Travertine covering beds of Burgtonna remains of *Pelobates fuscus*, *Bufo viridis*, *Rana temporaria*, *Rana* cf. *arvalis*, *Rana* sp. (water frog), *Natrix* cf. *natrix* and *Lacerta* sp. were investigated. The spectrum of species is characterized by inhabitants of moist swamp-mire biotopes and drier open ground. Problems of anomalies occurring rather often in the skeleton structure of batrachians are discussed in connection with some new fossil materials.

7. Literatur

Böhme, G: Zur Bestimmung quartärer Amphibien Europas anhand von Skelettelementen. — Wiss. Z. Humboldt-Univ. Berlin, Math.-Nat. R **26**, 3, 283—300, Berlin 1977.

Fejérváry, G. J. v.: Anoures fossiles des couches préglaciaires de Püspökfürdö en Hongrie, en considération spéciale du développement phylétique du sacrum chez les Anoures. — Földt. Közl. **47**, 5—36, Budapest 1917.

Günther, R.: Über die verwandtschaftlichen Beziehungen zwischen den europäischen Grünfröschen und den Bastardcharakter von *Rana esculenta* (Anura). — Zool. Anz. **190**, 3/4, 250—285, Leipzig 1973.

Herter, K., & Herter W.-R.: Die Verbreitung der Kreuzkröte (*Bufo calamita* Laur.) und der Wechselkröte (*Bufo viridis* Laur.) in Europa. — Zool. Beitr. Neue Folge **1**, 2, 203—218, Berlin 1954.

Mertens, R., & Wermuth, H.: Die Amphibien und Reptilien Europas. (Dritte Liste, nach dem Stand vom 1. Januar 1960). — Frankfurt (Main) 1960.

Nehring, A.: Uebersicht über vierundzwanzig mitteleuropäische Quartär-Faunen. — Z. dt. geol. Ges. **32**, 468—509, Berlin 1880.

Rage, J.-C., & Vergnaud-Grazzini, C.: Position systématique de *Diplopelturus ruscinensis* Depéret (Amphibia, Anura). — Bull. Mus. Nat. Hist. Nat. sér. 3 (73), 83—88, Paris 1972.

Schäfer, H. F.: Über die pleistocäne Säugetierfauna und die Spuren des paläolithischen Menschen von Burgtonna in Thüringen. — Z. deutsch geol. Ges. **61**, 445—469, Berlin 1909.

Ullrich, H.: Fossile Sumpfschildkröten (*Emys orbicularis* L.) aus dem Diluvialtravertin von Weimar-Ehringsdorf—Taubach und Tonna (Thür.). — Geologie **5**, 360—385, Berlin 1956.

Ullrich, H., & Młynarski, M: Reptilienreste aus dem jungpleistozänen Travertin von Burgtonna in Thüringen. — Quartärpaläontologie **3**, 97—102, Berlin 1978.

Quartärpaläontologie	3	227—229	Berlin, Dezember 1978

Fossile Vogelreste aus der jungpleistozänen Deckschichtenfolge über dem Travertin von Burgtonna in Thüringen

Von WOLF-DIETER HEINRICH, Berlin, & DÉNES JÁNOSSY, Budapest

Mit 2 Abbildungen und einer Tabelle

Inhalt

1. Abstractum

Aus einer jungpleistozänen Deckschichtenfolge, die den interglazialen Travertin von Burgtonna überlagert, werden *Querquedula querquedula* (L.) und *Parus major* L. an Hand eines osteologischen Fundgutes beschrieben.

Из верхнеплейстоценовой толщи перекрывающих межледниковый травертин Бургтонны покровных слоев описываются *Querquedula querquedula* (L.) и *Parus major*. на основе остеологического материала.

From an Upper Pleistocene succession of covering beds overlying the interglacial Travertine series of Burgtonna *Querquedula querquedula* (L.) and *Parus major* L. are described by means of osteological finds.

2. Einleitung

Bei der Auswertung von Probenserien, die einer jungpleistozänen Deckschichtenfolge im Hangenden des Travertins von Burgtonna zur Gewinnung einer fossilen Kleinsäugerfauna entnommen wurden, fielen wiederholt Vogelknochen an. Das im folgenden beschriebene fossile Vogelmaterial stammt aus der basalen Fließerde und dem Schwarzerdekolluvium, die im Fundstättenbereich zwischen dem interglazialen Travertin im Liegenden und dem Älteren Lößderivat im Hangenden eingeschaltet sind. Die näheren Fundumstände und die Lage der Probenentnahmepunkte im Profil sind dem Beitrag von HEINRICH & JÁNOSSY (im vorliegenden Band, S. 233) über die fossilen Säugetiere aus der untersuchten Deckschichtenfolge zu entnehmen; über Einzelheiten des Profilaufbaues informiert der Aufsatz von JÄGER & HEINRICH (im vorliegenden Band, S. 190—191).

Das paläontologische Fundgut wird im Museum für Naturkunde an der Humboldt-Universität zu Berlin, Bereich Paläontologisches Museum, unter der Inventarnummer MB 1973. 12. aufbewahrt.

Herrn Dr. Dr. H.-D. KAHLKE, Institut für Quartärpaläontologie Weimar, danken wir für seine Unterstützung, Frl. V. KOPSKE, Museum für Naturkunde an der Humboldt-Universität zu Berlin, für die Zeichnungen.

3. Taxonomischer Teil

Anseriformes

Anatidae

Anatinae

Querquedula STEPHENS, 1824

(1) ***Querquedula querquedula*** (LINNAEUS, 1758)

Abb. 1

Fundgut: Burgt. 2/3: 1 distales Bruchstück eines rechten Coracoideums.

Das Coracoideumfragment stammt von einem ausgewachsenen Tier. Unter Berücksichtigung der morphologischen Besonderheiten und der feststellbaren Dimensionen kann daher — trotz des Erhaltungszustandes — zunächst ein Ausschluß der größeren in der Paläarktis verbreiteten Entenarten vorgenommen werden. Gleichzeitig wird eine differentialdiagnosti-

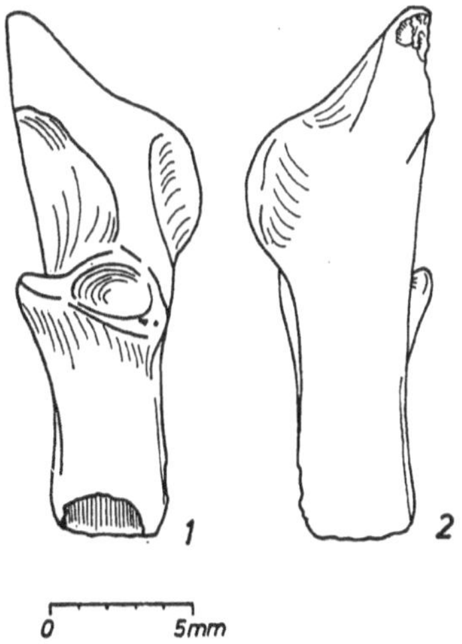

Abb. 1. *Querquedula querquedula* (L.). Distales Bruchstück eines rechten Coracoideums. MB 1973. 12 (Burgt. 2/3)
1 — von hinten; 2 — von vorn

sche Einengung auf *Querquedula querquedula* (Knäkente) und *Nettion crecca* (Krickente) möglich. Der direkte Vergleich des Fundstückes von Burgtonna mit einer größeren rezenten Serie von Coracoidea beider Arten ergab jedoch, daß die *Querquedula querquedula* morphologisch sehr nahe stehende Art *Nettion crecca* wegen abweichender Größenverhältnisse und Proportionen ausgeklammert werden kann.

Querquedula querquedula (Knäkente) ist gegenwärtig in den borealen bis mediterranen Zonen sowie in den Steppen- und Wüstenzonen der Paläarktis verbreitet, wobei eutrophe Binnengewässer, Moore und sumpfige Wiesen als Lebensraum bevorzugt werden (VOOUS 1963).

Passeriformes

Paridae

Parus LINNAEUS, 1758

(2) ***Parus major*** LINNAEUS, 1758

Abb. 2

Fundgut: Burgt. 2/3: 1 Mandibulafragment.

Aus der Deckschichtenfolge von Burgtonna liegen zahlreiche Knochenbruchstücke kleiner Singvögel (Passeriformes) vor. Da — wie bekannt — sogar die Identifizierung von unversehrten Knochen kleinerer Passeriformes große Schwierigkeiten bereitet, mußte auf die Bestimmung der meisten Stücke verzichtet werden. Das einzige sicher bestimmbare Fundstück ist ein Schnabelbruchstück (Mandibula) von *Parus major* (Kohlmeise). Unter Berücksichtigung eines umfangreichen osteologischen Vergleichsmaterials von rezenten Passeriformes kann das Schnabelbruchstück unter den heute in Europa lebenden Arten auf Grund seiner Größenverhältnisse nur mit dieser Art verglichen werden. Gegen eine Zuweisung des Fundes

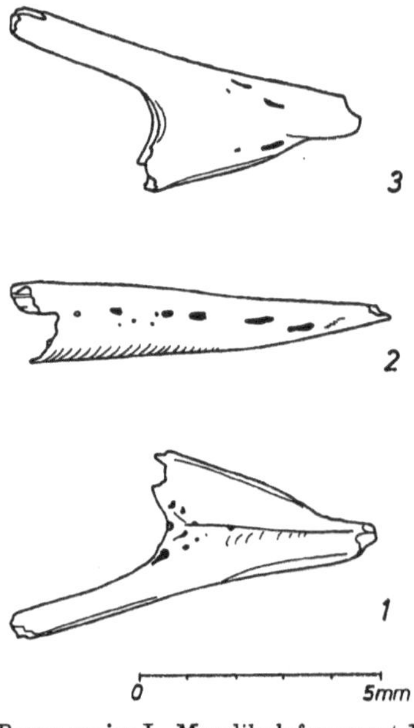

Abb. 2. *Parus major* L. Mandibulafragment MB 1973. 12 (Burgt. 2/3)
1 – von dorsal; 2 – von lateral; 3 – von ventral

zu der etwa gleichgroßen Art *Parus lugubris* (Trauermeise) sprechen bei Berücksichtigung der Begleitfauna dieses Fundes sowohl ökologische als auch zoogeographische Gründe. Ein Teil der Extremitätenknochen aus der Probe Burgt. 2/3 dürfte wohl ebenfalls von *Parus major* stammen, doch liegen mit hoher Wahrscheinlichkeit auch andere Arten vor.

Parus major (Kohlmeise) ist gegenwärtig in Eurasien und Nordwestafrika verbreitet; Biotope sind die vielfältigen busch- und waldreichen Gebiete südlich der Tundrenzonen (VOOUS 1963).

(3) Aves indet.

Fundgut: Burgt. 1/1: 1 dist. Carpometacarpusfragment; Burgt. 1/2: 1 dist. Carpometacarpusfragment; Burgt. 1/3: 1 fragm. Tarsometatarsus, 2 distale Tibiotarsusfragmente; Burgt. 2/2: 1 dist. Carpometacarpusfragment; Burgt. 2/3: 1 distales Tarsometatarsusfragment, 1 distales Coracoideumfragment, 1 distales Tarsometatarsusfragment (juv.), 1 Unterschnabelfragment, 1 Ulnafragment, 1 Coracoideumfragment, 1 dist. Tibiotarsusfragment; Burgt. 2/4: 1 fragm. Tarsometatarsus; Burgt. 2/6: 1 distales Tarsometatarsusfragment, 1 distales Tibiotarsusfragment, 1 craniales Coracoideumfragment; Burgt. 2/7: 1 craniales Coracoideumfragment, 1 Halswirbel, 1 proximale Phalangenepiphyse; Burgt. 2/15: 1 distales Tibiotarsusfragment; Burgt. 3/1: 1 Phalange (adult), 2 Phalangen (juv.), 2 distale Tarsometatarsusfragmente, 2 prox. Ulnafragmente, 1 distales Ulnafragment, 1 distales Tibiotarsusfragment, 3 prox. Carpometacarpusfragmente, 1 distales Humerusfragment; Burgt. 3/4: 1 distales Tibiotarsusfragment, 1 Ulnafragment; Burgt. 3/6: 1 distales Humerusfragment; Burgt. 4/2: 1 prox. Carpometacarpusfragment.

Unter Aves indet. wurden die aus zahlreichen Proben vorliegenden Vogelknochen zusammengefaßt, deren systematische Stellung wegen des schlechten Erhaltungszustandes nicht ermittelt werden konnte. Es handelt sich vorwiegend um Vertreter der Passeriformes.

4. Auswertung

Im Gegensatz zu dem interglazialen Travertin von Burgtonna liegt aus der untersuchten jungpleistozänen Deckschichtenfolge zwar ein zahlenmäßig umfangreicheres Vogelmaterial vor, doch sind der taxonomischen Zuordnung durch den schlechten Erhaltungszustand des osteologischen Fundgutes in hohem Maße Grenzen gesetzt: Aus dem mehr als 40 Vogelknochenfragmente umfassenden paläontologischen Fundgut konnten nur zwei Arten ermittelt werden. Beide stammen aus dem Schwarzerdekolluvium.

Da nur zwei Arten belegt sind, sind ökologische Aussagen nur begrenzt möglich. Unter den nachgewiesenen Arten verdient das Vorkommen von *Querquedula querquedula* (Knäkente) besondere Aufmerksamkeit. In Übereinstimmung mit anderen Belegen, wie z. B. Fisch- und Amphibienresten, liegt mit diesem Nachweis ein weiterer paläozoologischer Befund vor, der den Fortbestand von Gewässern im Fundstättengebiet oder in dessen weiterer Umgebung über den Zeitabschnitt warmzeitlicher Travertinbildung hinaus bis in den Bildungszeitraum des Schwarzerdekolluviums hinein belegt. Hier muß betont werden, daß das Vorkommen einer charakteristischen Wasservogelart in einer Wirbeltierfauna, die sich durch die Dominanz von Offenlandbewohnern auszeichnet (vgl. HEINRICH & JÁNOSSY, im vorliegenden Band, S. 245) nicht im Widerspruch zu dieser Schlußfolgerung steht. So kann das gleichzeitige Auftreten durch einen entsprechenden Biotop — etwa zu Gewässerrändern abfallende, kraut- und strauchbewachsene Hänge in einer trockenen Offenlandschaft — und durch die ökologische Valenz von *Querquedula querquedula* zwanglos erklärt werden. Ein derartiger Biotop böte auch *Parus major* ausreichende Lebensbedingungen.

Querquedula querquedula und *Parus major* konnten in den thüringischen Travertinfundstätten von Ehringsdorf, Taubach und Burgtonna bisher nicht nachgewiesen werden. Für den interglazialen Travertin von Burgtonna, der das untersuchte Deckschichtenprofil unterlagert, liegt ein Beleg für *Anas platyrhynchos* vor, die an Gewässer gebunden ist (HEINRICH & JÁNOSSY, im vorliegenden Band, S. 103). Über die stratigraphische Stellung der aus der Deckschichtenfolge des Travertins von Burgtonna beschriebenen Vogelarten informiert Tab. 1.

Tab. 1. Übersicht über die im Travertin und der untersuchten jungpleistozänen Deckschichtenfolge von Burgtonna osteologisch nachgewiesenen Vogelarten

Stratigraphie			*Anas platyrhynchos*	*Querquedula querquedula*	*Parus major*	Aves indet.
Deckschichtenfolge	Deckmaterial	7				
	Humushorizont einer Schwarzerde	6				
	Jüngeres Lößderivat	5				
	Frostgley	4				
	Älteres Lößderivat	3				
	Schwarzerde-kolluvium	2E				●
		2D				●
		2C		●	●	●
		2B				●
		2A				●
	Fließerde	1				●
Interglazial-Travertin			●			

5. Zusammenfassung

Aus einer jungpleistozänen Deckschichtenfolge, die den Travertin von Burgtonna überlagert, werden an Hand eines osteologischen Fundgutes *Querquedula querquedula* und *Parus major* beschrieben. Der Nachweis von *Querquedula querquedula* wird als ein Hinweis auf den Fortbestand von Gewässern im Fundstättenbereich oder in dessen weiterer Umgebung nach dem Zeitraum der warmzeitlichen Travertinbildung gewertet. Eine tabellarische Zusammenstellung der im Travertin von Burgtonna und in der überlagernden Deckschichtenfolge nachgewiesenen Vogelarten ergänzt den Beitrag.

Резюме

Из верхнеплейстоценовой толщи перекрывающих травертин Бургтонны покровных слоев на основе остеологического материала описываются *Querquedula querquedula* и *Parus major*. Наличие *Querquedula querquedula* свидетельствует о наличии водоемов в пределах местонахождения или ближайшей окрестности также после межледникового образования травертина. Статья дополняется обзорной таблицей названий всех найденных в травертине Бургтонны и покровных слоях видов птиц.

Summary

From an Upper Pleistocene succession of covering beds overlying the Travertine series of Burgtonna *Querquedula querquedula* and *Parus major* are described by means of osteological finds. The detection of *Querquedula querquedula* is evaluated as an indication of waters continuing in the area of the locality, or in its more distant surroundings, following the period of interglacial travertine formation. The paper is completed by a review in table form of the species of birds detected in the Travertine series of Burgtonna and in the overlying succession of covering beds.

6. Literatur

HEINRICH, W.-D., & JÁNOSSY, D.: Fossile Säugetierreste aus einer jungpleistozänen Deckschichtenfolge über dem interglazialen Travertin von Burgtonna in Thüringen. — Quartärpaläontologie 3, 231—254, Berlin 1978

— Nachweis von *Anas platyrhynchos* LINNAEUS, 1758 (*Anatidae, Aves*) aus dem Travertin von Burgtonna in Thüringen. — Quartärpaläontologie 3, 103—105, Berlin 1978.

JÄGER, K.-D., & HEINRICH, W.-D.: Die stratigraphische Gliederung eines fossilführenden jungpleistozänen Deckschichtenprofils über dem Interglazialtravertin von Burgtonna in Thüringen. — Quartärpaläontologie 3, 187 bis 202, Berlin 1978.

VOOUS, K.: Die Vogelwelt Europas und ihre Verbreitung. — Parey-Verlag, Hamburg, Berlin 1963.

Quartärpaläontologie	3	231–254	Berlin, Dezember 1978

Fossile Säugetierreste aus einer jungpleistozänen Deckschichtenfolge über dem interglazialen Travertin von Burgtonna in Thüringen

Von WOLF-DIETER HEINRICH, Berlin, & DENES JÁNOSSY, Budapest

Mit 13 Abbildungen, 19 Tabellen und Tafel 54–56

Inhalt

1. Abstractum

Aus einer jungpleistozänen Deckschichtenfolge, die den interglazialen Travertin von Burgtonna überlagert, werden fossile Säugetierreste beschrieben. Es werden ökologische und biostratigraphische Schlußfolgerungen gezogen. Das Vorkommen von *Lagurus lagurus* (PALLAS, 1773) im untersuchten Deckschichtenprofil wird besonders erörtert. Es wird eine Verbreitungskarte vorgelegt, die die wichtigsten pleistozänen Fundpunkte dieser Art in Eurasien enthält.

Из верхнеплейстоценовой толщи перекрывающих межледниковый травертин Бургтонны покровных слоев описываются ископаемые остатки млекопитающих. Приводятся экологические и биостратиграфические выводы. Детально обсуждается присутствие *Lagurus lagurus* (PALLAS, 1773) в исследованном разрезе покровных слоев. Далее вниманию предлагается карта распространения с наиболее важными плейстоценовыми местонахождениями данного вида в Евразии.

Remains of fossil mammals are described from an Upper Pleistocene sequence of covering beds overlying the interglacial Travertine series of Burgtonna. Ecological and biostratigraphical conclusions are drawn, with a special discussion of the occurrence of *Lagurus lagurus* (PALLAS, 1773) in the profile investigated. A map of distribution containing the most important Pleistocene localities of this species in Eurasia is presented.

2. Einleitung

Die Säugetierreste aus der untersuchten Deckschichtenfolge von Burgtonna stammen überwiegend von Kleinsäugetieren. Mikromammalier zeichnen sich im Vergleich mit anderen Säugetiergruppen des Quartärs durch ihre hohe biostratigraphische und palökologische Aussagefähigkeit aus. Die durch eine komplexe Untersuchung von fossilen Mikromammalierfaunen (qualitative und quantitative Faunenanalyse) gegebenen feinstratigraphischen Aussagemöglichkeiten gestatten, unter Berücksichtigung der Begleitfauna, weitreichende Schlußfolgerungen. Letztere rechtfertigen und erfordern nicht nur eine ausführliche Darstellung der taxonomischen Befunde, sondern auch eine ökologisch-analytische und stratigraphisch-synthetische Auswertung.

Die im folgenden vorgelegten Untersuchungen wären nicht möglich gewesen ohne die Hilfe zahlreicher Fachkollegen. Für vielfältige Unterstützung bei der Probenentnahme und den Bergungsarbeiten im Gelände sei daher besonders Herrn Oberpräparator H.-H. KRUEGER, Frau Dipl.-Geoln. I. KRUEGER, Herrn Dr. S. LOCKER, Frl. Dr. E. PIETRZENIUK (alle Berlin), den Herren H. NOLTE, J. WÖLLNER und H. WOLFRAM (alle Weimar) sowie für die Zeichnungen und Photographien Frl. V. KOPSKE (Berlin) und Frau K. PATAYI (Budapest) herzlich gedankt. Herrn Dr. Dr. H.-D. KAHLKE Institut für Quartärpaläontologie Weimar, sind wir für sein ständiges wohlwollendes Interesse an unseren Untersuchungen und seine großzügige Unterstützung zu herzlichem Dank verpflichtet.

Das hier beschriebene und ausgewertete Fundgut gehört zu einem Fundkomplex, der im Museum für Naturkunde an der Humboldt-Universität zu Berlin, Bereich Paläontologisches Museum, unter der Inventarnummer M. B. 1973. 12. aufbewahrt wird. Innerhalb dieses Fundkomplexes erhielt jede Probe eine ergänzende Bezifferung, die neben der Abkürzung des Fundortes (Burgt.) Auskunft gibt über das jeweilige Profil (Ziffer vor dem Schrägstrich) und das Fundniveau (Ziffer nach dem Schrägstrich). Im Text werden allein die ergänzenden Angaben zur Inventarnummer mitgeteilt, welche die exakte stratigraphische Position der betreffenden Fundstücke im untersuchten Deckschichtenprofil angeben.

3. Fundumstände und Untersuchungsmethodik

Der Fundpunkt befindet sich im NE-Teil des Travertinbruchs von Burgtonna. Die Basis der untersuchten pleistozänen Deckschichtenfolge, die in einem trichterartigen Einbruch des Travertins (Depression) lagert, bildet eine Fließerde. Diese basale Fließerde, die nur noch im Randbereich der Depression angetroffen werden konnte, führt eine artenarme, aber relativ individuenreiche Säugetierfauna. Darüber folgt ein humoses Substrat, das als Bodensediment einer umgelagerten Schwarzerde, d. h. als ein Schwarzerdekolluvium anzusehen ist (vgl. JÄGER & HEINRICH im vorliegenden Band, S. 194). Hieraus wurden mit Abstand die zahlreichsten Säugetierreste geborgen. Im Hinblick auf die palökologische und biostratigraphische Auswertung des untersuchten Deckschichtenprofils ist nochmals hervorzuheben, daß es sich bei diesem humosen Substrat im wesentlichen nicht um einen autochthonen Schwarzerdeboden (Tschernosem), sondern um ein kolluvial verlagertes, fossilführendes Bodensediment handelt. Diese Aussage wird nicht nur durch die lithologische und paläopedologische Untersuchung des Profils begründet, sondern auch durch den Erhaltungszustand der Fossilreste gestützt. So sind die meisten Knochen und zahlreiche Zähne zwar zerbrochen, sie weisen aber keine Abrollungsspuren auf, was auf eine Umlagerung mit nicht allzu langem Transportweg hinweist. Skelette oder Skeletteile mit Elementen im ursprünglichen anatomischen Verband ließen sich ebenfalls nicht nachweisen. Darüber hinaus treten unmittelbar unter der Travertinoberfläche unterschiedlich große Hohlräume auf, die gleichfalls mit humosen fossilführenden Bodensedimenten verfüllt sind. Die Säugetierreste des Schwarzerdekolluviums in der Depression und in den Hohlräumen unterhalb der Travertinoberfläche weisen den gleichen Erhaltungszustand auf, in beiden ist das gleiche Kleinsäuger-Artenspektrum vertreten. Es darf daher angenommen werden, daß im Fundstättenbereich und in dessen weiterer Umgebung ein fossilführender Schwarzerdeboden aufgearbeitet, als Bodensediment verlagert und schließlich am Boden des trichterartigen Einbruchs (Depression) sowie in oberflächennahen Hohlräumen des teilweise verkarsteten Travertins abgelagert wurde. Da der liegende Teil des Schwarzerdekolluviums im zentralen Bereich der Depression einen erhöhten, anmoorigen Verdichtungsgrad aufweist, ist darüber hinaus anzunehmen, daß ein Teil der kolluvial verlagerten Sedimente und Fossilien über einen längeren Zeitraum hinweg unter Wasserbedeckung lag.

Die Färbung der Knochen aus dem Schwarzerdekolluvium variiert zwischen sehr blaßbraun (10 YR 7/4), blaßbraun (10 YR 6/3) und dunkelbraun (10 YR 3/3), die der Zähne meist zwischen gelblich-braun (10 YR 5/6) und stark dunkelbraun (10 YR 2/2)[1].

In dem Schwarzerdekolluvium, das eine maximale Mächtigkeit von ca. 3,0 m erreicht, werden vorwiegend Reste von Kleinsäugern angetroffen. Großsäugerreste kommen nur selten vor. In der Begleitfauna erscheinen bisher unbestimmbare Wirbelfragmente von Fischen, Reste von Amphibien Reptilien und Vögeln sowie Konchylien, die jeweils Gegenstand gesonderter Untersuchungen sind (vgl. die entsprechenden Beiträge von MANIA, MŁYNARSKI, BÖHME & ULLRICH sowie von HEINRICH & JÁNOSSY im vorliegenden Band).

Das Schwarzerdekolluvium wird im untersuchten Aufschlußprofil von einem etwa 1,6 m mächtigen fossilführenden Lößderivat überlagert, das durch einen begrabenen Frostgley in ein sogenanntes älteres Lößderivat und in ein jüngeres Lößderivat untergliedert wird (vgl. JÄGER & HEINRICH im vorliegenden Band, S. 190). Den oberen Abschluß des untersuchten Profils bildet der überdeckte Humushorizont einer holozänen Schwarzerde auf dem jüngeren Lößderivat. Im Vergleich mit der basalen Fließerde und dem Schwarzerdekolluvium ist die Fossilführung in diesen Abschnitten des Deckschichtenprofils wesentlich ärmer. Unter den Wirbeltierresten herrschen aber wiederum die Kleinsäuger vor. Vereinzelt treten unbestimmbare Großsäugerreste auf. Die Knochen und Zähne sind meist gelblich-braun (10 YR 5/4) oder braun (10 YR 5/3) gefärbt. Darüber hinaus konnten Konchylien und Ostrakoden als Begleitfauna ermittelt werden (vgl. MANIA sowie DIEBEL & PIETRZENIUK im vorliegenden Band).

Bei der Probenentnahme wurden insgesamt in vier Profilen zahlreiche Proben in lückenloser Aufeinanderfolge entnommen (Abb. 1). Unter diesen dient das Profil 3 als Leitprofil nicht nur für die lithostratigraphischen und paläopedologischen Untersuchungen, sondern auch für die paläontologische Bearbeitung, da in diesem Profil alle litho- und pedostratigraphischen Einheiten des untersuchten Deckschichtenprofils in Superposition erfaßt werden konnten. Durch das profilbezogene Aneinanderreihen der einzelnen Proben wurden zunächst vier geschlossene Probenfolgen gewonnen, die durch Korrelation zu einem repräsentativen lückenlosen Totalprofil der am Fundpunkt aufgeschlossenen Deckschichtenfolge verknüpft werden konnten. Die Zusammenfassung der paläontologischen Beprobungseinheiten in „Schichten" erfolgte auf der Grundlage der paläontologischen Untersuchungsergebnisse unter Berücksichtigung des Aufbaus des untersuchten Deckschichtenprofils. Die Lage der Profile mit den paläontologischen Beprobungseinheiten und deren Korrelierung sind aus Abb. 1 ersichtlich.

Zwischen den Schichten, die für die paläontologische Bearbeitung ausgehalten wurden, und den lithostratigraphischen Einheiten des untersuchten Deckschichtenprofils gelten folgende Korrelationen:

Schicht 6:	Humushorizont einer holozänen Schwarzerde
Schicht 5:	Jüngeres Lößderivat
Schicht 4:	Begrabener Boden in Lößderivaten (Frostgley)
Schicht 3:	Älteres Lößderivat
Schicht 2a—2e:	Schwarzerdekolluvium
Schicht 1:	Fließerde

4. Systematischer Teil

Mammalia LINNAEUS, 1758

Insectivora BOWDICH, 1821

Talpidae GRAY, 1825

Talpinae MURRAY, 1866

Talpa LINNAEUS, 1758

(1) ***Talpa europaea*** LINNAEUS, 1758

Taf. 54, Fig. 5—10

Fundgut: Burgt. 1/2: 1 M^3 sin., 2 Ulnafragmente, 1 Phalanx 3; Burgt. 2/2: 1 M^1 sin.; Burgt. 2/3: 1 fragm. Radius, 1 distal. Tibiafragment; Burgt. 2/5: 1 proximales Tibiafrag-

[1] Farbwerte nach den Munsell Soil Color Charts.

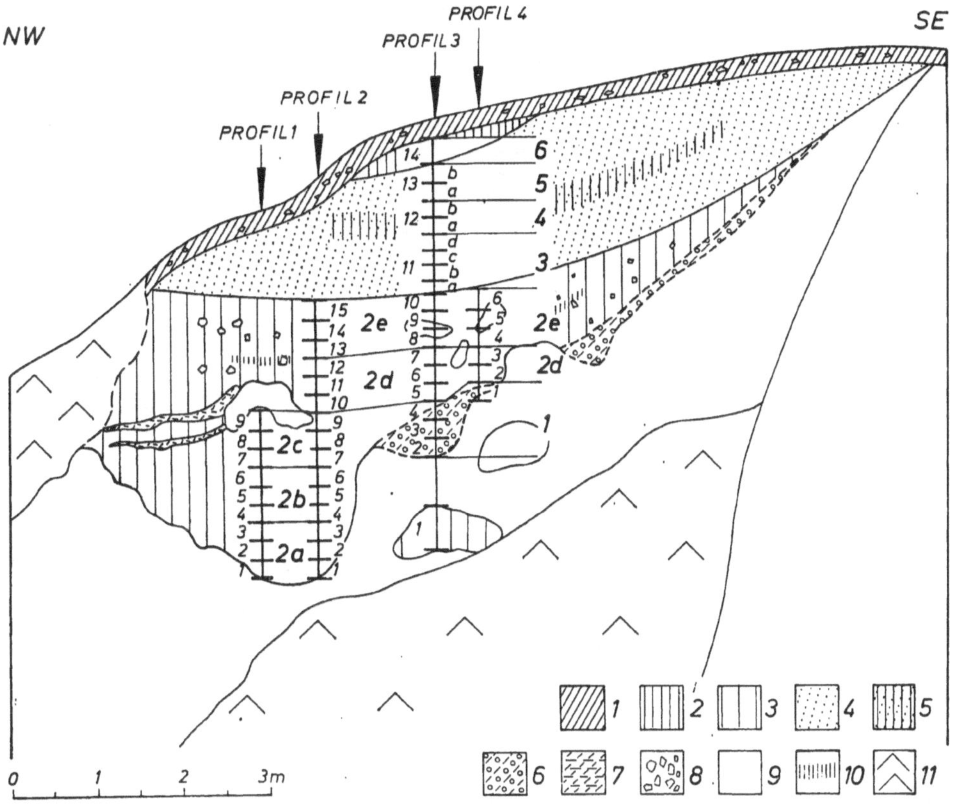

Abb. 1. Lage der Probeentnahmepunkte im untersuchten Profil der Deckschichtenfolge von Burgtonna und deren Korrelierung

1 – Deckmaterial und aktuelle Bodenoberfläche; 2 – Humushorizont einer holozänen Schwarzerde; 3 – Schwarzerdekolluvium; 4 – Lößderivate; 5 – Begrabener Boden in Lößderivaten (Frostgley); 6 – Fließerde; 7 – Bänder von verschwemmtem Travertinpulver; 8 – Brocken umgelagerten Travertinschuttes; 9 – Travertin; 10 – G_0-Horizont im Schwarzerdekolluvium; 11 – Versturz

ment, 1 Mc; Burgt. 2/7: 1 M_1 dex.; Burgt. 2/10: 1 fragm. Humerus dex.; Burgt. 2/11: 1 P^4 sin., 1 M^2 dex., 1 Mandibulafragment dex., Corpus mit den Alveolen von M_3; Burgt. 2/12: 1 M_1 sin., 1 Maxillarfragment dex. mit C—P^1, 1 fragm. Humerus sin., 1 Radius sin.; Burgt. 2/12: 1 Mc; Burgt. 2/14: 1 Phal. 3; Burgt. 5/6: 1 Radius sin., 1 Phal. 1, 1 Phal. 2, 1 Phal. 3; Burgt. 3/7: 1 Phal. 1 ant., 1 Phal. 3 ant.; Burgt. 3/9: 1 M_1 dex., 2 Phal. 3; Burgt. 4/2: 1 Mandibulafragment sin., Corpus mit P_1 und Alveolen von P_2—P_4, 1 P_4 dex., 1 Maxillarfragment sin. mit P^4, 1 Humerusfragment; Burgt. 4/3: 1 M^2 dex., 1 M_1 sin., 1 Mc_2, 1 Phal. 3.

Vergleich: Reste von *Talpa europaea* treten selten auf. Fast alle Extremitätenknochen sind zerbrochen, so daß an ihnen keine Messungen vorgenommen werden konnten. Der Vergleich der Fragmente mit den entsprechenden Skelettelementen von *Talpa europaea* erbrachte jedoch eindeutige Übereinstimmungen. Die an den vollständig erhaltenen Zähnen ermittelten Dimensionen sprechen ebenfalls für die Zuordnung zu dieser Art (Tab. 1).

Bemerkungen: Die fast ausschließlich unterirdisch lebende Art bevorzugt feuchtgründige Biotope (GAFFREY 1961).

Soricidae GRAY, 1821

Soricinae MURRAY, 1866

Sorex LINNAEUS, 1758

(2) *Sorex araneus* LINNAEUS, 1758

Taf. 54, Fig. 1—4

Fundgut: Burgt. 1/2: L. Mandibulafragment dex., Corpus mit I_2, P_4, M_1-Fragment und M_3 sowie den Alveolen der vorderen einspitzigen Zähne und des M_2, 1 M^1 sin.; Burgt. 1/3: 1 Mandibulafragment dex., Corpus mit I_2—M_3, 1 Mandibulafragment sin., Corpus mit M_2, M_3; Burgt. 2/2: 1 fragm. Mandibula dex., Corpus mit M_1—M_3; Burgt. 2/3: 1 Mandibulafragment dex., Corpus mit M_1, M_2 und den Alveolen von M_3; Burgt. 2/4: 1 Mandibulafragment sin., Corpus mit M_2, M_3; Burgt. 2/11: 1 I_2 sin., 1 I^1 sin,; Burgt. 2/10: 1 Mandibulafragment dex., Corpus mit P_4—M_3; Burgt. 3/6: 1 Mandibulafragment dex. mit Proc. coronoideus und Proc. condyloideus, 1 I_2 dex., 1 M_2 sin., Burgt. 4/3: 1 M_1 sin.

Vergleich: Die Form des Proc. coronoideus, des Proc. condyloideus, die Pigmentierung der Zähne und die Dimensionen sprechen eindeutig für *Sorex araneus*. Die Zähne zeichnen sich durch eine relativ

Tab. 1. Dimensionen der Molaren von *Talpa europaea* aus dem Schwarzerdekolluvium von Burgtonna (in mm)

	M_1-L	M_1-Br.		M^1-L	M^1-Br.	M^2-L	M^2-Br.	M^3-L	M^3-Br.
Burgt. 2/7	2,00	1,10	Burgt. 1/2					1,7	1,75
Burgt. 2/12	2,28	1,23	Burgt. 2/2	3,05	1,50				
Burgt. 3/9	2,10	1,20	Burgt. 2/11	3,40	3,30				
Burgt. 4/3	2,00	1,35	Burgt. 4/3			2,25	2,30		

Tab. 2. Dimensionen der Molaren und der Coronoid-Höhe (CH) von *Sorex araneus* aus dem Schwarzerdekolluvium von Burgtonna (in mm)

	M_1-L	M_1-Br	M_2-L	M_2-Br	M_3-L	M_3-Br	M_{1-3}	CH
Burgt. 1/3	1,70	0,90	1,50	0,90	1,10	0,70	4,00	
Burgt. 1/3			1,40	0,85	1,10	0,60		
Burgt. 2/2	1,70	0,95	1,40	0,90	1,10	0,75	4,00	4,70
					1,10	0,65		
Burgt. 2/3	1,65	0,80	1,35	0,75				
Burgt. 2/4			1,50	0,80	1,13	0,75		
Burgt. 3/6			1,50	1,0				

schwache Pigmentierung aus. An allen Zähnen sind jedoch zumindest Spuren der charakteristischen Rotfärbung vorhanden. In der Probe Burgt. 3/6 liegt ein linker M_1 vor, der als Abnormität eine andeutungsweise entwickelte Entoconidfalte besitzt, die in typischer Ausbildung für Chiropteren charakteristisch ist. Nach einer persönlichen Mitteilung von Dr. G. TOPÁL, Budapest, ist aber auch dieser Zahn nicht zu den Chiropteren, sondern zu *Sorex araneus* zu stellen.

Bemerkungen: *Sorex araneus* bevorzugt feuchtgründige Biotope (feuchte Wälder, Sumpf- und Moorgebiete), wo die größten Populationsdichten erreicht werden, bewohnt aber auch gebüschreiche, trockenere Gebiete (ZIMMERMANN 1955, GAFFREY 1961).

(3) ***Sorex minutus*** LINNAEUS, 1758

Fundgut: Burgt. 4/4: 1 M_2 sin.

Vergleich: Es liegt nur ein einziger linker M_2 vor, der das Vorhandensein dieser Art belegt. Die größte Länge beträgt 1,05 mm, die größte Breite 0,60 mm.

Bemerkungen: *Sorex minutus* wird vorwiegend in den Biotopen angetroffen, die auch von *Sorex araneus* bewohnt werden.

(4) **Soricinae** indet.

Fundgut: Burgt. 1/1: fragm. Humerus; Burgt. 2/11: 1 fragm. Femur; Burgt. 2/13: 1 distales Humerusfragment; Burgt. 3/6: Tibia, distales Fragment; Burgt. 4/4: Tibia, distales Fragment.

Vergleich: Alle Extremitätenknochen sind nur fragmentarisch erhalten, so daß eine eindeutige Bestimmung nicht möglich ist. Mit Wahrscheinlichkeit handelt es sich um *Sorex*. Für das kleine fragmentarische Femur in der Probe Burgt. 2/11 könnte *Sorex minutus* in Betracht kommen.

Crocidurinae MILNE-EDWARDS, 1868

Crocidura WAGNER, 1832

(5) ***Crocidura*** ex gr. ***russula-leucodon***

Fundgut: Burgt. 2/2: 1 Maxillarfragment dex. mit M^1 und den Alveolen von M^2.

Vergleich: *Sorex* und *Neomys* scheiden auf Grund der Proportionen und der Größe des M^1 aus. Innerhalb der beiden größeren *Crocidura-Arten* bestehen die besseren Übereinstimmungen mit *Crocidura russula*. Die Länge des M^1 beträgt: 2,0 mm, die Breite 2,5 mm.

Chiroptera BLUMENBACH, 1799

Vespertilionidae GRAY, 1821

Myotis KAUP, 1829

(6) ***Myotis daubentoni*** (KUHL, 1819)

Taf. 54, Fig. 11

Fundgut: Burgt. 3/1: 1 distales Humerusfragment dex.

Bemerkungen: Die Bestimmung des einzigen Chiropterenrestes, der in der Deckschichtenfolge geborgen werden konnte, geht auf Herrn Dr. G. TOPÁL, Budapest, zurück. Trotz der fragmentarischen Erhaltung kann die Bestimmung als gesichert gelten, da die entscheidenden Merkmale an der distalen Trochlea erhalten sind. Die Art kommt gegenwärtig vor allem in gewässerreichen Gebieten vor.

Rodentia BODWICH 1821

Soricidae GRAY, 1821

Marmortinae POCOCK, 1923

Citellus OKEN, 1816

(7) ***Citellus (Citellus) citelloides*** KORMOS, 1916

Abb. 2; Taf. 55, Fig. 1—5

Fundgut: Burgt. 1/1: 1 P^3, 1 P_4 sin., 1 P_4 dex., 1 Pd_4 sin., 1 Pd^4 dex., 2 P^4 dex., 3 $M_{1/2}$ sin., 3 $M_{1/2}$ dex., 1 M_3 sin., 2 M_3 dex., 10 $M^{1/2}$ sin., 2 $M^{1/2}$ dex., 5 M^3 sin., 1 M^3 dex.; Burgt. 1/2: 8 P_4 sin., 6 P_4 dex., 1 P_4 (mit einer selbständigen 3. Wurzel), 2 P_4 (mit einer angedeuteten, aber verwachsenen 3. Wurzel), 3 Pd_4 sin., 4 Pd_4 dex., 6 P^3 sin. et dex., 3 P^4 dex., 1 Pd_4 dex., 4 P^4 sin., 11 M_3 sin., 8 M_3 dex., 8 M^3 sin., 8 M^3 dex., 14 $M^{1/2}$ dex., 17 $M^{1/2}$ sin., 16 $M_{1/2}$ dex., 12 $M_{1/2}$ sin., Fragmente; Burgt. 1/3: 1 P_4 sin., 1 P^3, 1 M_3 dex., 1 M^3 sin., 1 M^3 dex., 4 $M_{1/2}$ dex., 1 $M_{1/2}$ sin., 2 $M^{1/2}$ sin.; Burgt. 1/4: 3 P_4 sin., 2 P_4 dex., 1 Pd^4 sin., 4 P^4 sin., 1 P^4 dex., 6 $M_{1/2}$ sin., 1 M_3 sin. (juv.), 5 $M_{1/2}$ dex., 1 M_3 dex. (juv.), 2 M_3 dex., 1 $M^{1/2}$ sin., 3 $M^{1/2}$ dex., 5 M^3 sin., 5 M^3 dex., 2 P^3, 1 P^4 sin., 2 M^1 sin., 2 M^1 dex., 3 M^2 dex., 2 M^2 sin., 2 M^3 dex., 1 M^3 sin., 1 fragm. P_4 sin., 2 P_4 sin., 1 P_4 dex., 3 $M_{1/2}$ sin., 2 $M_{1/2}$ dex., 2 M_3 sin., 3 M_3 dex., Fragmente; Burgt. 2/1: 5 P_4 sin., 3 Pd_4 sin., 1 P^3, 4 P_4 dex., 3 Pd_4 dex., 1 P^4 dex., 2 Pd^4, 11 M_3 sin., 10 M_3 dex., 20 $M_{1/2}$ sin., 24 $M_{1/2}$ dex., 9 $M^{1/2}$ dex., 12 $M^{1/2}$ sin., 2 P^4 dex., 5 P^4 sin., 1 Pd^4 sin., 1 Pd^4 dex., 9 M^3 sin., 7 M^3 dex., Fragmente; Burgt. 2/2: 4 P_4 dex. (zweiwurzelig), 1 P_4 sin. (zweiwurzelig), 4 Pd^4 sin., 1 P^4 dex., 3 M^3 sin., 4 M_3 sin., 2 M_3 dex., 3 P^3, $M_{1/2}$,-

u. $M^{1/2}$-Fragmente; Burgt. 2/3: 2 Pd^4, 3 P^3, 2 P^4 dex., 5 M_3 sin., 4 M_3 dex., 6 M^3 sin., 3 M^3 dex., 3 $M_{1/2}$ sin., 15 $M_{1/2}$ dex., 7 $M^{1/2}$ sin., 5 $M^{1/2}$ sin., 1 Maxillarfragment dex. mit M^1 und den Alveolen von P^4, M^2, M^3; Burgt. 2/4: 4 P_4 sin. (zweiwurzelig), 2 Pd_4 sin., 2 P_4 dex. (zweiwurzelig), 1 Pd_4 dex., 2 Pd^4 dex., 2 Pd^4 sin.; Burgt. 2/4: 6 M_3 sin., 5 M_3 dex., 2 M^3 dex., 1 M^3 sin., 8 $M^{1/2}$ sin., 7 $M^{1/2}$ dex., 5 $M_{1/2}$ sin., 19 $M_{1/2}$ dex,; Burgt. 2/5: 1 P_4 dex. (dreiwurzelig), 3 Pd_4 dex., 3 P^4 sin., 1 Maxillarfragment dex. mit P^4 (adult), 6 $M^{1/2}$ sin., 6 $M^{1/2}$ dex., 3 M^3 dex., 1 Maxillarfragment sin. mit M^1, M^2, 3 $M_{1/2}$ dex., 1 M_3 dex., 1 $M_{1/2}$ sin., 1 M_3 sin.; Burgt. 2/6: 2 P_4 dex., 2 P^4 dex., 1 P^4 sin., 2 M_3 sin., 1 M_3 dex., 3 M^3 sin., 4 M^3 dex.; Burgt. 2/6: 7 $M^{1/2}$ sin., 3 $M^{1/2}$ dex., 4 $M_{1/2}$ sin., 3 $M_{1/2}$ dex., Fragmente; Burgt. 3/7: 2 P^3, 3 Pd^4 sin., 4 P^4 sin., 2 P^4 dex., 6 P_4 sin. (zweiwurzelig), 2 Pd_4 sin., 5 P_4 dex., 1 Pd_4 dex., 7 M^3 dex., 6 M^3 sin., 8 M_3 sin., 7 M_3 dex., $M_{1/2}$, $M^{1/2}$; Burgt. 2/8: 5 P_4 dex. (zweiwurzelig), 3 P_4 dex. (einwurzelig), 2 Pd_4 dex., 2 Pd_4 sin., 1 P^4 dex., 1 P^4 sin., 3 M^3 dex. 3 M^3 sin., 3 M_3 sin., 2 M_3 dex., 8 $M^{1/2}$ sin., 6 $M^{1/2}$ dex., 1 Maxillarfragment sin. mit M^1, M^2 und Alveolen von P^4, 1 Maxillarfragment sin. mit M^2 und Alveolen von M^1 und M^2, 1 Maxillarfragment dex. mit M^1 und Alveolen von P^4, M^2, M^3, 6 $M^{1/2}$ sin., 11 $M^{1/2}$ dex.; Burgt. 2/9: 2 P_4 sin., 1 P_4 dex., 1 P^4 sin., 1 P^4-Fragment sin., 1 P^3, 3 M_3 dex., 3 M^3 dex., 6 $M^{1/2}$ sin., 1 $M^{1/2}$ dex., 2 $M_{1/2}$ sin., 2 $M_{1/2}$ dex., Fragmente; Burgt. 2/10: 2 $M^{1/2}$ sin., 5 $M^{1/2}$ dex., 1 P_4 dex., 1 $M_{1/2}$ sin., 1 M_3 dex.; Burgt. 2/11: 2 P^3, 2 M^3 sin., 1 M^3 dex., 1 M_3 dex., 1 P_4 sin., 1 Pd_4 sin., 2 $M_{1/2}$ sin., 2 $M_{1/2}$ dex.; Burgt. 2/12: 1 P^4 sin., 1 fragm. M^3 dex., 1 $M^{1/2}$ sin., 1 M_3 dex.; Burgt. 2/13: 2 M^3 dex., 1 M_3 dex., 2 $M^{1/2}$ sin., 1 $M^{1/2}$ dex.; Burgt. 2/14: 1 P_4 dex. (juv.), 1 fragm. P^4 dex., 1 fragm. P^4 sin., 2 $M_{1/2}$ dex., 2 M_3 dex., Fragmente; Burgt. 2/15: 1 M_3 sin., 1 $M^{1/2}$ sin., 1 Pd^4 dex., Fragmente; Burgt. 3/1: 1 P^3, 1 Pd_4 sin., 3 P_4 sin., 2 Pd_4 dex., 2 $M_{1/2}$ sin., 1 M_3 dex., 1 $M^{1/2}$ sin., 2 $M^{1/2}$ dex., 1 Maxillarfragment dex. mit P^4, M^1 und Alveolen von P^3 und M^2; Burgt. 3/2: 1 fragm. P_4 sin., 1 $M_{1/2}$ sin., 2 P^4 sin., 1 $M^{1/2}$ dex., 1 $M^{1/2}$ sin., Burgt. 3/3: 10 M^3 dex., 4 M^3 sin., 10 M_3 dex., 6 M_3 sin., 11 P^3, 5 Pd_4 dex., 12 P_4 dex., 1 Pd_4 sin., 6 Pd_4 sin., 3 Pd^4 sin., 5 P^4 sin., 1 Pd^4 dex., 6 P^4 dex., 9 $M_{1/2}$ sin., 10 $M_{1/2}$ dex., Fragmente, 10 $M^{1/2}$ dex., 9 $M^{1/2}$ sin., Fragmente; Burgt. 3/4: 1 P^4 sin., 1 P^4 dex., 1 Pd^4 dex., 3 P_4 sin. (zweiwurzelig), 1 Pd_4 dex., 1 P_4 dex., 1 M_3 dex., 4 M_3 sin., 5 M^3 dex., M_1, M^1, M_2, M^2, Fragmente; Burgt. 3/5: 2 P_4 sin., 3 P_4 dex., 1 P^3 dex., 4 $M^{1/2}$ dex., 5 M^3 dex., 6 $M_{1/2}$ dex., 2 M_1 sin., 2 M_3 sin.; Burgt. 3/6: 1 M_3 sin., 1 M_3dex., 3 M^3 sin., 2 P_4 dex., 2 P^4 sin., 1 P^4 dex., 1 P^3, 2 $M_{1/2}$ sin., 1 Maxillarfragment dex. mit M^1 und Alveolen von P^4, M^2, M^3, 4 $M^{1/2}$ sin., 1 M^2 dex., Fragmente; Burgt. 3/7: 2 P_4 sin., 1 P_4 dex., 2 P^3, 1 P^4 dex., 1 $M^{1/2}$ dex., 3 $M_{1/2}$ sin., 1 fragm. M_3 sin., Fragmente; Burgt. 3/8: 1 P_4 dex., 1 P^4 dex., 3 M^3 sin., 1 M^3 dex., 2 $M^{1/2}$ sin., 1 M^2 dex., 1 $M_{1/2}$ sin., 3 $M_{1/2}$ dex., 2 M_3 sin. Burgt. 3/9: 2 P^3, 2 Pd_4 dex., 1 P^4 sin., 1 P^4 dex., 1 $M^{1/2}$ sin., 3 M^3 sin., 4 $M^{1/2}$ dex., 1 M^3 dex., 1 Maxillarfragment dex. mit M^1 und Alveolen von P^4, 2 M_1 sin., 2 M_3 sin., 1 $M_{1/2}$ dex., Fragmente; Burgt. 3/10: 2 M_3 dex., 1 fragm. Pd_4 sin.; Burgt. 4/1: 1 M_3 sin., 1 M_1 sin., 1 M_2 dex., Fragmente; Burgt. 4/2: 2 P_4 dex., 1 Pd_4 dex., 2 $M_{1/2}$ sin., 5 $M_{1/2}$ dex., 1 M_3 sin., 2 $M^{1/2}$ sin., 1 M^2 dex., 2 M^3 dex.; Burgt. 4/4: 3 P_4 dex., 1 P_4 sin., 1 P^3, 1 Pd^4 sin., 1 P^4 dex., 5 $M_{1/2}$ dex., 1 M_2 sin.; Burgt. 4/4: 4 $M^{1/2}$ dex., Fragmente; Burgt. 4/5: 2 Pd^3, 4 P^3, 4 P^4 dex., 2 Pd^4 dex., 2 Pd^4 sin., 2 P^4 sin., 3 Pd_4 sin., 3 P_4 sin., 2 Pd_4 dex., 4 P_4 dex.; 5 M_3 sin., 8 M_3 dex., 2 M^3 sin., 5 M^3 dex., 8 $M_{1/2}$ sin., 14 $M_{1/2}$ dex., 4 $M_{1/2}$ dex., 6 M_1 sin., Fragmente; Burgt. 4/6: 3 $M_{1/2}$ sin., 1 M_2 dex., 1 M_3 sin., 2 $M^{1/2}$ dex., 1 M^3 sin., 1 Pd_4 dex., 1 Pd^4 sin.

Vergleich: Aus den Dimensionen der Molaren (Tab. 3—6) geht zunächst hervor, daß die im Deckschichtenprofil von Burgtonna belegte Art der No-

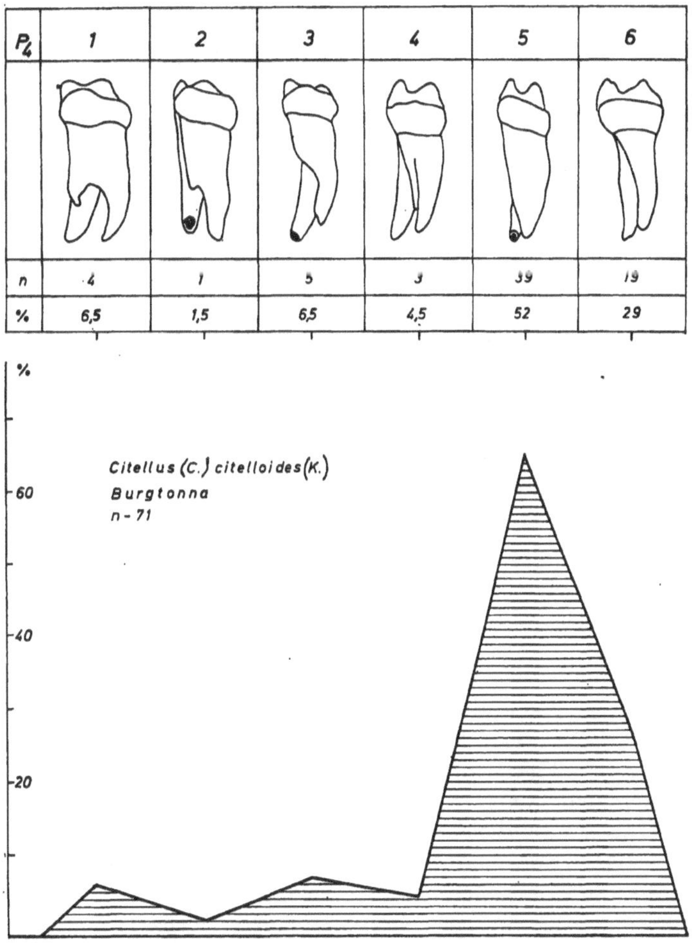

Abb. 2. *Citellus* (*Citellus*) *citelloides* aus dem Schwarzerdekolluvium von Burgtonna (Schicht 2a bis 2e). Varianten der unteren Prämolaren (P_4) und ihre relative Häufigkeit. Dargestellt wurden rechte P_4 in der Ansicht von hinten.

Tab. 3. Statistische Daten der Pd_4, P_4 und M_3 von *Citellus* (*C.*) *citelloides* aus der Fließerde von Burgtonna (in mm)

n – Anzahl der vermessenen Zähne; $x_{min} - x_{max}$ – Variationsbreite; $\bar{x}$ – Mittelwert; $s\bar{x}$ – Standardfehler des Mittelwertes; s – Standardabweichung. – Da das vorliegende Fundgut eine sichere Unterscheidung von M^1 und M^2 sowie M_1 und M_2 nicht in allen Fällen eindeutig zuließ, wurde auf die Mitteilung dieser Meßdaten vorerst verzichtet

	n	$x_{min}-x_{max}$	$\bar{x}$	$s\bar{x}$	s
Pd_4-Länge	8	1,44–1,63	1,538	0,029	0,081
Pd_4-Breite	8	1,44–1,63	1,519	0,021	0,060
P_4-Länge	25	1,69–2,13	1,863	0,020	0,100
P_4-Breite	25	1,69–2,19	1,931	0,027	0,133
M_3-Länge	13	2,88–3,31	3,122	0,037	0,132
M_3-Breite	13	2,34–2,63	2,454	0,024	0,085

Tab. 4. Statistische Daten der Pd^4, P^4 und M^3 von *Citellus* (*C.*) *citelloides* aus der Fließerde von Burgtonna (in mm)

	n	$x_{min}-x_{max}$	$\bar{x}$	$s\bar{x}$	s
Pd^4-Länge	6	1,69–1,88	1,843	–	–
Pd^4-Breite	6	1,75–1,88	1,833	–	–
P^4-Länge	11	1,81–2,00	1,903	0,015	0,049
P^4-Breite	11	2,06–2,44	2,221	0,037	0,123
M^3-Länge	22	2,50–2,88	2,665	0,019	0,088
M^3-Breite	22	2,56–2,81	2,714	0,014	0,063

Tab. 5. Statistische Daten der Pd_4, P_4 und M_3 von *Citellus* (*C.*) *citelloides* aus dem Schwarzerdekolluvium von Burgtonna (in mm)

	n	$x_{min}-x_{max}$	$\bar{x}$	$s\bar{x}$	s
Pd_4-Länge	42	1,31–1,75	1,553	0,015	0,095
Pd_4-Breite	42	1,31–1,69	1,551	0,013	0,085
P_4-Länge	89	1,63–2,13	1,877	0,011	0,107
P_4-Breite	89	1,69–2,19	1,950	0,013	0,125
M_3-Länge	92	2,75–3,38	3,101	0,013	0,129
M_3-Breite	92	2,19–2,59	2,418	0,010	0,094

Tab. 6. Statistische Daten der Pd^4, P^4 und M^3 von *Citellus* (*C.*) *citelloides* aus dem Schwarzerdekolluvium von Burgtonna (in mm)

	n	$x_{min}-x_{max}$	$\bar{x}$	$s\bar{x}$	s
Pd^4-Länge	20	1,69–1,91	1,787	0,013	0,057
Pd^4-Breite	20	1,69–1,88	1,793	0,013	0,060
P^4-Länge	57	1,72–2,06	1,884	0,011	0,084
P^4-Breite	57	1,94–2,41	2,205	0,014	0,104
M^3-Länge	92	2,38–2,91	2,659	0,011	0,106
M^3-Breite	92	2,56–2,91	2,728	0,008	0,078

minat-Untergattung *Citellus* (*Citellus*) angehört. Die spezifische Zuordnung innerhalb der „Kleinziesel-Gruppe" zu *Citellus* (*C.*) *citelloides* wurde an Hand von Bau und Struktur des unteren Prämolaren (P_4) und auf Grund von statistischen Daten vorgenommen. So zeichnet sich *Citellus* (*C.*) *citelloides* gegenüber der rezenten und fossilen *Citellus*-(*C.*)-*citellus-suslicus*-Gruppe, die zweiwurzelige P_4 besitzt, durch die Dreiwurzeligkeit der P_4 aus (KORMOS 1916, JÁNOSSY 1955, GROMOW u. a. 1965). Dabei ist allerdings zu berücksichtigen, daß nicht alle P_4 von *C.* (*C.*) *citelloides* dreiwurzelig sind, worauf schon KORMOS (1916, S. 415) hinwies. Auch im *citelloides*-Formenkreis kommen zweiwurzelige P_4 vor, doch besitzen diese gegenüber der *citellus-suslicus*-Gruppe stets eine hintere Wurzel, die in der Sagittalen deutlich abgeplattet ist (JÁNOSSY 1955). Wie in den verschiedenen ungarischen (Pilisszántó, Istállóskö) und anderen europäischen Fundstätten treten auch in der Deckschichtenfolge von Burgtonna neben dreiwurzeligen P_4 solche mit zwei Wurzeln auf, wobei letztere im vorliegenden Fundgut stärker vertreten sind (Abb. 2). Da diese stets eine sagittal komprimierte hintere Wurzel besitzen, dürfen sie ebenfalls dem *citelloides*-Formenkreis zugeordnet werden (vgl. JÁNOSSY 1955, BLACK & KOWALSKI 1974, TOBIEN 1972). Für diese Zuordnung spricht außerdem der Umstand, daß zahlreiche Übergangsformen vorkommen, die zwischen beiden Wurzelbautypen vermitteln. Der Bau einiger wichtiger Varianten sowie deren Häufigkeit wird in Abb. 2 veranschaulicht.

Zapodidae COUES, 1875

Sicistinae ALLEN, 1901

Sicista GRAY, 1827

(8) ***Sicista* ex gr. *subtilis-betulina***

Fundgut: Burgt. 1/2: 1 M^1 dex., 1 M_2 sin.; Burgt. 1/3: 1 M_2 dex.; Burgt. 2/3: 1 M_1 dex.; Burgt. 2/11: 1 Mandibulafragment sin., Corpus mit M_2, M_3 und Alveole von M_1 (adult), 1 M_2 dex. (juv.); Burgt. 2/13: 1 M_1 sin.; Burgt. 3/6: 1 M_1 dex. (adult); Burgt. 3/7: 1 M^1 sin.; Burgt. 3/9: 1 M_2 dex.; Burgt. 4/2: 1 M_2 dex.; Burgt. 4/4: 1 M_3 dex. (adult).

Vergleich: Die unteren Molaren der Proben Burgt. 2/11 (M_2) und Burgt. 4/2 (M_2) weisen von den Querjochen ausgehende, sagittal verlaufende Seitenjoche auf. Die Molaren der Proben Burgt. 1/3 und Burgt. 2/13 besitzen angedeutete Seitenjoche, am M_1 der Probe Burgt. 3/6 fehlen sie. Entgegen früheren Autoren (STEHLIN 1924, HELLER 1933 u. a.) ist eine Trennung von *Sicista subtilis* und *S. betulina* auf Grund der Dimensionen und Molarenstruktur nicht möglich (JÁNOSSY 1953). Das Fundgut von Burgtonna wird daher unter der Bezeichnung *Sicista* ex gr. *subtilis-betulina* geführt. Allerdings sei darauf hingewiesen, daß auf Grund der Struktur der Gesamtfauna angenommen werden muß, daß *S. subtilis* und nicht *S. betulina* vorliegt. Das regelmäßige Auftreten von *Sicista* in faßt allen Proben des Schwarzerdekolluviums beweist erneut die Tatsache, daß der Nachweis dieser Form, die früher als Rarität angesehen wurde, praktisch nur eine sammeltechnische Frage ist.

Muridae GRAY, 1821

Murinae MURRAY, 1866

Apodemus KAUP, 1826

(9) ***Apodemus* sp.**

Fundgut: Burgt. 3/9: 1 M^1 dex.

Vergleich: *Apodemus* konnte nur durch einen M^1 belegt werden. Eine Entscheidung darüber, ob *A. sylvaticus* (L.) *A. tauricus* (PALL.) oder *A. agrarius*. (PALL.) vorliegt, ist an Hand des untersuchten Molaren nicht möglich. Die Dimensionen des M^1 sind 2,0 mm (Länge) und 1,3 mm (Breite).

Tab. 7. Dimensionen der Molaren von *Sicista* ex gr. *subtilis-betulina* aus dem Schwarzerdekolluvium von Burgtonna (in mm)

	M^1-L	M^1-Br	M_1-L	M_1-Br	M_2-L	M_2-Br	M_3-L	M_3-Br
Burgt. 1/2					1,00	1,00		
Burgt. 1/3					1,15	0,80		
Burgt. 2/3			1,10	0,80				
Burgt. 2/11					1,12	0,81	0,75	0,55
Burgt. 2/11					1,05	0,75		
Burgt. 2/13			1,12	0,80				
Burgt. 3/6			1,00	0,60				
Burgt. 3/9					1,10	0,75		
Burgt. 4/2					1,08	0,78		
Burgt. 4/4			1,00	0,60				
Burgt. 1/2	1,07	1,15						

Tab. 8. Dimensionen der Molaren von *Sicista* ex gr. *subtilis-betulina* aus dem Schwarzerdekolluvium von Burgtonna im Vergleich mit rezenten Vertretern von *S. subtilis* und *S. betulina* (in mm)

	S. ex gr. *subtilis-betulina* Burgtonna	*Sicista subtilis* PALL. rezent	*Sicista betulina* PALL. rezent
M^1-L	1,07	1,06–1,13 (n = 4)	0,91–1,03 (n = 6)
M^1-Br	1,15	1,13–1,22 (n = 4)	0,94–1,09 (n = 6)
M_1-L	1,00–1,12 (n = 4)	1,09–1,19 (n = 4)	1,03–1,16 (n = 5)
M_1-Br	0,60–0,80 (n = 4)	0,84–0,94 (n = 4)	0,72–0,84 (n = 5)
M_2-L	1,00–1,15 (n = 6)	1,13–1,16 (n = 4)	1,03–1,19 (n = 6)
M_2-Br	0,75–1,00 (n = 6)	0,88–0,94 (n = 4)	0,78–0,88 (n = 6)
M_3-L	0,75	0,75–0,88 (n = 4)	0,75–0,81 (n = 6)
M_3-Br	0,85	0,72–0,88 (n = 4)	0,63–0,69 (n = 5)

Arvicolidae GRAY, 1821

Lagurus GLOGER, 1841

(10) ***Lagurus lagurus*** (PALLAS, 1773)

Abb. 3; Taf. 55, Fig. 6–7

Fundgut: Burgt. 3/11 a: 1 M_1-Fragment sin., 1 M^3-Fragment sin.; Burgt. 3/11 b: 3 M_1 sin., 4 M_2 sin., 1 M_3 sin., 1 M_1 dex., 1 M_1-Fragment dex., 3 M^1 sin., 1 M^2 sin., 1 M^3-Fragment sin., 2 M^1 dex., 1 M^2 dex., 3 M^3 dex., Molarenfragmente, 1 speiballenartige Knochenanhäufung mit 3 bezahnten Mandibeln sowie Maxillar- und anderen Schädelfragmenten; Burgt. 3/11 c: 2 M_1 sin., 2 M_2 sin., 1 M_3 sin., 2 M_2 dex., 1 M_3 dex., 4 M^1 sin., 1 M^1-Fragment sin., 1 M^3-Fragment sin., 1 M^1 dex., 1 M^2 dex., 1 M^3 Fragment dex., Burgt. 3/11 d: 1 M_1 sin., 2 M_1-Fragmente sin., 1 M_2-Fragment sin., 1 M_2 dex., 2 M^3 sin., 1 M^3-Fragment sin., 2 M^1 dex., 1 M^2-Fragment dex., 1 M^3-Fragment sin., 1 M^3 dex.

Vergleich: *Microtus arvalis,* der im Bau der Molaren (insbesondere des M_1) *Lagurus lagurus* sehr nahe steht, kommt nicht in Frage, da zwischen den Schmelzprismen der vorliegenden Molaren keine Zementeinlagerungen vorhanden sind. Wurzellosigkeit der Molaren und totales Fehlen von Zementeinlagerungen zwischen den Schmelzprismen sind Merkmale, die für die Vertreter der Gattungen *Dicrostonyx* GLOGER und *Lagurus* GLOGER kennzeichnend sind. Da aber erstere wegen deutlicher Unterschiede im Bau der Molaren sicher ausgeschlossen werden kann, kommt nur *Lagurus* GLOGER in Betracht. Innerhalb dieser Gattung darf auf Grund der Dimensionen sowie mehrerer morphologischer Merkmale (abgestutzter buccaler Vorderkappenteil, Einbuchtung der letzten Prismenfelder der unteren Molaren, Fehlen von Zement, Fehlen von Wurzeln) eine differentialdiagnostische Einengung auf die Art *Lagurus lagurus* vorgenommen werden (vgl. Abb. 3, Tab. 9). Auf die gegenwärtige Verbreitung von *L. lagurus* und auf die stratigraphische Bedeutung der *Lagurus*-Funde von Burgtonna soll in einem gesonderten Kapitel (5.2.) näher eingegangen werden.

Tab. 9. Maße der Molaren von *Lagurus lagurus* (PALL.) aus dem älteren Lößderivat von Burgtonna (in mm)

	M_1-L	M_2-L	M^1-L	M^2-L	M^3-L
Burgt. 3/11 a	2,44	1,50			
	2,47				
Burgt. 3/11 b	2,44		1,94	1,56	1,75
	2,38				2,06
	2,53				1,63
	2,00				
	2,00				
Burgt. 3/11 d					2,31
Burgt. 3/11 (Sammelprobe)	2,50	1,40			
		1,40			

Tab. 10. Statistische Daten der M_1-Länge von *Lagurus lagurus* aus dem älteren Lößderivat von Burgtonna im Vergleich mit M_1-Längen anderer pleistozäner und rezenter *Lagurus-lagurus*-Populationen Europas (in mm)

	n	$x_{max}-x_{min}$	$\bar{x}$	$s\bar{x}$	s
Burgtonna (Thür.) Deckschichtenfolge, Weichsel-Frühglazial	8	2,00–2,53	2,38	–	–
Subalyuk, Ungarn Altwürm	77	2,20–2,80	2,51	0,015	0,132
Regourdou, Frankreich Altwürm n. CHALINE 1970	22	2,40–3,10	2,68	0,039	0,185
Rezente Inzucht-Population, leg. FREYE, Halle (Saale)	47	2,00–2,60	2,17	0,024	0,161

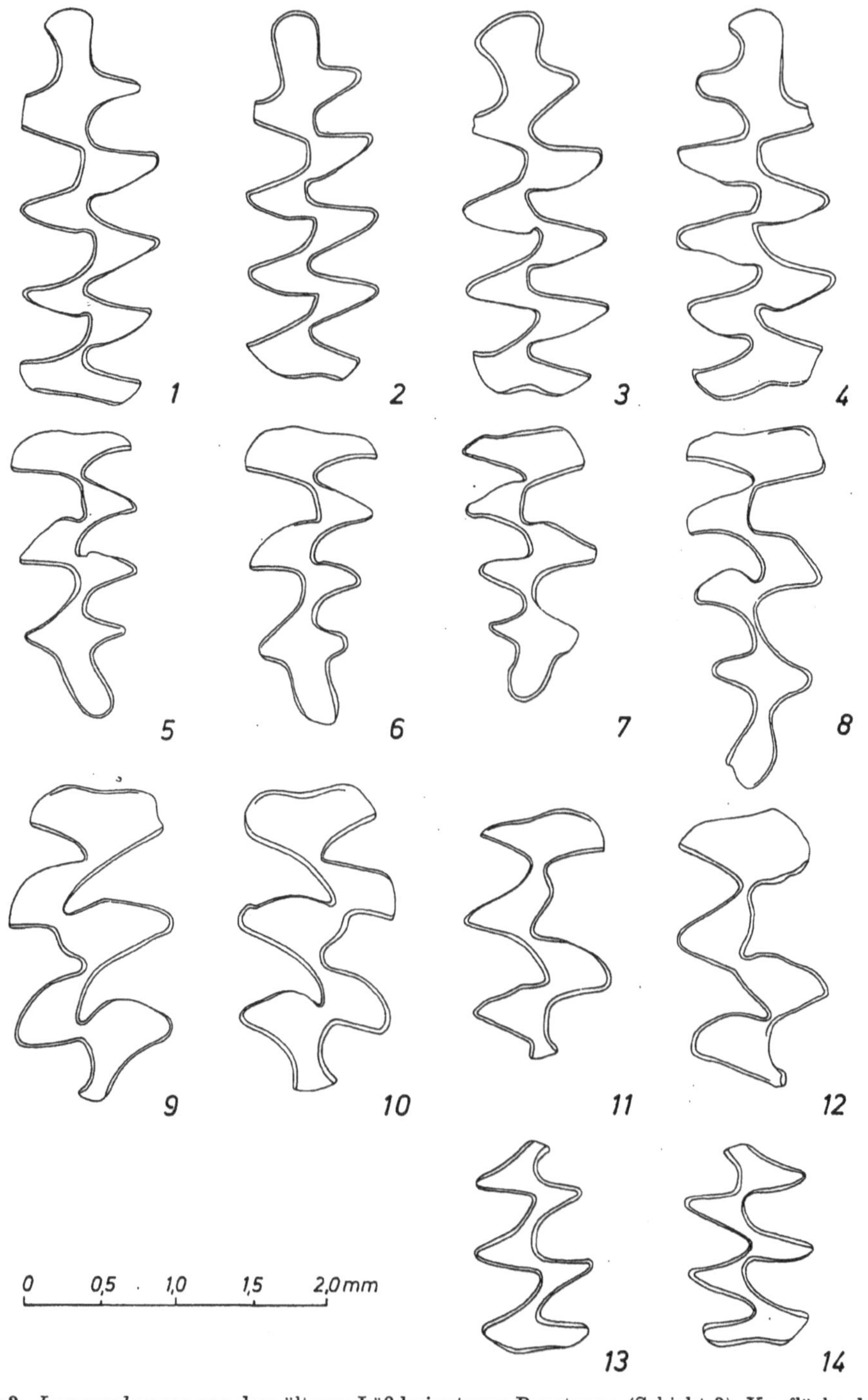

Abb. 3. *Lagurus lagurus* aus dem älteren Lößderivat von Burgtonna (Schicht 3), Kauflächenbilder
1–3 – M_1 sin.; 4 – M_1 dex.; 5,6 – M^3 sin.; 7,8 – M^3 dex.; 9 – M^1 sin.; 10 – M^1 dex.; 11,12 – M^2 dex.; 13 – M_2 sin.; 14 – M_2 dex.

Arvicola Lacépède, 1799

(11) ***Arvicola terrestris*** (Linnaeus, 1758)

Abb. 4

Fundgut: Burgt. 1/1: 1 M_1 sin., 1 M_1 dex., 2 M^3 sin., 1 M^3 dex.; Burgt. 1/2: 9 M_1 sin., 5 M_1 dex., 3 M^3 sin.; Burgt. 1/3: 8 M_1 sin., 4 M_1 dex., 4 M^3 dex., 5 M^3 sin.; Burgt. 2/2: 5 M_1 sin., 4 M_1 dex., 3 M^3 sin., 6 M^3 dex.; Burgt. 2/3: 4 M_1 sin., 5 M_1 dex., 4 M^3 sin., 1 M^3 dex.; Burgt. 2/4: 1 Mandibulafragment sin., Corpus mit M_1, 1 Mandibulafragment dex., Corpus mit M_1, 1 M_1 dex., 1 M_1 sin., 1 Maxillarfragment mit M^1 dex., 2 M^3 dex. Burgt. 2/5: 3 M_1 sin., 2 M_1 dex., 5 M^3 sin., 3 M^3 dex.; Burgt. 2/6: 1 Mandibulafragment sin., Corpus mit M_1, 4 M_1 dex., 4 M^3 dex.; Burgt. 2/7: 4 M_1 sin., 2 M_1 dex., 4 M^3 sin., 3 M^3 dex.; Burgt. 2/8: 1 M_1 sin., 1 M_1 dex., 1 Mandibulafragment dex., Corpus mit M_2, M_3, 1 M^3 dex.; Burgt. 2/9: 1 M^3 sin., 1 M^3 dex.; Burgt. 2/10: 2 M_1 sin., 3 M_1 dex., 1 M^3 dex., 1 M^3 sin.; Burgt. 2/11: 1 M_1 dex., 3 M_1 sin., 5 M^3 dex., 1 M^3 sin,; Burgt. 2/12: 2 M_1 sin., 4 M_1 dex., 1 M^3 sin., 4 M^3 dex.; Burgt. 2/13: 2 M_1 dex., 1 M_1 sin. (fragm.); Burgt. 2/13: 1 M_1 dex.; Burgt. 2/15: 2 M_1-Fragmente sin.; Burgt. 3/1: 4 M_1 sin., 3 M_1 dex., 4 M^3 sin., 1 M^3 dex.; Burgt. 3/2: 3 M_1 sin., 2 M_1 dex., 1 M^3 sin., 1 M^3 dex.; Burgt. 3/3: 2 M^3 dex., 1 M^3 sin.; Burgt. 3/4: 3 fragm. M_1 sin., 2 fragm. M_1 dex.; Burgt. 3/5: 1 M_1 dex., 1 M^3 dex.; Burgt. 3/6: 1 M_1 dex., 2 fragm. M_1 sin., 3 M^3 sin., 1 M^3 dex.; Burgt. 3/7: 2 M_1 sin., 5 M_1 dex., 3 M^3 sin., 3 M^3 dex.; Burgt. 3/8: 5 M_1 sin., 2 M^3 dex., 1 M^3 sin.; Burgt. 3/9: 2 fragm. M_1 dex., 1 fragm. M_1 sin., 1 Mandibulafragment

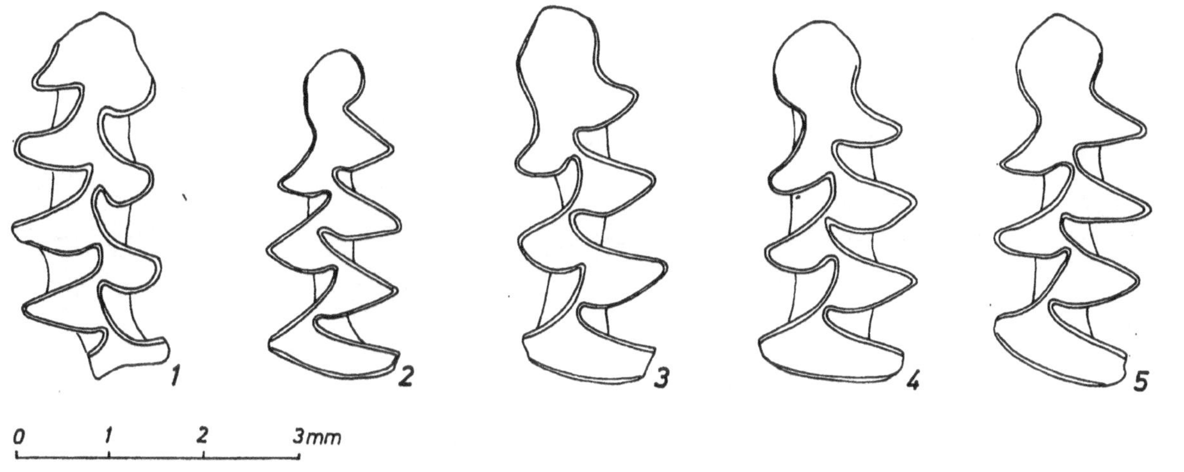

Abb. 4. *Arvicola terrestris* aus dem Schwarzerdekolluvium von Burgtonna (Schicht 2a–2e), Kauflächenbilder der M_1
1 – M_1 dex.; 2–5 – M_1 sin.

sin., Corpus mit M_1, M_2; Burgt. 3/10: 1 M_1 sin., 1 M_2 dex.; Burgt. 4/1: 1 M^2-Fragment; Burgt. 4/2: 2 M_1 sin., 1 M_1 dex., 5 M^3 dex.; Burgt. 4/3: 5 M_1 sin., 2 M_1-Fragmente sin., 5 M_1 dex., 3 M_1-Fragmente dex., 2 M^3 dex., 3 M^3 sin., 4 Humerusfragmente, 1 fragm. Femur, 1 Pelvisfragment; Burgt. 4/4: 1 M_1 sin., 1 M^3 sin.; Burgt. 4/5: 1 M_1 sin., 1 fragm. M_1 dex.; Burgt. 4/6: 1 M^3 dex.

Vergleich: Die vorliegenden M_1 weisen die für die *Arvicola-terrestris*-Gruppe bezeichnenden Varianten auf, wobei Formen mit abgeschnürter Vorderkappe relativ häufig vorkommen (Abb. 4/1). Fast alle Molaren zeichnen sich durch geringe Zementbeläge aus. Auffällig ist außerdem der relativ große Anteil von Molaren juveniler Tiere.

Tab. 11. Statistische Daten der M_1-Länge von *Arvicola terrestris* aus der Fließerde und dem Schwarzerdekolluvium von Burgtonna (in mm)

M_1-L	n	$x_{max}-x_{min}$	$\bar{x}$	$s\bar{x}$	s
Schwarzerde-Kolluvium	65	3,19–4,25	3,760	0,029	0,235
Fließerde	9	3,31–4,44	3,694	—	—

Bemerkungen: Da *A. terrestris* auf Grund ihrer ökologischen Anpassungsfähigkeit eine Vielzahl von Lebensräumen besiedelt, kommt ihr keine große ökologische Aussagefähigkeit zu. Obwohl die Art häufig in feuchtgründigen Biotopen angetroffen wird, besteht keine ausschließliche Bindung an Gewässer (Zimmermann 1955). Offene und trockenere Gebiete werden ebenfalls besiedelt.

Microtus Schrank, 1798

(12) ***Microtus arvalis*** (Pallas, 1779)

Abb. 5

Fundgut: Burgt. 1/1: 14 M_1 sin., 22 M_1 dex.; Burgt. 1/2: 75 M_1 sin., 62 M_1 dex.; Burgt. 1/3: 75 M_1 sin., 80 M_1 dex.; Burgt. 2/2: 66 M_1 sin., 50 M_1 dex.; Burgt. 2/3: 44 M_1 sin., 35 M_1 dex.; Burgt. 2/4: 29 M_1 sin., 20 M_1 dex.; Burgt. 2/5: 33 M_1 sin., 25 M_1 dex.; Burgt. 2/6: 27 M_1 sin., 41 M_1 dex.; Burgt. 2/7: 26 M_1 sin., 23 M_1 dex.; Burgt. 2/8: 16 M_1 sin., 16 M_1 dex.; Burgt. 2/9: 6 M_1 sin., 15 M_1 dex.; Burgt. 2/10: 26 M_1 sin., 21 M_1 dex.; Burgt. 2/11: 12 M_1 sin., 15 M_1 dex.; Burgt. 2/12: 7 M_1 sin., 13 M_1 dex.; Burgt. 2/13: 4 M_1 sin., 6 M_1 dex.; Burgt. 2/14: 2 fragm. M_1 sin., 3 fragm. M_1 dex.; Burgt. 2/15: 4 M_1 sin., 1 M_1 dex.; Burgt. 3/1: 13 M_1 sin., 21 M_1 dex.; Burgt. 3/2: 13 M_1 sin., 14 M_1 dex., 1 Mandibulafragment dex., Corpus mit M_1, M_2; Burgt. 3/3: 11 M_1 sin., 17 M_1 dex.; Burgt. 3/4: 12 M_1 sin., 17 M_1 dex.; Burgt. 3/5: 13 M_1 sin., 13 M_1 dex.; Burgt. 3/6: 13 M_1 sin., 11 M_1 dex.; Burgt. 3/7: 9 M_1 sin., 13 M_1 dex.; Burgt. 3/8: 15 M_1 sin., 15 M_1 dex.; Burgt. 3/9: 7 M_1 sin., 11 M_1 dex.; Burgt. 3/10: 1 M_1 sin., 3 fragm. M_1 sin., 1 M_1 dex.; Burgt. 3/11a: 1 M_1 dex., 1 M^2 sin., 1 M_1 sin.; Burgt. 3/11b: 1 M^2 dex.; Burgt. 3/11d: 1 M^2 sin.; Burgt. 3/13a: 1 M^2 dex.; Burgt. 4/1: 2 M_1 sin., 1 M_1 dex.; Burgt. 4/2: 1 Mandibulafragment sin., Corpus mit M_1, M_2, 17 M_1 sin., 1 Mandibulafragment dex., Corpus mit M_1, M_2, 17 M_1 dex.; Burgt. 4/3: 35 M_1 dex., 35 M_1 sin.; Burgt. 4/4: 5 M_1 sin., 6 M_1 dex.; Burgt. 4/5: 14 M_1 sin., 11 M_1 dex.; Burgt. 4/6: 5 M_1 sin., 4 M_1 dex.

Vergleich: Sämtliche untersuchten M_1 weisen das für die *Microtus-arvalis-agrestis*-Gruppe charakteristische Bild der Vorderkappen-Variation auf. Darüber hinaus kann für die M_1 der Schichten 1–5 des Deckschichtenprofils eine taxonomische Einengung auf *Microtus arvalis* vorgenommen werden, da unter tausenden von überprüften Molaren nicht ein einziger M^2 mit einem „*agrestis*-Schlingenkomplex" nachgewiesen werden konnte. Unter den M_1 treten „*maskii*-Varianten" bzw. Formen mit der Tendenz zu „forma *maskii*" relativ häufig auf (vgl. Abb. 5/5).

Tab. 12. Statistische Daten der M_1-Länge von *Microtus arvalis* aus Burgtonna

Probe 3/1 – mit Schwarzerdekolluvium verfüllter Hohlraum des Travertins; 1 – Fließerde; 2a–2e – Schwarzerdekolluvium

Schicht	n	$x_{max}-x_{min}$	$\bar{x}$	$s\bar{x}$	s
2e	57	2,25–3,00	2,546	0,020	0,148
2d	128	2,13–2,81	2,469	0,013	0,144
2c	45	2,19–2,81	2,472	0,020	0,140
2b	80	2,19–3,00	2,519	0,018	0,168
2a	200	2,13–2,94	2,509	0,010	0,146
1	60	2,13–3,06	2,496	0,024	0,183
Probe 3/1	24	2,19–2,81	2,502	0,034	0,166

Bemerkungen: *Microtus arvalis* bevorzugt die trockenen Lebensräume des Offenlandes (Trockenwiesen u. a.) mit nicht allzu hohen Grasbeständen (Ognev 1950, Stein 1958). Für die ökologische Inter-

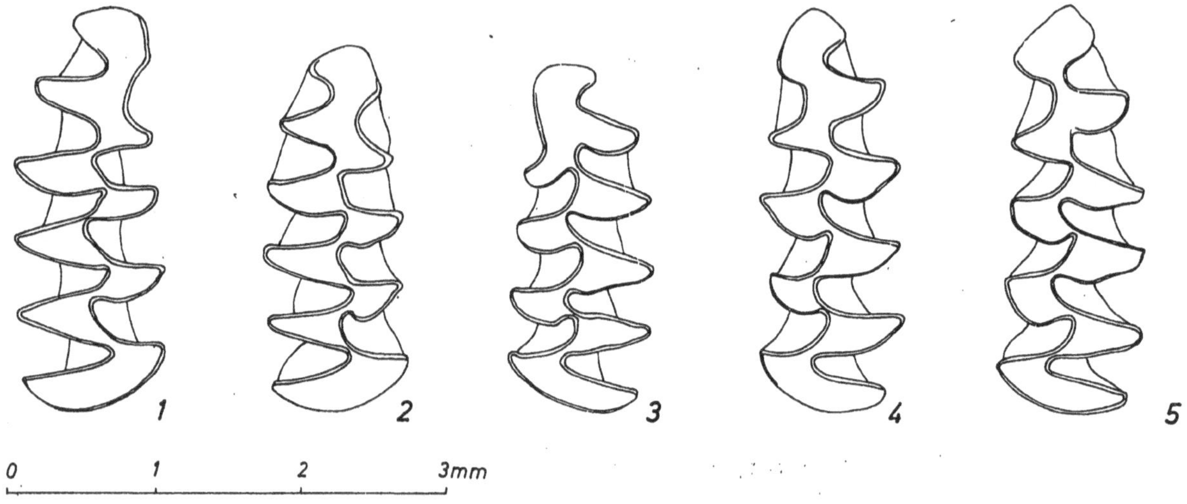

Abb. 5. *Microtus arvalis* aus dem Schwarzerdekolluvium von Burgtonna (Schicht 2a–2e); Kauflächenbilder der M_1
1,2 – M_1 dex.; 3–5 – M_1 sin.

pretation des Vorkommens von *Microtus arvalis* im untersuchten Deckschichtenprofil von Burgtonna ist von Bedeutung, daß diese Art im Regelfalle zwar die trockene Steppe und Halbwüste meidet, aber entlang von feuchten Schluchten und Flußtälern auch in diese Gebiete weit vordringt (HEPTNER, MOROSOWA & ZALKIN 1956).

(13) ***Microtus*** sp. cf. ***arvalis*** (PALLAS, 1779)

Fundgut: Burgt. 13b: 1 M_1 dex., 1 M^3 dex.

Bemerkungen: Die im Hangenden der Deckschichtenfolge (Schicht 6) angetroffenen Molaren werden unter der Bezeichnung *Microtus* cf. *arvalis* geführt, da aus diesem Profilteil keine M^2 vorliegen, die mit den bekannten Einschränkungen eine Zuweisung zu *Microtus arvalis* oder *Microtus agrestis* gestatten würden. Die Bezeichnung erscheint hier auch aus dem Grunde, da gegenüber den liegenden Profilteilen (Schichten 1–5), die nur *Microtus arvalis* führen, mit einem Wechsel der ökologischen Bedingungen gerechnet werden muß, der das Nebeneinandervorkommen beider oder das ausschließliche Auftreten der einen oder der anderen Art im Fundstättenbereich und dessen weiterer Umgebung ermöglicht haben könnte.

(14) ***Microtus oeconomus*** (PALLAS, 1776)

Abb. 6

Fundgut: Burgt. 1/1: 1 M_1 dex.; Burgt. 1/3: 1 fragm. M_1 dex.; Burgt. 2/12: 1 M_1 dex.; Burgt, 3/5: 1 M_1 dex.; Burgt. 3/9: 1 M_1 sin.; Burgt. 4/4: 1 Mandibulafragment sin., Corpus mit I und M_1 sowie Alveolen von M_2, M_3.

Vergleich: *M. oeconomus* (PALL). konnte nur durch einzelne, zumeist fragmentarische M_1 belegt werden. Sie weisen den für die Art charakteristischen Bau der Vorderkappe auf (vgl. Abb. 6), so daß die spezifische Stellung sicher ermittelt werden konnte. Die M_1-Längen schwanken zwischen 2,44 und 2,81 mm (n = 4).

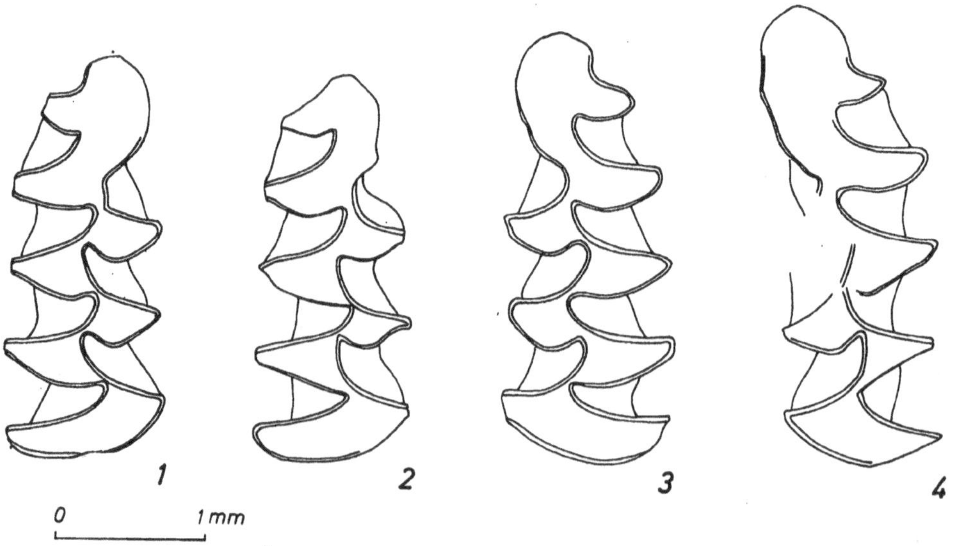

Abb. 6. *Microtus oeconomus* aus dem Schwarzerdekolluvium von Burgtonna (Schicht 2a–2e); Kauflächenbilder der M_1
1,2 – M_1 dex.; 3,4 – M_1 sin.

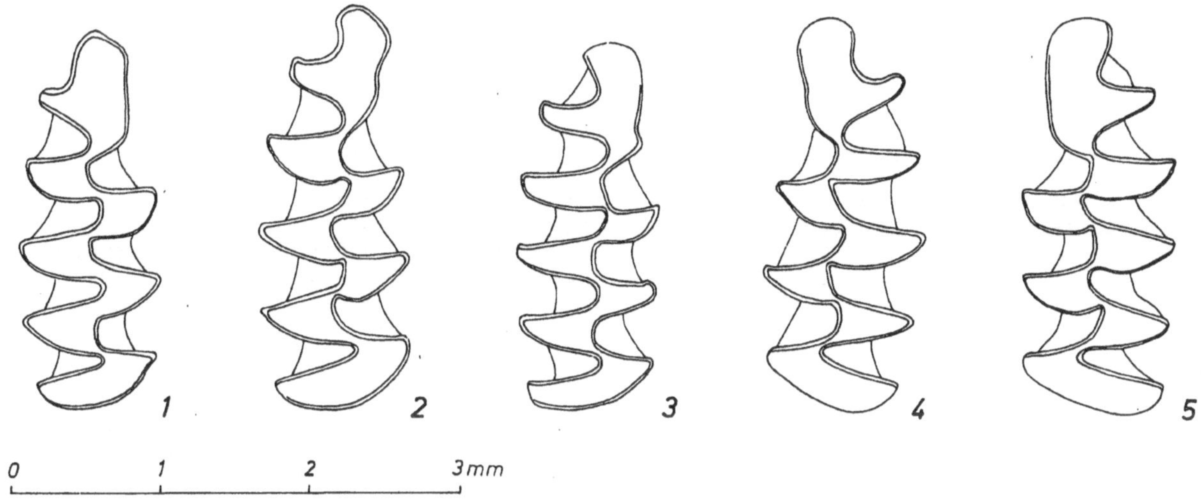

Abb. 7. *Microtus (Stenocranius) gregalis* aus dem Schwarzerdekolluvium von Burgtonna (Schicht 2a–2e); Kauflächenbilder der M_1

1–3 – M_1 dex.; 4, 5 – M_1 sin.

Bemerkungen: Die Art ist gegenwärtig im nördlichen Eurasien bis zur Tundrenzone verbreitet. Isolierte Vorkommen westlich und südlich des geschlossenen Verbreitungsgebietes werden als Reliktvorkommen gedeutet. *M. oeconomus* ist an Wassernähe gebunden und bevorzugt als Lebensraum Moore, Hochmoore, Flußtäler, sumpfige Landschaften und die Umgebung von Seen (Gaffrey 1961, Zimmermann 1955).

(15) ***Microtus (Stenocranius) gregalis*** (Pallas, 1778)

Abb. 7

Fundgut: Burgt. 1/1: 1 fragm. M_1 dex.; Burgt. 1/2: 1 M_1 sin., 3 M_1 dex.; Burgt. 1/3: 2 M_1 sin.; Burgt. 2/2: 3 M_1 sin., 4 M_1 dex.; Burgt. 2/3: 3 M_1 dex.; Burgt. 2/4: 3 M_1 dex.; Burgt. 2/5: 1 M_1 sin., 4 M_1 dex.; Burgt. 2/6: 2 fragm. M_1 dex.; Burgt. 2/7: 3 M_1 sin., 2 M_1 dex.; Burgt. 2/8: 2 M_1 sin.; Burgt. 2/9: 2 M_1 sin., 1 Mandibulafragment dex., Corpus mit M_1, M_2 (arvaloid); Burgt. 2/10: 2 M_1 sin., 1 M_1 dex.; Burgt. 2/11: 2 M_1 sin., 1 M_1 dex.; Burgt. 2/12: 4 M_1 dex., 1 M_1 sin.; Burgt. 2/14: 1 fragm. M_1 sin.; Burgt. 3/1: 1 fragm. M_1 sin; Burgt. 3/2: 1 fragm. M_1 dex.; Burgt. 3/3: 1 M_1 sin.; Burgt. 3/5: 5 M_1 sin.; Burgt. 3/6: 3 M_1 sin., 1 Mandibulafragment dex., Corpus mit M_1, M_2; Burgt. 3/7: 4 M_1 sin., 1 M_1 dex.; Burgt. 3/8: 2 fragm. M_1 dex.; Burgt. 3/9: 2 M_1 dex.; Burgt. 3/10: 2 M_1 sin.; Burgt. 4/2: 3 M_1 sin., 2 M_1 dex.; Burgt. 4/3: 4 M_1 sin., 3 M_1 dex.; Burgt. 4/4: 3 M_1 sin., 2 M_1 dex.; Burgt. 4/5: 2 M_1 sin., 2 M_1 dex.

Vergleich: Die vorliegenden M_1, die zu dieser Art gestellt wurden, zeichnen sich durch Fehlen bzw. durch das „unterdrückte" labiale Prisma der Vorderkappe aus, was für die M_1 von *Microtus (Stenocranius) gregalis* spezifisch ist (Abb. 7). Daneben kommen Varianten vor, die zum *Microtus-arvalis—agrestis*-Formenkreis „überleiten" (Abb. 7/3). Beim Auslesen des Materials wurden darüber hinaus in den Schlämmrückständen wiederholt lange schmale Palatina beobachtet (Burgt. 4/3), die das Vorhandensein dieses Subgenus zusätzlich belegen. Die in den Proben ebenfalls vorkommenden Palatina von *M. arvalis* sind wesentlich breiter.

Bemerkungen: Die Areale von *Microtus (Stenocranius) gregalis* sind gegenwärtig vorwiegend auf die Tundren, Taiga, Steppen und Halbwüsten Asiens beschränkt (Rausch 1964).

Tab. 13. Statistische Daten der M_1-Länge von *Microtus (Stenocranius) gregalis* aus dem Schwarzerdekolluvium von Burgtonna im Vergleich mit entsprechenden Angaben für mittelwürmzeitliche *M.-(S.)-gregalis*-Populationen von Istállóskö

	n	$x_{max}-x_{min}$	$\bar{x}$	$s\bar{x}$	s
Burgtonna, Schicht 2a–2e	60	2,25–2,88	2,53	0,02	0,13
Istállóskö Untere Kulturschicht	138	2,30–3,00	2,66	–	0,46
Istállóskö Obere Kulturschicht	101	2,40–3,10	2,72	–	0,53

Pitymys McMurtrie, 1831

(16) ***Pitymys subterraneus*** De Sélys-Longchamps, 1836

Abb. 8

Fundgut: Burgt. 3/5: 1 Mandibulafragment dex., Corpus mit M_1.

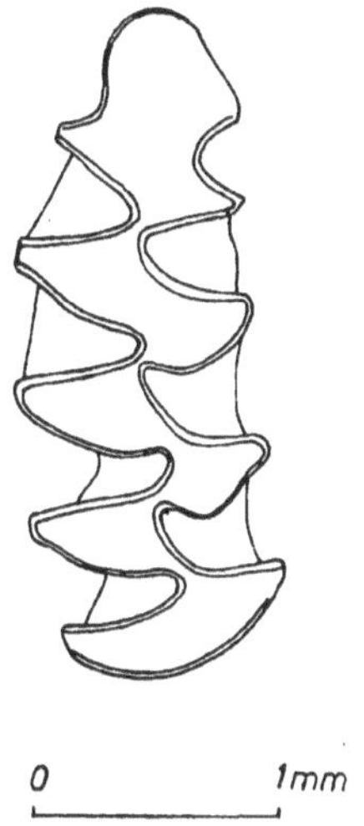

Abb. 8. *Pitymys subterraneus* aus dem Schwarzerdekolluvium von Burgtonna (Schicht 2d); Kauflächenbild des M_1 dex.

Vergleich: Das Vorhandensein des „*Pitymys*-Rhomboids" am M_1 weist das Vorhandensein dieser Art eindeutig aus. Die M_1-Länge beträgt 2,5 mm.

Bemerkungen: *Pitymys subterraneus* kommt gegenwärtig vorwiegend in feuchten Wiesengebieten u. offenen Waldlandschaften (seltener in Nadelwaldgebieten) Europas vor (VAN DEN BRINK 1967, BOBRINSKIJ, KUZNECOV & KUZJAKIN 1965).

Carnivora

Canidae GRAY, 1821

Vulpes FRISCH, 1755

(17) ***Vulpes*** **sp.**

Fundgut: Burgt. 1/1: 1 Id^3 sin.; Burgt. 4/3: 1 Pd_2 dex.; Burgt. 4/5: 1 P_1 dex.

Bemerkungen: Das vorliegende Fundgut läßt keine spezifische Bestimmung zu.

Tab. 14. Maße der Prämolaren von *Vulpes* sp. aus dem Schwarzerdekolluvium von Burgtonna (in mm)

	Länge	Breite
Burgt. 4/3, Pd_2	4,80	2,00
Burgt. 4/5 P_1	315	2,10

Ursidae GRAY, 1825

Ursus LINNAEUS, 1758

(18) ***Ursus*** **cf.** ***arctos*** LINNAEUS, 1758

Taf. 56, Fig. 3–4

Fundgut: Burgt. 2/7: 1 fragm. I^2 dex.

Vergleich: Die genaue spezifische Stellung konnte wegen des Erhaltungszustands nicht ermittelt werden. *Ursus spelaeus* R. kommt nicht in Betracht.

Mustelidae SWAINSON, 1835

Mustelinae GILL, 1872

Mustela LINNAEUS, 1758

(19) ***Mustela nivalis*** LINNAEUS, 1758

Fundgut: Burgt. 1/3: 1 P^4 dex.; Burgt. 2/4: 1 C inf. dex.; Burgt. 2/12: 1 Mandibulafragment dex., Corpus mit Alveole von M_1 (juv.), 1 P_4 sin.; Burgt. 4/3: 1 Mandibulafragment dex., Corpus mit fragm. Pd_3 und Pd_4, 1 M_1 dex.

Vergleich: Der intakte M_1 mißt 3,67 mm und liegt damit in der Mitte der Variationsbreite, die für die Art typisch ist (vgl. KORMOS 1916, SCHMIDT 1967).

Putorius FRISCH, 1775

(20) ***Putorius*** ex gr. ***putorius-eversmanni***

Taf. 56, Fig. 1–2

Fundgut: Burgt. 3/3: 1 P^4 dex.; Burgt. 3/4: 1 Mandibulafragment sin., Corpus mit P_3, P_4 und Alveole von M_1.

Vergleich: Am Mandibulafragment fehlt der M_1, der die Zuordnung zu einer der beiden angeführten Arten gestatten würde.

(21) ***Putorius*** **sp.**

Fundgut: Burgt. 2/7: 1 fragm. C, 1 I, 1 P; Burgt. 2/10: 1 fragm. C inf.; Burgt. 4/5: 1 P_3.

Vergleich: Die aufgeführten Zahnelemente fallen morphologisch und dimensional in die Variationsbreite von *Putorius*. Eine Artbestimmung ist nicht möglich.

(22) **Carnivora indet.**

Fundgut: Burgt. 2/2: 1 Molarenfragment inf., 1 Incisivusfragment, 1 Molarenfragment; Burgt. 2/6: 1 P- oder M-Fragment; Burgt. 2/13: 1 C-Fragment; Burgt. 3/9: Molarenfragmente.

Bemerkungen: Die Reste sind unbestimmbar.

Perissodactyla OWEN, 1848

Equidae GRAY, 1821

Equus LINNAEUS, 1758

(23) ***Equus*** **sp.**

Taf. 56, Fig. 7–8

Fundgut: Burgt. 2/12: 1 Mt_3 sin., 1 Mt_2 sin., 1 Mt_4 sin.

Bemerkungen: Es handelt sich um die Mt eines großwüchsigen Pferdes, das in der Literatur unter der Bezeichnung *Equus germanicus taubachensis* oder als *Equus* sp. geführt wird. Von einer spezifischen Bestimmung wurde abgesehen. Der Nachweis ist insofern von Bedeutung, als das gemeinsame Auftreten von großwüchsigen Pferden mit *Megaloceros giganteus* hier als Hinweis auf den Zeitraum ausgehendes Eem-Interglazial/Weichsel-Frühglazial gewertet werden darf (s. HEINRICH & JÁNOSSY 1973, S. 591).

Tab. 15. Maße des Mt_3 von *Equus* sp. aus dem Schwarzerdekolluvium von Burgtonna (in mm)

Größte Länge des Mt_3	310,0
Breite proximal	58,6
Tiefe proximal	53,2
Breite der Trochlea	58,2

Artiodactyla OWEN, 1848

Ruminantia SCOPOLI, 1777

Cervidae GRAY, 1821

Megaloceros BROOKES, 1828

(24) ***Megaloceros giganteus*** (BLUMENBACH, 1803)

Taf. 56, Fig. 5–6

Fundgut: Burgt. 3/5: 1 Mt dex., distales Bruchstück.

Vergleich: Von dieser Art liegt ein distales Metatarsusfragment vor. Für die Zuordnung spricht neben den morphologischen Übereinstimmungen in der Gesamtform und der dimensionellen Identität das Vorkommen eines distomedial gelegenen Foramen auf der volaren Seite mit den Durchmessern von 3,0 mm und 6,0 mm, die gerundet geschlossene mediane Rinne der Vorderseite und die Form der Trochlea. Von der Größe her käme noch *Alces* in Betracht, doch treten gegenüber den Dimensionen des Fundstückes Differenzen und im Hinblick auf die geschilderten morphologischen Merkmale Unterschiede auf (völlig reduziertes Foramen, spitz geschlossene mediane Rinne der Vorderseite, gestreckte Trochlea).

Tab. 16. Distale Breite des Mt fossiler und rezenter Vertreter der Gattungen *Megaloceros* und *Alces* (in mm)

	Mt, distale Breite
Megaloceros giganteus (BLUMB.)	
Burgt. 3/5	69,9
Ung. Nat. Mus. V58/110;	
Dorog; Ende Riß/Würm-Altwürm	70,8
Ung. Nat. Mus. V 58/1865	
Lambrecht-Höhle, Altwürm	77,4
Alces brevirostris KRETZOI	
Solymar, Riß ?	67,8
Alces alces L.	
rezent	68,0

Bovidae GRAY, 1821

Bovinae GILL, 1872

Bison SMITH, 1827

(25) ***Bison* sp.**

Fundgut: Burgt. 3/5: 1 Astragalus sin.; Burgt. 2/3: 1 Phalanx II.

Vergleich: Die Bestimmung wurde durch einen direkten Vergleich mit *Bison priscus* BOJ. vorgenommen. Auf Grund von morphologischen und ökologischen Erwägungen kommt *Bison* eher in Betracht als *Bos*. Von einer Artbestimmung wurde abgesehen.

Tab. 17. Maße des Astragalus von *Bison* sp. aus dem Schwarzerdekolluvium von Burgtonna im Vergleich mit *Bison priscus* aus dem ungarischen Jungpleistozän (in mm)

1 – größte Länge; 2 – Breite distal; 3 – Breite proximal

	1	2	3
Burgt. 3/5	83,7	52,1	54,1
Bison priscus BOJ.			
Nat. Mus. Bud. V58/116,			
Dorog, Riß/Würm-Altwürm	88,3	50,1	53,0
Nat. Mus. Bud. V58/144			
Dorog, Riß/Würm-Altwürm	81,5	48,2	53,1

Tab. 18. Maße der Phalanx II von *Bison* sp. aus dem Schwarzerdekolluvium der untersuchten Deckschichtenfolge von Burgtonna im Vergleich mit *Bison priscus* aus dem ungarischen Jungpleistozän (in mm)

1 – größte Länge; 2 – Breite proximal; 3 – Tiefe proximal; 4 – Breite distal

	1	2	3	4
Burgt. 2/3	58,2	42,2	44,1	32,4
Bison priscus BOJ.				
Nat. Mus. Bud. V58/1627	59,9	46,0	44,4	36,8
Lambrecht-Höhle	54,2	37,2	38,8	32,4
Riß/Würm-Interglazial	51,8	37,8	39,1	31,0
	56,4	50,4	(40,5)	34,4

5. Palökologische und biostratigraphische Auswertung der Säugetierfaunen aus der untersuchten Deckschichtenfolge

5.1. Über die Grundlagen

Die Fossillagerstätte in der untersuchten Deckschichtenfolge über dem interglazialen Travertin von Burgtonna gehört zum Typ der Freilandfundstätten. Sie liegt in einer „wannenartigen Depression", die wahrscheinlich durch Verkarstung entstand. Nach der Bildung der Depression erfolgte deren schrittweise Auffüllung mit Sedimenten unterschiedlicher Herkunft, vorzugsweise mit Bodensedimenten und Lößderivaten. Das bedeutet, daß die im Bereich der Depression angetroffenen Schichten in ihrer Abfolge vom Liegenden zum Hangenden dem Lagerungsgesetz unterliegen. Dennoch sind bei der Auswertung der dort angetroffenen Faunen bestimmte methodische Schwierigkeiten zu beachten, denn gerade bei Fließerden, Kolluvien und Lößderivaten sind Möglichkeiten einer Faunenvermischung nicht grundsätzlich auszuschließen. Da faunengeschichtliche Aussagen stets präzise Zeitbezogenheit voraussetzen, ist die Klärung der Frage nach einer möglichen Faunenvermischung eine unerläßliche methodische Voraussetzung für alle weitergehenden Aussagen.

Die Klärung dieser Frage erscheint dabei für die untersuchte Fossillagerstätte um so vordringlicher, als gerade in der basalen Fließerde und in dem überlagernden Schwarzerdekolluvium das mit Abstand reichhaltigste Fundgut an fossilen Säugetierresten geborgen wurde. Die Schwierigkeiten, die bei der Interpretation der dort gewonnenen Faunen auftreten, bestehen darin, daß an der Genese sowohl der Fließerde und des Schwarzerdekolluviums als auch der Lößderivate jeweils unterschiedliche fazielle Komponenten beteiligt sein können, die in einem bestimmten zeitlichen Verhältnis zueinander stehen, deren Anteile nicht immer sicher einzuschätzen und gegeneinander abzugrenzen sind. Während bei der basalen, vorzugsweise aus Travertinbrocken aufgebauten Fließerde sowohl mit Fossilresten gerechnet werden muß, die dem Zeitraum der Travertinbildung entsprechen, als auch mit solchen, die dem Bildungszeitraum der Fließerde zugeordnet werden dürfen, ist im Falle des Schwarzerdekolluviums mit einer höheren Anzahl unterschiedlich alter fazieller Komponenten zu rechnen. So können an der Zusammensetzung dieses Fossilbestandes mindestens drei aufeinanderfolgende Etappen beteiligt sein, in deren Mitte eine Phase der Pedogenese (Schwarzerdebildung) steht, die als relative Bezugszeitmarke für die nachweisliche Dreiphasigkeit der Genese des Schwarzerdekolluviums wie auch der Fossilanreicherung verfügbar ist. Hiernach wird sowohl der lithologische Bestand als auch der paläontologische Fundinhalt dieses Bodensedimentes nach seiner Stellung zu jener Bodenbildung theoretisch in drei fazielle Komponenten auflösbar. Unter Berücksichtigung des Umstandes, daß auch aus dem Travertin Fossilien verlagert sein können, ist mit mindestens vier unterschiedlich alten Komponenten im säugetierpaläontologischen Fundgut des Schwarzerdekolluviums zu rechnen. Dabei kommen in Betracht:

1. Präpedochrone Komponente aus der Phase der Substratgenese, d. h. Fossilreste, die während des Bildungszeit-

raumes eines lößartigen Substrates und vor dessen pedogenetischer Überprägung durch eine Schwarzerdebildung eingebettet wurden.

2. Synpedochrone Komponente aus der Phase der Pedogenese, d. h. Faunenelemente, die während des Zeitraumes der Schwarzerdebildung im Fundstättenbereich und dessen weiterer Umgebung lebten. Ihre Skelettreste wurden von der damaligen Geländeoberfläche aus in die Schwarzerde direkt eingebettet.
3. Synkolluviale Komponente aus der Phase der sedimentären Bodenumlagerung, d. h. aus dem Zeitraum der Bildung des Schwarzerdekolluviums. In dieser Komponente werden Reste derjenigen Tiere erfaßt, die während der kolluvialen Zusammenschwemmung im Umland der Fundstätte lebten. Ihre Skelettreste wurden direkt in das Schwarzerdekolluvium eingebettet.
4. Extrapedochrone Komponente aus der Fazies des Umgebungsgesteins, d. h. des Travertins. Es handelt sich im gegebenen Falle um aus dem interglazialen Travertin von Burgtonna verlagerte Fossilreste.

Hierbei ist zu berücksichtigen, daß ein bestimmter Teil des paläontologischen Fundgutes eine zwanglose und eindeutige Einordnung in die genannten Komponenten nicht zuläßt. Umgekehrt sind jene methodischen Gesichtspunkte zu beachten, die im Regelfall brauchbare Kriterien für den Nachweis und für die Trennung dieser vier Gruppen abgeben. So darf davon ausgegangen werden, daß Arten, die mit hohen Anteilen am Individuenspektrum der Gesamtfauna beteiligt sind, auch für die zu rekonstruierende Biozönose repräsentativ sind, sofern weder eine objektive noch eine subjektive Überrepräsentation vorliegt (Dominanzprinzip). Eine objektive Überrepräsentation einzelner Arten in paläontologischen Fundkomplexen kann z.B. durch die Nahrungsspezialisation von Raubtieren verursacht sein, während eine subjektive Überrepräsentation bestimmter Gruppen, z.B. der Großsäuger, sammeltechnisch durch das Nichtanwenden der Schlämmethode bedingt sein kann. Das erwähnte Prinzip ist vor allem dann anwendbar, wenn die nachgewiesenen Arten über ihre Dominanz hinaus auch in ihren ökologischen Amplituden weitgehende Übereinstimmung zeigen. Umgekehrt besteht zumindest Verdacht auf die Zugehörigkeit zu einer anderen Fazies (z.B. Fazies des Umgebungsgesteins), wenn bestimmte Arten nur vereinzelt auftreten und dies mit einer ökologischen Amplitude, welche von dem übrigen Gesamtbild mehr oder weniger abweicht, das sich aus der Beurteilung der Gesamtfauna ergibt. Dieser Fall ist jedoch sowohl für die Fließerde als auch für das Schwarzerdekolluvium nicht gegeben. Vielmehr ergibt sich in beiden Fällen eine sehr hohe Wahrscheinlichkeit für einen einheitlichen Faunenkomplex, die für das Schwarzerdekolluvium durch ein weiteres Verfahren abgesichert werden konnte. Dieses setzt das Vorliegen von variationsstatistischen Erhebungen am fossilen Fundgut voraus. Im Detail geht es dabei davon aus, daß eine weitgehende Übereinstimmung von biostatistischen Feststellungen in aufeinanderfolgenden Beprobungseinheiten einer lithostratigraphishen Einheit im Regelfall als Beweis für einen synchronen bzw. parasynchronen Faunenkomplex gewertet werden darf. Hierzu durchgeführte biostatistische Erhebungen erbrachten für die M_1 von *Microtus arvalis* eine derart weitgehende Übereinstimmung aller fünf Fundniveaus (2a—2e), daß für das Schwarzerdekolluvium mit einem einheitlichen Faunenkomplex gerechnet werden darf (vgl. Heinrich im vorliegenden Band, S. 255 ff.). Dieser Befund konnte durch vergleichbare Untersuchungen an den Molaren von *Citellus* (*Citellus*) *citelloides* sowie an den M_1 von *Arvicola terrestris* und *Microtus* (*Stenocranius*) *gregalis* zusätzlich erhärtet werden (vgl. dazu auch Tab. 3—6, 11 und 13). Durch die vorgenommenen biostatistischen Analysen wird außerdem der immerhin denkbare Einwand entkräftet, im Schwarzerdekolluvium läge eine Mischfauna vor, an der prä- und extrapedochrone Komponenten im Sinne der vorstehenden Ausführungen in einem stärkeren Maße beteiligt seien.

Im untersuchten Schwarzerdekolluvium treten allerdings zahlreiche Travertinbrocken auf, was darauf hinweist, daß die Erosion im Einzugsbereich der kolluvialen Umlagerung offenbar nicht nur einen Schwarzerdeboden (Tschernosem), sondern auch Teile des interglazialen Travertins erfaßt hat. Das schließt zwar die Möglichkeit einer Faunenvermischung unter Beteiligung der Travertinfauna grundsätzlich ein, jedoch kann wahrscheinlich gemacht werden, daß sich diese nicht wesentlich auswirken und keine Verwischung des Faunenbildes hervorrufen konnte. Diese Wahrscheinlichkeit kann sowohl an Hand der qualitativen Zusammensetzung der Fauna des Schwarzerdekolluviums (vgl. Kap. 5.2.) als auch durch die außergewöhnliche Seltenheit von Kleinsäugerresten im interglazialen Travertin von Burgtonna begründet werden. Zudem muß berücksichtigt werden, daß der Nachweis einer Kleinsäugetierart in der Regel nicht an die Auffindung eines Skelettrestes schlechthin, sondern vielfach vorrangig an die Erfassung bestimmter spezifisch fixierbarer Zähne, z.B. des M_1 bei Microtinen, gebunden ist. Dadurch wird diese mögliche Fehlerquelle zusätzlich reduziert. Nicht auszuschließen ist demgegenüber die Möglichkeit, daß die Umlagerung des fossilführenden Schwarzerdebodens als Bodensediment während eines längeren Zeitraumes erfolgt ist. Es ist in Betracht zu ziehen, daß auch der Bildungszeitraum des Schwarzerdekolluviums hohe Anteile am Arten- und Individuenspektrum erzielen konnte. Von Bedeutung sind hierzu Beobachtungen zur Genese des Schwarzerdekolluviums, die belegen, daß Teile der kolluvial verlagerten Bodensedimente erneut von einer Pedogenese (Schwarzerdebildung) erfaßt wurden (vgl. Jäger & Heinrich im vorliegenden Band, S. 196). Diese Befunde verweisen einerseits darauf, daß — zumindest in den betreffenden Abschnitten des Schwarzerdekolluviums — synkolluviale und synpedochrone Komponenten nicht immer streng getrennt werden können. Da jedoch durch die biostatistischen Erhebungen die Einheitlichkeit der Fauna des Schwarzerdekolluviums belegt werden konnte, liegt andererseits die Schlußfolgerung nahe, daß die Abschwemmung des Schwarzerdebodens (Tschernosem) bereits in dessen Bildungszeitraum einsetzte, was durch die

Existenz einer trichterartigen Depression auf der Travertinoberfläche ohne weiteres verständlich wäre (vgl. HEINRICH & JÄGER im vorliegenden Band, S. 274). Da demnach einerseits die synkolluvialen und synpedochronen Komponenten als weitgehend gleichalt angesehen, andererseits aber die prä- und extrapedochronen Komponenten bei der Interpretation vernachlässigt werden dürfen, ist die Säugetierfauna aus dem Schwarzerdekolluvium mit hoher Wahrscheinlichkeit im erdgeschichtlichen Sinne als annähernd zeitgleich anzusehen.

Wie bei der basalen Fließerde und dem Schwarzerdekolluvium muß auch vor der palökologischen und biostratigraphischen Bewertung der Säugetierfaunen aus den Lößderivaten geklärt werden, ob die aus diesen Ablagerungen geborgenen Faunen umgelagert sind oder umgelagerte Komponenten enthalten. Für die Fauna aus dem älteren Lößderivat erscheint dies als besonders vordringlich, da sie mit *Lagurus lagurus* ein biostratigraphisch bedeutsames Faunenelement führt.

Aufschluß über eine mögliche Umlagerung aus älteren Sedimenten gibt der Erhaltungszustand der Molaren, der stets vorzüglich ist. Weil die zementlosen und daher besonders leicht zerbrechlichen Schmelzprismenmolaren eine Aufarbeitung und Umlagerung nicht unbeschadet überstanden haben dürften, können die *Lagurus*-Funde und das ältere Lößderivat als gleichalt angesehen werden. Für die Gleichaltrigkeit der *Lagurus*-Reste mit dem älteren Lößderivat spricht außerdem der Nachweis einer speiballenartigen Knochenanhäufung, die wahrscheinlich als Rest eines Gewölles zu deuten ist. Sie setzt sich aus mehreren bezahnten Mandibeln und Schädelfragmenten von *L. lagurus* zusammen (vgl. Taf. 55, Fig. 6), für welche ein Umlagerungsprozeß ebenfalls ausgeschlossen werden darf. Hinzu kommt, daß *L. lagurus* im Profil erst mit dem älteren Lößderivat einsetzt, zunächst anteilmäßig zu- und dann in Richtung auf den begrabenen Boden (Frostgley) kontinuierlich abnimmt (vgl. Tab. 19). Auch dieser Befund deckt sich mit der vorstehenden Schlußfolgerung und untermauert sie. Die palökologische und biostratigraphische Analyse kann daher davon ausgehen, daß *L. lagurus* im Bildungszeitraum des älteren Lößderivates im Umland der Fundstätte lebte.

Für *Microtus arvalis* aus dem älteren und jüngeren Lößderivat sind an Hand des Erhaltungszustandes der Molaren — wenn auch mit gewissen Einschränkungen — analoge Schlußfolgerungen möglich. Da in beiden Fällen eine Umlagerung aus älteren Sedimenten mit Wahrscheinlichkeit ausgeschlossen werden kann, können diese zur Kennzeichnung des Bildungszeitraum der Lößderivate herangezogen werden.

Grundsätzlich schwieriger gestaltet sich die Beurteilung der fossilen Säugetierreste aus den beiden begrabenen Böden des untersuchten Deckschichtenprofils. Für die *Lagurus*-Funde aus dem unteren Teil des begrabenen Frostgleyes ist dabei von Bedeutung, daß das Deckschichtenprofil in diesem Abschnitt keinerlei Anhaltspunkte für eine durchgreifende Substratentkalkung und damit für eine sekundäre Zerstörung der Säugetierreste bietet. Beachtet man darüber hinaus, daß die *Lagurus*-Funde im unteren Teil des älteren Lößderivates dominieren, dann kontinuierlich abnehmen und letztmalig mit einem Beleg im unteren Teil des begrabenen Frostgleyes auftreten (vgl. Tab. 19), so ist es naheliegend anzunehmen, daß diese Bodenbildung ein Substrat (= älteres Lößderivat) mit *Lagurus* erfaßt hat. Da dieser *Lagurus*-Fund somit als eine präpedochrone Komponente im Sinne der vorstehenden Ausführungen zu deuten ist, sind die darauf beruhenden Aussagen nicht ohne weiteres auf den Bildungszeitraum des Frostgleyes beziehbar.

Zurückhaltung ist außerdem bei der Beurteilung der *Microtus*-Reste aus dem begrabenen Humushorizont geboten. Da dieser Bodenhorizont bereits im oberflächennahen Tiefenbereich liegt, muß die Frage offen bleiben, ob die Fossilreste bereits vor der Bodenbildung im Substrat (= jüngeres Lößderivat) vorhanden waren oder erst während bzw. nach der pedogenetischen Phase, die zur Herausbildung dieses Humushorizonts führte, eingebettet wurden.

5.2. Palökologische Kennzeichnung

Anliegen dieser palökologischen Faunenanalyse ist es einerseits, die Säugetierfaunen der einzelnen Fundschichten palökologisch zu charakterisieren. Andererseits soll versucht werden, durch den Vergleich der ökologischen Charakteristik der einzelnen aufeinanderfolgenden Säugetierfaunen mögliche Veränderungen der ökologischen Bedingungen für denjenigen Zeitraum zu erfassen, der in dem untersuchten Deckschichtenprofil von Burgtonna dokumentiert ist.

Die in der basalen Fließerde angetroffene Säugetierfauna ist relativ artenarm. Lediglich 5 Arten konnten nachgewiesen werden: *Citellus* (*C.*) *citelloides*, *Microtus arvalis*, *Microtus* (*St.*) *gregalis*, *Arvicola terrestris* und *Myotis daubentoni*. Letztere Art ist nur durch einen Beleg vertreten. Da charakteristische Waldelemente in dieser artenarmen Säugetierfauna völlig fehlen, aber *C. citelloides*, *M. arvalis* und *M. gregalis* zusammen mehr als 90% am Individuenspektrum der Arten erreichen, muß als Lebensraum für die Tierwelt im Bildungszeitraum der basalen Fließerde ein Offenland angenommen werden (vgl. Abb. 9 u. 10).

Den Kern der Fauna des Schwarzerdekolluviums bilden nach der Individuenhäufigkeit dieselben Arten, die auch für die basale Fließerde kennzeichnend sind. Hieraus geht nicht nur der Fortbestand einer Offenlandschaft hervor, sondern auch eine weitgehende Vergleichbarkeit der Offenlandschaften im Bildungszeitraum beider lithostratigraphischer Einheiten. Dabei ist zu beachten, daß das Artenspektrum im Schwarzerdekolluvium wesentlich breiter ist, was auf eine weitergehende Differenzierung der ökologischen Bedingungen gegenüber denen der basalen Fließerde hindeutet.

Die Säugetierfauna aus dem Schwarzerdekolluvium umfaßt 21 Arten. Es ist von Bedeutung, daß die quantitative Zusammensetzung wiederum nahezu ausschließlich von *C. citelloides*, *M. arvalis* und *M.*

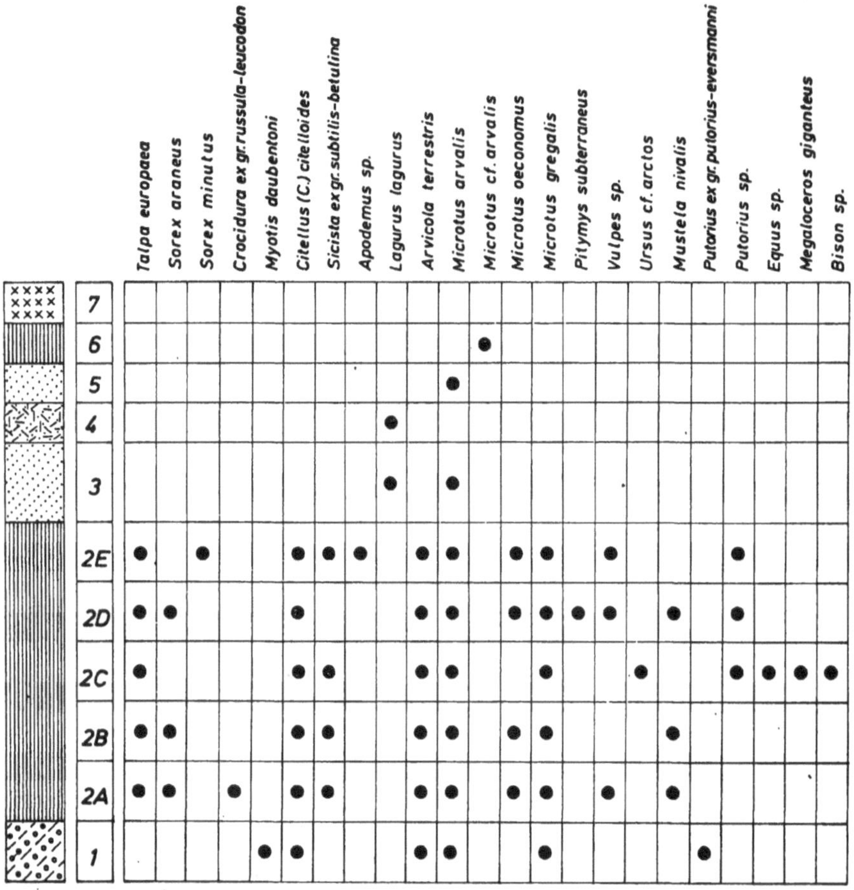

Abb. 9. Zusammenstellung der im Deckschichtenprofil von Burgtonna nachgewiesenen Säugetierarten

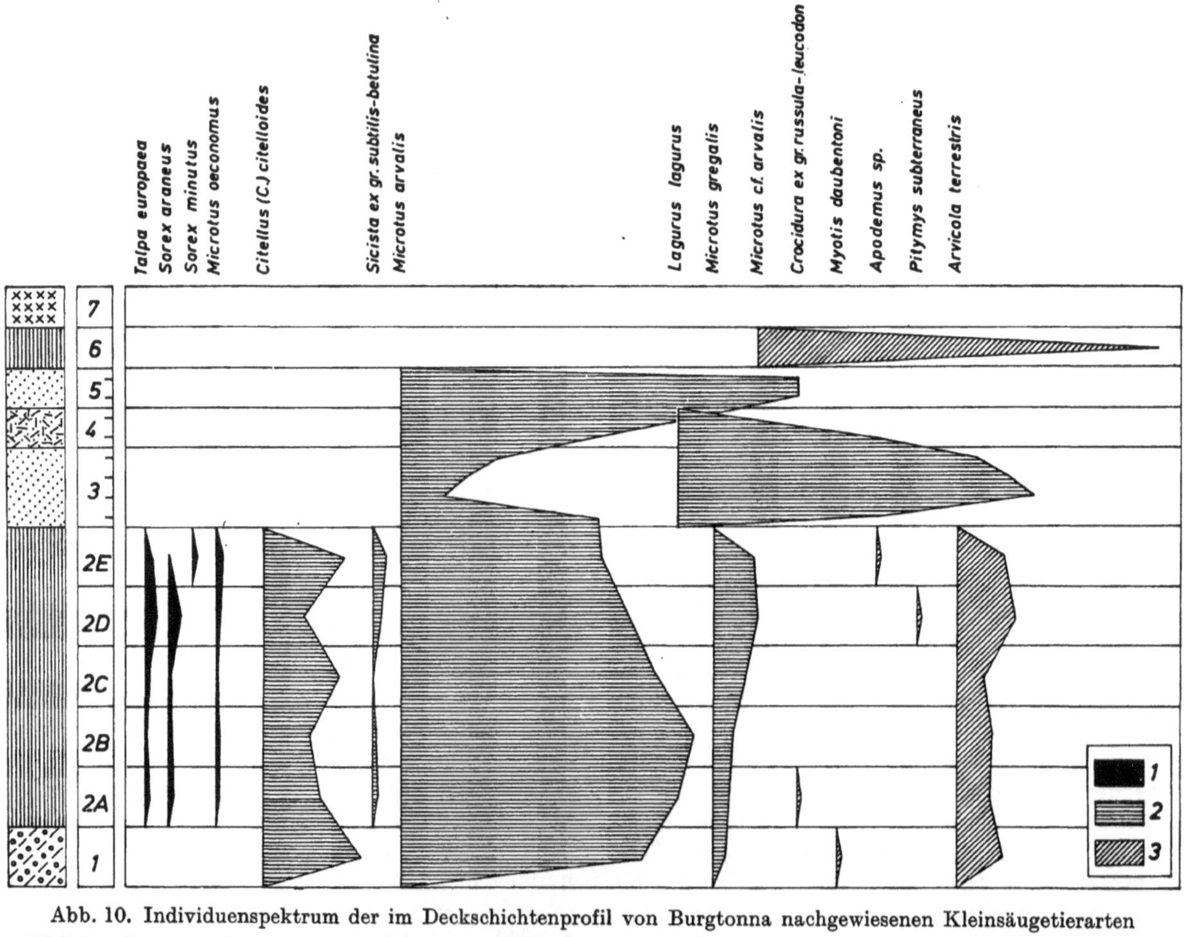

Abb. 10. Individuenspektrum der im Deckschichtenprofil von Burgtonna nachgewiesenen Kleinsäugetierarten

1 – Kleinsäugetierarten, die im Regelfall vorzugsweise in feuchtgründigen Biotopen leben; 2 – Kleinsäugetierarten, die vorzugsweise das Offenland bewohnen; 3 – Kleinsäugetierarten mit geringer ökologischer Aussagekraft

gregalis bestimmt wird (Abb. 10). Hinzu kommt, daß im übrigen Fundbestand Reste von *Sicista* ex gr. *betulina-subtilis* vorliegen (hier mit hoher Wahrscheinlichkeit auf *S. subtilis* zu beziehen), die als Offenlandelement gewertet werden darf. In Übereinstimmung mit anderen Untersuchungsergebnissen der interdisziplinären Bearbeitung der Fundstätte schließt die Offenlandfauna ökologische Bedingungen, die für Waldlandschaften der mitteleuropäischen Interglaziale typisch sind, eindeutig aus. Besonders deutlich zeigt sich dies bei einem Vergleich mit der Kleinsäugerfauna aus dem Interglazialtravertin im Liegenden dieses Deckschichtenprofils (Heinrich & Jánossy im vorliegenden Band, S. 167 ff.). Obwohl dessen Fauna noch nicht vollständig beurteilt werden kann, zeichnen sich doch bereits jetzt tiefgreifende Unterschiede ab. So fehlen nicht nur im Schwarzerdekolluvium, sondern auch in den übrigen Fundschichten des bearbeiteten Deckschichtenprofils die für geschlossene bzw. mehr oder weniger offene Waldlandschaften mitteleuropäischer Interglaziale besonders charakteristischen Vertreter völlig, wie z. B. *Glis glis*. Auch der für Gewässer in einer Laubwald-Landschaft sprechende *Castor fiber* war nicht nachweisbar. Andere Wald- oder Gebüsch-Anzeiger, wie z. B. *Clethrionomys glareolus*, die für die Travertinfundstellen Ehringsdorf (Jánossy 1975) und Taubach (Heinrich & Jánossy 1977) belegt werden konnten, fehlen hier ebenfalls, was angesichts des Umfanges der in Burgtonna untersuchten Probenmengen nicht auf eine Untersuchungslücke zurückgeführt werden kann. Die Säugetierfauna des Schwarzerdekolluviums weist daher entschieden auf eine Offenlandschaft. Ergänzend sei in diesem Zusammenhang erwähnt, daß Beobachtungen zur Zusammensetzung der Molluskenfauna aus dem Schwarzerdekolluvium eine ökologische Zuweisung bestimmter Konchylien zu Steppenböden einer Offenlandschaft ebenfalls wahrscheinlich machen konnten, z. B. *Chondrula tridens* (vgl. Mania im vorliegenden Band, S. 203 ff.). Gegen die Bewertung der Säugetierfauna als Offenlandfauna spricht dabei nicht die Tatsache, daß im untersuchten Schwarzerdekolluvium untergeordnet und vereinzelt Formen vorkommen, die in der Regel feuchtere Biotope bevorzugen, wie *Talpa europaea* und *Microtus oeconomus* u. a. Das Auftreten dieser Arten kann relativ leicht durch eine standörtliche Differenzierung der naturräumlichen Verhältnisse, beispielsweise durch die Existenz von kraut- und strauchbewachsenen Uferhängen an Oberflächengewässern in einer ansonsten relativ trockenen Offenlandschaft erklärt werden. Dabei sind im einzelnen die trockene Offenlandschaft im Umland der Fundstätte sowohl durch paläontologische Belege (Dominanz der Offenlandelemente) als auch pedologische Befunde (Schwarzerdekolluvium mit synkolluvialer pedogener Überprägung), die Gewässer im Fundstättenbereich oder dessen weiterer Umgebung durch spezifisch bisher nicht näher bestimmbare Fischreste und durch den Nachweis der Entenvogelart *Querquedula querquedula* belegt (Heinrich & Jánossy 1973 sowie im vorliegenden Band, S. 227 ff.).

Ebenso wie die unterlagernden Sedimente zeichnet sich das ältere Lößderivat durch eine Offenlandfauna aus, jedoch belegt eine qualitativ deutlich abweichende Zusammensetzung des Artenspektrums ökologische Bedingungen und einen Landschaftscharakter, die von denen im Entstehungszeitraum des Schwarzerdekolluviums offenbar wesentlich abweichen. Da *Lagurus lagurus* im älteren Lößderivat dominiert, können die ökologischen Ansprüche dieser Art als Indikator für die Bedingungen gelten, die im Bildungszeitraum dieses Fundhorizontes herrschten.

Graulemminge (*Lagurus lagurus*) leben gegenwärtig in den gemäßigten bis kühlen Gebieten Eurasiens, wobei das etwa zwischen den Flüssen Dnepr und Jenissei gelegene Areal nördlich bis zum 55., südlich (nur in der mongolischen Gebirgsregion) bis zum 40. Breitengrad reicht. In Mittelasien lebt diese Art in Gebieten bis zu 2200 m über Meeresspiegelhöhe. *L. lagurus* ist eine typische Steppen-Halbwüsten-Form, die hauptsächlich an die sogenannten *Artemisia*- (Wermut-) Steppen gebunden ist. Für den Bildungszeitraum des älteren Lößderivates ist daher ein steppenähnliches Offenland in der Umgebung der Fundstätte vorauszusetzen. Überdies ist im Vergleich zur Gegenwart mit wesentlich kontinentaleren Bedingungen zu rechnen, vgl. Heinrich & Jäger (im vorliegenden Band, S. 297ff.).

Tab. 19. Vorkommen und relative Häufigkeit von *Lagurus lagurus* und *Microtus arvalis* in den Lößderivaten und begrabenen Böden von Burgtonna, Daten in Klammern: *M.* cf *arvalis*

Schichtenfolge		*Lagurus lagurus*			*Microtus arvalis*		
		Fundstücke	Individuen	%	Fundstücke	Individuen	%
Humushorizont einer Schwarzerde	14	—	—	—	(2)	(1)	(100)
jüngeres Lößderivat	13b	—	—	—	1	1	100
	13a	—	—	—	1	1	100
Begrabener Frostgley	12b	—	—	—	—	—	—
	12a	4	1	50	1	1	50
älteres Lößderivat	11d	10	3	75	3	1	25
	11c	16	5	83	3	1	17
	11b	22	8	89	2	1	11
	11a	2	1	50	4	1	50

Weitere wesentliche Schlußfolgerungen läßt das Auftreten und die Verteilung der *Lagurus*-Funde im Profil zu, über die die Tab. 19 informiert. Aus dieser geht zunächst hervor, daß die *Lagurus*-Funde im unteren Abschnitt des älteren Lößderivates am zahlreichsten sind (Beprobungseinheit 11c) und letztmalig im unteren Teil des begrabenen Frostgleys (Beprobungseinheit 12a) auftreten, wobei zwischen beiden eine kontinuierliche Abnahme der Häufigkeit zu beobachten ist. Für die Bewertung dieses Trends ist von Bedeutung, daß die *Lagurus*-Reste in einer stratifizierten Ablagerung auftreten, in der keine sekundäre Zerstörung der Wirbeltierfossilien durch Auflösung stattfand (vgl. Abschn. 5.1.). Im Unterschied zu zahlreichen anderen *Lagurus*-Fundpunkten sind die vorliegenden, horizontiert aufgesammelten Reste daher geeignet, nicht nur ein *Lagurus*-Niveau zu dokumentieren, sondern darüber hinaus auch die „Struktur" und den Wandel der in Burgtonna fixierten *Lagurus*-Welle aufzuzeigen, da die deutliche Abnahme der *Lagurus*-Funde offensichtlich primäre Ursachen hat. Diese sind mit hoher Wahrscheinlichkeit: schrittweiser Rückgang und schließliches Aussterben der *Lagurus*-Populationen im weiteren Untersuchungsgebiet. Diese Schlußfolgerung wird zusätzlich dadurch gestützt, daß der Rückgang der *Lagurus*-Reste im Profil in Richtung auf einen begrabenen Frostgley erfolgt, der gegenüber dem Bildungszeitraum des älteren Lößderivates veränderte klimatische Bedingungen anzeigt, die den Graulemmingen möglicherweise nicht mehr zugesagt haben. Als weitere Besonderheit der *Lagurus*-Welle von Burgtonna (vgl. Abschn. 5.3.) — sei hier hervorgehoben, daß in der begleitenden Wirbeltierfauna ausschließlich *Microtus arvalis* erscheint. Das gleichzeitige Auftreten dieser Art steht nicht in Widerspruch zu dem Vorkommen von *L. lagurus* und den darauf begründeten Schlußfolgerungen, da beide ausgesprochene Offenlandbewohner sind.

An den Zeitraum der Akkumulation des älteren Lößderivates schloß sich eine Unterbrechung im Sedimentationsablauf an, die im Profil durch einen begrabenen Boden angezeigt wird. Dieser als begrabener Frostgley ausgebildete Bodenhorizont, der von Jäger & Heinrich (im vorliegenden Band, S. 199) als regionales Äquivalent zu dem lößstratigraphisch begründeten Bodenkomplex von Stillfried B angesehen wird, zeichnete sich in Burgtonna bisher nicht durch eine eigenständige Wirbeltierfauna aus. Aus dem unteren Teil des begrabenen Frostgleyes (Beprobungseinheit 12a) liegen zwar Belege für *L. lagurus* und *Microtus arvalis* vor, jedoch geht aus dem Vorkommen und der Verteilung der *Lagurus*-Reste im Profil und anderen Befunden hervor (vgl. Abschn. 5.1.), daß diese Bodenbildung offenbar ein Substrat (= älteres Lößderivat) mit bereits zuvor eingebetteten Fossilresten erfaßt hat. Eine Fortdauer der *Lagurus*-Periode bis in den Zeitraum dieser Bodenbildung hinein ist daher mit hoher Wahrscheinlichkeit nicht anzunehmen, zumindest bisher nicht sicher zu belegen. Folglich dürfen auch die ökologischen Ansprüche von *L. lagurus* und *M. arvalis* nicht zur Kennzeichnung der ökologischen Verhältnisse im Bildungszeitraum des Frostgleyes herangezogen werden. Für den oberen Teil des begrabenen Frostgleyes (Beprobungseinheit 12b) liegen weder Klein- noch Großsäugerreste vor, so daß säugetierpaläontologisch begründete ökologische Aussagen nicht möglich sind.

Auch in dem darüber folgenden jüngeren Lößderivat sowie in dem sich daran anschließenden Humushorizont einer Schwarzerde sind die angetroffenen Säugerreste zu spärlich, um weiterreichende paläontologische Interpretationen zu gestatten. Für das jüngere Lößderivat war nur *M. arvalis* belegbar, weitere vereinzelte Funde aus dem Humushorizont sind wahrscheinlich ebenfalls auf diese Art zu beziehen. Es ist besonders darauf hinzuweisen, daß die oberen Teile des jüngeren Lößderivates in der Sumpflöß-Fazies vorliegen, was vor allem durch die dort angetroffene Mollusken- und Ostrakodenfauna belegt werden kann. Vielleicht war eine länger andauernde örtliche Überfeuchtung und Durchnässung des oberflächennahen Tiefenbereiches einer der Gründe für die Spärlichkeit der überlieferten Kleinsäugerfauna. So erscheint es denkbar, daß der ganz offensichtlich periodisch oder auch über einen längeren Zeitraum hinweg ständig überfeuchtete Fundstättenbereich von den Kleinsäugern zeitweise gemieden wurde.

Zusammenfassend läßt die Faunenfolge im untersuchten Deckschichtenprofil über dem interglazialen Travertin von Burgtonna folgende ökologische Grundtendenzen erkennen:

1. Die größte Häufigkeit der Kleinsäugerindividuen und das reichhaltigste Artenspektrum wurden im Schwarzerdekolluvium angetroffen. Während die basale Fließerde im Hinblick auf die Individuenzahlen und — mit erheblichen Einschränkungen — die Artenzahlen dem Schwarzerdekolluvium annähernd vergleichbare Verhältnisse aufweist, zeichnet sich die gesamte Deckschichtenfolge über dem Schwarzerdekolluvium durch eine deutlich geringere Individuen- und Artenanzahl der Kleinsäugerfauna aus. 15 Kleinsäugerarten des Schwarzerdekolluviums bzw. 5 in der basalen Fließerde stehen nur 2 im älteren Lößderivat und Frostgley sowie jeweils nur einer Kleinsäugerart in den sich daran anschließenden hangenden Profilgliedern gegenüber (Abb. 9). Ähnliches war für das Verhalten der Individuenzahlen nachweisbar (Abb. 10). Damit ist für die Deckschichtenfolge von Burgtonna ein markanter „Faunenschnitt" ausgewiesen, der zeitlich zwischen dem Bildungszeitraum des Schwarzerdekolluviums und demjenigen des älteren Lößderivates liegt (vgl. Abb. 9 u. 10).

2. Über die Feststellung dieser generellen Tendenz hinaus läßt nur eines der beiden unterhalb des „Faunenschnittes" gelegenen Schichtglieder eine faßbare, weitergehende zeitliche Differenzierung der ökologischen Verhältnisse erkennen: Dies ist das Schwarzerdekolluvium, in dem fünf stratigraphisch aufeinanderfolgende Fundniveaus ausgehalten werden konnten. Innerhalb dieser Fundniveaus nimmt die Häufigkeit der Kleinsäugerindividuen nach einem kurzen, aber deutlich ausgeprägten Anstieg (von Schicht 2a nach 2b) zum Hangenden hin (2e) kontinuierlich ab. In dem Profilabschnitt, der rückläufige Tendenzen in der Individuenhäufigkeit aufweist (2c—2e), ist ein geringer Anstieg der Artenzahlen zu beobachten, d. h., der Rückgang der Individuenzahlen ist dort nicht gekoppelt mit dem Rückgang der Artenzahlen (Abb. 11). Darüber hinaus bestehen zwischen dem Verhalten der Kleinsäugerarten- und Kleinsäugerindividuenzahlen im Schwarzerdekolluvium folgende Beziehungen: Die Spitze, mit der für das Profil höchsten angetroffenen Individuenzahl (2b), wird beiderseits von Abschnitten flankiert, die hohe (2d) bzw. die höchsten nachweisbaren Artenzahlen (2a, 2e) aufweisen (vgl. Abb. 11). Da der Bereich mit der größten Anzahl an Kleinsäugerindividuen mit dem Abschnitt zusammenfällt, in dem *Microtus arvalis* mit ca. 75% die höchsten Anteile am Individuenspektrum der Arten erreicht (2d), ist es nicht ausgeschlossen, daß diese Befunde eine ökologische Differenzierung im Faunenkomplex des Schwarzerdekolluviums belegen (vgl. Abb. 10 u. 11). So könnte das Vorherrschen von *M. arvalis* im Bildungszeitraum dieser (2b) und der sich daran anschließenden Schicht (2c) möglicherweise einen zeitweiligen Rückzug anderer Arten verursacht haben, beispielsweise aus Gründen der Konkurrenz. Die Fundumstände (Schwarzerdekolluvium!), die insgesamt relativ geringen Differenzen zwischen den Artenzahlen in den einzelnen Fundschichten und der Umstand, daß das Maximum der Individuenzahl nicht zusammenfällt mit dem Minimum der Artenanzahl, warnen allerdings vor einer Überbewertung die-

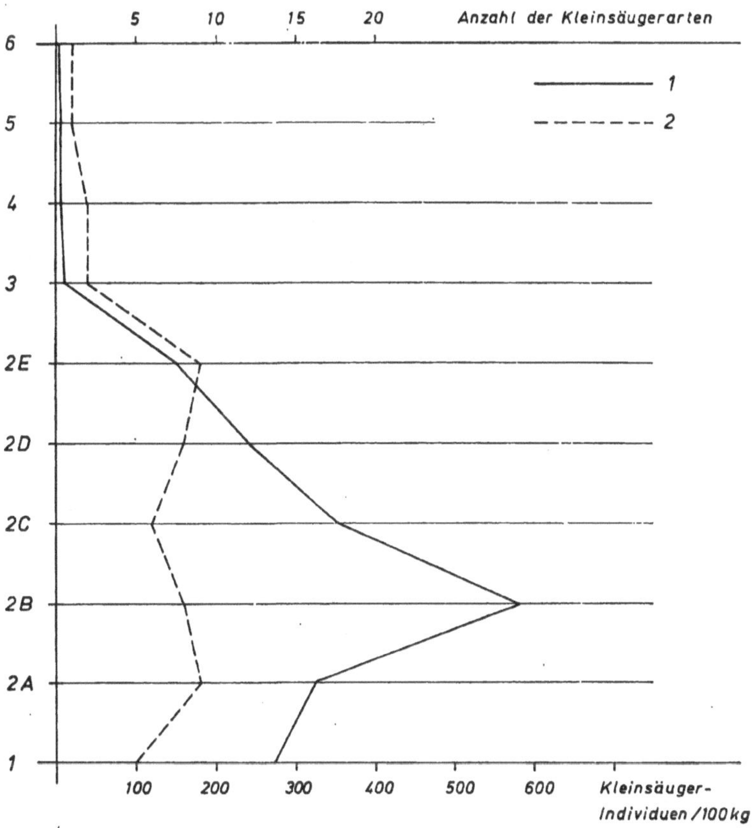

Abb. 11. Graphische Darstellung zur Erläuterung der Beziehungen, die im untersuchten Deckschichtenprofil zwischen der Häufigkeit der Kleinsäugerindividuen und der Anzahl der nachgewiesenen Kleinsäugerarten bestehen

1 – Anzahl der Kleinsäugerindividuen; 2 – Anzahl der Kleinsäugerarten

ser Befunde. Unabhängig von diesem speziellen Sachverhalt darf ferner festgehalten werden, daß die Offenlandgruppe mit *Microtus arvalis*, *Citellus (Citellus) citelloides* u. a. in allen Fundschichten des Schwarzerdekolluviums eindeutig vorherrscht. Während Arten, die im Regelfall feuchtere Biotope bevorzugen (*Talpa europaea*, *Sorex araneus*, *Microtus oeconomus*), noch untergeordnet auftreten, fehlen charakteristische Waldanzeiger völlig, wie z. B. *Glis glis* (Abb. 9 u. 10).

3. Für die Schichtglieder oberhalb des „Faunenschnittes" darf festgehalten werden, daß die deutlich geringeren Individuenzahlen und die ausgeprägte Artenarmut bereits von der methodischen Seite nur sehr eingeschränkte Möglichkeiten für weiterreichende ökologische Aussagen bieten. Dennoch zeichnen sich im Vergleich mit den Faunen unterhalb des Faunenschnittes sowohl wesentliche qualitative als auch quantitative Unterschiede ab. Erstere sind durch das Auftreten von *Lagurus lagurus* gegeben, der nur oberhalb des „Faunenschnittes", und zwar in einem sehr eng begrenzten Niveau auftritt. Andererseits verschieben sich die Häufigkeitsverhältnisse zur totalen Dominanz der Offenlandvertreter mit wechselnden Anteilen von *L. lagurus*, *Microtus arvalis* bzw. *M.* cf. *arvalis* (vgl. Abb. 10 u. 12).

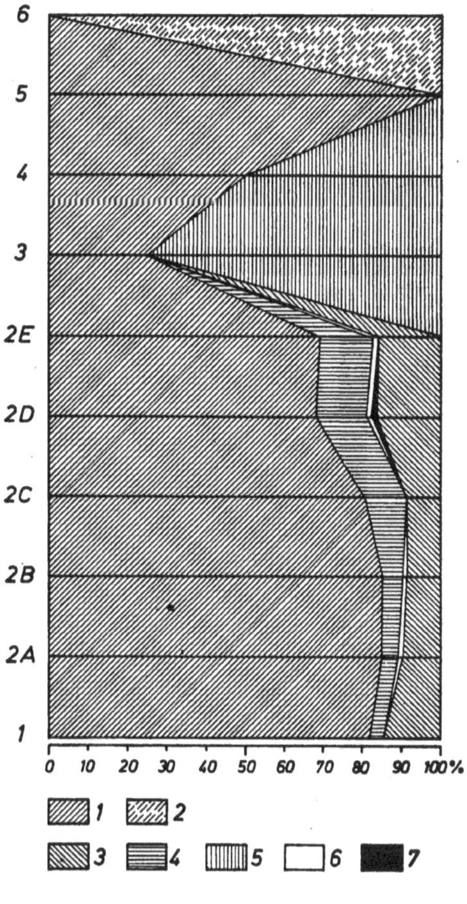

Abb. 12. Arvicolidenspektrum der Deckschichtenfolge von Burgtonna

1 – *Microtus arvalis*; 2 – *Microtus* sp. cf. *arvalis*; 3 – *Microtus (Stenocranius) gregalis*; 4 – *Arvicola terrestris*; 5 – *Lagurus lagurus*; 6 – *Microtus oeconomus*; 7 – *Pitymys subterraneus*

5.3. Zur biostratigraphischen Stellung der Säugetierfaunen

5.3.1. Zur biostratigraphischen Differenzierung des Fundgutes

Durch den Nachweis eines „Faunenschnittes", der im untersuchten Deckschichtenprofil von Burgtonna zwischen dem Schwarzerdekolluvium und dem Älteren Lößderivat liegt, gliedert sich der Fundbestand in zwei Haupteinheiten. Deshalb ist es für die biostratigraphische Analyse zweckmäßig, die Fundkomplexe unter- und oberhalb des „Faunenschnittes" jeweils gesondert zu diskutieren, und zwar die Faunenkomplexe

a) aus der basalen Fließerde und dem Schwarzerdekolluvium sowie
b) aus den Lößderivaten und den autochthonen begrabenen Bodenhorizonten.

5.3.2. Zur biostratigraphischen Stellung der Säugetierfaunen aus der Fließerde und dem Schwarzerdekolluvium

Statigraphische Aussagen sind an Hand der Faunen aus der basalen Fließerde und dem Schwarzerdekolluvium möglich, doch treten gewisse Schwierigkeiten auf, die bei der Auswertung berücksichtigt werden müssen. Sie sind vor allem darin begründet, daß im Untersuchungsgebiet vergleichbare Faunen mit gesicherter Altersstellung fehlen. Hinweise für eine biostratigraphische Datierung sind deshalb nur aus dem Vergleich mit Fundbeständen benachbarter Räume zu gewinnen, deren Aussagevermögen für das Untersuchungsgebiet jedoch eingeschränkt sein kann. Dessen ungeachtet ist dadurch mit einer gewissen Eindeutigkeit ein zeitlicher Rahmen abzustecken, wonach das Gesamtbild beider Faunen in den Übergangszeitraum vom Eem-Interglazial zum Weichsel-Frühglazial einzuordnen ist. Dafür spricht entschieden die Dominanz von *Microtus arvalis* mit sporadischen Funden von *Microtus* (*Stenocranius*) *gregalis* und *Microtus oeconomus*, begleitet von *Citellus* (*Citellus*) *citelloides*. Die Kombination der genannten Kleinsäugerassoziation mit den Funden von *Megaloceros giganteus* und denen eines großwüchsigen Pferdes, das in der Literatur zumeist als *Equus* sp. oder als *Equus taubachensis* beschrieben wurde, unterstreicht diese Datierung. So stammen fast alle stratigraphisch gesicherten Funde von *Megaloceros* im gemäßigten Europa nach bisherigem Kenntnisstand aus dem ausgehenden Eem-Interglazial. Die jüngeren, zumeist nicht immer eindeutig datierbaren Funde aus dem Weichsel-Spätglazial und Postglazial treten gegenüber denen des letzten Interglazials nicht in Gesellschaft eines großwüchsigen Pferdes auf. Schließlich muß in der Kleinvertebratenfauna das Vorhandensein von Kröten (*Bufo* sp.), Lacertiliern (*Lacerta* sp.) und Ophidia (*Natrix* cf. *natrix*) hervorgehoben werden (vgl. Młynarski, Böhme & Ullrich im vorliegenden Band, S. 223 ff.), die erfahrungsgemäß, z. B. in Ungarn, auch im typischen Würm nicht vorzufinden sind. Dabei muß berücksichtigt werden, daß Ungarn auf Grund seiner geographischen Lage günstigere periglaziäre klimatische Verhältnisse gehabt haben dürfte als das weiter nördlich gelegene Thüringen.

Schwieriger gestaltet sich die präzise Einordnung der untersuchten Faunen in den vorgegebenen zeitlichen Rahmen. Zum Ablauf der Klimaentwicklung vom ausgehenden Eem-Interglazial zum Weichsel-Frühglazial und zur Zahl der Wärmeschwankungen in diesem Zeitraum liegt seitens der Pollenanalyse, der Paläomalakologie und der Pedostratigraphie ein aussagefähiges Tatsachenmaterial vor. Demgegenüber stehen zur Entwicklung der Wirbeltierfaunen für diesen Übergangszeitraum nur spärliche Beobachtungen zur Verfügung. Zu nennen ist hier vor allem Königsaue Ib mit den Kleinsäugerarten *Microtus arvalis* und *M.* (*Stenocranius*) *gregalis* (Mania & Toepfer 1973). Das Aussagevermögen dieses Fundplatzes ist jedoch dadurch eingeschränkt, daß er in typischer Weise die für die meisten stratigraphischen Vergleichspunkte charakteristische Dominanz von Großsäugern im Faunenspektrum zeigt, während „fast alle Kleinsäuger fehlen", wie bereits Mania & Toepfer (1973, S. 85) betonen. Für die Faunen weiterer Fundstellen (z. B. Roter Berg bei Saalfeld), läßt die Diskussion in der Literatur keine eindeutige stratigraphische Zuordnung erkennen. Da es sich bei diesen überdies zumeist um ältere Aufsammlungen handelt, sind stratigraphische Korrelationen ohnehin nur bedingt möglich. Dies bedeutet, daß den unterhalb des Faunenschnittes liegenden Wirbeltierfaunen aus der basalen Fließerde und dem Schwarzerdekolluvium eindeutige biostratigraphische Kriterien für eine Zuordnung z. B. zu einem bestimmten frühweichselzeitlichen Interstadial, wie Amersfoort oder Brörup, vorerst nicht abzugewinnen sind. Allerdings muß hier vermerkt werden, daß von anderen Disziplinen wie der Paläomalakologie (vgl. Mania im vorliegenden Band, S. 203 ff.) und Pedostratigraphie (vgl. Jäger & Heinrich im vorliegenden Band, S. 199), eine präzisere Einstufung der Fundschichten für möglich gehalten wird. Während die säugetierpaläontologischen Befunde für eine Einstufung in den Zeitraum „ausgehendes Eem-Interglazial — Weichsel-Frühglazial" sprechen, wird der gesamte Fundkomplex aus der basalen Fließerde und dem Schwarzerdekolluvium von der Paläomalakologie und der Pedostratigraphie dem Weichsel-Frühglazial zugeordnet.

5.3.3. Zur biostratigraphischen Stellung der Säugetierfaunen aus den Lößderivaten und den begrabenen Böden

In statigraphischer Hinsicht ist das Vorkommen von *Lagurus lagurus* im älteren Lößderivat und im unteren Abschnitt des begrabenen Frostgleys für die Fundstätte Burgtonna von weitaus größter Bedeutung. In den letzten Jahrzehnten wurden die fossilen Reste dieser Art hauptsächlich in Gebieten gefunden, die sich mit dem rezenten Areal decken oder doch in dessen unmittelbarer Umgebung lagen. In den vergangenen Jahren vermehrten sich Nachrichten über Funde in Mittel- und Westeuropa außerordentlich schnell. Dabei liegt die Vermutung nahe, daß früher ein Teil dieser Funde wegen der sehr großen Ähnlichkeit mit dem Bauplan der Molaren von *Microtus arvalis* übersehen wurde. In Verbindung mit unseren *Lagurus*-Funden schien es interessant zu sein, die bis jetzt bekannten fossilen und rezenten Daten in einer Verbreitungskarte darzustellen. Außerdem wird dadurch die stratigraphische Aussagefähigkeit der vorliegenden Funde unterstützt. In der Verbreitungskarte wurden folgende *Lagurus*-Fundpunkte berücksichtigt (Abb. 13):

Sowjetunion: Ukraine: Nowgorod-Sewersk, Würm; Tschulatow, II. Kreis Tschernigow, Würm; Fluß Psol (Kreis Poltawa), Kaniew bei Tscherkasy, Holozän; Krim: Höhlen Kiik Koba, Adschi Koba, Tschokutscha und Sjuren I, Riß/Würm bis Würm, PIDOPLITSCHKA (1956), GROMOW (1957c, d, 1961); Dnepr-Terrassen: zwischen Kiew-Tscherkasy und Tscherkasy-Mitschurin-Rog sowie unterer Lauf der Flüsse Dnepr und Don, hauptsächlich Holozän, TOPATSCHEWSKIJ (1961); Umgebung von Kujbyschew: Samarskoj Luki, Nischnij Karmalok und Karst Schiguli, Holozän, GROMOW (1957a, b); Kasachstan: Unterlauf des Urals, Elton-See, subfossil, GROMOW & PARFENOWA (1951); Bobkowo, Fluß Alej, Würm, WANGENHEIM & SASCHIGIN (1965); Tatarka, Fluß Irtysch, Würm?, WANGENHEIM & SASCHIGIN (1969); Mittelasien,

Abb. 13. Pleistozäne Fundstellen und rezentes Areal von *Lagurus lagurus* in Eurasien; Erläuterungen im Text
1 – Jungpleistozän (Würm bis Holozän); 2 – Gesichert oder möglicherweise älter als Würm; 3 – Rezentes Vorkommen, vereinfacht

England: Devonshire; Tornewton Cave, „Glutton Stratum", Riß?, KOWALSKI (1967).

Frankreich: Charante: Fontechevade, La Chaise; Dordogne: La Régurdou, Riß/Würm bis Alt-Würm, CHALINE (1972).

BRD: Württemberg: Stuttgart-Untertürkheim, Oberer Travertin des Biedermannschen Steinbruchs, Alt-Würm, VON KOENIGSWALD (1973). Nordhessen: Buhlen, Alt-Würm, MALEC (in litt.).

DDR: Thüringen: Urd-Höhle bei Döbritz nordöstlich von Pößneck, Weichsel-Spätglazial?, stratigraphisch unsicher, VON KNORRE (1971); Burgtonna, Deckschichtenfolge über dem Interglazialtravertin, Weichsel-Frühglazial, HEINRICH & JÁNOSSY (1973) sowie im vorliegenden Band.

ČSSR: Mähren: Stránská Skalá, Alt-Würm, FEJFAR (1972).

Polen: Kraków: Zytina Skala und Mamutowa bei Ojców, „Jungpleistozän", stratigraphisch unsicher, KOWALSKI (1967); Kielce: Höhle Raj, Alt-Würm, KOWALSKI (1972, 1975).

Ungarn: Transdanubien: Nagyharsanhegy, „Mittelpleistozän", KRETZOI (1956); Tata, Alt-Würm, KRETZOI (1964); Solymar, Süttö, Riß bis Riß/Würm, JÁNOSSY (1969); Bükk-Gebirge und Cserhat-Gebirge: Subalyuk, Alt-Würm, JÁNOSSY (1960); Lambrecht-Höhle, Prä-Würm oder Alt-Würm, JÁNOSSY (1964); Hervölgy, Kököz, Felsötarkany, Nezsa, Riß/Würm bis Alt-Würm, JÁNOSSY (unveröff.); Ungarische Tiefebene (Tiefbohrungen): Vecs (6,30–9,90 m), Kengyel (27 m), Riß/Würm, KRETZOI (mündl. Mitt.).

Rumänien: Transsylvanien: Sindominic (Becken von Ciuc), Coseni bei Sf. Gheorghe, Riß bis Alt-Würm, RADULESCO & SAMSON 1971; Dobrudscha: Grotte „La Adam", Grotte de Bordeiul, Grotte de Cheia, Alt-Würm und Würm, DUMITRESCU et al. 1963.

Transbaikalien: Höhlen am Tscharisch und Hankar, Löß von Troitzkij, Würm?, OGNEV (1950).

Zieht man die fossilen Fundpunkte von *L. lagurus* und deren stratigraphische Positionen in Betracht, so können folgende allgemeine Feststellungen getroffen werden: Die fossilen Vorkommen, die im Gebiet des heutigen Areals dieser Art bzw. in dessen Nähe liegen, sprechen für ein kontinuierliches Vorhandensein des Graulemmings vom Mittelpleistozän an bis zur Gegenwart bzw. bis zum Ende des Jungpleistozäns. Dagegen können alle stratigraphisch gut definierten *Lagurus*-Fundpunkte, die westlich der Ostkarpaten liegen — darunter 11 erst in den letzten Jahren entdeckte Fundstätten Ungarns — ausschließlich in den Zeitraum Mittelpleistozän bis Alt-Würm datiert werden.

An dieser Stelle ist auf die bisher bekannten *Lagurus*-Fundstätten in der weiteren Umgebung des untersuchten Aufschlusses näher einzugehen. Von der Deckschichtenfolge in Burgtonna abgesehen, konnte *L. lagurus* in diesem Gebiet bisher nur für eine Hangschichtenfolge der Urd-Höhle bei Döbritz in Thüringen (VON KNORRE 1971), für den Oberen Travertin des Biedermannschen Steinbruchs in Stuttgart-Untertürkheim (VON KOENIGSWALD 1973) und für die Lokalität Buhlen in Nordhessen (MALEC in litt.) nachgewiesen werden. Dabei dürften die bisher unpublizierten nordhessischen Funde nach einer freundlichen schriftlichen Mitteilung von Herrn F. MALEC (Mainz) aus dem Alt-Würm stammen. Demgegenüber dürfte die Einstufung der *Lagurus*-Funde aus der Hangschichtenfolge der Urd-Höhle bei Döbritz (VON

KNORRE 1971) in das Weichsel-Spätglazial nach Ansicht der Verfasser nicht eindeutig gesichert sein. Sicher datierte Funde bietet ferner die Subalyuk-Höhle in Ungarn mit einer reichen Säugetierfauna in einem mehr oder weniger gleichaltrigen Horizont (JÁNOSSY 1960).

Von besonderer Bedeutung für die Erfassung frühweichselzeitlicher Vorkommen von *L. lagurus* in Mitteleuropa sind neuere Befunde, die VON KOENIGSWALD (1973) aus der Travertinfundstätte Stuttgart-Untertürkheim und KOWALSKI (1972, 1975) aus der Höhle Raj bei Kielce im südlichen Polen mitteilten. Wenn auch vorerst dahingestellt bleiben muß, inwieweit eine völlige zeitliche Gleichsetzung dieser Funde mit denen aus Burgtonna berechtigt ist, ergeben sich nach den bisher vorliegenden Angaben dennoch bemerkenswerte Übereinstimmungen. Andererseits sind gewisse Unterschiede unverkennbar. So muß in diesem Zusammenhang auf einige Besonderheiten der in Burgtonna dokumentierten *Lagurus*-Welle hingewiesen und näher eingegangen werden. VON KOENIGSWALD (1973) verweist bei seiner Revision der Kleinsäugerfauna aus dem Travertin von Stuttgart-Untertürkheim darauf, daß „die Einwanderung der kontinentalen Steppenfaunen mit *Allactaga* und der" *Citellus-major*-Gruppe, „wie sie JÁNOSSY (1963/4, 166 und 186) herausstellt, mit der jungpleistozänen *Lagurus*-Welle zeitgleich ist und die kontinentale Phase, mit der das Würm-Glazial beginnt, markiert". Diese Auffassung wird von dem Autor dadurch begründet, daß in der Travertinfundstätte Stuttgart-Untertürkheim im sogenannten Oberen Travertin des Biedermannschen Steinbruchs *L. lagurus* und *Allactaga* zusammen vorkommen (VON KOENIGSWALD 1973, S. 672).

Diese Beobachtungen können an Hand unserer Untersuchungen in Burgtonna vorerst nicht bestätigt werden. So weicht die Fundstätte in der Deckschichtenfolge des Interglazialtravertins von Burgtonna von diesen Feststellungen insofern ab, als hier zwar ein mehr oder weniger gehäuftes Vorkommen von *L. lagurus* zu beobachten ist, jedoch nicht in Verbindung mit der *Citellus-major*-Gruppe und *Allactaga*, sondern ausschließlich mit *Microtus arvalis*. Besonders zu berücksichtigen ist, daß das weichselzeitliche Auftreten von *L. lagurus* in Burgtonna offensichtlich älter ist als das hier angetroffene pedostratigraphische Äquivalent zu Stillfried B, das als begrabener Frostgley vorliegt (JÄGER & HEINRICH im vorliegenden Band, S. 199). Die Beobachtungen in Burgtonna begründen deshalb den Verdacht, daß die weichselzeitliche Einwanderung von *L. lagurus*, *Allactaga* und der *C.-major*-Gruppe nicht völlig gleichzeitig in allen Teilen Mitteleuropas stattfand, sofern man nicht den derzeitigen Kenntnisstand, regionale Gegebenheiten bzw. lokale Besonderheiten im Fundstättenbereich für das Auftreten der einen und das Fehlen der anderen Art verantwortlich machen will.

Das gleiche Problem wird deutlich, wenn man die Befunde aus der Höhle Raj bei Kielce (KOWALSKI 1972, 1975) heranzieht. Dort wird *Lagurus lagurus*, der — mit Ausnahme von Schicht 2 — in allen ausgehaltenen weichselzeitlichen Schichten angetroffen wird, stets von *Dicrostonyx torquatus* und *Lemmus lemmus* begleitet, die in Burgtonna beide fehlen. Darüber hinaus tauchen in der Begleitfauna der Höhle Raj *Citellus* (*Citellus*) *citelloides*, *Microtus* (*Stenocranius*) *gregalis*, *Microtus oeconomus*, *Arvicola terrestris*, und andere Elemente auf, die in Burgtonna die Faunenkomplexe aus der basalen Fließerde und dem Schwarzerdekolluvium kennzeichnen, in denen aber *L. lagurus* fehlt. Das Zusammentreffen von *Dicrostonyx torquatus* und *Lemmus lemmus* mit *L. lagurus* in der Höhle Raj kann auf regional unterschiedliche Gegebenheiten im polnischen Mittelgebirge und im Thüringer Becken hinweisen, allerdings unter der Voraussetzung, daß in Raj eine sekundäre Faunenvermischung für die fraglichen Fundschichten ausgeschlossen werden kann. Dies als gegeben vorausgesetzt, müßte die abweichende Situation in Burgtonna (*Lagurus lagurus* ohne begleitende Lemminge) auf einen realen einwanderungsgeschichtlichen Hintergrund oder paläogeographische Besonderheiten, gegebenenfalls auch auf Untersuchungslücken zurückgehen.

Im Unterschied zur Höhle Raj bei Kielce, aber in Übereinstimmung mit anderen Fundpunkten, z. B. Subalyuk in Ungarn (JÁNOSSY 1960), tritt *L. lagurus* in Burgtonna in einem zeitlich sehr eng begrenzten Niveau auf. Dieses koinzidiert mit dem Bildungszeitraum des älteren Lößderivates, da *Lagurus* im Zeitraum der Pedogenese, die zur Entstehung des Frostgleys führte, im Umland der Fundstätte nicht mehr vorkam (vgl. Abschn. 5.1.). Trotz der vorstehend diskutierten Unterschiede darf festgehalten werden, daß sowohl die Vergleichsmöglichkeiten mit anderen *Lagurus*-Fundpunkten in Mitteleuropa, als auch die lößstratigraphische Bearbeitung (JÄGER & HEINRICH im vorliegenden Band, S. 197 ff.) den Fundhorizont mit *L. lagurus* im Deckschichtenprofil von Burgtonna in eine vergleichbare stratigraphische Position rücken, d. h. in einen kühleren Abschnitt des Frühglazials der Weichsel-Kaltzeit.

Aus den Ablagerungen des Deckschichtenprofils, die über der Fundschicht mit *L. lagurus* folgen, konnte bisher nur *Microtus arvalis* nachgewiesen werden, deshalb sind dem Fundgut vorerst keine stratigraphischen Aussagen abzugewinnen.

6. Zusammenfassung

Aus einer pleistozänen Deckschichtenfolge, die den Travertin von Burgtonna überlagert, wird eine fossile Säugetierfauna beschrieben. Die untersuchte Deckschichtenfolge, die in einer trichterartigen Depression des Travertins abgelagert wurde, besteht aus einer Fließerde, einem Schwarzerdekolluvium, Lößderivaten und begrabenen Böden. Die Sedimentfolge wurde in vier Profilen mit Proben belegt.

Die Säugetierfauna der Fließerde und des Schwarzerdekolluviums ist eine Offenlandfauna, in der *Microtus arvalis* dominiert. Daneben sind *Microtus* (*Stenocranius*) *gregalis*, *Arvicola terrestris* und *Citellus* (*C.*) *citelloides* relativ stark vertreten. Charakteristische Waldanzeiger fehlen. Säugetierarten, die im Regelfall feuchtgründige Biotope bevorzugen (*Talpa europaea*, *Sorex araneus*, *Microtus oeconomus*) treten untergeordnet auf.

In den Säugetierfaunen der Lößderivate und begrabenen Böden verschieben sich die Häufigkeitsverhältnisse zur absoluten Dominanz der Offenlandvertreter mit wechselnden Anteilen von *Lagurus lagurus*, *Microtus arvalis* und *Microtus* cf. *arvalis*. Das Vorkommen von *L. lagurus* wird ausführlich diskutiert. Es wird eine Verbreitungskarte zusammengestellt, die die wichtigsten pleistozänen Fundpunkte dieser Art in Eurasien enthält.

Die stratigraphische Analyse ergibt, daß sowohl die Säugetierfauna der Fließerde als auch die des Schwarzerdekolluviums in den Zeitraum „ausgehendes Eem-Interglazial — Weichsel-Frühglazial" gestellt werden darf. Die Säugerfauna des älteren Lößderivates mit *L. lagurus* und *M. arvalis* kann in einen der kälteren Zeitabschnitte, die das Weichsel-Frühglazial einleiteten, eingestuft werden. Für die biostratigraphische Datierung des begrabenen Frostgleyes, des jüngeren Lößderivates und des begrabenen Humushorizontes stehen zur Zeit keine ausreichenden säugetierpaläontologischen Kriterien zur Verfügung.

Резюме

Описывается ископаемая фауна млекопитающих из перекрывающей травертин Бургтонны толщи покровных слоев. Исследованная толща покровных слоев образовалась в воронкообразной депрессии травертина и состоит из солифлюкционной почвы, коллювиального чернозёма, лёссовых дериватов и погребенных почв. Образцы, характеризующие последовательность образования данной толщи, были отобраны из четырёх разрезов.

Фауна млекопитающих солифлюкционной почвы и коллювиального чернозёма представляет фауну открытого ландшафта, в которой преобладает *Microtus arvalis*. Далее довольно часто встречаются *Microtus* (*Stenocranius*) *gregalis*, *Arvicola terrestris* и *Citellus* (*C.*) *citelloides*. Характерные компоненты лесной фауны отсутствуют. Характерные для влажных биотопов виды млекопитающих (*Talpa europaea*, *Sorex araneus*, *Microtus oeconomus*) представлены в небольшом количестве.

В происходящих из лёссовых дериватов и погребенных почв фаунах млекопитающих наблюдается иное видовое соотношение с абсолютным преобладанием представителей открытого ландшафта, причём наблюдается различное соотношение *Lagurus lagurus*, *Microtus arvalis* и *Microtus* cf. *arvalis*. Подробно обсуждается наличие *L. lagurus*. Предлагается карта распространения данного вида в Евразии с указанием наиболее важных плейстоценовых местонахождений.

В результате стратиграфического анализа установлено, что как фауна млекопитающих из солифлюкционной почвы так и фауна коллювиального чернозёма относятся к исходу эемского межледниковья — ранневислинского ледниковья. Фауна млекопитающих древнего лёссового деривата с *L. lagurus* и *M. arvalis* соответствует одному из более холодных интервалов в начале ранневислинского ледниковья. Биостратиграфическая датировка погребенной глеевой почвы, верхнего лёссового деривата и погребенного гумусового горизонта в настоящее время ещё недостаточно обоснована ввиду отсутствия соответствующих критериев.

Summary

From a Pleistocene succession of covering beds superposing the Travertine series of Burgtonna a fossil fauna of mammals is described. The sequence was deposited in a funnel-shaped depression of the Travertine, and consists of soil flow deposits, black earth colluvium, loess derivates, and buried soils. The sedimentary sequence was evidenced by samples in four profiles.

The mammalian fauna from soil flow deposits and black earth colluvium is an open-ground one in which *Microtus arvalis* dominates, besides *Microtus* (*Stenocranius*) *gregalis*, *Arvicola terrestris* and *Citellus* (*C.*) *citelloides* being represented to a relatively high degree. Characteristic forest indicators are absent. Species of mammals usually preferring humid-ground biotopes (*Talpa europaea*, *Sorex araneus*, *Microtus oeconomus*) are found to a lower degree.

In the mammalian faunae of the loess derivates and buried soils the abundance ratios shift towards an absolute dominance of open-ground representatives, with varying portions of *Lagurus lagurus*, *Microtus arvalis*, and *Microtus* cf. *arvalis*. The presence of *L. lagurus* is discussed in detail, compiling a distribution map that contains the most important Pleistocene localities of this species in Eurasia.

From a stratigraphical analysis results that both the mammalian fauna of the soil flow deposits and that of the black earth colluvium may be assigned to the period of the „terminating Eemian interglacial — early Weichselian glacial stage". The fauna of mammals of the older loess derivate, with *L. lagurus* and *M. arvalis*, may be classified into one of the colder substages starting the early Weichselian glacial stage. At present, mammalian-palaeontological criteria are not available for a biostratigraphical dating of the buried frost gley, younger loess derivate, and buried humus horizon.

7. Literatur

BRINK, F. H. VAN DEN: A field guide to the Mammals of Britain and Europe. — 221 S., Collins, London 1967.

BLACK, C. C., & KOWALSKI, K.: The Pliocene and Pleistocene Sciuridae (Mammalia, Rodentia) from Poland. — Acta Zool. Cracov. 19, 19, 461—485, Kraków 1974.

BOBRINSKIJ, N. A., KUZNECOV, B. A., & KUZJAKIN, A. P.: Opredelitel mlekopitajustschich SSSR. — 382 S., Moskau 1965.

CHALINE, J.: Le quaternaire. L'histoire humaine dans son environnement. — 338 S., Doin, Paris 1972.

DIEBEL, K., & PIETRZENIUK, E.: Die Ostrakodenfauna aus den jungpleistozänen (weichselkaltzeitlichen) Deckschichten von Burgtonna in Thüringen. — Quartärpaläontologie 3, 207—221, Berlin 1978.

DUMITRESCU, M., SAMSON, P., TERZEA, E., RĂDULESCU, C., & GHICA, M.: La grotte „La Adam" station pléistocene. — Lucr. Inst. Speol. „Emil Racoviţza". 1—2, 229—284, Bucureşti 1963.

FEJFAR, O.: Die Wühlmäuse (Microtidae, Mammalia) der älteren Sammlungen aus Stránská Skála bei Brno. — Anthropos Č. 20 (N. S. 12), 165—174, Brno 1972.

FEUSTEL, R., KERKMANN, K., SCHMID, E., MUSIL, R., MANIA, D., KNORRE, D., & JAKOB, H.: Die Urdhöhle bei Döbritz. — Alt-Thüringen 9, 131—226, Weimar 1971.

GAFFREY, G.: Merkmale der wildlebenden Säugetiere Mitteleuropas. — 284 S., Verlag Geest & Portig, Leipzig 1961.

GESANG, H.: Zur Geologie des Travertins von Burgtonna in Thüringen. — Quartärpaläontologie 3, 43—49, Berlin 1978.

GROMOW, I. M.: Werchnietschetwertytschnye grysuny Samarskoj Luki i uslowia sachoronenia i nakoplenia ich ostatkow. — Trudy Zool. Inst. 22, 112—150, Kiew 1957a.

Werchniepleistozenowye grysuny Kamsko-Kujbischewskowo Powolschja. — Ebenda, 151—191, Kiew 1957b.

— Materialy po istorii fauny grysunow Nischnewo Urala i Sewernowo Prikaspia. — Ebenda, 192—245, Kiew 1957c.

— Iskopaemye tschetwertytschnye grysuny sewernoj tschasti nischnewo Dona i prileschaschtschewo utschastka wolgo-donskowo wodorasdjela. — Ebenda, 246—318, Kiew 1957d.

— Iskopaemye werchnietschetwertitschnye grysuny predgornowo Kryma. — Trudy Komissii po Isutscheniju Tschetwertitschnowo Perioda 17, 1—189, Moskau 1961.

GROMOW, I. M., BIBIKOW, D., KALABUCHOW, N., & MEIER, M.: Marmotinae. — In: Fauna SSSR, Mljekopitajuschtschije 3, 2, 1—466, Isd. Nauka, Moskau, Leningrad 1965.

GROMOW, I. M., & PARFENOWA, N. M.: Materialy po faune grysunow Inderskowo Priuralja i jejo istorii. — Bjulleteny Mosk. Obstsch. Isp. Prirody, Otd. Biologii 16, 4, 13—20, Moskau 1951.

HEINRICH, W.-D.: Biometrische Untersuchungen an fossilen Kleinsäugetieren aus einer jungpleistozänen Deckschichtenfolge über dem interglazialen Travertin von Burgtonna in Thüringen. Quartärpaläontologie 3, 255 bis 268, Berlin 1978.

HEINRICH, W.-D., & JÁNOSSY, D.: *Lagurus lagurus* (PALLAS 1773) (Rodentia, Mammalia) aus dem Jungpleistozän von Burgtonna in Thüringen (Bez. Erfurt). — Z. geol. Wiss. 1, 5, 597—602, Berlin 1973.

— Insektivoren und Rodentier aus dem Pleistozän von Taubach bei Weimar. — Quartärpaläontologie 2, 401—411 Berlin 1977.

— Insektivoren und Rodentier aus dem Travertin von Burgtonna in Thüringen. — Quartärpaläontologie 3, 167—170, Berlin 1978.

— Fossile Vogelreste aus der jungpleistozänen Deckschichtenfolge über dem Travertin von Burgtonna in Thüringen. — Quartärpaläontologie 3, 227—229, Berlin 1978.

Heller, F.: Fossile *Sicista*-Reste aus dem Fränkischen Jura. — Paläont. Z. 15, 63—72, Berlin 1933.

Heptner, W. G., Morosowa, L. G., & Zalkin, W. I.: Die Säugetiere in der Schutzwaldzone. — 343 S., VEB Dt. Verl. Wiss., Berlin 1956.

Jäger, K.-D., & Heinrich, W.-D.: Die stratigraphische Gliederung eines fossilführenden jungpleistozänen Deckschichtenprofils über dem Interglazialtravertin von Burgtonna in Thüringen. — Quartärpaläontologie 3, 187 bis 202, Berlin 1978.

Jánossy, D.: Neueres Vorkommen seltener Säugetiere (*Sicista, Apodemus, Asinus*) aus dem ungarländischen Spätpleistozän. — Földt. Közlöny 83, 430—436, Budapest 1953.

— Die Vogel- und Säugetierreste der spätpleistozänen Schichten der Höhle von Istalloskö. — Acta Arch. Acad. Scient. Hung. 5, 149—181, Budapest 1955.

— Wirbeltierkleinfauna aus den Moustérien-Schichten der Subalyuk-Höhle (Nordostungarn). — Mammalia Pleistocaenica, Suppl. Anthropos 1960, 71—76, Brno 1960.

— Die Entwicklung der Kleinsäugerfaunen Europas im Pleistozän (Insectivora, Rodentia, Lagomorpha). — Z. Säugetierkd. 26, 1—11, Hamburg 1961.

— Letztinterglaziale Vertebraten-Fauna aus der Kalman-Lambrecht-Höhle (Bükk-Gebirge, Nordost-Ungarn). I—II. Teil. — Acta Zool. Hung. 9, 3/4, 293—331; 10, 1/2, 139—197, Budapest 1963/1964.

— Stratigraphische Auswertung der europäischen mittelpleistozänen Wirbeltierfauna. Teil II. — Ber. deutsch. Ges. geol. Wiss. A 14, 5, 573—643, Berlin 1969.

— Kleinsäugerfunde aus den Travertinen von Weimar-Ehringsdorf. — Abh. zentr. geol. Inst. 23, 501—511, Berlin 1975.

Koenigswald, W. von: *Lagurus lagurus* im jungpleistozänen Travertin des Biedermannschen Steinbruchs (Stuttgart-Untertürkheim). — N. Jb. Geol. Paläont. Mh. 1973, 11, 667—673, Stuttgart 1973.

Knorre, D. von: Kleinsäugerreste. — In: Feustel, R., Kerkmann, K., Schmid, E., et al.: Die Urdhöhle bei Döbritz. — Alt-Thüringen 11, 207—211, Weimar 1971.

Kormos, Th.: Die Säugetiere der Felsnische Pilisszántó in systematischer, zoogeographischer und phylogenetischer Hinsicht. — Mitt. Jb. kgl. Ung. geol. Reichsanst. 23, 6, 365—458, Budapest 1916.

Kowalski, K.: *Lagurus lagurus* (Pallas, 1773) and *Cricetus cricetus* (Linnaeus, 1758) (Rodentia, Mammalia) in the Pleistocene of England. — Acta Zool. Cracoviensia 12, 6, 111—121, Kraków 1967.

— Fossil Fauna. — In: Studies on Raj Cave near Kielce (Poland) and its Deposits. — Folia Quaternaria 41, 45 bis 59, Kraków 1972.

— Die fossile Säugetierfauna der Höhle Raj bei Kielce und ihre Bedeutung für die Würm-Stratigraphie in Polen. — Quartärpaläontologie 1, 217—219, Berlin 1975.

Kowalski, K., Kozlowski, I. K., & Madeyska, T.: Notes on Chronology and Palaeoecology. — In: Studies on Raj Cave near Kielce (Poland) and its Depotits. — Folia Quaternaria 41, 133—141, Kraków 1972.

Kretzoi, M.: Die altpleistozänen Wirbeltierfaunen des Villanyer Gebirges. — Geologica Hungarica, Ser. Palaeont. 27, 1—264, Budapest 1956.

— Die Wirbeltierfauna des Travertinkomplexes von Tata. — In: L. Vértes: Tata, eine mittelpaläolithische Travertin-Siedlung in Ungarn. — Archaeologica Hungarica, Ser. Nova 43, 105—126, Budapest 1964.

Mania, D.: Zur Molluskenfauna aus der jungpleistozänen Deckschichtenfolge von Burgtonna in Thüringen. — Quartärpaläontologie 3, 203—205, Berlin 1978.

Mania, D., & Toepfer, V.: Königsaue. Gliederung, Ökologie und mittelpaläolithische Funde der letzten Eiszeit. — Veröff. Landesmus. Vorgesch. Halle 26, 1—164, Berlin 1973.

Mlynarski, M., Böhme, G., & Ullrich, H.: Amphibien- und Reptilienreste aus der jungpleistozänen Deckschichtenfolge des Travertins von Burgtonna in Thüringen. — Quartärpaläontologie 3, 223—226, Berlin 1978.

Munsell Color Company Inc. (ed.): Munsell soil color charts. Baltimore, Maryland/USA 1954.

Musil, R., & Valoch, K.: Beitrag zur Gliederung des Würms in Mitteleuropa. — Eiszeitalter u. Gegenwart 17, 131 bis 138, Öhringen (Württ.) 1966.

Ognev, S. I.: Sweri SSSR i prileschaschtschich stran. Tom VII. — Akad. Nauk SSSR, 706 S., Moskau, Leningrad 1950

Pidoplitschka, I. G.: Materiali do wiwtschenija minulich faun URSR. — vip. 2. — Akad. Nauk. URSR, 234 S., Kiew 1956.

Radulesco, C., & Samson, P.: Sur quelques Arvicolidés (Mammalia, Rodentia) pléistocènes du Sud-Est de la Transylvanie. — Trav. Inst. Spéol. „Emile Racovitza" 10, 301—311, Bucarest 1971.

Rausch, R.: The specific status of the Narrow-Skulled Vole (Subgenus *Stenocranius* Kashenko) in North America. — Z. Säugetierkd. 29, 343—358, Hamburg, Berlin 1964.

Schmidt, E.: Bagolyköpetviszgalatok. — 137 S., Budapest 1967.

Stehlin, H. G.: Wirbeltierreste. — In: F. Sarasin: Die Magdalenien-Station bei Ettingen (Baselland). — Denkschr. Schweiz. naturforsch. Ges. 61, 1, 1—26, Basel 1924.

Stein, H. W.: Die Feldmaus. — Neue Brehmbücherei 225, 76 S., Ziemsen-Verlag, Lutherstadt Wittenberg 1958.

Tobien, H.: *Citellus* (Rodentia) und Lagomorpha aus den älteren Aufsammlungen an der pleistozänen Lokalität Stránská Skála bei Brno (ČSSR). — Anthropos Č. 20 (N. S. 12), 137—146, Brno 1972.

Topatschewskij, W.: Posdnepleistozenowye i holozenowaja fauna mljekopitajustschich is sowremennych alluwialnych otloschenij nischnewo Dnjepra. — Trudy Inst. Zool. 14, 113—128, Kiew 1957.

— Nowye materialy k antropogenowoi istorii fauny mlekopitajuschtschich srednewo Pridnieprowja. — Sbirnik Praz Zool. Muz. 30, 9—20, Kiew 1961.

Wangenheim, E. A., & Saschigin, W. S.: Njekotorye itogi isutschenija antropogenowoj fauny mljekopitajustschich sapadnoj Sibiri. — Osnownye problemy isutsch. Tschetwert. Perioda, 301—310, Moskau 1965.

— Fauny mljekopitajustschich eopleistozena Sibiri i ich sopostawlenie s wostotschnoeuropeiskimi. — Osnownye problemy geologii antropogena Ewrasii, 47—59, Moskau 1969.

Zimmermann, K.: Säugetiere — Mammalia. — In: E. Stresemann: Exkursionsfauna von Deutschland. Wirbeltiere. — 274—328, Berlin 1955.

Quartärpaläontologie	3	255–268	Berlin, Dezember 1978

Biometrische Untersuchungen an fossilen Kleinsäugetieren aus einer jungpleistozänen Deckschichtenfolge über dem interglazialen Travertin von Burgtonna in Thüringen

Von WOLF-DIETER HEINRICH, Berlin

Mit 20 Abbildungen

Inhalt

1. Abstractum

An den M_1 von *Arvicola terrestris*, *Microtus* (*Stenocranius*) *gregalis* und *Microtus arvalis* sowie an den Pd_4^4, P_4^4 und M_3^3 von *Citellus* (*Citellus*) *citelloides* werden biostatistische Untersuchungen vorgenommen. Das Fundgut stammt aus der Fließerde und dem Schwarzerdekolluvium des Deckschichtenprofils über dem Interglazialtravertin von Burgtonna sowie aus der kolluvialen Verfüllung eines Hohlraumes im Travertin. Der auf der Grundlage der Mittelwerte und ihrer Vertrauensbereiche durchgeführte Vergleich zwischen den Populationen aus dem Schwarzerdekolluvium und der Fließerde erbrachte keine statistisch signifikanten Unterschiede.

Arvicola terrestris, *Microtus* (*Stenocranius*) *gregalis* и *Microtus arvalis*, а также Pd_4^4, P_4^4, и M_3^3 *Citellus* (*Citellus*) *citelloides* подвергались биостатистическому исследованию. Исследованный материал происходит из солифлюкционной почвы и чернозема исследованного разреза покровных слоев выше межледникового травертина Бургтонны и из коллювиального заполнения полости в травертине. Сравнение средних зачнений между популяциями из коллювиального чернозема и солифлюкционной почвы не дало существенных статистических различий.

Biostatistical analyses are made of the M_1 of *Arvicola terrestris*, *Microtus* (*Stenocranius*) *gregalis* and *Microtus arvalis*, as well as of the Pd_4^4, P_4^4 and M_3^3 of *Citellus* (*Citellus*) *citelloides*. The finds originate from the soil flow deposits and black earth colluvium of the profile of covering beds investigated above the interglacial Travertine series of Burgtonna, as well as from the colluvial filling of a cavity in the travertine. A comparison of mean values and their confidence intervals made between the populations of the black earth colluvium and soi flow deposits did not produce differences significant from a statistical point of view.

2. Einleitung

Aus dem Deckschichtenprofil von Burgtonna konnte ein überaus reichhaltiges Kleinsäugermaterial geborgen werden. Der Umfang des Fundgutes legte biostatistische Untersuchungen nahe. Vorrangiges Ziel war es, die repräsentativ vertretenen Arten im Rahmen einer biometrischen Dokumentation näher zu kennzeichnen.[1])

Für die Bereitstellung von Material kamen in erster Linie die Fließerde und das Schwarzerdekolluvium in Betracht, die sich im untersuchten Deckschichtenprofil direkt überlagern und die tieferen Teile der Depression ausfüllen (vgl. JÄGER & HEINRICH im vorliegenden Band, S. 188 ff.). Aus beiden konnten mit Abstand die meisten Wirbeltierreste geborgen werden. Dabei gewährte der Umstand, daß das umfangreichste Fundgut aus zwei Ablagerungen in direkter Superposition stammt, weitere Aussagemöglichkeiten und Schlußfolgerungen, die über die reine biometrische Kennzeichnung der Arten beider Ablagerungen hinausgingen. Diese werden dadurch begründet, daß sich eine oder auch mehrere lithostratigraphische Einheiten einer Fundstätte im Regelfall dann durch gleiche oder vergleichbare biometrische Parameter auszeichnen, wenn diese in einem relativ kurzen geologischen Zeitraum entstanden. Umgekehrt können statistisch gesicherte Differenzen zwischen Populationen innerhalb einer lithostratigraphischen Einheit auf einen längeren Bildungszeitraum dieser Ablagerung hinweisen. Statistisch gesicherte Differenzen können überdies ein überprüfenswerter Indikator für morphometrische Veränderungen in Populationen sein, die nicht notwendigerweise mit einem lithologischen Wechsel der Fundschicht korreliert sein müssen. Diese können z. B. durch Faunenverschiebungen (Einfluß der geographischen Variation), aber auch durch den Wandel der Populationen im ehemaligen Fundstättengebiet bedingt sein.

In diese Aussagemöglichkeiten wurden in Burgtonna gerade im Falle der Fließerde und des Schwarzerdekolluviums gewisse Erwartungen gesetzt, da deren Entstehungszeitraum unterschiedlich beurteilt werden kann. Zumindest lassen die geologischen Befunde zwei Deutungen zu: Einerseits könnten der Fließerde und dem Schwarzerdekolluvium je ein eigenständiger Bildungszeitraum entsprechen. Zwischen beiden Ablagerungen läge danach ein Hiatus, der mit dem interstadialen Bildungszeitraum eines Tschernosems koinzidieren könnte, da das

[1]) Für eine kritische Durchsicht des Manuskriptes danke ich Herrn Prof. Dr. V. POKORNÝ, Prag.

Schwarzerdekolluvium das Vorhandensein einer zuvor entstandenen verlagerungsfähigen Schwarzerde voraussetzt. Andererseits könnte aber auch für beide Ablagerungen ein einheitlicher Sedimentationsvorgang und dementsprechend der gleiche Bildungszeitraum angenommen werden (vgl. Jäger & Heinrich sowie Heinrich & Jäger im vorliegenden Band, S. 188 u. S. 274). Diese Vorstellung wird dadurch begründet, daß im Fundstättenbereich wahrscheinlich zunächst nur Verwitterungsprodukte des Travertins und erst anschließend — wegen der größeren Entfernung zur benachbarten Lößlandschaft — Bodensedimente in die trichterartige Depression verlagert werden konnten. Ein weiteres Ziel unserer Untersuchungen war es daher, die Frage nach der Einheitlichkeit des Entstehungszeitraumes von Fließerde und Schwarzerdekolluvium einer Klärung näher zu bringen.

3. Material und Untersuchungsmethode

Entsprechend der Zielstellung der Untersuchungen mußte Fossilmaterial herangezogen werden, das sowohl in der Fließerde als auch im Schwarzerdekolluvium im größeren Umfange vertreten war. Diese Voraussetzungen erfüllten insgesamt vier Rodentierarten: *Citellus (Citellus) citelloides, Arvicola terrestris, Microtus arvalis* und *Microtus (Stenocranius) gregalis.*

Zwischen beiden Ablagerungen besteht allerdings ein erheblicher Unterschied im Umfang des verfügbaren Fundgutes. Relativ wenigen meßbaren Funden von *Microtus (Stenocranius) gregalis, Arvicola terrestris* und — mit Einschränkungen — auch *Citellus (Citellus) citelloides* steht deren massenhaftes Auftreten im Schwarzerdekolluvium in der Fließerde gegenüber. Dieser Regelfall wird von der Art *Microtus arvalis* durchbrochen, die nicht nur in beiden Ablagerungen schlechthin, sondern auch in jeder der fünf unterschiedenen Schichten des Schwarzerdekolluviums (2a—2e) statistisch repräsentativ vertreten war. Hinzu kam bei dieser Spezies eine Population, die aus der kolluvialen Füllung eines Hohlraumes gewonnen werden konnte, der unterhalb der Depression lag.

Von *Citellus (C.) citelloides* sind nur isolierte Prämolaren und Molaren vermessen worden, da im Verband befindliche Zähne und ganze Zahnreihen nicht in ausreichendem Umfange vorlagen. Es wurden die Längen und Breiten der Pd_4^4, P_4^4 und der M_3^3 erfaßt und in die Untersuchungen einbezogen. Die M_1^1 und M_2^2 sind ebenfalls vermessen worden, doch wurde auf deren Besprechung verzichtet, da die exakte anatomische Position dieser Molaren nicht immer mit ausreichender Sicherheit zu bestimmen war. Um einen vorläufigen Vergleich von *Citellus (C.) citelloides* mit dem rezenten *Citellus (C.) citellus* zu ermöglichen, wurden Messungen an Exemplaren dieser Art vorgenommen. Das rezente Vergleichsmaterial stammt aus Ungarn[2]). Um eine möglichst große Variationsbreite zu erfassen, ist Material verschiedener Herkunftsorte berücksichtigt worden.

Bei *Microtus arvalis, Microtus (St.) gregalis* und *Arvicola terrestris* wurden ausschließlich die Längen der M_1 gemessen, u. zw. an deren Kauflächen.

Die Messungen wurden mit einem Meßokular in Verbindung mit dem Binokular SM XX, Carl Zeiss Jena, vorgenommen. Die Lage der Meßpunkte und Meßstrecken sind aus den entsprechenden Diagrammen und Abbildungen ersichtlich.

Für die einzelnen Merkmale wurden folgende statistische Parameter ermittelt: n — Anzahl der Messungen; $x_{min}-x_{max}$ — Variationbreite; $\bar{x}$ — Mittelwert; $s\bar{x}$ — Standardfehler des Mittelwertes; s — Standardabweichung (Streuung) und *v* — Variabilitätskoeffizient. Die Berechnung der statistischen Parameter erfolgte nach den Angaben bei Cavalli-Sforza (1969), Marsal (1967), Mayr, Linsley & Usinger (1953) sowie Simpson & Roe (1939).

Der Populationsvergleich erfolgte auf der Grundlage des Mittelwertes ($\bar{x}$), der einer der wichtigsten statistischen Parameter ist und bei wirbeltierpaläontologischen Untersuchungen vielfach zur Kennzeichnung und Abgrenzung von taxonomischen Einheiten herangezogen wurde. Vor der Berechnung der Mittelwerte ($\bar{x}$) wurden für die einzelnen Merkmale — soweit ein umfangreicheres Datenmaterial vorlag — Häufigkeitsverteilungen ermittelt, die durchweg eingipfelige Kurvenbilder ergaben. Da ein Vergleich der Mittelwerte ($\bar{x}$), nicht aber der von Häufigkeitsverteilungen vorgesehen war, wurde hier auf deren Wiedergabe weitgehend verzichtet.

Der Vergleich der Mittelwerte ($\bar{x}$) erfolgte mit Hilfe ihrer Vertrauensbereiche, die unter Verwendung der entsprechenden Student-*t*-Tabellenwerte nach der Formel $\bar{x} \pm t_{95\%} \cdot s\bar{x}$ ermittelt wurden (vgl. Cavalli-Sforza 1969). Die Wahrscheinlichkeit, daß sich der wahre Mittelwert der Population in diesem Vertrauensbereich befindet, beträgt 95%. Die ermittelten statistischen Parameter werden im Form von tabellarischen Zusammenstellungen wiedergegeben, die mit der graphischen Darstellung der Variationsbreite, der Standardabweichung, des Mittelwertes und dessen Vertrauensbereichs kombiniert sind. Dabei zeigte es sich, daß in fast allen Fällen eine soweit reichende Überlagerung und Überlappung der 95%-Vertrauensbereiche vorliegt, daß auf den t-Test nach Student weitgehend verzichtet werden konnte. Dieser kam daher nur in Stichproben zwecks Kontrolle zum Einsatz.

4. Biostatistische Dokumentation

4.1. *Arvicola terrestris* (Linnaeus)

a) Untersuchtes Merkmal: Länge des ersten unteren Molaren (M_1).

b) Herkunft der Daten: Relativ repräsentativer Datenumfang aus den Schichten 2a (n = 23) und 2d (n = 20) des Schwarzerdekolluviums, geringerer aus den Schichten 1 (Fließerde), 2b, 2c und 2e (Schwarzerdekolluvium) sowie aus der Beprobungseinheit 3/1 (mit Schwarzerdekolluvium verfüllter Hohlraum des Travertins).

c) Häufigkeitsverteilung: Für die Population aus der Schicht 2a (n = 23) zeichnet sich eine eingipfelige Verteilung ab. Die aus dem Schwarzerdekolluvium vorliegenden Daten ergeben zusammengefaßt eine eingipfelige Häufigkeitsverteilung (Abb. 1).

d) Vergleich der Mittelwerte: Kein signifikanter Unterschied zwischen den Mittelwerten der verglichenen Populationen (Abb. 2).

e) Schlußfolgerungen: An Hand des untersuchten Merkmales ließen sich zwischen den verglichenen Populationen von *Arvicola terrestris* aus dem Schwarzerdekolluvium keine signifikanten Unterschiede feststellen.

4.2. *Microtus (Stenocranius) gregalis* (Pallas)

a) Untersuchtes Merkmal: Länge des ersten unteren Molaren (M_1).

b) Herkunft der Daten: Relativ repräsentativer Datenumfang aus der Schicht 2d (n = 25), geringerer

[2]) Herrn Dr. G. Topál und Herrn Prof. Dr. D. Jánossy, beide Nationalmuseum Budapest, danke ich für kritische Diskussionen und das Überlassen von rezentem Vergleichsmaterial von *Citellus citellus* zur Bearbeitung.

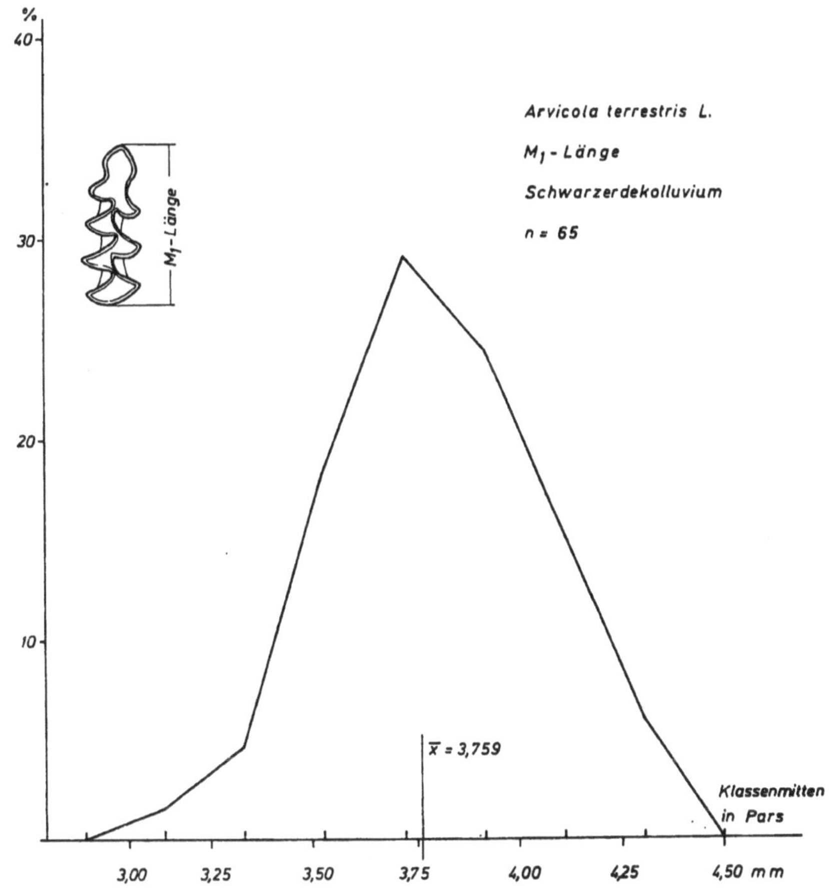

Abb. 1. Häufigkeitsverteilung der M_1-Länge von *Arvicola terrestris* aus dem Schwarzerdekolluvium von Burgtonna (Schicht 2a—e)

Schicht	n	$x_{min.}$ - x_{max}	$\bar{x}$	$s\bar{x}$	s	v
2e	5	3,31 - 3,63	3,500	—	—	—
2d	20	3,50 - 4,19	3,766	0,042	0,1890	5,019
2c	4	3,75 - 4,19	3,922	—	—	—
2b	9	3,56 - 4,13	3,888	—	—	—
2a	23	3,19 - 4,25	3,761	0,055	0,2662	7,080
1	9	3,19 - 4,44	3,701	—	—	—
Probe 3/1	4	3,38 - 3,75	3,594	—	—	—

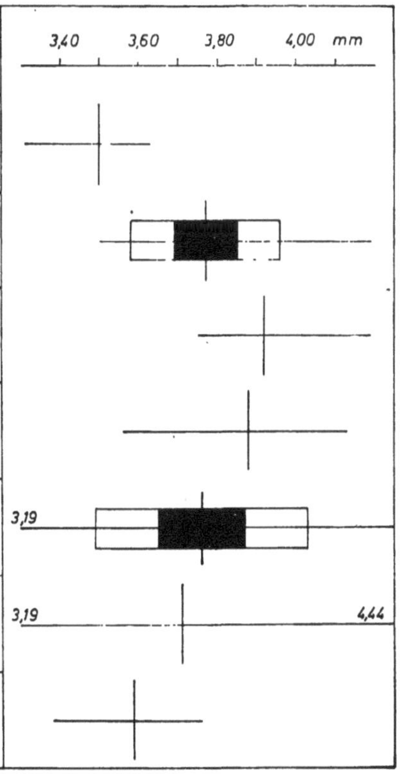

Abb. 2. Biostatistische Kennzeichnung der Populationen von *Arvicola terrestris* im Deckschichtenprofil von Burgtonna an Hand der M_1-Länge (in mm)

In der Darstellung gibt die horizontale Linie die Variationsbreite ($x_{min} - x_{max}$), die senkrechte Linie die Position des Mittelwertes ($\bar{x}$) an. Das schwarze Rechteck veranschaulicht den Bereich des doppelten Standardfehlers des Mittelwertes ($\bar{x} \pm t_{95\%} \cdot s\bar{x}$), das weiße Rechteck den Bereich $\bar{x} \pm s$.

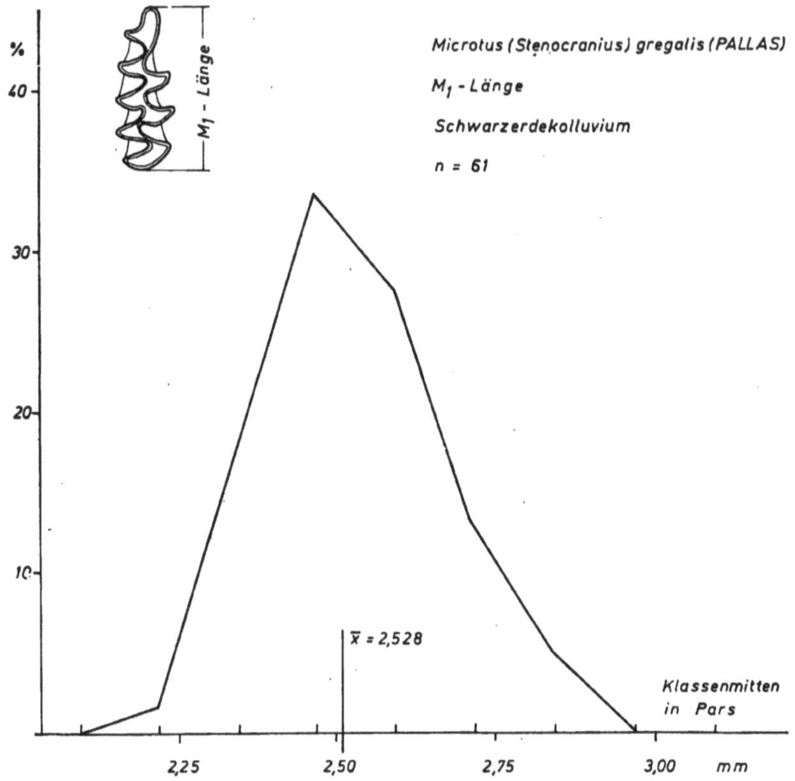

Abb. 3. Häufigkeitsverteilung der M_1-Länge von *Microtus* (*Stenocranius*) *gregalis* aus dem Schwarzerdekolluvium von Burgtonna (Schichten 2a—e)

Schicht	n	$x_{min.}$ - $x_{max.}$	$\bar{x}$	$s\bar{x}$	s	v
2e	9	2,31 - 2,69	2,569	—	—	—
2d	25	2,25 - 2,81	2,528	0,024	0,122	4,826
2c	7	2,31 - 2,88	2,563	—	—	—
2b	6	2,38 - 2,63	2,448	—	—	—
2a	13	2,38 - 2,81	2,519	0,037	0,134	5,320
1	1	2,50	—	—	—	—
Probe 3/1	—	—	—	—	—	—

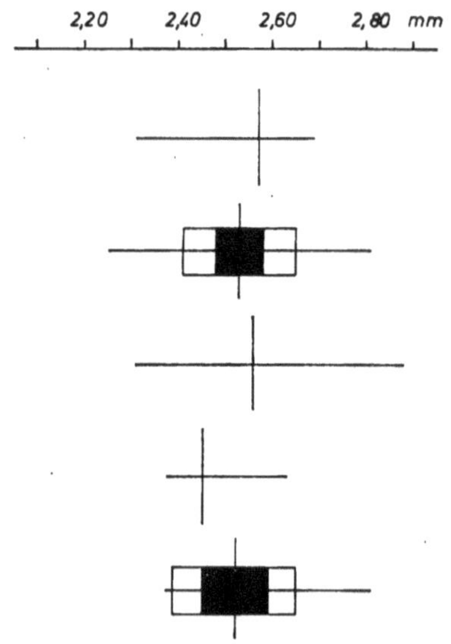

Abb. 4. Biostatistische Kennzeichnung der Populationen von *Microtus* (*Stenocranius*) *gregalis* im Deckschichtenprofil von Burgtonna an Hand der M_1-Länge (in mm)

aus den Schichten 2a—2d des Schwarzerdekolluviums. Keine Daten aus der Fließerde (Schicht 1) und der kolluvialen Füllung eines Hohlraumes im Travertin (3/1).

c) Häufigkeitsverteilung: Für die Population aus der Schicht 2d zeichnet sich eingipfelige Verteilung ab (n = 25). Die Summe aller aus den Schichten 2a—2e vorliegenden Daten ergibt eine eingipfelige Häufigkeitsverteilung (Abb. 3).

d) Vergleich der Mittelwerte: Kein signifikanter Unterschied zwischen den Mittelwerten ($\bar{x}$) der verglichenen Populationen (Abb. 4).

e) Schlußfolgerungen: An Hand der Mittelwerte der M_1-Längen konnten zwischen den verglichenen Populationen von *Microtus (St.) gregalis* keine signifikanten Unterschiede festgestellt werden.

4.3. *Microtus arvalis* (Pallas)

a) Untersuchtes Merkmal: Länge des ersten unteren Molaren (M_1).

b) Herkunft der Daten: Repräsentativer Datenumfang aus den Schichten 1 (Fließerde), 2a—2e (Schwarzerdekolluvium) sowie aus der Beprobungseinheit 3/1 (mit Schwarzerdekolluvium verfüllter Hohlraum des Travertins).

c) Häufigkeitsverteilung: Die Verteilungskurven der M_1-Längen aus den Schichten 1 (Fließerde) und 2a—2e (Schwarzerdekolluvium) sind eingipfelig (Abb. 5). Eine eingipfelige Verteilungskurve ist auch für die Population aus der kolluvialen Füllung eines Hohlraumes im Travertin (3/1) belegbar, obwohl ein geringerer Datenumfang vorliegt (n = 24).

d) Vergleich der Mittelwerte: Keine signifikanten Unterschiede zwischen den Mittelwerten ($\bar{x}$) der verglichenen Populationen (Abb. 6).

e) Schlußfolgerungen: An Hand des untersuchten Merkmales ließen sich zwischen den Populationen aus den Schichten des Schwarzerdekolluviums (2a—2e) einerseits sowie den einzelnen Schichten des Schwarzerdekolluviums (2a—2e) und der Fließerde (Schicht 1) bzw. der kolluvialen Füllung eines Hohlraumes im Travertin (3/1) andererseits keine signifikanten Unterschiede feststellen.

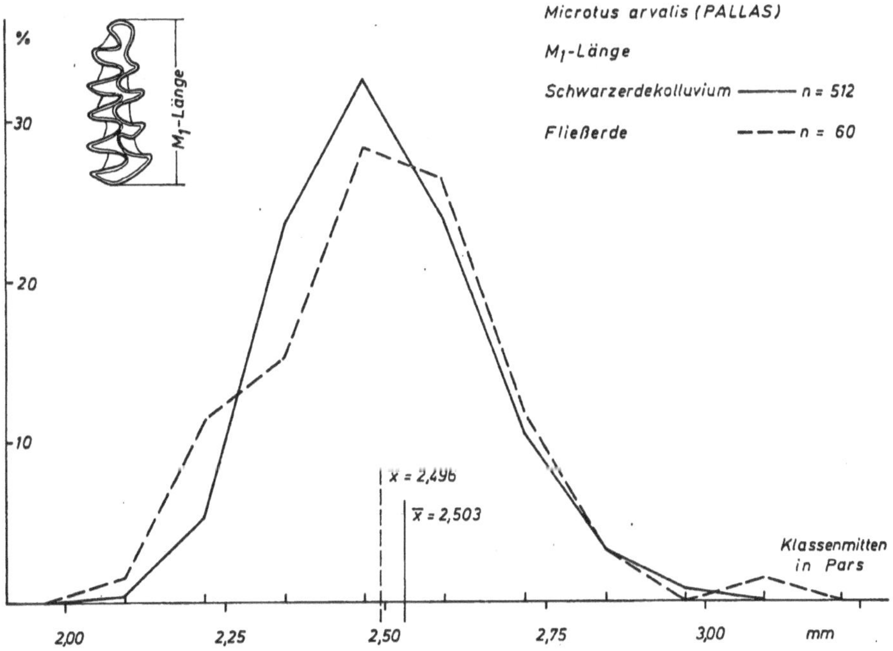

2e/2a %	0,39	5,08	23,63	32,42	23,83	10,56	3,32	0,78	–
2e/2a n	2	26	121	166	121	54	17	4	–
2e	–	1	14	23	12	6	1	1	–
2d	1	13	27	43	32	10	2	–	–
2c n	–	3	11	17	10	3	1	–	–
2b	–	4	19	21	19	10	6	1	–
2a	1	5	50	62	48	25	7	2	–
1 %	1,66	11,67	14,99	28,83	26,66	11,67	3,33	–	1,66
1 n	1	7	9	17	16	7	2	–	1

Abb. 5. Häufigkeitsverteilung der M_1-Längen von *Microtus arvalis* aus der Fließerde (Schicht 1) und dem Schwarzerdekolluvium (Schichten 2a—2e) von Burgtonna

Schicht	n	$x_{min.}$ - $x_{max.}$	$\bar{x}$	$s\bar{x}$	s	v
2e	58	2,25 - 3,00	2,502	0,018	0,140	5,576
2d	128	2,13 - 2,81	2,469	0,013	0,144	5,832
2c	45	2,19 - 2,81	2,472	0,020	0,140	5,663
2b	80	2,19 - 3,00	2,519	0,018	0,168	6,670
2a	200	2,13 - 2,94	2,509	0,010	0,146	5,819
1	60	2,13 - 3,06	2,496	0,024	0,183	7,332
Probe 3/1	24	2,19 - 2,81	2,502	0,034	0,166	6,640

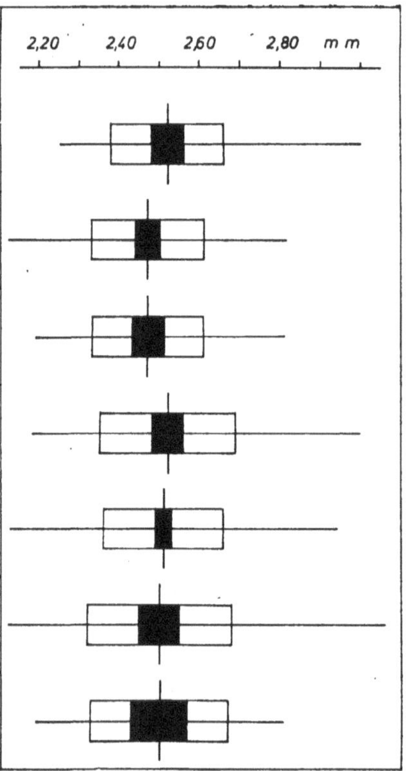

Abb. 6. Biostatistische Kennzeichnung der Populationen von *Microtus arvalis* im Deckschichtenprofil von Burgtonna an Hand der M_1-Länge (in mm)

4.4. *Citellus* (*Citellus*) *citelloides* Kormos

4.4.1. Dritter oberer Molar (M^3)

a) Untersuchte Merkmale: Länge und Breite des 3. oberen Molaren (M^3).

b) Herkunft der Daten: Relativ repräsentativer Datenumfang aus der Fließerde (n = 22) und den Schichten 2a (n = 39) und 2e (n = 18) des Schwarzerdekolluviums, geringerer aus den Schichten 2b, 2c und 2d.

c) Häufigkeitsverteilung: Die Daten aus der Fließerde (Abb. 7) und der Schicht 2a (n = 38) ergeben eine eingipfelige Häufigkeitsverteilung. Die Zusammenfassung aller aus dem Schwarzerdekolluvium-

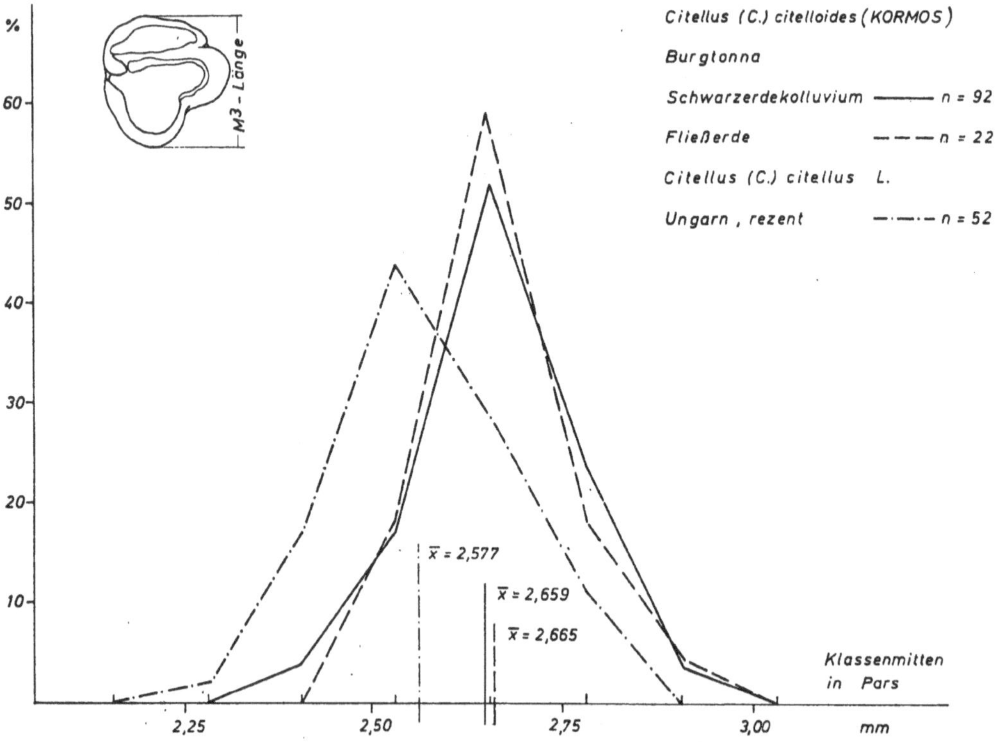

Abb. 7. Häufigkeitsverteilung der M^3-Längen von *Citellus* (*C.*) *citelloides* aus dem Schwarzerdekolluvium (Schichten 2a—2e) und der Fließerde (Schicht 1) von Burgtonna sowie von *Citellus* (*C.*) *citellus* aus Ungarn (rezent)

Schicht	n	$x_{min.}$ - $x_{max.}$	$\bar{x}$	$s\bar{x}$	s	v
2e	18	2,44 - 2,91	2,679	0,032	0,138	5,151
2d	7	2,56 - 2,86	2,679	—	—	—
2c	17	2,36 - 2,81	2,636	0,026	0,109	4,135
2b	12	2,50 - 2,75	2,646	0,025	0,086	3,250
2a	38	2,44 - 2,81	2,662	0,016	0,097	3,644
1	22	2,50 - 2,88	2,665	0,019	0,088	3,302
Probe 3/1	—	—	—	—	—	—

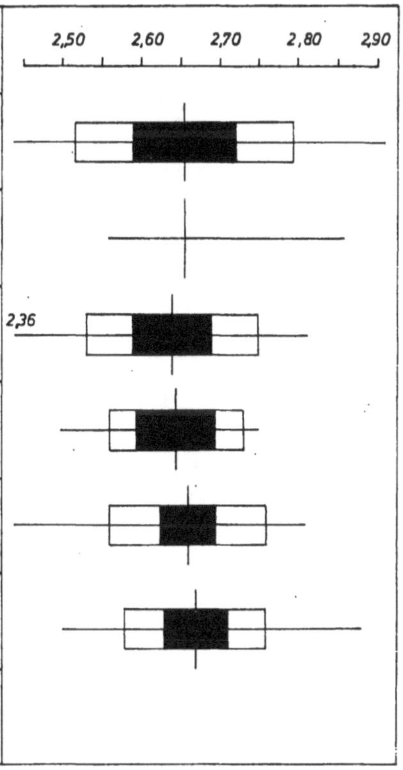

Abb. 8. Biostatistische Kennzeichnung der Populationen von *Citellus* (*C.*) *citelloides* im Deckschichtenprofil von Burgtonna an Hand der M^3-Länge (in mm)

Schicht	n	$x_{min.}$ - $x_{max.}$	$\bar{x}$	$s\bar{x}$	s	v
2e	18	2,56 - 2,90	2,739	0,022	0,095	3,455
2d	8	2,59 - 2,88	2,738	—	—	—
2c	17	2,56 - 2,88	2,734	0,020	0,083	3,025
2b	12	2,63 - 2,81	2,729	0,016	0,057	2,088
2a	38	2,56 - 2,86	2,721	0,012	0,075	2,759
1	22	2,56 - 2,81	2,714	0,014	0,063	2,321
Probe 3/1	-		—	—	—	—

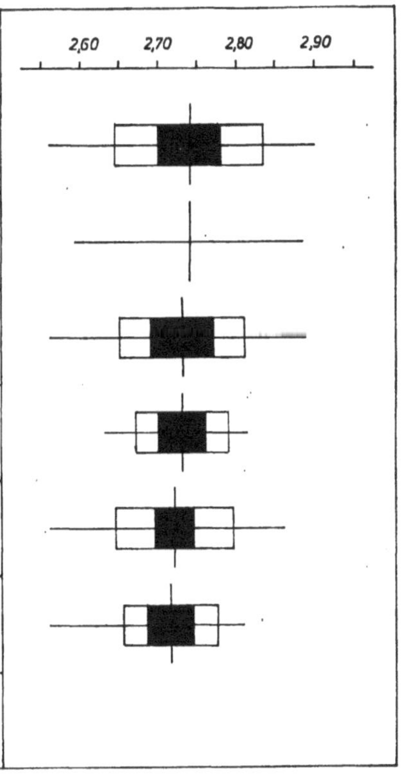

Abb. 9. Biostatistische Kennzeichnung der Populationen von *Citellus* (*C.*) *citelloides* im Deckschichtenprofil von Burgtonna an Hand der M^3-Breite (in mm)

verfügbaren Daten führt ebenfalls zu einer eingipfeligen Häufigkeitsverteilung (Abb. 7).

d) Vergleich der Mittelwerte: Keine signifikanten Unterschiede zwischen den Mittelwerten der verglichenen Populationen (Abb. 8 und 9).

4.4.2. Dritter unterer Molar (M_3)

a) Untersuchte Merkmale: Länge und Breite des 3. unteren Molaren (M_3).

b) Herkunft der Daten: Relativ repräsentativer Datenumfang aus den Schichten 2a (n = 35) und

2e (n = 28) des Schwarzerdekolluviums, geringerer aus den Schichten 2b, 2c und 2d.

c) Häufigkeitsverteilung: Die Daten aus den Schichten 2a (n = 35) und 2e (n = 28) sowie die Zusammenfassung aller Daten aus dem Schwarzerdekolluvium führten zu einer eingipfeligen Häufigkeitsverteilung.

d) Vergleich der Mittelwerte: Kein signifikanter Unterschied zwischen den Mittelwerten der verglichenen Populationen (Abb. 10 und 11).

Schicht	n	$x_{min.}$ - $x_{max.}$	$\bar{x}$	$s\bar{x}$	s	v
2e	28	2,81 - 3,25	3,093	0,021	0,110	3,556
2d	4	2,94 - 3,31	3,125	–	–	–
2c	13	2,94 - 3,38	3,142	0,031	0,113	3,596
2b	12	2,81 - 3,31	3,133	0,039	0,135	4,309
2a	35	2,75 - 3,31	3,076	0,024	0,142	4,616
1	13	2,88 - 3,31	3,122	0,037	0,132	4,228
Probe 3/1	–	–	–	–	–	–

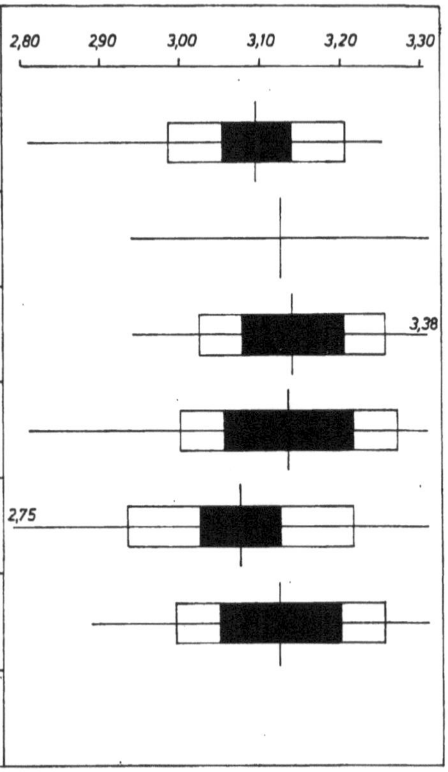

Abb. 10. Biostatistische Kennzeichnung der Populationen von *Citellus* (*C.*) *citelloides* im Deckschichtenprofil von Burgtonna an Hand der M_3-Länge (in mm)

Schicht	n	$x_{min.}$ - $x_{max.}$	$\bar{x}$	$s\bar{x}$	s	v
2e	28	2,25 - 2,59	2,443	0,018	0,096	3,930
2d	4	2,38 - 2,56	2,453	–	–	–
2c	13	2,31 - 2,56	2,445	0,027	0,096	3,926
2b	12	2,19 - 2,50	2,365	0,026	0,092	3,890
2a	35	2,19 - 2,56	2,404	0,015	0,086	3,577
1	13	2,34 - 2,63	2,454	0,024	0,085	3,464
Probe 3/1	–	–	–	–	–	–

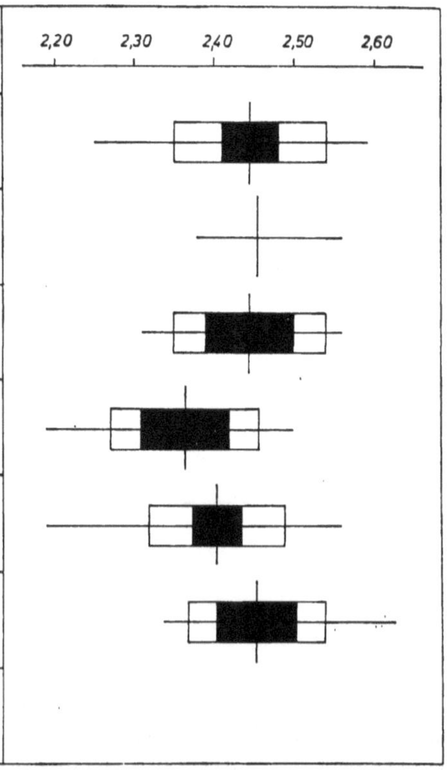

Abb. 11. Biostatistische Kennzeichnung der Populationen von *Citellus* (*C.*) *citelloides* im Deckschichtenprofil von Burgtonna an Hand der M_3-Breite (in mm)

4.4.3. Unterer Prämolar (P_4)

a) Untersuchte Merkmale: Länge und Breite des unteren Prämolaren (P_4).

b) Herkunft der Daten: Relativ repräsentativer Datenumfang aus der Fließerde (n = 25) und den Schichten 2a (n = 25) und 2c (n = 27) des Schwarzerdekolluviums, geringerer aus den Schichten 2b, 2d und 2e.

c) Häufigkeitsverteilungen: Die Daten aus der Schicht 1 (vgl. Abb. 12) sowie diejenigen aus den Schichten 2a (n = 25) und 2c (n = 27) des Schwarzerdekolluviums ergeben eingipfelige Häufigkeitsverteilungen. Die Summe aller Daten aus dem Schwarzerdekolluvium liefert ebenfalls ein eingipfeliges Kurvenbild (Abb. 12).

d) Vergleich der Mittelwerte: Kein signifikanter Unterschied zwischen den Mittelwerten der verglichenen Populationen in bezug auf die P_4-Breite. Die 95%-Vertrauensbereiche der Mittelwerte der Populationen aus dem Schwarzerdekolluvium und der Fließerde überlappen sich, was das Nichtvorhandensein von signifikanten Unterschieden zwischen den Grundgesamtheiten beider lithostratigraphischer Einheiten belegt. Demgegenüber deuten sich zwischen den Populationen der Schichten 2a und 2d möglicherweise geringfügige Unterschiede an, jedoch steht der definitiven Bewertung des Befundes vorerst der geringe Datenumfang aus der Schicht 2d entgegen. Hier sollte der Fehler der kleinen Anzahl von Meßdaten berücksichtigt werden, zumal der bei den 95%-Vertrauensbereichen angedeutete geringfügige Unterschied bei einem Vergleich der 99%-Vertrauensbereiche verschwindet, so daß allenfalls ein Wechsel der Signifikanz in Betracht gezogen werden darf. Der t-Test lieferte ebenfalls keine signifikanten Unterschiede (Abb. 13, 14).

4.4.4. Schlußfolgerungen

Die Untersuchungen an den M_3^3 und P_4 von *Citellus* (*C.*) *citelloides*, die im vorliegenden Fundgut mit meßbaren Funden am zahlreichsten beteiligt sind, erbrachten für die Mittelwerte der untersuchten Merkmale keine Hinweise auf das Vorhandensein von signifikanten Unterschieden. Unter Berücksichtigung der Untersuchungsergebnisse, die an *Arvicola terrestris*, *Microtus arvalis* und *Microtus* (*St.*) *gregalis* gewonnen werden konnten, ist es daher gerechtfertigt, die *citelloides*-Populationen aus dem Schwarzerdekolluvium zusammenzufassen und diese derjenigen aus der Fließerde geschlossen gegenüberzustellen (Abb. 15 u. 16). Dabei zeigt sich, daß bei keinem der untersuchten Merkmale zwischen den verglichenen Populationen signifikante Unterschiede bestehen. Diese Aussage wird bekräftigt, wenn weitere Merkmale (Pd_4^4, P^4) zum Vergleich herangezogen werden (Abb. 15 u. 16). Dieser Befund wird darüber hinaus durch Korrelationsdiagramme der P_4^4 und M_3^3 abgesichert (Abb. 17–20). Durch diese wird klar ausgewiesen, daß dort, wo eine relativ große Anzahl von Daten aus der Fließerde und dem Schwarzerdekolluvium gewonnen werden konnte, eine Deckungsgleichheit bzw. weitgehende Überlappung der Korrelationsfelder zu beobachten ist. Zum Vergleich wurden in diesen Korrelationsdiagrammen Meßdaten von *Citellus* (*C.*) *citellus* berücksichtigt, die bereits in Abb. 7 und 12 teilweise graphisch dokumentiert wurden. Dabei läßt sich am M^3 eine starke, an den Pd_4^4 und P_4^4 eine schwache sowie am M_3 fast keine Über-

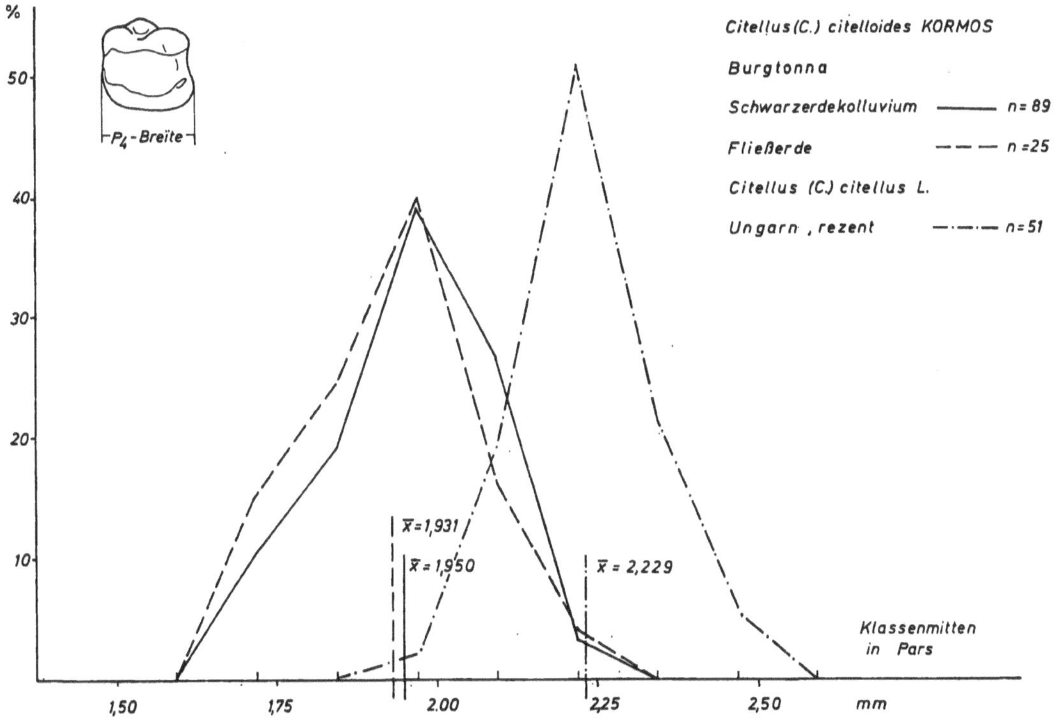

Abb. 12. Häufigkeitsverteilung der P_4-Breite von *Citellus* (*C.*) *citelloides* aus dem Schwarzerdekolluvium (Schichten 2 a–2e) und aus der Fließerde (Schicht 1) von Burgtonna und von *Citellus* (*C.*) *citellus* aus Ungarn

Schicht	n	$x_{min.}$ - $x_{max.}$	$\bar{x}$	$s\bar{x}$	s	v
2 e	16	1,63 - 2,00	1,852	0,034	0,147	7,937
2 d	15	1,69 - 1,94	1,810	0,022	0,086	4,751
2 c	27	1,75 - 2,13	1,896	0,016	0,085	4,483
2 b	6	1,75 - 2,00	1,875	—	—	—
2 a	25	1,69 - 2,03	1,916	0,018	0,091	4,749
1	25	1,69 - 2,13	1,803	0,020	0,100	5,368
Probe 3/1		—	—	—	—	—

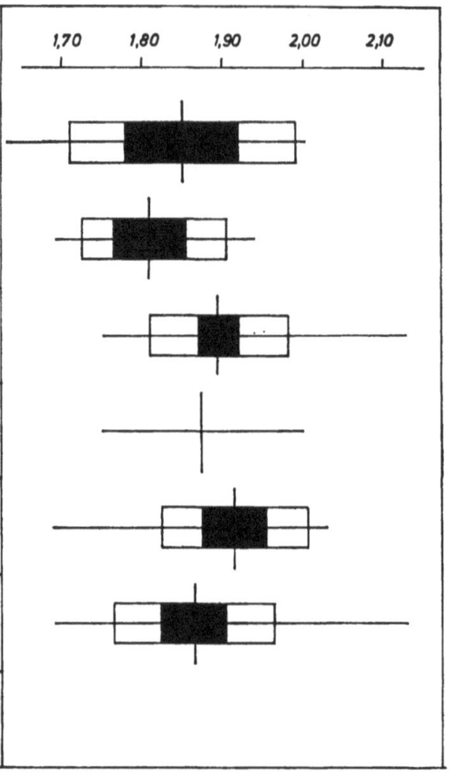

Abb. 13. Biostatistische Kennzeichnung der Populationen von *Citellus* (*C.*) *cirelloides* im Deckschichtenprofil von Burgtonna an Hand der P_4-Länge (in mm)

Bei Schicht 1 lies für $\bar{x}$ 1,883 statt 1,803.

Schicht	n	$x_{min.}$ - $x_{max.}$	$\bar{x}$	$s\bar{x}$	s	v
2 e	16	1,81 - 2,09	1,973	0,025	0,102	5,170
2 d	15	1,69 - 2,06	1,910	0,027	0,105	5,497
2 c	27	1,69 - 2,09	1,918	0,021	0,111	5,787
2 b	6	1,75 - 2,19	1,969	—	—	—
2 a	25	1,69 - 2,19	1,993	0,028	0,140	7,025
1	25	1,69 - 2,19	1,931	0,027	0,133	6,888
Probe 3/1	—	-	—	—	—	—

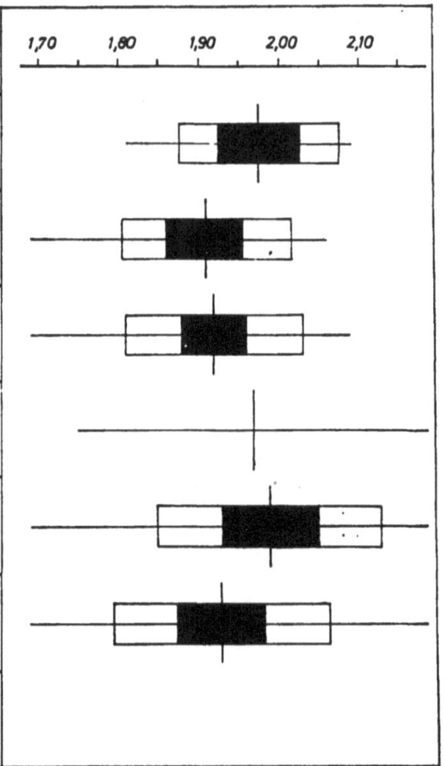

Abb. 14. Biostatistische Kennzeichnung der Populationen von *Citellus* (*C.*) *citelloides* im Deckschichtenprofil von Burgtonna an Hand der P_4-Breite (in mm)

	Sch.	n	$x_{min.} - x_{max.}$	$\bar{x}$	$s\bar{x}$	s	v
Pd_4 - Länge	2	42	1,31 - 1,75	1,553	0,015	0,095	6,117
	1	8	1,44 - 1,63	1,538	0,029	0,081	5,267
Pd_4 - Breite	2	42	1,31 - 1,69	1,551	0,013	0,085	5,480
	1	8	1,44 - 1,63	1,519	0,021	0,060	3,950
P_4 - Länge	2	89	1,63 - 2,13	1,877	0,011	0,107	5,701
	1	25	1,69 - 2,13	1,863	0,020	0,100	5,368
P_4 - Breite	2	89	1,69 - 2,19	1,950	0,013	0,125	6,410
	1	25	1,69 - 2,19	1,931	0,027	0,133	6,888
M_3 - Länge	2	92	2,75 - 3,38	3,101	0,013	0,129	4,160
	1	13	2,88 - 3,31	3,122	0,037	0,132	4,228
M_3 - Breite	2	92	2,19 - 2,59	2,418	0,010	0,094	3,888
	1	13	2,34 - 2,63	2,454	0,024	0,085	3,464

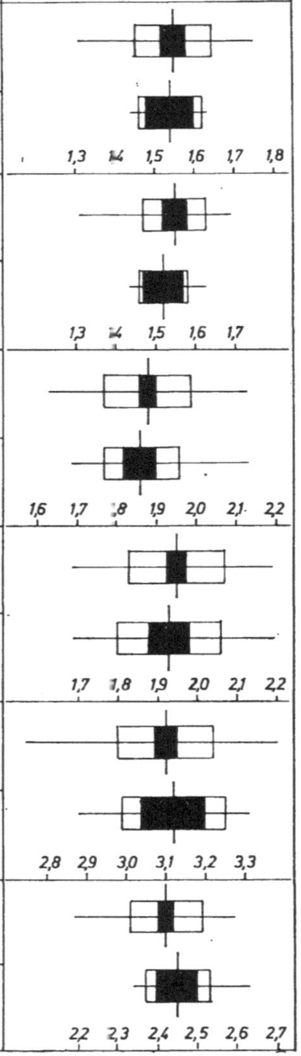

Abb. 15. Vergleichende biostatistische Kennzeichnung der Populationen von *Citellus* (*C.*) *citelloides* aus der Fließerde (Schicht 1) und dem Schwarzerdekolluvium (Schichten 2a—2e) an Hand der Pd_4, P_4 und M_3 (in mm)

	Sch.	n	$x_{min.} - x_{max.}$	$\bar{x}$	$s\bar{x}$	s	v
Pd^4 - Länge	2	20	1,69 - 1,91	1,787	0,013	0,057	3,190
	1	6	1,69 - 1,88	1,843	—	—	—
Pd^4 - Breite	2	20	1,69 - 1,88	1,793	0,013	0,060	3,346
	1	6	1,75 - 1,88	1,833	—	—	—
P^4 - Länge	2	57	1,72 - 2,06	1,884	0,011	0,084	4,459
	1	11	1,81 - 2,00	1,903	0,015	0,049	2,575
P^4 - Breite	2	57	1,94 - 2,41	2,205	0,014	0,104	4,717
	1	11	2,06 - 2,44	2,221	0,037	0,123	5,538
M^3 - Länge	2	92	2,38 - 2,91	2,659	0,011	0,106	3,986
	1	22	2,50 - 2,88	2,665	0,019	0,088	3,302
M^3 - Breite	2	92	2,56 - 2,91	2,728	0,008	0,078	2,859
	1	22	2,56 - 2,81	2,714	0,014	0,063	2,321

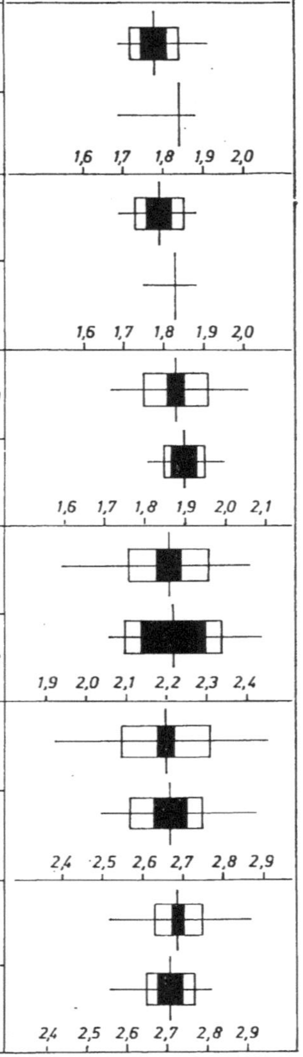

Abb. 16. Vergleichende biostatistische Kennzeichnung der Populationen von *Citellus* (*C.*) *citelloides* aus der Fließerde (Schicht 1) und dem Schwarzerdekolluvium (Schichten 2a—2e) an Hand der Pd^4, P^4 und M^3 (in mm)

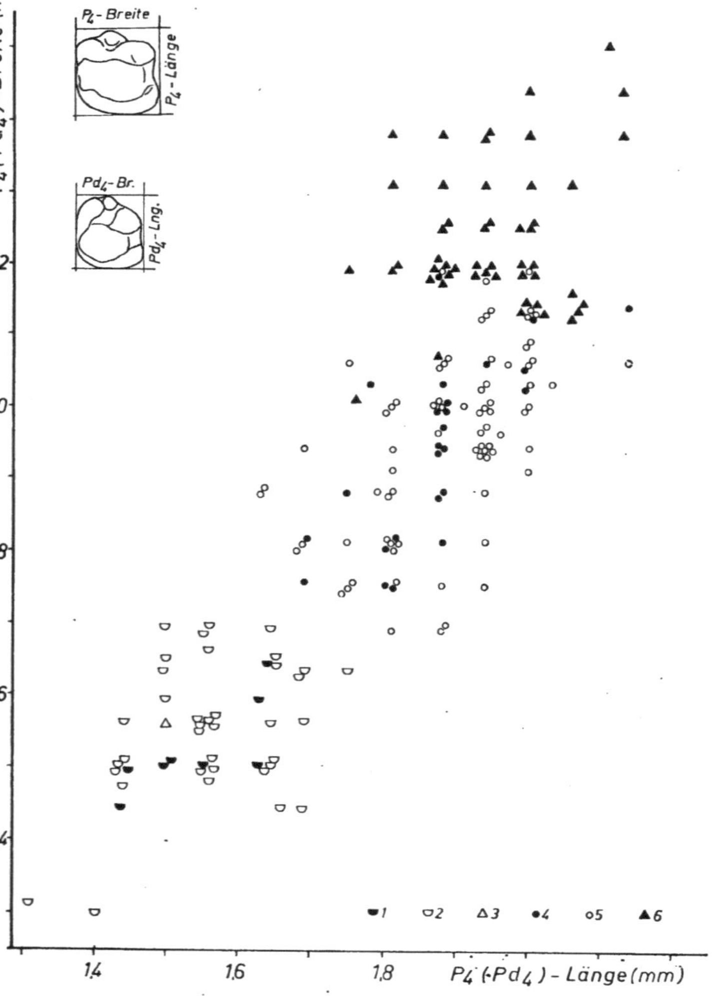

Abb. 17. Korrelationsdiagramm der Pd_4 und P_4 von fossilen Vertretern der Art *Citellus* (*C.*) *citelloides* aus dem Deckschichtenprofil von Burgtonna und von rezenten Vertretern der Art *Citellus* (*C.*) *citellus* aus Ungarn

1 – *Citellus* (*C.*) *citelloides*, Pd_4, Fließerde (Schicht 1); 2 – *Citellus* (*C.*) *citelloides*, Pd_4, Schwarzerdekolluvium (Schichten 2a–2e); 3 – *Citellus* (*C.*) *citellus*, Pd_4, Ungarn (rezent); 4 – *Citellus* (*C.*) *citelloides*, P_4, Fließerde (Schicht 1); 5 – *Citellus* (*C.*) *citelloides*, P_4, Schwarzerdekolluvium (Schichten 2a–2e); 6 – *Citellus* (*C.*) *citellus*, P_4, Ungarn rezent

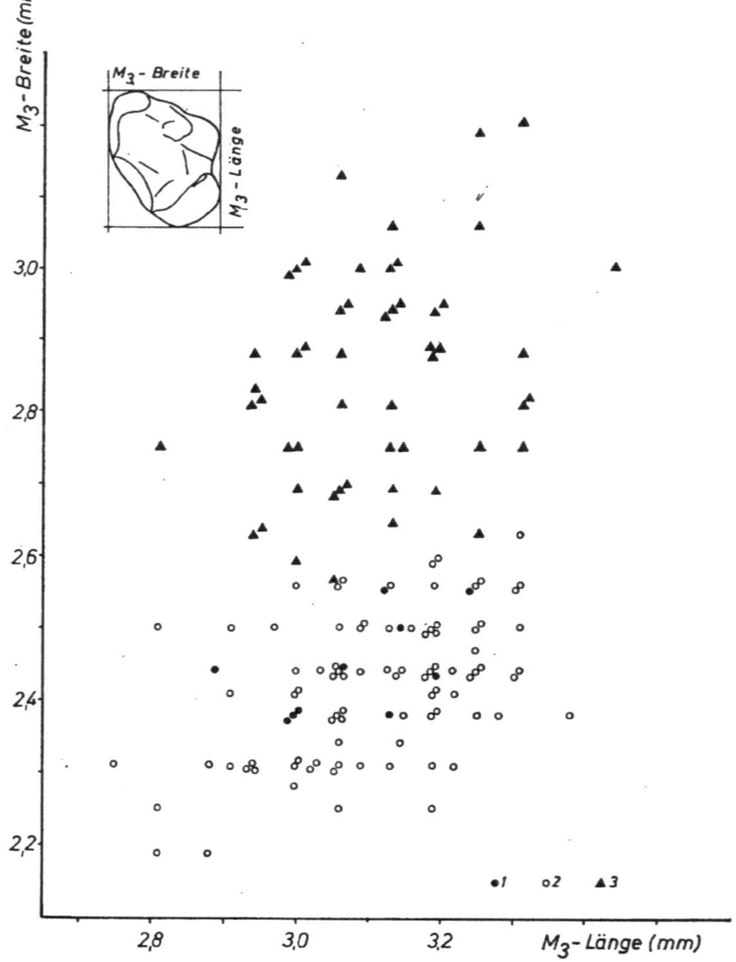

Abb. 18. Korrelationsdiagramm der M_3 von fossilen Vertretern der Art *Citellus* (*C.*) *citelloides* aus dem Deckschichtenprofil von Burgtonna und von rezenten Vertretern der Art *Citellus* (*C.*) *citellus* aus Ungarn

1 – *Citellus* (*C.*) *citelloides*, M_3, Fließerde (Schicht 1); 2 – *Citellus* (*C.*) *citelloides*, M_3, Schwarzerdekolluvium (Schichten 2a–2e); 3 – *Citellus* (*C.*) *citellus*, M_3, Ungarn rezent

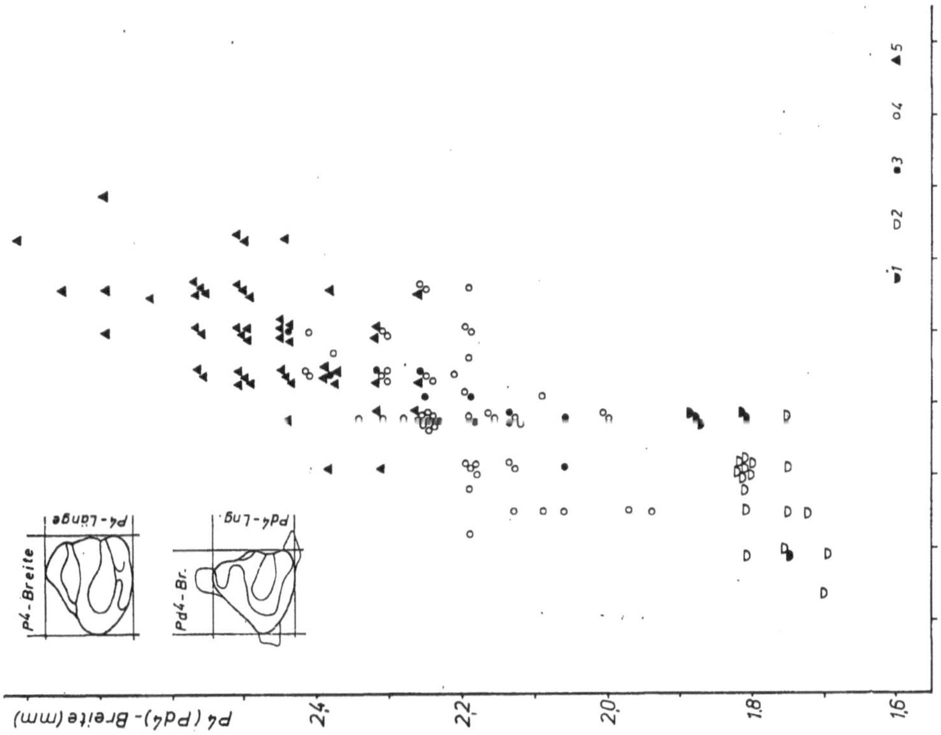

Abb. 19. Korrelationsdiagramm der Pd^4 und P^4 von fossilen Vertretern der Art *Citellus* (*C.*) *citelloides* aus dem Deckschichtenprofil von Burgtonna und von rezenten Vertretern der Art *Citellus* (*C.*) *citellus* aus Ungarn

1 – *Citellus* (*C.*) *citelloides*, Pd^4, Fließerde (Schicht 1); 2 – *Citellus* (*C.*) *citelloides*, Pd^4, Schwarzerdekolluvium (Schichten 2a – 2e); 3 – *Citellus* (*C.*) *citelloides*, P^4, Fließerde (Schicht 1); 4 – *Citellus* (*C.*) *citelloides*, P^4, Schwarzerdekolluvium (Schichten 2a – 2e); 5 – *Citellus* (*C.*) *citellus*, P^4, Ungarn rezent

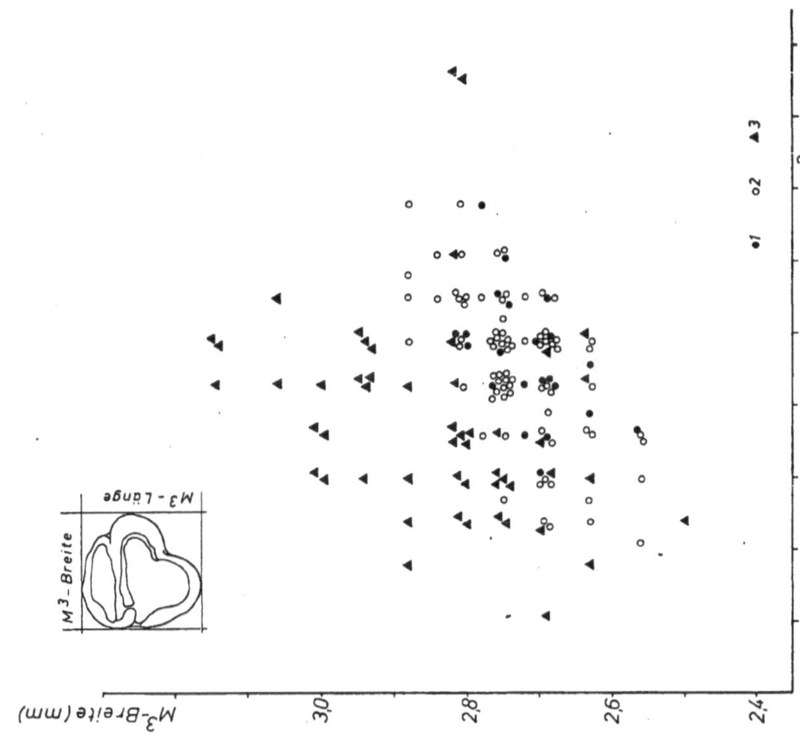

Abb. 20. Korrelationsdiagramm der M^3 von fossilen Vertretern der Art *Citellus* (*C.*) *citelloides* aus dem Deckschichtenprofil von Burgtonna und von rezenten Vertretern der Art *Citellus* (*C.*) *citellus* aus Ungarn

1 – *Citellus* (*C.*) *citelloides*, M^3, Fließerde (Schicht 1); 2 – *Citellus* (*C.*) *citelloides*, M^3, Schwarzerdekolluvium (Schichten 2a – 2e); 3 – *Citellus* (*C.*) *citellus*, M^3, Ungarn rezent

lagerung der Korrelationsfelder von *Citellus* (*C.*) *citelloides* und *Citellus* (*C.*) *citellus* feststellen. Die erzielten Untersuchungsergebnisse sollen jedoch vorerst nicht weiter interpretiert werden, da die geographische Variabilität der Molaren des rezenten *Citellus* (*C.*) *citellus* und die Variabilität der Molaren des fossilen *Citellus* (*C.*) *citelloides* in Abhängigkeit von der stratigraphischen Position und geographischen Lage der Fundpunkte vorerst nicht abgeschätzt werden können.

5. Auswertung

Die biostatistischen Untersuchungen an den Prämolaren und Molaren von vier verschiedenen Rodentierarten führen zu übereinstimmenden Aussagen:

1. Die Zusammenfassung der aus dem Schwarzerdekolluvium vorliegenden Daten ergibt für jede der vier Arten eine eingipfelige Häufigkeitsverteilung, was die Normalverteilung der untersuchten Merkmale belegt. Das gleiche gilt — soweit ein repräsentativer

Datenumfang vorlag und ausgewertet werden konnte — für die Fließerde sowie im Falle von *Microtus arvalis* auch für die kolluviale Verfüllung eines Hohlraumes im Travertin.

2. Signifikante Unterschiede zwischen den Mittelwerten ($\bar{x}$) der verglichenen Populationen aus der Fließerde und denen aus dem Schwarzerdekolluvium sind nicht festzustellen.

3. Das Schwarzerdekolluvium gestattet dank seiner relativ großen Mächtigkeit (bis zu ca. 3 m) und seines Fossilreichtums eine Untergliederung in fünf Teilschichten (vgl. dazu Heinrich & Jánossy im vorliegenden Band, S. 232). Diese enthalten in fast allen Fällen ein ausreichendes Fundgut zur Mittelwertbestimmung für die Populationen der einzelnen Arten. Signifikante Unterschiede zwischen den Mittelwerten der verglichenen Populationen sind auch innerhalb des Schwarzerdekolluviums nicht festzustellen. Ebenso wenig ergeben sich derartige Unterschiede bei *Microtus arvalis* im Vergleich zwischen dem Schwarzerdekolluvium (oder einzelnen Teilschichten desselben) und der kolluvialen Verfüllung eines Hohlraumes im Travertin.

4. Trends morphometrischer Veränderungen im Fundgut vom Liegenden zum Hangenden waren an Hand der Mittelwerte ($\bar{x}$) für keine Art festzustellen.

5. Nach dem vorliegenden Material besteht bei allen untersuchten Merkmalen eine weitgehende Übereinstimmung zwischen den Populationen in der Fließerde und denen im Schwarzerdekolluvium. Hieraus ist zu folgern, daß sich die beiden lithostratigraphischen Einheiten wahrscheinlich in den gleichen erdgeschichtlichen Zeitraum einordnen, dessen Dauer nicht ausreichte, um in den Populationen signifikante Veränderungen der untersuchten Größenverhältnisse hervorzurufen. Die Tragfähigkeit dieser Schlußfolgerung wird allerdings wesentlich durch den Umstand eingeschränkt, daß vergleichbare biostatistische Untersuchungen an Kleinsäugerfunden aus dem Weichsel-Frühglazial bisher weitgehend ausstehen.

6. Zusammenfassung

Biostatistische Untersuchungen an einem reichhaltigen Fundgut fossiler Kleinsäugerreste aus dem Deckschichtenprofil über dem interglazialen Travertin von Burgtonna ermöglichten eine biometrische Kennzeichnung von Populationen der Arten *Arvicola terrestris*, *Microtus* (*Stenocranius*) *gregalis*, *Microtus arvalis* und *Citellus* (*Citellus*) *citelloides*. Die Funde stammen aus einer Fließerde, einem Schwarzerdekolluvium sowie aus der kolluvialen Verfüllung eines Hohlraumes im interglazialen Travertin. Gegenstand der Bearbeitung waren die Pd_4^4, P_4^4 und M_3^3 von *Citellus* (*C.*) *citelloides* sowie die M_1 der genannten Arvicoliden. An Hand von Mittelwerten und ihrer Vertrauensbereiche wurden für jede Art die Populationen aus den einzelnen Schichten verglichen. Statistisch signifikante Unterschiede wurden nicht festgestellt. Es schließen sich Überlegungen zur Genese und zum Entstehungszeitraum der fossilführenden Ablagerungen an.

Резюме

Многочисленные находки ископаемых остатков мелких млекопитающих из разреза покровных слоев выше межледникового травертина Бургтонны подвергались биостатистическому исследованию. Дается биометрическая характеристика популяций видов *Arvicola terrestris*, *Microtus* (*Stenocranius*) *gregalis*, *Microtus arvalis* и *Citellus* (*Citellus*) *citelloides*. Находки происходят из солифлюкционной почвы, коллювиального чернозема и коллювиального заполнения полости в межледниковом травертине. Предметом исследования были Pd_4^4, P_4^4 и M_3^3 *Citellus* (*Citellus*) *citelloides* и M_1 указанных арвиколид. Проводилось сравнение средних значений популяций каждого вида из разных слоев. Однако, существенные статистические различия не были установлены. В заключении обсуждается генезис и возраст содержащих ископаемые остатки отложений.

Summary

Biostatistical analyses of an abundant find of remains of fossil small mammals from the profile of covering beds above the interglacial Travertine series of Burgtonna made it possible to characterize biometrically populations of the species *Arvicola terrestris*, *Microtus* (*Stenocranius*) *gregalis*, *Microtus arvalis*, and *Citellus* (*Citellus*) *citelloides*. The finds originate from soil flow deposits, black earth colluvium, and the colluvial filling of a cavity in the interglacial Travertine series. The analyses included the Pd_4^4, P_4^4 and M_3^3 of *Citellus* (*Citellus*) *citelloides*, as well as the M_1 of the Arvicolides mentioned. Mean values and their confidence intervals served to compare for each species the populations from the beds investigated. Differences significant from a statistical point of view were not found. The genesis and period of origin of the fossiliferous depositions are considered.

7. Literatur

Cavalli-Sforza, L.: Biometrie. Grundzüge biologisch-medizinischer Statistik. — 211 S., VEB Gustav Fischer Verlag Jena 1969.

Heinrich, W.-D., & Jäger, K.-D.: Zusammenfassende stratigraphische und paläokologische Interpretation des Fossilvorkommens in der untersuchten jungpleistozänen Deckschichtenfolge über dem interglazialen Travertin von Burgtonna in Thüringen. — Quartärpaläontologie 3, 269—285, Berlin 1978.

Heinrich, W.-D., & Jánossy, D.: Fossile Säugetierreste aus einer jungpleistozänen Deckschichtenfolge über dem interglazialen Travertin von Burgtonna in Thüringen. — Quartärpaläontologie 3, 231—254, Berlin 1978.

Jäger, K.-D., & Heinrich, W.-D.: Die stratigraphische Gliederung eines fossilführenden jungpleistozänen Deckschichtenprofils über dem Interglazialtravertin von Burgtonna in Thüringen. — Quartärpaläontologie 3, 187—202, Berlin 1978.

Marsal, D.: Statistische Methoden für Erdwissenschaftler. — 152 S., Schweizerbart'sche Verlagsbuchhandlung (Nägele & Obermüller) Stuttgart 1967.

Mayr, E., Linsley, E. G., & Usinger, R. L.: Methods and Principles of Systematic Zoology. — 328 S., McGraw-Hill Book Co. Inc., New York, Toronto, London 1953.

Simpson, G. G., & Roe, A.: Quantitative Zoology. Numerical Concepts and Methods in the Study of Recent and Fossil Animals. — 414 S., McGraw-Hill Book Co. Inc., New York, London 1939.

Quartärpaläontologie	3	269—285	Berlin, Dezember 1978

Zusammenfassende stratigraphische und palökologische Interpretation des Fossilvorkommens in der untersuchten jungpleistozänen Deckschichtenfolge über dem interglazialen Travertin von Burgtonna in Thüringen

Von WOLF-DIETER HEINRICH, Berlin, & KLAUS-DIETER JÄGER, Dresden

Mit 6 Abbildungen und einer Tabelle

Inhalt

1. Abstractum

Das Fossilvorkommen in der untersuchten jungpleistozänen Deckschichtenfolge über dem Interglazialtravertin von Burgtonna erfährt eine zusammenfassende Kennzeichnung, die auf den Ergebnissen einer interdisziplinären Untersuchung beruht. Den Schwerpunkt der Auswertung bildet die stratigraphische und palökologische Interpretation der Befunde.

На основе комплексного исследования дается обзорная характеристика местонахождения фаунистических остатков из верхнеплейстоценовой толщи покровных слоев, залегающих над межледниковым травертином Бургтонны. Основное внимание было обращено на стратиграфическую и палэкологическую интерпретации фаунистических находок.

Based on results of an interdisciplinary study the fossil occurrence in the Upper Pleistocene succession of covering beds investigated above the interglacial Travertine series of Burgtonna is characterized on the whole. The evaluation is concentrated on a stratigraphical and palaeoecological interpretation of the finds.

2. Einleitung

Für die stratigraphische Einstufung der Wirbeltierfundstätte in der Deckschichtenfolge über dem Travertin von Burgtonna stehen sowohl biostratigraphische als auch litho- und pedostratigraphische Befunde zur Verfügung. Die palökologische Interpretation kann auf ein umfangreiches, der Deckschichtenfolge orientiert entnommenes Fundgut zurückgreifen, das sich teils aus Invertebraten (Ostrakoden, Mollusken), teils aus Vertebraten (Fischen, Amphibien, Reptilien, Vögeln und Säugetieren) zusammensetzt. Hinzu kommen paläopedologische Untersuchungsergebnisse, die sowohl für die stratigraphische als auch für die palökologische Interpretation von Bedeutung sind.

3. Stratigraphische und palökologische Beurteilung der Schichten und ihrer Fossilien

Die Deckschichtenfolge lagert über dem interglazialen Travertin von Burgtonna. Sie wurde in einer trichterartigen Depression abgelagert. Nach den Untersuchungen von JÄGER & HEINRICH (im vorliegenden Band, S. 187 ff.) können vom Liegenden zum Hangenden die folgenden litho- bzw. pedostratigraphischen Einheiten ausgehalten werden:

Deckmaterial (Aufschüttung ?)
Humushorizont einer Schwarzerde
jüngeres Lößderivat
Frostgley
älteres Lößderivat
Schwarzerdekolluvium
Fließerde

Für die tieferen Einheiten, und zwar von der basalen Fließerde bis zum begrabenen Frostgley ist auf Grund der paläontologischen Untersuchungsergebnisse wie der paläopedologischen Befunde eine erste Zuordnung in den Zeitraum vom ausgehenden Eem-Interglazial bis zum Anaglazial der Weichsel-Kaltzeit möglich. Darüber hinaus werden durch das Auftreten bestimmter Mollusken-Thanatozönosen, wie z. B. *Bradybaena*- bzw. *Chondrula-tridens*-Gemeinschaften nach der Nomenklatur von LOŽEK (1964), durch das Auftreten von *Lagurus lagurus* (P.) und durch einen begrabenen Boden (Frostgley) in diesem Teil der Deckschichtenfolge Horizonte gekennzeichnet, die in Mitteleuropa im genannten Zeitraum begrenzte und relativ kurze Zeitabschnitte markieren. Für den oberen Teil der Deckschichtenfolge stehen derart aussagekräftige stratigraphische Befunde in deutlich geringerem Umfang zur Verfügung, jedoch ist eine zumindest partielle Einstufung des Humushorizontes über dem jüngeren Lößderivat sowie des Deckmaterials in das Holozän durch Funde prähistorischer Keramik in entsprechender Position gesichert.

Das älteste Glied der Deckschichtenfolge ist eine Fließerde, die nur stellenweise in taschenförmigen Vertiefungen der ehemaligen Travertinoberfläche erhalten geblieben ist. Nach den vorliegenden Untersuchungen entstand diese Fließerde mit hoher Wahrscheinlichkeit unter periglaziären Bedingungen im Verlaufe des Weichsel-Frühglazials. Das bedeutet — die Richtigkeit dieser Prämisse vorausgesetzt —, daß die Auffüllung der Depression nicht unter warmzeitlichen, sondern vielmehr bereits unter kaltzeitlichen Bedingungen eingeleitet worden sein müßte. In diesem Zusammenhang ist zu betonen, daß das Vorkommen von interglazialen Schneckenarten (z. B. *Belgrandia germanica*) in dieser Schicht nur scheinbar in Widerspruch zu der vorstehenden Deutung steht, da es nach MANIA (im vorliegenden Band, S. 203ff.) durch sekundäre Umlagerungen aus dem unterlagernden interglazialen Travertin erklärt werden kann. Diese Ableitung periglaziärer Verhältnisse kann auf Grund der Analyse der Säugetierfauna für die Fließerde weder bestätigt noch verneint werden. Allerdings fehlen in der ermittelten Säugerfauna Waldelemente völlig, während die Offenlandvertreter dominieren, unter ihnen *Microtus* (*Stenocranius*) *gregalis*. Die biostratigraphischen Folgerungen über die Einordnung der Malakofauna aus dem Schwarzerdekolluvium stehen in guter Übereinstimmung mit der pedostratigraphischen Korrelation. Während MANIA (im vorliegenden Band, S. 203ff.) die angetroffene Malakofauna zeitlich mit derjenigen der weichselfrühglazialen Interstadiale Amersfoort und Brörup parallelisiert, vergleichen JÄGER & HEINRICH (im vorliegenden Band, S. 199) auf Grund der erzielten pedostratigraphischen Ergebnisse das Schwarzerdekolluvium u. a. mit dem oberen Teil des Naumburger Bodenkomplexes bzw. dem oberen Teil des PK II/III der tschechoslowakischen bzw. dem oberen Teil des Stillfried A der österreichischen Lößstratigraphie. Darüber hinaus stimmen die erzielten Schlußfolgerungen beider Disziplinen über die diesem Zeitraum entsprechende naturräumliche Differenzierung in der Umgebung der Fundstätte gut überein. Danach ist das Schwarzerdekolluvium auf einen Tschernosem zurückzuführen, der sich in einer steppenähnlichen Offenlandschaft bildete, wobei MANIA (a.a.O., S. 203ff.) diese Aussage weiter präzisiert und als Lebensraum für die Molluskenfauna eine „Tschernosemwiesensteppe mit Gehölz- und Gebüschgruppen an feuchteren Standorten" annimmt. Die Analyse der Wirbeltierfauna bestätigt die vorstehende Interpretation, läßt aber weitere und detailliertere Angaben über die damalige naturräumliche Differenzierung zu. In der besonders aussagefähigen Säugetierfauna, die mehr als 20 Arten umfaßt, dominieren die Offenlandbewohner (*Microtus arvalis, Citellus citelloides, Microtus* (*Stenocranius*) *gregalis*) sowohl im Individuen- als auch im Artenspektrum. Charakteristische Waldanzeiger, die für den interglazialen Travertin von Burgtonna belegt werden konnten, fehlen völlig. Diese Befunde weisen einerseits auf ein Offenland hin und andererseits auf eine Säugetierfauna, die im Vergleich zur Gegenwart unter wesentlich kontinentaleren Bedingungen existiert haben muß. Außerdem treten in der Wirbeltierfauna des Schwarzerdekolluviums Elemente auf, die erkennen lassen, daß standörtliche Differenzierungen in diesem steppenähnlichen Offenland bestanden haben müssen. Besonders ist auf das regelmäßige Auftreten von Amphibien, das untergeordnete Vorkommen von vereinzelten Fischresten sowie auf den Nachweis von *Querquedula querquedula* hinzuweisen. Die angeführten Taxa belegen, daß noch über den Zeitraum der interglazialen Travertinbildung hinaus in einer relativ trockenen Offenlandschaft wenigstens zeitweise Gewässer vorhanden gewesen sein müssen (HEINRICH & JÁNOSSY in diesem Band, S. 228f.). Hier ist besonders zu betonen, daß die Verf. die vorstehenden Schlußfolgerungen über die damalige naturräumliche Differenzierung nicht, zumindest nicht vorrangig, auf den Zeitraum der kolluvialen Zusammenschwemmung, d. h. der Genese des Kolluviums (Bodensedimentbildung), sondern vor allem auf den Zeitraum der Schwarzerdebildung beziehen. In dieser Hinsicht sind die Auffassungen der an den Untersuchungen beteiligten Bearbeiter nicht völlig einheitlich. Während MANIA (im vorliegenden Band, S. 203ff.) die Molluskenfauna offenbar als parauthochthon ansieht und sie vorzugsweise in den Zeitraum der kolluvialen Zusammenschwemmung stellt, beziehen HEINRICH & JÁNOSSY (im vorliegenden Band, S. 243ff.) die Säugetierfauna überwiegend auf den Zeitraum der Pedogenese, wobei allerdings synpedochrone und synkolluviale Komponenten nicht immer sicher unterscheidbar sind. Diese Auffassung geht dabei von der Annahme eines einheitlichen, d. h. stratigraphisch weitgehend synchronen Faunenkomplexes aus, was u. a. durch die Ergebnisse biostatistischer Erhebungen begründet werden konnte, vgl. HEINRICH (in diesem Band, S. 255ff.). Sie wird ferner durch Feldbeobachtungen unterstützt:

So treten unterhalb der Travertinoberkante in einzelnen Hohlräumen im Travertin, die mit der gegenwärtig aufgeschlossenen Depressionsfüllung nicht in direkter Verbindung stehen, Bodensedimente mit fossilen Knochen auf. Gewölle bzw. gewöllartige Knochenanreicherungen und Skeletteile im anatomischen Verband, die bei einer Einbringung im Zeitraum der Entstehung des Schwarzerdekolluviums erwartet werden dürften, konnten weder in diesen Hohlräumen, noch in den eigentlichen, bis zu 3 m mächtigen Bodensedimenten der Depressionsfüllung nachgewiesen werden. Dies steht in Übereinstimmung mit der Schlußfolgerung, daß ein bereits fossilführender Tschernosem verlagert wurde, was nicht ausschließt, daß in dessen Fossilbestand zumindest anteilig mit einer „synkolluvialen" Komponente gerechnet werden darf. So kann wegen der kontinuierlichen Zunahme der Individuenanteile einzelner Arten, wie z. B. bei *Microtus* (*Stenocranius*) *gregalis*, nicht völlig ausgeschlossen werden, daß diese vorzugsweise mit dem Zeitabschnitt synchron sind, in dem die kolluviale Verlagerung des Tschernosems als Bodensediment in die Depression erfolgte. Unabhängig davon muß jedoch festgehalten werden, daß auch nach den lithologischen Untersuchungen, die für den tieferen Teil des Schwarzerdekolluviums ein verdichtetes Substrat mit Merkmalen eines anmoorigen Bodens und für den höheren Teil eine als G_0-Horizont ausgewiesene fossile Grundwasserstandsmarkierung belegen, im Zeitraum der kolluvialen Zusammenschwemmung mit einer zeitweiligen Wasserbedeckung in der Depression zu rechnen ist. In dieser Zeit konnte die Depression selbst nicht Lebensraum xerophiler Offenlandbewohner gewesen sein. Wohl aber ist eine örtliche Wasserzufuhr über die Randhänge der Depression wahrscheinlich zu machen, mit der die Annahme von lateralen Materialverlagerungen verbunden werden darf. Stimmen somit einerseits die lithologischen und pedologischen sowie die paläozoologischen Untersuchungsergebnisse generell in der Annahme eines trockenen Offenlandes mit eingeschalteten Gewässern und angrenzenden feuchteren Standorten überein, so treten doch andererseits bei der stratigraphischen Zuordnung gewisse, nicht zu übersehende Schwierigkeiten auf. Die Dominanz von *Microtus arvalis* in der Kombination mit *Citellus citelloides*, *Megaloceros giganteus* und einer großen Form von *Equus* weist auf den Übergangszeitraum vom letzten Interglazial zum Weichsel-Frühglazial hin (Heinrich & Jánossy 1973). Dabei sind die an Hand der pedologischen und paläomalakologischen Befunde vorgenommenen Verfeinerungen der stratigraphischen Zuordnung hinsichtlich einer Einengung auf die frühweichselzeitlichen Interstadiale von Amersfoort und/oder Brörup im Sinne von Zagwijn (1961) bzw. auf den oberen Teil des Bodenkomplexes von Stillfried A vorerst von der Wirbeltierfauna nicht abzusichern, zu präzisieren oder zu bestätigen. Dies liegt einerseits daran, daß für das weitere Untersuchungsgebiet stratigraphisch gesicherte Faunen, die den Übergangszeitraum vom Eem-Interglazial zum Anaglazial der Weichsel-Kaltzeit ausreichend zu beleuchten vermögen, bisher entweder völlig fehlen oder doch zumindest nur spärlich zur Verfügung stehen. Folglich verfügen wir in diesem Gebiet bisher nicht über eindeutige wirbeltierpaläontologisch begründete biostratigraphische Kriterien für die in den Niederlanden palynologisch charakterisierten Interstadiale von Amersfoort und Brörup sowie deren Äquivalente, die eine Korrelation mit Burgtonna ermöglichen könnten. Zudem fehlt im weiteren Untersuchungsgebiet für diesen Zeitraum eine Chronologie der Wirbeltierfaunen, wie sie vergleichsweise für das Karpatenbecken von den ungarischen Bearbeitern versucht wurde.

Im Vergleich mit dem Schwarzerdekolluvium stehen aus dem älteren Lößderivat und dem begrabenen Frostgley offenbar zu wenige Molluskenfunde für eine weiterführende Auswertung zur Verfügung. Jedenfalls sind dort entsprechende biostratigraphische und palökologische Folgerungen an Hand dieser Fossilgruppe vorerst nicht möglich. Allerdings liegen für den Frostgley Belege für *Vallonia costata* und *Pupilla muscorum* vor, die als waldmeidende Arten offene Landschaften charakterisieren. Demgegenüber bieten seitens der Wirbeltierpaläontologie die Funde von *Lagurus lagurus* aus dem unterlagernden und zum Teil pedogenetisch überprägten älteren Lößderivat wesentlich bessere Voraussetzungen für eine genauere stratigraphische Einstufung, für die sich Korrelationsmöglichkeiten zu anderen Fundstätten anbieten. So erreichte die Art *L. lagurus* nach dem bisherigen Kenntnisstand Mittel- und Westeuropa im Quartär nur zweimal, und zwar in zeitlich relativ eng begrenzten Wellen (von Koenigswald 1973). Dabei legen im Deckschichtenprofil von Burgtonna die Säugetier- und Molluskenfauna sowie litho- und pedostratigraphische Befunde eine Korrelation mit der jüngeren, d. h. frühweichselzeitlichen *Lagurus*-Welle nahe. Diese konnte im weiteren Untersuchungsgebiet erst in jüngster Zeit für den Travertin von Stuttgart-Untertürkheim (von Koenigswald 1973), für die Höhle Raj bei Kielce (Kowalski 1972, 1975) und für die Stranská Skala bei Brno (Fejfar 1972) nachgewiesen werden. Von Bedeutung ist hierbei, daß *L. lagurus* nur im älteren Lößderivat und in dem darauf entwickelten begrabenen Boden auftritt. Zieht man die profileigenen stratigraphischen Zeitmarken heran, dann läßt sich die *Lagurus*-Welle in Burgtonna wie folgt eingrenzen: Da *L. lagurus* im Deckschichtenprofil von Burgtonna erst im älteren Lößderivat auftritt, muß der *Lagurus*-Horizont von Burgtonna jünger sein als der obere Teil des Naumburger Bodenkomplexes bzw. als der PK II der tschechoslowakischen bzw. als der obere Teil des Stillfried A der österreichischen Lößstratigraphie. Seine obere zeitliche Begrenzung ist bereits bei dem derzeitigen Kenntnisstand in Burgtonna relativ genau zu fixieren, da dort eine autochthone Bodenbildung (Frostgley), die von Jäger & Heinrich (im vorliegenden Band, S. 199) mit dem Stillfried B bzw. dem tschechoslowakischen PK I parallelisiert wird, ein Substrat mit eingebetteten *Lagurus*-Resten erfaßt hat. Die obere zeitliche Begrenzung des *Lagurus*-Niveaus liegt danach in Burgtonna offenbar vor dem chronologischen Niveau von Stillfried B bzw. vor dem des PK I.

Besonders ist der Befund von Burgtonna zu beachten, wonach der Ausklang der mittleren Weichsel-Kaltzeit mit dem Frostgley als örtlichem Äquivalent zu Stillfried B bzw. zum PK I zu einem Rückgang oder Verschwinden von *L. lagurus* führt. Damit wird die Frage aufgeworfen, ob hier *L. lagurus* nur zeitweilig verschwindet und in der jüngeren Weichsel-Kaltzeit nochmals im Fundstättengebiet auftritt oder ob sich sein Vorkommen auf den im Deckschichtenprofil von Burgtonna dokumentierten Zeitraum beschränkt. Diese Frage ist in Burgtonna nicht eindeutig zu beantworten, da offenbar gerade im jüngeren Abschnitt der Weichsel-Kaltzeit im Aufschluß mit nicht unwesentlichen Profillücken zu rechnen ist. Sicher ist jedoch, daß das erste Auftreten von *L. lagurus* nicht erst in der jüngeren Weichsel-Kaltzeit erfolgt, sondern auf Grund der geschilderten Befunde mit Sicherheit in die ältere bis mittlere Weichsel-Kaltzeit fällt. Grundsätzlich schwieriger gestaltet sich die Beurteilung der Fossilreste aus dem jüngeren Lößderivat. Dies trifft zunächst für die Molluskenfauna zu, in der *Lymnaea palustris* mit 96% Anteil am Individuenspektrum der Thanatozönose dominiert. Mania (im vorliegenden Band, S. 203ff.) folgert hieraus, ,,daß sich im Bereich dieser Proben sumpfige

Verhältnisse in der Depression entwickelt hätten". Diese Interpretation wird abgesichert durch den Nachweis einer Ostrakodenfauna aus der gleichen Schicht, die außerdem mit unterschiedlichen Anteilen bereits im älteren Lößderivat und Frostgley vertreten ist. Beachtung verdient allerdings, daß gerade im jüngeren Lößderivat lithologische Anzeichen einer Überfeuchtung und Durchnässung des Substrates, wie sie in zahlreichen Lößprofilen als Naßzonen beschrieben worden sind, nach den vorliegenden lithostratigraphischen Untersuchungen in Burgtonna wie überhaupt im thüringischen Trockengebiet fehlen. Da das anstehende Lößderivat aber mit Sicherheit einen Umlagerungsvorgang dokumentiert, ist damit zu rechnen, daß auch die faunistischen Belege aus dem jüngeren Lößderivat nicht oder doch nicht sämtlich autochthon sind, d. h. sich auf sekundärer Lagerstätte befinden. Die an Hand der paläozoologischen Funde mögliche palökologische Aussage wäre danach nicht uneingeschränkt und unbedenklich auf den fossilführenden Fundhorizont zu beziehen. Gegen die Annahme einer Umlagerung der Konchylien und Ostrakodenschalen spricht jedoch wiederum deren Erhaltungszustand, der eine Verlagerung aus älteren Schichten unwahrscheinlich macht, vgl. Diebel & Pietrzeniuk (im vorliegenden Band, S. 203ff.).

Weitere Probleme ergeben sich bei der stratigraphischen Zuordnung des jüngeren Lößderivates. Dieses Lößderivat wird im Liegenden von einem Frostgley begrenzt, der als regionales pedostratigraphisches Äquivalent von Stillfried B angesehen wird. Die Richtigkeit dieser Schlußfolgerung vorausgesetzt, müßte das jüngere Lößderivat im Deckschichtenprofil von Burgtonna zumindest teilweise das Pleniglazial, gegebenenfalls auch Teile des Kataglazials der Weichsel-Kaltzeit vertreten. Beachtung muß hier jedoch folgender Umstand finden: Aus den paläomalakologischen Untersuchungen von Mania (zuletzt 1973) im Mitteldeutschen Trockengebiet zwischen Elbe und Saale geht hervor, daß der Höhepunkt der Kontinentalität im Verlaufe der Weichsel-Kaltzeit im Hangenden des Stillfried B zu erwarten ist. Dort erreicht der Anteil von Schneckenarten der Lößsteppe am gesamten Molluskenspektrum zeitweilig nahezu 100% (= Lößsteppen- bzw. *Pupilla*-Gemeinschaften nach der Nomenklatur von Ložek 1964). In Übereinstimmung mit diesen Feststellungen stehen lithostratigraphische Beobachtungen, die belegen, daß die weichselkaltzeitliche Lößanwehung im gleichen Zeitraum, d. h. im Hangenden der pedostratigraphischen Äquivalente von Stillfried B, ihren Höhepunkt erreicht (vgl. u. a. Haase, Lieberoth & Ruske 1970). Überträgt man die regionalen Erfahrungen auf das Deckschichtenprofil von Burgtonna, müßten im Vergleich mit den liegenden Profilabschnitten dieses Aufschlusses in den Profilteilen über dem Frostgley Hinweise auf eine noch höhere Kontinentalität und folglich noch günstigere Bedingungen für kontinental geprägte Säugetiergruppen erwartet werden. Jedoch muß festgestellt werden, daß bisher in diesen Profilteilen weder entsprechende Groß- (etwa: *Mammuthus primigenius, Coelodonta antiquitatis, Ovibos moschatus*), noch entsprechende Kleinsäuger (*Citellus superciliosus, Allactaga jaculus, Lemmus lemmus, Dicrostonyx torquatus*) nachgewiesen werden konnten, die eine Einstufung der Folge über dem als Äquivalent von Stillfried B gedeuteten Frostgley biostratigraphisch bestätigen könnten. Fest steht lediglich, daß die Wirbeltierfauna im Vergleich zu den liegenden Profilabschnitten (Fließerde, Schwarzerdekolluvium) außerordentlich verarmt ist, was unter anderem durch einschneidende Veränderungen der klimatischen Bedingungen erklärt werden könnte. Andererseits weist das Vorkommen der Wasserschnecken, die hier in der Molluskenfauna dominieren, wiederum auf erhebliche standörtliche Differenzierungen hin, so daß gegebenenfalls auch ökologische Bedingungen für die Artenarmut der Wirbeltierfauna verantwortlich gemacht werden können.

In derartigen, örtlichen Bedingungen kann aber zugleich wieder eine Ursache für die mangelhafte paläontologische Markierung hochkontinentaler Verhältnisse im jüngeren Lößderivat liegen, da Wasserfaunen gerade bei Mollusken nach Ložek (1964) eine besonders geringe Empfindlichkeit gegenüber klimatischen Schwankungen zeigen. Die örtliche Fazies wäre dementsprechend nicht geeignet, regionale klimatische Veränderungen zu reflektieren.

Demgegenüber ist, wie bereits betont, die Einstufung der beiden hangenden Lagen (Humushorizont, Deckmaterial) in das Holozän durch Scherbenfunde einer bisher nicht näher bestimmbaren prähistorischen Keramik abgesichert. Allerdings kann für den begrabenen Humushorizont einer Schwarzerde ein Einsetzen seiner Pedogenese bereits im ausgehenden Spätglazial der Weichsel-Kaltzeit nicht ausgeschlossen werden.

4. Prozesse und Ablauf der Profilentwicklung

Die zur Verfügung stehenden lithostratigraphischen Befunde gestatten es, für das Deckschichtenprofil von Burgtonna eine Übersicht über die Profilentwicklung abzuleiten und der örtlichen Faunenentwicklung gegenüberzustellen. Diese Profilentwicklung wird nachfolgend näher erläutert, vgl. Abb. 1.

Die untere stratigraphische Begrenzung für das Deckschichtenprofil bildet ein Interglazialtravertin, dessen Akkumulation in einer Warmzeit erfolgte, und zwar nach den meisten bisherigen Angaben in der Eem-Warmzeit. Von Bedeutung für die an Hand der lithostratigraphischen Befunde erschließbare Ereignisfolge ist, daß die Deckschichtenfolge in einer wannenartigen Depression des Interglazialtravertins lagert, der in seinem oberflächennahen Bereich verkarstet ist.

In den bisherigen Erörterungen zur Entstehung dieser Hohlform gelangten im wesentlichen zwei alternative Auffassungen zur Diskussion, und zwar

1. die Vorstellung einer erosiven Entstehung durch oberflächiges Fließgewässer und
2. die Annahme einer subrosiven Entstehung durch Verkarstung im oberflächennahen Tiefenbereich des Interglazialtravertins, vgl. Jäger & Heinrich (im vorliegenden Band, S. 188).

Die Möglichkeiten einer Entscheidung zwischen beiden Vorstellungen sind dadurch eingeschränkt, daß die Hohlform im Aufschluß angeschnitten, d. h. nur noch unvoll-

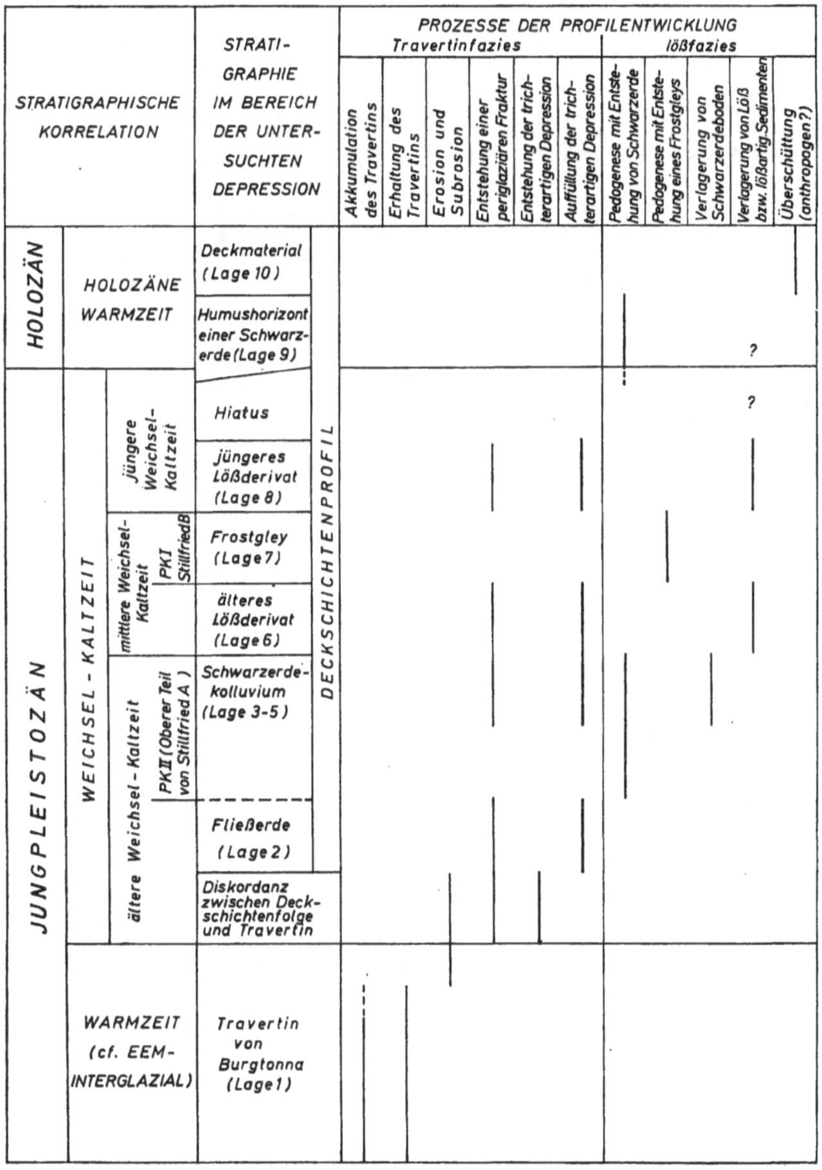

Abb. 1. Bei der Entwicklung des untersuchten Deckschichtenprofils von Burgtonna wirksame Prozesse und deren wahrscheinliche stratigraphische Korrelation

ständig erhalten ist. Damit wird es unmöglich, die Gesamtmorphologie der Hohlform bei der Abwägung ihrer möglichen Entstehungsursachen zu berücksichtigen. Außerdem entfällt die Möglichkeit, durch zusätzliche Erkundungen im Gelände, insbesondere durch Bohrungen, die Materialbasis für eine sichere Entscheidung zu verbreitern, d. h., die Erörterung der Entstehungsweise der Hohlform muß allein an Hand der Befunde geführt werden, die im Aufschluß anzutreffen sind. Diese sprechen eher für die Deutung der Hohlform als Subrosionstrichter, der auf Travertinverkarstung zurückzuführen ist. Für diese Auffassung sind folgende Geländebefunde anzuführen:

1. Die relative Steilheit der Trichterwände im Aufschlußprofil;

2. die Travertinschuttauskleidung nicht nur der Trichtersohle, sondern auch der Trichterwände;

3. das Fehlen von Anreicherungen fluviatiler Schotter und Kiese im gesamten Aufschlußbereich;

4. die Beschaffenheit der sedimentären Füllung selbst, die im wesentlichen auf oberflächig anstehende quartäre Lockergesteine in der näheren Umgebung des Trichters zurückzuführen ist, sowie schließlich

5. das Auftreten von kolluvial verlagerter Schwarzerde nicht nur in der sedimentären Trichterfüllung, sondern auch in Hohlräumen des unterlagernden Travertins.

Festzuhalten ist, daß von diesen Befunden jeder einzelne für sich allein nicht ausreichen würde, um die Vorstellung von einer Genese der Hohlform als Verkarstungstrichter zu begründen. Das Zusammentreffen der angeführten Befunde scheint aber für die größere Wahrscheinlchkeit dieser Vorstellung zu sprechen. Dies gestattet, die untere stratigraphische Begrenzung und damit den Zeitpunkt des Einsetzens der Akkumulation der Deckschichten näher festzulegen. So klingt nach Jäger & Ložek (1968) sowie Ložek & Jäger (1972) der Zeitraum der Travertin-Akkumulation — von Karbonatgesteinen an Thermalquellen abgesehen — in den quartären Warmzeiten jeweils bereits vor deren Ende aus und wird durch Subrosion und Korrosion abgelöst. Für den Travertin von Burgtonna traf Steiner (1970) Feststellungen über den zeitlichen Ablauf der Travertinbildung, die mit den regionalen Erfahrungen der genannten Autoren gut übereinstimmen. Deshalb ist es naheliegend, die Entstehung der Verkarstung und die Herausbildung der trichterartigen Depression zeitlich mit der Phase der „fortschreitenden Beseitigung der früh- bis vollinterglazial gebildeten karbonatischen Gesteine durch erosive und subrosive Zerstörung in einem fortgeschrittenen Abschnitt des jeweiligen Interglazials (und gegebenenfalls des nachfolgenden Frühglazials)" (Ložek & Jäger 1972) zu parallelisieren. Danach darf der wahrscheinlich spätestmögliche Zeitpunkt der Entstehung des trichterartigen Einbruchs in den Zeitraum „ausgehendes Eem-Interglazial/frühes Weichsel-Frühglazial" verlegt werden (Abb. 1).

In der Ausfüllung der trichterartigen Depression des Travertins sind als Substrate Umlagerungsprodukte aus der Travertinfazies (Travertinschutt, Travertinpulver) und aus der angrenzenden Lößfazies (Schwarzerdekolluvium, Lößderivate u. a.) vorhanden, die mit unterschiedlichen Anteilen am Profilaufbau beteiligt sind: Während in den basalen Teilen der Depression Substrate aus der Travertinfazies eindeutig vorherrschen (Travertinschutt), erreichen nach dem Hangenden zu Substrate aus der benachbarten Lößfazies zunehmend höhere Anteile (Bodensedimente und Lößderivate). Der basale Teil der trichterartigen Depression wird von einem „verkitteten" Travertinschutt gebildet, der zumindest im Randbereich der Depression in eine basale Fließerde übergeht bzw. von dieser überlagert wird. Nach Ansicht der Verfasser sind hier mindestens zwei Prozesse der Profilentwicklung dokumentiert, die zeitlich nacheinander einsetzen:

a) Entstehung von Travertinschutt durch periglaziäre Fraktur im Bereich der Travertinoberfläche und/oder oberflächige Zerrüttung und Zertrümmerung des Travertins im Zusammenhang mit dem Trichtereinbruch;
b) Entstehung einer Fließerde durch solifluidale Verlagerung sowie Abspülung von Travertinschutt.

Diese Verhältnisse spiegeln offensichtlich eine lokale Besonderheit wider, die vorzugsweise durch die Lage der Depression auf der Oberfläche eines interglazialen Travertins bedingt war. Dort mußte ganz offenbar eine klimatische Phase, die im angrenzenden Lößbereich bereits zur Verlagerung von Schwarzerden und Lößderivaten führen konnte, zunächst die Umlagerung solcher Bildungen bewirken, die zu dieser Zeit an der Travertinoberfläche vorhanden waren, d. h. von aufgearbeitetem Travertinschutt und Material des Oberflächenbodens auf dem Travertin (wahrscheinlich vom Rendzina-Typ). Mit anderen Worten: Infolge weiterer Entfernung vom Sedimentationsort konnte die Verlagerung von Sedimenten aus der Lößfazies im Aufschlußbereich nicht sofort in gleicher Weise wirksam werden, wie diejenige von Aufarbeitungsprodukten des Travertins aus der nächsten Umgebung.

Während am Aufbau der basalen Fließerde fast ausschließlich Substrate aus der Travertinfazies beteiligt waren, liegt mit dem Schwarzerdekolluvium ein Schichtglied vor, dessen lithologischer Aufbau ein Übergreifen der Umlagerung und Ablagerung von Substraten aus der angrenzenden Lößfazies auf das Terrain interglazialer Travertinakkumulation belegt. In diesem Schichtglied sind mindestens drei zeitlich aufeinanderfolgende Prozesse dokumentiert, die z. T. ineinander übergreifen können:

a) Schwarzerdebildung im Umland der Fundstätte;
b) kolluviale Verlagerung von Schwarzerde mit anschließender Akkumulation der Bodensedimente in der Depression;
c) synsedimentäre (synkolluviale) Schwarzerdebildung auf den Bodensedimenten in der Depression.

Ein Ausgangspunkt für die Rekonstruktion der im Schwarzerdekolluvium dokumentierten Ereignisfolge ist wiederum darin zu sehen, daß unmittelbar unterhalb der Sohle des trichterartigen Einbruchs (Depression) durch Verkarstung entstandene Hohlräume vorkommen, die mit umgelagerter Schwarzerde und Travertinbrocken verfüllt sind. Dieser Befund setzt sowohl die Existenz der Hohlräume als auch das Vorhandensein einer verlagerungsfähigen Schwarzerde im gleichen Zeitraum voraus. Das Vorkommen von Bodensedimenten in diesen Hohlräumen erfordert überdies eine besondere paläogeographische Situation, die jedoch in Burgtonna spätestens seit der Herausbildung der Depression vorgelegen haben dürfte. Daß die Verfüllung dieser Hohlräume im Zusammenhang mit der Auffüllung der Depression stattgefunden haben muß und nicht bereits im Bildungszeitraum des interglazialen Travertins erfolgt sein kann, ist auch hier wiederum an Hand des wirbeltierpaläontologischen Fundgutes auf Grund des nachgewiesenen Artenspektrums sowie der biometrischen Untersuchungen belegbar (vgl. Heinrich & Jánossy sowie Heinrich im vorliegenden Band, S. 232ff. und S. 255ff.). Hinzu kommt, daß die Fundstätte auf Grund von Bohrungen im Randbereich des Travertinvorkommens von Burgtonna liegt (Gesang, mündl. Mitt.), das in einer flachen Senke abgelagert wurde, so daß die Auffüllung der Depression mit Substraten aus der angrenzenden Lößlandschaft ohne weiteres verständlich ist.

Hinweise darauf, daß die kolluvial verlagerten Bodensedimente unmittelbar nach ihrer Verlagerung zumindest in wesentlichen Teilen erneut durch eine Schwarzerdebildung überprägt wurden, sowie der Nachweis eines biostatistisch einheitlichen Faunenkomplexes im Schwarzerdekolluvium sprechen dafür, daß die Abschwemmung von Bodensedimenten offensichtlich noch in dem Zeitraum erfolgte, als in der angrenzenden Lößlandschaft Schwarzerden (Tschernoseme) entstanden. Darüber hinaus belegt das Auftreten von größeren Travertinbrocken und Travertinpulverlagen in fast allen Bereichen des Schwarzerdekolluviums, daß auch in diesem Zeitraum der interglaziale Travertin zumindest stellenweise oberflächig anstand und weiterhin der Abtragung unterlag.

Mit einer relativ scharfen Diskordanz folgt über dem Schwarzerdekolluvium das ältere Lößderivat. Mit diesem wird im Aufschlußbereich die Ablagerung pedogen nicht überprägter Bodensubstrate eingeleitet. Geht man davon aus, daß die vorstehend erörterte Schwarzerdebildung zunächst auf einem Löß oder Lößderivat im Umland der Fundstätte erfolgte, wo der oberflächige Boden anschließend lateral verlagert wurde, so muß die Möglichkeit in Betracht gezogen werden, daß zuerst durch Denudation der humose Oberboden und in einem fortgeschrittenen Stadium der Abtragung auch dessen Substrat, d. h. Löß bzw. das Lößderivat von der Umlagerung erfaßt wurde. Dies würde aber im Sedimentationsgebiet der Kolluvien, d. h. der Depression, eine Inversion der ursprünglichen stratigraphischen Abfolge (Jüngeres stets über Älterem) zur Folge haben und wiederum bedeuten, daß die im Umland der Fundstätte ursprünglich an der Geländeoberfläche lagernde Schwarzerde im Aufschlußbereich unter umgelagerten Derivaten ihres ursprünglichen Ausgangssubstrates liegen müßte. Gegen eine inverse und somit für eine normale stratigraphische Abfolge spricht aber im vorliegenden Profil, das Auftreten von *Lagurus lagurus* nur im älteren Lößderivat und nicht auch im Schwarzerdekolluvium. Im gleichen Sinne deutet auf eine normale stratigraphische Abfolge die relativ scharfe Diskordanz zwischen dem Schwarzerdekolluvium und dem älteren Lößderivat. Demgegenüber wäre im Fall einer von der ehemaligen Bodenoberfläche zum zugehörigen Bodensubstrat fortschreitenden Abtragung (Abtragungskontinuität) im jeweiligen Ablagerungsraum ein mehr oder weniger kontinuierlicher Übergang bzw. schrittweiser Ersatz von humosen Sedimenten zu humusfreien Lößderivaten vorauszusetzen, was nicht der Fall ist.

Die schrittweise Auffüllung der Depression mit Lößderivaten erfolgte nicht kontinuierlich, sondern mit mindestens einer größeren Unterbrechung, die im untersuchten Deckschichtenprofil durch einen begrabenen Frostgley angezeigt wird. Dieser zeichnet eine ehemalige Geländeoberfläche nach und dokumentiert somit eine Phase relativer Sedimentationsruhe.

Die darauf erneut einsetzende Umlagerung und Verlagerung von Lößen und lößartigen Sedimenten in der angrenzenden Lößlandschaft führte im Fundstättenbereich zu einer weiteren Auffüllung der Depression mit Lößderivaten, die mit einer Überführung des Frostgleys in einen begrabenen Boden verbunden war (vgl. zur Terminologie zuletzt Jäger 1973, Tab. 1). Den Abschluß des Profils bildet der überdeckte Humushorizont einer Schwarzerde, die sich auf dem jüngeren Lößderivat gebildet hat.

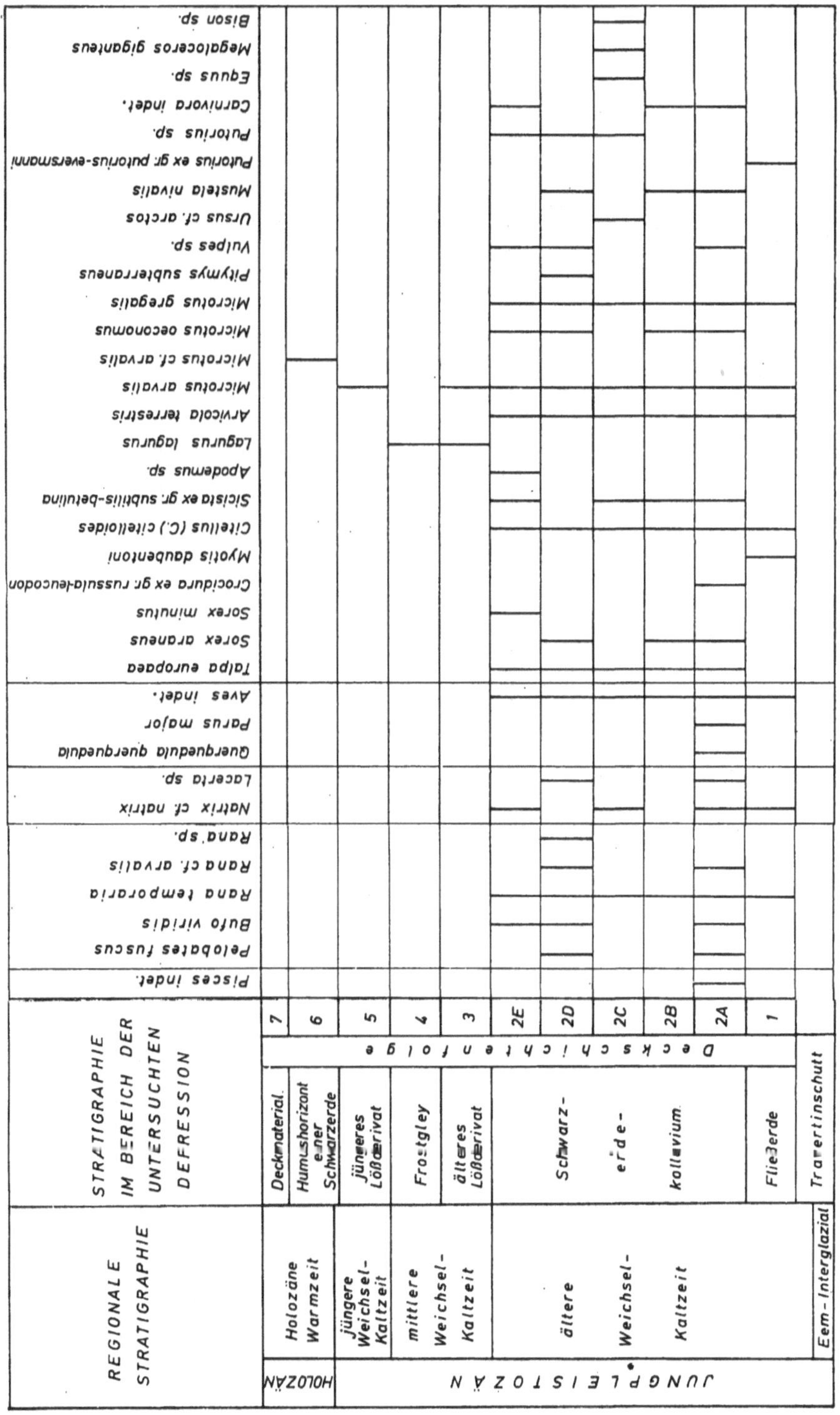

Abb. 2. Übersicht über die in der untersuchten Deckschichtenfolge nachgewiesenen Wirbeltierarten und deren stratigraphische Reichweite im Profil

5. Zur Verknüpfung biostratigraphischer und pedostratigraphischer Befunde

Der Anteil der Wirbeltierfundstätten an der relativ großen Zahl stratigraphisch aussagefähiger Aufschlüsse von Lößen und Lößderivaten in Mitteleuropa ist gering. Hieraus erklärt sich die sehr begrenzte Anzahl geeigneter Vergleichsfundpunkte für die biostratigraphische Korrelation zu anderen Lößprofilen. Wirbeltierfundstätten in Lößaufschlüssen erlangen damit für ihr jeweiliges Fundgebiet eine gewisse Sonderstellung. Dieser Umstand führt zu einer bedeutsamen methodischen Konsequenz: Die Biostratigraphie im mitteleuropäischen Quartär stützt sich — soweit sie an Hand von Wirbeltierfossilien erfolgt — vorzugsweise auf Höhlen, Karstspalten und andere Fundstätten mit im allgemeinen reichhaltiger Fossilführung, aber in der Regel komplizierteren Lagerungsverhältnissen der Fundschichten. Dadurch erlangen die wenigen verfügbaren Lößaufschlüsse mit fossilen Wirbeltierresten eine besondere, und zwar auch überregionale Bedeutung als Stützpunkte biostratigraphi-

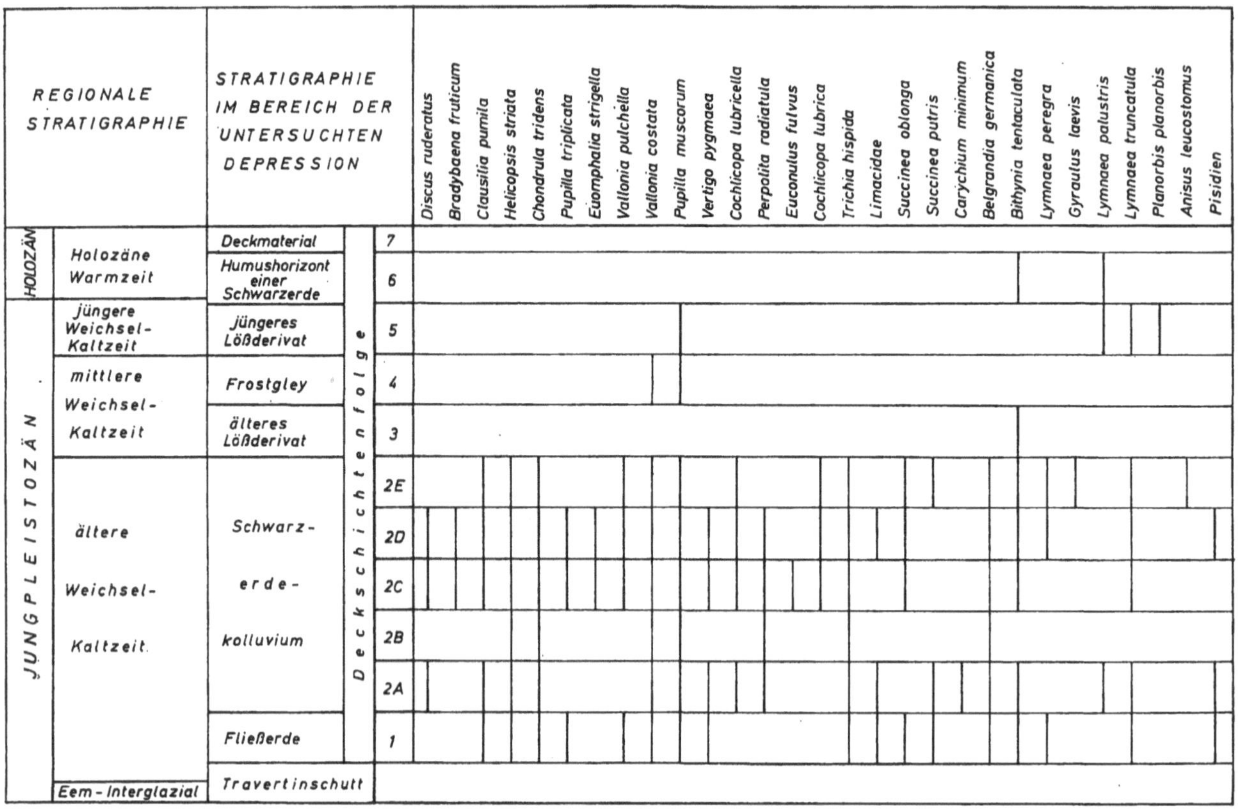

Abb. 3. Übersicht über die in der untersuchten Deckschichtenfolge nachgewiesenen Molluskenarten und deren stratigraphische Reichweite im Profil

scher Korrelationen. Der Aufschluß von Burgtonna bietet hierfür ein besonders aussagekräftiges Beispiel. Als Freilandfundstätte, deren Schichtenfolge dem Lagerungsgesetz folgt und dem regulären Aufbau von Lößprofilen im südlichen Mitteleuropa weitgehend entspricht, ermöglicht die Deckschichtenfolge relativ sichere Aussagen zum gegenseitigen Verhältnis von bedeutsamen bio-, pedo- und lithostratigraphischen Leithorizonten in der Stratigraphie der Weichsel-Kaltzeit. Wesentlich für das Verständnis des Deckschichtenaufschlusses von Burgtonna sind zwei Umstände:

1. Die untersuchte Schichtenfolge stellt die Ausfüllung einer Depression in der Oberfläche eines interglazialen Travertins dar und ist zu einem wesentlichen Teil auf die Anschwemmung von wahrscheinlich bereits fossilführenden Lockersedimenten aus deren Umgebung zurückzuführen, erfuhr aber offenbar nach ihrer Sedimentation keine weitere Umlagerung.
2. Im Bereich der Depression kam es während verschiedener Zeitabschnitte der Profilentwicklung zu nachweislichen Wasseransammlungen, die besonders unter den Bedingungen einer trockenen Offenlandschaft (Schwarzerde- und Lößbildung), zumindest zeitweilig als Anziehungspunkte für die contemporäre Wirbeltierfauna wirksam gewesen sein können, was durch aktualistische Beobachtungen unter vergleichbaren rezenten Bedingungen wahrscheinlich gemacht wird.

Die reichhaltige Fossilführung des Deckschichtenaufschlusses gewinnt durch die günstigen Lagerungsverhältnisse der Schichtenfolge besondere Bedeutung: Hierdurch werden nicht nur Einblicke in das gegenseitige stratigraphische Verhältnis zwischen bio- und pedostratigraphischen Leithorizonten möglich, sondern auch das paläontologische Fundgut gestattet eine am Lagerungsgesetz orientierte Differenzierung (Abb. 2, 3). Sehr deutlich ist das Zusammenfallen bio- und lithostratigraphischer Grenzen im untersuchten Deckschichtenprofil an der Diskordanz zwischen dem Schwarzerdekolluvium im Liegenden und dem älteren Lößderivat im Hangenden. Hier verbindet sich mit dem Wechsel bestimmter lithostratigraphischer Einheiten ein ebenso deutlicher Wechsel von Faunenvergesellschaftungen (Tab. 1). Jede der beiden in diesem Niveau einander ablösenden Faunengemeinschaften kann wirbeltierpaläontologisch durch eine „Leitart“ gekennzeichnet werden (Abb. 2). Als gemeinsame „Leitart“ von Fließerde und Schwarzerdekolluvium, d. h. für den frühweichselzeitlichen Abschnitt des Deckschichtenprofils, ragt der nur fossil bekannte *Citellus* (*Citellus*) *citelloides* heraus, während für das überlagernde ältere Lößderivat aus der mittleren Weichsel-Kaltzeit *Lagurus lagurus* in gleicher Weise kennzeichnend ist. Beide Arten kommen in keiner Schicht des Aufschlußprofils gemeinsam vor. Es ist also möglich, in Analogie zu dem Vorgehen in der Quartärmolluskenkunde (vgl. Ložek 1964) von einer *Citellus-(Citellus)-citelloides*-Fauna zu sprechen, die von einer *Lagurus-lagurus-Fauna* abgelöst wird. Die weitere Entwicklung der Kleinsäugerfauna in der jüngeren Weichsel-Kaltzeit ist an Hand dieses Aufschlusses vorerst nicht erfaßbar. Bestimmte Hinweise im Schrifttum (u. a. Mania & Toepfer 1973) sprechen jedoch dafür, daß in der jüngeren Weichsel-Kaltzeit die *Lagurus-lagurus*-Fauna ihrerseits von einer Kleinsäugerfauna vertreten wird, zu deren charakteristischem Element *Dicrostonyx torquatus* wird. Diese Fauna könnte als *Dicrostonyx*-Fauna bezeichnet werden. Jede dieser Faunengemeinschaften enthält charakteristische, zur Namengebung herangezogene Leitarten und Arten von größerer stratigra-

Tabelle 1

Stratigraphische Übersicht sowie wahrscheinliche Korrelation und Ereignisfolge im untersuchten Deckschichtenprofil von Burgtonna

Regionale Stratigraphie				Stratigraphie im Bereich der untersuchten Depression		Ereignisfolge im Bereich der untersuchten Depression	Ereignisfolge im Bereich der angrenzenden Lößlandschaft	Stratigraphisch aussagefähige Faunen bzw. Faunenelemente: Mollusken	Stratigraphisch aussagefähige Faunen bzw. Faunenelemente: Säugetiere
HOLOZÄN	HOLOZÄNE WARMZEIT			Deckmaterial (Lage 0)	Deckschichtenfolge	Überdeckung (anthropogen?)			
HOLOZÄN	HOLOZÄNE WARMZEIT			Humushorizont einer Schwarzerde (Lage 9)	Deckschichtenfolge	Pedogenese auf Lößderivat mit Entstehung einer Schwarzerde	Pedogenese auf Löß, Lößderivaten usw. mit Entstehung von Schwarzerde		Offenland Fauna ohne Lagurus lagurus
JUNGPLEISTOZÄN	WEICHSEL-KALTZEIT	Pleni- und Kata-Glazial	Jüngere Weichsel-Kaltzeit	Hiatus	Deckschichtenfolge	Abtragung (?)	Ablagerung und Umlagerung von Löß und lößartigen Sedimenten		Offenland Fauna ohne Lagurus lagurus
JUNGPLEISTOZÄN	WEICHSEL-KALTZEIT	Pleni- und Kata-Glazial	Jüngere Weichsel-Kaltzeit	jüngeres Lößderivat (Lage 8)	Deckschichtenfolge	Erneutes Übergreifen der Lößumlagerung auf den Travertinbereich, weitere Auffüllung der Depression mit Löß bzw. lößartigen Sedimenten	Ablagerung und Umlagerung von Löß und lößartigen Sedimenten		Offenland Fauna ohne Lagurus lagurus
JUNGPLEISTOZÄN	WEICHSEL-KALTZEIT	Anaglazial	mittlere Weichsel-Kaltzeit: PK I (Stillfried B)	Frostgley (Lage 7)	Deckschichtenfolge	Unterbrechung der Sedimentation, Pedogenese mit Entstehung eines Frostgleys	Wahrscheinlich analog zum Profil Pedogenese auf Löß und lößartigen Sedimenten mit Entstehung eines Frostgleys		Offenland Fauna ohne Lagurus lagurus
JUNGPLEISTOZÄN	WEICHSEL-KALTZEIT	Anaglazial	mittlere Weichsel-Kaltzeit	älteres Lößderivat (Lage 6)	Deckschichtenfolge	Weitere Auffüllung der Depression mit umgelagertem Löß bzw. lößartigen Sedimenten	Umlagerung und Verlagerung von Löß und lößartigen Sedimenten		Offenland Fauna mit Lagurus lagurus
JUNGPLEISTOZÄN	WEICHSEL-KALTZEIT	Anaglazial	ältere Weichsel-Kaltzeit: PK II (= Oberer Teil von Stillfried A)	Schwarzerdekolluvium (Lagen 3–5)	Deckschichtenfolge	Synsedimentäre Bodenbildung während der Auffüllung durch Bodensedimente / Weitere Auffüllung der Depression mit Bodensedimenten (Schwarzerdekolluvium)	Umlagerung und Verlagerung von Schwarzerdeboden / Pedogenese mit Entstehung von Schwarzerde	Chondrula-tridens-Fauna bzw. Bradybaena-fruticum-Fauna	Offenland Fauna ohne Lagurus lagurus
JUNGPLEISTOZÄN	WEICHSEL-KALTZEIT	Anaglazial	ältere Weichsel-Kaltzeit	Fließerde (Lage 2)	Deckschichtenfolge	Erste solifluidale Trichterauffüllung mit hohem Anteil von aufgearbeitetem Travertin	Umlagerungsvorgänge mit Freilegung bzw. Abtragung von kalkhaltigem Bodensubstrat	Chondrula-tridens-Fauna bzw. Bradybaena-fruticum-Fauna	Offenland Fauna ohne Lagurus lagurus
JUNGPLEISTOZÄN	WEICHSEL-KALTZEIT	Anaglazial	ältere Weichsel-Kaltzeit	Travertinschutt (Lage 1b)		Periglaziäre Fraktur / Entstehung der Depression (Trichtereinbruch) / Subrosion des Travertins	Umlagerungsvorgänge mit Freilegung bzw. Abtragung von kalkhaltigem Bodensubstrat	Chondrula-tridens-Fauna bzw. Bradybaena-fruticum-Fauna	Offenland Fauna ohne Lagurus lagurus
JUNGPLEISTOZÄN	Warm-Zeit (Eem-Interglazial)			Travertin von Burgtonna (Lage 1a)		Erhaltung des Travertins / Akkumulation des Travertins	Pedogenese mit Entstehung von Parabraunerde	Interglaziale Mollusken-Sukzessionen einschließlich Phase mit Helicigona banatica; vgl. Mania 1973 und im vorliegenden Band	Interglaziale Säugetierfauna (Palaeoloxodon-antiquus-Fauna), vgl. die entsprechenden säugetierpaläontologischen Beiträge im vorliegenden Band

phischer Reichweite, die in unterschiedlichen und aufeinanderfolgenden Faunengemeinschaften als „Begleitarten" auftreten können, wie z.B. *Microtus arvalis*.

Der Vergleich der aus der Profilbearbeitung gewonnenen bio-, litho- und pedostratigraphischen Erkenntnisse führt zu dem Ergebnis, daß sich in bestimmten Profilabschnitten eine Koinzidenz litho- bzw. pedostratigraphischer Grenzen zu biostratigraphischen Grenzen abzeichnet (Tab. 1). Herausragendes Beispiel ist das Auftreten von *Lagurus lagurus*. Sein Einsetzen im Profil ist geknüpft an eine Diskordanz zwischen Schwarzerdekolluvium und älterem Lößderivat, mit der sich ein deutlicher Schnitt in der überlieferten Fauna verbindet (vgl. Abb. 2). Sein Aussetzen fällt demgegenüber mit dem Bildungszeitraum eines begrabenen Bodens (Frostgley) zusammen, den JÄGER & HEINRICH (in diesem Band, S. 200) als pedostratigraphisches Äquivalent zu Stillfried B interpretieren.

Die lithostratigraphische Bearbeitung des Deckschichtenprofils von Burgtonna und die biostratigraphische Auswertung des dort geborgenen paläontologischen Fundgutes führten übereinstimmend zu einer Einordnung der angetroffenen Schichtenfolge in die Weichsel-Kaltzeit. Kennzeichnende Etappen der weichsel-kaltzeitlichen Landschaftsentwicklung in den mitteleuropäischen Trockengebieten sind hier zudem an Hand typischer paläopedologischer und paläontologischer Befunde zu belegen und gestatten auch für einzelne Glieder der Schichtenfolge mit ihrem Fossilinhalt über Thüringen hinausreichende regionale Korrelationen (vgl. in diesem Band die Beiträge von JÄGER & HEINRICH, S. 199f., HEINRICH & JÁNOSSY, S. 250ff., sowie MANIA, S. 203ff.). Diese Befunde ermöglichen nicht nur die Einordnung der Deckschichtenfolge in die thüringische und in die mitteleuropäische Stratigraphie jungquartärer Lößablagerungen, deren Grundzüge durch den Aufschluß von Burgtonna bestätigt werden. Sie stellen vielmehr auch deutliche Beziehungen von der örtlichen Schichtenfolge zur zyklischen Gliederung der mitteleuropäischen Klimaentwicklung im Quartär durch KUKLA (1961 u. 1969) her, innerhalb derer vor allem die bemerkenswerten wirbeltierpaläontologischen Funde des untersuchten Aufschlußprofils eine eindeutige Zuordnung zu bestimmten Phasen der Abschnitte B 1 und B 2 erfahren. Das bedeutet, daß die bisherigen Erkenntnisse über Klimacharakter und Klimaentwicklung dieser erdgeschichtlichen Entwicklungsetappen im Thüringer Becken zum besseren Verständnis der Schichtenfolge und vor allem der angetroffenen Fauna herangezogen werden dürfen. Andererseits vermögen die der Schichtenfolge abgewinnbaren palökologischen Aussagen zur präziseren Kennzeichnung der mitteleuropäischen Klimaverhältnisse in den örtlich erfaßten Abschnitten jungquartärer Klimaentwicklung beizutragen. Die wirbeltierpaläontologischen Funde eröffnen im konkreten Fall von Burgtonna dafür erweiterte methodische Möglichkeiten, besonders dort, wo einzelne Glieder der Schichtenfolge durch ökologisch aussagekräftige Leitarten zu kennzeichnen sind. Unabhängig hiervon konnte im Zusammenhang mit der Bearbeitung der fossilen Fauna der methodische Ansatz für klimageschichtliche Rekonstruktionen quartärer Ablagerungsfolgen an Hand paläontologischer Klimaindikationen durch Taxa mit rezentem Areal vertieft werden.

6. Methodik und Ergebnisse paläoklimatischer Aussagen an Hand der fossilen Wirbeltierfauna

Besonders geeignet für eine Nutzung der angedeuteten Möglichkeiten klima- und landschaftsgeschichtlicher Aussage sowie für die Darstellung ihrer methodischen Voraussetzungen ist das Auftreten von *Lagurus lagurus* im Deckschichtenprofil von Burgtonna.

Die Grenzen des gegenwärtigen Areals von *L. lagurus* (Abb. 4) führen nur im E durch orographisch stark differenzierte Gebirgs- und Hochlandregionen (Tien-Schan, Mongolei und Sajanisches Gebirgssystem). Im S, W und N verlaufen sie durch die weitgespannten Ebenen der Tiefländer von Turan, Osteuropa und Westsibirien, wobei die Tafelländer der Kasachischen Schwelle innerhalb des Verbreitungsgebietes bleiben. Daraus ergibt sich ein Arealbild, das dem in der Geobotanik vielfach belegten aralocaspischen Arealtyp (vgl. MEUSEL, JÄGER & WEINERT 1965) weitgehend nahekommt.

Lage und Verlauf der Arealgrenzen in den genannten Flach- und Tafellandgebieten lassen deutliche Beziehungen zur regionalen Differenzierung der aktuellen klimatischen Bedingungen erkennen. Die klimatische Bedingtheit der Arealumgrenzung von *L. lagurus* in den Tief- und Tafelländern ist gut zu verdeutlichen, wenn zu deren Verständnis die von zahlreichen Stationen des Gebietes verfügbaren Klimadiagramme zur Analyse herangezogen werden, die von WALTER & LIETH (1960) im Rahmen eines Klimadiagramm-Weltatlasses zusammengefaßt worden sind.

In der Darstellungsform folgen diese Diagramme einem methodischen Ansatz von GAUSSEN (1955), der es ermöglicht, Niederschlags- und Temperaturkurven in einer solchen Weise übereinanderzulegen, daß im Jahresgang sowohl Abschnitte (bzw. Jahresabläufe) mit Niederschlagsüberschuß als auch solche mit Niederschlagsdefizit erkennbar werden. Grundlage dieser Darstellungsform ist eine Überlegung von BAGNOULS & GAUSSEN (1953), wonach in den Kurven der monatlichen Mittelwerte für Temperatur und Niederschlag 10 °C einem Niederschlagsäquivalent von 20 mm entsprechen. Bei entsprechender Angleichung der Darstellungsmaßstäbe können somit Temperaturen und Niederschläge im Jahresgang im gleichen Diagramm einander gegenübergestellt werden. Das ökologische Aussagevermögen derartiger Diagramme wurde durch WALTER (1962, S. 28) zusammenfassend gekennzeichnet:

„Es zeigt sich, daß bei diesem Verhältnis (T:N = 1:2) der Teil des Jahres, in dem die Niederschlagskurve unter der Temperaturkurve liegt, für die Pflanze eine Dürrezeit ist. Der Vergleich der Temperaturkurve mit der Niederschlagskurve ist deshalb statthaft, weil die erstere, wie wir bereits erwähnten, als Maß für die im Laufe des Jahres sich ändernde Verdunstung dienen kann. Sie gibt die Ausgabenseite hinsichtlich des Wassers, die Niederschlagskurve die Einnahme-

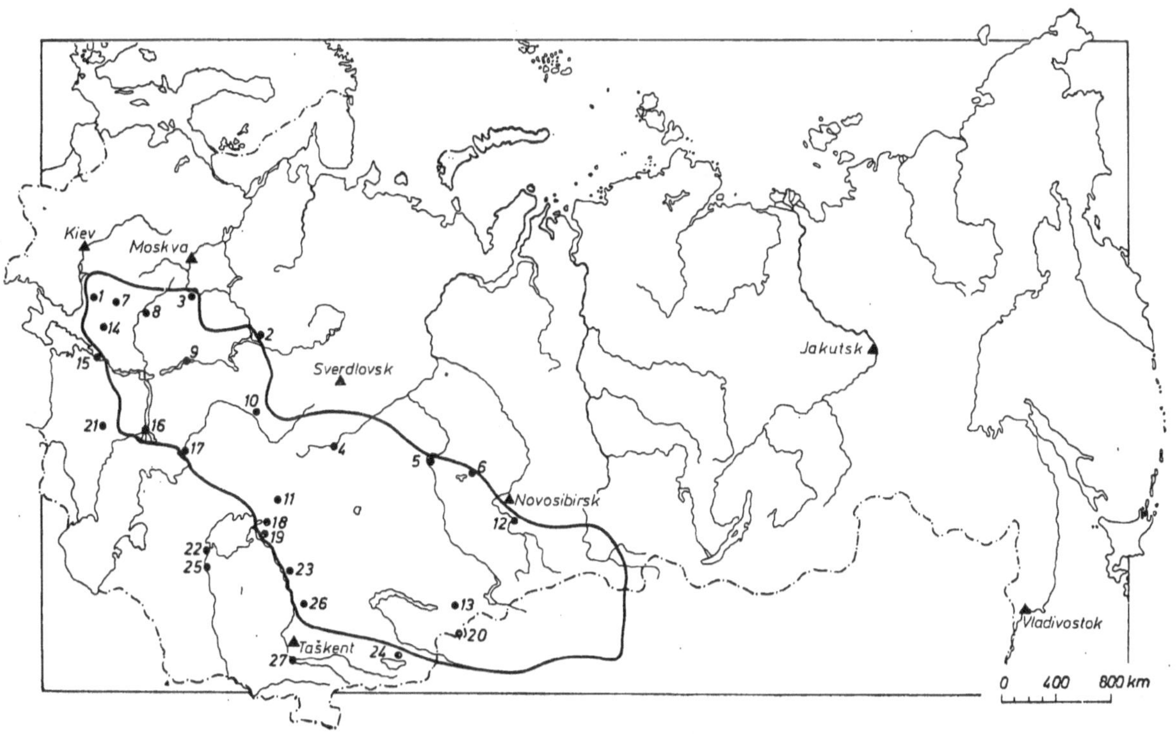

Abb. 4. Rezentes Areal von *Lagurus lagurus* (PALLAS) unter Zugrundelegung der Angaben bei BOBRINSKIJ, KUZNECOV & KUZJAKIN (1965) sowie STUBBE & CHOTOLCHU (1968)

Die Ziffern verweisen auf die Diagramme der Abb. 5.

seite wieder, und beide zusammen geben einen Begriff von der Wasserbilanz, also von den Hydraturverhältnissen."

Ein Vergleich derart konzipierter Klimadiagramme aus dem Areal von *L. lagurus* mit solchen aus benachbarten Regionen außerhalb seiner Verbreitungsgrenzen erweist, daß gerade für diese Art zwischen Arealumgrenzung und Hydraturverhältnissen sehr enge Beziehungen bestehen (Abb. 4 u. 5):

Gemeinsames Merkmal der Klimadiagramme ist nahezu im gesamten Verbreitungsgebiet von *L. lagurus* das Vorhandensein einer deutlichen Dürreperiode im mittleren Jahresgang. Deren Dauer ist in verschiedenen Teilen des Areals unterschiedlich: Diesbezügliche Werte liegen zwischen bis zu 1 Monat (Beispiel Slavjansk) und 7 Monaten (Beispiel Astrachan). Generell verkürzt sich die mittlere Dauer dieser jährlichen Dürreperiode vom Arealinnern in Richtung auf die westliche und nördliche Arealgrenze, deren Verlauf mit dem Verschwinden einer derartigen jährlichen Dürreperiode im W und N annähernd zusammenfällt. Allerdings wird gerade dort das Gebiet regelmäßig auftretender sommerlicher Dürre, wie es sich aus den vorliegenden Klimadiagrammen bei WALTER & LIETH (1960) ergibt, nach der Kartierung von BOBRINSKIJ, KUZNECOV & KUZJAKIN (1965) für das Areal von *L. lagurus* zumindest in einigen Bereichen, wenn auch nur geringfügig, so doch deutlich überschritten (Beispiele Elatma, Barnaul). Bei der Wertung dieses Sachverhaltes ist jedoch der Umstand zu berücksichtigen, daß die Klimadiagramme Aussagen über langjährige Mittelwerte enthalten und für das einzelne Jahr durchaus erhebliche Abweichungen zulassen. Dies bedeutet, daß in manchen Jahren die sommerliche Dürreperiode über das Gebiet ihres regelmäßigen Auftretens hinaus wirksam sein, in anderen ein enger umgrenztes Gebiet betreffen kann. Bei überaus beweglichen Kleinsäugerarten, bei denen überdies der erste Wurf von Jungtieren eines Sommers noch im gleichen Jahr seinerseits zur Vermehrung gelangen kann, wie dies HEPTNER, MOROSOWA & ZALKIN (1956) gerade für *L. lagurus* berichten, ist ein schnelles Reagieren der Arealgrenze auf die besonderen Witterungsverhältnisse einzelner Jahre, d. h. ein Pulsieren ihres Verlaufes in Abhängigkeit von dem wechselnden Witterungscharakter bestimmter Jahre oder Jahresfolgen, durchaus wahrscheinlich. Dies bedeutet, daß die in den Klimadiagrammen enthaltenen Mittelwerte klimatische Orientierungsdaten im Sinne von Richtwerten bieten, wobei eine geringfügige Abweichung der Verbreitungsgrenze von einer auf Mittelwerten basierenden Klimakarte in bestimmten Jahren nicht nur wahrscheinlich, sondern sogar zu erwarten ist. Der Trend der möglichen Aussage wird aber durch den Vergleich der Arealgrenze mit den kartierbaren Klimadiagrammen mit wünschenswerter Deutlichkeit ausgewiesen.

Analoge Zusammenhänge gelten auch für die südliche Verbreitungsgrenze der Art. Dort reicht das Gebiet mit ausgeprägter alljährlicher sommerlicher Dürrephase wesentlich über die Arealgrenzen der Art hinaus, um große Gebiete Mittel- und Vorderasiens zu umspannen. Hier erweist sich in einem bestimmten Abschnitt die weitgehende Anlehnung ihres Verlaufes an den Syr-Darja als aussagekräftig: In den nördlicher gelegenen Diagrammen (Beispiele: Aralsk, Kysyl-Orda, Kokpekty) bleibt, ungeachtet der jährlichen sommerlichen Dürrezeit, kein Monat im mittleren Jahresgang völlig niederschlagsfrei. Dagegen treten südlich vom Syr-Darja, und zwar bereits nahe der durch den Fluß gegebenen Arealgrenze, Diagramme auf, in denen wenigstens 1 Monat des mittleren Jahresganges völlig niederschlagsfrei ist (Beispiele Nukuss, Turtkul, Leninabad/Chodšent). Diese Gebiete werden von *L. lagurus* offenbar gemieden.

Aus der Auswertung der verfügbaren Klimadiagramme ergeben sich also bereits drei wesentliche ökologische Aussagen:

1. Das Auftreten der Art ist vorzugsweise an Gebiete gebunden, in denen mindestens ein Monat im mittleren Jahresgang den Charakter einer Dürreperiode aufweist.
2. Die Art ist an Gebiete gebunden, in denen kein Monat im mittleren Jahresgang völlig niederschlagsfrei bleibt.

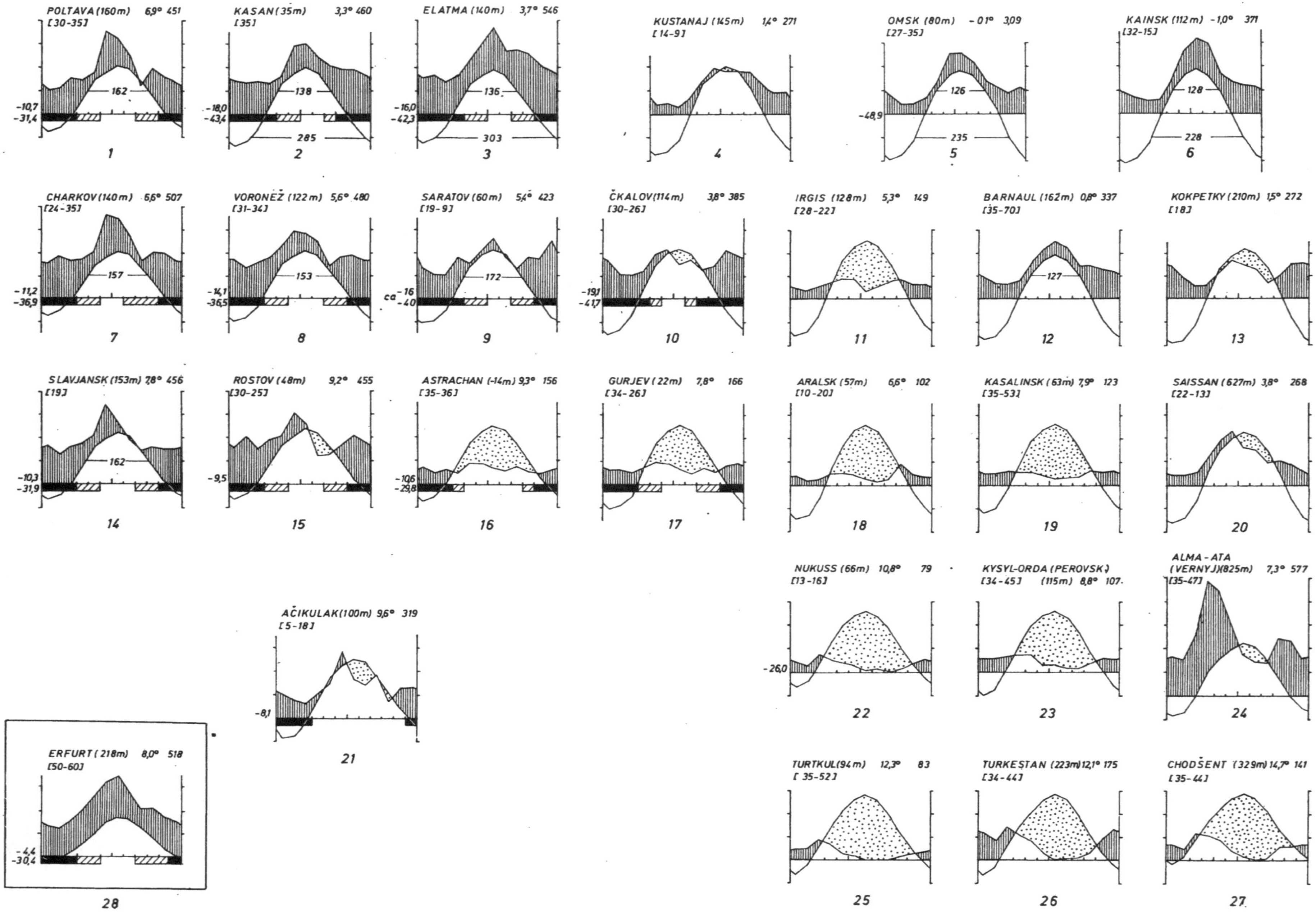

Abb. 5. Klimadiagramme repräsentativer Stationen im rezenten Areal von *Lagurus lagurus* (PALLAS) und in angrenzenden Gebieten

In Auswahl, unter besonderer Berücksichtigung der gegenwärtigen Arealgrenzen; Diagramme aus WALTER & LIETH (1960); zur Lage der Stationen vgl. Abb. 4; nähere Erläuterungen im Text

3. Die gegenwärtigen Arealgrenzen der Art weisen folglich besonders enge Beziehungen zu den Hydraturverhältnissen in deren Umwelt auf.

Ebenso wie die regelmäßige sommerliche Dürreperiode bildet auch eine erhebliche Amplitude der im mittleren Jahresgang der Temperatur aufeinanderfolgenden Monatsmittelwerte eine kennzeichnende Gemeinsamkeit für die im rezenten Areal von *L. lagurus* ermittelten Klimadiagramme. In ihr spiegelt sich deutlich der für das Gesamtareal der Art charakteristische kontinentale Klimacharakter wider. Dabei werden ungeachtet einer ausgeprägten winterlichen Periode strenger Fröste — mit Mittelwerten für den kältesten Monat im Jahresgang zwischen —10 °C und —20 °C, nur ausnahmsweise in Küstennähe weniger, und mit winterlichen Extremwerten der Temperatur teilweise unter —40 °C — zumindest in großen Teilen des Areals die gegenwärtigen Jahresmittel der Temperatur im Thüringer Becken (Beispiel Erfurt: 8,0 °C) erreicht und überschritten, was vor allem auf im Vergleich zur gegenwärtigen Situation in Thüringen erheblich höhere Mittelwerte der Temperatur in den Sommermonaten zurückgeht (Beispiele Gurjev, Rostov am Don, Ačikulak, Astrachan, Kysyl Orda). Diese hohen sommerlichen Mittelwerte der Temperatur werden auch in denjenigen Teilen des Gesamtareals angetroffen, in denen das Jahresmittel der Temperatur die gegenwärtigen Werte der mitteleuropäischen Beckenlandschaften nicht erreicht, teilweise sogar erheblich unterschreitet (Beispiele: Irgis, Saissan, Kokpekty, Barnaul, Kainsk).

Für das rezente Areal von *L. lagurus* sind somit bestimmte durchläufige klimatische Gemeinsamkeiten feststellbar:

1. Hohe Kontinentalität, verbunden mit erheblicher Amplitude der monatlichen Temperaturmittel im Jahresgang einerseits und einer ausgeprägten sommerlichen Dürreperiode andererseits, jedoch mit Niederschlägen im gesamten Jahresablauf.
2. Hohe Mittelwerte der Temperatur in den Sommermonaten, auch in Teilarealen mit niedrigem Jahresmittel der Temperatur, mit einer sommerlichen Hitzeperiode bei Mittelwerten für den wärmsten Monat des Jahres, die gegenwärtig in den Beckenlandschaften der zentraleuropäischen Mittelgebirgszone nicht erreicht, eher erheblich unterschritten werden.
3. Niederschlagsüberschüsse vorzugsweise im Winterhalbjahr, bei niedrigen Mittelwerten der Temperatur vor allem als Schnee, ferner vielfach auch im Frühjahr und Herbst, seltener auf den Frühsommer übergreifend (Beispiele: Poltava, Rostov, Saratov, Slavjansk) und nur im unmittelbaren Bereich der nördlichen und westlichen Arealgrenzen im Mittel ganzjährig (Beispiele: Charkov, Elatma, Kainsk, Barnaul), wobei dort wiederum ein Weichsel von Jahren mit sommerlicher Dürre einerseits und ganzjährigem Niederschlagsüberschuß andererseits vorauszusetzen, aber in den Diagrammen nicht darzustellen ist.

Unter der Voraussetzung, daß die ökologischen Ansprüche der Art vom Jungpleistozän bis zur Gegenwart weitgehend stabil geblieben sind, gestattet die aus den Klimadiagrammen im rezenten Areal von *L. lagurus* ablesbare ökologische Charakteristik Rückschlüsse auf den Klimacharakter im Zeitraum ihres Auftretens im Jungpleistozän Mitteleuropas. Deren Aussage darf auf Grund der stratigraphischen Untersuchung der Deckschichtenfolge von Burgtonna infolge der Bindung dieser Fossilfunde an das dort angetroffene ältere Lößderivat auf ein Stadial der Weichsel-Kaltzeit im Abschnitt B_2 der Zyklenfolge in der mitteleuropäischen Quartärstratigraphie nach Kukla (1969) mit ihren regionalen Äquivalenten bezogen werden, vgl. Jäger & Heinrich (in diesem Band, Tab. 5). Dies bedeutet, daß für einen stratigraphisch weitgehend präzisierten stadialen Abschnitt der Weichsel-Kaltzeit eine relativ genaue Kennzeichnung der klimatischen Bedingungen kaltzeitlicher Landschaftsentwicklung in einem Teilgebiet der zentraleuropäischen Mittelgebirgszone möglich wird, das nach seiner orographischen Lage den Typus einer Beckenlandschaft vertritt und nach seiner klima- und bodengeographischen Zuordnung dem Trockenbereich einer Lößlandschaft angehört (Jäger & Heinrich im vorliegenden Band, S. 197). Für die gegenwärtigen klimatischen Bedingungen im entsprechenden Teil des Thüringer Beckens darf das Klimadiagramm der Stadt Erfurt als repräsentativ gelten und daher zum Vergleich der heutigen Situation mit den Verhältnissen herangezogen werden, die an Hand der Fossilfunde von Burgtonna für das dort erfaßte Stadial der mittleren Weichsel-Kaltzeit ermittelt werden konnten.

Ein derartiger Vergleich führt zu folgenden Aussagen:

1. Die gegenwärtig im inneren Thüringer Becken erkennbare Tendenz zu einer relativ kontinentalen klimatischen Prägung (Tschernosem-Gebiet) bleibt weit zurück hinter der für den Bildungszeitraum des älteren Lößderivates ableitbaren klimatischen Kontinentalität.
2. Die für Bildungsphasen von Lößen und Lößderivaten in der mitteleuropäischen Quartärstratigraphie im allgemeinen und im Abschnitt B_2 der Zyklenfolge nach Kukla (1961, 1969) im besonderen vorausgesetzten Bildungsbedingungen mit stark kontinentalem Klimacharakter sind zu bestätigen.
3. Abweichend vom gegenwärtigen Witterungsgang im mittleren Jahresablauf darf zu der frostbedingten Phase weitgehender winterlicher Vegetationsruhe mindestens eine dürrebedingte Phase weitgehender sommerlicher Vegetationsruhe, wenn auch vielleicht nur von kurzer Dauer, vorausgesetzt werden.[1]
4. Im Vergleich zur Gegenwart wesentlich verminderte Jahresmittel der Temperatur sind an Hand der verfügbaren Klimadiagramme weder auszuschließen noch beweisbar, jedoch kann eine erweiterte Amplitude zwischen den Temperatur-Mittelwerten im kältesten und im wärmsten Monat im Jahresgang durchaus wahrscheinlich gemacht

[1] Einzelne Klimadiagramme aus dem gegenwärtigen Areal von *Lagurus lagurus* zeigen nacheinander im gleichen Sommer wiederholt derartige Phasen (Beispiel: Ačikulak).

werden. Dabei ist nicht nur mit strengeren winterlichen Frösten, sondern auch mit einer wesentlich ausgeprägteren sommerlichen Hitzeperiode zu rechnen, die im allgemeinen mit dem Höhepunkt einer sommerlichen Dürrephase zusammenfiel und zu Mittelwerten der Temperatur im wärmsten Monat erheblich über den heute im Thüringer Becken geläufigen Werten geführt haben dürfte.

Besonders bemerkenswert erscheint bei dieser Bestandsaufnahme, daß danach gerade unter nachweislich stadialen Bedingungen bei sommerlicher Trokkenheit wärmere Sommer vorausgesetzt werden müssen, als sie das temperate Klima der Gegenwart im gleichen Gebiet aufweist. Indessen korrespondiert dieses Ergebnis mit pollenanalytisch gewonnenen Hinweisen auf einen erhöhten Versalzungsgrad der oberflächigen Böden im Hochglazial der mitteleuropäischen Weichsel-Kaltzeit, die Frenzel (1968, S. 237—239) zusammenfassend referiert. Ebenso bestätigt das Auftreten von *Lagurus lagurus* in einem Stadial der mittleren Weichsel-Kaltzeit mit den hieraus abgeleiteten klimatischen Bedingungen die gleichfalls aus pollenanalytischen Untersuchungen in mitteleuropäischen Lößprofilen (Frenzel 1964a, b, Bastin 1968) ableitbare Auffassung von Frenzel (1968, S. 232), wonach es sich bei den eiszeitlichen hochglazialen Typen der offenen Vegetation weder während der letzten noch in der vorletzten Eiszeit um Tundren gehandelt hatte: „Es scheint richtiger zu sein, diese Pflanzengemeinschaften als Steppen anzusehen, wenn auch klar ist, daß die eiszeitlichen Vegetations-Typen nicht direkt mit heutigen Steppen verglichen werden können."

Im übrigen wurden auch bei pollenanalytischen Untersuchungen weichsel-hochkaltzeitlicher Sedimente in Mitteleuropa vor allem Taxa mit aralokaspischem Arealtyp im Sinne von Meusel, Jäger & Weinert (1965) nachgewiesen, womit die aktualistische Interpretation der klimatischen Verhältnisse im mitteleuropäischen Weichsel-Hochglazial durch palökologische Aussagemöglichkeiten sowohl an Hand paläobotanischer als paläozoologischer Befunde nicht auf die arktischen Tundren der nördlichen Hemisphäre, sondern auf die hochkontinentalen Trockengebiete im Inneren Eurasiens verwiesen wird.

Bei der Interpretation der paläozoologischen Befunde ergeben sich somit — nicht zufällig — ähnliche Probleme und Hinweise für die Beurteilung der klimatischen Bedingungen im Hochglazial, wie sie Frenzel (1968, S. 235) auf Grund des pollenanalytischen Nachweises von *Artemisia* in hochkaltzeitlichen Ablagerungen Mitteleuropas aufgeworfen hat. Die Konsequenzen derartiger Befunde für das Verständnis der kaltzeitlichen Gletscherdynamik sind ebenfalls bereits von Frenzel (1968, S. 243) berührt worden und lassen zugleich bestimmte neuere, von Fliri et al. (1972) aus dem Alpenraum veröffentlichte Beobachtungen über Eisfreiheit hochgelegener Alpentäler noch im mittleren Würm-Glazial verständlicher erscheinen. Vor allem aber deutet sich die Notwendigkeit an, in der Geomorphologie des periglaziären Formenschatzes in Mitteleuropa in erhöhtem Maße der Wirksamkeit oberflächenformender Prozesse unter den Bedingungen sommerlicher Aridität bei hohen Temperaturen Rechnung zu tragen und deren Anteil an der Entstehung des als periglaziär bezeichneten oberflächigen Formenschatzes deutlicher herauszuarbeiten.

Zugleich ist das Beispiel geeignet, die methodischen Möglichkeiten klimageschichtlicher Aussage an Hand paläontologischen Fundgutes für eindeutig festgelegte stratigraphische Niveaus in der mitteleuropäischen Quartärstratigraphie zu präzisieren. Die vorgestellte Methodik wird mit noch höherem Genauigkeitsgrad der erzielbaren Aussage dort eingesetzt werden können, wo mehrere, für eine bestimmte Biozönose kennzeichnende Taxa parallel für die palökologische Kennzeichnung ihrer Fundschicht an Hand von Klimadiagrammen aus dem Rezentareal herangezogen werden können.[2]) Der dieser Untersuchung zugrundegelegte methodische Ansatz ist vielversprechend, sobald für weitere gesicherte stratigraphische Niveaus etwa im Verlaufe der Weichsel-Kaltzeit an Hand einzelner Taxa aus verschiedenen Fossilgruppen (pflanzliche Mikro- und Makrofossilien, Konchylien und Reste fossiler Wirbeltiere) sowie für die von ihnen gebildeten Biozönosen auf Grund der verfügbaren Klimadiagramme aus den zugehörigen Rezentarealen entsprechende palökologische Ableitungen vorgenommen werden.

Hier zeichnet sich methodisch eine Möglichkeit ab, das klimageschichtliche Aussagevermögen quartärpaläontologischer Klimazeugen künftig sehr viel konkreter zu erschließen, als dies bisher realisierbar schien. Überdies kann der Wandel der klimatischen Bedingungen im mitteleuropäischen Jungquartär an Hand weiterer gleich gearteter Untersuchungen unter Einbeziehung anderer Fossilgruppen genauer gekennzeichnet und schließlich einer verhältnismäßig solide unterbauten, spekulativ wenig belasteten und dabei vielseitigen Trendanalyse zugänglich gemacht werden.

7. Einordnung in die regionale Klima- und Landschaftsentwicklung

Die an Hand von *Lagurus lagurus* gewonnenen paläoklimatischen Aussagen gestatten es, die bisherigen Kenntnisse vom Klima der mittleren Weichsel-Kaltzeit in den Trockenbereichen der zentraleuropäischen Mittelgebirgszone zu bestätigen, teils zu präzisieren und teils durch neue Aspekte zu bereichern. Bemerkenswerte Abweichungen ergeben sich gegenüber bisherigen Überlegungen im Schrifttum bezüglich der Angaben zur Mitteltemperatur im wärmsten Monat des Jahres, wenn man zum Vergleich etwa die Schätzungen bei Zagwijn & Paepe (1968, Abb. 3) heranzieht. Im ganzen ordnen sich aber die neu gewonnenen Erkenntnisse befriedigend in die Beurteilung des weichselkaltzeitlichen Klimaablaufes ein.

Besonderes Interesse verdient ein Vergleich der jetzt möglichen paläoklimatischen und landschafts-

[2]) Voraussetzung ist selbstverständlich, daß die auszuwertenden Arten nicht ausgestorben sind.

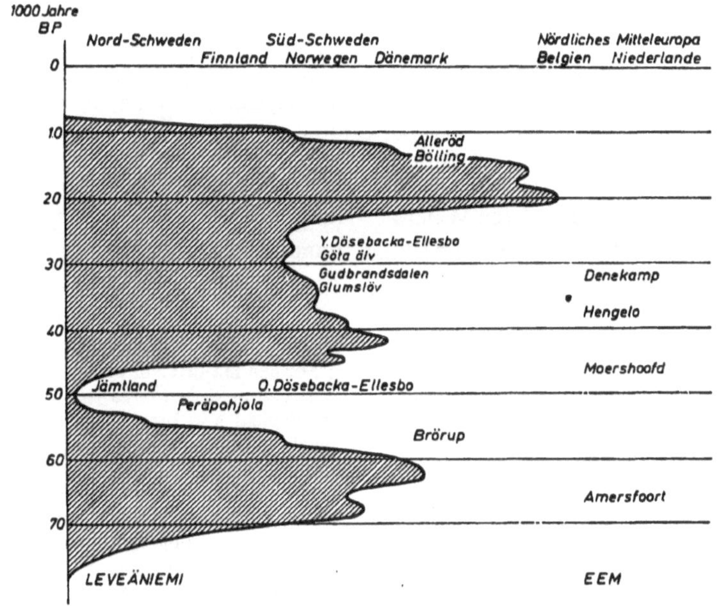

Abb. 6. Eisrandverschiebungen des skandinavischen Inlandeises während der Weichsel-Kaltzeit in Nord- und Mitteleuropa und deren regionalstratigraphische Korrelationen

Nach LUNDQVIST (1974), vereinfacht und verändert

geschichtlichen Kennzeichnung für stadiale Verhältnisse in der mittleren Weichsel-Kaltzeit mit den Klimaverhältnissen in den vorangehenden Interstadialen der frühen Weichsel-Kaltzeit, die im Deckschichtenprofil von Burgtonna selbst in der Form einer kolluvial umgelagerten Schwarzerde ihre Spuren hinterlassen haben. Jedoch ist von diesem Profil aus eine gleichartige, präzise paläoklimatische Kennzeichnung, wie hier für ein Stadial der mittleren Weichsel-Kaltzeit an Hand von *L. lagurus*, aus methodischen Gründen nicht möglich; es sei denn, man wäre bereit, für die rezente Art *Citellus citellus* die gleichen Umweltansprüche anzunehmen wie für den ausgestorbenen *C. citelloides*. Die Gültigkeit dieser Prämisse ist jedoch nicht zu sichern. Daher kann sich ein Vergleich des früh-weichselzeitlichen Interstadialklimas mit den neuen Erkenntnissen zum Paläoklima in einem mittel-weichselzeitlichen Stadial im Aufschluß selbst vorläufig nur auf die klimageschichtliche Indikation der dort angetroffenen umgelagerten Schwarzerde und im Hinblick auf paläontologische Klimazeugen nur auf den gegenwärtigen regionalen Kenntnisstand stützen.

Hier wird die Angabe von FRENZEL (1973), wonach die Interstadiale „zu Beginn der letzten Kaltzeit beträchtliches Ausmaß hatten", treffend illustriert durch eine jüngst veröffentlichte Kurve bei LUNDQVIST (1974, Fig. 2), die die Eisrandverschiebungen des skandinavischen Inlandeises während der Weichsel-Kaltzeit zur Darstellung bringt. Besonders bemerkenswert ist an dieser Darstellung, daß sich dort die erwähnten Interstadiale der frühen Weichsel-Kaltzeit — deren gegenseitiges Verhältnis und deren korrekte Benennung selbst bei Vorliegen pollenanalytischer Untersuchungsergebnisse offenbar noch immer problematisch bleibt (vgl. ZAGWIJN 1961, BEHRE 1974) — z. T. gleichsam in eine Art von „großem Interstadial" einzuordnen scheinen, dessen Höhepunkt durch das schwedische Jämtland-Interstadial charakterisiert wird (Abb. 6). Lößstratigraphische Befunde über deutliche humusfreie bis humusarme Zwischenlagen zwischen den begrabenen interstadialen Tschernosem-Böden, die dem Bodenkomplex Stillfried A und seinen regional-stratigraphischen Äquivalenten zuzuordnen sind, stehen jedoch einer zu weitgehenden Verallgemeinerung dieser Aussage in Mitteleuropa entgegen, obgleich andererseits Befunde von der Art des Deckschichtenprofils von Burgtonna eine solche Differenzierung der frühen Weichsel-Kaltzeit nicht widerspiegeln.

Unabhängig von den bisher offenbar noch bestehenden Kenntnislücken zur mitteleuropäischen Klima- und Landschaftsentwicklung in der frühen Weichsel-Kaltzeit gestatten die pollenanalytisch unterbauten zusammenfassenden Angaben bei BEHRE (1974, S. 17—21) über Vegetation und Klima in dem in Osterwanna angetroffenen frühweichselzeitlichen Interstadial (Brörup im Sinne von BEHRE 1974, möglicherweise Amersfoort im Sinne von ZAGWIJN 1961) Vergleiche mit dem an Hand der Befunde von Burgtonna paläoklimatisch erschlossenen Stadial der mittleren Weichsel-Kaltzeit.

BEHRE (a. a. O.) rechnet im Höhepunkt dieses Interstadials im nördlichen Mitteleuropa mit einer kontinentalen Nadelholztaiga, für deren Gehölzbestand vor allem Arten der gegenwärtigen sibirischen Nadelholztaiga charakteristisch sind: *Pinus, Larix, Picea excelsa*. Hinzu kommt *Picea omoricoides*, letztere nach BEHRE (1974, S. 16) als ökologisch „offenbar deutlich von der heutigen Form abweichende Rasse." Im südlichen Mitteleuropa, etwa zwischen Main-Linie und Alpennordrand, wird die N-Grenze thermophiler Laubhölzer, wie *Quercus robur, Ulmus glabra* und *Corylus*, erwartet. Im ganzen ergibt sich nach BEHRE (1974, S. 19) eine im Vergleich zur Gegenwart höhere Kontinentalität, mit „warmen Sommern und sehr kalten Wintern, also von einem stark kontinental getönten Klima in Norddeutschland" als „einzige

Möglichkeit, die Vorkommen der nachgewiesenen und das Fehlen anderer Arten zu erklären." Andererseits spricht die Bildung von Hochmooren in Osterwanna und an anderen Plätzen eher für ein — zumindest zeitweise — „ausgesprochen humides Klima".

Vergleicht man diese Angaben mit den neuen Erkenntnissen über das in Burgtonna paläoklimatisch näher charakterisierbare Stadial der mittleren Weichsel-Kaltzeit, so erscheint als deutlicher Charakterzug der hier erkennbaren klimatischen Entwicklung eine fortschreitende Verstärkung der klimatischen Kontinentalität für das erfaßte Stadial. Damit aber wird wiederum eine Tendenz bestätigt, die bereits früher vorzugsweise durch die paläomalakologische Bearbeitung weichselkaltzeitlicher Schichtenfolgen, z. B. durch Mania & Stechemesser (1970, Abb. 3) am Ascherslebener See, erfaßt werden konnte und als eine mit Unterbrechungen generelle Tendenz fortschreitender Intensivierung der klimatischen Kontinentalität in der mitteleuropäischen Weichsel-Kaltzeit charakterisiert werden darf.

8. Zusammenfassung

Pedo- und biostratigraphische Kriterien gestatten, teilweise unabhängig voneinander, für die Mehrzahl der im Deckschichtenaufschluß über dem Travertin von Burgtonna angetroffenen Profilglieder eine überregionale stratigraphische Korrelation und damit eine nähere Einordnung in den Ablauf der Weichsel-Kaltzeit. Die Untersuchung der Schichtenfolge erlaubt Aussagen über die im Ablauf der Weichsel-Kaltzeit wechselnden lithogenetischen Bedingungen, die gemeinsam mit dem erfaßten Faunenwandel Veränderungen von Klima und Landschaft widerspiegeln. Zugleich ergeben sich an Hand von begrabenen Oberflächenformen sowie auf Grund lithologischer und paläontologischer Beobachtungen für verschiedene Abschnitte der Profilentwicklung Einblicke in die naturräumliche Differenzierung im näheren Umland der Wirbeltierfundstätte. Weitere Feststellungen betreffen das gegenseitige Verhältnis maßgeblicher bio- und pedostratigraphischer Leithorizonte in der frühen und mittleren Weichsel-Kaltzeit. Deren klimageschichtliche Kennzeichnung kann durch weiteren Ausbau der Methodik paläkologischer Interpretation quartärpaläontologischen Fundguts erheblich präzisiert werden. Als Ergebnis kann eine generelle Tendenz einer mit Unterbrechungen fortschreitenden Intensivierung der klimatischen Kontinentalität in der frühen und mittleren Weichsel-Kaltzeit bestätigt werden.

Резюме

На основе педо- и биостратиграфических критериев проводилась межрегиональная стратиграфическая корреляция большинства представленных в разрезе покровных слоев интервалов, перекрывающих травертин Бургтонны. Это способствовало их более точной привязке к вислинскому ледниковью. Изучение разреза способствовало получению выводов о смене литогенетических условий в ходе вислинского ледниковья, отражающих совместно с сменой фауны климатические изменения и изменения ландшафта. Далее на основе погребенных морфологических форм, а также литологических и палеонтологических наблюдений для различных интервалов разреза формировались представления о пространственной дифференциации местонахождения позвоночных окружающей местности. Далее исследовалось соотношение важных био- и педостратиграфических реперных горизонтов раннего и среднего вислинского ледниковья. Можно дать более точную характеристику истории развития климата с помощью дальнейшего усовершенствования методики палэкологической интерпретации палеонтологических находок из четвертичных отложений. В результате подтверждается правильность общей тенденции прогрессирующей (но с перерывами) интенсификации континентальности климата во время раннего и среднего этапов вислинского ледниковья.

Summary

For the majority of profile members found in the exposure of covering beds above the Travertine series of Burgtonna pedological and biostratigraphical criteria permit, independently of one another in part, to make a stratigraphical correlation including several regions, and also to arrange them more precisely into the course of the Weichselian glaciation. By investigating the succession of beds, statements can be made on the lithogenetic conditions varying during this glacial epoch, by which together with a determination of faunal changes those of the climate and landscape are reflected. At the same time, buried surface forms as well as lithological and palaeontological observations show for various periods of the profile development the natural-spatial differentiation in the environment nearer the vertebrate locality. Other statements are concerned with the mutual relation between decisive biostratigraphical and pedostratigraphical key horizons in the early and middle Weichselian glacial epoch. A characterization of its climatic history may be defined more precisely by extending the technique of palaeoecological interpretation and by increasing Quaternary-palaeontological discoveries. As a result, a general tendency towards an intensification advancing, however, with interruptions may be confirmed for the climatic continentality in the early and middle Weichselian glacial epoch.

9. Literatur

Bagnouls, F., & Gaussen, H.: Saison sêche et indice xérothermique. — In: Documentation des Cartes de la Product. Végétal, Série Général III, 1, VIII, 1—48, (1953).

Bastin, B.: Pflanzengeographische Probleme der offenen Vegetation Europas während der letzten Eiszeit. — Ber. deutsch. bot. Ges. 80, 10, 697—704, Stuttgart 1968.

Behre, K.-E.: Die Vegetation im Spätpleistozän von Osterwanna/Niedersachsen. — Geol. Jb. A 18, 3—48, Hannover 1974.

Bobrinskij, N. A., Kuznecov, B. A., & Kuzjakin, A. P.: Opredelitel' mlekopitajuščich SSSR. — 384 S., Moskva 1965.

Diebel, K., & Pietrzeniuk, E.: Die Ostrakodenfauna aus den jungpleistozänen (weichselkaltzeitlichen) Deckschichten von Burgtonna in Thüringen. — Quartärpaläontologie 3, 207—221, Berlin 1978.

Fejfar, O.: Die Wühlmäuse (Microtidae, Mammalia) der älteren Sammlungen aus Stranská skala bei Brno. — Anthropos Č. 20, (N. S. 12), 165—172, Brno 1972.

Fliri, F., et al.: Der Bänderton von Baumkirchen (Inntal, Tirol). — Eine neue Schlüsselstelle zur Kenntnis der Würm-Vereisung der Alpen. — Z. Gletscherkd. u. Glazialgeol. 6, 1—2, 5—35, Innsbruck, München 1970.

Frenzel, B.: Zur Pollenanalyse von Lößen — Untersuchungen der Lößprofile von Oberfellabrunn und Stillfried (Niederösterreich). — Eiszeitalter u. Gegenwart 15, 5—39, Öhringen (Württ.) 1964 (1964a).

— Über die offene Vegetation der letzten Eiszeit am Ostrande der Alpen. — Verh. zool.-bot. Ges. Wien 103/104, 110—143, Wien 1964 (1964b).

— Grundzüge der pleistozänen Vegetationsgeschichte Nord-eurasiens. — 326 S., Franz Steiner Verlag, Wiesbaden 1968.

– Floren- und Vegetationsgeschichte seit dem Ende des Tertiärs (Historische Geobotanik). – Fortschr. Bot. 35, 321–336, Heidelberg 1973.

GAUSSEN, H.: Expression des milieux par des formules écologiques; leur représentation cartographique. – Colloq. Internat. Centre Nat. Rech. Sci. 59, 257–269, Paris 1955.

HAASE, G., LIEBEROTH, I., & RUSKE, R.: Sedimente und Paläoböden im Lößgebiet. – Periglazial – Löß – Paläolithikum im Jungpleistozän der Deutschen Demokratischen Republik. – Petermanns geogr. Mitt., Erg.-H. 274, 99–212, Gotha, Leipzig 1970.

HEINRICH, W.-D.: Biometrische Untersuchungen an fossilen Kleinsäugetieren aus einer jungpleistozänen Deckschichtenfolge über dem interglazialen Travertin von Burgtonna in Thüringen. – Quartärpaläontologie 3, 255–268, Berlin 1978.

HEINRICH, W.-D., & JÁNOSSY, D.: *Lagurus lagurus* (PALLAS, 1773) (Rodentia, Mammalia) aus dem Jungpleistozän von Burgtonna (Bezirk Erfurt). – Z. geol. Wiss. 1, 5, 597 bis 602, Berlin 1973.

– Fossile Vogelreste aus der jungpleistozänen Deckschichtenfolge über dem Travertin von Burgtonna in Thüringen. – Quartärpaläontologie 3, 227–229, Berlin 1978.

– Fossile Säugetierreste aus einer jungpleistozänen Deckschichtenfolge über dem interglazialen Travertin von Burgtonna in Thüringen. – Quartärpaläontologie 3, 231 bis 254, Berlin 1978.

HEPTNER, W. G., MOROSOWA, L. G., & ZALKIN, W. I.: Die Säugetiere in der Schutzwaldzone – Geographische Verbreitung, Lebensweise und wirtschaftliche Bedeutung. – 344 S., Berlin 1956.

JÄGER, K.-D.: Zum Aussagevermögen begrabener Böden für bodengenetische Untersuchungen zur aktuellen Bodendecke in Mitteleuropa. – Materialy ze zjazdu naukowego w roku 1970 „Geneza i typologia gleb Polski Środkowej" – Referaty uczestników zagranicznych (Polskie Towarzystwo Gleboznawcze, V Komisja Genezy, Klasyfikacji i Kartografii Gleb, 25), 25–50, Warszawa 1973.

JÄGER, K.-D., & HEINRICH, W.-D.: Die stratigraphische Gliederung eines fossilführenden jungpleistozänen Deckschichtenprofils über dem Interglazialtravertin von Burgtonna in Thüringen. – Quartärpaläontologie 3, 187–202, Berlin 1978.

JÄGER, K.-D., & LOŽEK, V.: Beobachtungen zur Geschichte der Karbonatdynamik in der holozänen Warmzeit. – Československý kras 19, 7–22, Praha 1968.

KOENIGSWALD, W. VON: *Lagurus lagurus* im jungpleistozänen Travertin des Biedermann'schen Steinbruchs (Stuttgart-Untertürkheim). – N. Jb. Geol. Paläont., Mh 1973, 11, 667–673, Stuttgart 1973.

KOWALSKI, K.: Fossil Fauna. – In: Studies on Raj Cave near Kielce (Poland) and its Deposits. – Folia Quarternaria 41, 45–59, Kraków 1972.

– Die fossile Säugetierfauna der Höhle Raj bei Kielce und ihre Bedeutung für die Würm-Stratigraphie in Polen. – Quartärpaläontologie 1, 217–219, Berlin 1975.

KUKLA, J.: Quaternary sedimentation cycle. – Czwartorzęd Europy Środkowej i Wschodniej (Instytut Geologiczny, Prace 34), I, 145–154, Warszawa 1961.

– Die zyklische Entwicklung und die absolute Datierung der Löß-Serien. – In: Periglazialzone, Löß und Paläolithikum der Tschechoslowakei, 75–95, Brno 1969.

LOŽEK, V.: Quartärmollusken der Tschechoslowakei. – Rozpravy Ústř. úst. geol. 31, 374 S., Praha 1964.

LOŽEK, V., & JÄGER, K.-D.: Zur Stellung festländischer Karbonatgesteine in den klimatischen Zyklen des Eiszeitalters in Mitteleuropa. – Vortrag IV. Paläont. Koll., Weimar 1972.

LUNDQVIST, J.: Outlines of the Weichsel Glacial in Sweden. – Geol. För. Stockholm Förh. 96, 4, 327–339, Stockholm 1974.

MANIA, D.: Paläoökologie, Faunenentwicklung und Stratigraphie des Eiszeitalters im mittleren Elbe-Saalegebiet auf Grund von Molluskengesellschaften. – Geologie Beih. 78/79, 1–275, Berlin 1973.

– Zur Molluskenfauna aus der jungpleistozänen Deckschichtenfolge über dem Travertin von Burgtonna in Thüringen. – Quartärpaläontologie 3, 203–204, Berlin 1978.

MANIA, D., & STECHEMESSER, H.: Jungpleistozäne Klimazyklen im Harzvorland. – Periglazial – Löß – Paläolithikum im Jungpleistozän der Deutschen Demokratischen Republik. – Petermanns geogr. Mitt., Erg.-H. 274, 39–55, Gotha, Leipzig 1970.

MANIA, D., & TOEPFER, V.: Königsaue – Gliederung „Ökologie und mittelpaläolithische Funde der letzten Eiszeit". – Veröff. Landesmus. Vorgesch. Halle 26, 164 S., VEB Dtsch. Verl. Wiss., Berlin 1973.

MEUSEL, H., JÄGER, E., & WEINERT, E.: Vergleichende Chorologie der zentraleuropäischen Flora. – 2 Bde., Jena 1965.

MŁYNARSKI, M., BÖHME, G., & ULLRICH, H.: Amphibien- und Reptilienreste aus der jungpleistozänen Deckschichtenfolge des Travertins von Burgtonna in Thüringen. – Quartärpaläontologie 3, 223–226, Berlin 1978.

STEINER, W.: Stratigraphie und Sedimentationsgeschwindigkeit der Travertine von Burgtonna und Ehringsdorf. – Geologie 19, 8, 931–943, Berlin 1970.

STUBBE, M., & CHOTOLCHU, N. C.: Zur Säugetierfauna der Mongolei. – Ergebnisse der Mongolisch-Deutschen Biologischen Expeditionen seit 1962, Nr. 30. – Mitt. Zool. Mus. Berlin 44, 2, 5–121, Berlin 1968.

WALTER, H.: Die Vegetation der Erde in ökologischer Betrachtung. Bd. I: Die tropischen und subtropischen Zonen. – 538 S., Jena 1962.

WALTER, H., & LIETH, H.: Klimadiagramm-Weltatlas. 3 Lieferungen. – Jena 1960 ff.

ZAGWIJN, W. H.: Vegetation, climate and radiocarbon dates in the Late Pleistocene of the Netherlands, Part I: Eemian and Early Weichselian. – Meded. Geol. Sticht. N. S. 14, 15–45, Maastricht 1961.

ZAGWIJN, W. H., & PAEPE, R.: Die Stratigraphie der weichselzeitlichen Ablagerungen der Niederlande und Belgiens. – Eiszeitalter u. Gegenwart 19, 129–146, Öhringen/(Württ.) 1968.

Anschriften der Autoren

Dipl.-Geol. GOTTFRIED BÖHME, Museum für Naturkunde an der Humboldt-Universität zu Berlin, Paläontologisches Museum, DDR-104 Berlin, Invalidenstr. 43

Dr. HANS CLAUS, DDR-57 Mühlhausen, Breitscheidstr. 22

Dr. KURT DIEBEL, Museum für Naturkunde an der Humboldt-Universität zu Berlin, Paläontologisches Museum, DDR-104 Berlin, Invalidenstr. 43

Prof. Dr. CONSTANTIN CONSTANTINOWITSCH FLEROW, Akademie der Wissenschaften der UdSSR, Institut für Evolutionäre Morphologie und Ökologie der Tiere, Moskau 117071, Lenin-Prospekt 39, UdSSR

Dipl.-Geol. HEINRICH GESANG, Rat des Bezirkes Erfurt, Abteilung Geologie, DDR-50 Erfurt, Johann-Sebastian-Bach-Str. 1

Prof. Dr. EKKE W. GUENTHER, Geologisch-Paläontologisches Institut und Museum der Universität Kiel, D-23 Kiel, Olshausenstraße 40/60, BRD

Dr. WOLF-DIETER HEINRICH, Museum für Naturkunde an der Humboldt-Universität zu Berlin, Paläontologisches Museum, DDR-104 Berlin, Invalidenstr. 43

Prof. Dr. HELMUT HEMMER, Institut für Zoologie der Johannes-Gutenberg-Universität Mainz, D-6500 Mainz, Saarstraße 21, BRD

Dr. KARL-ALBAN HÜNERMANN, Paläontologisches Institut und Museum der Universität Zürich, CH-8006 Zürich, Künstlergasse 16, Schweiz

Dr. KLAUS-DIETER JÄGER, Sächsische Akademie der Wissenschaften zu Leipzig, Arbeitsgruppe Naturhaushalt und Gebietscharakteristik, DDR-8027 Dresden, Zellescher Weg 19

Prof. Dr. DENÉS JÁNOSSY, Geologisch-Paläontologische Abteilung des Nationalmuseums Budapest, Budapest VIII, Muzeum-krt. 14—16, Ungarische VR

Dr. Dr. habil. HANS-DIETRICH KAHLKE, Institut für Quartärpaläontologie Weimar, DDR-53 Weimar, Steubenstr. 19a

Dr. DIETRICH VON KNORRE, Phyletisches Museum, DDR-69 Jena Am Neutor 1

Prof. Dr. BJÖRN KURTÉN, Geologisch-Paläontologische Abteilung der Universität Helsinki, SF-00100 Helsinki 17, Snellmaninkatu 5, Finnland

Dr. DIETRICH MANIA, Landesmuseum für Vorgeschichte, DDR-40 Halle (Saale), Richard-Wagner-Str. 9—10, DDR

Prof. Dr. MARIAN MŁYNARSKI, Polnische Akademie der Wissenschaften, Institut für Systematische und Experimentelle Zoologie, PL-31—016 Kraków, Sławkowska 17, VR Polen

Prof. Dr. RUDOLF MUSIL, Institut für Geologie und Paläontologie der Universität J. E. Purkyně, Kotlářská-Gasse 2, 61137 Brno, ČSSR

Dr. ERIKA PIETRZENIUK, Museum für Naturkunde der Humboldt-Universität zu Berlin, Paläontologisches Museum, DDR-104 Berlin, Invalidenstr. 43

Dr. LEOPOLD SCHMIDT, Anatomisches Institut der Ernst-Moritz-Arndt-Universität Greifswald, DDR-22 Greifswald, Fr.-Loeffler Str. 23a

Dipl.-Phil. UTE STEINER, Institut für Quartärpaläontologie Weimar, DDR-53 Weimar, Steubenstraße 19a

Dr. WALTER STEINER, Hochschule für Architektur und Bauwesen, Wissenschaftsbereich Silikattechnik, DDR-53 Weimar, Coudray-Str. 11

Dr. VOLKER TOEPFER, Landesmuseum für Vorgeschichte, DDR-40 Halle (Saale), Richard-Wagner-Straße 9—10

Dr. HERBERT ULLRICH, Zentralinstitut für Alte Geschichte und Archäologie der Akademie der Wissenschaften der DDR, DDR-108 Berlin, Leipziger Straße 3—4

Prof. Dr. WALTER VENT, Museum für Naturkunde an der Humboldt-Universität Berlin, Bereich Botanik und Arboretum, DDR-1195 Berlin, Späthstraße 80—81

TAFEL 1

Fig. 1: Titelblatt des Gutachtens des Collegium Medicum Gothanum 1696

Fig. 2: TENTZELS Brief an MAGLIABECHI. 1. Auflage, lat. Fassung, 1696

Kurtze
doch ausführliche
Beschreibung
Des
UNICORNU
FOSSILIS,
oder
gegrabenen
Einhorns/
Welches
in der Herrschafft Tonna
gefunden worden/
Verfertiget
von dem Collegio Medico
in Gotha/
den 14. Febr. 1696.
Daselbst gedruckt bey Christoph Reyhern/Fürstl. Sächs. Hof-Buchdruckern.

1

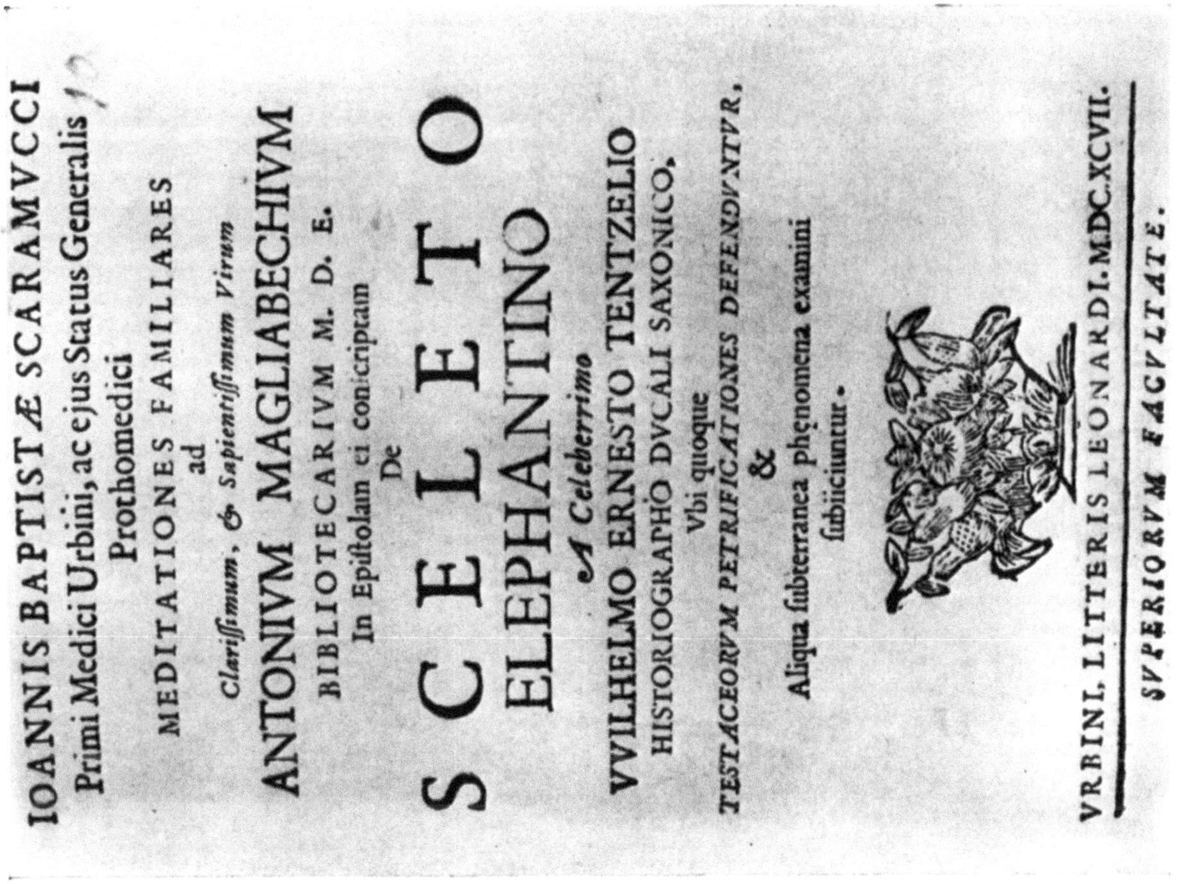

IOANNIS BAPTISTÆ SCARAMVCCI
Primi Medici Urbini, ac ejus Status Generalis
Prothomedici
MEDITATIONES FAMILIARES
ad
Clarissimum, & Sapientissimum Virum
ANTONIVM MAGLIABECHIVM
BIBLIOTECARIVM M. D. E.
In Epistolam ei conscriptam
De
SCELETO
ELEPHANTINO
A Celeberrimo
VVILHELMO ERNESTO TENTZELIO
HISTORIOGRAPHO DVCALI SAXONICO,
Vbi quoque
TESTACEORVM PETRIFICATIONES DEFENDVNTVR,
&
Aliqua subterranea phenomena examini
subiiciuntur.
VRBINI, LITTERIS LEONARDI. MDC.XCVII.
SVPERIORVM FACVLTATE.

2

TAFEL 2

Fig. 1: Sendschreiben TENTZELS an MAGLIABECHI. 2. Aufl., Deutsche Fassung, Jena 1696

Fig. 2: Schreiben eines Arztes gegen TENTZEL, Titelblatt 1696

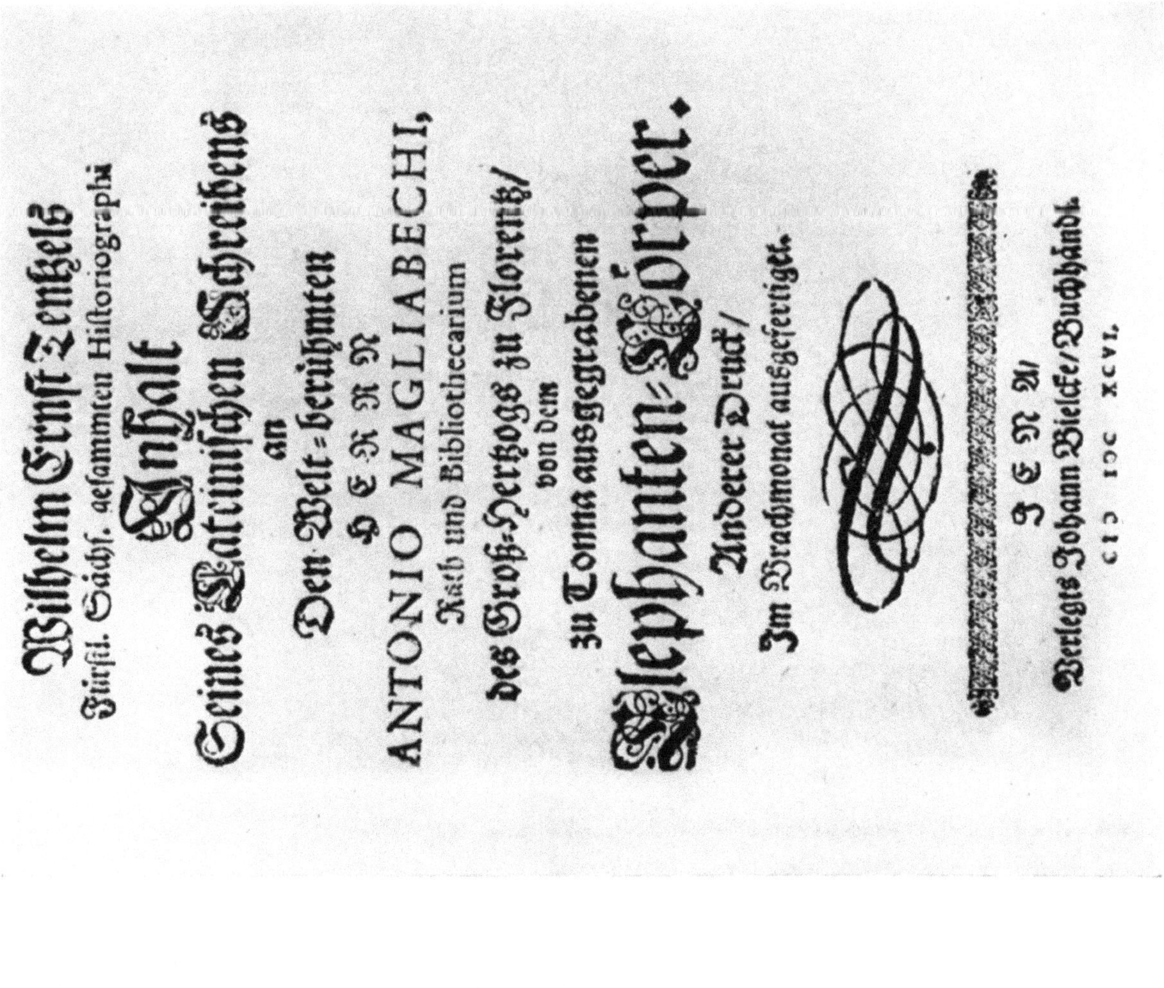
Wilhelm Ernst Tentzels
Fürstl. Sächs. gesammten Historiographi
Inhalt
Seines Lateinischen Schreibens
an
Den Welt-berühmten
HERRN
ANTONIO MAGLIABECHI,
Rath und Bibliothecarium
des Groß-Hertzogs zu Florentz/
von dem
zu Tonna ausgegrabenen
Elephanten-Cörper.
Anderer Druck/
Im Brachmonat ausgefertiget.
JENA/
Verlegts Johann Bielcke/Buchhändl.
CIↃ IↃC XCVI.

1

Epistel eines MEDICI
über den
zu Burg-Tonna ausgegrabenen vermeinten
Elephanten.
Gedruckt Anno 1696.

2

TAFEL 3

Fig. 1: Unbetitelter Druck G. C. KIRCHMAYERS über den Tonnaer Elefanten, 1697

Fig. 2: Gegenschrift TENTZELS gegen die Defensio des Unicornu fossilis des Collegium medicum, 1697

DECANUS Ord.Philos.
IN ACADEMIA WITTEBERGENSI,
GEORGIUS CASPAR
KIRCHMAJERUS,
Orator.Prof.Publ. Academ. Senior,
Imperial.Leopoldinæ Phosphorus
Secundus,
PHILOSOPHIÆ CANDIDATIS
S. P. D.

1

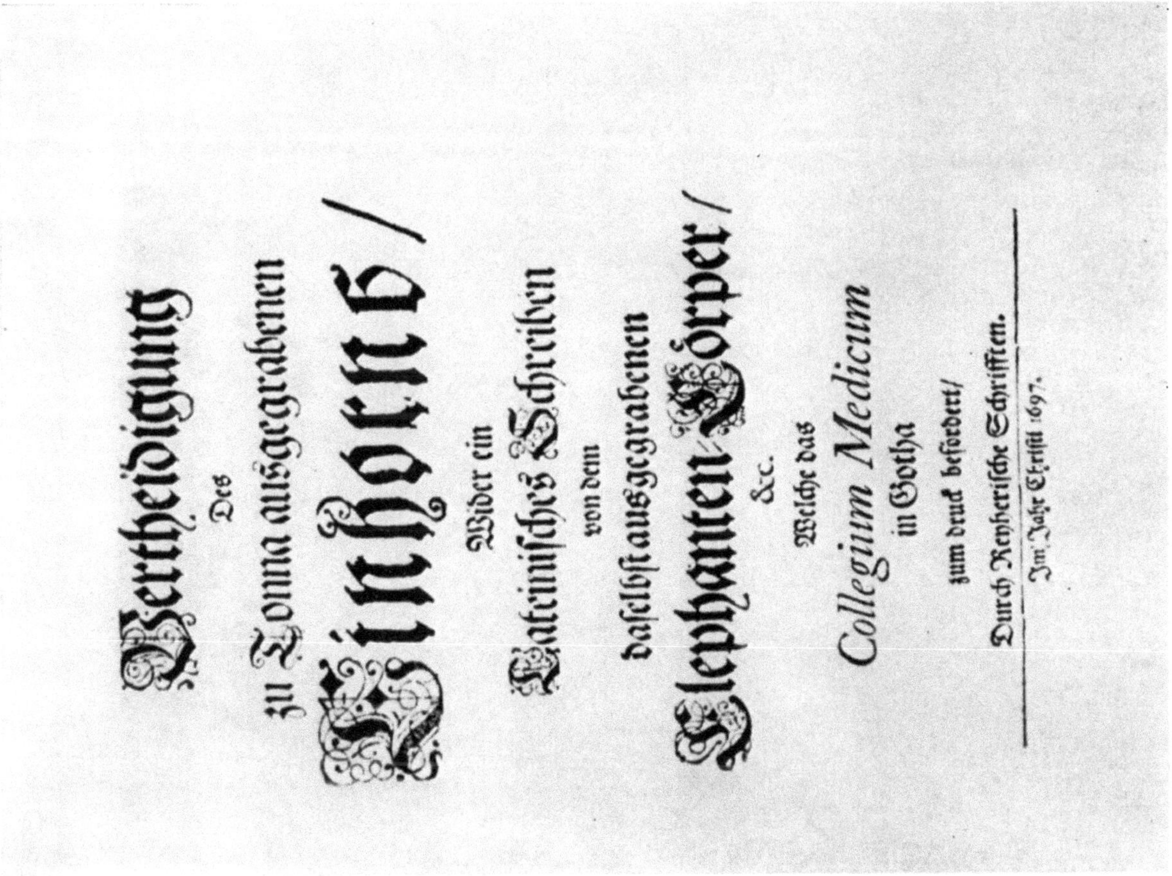

Vertheidigung
Des
zu Tonna ausgegrabenen
Einhorns/
Wider ein
Lateinisches Schreiben
von dem
daselbst ausgegrabenen
Elephanten-Cörper/
&c.
Welche das
Collegium Medicum
in Gotha
zum druck befördert/
Durch Reyherische Schrifften.
Im Jahr Christi 1697.

2

TAFEL 4

Fig. 1: Schreiben J. B. Scaramuccis an A. Magliabechi, den Tonnaer Elefanten betreffend, Urbino 1697

Fig. 2: Titelblatt zu G. W. Wedelius' Abhandlungen über das Einhorn und fossile Elfenbein, Jena 1701

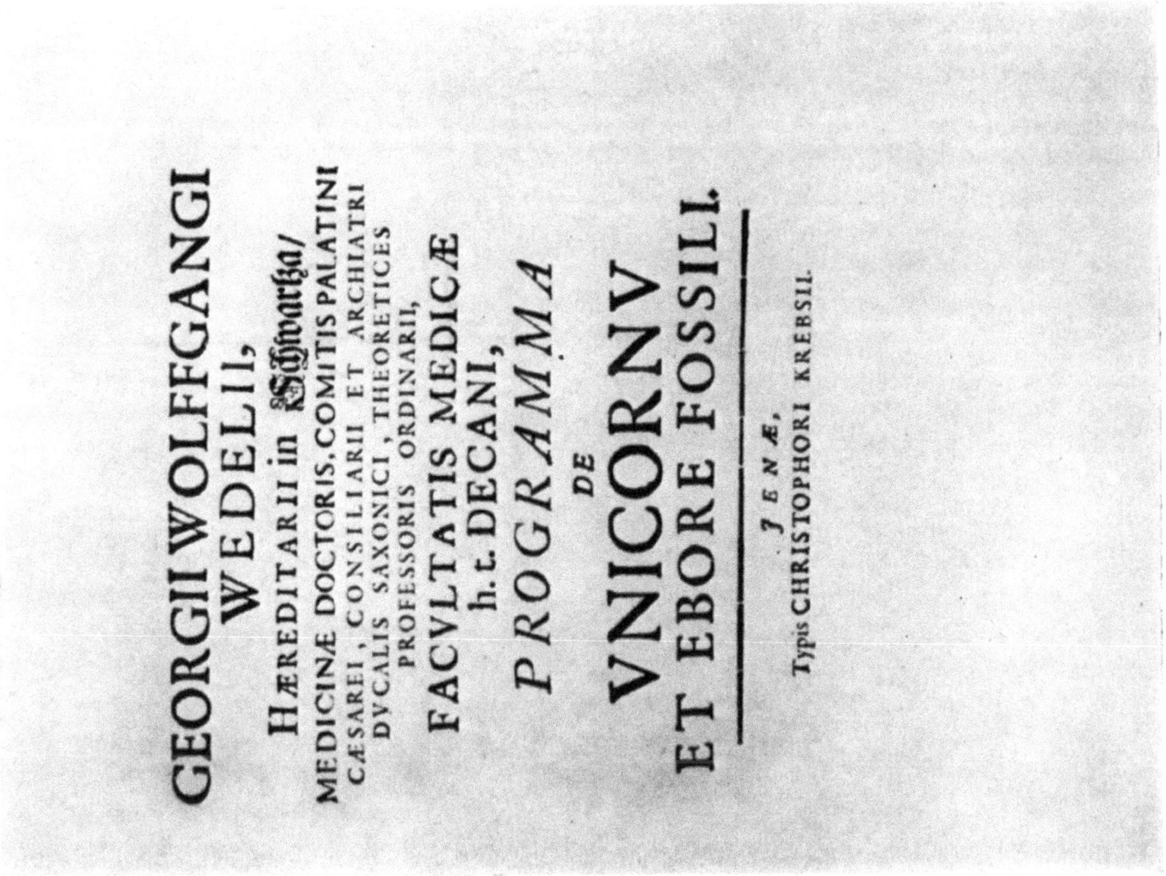
GEORGII WOLFFGANGI
WEDELII,
HÆREDITARII in Schwartza/
MEDICINÆ DOCTORIS, COMITIS PALATINI
CÆSAREI, CONSILIARII ET ARCHIATRI
DVCALIS SAXONICI, THEORETICES
PROFESSORIS ORDINARII,
FACVLTATIS MEDICÆ
h. t. DECANI,
PROGRAMMA
DE
VNICORNV
ET EBORE FOSSILI.
JENÆ,
Typis CHRISTOPHORI KREBSII.

2

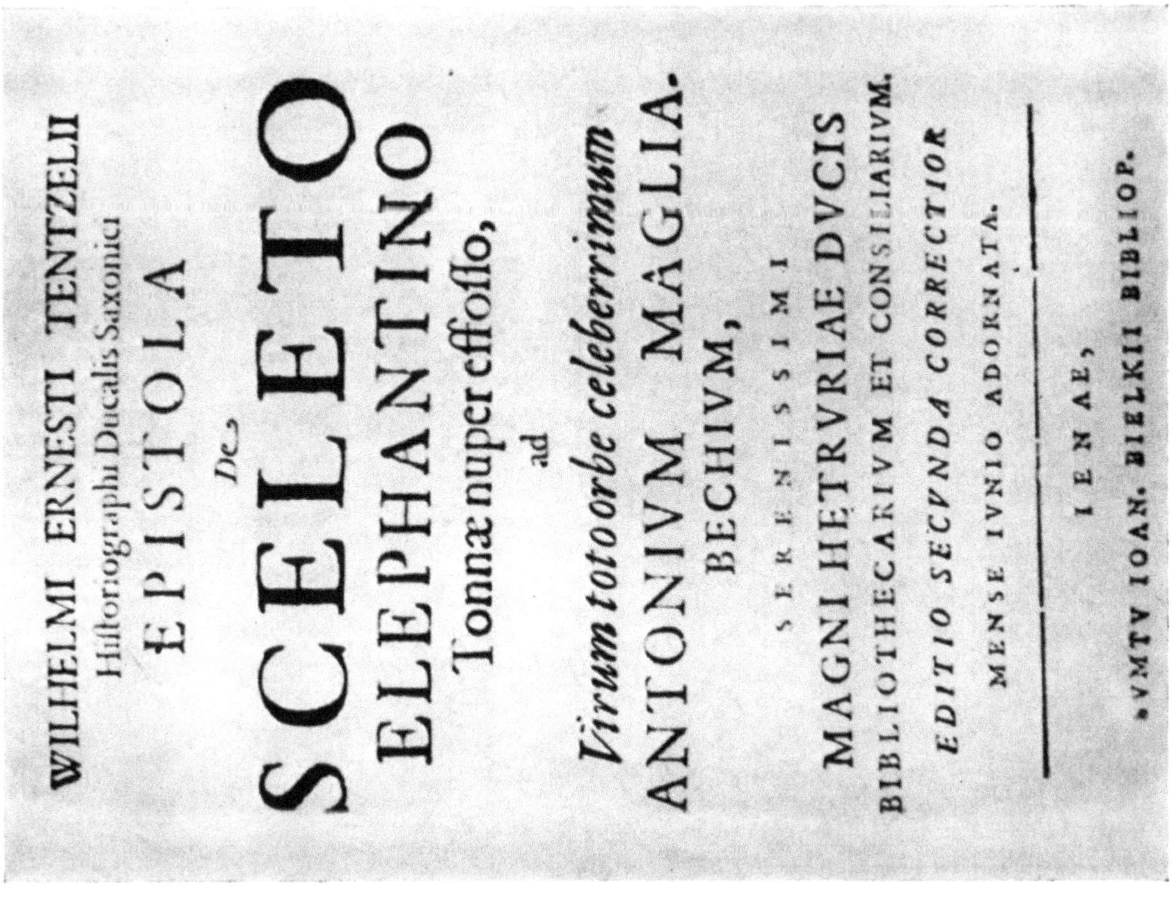
WILHELMI ERNESTI TENTZELII
Historiographi Ducalis Saxonici
EPISTOLA
De
SCELETO
ELEPHANTINO
Tonnæ nuper effosso,
ad
Virum toto orbe celeberrimum
ANTONIVM MAGLIA-
BECHIVM,
SERENISSIMI
MAGNI HETRVRIAE DVCIS
BIBLIOTHECARIVM ET CONSILIARIVM.
EDITIO SECVNDA CORRECTIOR
MENSE IVNIO ADORNATA.
IENAE,
SVMTV IOAN. BIELKII BIBLIOP.

1

TAFEL 5

Fig. 1: Brief des Heilbronner Arztes J. M. FABER an die Gebrüder ZORN von BLOBSCH
Fig. 2: TENTZELS Antwort auf FABERS Meletemata

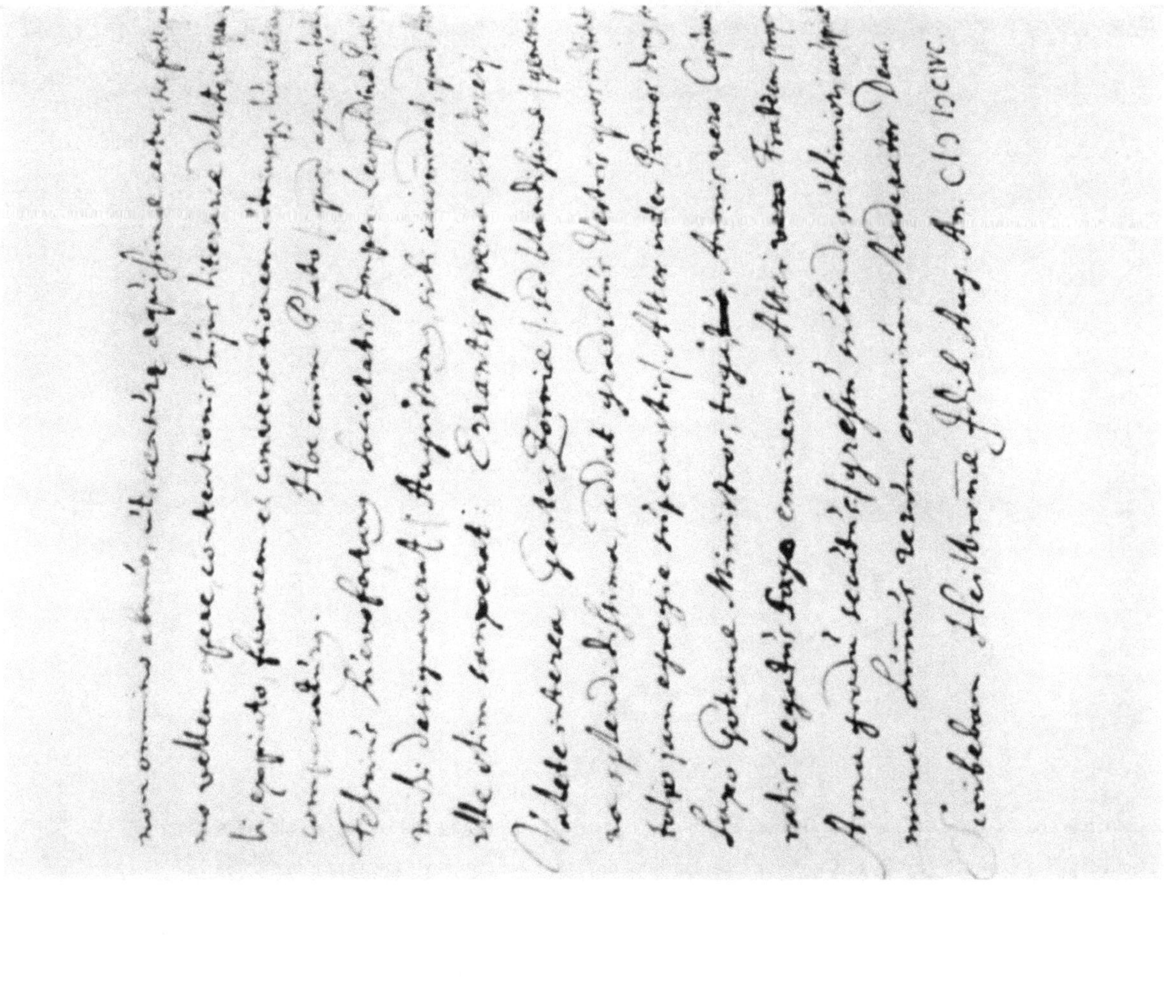

1

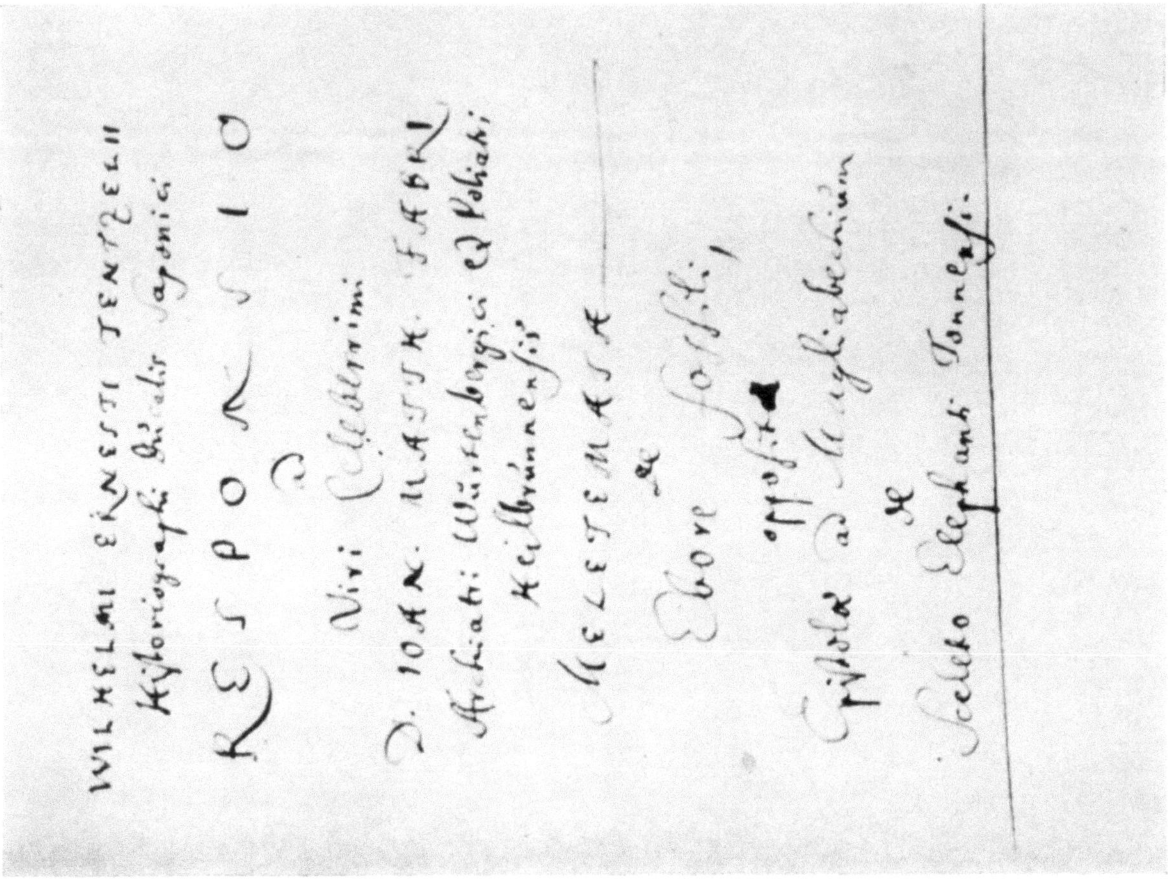
WILHELMI ERNESTI TENTZELII
Historiographi Ducalis Saxonici
RESPONSIO
ad
Viri Celeberrimi
D. IOAN. MARCK. FABRI
Archiatri Würtenbergici et Palatini
Heilbrunnensis
MELETEMATA
de
Ebore fossili,
opposita
Epistolae ad Magliabechium
de
Sceleto Elephanti Tonnensi.

2

TAFEL 6

Fig. 1: Schriftprobe Tentzels (Tentzels Gründe gegen die Leibnizsche Deutung des Elefanten als Meerestier)

Fig. 2: Schriftprobe Leibniz' (im P. S. Dank für Übersendung der lat. Fassung von Tentzels Schrift und Lob dieser)

2

Ex Responsione Tentzelii XIV. Maii 1696.

1

TAFEL 7

Fig. 1: TENTZEL-Gedenkmedaille, gestochen von WERMUTH (Gotha) 1700[47])

Fig. 2: TENTZEL-Gedenkmedaille, gestochen von WERMUTH (Gotha) 1707[47])

Fig. 3: RAAB-Gedenkmedaille, gestochen von WERMUTH (Gotha) 1707[48])

WILHELMVS ERNESTVS TENTZELIVS

1

WILHELMVS ERNESTVS TENTZELIVS
NON CVRAT VVLGI SIBILLOS MENS CONSCIA RECTI

2

D.IAC.IOD.RAB.HÆRED.A.LENITSCH.

3

TAFEL 8

Fig. 1: Titelblatt zu HASES Bericht von 1765

Fig. 2: Grundriß der Burgtonnaer „Sandgruben" (aus HASE 1765)

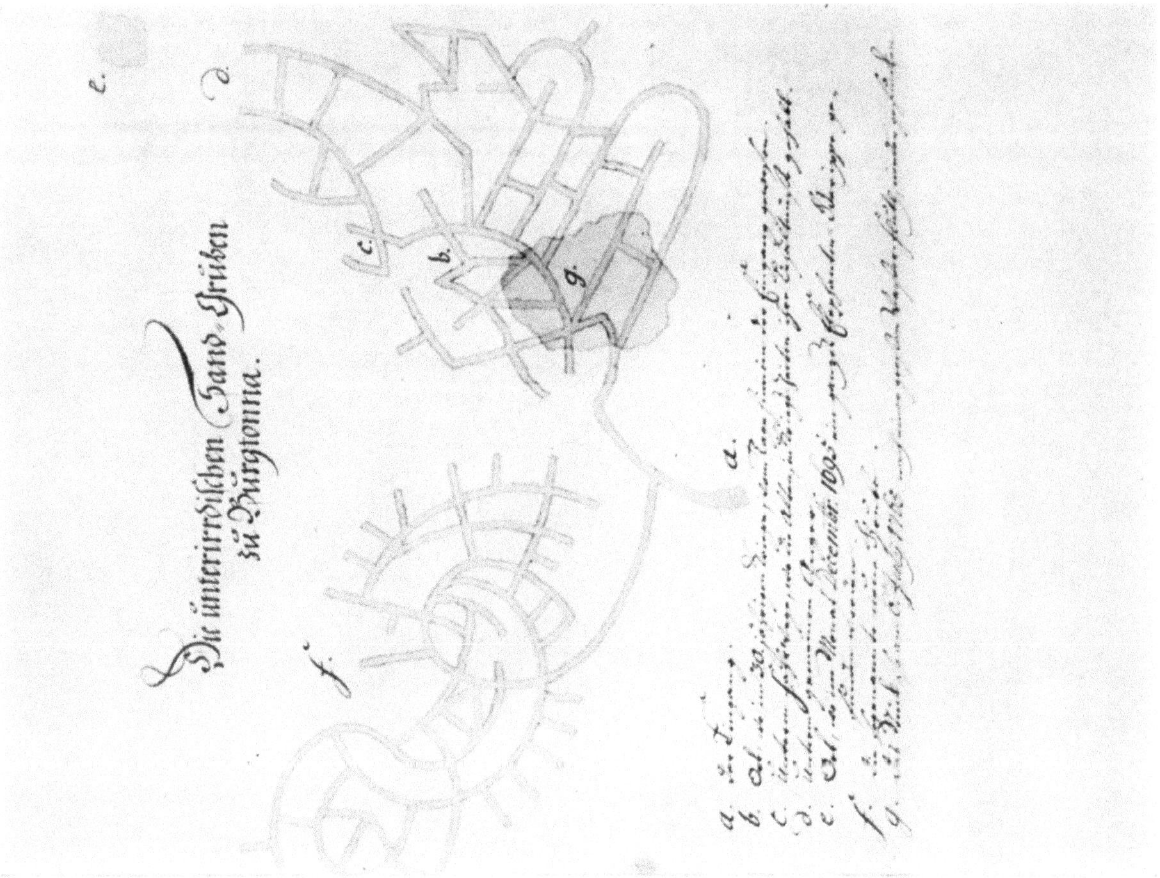
Die unterirrdischen Sand-Grüben zu Burgtonna.
a.
b.
c.
d.
e.
f.
g.

2

Nachrichten,
Die unterirrdische Sand-Grüben zu Burgtonna,
ingleichen
Das Anno 1695 in derselben sich gefundene und ausgegrabene Elephanten-Geripppe
betr.

1

Fig. 1: ***Chara*** sp. (B 13632)

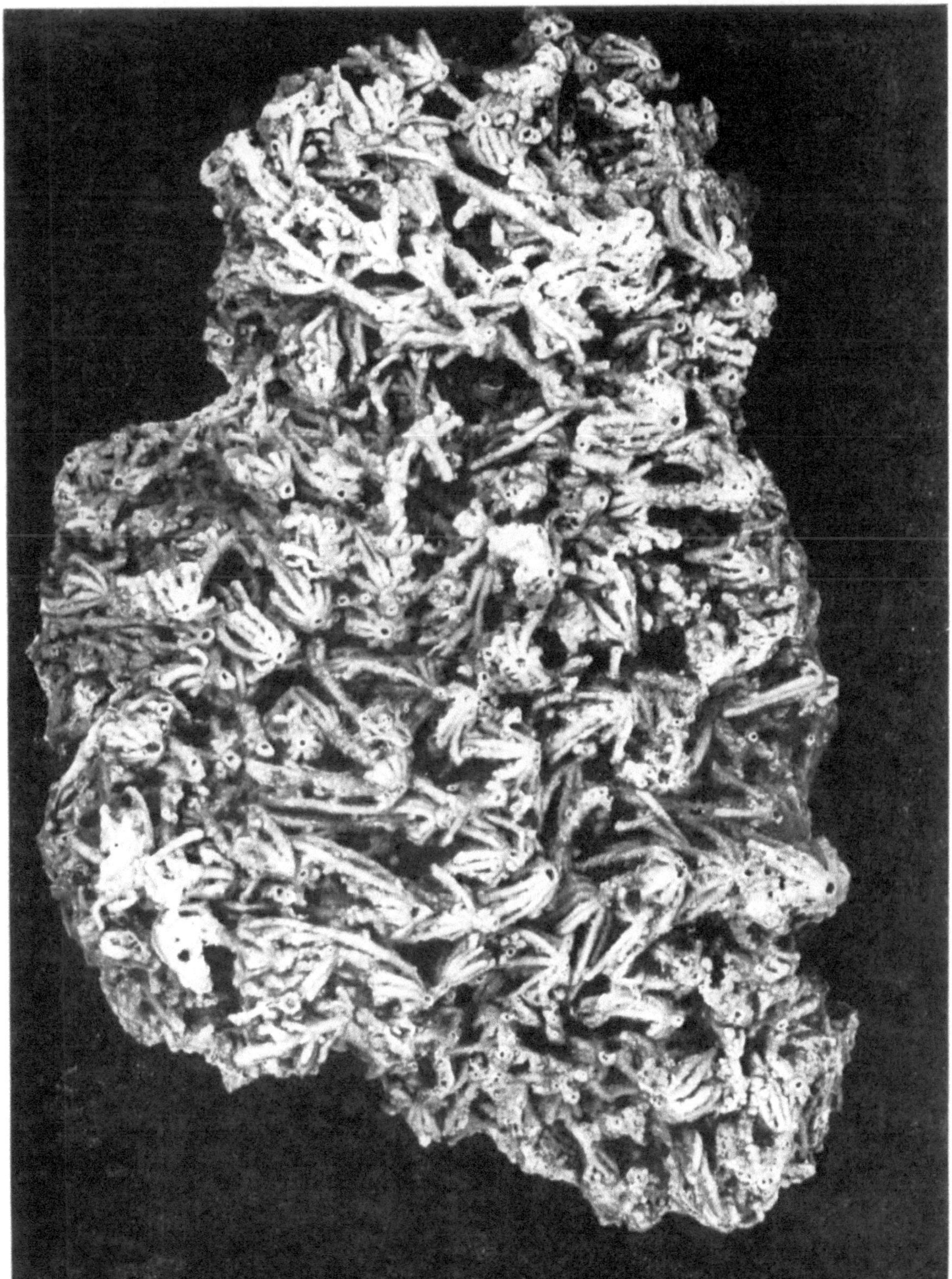

TAFEL 10

Fig. 1: ***Phyllitis scolopendrium*** (L.) NEWMAN

Fig. 2: ***Phyllitis scolopendrium*** (L.) NEWMAN

Fig. 3: ***Ulmus*** sp. (B 1516-C) × 2

Fig. 4: ***Corylus avellana*** L. Fruchthülle (B 13 650) × 2

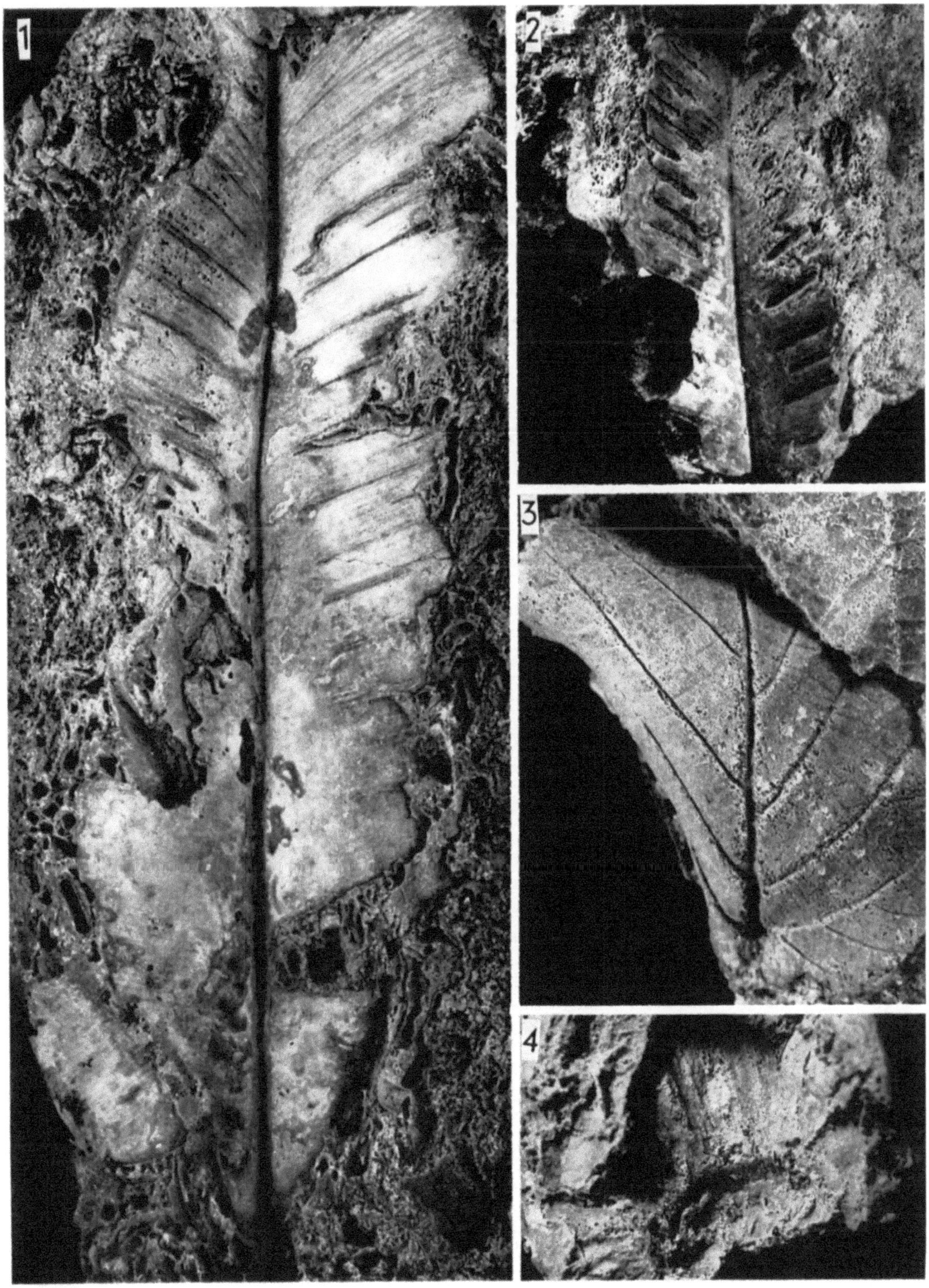
1
2
3
4

TAFEL 11

Fig. 1: ***Corylus avellana*** L. (B 1209-C)
Fig. 2: ***Corylus avellana*** L. (B 1185-C)
Fig. 3; ***Corylus avellana*** L. und ***Ilex aquifolium*** L. (B 13554)
Fig. 4: ***Corylus avellana*** L. (B 13539)
Fig. 5: ***Corylus avellana*** L. (B 13670)
Fig. 6: ***Corylus avellana*** L. (B 13701)

1
2
3
4
5
6

TAFEL 12

Fig. 1:	***Salix*** sp.	(B 1001-B)
Fig. 2:	***Salix*** cf. ***cinerea*** L.	(B 793-B)
Fig. 3:	***Salix*** sp.	(B 786-B)
Fig. 4:	***Salix*** cf. ***fragilis*** L.	(B 611-B)
Fig. 5:	***Salix*** sp.	(B 999-B)
Fig. 6:	***Salix*** cf. ***cinerea*** L.	(B 654-B)
Fig. 7:	***Salix*** cf. ***cinerea*** L.	(B 780-B)
Fig. 8:	***Salix*** cf. ***caprea*** L.	(B 785-B)
Fig. 9:	***Salix*** cf. ***cinerea*** L.	(B 898-B)
Fig. 10:	***Salix*** sp.	(B 755-B)
Fig. 11:	***Salix*** cf. ***fragilis*** L.	(B 599-B)

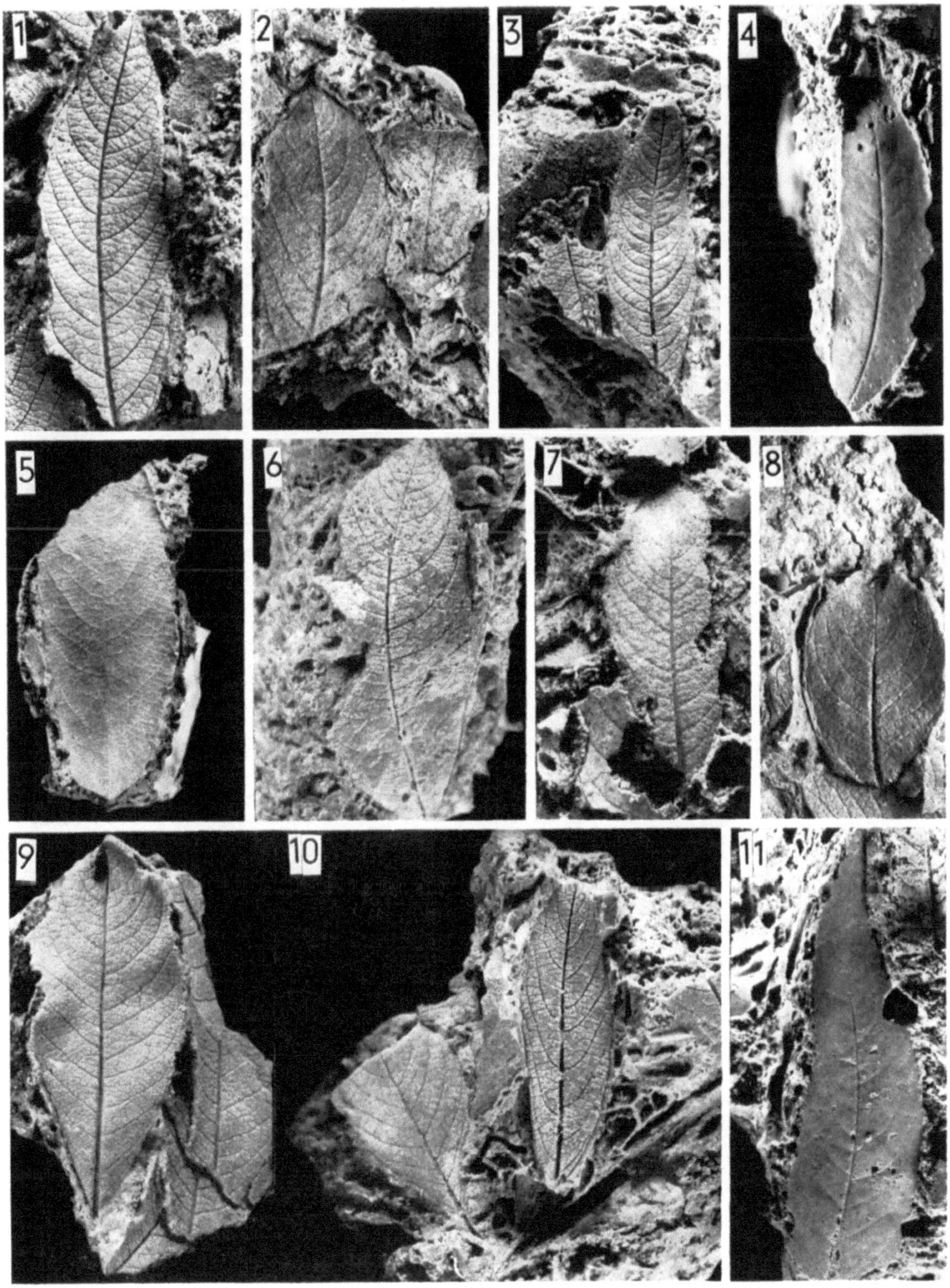
1
2
3
4
5
6
7
8
9
10
11

TAFEL 13

Fig. 1: ***Populus alba*** L. (B 13609)

Fig. 2: ***Populus alba*** L. (B 13620)

Fig. 3: ***Populus alba*** L. (B 13606)

Fig. 4: ***Tilia*** sp. (B 1671-C)

Fig. 5: ***Tilia*** sp.

Fig. 6: ***Malus*** sp. (B 1507a-C) × 2

Fig. 7: ***Tilia*** sp. Fruchtabdruck (B 13635) × 2

1
2
3
4
5
6
7

TAFEL 14

Fig. 1:	***Philadelphus*** sp.	(B 1925-A)
Fig. 2:	cf. ***Parnassia***	(B 1645-C)
Fig. 3:	***Rhamnus catharticus*** L.	(B 685-B)
Fig. 4:	***Rhamnus catharticus*** L.	(B 13548)
Fig. 5:	***Frangula alnus*** MILL.	(B 13652)
Fig. 6:	***Mespilus germanica*** L.	(B 13627)
Fig. 7:	***Rubus*** sp.	(B 13545)
Fig. 8:	***Mespilus germanica*** L.	(B 13608)
Fig. 9:	***Ribes*** sp.	(B 13643)
Fig. 10:	***Betula*** sp.	(B 13671)
Fig. 11:	***Mespilus germanica*** L.	(B 13599)

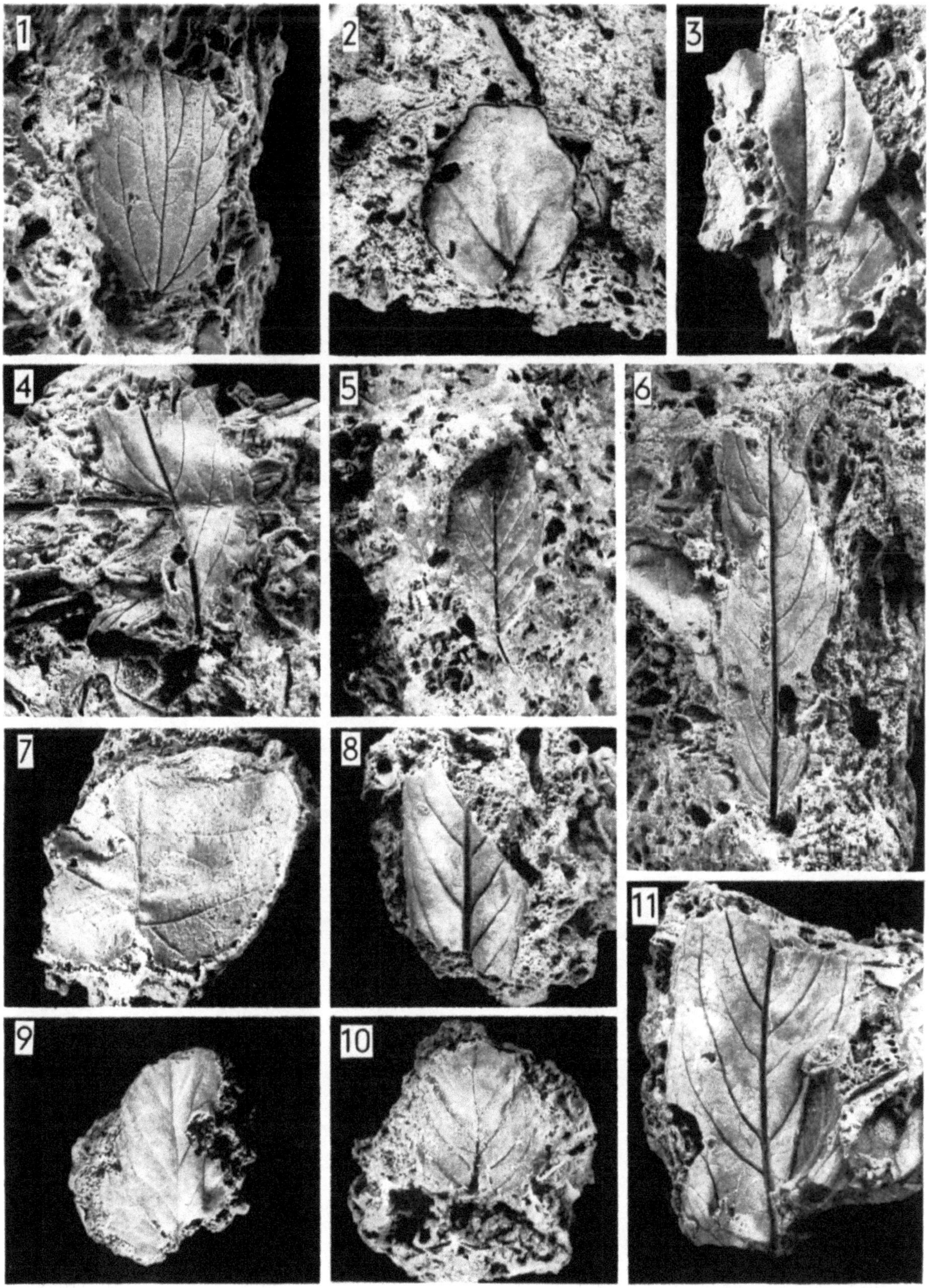
1
2
3
4
5
6
7
8
9
10
11

TAFEL 15

Fig. 1:	***Acer monspessulanum*** L.	(B 1315-C) × 2
Fig. 2:	***Cornus*** sp.	(B 1215-C)
Fig. 3:	***Acer monspessulanum*** L.	(B 13664)
Fig. 4:	***Fraxinus excelsior*** L.	(B 13617)

1
2
3
4

TAFEL 16

Fig. 1:	***Acer campestre*** L.	(B 1124-C)
Fig. 2:	***Acer campestre*** L.	(B 1164-C)
Fig. 3:	***Acer*** sp. Teilfruchtabdruck	(B 13713)
Fig. 4:	***Acer*** sp. Teilfruchtabdruck	(B 13703)
Fig. 5:	***Acer campestre*** L.	(B 1080-C)
Fig. 6:	***Acer monspessulanum*** L.	(B 1445-C)
Fig. 7:	***Acer campestre*** L.	(B 328-A)
Fig. 8:	***Acer monspessulanum*** L.	(B 1149-C) × 2

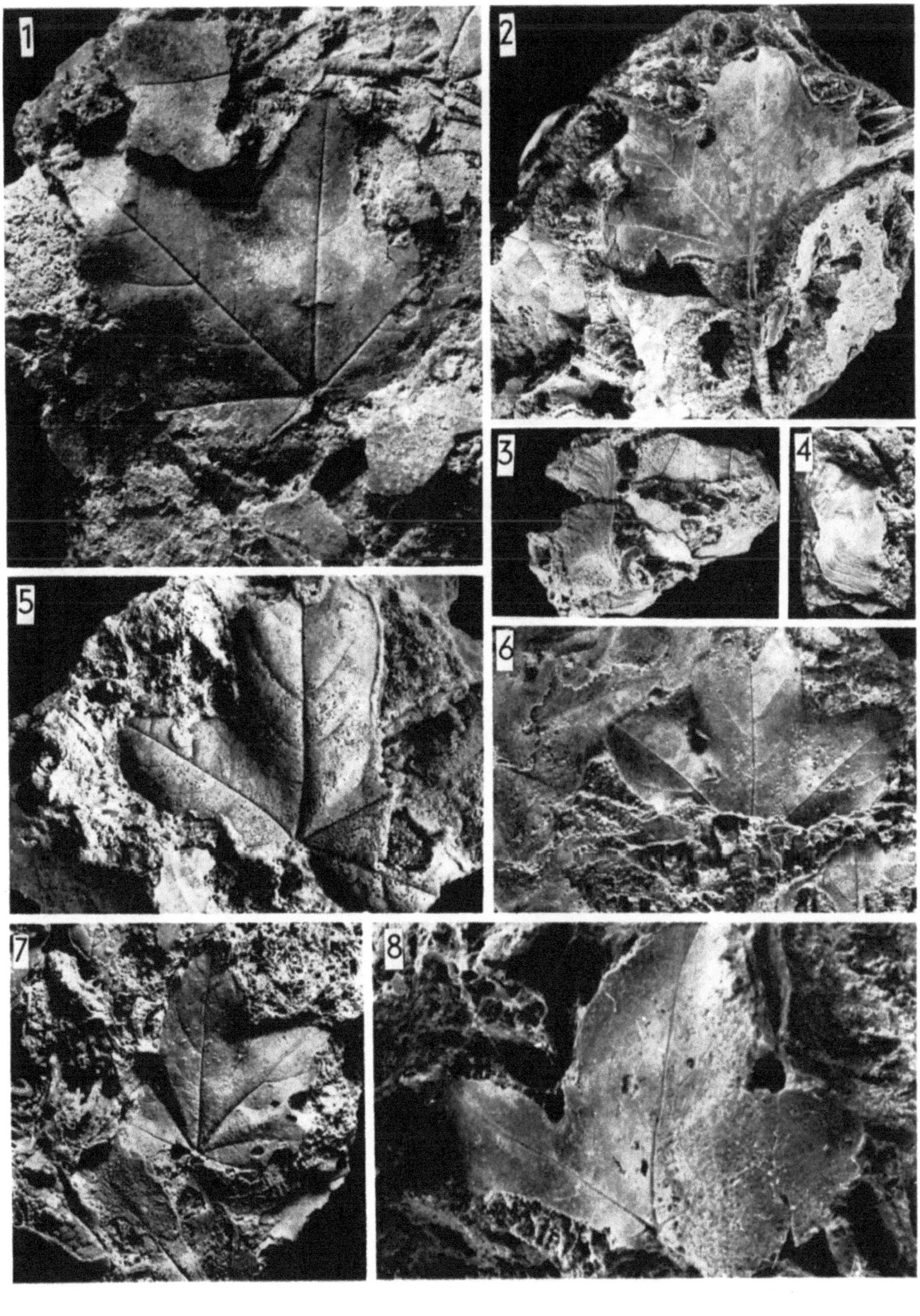
1
2
3
4
5
6
7
8

TAFEL 17

Fig. 1: ***Hedera helix*** L. (B 88-A)
Fig. 2: ***Hedera helix*** L. (B 949-B)
Fig. 3: ***Hedera helix*** L. (B 79-A)
Fig. 4: ***Hedera helix*** L. (B 55-A)
Fig. 5: ***Hedera helix*** L. (B 935-B)
Fig. 6: ***Hedera helix*** L. (B 1133-C)
Fig. 7: ***Hedera helix*** L. (B 924-B)

1
2
3
4
5
6
7

TAFEL 18

Fig. 1: ***Ilex aquifolium*** L. (B 13554)
Fig. 2: ***Ilex aquifolium*** L. (B 1621-C)
Fig. 3: ***Ilex aquifolium*** L. (B 1189-C)
Fig. 4: ***Ilex aquifolium*** L. (B 1628-C)
Fig. 5: ***Ilex aquifolium*** L. (B 1569-C)
Fig. 6: **Poaceae** (B 221-A)
Fig. 7: **Poaceae** (B 13559)
Fig. 8: **Poaceae** (B 13613)
Fig. 9: **Poaceae** (B 13613)

1
2
3
4
5
6
7
8
9

TAFEL 19

Burgtonna, jungpleistozäner Travertinkomplex, Mollusken

(Größenangaben Höhe: Breite in mm)

Fig. 1 a, b: ***Valvata cristata*** O. F. MÜLLER (1,2:3,2)
Fig. 2: ***Paladilhia (Belgrandia) marginata* f. *germanica*** (CLESSIN) (2,2:1,0)
Fig. 3: ***Bithynia tentaculata*** (L.) (11:7)
Fig. 4: ***Acicula polita*** (HARTM.) (3,0:1,1)
Fig. 5: ***Carychium minimum*** O. F. MÜLLER (1,6:0,8)
Fig. 6: ***Carychium tridentatum*** (RISSO) (2,0:0,8)
Fig. 7: ***Lymnaea peregra*** (O. F. MÜLLER) (12:8)
Fig. 8: ***Lymnaea stagnalis*** (L.) (41:18)
Fig. 9: ***Lymnaea palustris*** (O. F. MÜLLER) (12,5:6,0)
Fig. 10: ***Lymnaea palustris*** (O. F. MÜLLER) (25:7,0)
Fig. 11: ***Lymnaea peregra*** (O. F. MÜLLER) (13: 10)
Fig. 12a—c: ***Planorbis carinatus*** (O. F. MÜLLER) (3:12,5)
Fig. 13a, b: ***Anisus leucostomus*** (MILLET) (1,2:5,5)
Fig. 14a, b: ***Anisus vortex*** (L.) (1,3:10)
Fig. 15: ***Anisus vorticulus*** (TROSCHEL) (0,8:4,5)
Fig. 16a, b: ***Gyraulus riparius*** (WESTERL.) (0,7:3)
Fig. 17a—c: ***Gyraulus laevis*** (ALDER) (1,4:6)
Fig. 18: ***Bathyomphalus contortus*** (L.) (1,8:5)
Fig. 19: ***Cochlicopa lubricella*** (PORRO) (5:1,8)
Fig. 20: ***Cochlicopa lubrica*** (O. F. MÜLLER) (6,1:2,4)
Fig. 21: ***Cochlicopa nitens*** (GALLENSTEIN) (6:2,9)
Fig. 22: ***Pupilla muscorum*** (L.) (3,2:1,7)
Fig. 23: ***Pupilla triplicata*** (STUDER) (2,6:1,4)
Fig. 24: ***Columella edentula*** (DRAP.) (2,6:1,4)
Fig. 25: ***Truncatellina claustralis*** (GREDLER) (1,7:0,8)
Fig. 26: ***Truncatellina claustralis*** (GREDLER) (1,7:0,8)
Fig. 27: ***Truncatellina strobeli*** (GREDLER) (1,8:0,8)

1a
2
3
4
5
6
7
1b
8
9
10
11
12a
12b
12c
13a
13b
14a
14b
15
16a
16b
17a
17b
17c
18
19
20
21
22
23
24
25
26
27

TAFEL 20

Burgtonna, jungpleistozäner Travertinkomplex, Mollusken

(Größenangaben Höhe: Breite in mm)

Fig. 1: ***Vertigo pusilla*** O. F. Müller (2,0:1,1)
Fig. 2: ***Vertigo antivertigo*** (Drap). (2,1:1,3)
Fig. 3: ***Vertigo moulinsiana*** (Dupuy) (2,3:1,5)
Fig. 4: ***Vertigo pygmaea*** (Drap.) (2,0:1,2)
Fig. 5: ***Vertigo angustior*** Jeffreys (1,7:0,8)
Fig. 6: ***Vertigo substriata*** (Jeffreys) (1,8:1,1)
Fig. 7: ***Chondrula tridens*** (O. F. Müller) (10:4)
Fig. 8: ***Ena obscura*** (O. F. Müller) (10:3,7)
Fig. 9: ***Orcula doliolum*** (Bruguière) (5:2,3)
Fig. 10a–c: ***Vallonia pulchella*** (O. F. Müller) (1,3:2,5)
Fig. 11a–c: ***Vallonia costata*** (O. F. Müller) (1,3:2,6)
Fig. 12: ***Succinea putris*** (L.) (14:7)
Fig. 13: ***Succinea oblonga*** (Drap.) (7:4)
Fig. 14a–c: ***Discus rotundatus*** (O. F. Müller) (2,6:6,2)
Fig. 15a–c: ***Discus perspectivus*** (Megerle v. Mühlfeldt) (1,8:5,3)
Fig. 16a–c: ***Aegopis verticillus*** (Lamarck) (17:29)
Fig. 17: ***Clausilia bidentata*** (Ström) (noch 3,5:2,3)
Fig. 18: ***Clausilia parvula*** Férussac (9:2,2)
Fig. 19: ***Clausilia bidentata*** (Ström) (11:2,3)
Fig. 20: ***Clausilia pumila*** C. Pfeifer (12:3,2)
Fig. 21: ***Cochlodina orthostoma*** (Menke) (noch 5,0:2,6)

1
2
3
4
5
6
7
8
9
10a
10b
10c
11a
11b
11c
12
13
14a
14b
14c
15a
15b
15c
16a
16b
16c
17
18
19
20
21

TAFEL 21

Burgtonna, jungpleistozäner Travertinkomplex, Mollusken

(Größenangaben Höhe: Breite in mm)

Fig. 1a—c: ***Aegopinella*** cf. ***nitens*** (Michaud) (4,5:7,5)
Fig. 2: ***Aegopinella minor*** (Stabile) (4,4:9)
Fig. 3a—c: ***Aegopinella pura*** (Alder) (2,4:4,3)
Fig. 4a—c: ***Oxychilus cellarius*** (O. F. Müller) (5:10)
Fig. 5a, b: ***Vitrea subrimata*** (Reinh.) (1,7:3,0)
Fig. 6a, b: ***Vitrea diaphana*** (Studer) (2:4)
Fig. 7a, b: ***Vitrea crystallina*** (O. F. Müller) (2,0:3,5)
Fig. 8a—c: ***Vitrea contracta*** (Westerl.) (1,2:2,5)
Fig. 9a, b: ***Daudebardia rufa*** (Drap.) (1,0:4,5)
Fig. 10a, b: ***Daudebardia brevipes*** (Drap.) (1,4: noch 4,0)
Fig. 11a—c: ***Zonitoides nitidus*** (O. F. Müller) (3,5:6,5)
Fig. 12: ***Cochlodina laminata*** (Montagu) (15:4)
Fig. 13: ***Iphigena ventricosa*** (Drap.) (noch 14:4,5)
Fig. 14: ***Laciniaria biplicata*** (Montagu) (noch 4,0:3,8)
Fig. 15: ***Acanthinula aculeata*** (O. F. Müller) (2,0:2,3)
Fig. 16: ***Ruthenica filograna*** (Rossm.) (9:2,1)

1a
1b
1c
2
3a
3b
3c
4a
4b
4c
5a
5b
6a
6b
7a
7b
8a-c
9a
9b
10a
10b
11a
11b
11c
12
13
14
15
16

TAFEL 22

Burgtonna, jungpleistozäner Travertinkomplex, Mollusken

(Größenangaben Höhe: Breite in mm)

Fig. 1a–c: ***Bradybaena fruticum*** (O. F. Müller) (15:20)
Fig. 2: ***Euomphalia strigella*** (Drap.) (10:15)
Fig. 3: ***Helicopsis striata*** (O. F. Müller) (6:9)
Fig. 4a, b: ***Arianta arbustorum*** (L.) (18:25)
Fig. 5a, b: ***Cepaea hortensis*** (O. F. Müller) (17:23)
Fig. 6a–c: ***Helicodonta obvoluta*** (O. F. Müller) (6:13)
Fig. 7a, b: ***Helix pomatia*** L. (49:48)
Fig. 8a–c: ***Helicigona lapicida*** (L.) (7:17)
Fig. 9a–c: ***Helicigona banatica*** (Rossm.) (17:31)
Fig. 10a–c: ***Cepaea nemoralis tonnensis*** Sandberger (24:30)
Fig. 11a, b: ***Trichia hispida*** (L.) (5:8)

1a
4a
4b
6a
6b
1b
5a
5b
6c
1c
3
7a
7b
2
9a
10a
8a
10b
9b
8b
11b
8c
9c
10c
11c

TAFEL 23

Fig. 1, 2: ***Candona candida*** (O. F. Müller) — Probe 8132
1: L von außen; 2: R von außen

Fig. 3, 4: ***Candona marchica*** Hartwig — Probe 8147
3: L von außen; 4: R von außen

Fig. 5, 6: ***Candona lobipes*** Hartwig — Slg. Claus
5: L von außen; 6: R von außen

Fig. 7, 8: ***Candona parallela*** G. W. Müller — Probe 9446
7: L von außen; 8: R von außen

Fig. 9, 10: ***Candona compressa*** (Koch) — Probe 8176
9: L von außen; 10: R von außen

Fig. 11, 12: ***Candona vavrai*** Kaufmann — Probe 9446
11: L von außen; 12: R von außen

Strichlänge 0,5 mm

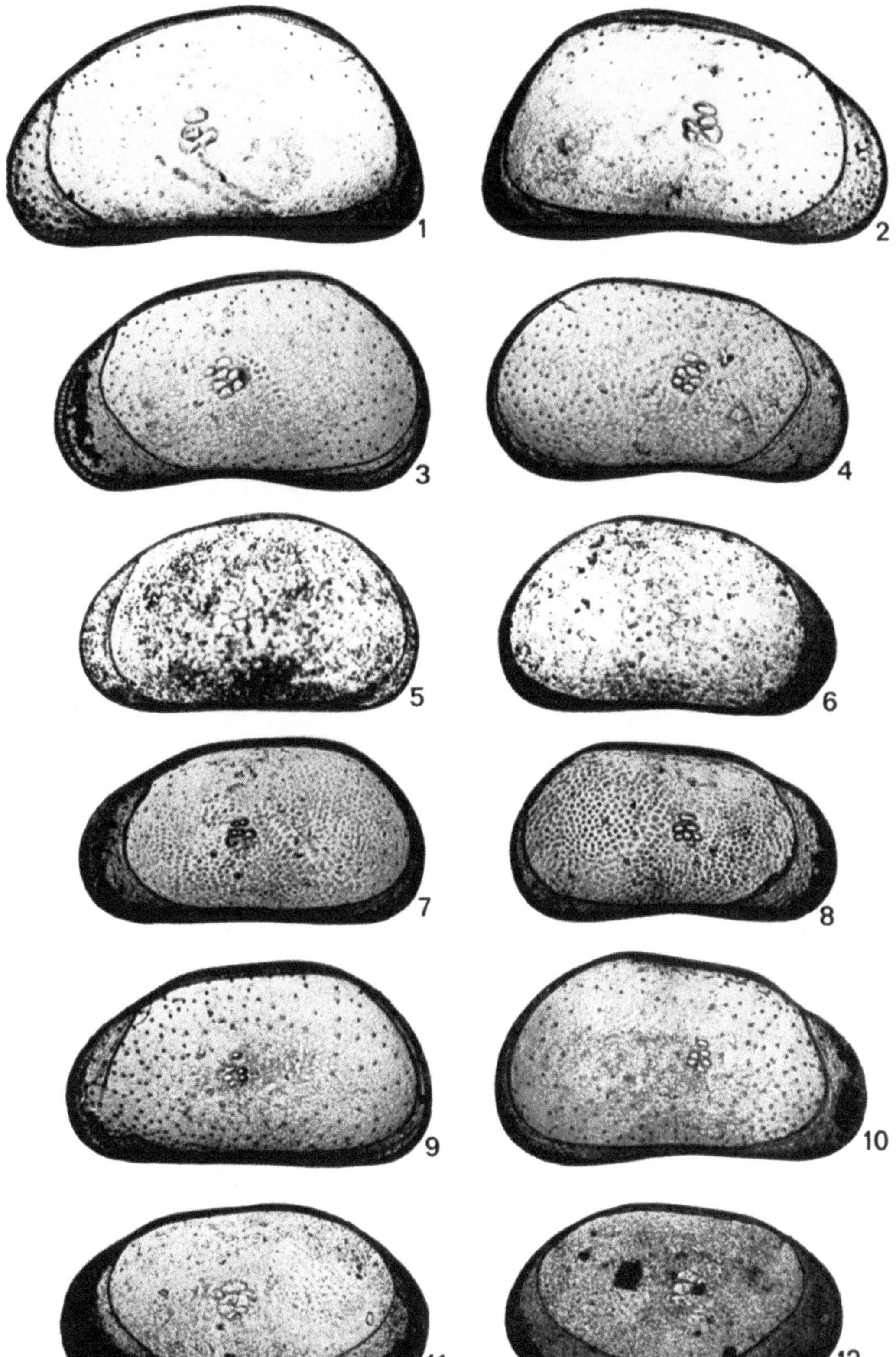
1
2
3
4
5
6
7
8
9
10
11
12

TAFEL 24

Fig. 1, 2: ***Candona angulata*** G. W. MÜLLER
1: L von außen — Probe 7284; 2: R von außen — Probe 8194

Fig. 3, 4: ***Prionocypris zenkeri*** (CHYZER) — Probe 8197
3: L von außen; 4: R von außen

Fig. 5, 6: ***Cyprinotus salinus*** (BRADY) — Probe 8132
5: L von außen; 8: R von außen

Fig. 7, 8: ***Ilyodromus olivaceus*** (BRADY & NORMAN) — Probe 9446
7: L von außen; 8: R von außen

Fig. 9, 10: ***Cypris pubera*** O. F. MÜLLER — Probe 8132
9: L von außen, juvenil; 10: R von außen, juvenil

Strichlänge 0,5 mm

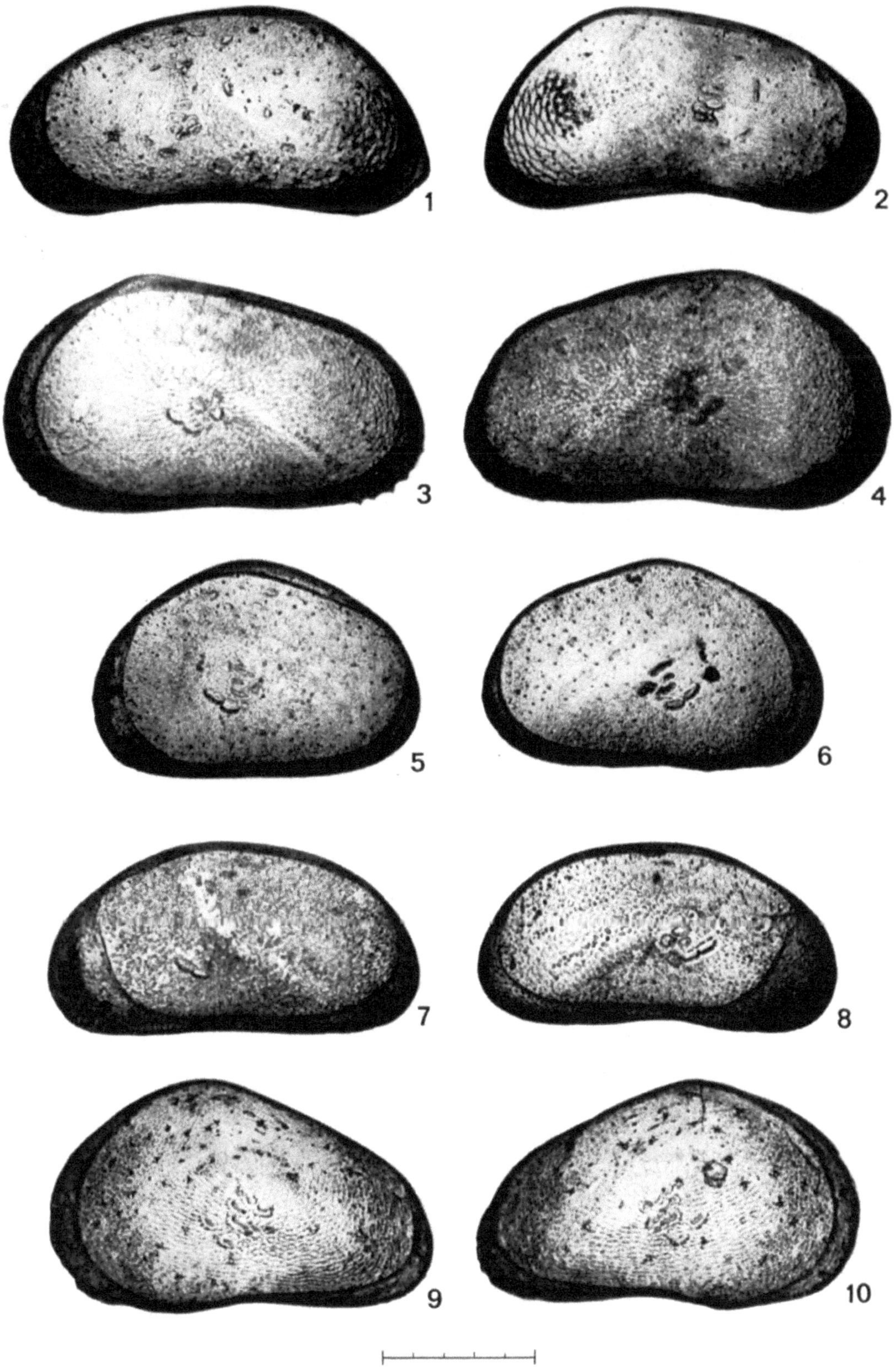
1
2
3
4
5
6
7
8
9
10

TAFEL 25

Fig. 1, 2: ***Ilyocypris bradyi*** SARS — Probe 9446
1: L von außen; 2: R von außen

Fig. 3, 4: ***Ilyocypris inermis*** KAUFMANN — Probe 9446
3: L von außen; 4: R von außen

Fig. 5, 6: ***Candonopsis kingsleii*** (BRADY & ROBERTSON)
5: L von außen — Probe 8147; 6: R von außen — Probe 8137

Fig. 7, 8: ***Eucypris pigra*** (FISCHER) — Probe 8194
7: L von außen; 8: R von außen

Fig. 9, 10: ***Herpetocypris brevicaudata*** KAUFMANN — Probe 8142
9: L von außen; 10: R von außen

Fig. 11, 12: ***Herpetocypris reptans*** (BAIRD) — Probe 8195
11: L von außen, Fragment; 12: R von außen

Strichlänge 0,5 mm

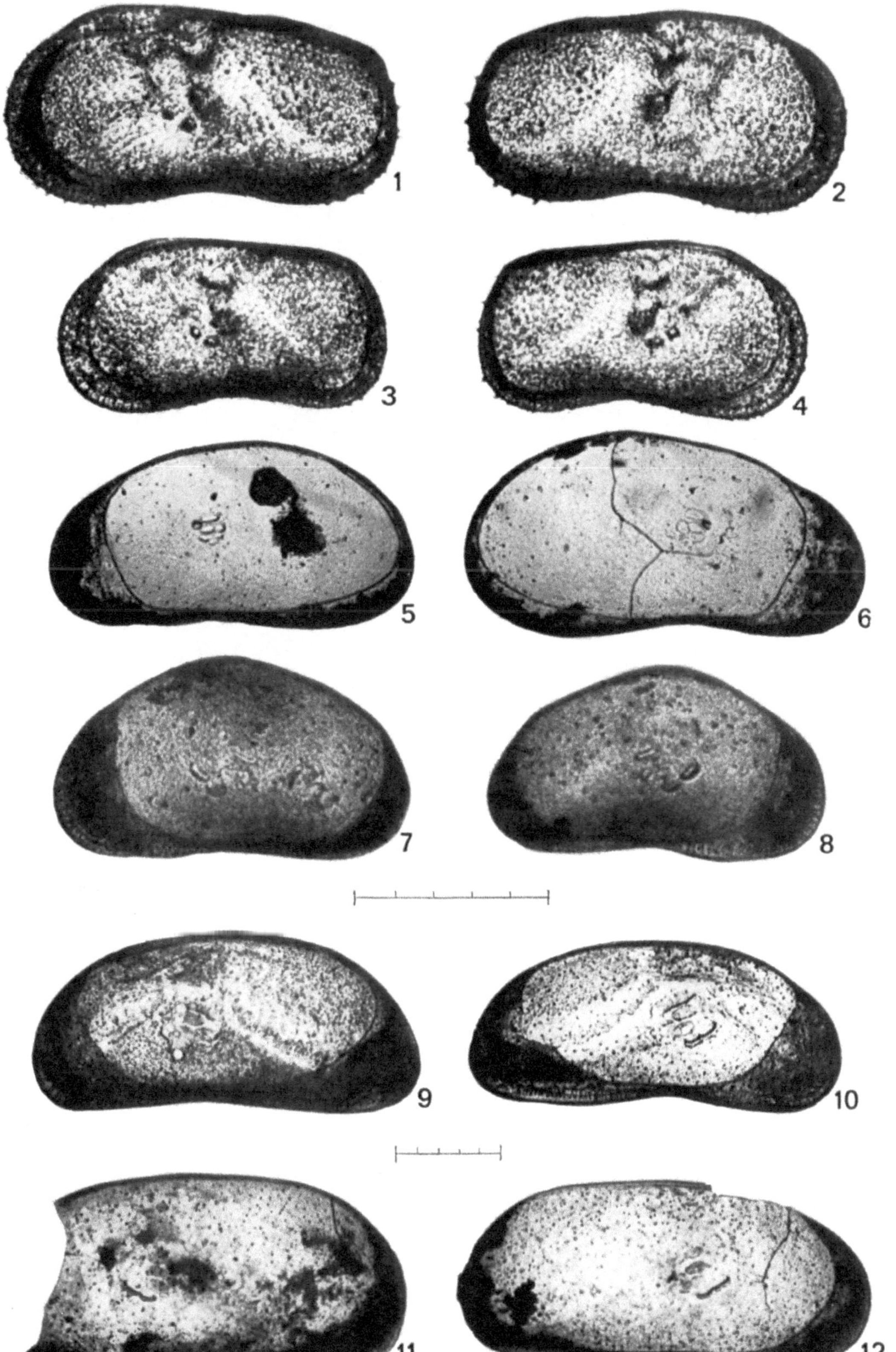
1
2
3
4
5
6
7
8
9
10
11
12

TAFEL 26

Fig. 1, 2: ***Cyclocypris laevis*** (O. F. MÜLLER) VÁVRA — Probe 8132
1: L von außen; 2: R von außen

Fig. 3, 4: ***Cyclocypris*** sp. — Probe 8132
3: L von außen; 4: R von außen

Fig. 5, 6: ***Cyclocypris serena*** (KOCH) — Probe 8203
5: L von außen; 6: R von außen

Fig. 7: ***Cyprois marginata*** (STRAUS) — Probe 8132
Fragment einer R von außen

Fig. 8, 9: ***Cypridopsis vidua*** (O. F. MÜLLER) — Probe 8132
8: L von außen; 9: R von außen

Fig. 10, 11: ***Darwinula stevensoni*** (BRADY & ROBERTSON) — Probe 8144
10: L von außen; 11: R von außen

Fig. 12, 13: ***Potamocypris wolfi*** BREHM — Probe 9446
12: L von außen; 13: R von außen

Fig. 14, 15: ***Potamocypris maculata*** ALM — Probe 8132
14: L von außen; 15: R von außen

Fig. 16, 17: ***Nannocandona faba*** EKMAN — Probe 9446
16: L von außen; 17: R von außen

Strichlänge 0,5 mm

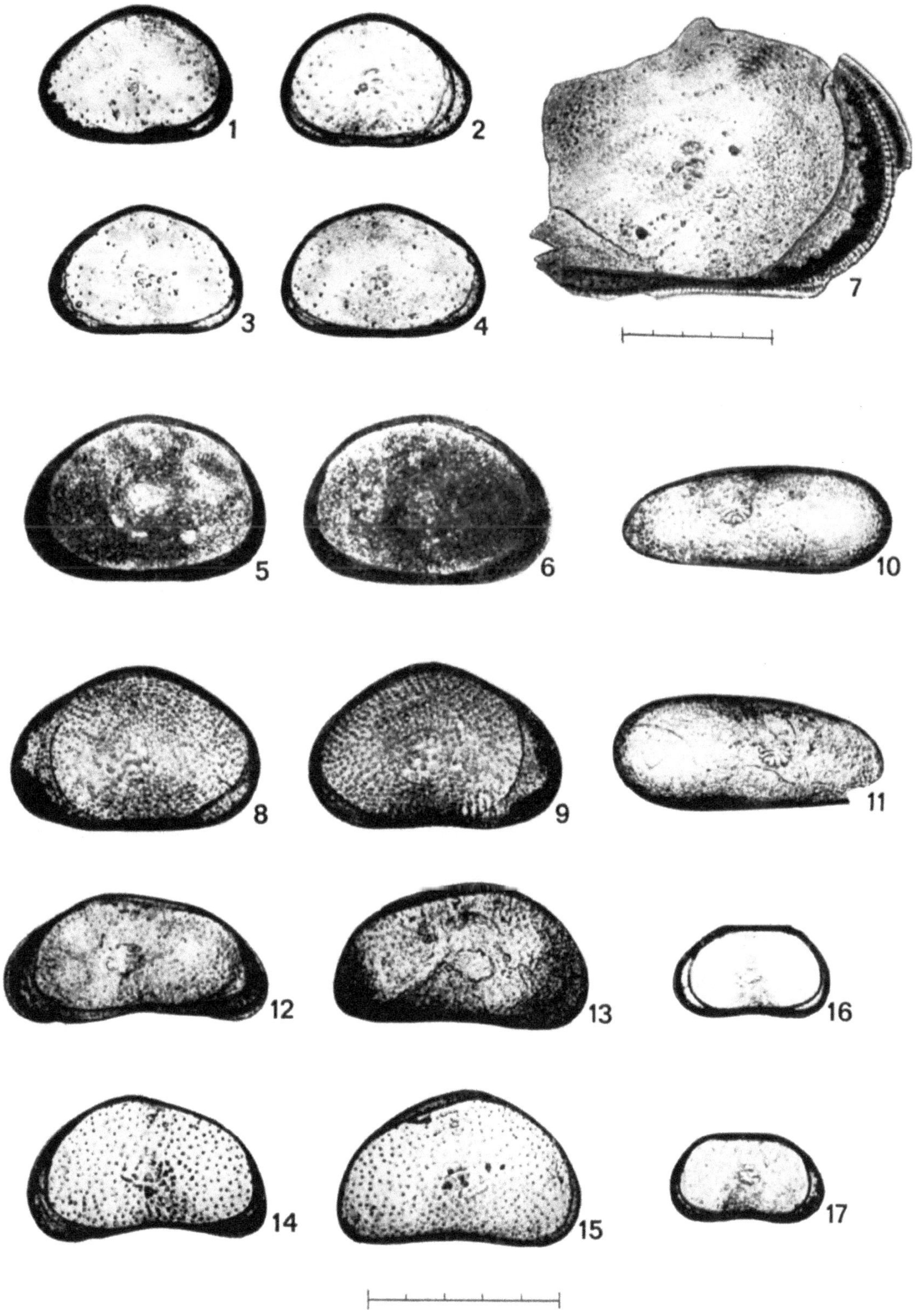
1
2
3
4
5
6
7
8
9
10
11
12
13
14
15
16
17

TAFEL 27

Fig. 1: Larve einer Steinfliege (Plecoptera), IQW 1972/13 430 (Wei. 417), Travertin von Weimar, Eem-Interglazial, × 4

Fig. 2: Puppe von ***Celerio*** sp. (Sphingidae – Lepidoptera), IQW 1970/12 773 (Ehr. 13 207), Travertin von Weimar-Ehringsdorf, Eem-Interglazial, × 2

Fig. 3: Röhren von Chironomidenlarven, IQW 1973/13 686 (Burgt. 13 819), Travertin von Burgtonna, Eem-Interglazial, × 1

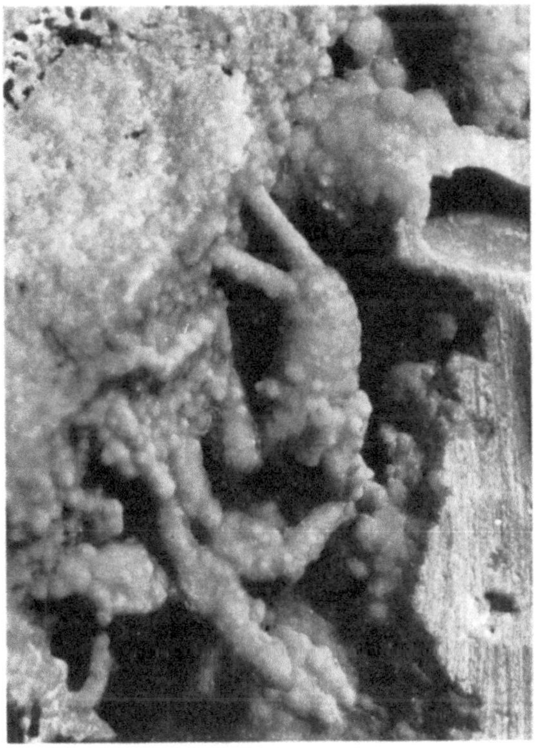

1

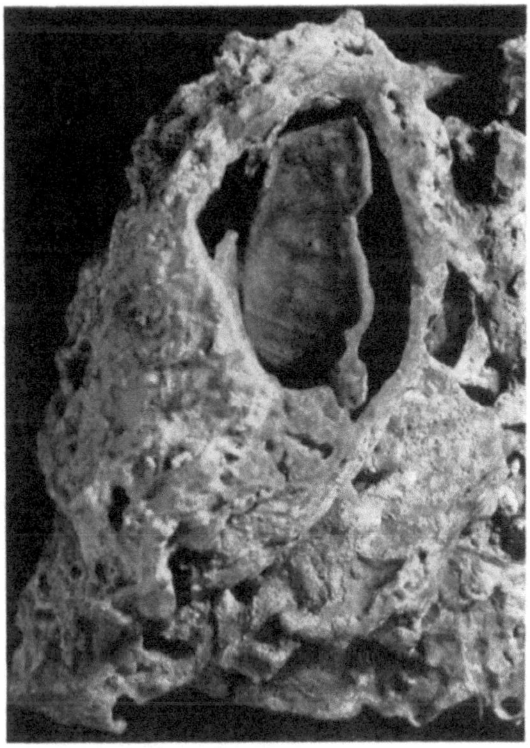

2

3

TAFEL 28

Fig. 1: Abdruck der Flügeldecke eines Vertreters der Unterordnung Polyphaga (Coleoptera), IQW 1972/13456 (Burgt. 13 750), Travertin von Burgtonna, Eem-Interglazial, × 2

Fig. 2: Abdruck der Elytren von ***Carabus*** sp. (Carabidae — Coleoptera), IQW 1973/13685 (Burgt. 13818), Travertin von Burgtonna, Eem-Interglazial, × 2

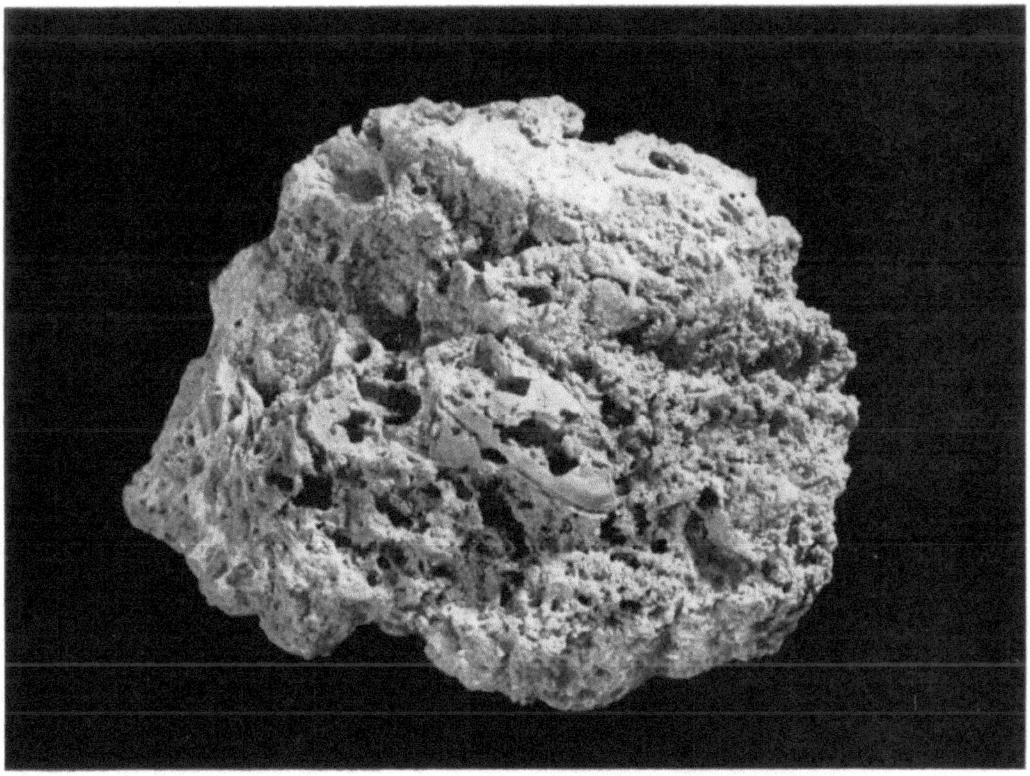

1

2

TAFEL 29

Emys orbicularis L., Burgtonna, etwa ×1

Fig. 1: Schalenbruchstück eines Eies IQW 1971/13 109 (Burgt. 13505)

Fig. 2: Steinkern des Sumpfschildkrötenpanzers NG Burgt. 2973a

1

2

TAFEL 30

Emys orbicularis L., Burgtonna, etwa ×1

Fig. 1, 2: Steinkern des Sumpfschildkrötenpanzers NG Burgt. 2973 b

1

2

TAFEL 31

Emys orbicularis L., Burgtonna, etwa ×1

Fig. 1, 2: Schildkrötenpanzer IQW 1974/14 180 (Burgt. 14 045)

1

2

TAFEL 32

Cervus elaphus Linnaeus, Burgtonna, × 1

Fig. 1, 2: Mandibula mit P_4—M_3 dex. MB Burgt. Ma 2

Fig. 3, 4: Mandibula mit P_3—M_3 sin. MB Burgt. Ma 1

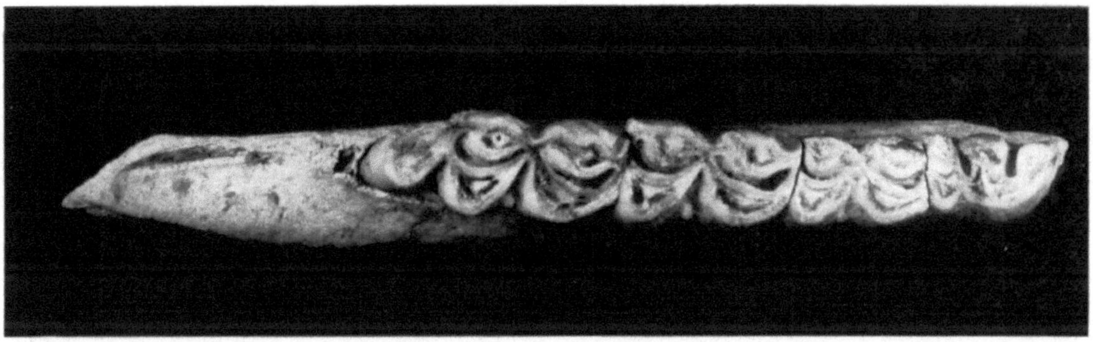
1

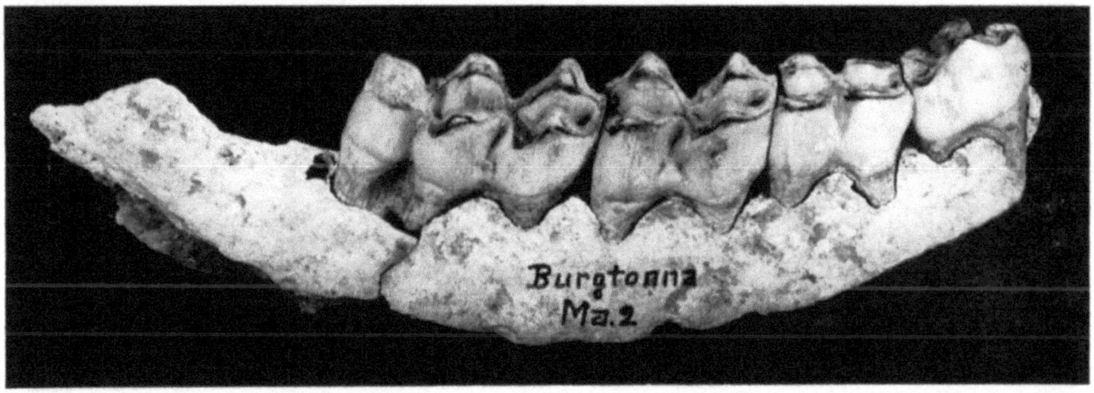

2

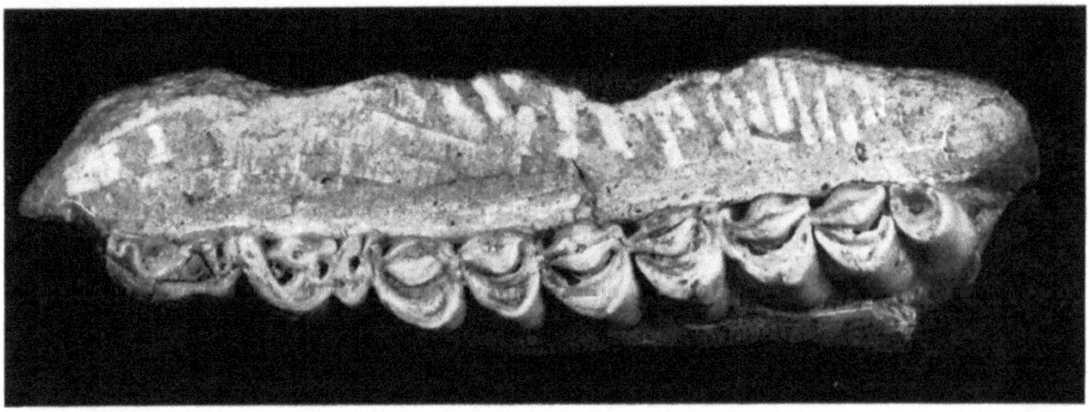
3

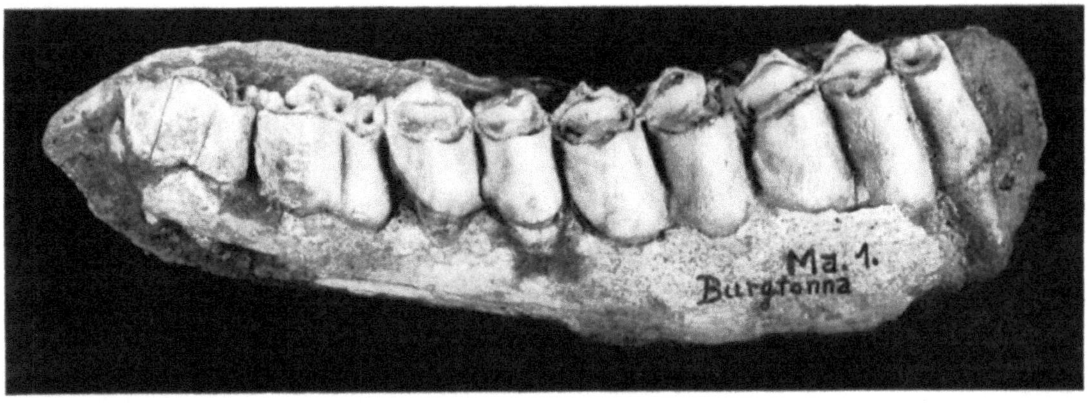

4

TAFEL 33

Dama dama (Linnaeus), Burgtonna, × 1

Fig. 1, 2: Mandibula mit D_4–M_2 sin. MB Burgt. Ma 3

Fig. 3: Rechte Abwurfstange NG Burgt. 2412

Fig. 4–6: P^4–M^3 dex. NG Burgt. 2418

Rangifer tarandus (Linnaeus), Burgtonna, × 1

Fig. 7: Linkes, schädelechtes Stangenbruchstück IQW 1974/14 272 (Burgt. 14102)

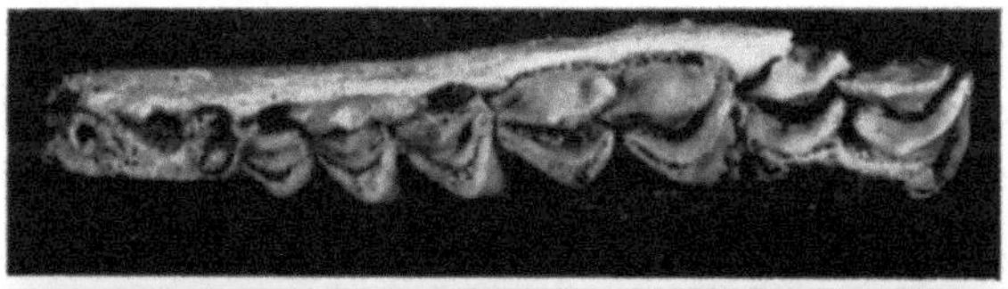

1

2

3

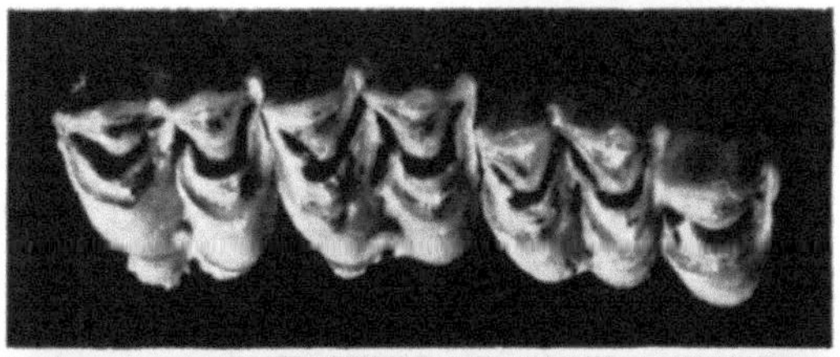

4

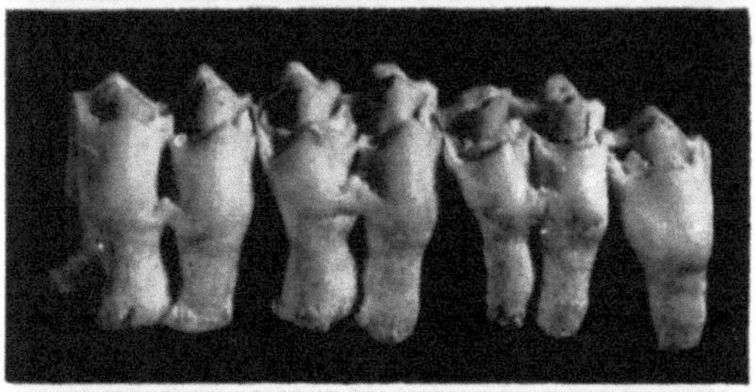

5

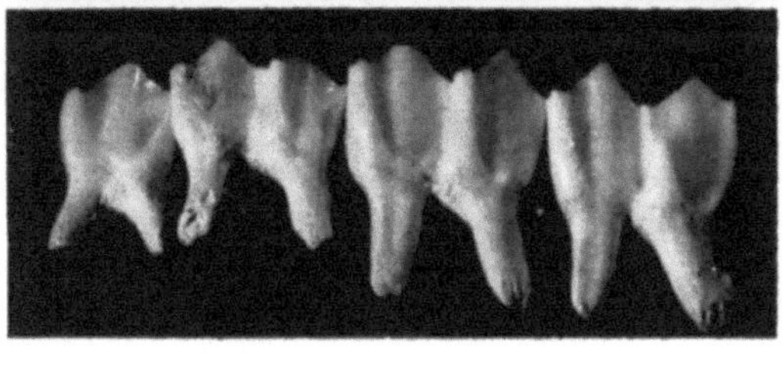

6

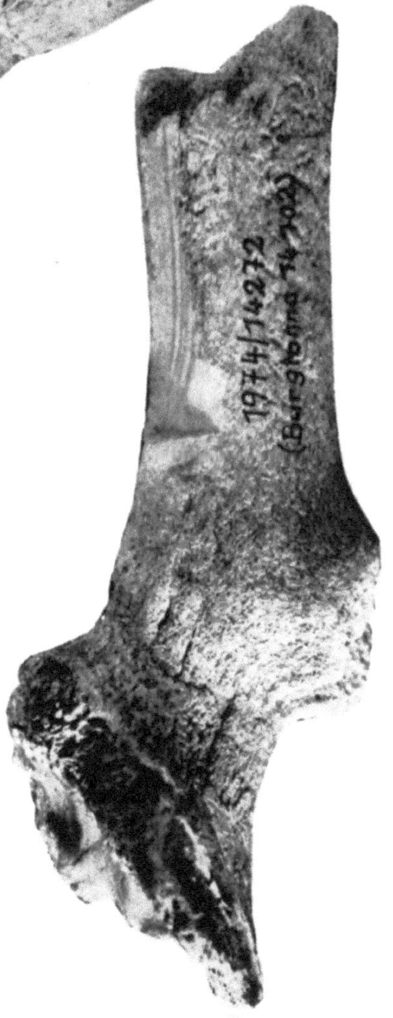

7

TAFEL 34

Dicerorhinus kirchbergensis (JÄGER), Burgtonna, × 1/2

Fig. 1, 2: Calvarium IQW 1975/14 639 (Burgt. 14 364) mit P^2—M^3 sin.

TAFEL 35

Dicerorhinus kirchbergensis (Jäger), Burgtonna, × 1/2

Fig. 1—5: Mandibelbruchstück MB Burgt. Ma 29/30 mit D_2—M_1 dex. und D_2—D_4 sin.

Fig. 6: Calvarium IQW 1975/14 639 (Burgt. 14 364) mit P^2—M^3 sin.

1

2

3

4

5

6

TAFEL 36

Dicerorhinus hemitoechus (FALCONER), Burgtonna, × 1/2

Fig. 1, 2: M^1—M^3 dex. MB Burgt. Ma 32

Fig. 3—5: Mandibelbruchstück mit P_2—M_3 sin. NG Burgt. 2420

Fig. 6: Mandibelbruchstück mit P_2—M_3 sin. HG Burgt. E 3623

1

2

3

4

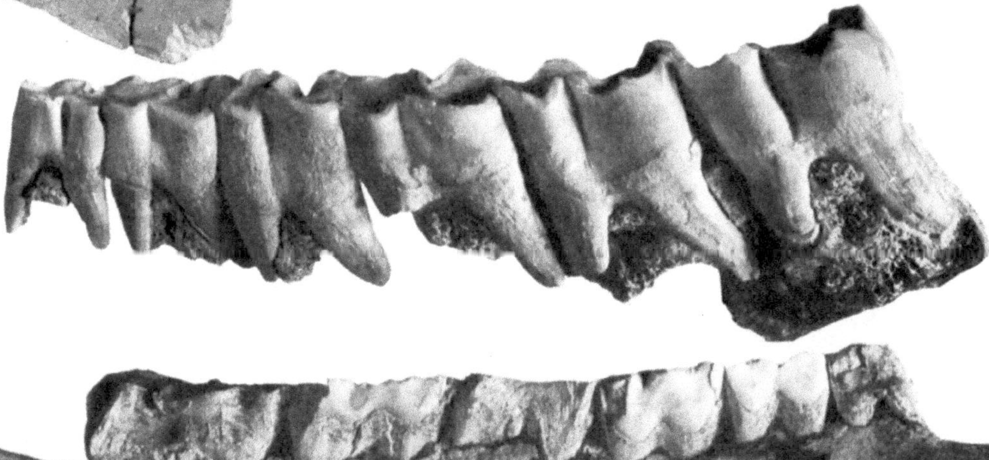
5

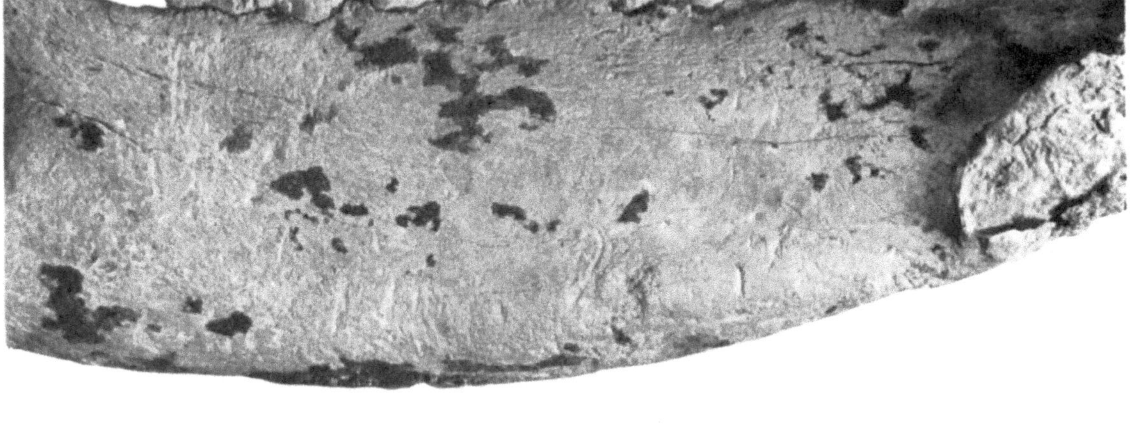
6

TAFEL 37

Dicerorhinus hemitoechus (Falconer), Burgtonna, × 1/2

Fig. 1–4: Mandibelbruchstück mit P_3–M_3 dex. und P_2–M_3 sin. HG Burgt. E 3623

1

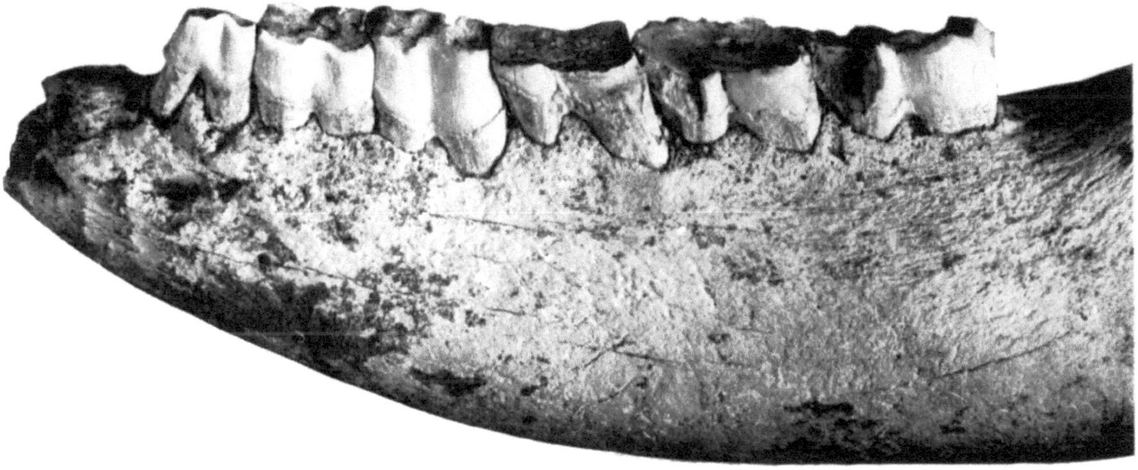

2

3

4

TAFEL 38

Palaeoloxodon antiquus (Falc.), Burgtonna, etwa × $^1/_2$

Fig. 1: M^3 s, (1), NG Burgt. 1581, Internseite. Deckzement im Kronenabschnitt des Zahnes gut erhalten. In ihm vier kräftige hypoplasieähnliche Rillen. Wurzeln sind abgebrochen. An der distalen Seite fehlen Lamellen.

Fig. 2: M^3 s, (1), NG Burgt. 1581, Kaufläche. Schmelzfiguren im vorderen Zahnteil grenzen fast ohne Zwischenzement aneinander. Weiter proximalwärts verbreitert sich das Zwischenzement. Man erkennt die Mittelzacke und die median-lamellare, lateral-annulare Verschmelzung.

Fig. 3: M_3 s, (7), NG Burgt. 1584, Kaufläche. Nur IV ist angekaut. Vordere Lamelle endet in zwei Pfeilern. Verschmelzung der dritten Lamelle endet in zwei Pfeilern. Verschmelzung der dritten Lamelle median-lamellar, lateral-annular. Bei der zweiten Lamelle sind die drei Pfeiler nahezu gleich breit.

Fig. 4: M_3 s, (7), NG Burgt. 1584, Internseite. Deckzement z. T. abgerieben. Hintere Lamellen sind nicht nach rückwärts abgespreizt. Wurzeln noch nicht ausgebildet.

1

2

3

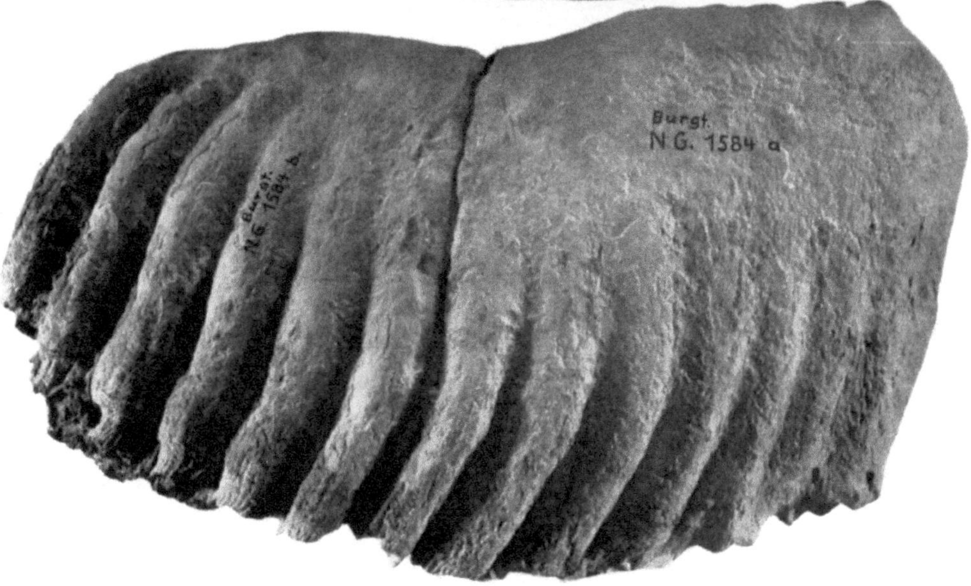

4

TAFEL 39

Palaeoloxodon antiquus (FALC.), Burgtonna, etwa × $^1/_2$

Fig. 1: M^2 s, (12), NG Burgt. 1582, Kaufläche

Fig. 2: M^2 s, (12), NG Burgt. 1582, Internseite. Die Kronenseite des Molaren ist von Deckzement überlagert, das die Einkerbungen zwischen den einzelnen Lamellen verschwinden läßt. Man erkennt eine hypoplasieähnliche Rille, die von links nach rechts von der kauflächennahen Zahnkrone in Richtung zur wurzelnahen distalen Zahnseite zieht. Dieser nicht normale Verlauf der Rille steht vielleicht in Zusammenhang mit dem geschwulstartigen Verschluß der vorderen Wurzel, ist also pathogen.

Fig. 3: M^2 d, (11), NG Burgt. 1563, Kaufläche. Die Fig. 1 und 3 zeigen, wie ähnlich zwei Molaren aus demselben Gebiß sind. Kleine Unterschiede entstehen vor allem dadurch, daß der (untere) M^2 d etwas stärker angekaut ist. Die Schmelzfiguren beider Zähne sind etwas rhombisch, keine Mittelzacke, aber grob geperlter Schmelz.

Fig. 4: M^2 d, (11), NG Burgt. 1563, Internseite. Deckzement ähnlich ausgebildet wie bei Zahn (12). Man erkennt mehrere breite, aber flache hypoplasieähnliche Rillen. An der distalen Zahnvorderseite (links) Impressionen. Die Wurzeln sind abgebrochen.

3

4

1

2

TAFEL 40

Palaeoloxodon antiquus (FALC.), Burgtonna, etwa × $^1/_2$

Fig. 1, 2: M_2 d, (15), NG Burgt. 1585, Fragment des hinteren Zahnteils. Seitenansicht (Internseite) und Kaufläche. Der Zahn ist schon so stark von Deckzement überlagert, daß die einzelnen Lamellen sich durch Einkerbung nur noch wenig gegeneinander absetzen. Viele hypoplasieähnliche Rillen im Kronenabschnitt der Internseite. Die Wurzelenden fehlen. Die Kaufläche zeigt, daß der Zahn bis nahe zum proximalen Ende abgekaut ist.

Fig. 3: M^2 d, (10), NG Burgt. 1583, Internseite. Im Kronenzement stark ausgebildete, sehr breite (6,5 mm) hypoplasieähnliche Rillen. Durch den Zahn zieht eine leichte Knickung von distal-kauflächennah nach proximal-wurzelnah, die als Schatten zu erkennen ist.

Fig. 4: M^2 d, (10), NG Burgt. 1583, Kaufläche. Angekaut sind × 6. Nach distal und proximal gerichtete Mittelzacken an der III. und IV. Lamelle. Die median-lamellar, lateral-annulare Verschmelzung zeigt die vorletzte Lamelle. An der letzten Lamelle sind zahlreiche Mamillen freigelegt.

Fig. 5: M^1 und M^2 s, (16), NG Burgt. 1587, Externseite. Das Deckzement ist nur an der Zahnkrone erhalten, weiter wurzelwärts z. T. abgeplatzt. Hypoplasieähnliche Rillen sind nicht zu erkennen. Auf der nicht abgebildeten Internseite sieht man zwei Rillen.

Fig. 6: M^1 und M^2 s, (16), NG Burgt. 1587, Kaufläche. Man beachte den Übergang vom ersten zum zweiten Molaren. Die vorderste Lamelle des zweiten Molaren scheint in die Rückseite des ersten Molaren hineingepreßt. Der erste Molar wird seitwärts in Richtung zur Externseite abgedrückt. Einige Knochenteile halten die beiden Zähne noch zusammen. Vom M^1 sind nur noch drei Lamellen und ein als Suffix an die letztere Lamelle angehefteter Talon übrig geblieben (Abkauungsrest).

1

2

4

3

6

5

TAFEL 41

Palaeoloxodon antiquus (Falc.), Burgtonna, etwa × 1/2

Fig. 1: M^2 s, (13), NG Burgt. 1588, Externseite. Fragment des proximalen Zahnendes. An der Proximalseite Lösungserscheinungen. Die Wurzeln sind ausgebrochen.

Fig. 2: M^2 s, (13), NG Burgt. 1588, Kaufläche. Am distalen Zahnende (links) beginnt die Bildung eines Dentinplanums. Hinterer Talon als Suffix an die letzte Lamelle geheftet. Es handelt sich um den letzten Rest eines Molaren kurz vor dem Auswurf.

Fig. 3: M^2 d, (14), NG Burgt. 1590, Kaufläche. Angekaut sind 7 von × 9 Lamellen. Einige Mittelzacken sind vorhanden. Verschmelzung der V. Lamelle median-lamellar, lateral-annular. An der vorletzten Lamelle zahlreiche Mamillen.

Fig. 4: M^2 d, (14), NG Burgt. 1590, Internseite. Starke Resorption im distalen Wurzelbereich. Eine derartige Resorption bei einem noch so wenig abradierten Zahn (ca. 65%) ist pathologisch zu bewerten.

Fig. 5: M^2 d, (14), NG Burgt. 1590, Externseite. Im Kronenzement acht dicht übereinander folgende, hypoplasieähnliche Rillen. Abstand von Rillenmitte zu Rillenmitte 4,3 mm. Es ist außergewöhnlich, daß diese Rillen vor allem an der Externseite ausgebildet sind. Im Wurzelbereich des Vorderzahnes starke Resorptionen.

3
5
2
1
4

TAFEL 42

Crocuta crocuta (ERXLEBEN), Burgtonna, × 1

Fig. 1–3: Mandibelfragment mit P_2–P_4 dex. MB Burgt. Ma 79

Fig. 4: Mandibelfragment mit C, P_2–M_1 sin. HO Burgt. 20

1

2

3

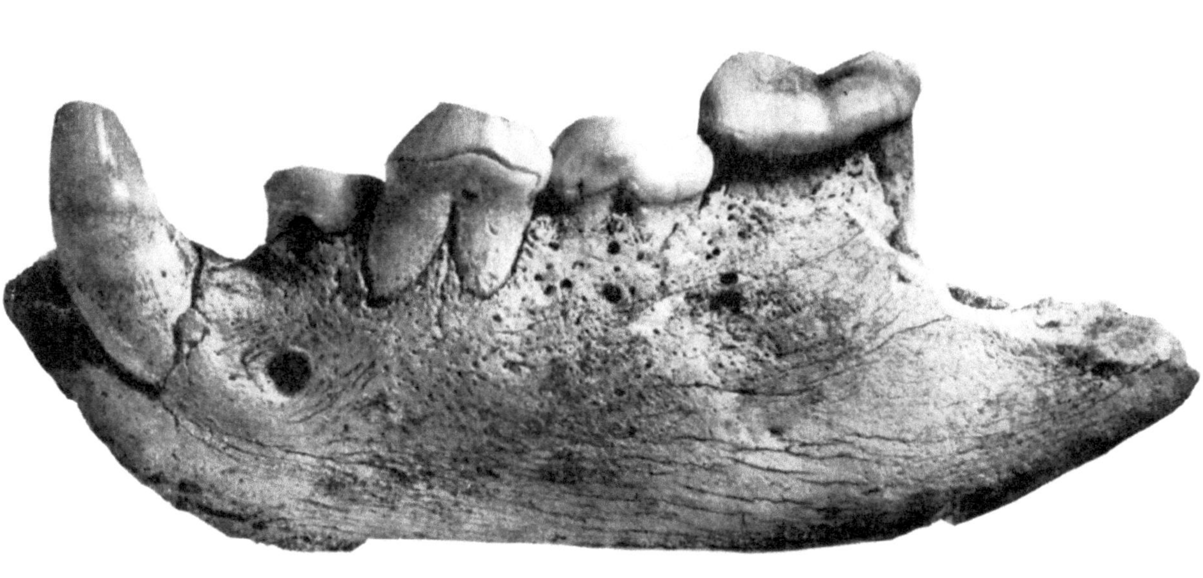
4

TAFEL 43

Crocuta crocuta (Erxleben), Burgtonna, × 1

Fig. 1, 2: Mandibelfragment mit C, $P_2 - M_1$ dex. MB Burgt. Ma 79

1

2

TAFEL 44

Panthera leo ssp. (cf. ***spelaea***), Burgtonna, × 1

Fig. 1–3: Mandibelfragment mit P_4–M_1 dex. MB Burgt. Ma 81

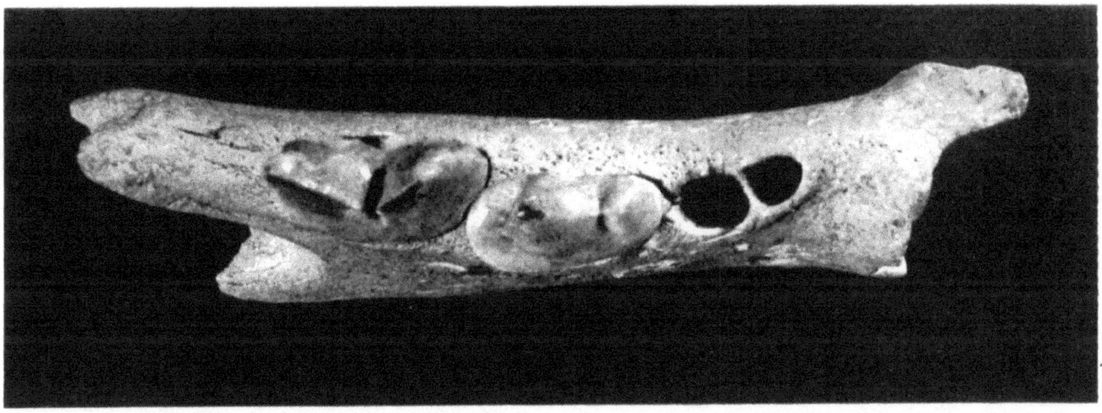

1

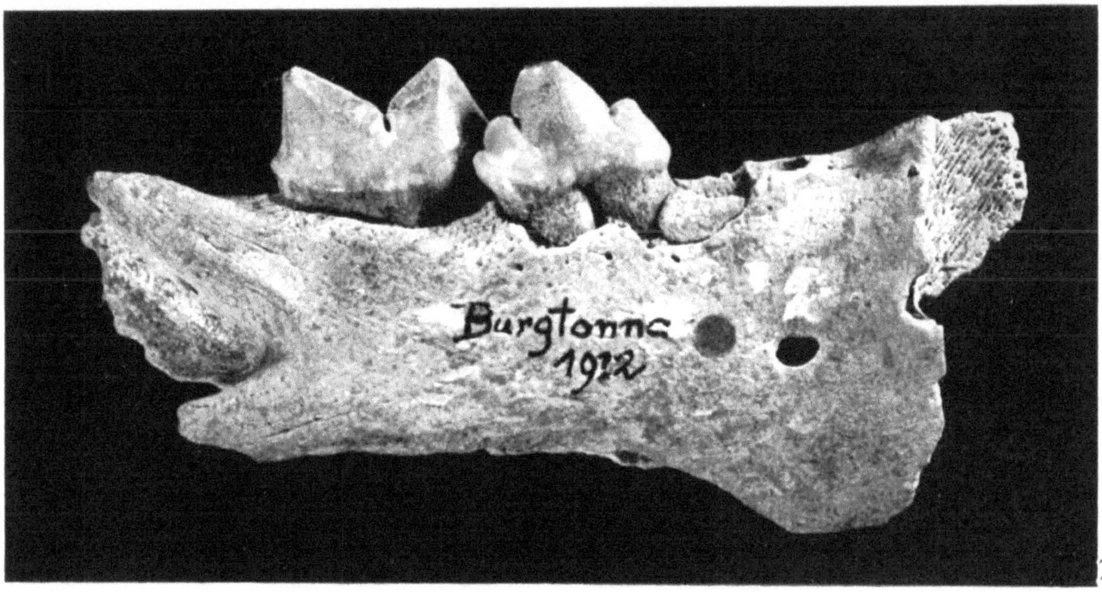

2

3

TAFEL 45

Panthera leo ssp. (cf. ***spelaea***), Burgtonna, × 1

Fig. 1: Oberkiefereckzahn MB Burgt. Ma 83

Fig. 2: Oberkiefereckzahn MB Burgt. Ma 85.1

Fig. 3: Oberkiefereckzahn MB Burgt. Ma 85.2

Felis silvestris ssp., Burgtonna, × 1

Fig. 4: Mandibelbruchstück mit P_3—M_1 dex. MB Burgt. Ma 628

Vulpes vulpes ssp., Burgtonna, × 1

Fig. 5: Mandibelbruchstück mit P_3—M_1 dex. und P_2—M_2 sin. MB Burgt. Ma 78

1

2

3

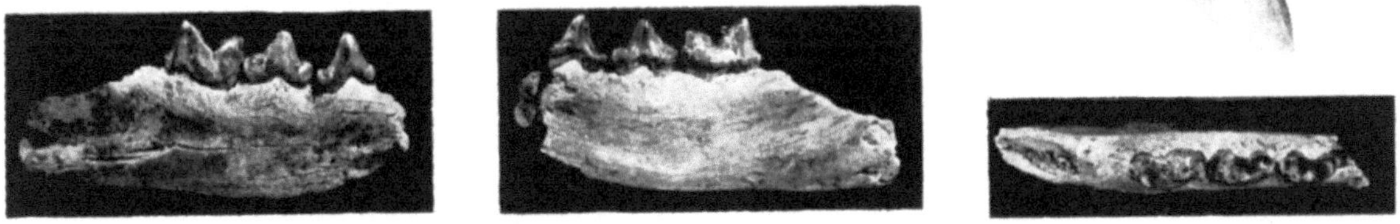

4

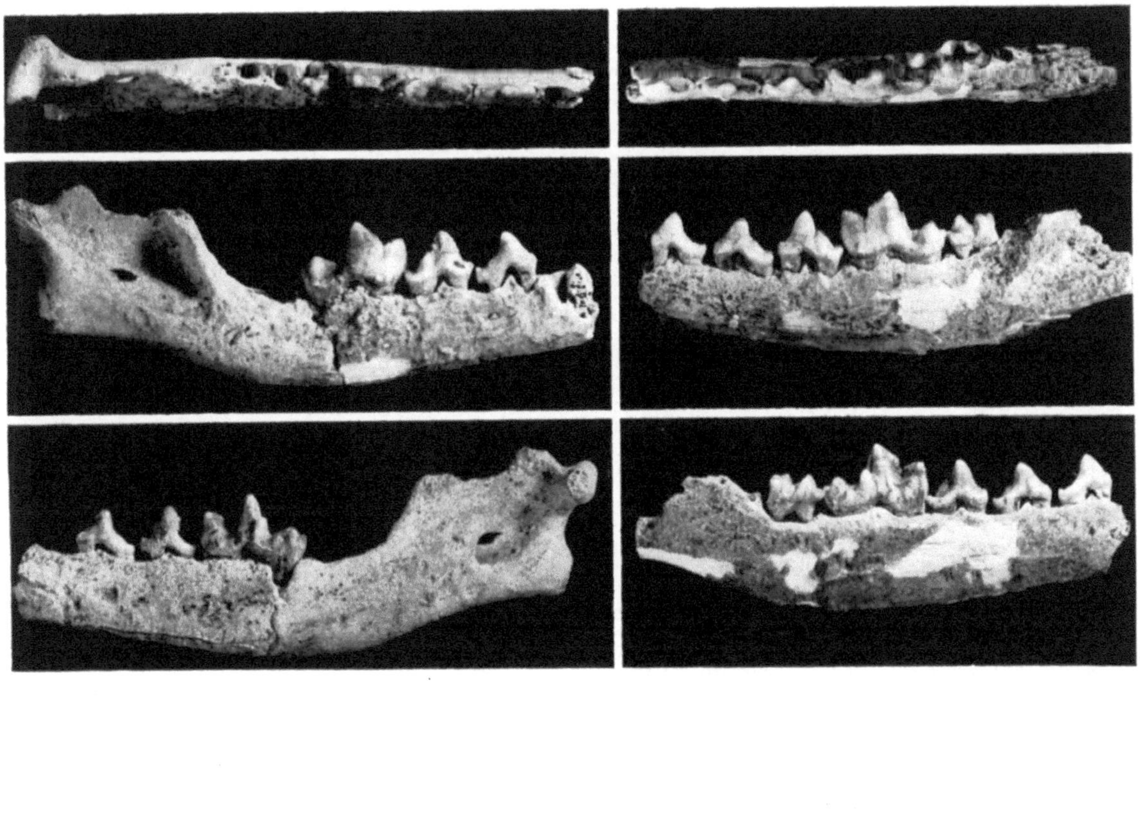

5

TAFEL 46

Cricetus cricetus ssp., Burgtonna

Fig. 1: Rechter Unterkiefer von der Innenseite MB Ma 104

Fig. 2: Derselbe von der Außenseite

Fig. 3: Kauflächenansicht (M_1—M_3 dex.) desselben Unterkiefers

Glis glis Linnaeus, 1758, Burgtonna

Fig. 4: Linker Unterkiefer von der Innenseite MB Ma 105

Fig. 5: Derselbe von der Außenseite

Fig. 6: Kauflächenansicht (P_4—M_3 sin.) desselben Unterkiefers

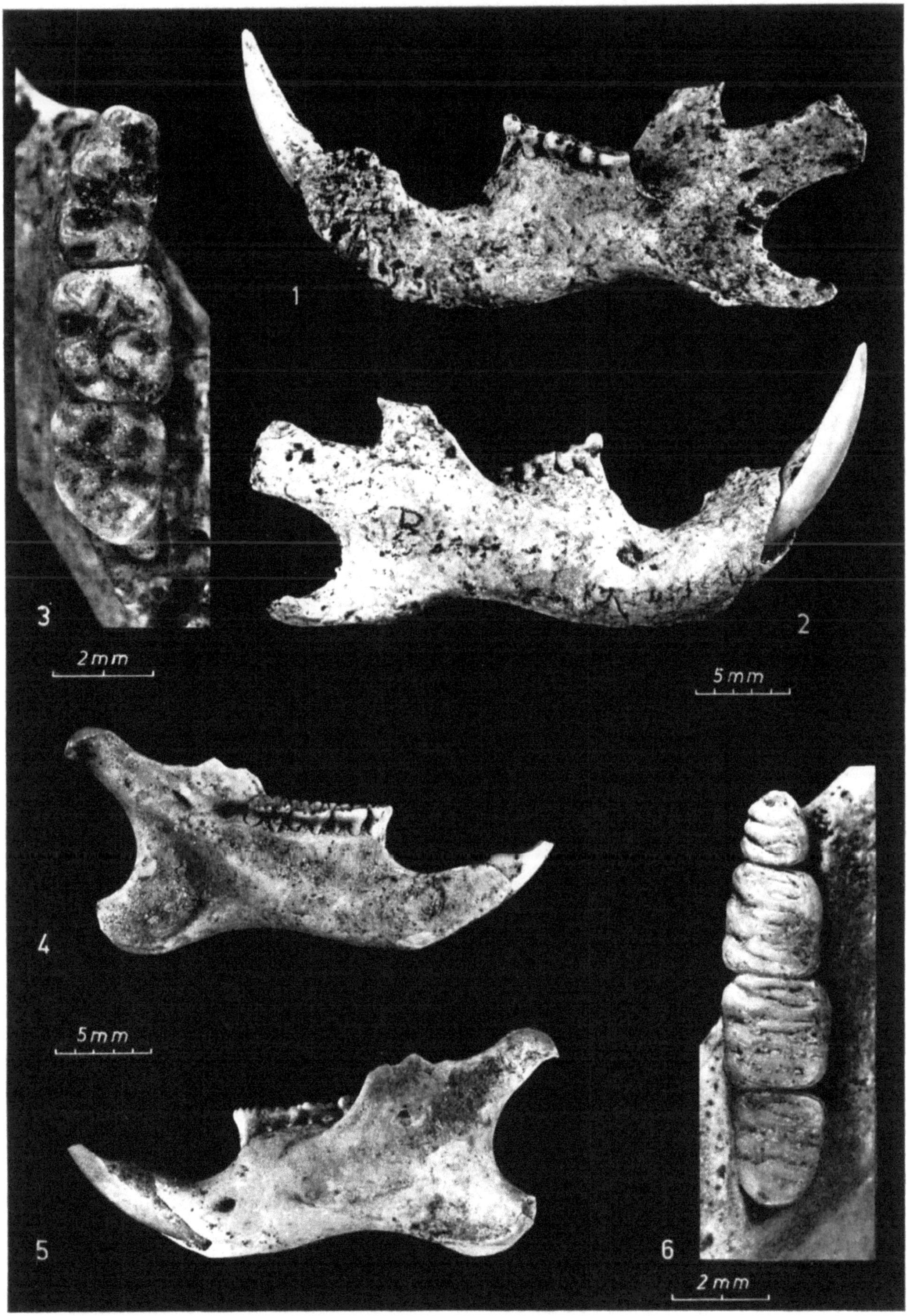
1
2
3
2mm
5mm
4
5mm
5
6
2mm

TAFEL 47

Apodemus sylvaticus (LINNAEUS, 1758), Burgtonna

Fig. 1: Schädel von dorsal, IQW 1971/13 128 (Burgt. 13 521)

Fig. 2: Derselbe von links

Fig. 3: Derselbe von rechts

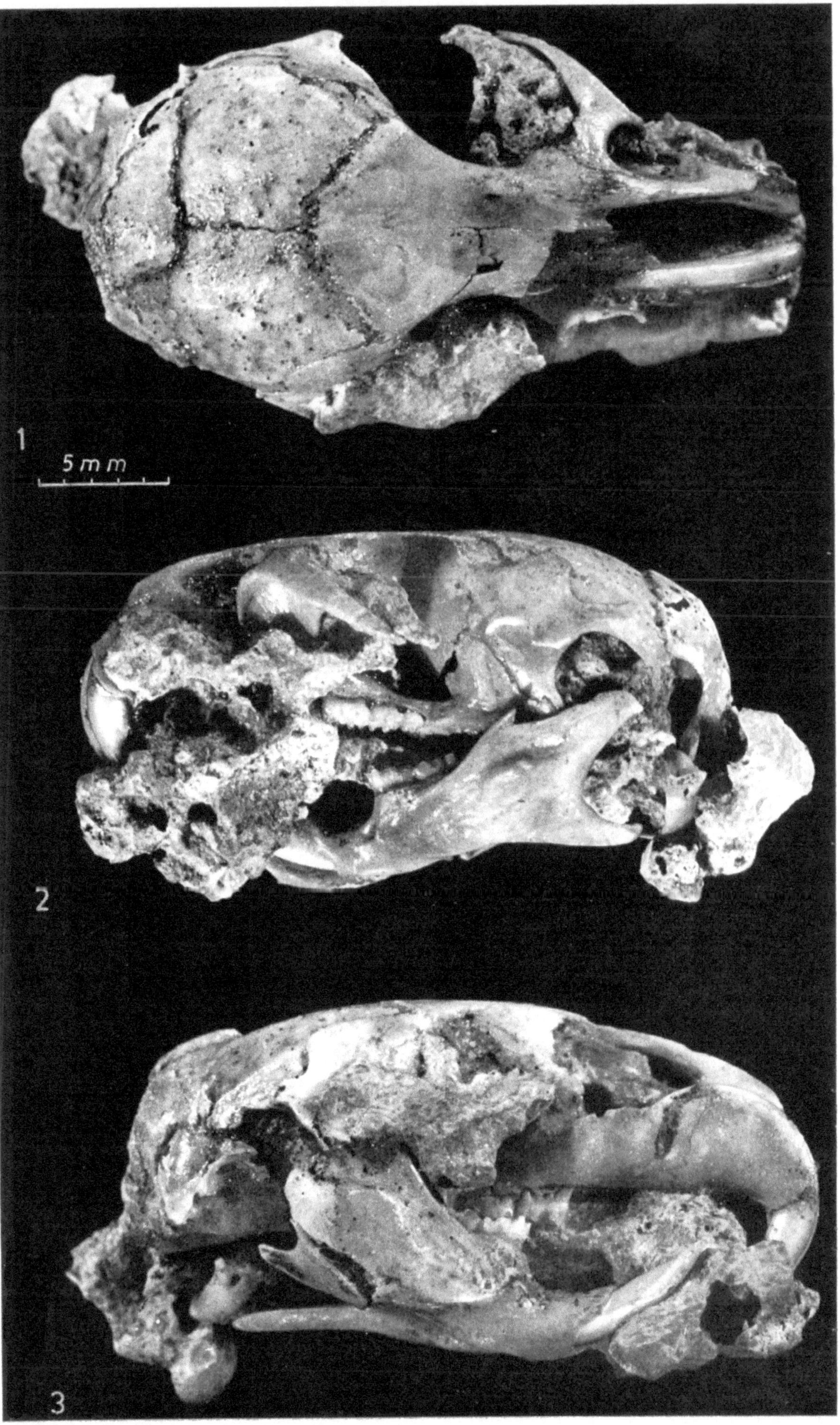
1
5 mm
2
3

TAFEL 48

Bison priscus mediator HILZHEIMER, Burgtonna

Fig. 1—4: Metacarpus dex., IQW 1975/14 722 (Burgt. 14 415), Fig. 1, 2: × 1

Fig. 5: Metacarpus sin., proximales Bruchstück, IQW 1976/14 857 (Burgt. 14 438), × 1/2

Cervus elaphus LINNAEUS, Burgtonna

Fig. 6: Linkes schädelechtes Stangenbruchstück, IQW 1971/13 143 (Burgt. 13 536), × 1/2

Dicerorhinus sp., Burgtonna

Fig. 7, 8: Distales Ende der Tibia, IQW 1972/13 331 (Burgt. 13 721), × $^1/_2$

1

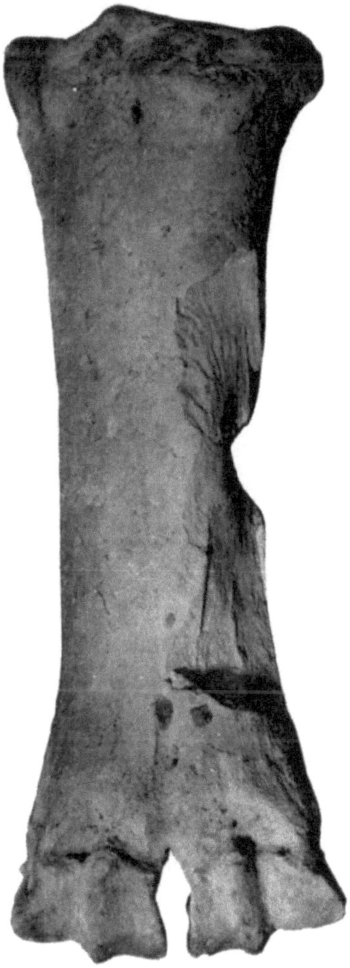

2

3

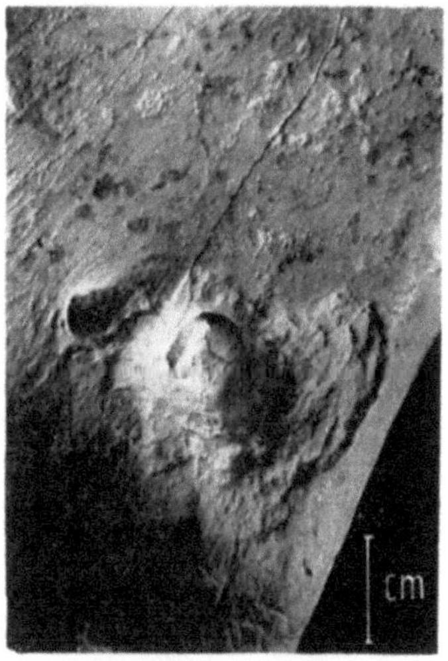

4

6

7

8

5

TAFEL 49

Fig. 1, 2: ***Candona pratensis*** HARTWIG
1: L von außen – Probe 8697; 2: R von außen – Probe 8698

Fig. 3–5: ***Candona*** cf. ***neglecta*** G. O. SARS
3: L ♀ von außen – Probe 8699; 4: R ♀ von außen – Probe 8698; 5: L ♂ von außen – Probe 8691

Fig. 6: ***Candona rawsoni*** TRESSLER
L von außen – Probe 8699

Fig. 7, 8: ***Candona*** sp. juv. 2 (cf. ***neglecta***) – Probe 8698
7: L von außen; 8: R von außen

Fig. 9, 10: ***Candona*** sp. juv. 1 (***pratensis***) – Probe 8698
9: L von außen; 10: R von außen

Fig. 11, 12: ***Sclerocypris ? clavata prisca*** DIEBEL & PIETRZENIUK – Probe 8695
11: L von außen; 12: R von außen

Maßstab: 1 Teilstrich jeweils 0,1 mm

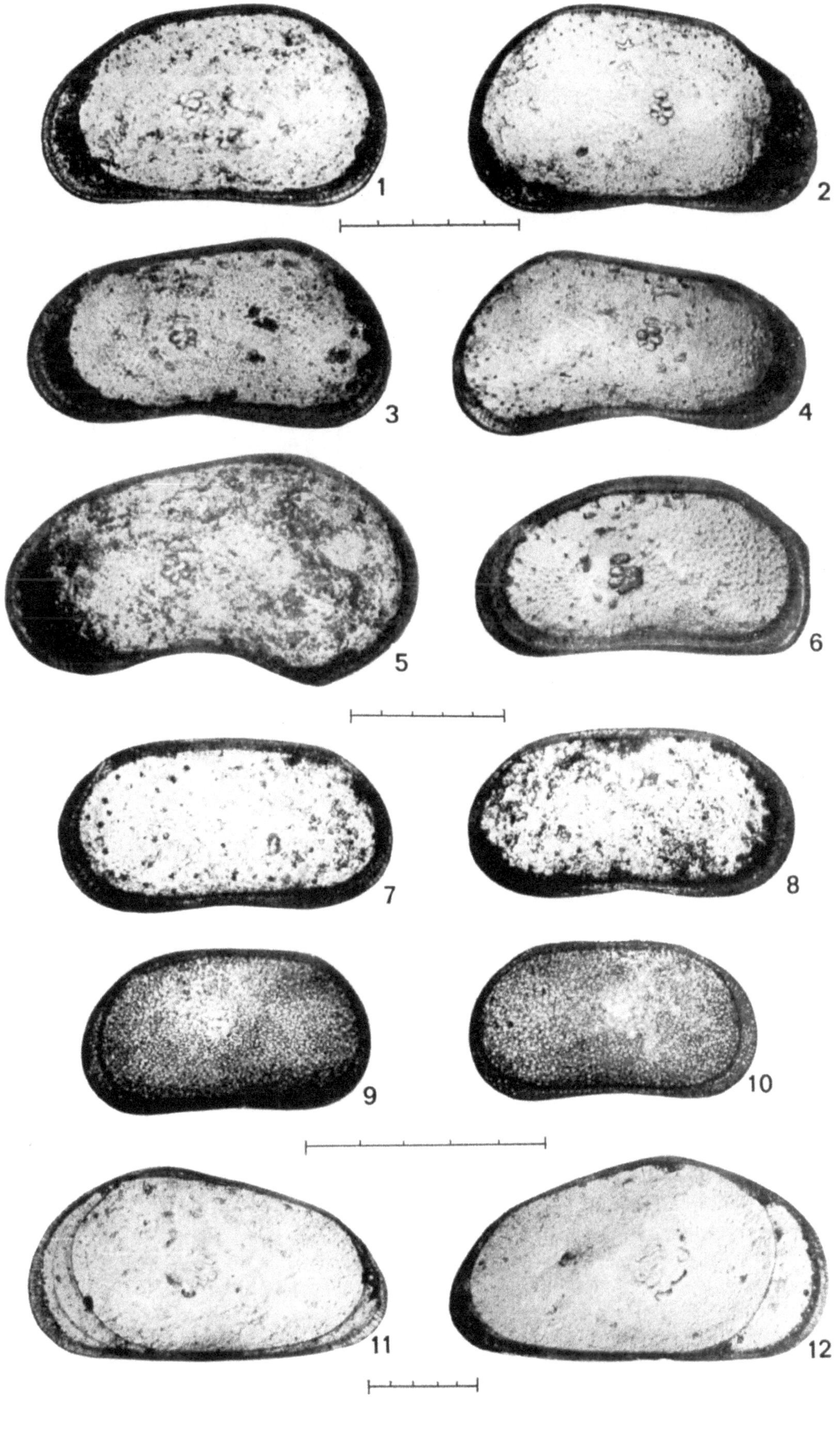
1
2
3
4
5
6
7
8
9
10
11
12

TAFEL 50

Fig. 1, 2: ***Tonnacypris convexa*** Diebel & Pietrzeniuk
1: L von außen – Probe 8672; 2: R von außen – Probe 8696

Fig. 3, 4: ***Tonnacypris loessica*** Diebel & Pietrzeniuk – Probe 8672
3: L von außen; 4: R von außen

Fig. 5, 6: ***Amplocypris tonnensis*** Diebel & Pietrzeniuk – Probe 8672
5: L von außen; 6: R von außen

Fig. 7, 8: ***Heterocypris incongruens*** (Ramdohr)
7: L von außen – Probe 8698; 8: R von außen – Probe 8672

Fig. 9, 10: ***Heterocypris rotundatus*** (Bronstein)
9: L von außen, a – Gesamtansicht, b – Muskelnarben – Probe 8696; 10: R von außen – Probe 8697

Maßstab: 1 Teilstrich jeweils 0,1 mm

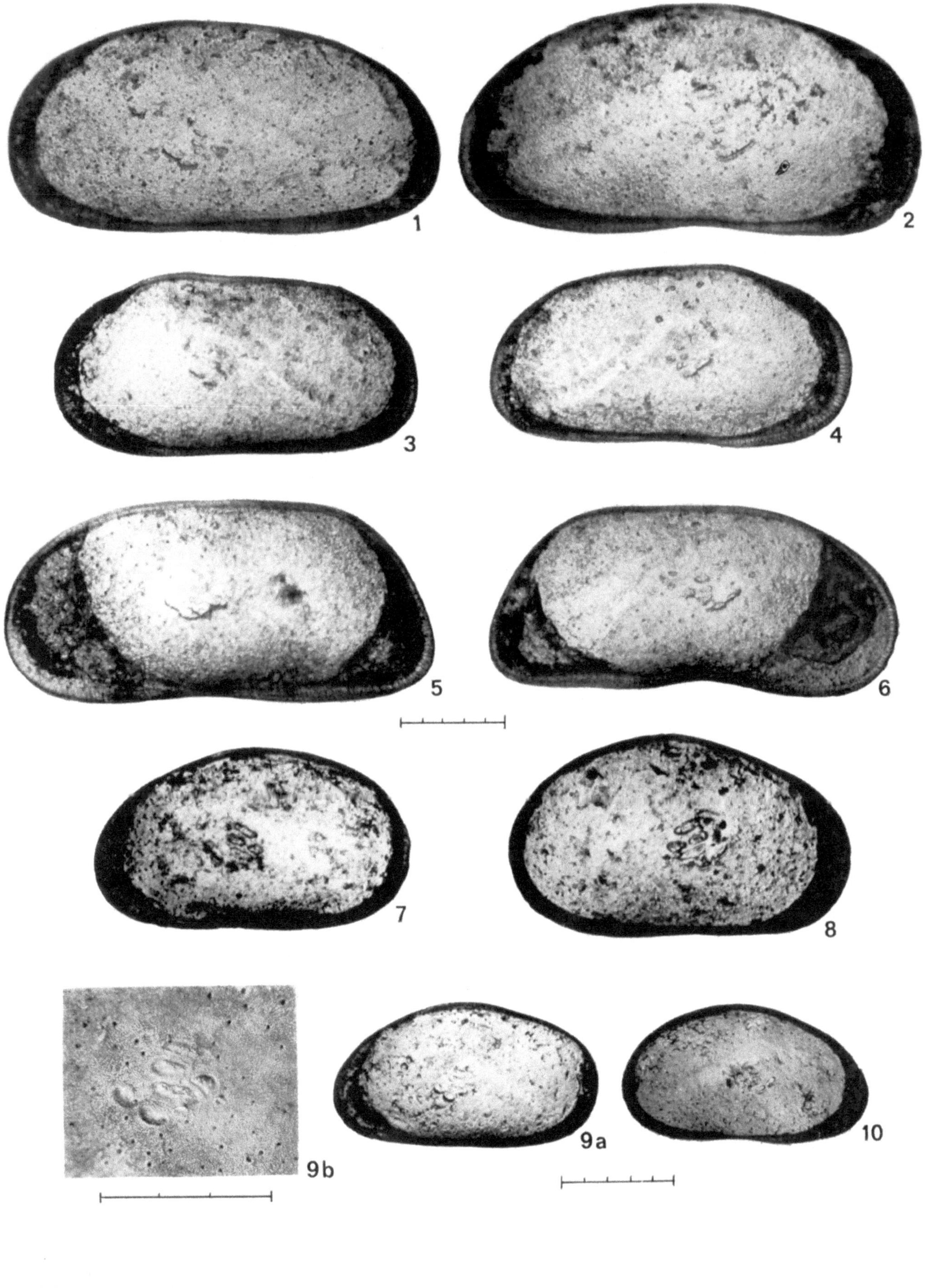
1
2
3
4
5
6
7
8
9b
9a
10

TAFEL 51

Fig. 1, 2: ***Eucypris dulcifons procera*** ssp. n. — Probe 8698
1: L von außen; 2: R von außen — Holotyp

Fig. 3—8: ***Eucypris heinrichi*** sp. n. — Probe 8698
3, 4: letztes Larvenstadium, Variante mit Grübchen, 3: L von außen; 4: R von außen
5, 6: letztes Larvenstadium, glatte Form, 5: L von außen; 6: R von außen
7, 8: adulte Exemplare, glatt, 7: L von außen; 8: R von außen

Fig. 9, 10: ***Cypris pubera*** O. F. MÜLLER
9: L von außen, juvenil — Probe 8698; 10: R von außen, juvenil — Probe 8696

Maßstab: 1 Teilstrich jeweils 0,1 mm

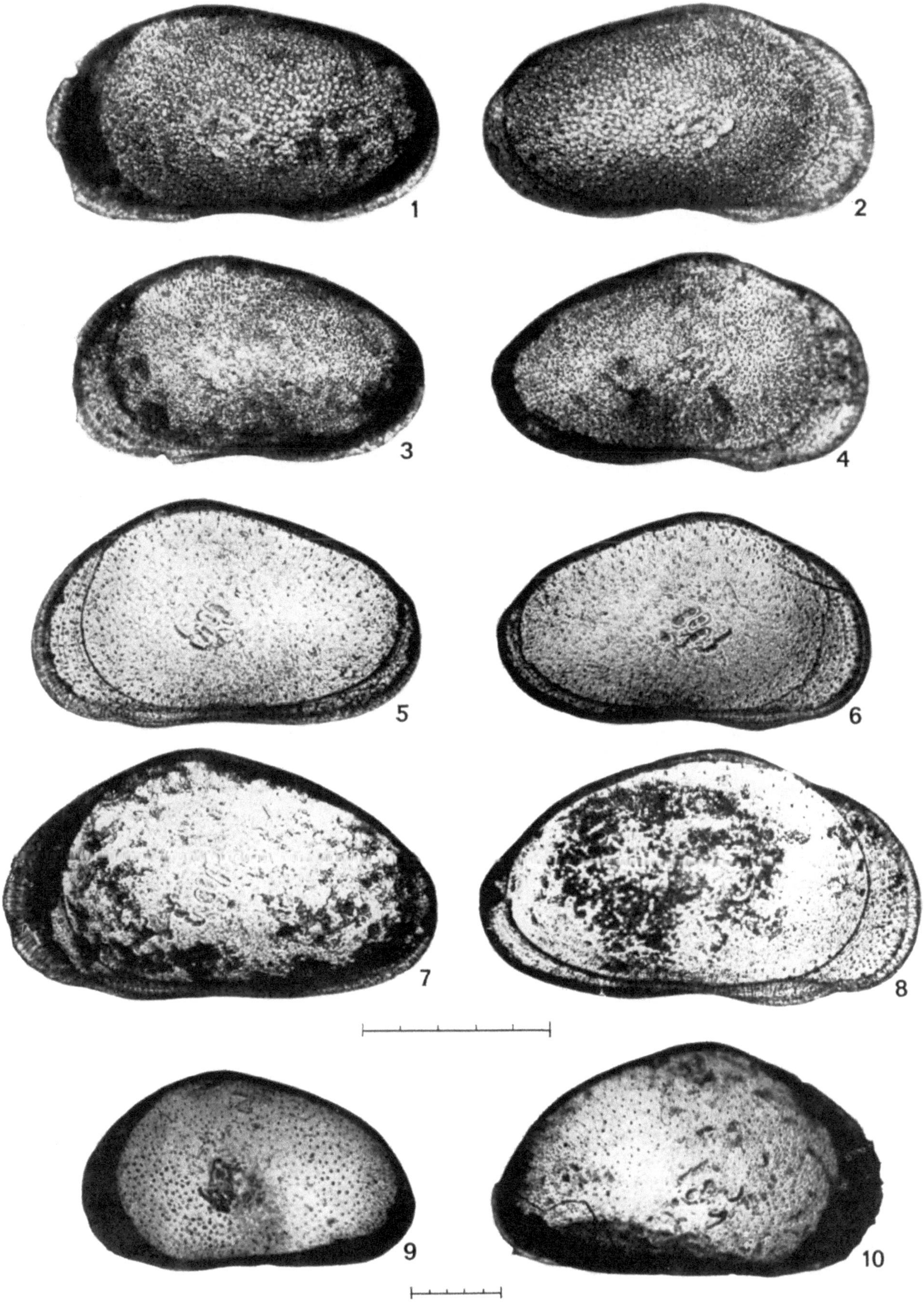

TAFEL 52

Fig. 1, 2: ***Ilyocypris gibba*** (RAMDOHR) — Probe 8698
1: L von außen; 2: R von außen

Fig. 3, 4: ***Ilyocypris schwarzbachi*** KEMPF
3: L ♂ von außen — Probe 8691; 4: R ♂ von außen — Probe 8696

Fig. 5—7: ***Limnocythere falcata*** DIEBEL
5: L von außen; 6: R von außen — Probe 8698; 7: Vordere Randzone mit randständigen Porenkanälen einer R von außen

Fig. 8—11: ***Paralimnocythere*** cf. ***diebeli*** PETKOVSKI
8: L ♀ von außen; 9: R ♀ von außen — Probe 8698; 10: Vordere Randzone einer R ♀ von außen mit randständigen Porenkanälen — Probe 8697; 11: Vordere Randzone einer L ♀ von außen mit randständigen Porenkanälen — Probe 8698

Fig. 12—15: ***Potamocypris maculata*** ALM
12: L von außen — Probe 8696; 13: R von außen — Probe 8697; 14: L von außen, juvenil; 15: R von außen, juvenil — Probe 8697

Fig. 16, 17: ***Cypridopsis vidua*** (O. F. MÜLLER) — Probe 8697
16: L von außen; 17: R von außen

Fig. 18, 19: ***Cypridopsis absoloni*** sp. n. — Probe 8696
18: L von außen; 19: R von außen — Holotyp

Maßstab: 1 Teilstrich jeweils 0,1 mm

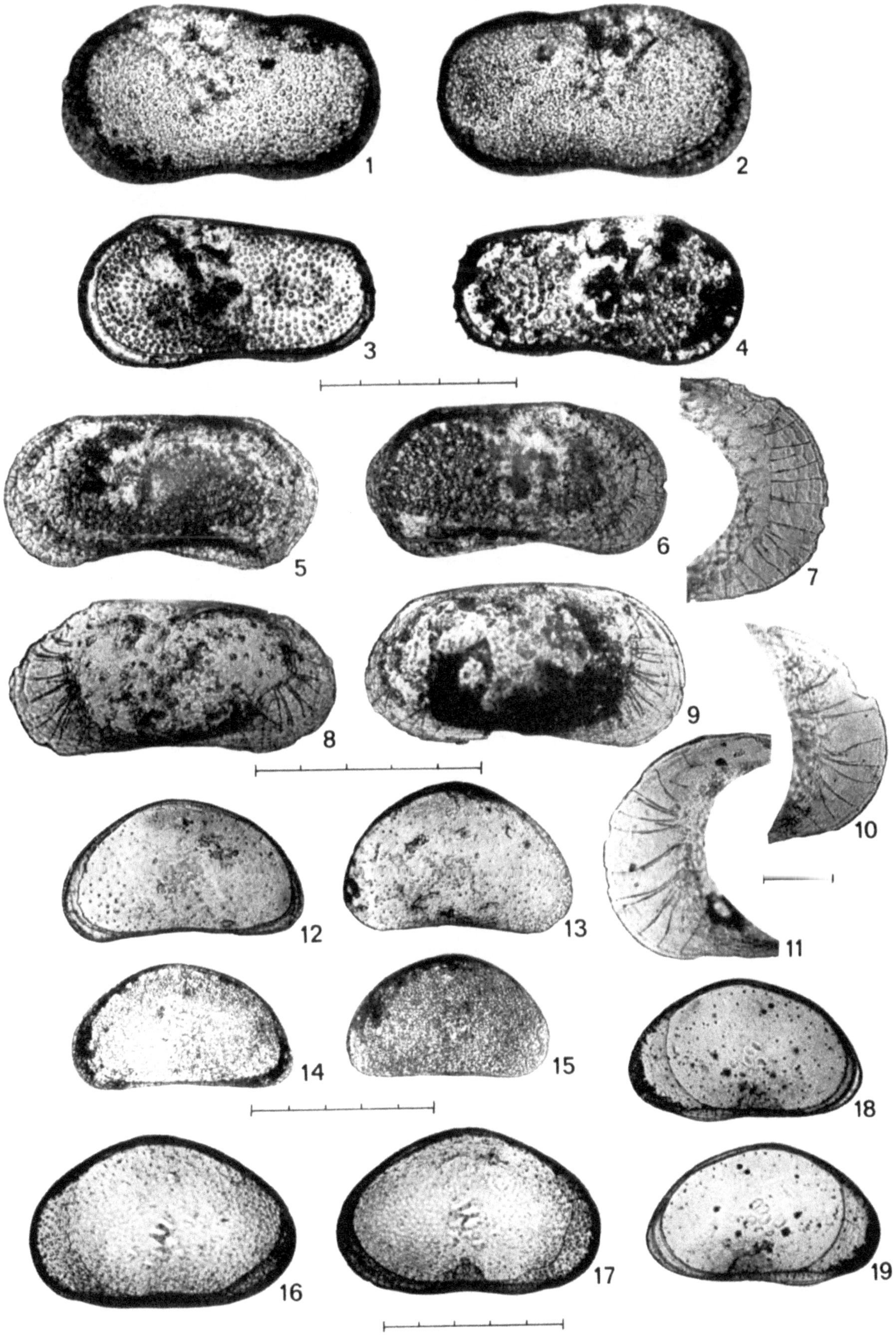
1
2
3
4
5
6
7
8
9
10
11
12
13
14
15
16
17
18
19

TAFEL 53

Rasterelektronenmikroskopische Aufnahmen

Fig. 1, 2: ***Ilyocypris gibba*** (RAMDOHR) — Probe 8695
1: L von außen; 2: R von außen

Fig. 3, 4: ***Ilyocypris schwarzbachi*** KEMPF — Probe 8697
3: L ♂ von außen; 4: R ♂ von außen

Fig. 5, 6: ***Limnocythere falcata*** DIEBEL — Probe 8697
5: L von außen; 6: R von außen

Fig. 7, 8: ***Eucypris dulcifons procera*** ssp. n. — Probe 8691
7: L von außen; 8: R von außen, a — Gesamtansicht, b — Anteroventraler Abschnitt mit Grübchenskulptur und flächenständigen Porenkanälen

Fig. 9: ***Potamocypris maculata*** — Probe 8697
L von außen, juvenil

Maßstab: 1 Teilstrich jeweils 0,1 mm

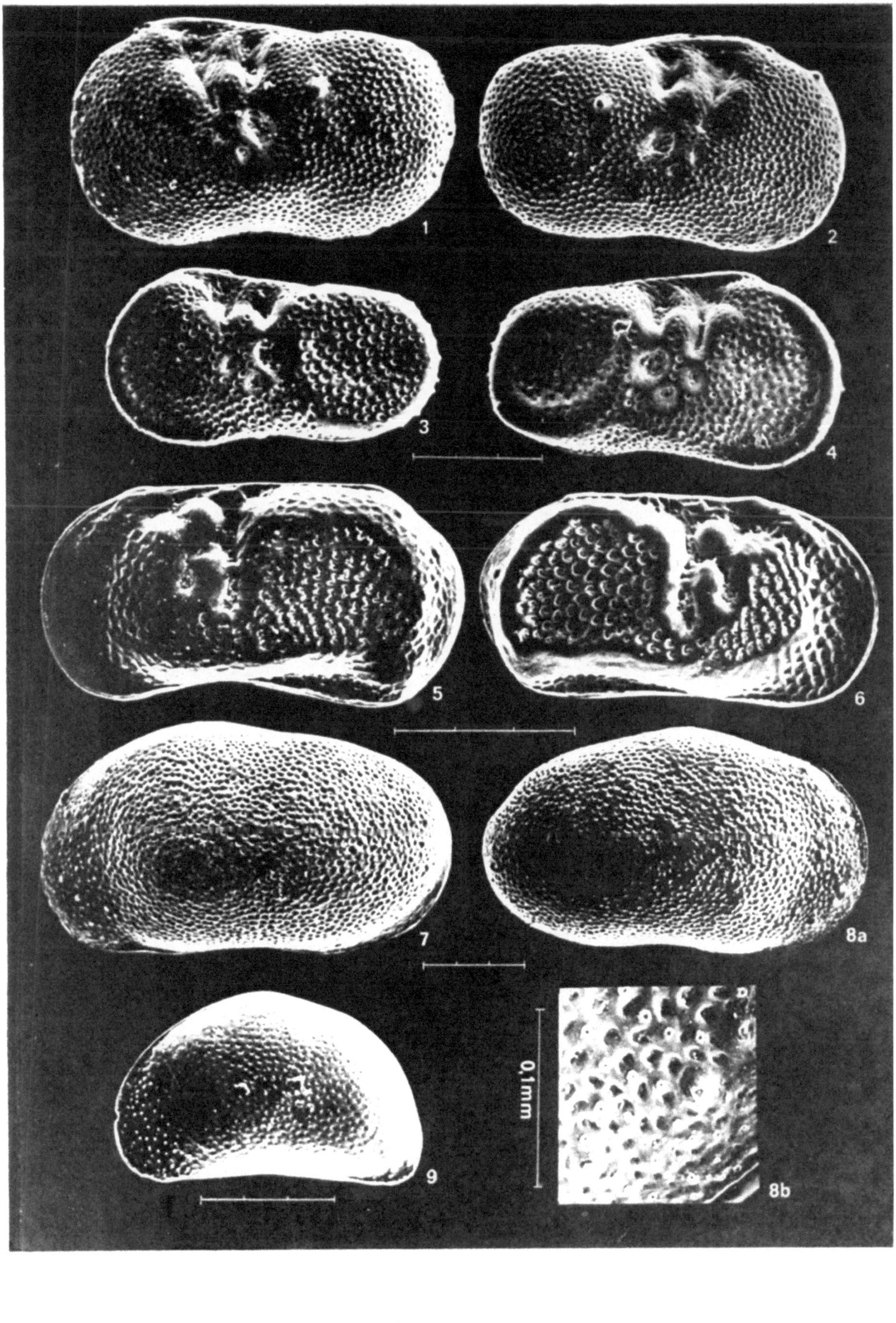
1
2
3
4
5
6
7
8a
9
0,1mm
8b

TAFEL 54

Sorex araneus LINNAEUS, 1758

Fig. 1: Rechter Unterkiefer von der Außenseite; Burgt. 2/2
Fig. 2: Derselbe von der Innenseite
Fig. 3: Rechtes Unterkieferfragment von der Außenseite; Burgt. 1/3
Fig. 4: Dasselbe von der Innenseite

Talpa europaea LINNAEUS, 1758

Fig. 5, 6: Ulnafragment, Seitenansichten; Burgt. 1/2
Fig. 7, 8: Radius, Seitenansichten; Burgt. 1/6
Fig. 9, 10: Rechter Humerus von vorn und hinten; Burgt. 2/10

Myotis daubentoni (KUHL, 1819)

Fig. 11: Distales Humerusfragment von vorn; Burgt. 3/1

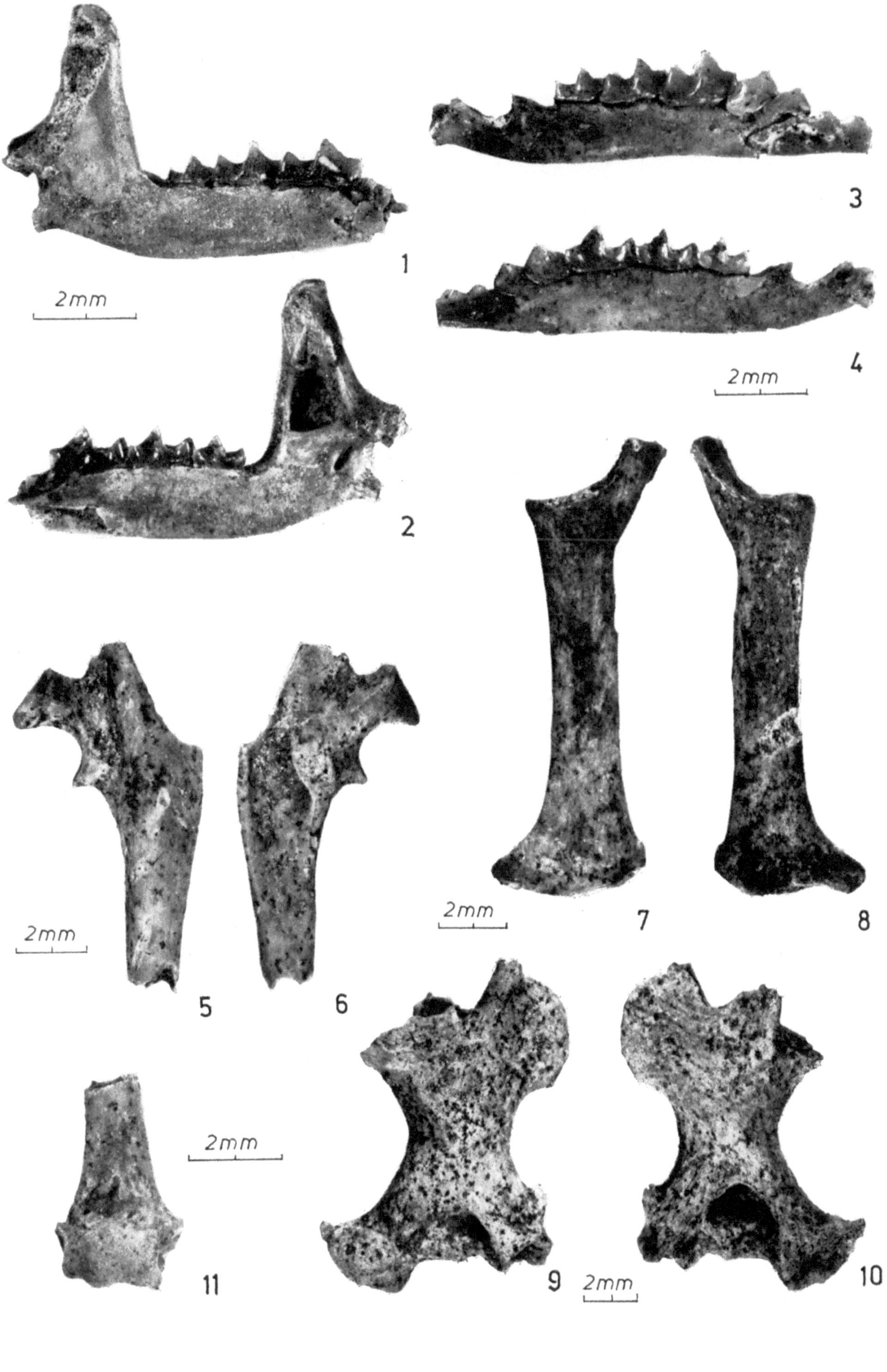
1
2mm
2
3
4
2mm
5
6
2mm
2mm
7
8
2mm
11
9
2mm
10

TAFEL 55

Citellus (Citellus) citelloides Kormos, 1916

Fig. 1: Rechtes Unterkieferfragment mit I, P_4—M_2, von der Außenseite; Burgt. 2/2
Fig. 2: Dasselbe von der Innenseite
Fig. 3: Unterkieferzahnreihe (P_4—M_2) desselben Unterkiefers, Kauflächenansicht; Burgt. 2/2
Fig. 4: Linkes Maxillarfragment mit M^1, M^2, Kauflächenansicht; Burgt. 1/1
Fig. 5: Rechtes Maxillarfragment mit P^4, M^1 und den Alveolen von P^3 und M^2; Burgt. 1/1

Lagurus lagurus (Pallas, 1773)

Fig. 6: Speiballenartige Knochenzusammenballung mit Unterkiefer- und Schädelfragmenten; Burgt. 3/11 b
Fig. 7: Linkes Unterkieferfragment mit M_1, M_2, Kauflächenansicht; Burgt. 3/11 c

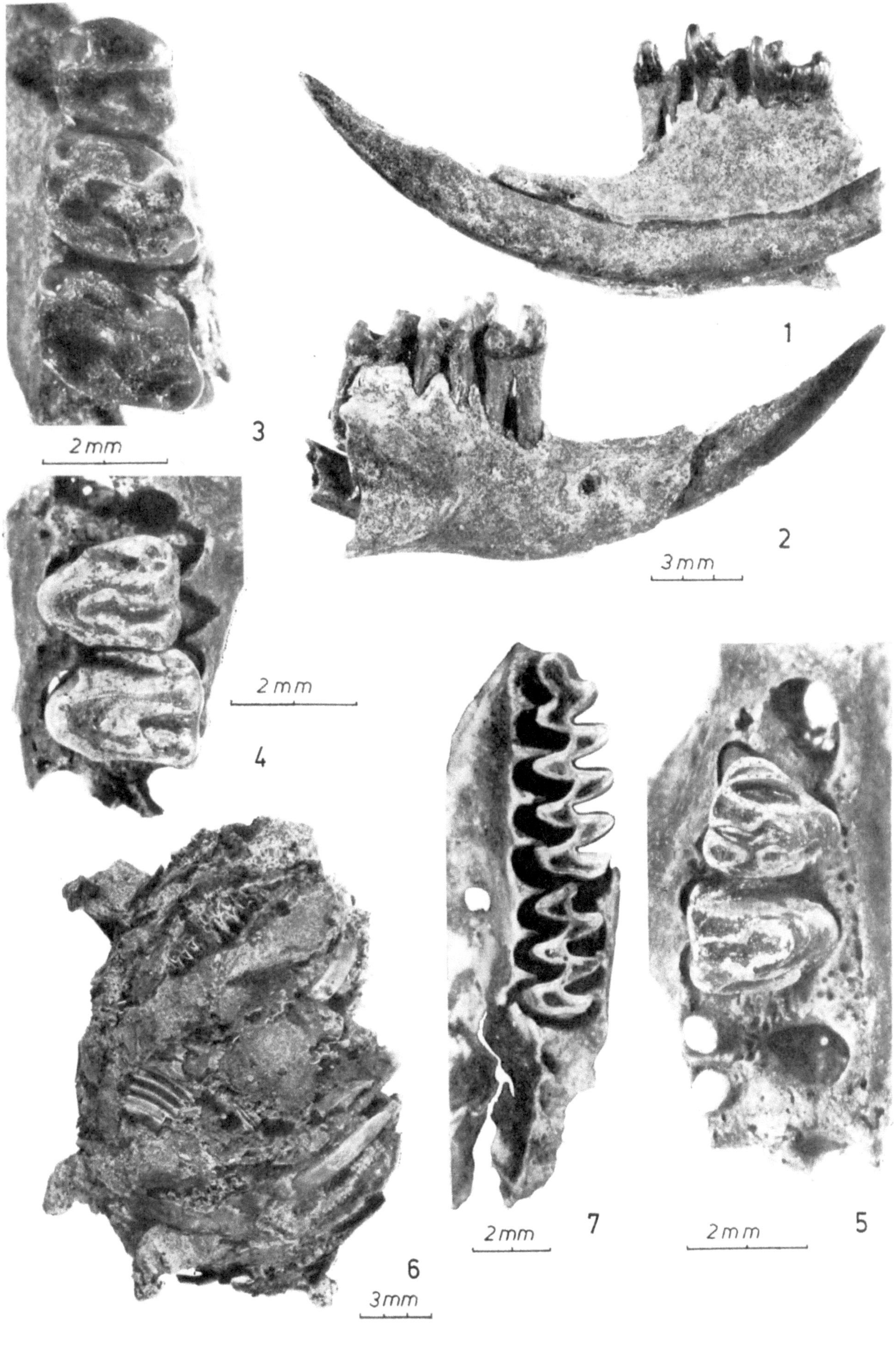
1
2
3mm
3
2mm
4
2mm
7
2mm
5
2mm
6
3mm

TAFEL 56

Putorius ex gr. ***putorius-eversmanni***

Fig. 1: Linkes Unterkieferfragment von der Innenseite; Burgt. 3/4
Fig. 2: Dasselbe von der Außenseite

Ursus cf. ***arctos*** LINNAEUS, 1758

Fig. 3, 4: Fragmentarischer rechter I^2; Burgt. 2/7

Megaloceros giganteus (BLUMENBACH, 1803)

Fig. 5: Rechtes distales Metatarsusfragment von hinten; Burgt. 3/5
Fig. 6: Dasselbe von vorn

Equus sp.

Fig. 7: Linker Metatarsus (Mt_3) von hinten; Burgt. 2/12
Fig. 8: Derselbe von vorn

1

5 mm

2

3

4

5

30 mm

6

7

8

Kolibri 360 GmbH
Ferdinand-Jühlke-Straße 7
99095 Erfurt, Deutschland
produktsicherheit@kolibri360.de